해커스자격증

누구나 따라올 수 있도록
해커스가 제안하는
합격 플랜

워밍업 과정

초보합격가이드*와
합격 꿀팁 특강으로
단기 합격 학습 전략 확인
*PDF

기초 과정

기초 특강 3종으로
기초부터 탄탄하게 학습

기본 과정

이론+기출 학습으로
출제 경향 정복

실전 대비

CBT 모의고사로
실전 감각 향상

마무리

족집게 핵심요약노트와
벼락치기 특강으로
막판 점수 뒤집기

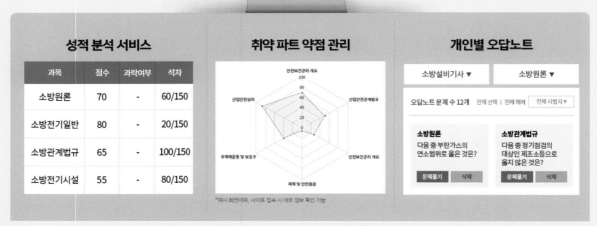

2025 대비 최신개정판

해커스
소방설비기사
필기

기본서+7개년 기출문제집

소방원론

해커스

김진성

약력

가천대학교 대학원 졸업(소방방재공학 석사)
현 | 해커스자격증 소방설비기사 강의
현 | 해커스자격증 소방설비산업기사 강의
현 | 해커스소방 소방관계법규 강의
전 | 아모르이그잼 소방분야 강의
전 | 한국소방사관학원 원장 및 소방분야 강의
전 | 한국소방안전학원 원장 및 소방분야 강의
전 | 서정대학교 겸임교수
전 | 중앙소방학교, 인천소방학교 초빙교수
전 | (주)포스코, 강원대학교, 호원대학교, 경민대학교 초빙 교수

저서

• 해커스 소방설비기사 필기 전기 기본서 + 7개년 기출문제집
• 해커스 소방설비산업기사 필기 전기 기본서 + 7개년 기출문제집
• 해커스 소방설비기사 필기 소방원론 · 소방관계법규 기본서 + 7개년 기출문제집
• 해커스 소방설비산업기사 필기 소방원론 · 소방관계법규 기본서 + 7개년 기출문제집
• 해커스소방 김진성 소방관계법규 단원별 실전문제집
• 해커스소방 김진성 소방관계법규 단원별 기출문제집
• 해커스소방 김진성 소방관계법규 합격생 필기노트
• 해커스소방 김진성 소방관계법규 기본서
• 소방설비기사 소방관계법규, 예린
• 소방설비기사 소방전기일반, 예린
• 소방설비기사 소방전기시설의 구조원리, 예린
• 소방설비기사(전기분야) 필기 문제풀이, 예린
• 소방설비기사(전기분야) 실기, 예린

소방설비기사 단기 합격을 향한 길을 비추는 환한 불빛 같은 수험서

해커스 소방설비기사 필기
소방원론 기본서 + 7개년 기출문제집

소방설비기사 시험은 방대한 학습량으로 인해 많은 수험생들이 학습을 시작하기 전 막연한 두려움을 가질 수 있습니다. 그러나 방대한 이론을 체계적으로 정리하고, 시험에 필요한 내용만을 중점적으로 학습한다면 학습한 내용을 오래 기억하고 실제 시험 문제에 적용하여 보다 쉬운 합격의 길을 갈 수 있을 것입니다.

수험생 여러분들의 합격의 길에 함께하기 위해 오랫동안 소방분야에서 전문적인 강의를 했던 경험과 체계적인 이론을 바탕으로 「해커스 소방설비기사 필기 소방원론 기본서 + 7개년 기출문제집」 교재를 출간하게 되었습니다.

「해커스 소방설비기사 필기 소방원론 기본서 + 7개년 기출문제집」 교재는 수험생 여러분이 학습한 내용을 완전한 '나의 것'으로 만들 수 있도록 다음과 같은 특징을 교재에 담았습니다.

01 교재의 흐름을 그대로 따라가는 학습이 가능하도록 구성하였습니다.

교재 이외에 별도의 자료를 찾아 학습할 필요가 없도록 반드시 알아야 할 기본적인 이론부터 학습의 순서에 맞춰 교재를 구성하였습니다. 이를 통해 전체 이론을 더욱 효율적으로 학습할 수 있습니다.

02 다양한 학습 요소를 통해 입체적인 학습을 할 수 있도록 구성하였습니다.

다양한 형태의 도표 및 그림자료를 수록하여 복잡한 이론을 보다 쉽게 이해할 수 있도록 하였습니다. 또한 '핵심정리'와 '참고'를 통해 이론 학습에 도움이 되는 배경 및 심화이론까지 학습할 수 있습니다.

03 교재 전체 영역에 최신의 내용을 반영하였습니다.

한국산업인력공단의 출제기준 및 최신 개정법령과 세부규정을 모두 빠짐없이 반영하였습니다.
이를 통해 가장 최신의 내용을 정확하게 학습할 수 있습니다.

더불어 자격증 시험 전문 사이트 해커스자격증(pass.Hackers.com)에서 교재 학습 중 궁금한 점을 나누고 다양한 무료 학습자료를 함께 이용하여 학습 효과를 극대화할 수 있습니다.

소방설비기사 시험에 도전하시는 모든 분들의 최종 합격을 진심으로 기원합니다.

김진성

목차

기본서

Part 01 연소론

Part 02 소방관련 건축법

Part 03 소화약제

Part 04 위험물 성상

7개년 기출문제집

 시험장에 꼭 가져가야 할 족집게 핵심요약노트

 무료 특강 · 학습 콘텐츠 제공
pass.Hackers.com

책의 구성 및 특징

01 학습 중 놓치는 내용 없이 완벽한 이해를 가능하게!

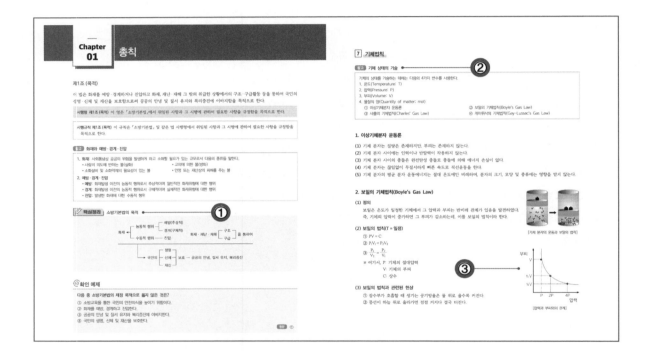

① 핵심정리

출제가능성이 높은 주요이론을 압축하여 '핵심정리'에 수록하였습니다. 이를 통해 학습한 내용을 다시 한번 요약·정리할 수 있으며, 시험에 자주 출제되는 부분만 효율적으로 학습할 수 있습니다.

② 참고

더 알아두면 학습에 도움이 되는 배경 및 개념 등의 이론을 '참고'에 담아 수록하였습니다. 이를 통해 이론 학습을 보충하고, 심화 내용까지 학습할 수 있습니다.

③ 사진 및 그림자료

내용의 이해를 돕기 위해 다양한 그림자료를 함께 수록하였습니다. 이를 통해 복잡하고 어려운 이론 내용을 쉽고 빠르게 이해하고 학습할 수 있습니다.

02 확인 예제와 7개년 기출문제를 통해 실력 점검과 실전 대비까지 확실하게!

확인 예제

- 주요 이론 또는 시험에 자주 출제되는 이론을 문제로 구성한 확인예제를 수록하였습니다.
- 이를 통해 학습한 내용을 정확히 이해하고 있는지 곧바로 확인할 수 있으며, 실제 시험에서 출제될 수 있는 문제의 경향도 함께 파악할 수 있습니다.

7개년 기출문제

- 2024 ~ 2018년의 7개년 기출문제를 수록하였습니다.
- 수록된 '모든' 문제에는 상세한 해설을 수록하여 문제풀이 과정에서 실전감각을 높이고 실력을 한층 향상시킬 수 있습니다.
- 또한 해설을 통해 옳은 지문뿐만 아니라 옳지 않은 지문의 내용까지 확인할 수 있으므로 문제를 풀고 답을 찾아가는 과정에서 자신의 학습 수준을 스스로 점검하고 보완하여 학습 효과를 높일 수 있습니다.

소방설비기사 시험 정보

01 시험 제도 및 과목

• 검정기준 · 방법 및 합격기준

검정기준	소방설비기사에 대한 공학적인 기술이론 지식을 통해 설계 · 시공 · 분석 등의 업무를 수행할 수 있는지를 검정합니다.
검정방법	• 필기: 객관식 4지 택일형으로 과목당 20문제가 출제되며, CBT 방식으로 시행됩니다. • 실기: 필답형으로 출제됩니다.
합격기준	• 필기: 과목당 40점 이상, 전과목 평균 60점 이상을 받으면 합격입니다(100점 만점 기준). • 실기: 60점 이상을 받으면 합격입니다(100점 만점 기준).

• 시험 과목

전기 분야	기계 분야
• 제1과목 – 소방원론 • 제2과목 – 소방전기일반 • 제3과목 – 소방관계법규 • 제4과목 – 소방전기시설의 구조 및 원리	• 제1과목 – 소방원론 • 제2과목 – 소방유체역학 • 제3과목 – 소방관계법규 • 제4과목 – 소방기계시설의 구조 및 원리

02 시험 일정

구분		원서접수(휴일 제외)	시험일	합격자 발표일
필기	정기 1회	1월 중	2 ~ 3월 중	3월 중
	정기 2회	4월 중	5 ~ 6월 중	6월 중
	정기 3회	6월 중	7월 중	8월 중
실기	정기 1회	3월 중	4 ~ 6월 중	6월 중
	정기 2회	6월 중	7 ~ 8월 중	9월 중
	정기 3회	9월 중	10월 중	11월 중

03 응시자격

다음은 일반적인 응시자격이며, 각자의 이력에 따른 개인별 응시자격은 Q - Net에서 정확히 확인하시기 바랍니다.

자격 소지	• 산업기사 이상 취득 후 실무 1년 이상 • 기능사 이상 취득 후 실무 3년 이상 • 다른 종목의 기사 이상 자격 취득자 • 외국에서 동일 종목 자격 취득자
관련학과 졸업	• 대학의 관련학과의 졸업(예정)자 • 3년제 전문대학 관련학과 졸업 후 실무 1년 이상 • 2년제 전문대학 관련학과 졸업 후 실무 2년 이상
기술훈련과정 이수	• 기사 수준 기술훈련과정 이수(예정)자 • 산업기사 수준 기술훈련과정 이수 후 실무 2년 이상
경력	동일 및 유사 직무분야에서 실무 4년 이상

※ 관련학과: 대학 및 전문대학의 소방학, 건축설비공학, 기계설비학, 가스냉동학, 공조냉동학 관련학과

04 최근 5년간 검정현황

구분		2020	2021	2022	2023	2024
전기분야	응시자	21,749	27,083	26,517	29,880	30,163
	합격자	11,711	12,483	11,902	14,628	14,061
	합격률	53.8%	46.1%	44.9%	49.0%	46.6%
기계분야	응시자	14,623	17,736	17,523	23,350	20,888
	합격자	7,546	9,048	8,206	10,689	9,676
	합격률	51.6%	51.0%	46.8%	45.8%	46.3%

출제기준

※ 한국산업인력공단에 공시된 출제기준으로 [해커스 소방설비기사 필기 소방원론 기본서 + 7개년 기출문제집] 전체 내용은 모두 아래 출제기준에 근거하여 제작되었습니다.

01 전기 분야

필기 과목명	주요항목	세부항목
1과목 소방원론	1. 연소이론	(1) 연소 및 연소현상
	2. 화재현상	(1) 화재 및 화재현상 (2) 건축물의 화재현상
	3. 위험물	(1) 위험물 안전관리
	4. 소방안전	(1) 소방안전관리 (2) 소화론 (3) 소화약제
2과목 소방전기일반	1. 전기회로	(1) 직류회로 (2) 정전용량과 자기회로 (3) 교류회로
	2. 전기기기	(1) 전기기기 (2) 전기계측
	3. 제어회로	(1) 자동제어의 기초 (2) 시퀀스 제어회로 (3) 제어기기 및 응용
	4. 전자회로	(1) 전자회로
3과목 소방관계법규	1. 소방기본법	(1) 소방기본법, 시행령, 시행규칙
	2. 화재의 예방 및 안전관리에 관한 법	(1) 화재의 예방 및 안전관리에 관한 법, 시행령, 시행규칙
	3. 소방시설 설치 및 관리에 관한 법	(1) 소방시설 설치 및 관리에 관한 법, 시행령, 시행규칙
	4. 소방시설공사업법	(1) 소방시설공사업법, 시행령, 시행규칙
	5. 위험물안전관리법	(1) 위험물안전관리법, 시행령, 시행규칙
4과목 소방전기시설의 구조 및 원리	1. 소방전기시설 및 화재안전성능 기준·화재안전기술기준	(1) 비상경보설비 및 단독경보형감지기 (2) 비상방송설비 (3) 자동화재탐지설비 및 시각경보장치 (4) 자동화재속보설비 (5) 누전경보기 (6) 유도등 및 유도표지 (7) 비상조명등 (8) 비상콘센트 (9) 무선통신보조설비 (10) 기타 소방전기시설

02 | 기계 분야

필기 과목명	주요항목	세부항목
1과목 소방원론	1. 연소이론	(1) 연소 및 연소현상
	2. 화재현상	(1) 화재 및 화재현상 (2) 건축물의 화재현상
	3. 위험물	(1) 위험물 안전관리
	4. 소방안전	(1) 소방안전관리　　　　　　(2) 소화론 (3) 소화약제
2과목 소방유체역학	1. 소방유체역학	(1) 유체의 기본적 성질　　　(2) 유체정역학 (3) 유체유동의 해석　　　　　(4) 관내의 유동 (5) 펌프 및 송풍기의 성능 특성
	2. 소방 관련 열역학	(1) 열역학 기초 및 열역학 법칙　(2) 상태변화 (3) 이상기체 및 카르노사이클　　(4) 열전달 기초
3과목 소방관계법규	1. 소방기본법	(1) 소방기본법, 시행령, 시행규칙
	2. 화재의 예방 및 안전관리에 관한 법	(1) 화재의 예방 및 안전관리에 관한 법, 시행령, 시행규칙
	3. 소방시설 설치 및 관리에 관한 법	(1) 소방시설 설치 및 관리에 관한 법, 시행령, 시행규칙
	4. 소방시설공사업법	(1) 소방시설공사업법, 시행령, 시행규칙
	5. 위험물안전관리법	(1) 위험물안전관리법, 시행령, 시행규칙
4과목 소방기계시설의 구조 및 원리	1. 소방기계 시설 및 화재안전성능 기준·화재안전기술기준	(1) 소화기구 (2) 옥내·외 소화전설비 (3) 스프링클러 설비 (4) 포 소화설비 (5) 이산화탄소, 할론, 할로겐화합물 및 불활성기체 소화설비 (6) 분말 소화설비 (7) 물분무 및 미분무 소화설비 (8) 피난구조설비 (9) 소화 용수 설비 (10) 소화 활동 설비 (11) 기타 소방기계설비

학습플랜

📅 5주 합격 학습플랜

• 이론과 기출문제를 모두 차근차근 학습하고 싶은 수험생에게 추천합니다.

	1일차 ☐	2일차 ☐	3일차 ☐	4일차 ☐	5일차 ☐	6일차 ☐	7일차 ☐
1주	Part 01						
	Chapter 01 ~ 02	Chapter 03 ~ 04	Chapter 05 ~ 06	Chapter 07 ~ 08	Chapter 09 ~ 10	Chapter 11 ~ 13	복습
	8일차 ☐	**9일차** ☐	**10일차** ☐	**11일차** ☐	**12일차** ☐	**13일차** ☐	**14일차** ☐
2주	Part 02		Part 03				
	① ~ ⑨	복습	Chapter 01 ~ 02	Chapter 03 ~ 05	Chapter 06 ~ 07	Chapter 08 ~ 09	복습
	15일차 ☐	**16일차** ☐	**17일차** ☐	**18일차** ☐	**19일차** ☐	**20일차** ☐	**21일차** ☐
3주	Part 04		최신 기출문제				
	① ~ ⑦	복습	2024년	2023년	2022년	2021년	2020년
	22일차 ☐	**23일차** ☐	**24일차** ☐	**25일차** ☐	**26일차** ☐	**27일차** ☐	**28일차** ☐
4주	최신 기출문제		Part 01		Part 02	Part 03	Part 04
	2019년	2018년	Chapter 01 ~ 07 복습	Chapter 08 ~ 13 복습	복습	복습	복습
	29일차 ☐	**30일차** ☐	**31일차** ☐	**32일차** ☐	**33일차** ☐	**34일차** ☐	**35일차** ☐
5주	최신 기출문제					CBT 모의고사	최종정리
	2024 ~ 2023년	2022 ~ 2021년	2020 ~ 2018년	2024 ~ 2021년	2020 ~ 2018년		

📅 3주 합격 학습플랜

• 이론을 빠르게 학습하고 기출문제를 반복학습하고 싶은 수험생에게 추천합니다.

	1일차 ☐	2일차 ☐	3일차 ☐	4일차 ☐	5일차 ☐	6일차 ☐	7일차 ☐
1주	Part 01				Part 02	Part 03	
	Chapter 01 ~ 03	Chapter 04 ~ 06	Chapter 07 ~ 09	Chapter 10 ~ 13	1 ~ 9	Chapter 01 ~ 05	Chapter 06 ~ 09
	8일차 ☐	**9일차** ☐	**10일차** ☐	**11일차** ☐	**12일차** ☐	**13일차** ☐	**14일차** ☐
2주	Part 04	Part 01 ~ 02	Part 03 ~ 04	최신 기출문제			
	1 ~ 7	복습	복습	2024년	2023년	2022년	2021년
	15일차 ☐	**16일차** ☐	**17일차** ☐	**18일차** ☐	**19일차** ☐	**20일차** ☐	**21일차** ☐
3주	최신 기출문제						최종정리
	2020년	2019년	2018년	2024 ~ 2023년	2022 ~ 2021년	2020 ~ 2018년	

...

기본서

해커스자격증
pass.Hackers.com

Part 01
연소론

연소관련 기초이론

1 비중(Specific gravity)

$$비중 = \frac{상대물질의\ 질량}{표준물질의\ 질량}$$

(1) 비중은 어떤 물질(고체·액체)의 질량과 이것과 같은 체적을 가진 표준물질의 질량과의 비를 말한다.

(2) 표준물질로서는 1기압, 4℃의 순수한 물을 기준으로 한다.

(3) 비중이 1보다 큰 물질은 물보다 무겁고 1보다 작으면 물보다 가볍다.

(4) 단위는 무차원수이다.

> **참고**
>
> 1. 유류화재에 물소화약제를 사용할 수 없는 이유는 비중차에 따른 연소면 확대 때문이다.
> 2. 제4류 위험물의 인화성액체는 대부분 물보다 가볍다. 단, 이황화탄소는 물보다 무겁다.

2 증기비중

$$증기비중 = \frac{물질의\ 분자량}{공기의\ 분자량} = \frac{물질의\ 분자량}{29}$$

(1) 증기비중은 어떤 물질(기체)의 질량과 이것과 같은 체적을 가진 표준물질의 질량과의 비를 말한다.

(2) 표준물질로서는 1기압, 0℃의 공기를 기준으로 한다.

(3) 공기는 지구를 둘러싼 기체를 말한다. 해수면의 건조한 공기는 대략 78%의 질소, 21%의 산소, 0.93%의 아르곤 그리고 이산화탄소, 수증기 등으로 이루어져 있다.

(4) 공기 평균분자량은 28.9667g/mol이며, 약 29g/mol로 한다.

(5) 공기분자량(v%) = $(28 \times 0.78) + (32 \times 0.21) + (40 \times 0.01) ≒ 28.96$

(6) 증기비중이 1보다 크면 공기보다 무겁고 1보다 작으면 공기보다 가볍다.

> **참고**
>
> 1. 메탄(CH_4)의 증기비중: $16/29 = 0.552$
> 2. 도시가스 및 LNG(액화천연가스)의 증기비중: 주성분이 메탄이므로 공기보다 가볍다.
> 3. 프로판(C_3H_8)의 증기비중: $44/29 = 1.517$
> 4. 부탄(C_4H_{10})의 증기비중: $58/29 = 2$
> 5. LPG(액화석유가스)의 증기비중: 주성분이 프로판 및 부탄이므로 공기보다 무겁다.

⊙ 확인 예제

01 질소 79.2%, 산소 20.8%로 이루어진 공기의 평균분자량은? (단, 질소 및 산소의 원자량은 각각 14 및 16이다)

① 15.44   ② 20.21   ③ 28.83   ④ 36.00

[해설] 공기 평균분자량 = $(28 \times 0.792) + (32 \times 0.208) = 28.83$

02 공기를 기준으로 한 CO_2 가스의 비중은 약 얼마인가? (단, 공기의 분자량은 29이다)

① 0.81   ② 1.52   ③ 2.02   ④ 2.51

[해설] CO_2 가스의 비중 $= \dfrac{\text{물질의 분자량}}{\text{공기분자량}} = \dfrac{44}{29} = 1.517 ≒ 1.52$

[정답] 01 ③   02 ②

3 증기압(Vapor Pressure)

1. 정의

(1) 증발

① 증발(蒸發, vaporization)은 액체 표면의 원자나 분자가 끓는점 미만에서 기화하는 현상으로, 액체의 표면에서 일어나는 기화현상을 말한다.

② 다시 표현하면 액체 표면의 분자 중에서 분자간의 인력을 극복할 수 있을 만큼 에너지가 높은 입자들이 분자간의 인력을 끊고 기체상으로 튀어나와 기화되는 것을 증발이라고 한다.

(2) 증기압

① 증기가 고체 또는 액체와 동적 평형 상태에 있을 때 증기의 압력을 의미한다. 포화증기압, 증기장력(蒸氣張力)이라고도 한다.

② 증기압은 증기가 액체와 평형 상태에 있을 때 증기가 새어 나가려는 압력을 말한다.

③ 증기압은 온도에 따라 변화하며, 각 액체 연료의 위험성을 평가하는 자료가 된다.

2. 동적 평형 상태

액체 또는 고체 상태의 물질 표면에서는 끊임없이 분자가 기체 상태로 증발하는데, 밀폐된 용기에서는 어느 한도에 이르면 증발이 일어나지 않고, 안에 있는 용액은 그 이상 줄어들지 않는 것처럼 보이는데 이는 같은 시간 동안 증발하는 액체나 고체 분자의 수와 응축되는 기체 분자의 수가 같아져서 증발도 응축도 일어나지 않는 것처럼 보이기 때문이다.

이 상태를 동적 평형 상태라 하고, 이 상태에 있을 때 기체를 그 액체의 포화증기, 그 기체의 압력을 증기압(포화증기압)이라 한다.

3. 포화증기압

액체가 담긴 용기가 폐쇄공간에 있을 때는 갇힌 기체 분자 수가 늘어날수록 액체 표면과 충돌해서 액체 상태로 되돌아가는 확률이 점점 높아지고, 따라서 증발과 액화가 같은 속도로 일어나는 일정한 평형 상태에 도달하게 된다. 이 평형 상태에서의 증기 압력을 포화증기압 또는 증기압(vapor pressure)이라 하며, 이것은 액체가 증발되는 정도를 나타낸다. 증기압이 큰 물질은 잘 증발되며, 증기압이 큰 물질을 일반적으로 휘발성 물질이라 한다.

4 | 증기압력과 비점(끓는점)

1. 끓음

액체의 온도를 점점 높여 줄 때 액체의 증기 압력이 외부 압력과 같아져서 액체 내부에서도 기화가 일어나 기포가 발생하는 현상을 말한다.

2. 비점(끓는점)

(1) 액체의 증기 압력이 외부 압력과 같아져서 액체가 끓기 시작하는 온도를 말한다.
(2) 즉, 액체 표면으로부터 증발이 일어날 뿐만 아니라, 액체 내부로부터 기화가 일어나 기포가 올라가기 시작하는 온도를 말한다.

3. 외부 압력과 끓는점

외부 압력이 높아지면 액체가 더 높은 증기 압력을 가져야 끓게 되므로 외부 압력이 높을수록 끓는점이 높아진다. 반대로 외부 압력이 낮아지면 끓는점이 낮아진다.

4. 증기압력과 끓는점

증기 압력이 큰 액체일수록 분자간의 인력이 약하므로 끓는점이 낮다.

5. 끓는점과 위험성의 관계

끓는점(비점)이 낮은 액체일수록 상온에서의 증기압이 높아지고 증발속도가 증가하므로 액체연료의 위험성은 증가한다.

5 | 열량

1. 개념

온도가 차이나는 두 물체 사이에는 열이 이동하고, 그 열의 양을 열량이라고 한다.

2. 단위

(1) 1cal: 순수한 물 1g의 온도를 1℃만큼 올리는 데 필요한 열량
(2) 1kcal: 순수한 물 1kg의 온도를 1℃만큼 올리는 데 필요한 열량
(3) 1BTU: 순수한 물 1lb의 온도를 1°F만큼 올리는 데 필요한 열량
(4) 1chu: 순수한 물 1lb의 온도를 1℃만큼 올리는 데 필요한 열량
(5) 1cal = 4.1816J, 1BTU = 252cal

확인 예제

1kcal의 열은 약 몇 Joule에 해당하는가?

① 5,262　　　　　② 4,186　　　　　③ 3,943　　　　　④ 3,330

해설　1cal = 4.186J이므로
　　　1kcal = 4,186J

정답　②

6　온도(Temperature)

1. 정의

온도는 물질의 뜨겁고 찬 정도를 나타내는 물리량이다. 즉, 물질이 가열된 정도를 나타내는 척도이다.

2. 섭씨온도(℃)

(1) 표준대기압하에서 순수한 물의 빙점(Ice Point)을 0, 비등점(Boiling point)을 100으로 정하고 그 사이를 100등분한 것을
　　1 섭씨도(기호 ℃)로 정한 것을 섭씨온도라고 한다.
(2) 스웨덴의 천문학자인 A. Celsius(셀시우스)가 제안한 것으로 미터 단위를 쓰는 나라에서 많이 사용한다.

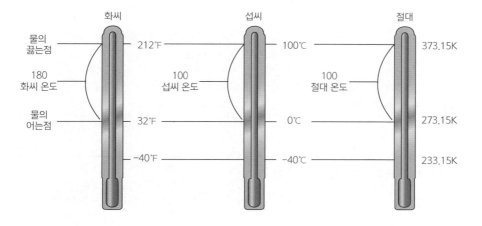

3. 화씨온도

(1) 표준대기압하에서 순수한 물의 빙점(Ice point)을 32, 비등점(Boiling point)을 212로 정하고 그 사이를 180등분한 것을
　　1 화씨도(기호 ℉)로 정한 것을 화씨온도라 한다.
(2) 독일의 D. Fahrenheit(파렌하이트)가 제안한 것으로 미국, 영국 등에서 주로 사용한다.

4. 섭씨온도와 화씨온도의 온도변환

(1) 섭씨온도(℃)에서 화씨온도(℉)로의 온도 변환식

$$(섭씨온도 \times 1.8) + 32 = 화씨온도$$
$$°F = (°C \times \frac{9}{5}) + 32$$

(2) 화씨온도(℉)에서 섭씨온도(℃)로의 온도 변환식

$$(화씨온도 - 32) \div 1.8 = 섭씨온도$$
$$°C = (°F - 32) \times \frac{5}{9}$$

5. 절대온도

(1) 캘빈온도(K)

$$K(캘빈온도) = °C + 273.16$$

① 캘빈온도는 온도차만을 말할 때는 섭씨와 같으나 온도를 표시할 때는 약 −273.16℃를 0K로 나타낸다.
② −273.16℃, 즉 0K는 절대영도라고 부르며 자연계에서 그 이하의 온도는 존재할 수 없다.

(2) 랭킨온도(R)

$$R(랭킨온도) = °F + 459.69$$

① 랭킨온도는 온도차만을 말할 때는 화씨와 같으나 온도를 표시할 때는 0R로 나타낸다.
② 절대영도인 0R은 약 −459.69℉가 된다.

◎ 확인 예제

섭씨 30도는 랭킨(Rankine)온도로 나타내면 몇 도인가?

① 446도　　　　② 515도　　　　③ 498도　　　　④ 546도

해설 ・섭씨온도를 화씨온도로 전환

$$°F = (\frac{9}{5} \times °C) + 32 = (\frac{9}{5} \times 30°C) + 32 = 86$$

・화씨온도를 랭킨온도로 전환
$$R = °F + 460 = 86°F + 460 = 546R$$

정답 ④

7 기체법칙

참고 기체 상태의 기술

기체의 상태를 기술하는 데에는 다음의 4가지 변수를 사용한다.
1. 온도(Temperature: T)
2. 압력(Pressure: P)
3. 부피(Volume: V)
4. 물질의 양(Quantity of matter: mol)
    ① 이상기체분자 운동론   ② 보일의 기체법칙(Boyle's Gas Law)
    ③ 샤를의 기체법칙(Charles' Gas Law)   ④ 게이뤼삭의 기체법칙(Gay-Lussac's Gas Law)

1. 이상기체분자 운동론

(1) 기체 분자는 질량은 존재하지만, 부피는 존재하지 않는다.

(2) 기체 분자 사이에는 인력이나 반발력이 작용하지 않는다.

(3) 기체 분자 사이의 충돌은 완전탄성 충돌로 충돌에 의해 에너지 손실이 없다.

(4) 기체 분자는 끊임없이 무질서하게 빠른 속도로 직선운동을 한다.

(5) 기체 분자의 평균 분자 운동에너지는 절대 온도에만 비례하며, 분자의 크기, 모양 및 종류에는 영향을 받지 않는다.

2. 보일의 기체법칙(Boyle's Gas Law)

(1) 정의

보일은 온도가 일정한 기체에서 그 압력과 부피는 반비례 관계가 있음을 발견하였다.
즉, 기체의 압력이 증가하면 그 부피가 감소하는데, 이를 보일의 법칙이라 한다.

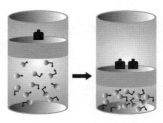

[기체 분자의 운동과 보일의 법칙]

(2) 보일의 법칙(T = 일정)

    ① $PV = C$

    ② $P_1V_1 = P_2V_2$

    ③ $\dfrac{P_1}{V_2} = \dfrac{P_2}{V_1}$

    ※ 여기서, P: 기체의 절대압력
                  V: 기체의 부피
                  C: 상수

(3) 보일의 법칙과 관련된 현상

    ① 잠수부가 호흡할 때 생기는 공기방울은 물 위로 올수록 커진다.

    ② 풍선이 하늘 위로 올라가면 점점 커지다 결국 터진다.

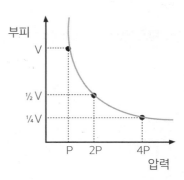

[압력과 부피와의 관계]

3. 샤를의 기체법칙(Charles' Gas Law)

(1) 정의

샤를은 기체의 온도가 그 부피와 비례하는 것, 즉 기체의 온도가 증가하면 부피도 증가함을 발견하였다. 이를 샤를의 법칙이라 한다.

(2) 샤를의 법칙 공식(P = 일정)

① $\dfrac{V}{T} = C$

② $\dfrac{V_1}{T_1} = \dfrac{V_2}{T_2}$

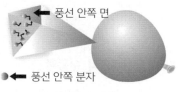

[기체 분자의 운동과 샤를의 법칙]

(3) 샤를의 법칙과 관련된 현상

① 찌그러진 탁구공을 뜨거운 물 속에 넣으면 펴진다.
② 열기구 속의 공기를 버너로 가열하면 공기가 팽창하여 열기구가 높이 떠오른다.

풍선 안쪽 면

풍선 안쪽 분자

[기체의 압력]

4. 게이뤼삭의 기체법칙(Gay-Lussac's Gas Law)

(1) 정의

게이뤼삭은 일정량의 기체는 부피가 일정하면 그 압력이 기체의 온도와 비례한다는 사실, 즉 기체의 온도가 상승되면 압력이 커진다는 사실을 발견하였다.

(2) 게이뤼삭의 법칙 공식(V = 일정)

① $\dfrac{P}{T} = C$

② $\dfrac{P_1}{T_1} = \dfrac{P_2}{T_2}$

8 열전달(Heat Transfer)

1. 열전도(Heat conduction)

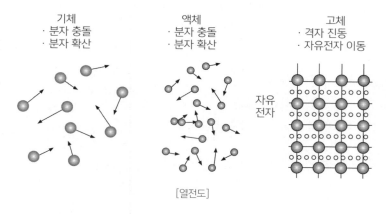

기체
· 분자 충돌
· 분자 확산

액체
· 분자 충돌
· 분자 확산

고체
· 격자 진동
· 자유전자 이동

자유
전자

[열전도]

(1) 정의

① 열전도란 물체간의 직접적인 접촉을 통해서 열이 전달되는 현상을 말한다.

② 즉, 열전도는 열에너지가 물질(매질)의 이동을 수반하지 않고 고온부에서 저온부로 연속적으로 전달되는 현상을 말하며, 주로 고체 내부에서 일어난다.

(2) 열전도의 메커니즘

① **기체**: 분자 충돌이나 확산 등에 의해 열에너지를 전달한다.

② **액체**: 분자 충돌이나 확산 등에 의해 열에너지를 전달한다.

③ **고체**

　ㄱ **금속**: 분자간의 진동, 자유전자의 이동에 의해 열에너지를 전달한다.

　ㄴ **비금속**: 분자간의 진동에 의해 열에너지를 전달한다.

　▶ 비금속보다 금속이 열전도가 잘되는 이유는 자유전자의 이동이 있기 때문이다.

(3) 열전도도(= 열전도율)

물질마다 열을 전달하는 정도가 다른 것은 각각 물질에 따라 열전도의 작용원리가 다르기 때문이다. 이것을 수치로 나타내는 것을 그 물질의 열전도도라 한다.

물질	열전도도(W/m·K)	물질	열전도도(W/m·K)
그래핀	4,800 ~ 5,300	콘크리트	1.7
다이아몬드	900 ~ 2,300	유리	1.1
은	429	얼음	2.2
구리	400	석면	0.16
금	318	나무	0.04 ~ 0.4
알루미늄	237	물	0.6
철	80	알코올, 오일	0.1 ~ 0.2
납	35	공기	0.025
스테인리스 스틸	12 ~ 45	에어로젤	0.004 ~ 0.04

(4) 푸리에(Jean Baptiste Joseph Fourier) 법칙

① 열전도 현상을 설명하는 법칙을 '열전도의 법칙' 또는 '푸리에 법칙'이라고 한다.

② 두 물체 사이에 단위 시간당 전도되는 열량은 두 물체의 온도차와 접촉된 면적에 비례하고, 거리에 반비례한다는 것이다.

$$q = -KA\frac{\Delta T}{\Delta L}$$

여기서, q : 단위 시간당 전도에 의한 이동 열량[W, kW, J/s, kJ/s]

　　　　K : 각 물질의 열전도도(열전도율)[W/m·K]

　　　　A : 접촉된 단면적[m²]

　　　　ΔT: 물체의 온도차[K, ℃]

　　　　ΔL: 길이(두께)차[m]

2. 열대류(Heat Convection)

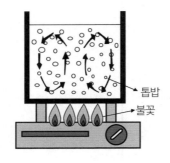

[액체의 대류 현상]

[공기의 대류 현상]

(1) 정의

대류는 기체나 액체와 같이 유동성이 있는 유체 내에서 일어나는 열전달 현상이다. 즉, 대류는 온도차에 의해서 생겨난 유체의 흐름에 의해서 열이 이동하는 것을 말한다.

(2) 대류의 종류

① 자연대류(Natural Convection)

㉠ 뜨거운 난로의 주위에 공기가 데워져서 부력에 의하여 모락모락 더운 공기가 상승하는 등의 방법으로 유체의 유동이 발생된 경우의 열대류를 말한다.

㉡ 즉, 열전달이 이루어지는 면 부근에 있는 유체의 온도가 상승하면 밀도가 감소하기 때문에 이로 인한 부력의 작용으로 일어나는 열이동을 말한다.

② 강제대류(Forced Convection)

㉠ 펌프나 송풍기와 같은 유체기계 등으로 공기나 유체를 강제적으로 유동시켜서 유체가 물체간의 열 이동을 촉진시키는 경우의 열대류를 말한다.

㉡ 예를 들면, 감지기나 스프링클러헤드의 감열부에 열전달이 화재로부터 뜨거운 연소 생성물의 흐름에 노출되는 것, 자동차의 팬, 원자력발전소의 연료냉각장치 등이 이에 속한다.

(3) Newton의 냉각법칙

어떠한 고체 표면의 온도가 일정한 온도 T_w로 유지되고 이 물체의 주위에 온도가 T_∞인 유체가 흘러갈 경우 고체로부터 유체로 단위 시간당 전달되는 열에너지의 양 q는 고체의 표면적 A에 비례하고, 열전달계수 h에도 비례한다.

$$q = hA(T_w - T_\infty)$$

여기서, q: 단위 시간당 대류에 의한 이동 열량[W, kW, J/s, kJ/s]

h: 대류열전달계수[W/m² · K]

A: 물체의 표면적[m²]

T_w: 고온유체 또는 고온물체의 온도[K]

T_∞: 저온유체 또는 주변의 유체의 온도[K]

3. 열복사

(1) 정의

① 열전도나 대류열전달의 경우 에너지가 매질(고체, 유체) 내를 이동하지만 매질이 존재하지 않는 완전한 진공 내에서도 열이 이동된다. 이 경우 열은 전자기파의 형태로 전파되거나 가열된 물체 표면으로부터 전자파가 방출되는데 이러한 현상을 열복사라 한다.

  ▶ 건축물 화재발생시 화재 확대는 열전달 중 복사열이 주된 원인이 된다.

② 복사에너지는 빛과 동일한 성질을 가지며, 진행속도는 빛의 속도와 같고 또한 빛과 동일한 반사, 굴절의 법칙을 따른다.

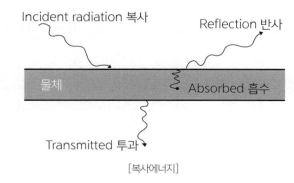

[복사에너지]

(2) 스테판-볼쯔만(Stefan - Boltzmann)의 법칙

완전 흑체에서 복사에너지는 절대온도의 4승에 비례하고 열전달면적에 비례한다.

$$q = \sigma AT^4 = \varepsilon \sigma AT^4$$

여기서, q: 단위 시간당 복사에 의한 이동 열량[W, kW, J/s, kJ/s]

  σ: 스테판 – 볼쯔만 상수[5.669×10^{-11} $W/m^2 \cdot K^4$]

  A: 물체의 표면적[m^2]

  T: 물체 표면의 온도[K, ℃]

  ε: 복사능($0 < \varepsilon < 1$)

◎ 확인 예제

표면온도가 300℃에서 안전하게 작동하도록 설계된 히터의 표면온도가 360℃로 상승하면 300℃ 때 방출하는 복사열에 비해 약 몇 배의 복사열을 방출하는가?

① 1.2   ② 1.5   ③ 2   ④ 2.5

해설 방출되는 복사열은 절대온도 4제곱에 비례한다.

- $\dfrac{q_2}{q_1} = \dfrac{T_2^4}{T_1^4}$ 식을 적용

- $\dfrac{q_2}{q_1} = \dfrac{(273 + 360)^4}{(273 + 300)^4}$

∴ $q_2 ≒ 1.5q_1$

정답 ②

4. 대표적인 열전달 법칙

(1) 열전달 법칙의 구분

열전도	푸리에(Fourier) 법칙	$Q = kA\dfrac{dT}{dx}$
열대류	뉴톤(Newton)의 냉각 법칙	$Q = hA\Delta T$
열복사	스테판 – 볼츠만(Stefan – Boltzmann)의 법칙	$Q = \epsilon\sigma AT^4$

(2) 전도·대류·복사의 비교

구분	전도	대류	복사
분자적 관점	분자, 자유전자활동	분자활동과 무관	분자, 원자들의 복사선 방출
매질의 활동	매질의 유동이 없이 전달	매질의 유동 수반	매질이 없어도 가능
기본 법칙	Fourier 전도 법칙	Newton 냉각 법칙	Planck 흑체복사 이론

연소 개론

1 연소(combustion)의 정의

1. 연소

(1) 물질이 빛이나 열 또는 불꽃을 내면서 빠르게 산소와 결합하는 반응이다.

(2) 물질이 완전히 연소할 때 발생하는 열을 연소열이라고 하며 대부분의 연소반응은 발열반응이다.

2. 연소의 이해

(1) 빠른 산화와 느린 산화

① 빠른 산화: 연소와 같이 산소와 빠르게 결합하는 산화반응을 빠른 산화라고 한다.

② 느린 산화: 철이 녹스는 것과 같이 느리게 진행되는 산화를 느린 산화라고 한다.

(2) 연소반응(combustion reaction)

① 연소반응이란 가연물과 산소가 고온에서 열과 빛을 동반하면서, 자동적으로 연소하는 산화반응을 말한다.

② 가연물 중의 주된 가연 성분은 탄소 원자(C), 수소 원자(H)이며, 연소 반응은 이것이 열분해하여, C와 H가 공기 중 산소(O)와 결합하여 연소하는 것을 말한다.

(3) 완전연소와 불완전연소

① 완전연소: 산소를 충분히 공급하고 적정한 온도를 유지시켜 반응물질이 더이상 산화되지 않는 물질로 변화하도록 하는 연소이다.

② 불완전연소: 물질이 연소할 때 산소의 공급이 불충분하거나 온도가 낮아 그을음이나 일산화탄소가 생성되는 연소이다.

참고 연소반응 예시

---

1. 숯(C)의 연소반응: $C + O_2 \rightarrow CO_2$

   → 숯의 주성분인 탄소가 산소와 만나 산화되어 이산화탄소를 생성한다.

2. LPG의 연소반응

   • $C_3H_8 + 5O_2 \rightarrow 3CO_2 + 4H_2O$

   • $C_4H_{10} + 6.5O_2 \rightarrow 4CO_2 + 5H_2O$

   → 액화석유가스(LPG)의 주성분인 프로판(C_3H_8), 부탄(C_4H_{10})은 연소하여 이산화탄소와 물을 생성하며, 빠른 속도로 반응하면서 빛이나 열을 내는 연소반응을 한다.

3. 메탄(CH_4)의 연소반응: $CH_4 + 2O_2 \rightarrow CO_2 + 2H_2O$

   → 메탄은 산소와 만나 산화되어 이산화탄소와 물을 생성하며, 빠른 속도로 반응하면서 빛이나 열을 내는 연소반응을 한다.

---

2 연소의 3요소 및 4요소

1. 연소의 3요소

(1) 가연물(연료)

불에 탈 수 있는 재료로서 일반적으로 고체보다는 액체가, 액체보다는 기체가 더 잘 연소된다.

(2) 산소

일정량 이상의 산소가 있어야만 연소가 일어난다.

(3) 점화원

발화점이란 불꽃이 직접 닿지 않고 열에 의해 스스로 불이 붙는 온도로서 연소를 위해서는 발화점 이상으로 온도를 높일 열이 필요하다.

▶ 이 세 가지의 조건 중 어느 하나라도 충족되지 못하면 애초에 연소반응이 일어나지 않으며, 설사 연소반응이 일어나고 있다고 하더라도 타고 있는 물질의 불은 꺼지게 된다. 이러한 현상을 소화(燒火)라고 한다.

2. 연소의 4요소

(1) 가연물
(2) 산소공급원
(3) 점화원
(4) 순조로운 연쇄반응

📝 **핵심정리** | 연소(combustion)

연소의 정의	자발적인 발열반응과정
	빛과 열의 발생을 수반하는 급격한 산화반응과정
	가연물질이 공기 중 산소와 결합하여 발열과 발광을 수반하는 반응과정
연소의 3요소	① 가연물(연료) ② 산소 ③ 점화원(초기열에너지)
연소의 4요소	① 가연물(연료) ② 산소 ③ 점화원(초기열에너지) ④ 순조로운 연쇄반응

3 가연물(연료, 타는 물질)

가연물이란 산소와 반응시 발열에 의하여 연소가 계속되는 물질을 말한다. 일반적으로 산소와 반응하는 물질은 모두 가연물로 말하지만 발열반응을 수반하지 않는 물질은 가연물이라고 하지 않는다. 예를 들면 질소의 경우 산화반응에 의하여 질소산화물을 생성하지만 흡열반응이므로 가연물이 아니다.

1. 가연물 구비조건

(1) 산소와 화합해야 한다. 즉, 산화반응을 일으킬 수 있는 물질이어야 한다.
(2) 반응을 지속하기 위하여 산화반응은 발열반응이어야 한다.
(3) 반응열은 반응을 지속하는 데 충분할 정도로 신속하고도 다량으로 발생하여야 한다.
(4) 반응열이 반응부분으로부터 다른 부분으로 옮겨감으로써 반응부분의 온도를 극도로 저하시키지 않도록 그 물질의 열전도율이 작아야 한다.
(5) 활성화에너지가 작아야 한다.
(6) 연쇄반응을 수반하여야 한다.

2. 가연성물질

(1) 가연성기체
메탄, 에탄, 프로판, 부탄, 수소, 아세틸렌 등

(2) 가연성액체
휘발유, 알코올, 경유, 등유 등(주로 인화성액체)

(3) 가연성고체
종이, 나무, 초, 연탄, 고무, 플라스틱 등

3. 가연물이 될 수 없는 물질(불연성물질)

(1) 불활성물질(주기율표상 0족원소, 불활성기체)
헬륨(He), 네온(Ne), 아르곤(Ar), 크세논(Xe), 크립톤(Kr), 라돈(Rn)

(2) 반응종결물질(더 이상 산소와 반응하지 않는 물질)
수증기(H_2O), 이산화탄소(CO_2), 오산화린(P_2O_5), 산화알루미늄(Al_2O_3) 등

(3) 산화·흡열반응물질
질소 또는 질소 산화물

✏️ 핵심정리 | 가연물(FUEL)

가연물의 구비조건	① 산소와 친화력이 클 것 ② 반응열이 클 것(발열량이 클 것) ③ 공기와의 접촉면적이 클 것(비표면적이 클 것) ④ 열전도율이 작을 것 ⑤ 활성화에너지가 작을 것 ⑥ 연쇄반응을 일으킬 수 있을 것	
위험물(가연물)	제2류 위험물	고체
	제3류 위험물	고체·액체
	제4류 위험물	액체
	제5류 위험물	고체·액체
가연물이 될 수 없는 물질	① 불활성기체 ② 반응종결물질 ③ 흡열반응물질	

◎ 확인 예제

연소를 위한 가연물의 조건으로 옳지 않은 것은?

① 산소와 친화력이 크고, 발열량이 클 것
② 열전도율이 작을 것
③ 연소시 흡열반응을 할 것
④ 활성화 에너지가 적을 것

해설 반응을 지속하기 위하여 산화반응은 발열반응이어야 한다.

정답 ③

4 산소공급원(Source of oxygen supply)

1. 공기

연소에 필요한 산소(O_2)는 공기 중에 약 5분의 1 정도(체적비: 약 21%, 중량비: 약 23%)로 존재하고 있다. 이와 같이 산소는 공기 중의 다른 물질과 기체상태로 충분히 혼합되어 가연성물질을 태우는 데 필요한 역할을 하게 되므로 공기는 산소의 총 공급원이 된다.

조성비 \ 성분	산소	질소	이산화탄소	희가스
용량(vol%)	20.99	78.03	0.03	0.95
중량(wt%)	23.15	75.51	0.04	1.30

2. 산화제

자신은 불연성물질이지만 분자 내에 공기 중보다 더 많은 양의 산소를 함유하고 있는 물질로서 가열, 충격, 마찰 등으로 분해되어 산소를 발생한다. 또한 발생된 주변에 있는 가연물질과 혼합 또는 접촉하면 연소의 위험성이 있는 물질을 말한다.

(1) 제1류 위험물(산화성 고체)

불연성물질이지만 자체 내에 산소를 함유하고 있어 가열, 충격, 마찰에 분해되어 공기 중 산소보다 더 많은 산소를 방출하는 물질이다(예 아염소산염류, 염소산염류, 과염소산염류, 질산염류, 무기과산화물, 브롬산염류, 요오드산염류, 중크롬산염류, 과망간산염류).

(2) 제6류 위험물(산화성 액체)

불연성물질이지만 자체 내에 산소를 함유하고 있어 표면을 가열하면 공기 중 산소보다 더 많은 산소를 방출하는 물질이다(예 과염소산, 과산화수소, 질산).

> **참고** 산소공급원의 이해(용어의 정의)
>
> 1. **조연성(助燃性)**: 가연물질이 연소하는 것을 도우는 성질이다.
> 2. **지연성(支燃性)**: 연소를 지탱하는 성질을 가지고 있는 산소와 공기를 말한다.
> 3. **조연성(지연성)물질**: 산소, 오존, 불소, 염소, 할로겐 원소 등이 해당한다.

3. 자기반응성물질

모두 가연성물질이면서, 일부 물질을 제외한 대부분의 물질이 자체 내 산소를 함유하고 있어 가열, 충격, 마찰에 분해되어 가연성가스 및 일부 물질을 제외한 대부분의 물질이 산소를 방출하여 공기 중 산소와 관계없이 연소가 가능한 물질이다(예 유기과산화물, 질산에스테르류, 니트로화합물, 니트로소화합물, 아조화합물, 디아조화합물, 히드록실아민염류 등).

> **참고** 할로겐원소가 조연성물질인 이유
>
> $$H_2 + Cl_2 \rightarrow 2HCl + 44Kcal$$
>
> - 수소와 염소가 1 : 1 비율로 혼합했을 때 에너지 조건만 갖추어지면 밝은 섬광과 함께 폭발하면서 44Kcal의 열을 발생한다.
> - 할로겐원소가 이런 특정물질(예 수소)과 격렬히 반응하여 폭발할 수 있으므로 조연성물질에 해당된다.

✎ 핵심정리 | 산소공급원

공기	공기 중에 약 21%(V%)	
산화제	불연성(O_2) + 가열, 충격, 마찰 등 = $O_2 \uparrow$	
	제1류 위험물	산화성고체(불연성)
	제6류 위험물	산화성액체(불연성)
자기반응성물질	가연성(O_2) + 가열, 충격, 마찰 등 = 가연성가스 $\uparrow$, $O_2 \uparrow$	
	제5류 위험물	자기반응성물질(가연성)

◎ 확인 예제

조연성 가스에 해당하는 것은?

① 수소   ② 일산화탄소   ③ 산소   ④ 에탄

> **해설** 조연성이란 가연물질이 연소하는 것을 도우는 성질을 말하며, 조연성 가스(물질)로는 산소, 염소, 불소, 오존 등이 있다.
>
> **정답** ③

5 점화원(초기 열에너지, 활성화에너지)

1. 점화원의 정의 및 역할

(1) 가연성 고체

가연성 고체 $\xrightarrow[\triangle]{\text{가열}}$ 표면열 분해 ⇒ 가연성 가스 생성

(2) 가연성 액체

가연성 액체 $\xrightarrow[\triangle]{\text{가열}}$ 표면 증발 ⇒ 가연성 증기 생성

(3) 역할

발화에 필요한 활성화에너지를 제공한다.

→ 즉, 정리하면 상온에서 연료가 공기 중 산소와 산화반응을 일으키려면 열의 출입이 요구되어진다. 이때 필요한 에너지를 '활성화에너지'라고 하며 '점화원'이란 반응에 필요한 '활성화에너지'를 제공하여 주는 것이다.

2. 점화원(열원)의 분류

(1) 화학열에너지(Chemical Heat Energy)

① 연소열(Heat of Combustion): 어떤 물질 1mol 또는 1g이 완전연소할 때 발생하는 열을 말한다.
② 자연발열(Spontaneous Heating): 어떤 물질이 외부로부터 열의 공급을 받지 않고 내부의 반응열의 축적만으로 온도가 상승하여 발화점에 도달하는 데 필요한 열을 말한다.
③ 분해열(Heat of Decomposition): 화합물 1mol을 성분원소의 단체로 분해될 때 발생 또는 흡수되는 열을 말한다.
④ 용해열(Heat of Solution): 어떤 물질 1mol을 용매에 녹일 때 방출되는 열을 말한다(예 묽은 황산).

(2) 전기열에너지(Electical Heat Energy)

① 저항열(Resistance Heating): 도체 물질의 전기저항 때문에 전기에너지의 일부가 열로 발생되는 열을 말한다(예 백열전구 내의 필라멘트의 저항에 의한 열).
② 유도열(Induction Heating): 도체 주위의 자장에 의해 전위차가 발생될 때 유도전류에 의해 발생하는 열을 말한다.
③ 유전열(Dielectric Heating): 절연물질에 누설전류가 흐를 때 발생되는 열을 말한다.
④ 아크열(Heat from Arcing): 회로가 개폐기 및 차단기에 의해 개방되거나 닫힐 때 발생되는 열로서 특히 개방되는 경우 잘 발생된다.
⑤ 정전기열(Static Electricity Heating): 정전기열은 서로 다른 두 물질이 접촉하였다가 떨어질 때 전하가 축적되는 전하를 정전기라 하며, 스파크 방전이 일어날 때 발생되는 열을 말한다.
⑥ 낙뢰에 의한 열(Heat Generated by Lightning): 번개나 구름에 축적된 전하가 다른 구름이나 반대 전하를 가진 지면으로의 방전이 일어날 때 발생되는 열을 말한다.

(3) 기계적 열에너지(Mechanical Heat Energy)

① **마찰열(Frictional Heat)**: 두 물질을(특히 고체) 마주대고 마찰시키면 운동에 대한 저항현상으로 인해 발생되는 열을 말한다.

② **마찰스파크(Friction Spark)**: 금속물체와 다른 고체물체가 충돌에 의해 발생되는 열을 말한다.

③ **압축열(Heat of compression)**: 밀폐된 계 내부에서 단열 압축시 발생된 열을 말한다.

(4) 원자력 에너지(Atomic Heat Energy)

① **핵분열 에너지(fission energy)**: 우라늄, 플루토늄과 같이 원자량이 큰 물질은 중성자로 원자핵을 가격하면 원자가 분열되면서 다량의 에너지를 방출한다.

② **핵융합 에너지(fusion energy)**: 수소를 고온 고압으로 압축하면 두개의 원자가 융합되어 헬리움으로 되면서 핵분열 에너지보다도 더 많은 에너지를 방출한다.

핵심정리 | 점화원

구분		정의 및 종류
화학적 점화원	연소열	어떤 물질이 완전연소할 때 발생하는 열
	자연발열	어떤 물질이 외부로부터 열의 공급을 받지 않고 내부의 반응열의 축적만으로 온도가 상승하여 발화점에 도달하는 데 필요한 열
	분해열	어떤 화합물질이 분해될 때 발생 또는 흡수되는 열
	용해열	어떤 물질을 용매에 녹일 때 방출되는 열
기계적 점화원		마찰열, 마찰스파크열, 압축열(단열압축)
전기적 점화원		저항열, 유전열, 유도열, 아크열, 정전기열, 낙뢰열
열적 점화원		나화, 자외선, 적외선, 고온체, 복사열 등

6 순조로운 연쇄반응(Chain reaction)

1. 연쇄반응의 정의

(1) 가연물이 유기화합물인 경우 불꽃연소가 개시되어 열을 발생할 경우 발생된 열은 가연물의 연소형태를 연소가 용이한 중간체(자유라디칼)를 형성하여 연소를 촉진시킨다.

(2) 이와 같이 에너지에 의해 연소가 용이한 라디칼은 연쇄적으로 이루어지며, 점화원이 제거되어도 생성된 라디칼이 완전하게 소실되는 시점까지 연소를 지속시킬 수 있는 현상을 연쇄반응이라 한다.

2. 연쇄반응의 적용

(1) 연소의 4요소

(2) 불꽃연소(발염연소)

1. 화학반응식

(1) 화학반응을 할 때 반응에 참여하는 물질로 화학반응식에서 화살표 혹은 평형기호의 왼쪽에 적는다.

(2) 어떤 물질이 화학반응을 통하여 다른 물질로 변화할 때 시작한 물질, 즉 반응한 물질을 반응물질 혹은 반응물이라 하고, 생성된 물질을 생성물질 혹은 생성물이라 한다. 화학반응식으로 표시할 때는 화학반응을 나타내는 화살표의 왼쪽에 표시한다. 예를 들어, 'A + B → C + D'의 반응에서 A와 B는 반응물질이고 C와 D는 생성물질이다.

2. 충돌이론

(1) 분자들이 반응하려면 먼저 반응하는 분자끼리 충돌하여야만 한다는 이론이다.

(2) 이 이론에 따르면 반응 물질이 충돌하더라도 충분한 에너지를 가지고 있어야 하며, 충돌하는 방향이 반응이 일어나기 쉬운 쪽이어야 반응이 일어난다. 반응이 일어날 수 있는 충돌을 유효 충돌이라고 한다. 반응물질의 농도가 커지면 반응속도가 빠른 반응은 충돌이론으로 설명할 수 있다.

(3) 반응물질의 농도가 증가하면 충돌 횟수가 많아지므로 반응속도가 빨라진다. 하단 그림에서와 같이 A의 농도가 2배 증가하면 충돌 횟수가 2배 증가하여 반응속도도 2배 빨라지며, A와 B가 2배씩 증가하면 충돌 횟수가 4배 증가하므로 반응속도도 4배 빨라진다.

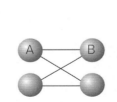
A와 B의 충돌 가능 수 - 4

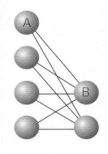
A와 B의 충돌 가능 수 - 8

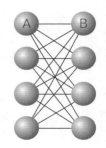
A와 B의 충돌 가능 수 - 16

(4) 이 이론은 화학반응이 일어나기 위해서는 반드시 두 입자가 충돌하여야 하며, 반응이 일어나기에 충분한 에너지를 가진 상태여야 한다는 데 기초한다. 왜냐하면, 충돌할 때 입자는 원래 존재하던 결합을 끊어야 새로운 결합을 하여 생성물을 형성할 수 있기 때문이다. 이때, 반응이 일어나는데 필요한 최소한의 에너지는 활성화에너지라고 한다. 충돌이 성공적으로 일어나는 경우에도, 반응물의 농도가 너무 적다면 반응은 훨씬 천천히 일어날 것이다. 또한, 온도가 올라간다면 평균 분자에너지가 증가하여 분자의 속도가 증가하게 되어 충돌이 증가할 것이다. 따라서 온도가 증가하면 활성화에너지보다 큰 에너지를 가지는 입자끼리의 충돌이 증가하게 되어 반응속도가 빨라지게 된다.

(5) 충돌 모형은 화학반응속도론과 밀접한 관련이 있다.

3. 반응속도

(1) 화학 변화를 일으키기 위해서는 반응물질이 충분한 에너지를 가지고 있어야 한다. 이처럼 반응을 일으키기 위하여 필요한 최소한의 에너지를 활성화에너지라고 한다.

(2) 활성화에너지보다 큰 에너지를 가지고 있는 분자들이 충돌하면 반응이 진행된다.

(3) 활성화에너지가 큰 반응은 쉽게 일어나지 않으며, 활성화에너지가 작은 반응은 반응이 빠르게 일어난다.
(4) 온도가 10℃ 올라가면 활성화에너지보다 많은 에너지를 가지고 있는 분자들이 많아지기 때문에 반응속도가 약 두 배 빨라진다.

4. 반응속도에 영향을 주는 요인

단위 시간당 유효 충돌의 횟수가 증가하고 활성화에너지를 갖는 분자가 많아지면 반응속도는 빨라지게 된다. 유효 충돌 횟수나 활성화에너지에 영향을 주는 요인들에는 농도, 온도, 압력, 표면적, 촉매 등이 있다.

(1) 농도와 반응속도

반응물질의 농도를 높여주면 같은 부피 속에 존재하는 반응물질이 많아지므로 분자들이 만날 확률이 높아진다. 이에 따라 전체적인 충돌 횟수가 증가하기 때문에 유효 충돌 횟수 역시 증가해 반응속도가 빨라진다.

(2) 온도와 반응속도

온도를 높여주면 반응물질들의 평균적인 운동에너지가 증가한다. 따라서 활성화에너지 이상의 에너지를 갖는 분자들의 수가 늘어나 반응속도가 빨라진다.

(3) 압력과 반응속도

압력이 증가하면 입자 수는 그대로이나 부피가 감소하기 때문에 단위 부피 속의 입자 수가 많아져 반응속도가 빨라진다. 이는 기체에만 해당된다.

(4) 표면적과 반응속도

반응물질의 표면적이 넓을수록 반응물질들간에 접촉할 수 있는 면적이 커져 유효 충돌 횟수가 증가한다.

(5) 촉매와 반응속도

촉매는 반응의 진행 경로를 바꾸면서 활성화에너지를 낮추는 역할을 한다. 따라서 반응을 진행시킬 수 있을 만큼의 에너지를 가진 분자의 수가 증가하게 되고 반응속도도 빨라진다.
또한 촉매에는 활성화에너지를 낮춰서 반응속도를 빠르게 해주는 정촉매와 활성화에너지를 높여서 반응속도를 느리게 해주는 부촉매가 있다.

5. 활성화에너지

(1) 화학 변화를 일으키기 위해서는 반응물질이 충분한 에너지를 가지고 있어야 한다. 이처럼 반응을 일으키기 위하여 필요한 최소한의 에너지를 활성화에너지라고 한다.
(2) 활성화에너지보다 큰 에너지를 가지고 있는 분자들이 충돌하면 반응이 진행된다. 활성화에너지가 큰 반응은 쉽게 일어나지 않으며, 활성화에너지가 작은 반응은 반응이 빠르게 일어난다.
(3) 온도가 10℃ 올라가면 활성화에너지보다 많은 에너지를 가지고 있는 분자들이 많아지기 때문에 반응속도가 약 두 배 빨라진다.

6. 발열반응

(1) 화학반응에서 반응물질이 생성물질보다 더 많은 에너지를 함유하고 있으면 반응이 진행되면서 물질이 함유한 에너지가 감소하며, 이때 감소한 에너지를 외부로 방출한다. 이러한 반응을 발열반응이라고 한다.

(2) 일반적으로 발열반응이 일어날 때에는 외부로 열을 방출하므로 주위의 온도가 올라가며, 빠르게 진행되는 경우 많은 양의 열이 일시에 방출되어 폭발 현상이 수반되기도 한다.

7. 흡열반응

(1) 반응물질의 에너지가 생성물질의 에너지보다 작을 경우 반응물질이 생성물질로 변하기 위해서는 열에너지가 사용되어야 한다. 이러한 반응을 흡열반응이라고 한다.

(2) 흡열반응이 진행되면 열에너지를 흡수하기 때문에 반응물질과 그 주위의 온도가 내려간다.

8. 생성물질

반응의 결과 생성된 물질을 생성물질이라고 한다. 다만, 반응 도중에 생겼다가 곧 없어지는 물질은 생성물질이라고 부르는 대신에 중간 생성물이라고 한다.

9. 반응열

(1) 화학반응이 진행될 때에는 에너지의 변화가 수반된다. 반응물질의 에너지가 생성물질의 에너지보다 클 때에는 에너지를 방출하며, 반응물질의 에너지가 생성물질의 에너지보다 더 작을 때에는 에너지를 흡수한다. 이와 같이 화학 반응이 일어날 때 방출하거나 흡수하는 열을 반응열이라고 한다.

(2) 반응열은 반응의 종류에 따라 중화열, 생성열, 분해열, 연소열, 용해열 등이 있다. 반응열은 반응물질과 생성물질의 에너지 차이에 해당하며, 반응이 일어나는 과정에서 필요한 활성화에너지 등과는 무관하다.

연소의 과정과 특성

1 발화의 정의 및 분류

1. 발화의 정의

가연물과 산소의 분자들이 활성화에너지 상태에 도달하여 일어나는 반응의 결과 생성, 귀환되는 반응열이 미활성분자들의 활성화를 위한 자체공급원이 작용하여 산화가 지속될 수 있는 반응속도를 갖기 시작하는 과정을 말하며, 이때 반응단계를 연소의 초기 단계인 발화라 한다.

2. 발화의 분류 및 관련온도

(1) 유도발화

불꽃 또는 전기 스파크와 같은 점화원과의 직접적인 접촉으로 가연성 증기와 공기의 혼합기체에서 불꽃연소가 일어나는 것을 말한다. ▶ 온도: 인화점 및 연소점

(2) 자동발화

가연성 증기와 공기의 혼합기체가 고열 상태에 들게 되어 점화원이 존재하지 않더라도 자체의 고열로 인해 저절로 불꽃연소를 일으키는 것을 말한다. ▶ 온도: 발화점(착화점)

2 인화점·연소점·발화점

1. 인화점(Flash point)

(1) 인화점의 정의

기체 또는 휘발성 액체에서 발생하는 증기가 공기와 섞여서 가연성 또는 폭발성혼합기체를 형성하고, 여기에 불꽃을 가까이 댔을 때 순간적으로 섬광을 내면서 연소하는, 즉 인화되는 최저의 온도를 말한다.

(2) 액체가연물의 인화점(제4류 위험물인 인화성액체의 인화점)

품명	액체가연물	인화점(℃)	품명	액체가연물	인화점(℃)
특수인화물	디에틸에테르	-45	제1석유류	벤젠	-11
특수인화물	이황화탄소	-30	제1석유류	톨루엔	4
특수인화물	아세트알데히드	-38	알코올류	메틸알코올	11
특수인화물	산화프로필렌	-37	알코올류	에틸알코올	13
제1석유류	아세톤	-18	제2석유류	등유	40 ~ 70
제1석유류	휘발유	-43 ~ -20	제2석유류	경유	50 ~ 70

(3) 인화점 측정법

① 밀폐식 측정법(Closed – cup method)

② 개방식 측정법(Open – cup method)

③ 실험을 개방식에서보다 밀폐식에서 증기 – 공기 혼합기체의 전압이 약간 크기 때문에 인화점을 측정하면 밀폐식의 인화점이 약간 낮다.

(4) 인화점의 특징

① 인화점은 가연성 혼합가스 점화원의 존재하에 연소하기 시작하는 온도이다.

② 인화점의 특징은 점화원을 제거했을 때도 혼합기체가 계속 타는 것이 아니라, 단지 그 순간에만 미세하게 번쩍거리는 모습이 점화원 부위에서 나타난다.

③ 인화점에서는 점화원을 제거하면 연소가 중단된다.

⊙ 확인 예제

01 가연성 액체로부터 발생한 증기가 액체표면에서 연소범위의 하한계에 도달할 수 있는 최저온도를 의미하는 것은?

① 비점　　　　　　② 연소점　　　　　　③ 발화점　　　　　　④ 인화점

> 해설　액체연료 표면을 가열하여 공기 중에 가연성증기를 발생하여 외부의 직접적인 점화원에 의하여 순간적으로 빛(섬광)을 내는 즉, 점화원을 주었을 때 인화될 수 있는 증기가 나오는 액체 표면의 최저온도를 인화점이라 한다.

02 다음 중 인화점이 가장 낮은 물질은?

① 메틸에틸케톤　　　　② 벤젠　　　　　　③ 에탄올　　　　　　④ 디에틸에테르

> 해설　각 물질의 인화점은 다음과 같다.
> - 메틸에틸케톤: –9℃
> - 벤젠: –11℃
> - 에탄올(에틸알코올): 13℃
> - 디에틸에테르(에틸에테르): –45℃
> 따라서 인화점이 가장 낮은 물질은 디에틸에테르이다.

정답　01 ④　　02 ④

2. 연소점(Fire point)

(1) 인화점을 넘어서 가열을 더 계속하면 불꽃을 가까이 댔을 때 계속해서 연소하는 온도에 이른다. 이 온도를 연소점이라고 하며 인화점과 구별한다.

(2) 연소상태가 계속될 수 있는 온도를 말하며 일반적으로 인화점보다 5 ~ 10℃ 정도 높은 온도로서 연소상태가 5초 이상 유지될 수 있는 온도이다. 이것은 가연성 증기 발생속도가 연소속도보다 빠를 때 이루어진다.

(3) 한번 발화된 후 연소를 지속시킬 수 있는 충분한 증기를 발생시킬 수 있는 최저온도이다.

3. 발화점(Ignition point)

(1) 발화점의 정의

① 외부의 직접적인 점화원의 접촉 없이 가연물 표면에 가열된 열의 축적에 의하여 발화되고 연소가 일어나는 최저온도이다.

② 가연물을 점화원의 접촉 없이 가열된 열만을 가지고 스스로 연소가 시작되는 최저온도를 말하며, 인화점보다 수백 도
씩 높은 온도이다.

③ 주로 고체 가연물에서 다룬다.

(2) 발화점이 낮아지는 조건

① 화학적 활성도가 클수록 – 산소의 농도 및 친화력
② 반응계의 압력이 클수록
③ 활성화에너지가 적을수록, 열전도율이 적을수록
④ 분자구조가 복잡할수록, 발열량이 클수록
⑤ 직쇄탄화수소계열의 분자량이 클수록 또는 탄소 쇄의 길이가 길수록
(그림 참조)

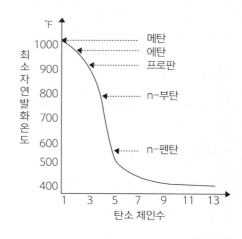

(3) 발화점에 영향을 끼치는 요소

① 가연성가스와 공기와의 혼합비
② 발화공간의 크기와 형태
③ 가열속도와 지속시간 – 지속시간이 길면 낮은 온도에서 발화
④ 점화원의 종류 및 에너지 투여방법
⑤ 발화원의 재질과 가열방식 – 용기벽의 재질
⑥ 촉매효과의 유무

(4) 일반적으로 직쇄탄화수소계열에서 탄소수가 증가할수록 나타나는 효과

① 분자량이 증가하며, 분자구조는 복잡해진다.
② 직쇄탄화수소의 길이가 길어진다.
③ 단위발열량이 커진다.
④ 발화점이 낮아진다.

(5) 가연물의 발화점

① 가연성 고체의 발화점(착화점)

가연성고체	발화점($^\circ$C)	가연성기체	발화점($^\circ$C)
황린(P_4)	34	유황(S)	232
삼황화린(P_4S_3)	100	셀룰로이드류	165
오황화린(P_2S_5)	142	니트로셀룰로오스	160 ~ 170
적린(P)	260	니트로글리세린	205 ~ 215

② 가연성 액체의 발화점(착화점)

인화성액체	발화점($^\circ$C)	인화성액체	발화점($^\circ$C)
디에틸에테르	180	벤젠	498
이황화탄소	90	톨루엔	480
아세트알데히드	175	메틸알코올	464
산화프로필렌	465	에틸알코올	363
아세톤	468	등유	210
휘발유	300	경유	257

③ 가연성 기체의 발화점(착화점)

가연성기체	발화점(℃)	가연성기체	발화점(℃)
아세틸렌	406 ~ 440	메탄	650 ~ 750
수소	580 ~ 590	에탄	520 ~ 630
일산화탄소	641 ~ 658	프로판	460 ~ 520
에틸렌	450 ~ 547	부탄	430 ~ 510

확인 예제

다음 중 착화온도가 가장 낮은 것은?

① 아세톤   ② 휘발유   ③ 이황화탄소   ④ 벤젠

해설
• 이황화탄소(CS$_2$)는 제4류 위험물 중 특수인화물류(인화성액체)로서 제4류 위험물 중 발화점이 가장 낮다(약 90℃).
• 이황화탄소(CS$_2$)의 비중은 물보다 무거우며, 가연성가스의 생성을 막기 위해 물속에 저장한다.

정답 ③

---

3 연소범위(폭발범위) - 가연물

1. 연소범위의 정의

가연성가스와 공기와의 혼합물에서 가연성가스 농도가 너무 낮거나 너무 높으면 아무리 큰 에너지를 공급하여도 화염의 전파가 일어나지 않는 농도범위가 있다. 농도가 낮은 쪽을 연소하한계, 높은 쪽을 연소상한계라 하며, 그 사이를 연소범위라고 한다.

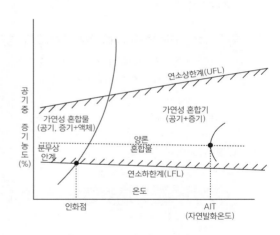

(1) 연소하한계(Lower Flammability Limit: LFL)

연소하한계(LFL)는 그 농도 이하에서는 점화원과 접촉될 때도 화염 전파가 일어나지 않는 공기(산소) 중의 증기 또는 가스의 최소 농도를 말한다.

(2) 연소상한계(Upper Flammability Limit: UFL)

연소상한계(UFL)는 그 농도 이상에서는 점화원과 접촉에서도 화염의 전파가 일어나지 않는 공기(산소) 중의 증기 또는 가스의 최고농도를 말한다.

2. 가연물의 연소범위(폭발범위)

실험시 밀폐공간에서 공기(산소 21%) 중 상온(25℃)에서 측정한다.

가연물질명	폭발범위(Vol%)		가연물질명	폭발범위(Vol%)	
	하한	상한		하한	상한
아세틸렌	2.5	81	프로판	2.1	9.5
산화에틸렌	3	80	부탄	1.8	8.4
수소	4	75	에틸렌	2.7	36
일산화탄소	12.5	74.2	디에틸에테르	1.9	48
암모니아	15	28	이황화탄소	1	44
시안화수소	6	41	아세톤	2.6	12.8
황화수소	4.3	45	가솔린	1.4	7.6
메탄	5	15	벤젠	1.4	7.1
에탄	3	12.5	등유	1.1	6.0

◎ 확인 예제

프로판가스의 연소범위(vol%)에 가장 가까운 것은?

① 9.8 ~ 28.4　　　　② 2.5 ~ 81　　　　③ 4.0 ~ 28.4　　　　④ 2.1 ~ 9.5

[해설]　• 프로판(C_3H_8)의 연소범위는 2.1 ~ 9.5%이다.
　　　　• 연소범위란 물질이 기체 상태에서 산소와 혼합하여 일정 한계 내에서 연소를 일으킬 수 있는 범위를 말한다.

[정답] ④

3. 연소범위에 영향을 끼치는 요소

(1) 온도

① 온도가 올라가면 분자의 운동이 활발해지고 분자간 유효충돌 가능성이 커지기 때문에 연소범위는 하한도 낮아지고 상한도 증가하여 넓어진다.

② 실험에 의하면 연소하한계는 온도가 100℃ 증가될 때 대략 8% 정도 감소되며, 연소상한계는 100℃ 온도 증가에 대해 약 8% 증가를 나타낸다. 즉, 하한이 낮아지고 상한이 증가하여 전체적으로 넓어진다.

[참고] 아레니우스의 법칙

> 일반적으로 화학반응은 온도가 10℃ 상승하면 반응속도가 2배로 증가되고 폭발범위도 온도상승에 따라 확대된다.

(2) 산소

연소하한계에서 연소를 위해서는 공기 중 산소가 과잉상태이기 때문에 연소하한은 거의 변화가 없고, 상대적으로 연소상한으로 갈수록 연료에 비해 산소가 부족하기 때문에 산소를 공급하면 연소상한이 크게 증가한다. 즉, 공기 중 산소보다 순수 산소 중에서 연소범위는 넓어진다.

(3) 압력

① 압력은 연소하한에는 약간의 영향만 미친다. 하한계는 근본적으로 압력이 약 5kPa(즉, 그 압력 이하에서는 화염이 전파되지 않는)까지 낮아지면 일정하게 된다. 즉, 압력이 높아지면 분자간의 평균거리가 축소되어 분자간의 충돌에너지가 커져서 화염의 전달이 용이하여 연소상한계는 증가한다.

② 위 ①의 예외로 일산화탄소는 압력이 높아지면 역으로 연소상한계가 좁아진다.

(4) 불활성가스

불활성가스의 농도에 비례하여 연소범위는 좁아진다.

(5) 고압

고압의 경우 연소범위는 더욱 넓어진다.

4. 위험도

가연성가스의 위험도란 연소범위를 연소하한계로 나눈 값을 말하며 위험도의 값이 클수록 위험성은 증가한다.

$$위험도 = \frac{연소상한 - 연소하한}{연소하한}$$

① 가연성기체의 위험도는 연소범위를 기준으로 한다.
② 인화성액체의 위험도는 일반적으로 인화점을 기준으로 한다.

> **참고** 인화성액체 위험도의 예
>
> 1. **디에틸에테르**: 연소범위는 1.9 ~ 48%, 인화점은 −45℃이다.
> 2. **등유**: 연소범위는 1.1 ~ 6%, 인화점은 40 ~ 60℃이다.
> → 디에틸에테르는 액체표면의 온도가 −45℃에서 인화될수 있는 증기 1.9%가 발생하고 등유는 액체표면의 온도가 40℃ 이상 되어야 인화될 수 있는 증기 1.1%가 발생하기 때문에 당연히 디에틸에테르가 위험도가 큰 것이다.
>   즉, 인화성액체의 연소하한이 아닌, 인화될 수 있는 증기가 나오는 액체표면의 온도인 인화점이 일반적으로 위험도의 기준이 된다.

5. 연소(폭발)범위와 화재의 위험성

(1) 연소범위의 하한값이 낮을수록 위험성은 증가한다.
(2) 연소범위의 상한값이 높을수록 위험성은 증가한다.
(3) 연소범위의 하한값과 상한값의 차이가 넓을수록 위험성은 증가한다.
  ① 하한계가 낮을수록 위험하다.
  ② 상한계가 높을수록 위험하다.
  ③ 연소범위가 넓을수록 위험하다.

6. 물질의 성질에 따른 위험성

(1) 융점(melting point)

대기압하에서 고체가 용융하여 액체가 되는 온도를 융점이라고 한다. 융점이 낮은 경우는 액체로 변화하기가 용이하고 화재발생시에는 연소구역의 확산이 용이하기 때문에 위험성이 증가한다.

(2) 점성(viscosity)

① 모든 유체는 점성을 가지고 있다. 점성이란 유체가 유동할 때 유체 자체 내에 가지는 저항을 말한다. 유체의 점성은 온도변화에 따라서 변화하는데 액체의 경우는 온도가 높아지면 점성은 낮아지고 기체의 경우는 반대로 온도가 높아지면 점성도 커지는 경향이 있다.

② 액체의 경우에 온도상승에 따라 점성이 작아져서 유동하기 쉽게 되므로 위험성이 증가하게 되고, 기체의 경우는 점성의 변화와 위험성과는 별로 관계가 없다.

(3) 비점(boiling point)

① 모든 액체는 주어진 압력과 온도에서 특정한 값의 증기압을 가지고 있는데 이 증기압은 액체의 온도가 올라가는 데 따라서 커진다. 액체의 비점이란 온도가 상승하는 과정에서 그 증기압이 1기압하에서 760mmHg가 되는 온도를 말한다. 액체의 비점은 압력이 높아지면 올라가고 반대로 압력이 낮아지면 낮은 온도에서도 끓는다.

② 액체의 비점이 낮은 경우는 액체가 공기 중에 쉽게 증발하여 폭발성 혼합증기의 형성이 용이하게 되므로 위험성이 커진다.

③ 일반적으로 비점이 낮은 경우 인화점도 낮아지는 경향이 있다.

4 최소산소농도(MOC: Minimum Oxygen for Concentration)

1. 최소산소농도의 정의

(1) 화염을 전파하기 위하여 요구되는 최소한의 산소농도로서 공기와 가연성가스의 혼합기 중 산소의 부피비를 나타내면 [%]의 단위를 갖는다.

(2) 최소산소농도는 한계 산소량이라고도 하며, 공기에 이산화탄소, 수증기, 질소 등과 같은 불연성가스를 추가하여 산소농도를 저하시키면 가연물은 점화원을 주어도 산소부족 때문에 발화하지 않게 되는 농도를 말하며, 보통 가연물에서는 최고라도 산소농도가 10% 정도에서 발화를 예방할 수 있다.

2. 최소산소농도의 활용

(1) 일반적으로 화재 및 가스폭발을 방지하기 위하여 이산화탄소(CO_2), 수증기(H_2O), 질소(N_2) 등을 주입하여 가스 농도와 무관하게 산소농도를 최소산소농도 이하로 낮추어 연소범위를 소멸시키면, 즉 불활성화를 하면 폭발을 방지할 수 있다.

(2) 불활성화란 산소농도를 최소산소농도 이하로 낮추는 것으로 분진의 경우 최소산소농도는 약 8%이며, 가연성가스의 경우에는 약 10% 정도이다. 실제 실무에서는 최소산소농도보다 4% 이상 낮게 설계하여 불활성화하고 있다.

3. 각 연료의 최소산소농도 계산 방법

최소산소농도(MOC) = 산소몰수 × 연소하한계(폭발하한계)
① 프로판가스의 산소몰수: $C_3H_8 + 5O_2 \rightarrow 3CO_2 + 4H_2O$
② 프로판가스의 연소범위: 2.1 ~ 9.5%
③ 최소산소농도(MOC) = 5 × 2.1 = 10.5%
▶ 그러나 실제 실험한 데이터는 약 11%가 나온다.

4. 불활성화의 퍼지방법의 종류

(1) 진공퍼지(Vacuum Purging)

(2) 압력퍼지(Pressure Purging)

(3) 스위프퍼지(Sweep Through Purging)

(4) 사이폰퍼지(Siphon Purging)

5 최소발화에너지(MIE: Minimum Ignition Energy)

1. 최소발화에너지의 정의

가연성가스 및 공기와의 혼합가스에 착화원으로 점화시에 발화하기 위하여 필요한 최저에너지를 말한다.

2. 최소발화에너지(MIE) 산출 공식

$$MIE = \frac{1}{2} CV^2$$

여기서, MIE: 최소발화에너지(Joule)
C: 콘덴서 용량(F)
V: 전압(Volt)

통상 최소발화에너지(MIE)는 매우 적으므로 Joule의 1/1,000인 mJ의 단위를 사용한다.

3. 최소발화에너지(MIE)에 영향을 주는 요소

(1) 최소발화에너지(MIE)는 물질의 종류, 혼합기의 온도, 압력, 농도(혼합비) 등에 따라 변화한다. 또한 공기 중의 산소가 많은 경우 또는 가압하에서는 일반적으로 작은 값이 된다.
　① 온도가 상승하면 분자운동이 활발하므로 MIE는 작아진다.
　② 압력이 상승하면 분자간의 거리가 가까워지므로 MIE는 작아진다.
　③ 농도가 증가하면 분자간의 유효 충돌 횟수가 증가하므로 MIE는 작아진다.

(2) 가연성가스의 조성이 화학양론적 조성(완전연소조성) 부근일 경우 MIE는 최저가 된다. 이것보다 상한계나 하한계로 향함에 따라 MIE는 증가한다.

(3) 일반적으로 연소속도가 클수록 MIE 값은 적다.

(4) 매우 압력이 낮아서 어느 정도 착화원에 의해 점화하여도 점화할 수 없는 한계가 있는데 이를 최소착화압력이라 한다.

4. 각 물질의 최소발화에너지

물질명	분자식	최소착화에너지(mJ)	물질명	분자식	최소착화에너지(mJ)
메탄	CH_4	0.28	아세톤	CH_3COCH_3	0.019
에탄	C_2H_6	0.25	수소	H_2	0.019
프로판	C_3H_8	0.26	이황화탄소	CS_2	0.019
부탄	C_4H_{10}	0.25			

6　연소속도

1. 연소속도의 정의

연소속도란 연소시 화염이 미연소 혼합가스에 대하여 수직으로 이동하는 속도, 즉 단위 시간에 단위 면적당 연소하는 혼합가스량을 말하며, 이는 가스의 성분, 공기와의 혼합비율, 혼합가스의 온도 및 압력 등에 따라 달라진다.

2. 연소속도에 영향을 끼치는 요소

(1) 온도

온도가 높아지면 기체의 분자운동 및 반응이 활발해져 연소속도는 증가한다.

(2) 압력

압력이 높아지면 분자간의 간격이 좁아져 유효 충돌이 증가되고, 연소한계가 커지게 되어 연소속도는 증가한다.

(3) 혼합물 조성

화학양론혼합조성(완전연소)에서 연소속도는 최고가 되며, 혼합물이 연소한계에 가까워질수록 연소속도는 감소한다.

(4) 난류

난류에 의해 주름 잡힌 화염은 더 많은 표면적과 에너지를 갖게 되어 연소속도는 증가한다.

(5) 억제제(불활성가스) 첨가

질소, 수증기, 이산화탄소 등의 억제제(불활성가스)가 혼합기속에 첨가되면 산소농도가 낮아져 연소속도는 감소한다.

3. 각 연료 - 공기 혼합기체의 최대 연소속도

연료	최대 연소속도	농도	연료	최대 연소속도	농도
수소	291cm/s	43vol%	메탄	37cm/s	10vol%
아세틸렌	154cm/s	9.8vol%	에탄	40cm/s	6.3vol%
일산화탄소	43cm/s	52vol%	프로판	43cm/s	4.6vol%
에틸렌	75cm/s	7.4vol%			

⊙ 확인 예제

다음 중 연소속도와 가장 관계가 깊은 것은?

① 증발속도　　　　　② 환원속도　　　　　③ 산화속도　　　　　④ 혼합속도

(해설)　산화속도는 물질이 산소와 결합하는 속도를 의미하며, 연소속도란 빠르게 산소와 결합하는 반응속도를 뜻하므로 연소속도와 산화속도는 관련성이 있다.

 정답 ③

Chapter 04 연소의 형태

1 불꽃 유무에 따른 연소형태

1. 불꽃연소(발염연소)

(1) 불꽃연소의 연소특성

    ① **화재구분**: 유염성표면화재

    ② **연소특성**: 고체 · 액체 · 기체연료 모두에서 발생될 수 있는 현상이다.

    ③ **불꽃여부**: 연료표면에서 불꽃을 발생하며 연소한다.

    ④ **연소속도**: 작열연소에 비해 연소속도가 매우 빠르다.

    ⑤ **발생열량**: 작열연소에 비해 시간당 발생열량이 많다.

    ⑥ **연쇄반응**: 연쇄반응이 일어난다.

(2) 불꽃연소의 연소물질

    ① 열가소성 합성수지류

    ② 가솔린 등 석유류의 인화성액체

    ③ 메탄, 에탄, 프로판, 부탄, 수소, 아세틸렌 등의 가연성기체

(3) 불꽃연소의 소화대책

    연쇄반응이 포함되는 연소이므로 냉각 · 질식 · 제거 외에 연쇄반응의 억제에 의한 소화

2. 작열연소

(1) 작열연소의 연소특성

    ① **화재구분**: 무염성표면화재(심부화재)

    ② **연소특성**: 고체 상태의 표면에 산소가 공급되어 연소가 이루어지는 연소형태

    ③ **불꽃여부**: 연료의 표면에서 불꽃을 발생하지 않고 작열하면서 연소한다.

    ④ **연소속도**: 불꽃연소에 비해 연소속도가 느리다.

    ⑤ **발생열량**: 불꽃연소에 비해 시간당 발생열량이 적다.

    ⑥ **연쇄반응**: 연쇄반응이 일어나지 않는다.

(2) 작열연소의 연소물질

    ① 열경화성 합성수지류

    ② 숯, 코크스, 금속분, 목탄분

(3) 작열연소의 소화대책

    연쇄반응이 일어나지 않는 연소이므로 냉각 · 질식 · 제거에 의한 소화

2 물질상태에 따른 연소형태

1. 가연성기체의 연소형태

(1) 확산연소

① 가연성기체와 공기를 인접한 2개의 분출구에서 분출·확산시켜 계면에 가연성 혼합기를 형성하여 연소시키는 현상으로서 가연성기체의 일반적인 연소형태이다.

② 화염면의 전파가 일어나지 않으며, 역화의 위험이 없다.

③ 적화식 연소(버너)법

    ㉠ 가스를 그대로 대기 중에 분출하여 연소시킨다.

    ㉡ 필요공기는 모두 불꽃 주변에서 확산에 의해 취하게 된다.

    ㉢ 연소과정은 아주 늦고 불꽃은 길게 늘어나 적황색을 띤다. 불꽃 온도는 900℃ 정도로 비교적 낮다.

(2) 예혼합연소

① 가연성기체가 미리 산소와 혼합한 상태로 연소하는 현상이다.

② 반응속도가 빠르고 반응영역의 온도가 높으며, 화염의 길이가 매우 짧으며 강력하다.

③ 화염면의 전파가 수반되어 역화를 일으킬 위험이 크다.

④ 기상 폭발시의 연소조건에 해당된다.

⑤ 분젠식 연소(버너)법

    ㉠ 가스가 노즐에서 분사되며 이의 운동에너지에 의해 공기구멍으로부터 1차 공기를 흡입한다.

    ㉡ 가스와 1차 공기가 혼합관 속에서 혼합되어 염공으로 나오며 연소된다.

    ㉢ 불꽃 주위에서 확산에 의해 2차 공기를 취하게 된다.

> **참고** 확산화염
>
> 1. 연료가스와 산소의 농도차이에 따라 반응영역으로 이동하는 연소과정이다.
> 2. 대부분 자연화재이며 액면화재의 화염, 산림화재의 화염, 양초화염 등이 있다.
> 3. 층류확산화염은 양초화염으로 분자확산에 의해 지배되는 화염이다.
> 4. 난류확산화염은 산림화재의 화염으로 화염 내에서의 가시성 와류에 의한 유체의 기계적인 불안정성에 따라 일어나는 화염이다.

2. 가연성액체의 연소형태

(1) 증발연소

아세톤, 휘발유, 등유, 경유와 같이 액체를 가열하면 액체 표면에 발생한 가연성 증기와 공기가 혼합된 상태에서 연소가 되는 형태로 액체의 가장 일반적인 연소형태이다.

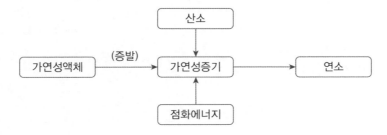

(2) 분해연소

벙커C유와 같이 점도가 높고 비휘발성이거나 비중이 큰 액체 가연물이 열분해하여 증기를 발생하게 함으로서 연소가 이루어지는 형태이다.

3. 가연성액체의 증발방법에 따른 연소형태

(1) 액면연소

화염에서 복사나 대류에 의하여 연료표면에 열이 전달되어 증발이 일어나고 공기와 혼합하여 혼합기가 형성된 상태로 유면의 상부에서 확산연소를 하는 연소형태이다.

(2) 등심연소

연료를 모세관현상에 의하여 심지가 빨아올려 표면에서 증발시켜 확산연소를 일어나게 하는 연소형태이다(예 심지의 상하조절식 버너, 석유램프).

(3) 분무연소(액적연소)

액체연료를 안개상태의 미세한 분무형태로 분사시켜 미립자화된 액체와 공기가 혼합하여 연소하는 형태이다(예 공업용 보일러의 버너연소).

4. 가연성고체의 연소형태

(1) 분해연소

목재와 같은 고체 가연물은 열분해하여 생성된 CO, CO_2 H_2, CH_4 등의 다양한 가스 가운데 가연성가스를 연소하는 형태이다(예 목재, 석탄, 종이, 플라스틱 등).

(2) 표면연소

고체가연물이 열분해에 의해 가연성가스를 발생하지 않고 그 물질 자체가 계면에서 산소와 직접 반응하여 적열되면서 화염 없이 연소하는 형태를 말한다(예 숯, 코크스, 목탄, 금속분 등).

(3) 증발연소

① 고체 가연물이 열분해를 일으키지 않고 증발하여 증기가 연소되거나 먼저 융해된 액체가 기화하여 증기가 된 다음 연소하는 형태를 말한다(예 황, 나프탈렌, 파라핀(양초) 등).
② 열분해온도보다 그 물질의 융점온도 및 승화온도가 더 낮다.

(4) 자기연소(내부연소)

가연물이 물질의 분자 내에 산소를 함유하고 있어 열분해에 의해서 가연성가스와 산소를 동시에 발생시키므로 공기 중의 산소 없이 연소하는 형태를 말한다(예 니트로셀룰로오스(NC), 니트로글리세린(NG), 트리니트로톨루엔(TNT), 트리니트로페놀(TNP) 등 제5류 위험물의 대부분).

◎ 확인 예제

01 주된 연소의 형태가 분해연소인 물질은?

① 코크스　　　　② 알코올　　　　③ 목재　　　　④ 나프탈렌

(해설) 분해연소는 가연성고체가 열분해하면서 가연성 증기가 발생하여 연소하는 현상으로 고체의 가장 일반적인 연소형태이다.
⇒ 목재, 종이, 섬유, 석탄, 플라스틱, 고무 등

02 주된 연소 형태가 표면연소인 가연물로만 나열된 것은?

① 숯, 목탄　　　　② 석탄, 종이　　　　③ 나프탈렌, 파라핀　　　　④ 니트로셀룰로오스, 질화면

(해설) 표면연소(직접연소)는 열분해에 의해 증기가 될 수 있는 성분이 없는 고체의 경우 고체가 계면에서 산소와 직접 반응하여 적열되면서 화염 없이 연소하는 형태이다.
⇒ 숯, 코크스, 금속분, 목탄분 등

03 분자 자체 내에 포함하고 있는 산소를 이용하여 연소하는 형태를 무슨 연소라고 하는가?

① 증발연소　　　　② 자기연소　　　　③ 분해연소　　　　④ 표면연소

(해설) 자기연소
• 분자 내에 산소를 함유하고 있어서 열분해에 의해 가연성 증기와 산소를 동시에 발생시키는 물질은 자기연소를 한다.
• 외부로부터 산소공급을 필요로 하지 않으며 폭발적으로 연소하는 경우가 많다.
• 자기반응성물질(제5류 위험물)

정답　01 ③　02 ①　03 ②

3 연소시 발생하는 이상현상

1. 역화(Back fire)

(1) 정의

대부분 기체연료를 연소시킬 때 발생되는 이상연소 현상으로서 연료의 분출속도가 연소속도보다 느릴 때 불꽃이 연소기의 내부로 빨려 들어가 혼합관 속에서 연소하는 현상을 말한다.

(2) 역화의 원인

① 혼합 가스량이 너무 적을 경우(1차 공기가 적은 경우)
② 공급가스의 압력이 낮은 경우
③ 염공이 크거나 부식으로 분출구멍이 커진 경우
④ 버너의 과열
⑤ 연소속도보다 혼합가스의 분출속도가 느릴 경우 등

2. 선화(Lifting)

(1) 정의

역화의 반대 현상으로 연료가스의 분출속도가 연소속도보다 빠를 때 불꽃이 버너의 노즐에서 떨어져서 연소하는 현상으로 완전한 연소가 이루어지지 않는다.

(2) 선화의 원인

① 혼합가스량이 너무 많을 경우(1차 공기가 너무 많을 경우)
② 공급가스의 압력이 높은 경우
③ 염공이 작거나 막혔을 경우
④ 혼합가스의 분출속도가 연소속도보다 빠를 경우 등

3. 블로우 오프(blow-off) 현상

선화 상태에서 연료가스의 분출속도가 증가하거나 주위 공기의 유동이 심하면 화염이 노즐에 정착하지 못하고 떨어져 화염이 꺼지는 현상을 말한다. 버너의 경우 가연성 기체의 유출속도가 연소속도보다 클 때 일어난다.

4. 불완전연소

(1) 정의

연소시 가스와 공기의 혼합이 불충분하거나 연소온도가 낮을 경우 등 여러 가지 요인으로 노즐의 선단에 적황색 부분이 늘어나거나, 일산화탄소나 그을음이 발생하는 연소 현상을 말한다.

(2) 불완전연소의 원인

① 가스의 조성이 균일하지 못할 경우
② 공기의 공급량이 부족할 경우
③ 주위 온도가 너무 낮을 경우
④ 환기 또는 배기가 잘되지 않을 경우

4 연소 불꽃의 색상

가연물질의 완전연소시에는 공기의 공급량이 충분하기 때문에 연소 불꽃은 휘백색으로 나타나고 보통 불꽃 온도는 1,500℃에 이르게 되며 금속이 탈 때는 3,000℃ 내지 3,500℃에 이른다. 그러나 공기 중의 산소의 공급이 부족하면 연소불꽃은 담암적색에 가까운 색상을 나타난다.

연소 불꽃의 색상	온도(℃)	연소 불꽃의 색상	온도(℃)
암적색	700	황적색	1,100
적색	850	백적색	1,300
휘적색	950	휘백색	1,500 이상

참고 연소상태에 따른 화염의 색상 변화

완전연소에 가까울수록 화염은 밝은 색을 나타내면서 화염의 온도도 높고, 불완전연소가 심해지면 화염은 어두운 색을 나타내고 화염의 온도도 낮아진다.

자연발화

1 자연발화의 정의

(1) 물질이 공기 중에서 발화온도보다 낮은 온도에서 스스로 발열하여 그 열이 장시간 축적, 그 물질의 발화점에 도달하여 연소에 이르는 현상을 말한다.

(2) 즉, 외부에서의 인위적인 에너지 공급이 없이 물질 스스로 서서히 산화, 분해되면서 발생된 열을 축적하여 발화점에 이르게 되면 연소하는 현상을 말한다.

(3) 그 방지대책으로는 열이 물질의 내부에 축적되지 않도록 하는 방법과 열의 발생속도를 낮추는 방법이 있다.

2 자연발화의 발생조건

1. 열의 축적

물질이 자연발화를 일으키기 위해서는 먼저 첫 번째로 산화, 분해시에 발생하는 반응열이 상당히 크고 그 열이 축적되기 쉬운 상태에 놓여져야 할 필요가 있다. 일반적으로 열이 물질의 내부에 축적되지 않으면 내부 온도가 상승하지 않기 때문에 자연발화는 발생하지 않는다.

(1) 열전도율

보온효과가 좋게 되기 위해서는 열이 축적되기 쉬운 분말상, 섬유상의 물질이 열전도율이 적은 공기를 많이 포함하기 때문에 열이 축적되기 쉽다.

(2) 축적방법

① 공기 중 노출되거나 얇은 상태의 물질보다는 여러 겹의 중첩상황이나 분말상태가 좋다.
② 대량 집적물의 중심부는 표면보다 단열성, 보온성이 좋아져 자연발화가 용이하다.

(3) 공기의 이동

공기의 이동은 열의 확산이 많은 역할을 하는 경우가 많고, 통풍이 잘되는 장소에서는 열의 축적이 곤란하기 때문에 자연발화가 발생하는 경우는 극히 드물다.

2. 열의 발생속도

열의 발생속도는 발열량과 반응속도와의 곱으로서 발열량이 크더라도 반응속도가 느리면 열발생속도도 느려진다.

(1) 온도

① 주위온도가 높으면 반응속도가 빠르기 때문에 열의 발생은 증가한다.
② 이 경우 보통 반응속도는 아레니우스형의 온도계수를 가진다. 따라서 온도상승에 따라 반응속도는 증가하다.

(2) 발열량

발열량이 클수록 열의 축적이 크다. 그러나 발열량이 크다 하더라도 반응속도가 느리면 축적열은 작게 된다.

(3) 수분

적당량의 수분이 존재하면 수분이 촉매역할을 하여 반응속도가 가속화되는 경우가 많다. 따라서 고온·다습한 환경의 경우가 자연발화를 촉진시키며 저온·건조한 경우는 자연발화가 일어나지 않는다.

(4) 표면적

일반적으로 산화반응의 반응속도는 산소의 양에 비례하기 때문에 산소함유물질을 제외한 물질 중 산소량이 적거나 없는 경우는 자연발화가 일어나지 않는다. 따라서 공기 중의 산소와의 접촉관계가 중요하다.
① 분말상이나 섬유상의 물질이 내부에 다량의 공기를 포함하는 경우 더욱더 자연발화가 일어날 가능성이 크다.
② 분말이나 액체가 포나 종이 등에 스며들어 배면 자연발화가 용이하다.

(5) 촉매물질

발열반응에 정촉매적 작용을 가진 물질이 존재하면 반응은 가속화된다.

⊙ 확인 예제

자연발화가 일어나기 쉬운 조건이 아닌 것은?

① 열전도율이 클 것　　　　　　　　　　② 적당량의 수분이 존재할 것
③ 주위의 온도가 높을 것　　　　　　　　④ 표면적이 넓을 것

[해설] '열전도율이 클 것'은 자연발화가 일어나기 쉬운 조건에 해당하지 않으며, 자연발화 발생조건은 다음과 같다.
- 열전도율은 작을수록
- 축적방법: 덩어리 < 얇게 중첩 < 분말
- 저장실의 온도가 높고 습도가 높을수록
- 표면적이 넓을수록
- 공기가 정체될수록

[정답] ①

---

3 자연발화의 분류

1. 완만한 온도상승을 일으키는 경우

(1) 산화열

공기 중 자연 산화하고 산화열이 축적되어 발화하는 물질
① 유지류
② 금속분류
③ 원면
④ 석탄분
⑤ 고무조각
⑥ 황철광

유지류 (동·식물류)	㉠ 요오드가 - 100g의 유지가 불포화기를 포화시키는 데 소모되는 요오드의 g 수를 말한다. ㉡ 불포화도 - 불포화 탄화수소가 추가로 결합가능한 수소의 양을 말한다. ㉢ 유지류 　　ⓐ 건성유: 요오드가 130 이상 　　ⓑ 반건성유: 요오드가 100 ~ 130 　　ⓒ 불건성유: 요오드가 100 이하 ㉣ 불포화성이 크고 요오드가가 클수록 산화되기 쉽고 자연발화의 위험성이 크다. ㉤ 유지류 중 요오드가가 130 이상인 건성유가 가장 자연발화가 잘 일어난다. 그중 들기름이나 아마인유는 요오드가가 200에 가까워 자연발화의 위험성이 크다. ㉥ 유지가 용기 중에 그대로 들어있는 경우 자연발화하는 일은 없다. ㉦ 유지가 실제로 자연발화하기 위해서는 섬유상물질이나 다공성물질 또는 그 외 미세한 물질에 흡수 부착되거나 하여 공기와의 접촉면적을 증대하여 산화 발열속도를 증대시키는 동시에 산화 발생된 열이 축적하는 것을 동시에 만족시켜야 한다.
금속분	㉠ 금속도 분의 형태로 있으면 주위가 공기로 쌓여 열전도가 감소되고 동시에 산소와의 접촉 면적이 커져 단위면적당 반응속도가 커지기 때문에 연소가 용이하다. ㉡ 알칼리금속: 화학적 활성이 대단히 크고 산화되기 쉽다. 특히 물과 접촉하면 심하게 반응해서 수소가스를 방출한다. 그때 맹렬하게 발생하는 열 때문에 수소가스가 발화·폭발하는 일이 있다. ㉢ 알칼리 토금속: 상온에서 곧바로 반응하는 경우는 드물다. 그러나 미세한 분말상태로 대량 존재할 때는 공기 중의 습기와 접촉하여 산화 발열하여 점차 온도가 상승하여 자연발화할 수 있다. ㉣ 알루미늄, 아연, 철, 망간, 지르코늄 및 이들 합금도 덩어리 상태에서는 자연발화의 위험은 없으나 분말상태로 대량 존재할 때는 공기 중의 수분이나 열에 의해 발열할 수도 있다.

(2) 흡착열

① 물질이 주위의 기체 등을 흡착하고 그때 생기는 흡착열이 축적되어 발화하는 물질

② 활성탄, 유연탄, 목탄분 등

(3) 분해열

① 자연분해시 발생하는 분해열이 축적되어 발화하는 물질

② 니트로셀룰로오스(질화면), 셀룰로이드류, 니트로글리세린, 표백분 등

(4) 미생물열

① 미생물의 활동으로 발열하여 발화하는 물질

② 퇴비, 먼지 속 미생물이 단백질 등의 영양소를 섭취하여 일부는 생명유지, 일부는 활성에너지 축적으로 발화하는 물질

③ 먼지, 퇴비 등

(5) 중합열

① 물질 제조과정에서 발열반응에 의해 발화하는 물질

② 액화시안화수소는 내압용기에 저장 중 미량의 수분이나 알칼리 성분의 존재가 촉매로 작용하여 시안화수소의 중합반응을 촉진하여 발화하는 물질

③ 액화시안화수소, 아크릴로니트릴, 스틸렌, 메틸아크리레이트, 비닐아세틸렌 등

2. 비교적 온도가 빨리 상승하는 경우

(1) 발화점이 상온에 가깝고 산화열에 의해 물질자신이 발화하는 물질

① 황린 및 디메틸마그네슘, 디에틸마그네슘, 디에틸아연 등의 유기금속화합물류

② 알킬알루미늄, 알킬리튬, 실란, 디실란 등의 규소화수소류, 액체인화수소 등

황린	황린(P_4)은 담황색의 반투명 결정성 덩어리로 활성이 매우 강하다. 특히 산소와 결합력이 강하여 고온 다습인 상태에서 통상 34℃에서 자연발화한다.
규소화수소류	일반적으로 실란(SiH_4), 디실란(Si_2H_6), 트리실란(Si_3H_8), 테트라실란(Si_4H_{10})은 공기 중에서 산화하기 쉬운 특징을 가지고 있고 저급의 실란은 비교적 안정하지만 고급 규소화수소들은 극히 산화되기 쉬워서 자연발화성을 가진다.
액화인화수소	인의 수소화물 중 기상인화수소(PH_3)의 발화점은 약 100℃이지만 액상인화수소(P_2H_4)는 상온에서 발화한다.

(2) 공기 중의 습기를 흡수하거나 물과 접촉했을 때 발열 또는 발화하는 물질

① 가연성가스를 발생하고 자신이 발화하는 물질: 칼륨, 나트륨, 알칼리금속류, 알칼리 토금속류, 알루미늄 및 아연분 등

② 발열하여 다른 가연성물질을 발화시키는 물질: 과산화나트륨 등의 무기과산화물류, 삼산화크롬, 진한황산, 진한질산 등

3. 자연발화 방지책

(1) 통풍, 환기, 저장방법을 고려하여 열의 축적을 방지한다.

(2) 반응속도가 온도에 크게 좌우되므로 저장실 및 주위의 온도를 낮게 유지한다.

(3) 습기, 수분 등은 물질에 따라 촉매작용을 하므로 가급적 습도가 높은 곳은 피한다.

(4) 가능한 입자를 크게 하여 공기와의 접촉면적을 적게 유지한다.

(5) 활성이 강한 황린은 물속에 저장한다.

(6) 칼륨, 나트륨 등 알칼리금속은 석유에 저장한다.

Chapter 06 | 폭발

1 폭발의 정의

(1) 폭발을 명확히 정의하는 것은 어려우나 '압력의 급격한 발생 또는 해방의 결과로서 굉음을 발생하며 파괴하기도 하고, 팽창하기도 하는 것', '화학변화에 동반해 일어나는 압력의 급격한 상승현상으로 파괴 작용을 수반하는 현상' 등으로 설명할 수 있다.

(2) 어떠한 공간에서 급속한 화학적·물리적 변화를 일으켜 발생된 다량의 가스와 열량 등의 에너지가 외계로 전환되는 과정에서 부피가 급격히 증대하며 폭명(爆鳴), 화염 및 파편 등의 파괴작용을 동반하는 급격한 연소현상이다.

> **참고** 폭발의 본질
>
> 급격한 압력전달 및 급격한 압력상승 현상

2 화염전파속도(충격파, 연소파)에 따른 분류

1. 폭굉(Detonation)

(1) 충격파에 의한 반응으로서 연소의 전파속도가 음속보다 빠른 폭발현상이다.

(2) 폭발반응은 충격파에너지에 의한 화학반응에 의해 전파되어 가는 현상이다.

(3) 압력상승은 초기압력의 20배 정도이며, 화염의 전파속도는 1,000 ~ 3,000m/s 정도이다.

(4) 온도의 상승은 열에 의한 전파보다 충격파에 기인한다.

(5) 파면에서 온도, 압력, 밀도가 불연속적으로 나타난다.

2. 폭연(Deflagration)

(1) 발열반응으로서 연소의 전파속도가 음속보다 느린 폭발현상이다.

(2) 폭발반응은 열전도나 라디칼 이동에 의해 전파되어 가는 현상이다.

(3) 압력상승은 초기압력의 8배 정도이며, 화염전파속도는 0.1 ~ 10m/s 정도이다.

(4) 반응 또는 화염면의 전파가 분자량이나 난류확산에 영향을 받는다.

(5) 폭굉으로 전이될 수 있다.

(6) 에너지 방출속도가 물질 전달속도에 영향을 받는다.

3. 폭굉유도거리(DID)

(1) 정의

최초의 완만한 연소가 격렬한 폭굉으로 발전할 때까지의 거리를 말한다.

(2) 폭굉유도거리가 짧아지는 요인

① 압력이 높을수록
② 관경이 작을수록
③ 관속에 장애물이 있는 경우
④ 점화원의 에너지가 강할수록
⑤ 연소속도가 큰 가스일수록
⑥ 주위온도가 높을수록

4. 폭연과 폭굉 현상의 비교

구분	폭연	폭굉
화염 전파속도	0.1 ~ 10m/s로서 음속 이하	1,000 ~ 3500m/s로서 음속 이상
화염 전파에 필요한 에너지	전도, 대류, 복사	충격파 에너지
폭발압력	8배	20배 이상
화재의 파급효과	크다	작다
충격파	발생하지 않음	발생함

③ 폭발의 형태에 따른 분류

1. 물질원인에 따른 분류

(1) 물리적 폭발

① **물리적 폭발의 정의:** 물리적 폭발은 원소간 화학적 반응 없이 물리적 반응으로 인해 발생하는 폭발이며, 공간 내부의 압력이 상승하여 공간을 유지하고 있는 탱크와 같은 구조의 내압한계를 초과하면서 파열되는 것을 말한다. 이로 인해 주변으로 폭발음과 충격파를 발생시키는데 이러한 현상을 물리적 폭발이라 한다.
② **물리적 폭발의 원인**
  ㉠ 가열에 의한 체적팽창
  ㉡ 상변화에 따른 체적팽창
  ㉢ 가압에 의한 내압한계초과
③ **물리적 폭발의 분류**
  ㉠ 증기폭발(Vapor Explosion)
  ㉡ 수증기폭발(Steam Explosion)
  ㉢ 극저온 액화가스 비등액체 팽창증기폭발(BLEVE)
  ㉣ 진공용기의 압괴
  ㉤ 용기과압, 과충전에 의한 용기 파열

(2) 화학적 폭발

① **화학적 폭발의 정의**: 화학반응으로 인하여 분자구조가 변화되는 과정에서 발생하는 에너지의 급격한 방출현상을 화학적 폭발이라 한다.

② **화학적 폭발의 분류**

    ㉠ **산화폭발**

        ⓐ 연소의 한 형태인데 연소가 비정상상태로 되어서 폭발이 일어난 형태이고 연소폭발이라고도 한다.

        ⓑ 주로 가연성가스, 증기, 분진, 미스트 등이 공기와의 혼합물, 산화성, 환원성고체 및 액체혼합물 혹은 화합물의 반응에 의해 발생된다.

    ㉡ **분해폭발**: 산화에틸렌(C_2H_4O), 아세틸렌(C_2H_2), 히드라진(N_2H_4) 같은 분해성 가스와 디아조화합물 같은 자기분해성 고체류가 분해하면서 폭발하며 이때 공기 중 산소 없이 단독으로 가스가 분해하여 폭발하는 것을 말한다.

    ㉢ **중합폭발**: 중합해서 발생하는 반응열을 이용해서 폭발하는 것으로 초산비닐, 염화비닐 등의 원료인 모노머가 폭발적으로 중합되면 격렬하게 발열하여 압력이 급상승되고 용기가 파괴되는 폭발을 말한다.

    ㉣ **촉매폭발**: 촉매에 의해서 폭발하는 것으로 수소(H_2) + 산소(O_2), 수소(H_2) + 염소(Cl_2)에 빛을 쪼일 때 일어난다.

> **참고** 물리적 폭발
>
> 1. 자연계에서 화산의 폭발
> 2. 은하수 충돌에 의한 폭발
> 3. 진공용기의 파손에 의한 폭발
> 4. 과열액체의 급격한 비등에 의한 증기폭발
> 5. 전선폭발
> 6. 초금속 금속 회전체가 운전 중 파괴되어 발생되는 폭발
> 7. 용해열 수화열

2. 물질상태에 따른 분류

폭발물질의 물질상태에 따라서 기상폭발과 응상폭발로 구분하며, 일반적으로 응상이란 고상 및 액상의 것을 말하고, 응상은 기상에 비하여 밀도가 $10^2 \sim 10^3$배이므로 그 폭발의 양상이 다르다.

(1) 기상폭발

① **산화폭발(혼합가스폭발)**: 메탄, 에탄, 프로판, 수소, 아세틸렌 등의 가연성가스와 가솔린, 알코올 등 인화성 액체의 증기가 공기와 혼합해서 가연성 혼합기체를 형성하여 점화원에 의해 발생하는 폭발을 말한다.

② **분해폭발**: 다른 공기나 조연성 가스와 혼합되지 않더라도 일정한 조건이 충족되면 발열을 동반한 급격한 압력팽창으로 인한 폭발을 분해 폭발이라 한다. 물질로는 에틸렌, 산화에틸렌, 아세틸렌, 비닐아세틸렌, 메틸아세틸렌, 사불화에틸렌, 히드라진, 오존, 이산화질소 등이 분해폭발을 한다.

③ **분무폭발**: 공기 중에 분출된 가연성 액체의 미세한 액적이 무상으로 되어 공기 중에 부유한 상태로 폭발농도 이상으로 있을 때 점화원이 존재함으로써 발생한다. 고압의 유압 설비의 일부 파손으로 내부의 가연성 액체가 공기 중에 분출되어 발생한다.

④ **분진폭발**: 미분탄, 소맥분, 금속분, 플라스틱의 분말 같은 가연성고체가 미분말로 되어 공기 중에 부유한 상태로 폭발농도 이상으로 있을 때 점화원에 의해 발생하는 폭발을 말한다.

⑤ **증기운폭발**: 대기 중에 대량의 가연성가스가 유출되거나 대량의 가연성액체가 유출하여 발생하는 증기가 공기와 혼합하여 가연성 혼합기체를 형성하고 점화원에 의해 발생하는 폭발을 말한다.

⑥ **박막폭굉**: 이는 분무(mist)폭발의 일종이다. 압력유, 윤활유 등은 유기물로서 가연성이나 인화점이 상당히 높아 일반적인 상태에서는 연소하기 어려우나 공기 중에 분무된 때에는 분무폭발과 비슷한 양상으로 박막폭굉을 일으키는 일이 있다(예: 고압의 공기배관이나 산소배관 중에 윤활유가 박막상으로 존재할 때에 박막의 온도가 부착된 윤활유의 인화점 이하일지라도 어떤 원인으로 여기에 높은 에너지를 가진 충격파를 보내면 관벽에 부착하여 있던 윤활유가 무화하여 폭굉으로 전이하는 현상 등).

(2) 응상폭발

① **수증기 폭발(급격한 상변화에 의한 폭발)**: 용융금속이나 슬러그(Slug) 같은 고온의 물질이 물속에 투입되었을 때 그 고온 물체가 가지고 있는 열이 단시간에 물에 전달되면 물은 과열상태로 되고 조건에 따라서는 순간적으로 액상에서 기상으로 급격한 상변화가 일어나고 이에 따른 체적팽창의 압력을 발생시키는 현상을 말한다.

② **증기폭발**: 끓는점 이상의 온도이지만 압력에 의해 액체 상태를 유지하고 있는 물질이 탱크의 균열이나 파열에 의해 외부로 누출되면서 급격히 기화되어 압력을 발생시키는 폭발현상을 말한다.

③ **고체폭발**

㉠ **전선폭발**: 미세한 금속선에 큰 용량의 전류가 흐름으로서 전선에 급격한 온도상승으로 전선이 용해되어 갑작스런 기체 팽창이 짧은 시간 내에 발생되는 폭발현상도 물리적인 폭발이며 전선폭발이라고도 한다.

㉡ **고상간(고체상태)의 전이에 의한 폭발**: 고체인 무정형안티몬이 동일한 고체상의 안티몬으로 전이할 때에 발열함으로서 주위의 공기가 팽창하여 폭발이 일어나는 현상을 말한다.

4 증기운 폭발(Unconfined Vapor Cloud Explosion)

1. 증기운 폭발의 정의

저온의 액화가스 저장탱크나 고압의 가연성 액체용기가 파괴되어 다량의 가연성 증기가 대기 중으로 급격히 방출되어 공기 중에 분산 확산되어 있는 상태를 증기운이라고 한다. 이 가연성 증기운에 착화원이 주어지면 폭발하여 Fire ball을 형성하는데 이를 증기운 폭발이라고 하며, VCE(Vapor Cloud Explosion) 또는 UVCE(Unconfined Vapor Cloud Explosion)이라고 한다.

즉, 개방된 대기 중에 대량의 가연성 가스나 가연성 액체가 유출되어 그로부터 발생하는 증기가 공기와 혼합하여 가연성 혼합기체를 형성하고 점화원에 의해 발생하는 화학적 폭발현상이다.

2. 증기운 폭발의 발생단계

(1) 1단계

다량의 가연성 증기의 급격한 방출, 일반적으로 이러한 현상은 과열로 압축된 액체의 용기가 파열할 때 일어난다.

(2) 2단계

방출된 증기가 분산되어 주변 공기가 혼합되어 폭발범위 내에 있게 된다.

(3) 3단계

폭발범위 내에 있는 증기운은 점화원에 의해서 증기운 폭발이 일어난다.

3. 증기운 형성물질

압력과 온도에 따른 저장상태	해당물질	증발 형태
상온, 대기압하에서 액체이며 인화점이 상온보다 낮은 물질	가솔린, 아세톤 등	유출된 액체에 열이 공급되면 액면에서 연속적으로 증기가 발생되어 주위에 확산된다.
상온, 가압하에서 액화되어 있는 물질	액화석유가스(LPG), 액화프로판, 액화부탄 등	고압하에서 기상과 액상의 평형상태에 있는 물질이 대기압하에서 유출되는 경우이며 유출된 액체의 온도는 대기압의 비점까지 낮아진다. 이처럼 순간적으로 기화하는 현상을 Flash율이라고 한다. Flash율에 의해 순간적으로 기화한 후에는 주위의 열을 흡수하여 증발이 계속된다.
그 물질의 비점 이상의 온도에 있고, 가압하에서 액화된 물질	반응기 내의 벤젠, 헥산 등	
대기압하에서 저온으로 액화된 물질	도시가스(LNG), 저온 에탄 등	저온의 액화가스가 유출되면 지면 및 주위의 열에 의해 급속한 비등을 일으킨다. 지면의 온도가 저하되면 증발속도는 저하되지만 단시간에 대량의 증기운이 형성된다.

> **참고** 위험성 분류와 순간증발
>
> 1. **위험성 분류**: 상온, 가압하에서 액화되어 있는 물질과 그 물질의 비점 이상의 온도에 있고 가압하에서 액화된 물질이 증기운 형성 위험성이 가장 높다. 이 물질들은 증발에 필요한 에너지를 항상 보유하고 있으므로 저장탱크의 어떤 결함이 발생하면 즉각적으로 증발하는 순간 증발이 일어난다.
> 2. **순간증발**: 기화한 액체의 양(q)과 전체 액체량(Q)의 비를 순간증발이라 한다.

4. 증기운 폭발 발생에 영향을 미치는 변수

(1) 방출물질의 양
(2) 증발물질의 분율
(3) 증기운의 점화확률
(4) 점화되기 전의 증기운 이동거리
(5) 증기운의 점화 지연시간
(6) 폭발확률
(7) 물질이 폭발한계량 이상 존재
(8) 폭발효율
(9) 점화원의 위치

> **참고** 폭발효율(Explosion Efficiency)
>
> $$폭발효율 = \frac{방출에너지}{연소열 \times 물질량}$$

5. 증기운 폭발의 과압형성 조건

(1) 방출물질이 가연성이고 압력 및 온도가 폭발에 적합한 조건이어야 한다.
(2) 발화하기 전에 충분한 크기의 구름이 형성되어 확산상태이어야 한다.

(3) 충분한 양의 구름이 연소범위 내로서 강한 과압형성의 원인이 된다.

(4) 증기운 폭발의 폭풍압효과는 크게 변하며 화염전파속도에 의해 결정된다.

▶ 대부분 증기운 폭발의 경우 화염전파의 양상은 폭연이며, 극히 비정상의 조건에서는 폭굉이 일어날 수 있다.

> **참고** 증기운(Vapor Cloud) 화재
>
> 저장탱크에 화재가 발생하면 화재로 인한 복사열이 주위로 전달된다. 화재 탱크 인근에 다른 저장탱크가 있을 경우 복사열을 받아 저장 액체의 온도가 증가하게 되고 이로 인하여 증기의 방출이 많아져 다량의 증기가 탱크 외부로 누출되게 된다. 누출된 증기가 바로 확산되지 않고 구름 같이 뭉쳐져 있게 되는 경우 이를 증기운이라 하며 증기운이 화재 탱크의 화염과 연결되면 화염이 증기운을 타고 인접 탱크로 전파되어 화재가 확대되게 된다.

5 블래비(Boiling Liquid Expanding Vapor Explosion: BLEVE) 현상

1. 블래비(BLEVE)의 정의

고압의 액화가스용기(탱크로리, 탱크 등) 등이 외부 화재에 의해 가열되면 탱크 내 액체가 비등하고 증기가 팽창하면서 폭발을 일으키는 현상을 말한다.

2. 블래비(BLEVE)의 발생과정

> 화재발생 → 액온상승 → 압력증가 → 연성파괴 → 액격현상 → 취성파괴 → 화구발생

(1) 가스 저장탱크 지역에서 액체가 들어있는 탱크 주위에서 화재가 발생한다.

(2) 화재에 의한 열에 의하여 인접한 탱크 벽이 가열된다.

(3) 액면 이하의 탱크 벽은 액에 의해 냉각되나 액면 위의 온도는 올라가고, 탱크 내의 압력이 증가한다.

(4) 탱크가 계속 가열되어 용기강도는 저하되고 그의 구조적 강도를 상실하게 된다.

(5) 약해진 탱크부위가 파열되고 이때 내부의 가열된 비등상태의 액체의 온도가 대기압의 비점까지 낮아져서 순간적으로 기화한다.

(6) 기화하면서 팽창하여 탱크 설계압력을 초과하게 되고 탱크가 파괴되어 급격한 증기 폭발현상을 일으킨다.

3. 블래비(BLEVE)의 크기

BLEVE의 크기는 근본적으로 용기가 파괴될 때 얼마나 많은 액체가 증발되느냐에 달렸으며 대부분의 액화가스 BLEVE는 용기에 액체가 1/2에서 3/4까지 차 있을 때 많이 발생한다.

4. 블래비(BLEVE)의 방지책

(1) 탱크 아래 바닥과 탱크 외면으로부터 최소 5m까지의 바닥은 경사도 15° 이상인 콘크리트로 경사지게 하여 누설물이 저장소 내에 체류하지 않도록 한다.

(2) 외부 화염으로부터 탱크로리의 입열을 억제한다.

→ 단열(진공), 지하에 매립, 물분무소화설비 설치

(3) 폭발방지장치를 설치한다.

→ 열전도도가 큰 알루미늄 합금 박판을 설치하여 기상부의 온도 상승을 액상부로 신속히 전달시킴으로서 강판의 온도를 파괴점 이하로 유지시킨다.

(4) 용기 내압강도를 유지할 수 있도록 견고하게 탱크를 제작한다.

5. 블래비(BLEVE)의 특징

(1) BLEVE가 화재에 기인된 경우 거대한 Fire ball이 발생 가능하다.

(2) BLEVE가 화재에 기인된 경우가 아닐 때는 증기운이 생성된 후 증기운 폭발로 발전이 가능하다.

◎ 확인 예제

BLEVE 현상을 가장 옳게 설명한 것은?

① 물이 뜨거운 기름표면 아래에서 끓을 때 화재를 수반하지 않고 over flow되는 현상
② 물이 연소유의 뜨거운 표면에 들어갈 때 발생되는 over flow 현상
③ 탱크 바닥에 물과 기름의 에멀전이 섞여있을 때 물의 비등으로 인하여 급격하게 over flow되는 현상
④ 탱크 주위 화재로 탱크 내 인화성 액체가 비등하고 가스부분의 압력이 상승하여 탱크가 파괴되고 폭발을 일으키는 현상

[해설] 블래비(BLEVE) 현상 – Boiling Liquid Expanding Vapor Explosion
  • 외부화재에 의해 액화가스저장탱크 내의 액체는 비등하고 증기는 팽창하여 폭발하는 현상을 말한다.
  • 즉, 가스저장탱크지역의 화재발생 시 저장탱크가 가열되어 탱크 내 액체부분은 급격히 증발하고 가스부분은 온도상승과 비례하여 탱크 내 압력의 급격한 상승을 초래하게 된다. 탱크가 계속 가열되면 탱크강도가 저하되고 내부압력은 상승하여 어느 시점이 되면 저장탱크의 설계압력을 초과하게 되고 탱크가 파괴되어 급격한 폭발현상을 일으킨다.

정답 ④

6 파이어 볼(Fire ball)

1. 파이어 볼(Fire ball)의 개요

(1) Fire ball은 BLEVE에 의한 인화성 증기가 확산하여 공기와의 혼합이 폭발범위에 이르렀을 때 커다란 공의 형태로 폭발하는 것이다.

(2) Fire ball은 큰 복사열을 방출하므로 주위의 인명 및 재산에 피해를 줄 수 있다.

① BLEVE 발생시 인적 및 물적 손실이 일어날 수 있는 요소는 폭발로 인한 폭발압과 탱크의 파열시 비산되는 파열물질 및 Fire ball의 복사열의 영향이다. 가장 피해가 우려되는 것이 복사열로 인한 피해이다.
② BLEVE는 복사열이 피해를 가중시키는 중요 요소이다.

2. 파이어 볼(Fire ball)의 발생과정

(1) 액화가스의 탱크가 파열하면 Flash 증발을 일으켜서 가연성가스의 혼합물이 대량 분출된다.

(2) 이것이 발생하면 지면에서 반구상의 화염이 되어 부력으로 상승하는 동시에 주변의 공기를 빨아들인다.

(3) 주변에서 빨아들인 화염은 공 모양으로 되고 더욱 상승하여 버섯 모양의 화염을 만든다.

3. 파이어 볼(Fire ball)의 특징

(1) 가스 저장탱크의 대표적인 중대재해는 UVCE와 BLEVE이며 Fire ball을 형성하는 주원인이다.
(2) UVCE와 BLEVE에서는 가열된 풍부한 증기운이 자체의 상승력에 의하여 위로 올라가 버섯구름 모양의 불기둥(Fire ball)을 발생시키며 그 폭발위력은 수 킬로미터까지 미치는 것으로 알려지고 있다.
(3) 파이어 볼(Fire ball)의 특징은 불꽃온도가 아주 높아서 보통의 석유화재시 화염온도 800 ~ 1000℃인데 비하여 1,500℃ 정도이고 방출열은 절대온도의 4승에 비례하기 때문에 그 차이는 상당하다.

4. 파이어 볼(Fire ball)의 발생에 영향을 미치는 요소

(1) 넓은 폭발범위
(2) 낮은 증기밀도
(3) 높은 연소열
(4) 유출되는 형태에 따라 증기 – 공기 혼합물의 조성이 결정되며, 이 조성은 Fire ball의 형성에 결정적인 영향을 미친다.

7 분진폭발

1. 분진폭발의 정의

분진폭발은 금속, 플라스틱, 농산물, 석탄, 유황, 섬유물질 등의 가연성고체가 미세한 분말 상태로 공기 중에서 부유 상태로 폭발하한계 이상의 농도로 유지되고 있을 때 점화원 존재하에 폭발하는 현상을 말한다.
즉, 미세한 가연성 분진입자가 공기 중에 부유하여 폭발범위를 형성하고 있다가 점화에너지에 의해 착화되어 폭발하는 것으로 기체 상태의 폭발과 유사하다.

2. 분진폭발의 성립조건

(1) 가연성이며 폭발범위 내에 있어야 한다.
(2) 분진이 화염을 전파할 수 있는 크기의 분포를 가져야 한다. 대체적으로 분진입자의 크기가 100미크론 이하가 되면 폭발의 위험성이 있다고 한다.
(3) 지연성 가스(공기) 중에서 교반과 유동이 일어나야 한다.
(4) 부유장소에 충분한 점화원이 존재하여야 한다.

3. 분진폭발의 기구

(1) 입자표면에 열에너지가 주어져서 표면의 온도가 상승한다.
(2) 입자표면의 분자가 열분해 또는 건류작용을 일으켜서 기체 상태로 입자 주위에 방출한다.
(3) 분진입자 주위의 가연성가스가 폭발범위를 형성한 후 점화원에 의하여 1차 폭발을 일으킨다.
(4) 1차 폭발로 인해 분진이 주위로 날려 2차, 3차 분진폭발을 일으킨다.

4. 분진폭발의 물질

(1) 농산물 및 농산물 가공품류

(2) 석탄, 목탄, 코크스, 활성탄 등

(3) 금속분류

(4) 플라스틱류 및 고무류

◎ 확인 예제

다음 중 분진폭발의 위험성이 가장 낮은 것은?

① 알루미늄분   ② 유황   ③ 팽창질석   ④ 소맥분

해설 • 팽창질석 및 팽창진주암은 불연성물질이므로 분진폭발이 일어나지 않는다.
      • 분진폭발물질: 가연성인지 여부 판단, 고체인지 판단

정답 ③

5. 분진폭발의 특성

(1) 연소속도나 폭발압력은 가스폭발에 비교하여 작으나 연소시간이 길고 발생에너지가 크기 때문에 파괴력과 그을음이 크다. 즉, 발생에너지는 가스폭발의 수백 배이고 온도는 2000 ~ 3000℃까지 올라간다. 그 이유는 단위 체적당의 탄화수소의 양이 많기 때문이다.

(2) 폭발의 입자가 비산하므로 이것에 접촉되는 가연물은 국부적으로 심한 탄화를 일으키며 특히 인체에 닿는 경우 심한 화상을 입는다.

(3) 최초의 부분적인 폭발에 의해 폭풍이 주위 분진을 날려 올려 2차, 3차의 폭발로 파급함에 따라서 피해가 커지게 된다.

(4) 가스에 비해 불완전연소를 일으키기 쉽기 때문에 연소 후에 일산화탄소가 다량으로 존재하므로 가스에 의한 중독의 위험성이 있다.

6. 분진의 폭발성에 영향을 미치는 인자

(1) 분진의 화학적 성질과 조성

① 분진의 발열량이 클수록 폭발성이 크며 휘발성분의 함유량이 많을수록 폭발하기 쉽다.

② 탄진에서는 휘발분이 11% 이상이면 폭발하기 쉽고, 폭발의 전파가 용이하여 폭발성 탄진이라고 한다. 즉, 휘발성분이 많을수록 폭발이 용이하다.

(2) 입도와 입도분포

① 분진의 표면적이 입자체적에 비하여 커지면 열의 발생속도가 방열속도보다 커져서 폭발이 용이해진다.

② 평균 입자경이 작고 밀도가 작을수록 비표면적은 크게 되고 표면에너지도 크게 되어 폭발이 용이해진다.

③ 입도분포 차이에 의한 폭발특성 변화에 대해서는 상세히 알 수 없으나 작은 입경의 입자를 함유하는 분진의 폭발성이 높다고 간주한다.

(3) 입자의 형성과 표면의 상태

① 평균입경이 동일한 분진인 경우, 분진의 형상에 따라 폭발성이 달라진다. 즉, 구상, 침상, 평편상 입자 순으로 폭발성이 증가한다.

② 입자표면이 공기(산소)에 대하여 활성이 있는 경우 폭로시간이 길어질수록 폭발성이 낮아진다. 따라서 분해공정에서 발생되는 분진은 활성이 높고 위험성도 크다.

(4) 수분

① 분진 속에 존재하는 수분은 분진의 부유성을 억제하게 하고 대전성을 감소시켜 폭발성을 둔감하게 한다.

② 반면에 마그네슘, 알루미늄 등은 물과 반응하여 수소가 발생하고 그로 인해 위험성이 더 높아진다.

(5) 분진의 부유성

① 일반적으로 입자가 작고 가벼운 것은 공기 중에서 산란, 부유하기 쉽다.

② 부유성이 큰 쪽이 공기 중에서 체류하는 시간이 길어 위험성이 증가한다.

8 방폭

1. 방폭의 개요

(1) 방폭이란 폭발성 가스설비 중 전기설비로 인한 화재 및 폭발을 방지하기 위한 안전설비이다. 폭발성 분위기 생성장소에서 전기설비로 인한 폭발이 발생하려면 폭발성 분위기와 점화원이 공존하여야 한다. 이 조건이 성립되지 않도록 하는 것이 방폭의 기본 개념이다.

(2) 전기설비로 인한 화재나 폭발을 방지하기 위해서는 폭발성 분위기가 생성되는 확률과 전기설비가 점화원이 되는 확률과의 곱을 0에 가까운 작은 값을 갖도록 하는 것이며 이의 구체적인 조치로 폭발성 분위기의 생성방지와 전기기기의 방폭화를 하는 것이다.

2. 전기기기의 방폭화

(1) 점화원의 실질적인 격리

① **압력방폭구조 및 유입방폭구조**: 전기기기의 점화원이 되는 부분을 주위의 폭발성가스와 격리하여 접촉하지 않도록 하는 방법

② **내압방폭구조**: 전기기기 내부에서 발생한 폭발이 전기기기 주위의 폭발성가스에 파급하지 않도록 점화원을 실질적으로 격리하는 방폭구조

(2) 전기기구의 안전도 증가

① 안전증방폭구조

② 점화원인 불꽃이나 고온부가 존재하는 전기기기에 대해 안전도를 증가시켜 종합적으로 고장을 일으킬 확률을 0에 가까운 값이 되도록 한다.

(3) 점화능력의 본질적 억제

① 본질안전방폭구조

② 정상 상태뿐만 아니라 사고시 발생하는 전기불꽃 또는 고온부가 폭발성가스에 점화될 위험이 없다는 것을 시험 및 기타방법에 의해 충분히 입증된 것으로 본질안전방폭구조가 이에 해당된다.

3. 방폭구조의 종류

(1) 내압(耐壓)방폭구조(Flame proof enclosure "d")

내압방폭구조는 방폭 기기의 기본이 되며, 가장 먼저 고안된 방폭 방법으로서 용기 내부에서 가연성 가스가 폭발하였을 경우 용기가 그 폭발 압력에 견디고, 폭발시 발생하는 불꽃이 틈새나 구조적인 접합면을 통하여 용기 밖에 존재하는 위험가스에 점화되지 못하도록 하며, 외부 폭발시에 발생되는 폭발압력에 견딜 수도 있으며, 또한 구조용기 표면의 온도에 의해서도 점화가 일어나지 않도록 설계된 구조를 말한다.

따라서 용기의 크기가 증가하면 비용이 증가하므로 사용이 제한되며, 일반적으로 큰 전류를 사용하는 소형 전기 기기의 방폭구조에 적합하다.

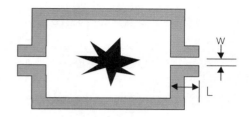

W: 틈새 / L: 틈새의 길이

(2) 압력(壓力)방폭구조(Pressurized Apparatus "f")

전기설비 용기 내부에 공기, 질소 등의 불활성가스를 불어 넣어 용기 내부의 압력을 외부 압력보다 50Pa(5mmH₂O) 높게 유지하여 내부에 가연성 가스 또는 증기가 유입되지 못하도록 한 구조이다.

압력방폭구조의 용기 내부에는 비방폭형 전기기기를 사용하기 때문에 운전실수, 불활성 가스 공급설비 고장 등에 의해 가연성 가스 또는 증기가 용기 내부로 유입되어 보호효과가 상실되면 경보가 작동하거나(Z Purge, 경보방식) 기기의 운전이 자동으로 정지(X Purge, 통전정지방식)되도록 보호 장치를 설치하여야 하는 구조이다.

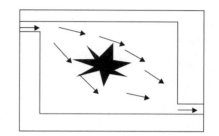

(3) 유입방폭구조(Oil Immersion "O")

유입방폭구조는 전기기기의 불꽃 또는 아크 등이 발생해서 폭발성 가스에 점화할 우려가 있는 부분을 광물성 기름(Mineral Oil)으로 적절한 절연 내력과 아크를 소멸시키는 특성을 갖는 유중에 넣고 유면상의 폭발성 가스에 인화될 우려가 없도록 한 것이다. 따라서 사용 중에 항상 필요한 유위를 유지해야 하고 또 유면상에는 외부의 폭발성가스가 침입하고 있다고 생각해야 하므로 유면의 온도 상승 한도에 대해서 규정하고 있다.

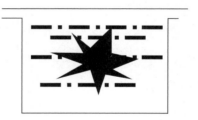

(4) 안전증방폭구조(Increased Safety "e")

안전증방폭구조는 전기기기의 권선, Air Gap, 접속부, 단자부 등과 같이 정상적인 운전 중에는 불꽃, 아크 또는 과열이 생겨서는 안 될 부분에 이런 것의 발생을 방지하기 위하여 구조와 온도 상승에 대하여 특히 안전도를 증가시킨 구조이다.

이 구조는 단지 아크 또는 과열 등의 점화원이 될 수 있는 한 발생하지 않도록 고려한 것뿐이고 만일 전기기기의 고장이나 파손이 생겨서 점화원이 생긴 경우에는 폭발의 원인이 될 수 있다. 따라서 이 구조에서는 사용상 무리나 과실이 없도록 특히 주의할 필요가 있다.

(5) 본질안전방폭구조(Intrinsic Safety "ia, ib")

① 본질안전방폭구조는 폭발성 가스 등의 혼합물이 점화되어 폭발을 일으키는 데는 전기불꽃에 의해 어느 최소한도의 에너지가 주어질 필요가 있다는 개념을 기초로 하고 있다. 물론 전기불꽃에 의한 점화 외에 열에 의한 점화와 전류에 의해 가열된 도체의 뜨거운 표면에 의한 점화들도 있지만 극히 예외적인 경우를 제외하면 보통은 불꽃 점화의 경우보다 훨씬 전기에너지가 크지 않으면 점화가 일어나지 않으므로 제외한다.

② 방폭 지역에서 정상시 및 사고시에 발생하는 스파크, 아크 또는 고온부에 의하여 발생되는 전기적 에너지를 제한하여 전기적 점화원 발생을 억제하고 만약 점화원이 발생하더라도 위험물질을 점화할 수 없다는 것이 시험을 통하여 확인된 구조를 말한다. 즉, 단선이나 단락 등에 의해 전기회로 중에서 전기불꽃이 생겨도 폭발성 혼합물이 결코 점화하지 않는 경우에는 본질적으로 안전하다고 할 수 있다.

(6) 사입방폭구조(Sand Filled Type)

전기기기의 용기를 모래와 같은 성질의 가늘고 고른 고체 입자로 채워 운전 중 용기 내부에서 발생하는 아크에 의해서 용기 내외부에 존재하는 가연성 가스 또는 증기가 점화되지 않도록 한 구조이다.

(7) 몰드방폭구조(Mould Type, m)

보호기기를 고체로 차단시켜 열적 안정을 유지한 것으로 유지보수가 필요 없는 기기를 영구적으로 보호하는 방법에 효과가 큰 구조이다.

(8) 비착화방폭구조(Non-incendive Type "n")

정상운전 중에 전기기기의 주위에 있는 가연성 가스 또는 증기를 점화시킬 수 없고 점화를 야기할 수 있는 결함이 발생하지 않는 구조이다.

🔍 확인 예제

일반적인 방폭구조의 종류에 해당하지 않는 것은?

① 내압방폭구조　　　　② 유입방폭구조　　　　③ 내화방폭구조　　　　④ 안전증방폭구조

해설　내화방폭구조는 일반적인 방폭구조의 종류에 해당하지 않으며, 일반적인 방폭구조의 종류는 다음과 같다.
- 전기기기의 점화원이 될 우려가 있는 부분을 주위의 위험 분위기에서 격리시키는 방폭구조의 종류: 내압방폭구조, 압력방폭구조, 유입방폭구조, 충전방폭구조, 몰드방폭구조, 비점화방폭구조
- 스파크를 일으키지 않는 전기기기의 안전도를 증가시키는 방폭구조의 종류: 안전증방폭구조
- 점화능력의 본질적인 억제를 하는 방폭구조의 종류: 본질안전방폭구조, 특수방폭구조

정답　③

1. Flash Fire(플래시 화재)

누출된 LPG는 누출 즉시 기화하게 된다. 이런 현상을 플래시(Flash) 증발이라 하고, 기화된 증기연무(하얀구름) 내 점화원에 의해 화재가 발생한 현상을 Flash Fire라 한다. 점화 시 폭발음이 있을 수 있으나 강도가 약해 고려될 만한 사항은 아니다.

2. Pool Fire(액면화재)

(1) 개방된 용기 표면이나, 용기가 파열되어 위험물질이 외부로 누출된 상태나 방유제 등에 고여 있는 상태에서 발생된 화재의 형태를 말하며, 증발되는 연료에 점화되어 난류확산형 화재로서 액면의 표면에서 연소가 진행되는 화재를 말한다.

(2) 용기나 저장조 내에 발생한 화염으로부터 열이 액면에 전달되어 액온이 상승됨과 동시에 증기를 발생하고 이것이 공기와 혼합하여 확산연소를 하는 과정이 반복되는 화재를 말한다.

3. Jet Fire(제트화재)

(1) 제트화재는 위험물질의 이송배관 또는 저장용기로부터 고압의 누출이 발생되고 이때 화재로 이어지는 난류확산형화재로서 제트화염의 영향의 범위 내에 위험물질 취급용기나 주요 장치가 있을 경우 폭발 등의 2차 재해를 발생시킨다.

(2) 제트화재는 고압의 LPG가 누출시 주위의 점화원에 의하여 점화되어 불기둥을 이루는 것을 말한다. 누출압력으로 인하여 화염이 굉장한 운동량을 가지고 있으며 화재의 직경은 작으나 길이는 Pool Fire보다 길다.

4. Vapor Cloud Fire(증기운 화재)

누출된 위험물질이 공기 중으로 확산되어 구름형태로 떠다니다가 물질의 폭발하한계 이하로 희석되기 전에 점화원에 의해 화재가 발생하는 현상을 Vapor Cloud Fire라 한다.

5. Fire Ball(화구현상)

연료의 연소가 난류상태로 빠르게 확장되어 화염이 공과 같이 형성되는 현상으로 폭발에 가까우며 화구의 크기와 지속시간에 따라 복사열에 의한 피해가 크게 나타난다.

1. **내압방폭구조(d)**
   전폐구조로 용기 내부에서 폭발성 가스, 증기가 폭발했을 때 용기가 압력에 견디며 또한 접합면이나 개구부를 통해서 외부의 폭발성가스에 인화될 우려가 없도록 한 구조

2. **내부압력방폭구조(p)**
   용기내부에 보호기체(불활성기체)를 압입하여 내부압력을 유지함으로써 폭발성 가스 침입을 방지하는 구조

3. **유입방폭구조(o)**
   전기불꽃, 아크, 고온이 발생하는 부분을 기름 속에 넣어 기름면 위의 폭발성 가스에 인화될 우려가 없도록 한 구조

4. **안전증방폭구조(e)**
   • 잠재적 점화원만을 갖는 전기기기에 대해 현재적 점화원을 만드는 것과 같은 고장이 일어나지 않도록 전기적, 기계적 및 온도 면에서 안전도를 증가한 구조
   • 현재적 점화원: 정상운전시라도 권선형 전동기의 고온부, 전기접점, 저항기, 차단기류접점 등 전기불꽃, 아크, 고온의 점화원이 될 수 있는 것
   • 잠재적 점화원: 사고시에만 전기불꽃, 아크, 고온의 점화원이 될 수 있는 변압기, 전기케이블, 권선 등
   ※ 정상상태에서 점화원을 발생시키지 않는 전기기기

5. **본질안전방폭구조(ia or ib)**
   정상 또는 사고 시에 발생하는 전기불꽃, 아크, 고온에 의해 폭발성 가스가 점화되지 않는 것이 점화시험 등에 의해 확인된 구조
   ※ 가장 안전성이 있으며, 계측기, 제어장치 등의 소용량 전기기기에 적합

6. **특수방폭구조(s)**
   폭발성 가스에 점화, 위험분위기로 인화를 방지할 수 있는 것이 시험 등에 의해 확인된 구조

유류저장탱크 화재시 이상 현상

1 보일오버(Boil-over) 현상

1. 보일오버(Boil-over)의 정의

(1) 상부에 지붕이 없는 유류저장탱크에 비점이 다른 성분의 혼합물인 원유나 중질유 등의 유류저장탱크에 화재가 발생하여 장시간 진행되면 비점이나 비중이 작은 성분은 유류표면층에서 먼저 증발연소되고 비점이나 비중이 큰 성분은 가열 축적되어 고온의 열류층(heat layer)을 형성하게 된다.

(2) 고온의 열류층이 형성되면 온도는 100℃를 초과하는 경우가 많으며, 이 고온의 열류층은 액면으로부터 액면하부로 전파된다. 이를 열파(Heat wave)침강이라 한다.

(3) 열파가 하부로 전파되면서 탱크 저부의 물과 접촉을 하면 급격한 증발에 따른 약 1,650배 이상의 수증기의 부피 팽창에 의해 상층의 유류를 밀어 올려 불붙은 기름을 탱크 밖으로 유출시키는데 이러한 현상을 보일오버(Boil-over)라 한다.

2. 보일오버(Boil-over)의 방지대책

(1) 유류탱크의 저면에 수분의 층을 만들지 않거나 과열되지 않도록 한다.

(2) 탱크 저면이나 측면 하단에 배수관을 설치하여 수분을 배출한다.

(3) 수분을 유류와 에멀젼 상태로 머무르게 한다(기계적 교반 실시).

◎ 확인 예제

유류저장탱크에 화재 발생시 열류층에 의해 탱크 하부에 고인 물 또는 에멀젼이 비점 이상으로 가열되어 부피가 팽창되면서 유류를 탱크 외부로 분출시켜 화재를 확대시키는 현상은?

① 보일오버   ② 롤오버   ③ 백드래프트   ④ 플래시오버

[해설] 보일오버(Boil-over)에 대한 설명이다.
- 중질유 탱크에서 장시간 조용히 연소하다 탱크 내 잔존기름이 갑자기 분출하는 현상
- 탱크바닥에 물과 기름의 에멀젼이 섞일 때 물의 비등으로 인해 급격히 분출하는 현상
- 연소유면으로부터 100℃ 이상의 열파가 탱크 저부로 전달되어 고여 있는 물을 비등하게 하며 탱크 밖으로 비산키며 연소하는 현상
- 유류탱크 화재 중 열유층이 점차 탱크 바닥으로 도달해 탱크 저부의 물 또는 물과 기름의 에멀젼이 수증기로 변해 부피팽창에 의해 탱크 내의 유류가 갑작스럽게 탱크 밖으로 분출하게 되어 화재를 확대시키는 현상

정답 ①

2 슬롭오버(Slop-over) 현상

1. 슬롭오버(Slop-over)의 정의

(1) 상부에 지붕이 없는 유류저장탱크에 비점이 다른 성분의 혼합물인 원유나 중질유 등의 유류저장탱크에 화재가 발생하여 장시간 진행되면 비점이나 비중이 작은 성분은 유류표면층에서 먼저 증발연소되고 비점이나 비중이 큰 성분은 가열 축적되어 고온의 열류층(Heat layer)을 형성하게 된다.

(2) 고온의 열류층이 형성되어 있는 상태에서 표면으로부터 소화작업으로 물이 주입되면 물의 급격한 증발에 의하여 유면에 거품이 일어나거나, 열류의 교란에 의하여 고온의 열류층 아래의 찬 기름이 급히 열팽창하여 유면을 밀어 올려 유류는 불이 붙은 채로 탱크 벽을 넘어서 나오게 되는데 이를 슬롭오버(Slop-over)라고 한다.

(3) 슬롭오버(Slop-over)는 유류의 점성이 크고 액 표면의 온도가 물의 비점보다 높은 온도에서 잘 일어난다.

(4) 뜨거운 식용유에 밀가루 반죽을 입힌 고기류로 튀김요리를 만들 때 끓는 소리를 내면서 뜨거운 기름방울이 밖으로 튀어 나오는 것을 흔히 목격할 수 있는데 이것은 곧 슬롭오버 현상에 의한 것이다. 그것은 밀가루 반죽 속에 들어 있는 수분의 일부가 뜨거운 기름에 의해 순간적으로 격렬히 증발하는 데 기인한다.

2. 슬롭오버(Slop-over)의 방지대책

(1) 고온층으로 물 또는 포말의 주입을 방지한다.

(2) 탱크 측벽에 주수하여 탱크를 냉각시킨다.

(3) 물분무소화설비를 설치하여 입열 방지한다.

3 오일오버(Oil-over) 현상과 프로스오버(Froth-over) 현상

1. 오일오버(Oil-over) 현상

위험물 저장탱크 내에 저장된 양이 내용적의 1/2 이하로 충전되어 있을 때 화재로 인하여 증기압력이 상승하면서 저장탱크 내의 유류를 외부로 분출하면서 탱크가 파열되는 현상을 오일오버(Oil-over)라 한다.

2. 프로스오버(Froth-over) 현상

(1) 탱크 속의 물이 점성을 가진 뜨거운 기름의 표면 아래에서 끓을 때 기름이 넘쳐 흐르는 현상이다.

(2) 화재 이외의 경우에도 물이 고점도 유류 아래서 비등, 탱크 밖으로 물과 기름이 거품과 같은 상태로 넘치는 현상을 프로스오버(Froth-over)라 한다.

(3) 전형적인 예는 뜨거운 아스팔트가 물이 약간 채워진 탱크차에 옮겨질 때 일어난다. 고온의 아스팔트에 의해서 탱크차 속의 물이 가열되고 끓기 시작하면 아스팔트는 탱크차 밖으로 넘치게 된다. 비슷한 경우가 유류탱크의 아래쪽에 물이나 물 - 기름 혼합물이 있을 때 폐유 등이 물의 비점 이상의 온도로 상당량 주입될 때에도 프로스오버가 일어난다.

4 유류탱크 화재시 이상 현상의 특성 비교

구분		오일오버 (Oil-over)	보일오버 (Boil-over)	슬롭오버 (Slop-over)	프로스오버 (Froth-over)
	특성	화재로 저장탱크 내의 유류가 외부로 분출하면서 탱크가 파열하는 현상	탱크 표면화재로 원유와 물이 함께 탱크 밖으로 흘러넘치는 현상	유류 표면 온도에 의해 물이 수증기가 되어 팽창 비등함에 따라 유류를 외부로 비산시키는 현상	유류 표면 아래 비등하는 물에 의해 탱크 내 유류가 넘치는 현상
	위험성	위험성이 가장 높음	대규모 화재로 확대되는 원인	직접적 화재발생요인은 아님	직접적 화재발생요인은 아님

> **참고** 고온층 또는 열류층(Heat layer)
>
> 원유나 중질유와 같이 비점이 서로 다른 성분을 가진 제품의 저장탱크에 화재가 발생하여 장시간 진행되면 유류 중 가벼운 성분이 먼저 증발하여 연소되고 무거운 성분은 계속 축적되어 화염에 의해서 가열되어 유면 아래에 뜨거운 층을 이루게 되는데 이를 고온층 또는 열류층이라고 한다.

Chapter 08

연소생성물

1 연소생성물의 개요

화재시에 발생되는 최종 연소생성물은 크게 열, 화염, 연기, 연소가스(유독가스)로 구분할 수 있으며 이들 중 인체에 크게 영향을 미치는 것은 화상과 가열된 공기와 연소가스의 흡입에 따른 독성이다.

2 연소가스

1. 연소가스의 정의

(1) 연소가스는 연소생성물 중 기체로 발생되는 연소가스를 말하며, 보다 정확하게는 화열에 의해 뜨거워진 연소생성물들을 상온으로 냉각하였을 때도 기체상태로 존재하는 연소생성물을 말한다.

(2) 일반적으로 화재시 인명피해의 대부분은 연소가스에 의한 경우이다.

2. 연소가스의 독성

(1) 허용농도

성인남자가 그 분위기 속에서 1일 8시간씩 계속적으로 근무를 해도 인체에 해를 느끼지 않는 농도를 허용농도라고 한다. 허용농도의 일반적인 단위는 ppm이다.

(2) 독성가스

허용농도가 200ppm 이하인 가스를 독성가스로 규정을 하고 있다.

3. 연소가스의 종류 및 특성

(1) 일산화탄소(CO)

① 허용농도는 50ppm이다.

② 무색·무취·무미의 가스로서 모든 종류의 유기화합물이 연소할 때 발생한다. 특히 산소공급이 원활하지 못할 때 불완전연소에 의해 다량으로 발생한다.

③ 상온에서 염소와 작용하여 유독성 가스인 포스겐을 생성하기도 한다.

④ 가장 유독한 연소가스는 아니지만 양에 있어서는 가장 큰 독성가스 성분이며 인체에 질식에 의한 해를 끼치는 영향이 가장 크다.

⑤ 혈액 내의 헤모글로빈과 결합하여 일산화헤모글로빈을 생성함으로써 산소의 운반 기능을 차단해 질식을 유발한다. 일산화탄소와 헤모글로빈의 결합력은 산소와 헤모글로빈의 결합력보다 210배가 크기 때문에 산소운반을 방해하고 그에 따른 두통, 근육조절의 장애를 일으킨다.

⑥ 일산화탄소(CO)가 인체에 미치는 영향

농도[%]	노출시간	생리적 반응
0.05	3시간	생명에 위험
0.15	1시간	생명에 위험
0.4	1시간 이내	치사
1.3	2 ~ 3번의 호흡으로 의식을 잃고 수분 내 치사	

(2) 이산화탄소(CO_2)

① 허용농도는 5000ppm이다.

② 무색·무취·무미의 가스로서 공기보다 무거우며, 모든 종류의 유기화합물이 완전연소할 때 발생한다.

③ 가스 자체의 독성은 거의 없으나 다량으로 존재할 때 사람의 호흡속도를 증가시킴으로써 유해가스의 흡입을 증가시켜 위험을 가중시킨다.

④ 이산화탄소 농도가 2%가 되면 호흡심도(depth breathing)는 50%가 증가하고 이산화탄소농도가 3%가 되면 100% 증가하게 된다. 5% 정도가 되면 심한 후유증 없이 견딜 수 있는 시간이 약 1시간 정도이다.

⑤ 이산화탄소가 인체에 미치는 영향

농도[%]	생리적 반응
2	불쾌감이 있음
4	눈의 자극, 두통, 현기증, 귀울림, 혈압상승
8	호흡곤란
9	구토, 감정둔화, 실신
10	시력장해, 1분 이내 의식상실
20	중추신경마비, 단시간 내 사망

◎확인 예제

연소가스 중 많은 양을 차지하고 있으며 가스 그 자체의 독성은 없으나 다량이 존재할 경우, 사람의 호흡속도를 증가시키고 이로 인하여 화재가스에 혼합된 유해가스의 흡입을 증가시켜 위험을 가중시키는 가스는?

① SO_2　　　　　② NH_3　　　　　③ CO　　　　　④ CO_2

해설　CO_2(이산화탄소)에 대한 설명이다.

정답　④

(3) 이산화황(SO_2)

① 허용농도는 5ppm이다.

② 황(S) 성분을 포함하고 있는 유기화합물이 완전연소시 발생한다.

③ 동물의 털, 고무, 일부 나무가 탈 때 생성되나 양이 적어 그리 위험하지는 않다.

④ 공기보다 무겁고 무색의 자극성 냄새를 가진 유독성 기체로서 눈 및 호흡기 등의 점막을 상하게 하고 질식사할 우려가 있다.

(4) 황화수소(H_2S)

① 허용농도는 10ppm이다.

② 황(S) 성분을 포함하고 있는 유기화합물이 불완전연소시 발생한다.

③ 동물의 털, 고무, 일부 나무가 탈 때 주로 생성된다.

④ 계란 썩는 냄새가 난다.

⑤ 최면·마취성 가스로서 0.2% 이상 농도에서 냄새 감각이 마비되고 0.4 ~ 0.7%에서 1시간 이상 노출되면 현기증, 장기혼란의 증상과 호흡기의 통증이 일어난다. 0.7%를 넘어서면 독성이 강해져서 신경 계통에 영향을 미치고 호흡기가 무력해진다.

(5) 시안화수소(HCN)

① 허용농도는 10ppm이다.

② 공기보다 약간 가볍고 무색의 특이한 냄새를 가진 가연성 가스로 일명 청산가스라고도 한다.

③ 질소 성분을 포함하고 있는 합성수지, 동물의 털, 인조견 등의 섬유가 불완전연소를 할 때에 발생을 하는 맹독성 가스로서 0.3%의 농도에서도 즉시 사망을 할 수가 있다.

④ 일산화탄소와는 다르게 헤모글로빈과 결합하지 않고 세포에 의한 산소의 이동을 막아 순간적으로 호흡이 정지되는 가스이다.

⑤ 대량 흡입되면 전신경련, 호흡정지, 심박동정지로 사망에 이른다.

⑥ 연소시 합성고분자 물질 중 폴리우레탄이 많이 발생한다.

(6) 암모니아(NH₃)

① 허용농도는 25ppm이다.

② 질소 성분을 포함하고 있는 나일론, 나무, 실크, 아크릴, 플라스틱, 멜라민수지 등의 물질이 연소할 때 발생하는 암모니아는 독성과 강한 자극성을 가진 무색의 기체이다.

③ 가스형태의 암모니아는 무색의 가연성가스이고 특유의 자극적인 냄새가 난다. 피부나 점막의 자극 및 부식성이 강하고 그 작용은 체내조직의 심부에 이르기 쉬우며, 고농도의 암모니아가 접촉되면 점막을 심하게 자극하여 결막부종 및 각막혼탁을 초래하고 점점 시력장해의 후유증을 남기는 경우가 있다.

④ 암모니아를 흡입하면 폐수종을 일으키거나 호흡 정지를 일으키는 경우도 있다.

⑤ 주로 냉동시설의 냉매로 많이 쓰이고 있으므로 냉동창고 화재시 누출가능성이 커 주의하여야 한다.

(7) 염화수소(HCl)

① 허용농도는 5ppm이다.

② 염소 성분을 포함하고 있는 무색의 기체로서 수지류 등이 탈 때 발생한다.

③ 건축물 내의 전선의 절연재 및 배관재료 등이 탈 때 발생한다.

④ 사람이 싫어하는 자극적인 냄새가 나며, 금속을 부식시킬 뿐만 아니라 호흡기 계통도 부식시킨다.

⑤ 합성고분자 물질 중 폴리염화비닐(PVC) 연소시 많이 발생한다.

(8) 포스겐(COCl₂)

① 허용농도는 0.1ppm이다.

② 염소 성분을 포함하고 있는 독성이 매우 큰 무색의 기체로서 수지류 등이 탈 때 발생한다.

③ 일반적인 물질이 연소할 경우는 거의 생성되지 않지만 일산화탄소와 염소가 반응하여 생성되기도 한다.

④ 포스겐은 물과 반응해 이산화탄소와 염산을 만든다.

⑤ 사염화탄소(CCl₄)를 고온의 공기 및 습기 중 또는 적열된 금속화재시 사용하면 생성된다.

⑥ 건조 상태에서는 금속을 부식시키지 않으나 수분이 존재하면 포스겐이 가수분해하여 염소를 발생시키므로 금속을 부식시킨다.

(9) 염소(Cl₂)

① 허용농도는 1ppm이다.

② 독성과 부식성이 있는 황록색 기체로 불쾌한 냄새가 나고 눈과 호흡기관을 자극한다.

(10) 아크롤레인(CH₂CHCHO)

① 허용농도는 0.1ppm이다.

② 모든 유기화합물에서 발생할 수 있지만 연소되는 물질의 분자구조에 따라 발생량은 큰 차이를 보인다.

③ 석유제품, 유지류, 나무, 종이 등이 탈 때 생성된다.

(11) 불화수소(HF)

① 허용농도는 3ppm이다.

② 합성수지인 불소수지가 연소할 때 발생되는 연소생성물로서 무색의 자극성 기체이며 유독성이 강하다.

③ 모래·유리를 부식시키는 성질이 있다.

3 연기

1. 개요

(1) 연기의 정의

① 연기란 공기 중에 부유하고 있는 고체 또는 액체 미립자 및 재료가 열분해 혹은 연소했을 때 발생하는 가스의 복잡한 혼합물이라 할 수 있고 그 크기는 $0.01 \sim 10 \mu m$ 이다.

② 화재시의 연기는 연기입자를 특별히 분리하지 않고 가스 성분을 포함한다.

③ 눈에 보이는 것을 연기라 한다.

(2) 연기의 구성물질

① 유기물의 열분해 과정에서 생성, 유리되어 나온 극히 미세한 탄소입자(검댕)

② 주로 미네랄 성분으로 구성된 잿가루

③ 유기물의 열분해 과정에서 생성되어 아직 타지 아니한 응축 유기물[타르(Tar)]

　　▶ 이들은 옅은 색깔에서부터 검고 진한 색깔에 이르기까지 다양하다.

④ 이산화탄소 및 일산화탄소 등을 포함한 연소가스

⑤ 가연물 속에 함유된 수분의 증발 및 연소과정에서 생성된 수분에 의한 수증기

⑥ 위의 구성요소들에 혼입되어 있는 공기

(3) 연기의 유해성

① 심리적 영향

② 생리적 영향

③ 시계적 영향

2. 연기농도

연기는 일종의 불안전한 연소생성물을 말하며 온도가 낮을수록 액체 상태가 되어 연기의 농도가 진하며 또한 산소공급이 불충분하게 되면 역시 탄소분이 생성하여 검은색 연기로 된다.

(1) 연기농도 측정법

① 절대농도 측정법

- ㉠ **중량농도법**: 연기를 여과시켜 입자상 물질의 무게로서 측정하며 연기중량농도(mg/m^3)라 한다.
- ㉡ **입자농도법**: 정해진 부피의 연기를 모아 광학밀도를 측정하는 단위체적당의 연기입자수를 연기입자농도(개/m^3)라 한다.

② 상대농도

- ㉠ 빛의 산란이나 감쇄 또는 전리전류의 감소 등에 의하여 나타내는 방법이 있다.
- ㉡ **투과율법**: 연기 속에서의 투과되는 빛의 양에 관한 광학적 농도인 감광계수(m^{-1})에 의한 농도 표시법이다.

③ 감광계수(m^{-1}): 연기농도 변화에 따른 빛의 투과량 변화, 즉 가시거리의 변화를 나타낸 계수로서 램버트 비어법칙에서 유도된 상대적 연기농도의 단위이다.

- ㉠ 연기의 농도가 진해지면 연기입자에 의해 빛이 차단되므로 가시거리는 짧아진다. 따라서 감광계수로 표시한 연기의 농도와 가시거리는 반비례의 관계를 가진다.
- ㉡ 감광계수란 빛에 산란이나 감쇄를 이용하여 연기의 농도를 나타내는 척도이다.
- ㉢ 감광계수의 단위는 (m^{-1}) = (m^2/m^3)이며 단위체적당의 연기에 의한 빛의 흡수 단면적, 즉 감광의 정도라고 할 수 있다.

(2) 피난한계의 투시거리와 감광계수

① 건물의 숙지자는 피난한계 투시거리가 약 3 ~ 5m이며, 감광계수는 약 0.4 ~ 0.7/m이다.
② 건물의 불특정자는 피난한계 투시거리가 약 15 ~ 20m이며, 감광계수는 약 0.1/m이다.

(3) 화재상황에 따른 감광계수 및 가시거리

감광계수(m^{-1})	가시거리(m)	상황
0.1	20 ~ 30	연기감지기가 작동할 정도
0.3	5	건물 내부에 익숙한 사람이 피난에 지장을 느낄 정도의 농도
0.5	3	어두침침한 것을 느낄 정도의 농도
1.0	1 ~ 2	거의 앞이 보이지 않을 정도
10	0.2 ~ 0.5	화재 최성기 때의 연기농도 또는 유도등이 보이지 않을 정도
30	–	출화실에서 연기가 분출될 때의 농도

확인 예제

01 연기 농도에서 감광계수 0.1[m^{-1}]은 어떤 현상을 의미하는가?

① 출화실에서 연기가 분출될 때의 연기농도
② 화재 최성기의 연기농도
③ 연기감지기가 작동하는 정도의 농도
④ 거의 앞이 보이지 않을 정도의 농도

해설   연기농도에서 감광계수가 0.1[m^{-1}]일 때 화재상황은 '연기감지기가 작동할 정도'이다.

02 연기감지기가 작동할 정도이고 가시거리가 20 ~ 30m에 해당하는 감광계수는 얼마인가?

① 0.1m^{-1}
② 1.0m^{-1}
③ 2.0m^{-1}
④ 10m^{-1}

해설   화재상황에 따른 감광계수 및 가시거리에서 가시거리가 20~30m일 때 감광계수는 0.1m^{-1}이다.

정답   01 ③   02 ①

3. 연기의 유동

(1) 연기 유동력

① **저층 건물**: 연기 유동은 열, 대류이동, 화재의 압력과 같은 화재의 직접적인 영향이 연기 유동을 일으키는 주요 원인이다.

② **고층 건물**

    ㉠ 굴뚝효과(Stack Effect)

    ㉡ 온도에 의한 가스 팽창

    ㉢ 부력

    ㉣ 외부바람의 영향

    ㉤ 건물 내에서의 강제적인 공기 유동

(2) 굴뚝효과(연돌효과)

① **굴뚝효과**: 건축물 내부의 온도가 외부온도보다 높고 밀도가 낮을 때 압력차로 인하여 건물 내부로 들어온 공기는 부력을 받아 아래쪽에서 위쪽으로 이동하게 되는데 이러한 상향 공기 흐름을 굴뚝효과 또는 연돌효과라고 한다.

② **역 굴뚝효과**: 건축물 내부의 온도가 외부온도보다 낮고 밀도가 높을 때 압력차로 인하여 건물 내부로 들어온 공기는 위쪽에서 아래쪽으로 이동하게 되는데 이러한 하향 공기 흐름을 역 굴뚝효과라고 한다.

③ **굴뚝효과에 영향을 끼치는 요소**

    ㉠ 건물의 높이

    ㉡ 외벽의 기밀성

    ㉢ 건물의 층간 공기누설

    ㉣ 건물 내·외 온도차

(3) 온도에 의한 가스 팽창

구획된 공간에서 화재로 인해 온도가 높아지면 그에 비례하여 압력이 높아진다. 이 압력은 화재실의 연기를 주변으로 이동시키는 역할을 하면서 화염이 수직으로 상승하여 열기둥을 생성한다.

(4) 화재에 의해 직접 생성하는 부력

① 화재시 연기는 온도에 의한 밀도차에 의해서 상승기류를 형성한다. 밀도는 연기온도에 반비례하기 때문에 연기온도가 공기온도보다 높을 경우 뜨거운 연기는 상향력이 생겨 상승기류를 형성한다.

② 부력에 의해 상승된 연기는 천장부에서 측면으로 퍼져나가면서 열전달, 희석 등에 의해 온도가 떨어지고 화재구역으로부터 거리가 멀어짐에 따라 부력효과가 점차 감소한다. 또한 부력에 의한 압력차 때문에 연기는 화재구역의 문, 벽 등 누설틈새를 통해 다른 구역으로 이동하며, 특히 화재실 천장에 누설틈새가 있는 건물에서는 이 부력효과에 의해 연기는 급격히 상층부로 이동한다.

(5) 외부바람의 영향

① 바람의 작용은 연기유동에서 또 다른 주요한 양상을 띠고 있으며 고층건물과 저층건물에서 다소 다르게 나타난다. 바람이 불어오는 쪽에 면한 벽은 내부로의 압력을 받게 되는 반면, 바람이 불어가는 쪽에 면한 벽과 나머지 두 면의 벽은 외부로의 압력(흡인)을 받게 된다. 지붕의 위쪽으로의 압력을 받게 되고 바람이 불어오는 쪽의 가장자리가 가장 큰 압력을 받게 된다.

② 이들 압력은 건축물 상부와 주위에서 다량의 공기 유동을 일으키는 원인이 되며, 저층이고 폭이 넓은 건물은 지붕 위로 다량의 공기를 유동하게 되고 반면에 폭이 좁은 고층건물에서는 지붕보다 측면에서 다량의 공기를 유동하게 된다.

(6) 건물 내에서의 강제적인 공기 유동(Air Handling System)

건물 내의 기류의 강제 이동은 연기의 이동을 급속히 변화시킨다. 따라서 화재시 HVAC-System은 자동 폐쇄되거나 제연설비와 연동으로 연기를 외부로 신속히 배출할 수 있도록 설계되고 시공되어야 한다.

(7) 피스톤 효과

① 엘리베이터에 의한 피스톤 효과: 엘리베이터가 움직이고 있을 때 엘리베이터 샤프트에 엘리베이터 뒷부분은 피스톤 작용에 의해 연기가 전실, 복도로 유입되거나 유동한다.

② 터널의 피스톤 효과

ㄱ 터널을 운행하는 차량의 공기저항에 의해 기류를 형성하는 효과로 교통 환기력을 발생시켜 외부 자연풍 외에 자연환기를 유도하는 역할을 한다.

ㄴ 따라서 터널 화재시에는 터널의 피스톤 효과가 연기확산을 더욱 빠르게 하므로 조기 경보시스템에 의해 화재발생시 차량의 터널 진입을 차단하여야 한다.

4. 연기의 유동속도

(1) 수평방향 연기 유동속도 및 연기의 온도

① 화재실에서의 수평방향 연기 유동속도는 약 0.5 ~ 1m/s이다.

② 연기온도는 화재실로부터 멀어짐에 따라 급속히 강하하고 연기층의 두께는 연기온도가 강하하여도 거의 변하지 않는다. 다만, 플래시오버시에는 대량의 연기가 일시에 복도로 분출하기 때문에 순간적으로 연기층이 강하하는 현상이 나타나지만 그 후 화재실의 연소가 정상상태(최성기)로 되면 연기층의 두께도 일정하게 된다.

(2) 수직방향 연기 유동속도

① 화재실에서의 수직방향 연기 유동속도는 약 2 ~ 3m/s이다.

② 계단실과 같은 수직공간에서의 연기 유동속도는 약 3 ~ 5m/s이다.

(3) 연기 유동속도 비교

계단실 > 화재실 내 수직방향 > 화재실 내 수평방향

확인 예제

화재시 계단실 내 수직방향의 연기 상승 속도 범위는 일반적으로 몇 m/s의 범위에 있는가?

① 0.05 ~ 0.1   ② 0.8 ~ 1.0   ③ 3 ~ 5   ④ 10 ~ 20

[해설] 연기 유동속도
- 화재실 수평방향: 건물 내에서 연기의 확산속도는 수평방향으로 약 0.5m/s 정도로 인간의 보행속도(1.0 ~ 1.2m/s)보다 늦다.
- 화재실 수직방향: 약 2 ~ 3m/s이다.
- 계단실 수직방향: 화재초기의 속도는 1.5m/s이며, 농연에서는 3 ~ 4m/s로 빨라진다. 평균 속도는 약 3 ~ 5m/s이다.

정답 ③

Part 01 연소론 | 해커스 소방설비기사 필기 소방원론 기본서 + 기출문제집

5. 중성대(Neutral plane)

(1) 중성대 형성

① 건물화재가 발생하면 연소열에 의하여 온도가 상승함으로서 부력에 의해 실의 천정쪽으로 고온기체가 축적되고 온도가 높아져 기체가 팽창하여 실내·외의 압력이 달라지는데 대체적으로 실의 상부는 실외보다 압력이 높고 하부는 압력이 낮다. 따라서 그 사이 어느 지점에 실내·외의 정압이 같아지는 경계층이 형성되는데 그 층을 중성대라고 한다.

② 그러므로 중성대의 위쪽은 실내 정압이 실외보다 높아 실내에서 기체가 외부로 유출되고 중성대 아래쪽에는 실외에서 기체가 유입되며, 중성대 상층부는 열과 연기로부터 생존할 수 없는 지역이, 중성대의 하층부는 신선한 공기에 의해 생존할 수 있는 지역이 된다.

③ 이것을 토대로 실내의 급기구는 중성대 아래쪽에 설치하는 것이고, 배연구는 중성대 위쪽에 설치를 한다. 이와 같은 것이 자연제연방식의 기초가 된다.

(2) 중성대 활용

① 화재 현장에서 중성대의 형성 위치를 파악하여 배연 등의 소방활동에 활용하는 요령이 있어야 한다. 즉, 배연을 할 경우에는 중성대 위쪽에서 배연을 하여야 효과적이다.

② 화재실 내 하층 개구부로 신선한 공기가 유입된다면 연소확대와 동시에 연기량은 증가하여 연기층이 급속히 아래로 확대되면서 중성대의 경계면은 하층으로 내려오게 되며, 반대로 상층 개구부를 개방한다면 연소는 확대되지만 발생한 연기는 빠른 속도로 상승하여 외부로 배출되므로 중성대의 경계선은 위로 축소되고 중성대 하층의 면적이 커지므로 소방대원과 대피자들의 활동공간과 시야가 확보되어 신속히 대피할 수 있다.

③ 중성대 범위를 축소시킬 수 있는 개구부 위치는 지붕 중앙부분 파괴가 가장 효과적이며, 그 다음으로 지붕의 가장자리 파괴, 상층부 개구부의 파괴 순서이다.

(3) 중성대 응용

① 실내공기는 실내·외의 온도차, 기체의 확산력, 외기의 풍력에 의해 이루어져 중성대가 천장 가까이에 형성되도록 하는 것이 환기 효과가 크다.

② 자연배연구는 배연구의 크기만으로 배연효과를 말할 수는 없고, 설치되는 위치(높이)도 함께 고려되어야 하며, 배연구는 이론적으로 화재시 발생하는 중성대보다 위에 설치한다.

(4) 설계시 고려할 사항 및 방지책

제연의 기본 원칙에서 중성대의 원리를 이용하는 것은 매우 효과적이며, 중성대의 위치는 건물 내·외의 온도차가 클수록 내려가게 된다. 또한 중성대가 낮아지면 환기지배형 화재의 경우 연소속도가 완만해져 중성대가 다시 높아지는 현상이 반복될 수 있다. 중성대의 위치를 높게 유지하는 것이 화재시 연기유동을 적게 할 수 있다.

① 중성대 하부쪽의 개구부를 최소화한다.

② 원하는 중성대 위치를 설정하면 그 상하층의 창문면적을 평형이 되도록 설계하여야 한다.

③ 중성대 하부의 창문은 쉽게 파손되지 않도록 조치하여야 한다.

6. 연기의 제어

(1) 희석

건물 내의 연기를 계속적으로 외부로 배출하며 다량의 신선한 공기를 유입시켜 위험 수준 이하로 희석하는 방법이다.

(2) 배기

발생되는 연기를 자연적 방법 또는 팬(fan)과 닥트 등을 이용한 강제적 방법으로 건물 외부로 배출시키는 방법이다.

(3) 차단

출입문, 벽, 댐퍼와 같은 차단물을 설치하여 다른 구역으로 연기의 이동을 차단시키는 방법이다.

4 열

1. 열(Heat)의 정의

(1) 뜨거운 공기에 대한 노출은 맥박의 증가와 더불어 탈수, 호흡장애 기도의 폐쇄 및 화상의 원인이 된다.

(2) 사람이 고열에 장시간 노출되면 눈에 띄는 외상은 없더라도 폐 속으로 들어간 열로 인해 혈압강하와 혈액순환 장애로 사망할 수 있다.

(3) 화재시에 안전하게 대피를 하기 위해서는 피난로의 온도가 40℃ ~ 66℃를 넘기지 않도록 건축 설계시에 고려하는 것이 바람직하다. 여기에서의 온도는 일반적으로 높은 온도를 나타내는 천정부분이 아니고 대략 사람의 어깨 높이의 온도를 말한다.

2. 열 또는 불의 화상정도

(1) 1도 화상(홍반성 화상)

변화가 피부의 표층에 국한되는 것으로 환부가 빨갛게 되며, 가벼운 부음과 통증을 수반하는 화상이다.

(2) 2도 화상(수포성 화상)

그 부위가 분홍색을 띄고 화상 직후 혹은 하루 이내에 물집이 생기는 화상이다.

(3) 3도 화상(괴사성 화상)

피부의 전체층이 죽어 궤양화되는 화상이다.

(4) 4도 화상(흑색 화상)

더욱 깊은 피하지방, 근육 또는 뼈까지 도달하는 화상이다.

5 산소결핍

연소과정에 또 하나의 위협적 존재는 산소농도의 감소이다. 연소에 의해서 산소농도가 감소되어 산소가 부족한 공기를 호흡하게 되어 질식상태에 이른다.

산소농도	생리적 반응
17% 이하	근육제어기능의 상실이 된다.
10 ~ 14% 이하	의식은 있지만 판단력을 잃기 쉽게 피로하게 된다.
6 ~ 10% 이하	의식을 잃는다.

Chapter 09 화재론

1 화재의 정의

1. 화재의 정의

(1) 자연 또는 인위적인 원인에 의하여 불이 물체를 연소시키고, 인명과 재산의 손해를 주는 현상
(2) 불이 그 사용목적을 넘어 다른 곳으로 연소하여 사람들에게 예기치 않은 경제상의 손해를 발생시키는 현상
(3) 사람의 의도에 반하여 출화 또는 방화에 의하여 불이 발생하고 확대되는 현상
(4) 불을 사용하는 사람의 부주의와 불안정한 상태에서 발생되는 것
(5) 실화, 방화로 발생하는 연소 현상을 말하며 사람에게 유익하지 못한 해로운 불
(6) 소화의 필요가 있는 연소 현상
(7) 소화시설 또는 이와 동등의 효과가 있는 물건을 사용할 필요가 있는 연소 현상

2. 소방법에서 정한 화재의 정의

사람의 의도에 반하거나 고의에 의해 발생하는 연소 현상으로서 소화시설 등을 사용하여 소화할 필요가 있거나 또는 화학적인 폭발 현상

2 화재의 특성

1. 우발성

화재는 돌발적으로 발생을 하게 되며, 방화, 즉 인위적인 화재를 제외하고는 예측하는 것이 거의 불가능한 것에 가깝게 되며 인간의 의도와는 전혀 상관없이 발생을 한다.

2. 확대성

화재는 발생을 하게 되면 무한의 확대성을 가지게 된다.

3. 불안정성

화재시의 연소는 기상, 가연물, 건축구조 등의 조건이 상호 간섭을 하면서 복잡한 형상으로 진행된다.

3 가연물별 또는 급수별 화재의 분류

1. 일반화재

(1) 급수

A급 화재로서 보통화재라고도 한다.

(2) 표시 색

백색

(3) 대상물

① 일반가연물인 면화류, 목모, 대팻밥, 넝마, 종이, 사류, 볏짚, 고무, 석탄, 목탄, 목재 등을 말한다.

② **합성고분자**: 폴리에스테르, 폴리아크릴, 폴리아미드, 폴리에틸렌, 폴리프로필렌, 폴리우레탄 등을 말한다.

(4) 화재

연기는 주로 백색이며, 연소 후에는 재를 남긴다.

(5) 소화

냉각효과가 가장 효율적이므로 다량의 물 또는 수용액으로 소화를 할 수 있다.

2. 유류화재

(1) 급수

B급 화재

(2) 표시 색

황색

(3) 대상물

상온에서 액체 상태로 존재하는 유류로서 주로 인화성액체인 제4류 위험물을 말한다.

(4) 화재

연기는 주로 검정색이며, 연소 후 재를 남기지 않으며, 연소열이 크고 연소성이 좋기 때문에 일반화재보다 위험하다.

(5) 소화

질식효과가 가장 효율적이므로 포 또는 가스계 소화약제로 소화할 수 있다.

3. 전기화재

(1) 급수

C급 화재로서 통전 중인 전기시설의 화재를 말한다.

(2) 표시 색

청색

(3) 화재

전기기기가 설치되어 있는 장소에서의 화재를 말한다.

(4) 소화

소화시 물 또는 포 등의 전기 전도성을 가진 약제를 사용하면 감전의 우려가 있으므로 주로 가스계 소화약제를 사용하여 소화한다.

4. 금속화재

(1) 급수

D급 화재로서 물과 반응하여 수소 등 가연성 가스를 발생한다.

(2) 표시 색

무색

(3) 대상물

주로 활성이 강한 알칼리금속 또는 알칼리 토금속 등을 말한다.

(4) 화재

가연성 금속류가 가연물이 되는 화재를 말하며, 괴상보다는 분말상으로 존재할 때 가연성이 현저히 증가한다.

(5) 소화

물과 반응하여 폭발성이 강한 가연성 가스를 발생시키므로 화재시 수계 소화약제를 사용할 수 없기 때문에 팽창질석, 팽창진주암, 마른모래 등에 의한 질식소화를 한다.

5. 가스화재

(1) 급수

E급 화재로서 국내에서는 가스에 의한 화재를 따로 분류하지 않고 B급 화재에 포함시킨다.

(2) 대상물

도시가스, 천연가스, LPG, 부탄 등과 기타의 가연성가스, 액화가스, 압축가스 등을 말한다.

(3) 화재

상온, 상압에서 기체로 존재하는 물질이 가연물이 되는 화재를 말한다.

(4) 소화

연료 공급을 차단하는 제거소화 및 가스계 소화약제를 사용한다.

6. 식용유 화재

(1) 급수

K급 화재 또는 F급 화재라고 한다.

(2) 원인

① 식용유의 경우 일반 유류화재와는 달리 연소형태나 소화 작업에 있어 큰 차이를 보이고 있다. 일반 석유류 화재는 석유의 온도가 발화점보다 훨씬 낮은 비점에서 유면상의 증기가 연소한다. 따라서 그 화염을 꺼버리면 재발화할 가능성은 없다.

② 식용유의 경우에는 인화점과 발화점의 온도 차이가 적고 발화점이 비점 이하인 기름이 착화되면 유온이 상승하여 바로 발화점 이상이 된다. 이때 유면상의 화염을 제거하여도 기름의 온도가 발화점 이상이기 때문에 곧 재발화한다. 따라서 끓는 기름의 온도를 낮추어야만 소화할 수 있다.

(3) 소화

식용유 화재의 소화방법은 가스레인지의 불을 끄고, 야채, 상온의 식용유 등 물 이외의 것으로 냉각하거나 뚜껑을 덮어 질식시키는 것이 효과적이며, 소화약제는 비누화작용을 하는 분말소화약제(제1종 분말소화약제)가 주로 사용된다.

✎ 핵심정리 | 가연물별 화재의 분류

급수	종류	색상	내용
A급	일반화재	백색	목재, 섬유류, 고무류, 합성고분자 물질 등 연소 후 재를 남기며 보통화재라고도 한다.
B급	유류화재	황색	상온에서 액체 상태로 존재하는 유류가 가연물이 되는 화재이다. 연소 후 재를 남기지 않으며, 연소열이 크고 연소성이 좋기 때문에 일반화재보다 위험하다.
C급	전기화재	청색	전기에너지가 발화원으로 작용한 화재가 아니고 전기 기기가 설치되어 있는 장소에서의 화재를 말한다.
D급	금속화재	무색	가연성 금속류가 가연물이 되는 화재가 금속화재이다. 금속류 중 특히 가연성이 강한 것으로는 칼륨, 나트륨, 마그네슘, 알루미늄 등이 있으며 괴상보다는 분말상으로 존재할 때 가연성이 현저히 증가한다.
K급	식용유화재	–	–

4 소실정도에 의한 화재의 분류

1. 소실 적용 대상

(1) 건축 · 구조물화재
(2) 자동차 · 철도차량, 선박 및 항공기 등 화재

2. 소실 정도에 따른 화재 분류

(1) 전소화재

건물의 70% 이상(입체면적에 대한 비율을 말한다. 이하 같다)이 소실되었거나 또는 그 미만이라도 잔존부분을 보수하여 재사용이 불가능한 것

(2) 반소화재

건물의 30% 이상 70% 미만이 소실된 것

(3) 부분소화재

전소, 반소화재에 해당되지 아니하는 것

5 대상물에 의한 화재의 분류

(1) 건축물화재
건축물, 지하가 또는 그 수용물이 소손된 것

(2) 차량화재
자동차 및 피견인차 또는 그 적재물이 소손된 것

(3) 선박화재
선박, 선거 또는 그 적재물이 소손된 것

(4) 산림화재
산림, 야산, 들판의 수목, 잡초, 경작물 등이 소손된 것

(5) 특종화재
위험물제조소등, 가스제조 · 저장취급소, 원자력병원 · 발전소, 비행기, 지하철, 지하구, 터널 등의 화재

6 발화원인에 따른 화재의 분류

(1) 실화
과실 등 부주의한 행위에 의해 발생한 화재

(2) 방화
고의적으로 불을 지르거나 그로 인한 것이라고 의심되는 화재

(3) 자연발화
반응열의 축적, 혼촉, 마찰 등에 의해 인위적으로 행위 없이 스스로 발화된 화재

(4) 재연
화재 진압 후 같은 장소에서 다시 발생한 화재

(5) 천재발화
지진, 낙뢰, 분화(噴火) 등에 의해 발생된 화재

7 정전기 화재

1. 정전기 발생

(1) 마찰에 의한 대전
운동하는 두 물질이 마찰에 의한 접촉과 분리과정이 계속되면, 이에 따른 기계적 에너지 교환에 의한 자유전자의 방출 또는 흡입으로 정전기가 발생되는 현상을 말한다. 고체류, 액체류 또는 분체류에서의 대전은 주로 마찰대전에 기인된다고 볼 수 있다.

(2) 박리에 의한 대전

제지, 비닐, 면직물, 인쇄 공장에서 많이 발생되는 대전으로 상호 밀착되어 있는 물질이 서로 떨어질 때, 전하의 분리에 의한 정전기 발생현상을 말한다. 박리대전은 접착면의 밀착도, 박리속도 등에 의해서 대전량이 변화되며, 일반적으로 마찰대전보다는 상대적으로 큰 정전기가 발생하게 된다.

(3) 유동에 의한 대전

유동대전은 주로 액체와 고체의 접촉에 의해서 발생되는데 액체를 파이프 등으로 수송할 때, 액체와 파이프 등의 고체와 접촉하면서 이 두 물질 사이의 경계에서 전기 2중층이 형성되고, 이 2중층을 형성하는 전하의 일부가 액체의 유동과 같이 이동하기 때문에 대전되는 현상을 말한다. 이는 액체의 유동속도가 대전량에 큰 영향을 미치게 된다.

(4) 분출대전

분체류, 액체류, 기체류가 단면적이 작은 분출구를 통해 공기 중으로 분출될 때 분출되는 물질과 분출구의 마찰에 의해 발생되는 대전현상을 말한다. 분출대전은 분출되는 물질과 분출구를 구성하는 물질과 직접적인 마찰에 의해서도 발생되지만 실제로는 분출되는 물질의 구성 입자간 상호충돌에 의해서 더 많은 정전기가 발생된다.

(5) 기타대전

충돌에 의한 충돌대전, 액체류가 이송이나 교반될 때 발생하는 진동(교반)대전, 유도대전 등이 있다.

> **참고** 전기대전과 정전기대전
>
> 1. **전기대전**: 대전(帶電)은 어떤 충격 또는 마찰에 의해 전자들이 이동하여 양전하와 음전하의 균형이 깨지면 다수의 전하가 겉으로 드러나게 되는 현상을 말한다.
> 2. **정전기대전**: 발생된 정전기가 물체상에 축적되는 것을 말한다.

2. 정전기 발생 예시

(1) 전기 부도체인 위험물, 섬유류, PVC 필름 등의 취급시 마찰로 발생한다.
(2) 옥외탱크에 석유류 주입시 또는 유류 등 비전도성 유체 마찰이 클 때 발생한다.
(3) 자동차의 장시간 주행시 와류가 형성되어 비전도성 유체 마찰이 클 때 발생한다.

3. 정전기 발생과정

전하의 발생 → 전하의 축적 → 방전 → 발화

4. 정전기 발생대책

(1) 접지를 한다.
(2) 공기 중 습도를 70% 이상으로 높인다.
(3) 도체물질을 사용한다.
(4) 공기를 이온화한다.

✪ 확인 예제

정전기에 의한 발화를 방지하기 위한 예방대책으로 옳지 않은 것은?

① 접지를 한다.　　　　　　　　　　　　② 습도를 70% 이상으로 유지한다.

③ 공기를 이온화한다.　　　　　　　　　④ 부도체물질을 사용한다.

(해설) 정전기에 의한 발화를 방지하기 위해서는 부도체물질이 아닌 도체물질을 사용한다.

정답 ④

8 | 산불화재

1. 정의

산불화재는 산림에서 일어나는 화재를 말한다.

2. 원인

산불화재는 자연적 또는 인위적으로 일어날 수 있다.

① 벼락 등이 산림에 떨어질 경우 등 자연적으로 발생한다.

② 인간의 부주의로도 발생할 수 있는데, 주로 담배, 향 등의 화력이 있는 물질이 산림에 옮겨붙어 발생한다.

3. 종류

(1) 지표화(地表火)

① 임내에 퇴적된 낙엽과 초본류 등의 건조한 지피물, 풍도목(벌도목과 지상 관목, 치수) 등이 연소하는 현상을 말하며, 지표화가 유령림에서 일어나면 수관화와 수간화를 일으킨다.

② 연소속도는 보통 시간당 4km로 진행하지만 상향사면 진행시에는 시간당 10km를 넘는 경우도 있다.

▶ **지표화**: 지표에 있는 잡초·관목·낙엽 등을 태운다.

(2) 수간화(樹幹火)

줄기가 연소하는 것으로 지표화로부터 또는 고사목이 낙뢰에 의하여 발화하는 것으로, 수간에 공동(空洞)이 있는 경우는 굴뚝과 같은 작용을 하여 강한 불길로 불꽃을 공중에 흩어 뿌려 또 다른 지표화나 수관화를 일으킨다.

▶ **수간화**: 나무의 가지나 잎이 무성한 부분만을 태운다.

(3) 수관화(樹冠火)

지표화에서 우죽의 밑가지나 수관부에 불이 닿아 바람과 불길이 세어지면 수관으로 옮겨 임목의 상층부 잎과 수관을 태우며 보통 하부에 지표화를 동반한다. 수관화가 한번 일어나면 화세(火勢)도 강하고 진행 속도가 빨라 소화하기가 힘들다.

(4) 지중화(地中火)

임상이나 지중(地中)의 이탄층(泥炭層)에 퇴적된 건조한 지피물이 연소하는 현상을 말한다. 지표 연료가 쌓여 있기 때문에 산소 공급량이 적고 바람으로부터 보호되어 연소속도가 시간당 4 ~ 5km로 지속적이고 느리게 타는 화재가 일어나 산불 진화와 뒷불 정리가 어렵다.

▶ **지중화**: 땅속의 부식층(腐植層)을 태운다.

Chapter 10 · 화재 소화

1 소화의 정의

소화란 연소의 3요소 또는 4요소 중 일부 또는 전부를 제거 또는 억제하여 연소현상을 중지시키는 것을 말한다.

2 소화의 구분

1. 물리적 소화와 화학적 소화

(1) 물리적 소화

    ① 제거소화·질식소화 – 농도 한계에 바탕을 둔 소화
    ② 냉각소화 – 연소에너지 한계에 바탕을 둔 소화

(2) 화학적 소화

    억제소화(부촉매소화) – 연쇄반응 중단에 바탕을 둔 소화

2. 농도 한계에 바탕을 둔 소화

(1) 연료농도 한계에 바탕을 둔 제거소화

    ① 타고 있는 고체나 액체의 온도를 인화점 이하로 냉각하면 가연성이 없어지므로 이를 이용하여 소화하는 방법이다.
    ② 수용성 알코올을 화재에서 액면에 물을 가하여 알코올 농도를 40% 이하로 떨어뜨려 소화하는 방법이다.
    ③ 비수용성인 가연성 액체 화재에서는 액상에 물방울을 세게 불어 넣어서 표면에 유화(emulsion)를 형성시킴으로서 증기압을 저하시켜 기상부분을 연소범위로부터 벗어나게 하여 소화하는 방법이다.

(2) 산소농도 한계에 바탕을 둔 질식소화

    ① 연소하고 있는 고체나 액체가 들어있는 용기를 기계적으로 밀폐하여 외부와 차단시켜 소화하는 방법이다.
    ② 타고 있는 액체나 고체의 표면을 거품 또는 불연성의 액체로 덮어서 연소에 필요한 공기의 공급을 차단시켜 소화하는 방법이다.

3. 연소에너지 한계에 바탕을 둔 소화 – 냉각소화

(1) 연소시에 발생하는 열에 에너지를 흡수하는 매체를 화염 속에 투입하여 소화하는 방법이다.
(2) 화염 냉각용 매체로는 고체, 액체, 기체 등을 사용한다.
(3) 화염 냉각매체의 열용량을 및 투여한 매체의 상변화에 따른 증발잠열을 이용한다.
(4) 연소하고 있는 가연물의 온도를 발화점 이하로 냉각시켜 줌으로서 연소를 계속할 수 없도록 해주는 것이다.

3 소화의 원리 및 방법

1. 제거소화

(1) 원리

연소반응이 일어나고 있는 가연물과 그 주위의 가연물을 제거해서 연소반응을 중지시켜 소화하는 방법으로서 가장 좋은 소화방법이 될 수 있고 가장 원시적인 방법이라 할 수 있다.

(2) 방법

① 액체 연료탱크에서 화재가 발생하였을 경우 다른 빈 연료탱크로 연료를 이송하여 연료량을 줄인다.

② 인화성 액체에 있어서 저장온도가 인화점보다 낮을 때 빈 탱크에 이송할 수 없을 경우 차가운 아랫부분을 뜨거운 윗부분과 교체되도록 교반함으로서, 가연성증기의 발생량을 줄인다.

③ 배관이나 배관부품이 파괴되어 발생한 가스화재시 가스가 분출되지 않도록 연료 공급을 차단하거나 밸브 등으로 격리 조치한다.

④ 산림화재시에는 불의 진행방향을 앞질러가서 벌목하여 화재전파를 차단한다.

⑤ 연소하고 있는 액체, 고체표면을 포말로 덮어씌운다.

⑥ 수용성 알코올류에 물을 혼입하여 가연성 증기의 발생을 차단한다.

⑦ 화염을 불어 가연성가스를 날려 보낸다.

2. 질식소화

(1) 원리

① 공기 중 산소를 차단하여 산소농도가 15% 이하가 되면 연소가 지속될 수 없으므로 이를 이용하여 소화하는 방법을 말한다.

② 즉, 연소하고 있는 가연성 고체나 액체가 들어있는 용기를 기계적으로 밀폐하여 외부와 차단하거나 타고 있는 액체나 고체의 표면을 거품 또는 불연성의 액체로 덮어서 연소에 필요한 공기의 공급을 차단시켜 소화하는 방법을 말한다.

(2) 방법

① 불연성 기체(CO_2, N_2, H_2O 등)로 가연물을 덮는 방법

② 불연성 포(Foam)로 가연물을 덮는 방법

③ 고체(마른모래, 팽창질석, 팽창진주암 등)로 가연물을 덮는 방법

④ 연소실을 완전히 밀폐하여 소화하는 방법

3. 냉각소화

(1) 정의

비열이나 증발잠열이 큰 물질을 이용하여 연소하고 있는 가연물에서 열을 뺏어 온도를 낮춤으로서 연소물을 인화점 및 발화점 이하로 떨어뜨려 소화하는 방법이다.

(2) 방법

① 고체를 사용하는 방법

② 액체(물 등)를 사용하는 방법

③ 가스계 소화약제에 의한 방법

4. 희석소화

(1) 정의

가연성 기체가 연소하려면 그것이 산소와 연소범위에 있는 혼합기를 만들지 않으면 안된다. 따라서 산소나 가연성물질의 어느 것의 농도가 희박해지면 연소는 계속하지 못한다. 이와 같이 기체·고체·액체에서 나오는 분해가스, 증기의 농도를 작게 하여 연소를 중지시키는 소화를 말한다.

(2) 방법

① **액체농도의 희석**: 액체를 불연성의 다른 액체로 희박하게 하면 이들 가연성 액체의 농도가 저하한다. 따라서 동 농도에서는 액면상의 증기량은 감소하고 드디어 거기에 존재하는 공기 중의 산소와의 혼합기 농도가 연소범위 이하로 되어 더 이상 연소가 계속하지 못할 극한이 생겨 소화된다.

② **강풍으로 소화하는 방법**: 일반적으로 연소물에 강렬한 바람이 닿으면 풍속이 어떤 값 이상일 때에 불꽃이 불려 꺼진다. 이것은 연소에 관여하는 가연성증기가 바람에 날려서 농도가 희박해지기 때문이다. 실제로 이 방법을 이용할 단계에 이르면 여러 가지 곤란이 수반되어 현재 이것이 이용되고 있는 유일한 장소는 유전지역이며, 유전의 화재를 폭약의 폭풍으로 소화한다.

③ **불연성 기체에 의한 희석**: 불연성 기체를 화염 중에 넣으면 산소 농도가 감소하는 까닭으로 소화하게 된다.

5. 억제소화법(부촉매소화)

연소의 4요소 중 연쇄적인 산화반응을 약화시켜 연소의 계속을 불가능하게 하여 소화하는 방법으로 억제소화의 소화약제는 할론 및 분말소화약제가 주로 사용된다.

6. 유화소화

(1) 비중이 물보다 큰 비수용성 기름 화재시 물을 무상(안개모양)으로 방사하거나 포 소화약제를 방사하여 유류 표면에 유화층의 막을 형성시켜 공기의 접촉을 막아 소화하는 작용을 말한다(물의 미립자가 기름과 섞여서 유화층을 형성하여 유류의 증발능력을 떨어뜨려 연소를 억제하는 것).

(2) 이때 유류표면에 형성된 얇은 막은 물에 의해서 형성된 것으로서 수막(Water film)이라 하며, 이 수막은 물과 유류의 중간 성질을 갖는다. 그러므로 유화소화작용을 가지는 소화약제는 대부분 상온에서 액체 또는 수용액 상태로 존재하여야 하며, 이러한 소화약제에는 무상의 물 소화약제, 포 소화약제, 무상의 강화액 소화약제 등이 있다.

(3) 특히, 무상의 물 소화약제의 경우는 중유화재시, 포 소화약제는 모든 유류화재시, 무상의 강화액 소화약제는 모든 유류화재의 소화시 유화소화작용을 갖는다. 또한, 수용성의 가연물질인 알코올류·에테르류·에스테르류·케톤류·알데히드류 등의 화재시에 수용성가연물질에 용해하지 아니하는 알코올형 포소화약제를 방사하는 경우 수용성가연물질의 표면에 얇은 막을 생성함으로써 유화소화작용을 한다.

7. 피복소화

이산화탄소처럼 공기보다 무거운 물질로 가연물 주위를 덮어 산소의 공급을 차단시킴으로써 소화하는 방법이다.

Chapter 11

건축물화재의 성상

1 실내화재의 환기량에 따른 분류

1. 환기지배화재(Ventilation control fire)

(1) 밀폐된 실내에서 내장재나 가구가 탈 경우에는 실내의 산소농도가 한계산소량 이하로 되면 타다 말고 꺼진다. 그러나 개구부가 있으면 그곳을 통해서 공기가 공급되기 때문에 계속 탄다. 이런 경우 가연물의 연소속도를 좌우하는 것은 실내 환기이므로 이를 환기지배화재(Ventilation controlled fire)라고 한다.

(2) 연료량이 많고 통기량이 적은 경우에 해당된다.

(3) 환기지배화재인 경우 연소속도가 느리고 연소시간이 길다.

(4) 일반적으로 내화구조건축물의 실내 화재는 환기지배형 화재가 나타난다.

2. 연료지배화재(Fuel control fire)

(1) 개구부가 더욱더 커지면 공기 공급은 환기 여하에 관계없이 충분하게 되며 이때 가연물의 연소속도는 연료특성에 의해서 지배되는데 이 경우를 연료지배화재(Fuel controlled fire)라고 한다.

(2) 연료량에 비해 통기량이 충분한 경우에 해당된다.

(3) 연료지배화재인 경우 연소속도가 빠르고 연소시간이 짧다.

(4) 일반적으로 목조건축물의 실내화재는 연료지배형 화재가 나타난다.

3. 환기 파라미터(Ventilation parameter)

(1) 환기지배 영역의 실내화재에 있어서 연소속도는 개략적으로 다음 식으로 표시된다.

$$R = KA\sqrt{H}$$

여기서, R: 연소속도(kg/min),
K: 계수(콘크리트조 건물의 경우 5.5 ~ 60)
A: 개구부면적(m^2),
H: 개구부높이(m)

(2) 개구부면적과 높이 평방근의 곱($A\sqrt{H}$)을 환기파라메터(환기인자)라 한다.

(3) 위 식과 옆의 그림에서 보듯 환기 파라메터가 커지면 연소속도는 상승하게 되며 화재가 연료지배형으로 진행될 것인지 환기지배형으로 진행될 것인지를 결정짓는 주요요소가 된다.

(4) 개구부가 많고 개구부의 면적이 넓을수록 환기량이 많아진다.

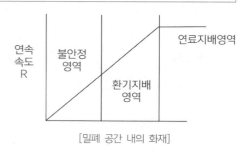

[밀폐 공간 내의 화재]

(5) 같은 면적의 개구부라도 세로로 긴 개구부일수록 환기량이 많아진다.

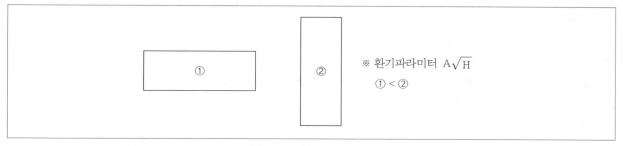

① ②

※ 환기파라미터 $A\sqrt{H}$

① < ②

(6) 환기량은 개구부의 면적(A)과 개구부높이(H)의 평방근에 비례한다.

2 │ 환기지배형(내화건축물) 실내화재 성상

1. 화재 초기(Incipient stage)

(1) 연료지배형 화재이다.
(2) 가연물이 발화하기 위해서는 반드시 가연물에 대한 가열이 선행되어야 하며, 이 과정이 화재 초기단계에 속한다.
(3) 발화 이전의 가열단계이며, 이 단계에서 연기가 발생되기도 한다.

2. 화재 성장기(Fire growth stage)

(1) 화재가 통상적으로 연료지배형 화재의 성격을 띤다.
(2) 전실화재전단계(Pre-Flash over)라 한다.
(3) 건물의 실내에서 화재상황이 발화의 시점부터 플래시오버(Flash over)가 일어나기까지 진행되는 단계를 말한다.
(4) 화염의 전파는 대류 및 전도에 의존된다.
(5) 연소영역이 점차 확대되어 화재의 성장이 시작된다.
(6) 대체적으로 고온상부층(Hot upper layer)와 저온하부층(Cool lower layer)의 두 형상의 층이 형성된다.
(7) 고열의 가스의 상승류가 천장면에 닿게 되면 천장면을 따라 모든 옆 방향으로 빠르게 흐르는 천장열류(Ceiling Jet flow)가 형성된다.
(8) 천장열류에 의해 열감지기나 스프링클러헤드가 화재를 감지한다.

3. 플래시오버(Flash over)

(1) 실내 화재시 상부의 연기 및 고열 가스층 등에서 나오는 복사열에 의해 화재 실내부에 존재하는 가연물의 모든 노출표면에 대한 가열이 계속되면, 가연물의 모든 노출 표면에서 빠르게 열분해가 일어나 가연성 가스가 충만해지는데 이때 충만한 가연성가스가 빠르게 발화하게 되면, 그때부터 가연물 모두가 격렬하게 타기 시작한다. 이와 같은 급격한 변화현상을 플래시오버(Flash over)라 하며, 전실화재 혹은 순발연소라고도 한다.
(2) 화염의 전파는 복사전열에 의해 지배된다.
(3) 국부화재로부터 구획 내 모든 가연물이 타기 시작하는 큰 화재로의 넘어가는 분기점이다.
(4) 연료지배화재로부터 환기지배화재로의 넘어가는 분기점이다.

4. 화재 최성기(Fully-developed fire)

(1) 화재가 통상적으로 환기지배형화재의 성격을 띤다.

(2) 전실화재후단계(Post-Flash over)이다.

(3) 가연물이 본격적으로 타들어 가는 소진단계이다.

(4) 가연물의 연소활동이 대단히 왕성해져 열방출량이 최대값으로 나타난다.

(5) 환기 지배형 화재에 따른 연기의 발생량도 가장 많다.

(6) 화재 최고온도도 이 시기에 나타난다.

(7) 화재강도(Fire Intensity)에 따라서 건물구조의 구조적 강도가 좌우된다.
즉, 천정면, 보, 기둥의 모퉁이부 플라스틱 등의 마감부분이 벗겨져 떨어지거나 콘크리트가 파열음과 함께 튀어 떨어져 철근을 노출하는 콘크리트 폭열현상을 일으킨다.

5. 화재 종기(Decay period)

(1) 화재가 최성기단계에 있는 동안에는 가연물의 소진속도는 계속 증가하다가 이 단계가 지나면 잔여 가연물의 양이 급속히 줄어들면서 화세가 감소되기 시작한다. 이때부터 화재 종기(감쇠기)라 한다.

(2) 때로는 가연물의 80%가 소진된 시점을 화재 종기로의 전환시점으로 정의하기도 한다.

(3) 이 기간 동안에 환기지배형 화재 양상에서 연료지배형 화재로 변화할 수 있다.

(4) 다만, 최성기단계에서 종기 단계로 전환시 환기지배형 화재 양상이 유지된 상태에서 외부에서 산소공급이 이루어질 경우 백드래프트(Back draft)가 발생한다.

③ 연료지배형(목조건축물) 실내화재 성상

1. 화재 초기(Incipient stage)

(1) 외관

창 등의 개구부에서 하얀 연기가 나온다.

(2) 연소상황

실내 가구 등의 일부가 독립적으로 연소한다.

2. 화재 중기(Fire growth stage)

(1) 외관

개구부에서 세력이 강한 검은 연기가 분출한다.

(2) 연소상황

가구 등에서 천장면까지 화재가 확대되며, 실내 전체에 화염이 확산되는 최성기의 전초단계이다.

(3) 연소위험

근접한 동으로 연소가 확산될 수 있다.

3. 화재 최성기(Fully-developed fire)

(1) 외관

연기의 양은 적어지고 화염의 분출이 강해지며 유리가 파손된다.

(2) 연소상황

실내 전체에 화염이 충만하여 연소가 최고조에 달한다.

(3) 연소위험

강렬한 복사열로 인해 인접 건물로 연소가 확산된다.

(4) 활동위험

건축구조물이 낙하할 수 있다.

4. 화재 감쇠기(Decay period)

(1) 외관

지붕이나 벽체가 타서 떨어지고 곧바로 대들보나 기둥도 무너져 떨어진다. 연기는 흑색에서 백색으로 변한다.

(2) 연소상황

화세가 쇠퇴한다.

(3) 연소위험

연소 확산의 위험은 없다.

(4) 활동위험

바닥이 무너지거나 벽체 낙하 등의 위험이 있다.

4 건축물 실내화재의 이상 현상

1. 플래임오버(Flame-over)

(1) 개요

1946년 12월 미국 애틀란트에 있는 위어코프 호텔 로비화재에서 가연성 벽을 따라 연소확대가 어떻게 진행되는지 묘사하는데 처음 사용된 용어이다. 이 화재로 119명의 생명을 잃었으며, 이 사고를 계기로 미국의 주거용 건물의 벽, 천장 그리고 바닥 재질에 대한 기준이 강화되기 시작하였다.

(2) 정의

① 복도와 같은 통로공간에서 벽, 바닥 표면의 가연물에 화염이 급속하게 확산되는 현상을 묘사하는 용어이다.
② 벽, 바닥 또는 천장에 설치된 가연성물질이 화재에 의해 가열되면 전체 물질 표면을 갑자기 점화할 수 있는 연기와 가연성가스가 만들어지고 이때 매우 빠른 속도로 화재가 확산된다.
③ 화염이 연소되지 않은 가연성가스를 통해 전파되는 현상을 말하기도 한다.

(3) 발생시기

성장기(일반적으로 롤오버 발생 전에 먼저 일어난다)

(4) 위험성 및 대책

① 출구를 따라 진행되는 화염확산은 특정 공간 내의 화염확산보다 치명적이다. 이와 같은 이유로 복도 내부 벽과 천장은 비가연성 물질로 마감되어야 한다.
② 종종 내화건축물의 1층 계단실에서 발생한 작은 화재가 계단실에 칠해진 페인트(낙서를 지우기 위해 매년 덧칠해진 것)에 의해 플래임오버(Flame-over) 현상을 발생시켜 수십 층 위에까지 확산되는 경우도 있다.

2. 롤오버(Roll-Over)

(1) 정의

① 연소과정에서 발생된 가연성 가스가 공기와 혼합되어 천정부분에 집적된 상태에서 발화온도에 도달하여 발화함으로서 화재의 선단 부분이 매우 빠르게 확대되어 가는 현상을 말하는 것으로 화재가 발생한 장소의 출입구 바로 바깥쪽 복도 천장에서 연기와 산발적인 화염이 굽이쳐 흘러가는 현상을 지칭하는 소방현장 용어이다.
② 이러한 현상은 화재지역의 천장에서 집적된 고압의 뜨거운 가연성 가스가 화재가 발생되지 않은 저압의 다른 부분으로 이동하면서 화재가 매우 빠르게 확대되는 원인이 된다.
③ 이것은 출입문을 통해 방출되는 가열된 연소가스와 복도 천장 근처의 신선한 공기가 섞이면서 발생한다. 일반적으로 플래시오버보다 먼저 일어난다.
④ 롤오버는 전형적인 공간 내의 화재가 완전히 성장하지 않은 단계에 있고 소방대원들이 화점에 진입하기 전 복도에 머무를 때 발생한다.

(2) 발생시기

성장기(일반적으로 플래시오버 발생 전에 먼저 일어난다)

(3) 롤오버(Roll-Over)와 플래시오버(Flash over)의 차이점

구분	롤오버(Roll-over)	플래시오버(Flash over)
복사열	열의 복사가 플래시오버에 비해 상대적으로 약함	열의 복사가 강함
확대범위	화염선단 부분이 주변공간으로 확대	일순간 전체공간으로 발화 확대
확산 매개체	천장부의 고온증기의 발화	공간 내 모든 가연물의 동시 발화

3. 플래시오버(Flash over)

(1) 정의

① 건축물 실내 화재시
  ㉠ 화재가 발생하는 과정에 있어서 화원 가까이에 한정되어 있던 연소영역이 조금씩 확대된다. 이 단계에서 화재실의 온도는 점차 증가하여 상부의 연기 및 고열의 가스층 등에서 나오는 복사열에 의해 화재실 내부에 존재하는 가연물의 모든 노출표면에서 빠르게 열분해 및 증발이 촉진되어 이때 발생한 가연성 가스는 천장 근처에 체류한다.
  ㉡ 이 가스농도가 증가하여 연소범위 내의 농도에 달하면 발화하여 천장이 화염에 쌓이게 된다. 그 이후에는 천장면으로부터의 방출되는 복사열에 의하여 바닥면 위의 가연물이 급속히 가열 착화하여 바닥면 전체가 화염으로 덮이게 된다. 이와 같은 급격한 변화 현상을 플래시오버(Flash over)라 한다.

② 건축물 실내 화재시 복사열에 의한 실내의 가연물이 일시에 폭발적인 착화현상을 말한다.

③ 국부화재로부터 구획 내 모든 가연물이 타기 시작하는 큰 화재로의 전이이다.

④ 연료지배화재로부터 환기지배화재로의 전이이다.

⑤ 전실화재 혹은 순발연소라고도 한다.

(2) 발생 시기

① 성장기

② 성장기에서 최성기로 넘어가는 분기점

(3) 징후

① 일정 공간 내에서 전면적인 자유연소가 발생한다.

② 계속적인 열 집적으로 바닥에서 천장까지 고온상태이다.

③ 두텁고 뜨거운 진한 연기가 아래로 쌓인다.

(4) 지연대책

① 가연물

㉠ 내장재: 실내의 내장재에 있어 되도록 잘 안타는 재료로서 두께가 두껍고 열전도율이 큰 재료를 되도록 천장면과 벽 상부 등의 실내 높은 위치부터 우선적으로 쓸 것, 즉 천장, 벽, 바닥 순으로 불연화하여 화재의 발전을 지연시킨다.

㉡ 화원의 크기

ⓐ 화원의 크기가 클수록 플래시오버까지의 시간이 짧아지므로 가연성 가구 등은 되도록 소형으로 할 것, 즉 건물 내에 가연물이 많으면 단시간 내에 연소하고 다른 가연물의 연소매체가 된다. 이를 방지하기 위해 건물 내 가연물의 양을 제한하고, 수용 가연물을 불연화 및 난연화한다.

ⓑ 화원의 크기라 함은 실내의 벽이나 바닥 등의 전 표면적에 대한 가연물 표면적의 비로 표현되는 것을 말한다.

② 산소-개구율

㉠ 개구인자가 작으면 플래시오버의 발생시기는 늦어지므로 개구부의 크기를 제한함으로써 플래시오버를 지연시킨다. 또한 개구인자가 아주 클수록 플래시오버의 발생시기가 늦어진다.

㉡ 개구율이라 함은 벽 면적에 대한 개구부의 면적을 말한다.

(5) 플래시오버(Flash-over)를 전술적으로 지연시키는 3가지 방법

① **배연지연법**: 창문등을 개방하여 배연(환기)함으로써, 공간 내부에 쌓인 열을 방출시켜 플래시오버를 지연시킬 수 있으며 가시성 또한 향상시킬 수 있다.

② **공기차단지연법**: 배연(환기)과 반대로 개구부를 닫아 산소를 감소시킴으로써 연소속도를 줄이고 공간 내 열의 축적 현상도 늦추게 하여 지연시키는 방법을 쓸 수 있다. 이 방법은 관창호스 연결이 지연되거나 모든 사람이 대피했다는 것이 확인된 경우 적합한 방법이다.

③ **냉각지연법**: 분말소화기 등 이동식 소화기를 분사하여 화재를 완전하게 진압하는 것은 일시적으로 온도를 낮출 수 있으며 플래시오버를 지연시키고 관창호스를 연결할 시간을 벌 수 있다.

확인 예제

건축물에 화재가 발생하여 일정 시간이 경과하게 되면 일정 공간 안에 열과 가연성가스가 축적되고 한순간에 폭발적으로 화재가 확산되는 현상을 무엇이라 하는가?

① 보일오버 현상   ② 플래시오버 현상   ③ 패닉 현상   ④ 리프팅 현상

해설 플래시오버(Flash-over: 순발연소, 전실화재) 현상에 대한 설명이다.

정의		건축물 화재시 복사열에 의해 실내의 가연물이 일시에 폭발적으로 착화하는 현상을 말한다.	
발생시기		• 성장기 • 성장기에서 최성기로 넘어가는 분기점	
징후		• 일정 공간 내에서 전면적인 자유연소 • 계속적인 열 집적으로 바닥에서 천장까지 고온상태 • 두껍고 뜨거운 진한 연기가 아래로 쌓임	
지연대책	가연물	내장재	두께가 두껍고 열전도율이 큰 재료
		화원의 크기	작을수록
	산소	개구율은 작거나 아주 클수록	

정답 ②

4. 백드래프트(Back draft, 역화)

(1) 정의

① 밀폐된 공간에서 화재 발생시 산소부족으로 불꽃을 내지 못하고 가연성 가스만 축적되어 있는 상태에서 갑자기 문을 개방하면 신선한 공기 유입으로 폭발적인 연소가 시작되는 현상이다.

② 소화활동이나 피난을 하기 위하여 화재실의 문을 개방할 때 신선한 공기가 유입되어 실내에 축적되었던 가연성가스가 단시간에 폭발적으로 연소함으로써 화염이 폭풍을 동반하여 실외로 분출되는 현상을 말한다.

③ 백드래프트는 농연의 분출, 파이어 볼의 형성, 건물 벽체의 도괴 등의 현상을 수반한다.

④ 백드래프트는 화학적 폭발에 해당된다.

(2) 발생 시기(환기지배형 화재)

① 성장기

② 감쇠기

(3) 징후

① 건물의 외부에서 관찰할 수 있는 백드래프트의 징후

⑦ 연기가 균열된 틈이나 작은 구멍을 통하여 빠져 나오고 건물 안으로 연기가 빨려 들어가는 현상이 발생된 경우

ⓒ 화염은 보이지 않으나 창문이 뜨거운 경우

ⓒ 유리창의 안쪽으로 타르와 유사한 기름 성분의 물질이 흘러내리는 경우

ⓔ 창문을 통해 보았을 때 건물 내에서 연기가 소용돌이 치고 있는 경우

② 건물의 내부에서 관찰할 수 있는 백드래프트의 징후

⑦ 압력차이로 인해 공기가 내부로 빨려 들어가는 듯한 특이한 소리(휘파람소리와 유사)가 들리는 경우

ⓒ 연기가 건물 내로 되돌아가거나 맴도는 경우

ⓒ 훈소상태에 있는 뜨거운 화재인 경우

ⓔ 연기가 아주 빠르게 소용돌이치는 경우

ⓜ 산소공급의 감소로 약화된 불꽃이 관찰된 경우

(4) 백드래프트(Back draft)를 예방하거나 발생 가능성을 줄일 수 있는 3가지 전술

① **배연법(지붕환기):** 연소 중인 건물 지붕 채광창을 개방하여 환기시키는 것은 백드래프트의 위험으로부터 소방관을 보호할 수 있다. 가장 효과적인 방법 중 하나이다. 상황이 허락된다면 지붕에 개구부를 만들어 환기한다. 비록 백드래프트에 의한 폭발이 일어나더라도 대부분의 폭발력이 위로 분산될 것이다.

② **급냉법(담금질):** 화재가 발생된 밀폐 공간의 출입구에 완벽한 보호 장비를 갖춘 집중 방수팀을 배치하고 출입구를 개방하는 즉시 바로 방수함으로써 폭발 직전의 기류를 급냉시키는 방법이다. 이와 같은 집중 방수의 부가적인 효과는 일산화탄소 농도를 폭발한계 이하로 떨어뜨리는 것이다. 이 방법은 배연법만큼 효과적이지 않지만 이것이 유일한 방안인 경우가 많다.

③ **측면공격법:** 이것은 화재가 발생된 밀폐공간의 개구부(출입구 또는 창문) 인근에서 이용 가능한 벽 뒤에 숨어 있다가 출입구가 개방되자마자 개구부 입구를 측면공격하고 화재 공간에 집중 방수함으로써 백드래프트 현상을 방지한다.

5. Flash over와 Back draft의 차이점

(1) 폭풍 혹은 충격파

① Flash over: 급격한 가연성 가스의 착화, 폭풍이나 충격파는 없다.
② Back draft: 진행이 빠른 화학반응으로써 대기의 급격한 온도상승, 팽창, 압력상승을 일으키고 폭풍 혹은 충격파를 일으킨다.

(2) 화재발생 단계

① Flash over: 화재 성장기(제1단계)에서 발생한다.
② Back draft: 감쇠기(제3단계)에서 발생한다.

(3) 공급요인

① Flash over: 복사열의 공급이 요인이다.
② Back draft: 산소의 공급이 요인이다.

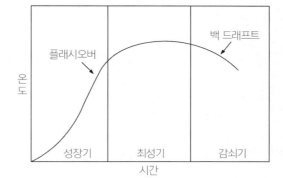

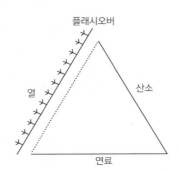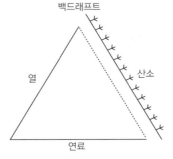

(4) 기타 비교

구분	Flash over	Back draft
연소현상	자유연소상태	훈소상태
산소량	상대적으로 산소공급이 원활	산소부족
폭발성유무	폭발이 아님	폭발현상이며, 그에 따른 충격파, 붕괴, 폭풍파 발생
원인	복사열	외부유입 공기(산소)
발생시기	성장기, 성장기와 최성기 분기점	성장기, 종기(감쇠기)

5 내화건축물 화재 성상

1. 화재진행단계

초기 → 성장기 → 최성기 → 종기

2. 화재진행상황에 따른 특징

(1) 초기

(2) 성장기

① 천장열류에 의해 화재를 감지한다.
② 복사열에 의한 Flash over가 발생한다.

(3) 최성기

① 환기지배에 따른 연기의 발생량이 가장 많다.
② 환기지배에 따른 유독성 가스의 발생량이 증가한다.
③ 실내 모든 가연물이 맹렬히 타는 시기이므로 열의 발생량이 최대이다.
④ 최고온도가 나타나는 시기이다. 최고온도는 800 ~ 900℃의 경우가 많은데 고온이 오래 유지되면 최성기의 최고온도는 실내의 가연물량, 창 등의 개구부 크기 및 그 열적 성질에 의해 정해진다.
⑤ 목조건축물 화재에 내화건축물 화재는 저온 장시간형이다.
⑥ 화재지속시간은 목조화재가 약 30분 정도인 데 비해 가연물의 양에 따라 2 ~ 3시간 이상 지속되는 경우도 있다.

(4) 종기(감쇠기)

종기에 환기지배화재인 경우 최성기부터 불완전연소 및 훈소상태를 유지하다가 산소유입에 의해 Back draft 현상이 발생한다.

3. 내화 표준 온도 - 시간 곡선

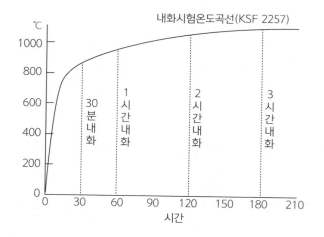

(1) 온도

최고온도(화재강도)를 나타내며, 단위시간당 열축적율에 따라 좌우된다.

(2) 시간

화재지속시간(화재하중)을 나타내며, 가연물의 양과 그 가연물의 연소속도에 따라 좌우된다.

(3) 내화 표준 온도 – 시간

내화 표준 시간	내화 표준 온도
30분 내화	약 840℃
1시간 내화	약 925℃
2시간 내화	약 1,010℃
3시간 내화	약 1,050℃
4시간 내화	약 1,095℃

(4) 내화 표준 온도 – 시간 곡선은 재료의 내화성 평가기준으로 사용하고 있으며 ISO 834 곡선으로도 불린다.

6 목조건축물 화재 성상

1. 화재진행단계

(1) 전기화재

① 화재원인의 성립 → 무염착화 → 발염착화 → 발화(출화)
② 화재원인의 성립 → 발염착화 → 발화(출화)

(2) 후기화재

발화(출화) → 최성기(맹화) → 감쇠기(연소낙하) → 진화(소각)

2. 화재진행상황에 따른 화재 특징

(1) 초기

① 화재원인의 성립 → 무염착화 → 발염착화
② 화재원인의 성립 → 발염착화
③ 이 순간은 화재원인의 종류와 발생하는 장소에 따라 차이가 있다. 유류 등의 인화는 곧 발염착화로 이어지며, 자연발화의 경우는 긴 시간을 요한다.
④ 화재원인의 종류, 화재가 발생한 장소, 가연물의 종류, 바람의 상태(산소 공급조건) 등이 화재의 진행(연소속도, 시간, 방향)을 좌우한다.
⑤ 무염착화란 재로 덮힌 숯불 모양의 형태로 착화된 것을 말한다.

(2) 성장기

① **발화(출화):** 보통 발화라고 하는 것은 가재의 일부가 발화한 상태가 아니라 천장에 불이 붙는 시기를 말한다.

② **옥내출화**

　　㉠ 보통의 목조건물 실내에서 천장에 발염착화되었을 때

　　㉡ 칸막이의 불연벽체나 칸막이의 불연천장인 경우에 실내에서는 그 후면 판에 발염착화할 때

　　㉢ 천장 속·벽 속 등에서 발염착화되었을 때

③ **옥외출화**

　　㉠ 창, 출입구 등에 발염착화된 시기

　　㉡ 건축물 외부 가연재료에 발염착화된 시기(외부에 판자 등 목재 사용의 가옥에서는 벽·추녀밑의 판자나 목재에 발염착화될 때)

④ 발화의 상황이 되면 화재의 진행은 빨라지게 된다. 연기도 처음의 백색에서 흑색으로 변하고 얼마 후 개구부가 파괴되어 공기가 유입되면 급격히 연소가 확대된다. 이 현상을 플래시오버라 하는데, 이때 실내의 온도는 800 ~ 900℃ 정도가 된다.

(3) 최성기(맹화)

① 천장, 대들보 등이 내려앉는 최성기가 되면 화염과 검은 연기 그리고 불가루를 불어 올리는 강한 복사현상이 되는데 이때의 최고온도는 약 1,300℃ 정도까지 올라가게 된다.

② 무풍 상태에서 출화에서 최성기까지가 약 4분에서 14분 정도 진행된다.

③ 내화건축물 화재에 목조건축물 화재는 고온 단시간형이다.

(4) 종기

① 감쇠기(연소낙하)·진화(소각)

② 최성기를 지나면 기둥이나 벽이 무너져 내리고, 화세는 급격히 약해지면서 대들보까지 무너져 내려 바로 불이 꺼지게 된다.

③ 최성기 이후 오히려 공기의 유통이 좋아져 온도는 급속히 저하된다.

④ 최성기부터 감쇠기까지 약 6분에서 19분 정도 진행된다.

참고 **보통 목조건물의 발화에서부터 경과시간**

풍속(m/sec)	발화에서 최성기	최성기에서 소각	발화에서 소각
0 - 3	4 ~ 14분	6 ~ 19분	13 ~ 24분
3 - 10	2.5 ~ 13분	-	-
10	2.5분(1층), 7분(2층)	-	15분

3. 목조건축물의 화재확대 원인

(1) 접염연소

화염 또는 열의 접촉으로 인한 연소이다.

(2) 복사연소

화염에서 발생하는 복사열로 인해 발화점에 달하기도 한다. 복사열은 화염의 면이 크면 클수록 또는 지속시간이 길면 길수록 열을 받는 거리는 멀어져서 100m 이상에 달하는 경우도 있다.

(3) 비화연소

화점에서 먼 거리에 있는 지역까지 불꽃이 날아가 발화하는 현상으로, 화점으로부터 풍하방향이 약 30°의 범위로 분포하나 10 ~ 15°의 범위가 가장 위험하다. 비화로 인한 연소는 바람이 강하고 온도가 낮은 기상조건일 때 비화범위는 4km에까지 이르나 800m 전후에서 흔히 발생한다.

🎯 확인 예제

불티가 바람에 날리거나 또는 화재 현장에서 상승하는 열기류 중심에 휩쓸려 원거리 가연물에 착화하는 현상을 무엇이라고 하는가?

① 비화   ② 전도   ③ 대류   ④ 복사

해설
- 비화연소에 대한 설명이다. 비화연소란 화점에서 먼 거리에 있는 지역까지 불꽃이 날아가 발화하는 현상으로, 화점으로부터 풍하방향이 약 30°의 범위로 분포하나 10~15°의 범위가 가장 위험하다. 비화로 인한 연소는 바람이 강하고 온도가 낮은 기상조건일 때 비화범위가 넓고 흔히 발생한다.
- 비화연소의 조건으로는 불티(5mm), 바람, 가연물이 있다.

정답 ①

4. 목재의 형태에 따른 연소 형태

목재형태 \ 발화속도	빠르다	느리다
건조의 정도	수분이 적은 것	수분이 많은 것
내화성, 방화성	없는 것	있는 것
두께와 크기	얇고 가는 것	두껍고 큰 것
형상	사각인 것	둥근 것
표면	거친 것	매끄러운 것
기름, 페인트	칠한 것	칠하지 않은 것
색	검정색	백색

5. 목재의 연소과정

목재가열 → 수분증발 → 목재분해 → 탄화종료 → 발화

(1) 목재가열

100 ~ 160℃에서 목재 가열이 시작되며, 목재는 갈색을 띤다.

(2) 수분증발

220 ~ 260℃에서 수분이 증발하며, 목재는 갈색에서 흑갈색으로 변화한다.

(3) 목재분해

300 ~ 350℃에서 목재가 급격히 분해하여 수소, 일산화탄소 및 탄화수소 등이 생성된다.

(4) 탄화종료 및 발화

420 ~ 470℃에서 탄화종료 및 발화가 시작된다.

7 화재 변수

1. 화재온도

일반적으로 연소열의 실내 축적율은 최성기에서 60 ~ 80% 정도이다.

$$Q_H = Q_W + Q_B + Q_L + Q_K$$

여기서, Q_H: 실내에서의 총발열량, Q_W: 주벽의 흡열량
Q_B: 창을 통한 옥외로의 복사열량, Q_{HL}: 분출화염이 가지고 간 열량
Q_K: 실내가스를 화재온도로 높이는 열량

2. 화재지속시간

화재 최성기의 연소속도(R)가 일정하다면 다음과 같은 식이 성립한다.

$$T(min) = \frac{W(kg)}{R(kg/min)}$$

여기서, T: 화재지속시간, R: 연소속도(kg/min)

$$R = 5.5A\sqrt{H}$$

여기서, W: 실내가연물의 양(kg)

3. 화재하중(화재지속시간)

(1) 정의

바닥의 단위 면적당 목재로 환산시의 등가 가연물의 중량(kg/m^2)으로 표현된다.

(2) 화재규모의 결정 요소

① **바탕재료**: 벽, 천장, 바닥, 기둥 등
② **고정가연물**: 내장재, 붙박이가구 등
③ **적재가연물**: 서적, 의류, 기타 수납물 등

(3) 화재하중 크기

$$q = \frac{\sum G_t H_t}{H_O A} = \frac{\sum Q_t}{4500A}$$

여기서, q: 화재하중(kg/m^2), A: 화재실의 바닥면적(m^2)
G_t: 가연물 중량(kg), H_t: 가연물의 단위발열량(kcal/kg)
$\sum Q_t$: 화재실 내의 가연물의 전발열량(kcal), H_0: 목재의 단위발열량(kcal/kg)

(4) 실내 가연물의 양(화재하중)

건물용도	통상범위(kg/m²)	통상최대값(kg/m²)
주거용건물(아파트)	35 – 60	60
병원	15 – 30	30
호텔침실	25 – 40	40
집회실, 오디토리움(강당)	20 – 35	35
사무실	30 – 150	120
교실	30 – 45	40
도서관, 서고	150 – 500	400
도서실(서가 및 열람실)	100 – 250	250
상점	200 – 1000	–

확인 예제

다음중 화재하중을 나타내는 단위는?

① kcal/kg　　　　② ℃/m²　　　　③ kg/m²　　　　④ kg/kcal

해설 • 화재하중은 바닥의 단위 면적당 목재로 환산시의 등가 가연물의 중량(kg/m²)으로 표현된다.
• 화재하중의 크기는 다음과 같이 구할 수 있다.

$$q = \frac{\sum G_t H_t}{H_0 A} = \frac{\sum Q_t}{4500A}$$

여기서, q: 화재하중(kg/m²), A: 화재실의 바닥면적(m²), G_t: 가연물 중량(kg)
H_t: 가연물의 단위발열량(kcal/kg), $\sum Q_t$: 화재실 내의 가연물의 전발열량(kcal), H_0: 목재의 단위발열량(kcal/kg)

정답 ③

4. 화재강도(최고온도)

(1) 정의

화재실 내에서의 열발생률과 당해 실 외부로 빠져나가는 열누설률에 따라 결정되는 단위 시간당 축적되는 열의 양 (kcal/hr)을 말한다.

(2) 화재강도의 주요소

① 가연물의 발열량(나무, 가솔린)
　　㉠ 물질에 따라 다른 연소시 발생하는 열량이 연소열이다.
　　㉡ 가연물의 연소열이 클수록 화재강도가 커진다.
② 가연물의 연소속도
③ 가연물의 비표면적 및 구조적 특성
④ 공기(산소)의 공급조절 및 환기 상태
⑤ 화재실의 벽·천장·바닥 등의 단열성

5. 화재가혹도(Fire Severity)

(1) 개요

① 방호 공간 안에서 화재의 세기를 나타내는 것으로서 화재가 진행되는 과정에서 온도 및 지속시간에 따라 변화한다. 이를 표준 시간 - 온도 곡선으로 표시할 수 있는데 단위 시간당 발생열량이 많은 시점에서는 급커브를 이루게 된다.

② 발생한 화재가 당해 건물과 그 내부의 수용재산 등을 파괴하거나 손상을 입히는 능력의 정도(건물에 손상을 주는 화세의 능력)를 화재가혹도라 한다. 따라서 내화 성능 판단의 지표가 된다.

③ 화재시 최고온도와 지속시간은 화재의 규모를 판단하는 중요한 요소가 된다. 화재시 지속시간이 긴 것은 가연물 양(화재하중)이 많은 양적 개념이며, 연소시 최고온도(화재강도)는 최성기의 온도로서 화재의 질적 개념이다.

④ 자동식 소화설비가 초기화재 진압에 실패하여 화재가혹도가 일정 이상 커버리면 소방대의 능력을 초과할 수 있으므로 화재가혹도가 일정 이상 커지지 않게 화재를 가두어야 하는데 이런 개념이 방화구획이다.

(2) 화재가혹도의 주요소

① 화재가혹도의 주요소는 화재강도와 화재하중이 있다.

② 화재강도가 크다는 것은 화재시 최고온도가 높아 열축적률이 큰 것을 의미하며 주수율($L/m^2 \cdot min$)을 좌우하는 요소이다.

③ 화재하중이 크다는 것은 가연물이 많아 지속시간이 긴 것을 의미하며 주수시간(min)을 결정하는 요소이다.

④ 환기인자($A\sqrt{H}$)가 화재가혹도를 결정하는 중요한 요소이다.

> • 온도 인자(개구인자) = $\dfrac{A\sqrt{H}}{A_t}$ 여기서, $A\sqrt{H}$: 환기인자, A_t: 연소실의 전 표면적
>
> • 시간 인자 = $A_f / A\sqrt{H}$ 여기서, $A\sqrt{H}$: 환기인자, A_f: 화재실의 바닥면적

⑤ 따라서 개구부가 클수록 화재강도가 커지고 개구부가 작을수록 지속시간이 길어져 화재하중이 커진다.

(3) 화재저항

① 화재진행시간 동안 건축물의 주요 구성요소들이 화재에 대항하여 제 기능을 유지할 수 있는 능력을 말한다.

② 화재저항은 시험 노에서 표준 온도-시간 곡선에 의한 표준 화재에 폭로시켜 결정한다. 내화벽일 경우 표준 온도-시간 곡선에 의한 화재에 노출시켜 내화의 기능을 유지할 수 있는 시간을 측정하여 화재에 대한 저항 능력치를 측정한다.

기타 연소

1 섬유류 연소

1. 천연섬유

(1) 식물성 섬유

① 식물성 섬유의 주성분은 셀룰로오스로 구성된다.
② 면, 황마, 대마, 아마, 사이잘삼 등이 있다.
③ 착화(발화)성이 용이하다.
④ 면의 발화점은 약 400℃이다.

(2) 동물성 섬유

① 동물성 섬유의 주성분은 탄소, 수소, 산소, 복합단백질(질소 성분 포함), 유황 등으로 구성된다.
② 모(wool)의 발화점은 600℃이다.
③ 연소시키기가 어렵고, 착화가 어렵다.
④ 연소속도는 느리고, 면에 비해 소화가 쉽다.
⑤ 시안화수소(HCN)가 발생한다.

2. 합성섬유

(1) 불에 접촉했을 때 줄어들고 용융하여 망울이 되는 성질이 있다.
(2) 레이온과 아세테이트는 화학적으로 식물성 섬유와 비슷하며, 대개의 합성섬유와는 전혀 다르다.

3. 합성섬유의 연소 특성

(1) 나일론

점화원에 의해 녹아내리며, 쉽게 탈 수 있다. 용융점은 160 ~ 260℃ 정도이며, 발화점은 425℃ 이상이다. 나일론의 구성요소는 CO - NH₂이다.

(2) 폴리에스테르

녹아 흐르고 쉽게 탈 수 있는 특성이 있다. 발화점은 450 ~ 485℃이며, 256 ~ 292℃에서 녹아서 흐르는 상태로 연소한다.

(3) 아크릴 수지

녹아 흐르며 탄다. 발화점은 560℃ 정도이며, 235 ~ 330℃에서 녹는다.

(4) 올레핀 수지

녹아 흐르며 타지만 속도는 비교적 느리다. 발화점은 약 570℃이다.

(5) 아세테이트수지

녹아 흐르며 타는 성질이 있고, 발화점은 약 475℃이다.

(6) 불소계탄화수소수지

327℃ 이상에서 녹아 흐르나 잘 타지 않는다. 발화점은 600℃ 이상이다.

(7) 비스코스

면의 연소현상과 비슷하다.

(8) 고무

검은 그을음을 내면서 심하게 탄다. 타면서 녹아 흐른다.

(9) 페놀 수지

열경화성수지로 녹지 않으며 탄다.

2 플라스틱 연소

1. 플라스틱 연소

플라스틱(plastic)은 열과 압력을 가해 성형할 수 있는 고분자화합물이다. 많은 종류가 있으며, 열을 가하여 재가공이 가능한가에 따라 열가소성수지와 열경화성수지로 나눌 수 있다.

2. 열가소성 수지(Thermoplastics)

(1) 정의

열가소성 수지는 가열하여 성형한 후 냉각시키면 그 모양을 유지하며, 여러 번 재가열하여 새로운 모양으로 재성형할 수 있다.

(2) 종류

① 폴리에틸렌(Polyethylene: PE)
② 폴리프로필렌(Polypropylene: PP)
③ 폴리스틸렌(Polystyrene: PS)
④ 폴리염화비닐(Poly vinyl chloride: PVC)
⑤ 염화비닐 수지
⑥ 아크릴 수지
⑦ 초산비닐 수지

(3) 특징

① 가열되면 분해와 용융이 함께 일어난다.

② 분해에 의한 생성물이 열복사 방해요소가 된다.

③ 용융이 되면 가연성 액체의 연소양상을 나타낸다.

3. 열경화성 수지(Thermosetting plastics)

(1) 정의

열경화성 수지는 재용융하면 다른 모양으로 재성형할 수 없는 화학반응이 되어 영구성형 경화되지만, 너무 높은 온도로 가열하면 분해된다.

(2) 종류

① 페놀 수지

② 아미노계 수지(Aminoresin): 요소 수지, 멜라민 수지

③ 폴리우레탄(Polyurethane)

④ 에폭시 수지

⑤ 불포화폴리에스테르

(3) 특징

가열에 따라 표면에 숯층을 구축하여 연료층을 차폐시키고 기상연료 발생을 감소시키며, 표면이 높은 온도에 도달하여도 연소의 양상은 액체의 경우와 다르게 나타난다.

ⓒ확인 예제

재료와 그 특성의 연결이 옳은 것은?

① PVC 수지 – 열가소성 　　　② 페놀 수지 – 열가소성

③ 폴리에틸렌 수지 – 열경화성 　　④ 멜라민 수지 – 열가소성

해설	열가소성 수지(Thermoplastics)의 종류	열경화성 수지(Thermosetting plastics)의 종류
	• 폴리에틸렌(Polyethylene: PE)	• 페놀 수지
	• 폴리프로필렌(Polypropylene: PP)	• 아미노계 수지(Aminoresin): 요소 수지, 멜라민 수지
	• 폴리스틸렌(Polystyrene: PS)	• 폴리우레탄(Polyurethane)
	• 폴리염화비닐(Poly vinyl chloride: PVC)	• 에폭시 수지
	• 염화비닐 수지	• 불포화폴리에스테르
	• 아크릴 수지	
	• 초산비닐 수지	

정답 ①

Part 01

연소론 | 해커스 소방방재사 필기 소방학론 기본서 + 7개년 기출문제집

Chapter 13 건축방화계획

1 건축방재계획에 안전성을 부여하기 위해 고려하여야 할 사항

1. 대응성격의 구분

(1) 대항성

(2) 회피성

(3) 도피성

2. 대응방법에 따른 대응성격

(1) 공간적 대응

재해가 발생한 공간에서 안전한 공간으로 벗어나게 하기 위한 대응방법이다.
① 대항성: 대항성이란 건물의 내화성능, 방화성능, 방화구획성능, 화재방어 대응성, 초기소화대응력 등의 화재사상과 대항하여 저항하는 성능 또는 항력을 뜻한다.
② 회피성: 건축물의 난연화, 불연화, 내장재 제한, 구획의 세분화, 방화훈련, 불조심 등 방화유발, 확대 등을 저감시키고자 하는 예방적 조치 또는 상황을 말한다.
③ 도피성: 그 사상과 공간과의 대응관계 사이에서 사람이 궁지에 몰리지 않고 보다 안전하게 재난으로부터 도피 피난할 수 있는 공간성과 시스템 등의 성상을 말한다.

(2) 설비적 대응

적당한 설비로써 공간적 대응을 보조하는 것을 말한다.
① 대항성: 제연설비, 방화문, 방화셔터, 자동화재탐지설비, 자동소화설비 등의 설비로 보조한다.
② 회피성: 스프링클러설비, 수막설비 등을 설치하여 보조한다.
③ 도피성: 유도등, 비상전원, 피난기구 등을 설치하여 보조한다.

2 건축물의 방화계획

1. 부지선정 및 배치계획

(1) 층별, 용도별 피난경로 확보

(2) 소방용 차량 진입통로 및 공간 확보

(3) 위험물제조소등과의 안전거리 확보 및 인접건물, 가연물과의 연소확대 방지를 위한 이격거리 확보

(4) 지하층, 무창층, 고층 건물에 대한 피난, 소화대책을 고려한 건물 배치계획 수립

2. 평면계획

(1) **조닝(Zoning)계획**: 계단의 배치, Fool proof / Fail safe 개념의 피난로 확보, 방·배연계획
(2) **안전구획**: 1차, 2차, 3차 안전구획
(3) **수직통로계획**: 수직통로에 의한 상층 오염방지
(4) **용도계획**: 타용도 부분과의 피난장해방지 – 인명안전 도모

3. 단면계획

(1) **수평구획**: 각층 평면계획이 수직방향의 동선을 엇갈리지 않는 구조
(2) **수직통로 구획**: 수직동선은 전용구획, 방연조치
(3) **중간 절연층**: 초고층 건축물 – 중간기 계층을 중간 피난바닥으로 활용
(4) **옥외 피난바닥**: 옥상의 안전광장 확보
(5) **발코니**: 취침시설인 경우

4. 입면계획

커튼월 구조, 무창구조의 취약성

5. 내장계획

내장재 불연화 – 출화억제, 발연량 감소, 플래시오버 지연

6. 설비계획

(1) **공조설비**: 공조계의 방화, 방연조치 – 열감지기 연동댐퍼
(2) **전기설비**: 방재설비 배선의 내화도, 비상조명장치
(3) **급배수설비**: 소화용수 확보 대책

7. 연소확대 방지계획

(1) **방화구획**: 면적별, 층별, 용도별
(2) **방화문**: 셔터 설치의 제한

3 피난계획

1. 피난의 정의

피난이란 화재, 기타 재해의 위험으로부터 생명의 안전을 지키기 위해 보다 안전한 장소로 이동하는 행위를 말한다.

2. 피난계획의 방법 및 목적

건물의 용도, 규모에 따른 수용인원의 성격과 인원수 등을 고려하여 피난자가 안전한 구획(1차, 2차, 3차 안전구획)을 통과하여 최종적으로 지상 또는 피난층까지 피난할 수 있는 계획을 고려하여야 한다.

3. 피난행동

(1) 피난계획은 연기의 전파속도가 문제이고, 피난행동은 이것을 상회하는 속도이어야 한다.
(2) 피난행동의 속도를 결정하는 큰 요소는 보행속도와 군집유동계수이다.
   ① **자유보행속도**: 사람이 아무런 제약 없이 생각대로 걷는 속도로 0.5 ~ 2.0m/s이다.
   ② **군집보행속도**: 후속보행자가 앞의 보행자의 보행속도에 동조하는 상태로서 1m/s이다.
   ③ **군집유동계수**: 협소한 출구에 통과시킬 수 있는 인원을 단위 폭, 단위시간으로 나타낸 것으로 평균 1.33인/m·s이다.

4. 피난시설 계획시 기본원칙

(1) 두 방향의 피난로를 상시 확보한다.

피난경로 중 한 방향이 화재 등의 재해로 사용할 수 없을 경우에 다른 방향이 사용되도록 고려한다(Fail-safe).

(2) 피난경로는 간단, 명료하여야 한다.

굴곡지고, 복잡하며 전체길이가 긴 것은 부적당하다. 복도와 통로의 말단부에는 출구나 계단 등이 있는 것이 이상적(Fool-proof)이다.

(3) 피난의 수단으로서 가장 기본적인 방법에 의한 것을 원칙으로 한다.

복잡한 조작을 필요로 하는 장치는 부적당하며 가장 원시적인 인간 보행에 의한 것을 원칙으로 해야 한다(엘리베이터 사용 불가 등). 즉, 피난수단으로 계단을 이용하는 것이 원칙이다.

(4) 피난설비는 고정시설에 의한다.

   ① 가반식 기구는 탈출에 늦은 소수 사람에 대한 극히 예외적인 보조수단으로 간주된다.
   ② 미끄럼대, 피난 트랩, 피난 사다리, 피난 다리, 완강기, 구조대, 공기 안전매트가 해당된다.

(5) 피난경로에 따라 일정 구역을 한정하여 피난 존으로 설정하고, 최종 안전한 피난장소 쪽으로 진행됨에 따라 각 존의 안전성을 높인다.

   ① 출화실보다는 실 출구, 복도, 계단의 안전성을 높이고, 이보다는 계단실을 포함한 수직통로의 안전성을 높인다.
   ② 다음으로는 건물의 외부 및 주변부의 안전성을 높인다(건물 밖으로의 탈출이 불가능하거나 늦어져 외부 발코니, 옥상 등으로 피난한 사람의 구조를 위한 소방사다리차 범위확보 등이 필요하다).

(6) Fool-proof 원칙

   ① **정의**: 비상사태에서는 정신이 혼란하여 동물과 같은 지능상태로 되므로 문자보다는 누구나 알아보기 쉬운 그림과 색채를 이용하는 방식(피난수단을 조작이 간편한 원시적 방법으로 하는 원칙이다)
   ② **인간공학적인 원칙**: 행동이나 판단의 능력이 떨어지더라도 안전하여야 한다.
   ③ **예시**
      ㉠ 소화설비, 경보기기 위치, 유도표지에 쉬운 판별을 위한 색채를 사용한다.
      ㉡ 피난방향으로 문을 열 수 있게 해 준다.

ⓒ 도어의 노브는 회전식이 아닌 레버식으로 해둔다.

ⓔ 정전시에도 피난구를 알 수 있도록 외광이 들어오는 위치에 도어를 설치한다.

ⓜ 피난계단의 위치

ⓗ 전원스위치의 높이

(7) Fail-safe 원칙

① **정의**: 하나의 수단이 고장 등으로 실패하여도 다음의 수단에 의하여 그 기능이 발휘될 수 있도록 고려하는 방식이다.

② **안전공학적 원칙**

ⓖ 실패하더라도 안전해야 한다.

ⓛ 2중, 3중의 안전조치를 마련하여야 한다.

③ **실 예시**

ⓖ 2방향 이상 피난경로를 설치하여야 한다.

ⓛ 비상전원 등을 확보한다.

ⓒ 시스템의 여분 또는 병렬화를 확보한다.

ⓔ 재해 초기부터 서브시스템 일부가 적극적으로 붕괴되도록 해 두어 이상사태의 전체파급을 방지한다.

ⓜ 화재의 발생이나 확대방지를 위한 안전율을 높인 설계를 해야 한다.

◎ 확인 예제

피난계획의 일반원칙 중 Fool proof 원칙이란 무엇인가?

① 1가지가 고장이 나도 다른 수단을 이용하는 원칙
② 2방향의 피난동선을 항상 확보하는 원칙
③ 피난수단을 이동식 시설로 하는 원칙
④ 피난수단을 조작이 간편한 원시적 방법으로 하는 원칙

해설 피난계획의 일반원칙 중 Fool proof 원칙이란 비상사태에서는 정신이 혼란하여 동물과 같은 지능상태로 되므로 문자보다는 누구나 알아보기
쉬운 그림과 색채를 이용하는 방식 및 피난수단을 조작이 간편한 원시적 방법으로 하는 원칙을 말한다.

정답 ④

5. 건축물의 피난계획

(1) 피난동선을 일상생활 동선과 같이 계획한다.

(2) 평면계획에 대한 복잡성을 지양한다.

(3) 두 방향 이상의 피난로를 확보한다.

(4) 막다른 골목과 미로를 지양한다.

(5) 피난경로의 내장재를 불연화한다.

(6) 초고층건축물의 체류 공간을 확보(피난안전구역)한다.

6. 피난동선의 특징

(1) 수평동선과 수직동선으로 구분한다.

(2) 가급적 단순형태가 좋다.

(3) 상호 반대 방향으로 다수의 출구와 연결되는 것이 좋다.

(4) 어느 곳에서도 2개 이상의 방향으로 피난할 수 있으며 그 말단은 화재로부터 안전한 장소이어야 한다.

피난동선에 대한 계획으로 옳지 않은 것은?

① 피난동선은 가급적 일상 동선과 다르게 계획한다. ② 피난동선은 적어도 2개소의 안전장소를 확보한다.
③ 피난동선의 말단은 안전장소이어야 한다. ④ 피난동선은 간단명료해야 한다.

[해설] 피난동선은 가급적 일상 동선과 동일하게 계획하여야 한다.

[정답] ①

7. 피난안전구획

(1) 제1차 안전구획

거실에 대하여 복도를 방화, 방연구획하여 피난의 일시적 안전도모가 가능한 곳

(2) 제2차 안전구획

복도에 연결된 계단 또는 특별피난계단의 부속실, 발코니 등으로서 어느 정도 장시간 피난 대기가 가능한 곳

(3) 제3차 안전구획

현관 로비 및 특별피난계단의 계단실이 해당되며, 화재 최성기에도 안전성이 확보 가능한 곳

8. 피난계획 수립시 인간행동을 지배하는 5가지 본능

(1) 귀소본능

인간은 본능적으로 비상시 자신의 신체를 보호하기 위하여 원래 온 길 또는 늘 사용하는 경로에 의해 탈출을 도모하고자 한다. 따라서 일상의 경로, 즉 복도나 계단 등이 그 말단까지 알기 쉽고 안전하게 보호되는 것이 중요하다.

(2) 퇴피본능

이상상황이 발생하면 확인하려 하고, 긴급사태가 확인되면 반사적으로 그 지점에서 떨어지려고 한다. 건물의 중심부에서 연기와 불꽃이 상승하면 외주(外周)방향으로 외주부가 위험하면 중앙방향으로 퇴피하려고 한다.

(3) 지광본능

화재시 정전 또는 검은 연기의 유동으로 주위가 어두워지면 사람들은 밝은 곳으로 피난하고자 한다. 따라서 채광이 나쁜 옥내의 피난경로는 집중적으로 밝게 하고 이와 혼동하기 쉬운 장식등 등은 제한 또는 소등될 수 있도록 하여야 한다. 또한 출입구 계단 등은 가능한 한 외부에 접하게 한다.

(4) 좌회본능

오른손잡이인 경우 오른손, 오른발이 발달해 있기 때문에 왼쪽으로 도는 것이 자연스럽다. 피난로의 관리에 이를 적용할 수 있다.

(5) 추종본능

비상시에는 많은 군중이 한 사람의 리더를 추종하는 경향이 있다. 불특정 다수인이 모이는 시설에서는 피난유도를 할 수 있는 리더의 육성이 중요한 문제가 된다.

확인 예제

건축물의 화재발생시 인간의 피난 특성으로 옳지 않은 것은?

① 평상시 사용하는 출입구나 통로를 사용하는 경향이 있다.
② 화재의 공포감으로 인하여 빛을 피해 어두운 곳으로 몸을 숨기는 경향이 있다.
③ 화염, 연기에 대한 공포감으로 발화지점의 반대방향으로 이동하는 경향이 있다.
④ 화재시 최초로 행동을 개시한 사람을 따라 전체가 움직이는 경향이 있다.

해설 화재시 정전 또는 검은 연기의 유동으로 주위가 어두워지면 사람들은 밝은 곳으로 피난하고자 한다(지광본능). 따라서 채광이 나쁜 옥내의 피난경로는 집중적으로 밝게 하고 이와 혼동하기 쉬운 장식등 등은 제한 또는 소등될 수 있도록 하여야 한다. 또한 출입구 계단 등은 가능한 한 외부에 접하게 한다.

정답 ②

9. 피난방향 및 피난로의 방향

구분	피난방향의 종류	피난로의 방향
X형		 확실한 피난로가 보장된다.
Y형		
T형		 방향이 확실하게 분간하기 쉽다.
I형		
Z형		 중앙 복도형에서 core식 중 양호하다.
ZZ형		
H형		 중앙 core식으로 피난자들이 집중되어 panic 현상이 일어날 우려가 있다.
∞형		

확인 예제

다음 중 피난자의 집중으로 패닉현상이 일어날 우려가 가장 큰 형태는?

① T형　　　　　② X형　　　　　③ Z형　　　　　④ H형

해설 H형과 중앙 core형은 피난자들의 집중으로 패닉현상이 일어날 우려가 있다.

정답 ④

Part 02
소방관련 건축법

1 내화구조

1. (내력)벽

(1) 철근콘크리트조 또는 철골철근콘크리트조로서 두께가 10cm 이상인 것

(2) 골구를 철골조로 하고 그 양면을 두께 4cm 이상의 철망모르타르(그 바름바탕을 불연재료로 한 것으로 한정한다. 이하 같다) 또는 두께 5cm 이상의 콘크리트블록·벽돌 또는 석재로 덮은 것

(3) 철재로 보강된 콘크리트블록조·벽돌조 또는 석조로서 철재에 덮은 콘크리트블록등의 두께가 5cm 이상인 것

(4) 벽돌조로서 두께가 19cm 이상인 것

(5) 고온·고압의 증기로 양생된 경량기포 콘크리트패널 또는 경량기포 콘크리트블록조로서 두께가 10cm 이상인 것

2. 외벽중 비내력벽

(1) 철근콘크리트조 또는 철골철근콘크리트조로서 두께가 7cm 이상인 것

(2) 골구를 철골조로 하고 그 양면을 두께 3cm 이상의 철망모르타르 또는 두께 4cm 이상의 콘크리트블록·벽돌 또는 석재로 덮은 것

(3) 철재로 보강된 콘크리트블록조·벽돌조 또는 석조로서 철재에 덮은 콘크리트블록등의 두께가 4cm 이상인 것

(4) 무근콘크리트조·콘크리트블록조·벽돌조 또는 석조로서 그 두께가 7cm 이상인 것

3. 기둥(작은 지름이 25cm 이상인 것으로서)

(1) 철근콘크리트조 또는 철골철근콘크리트조

(2) 철골을 두께 6cm(경량골재를 사용하는 경우에는 5cm) 이상의 철망모르타르 또는 두께 7cm 이상의 콘크리트블록·벽돌 또는 석재로 덮은 것

(3) 철골을 두께 5cm 이상의 콘크리트로 덮은 것
  ▶ 다만, 고강도 콘크리트(설계기준강도가 50MPa 이상인 콘크리트)를 사용하는 경우에는 국토교통부장관이 정하여 고시하는 고강도 콘크리트 내화성능 관리기준에 적합해야 한다.

4. 바닥

(1) 철근콘크리트조 또는 철골철근콘크리트조로서 두께가 10cm 이상인 것

(2) 철재로 보강된 콘크리트블록조·벽돌조 또는 석조로서 철재에 덮은 콘크리트블록 등의 두께가 5cm 이상인 것

(3) 철재의 양면을 두께 5cm 이상의 철망모르타르 또는 콘크리트로 덮은 것

5. 보(지붕틀 포함)

(1) 철근콘크리트조 또는 철골철근콘크리트조
(2) 철골을 두께 6cm(경량골재를 사용하는 경우에는 5cm) 이상의 철망모르타르 또는 두께 5cm 이상의 콘크리트로 덮은 것
(3) 철골조의 지붕틀(바닥으로부터 그 아랫부분까지의 높이가 4미터 이상인 것에 한한다)로서 바로 아래에 반자가 없거나 불연재료로 된 반자가 있는 것
   ▶ 다만, 고강도 콘크리트를 사용하는 경우에는 국토교통부장관이 정하여 고시하는 고강도 콘크리트내화성능 관리기준에 적합해야 한다.

6. 지붕

(1) 철근콘크리트조 또는 철골철근콘크리트조
(2) 철재로 보강된 콘크리트블록조·벽돌조 또는 석조
(3) 철재로 보강된 유리블록 또는 망입유리(두꺼운 판유리에 철망을 넣은 것)로 된 것

7. 계단

(1) 철근콘크리트조 또는 철골철근콘크리트조
(2) 무근콘크리트조·콘크리트블록조·벽돌조 또는 석조
(3) 철재로 보강된 콘크리트블록조·벽돌조 또는 석조
(4) 철골조

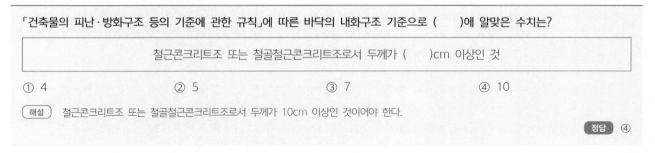

확인 예제

「건축물의 피난·방화구조 등의 기준에 관한 규칙」에 따른 바닥의 내화구조 기준으로 (   )에 알맞은 수치는?

철근콘크리트조 또는 철골철근콘크리트조로서 두께가 (   )cm 이상인 것

① 4   ② 5   ③ 7   ④ 10

해설   철근콘크리트조 또는 철골철근콘크리트조로서 두께가 10cm 이상인 것이어야 한다.

정답   ④

2 방화구조

(1) 철망모르타르로서 그 바름두께가 2cm 이상인 것
(2) 석고판 위에 시멘트모르타르 또는 회반죽을 바른 것으로서 그 두께의 합계가 2.5cm 이상인 것
(3) 시멘트모르타르 위에 타일을 붙인 것으로서 그 두께의 합계가 2.5cm 이상인 것
(4) 심벽에 흙으로 맞벽치기한 것
(5) 「산업표준화법」에 따른 한국산업표준이 정하는 바에 따라 시험한 결과 방화 2급 이상에 해당하는 것

다음 중 방화구조에 해당하지 않는 것은?

① 시멘트모르타르 위에 타일을 붙인 것으로서 그 두께의 합계가 2.5cm 이상인 것
② 철근콘크리트조의 벽으로서 두께가 10cm 이상인 것
③ 철망모르타르로서 그 바름두께가 2cm 이상인 것
④ 심벽에 흙으로 맞벽치기한 것

해설 방화구조의 구획기준은 다음과 같다.
• 철망모르타르로서 그 바름두께가 2cm 이상인 것
• 석고판 위에 시멘트모르타르 또는 회반죽을 바른 것으로서 그 두께의 합계가 2.5cm 이상인 것
• 시멘트모르타르 위에 타일을 붙인 것으로서 그 두께의 합계가 2.5cm 이상인 것
• 심벽에 흙으로 맞벽치기한 것
• 「산업표준화법」에 따른 한국산업표준이 정하는 바에 따라 시험한 결과 방화 2급 이상에 해당하는 것

정답 ②

3 | 피난안전구역의 설치기준

(1) 피난안전구역은 해당 건축물의 1개 층을 대피공간으로 하며, 대피에 장애가 되지 아니하는 범위에서 기계실, 보일러실, 전기실 등 건축설비를 설치하기 위한 공간과 같은 층에 설치할 수 있다. 이 경우 피난안전구역은 건축설비가 설치되는 공간과 내화구조로 구획하여야 한다.

(2) 피난안전구역에 연결되는 특별피난계단은 피난안전구역을 거쳐서 상·하층으로 갈 수 있는 구조로 설치하여야 한다.

(3) 피난안전구역의 구조 및 설비는 다음 기준에 적합하여야 한다.

① 피난안전구역의 바로 아래층 및 위층은 「녹색건축물 조성 지원법」 제15조 제1항에 따라 국토교통부장관이 정하여 고시한 기준에 적합한 단열재를 설치할 것. 이 경우 아래층은 최상층에 있는 거실의 반자 또는 지붕 기준을 준용하고, 위층은 최하층에 있는 거실의 바닥 기준을 준용할 것

② 피난안전구역의 내부마감재료는 불연재료로 설치할 것

③ 건축물의 내부에서 피난안전구역으로 통하는 계단은 특별피난계단의 구조로 설치할 것

④ 비상용 승강기는 피난안전구역에서 승하차 할 수 있는 구조로 설치할 것

⑤ 피난안전구역에는 식수공급을 위한 급수전을 1개소 이상 설치하고 예비전원에 의한 조명설비를 설치할 것

⑥ 관리사무소 또는 방재센터 등과 긴급연락이 가능한 경보 및 통신시설을 설치할 것

⑦ 피난안전구역의 높이는 2.1m 이상일 것

⑧ 「건축물의 설비기준 등에 관한 규칙」 제14조에 따른 배연설비를 설치할 것

⑨ 피난안전구역의 면적산정기준에서 정하는 면적 이상일 것

⑩ 그 밖에 소방청장이 정하는 소방 등 재난관리를 위한 설비를 갖출 것

4 피난계단 및 특별피난계단의 구조

(1) 건축물의 5층 이상 또는 지하 2층 이하의 층으로부터 피난층 또는 지상으로 통하는 직통계단(지하 1층인 건축물의 경우에는 5층 이상의 층으로부터 피난층 또는 지상으로 통하는 직통계단과 직접 연결된 지하 1층의 계단을 포함한다)은 피난계단 또는 특별피난계단으로 설치해야 한다.

(2) (1)에 따른 피난계단 및 특별피난계단의 구조는 다음 기준에 적합해야 한다.

① 건축물의 내부에 설치하는 피난계단의 구조

　㉠ 계단실은 창문·출입구 기타 개구부(이하 "창문등"이라 한다)를 제외한 당해 건축물의 다른 부분과 내화구조의 벽으로 구획할 것

　㉡ 계단실의 실내에 접하는 부분(바닥 및 반자 등 실내에 면한 모든 부분을 말한다)의 마감(마감을 위한 바탕을 포함한다)은 불연재료로 할 것

　㉢ 계단실에는 예비전원에 의한 조명설비를 할 것

　㉣ 계단실의 바깥쪽과 접하는 창문등(망이 들어 있는 유리의 붙박이창으로서 그 면적이 각각 $1m^2$ 이하인 것을 제외한다)은 당해 건축물의 다른 부분에 설치하는 창문등으로부터 2m 이상의 거리를 두고 설치할 것

　㉤ 건축물의 내부와 접하는 계단실의 창문등(출입구를 제외한다)은 망이 들어 있는 유리의 붙박이창으로서 그 면적을 각각 $1m^2$ 이하로 할 것

　㉥ 건축물의 내부에서 계단실로 통하는 출입구의 유효너비는 0.9m 이상으로 하고, 그 출입구에는 피난의 방향으로 열 수 있는 것으로서 언제나 닫힌 상태를 유지하거나 화재로 인한 연기 또는 불꽃을 감지하여 자동적으로 닫히는 구조로 된 "60+ 방화문" 또는 "60분 방화문"을 설치할 것. 다만, 연기 또는 불꽃을 감지하여 자동적으로 닫히는 구조로 할 수 없는 경우에는 온도를 감지하여 자동적으로 닫히는 구조로 할 수 있다.

　㉦ 계단은 내화구조로 하고 피난층 또는 지상까지 직접 연결되도록 할 것

> **참고** 방화문의 구분
>
> 1. 60(분)+ 방화문: 연기 및 불꽃을 차단할 수 있는 시간이 60분 이상이고, 열을 차단할 수 있는 시간이 30분 이상인 방화문
> 2. 60분 방화문: 연기 및 불꽃을 차단할 수 있는 시간이 60분 이상인 방화문
> 3. 30분 방화문: 연기 및 불꽃을 차단할 수 있는 시간이 30분 이상 60분 미만인 방화문

② 건축물의 바깥쪽에 설치하는 피난계단의 구조

　㉠ 계단은 그 계단으로 통하는 출입구외의 창문등(망이 들어 있는 유리의 붙박이창으로서 그 면적이 각각 $1m^2$ 이하인 것을 제외한다)으로부터 2m 이상의 거리를 두고 설치할 것

　㉡ 건축물의 내부에서 계단으로 통하는 출입구에는 "60+ 방화문" 또는 "60분 방화문"을 설치할 것

　㉢ 계단의 유효너비는 0.9m 이상으로 할 것

　㉣ 계단은 내화구조로 하고 지상까지 직접 연결되도록 할 것

③ 특별피난계단의 구조

　㉠ 건축물의 내부와 계단실은 노대를 통하여 연결하거나 외부를 향하여 열 수 있는 면적 $1m^2$ 이상인 창문(바닥으로부터 1m 이상의 높이에 설치한 것에 한한다) 또는 「건축물의 설비기준 등에 관한 규칙」 제14조의 규정에 적합한 구조의 배연설비가 있는 면적 $3m^2$ 이상인 부속실을 통하여 연결할 것

　㉡ 계단실·노대 및 부속실(「건축물의 설비기준 등에 관한 규칙」 제10조 제2호 가목의 규정에 의하여 비상용승강기의 승강장을 겸용하는 부속실을 포함한다)은 창문등을 제외하고는 내화구조의 벽으로 각각 구획할 것

ⓒ 계단실 및 부속실의 실내에 접하는 부분(바닥 및 반자 등 실내에 면한 모든 부분을 말한다)의 마감(마감을 위한 바탕을 포함한다)은 불연재료로 할 것

ⓔ 계단실에는 예비전원에 의한 조명설비를 할 것

ⓜ 계단실·노대 또는 부속실에 설치하는 건축물의 바깥쪽에 접하는 창문등(망이 들어 있는 유리의 붙박이창으로서 그 면적이 각각 1m² 이하인 것을 제외한다)은 계단실·노대 또는 부속실 외의 당해 건축물의 다른 부분에 설치하는 창문등으로부터 2m 이상의 거리를 두고 설치할 것

ⓑ 계단실에는 노대 또는 부속실에 접하는 부분 외에는 건축물의 내부와 접하는 창문등을 설치하지 아니할 것

ⓢ 계단실의 노대 또는 부속실에 접하는 창문등(출입구를 제외한다)은 망이 들어 있는 유리의 붙박이창으로서 그 면적을 각각 1m² 이하로 할 것

ⓞ 노대 및 부속실에는 계단실 외의 건축물의 내부와 접하는 창문등(출입구를 제외한다)을 설치하지 아니할 것

ⓩ 건축물의 내부에서 노대 또는 부속실로 통하는 출입구에는 "60+ 방화문" 또는 "60분 방화문"을 설치하고, 노대 또는 부속실로부터 계단실로 통하는 출입구에는 "60+ 방화문", "60분 방화문" 또는 "30분 방화문"을 설치할 것. 이 경우 방화문은 언제나 닫힌 상태를 유지하거나 화재로 인한 연기 또는 불꽃을 감지하여 자동적으로 닫히는 구조로 해야 하고, 연기 또는 불꽃으로 감지하여 자동적으로 닫히는 구조로 할 수 없는 경우에는 온도를 감지하여 자동적으로 닫히는 구조로 할 수 있다.

ⓧ 계단은 내화구조로 하되, 피난층 또는 지상까지 직접 연결되도록 할 것

ⓚ 출입구의 유효너비는 0.9m 이상으로 하고 피난의 방향으로 열 수 있을 것

(3) 피난계단 또는 특별피난계단은 돌음계단으로 하여서는 아니 되며, 옥상광장을 설치해야 하는 건축물의 피난계단 또는 특별피난계단은 해당 건축물의 옥상으로 통하도록 설치해야 한다. 이 경우 옥상으로 통하는 출입문은 피난방향으로 열리는 구조로서 피난시 이용에 장애가 없어야 한다.

5 방화구획의 설치기준

(1) 건축물에 설치하는 방화구획은 다음 각호의 기준에 적합하여야 한다.

① 10층 이하의 층은 바닥면적 1천m²(스프링클러 기타 이와 유사한 자동식 소화설비를 설치한 경우에는 바닥면적 3천m²) 이내마다 구획할 것

② 매층마다 구획할 것. 다만, 지하 1층에서 지상으로 직접 연결하는 경사로 부위는 제외한다.

③ 11층 이상의 층은 바닥면적 200m²(스프링클러 기타 이와 유사한 자동식 소화설비를 설치한 경우에는 600m²)이내마다 구획할 것. 다만, 벽 및 반자의 실내에 접하는 부분의 마감을 불연재료로 한 경우에는 바닥면적 500m²(스프링클러 기타 이와 유사한 자동식 소화설비를 설치한 경우에는 1천500m²) 이내마다 구획하여야 한다.

④ 필로티나 그 밖에 이와 비슷한 구조(벽면적의 2분의 1 이상이 그 층의 바닥면에서 위층 바닥 아래면까지 공간으로 된 것만 해당한다)의 부분을 주차장으로 사용하는 경우 그 부분은 건축물의 다른 부분과 구획할 것

(2) (1)에 따른 방화구획은 다음 기준에 적합하게 설치하여야 한다.

① 방화구획으로 사용하는 "60+ 방화문" 또는 "60분 방화문"은 언제나 닫힌 상태를 유지하거나 화재로 인한 연기 또는 불꽃을 감지하여 자동적으로 닫히는 구조로 할 것. 다만, 연기 또는 불꽃을 감지하여 자동적으로 닫히는 구조로 할 수 없는 경우에는 온도를 감지하여 자동적으로 닫히는 구조로 할 수 있다.

② 다음에 해당하는 경우 내화시간(내화채움성능이 인정된 구조로 메워지는 구성 부재에 적용되는 내화시간을 말한다) 이상 견딜 수 있는 내화채움성능이 인정된 구조로 메울 것

㉠ 급수관·배전관 또는 그 밖의 관이나 전선 등이 방화구획을 관통하여 관통부가 생기는 경우

㉡ 방화구획의 벽과 벽, 벽과 바닥, 바닥과 바닥 사이에 접합부가 생기는 경우

ⓒ 방화구획과 외벽 사이에 접합부가 생기는 경우

ⓔ 방화구획에 그 밖의 틈이 생기는 경우

③ 환기·난방 또는 냉방시설의 풍도가 방화구획을 관통하는 경우에는 그 관통부분 또는 이에 근접한 부분에 다음 각 목의 기준에 적합한 댐퍼를 설치할 것. 다만, 반도체공장건축물로서 방화구획을 관통하는 풍도의 주위에 스프링클러헤드를 설치하는 경우에는 그렇지 않다.

ⓐ 화재로 인한 연기 또는 불꽃을 감지하여 자동적으로 닫히는 구조로 할 것. 다만, 주방 등 연기가 항상 발생하는 부분에는 온도를 감지하여 자동적으로 닫히는 구조로 할 수 있다.

ⓑ 국토교통부장관이 정하여 고시하는 비차열(非遮熱) 성능 및 방연성능 등의 기준에 적합할 것

④ 자동방화셔터는 다음의 요건을 모두 갖출 것. 이 경우 자동방화셔터의 구조 및 성능기준 등에 관한 세부사항은 국토교통부장관이 정하여 고시한다.

ⓐ 피난이 가능한 60분+ 방화문 또는 60분 방화문으로부터 3미터 이내에 별도로 설치할 것

ⓑ 전동방식이나 수동방식으로 개폐할 수 있을 것

ⓒ 불꽃감지기 또는 연기감지기 중 하나와 열감지기를 설치할 것

ⓓ 불꽃이나 연기를 감지한 경우 일부 폐쇄되는 구조일 것

ⓔ 열을 감지한 경우 완전 폐쇄되는 구조일 것

(3) 하향식 피난구(덮개, 사다리, 승강식피난기 및 경보시스템을 포함한다)의 구조는 다음 기준에 적합하게 설치해야 한다.

① 피난구의 덮개는 품질시험을 실시한 결과 비차열 1시간 이상의 내화성능을 가져야 하며, 피난구의 유효 개구부 규격은 직경 60cm 이상일 것

② 상층·하층간 피난구의 설치위치는 수직방향 간격을 15cm 이상 띄어서 설치할 것

③ 아래층에서는 바로 윗층의 피난구를 열 수 없는 구조일 것

④ 사다리는 바로 아래층의 바닥면으로부터 50cm 이하까지 내려오는 길이로 할 것

⑤ 덮개가 개방될 경우에는 건축물관리시스템 등을 통하여 경보음이 울리는 구조일 것

⑥ 피난구가 있는 곳에는 예비전원에 의한 조명설비를 설치할 것

6 방화벽의 설치기준

건축물에 설치하는 방화벽은 다음 기준에 적합해야 한다.
① 내화구조로서 홀로 설 수 있는 구조일 것
② 방화벽의 양쪽 끝과 윗쪽 끝을 건축물의 외벽면 및 지붕면으로부터 0.5m 이상 튀어 나오게 할 것
③ 방화벽에 설치하는 출입문의 너비 및 높이는 각각 2.5m 이하로 하고, 해당 출입문에는 "60+ 방화문" 또는 "60분 방화문"을 설치할 것

◎ 확인 예제

방화벽에 설치하는 출입문의 너비는 얼마 이하로 해야 하는가?

① 2.0m   ② 2.5m   ③ 3.0m   ④ 3.5m

해설   방화벽에 설치하는 출입문의 너비 및 높이는 각각 2.5m 이하로 해야 한다.

정답 ②

7 연소할 우려가 있는 부분

"연소할 우려가 있는 부분"이라 함은 인접대지경계선·도로중심선 또는 동일한 대지 안에 있는 2동 이상의 건축물(연면적의 합계가 500m² 이하인 건축물은 이를 하나의 건축물로 본다) 상호의 외벽간의 중심선으로부터 1층에 있어서는 3m 이내, 2층 이상에 있어서는 5m 이내의 거리에 있는 건축물의 각 부분을 말한다. 다만, 공원·광장·하천의 공지나 수면 또는 내화구조의 벽 기타 이와 유사한 것에 접하는 부분을 제외한다.

8 연소할 우려가 있는 부분에 설치하는 방화설비

방화지구 내 건축물의 인접대지경계선에 접하는 외벽에 설치하는 창문등으로서 연소할 우려가 있는 부분에는 다음 방화설비를 설치해야 한다.
① "60+ 방화문" 또는 "60분 방화문"
② 소방법령이 정하는 기준에 적합하게 창문등에 설치하는 드렌처
③ 당해 창문등과 연소할 우려가 있는 다른 건축물의 부분을 차단하는 내화구조나 불연재료로 된 벽·담장 기타 이와 유사한 방화설비
④ 환기구멍에 설치하는 불연재료로 된 방화커버 또는 그물눈이 2mm 이하인 금속망

9 계단의 설치기준

(1) 건축물에 설치하는 계단은 다음 기준에 적합하여야 한다.
  ① 높이가 3m를 넘는 계단에는 높이 3m 이내마다 너비 1.2m 이상의 계단참을 설치할 것
  ② 높이가 1m를 넘는 계단 및 계단참의 양 옆에는 난간(벽 또는 이에 대치되는 것을 포함한다)을 설치할 것
  ③ 너비가 3m를 넘는 계단에는 계단의 중간에 너비 3미터 이내마다 난간을 설치할 것. 다만, 계단의 단 높이가 15cm 이하이고, 계단의 단 너비가 30cm 이상인 경우에는 그러하지 아니하다.
  ④ 계단의 유효 높이(계단의 바닥 마감면부터 상부 구조체의 하부 마감면까지의 연직방향의 높이를 말한다)는 2.1m 이상으로 할 것
(2) 계단을 대체하여 설치하는 경사로는 다음 기준에 적합하게 설치하여야 한다.
  ① 경사도는 1:8을 넘지 아니할 것
  ② 표면을 거친 면으로 하거나 미끄러지지 아니하는 재료로 마감할 것
  ③ 경사로의 직선 및 굴절부분의 유효너비는 「장애인·노인·임산부등의 편의증진보장에 관한 법률」이 정하는 기준에 적합할 것

pass.Hackers.com

Part 03

소화약제

Chapter 01 소화약제

1 소화약제의 정의

소화약제란 연소의 3요소 중의 하나인 가연물질이 산소와 점화원의 존재하에 연소현상을 일으키며, 이러한 연소현상이 확대되어 화재를 일으켜 인적·물적재해를 수반하므로 이와 같은 화재를 제어하기 위해서 사용되는 물리·화학적 방법에 의해서 제조된 물질을 말한다.

2 소화약제의 구비조건

(1) 가격이 저렴할 것
(2) 저장 안정성이 있을 것
(3) 환경에 대한 오염이 적을 것
(4) 인체에 대한 독성이 없을 것
(5) 연소의 4요소 중 한가지 이상을 제거할 수 있는 능력이 탁월할 것

3 소화약제에 의한 분류

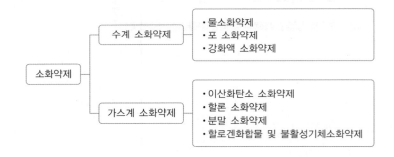

4 각종 소화약제의 특성 비교

특성 \ 종류	수계소화약제		가스계소화약제		
	물	포	이산화탄소	할론	분말
주된 소화효과	냉각	질식, 냉각	질식	부촉매	부촉매, 질식
소화속도	느리다	느리다	빠르다	빠르다	빠르다
냉각효과	크다	크다	적다	적다	극히 적다
재발화 위험성	적다	적다	있다	있다	있다
대응하는 화재규모	중형 - 대형	중형 - 대형	소형 - 중형	소형 - 중형	소형 - 중형
사용 후의 오염	크다	매우 크다	전혀 없다	극히 적다	적다
적응화재	A급	A, B급	B, C급	B, C급	(A), B, C급

Chapter 02 물소화약제

1 개요

(1) 비열과 증발잠열(=기화열)이 커서 냉각효과가 우수하다.
(2) 주변에서 구하기 쉽고 경제적이다.
(3) 펌프, 파이프, 호스 등을 사용하여 운송이 용이하다.
(4) 소화 작업 후 오염의 정도가 심하다.
(5) 추운 곳에서 사용할 수 없는 단점이 있다.
(6) 주로 일반화재(A급 화재)에 적용한다.

2 물의 물리적 특성

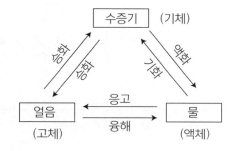

1. 물의 비열

(1) 비열이란 일반적으로 어떤 물질 1g을 1℃ 올리는 데 필요한 열량을 말한다.
(2) 물의 경우 14.5℃의 물 1g을 15.5℃로 1℃의 온도를 상승시키는 데 필요한 열량을 말한다.
(3) 물의 비열은 1cal/g · ℃, 얼음의 비열은 0.487cal/g · ℃이다.

⊙ 확인 예제

다음 중 비열이 가장 큰 것은?

① 물　　　　　　　② 금　　　　　　　③ 수은　　　　　　④ 철

해설
- 물질의 비열 중 물의 비열이 가장 크다.
- 물의 경우 14.5℃의 물 1g을 15.5℃로 1℃의 온도를 상승시키는 데 필요한 열량의 크기가 1cal/g · ℃이다.

정답 ①

2. 물의 융해열(용융열)

(1) 0℃의 얼음 1g이 0℃의 액체상인 물 1g으로 변화하는, 즉 상(相)의 변화를 가져오는 데 필요한 열량을 말한다.
(2) 물의 융해열은 79.7cal/g이다.

3. 물의 기화열(증발열)

(1) 100℃의 물 1g이 기체상인 수증기 1g으로 100℃의 상(相)의 변화를 가져오는 데 필요한 열량을 말한다.
(2) 물의 기화열은 539.6cal/g이다.

4. 잠열(숨은열)

(1) 물질의 형태가 변화하면서 방출하거나 흡수하는 열을 말한다.
(2) 잠열의 종류는 기화열, 승화열, 응축열, 응고열, 융해열 등으로 구분한다.
(3) 단, 물질의 상태변화 과정 중에는 온도의 변화가 없다.

5. 현열

현열은 물질의 세 가지 형태 중 한 가지의 형태를 취한 비율이 100%인 상태를 유지하면서 가감되는 온도의 변화로 나타나는 열을 말한다(예 물 0℃에서 끓는 물 100℃).

◎ 확인 예제

01 0℃의 얼음 1g이 100℃의 수증기가 되려면 몇 cal의 열량이 필요한가?

① 539　　　　　　② 639　　　　　　③ 719　　　　　　④ 819

해설
- 0℃ 얼음 1g이 0℃ 액체상인 물 1g으로 변화하는 데 필요한 열량(융해열): 79.7cal/g(≒ 80cal/g)
- 0℃ 물 1g이 100℃ 물로 변화하는 데 필요한 열량(현열): 100cal/g
- 100℃ 물 1g이 기체상인 수증기 1g으로 100℃의 변화하는 데 필요한 열량(기화열): 539.6cal/g(≒ 539cal/g)
  따라서 0℃의 얼음 1g이 100℃의 수증기가 되기 위해서는 80 + 100 + 539 = 719cal가 필요하다.

02 22℃의 물 1톤을 소화약제로 사용하여 모두 증발시켰을 때 얻을 수 있는 냉각효과는 몇 kcal인가?

① 539　　　　　　② 617　　　　　　③ 539,000　　　　　　④ 617,000

해설
- 현열: 물 22℃에서 물 100℃
  $q = m \times C_q \times \Delta t = 1000kg \times 1kcal/kg \cdot ℃ \times (100 - 22)℃ = 78,000kcal$
- 증발잠열: 물 100℃에서 수증기 100℃
  $q = m \times 증발잠열 = 1000kg \times 539cal/g = 539,000kcal$
- 1ton의 물을 0℃에서 100℃의 수증기 = 78,000kcal + 539,000kcal = 617,000kcal

정답 01 ③　02 ④

③ 물의 열역학적 특성

1. 물의 P-T 상태도

(1) A-B선

승화곡선(고체와 기체의 영역을 분리)

(2) B-C선

기화곡선(액체와 기체의 영역을 분리)

(3) B-D선

용융곡선(고체와 액체의 영역을 분리)

(4) 3개의 곡선은 두 상이 공존하기 위하여 필요한 P와 T 조건을 표시하며 단일상 영역에 대한 경계

(5) 3개의 곡선은 3개의 상이 평형상태로 존재하는 삼중점에서 교차

(6) 기화 곡선은 임계점 C 존재[임계압력(Pc)과 임계온도(Tc)로 표시]

(7) 임계점

순수 물질이(증기/액체) 평형을 이룰 수 있는 최고의 P와 T

(8) 임계 영역

점선으로 나타낸 Tc, Pc보다 높은 T와 P 영역으로서 상 경계선이 나타나지 않으며, 액체도 기체도 아닌 임계점 이상의 영역

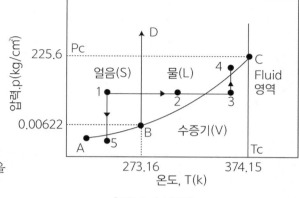

[물의 P-T 상태도]

④ 물소화약제의 소화작용

1. 냉각소화

(1) 물의 비열(cal/g·℃) 및 기화열(cal/g) 값이 크다.

(2) 물이 수소결합을 하고 있어서 열용량이 크다

(3) 물 1ℓ/min은 건물 내의 일반가연물을 약 0.75m²을 진화할 수 있다.

(4) 화재발생시 소화약제로 사용할 경우 화재발생장소의 주위로부터 많은 열을 흡수하기 때문에 빠른시간 내에 화재의 온도를 발화점 이하로 냉각시켜 소화한다.

2. 질식소화

100℃의 물이 100℃의 수증기로 되는 경우 체적이 약 1,650배로 팽창하며, 이렇게 팽창된 수증기가 공기 중의 산소의 농도를 희석하여 산소의 농도를 저하시켜 질식소화한다.

3. 유화소화

(1) 하나의 액체에 상호 혼합이 되지 않는 두 액체의 한쪽이 작은 방울로 되어서 미세한 입자의 상태로 균일하게 분산시켜 생성된 분산계를 에멀젼 또는 유탁액이라 하며 이러한 상태가 되는 것을 유화(Emulsification)라고 한다.

(2) 물소화약제를 분무노즐을 사용하여 고압으로 분사할 경우에 발생되는 분무상의 미립자가 물보다 비중이 큰 제4류 석유류인 중유 또는 윤활유 등의 화재에 접촉하면 화재의 표면에 얇은 막의 유화층(Emulsification layer)을 형성하며, 이 유화층의 얇은 막이 공기 중의 산소의 공급을 차단하고(질식소화), 가연성증기의 발생이 억제(냉각효과에 따른 제거소화)되어 화재를 소화하는 기능을 유화소화작용이라 한다.

4. 희석소화

물에 용해되는 수용성 가연물질인 알코올·에테르·에스테르·케톤류 등의 화재시 많은 양의 물을 일시에 방사하여 가연물질의 연소농도를 소화농도 이하로 묽게 희석시켜 소화하는 방법을 희석소화작용이라 한다.

5. 타격(파괴)에 의한 소화

(1) 일반가연물(A급)화재에 적용되며, 화재시 물소화약제를 고압으로 방사하는 경우

(2) 방사노즐로부터 방출되는 고압의 물이 가연물질의 화재위력을 저하시키거나 화재가 확산되는 것을 파괴함으로써 화재가 더이상 확산되지 않도록 제한하여 소화하는 작용을 말한다.

확인 예제

목재 화재시 다량의 물을 뿌려 소화하고자 한다. 이때 가장 큰 소화효과는?

① 제거소화효과   ② 냉각소화효과   ③ 부촉매소화효과   ④ 희석소화효과

해설 냉각소화의 효과가 가장 크며, 냉각소화는 다음과 같은 특징을 가지고 있다.
- 물의 비열(cal/g · ℃) 및 기화열(cal/g) 값이 크다.
- 물이 수소결합을 하고 있어서 열용량이 크다
- 물 1ℓ/min은 건물 내의 일반가연물 약 0.75m²을 진화할 수 있다.
- 큰 비열과 증발잠열에 의한 냉각소화작용을 하는 대표적인 소화약제는 물소화약제이다.

정답 ②

5 | 소화약제의 적응화재

1. 적응화재

(1) 일반가연물화재(A급 화재)

(2) 유류화재(B급 화재)
① 비수용성기름화재: 분무상의 물소화약제를 사용하는 경우
② 수용성기름화재

(3) 전기화재(C급 화재)
분무상의 물소화약제를 사용하는 경우

2. 장점

(1) 구입가격이 저렴하다

(2) 장기간 저장이 가능하다

(3) 소화에 대한 냉각소화효과가 우수하다

(4) 분무상으로 방사시 유류화재 및 전기화재에도 적합하다.

3. 단점

(1) 동결의 우려가 있으므로 보온이 필요하다.

(2) 피연소물질에 대한 수손의 영향이 크다.

(3) 소화에 소요되는 시간이 길다(분무상으로 방사하는 경우).

4. 비적응성 화재

(1) 물에 심하게 반응하는 물질인 활성금속화재

(2) 전기 · 전자제품 등으로 인한 화재

6 물소화약제의 주수 방법

1. 봉상주수

(1) 막대 모양의 굵은 물줄기를 가연물에 직접 주수하는 방법이다.

(2) 소방용 방수노즐을 이용한 주수가 대부분 여기에 포함된다.

(3) 현재도 가장 널리 사용되고 있으며, 열용량이 큰 일반 고체가연물의 대규모 화재에 유효한 주수형태이다.

(4) 감전의 위험이 있기 때문에 어느 정도의 안전거리를 확보해야 한다.

2. 적용소화설비

(1) 물소화기

(2) 옥내소화전설비

(3) 옥외소화전설비

(4) 연결송수관설비

3. 적상주수

(1) 스프링클러소화설비 헤드의 주수형태로 살수라고도 한다.

(2) 저압으로 방출되기 때문에 물방울의 평균직경은 0.5 ~ 0.6mm 정도이다.

(3) 일반적으로 실내 고체가연물의 화재에 적합하다.

4. 적용소화설비

(1) 스프링클러설비
(2) 연결살수설비

5. 무상주수

(1) 물분무소화설비의 헤드나 소방대의 분무노즐에서 고압으로 방수할 때 나타나는 안개 형태의 주수 방법이다.
(2) 물방울의 평균 직경은 0.01 ~ 1.0mm 정도이며, 소화효과의 측면에서 본 이론적 최적입경은 0.35mm 정도이다.
(3) 중질유화재(중질의 연료유, 윤활유, 아스팔트 등과 같은 고비점유의 화재)의 경우에는 물을 무상으로 주수하면 급속한 증발에 의한 질식효과와 에멀젼(유탁액)효과에 의해 소화가 가능하다.
(4) 전기의 전도성이 없어 전기화재의 소화에도 적합하다.

6. 적용 소화설비

(1) 물소화기(분무노즐 사용)
(2) 옥내소화전설비(분무노즐 사용)
(3) 옥외소화전설비(분무노즐 사용)
(4) 물분무소화설비

7 | 물소화약제의 첨가제

1. 첨가제의 종류

물소화약제의 침투능력 · 분산능력 · 유화능력 등을 증대시키기 위하여 첨가하는 물질을 총칭하여 첨가제라 한다.

2. 부동제(Antifreeze Agent: 동결방지제, 부동액)

(1) 물의 빙점(0℃)하에서 동파 및 물의 응고현상을 방지하기 위하여 물에 첨가하는 물질이다.

(2) 물의 동결시 약 9%의 체적 팽창과 250MPa의 압력효과가 발생하여 배관, 기기 등을 파손시키기 때문에 이를 방지하기 위하여 부동제를 첨가한다.

(3) 부동제 종류

① **유기물 계통**: 에틸렌글리콜, 프로필렌글리콜, 디에틸렌글리콜, 글리세린 등이 사용되며, 동결방지제로 에틸렌글리콜을 가장 많이 사용되고 있다.
② **무기물 계통**: 염화나트륨, 염화칼슘이 사용되고 있다.

3. 침투제(Wetting Agent)

(1) 물에 계면활성제 계통의 물질을 첨가시켜 물이 가지고 있는 표면장력을 낮추어 침투성을 강화시킨 물질이다.

(2) 물의 표면장력은 72dyne/cm이므로 A급 심부화재의 경우 침투력이 떨어져 속불을 소화하는 데 부적절하므로, 1% 이하의 계면활성제를 가해 표면장력을 낮춰 침투효과를 높이기 위한 첨가 물질이다.

(3) 유수(Wet Water)

물의 표면장력을 감소시켜서 물의 침투성을 증가시키는 침투제(Wetting Agent)를 혼합시킨 수용액을 말한다.

4. 증점제(Viscosity Agent)

(1) 가연물질에 대한 물소화약제의 부착성(접착성)을 증가시키기 위한 첨가 물질이다.

(2) 이는 많은 열을 발생하는 화재, 즉 산림화재 등에 매우 효과적이다.

(3) 증점제로는 CMC, DAP, Gelgard, Organic-Gel 등이 있다.

(4) Thick Water

물의 점도를 증가시키는 증점제를 혼합한 수용액을 말한다.

(5) 장점

① 연료 표면에 붙어 밀착력이 향상된다.
② 물보다 두꺼운 층을 만드는 효과가 있다.
③ 표면에 존재하는 수량에 비례한 열 흡수능력이 향상된다.
④ 바람이나 화재플럼에 저항한다.

(6) 단점

① 침투효과가 저하된다.
② 호스나 배관에서 마찰손실이 증대한다.
③ 미끄럽다(안전사고 원인).
④ 사용 전 혼합하여야 한다.

⊚ 확인 예제

물의 소화력을 보강하기 위해 첨가하는 약제로서 물의 표면장력을 낮추어 침투효과를 높이기 위한 첨가제는?

① 증점제   ② 강화액   ③ 침투제   ④ 유화제

해설   • 침투제(Wetting Agent)에 대한 설명이다.
        • 물에 계면활성제 계통의 물질을 첨가시켜 물이 가지고 있는 표면장력을 약화시켜 침투력을 증가시키는 물질을 침투제라 한다.

정답   ③

Chapter 03 강화액 소화약제

1. 개요

강화액은 알칼리금속염류의 수용액으로 물의 동결방지 및 소화능력을 향상시키기 위해서 물에 탄산칼륨(K_2CO_3)을 용해시킨 것으로 겨울철 및 한랭지역에서 사용이 가능하다.

2. 소화약제의 특성

(1) 비중이 1.3 ~ 1.4이다.

(2) 응고점은 -20℃이다.

(3) 사용온도범위는 -20℃ 이상 40℃ 이하이다.

(4) 강알칼리성으로 독성이 없고 장기 보관시에도 분해, 침전, 노화가 일어나지 않는다.

(5) 한랭지역 및 겨울철에 사용 가능하다.

3. 소화효과

(1) 봉상일 경우에는 냉각작용에 의한 일반(A급)화재에 적합하다.

(2) 무상일 경우에는 냉각 및 질식작용에 의해 일반(A급) 및 유류(B급), 전기(C급)화재에도 적응한다.

(3) 첨가제로 사용하는 황산칼륨과 인산암모늄 등의 일부가 화염에 의하여 분말이 되어 부촉매 작용으로 연쇄반응을 억제한다.

Chapter 04

산·알칼리 소화약제

1. 개요

산은 무기산 또는 염류이어야 하며 알칼리는 물에 잘 용해되는 알칼리염류이어야 한다.

2. 반응식

$$2NaHCO_3 + H_2SO_4 \rightarrow Na_2SO_4 + 2CO_2 + 2H_2O$$

3. 산·알칼리 소화약제의 특성

(1) 탄산수소나트륨과 황산과의 화학반응에 의하여 생성된 이산화탄소(CO_2)가 압력원으로 작동한다.

(2) 사용온도는 0℃ 이상 40℃ 이하이다.

(3) 방사액의 수소이온농도는 pH5.5 이하의 산성을 나타내지 아니하여야 한다.

4. 산알칼리 소화약제에 의한 소화

(1) 봉상주수일 때는 냉각시켜 소화하며 일반(A급)화재에 적용된다.

(2) 무상주수의 경우에는 냉각효과 및 질식효과를 가지게 되어, 일반(A급)화재, 유류(B급)화재, 전기(C급)화재에 적응소화 한다.

Chapter 05 포 소화약제

1 개요

포(Foam)에는 두 가지 약제의 혼합시 화학반응으로 발생하는 이산화탄소를 핵으로 하는 화학포와 포 수용액과 공기를 교반·혼합하여 공기를 핵으로 하는 기계포(일명 공기포라고도 함)가 있다. 이와 같이 생성된 포는 유류보다 가벼운 미세한 기포의 집합체로 연소물의 표면을 덮어 공기와의 접촉을 차단하여 질식 효과를 나타내며, 함께 사용된 물에 의해 냉각효과도 나타난다. 즉, 포 소화약제는 질식효과와 냉각효과에 의해 화재를 진압한다.

2 포 소화약제의 종류

1. 발포방법(mechanism)에 의한 분류

(1) 화학포
산성액과 알카리성액 두 액체의 화학반응에 의해 발생되는 탄산가스를 핵으로 한 포를 말한다.

(2) 기계포
물과 약제의 혼합액의 흐름에 공기를 불어 넣어서 발생시킨 포를 말하며, 기계적으로 발생시켰기 때문에 기계포(mechanical foam)라고도 한다.

2. 기계포의 발포배율에 의한 분류
발포배율(팽창비)이란 최종 발생한 포 체적을 원래 포 수용액 체적으로 나눈 값을 말한다.

(1) 팽창비

$$팽창비 = \frac{발포\ 후\ 포의\ 체적}{발포\ 전\ 포\ 수용액}$$

(2) 포의 비중

$$포의\ 비중 = \frac{발포\ 전\ 포\ 수용액}{발포\ 후\ 포의\ 체적}$$

3. 팽창비에 의한 기계포 소화약제의 분류

(1) 저발포
팽창비가 20 이하이며, 가연성 액체의 화재시 주로 사용된다.

(2) 고발포

① 팽창비가 80 이상 1000 미만이며, 주로 지하실, 선창, 탄광 등 소방대원이 진입하기 어려운 장소의 A급 화재에 사용된다.

② 고팽창포는 수분이 매우 적어 증기 밀폐성, 재연소방지성, 유류에 대한 내성 및 바람에 대한 저항력 등이 좋지 않기 때문에 가연성액체의 화재에는 적당하지 않다.

4. 발포배율에 따른 포소화약제 종류 및 성분비

(1) 저발포 소화약제

① 포원액 지정농도: 3%형, 6%형

② 비수용성 액체용 포소화약제: 단백포, 합성계면활성제포, 수성막포, 불화단백포

③ 수용성 액체용 포소화약제: 알코올형포

④ 포방출구: 포헤드, 호스, 고정포방출구(위험물 옥외탱크 저장소)

(2) 고발포 소화약제

① 포원액 지정농도: 1%형, 1.5%형, 2%형

② 종류: 합성계면활성제 포

③ 포방출구: 고발포형 고정포방출구

3 화학포 소화약제

1. 개요

화학포는 2가지의 소화약제가 화학 반응을 일으켜 생성되는 기체(이산화탄소)를 핵으로 하는 포이다. 우리나라에서는 이 약제를 사용한 소화기가 가장 먼저 보급되었으며, 이 소화기는 구조가 간단하고 고장이 없고, 조작이 간편하여 사용하기 쉬우며, 소화 효과가 우수하기 때문에 널리 보급되어 사용되었으나 동결이 잘 되고(응고점: -5℃) 약제의 부식성, 발포 장치의 복잡성 등의 문제점 때문에 현재는 사용을 인정하지 않고 있다.

2. 성분 및 특성

화학포는 A약제인 탄산수소나트륨(중조 또는 중탄산나트륨, $NaHCO_3$)과 B약제인 황산알루미늄[$Al_2(SO_4)_3$]의 수용액에 발포제와 안정제 및 방부제를 첨가하여 제조한다. 이들 두 약제의 화학 반응식은 다음과 같다.

$$6NaHCO_3 + Al_2(SO_4)_3 \cdot 18H_2O \rightarrow 6CO_2 + 3Na_2SO_4 + 2Al(OH)_3 + 18H_2O$$

3. 소화효과

두 가지 수용액을 혼합하면 화학 반응에 의해 다량의 이산화탄소가 발생되어 소화기 내부가 고압 상태가 되고 그 압력에 의하여 반응액이 밖으로 밀려나가 방사된다. 방사되는 순간에 이산화탄소를 핵으로 하는 포가 불꽃을 덮어서 불이 꺼지게 된다. 위의 반응에 의해 생성된 수산화알루미늄은 끈적끈적한 교질상으로 여기에 A약제에 포함된 수용성 단백질이 혼합되면 점착성이 좋은 포가 생성되어 가연물 표면에 부착되어 불꽃을 질식시킨다.

4. 장점

(1) 일반화재 및 유류화재에 적응성이 있다.
(2) 소화 후에는 재연소의 위험성이 없다.
(3) 가연물질의 내부까지 침투하여 소화한다.

5. 단점

(1) 영하 5℃ 이하에서는 보온을 필요로 한다.
(2) 소화약제의 수명이 짧다.
(3) 소화약제에 의한 피연소물질의 피해가 우려된다.

4 기계포(공기포) 소화약제

1. 개요

공기포는 포 소화약제와 물을 기계적으로 교반시키면서 공기를 흡입하여(공기를 핵으로 하여) 발생시킨 포로 일명 기계포라고도 한다. 이 소화약제는 화학포 소화약제보다 농축되어 있기 때문에 약제 탱크의 용량이 작아질 수 있는 큰 장점이 있다. 이 약제는 크게 단백계와 계면활성제계로 나누어지며 단백계에는 단백포 소화약제, 불화단백포 소화약제, 계면활성제계에는 합성계면활성제포 소화약제, 수성막포 소화약제, 내알코올포(수용성액체용 포) 소화약제가 있다.

2. 단백포 소화약제

(1) 성분 및 소화작용

동물 및 식물성 단백질을 가수분해한 생성물에 안정제, 방부제, 부동액을 첨가한 것으로 저발포용으로 이용된다. 다량의 포가 신속하게 연소유면에 전개되면 단백질과 안정제가 결합하여 내열성이 우수한 포가 유면을 피복 질식소화한다.

(2) 적응화재

유류화재(석유류, 방향족 등의 B급 화재)

(3) 장점

① 단백포는 안정성이 높고 내열성이 우수하여 화재시 포가 잘 소멸되지 않는다.
② 포 층이 장시간 유면에 남아 있어 재연소 방지효과가 우수하다.
③ 부동액이 첨가된 내한용으로 -15℃에서 얼지 않는다.
④ 인간과 가축에 무해하다.
⑤ 가격이 저렴하다.

(4) 단점

① 포의 유동성이 낮아 유면을 덮는데 시간이 걸리며 이로 인하여 소화의 속도가 늦다.
② 유류에 대한 내유성이 약하여 오염되기 쉽다.
③ 변질, 부패의 우려가 있어 경년기간이 짧아 장기 저장(3년 정도)이 불가능하다.

3. 불화단백포 소화약제

(1) 성분 및 소화작용

불화단백포 소화약제는 주성분이 단백질 분해액이며 여기에 불소계 계면활성제를 첨가하여 단백질과 불소계 계면활성제를 잘 결속시켜 이들 두 성분의 장점을 모두 갖춘 것으로, 거품이 기름에 오염되지 않아 수성막포 소화약제와 같이 표면하주입방식을 취할 수 있으며, 거품이 타오르거나 열에 의해 소멸되지 않아 대형유류탱크설비에 가장 적합한 포 소화약제이며 사용시 윤화현상도 발생하지 않는다.

(2) 적응화재

유류화재(B급 화재)

(3) 장점

① 내열성이 좋아 대형 유류저장탱크 화재시 가장 적합한 약제이다.
② 기름에 오염되지 않아 표면하주입방식에 적합하다.
③ 철염의 첨가가 적어 단백포보다 장기 보관(8 ~ 10년)이 가능하다.
④ 내한용으로 -15℃에서 얼지 않는다.
⑤ 유동성이 좋아 소화속도가 빠르다.
⑥ Dry Chemical과 동시사용이 가능하다.

(4) 단점

단백포보다 가격이 비싸다.

4. 합성계면활성제 포 소화약제

(1) 성분 및 특징

계면활성제를 기제로 하여 기포 안정제를 첨가하여 제조한 것으로 고발포용과 저발포용 2가지가 있다. 저발포로 사용할 경우는 내열성 및 내유성이 불량하여 단백포보다 유류화재에 적응성이 낮으며, 이로 인하여 일반적으로는 고발포용으로 사용한다.

(2) 적응화재

유류화재 및 일반화재(A급, B급 화재)

(3) 장점

① 저발포에서 고발포까지 팽창비를 조정할 수 있어 유류화재 이외에 기체, 고체 연료 또는 일반 건물화재 등 광범위하게 사용할 수 있다.
② 중·고발포의 경우 유동성이 좋아 단백포보다 소화 속도가 빠르다.
③ 지하상가 또는 창고 화재에 적합하다.
④ 유류화재·일반화재 공용이다.
⑤ 수명이 반영구적이다.

(4) 단점

① 내열성과 내유성이 약하여 대형유류탱크화재에서 윤화(Ring fire) 현상이 일어날 염려가 있다.

② 고팽창포로 사용하는 경우 방사거리가 짧게 된다.

③ 저팽창포로 사용할 경우는 단백포보다 유류화재에 불리하다.

5. 수성막포(AFFF) 소화약제

이 포소화약제는 미국에서 말하고 있는 AFFF(Aqueous Film Forming Foam)을 우리말로 번역한 것으로 1960년대에 미국 해군연구소의 R.L.Tuve와 3M사가 공동개발한 것으로 상품명은 라이터 워터이다.

(1) 성분 및 소화작용

① 수성막포 소화약제는 불소계 계면활성제가 주성분으로 탄화불소계 계면활성제의 소수기에 붙어있는 수소원자의 그 일부 또는 전부를 불소 원자로 치환한 계면활성제가 주체이다.

② 수성막포는 유면에 방사되면 포에서 불소계 계면활성제의 수용액이 신속하게 아래로 흘러내려 기름 위에 전개되어 기름의 증발을 억제하는 동시에 내유성과 유동성이 좋은 포가 수성막 위를 덮어 주기 때문에 특별히 빨리 소화하여야 하는 기름층이 엷은 유출화재나 항공기의 화재 또는 화학공장의 유출화재에 적합하며 이 경우 분말과 함께 Twin agent system 방식으로 소화하는 것이 효과적이다.

(2) 적응화재

유류화재(B급 화재)

(3) 장점

① 유동성이 좋은 포와 수성막이 형성되어 초기소화속도가 빨라 유출류 화재에 가장 적합하다.

② 내유성이 좋아 표면하주입방식을 할 수 있다.

③ 분말소화약제와 병용하여 소화 작업을 할 수 있다.

④ 화학적으로 매우 안정되며 장기 보존이 가능하다.

⑤ 소화 후 포와 막의 차단효과로 재연방지에 효과가 있다.

⑥ 영하에서도 포의 유동이 가능하며, 인체에 무해하다.

(4) 단점

① 내열성이 약하다.

② 내열성이 약해 윤화(Ring fire) 현상이 일어날 염려가 있어 탱크 설비에서는 탱크벽면에 Water spray 설비와 병용 설비를 하여야 효과적이다.

③ 가격이 비싸다.

④ 표면장력이 적으므로 금속 및 페인트칠에 대한 부식성이 크다.

6. 알콜형 포 소화약제(수용성가연성 액체용 포소화약제)

수용성·가연성 액체용 포 소화약제 또는 내알콜형 포 소화약제라고 하며 학술적으로는 극성용제용 포 소화약제이다. 이 약제는 알콜류, 케톤류, 에스테르류, 아민류, 초산글리콜류 등과 같이 물에 용해되면서 가연성인 물질의 화재 진압에 적합하다. 약제의 종류에는 금속비누형, 불화단백형, 고분자겔형 포 소화약제가 있으며, 금속비누형은 현재는 거의 사용되지 않고 불화단백형 내알콜포 소화약제가 많이 사용되고 있다.

7. 파포 현상

포소화약제의 포는 94 ~ 97%가 수분으로 구성되어 있으며 포가 수용성 가연성 액체에 접하면 포에 함유된 수분이 재빨리 수용성·가연성 액체쪽으로 녹아들어가고 포에서 탈수 현상이 일어나 포가 순간적으로 소멸되고 동시에 수용성·가연성 액체는 반대로 포쪽으로 이동하여 포의 형성을 유지하게 하는 유기물질을 응고시켜 파포 현상이 계속된다.

8. 윤화(Ring Fire)

(1) 현상

대형 유류저장 탱크의 소화작업시 불꽃이 치솟는 유면에 폼을 투입하였을 때 탱크 윗면의 중앙부는 불이 꺼졌어도 탱크의 벽면을 따라 환상으로 화염이 남아 연소가 지속되는 현상을 말한다.

(2) 원인

가열된 탱크의 철재 벽면의 열에 의해 벽 주위의 폼이 열화되어 안정성이 저하된 상태에서 철재벽의 열에 의해 기름을 증발시켜 생성된 가연성 증기가 폼을 뚫고 상승하여 그 증기에 불이 붙는 현상이다. 대형 유류저장탱크에 화재가 나면 대개 탱크의 벽면의 온도가 700 ~ 800℃까지 상승한다.

(3) 대책

① 탱크벽면에 Water spray 설치를 고정포방출설비와 병행하여 설치한다.
② Ring fire를 잘 일으키지 않는 내화성의 안정된 포를 소화약제로 사용한다(불화단백포 등).

5 포 특성의 상관관계

(1) 발포 배율과 환원 시간 – 발포 배율이 커지면 환원 시간은 짧아진다.
(2) 발포 배율과 유동성 – 동일한 원액에서 발포 배율이 커지면 유동성은 증가한다.
(3) 환원 시간과 내열성 – 같은 원액으로부터 만들어진 포에서도 환원 시간이 긴 것이 내열성이 우수하다.
(4) 유동성과 내열성 – 소화 활동에는 내열성도 있고 유동성도 좋은 포가 바람직하지만 일반적으로 유동성이 좋은 것은 내열성이 부족하다.

6 소화약제의 혼합 방식

1. 화학포 소화약제의 혼합방식

(1) 1약제식 건식 설비

탄산수소나트륨과 황산알루미늄을 1개의 저장 탱크에 저장하였다가 필요시 물을 주입하여 방출시키는 설비이다.

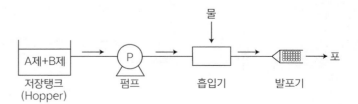

(2) 2약제식 건식 설비

탄산수소나트륨과 황산알루미늄을 분리하여 저장 탱크에 저장한 후 필요시 두 약제를 혼합한 후 물을 주입시켜 방출하는 설비이다.

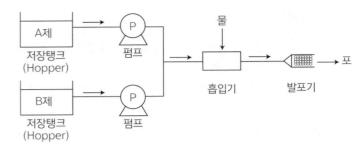

(3) 2약제식 습식 설비

탄산수소나트륨과 황산알루미늄의 수용액을 각각의 탱크에 저장해 두었다가 필요시 두 액체의 수용액을 혼합하여 방출시키는 설비이다.

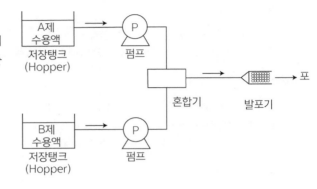

2. 공기포 소화약제의 혼합 방식

(1) 펌프 프로포셔너 방식
(Pump Proportioner type: 펌프 혼합 방식)

펌프의 토출관과 흡입관 사이의 배관 도중에 설치된 흡입기에 펌프에서 토출된 물의 일부는 보내고 농도조절밸브에서 조정된 포 소화약제의 필요량을 포 소화약제 탱크에서 펌프 흡입측으로 보내어 이를 혼합하는 방식이다.

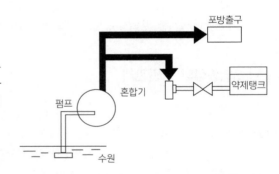

(2) 프레져 프로포셔너 방식
(Pressure Proportioner type: 차압 혼합 방식)

펌프와 발포기의 중간에 설치된 벤츄리관의 벤츄리 작용과 펌프 가압수의 포 소화약제 저장 탱크에 대한 압력에 의하여 포 소화약제를 흡입·혼합하는 방식이다.

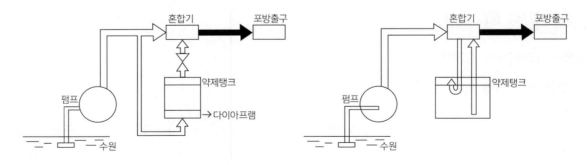

(3) 라인 프로포셔너 방식
(Line Proportioner type: 관로 혼합 방식)

펌프와 발포기의 중간에 설치된 벤츄리관의 벤츄리 작용에
의하여 포 소화약제를 흡입·혼합하는 방식이다.

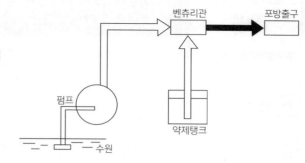

(4) 프레져 사이드 프로포셔너 방식
(Pressure side Proportioner type: 압입 혼합 방식)

펌프의 토출관에 압입기를 설치하여 포 소화약제 압입용
펌프로 포 소화약제를 압입시켜 혼합하는 방식이다.

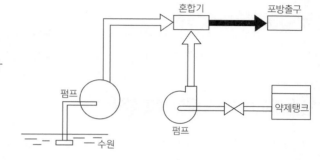

7 포소화약제의 구비조건

1. 내열성

화염 및 화열에 대한 내력이 강해야 화재시 포가 파괴되지 않으며 A급 화재의 경우 물의 냉각에 의존하나 B급 화재의
경우는 포의 내열성이 중요한 요소가 된다. 발포 배율이 낮을수록, 환원 시간이 길수록 내열성이 우수하다.

2. 내유성

포가 유류에 오염되어 파괴되지 않아야 하므로 내유성 또한 중요하며 특히 표면하주입식의 경우 포 약제가 유류에 오염
되면 적용할 수 없다.

3. 유동성

포가 연소하는 유면상을 자유로이 유동하여 확산되어야 소화가 원활해지므로 유동성은 매우 중요하다. 비등하는 액체의
경우 포의 유효방호거리를 NFPA 11에서는 30m로 간주하므로 직경 60m 이상의 탱크는 유동성으로 인하여 소화하기가
곤란하다.

4. 점착성

포가 표면에 잘 흡착하여야 질식의 효과를 극대화시킬 수 있으며, 특히 점착성이 불량할 경우 바람에 의하여 포가 달아나
게 된다.

Chapter 06 이산화탄소 소화약제

1 개요

(1) 이산화탄소는 탄소의 최종 산화물로 더 이상 연소 반응을 일으키지 않기 때문에 질소, 수증기, 아르곤, 할론 등의 불활성 기체와 함께 가스계 소화약제로 널리 이용되고 있다.

(2) 이산화탄소는 유기물의 연소에 의해 생기는 가스로 공기보다 약 1.5배 정도 무거운 기체이다. 상온에서는 기체이지만 압력을 가하면 액화되기 때문에 고압가스 용기 속에 액화시켜 보관한다. 방출시에는 배관 내를 액상으로 흐르지만 분사 헤드에서는 기화되어 분사된다.

2 이산화탄소의 일반적인 성질

(1) 상온에서 무색·무취의 기체로서 독성이 없다.

(2) 공기 중에 약 0.03vol% 존재한다.

(3) 부식성이 없고 비중이 1.53으로 공기보다 무겁다.

(4) 이산화탄소는 압축냉각하면 쉽게 액화할 수 있으며 더욱 압축냉각하면 고체(드라이아이스)가 된다.

3 이산화탄소의 열역학적 상태도(Phase Diagram)

(1) 상태도에서와 같이 이산화탄소는 일반적인 다른 물질과는 달리 보통의 대기압하에서 액체 상태가 아닌 기체 상태와 고체 상태로만 존재할 수 있다.

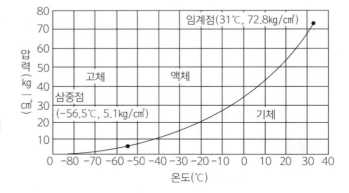

(2) 임계점(Critical point)

① 액체밀도와 기체밀도가 같아지는 점이다.

② 임계온도 이상에서는 기상으로만 존재하므로, 액체로 존재할 수 있는 가장 높은 온도이다.

(3) 삼중점(Triple point)

① 고체, 액체, 기체가 공존하는 상태점이다.

② 삼중점 이하의 압력에서는 액체 상태로 존재할 수 없고 온도에 따라 기체 또는 고체 상태로 존재한다.

146 해커스자격증 pass.Hackers.com

4 이산화탄소의 품질

이산화탄소 소화약제라 함은 한국산업규격(KS)에 적합한 액화이산화탄소는 99.5vol% 이상의 이산화탄소와 0.05wet% 이하의 수분을 함유한 제2종과 제3종을 말한다.

구분 \ 종별	제1종	제2종	제3종
이산화탄소(vol%)	99.0 이상	99.5 이상	99.5 이상
수분(wet%)	–	0.05 이하	0.005 이하
특성	무색·무취	무색·무취	무색·무취

5 이산화탄소 소화약제의 소화작용

1. 소화원리

이산화탄소는 불활성기체로서 주된 소화원리는 질식소화이며, 보조적으로 냉각소화(줄 – 톰슨 효과에 의해 주위열을 흡수) 및 피복효과를 작용한다.

▶ 줄 – 톰슨(Joule-Thomson) 효과란, 계 내에서 단열팽창의 경우 온도 강하가 일어나는 현상을 말한다.

2. 질식소화

이산화탄소는 비중이 1.53로서 공기 또는 산소보다 무거워 가연물질(액체가연물질)에 방출되면 가연물질의 표면에 불연층을 형성하거나 둘러싸 산소의 공급을 차단시켜 화재를 소화하는 질식소화작용이 다른 소화약제에 비하여 우수하다.

3. 냉각소화

고압용기에 액체상으로 저장하여 두었다가 화재시 방호대상물에 방출하면 액체상의 이산화탄소가 기체상의 이산화탄소로 기화하면서 화재발생장소의 주위로부터 많은 열을 흡수함으로써 화재를 발화점 이하로 냉각시켜 소화를 시키는 기능을 한다. 특히, 액화이산화탄소가 대기에 급격하게 방출되는 경우 주위로부터 일시에 많은 기화열을 흡수하지 못하여 방출량의 약 25%가 고체상의 드라이아이스가 생성되고, 이것이 기화하는 경우 주위로부터 열을 흡수하므로 또한 냉각소화 기능을 한다.

[소화약제로 사용되는 물질의 기화열]

소화약제명	기화열(cal/g)	소화약제명	기화열(cal/g)
물(H_2O)	539.6	할론 2402	25
이산화탄소(CO_2)	56.1	할론 1211	32
할론 1301	28	할론 104	46.4

4. 피복소화

이산화탄소의 비중이 공기 또는 순수한 산소보다 무거워 화재발생시 가연물에 방출하면 미연소된 가연물질(피연소물질)의 표면뿐만 아니라 내부의 구석구석까지 침투하여 가연물질의 주위를 둘러싸 산소의 공급을 차단함으로써 더 이상의 연소확대를 방지하는 소화작용이다.

6 이산화탄소 소화약제의 적응화재

1. 적응화재

(1) 유류화재(B급 화재)
(2) 전기화재(C급 화재)

2. 장점

(1) 전역방출방식(실이 밀폐인 경우)으로 할 때에는 일반가연물화재(A급 화재)에도 적용된다.
(2) 화재를 소화할 때에는 피연소물질의 내부까지 침투한다.
(3) 피연소물질에 피해를 주지 않는다.
(4) 증거보존이 가능하다.
(5) 소화약제의 구입비가 저렴하다.
(6) 전기의 부도체(불량도체)이다.
(7) 장기간 저장하여도 변질·부패 또는 분해를 일으키지 않는다.

3. 단점

(1) 고압가스에 해당되므로 저장 및 취급시 주의를 요한다.
(2) 소화약제의 방출시 동상이 우려된다.
(3) 저장용기에 충전하는 경우 고압을 필요로 한다.
(4) 인체의 질식이 우려된다.
(5) 소화약제의 방출시 소리가 요란하다.
(6) 소화시간이 다른 소화약제에 비하여 길다.

🎯 확인 예제

CO_2 소화약제의 장점으로 가장 거리가 먼 것은?

① 한랭지역에서도 사용이 가능하다.
② 자체 압력으로도 방사가 가능하다.
③ 전기적으로 비전도성이다.
④ 인체에 무해하고 GWP가 0이다.

해설   이산화탄소는 지구온난화 현상에 대한 영향이 가장 크며, 지구의 표면온도를 0.5℃ 정도 상승시키는 역할을 한다.

정답 ④

7 설치 제외 장소

(1) 방재실·제어실 등 사람이 상시 근무하는 장소
(2) 소화약제에 의해 질식 또는 인체의 위해가 발생할 우려가 있는 밀폐장소
(3) 제5류 위험물(니트로셀룰로오스·셀룰로이드 제품 등 자기연소성물질)을 저장·취급하는 장소
(4) 이산화탄소와 반응성이 있는 활성금속물질인 나트륨(Na)·칼륨(K)·칼슘(Ca) 등을 저장·취급하는 장소
(5) 전시장 등의 관람을 위하여 다수인이 출입·통행하는 통로 및 전시실 등

8 이산화탄소 소화약제의 소화농도 및 설계농도

1. 방호구역 내에 CO₂가스 방사시 CO₂소화농도[무유출(No efflux) 기준]

$$\text{최소 } CO_2\text{의 소화농도}(\%) = \frac{\text{방출 후 } CO_2 \text{ 체적}}{\text{방호체적} + \text{방출 후 } CO_2 \text{ 체적}} \times 100 = \frac{21 - O_2}{21} \times 100$$

2. 최소 설계농도

최소 설계농도는 가스계설비의 경우 설계나 설치상 미세한 실수를 보상하기 위해 최소 이론농도에 안전율 20%를 고려하여 설계하여야 한다. 따라서 어떠한 경우도 설계농도가 34% 미만이 되어서는 안 된다.

$$\text{최소 설계농도} = \text{최소 이론(소화)농도} \times 1.2$$

> **참고** 이산화탄소가스의 방출
>
> 우선 방호구역 내에서 이산화탄소가스가 방출될 경우 다음 3가지 상황을 상정할 수 있다.
> ① CO₂가스 방사시 방사된 CO₂가스의 부피만큼 실내 공기가 외부로 배출되는 경우로서 이를 완전 치환(Complete displacement)이라 한다.
> ② CO₂가스 방사시 방사된 CO₂가스의 부피만큼 실내 공기와 CO₂의 혼합기체가 외부로 배출되는 경우로서 이를 자유유출(Free efflux)이라 한다.
> ③ CO₂가스 방사시 완전 밀폐공간으로 방사된 CO₂가스가 방호구역 내에 잔류하는 경우로서 이를 무유출(No efflux)이라 한다.

◎ 확인 예제

이산화탄소를 방출하여 산소농도가 13%가 되었다면 공기 중 이산화탄소의 농도는 약 몇 %인가?

① 0.095%   ② 0.3809%   ③ 9.5%   ④ 38.09%

해설
- 이산화탄소 이론 소화농도(%): CO₂의 소화농도(%) $= \frac{21 - O_2}{21} \times 100$
- $CO_2 = \frac{21 - 13}{21} \times 100 = 38.09\%$
- 이산화탄소 최소 설계농도(%): 최소 설계농도는 가스계설비의 경우 설계나 설치상 미세한 실수를 보상하기 위해 최소 이론농도에 안전율 20%를 고려하여 설계하여야 한다. 따라서 어떠한 경우도 설계농도가 34% 미만이 되어서는 안 된다.

정답 ④

9 이산화탄소 소화약제의 저장

(1) 이산화탄소는 고압가스 용기에 액상으로 저장되는 고압가스로 저장방식은 충전비(저장용기의 체적과 소화약제 중량과의 비율로 1kg의 소화약제를 충전하는데 필요한 용기 등의 내용적을 의미, 단위는 ℓ/kg)에 따라 고압식과 저압식으로 구분한다.

(2) 그림에서 보는 바와 같이 이산화탄소소화약제의 용기에 대한 충전비의 값이 적을수록 저장용기 내부의 온도상승에 의해 급격한 압력상승현상이 발생되는 것을 알 수 있다. 그러므로 이산화탄소를 소화약제로 저장용기 내에 충전할 때에는 충전비 값을 크게 하여야 온도변화에 따른 안전을 기할 수 있다.

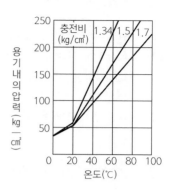

10 소화약제 저장방식

액체 이산화탄소는 -56.7℃와 31.35℃ 사이에서 저장용기에 저장하여 소화설비에 사용하는 방식으로서 이산화탄소를 저장하는 용기는 공업용용기와 의료용용기로 구분되고 있으며, 소화약제 사용되는 이산화탄소는 공업용용기에 저장하여야 한다. 또한 이산화탄소를 청색으로 도장된 공업용용기에 저장하는 경우에는 저압식과 고압식의 2가지로 구분된다.

1. 고압식

(1) 저장용기의 충전비는 1.5 이상 1.9 이하

(2) 저장용기는 25MPa 이상의 내압시험에 합격한 것이어야 한다.

(3) 저장용기에는 일반적으로 내부에 잠긴 튜브가 바닥까지 닿아 있는데 이는 증기보다는 액체를 방출시키기 위한 것이다.

2. 저압식

(1) 저장용기의 충전비는 1.1 이상 1.4 이하

(2) 저장용기는 3.5MPa 이상의 내압시험에 합격한 것이어야 한다.

(3) 저장용기에는 내압시험압력의 0.64 ~ 0.8배의 압력에서 작동하는 안전밸브와 내압시험압력의 0.8배 내지 내압시험압력에서 작동하는 봉판(파열판)을 설치하여야 한다.

(4) 저장용기에는 액면계 및 압력계와 2.1MPa의 압력을 유지하기 위하여 2.3MPa 이상이 된 경우와 1.9MPa 이하가 된 경우에 작동하는 압력경보장치를 설치하여야 한다.

(5) 저장용기에는 용기의 내부온도가 -18℃ 이하에서 2.1MPa의 압력을 유지할 수 있는 자동냉동장치를 설치하여야 한다.

11 저장용기 설치장소 기준

(1) 방호구역 외의 장소에 설치할 것. 다만, 방호구역 내에 설치할 경우에는 피난 및 조작이 용이하도록 피난구 부근에 설치하여야 한다.

(2) 온도가 40℃ 이하이고, 온도변화가 작은 곳에 설치할 것

(3) 직사광선 및 빗물이 침투할 우려가 없는 곳에 설치할 것

(4) 방화문으로 구획된 실에 설치할 것

(5) 용기의 설치장소에는 당해 용기가 설치된 곳임을 표시하는 표지를 할 것

(6) 용기간의 간격은 점검에 지장이 없도록 3cm 이상의 간격을 유지할 것

(7) 저장용기와 집합관을 연결하는 연결배관에는 체크밸브를 설치할 것. 다만, 저장용기가 하나의 방호구역만을 담당하는 경우에는 그러하지 아니하다.

Chapter 07 | 할론 소화약제

1 개요

할론 소화약제는 지방족 탄화수소인 메탄(CH_4), 에탄(C_2H_6)에 할로겐족 원소인 불소(Fluorine)·염소(Chlorine) 및 취소(Bromine)를 수소원자와 치환시켜 제조된 물질로서 상온에서 증발성이 강하여 전에는 증발성액체 소화약제라 하였으나 할로겐물질에 의해서 제조된 것이라 하여 국제적으로 명명법에 의해 Halon(Halogenated Hydrocarbon)이란 명칭을 사용하도록 함으로써 할론(Halon) 소화약제로 불리고 있다.

2 할론(Halon) 소화약제의 분류

할론 소화약제는 탄화수소인 메탄(CH_4), 에탄(C_2H_6)에 치환되는 할로겐족 원소의 종류와 치환되는 위치 및 수에 따라 여러 가지의 물질로 분류되고 있으나 그 물질의 자체 및 열분해 생성가스의 유독성으로 인하여 현행 소방법령에서 3가지 할론 소화약제만 사용하도록 규정하고 있다.

1. Halon 1301 소화약제

포화탄화수소인 메탄(CH_4)에 불소 3분자와 취소 1분자를 치환시켜 제조된 물질(CF_3Br)로서 비점이 −57.75℃이며, 모든 할론소화약제 중 소화성능이 가장 우수하다. 그러나 오존층을 구성하는 오존(O_3)과의 반응성이 강하여 오존파괴지수(ODP)가 가장 높다.

2. Halon 1211 소화약제

포화탄화수소인 메탄(CH_4)에 불소 2분자, 염소 및 취소 1분자를 치환시켜 제조된 물질(CF_2ClBr)로서 비점이 −3.4℃이며, 소화약제로 사용되는 할로겐화합물 중 오존파괴지수(ODP)가 가장 낮다. 특히 할론 1211 소화약제는 소화기용 소화약제로 사용하는 경우 일반가연물화재·유류화재·전기화재 및 가스화재에 적응되는 유일한 소화약제이다.

3. Halon 2402 소화약제

포화탄화수소인 에탄(C_2H_6)에 불소 4분자, 취소 2분자를 치환시켜 제조된 물질($CF_2Br \cdot CF_2Br$)로서 비점이 +47.5℃이므로 상온에서 액체상으로 존재한다.

01 할론 1301의 화학식에 해당하는 것은?

① CF_3Br ② CBr_2F_2 ③ $CBrClF_2$ ④ $CBrClF_3$

> 해설   할론 소화약제의 화학식은 다음과 같다.
> • Halon 1301: CF_3Br
> • Halon 1211: CF_2ClBr
> • Halon 2402: $C_2F_4Br_2$

02 할론 소화설비에서 Halon 1211 약제의 분자식은?

① CF_2ClBr ② CBr_2ClF ③ CCl_2BrF ④ BrC_2ClF

> 해설   Halon 1211 약제의 분자식은 CF_2ClBr이다.
>
> ```
> Halon 소화약제 명명법
> 예  Halon   1   3   0   1
>              C   F   Cl  Br  ⇒  C  F₃  Br
> 예  Halon   2   4   0   2
>              C   F   Cl  Br  ⇒  C₂ F₄  Br₂
> 예  Halon   1   2   1   1
>              C   F   Cl  Br  ⇒  C  F₂  Cl  Br
> 예  Halon   1   0   4   0
>              C   F   Cl  Br  ⇒  C  Cl₄
> ```

정답 01 ①   02 ①

---

3 | 할론(Halon) 명명법에 의한 소화약제의 명명

(1) 할론 소화약제에 대한 명명은 탄화수소인 메탄(CH_4)·에탄(C_2H_6)의 수소원자와 치환되는 Halon족 원소의 종류와 치환되는 위치 및 수에 따라 부여되고 있다.

(2) 첫째번호는 할론번호의 주체가 되는 탄소의 수를 나타내며, 그 다음 번호는 활성이 가장 강한 불소의 수, 셋째는 염소의 수, 마지막은 부촉매소화(화학소화)기능이 가장 우수한 브롬(취소)의 수이다.

(3) 특히, 수소원자와 치환되는 Halon족 원소가 없을 때에는 0으로 한다.

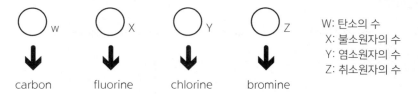

W: 탄소의 수
X: 불소원자의 수
Y: 염소원자의 수
Z: 취소원자의 수

구분 \ 물질명	1취화3불화메탄	1취화1염화2불화메탄	2취화4불화에탄	1취화1염화메탄	4염화탄소
화학식	CF_3Br	CF_2ClBr	$CF_2Br \cdot CF_2Br$	CH_2ClBr	CCl_4
Halon 명칭	Halon 1301	Halon 1211	Halon 2402	Halon 1011	Halon 104

Halon 번호로부터 남아 있는 수소원자의 개수 계산

수소원자의 수 = (첫 번째 숫자 × 2) + 2 − 나머지 숫자의 합
예 Halon 1301(CF_3Br)의 치환되지 않은 수소원자의 수: (1 × 2) + 2 − 1 = 3

4 할론(Halon)구조

대부분의 Halon 소화약제는 탄소를 중심으로 단일 공유결합을 형성한다.

(1) 불소

주기율표상 오른쪽 상단에 위치하며 가장 전기음성도가 큰 물질로서 다른 물질과 결합할 경우 결합에 관여한 전자를 강하게 잡아당기기 때문에 결합길이도 짧고 결합력도 강해진다. Halon은 연료로 사용되는 메탄과는 정반대로 중심탄소가 산화되어 있는 상태이기 때문에 불연성이며 대기 중에서도 잘 분해되지 않는 안정한 물질이다.

(2) Halon의 무독성

① 탄소 − 불소 사이의 결합력이 강해 다른 물질과의 상호작용이 적어지기 때문이다.
② 즉, 염소나 브롬이 이 분자 내에 들어오면 탄소 − 염소, 탄소 − 브롬 사이의 결합력은 그다지 크지 않지만 불소의 강한 힘이 염소와 브롬을 끌어당겨 이 분자의 독성을 작게 한다.

(3) 불소는 불활성과 안전성을 높여 주고 브롬은 소화효과를 높여 준다.

(4) Halon은 분자 내의 결합력은 강한 반면, 분자간의 결합력은 약하기 때문에 쉽게 기화되어 소화 후 잔사가 남지 않는 장점을 지닌다.

(5) 할로겐화합물에서 할로겐원소의 역할은 염소와 브롬이 거의 같지만 브롬이 염소보다 소화효과가 더 강하다.

5 할론 소화약제의 물성치

[할론 소화약제의 일반적인 물성]

특성＼종류	Halon 1301	Halon 1211	Halon 2402	Halon 104
분자식	CF_3Br	CF_2ClBr	$C_2F_4Br_2$	CCl_4
분자량	148.9	165.4	259.8	153.8
비점(℃, 1atm)	−57.8	−3.4	47.3	76.8
증발잠열(cal/g, 비점)	28.4	32.3	25.0	46.3
액체비중(20℃)	1.57	1.83	2.18	−
기체비중(공기 = 1)	5.1	5.7	9.0	5.3
증기압(kg/cm²)	14	2.5	0.48	−
상태(상온, 상압)	기체	기체	액체	액체

⊚ 확인 예제

상온, 상압 상태에서 기체로 존재하는 할로겐화합물 Halon 번호로만 나열된 것은?

① 2402, 1211　　　　　② 1211, 1011　　　　　③ 1301, 1011　　　　　④ 1301, 1211

해설 할론 소화약제의 상온에서의 상태

할론 명칭	할론 1301	할론 1211	할론 2402	할론 1011	할론 104
상온에서의 상태	기체	기체	액체	액체	액체

정답 ④

6 할론 소화약제의 소화작용

할론 소화약제는 화재에 대한 냉각·질식소화 및 부촉매소화작용을 갖는다.

1. 냉각소화(물리적 소화)

할론 소화약제는 저비점물질로서 대부분 비점이 낮고 액체로부터 기체로 기화하는 과정에서 주위로부터 증발열을 흡수하여 해당 물질의 발화점 이하로 냉각시켜 소화한다.

2. 질식소화(물리적 소화)

할론 소화약제는 그 자체가 열에 연소하지 아니하는 물질로서 대기에 방출되면 비중이 공기보다 무겁고 전기의 절연성이 높아 가연물질의 연소에 필요한 공기 중의 산소의 공급을 차단하며, 열에 의해서 발생된 열분해 생성가스(HF, Br_2, COF_2, $COBr_2$ 등) 역시 대부분 비중이 산소보다 무거워 가연물질에 공급되는 산소를 차단하여 일정한 농도를 형성함으로써 화재를 질식시켜 소화한다.

3. 부촉매소화작용(화학적소화)

(1) 할론 소화약제에 함유되어 있는 불소(F)·염소(Cl) 및 취소(Br)가 가연물질을 구성하고 있는 수소(H)·산소(O)로부터 활성화되어 생성된 활성종인 수소기(H*)·수산기(OH*)와 작용하여 가연물질의 연속적인 연소반응을 방해·차단 또는 억제시켜 더 이상 진행하지 못하게 하여 화재를 소화시키는 작용을 한다. 이와 같이 연속적인 연소반응을 강제적으로 진행하지 못하게 한다 하여 부촉매소화효과라 한다.

(2) 할론 소화약제에 함유된 할로겐족 원소 중 작은 열에도 활성화가 용이한 취소(Br)가 부촉매효과가 가장 우수하며, 그 다음이 염소(Cl)·불소(F)이다. 또한 현재 사용하고 있는 소화약제(청정소화약제는 제외) 중 부촉매효과가 가장 우수하다.

7 소화약제의 적응화재

1. 적응화재

(1) 일반화재(A급 화재)　(2) 유류화재(B급 화재)　(3) 전기화재(C급 화재)

2. 장점

(1) 부촉매효과로 연쇄반응을 억제하기 때문에 소량의 농도로도 소화가 가능하다.

(2) 비전도성이므로 전기화재에 적합하다.

(3) 소화약제의 분해 및 변질이 없다. (화학적으로 안정, 결합력이 강함)

(4) 수명이 반영구적이다.

(5) 화재 진화 후 증거보존이 가능하다.

(6) 전역방출방식으로 사용하는 경우 일반화재(A급 화재)에도 적용된다.

3. 단점

(1) 가격이 비싸다.

(2) 오존층파괴지수(ODP)가 높아 지구오존층 파괴의 원인을 제공한다.

(3) Halon 1301 소화약제 이외의 할론 소화약제는 인체에 유해하므로 취급시 주의를 요한다.

(4) 열분해시 발생하는 열분해 생성가스는 인체에 유해하므로 주의를 요한다.

8 | 할론 소화약제의 응용

1. 안정도

원소의 전기적 음성도란 화학적 반응에서 분자 내의 전자가 원자와 결합되는 능력의 척도로서 같은 족에서는 원자번호가 증가할수록 작아지며, 다른 원자의 전기 음성도는 불소(F)의 전기음성도를 기준으로 하여 그 상대적인 크기의 값을 나타낸다. 따라서 할로겐 원소의 화합물의 경우는 전기적 음성도에 따라 'F > Cl > Br > I'의 순서로 강하게 결합되는 안정성을 가지게 된다.

2. 소화강도

(1) 화재시 소화약제 방사 후 Halon 1301은 열분해하여 부촉매 역할을 하는 Br이 공기 중에서 연쇄연락자로서 연쇄반응을 억제하여 소화작용을 하게 되므로, 즉 화합물이 빨리 분해되어야 소화작용이 시작되나 약제 방사 후 분해 능력은 안정성과 반대이므로 할로겐 화합물의 소화의 강도는 반대로 'F 화합물 < Cl 화합물 < Br 화합물 < I 화합물'의 순서가 된다.

(2) 다만, I 화합물은 소화 강도가 가장 강하나 너무 분해가 용이하여 다른 물질과 쉽게 결합하여 독성의 분해 부산물을 많이 생성하게 되고 또한 경제성이 없어 일반적으로 소화약제로서는 잘 사용하지 않는다.

Halogen족	소화 강도	안정도
F 화합물	4위	1위
Cl 화합물	3위	2위
Br 화합물	2위	3위
I 화합물	1위	4위

⊚ 확인 예제

다음 원소 중 수소와의 결합력이 가장 큰 것은?

① F   ② Cl   ③ Br   ④ I

> 해설
> • 불소(F)는 주기율표상 오른쪽 상단에 위치하며 가장 전기음성도가 큰 물질로서 다른 물질과 결합할 경우 결합에 관여한 전자를 강하게 잡아
> 당기기 때문에 결합길이도 짧고 결합력도 강해진다.
> • 전기음성도란 화학적 반응에서 분자 내의 전자가 원자와 결합되는 능력의 척도이며, 전기음성도가 크다는 것은 다른 원소를 산화시키는 힘이
> 크다는 것을 의미한다. 따라서 불소는 모든 원소 중에서 산화력이 가장 크다. 그러므로 불소가 함유되어 있는 Halon은 연료로 사용되는 메
> 탄과는 정반대로 중심탄소가 산화되어 있는 상태이기 때문에 불연성이며 대기 중에서도 잘 분해되지 않는 안정한 물질이다.
>
> 정답 ①

3. Halon 설계농도

(1) 최소 설계농도(Minimum design concentration)

① 할론은 농도 측정시 표준 시료로서 n-Heptane을 사용하며 1기압, 25℃에서 불꽃 소화시험을 한 결과 4.1%의 소화농도
가 측정되었다. 따라서 설계농도는 불꽃 소화농도의 120%를 적용하므로 4.1% × 1.2 ≒ 5%를 표면화재에서의 최소 설계
농도로 한다.

② Cup burner test시 기체 연료의 온도는 25℃와 150℃에서 시험하고 있으며 설계농도가 5% 미만일 경우는 농도를 최소
5%로 적용하여야 한다.

(2) 최대 설계농도(Maximum design concentration)

할론가스는 산소농도를 낮추는 질식소화가 아니라 연쇄반응을 차단하는 억제소화인 관계로 분해 부산물을 최대한 억제
하여 정상 거주지역에서도 사용이 가능하도록 하기 위하여 최대 설계농도는 정상 거주 지역에서 소화농도의 2배인 10%
를 초과하지 않도록 적용하고 있다.

4. 오존파괴지수 및 지구온난화지수

(1) 오존파괴지수(ODP, Ozone Depletion Potential)

오존파괴지수(ODP)는 3염화1불화메탄(CFCl₃)인 CFC-11이 오존층의 오존을 파괴하는 능력을 1로 기준하였을 때 다른 할
로겐화합물질이 오존층의 오존을 파괴하는 능력을 비교한 지수로서 다음식에 의해서 산출된다.

$$ODP = \frac{어떠한\ 물질\ 1kg이\ 파괴하는\ 오존량}{CFC - 11의\ 1kg이\ 파괴하는\ 오존량}$$

(2) 지구온난화지수(GWP, Global Warming Potential)

① 지구온난화지수(GWP)는 지표면 및 대기의 온도를 상승시켜 지구의 온난화를 초래하는 정도를 나타내는 지수로서 3염
화1불화메탄(CFCl₃)인 CFC-11 물질 1kg이 지구의 온난화에 영향을 주는 정도를 1로 기준하였을 때 어떠한 물질 1kg이
지구의 온난화에 영향을 주는 정도를 말한다.

$$GWP = \frac{어떤\ 물질\ 1kg이\ 기여하는\ 온난화\ 정도}{CFC - 11의\ 1kg이\ 기여하는\ 온난화\ 정도}$$

② 할로겐화합물은 이산화탄소와 함께 지구의 온난화를 초래하는 주된 역할을 하고 있다.

[Halon 물질 및 기타 소화약제의 소화능력과 오존파괴지수]

약제명	분자식	소화능력	오존층파괴지수
할론 1301	CF_3Br	100%	14.1
할론 1211	CF_2ClBr	46%	2.4
할론 2402	$C_2F_4Br_2$	57%	6.6
분말(제1종)	$NaHCO_3$	66%	0
이산화탄소	CO_2	33%	0

9 할론 소화약제의 저장 및 방출방식

1. 소화약제의 용기저장방식 및 저장압력

할론 소화약제를 용기에 저장하는 경우에는 회색으로 도장된 공업용 용기를 사용하여야 한다.

(1) 축압식

축압식인 경우 할론 1301·할론 1211 및 할론 2402 소화약제에 모두 적용되며, 하나의 저장용기에 소화약제와 가압원인 질소(N_2)가스를 축압하여 일정한 압력을 유지하며 상온(20℃ 기준)에서 할론 1301은 2.5MPa 또는 4.2MPa를 유지하여야 하며, 할론 1211은 1.1MPa 또는 2.5MPa이어야 한다.

(2) 가압식

가압용 가스용기는 상온(20℃ 기준)에서 질소가스가 충전된 것으로 2.5MPa 또는 4.2MPa의 압력을 유지하여야 하며, 2.0MPa 이하의 압력으로 조정할 수 있는 압력조정장치를 설치하여야 한다.

2. 저장용기 충전비

소화약제 종류	저장용기의 충전비	
	축압식	가압식
할론 2402	0.67 이상 2.75 이하	0.51 이상 0.67 미만
할론 1211	0.7 이상 1.4 이하	–
할론 2402	0.9 이상 1.6 이하	–

3. 질소가압

Halon 1301과 Halon 1211은 상온부근에서 자체의 증기압이 낮은 편이기 때문에 저장용기 내의 압력은 온도가 낮아지면 급격히 감소하며, 이와 같은 압력감소에 따른 방출의 어려움을 해결하기 위하여 질소가스를 사용하여 용기 내의 약제를 가압하여 내압을 높여야 한다. 가압용 가스로 질소가스를 사용하는 것은 질소가스가 화학적으로 안정하고 할로겐화합물과는 반응하지 않으며 쉽게 가압할 수 있기 때문이다.

1 정의

(1) '할로겐화합물 및 불활성기체 소화약제'라 함은 할로겐화합물(할론 1301, 할론 2402, 할론 1211 제외) 및 불활성기체로서
전기적으로 비전도성이며 휘발성이 있거나 증발 후 잔여물을 남기지 않는 소화약제를 말한다.

(2) '할로겐화합물 소화약제'라 함은 불소, 염소, 브롬 또는 요오드 중 하나 이상의 원소를 포함하고 있는 유기화합물을 기본
성분으로 하는 소화약제를 말한다.

(3) '불활성기체 소화약제'라 함은 헬륨, 네온, 아르곤 또는 질소가스 중 하나 이상의 원소를 기본 성분으로 하는 소화약제를
말한다.

2 약제의 분류

(1) 할로겐화합물 및 불활성기체 소화약제는 크게 할로겐화합물계 소화약제(Halocarbon clean agent)와 불활성기체 소화약
제(Inert gas clean agent)로 나눌 수 있다. 이들은 소화효과 면에서 구별되며, Halocarbon계 약제는 주로 냉각, 부촉매
효과에 의해 Inert gas계 약제는 주로 질식효과에 의해 소화효과를 거둔다.

(2) 화재안전기준에 제정된 할로겐화합물 및 불활성기체 소화약제는 모두 13종이며 9종은 Halocarbon계 약제이며 4종은
Inert gas계 약제이다.

(3) 우리나라에서 현재까지 설계 및 시공되어온 약제는 HCFC Bland A(NAF S-Ⅲ), IG-541(Inergen), HFC-227ea (FM-200),
HFC-23(FE-13), HFC-125의 5종류 정도이다

3 할로겐화합물 소화약제의 기본 구성 및 호칭방법

할로겐화탄소 대체 물질은 탄소, 수소, 브롬, 염소, 불소 그리고 요오드를 포함하는 화합물로 이루어지며 다음과 같이 다섯
종류로 나뉘어진다.

1. 기본구성

(1) CFC(Chloro Fluoro Carbons, 염화불화탄소)

(2) HCFC(Hydro Chloro Fluoro Carbons, 염화불화탄화수소)

(3) HFC(Hydro Fluoro Carbons, 불화탄화수소)

(4) FC(Fluoro Carbons, 불화탄소)

(5) FIC(Fluoro Iodo Carbons, 불화요오드화탄소)

2. 호칭방법

(1) 구성

포화 탄화수소(CH_4, $C2H_6$)의 수소(H)를 할로겐원소(7족원소)인 불소(F), 염소(Cl) 및 요오드(I)로 치환한 것이다.

① 십단위 약제 → 메탄(Methane) 계열
② 백단위 약제 → 에탄(Ethane), 프로판(Propane), 부탄(Butane) 계열

(2) 호칭방법

① 1의 자리수: 불소(F)의 수
② 10의 자리수: 수소(H)의 수 + 1
③ 100의 자리수: 탄소(C)의 수 − 1
④ 나머지: 염소(Cl)의 수(숫자로 표시하지 않음)
⑤ 예시

CFC-1 1
  └── F의 수: 1 → F
  └── H의 수: 0, H 없음 (H의 수+1=1, H의 수+1-1=0)
      C의 수: 1 → C (C의 수-1=0, C의 수=0+1=1)
      Cl의 수: 나머지 수, 4-1=3 → Cl_3

⇒ 분자식: CCl_3F

HFC-2 3
  └── F의 수: 3 → F_3
  └── H의 수: 1 (H의 수+1=2, H의 수+2-1=1)
      C의 수: 1 → C, (C의 수-1=0, C의 수=0+1=1)

⇒ 분자식: CHF_3

FC-3- 1- 10
  └── F의 수: 10 → F_{10}
  └── H의 수: 0 (H의 수+1=1, H의 수+1-1=0)
  └── C의 수: 4 → C_4 (C의 수-1=3, C의 수=3+1)

⇒ 분자식: C_4F_{10}

HFC-1 2 5
  └── F의 수: 5 → F_5
  └── H의 수: 1 (H의 수+1=2, H의 수+2-1=1)
  └── C의 수: 2 → C_2(C의 수-1=1, C의 수=1+1=2)

⇒ 분자식: C_2HF_5 또는 CHF_2CF_3

---

4 할로겐화합물 및 불활성기체 소화약제의 분류

소화약제	화학식
퍼플루오로부탄(이하 "FC-3-1-10"이라 한다)	C_4F_{10}
도데카플루오로-2-메틸펜탄-3-원(이하 "FK-5-1-12"라 한다)	$CF_3CF_2C(O)CF(CF_3)_2$
하이드로클로로플루오로카본혼화제 (이하 "HCFC BLEND A"라 한다)	• HCFC-123($CHCl_2CF_3$): 4.75% • HCFC-22($CHClF_2$): 82% • HCFC-124($CHClFCF_3$): 9.5% • $C_{10}H_{16}$: 3.75%
클로로테트라플루오르에탄(이하 "HCFC-124"라 한다)	$CHClFCF_3$
펜타플루오로에탄(이하 "HFC-125"라 한다)	CHF_2CF_3
헵타플루오로프로판(이하 "HFC-227ea"라 한다)	CF_3CHFCF_3
트리플루오로메탄(이하 "HFC-23"라 한다)	CHF_3
헥사플루오로프로판(이하 "HFC-236fa"라 한다)	$CF_3CH_2CF_3$
트리플루오로이오다이드(이하 "FIC-13I1"라 한다)	CF_3I
불연성·불활성기체혼합가스(이하 "IG-01"이라 한다)	Ar
불연성·불활성기체혼합가스(이하 "IG-100"이라 한다)	N_2
불연성·불활성기체혼합가스(이하 "IG-541"이라 한다)	N_2: 52%, Ar: 40%, CO_2: 8%
불연성·불활성기체혼합가스(이하 "IG-55"이라 한다)	N_2: 50%, Ar: 50%

5 할로겐화합물 및 불활성기체 소화약제의 소화효과

1. 화학적 효과에 의한 소화작용

[부촉매 소화효과]

① Halon 소화약제처럼 화재시 열에 의해서 가연물질로부터 활성화된 활성 유리기인 수소기(H*) 또는 수산기(OH*)와 반응하여 가연물질의 연쇄반응을 억제·차단 및 방해하는 부촉매소화효과가 우수하다.

② 할론 소화약제는 오존층의 오존과의 반응성이 강한 취소(Bromine)를 대부분 함유하지 않기 때문에 가연물질의 활성유리기인 수소기(H*) 또는 수산기(OH*)와 반응성은 크지 않지만 제1세대 할론대체물질인 염소 또는 불소 원자가 활성화되어 부촉매 소화작용을 한다.

③ 제2세대 할론 대체물질인 FIC-13I1의 경우 함유되어 있는 요오드(Iodine)가 활성화되어 가연물질로부터 활성화된 활성 유리기인 수소기(H*) 또는 수산기(OH*)와 반응하며, 부촉매 소화작용을 한다.

2. 물리적 효과에 의한 소화작용

(1) 질식소화

일정한 방호구역 또는 방호대상물에 방출되어 공기 중의 산소의 농도를 낮게 하여 화재를 소화하는 것을 말한다. 불활성 기체 소화약제는 대부분 자신이 오존층을 파괴하는 취소(Bromine)를 함유하지 않기 때문에 할론 소화약제에 비하여 소화농도가 높은 편이다. 청정소화약제 중 FIC-13I1의 경우 질식소화작용이 가장 우수하다.

(2) 냉각소화효과

화재의 소화과정에서 주위로부터 많은 증발잠열을 흡수하며, 비열의 값이 낮아 냉각소화작용을 한다.

1. 적응화재

(1) 일반화재(A급 화재)
(2) 유류화재(B급 화재)
(3) 전기화재(C급 화재)

2. 장점

(1) 전역방출방식으로 사용하는 경우 일반화재(A급 화재)에도 적용된다.
(2) 전기의 불량도체이다(전기 절연성이 우수하다).
(3) 부촉매에 의한 연소의 억제작용이 크며, 소화능력이 우수하다.
(4) 수명이 반영구적이다(제2세대 할론 대체물질인 FIC-1311은 제외).
(5) 증거보존이 가능하다.
(6) 변질·부패·분해 등의 화학변화를 일으키지 않는다.
(7) 피 연소물질에 물리·화학적 변화를 초래하지 않는다.
(8) 오존층을 파괴하지 않는다(HCFC 계열의 대체소화약제는 제외).
(9) 지구온난화지수가 낮다(FC-5-1-14 물질은 제외).

3. 단점

(1) 소화약제의 가격이 비싸다
(2) HCFC-124 물질과 HFC-125 물질은 사람이 있는 장소에서 인체에 유해하므로 사용하여서는 안 된다.

7 NOAEL과 LOAEL의 정의

1. NOAEL(No Observed Adverse Effect Level)

(1) 무독성량을 뜻하는 것으로서, 인간의 심장에 영향을 주지 않는 최대 허용농도로서 관찰이 불가능한 부작용 수준이라 정의된다.
(2) 국내 기준에서는 농도를 증가시킬 때 아무런 악영향을 감지할 수 없는 최대 농도(심장에 독성이 미치는 최대농도, 최대 허용 설계농도)라 정의되어 있다.

2. LOAEL(Lowest Observed Adverse Effect Level)

(1) 사람이 가스에 노출되었을 때 독성 또는 생리적 변화가 관찰되는 최소농도라 정의된다.
(2) 국내 기준에서는 농도를 감소시킬 때 악영향을 감지할 수 없는 최소농도(심장에 독성이 미치는 최저농도)라 정의되어 있다.

Chapter 09 분말 소화약제

1 개요

(1) 화재발생시 기체·액체상의 소화약제를 사용하여 화재를 유효적절하게 제어하여 왔으나 온도나 습도가 높은 하절기나 온도가 낮은 동절기에 저장·취급 및 유지관리가 원활하지 못하여 이들의 단점을 보완하기 위해서 연구·개발된 소화약제가 분말소화약제이다.

(2) 분말소화약제는 탄산수소나트륨, 탄산수소칼륨, 제1인산암모늄 등의 물질을 미세한 분말로 만들어 유동성을 높인 후 이를 가스압력(주로 N_2, 또는 CO_2의 압력)으로 분출시켜 소화하는 약제이며, 사용되는 분말의 입도는 10 ~ 75μm 범위이며 최적의 소화효과를 나타내는 입도는 20 ~ 25μm이다.

2 분말 소화약제의 종류 및 특성

종별	주성분	화학식	표시색상	적응화재
제1종 분말	탄산수소나트륨	$NaHCO_3$	백색	B, C급
제2종 분말	탄산수소칼륨	$KHCO_3$	담자색	B, C급
제3종 분말	제1인산암모늄	$NH_4H_2PO_4$	담홍색	A, B, C급
제4종 분말	탄산수소칼륨+요소	$KHCO_3 + (NH_2)_2CO$	회색	B, C급

3 제1종 분말 소화약제

분말 소화약제로 사용되고 있는 제1종 분말의 주성분인 탄산수소나트륨(Na_2HCO_3)을 중탄산나트륨 또는 중조라고도 한다.

1. 첨가제

(1) 방습처리제 - 금속의 스테아린산아연 또는 마그네슘
(2) 유동제 - 탄산마그네슘, 인산칼슘
(3) 안료 - 착색제(백색)

2. 화재시 열분해 방정식

(1) $2NaHCO_3 \xrightarrow[\triangle]{270℃} Na_2CO_3 + CO_2 + H_2O \uparrow - 30.3kcal$

(2) $2NaHCO_3 \xrightarrow[\triangle]{850℃} Na_2O + 2CO_2 \uparrow + H_2O \uparrow - 104.4kcal$

3. 소화효과

(1) 냉각소화작용

제1종 분말 소화약제인 탄산수소나트륨은 화재시 열에 의해 이산화탄소·수증기·탄산나트륨 등으로 열분해하는 과정에서 주위로부터 열을 흡수함으로써 가연물질의 연소온도를 발화점 이하로 낮게 하여 냉각소화를 한다. 또한 열분해시 흡열반응에 의한 냉각소화작용을 한다.

(2) 질식소화작용

제1종 분말 소화약제인 탄산수소나트륨의 열분해과정에서 발생하는 기체상태의 이산화탄소·수증기가 가연물질의 연소에 필요한 공기 중의 산소농도를 한계산소농도 이하로 희석시켜 산소량의 부족으로 인한 질식소화작용을 한다.

(3) 부촉매소화작용

제1종 분말 소화약제인 탄산수소나트륨으로부터 유리되어 나온 나트륨이온(Na^+)이 가연물질 내부에 함유되어 있는 연쇄연락자인 수산이온(OH^-)과 반응하여 더 이상 연쇄반응이 진행되지 않도록 함으로써 소화시키는 작용을 말한다.

4. 적응화재

(1) 유류화재(B급 화재)
(2) 전기화재(C급 화재)

5. 장점

(1) 소화약제의 구입가격이 저렴하다.
(2) 화재를 신속하게 소화한다.
(3) 유류·전기화재에 적응성이 있다.

6. 단점

(1) 일반가연물화재에는 적응성이 없다.
(2) 소화 후 재착화할 우려가 있다.

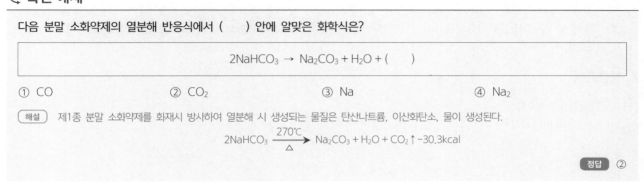

확인 예제

다음 분말 소화약제의 열분해 반응식에서 (　　) 안에 알맞은 화학식은?

$$2NaHCO_3 \rightarrow Na_2CO_3 + H_2O + (　　)$$

① CO　　　　　② CO_2　　　　　③ Na　　　　　④ Na_2

해설　제1종 분말 소화약제를 화재시 방사하여 열분해 시 생성되는 물질은 탄산나트륨, 이산화탄소, 물이 생성된다.

$$2NaHCO_3 \xrightarrow[\triangle]{270℃} Na_2CO_3 + H_2O + CO_2\uparrow -30.3kcal$$

정답　②

4 | 제2종 분말 소화약제

분말 소화약제로 사용되고 있는 제2종 분말의 주성분인 탄산수소칼륨($KHCO_3$)을 중탄산칼륨이라고도 하며, 제1종·제3종 소화 분말에 비하여 소화성능은 우수하다.

1. 첨가제

(1) 방습처리제 – 금속의 스테아린산아연 또는 마그네슘
(2) 유동제 – 탄산마그네슘, 인산칼슘
(3) 안료 – 착색제(담자색)

2. 화재시 열분해 방정식

(1) $2KHCO_3 \xrightarrow[\triangle]{190℃} K_2CO_3 + CO_2 \uparrow + H_2O \uparrow - 29.82kcal$

(2) $2KHCO_3 \xrightarrow[\triangle]{891℃} K_2O + 2CO_2 \uparrow + H_2O \uparrow - 127.1kcal$

3. 소화효과

(1) 냉각소화작용

제2종 분말 소화약제인 탄산수소칼륨은 화재시 열에 의해서 이산화탄소·수증기·탄산나트륨 등으로 열분해하는 과정에서 주위로부터 열을 흡수함으로써 가연물질의 연소온도를 발화점 이하로 낮게 하여 냉각소화를 한다. 또한 열분해시 흡열반응에 의한 냉각소화작용을 한다. 탄산수소칼륨은 탄산수소나트륨보다 낮은 온도에서 열분해를 하며, 금속칼륨(K)이 금속나트륨(Na)에 비하여 반응성이 크므로 냉각소화작용이 우수하다.

(2) 질식소화작용

제2종 분말 소화약제인 탄산수소칼륨의 열분해과정에서 발생하는 기체상태의 이산화탄소·수증기가 가연물질의 연소에 필요한 공기 중의 산소농도를 한계산소농도 이하로 희석시켜 산소량의 부족으로 인한 질식소화작용을 한다.

(3) 부촉매소화작용

제2종 분말 소화약제인 탄산수소칼륨으로부터 유리되어 나온 나트륨이온(K+)이 가연물질내부에 함유되어 있는 연쇄연락자인 수산이온(OH-)과 반응하여 더 이상 연쇄반응이 진행되지 않도록 함으로써 소화시키는 작용을 말한다.

4. 적응화재

(1) 유류화재(B급 화재)
(2) 전기화재(C급 화재)

5. 장점

(1) 제1종 분말소화약제보다 2배의 소화능력이 있다.

(2) 화재를 신속하게 소화한다.

(3) 유류·전기화재에 적응성이 있다.

6. 단점

(1) 일반가연물화재의 소화에는 부적합하다.

(2) 소화가 종료된 후에도 과열된 금속 등에 의해서 재착화할 우려가 있다.

5 | 제3종 분말 소화약제

분말 소화약제는 불꽃연소에는 대단한 소화력을 발휘하지만 작열연소의 소화에는 그다지 큰 소화력을 발휘하지 못하는 단점이 있다. 이와 같은 단점을 보완하기 위해서 만들어진 약제가 제3종 분말 소화약제이다. A급, B급, C급의 어떤 화재에도 사용할 수 있기 때문에 일명 ABC 분말 소화약제라고도 부른다. 주성분은 알칼리성의 제1인산암모늄이며 인산염류라고도 한다. 암모늄의 인산염류로서 물에 용해된다.

1. 인산의 종류

(1) 인산은 물과의 결합정도에 따라 메타인산, 피로인산, 올소(올트)인산 3가지로 나누어지며, 이것을 수화(水和)된 정도에 따라 구별해 보면 다음과 같다.

    ① **메타인산**: $P_2O_5 + H_2O$(물 1개) $\Rightarrow$ $2HPO_3$

    ② **피로인산**: $P_2O_5 + H_2O$(물 2개) $\Rightarrow$ $H_4P_2O_7$

    ③ **올소인산**: $P_2O_5 + H_2O$(물 3개) $\Rightarrow$ $2H_3PO_4$

(2) 즉, 수화된 정도가 낮을수록 고온에서 안정하며 이 중에서 수화의 정도가 가장 낮은 메타인산(HPO_3)은 유리와 같이 용융하나 잘 융해되지 않는 물질이다. 수화의 정도가 가장 높은 올소인산(H_3PO_4)은 상온에서 가장 안정된 구조를 가지고 있다.

2. 인산암모늄의 종류

세 개의 수소원자와 결합하는 암모니아의 수에 따라 다음과 같은 세 종류의 인산암모늄이 생성된다.

(1) 제1인산암모늄

    $H_3PO_4 + NH_3 \Rightarrow NH_4H_2PO_4$

(2) 제2인산암모늄

    $H_3PO_4 + 2NH_3 \Rightarrow (NH_4)_2HPO_4$

(3) 제3인산암모늄

    $H_3PO_4 + 3NH_3 \Rightarrow (NH_4)_3PO_4$

3. 성분

(1) 주성분 – 제1인산암모늄

(2) 방습제 – 실리콘유(제1인산암모늄은 수분의 흡수율이 높다)

(3) 고결방지제 – 활석분 또는 운모분

(4) 안료 – 착색제(담홍색)

4. 열분해 반응식

(1) $NH_4H_2PO_4 \xrightarrow[\triangle]{360℃} HPO_3 + NH_3\uparrow + H_2O\uparrow - 76.95kcal$

(2) $NH_4H_2PO_4 \rightarrow H_3PO_4 + NH_3$ ······ 190℃

$\downarrow$

$2H_3PO_4 \rightarrow H_4P_2O_7 + H_2O$ ······ 215℃

$\downarrow$

$H_4P_2O_7 \rightarrow 2HPO_3 + H_2O$ ······ 300℃

$\downarrow$

$\dfrac{2HPO_3}{\text{메타인산}} \rightarrow P_2O_5 + H_2O$

5. 제3종 분말 소화약제의 적응성 특징

제3종 분말 소화약제는 다른 분말 소화약제와 달리 A급 화재에도 적용할 수 있으며 그 이유는 다음과 같다.

① 제1인산암모늄이 열분해시 생성되는 올소인산이 목재, 섬유, 종이 등을 구성하고 있는 섬유소를 탈수·탄화시켜 난연성의 탄소와 물로 변화시키기 때문에 연소반응이 중단된다.

$$(\text{섬유소})C_6H_{10}O_5 \xrightarrow{H_3PO_4} 6C + 5H_2O \rightarrow \text{탈수·탄화}$$

② 섬유소를 탈수·탄화시킨 올소인산은 다시 고온에서 열분해되어 최종적으로 가장 안정된 메타인산이 된다. 이 메타인산은 가연물의 표면에 유리상의 피막을 형성하여 연소에 필요한 산소의 유입을 차단하기 때문에 연소가 중단된다. 따라서 일반 가연물의 불꽃연소는 물론 작열연소에도 효과가 있으며 한번 소화된 목재 등은 불꽃을 가까이 해도 재착화되지 않는다.

6. 소화효과

(1) 열분해시 흡열반응에 의한 냉각효과

(2) 열분해시 발생되는 불연성 가스에 의한 질식효과

(3) 올소인산에 의한 섬유소의 탈수·탄화 작용

(4) 열분해시 유리된 NH_3^+와 분말 표면의 흡착에 의한 부촉매효과

(5) 반응과정에서 생성된 메타인산의 방진효과 및 재연소방지

(6) 분말입자의 운무에 의한 열복사의 차단효과

7. 적응화재

(1) A급 화재
(2) B급 화재
(3) C급 화재

8. 장점

(1) 소화성능이 좋다.
(2) 모든 화재에 적용이 가능하다.
(3) 수명이 반영구적이다.

9. 단점

(1) 유류화재인 경우 불꽃이 남아 있으면 재발화한다.
(2) 주위에 과열된 금속 등이 있으면 재연소한다.
(3) 일반가연물인 솜·종이·스폰지뭉치의 화재시 내부까지 약제가 침투하지 못함으로 효력을 기대할 수 없다.

◎ 확인 예제

01 분말 소화약제 중 A급, B급, C급에 모두 사용할 수 있는 것은?

① 제1종 분말 ② 제2종 분말 ③ 제3종 분말 ④ 제4종 분말

해설 제3종 분말 소화약제에 대한 설명이다. 제3종 분말 소화약제는 A급, B급, C급의 어떤 화재에도 사용할 수 있기 때문에 일명 ABC 분말
소화약제라고도 부르며, 주성분은 알칼리성의 제1인산암모늄이며 인산염류라고도 한다.

02 제3종 분말 소화약제의 주성분은?

① 인산암모늄 ② 탄산수소칼륨 ③ 탄산수소나트륨 ④ 탄산수소칼륨과 요소

해설 분말 소화약제의 종류 및 특성

종별	주성분	화학식	표시색상	적응화재
제3종 분말	제1인산암모늄	$NH_4H_2PO_4$	담홍색	A, B, C급

03 분말 소화약제의 주성분이 아닌 것은?

① 황산알루미늄 ② 탄산수소나트륨 ③ 탄산수소칼륨 ④ 제1인산암모늄

해설 황산알루미늄은 분말 소화약제의 주성분에 해당하지 않는다.

종별	주성분	표시색상	종별	주성분	표시색상
제1종 분말	탄산수소나트륨	백색	제2종 분말	탄산수소칼륨	담자색
제3종 분말	제1인산암모늄	담홍색	제4종 분말	탄산수소칼륨+요소	회색

정답 01 ③ 02 ① 03 ①

6 제4종 분말 소화약제

(1) 소화력이 1, 2, 3종보다 높은 이유는 분말약제가 불꽃과 접촉하면 미세한 입자로 분해되며, 이 경우 약제의 표면적이 증가하게 되어 소화효과가 증대하게 된다.
(2) **적응화재**: B, C급 화재

7 CDC분말 소화약제(Compatible Dry Chemical)

(1) CDC는 포와 함께 사용할 수 있는 분말 소화약제를 의미한다. 분말 소화약제는 빠른 소화 능력을 갖고 있으나 유류화재 등에 사용되는 경우는 소화 후 재착화의 위험성이 있다. 반면, 포 소화약제는 소화에 걸리는 시간은 길지만 소화 후 장시간에 걸쳐 포가 유면을 덮고 있기 때문에 재착화의 위험은 아주 적다. 따라서 두 가지 약제를 함께 사용하기 위하여 (먼저 분말 소화약제를 사용하여 빠른 시간 내에 화염을 제거하고 이어서 포를 방사하여 재착화를 방지하는 방법) 어떤 분말소화약제와 만나도 소포되지 않는 수성막포 소화약제와 소포성이 없는 분말 소화약제인 CDC가 개발되게 되었으며, 이들을 함께 사용하는 Twin agent system(2약제 소화방식)으로 사용되게 되었다.
(2) 분말 소화약제 중에서는 ABC 분말 소화약제가 가장 소포성이 적기 때문에 이것을 개량해서 소포성이 거의 없는 CDC를 개발하게 되었으며, 이들은 주로 비행장에서 사용되고 있다.

8 분말 소화약제의 Knockdown 효과

분말 소화약제의 분말운(미세가루)은 연소 중의 불꽃을 포위하여 연료 표면에 흡착되며 분말운에 의한 활성종의 흡착으로 부촉매 작용에 의해 연쇄반응을 억제하여 순식간에 불꽃을 사그러지게 하는데 이를 분말 소화약제의 Knockdown 효과라 한다. 일반적으로 약제 방사개시 후 10 ~ 20초 이내에 소화된다.

9 분말소화약제의 비누화 현상

제1종 분말 소화약제인 중탄산나트륨을 지방이나 기름(식용유)의 화재에 사용할 때 기름의 지방산과 중탄산나트륨의 Na^+ 이온이 비누가 되어 연료물질인 기름을 포위하거나 연소생성물의 가스에 의해 폼을 형성하기도 하여 소화작용을 돕게 되는데 이를 분말 소화약제의 비누화 현상이라 한다.

pass.Hackers.com

Part 04

위험물 성상

Part 04 위험물 성상

1 위험물 류별 성질

1류 위험물	산화성 고체	2류 위험물	가연성 고체
3류 위험물	금수성 및 자연발화성 물질	4류 위험물	인화성 액체
5류 위험물	자기반응성 물질	6류 위험물	산화성 액체

2 제1류 위험물 - 산화성 고체

구분	지정수량	품명
아염소산염류	50kg	아염소산나트륨[$NaClO_2$]
염소산염류	50kg	염소산칼륨[$KClO_3$], 염소산나트륨[$NaClO_3$], 염소산암모늄[NH_4ClO_3]
과염소산염류	50kg	과염소산칼륨[$KClO_4$], 과염소산나트륨[$NaClO_4$], 과염소산암모늄[NH_4ClO_4]
무기과산화물	50kg	과산화칼륨[K_2O_2], 과산화나트륨[Na_2O_2], 과산화마그네슘[MgO_2], 과산화칼슘[CaO_2], 과산화바륨[BaO_2]
브롬산염류	300kg	브롬산칼륨[$KBrO_3$], 브롬산나트륨[$NaBrO_3$], 브롬산바륨[$Ba(BrO_3)_2 \cdot H_2O$], 브롬산아연[$Zn(BrO_3)_2 \cdot 6H_2O$]
요드산염류	300kg	요드산칼륨[KIO_3], 요드산칼슘[$Ca(IO_3)_2 \cdot 6H_2O$]
질산염류	300kg	질산칼륨[KNO_3], 질산나트륨[$NaNO_3$], 질산암모늄[NH_4NO_3]
과망간산염류	1,000kg	과망간산칼륨[$KMnO_4$], 과망간산나트륨[$NaMnO_4 \cdot 3H_2O$], 과망간산칼슘[$Ca(MnO_4)_2 \cdot 4H_2O$]
중크롬산염류	1,000kg	중크롬산칼륨[$K_2Cr_2O_7$], 중크롬산나트륨[$NaC_2r_2O_7 \cdot 2H_2O$], 중크롬산암모늄[$(NH_4)_2Cr_2O_7$]

1. 공통성질

(1) 제1류 위험물의 대표적 성질은 '산화성 고체'이다. 모든 품명이 산소를 다량으로 함유한 강력한 산화제이며 분해하여 산소(O_2)를 방출한다.

(2) 자신은 불연성 물질로서 자체는 연소하지 않지만 환원성 물질 또는 다른 가연성 물질에 대하여 강한 산화성을 가진다. 즉, 다른 가연물의 연소를 돕는 조연성 물질이다.

(3) 대부분 무기화합물이다. 대부분 무색의 결정이나 백색의 분말 상태의 고체물질이다.

(4) 반응성이 풍부하여 열, 타격, 충격, 마찰 및 다른 약품과의 접촉으로 분해하여 많은 산소를 방출하며 다른 가연물의 연소를 돕는다.

(5) 물보다 무겁고 물에 녹는 것이 많다. 조해성이 있는 것이 있으며 수용액상태에서도 산화성이 있다.

(6) 무기과산화물은 물과 반응하여 산소(O_2)를 발생하고 발열한다.

2. 위험성

(1) 산화성

산소를 방출하고 산화성(지연성, 조연성)이 강하다. 제1류 위험물을 가열하거나 제6류 위험물과 혼합하면 산화성이 증대된다. 즉, 가연성 물질과 산화성 고체가 혼합하고 있을 때 연소에 미치는 현상은 다음과 같다.

① 공기 중에서 보다 산화작용이 잘 일어나 화염온도가 상승하며, 연소속도가 빨라지며, 화염의 길이가 증가하여 연소확대 위험이 커진다.
② 착화온도(발화점)가 낮아진다.
③ 가연성의 가스나 증기의 경우 공기 혼합보다 연소범위가 확대된다.
④ 최소점화에너지가 감소한다.
⑤ 폭발의 위험이 증가한다.
⑥ 가연성 유기화합물과 혼합시 연소위험성이 현저히 증가한다.

(2) 폭발위험성

단독으로도 분해 폭발하는 물질(예 NH_4NO_3, NH_4ClO_3)도 있지만 가열, 충격, 정촉매, 이물질 등과의 접촉으로 분해가 개시되어 가연물과 접촉, 혼합에 의해 심하게 연소하거나 때에 따라서는 폭발한다. 상온에서 소량의 가연성물질과 혼합하면 발열이 발견되지 않는 것도 대량으로 존재할 때는 축열하여 발화할 가능성이 매우 높아진다.

(3) 손상의 위험성

① 유독성: 염소산염류, 질산염류, 중크롬산염류, 중금속의 염류, 삼산화크롬 등
② 부식성: 과산화칼륨, 과산화나트륨 등의 무기과산화물

(4) 특수위험성

무기과산화물은 물과 반응하여 발열하고 산소(O_2)를 방출하므로 제3류 위험물과 유사한 금수성 물질이며 삼산화크롬은 물과 반응하여 강산이 되며 심하게 발열한다. 또한 무기과산화물은 염산과의 혼촉에 의해 발열하고 황린과 접촉하면 폭발한다.

3. 저장 및 취급방법

(1) 조해성이 있으므로 습기에 주의하며 용기는 밀폐하여 저장할 것
(2) 용기의 파손에 의한 위험물의 누설에 주의할 것
(3) 환기가 잘 되는 찬 곳에 저장할 것
(4) 다른 약품류 및 가연물과의 접촉을 피할 것
(5) 열원이나 산화되기 쉬운 물질 과산 또는 화재위험이 있는 곳에서 멀리할 것

4. 소화방법

(1) 대량의 물을 주수하는 냉각소화(분해온도 이하로 유지하기 위하여)
(2) 무기과산화물(알칼리금속의 과산화물)은 급격히 발열반응하므로 탄산수소염류의 분말 소화기, 건조사에 의한 피복소화

5. 무기과산화물(알칼리금속 과산화물)

(1) 특징

물과 접촉하여 발열과 함께 산소가스를 발생하므로 주수 소화는 적합하지 않다.

(2) 무기과산화물의 종류

알칼리금속 과산화물	K_2O_2(과산화칼륨)
	Na_2O_2(과산화나트륨)
알칼리토금속 과산화물	MgO_2(과산화마그네슘)
	CaO_2(과산화칼슘)
	BaO_2(과산화바륨)

(3) 과산화칼륨의 반응식

① 물과의 반응: $2K_2O_2 + 2H_2O \rightarrow 4KOH + O_2\uparrow$

② 가열분해 반응: $2K_2O_2 \rightarrow 2K_2O + O_2\uparrow$

③ 탄산가스와의 반응: $2K_2O_2 + 2CO_2 \rightarrow 2K_2CO_3 + O_2\uparrow$

(4) 무기과산화물질을 취급할 경우 용기는 밀전·밀봉하여 수분이 들어가지 않도록 한다.

◎ 확인 예제

01 다음 중 제1류 위험물로 그 성질이 산화성 고체인 것은?

① 황린　　　　② 아염소산염류　　　　③ 금속분류　　　　④ 유황

해설　아염소산염류가 산화성 고체에 해당한다.

02 다음 위험물 중 물과 접촉시 위험성이 가장 높은 것은?

① $NaClO_3$　　　　② P　　　　③ TNT　　　　④ Na_2O_2

해설　과산화나트륨(Na_2O_2)은 물과 반응시 산소가 생성되므로 주위 가연물이 있을 경우 산소공급원 역할을 하여 위험하다.
- $NaClO_3$ – 과염소산나트륨(1류)
- P – 적린(2류)
- TNT – 트리니트로톨루엔[$C_6H_2CH_3(NO_2)_3$](5류)
- Na_2O_2 – 과산화나트륨($Na_2O_2 \Rightarrow 2Na_2O_2 + 2H_2O \rightarrow 4NaOH + O_2\uparrow$)

03 알칼리금속의 과산화물을 취급할 때 주의사항으로 옳지 않은 것은?

① 충격·마찰을 피한다.　　　　② 가연물질과의 접촉을 피한다.
③ 분진 발생을 방지하기 위해 분무상의 물을 뿌려준다.　　　　④ 강한 산성류와의 접촉을 피한다.

해설　무기과산화물(알칼리금속의 과산화물)은 물과 격렬히 반응하여 산소를 방출하므로 물과의 접촉을 피하여야 한다.

정답　01 ②　　02 ④　　03 ③

3 제2류 위험물 - 가연성 고체

지정수량	품명
100kg	• 황화린[삼황화린(P_4S_3), 오황화린(P_2S_5), 칠황화린(P_4S_7)] • 적린(P) • 유황(S)
500kg	• 철분(Fe) • 마그네슘(Mg) • 금속분[알루미늄분(Al), 아연분(Zn), 안티몬분(Sb)]
1000kg	인화성 고체(락카퍼티, 고무풀, 고형알코올, 메타알데히드, 제3부틸알코올)

1. 위험물안전관리법상의 범위 및 한계

(1) "가연성 고체"라 함은 고체로서 화염에 의한 발화의 위험성 또는 인화의 위험성을 판단하기 위하여 고시로 정하는 시험에서 고시로 정하는 성질과 상태를 나타내는 것을 말한다.

(2) 유황은 순도가 60wt% 이상인 것을 말한다. 이 경우 순도 측정에 있어서 불순물은 활석 등 불연성물질과 수분에 한한다.

(3) "철분"이라 함은 철의 분말로서 $54\mu m$의 표준체를 통과하는 것이 50wt% 미만인 것은 제외한다.

(4) "금속분"이라 함은 알칼리금속·알칼리토금속류·철 및 마그네슘 외의 금속의 분말을 말하고, 구리분·니켈분 및 $150\mu m$의 체를 통과하는 것이 50wt% 미만인 것은 제외한다.

(5) 마그네슘 및 제2류 제8호의 물품 중 마그네슘을 함유한 것에 있어서는 다음에 해당하는 것은 제외한다.
   ① 2mm의 체를 통과하지 아니하는 덩어리 상태의 것
   ② 직경 2mm 이상의 막대 모양의 것

(6) "인화성 고체"라 함은 고형알코올 그 밖에 1atm에서 인화점이 40℃ 미만인 고체를 말한다.

2. 공통성질

(1) 대표적인 성질은 가연성 고체이다.

(2) 비교적 낮은 온도에서 착화하기 쉬운 이연성, 속연성 물질이다.

(3) 대부분 물보다 무겁고 물에 녹지 않는다.

(4) 인화성 고체를 제외하고 모두 무기화합물이며 강력한 환원성 물질이다.

(5) 강력한 환원제로서 산소(O_2)와 결합이 용이하여 산화되기 쉽고 저농도의 산소에서도 결합한다.

(6) 연소시 연소열이 크고 연소온도가 높다.

(7) 연소생성물은 유독한 것이 많다.

(8) 모두 가연성 물질이므로 무기과산화물과 혼합한 것은 소량의 수분에 의해 발화한다.

(9) 철분, 마그네슘, 금속분류는 물과 산의 접촉으로 발열한다.

3. 저장 및 취급방법

(1) 점화원으로부터 멀리하고 가열을 피할 것
(2) 산화제와의 접촉을 피할 것
(3) 용기의 파손으로 위험물의 누설에 주의할 것
(4) 철분, 마그네슘, 금속분류는 산 또는 물과의 접촉을 피할 것

4. 소화방법

(1) 주수에 의한 냉각소화
(2) 철분, 마그네슘, 금속분류는 건조사피복에 의한 질식소화(단, 마그네슘은 이산화탄소에 의한 소화금지)

5. 삼황화린, 적린, 마그네슘

(1) 삼황화린(P_4S_3)

① 황록색의 결정 또는 분말 형태이다.
② 이황화탄소(CS_2), 알칼리, 질산에 용해, 물, 염소, 염산, 황산에는 불용한다.
③ 공기 중 약 100℃에서 자연발화한다.

(2) 적린(붉은인, P)

① 황린의 동소체로 암적색 무취의 분말 형태이다.
② 물, 에테르, 이황화탄소(CS_2), 암모니아에 불용한다.
③ 강알칼리와 반응하여 유독성의 포스핀가스(PH_3)를 발생한다.
④ 이황화탄소(CS_2), 암모니아(NH_3), 황(S)과 접촉하면 발화한다.
⑤ 다량의 물로 냉각소화하며 소량의 경우 모래나 CO_2도 효과가 있다.

(3) 마그네슘

① 은백색의 광택이 있는 금속
② 물과 반응하면 수소가스 발생
③ 할로겐 원소와 반응하여 금속할로겐화물 생성
④ 마그네슘(Mg)분이 공기 중에 부유하면 화기에 의해 분진폭발의 위험
⑤ 강산과 반응하여 수소가스 발생
⑥ **소화방법**: 질식소화(마른모래, 탄산수소염류, 팽창질석, 팽창진주암)

확인 예제

01 위험물의 류별 성질이 가연성 고체인 위험물은 제 몇 류 위험물인가?

① 제1류 위험물　　　② 제2류 위험물　　　③ 제3류 위험물　　　④ 제4류 위험물

해설　위험물의 류별 성질

위험물 류별 구분	일반적인 성질	위험물 유별 구분	일반적인 성질
1류 위험물	산화성 고체	4류 위험물	인화성 액체
2류 위험물	가연성 고체	5류 위험물	자기반응성 물질
3류 위험물	금수성 및 자연발화성	6류 위험물	산화성액체

02 제2류 위험물에 해당하지 않는 것은?

① 유황　　　　　　　② 황화린　　　　　　③ 적린　　　　　　　④ 황린

해설　황린은 제2류 위험물에 해당하지 않는다.

03 마그네슘의 화재에 주수하였을 때 물과 마그네슘의 반응으로 인하여 생성되는 가스는?

① 일산화탄소　　　　② 이산화탄소　　　　③ 수소　　　　　　　④ 산소

해설　마그네슘의 물과 반응시 생성가스

반응식	비고
$Mg + 2H_2O \rightarrow Mg(OH)_2 + H_2$	마그네슘은 산 및 온수와 반응하여 수소를 발생한다.
$2Mg + CO_2 \rightarrow 2MgO + C$ $Mg + CO_2 \rightarrow MgO + CO$	마그네슘은 이산화탄소와 화학반응에 의해 분해된 C(흑연)을 내면서 연소하고 유독성이면서 가연성가스인 일산화탄소를 방출한다.

정답　01 ②　02 ④　03 ③

4　제3류 위험물 - 금수성 물질 및 자연발화성 물질

지정수량	품명
10kg	칼륨(K), 나트륨(Na), 알킬알루미늄[(R)₃Al], 알킬리튬(RLi)
50kg	알칼리금속 및 알칼리토금속(Li,Ca), 유기금속화합물(알킬알루미늄 및 알킬리튬 제외)
300kg	금속의 수소화물[KH, NaH, LiH, CaH₂, Li(AlH₄)], 금속의 인화물(Ca₃P₂)
	칼슘 또는 알루미늄의 탄화물 [탄화칼슘(CaC₂), 탄화알루미늄(Al₄C₃), 탄화망간(Mn₃C), 탄화베릴륨(Be₂C)]
–	그 밖에 행정안전부령이 정하는 것: 염소화규소화합물

1. 위험물안전관리법상의 범위 및 한계

"자연발화성 물질 및 금수성물질"이라 함은 고체 또는 액체로서 공기 중에서 발화의 위험이 있거나 물과 접촉하여 발화하거나 가연성 가스를 발생하는 위험성이 있는 것을 말한다.

2. 공통성질

(1) 대표적인 성질은 자연발화성 물질 및 물과 반응하여 가연성 가스를 발생하는 물질로서 복합적 위험성을 가지고 있다.
(2) 칼륨, 나트륨, 황린, 알칼리금속, 알칼리토금속, 금속의 인화물 그리고 칼슘 또는 알루미늄의 탄화물은 무기화합물이며 알킬알루미늄, 알킬리튬과 유기 금속화합물은 유기화합물이다.
(3) 칼륨, 나트륨, 알킬알루미늄과 알킬리튬은 물보다 가볍고 나머지 품명은 물보다 무겁다.
(4) 황린을 제외하고 모두 물과 반응하여 화학적으로 활성화되고, 물에 대하여 위험한 반응을 초래하는 물질이다.

3. 위험성

(1) 황린과 행정안전부령으로 지정된 염소화규소화합물을 제외한 모든 품명은 물과 반응하여 모두 가연성 가스를 발생한다.
(2) 일부 품명은 공기 중에 노출되면 자연발화를 일으킨다.
(3) 일부 품명은 물과의 접촉에 의해 발화한다.
(4) 일부 품명은 물과 반응할 때 점화원이 될 수 있는 열을 발생한다.
(5) 가열되거나 강산화성 물질 또는 강산류와의 접촉에 의하여 위험성이 현저히 증가한다.
(6) 물과 반응할 때 부식성 물질을 발생하는 것도 있다.

4. 저장 및 취급방법

(1) 용기의 파손 및 부식을 막으며 공기 또는 수분의 접촉을 방지할 것
(2) 보호액 속에 저장할 경우 위험물이 보호액 표면에 노출되지 않게 할 것
(3) 다량을 저장할 경우 소분하여 저장하며 화재 발생에 대비하여 희석제를 혼합하거나 수분의 침입이 없도록 보존할 것
(4) 물과 접촉하여 가연성 가스를 발생하므로 화기로부터 멀리할 것

5. 소화방법

(1) 황린을 제외하고 절대 주수를 엄금하며, 어떠한 경우든 물에 의한 냉각소화는 불가능하다.
(2) 포, CO_2, 할론 소화약제는 잘 적응되지 않으며 건조분말, 마른모래, 팽창질석, 건조석회를 상황에 따라 조심스럽게 사용하여 질식소화한다.
(3) K, Na은 격렬히 연소하기 때문에 특별한 소화수단이 없으므로 연소할 때 연소확대 방지에 주력하여야 한다.
(4) 알킬알루미늄, 알킬리튬 및 유기금속화합물은 화재시 초기에는 석유류와 같은 연소형태에서 후기에는 금속화재와 같은 양상이 되므로 소화시 특히 주의하여야 한다.

6. 반응식

(1) 칼륨의 반응식

① 연소반응식: $4K + O_2 \rightarrow 2K_2O$

② 물과의 반응: $2K + 2H_2O \rightarrow 2KOH + H_2 \uparrow$

③ 칼륨, 나트륨 및 알칼리금속은 석유류에 저장

(2) 황린(P_4)의 반응식

① 연소반응식: $P_4 + 5O_2 \rightarrow 2P_2O_5$

② 발화점이 매우 낮고 공기 중에 방치하면 액화되면서 자연발화를 일으킨다.

③ 저장방법: pH9(약알칼리) 정도의 물속에 저장

(3) 칼슘과 물과의 반응식

$$Ca + 2H_2O \rightarrow Ca(OH)_2 + H_2 \uparrow$$

(4) 인화칼슘(인화석회)과 물과의 반응식

$$Ca_3P_2 + 6H_2O \rightarrow 2PH_3 + 3Ca(OH)_2$$

(5) 탄화칼슘(카바이트)과 물과의 반응식

$$CaC_2 + 2H_2O \rightarrow Ca(OH)_2 + C_2H_2 \uparrow$$

⊚ 확인 예제

01 다음 중 pH9 정도의 물을 보호액으로 하여 보호액 속에 저장하는 물질은?

① 나트륨　　　　　　　　　　　　② 탄화칼슘

③ 칼륨　　　　　　　　　　　　　④ 황린

(해설) 황린(P_4)에 대한 설명이다.

02 칼륨에 화재가 발생한 경우에 주수를 하면 안되는 이유로 가장 옳은 것은?

① 수소가 발생하기 때문에　　　　② 산소가 발생하기 때문에

③ 질소가 발생하기 때문에　　　　④ 수증기가 발생하기 때문에

(해설) 칼륨은 제3류 위험물인 금수성 물질로서 주수를 하면 물과 반응하며 가연성가스인 수소가스가 발생되므로 마른모래 등으로 피복소화를 한다.

정답 01 ④　　02 ①

5 제4류 위험물 - 인화성 액체

구분	지정수량	품명
특수인화물	50ℓ	디에틸에테르($C_2H_5OC_2H_5$), 이황화탄소(CS_2), 아세트알데히드(CH_3CHO), 산화프로필렌(OCH_2CHCH_3), 이소프렌
제1석유류 인화점 21℃ 미만	200ℓ	가솔린, 콜로디온, 벤젠(C_6H_6), 톨루엔($C_6H_5CH_3$), 메틸에틸케톤($CH_3COC_2H_5$,MEK)
		초산메틸(CH_3COOCH_3), 초산에틸($CH_3COOC_2H_5$), 의산메틸($HCOOCH_3$), 의산에틸($HCOOC_2H_5$)
	400ℓ	아세톤(CH_3COCH_3), 피리딘(C_5H_5N)
알코올류	400ℓ	메틸알코올(CH_3OH), 에틸알코올(C_2H_5OH), 프로필알코올(C_3H_7OH)
제2석유류 21℃ ~ 70℃ 미만	1,000ℓ	등유(케로신), 경유(디젤유), 테레핀유($C_{10}H_{16}$, 타펜유, 송정유), 스틸렌($C_6H_5CHCH_2$), 크실렌[$C_6H_4(CH_3)_2$]
		클로로벤젠(C_6H_5Cl), 장뇌유(백색유, 적색유, 감색유), 송근유
	2,000ℓ	의산(HCOOH, 개미산), 초산(CH_3COOH), 에틸셀르솔브($C_2H_5OCH_2CH_2OH$), 메틸셀르솔브($CH_3OCH_2CH_2OH$)
제3석유류 70℃ ~ 200℃ 미만	2,000ℓ	중유, 클레오소트유(타르유), 니트로벤젠($C_6H_5NO_2$), 아닐린($C_6H_5NH_2$, 아미노벤젠)
	4,000ℓ	에틸렌글리콜, 글리세린
제4석유류	6,000ℓ	윤활유(기어유, 실린더유), 가소제, 방청유, 담금질유, 절삭유
동식물유 인화점 250℃ 미만	10,000ℓ	건성유(정어리유, 대구유, 상어유, 해바라기유, 동유, 아마인유, 들기름): 요오드값 130 이상
		반건성유(청어유, 쌀겨기름, 면실유, 채종유, 옥수수기름, 참기름, 콩기름): 요오드값 100 ~ 130
		불건성유(쇠기름, 돼지기름, 고래기름, 피마자유, 올리브유, 팜유, 땅콩기름, 야자유): 요오드값 100 이하

1. 위험물안전관리법상의 범위 및 한계

(1) "인화성 액체"라 함은 액체(제3석유류, 제4석유류 및 동식물류에 있어서는 1atm과 20℃에서 액상인 것에 한한다로서 인화의 위험성이 있는 것을 말한다.)

(2) "특수인화물"이라 함은 이황화탄소, 디에틸에테르 그 밖에 1atm에서 발화점이 100℃ 이하인 것 또는 인화점이 -20℃ 이하이고 비점이 40℃ 이하인 것을 말한다.

(3) "제1석유류"라 함은 아세톤, 휘발유 그 밖에 1atm에서 인화점이 21℃ 미만인 것을 말한다.

(4) "알코올류"라 함은 1분자를 구성하는 탄소원자의 수가 1개부터 3개까지인 포화 1가 알코올(변성알코올을 포함한다)을 말한다. 다만, 다음에 해당하는 것은 제외한다.
   ① 1분자를 구성하는 탄소원자의 수가 1개 내지 3개의 포화 1가 알코올의 함유량이 60wt% 미만인 수용액
   ② 가연성 액체량이 60wt% 미만이고 인화점 및 연소점(태그개방식, 인화점측정기에 의한 연소점을 말한다. 이하 같다)이 에틸알코올 60wt% 수용액의 인화점 및 연소점을 초과하는 것

(5) "제2석유류"라 함은 등유, 경유 그 밖에 1atm에서 인화점이 21℃ 이상 70℃ 미만인 것을 말한다. 다만, 도료류 그 밖의 물품에 있어서 가연성 액체량이 40wt% 이하이면서 인화점이 40℃ 이상인 동시에 연소점이 60℃ 이상인 것을 제외한다.

(6) "제3석유류"라 함은 중유, 클레오소트유 그 밖에 1atm에서 인화점이 70℃ 이상 200℃ 미만인 것을 말한다. 다만, 도료류 그 밖의 물품은 가연성 액체량이 40wt% 이하인 것은 제외한다.

(7) "제4석유류"라 함은 기어유, 실린더유 그 밖에 1atm에서 인화점이 200℃ 이상 250℃ 미만인 것을 말한다. 다만, 도료류 그 밖의 물품은 가연성 액체량이 40wt% 이하인 것은 제외한다.

(8) "동식물류"라 함은 동물의 지육 등 또는 식물의 종자나 과육으로부터 추출한 것으로서 1atm에서 인화점이 250℃ 미만인 것을 말한다. 다만, 위험물안전관리법 제20조 제1항의 규정에 의하여 행정안전부령이 정하는 용기기준과 수납·저장기준에 따라 수납되어 저장·보관되고 용기의 외부에 물품의 통칭명, 수량 및 화기엄금(화기엄금과 동일한 의미를 갖는 표시를 포함한다)의 표시가 있는 경우를 제외한다.

(9) 복수성상 물품이 인화성 액체 성상 및 자기반응성 물질 성상을 가지는 경우 제5류 위험물의 품명으로 한다.

2. 공통성질

(1) 대단히 인화되기 쉽다.
(2) 착화 온도가 낮은 것은 위험하다.
(3) 물보다 가볍고 물에 녹기 어렵다.
(4) 증기는 공기보다 무겁다.
(5) 증기는 공기와 약간 혼합되어도 연소의 우려가 있다.
▶ **특수인화물**: 발화점(착화점) 100℃ 이하 또는 인화점 −20℃ 이하이고 비점 40℃ 이하

3. 저장 및 취급방법

(1) 용기는 밀전하여 통풍이 잘되는 찬 곳에 저장할 것
(2) 화기 및 점화원으로부터 먼 곳에 저장할 것
(3) 인화점 이상 가열하여 취급하지 말 것
(4) 정전기의 발생에 주의하여 저장, 취급할 것
(5) 증기 및 액체의 누설에 주의하여 저장할 것
(6) 증기는 높은 곳으로 배출할 것

4. 소화방법

(1) **수용성 위험물**

　① 초기(소규모) 화재시: 물분무, 탄산가스, 분말방사에 의한 질식소화
　② 대형화재의 경우: 알코올포 방사에 의한 질식소화

(2) **비수용성 위험물**

　① 초기(소규모) 화재시: 탄산가스, 분말, 할론방사에 의한 질식소화
　② 대형화재의 경우: 포말방사에 의한 질식소화

6 제5류 위험물 - 자기반응성 물질(화기엄금, 충격주의)

구분	지정수량	품명
유기과산화물	10kg	과산화벤조일[$(C_6H_5CO)_2O_2$], 과산화메틸에틸케톤[$(CH_3COC_2H_5)_2O_2$, MEKPO]
질산에스테르류	10kg	질산메틸(CH_3ONO_2), 질산에틸($C_2H_5ONO_2$), 니트로글리세린[$C_3H_5(ONO_2)_3$]
		니트로셀룰로오스[$C_{24}H_{29}O_9(ONO_2)11$, $(C_6H_7O_2(ONO_2)_3)n$]
니트로화합물	200kg	트리니트로톨루엔[$C_6H_2CH_3(NO_2)_3$], 트리니트로페놀[$C_6H_2OH(NO_2)_3$]
니트로소화합물	200kg	파라디니트로소벤젠[$C_6H_4(NO)_2$]
아조화합물	200kg	아조벤젠($C_6H_5N = NC_6H_5$), 히드록시아조벤젠($C_6H_5N = NC_6H_4OH$)
디아조화합물	200kg	디아조메탄(CH_2N_2), 디아조카르복실산에스테르
히드라진유도체	200kg	페닐히드라진($C_6H_5NHNH_2$), 히드라조벤젠($C_6H_5NHHNC_6H_5$), 히드라진(N_2H_4)
히드록실아민	100kg	NH_2OH
히드록실아민염류	100kg	–

1. 위험물안전관리법상의 범위 및 한계

"자기반응성 물질"이라 함은 고체 또는 액체로서 폭발의 위험성 또는 가열분해의 격렬함을 판단하기 위하여 고시로 정하는 시험에서 고시로 정하는 성질과 상태를 나타내는 것을 말한다.

2. 일반성질

(1) 대표적인 성질은 자기반응성 물질이다.
(2) 자기반응성 물질이란 외부로부터 공기 중의 산소공급 없이도 가열·충격 등에 의해 발열분해를 일으켜 급속한 가스의 발생이나 연소 폭발을 일으키는 물질이다. 이것은 비교적 저온에서 열분해가 일어나기 쉬운 불안정한 위험성이 높은 물질이다.
① 무기화합물과 유기화합물로 구성되었다. 또한 유기과산화물을 제외하고는 질소를 함유한 무기 및 유기질소화합물이다.
② 모두 가연성 물질이고 자체분자 내에서 연소할 수 있고 분해할 때는 단시간 내에 이루어지며 분해생성물은 CO, CO_2, H_2O, N_2, NO_2, 등 다량의 가스를 발생한다.
③ 일부 품명은 액체이고 대부분이 고체이며 모두 물보다 무겁다.
④ 대부분 물에 잘 녹지 않으며 물과의 직접적인 반응 위험성은 적다.

3. 저장 및 취급방법

(1) 점화원 및 분해를 촉진시키는 물질로부터 멀리할 것
(2) 화재 발생시 소화가 곤란하므로 소분하여 저장할 것
(3) 용기는 밀전, 밀봉하고 포장 외부에 화기엄금, 충격주의 등 주의사항 표시할 것
(4) 용기의 파손 및 균열에 주의하며 실온, 습기, 통풍에 주의할 것

4. 소화방법

초기 소화에는 주수에 의한 냉각소화

🎯 확인 예제

제5류 위험물인 자기반응성물질의 성질 및 소화에 관한 사항으로 가장 거리가 먼 것은?

① 대부분 산소를 함유하고 있어 자기연소 또는 내부연소를 일으키기 쉽다.

② 연소속도가 빨라 폭발적인 경우가 많다.

③ 질식소화가 효과적이며, 냉각소화는 불가능하다.

④ 가열, 충격, 마찰에 의해 폭발의 위험이 있는 것이 있다.

해설 1. 제5류 위험물의 공통성질
- 무기화합물과 유기화합물로 구성
- 유기과산화물을 제외하고는 질소를 함유한 유기·무기질소화합물
- 모두 가연성물질이고 자체분자 내에서 연소
- 일부품명은 액체이고 대부분이 고체
- 모두 물보다 무겁고, 대부분 물에 잘 녹지 않음
- 물과의 직접적인 반응위험성은 적음
2. 제5류 위험물의 소화방법
- 질식소화는 효과가 없음
- 분말, CO_2, 할로겐화합물소화약제는 소화에 적응하지 않는 소화약제이므로 사용해선 안 됨
- 일반적으로 다량의 주수에 의한 냉각소화가 양호함

정답 ③

---

7 제6류 위험물 - 산화성 액체

지정수량	품명
300kg	• 과염소산($HClO_4$) • 과산화수소(H_2O_2) • 질산(HNO_3) • 그 밖에 행정안전부령이 정하는 것(할로겐간화합물)

1. 위험물 안전관리법 상의 범위 및 한계

(1) "산화성 액체"라 함은 액체로서 산화력의 잠재적인 위험성을 판단하기 위하여 고시로 정하는 시험에서 고시로 정하는 성질과 상태를 나타내는 것을 말한다.

(2) 과산화수소는 그 농도가 36%(W%) 이상인 것을 말한다.

(3) 질산은 그 비중이 1.49 이상인 것을 말한다.

2. 공통성질

(1) 대표적인 성질은 산화성 액체이다.

(2) 모두 무기화합물이며 물보다 무겁고 물에 녹기 쉽다.

(3) 과산화수소를 제외하고 강산성 물질이며 수용액도 강산작용을 나타낸다.

(4) 물과 만나면 발열한다(과산화수소 제외).

(5) 자신들은 모두 불연성 물질이다.

(6) 과산화수소를 제외하고 분해하여 유독성 가스를 발생하며 부식성이 강하여 피부를 침투한다. 증기 또한 유독하여 피부 접촉시 점막을 강하게 부식시킨다. 소화용수도 산성으로 변하므로 소화작업시에는 방호의 및 공기호흡기 등의 보호장비를 착용한다.

> **참고** **무기화합물과 산**
>
> 1. 무기화합물(Inorganic Compounds)은 탄소를 포함하지 않는 화합물의 총칭이다. 단순히 무기물이라고 부르기도 한다. 단, 탄소를 포함하고 있는 화합물 중에도 이산화탄소, 일산화탄소, 다이아몬드, 칼슘 카바이드 등은 무기화합물로 분류한다.
> 2. 산(酸, Acid)은 일반적으로 물에 녹았을 때에 pH가 7보다 낮은 물질을 말한다. 화학적으로는 물에 녹았을 때 이온화하여 수소 이온 H^+을 내놓는 물질을 말한다. 산의 대표적인 예로는 강산인 염산(HCl), 황산(H_2SO_4), 질산(HNO_3), 약한산인 아세트산(CH_3COOH), 탄산(H_2CO_3)이 있다.

3. 저장 및 취급방법

(1) 저장용기는 내산성일 것

(2) 물, 가연물, 유기물 및 고체의 산화제와의 접촉을 피할 것

(3) 용기는 밀전 밀봉하여 누설에 주의할 것

4. 소화방법

(1) 소량일 때는 대량의 물로 희석소화한다.

(2) 대량일 때는 주수소화가 곤란하므로 건조사, 인산염류의 분말로 질식소화한다.

◎ 확인 예제

다음 중 제6류 위험물의 공통성질이 아닌 것은?

① 모두 비중이 1보다 작으며 물에 녹지 않는다.
② 모두 산화성 액체이다.
③ 모두 불연성 물질로 액체이다.
④ 모두 산소를 함유하고 있다.

해설 1. 제6류 위험물의 공통성질
- 대표적인 성질은 산화성 액체이다
- 모두 불연성 물질로서 강산화제이다.
- 모두 무기화합물이며 물보다 무겁고 물에 녹기 쉽다.
- 산소를 많이 포함하여 다른 가연물의 연소를 돕는다.
- 물과 만나면 발열한다(과산화수소 제외).
- 과산화수소를 제외하고 분해 시 유독성 가스를 발생한다. 부식성이 강하여 피부를 침투한다. 증기 또한 유독하여 피부 접촉시 점막을 강하게 부식시킨다.
2. 제6류 위험물의 「위험물안전관리법」상의 범위 및 한계
- 과산화수소는 그 농도가 36%(W%) 이상인 것
- 질산은 그 비중이 1.49 이상인 것

정답 ①

pass.Hackers.com

7개년 기출문제집

※ CBT 문제는 수험생의 기억에 따라 복원된 것이며, 실제 기출문제와 동일하지 않을 수 있습니다.

01. 다음 중 가연성 물질이 아닌 것은?

① 프로판   ② 산소
③ 에탄   ④ 암모니아

| 해설
산소는 조연성 물질이다.

정답 ②

02. 탄산수소나트륨이 주성분인 분말소화약제는?

① 제1종 분말   ② 제2종 분말
③ 제3종 분말   ④ 제4종 분말

| 해설
탄산수소나트륨이 주성분인 분말소화약제는 제1종 분말소화약제이며, 각 분말소화약제의 주성분은 다음과 같다.
㉠ 제2종 분말: 탄산수소칼륨
㉡ 제3종 분말: 제1인산암모늄
㉢ 제4종 분말: 탄산수소칼륨 + 요소

정답 ①

03. 다음 중 비열이 가장 큰 물질은?

① 구리   ② 수은
③ 물   ④ 철

| 해설
• 각 물질의 비열은 다음과 같다.
  ㉠ 구리: 0.092(cal/g℃)
  ㉡ 수은: 0.033(cal/g℃)
  ㉢ 물: 1(cal/g℃)
  ㉣ 철: 0.104(cal/g℃)
• 따라서 비열이 가장 큰 물질은 물이다.

정답 ③

04. 자연발화 방지대책에 대한 설명으로 옳지 않은 것은?

① 촉매물질과의 접촉을 피한다.
② 저장실의 환기를 원활히 시킨다.
③ 저장실의 습도를 높게 유지한다.
④ 저장실의 온도를 낮게 유지한다.

| 해설
저장실의 습도를 낮게 유지한다.

정답 ③

05. 건축물에 설치하는 방화구획의 설치기준 중 스프링클러설비를 설치한 11층 이상의 층은 바닥면적 몇 m² 이내마다 방화구획을 하여야 하는가? (단, 벽 및 반자의 실내에 접히는 부분의 마감은 불연재료가 아닌 경우이다)

① 100   ② 300
③ 600   ④ 1000

| 해설
11층 이상의 층은 바닥면적 $200m^2$(스프링클러 기타 이와 유사한 자동식 소화설비를 설치한 경우에는 바닥면적 $600m^2$) 이내마다 구획하여야 한다.

정답 ③

06. 다음 중 제2류 위험물에 해당되는 것은?

① 칼륨   ② 유황

③ 톨루엔   ④ 질산칼륨

| 해설

- 제2류 위험물에 해당하는 것은 유황이다.
- 질산칼륨은 제1류 위험물에 해당한다.
- 칼륨은 제3류 위험물에 해당한다.
- 톨루엔은 제4류 위험물에 해당한다.

정답 ②

07. 건축물 내 방화벽에 설치하는 출입문의 너비 및 높이의 기준은 각각 몇 m 이하인가?

① 1.5   ② 2.5

③ 3.5   ④ 4.0

| 해설

방화벽 설치기준은 다음과 같다.

㉠ 내화구조로서 홀로 설 수 있는 구조일 것

㉡ 방화벽의 양쪽 끝과 윗쪽 끝을 건축물의 외벽면 및 지붕면으로부터 0.5m 이상 튀어 나오게 할 것

㉢ 방화벽에 설치하는 출입문의 너비 및 높이는 각각 2.5m 이하로 하고, 해당 출입문에는 60분+ 방화문 또는 60분 방화문을 설치할 것

정답 ②

08. 화재의 분류방법 중 유류화재를 나타낸 것은?

① A급 화재   ② B급 화재

③ C급 화재   ④ D급 화재

| 해설

- 유류, 가스화재를 나타내는 것은 B급 화재이다.
- A급 화재는 종이, 나무, 섬유류 등에 의한 화재를 나타낸다.
- C급 화재는 전기화재를 나타낸다.
- D급 화재는 금속화재를 나타낸다.

정답 ②

09. 화재시 CO_2를 방사하여 산소농도를 12vol%로 낮추어 소화하려면 공기 중 CO_2의 농도는 약 몇 vol%가 되어야 하는가?

① 47.6   ② 42.9

③ 37.9   ④ 34.5

| 해설

$$CO_2의\ 소화농도 = \frac{21 - O_2}{21} \times 100$$

$$= \frac{21 - 12}{21} \times 100 = 42.857 ≒ 42.9 vol\%$$

∴ 약 42.9%가 되어야 한다.

정답 ②

10. 소화원리에 대한 설명으로 틀린 것은?

① 냉각소화: 물의 증발잠열에 의해서 가연물의 온도를 저하시키는 소화방법

② 억제소화: 불활성기체를 방출하여 연소범위 이하로 낮추어 소화하는 방법

③ 제거소화: 가연성 가스의 분출화재 시 연료공급을 차단시키는 소화방법

④ 질식소화: 포소화약제 또는 불연성가스를 이용해서 공기 중의 산소공급을 차단하여 소화하는 방법

| 해설

억제소화(= 부촉매소화)는 연쇄반응을 차단하여 소화하는 방법이다.

정답 ②

11. 전산실, 통신기기실 등에서의 소화에 가장 적합한 것은?

① 분말소화설비
② 옥내소화전설비
③ 스프링클러설비
④ 할로겐화합물 및 불활성기체 소화설비

| 해설
전산실, 통신기기실 등에서의 소화에 가장 적합한 것은 이산화탄소소화설비 · 할론소화설비 및 할로겐화합물 및 불활성기체 소화설비이다.

정답 ④

12. 내화구조에 해당하지 않는 것은?

① 철근콘크리트조로 두께가 10cm 이상인 벽
② 철근콘크리트조로 두께가 7cm 이상인 외벽 중 비내력벽
③ 벽돌조로서 두께가 12cm 이상인 벽
④ 철골철근콘크리트조로서 두께가 10cm 이상인 벽

| 해설
내화구조에 해당하는 것은 다음과 같다.
㉠ 철근콘크리트조로 두께가 10cm 이상인 벽
㉡ 철근콘크리트조로 두께가 7cm 이상인 외벽 중 비내력벽
㉢ 벽돌조로서 두께가 19cm 이상인 벽
㉣ 철골철근콘크리트조로서 두께가 10cm 이상인 벽

정답 ③

13. Halon 1301의 분자식은?

① CH_3Br
② CF_3Br
③ CF_3Cl
④ CH_3Cl

| 해설
Halon 1301의 분자식은 CF_3Br이다.

정답 ②

14. 1기압 상태에서, 100℃ 물 1g이 모두 기체로 변할 때 필요한 열량(cal)은?

① 399
② 479
③ 539
④ 659

| 해설
잠열량(cal) = 1(g) × 539(cal/g) = 539

정답 ③

15. 프로판 50vol%, 부탄 40vol%, 프로필렌 10vol%로 된 혼합가스의 폭발하한계(vol%)는? (단, 각 가스의 폭발하한계는 프로판은 2.2vol%, 부탄은 1.9vol%, 프로필렌은 2.4vol%이다)

① 0.83
② 1.63
③ 2.09
④ 5.25

| 해설
르 샤틀리에의 법칙에서

$$L = \frac{1}{\dfrac{V_1}{L_1} + \dfrac{V_2}{L_2} + \cdots} \times 100(\%)$$

$$L = \frac{1}{\dfrac{50}{2.2} + \dfrac{40}{1.9} + \dfrac{10}{2.4}} \times 100 = 2.085 \fallingdotseq 2.09$$

정답 ②

16. 다음 중 착화온도가 가장 낮은 것은?

① 벤젠　　　　　　　　② 휘발유
③ 아세톤　　　　　　　④ 이황화탄소

| 해설
- 각 물질의 착화온도는 다음과 같다.
  ㉠ 벤젠: 498℃
  ㉡ 휘발유: 300℃
  ㉢ 아세톤: 468℃
  ㉣ 이황화탄소: 90℃
- 따라서 착화온도가 가장 낮은 것은 이황화탄소이다.

정답 ④

17. 다음 물질 중 연소하였을 때 시안화수소를 가장 많이 발생시키는 물질은?

① Polyethylene　　　　② Polystyrene
③ Polyurethane　　　　④ Polyvinyl chloride

| 해설
연소 시 시안화수소를 가장 많이 발생시키는 물질은 Polyurethane(폴리우레탄)이다.

정답 ③

18. 탱크 주위 화재로 탱크 내 인화성 액체가 비등하고 가스부분의 압력이 상승하여 탱크가 파괴되고 폭발을 일으키는 현상은?

① 블레비(BLEVE)　　　② 보일오버(Boil Over)
③ 슬롭오버(Slop Over)　④ 파이어 볼(Fire Ball)

| 해설
탱크 주위 화재로 탱크 내 인화성 액체가 비등하고 가스부분의 압력이 상승하여 탱크가 파괴되고 폭발을 일으키는 현상은 블레비(BLEVE) 현상이다.

정답 ①

19. 인화칼슘과 물이 반응할 때 생성되는 가스는?

① 황산　　　　　　　　② 황화수소
③ 포스핀　　　　　　　④ 아세틸렌

| 해설
인화칼슘과 물이 반응할 때 포스핀가스가 발생한다.
(인화칼슘 + 물 → 포스핀가스)

정답 ③

20. 방폭전기기기의 용기 내부에서 가연성가스가 폭발했을 경우 그 압력에 견디고 내부의 가연성가스로 전해지지 않도록 고안된 구조는?

① 유입방폭구조　　　　② 내압방폭구조
③ 특수방폭구조　　　　④ 안전증방폭구조

| 해설
방폭전기기기의 용기 내부에서 가연성가스가 폭발했을 경우 그 압력에 견디고 내부의 가연성가스로 전해지지 않도록 고안된 구조는 내압방폭구조이다.

정답 ②

01. 위험물의 류별에 따른 분류가 잘못된 것은?

① 제1류 위험물: 산화성 고체
② 제3류 위험물: 자연발화성 물질 및 금수성 물질
③ 제4류 위험물: 인화성 액체
④ 제6류 위험물: 가연성 액체

| 해설
제6류 위험물은 산화성 액체이다.

정답 ④

02. 물리적폭발에 해당하는 것은?

① 분해폭발　　　② 분진폭발
③ 중합폭발　　　④ 수증기폭발

| 해설
폭발
• 물리적폭발에 해당하는 것은 수증기폭발이다.
• 분해폭발, 분진폭발, 중합폭발은 화학적폭발에 해당한다.

정답 ④

03. 자연발화 방지대책에 대한 설명으로 옳지 않은 것은?

① 저장실의 온도를 낮게 유지한다.
② 저장실의 환기를 원활히 시킨다.
③ 촉매물질과의 접촉을 피한다.
④ 저장실의 습도를 높게 유지한다.

| 해설
습기, 수분 등은 물질에 따라 촉매작용을 하여 자연발화를 촉진함으로 습도가 높은 것을 피한다.

정답 ④

04. 공기의 평균 분자량이 29일 때 이산화탄소 기체의 증기비중은 얼마인가?

① 1.44　　　② 1.52
③ 2.88　　　④ 3.24

| 해설

$$증기비중 = \frac{해당가스\ 분자량}{공기평균\ 분자량}$$

$$= \frac{12 + 16 \times 2}{29} = 1.517 ≒ 1.52$$

정답 ②

05. 화재실의 연기를 옥외로 배출시키는 제연방식으로 효과가 가장 적은 것은?

① 자연제연방식
② 스모크타워 제연방식
③ 기계식 제연방식
④ 냉난방설비를 이용한 제연방식

| 해설
제연방식에는 자연제연방식, 스모크타워 제연방식, 기계식 제연방식이 있으며, 냉난방설비를 이용한 제연방식은 효과가 가장 적다.

정답 ④

06. 어떤 기체가 0℃, 1기압에서 부피가 11.2L, 기체 질량이 22g이었다면 이 기체의 분자량은? (단, 이상기체로 가정한다)

① 22　　　② 35
③ 44　　　④ 56

| 해설

이상기체상태방정식에 따라 구할 수 있다.

$$PV = nRT = \frac{W}{M}RT$$

$$M(g) = \frac{WRT}{PV} = \frac{22 \times 0.082 \times (0 + 273)}{1 \times 11.2} = 43.97 ≒ 44$$

정답 ③

---

07. 경유화재가 발생했을 때 주수소화가 오히려 위험할 수 있는 이유는?

① 경유는 물과 반응하여 유독가스를 발생하므로
② 경유의 연소열로 인하여 산소가 방출되어 연소를 돕기 때문에
③ 경유는 물보다 비중이 가벼워 화재면의 확대 우려가 있으므로
④ 경유가 연소할 때 수소가스를 발생하여 연소를 돕기 때문에

| 해설

경유화재가 발생했을 때 경유는 물보다 비중이 가벼워 화재면의 확대 우려가 있으므로 주수소화가 오히려 위험할 수 있다.

정답 ③

---

08. 가연물의 제거를 통한 소화방법과 무관한 것은?

① 산불의 확산방지를 위해 산림의 일부를 벌채한다.
② 화학반응기의 화재시 원료 공급관의 밸브를 잠근다.
③ 전기실 화재시 IG-541 약제를 방출한다.
④ 유류탱크 화재시 주변에 있는 유류탱크의 유류를 다른 곳으로 이동시킨다.

| 해설

전기실 화재시 IG-541(불활성기체) 약제를 방출하는 소화는 질식소화이다.

정답 ③

---

09. 다음 연소생성물 중 인체에 독성이 가장 높은 것은?

① 이산화탄소
② 일산화탄소
③ 수증기
④ 포스겐

| 해설

• 각 연소생성물의 허용농도는 다음과 같다.
  ㉠ 이산화탄소: 5,000ppm
  ㉡ 일산화탄소: 50ppm
  ㉢ 수증기: 독성 없음
  ㉣ 포스겐: 0.1ppm
• 따라서 연소생성물 중 인체에 독성이 가장 높은 것은 허용농도가 가장 낮은 포스겐이다.

정답 ④

---

10. 위험물별 저장방법에 대한 설명으로 옳지 않은 것은?

① 유황은 정전기가 축적되지 않도록 하여 저장한다.
② 적린은 화기로부터 격리하여 저장한다.
③ 마그네슘은 건조하면 부유하여 분진폭발의 위험이 있으므로 물에 적셔 보관한다.
④ 황화린은 산화제와 격리하여 저장한다.

| 해설

마그네슘은 공기 중 습기와 반응하여 산화발열에 의해 온도가 상승하고 열이 축적되면 자연발화에 이르며, 밀폐공간 내 부유하다가 스파크 등의 점화원에 의해 분진폭발을 일으킨다.

정답 ③

---

11. 건축물의 주요구조부가 아닌 것은?

① 내력벽
② 지붕틀
③ 보
④ 옥외계단

| 해설

건축물의 주요구조부에는 ㉠ 내력벽, ㉡ 지붕틀, ㉢ 보, ㉣ 계단이 있으며, 사이 기둥, 최하층 바닥, 작은 보, 차양, 옥외계단은 해당하지 않는다.

정답 ④

12. 목재건축물의 화재 진행과정을 순서대로 나열한 것은?

① 무염착화 – 발염착화 – 발화 – 최성기
② 무염착화 – 최성기 – 발염착화 – 발화
③ 발염착화 – 발화 – 최성기 – 무염착화
④ 발염착화 – 최성기 – 무염착화 – 발화

13. 다음 제4류 위험물 중 알코올류가 아닌 것은?

① 메틸알코올   ② 에틸알코올
③ 프로필알코올   ④ 부틸알코올

14. 플래시오버(flash over)에 대한 설명으로 옳은 것은?

① 도시가스의 폭발적 연소를 말한다.
② 휘발유 등 가연성 액체가 넓게 흘러서 발화한 상태를 말한다.
③ 옥내화재가 서서히 진행하여 열 및 가연성 기체가 축적되었다가 일시에 연소하여 화염이 크게 발생하는 상태를 말한다.
④ 화재층 불이 상부층으로 올라가는 현상을 말한다.

15. 제2종 분말소화약제의 주성분으로 옳은 것은?

① NaH_2PO_4 ② KH_2PO_4
③ $NaHCO_3$ ④ $KHCO_3$

16. 전기불꽃, 아크 등이 발생하는 부분을 기름 속에 넣어 폭발을 방지하는 방폭구조는?

① 내압방폭구조   ② 유입방폭구조
③ 안전증방폭구조   ④ 특수방폭구조

17. 다음 중 바닥 부분의 내화구조 기준으로 옳지 않은 것은?

① 철근콘크리트조로서 두께가 5cm 이상인 것
② 철골철근콘크리트조로서 두께가 10cm 이상인 것
③ 철재로 보강된 콘크리트블록조·벽돌조 또는 석조로서 철재에 덮은 콘크리트블록등의 두께가 5cm 이상인 것
④ 철재의 양면을 두께 5cm 이상의 철망모르타르 또는 콘크리트로 덮은 것

| 해설

내화구조(바닥)
• 철근콘크리트조 또는 철골철근콘크리트조로서 두께가 10센티미터 이상인 것
• 철재로 보강된 콘크리트블록조·벽돌조 또는 석조로서 철재에 덮은 콘크리트블록등의 두께가 5센티미터 이상인 것
• 철재의 양면을 두께 5센티미터 이상의 철망모르타르 또는 콘크리트로 덮은 것

정답 ①

18. 위험물안전관리법령상 위험물의 지정수량이 잘못 연결된 것은?

① 과산화나트륨 – 50kg
② 적린 – 100kg
③ 트리니트로톨루엔 – 200kg
④ 탄화알루미늄 – 400kg

| 해설

탄화알루미늄의 지정수량은 300kg이다.

정답 ④

19. 건물 내 피난동선의 조건으로 옳지 않은 것은?

① 2개 이상의 방향으로 피난할 수 있어야 한다.
② 가급적 단순한 형태로 한다.
③ 수직동선은 금하고 수평동선만 고려한다.
④ 통로의 말단은 안전한 장소이어야 한다.

| 해설

수직동선과 수평동선을 모두 고려한다.

정답 ③

20. 다음의 가연성 물질 중 위험도가 가장 높은 것은?

① 수소   ② 에틸렌
③ 아세틸렌   ④ 이황화탄소

| 해설

• 각 물질의 위험도는 다음과 같다.

$$위험도 = \frac{연소범위}{연소하한값} \text{에서}$$

㉠ 수소의 위험도: $\frac{75-4}{4} = 17.75$

㉡ 에틸렌의 위험도: $\frac{36-2.7}{2.7} = 12.33$

㉢ 아세틸렌의 위험도: $\frac{81-2.5}{2.5} = 31.4$

㉣ 이황화탄소의 위험도: $\frac{44-1}{1} = 43$

• 따라서 위험도가 가장 높은 것은 이황화탄소이다.

정답 ④

※ CBT 문제는 수험생의 기억에 따라 복원된 것이며, 실제 기출문제와 동일하지 않을 수 있습니다.

01. 제3류 위험물로 금수성 물질에 해당하는 것은?

① 탄화칼슘　　　　② 유황
③ 황린　　　　　　④ 이황화탄소

| 해설
- 제3류 위험물로 금수성 물질에 해당하는 것은 탄화칼슘이다.
- 유황은 가연성 물질이다.
- 황린은 자연발화성 물질이다.
- 이황화탄소는 인화성 물질이다.

정답 ①

02. 다음 물질 중 수조 속에 저장하는 것이 안전한 물질인 것은?

① 나트륨　　　　　② 이황화탄소
③ 수소화칼슘　　　④ 탄화칼슘

| 해설
이황화탄소는 제4류 위험물 중 특수인화물로서 「위험물안전관리법」에 따라 물속에 저장해야 한다.

정답 ②

03. 건축물의 화재시 피난자들의 집중으로 패닉(Panic) 현상이 일어날 수 있는 피난방향은?

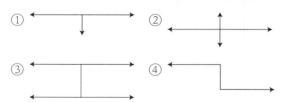

| 해설
건축물의 화재시 피난자들의 집중으로 패닉(Panic) 현상이 발생할 수 있는 피난방향은 H형, core형이다.

정답 ③

04. 제4류위험물의 성질로 옳은 것은?

① 가연성 고체　　　② 산화성 고체
③ 인화성 액체　　　④ 자기반응성물질

| 해설
- 가연성 고체: 제2류위험물
- 산화성 고체: 제1류위험물
- 인화성 액체: 제4류위험물
- 자기반응성물질: 제5류위험물

정답 ③

05. 이산화탄소 소화약제의 임계온도로 옳은 것은?

① 24.4℃　　　　　② 31.1℃
③ 56.4℃　　　　　④ 78.2℃

| 해설
이산화탄소 소화약제의 임계온도는 31.1℃이다.

정답 ②

06. 조연성가스로만 나열되어 있는 것은?

① 질소, 불소, 수증기
② 산소, 불소, 염소
③ 산소, 이산화탄소, 오존
④ 질소, 이산화탄소, 염소

07. 건물 내 피난동선의 조건으로 옳지 않은 것은?

① 2개 이상의 방향으로 피난할 수 있어야 한다.
② 가급적 단순한 형태로 한다.
③ 통로의 말단은 안전한 장소이어야 한다.
④ 수직동선은 금하고 수평동선만 고려한다.

08. 화재하중의 단위로 옳은 것은?

① kg/m^2 ② $℃/m^2$
③ $kg \cdot L/m^3$ ④ $℃ \cdot L/m^3$

09. 휘발유 화재 시 물을 사용하여 소화할 수 없는 이유로 옳은 것은?

① 인화점이 물보다 작기 때문
② 물과 반응하여 가연성가스가 발생하기 때문
③ 비수용성으로서 비중이 물보다 작아 연소면이 확대되기 때문
④ 수용성으로서 물에 녹아 폭발이 발생하기 때문

10. 화재시 나타나는 인간의 피난특성으로 볼 수 없는 것은?

① 어두운 곳으로 대피한다.
② 최초로 행동한 사람을 따른다.
③ 발화지점의 반대방향으로 이동한다.
④ 평소에 사용하던 문, 통로를 사용한다.

11. 화재시 이산화탄소를 방출하여 산소농도를 13vol%로 낮추어 소화하기 위한 공기 중 이산화탄소의 농도(vol%)는?

① 9.5   ② 25.8
③ 38.1   ④ 61.5

12. 분말소화약제 중 A급, B급, C급 화재에 모두 사용할 수 있는 것은?

① Na_2CO_3 ② $NH_4H_2PO_4$

③ $KHCO_3$ ④ $NaHCO_3$

| 해설
분말소화약제 중 A급, B급, C급 화재에 모두 사용할 수 있는 것은 $NH_4H_2PO_4$(제1인산암모늄)이다.

정답 ②

13. 폭연에서 폭굉으로 전이되기 위한 조건에 대한 설명으로 옳지 않은 것은?

① 정상연소속도가 작은 가스일수록 폭굉으로 전이가 용이하다.
② 배관 내에 장애물이 존재할 경우 폭굉으로 전이가 용이하다.
③ 배관의 관경이 가늘수록 폭굉으로 전이가 용이하다.
④ 배관 내 압력이 높을수록 폭굉으로 전이가 용이하다.

| 해설
폭굉으로 전이되기 위한 조건은 다음과 같다.
㉠ 연소속도가 큰 가스일수록 폭굉으로 전이가 용이하다.
㉡ 배관 내에 장애물이 존재할 경우 폭굉으로 전이가 용이하다.
㉢ 배관의 관경이 가늘수록 폭굉으로 전이가 용이하다.
㉣ 배관 내 압력이 높을수록 폭굉으로 전이가 용이하다.

정답 ①

14. 유류 탱크의 화재시 탱크 저부의 물이 뜨거운 열유층에 의하여 수증기로 변하면서 급작스런 부피 팽창을 일으켜 유류가 탱크 외부로 분출하는 현상은?

① 슬롭오버(Slop Over)   ② 블레비(BLEVE)
③ 보일오버(Boil Over)   ④ 파이어 볼(Fire Ball)

| 해설
유류 탱크의 화재시 탱크 저부의 물이 뜨거운 열유층에 의하여 수증기로 변하면서 급작스런 부피 팽창을 일으켜 유류가 탱크 외부로 분출하는 현상은 보일오버(Boil Over) 현상이다.

정답 ③

15. 0℃의 얼음 1g이 100℃의 수증기가 되려면 약 몇 cal의 열량이 필요한가? (단, 0℃ 얼음의 융해열은 80cal/g이고, 100℃ 물의 증발잠열은 539cal/g이다)

① 329   ② 549
③ 719   ④ 1039

| 해설
㉠ 0℃의 얼음이 0℃의 물(잠열량)
  Q1 = 1 × 80 = 80cal
㉡ 0℃의 물이 100℃의 물(감열량)
  Q2 = 1 × 1 × 100 = 100cal
㉢ 100℃의 물이 100℃의 수증기(잠열량)
  Q3 = 1 × 539 = 539cal
㉣ 총열량 = Q1 + Q2 + Q3 = 80 + 100 + 539 = 719cal

정답 ③

16. 주된 연소 형태가 표면연소인 가연물로만 나열된 것은?

① 숯, 목탄
② 석탄, 종이
③ 나프탈렌, 파라핀
④ 니트로셀룰로오스, 질화면

| 해설
표면연소(직접연소)는 열분해에 의해 증기가 될 수 있는 성분이 없는 고체의 경우 고체가 계면에서 산소와 직접 반응하여 적열되면서 화염 없이 연소하는 형태이다(숯, 코크스, 금속분, 목탄분 등).

정답 ①

17. 다음 원소 중 수소와의 결합력이 가장 큰 것은?

① F
② Cl
③ Br
④ I

| 해설

• 불소(F)는 주기율표상 오른쪽 상단에 위치하며 가장 전기음성도가 큰 물질로서 다른 물질과 결합할 경우 결합에 관여한 전자를 강하게 잡아당기기 때문에 결합길이도 짧고 결합력도 강해진다.

• 전기음성도란 화학적 반응에서 분자 내의 전자가 원자와 결합되는 능력의 척도이며, 전기음성도가 크다는 것은 다른 원소를 산화시키는 힘이 크다는 것을 의미한다. 따라서 불소는 모든 원소 중에서 산화력이 가장 크다. 그러므로 불소가 함유되어 있는 Halon은 연료로 사용되는 메탄과는 정반대로 중심탄소가 산화되어 있는 상태이기 때문에 불연성이며 대기 중에서도 잘 분해되지 않는 안정한 물질이다.

정답 ①

18. 다음 분말 소화약제의 열분해 반응식에서 ( ) 안에 알맞은 화학식은?

$$2NaHCO_3 \rightarrow Na_2CO_3 + H_2O + ( )$$

① CO
② CO_2
③ Na
④ Na_2

| 해설

제1종 분말소화약제를 화재시 방사하여 열분해 시 생성되는 물질은 탄산나트륨, 이산화탄소, 물이 생성된다.

$$2NaHCO_3 \xrightarrow[\triangle]{270℃} Na_2CO_3 + H_2O + CO_2\uparrow - 30.3kcal$$

정답 ②

19. 다음 중 자연발화가 일어나기 쉬운 조건이 아닌 것은?

① 열전도율이 작을 것
② 수분이 없이 건조할 것
③ 주위의 온도가 높을 것
④ 표면적이 넓을 것

| 해설

자연발화가 되기 위해 적당량의 수분이 존재하여야 한다.

정답 ②

20. 연기에 의한 감광계수가 $0.1m^{-1}$이고, 가시거리가 20~30m일 때의 상황으로 옳은 것은?

① 건물 내부에 익숙한 사람이 피난에 지장을 느낄 정도
② 연기감지기가 작동할 정도
③ 어두운 것을 느낄 정도
④ 앞이 거의 보이지 않을 정도

| 해설

감광계수 및 가시거리

㉠ 건물 내부에 익숙한 사람이 피난에 지장을 느낄 정도는 감광계수가 $0.3m^{-1}$이고, 가시거리가 5m이다.

㉡ 연기감지기가 작동할 정도는 감광계수가 $0.1m^{-1}$이고, 가시거리가 20~30m이다.

㉢ 어두운 것을 느낄 정도는 감광계수가 $0.5m^{-1}$이고, 가시거리가 3m이다.

㉣ 앞이 거의 보이지 않을 정도는 감광계수가 $1.0m^{-1}$이고, 가시거리가 1~2m이다.

정답 ②

2023년 | 제4회(CBT)

※ CBT 문제는 수험생의 기억에 따라 복원된 것이며, 실제 기출문제와 동일하지 않을 수 있습니다.

01. 화재의 분류방법 중 유류화재를 나타낸 것은?

① A급 화재　　　② B급 화재
③ C급 화재　　　④ D급 화재

| 해설
- 유류화재를 나타낸 것은 B급 화재이다.
- A급 화재는 일반화재를 나타낸다.
- C급 화재는 전기화재를 나타낸다.
- D급 화재는 금속화재를 나타낸다.

정답 ②

02. 건축법령상 내력벽, 기둥, 바닥, 보, 지붕틀 및 주계단을 무엇이라 하는가?

① 내진구조부　　　② 건축설비부
③ 보조구조부　　　④ 주요구조부

| 해설
주요구조부란 건축물의 내력벽(耐力壁), 기둥, 바닥, 보, 지붕틀 및 주계단 등(사이 기둥, 최하층 바닥, 작은 보, 차양, 옥외계단 제외)을 법규적으로 정한 부분을 말한다.

정답 ④

03. 다음 원소 중 할로겐족 원소인 것은?

① Ne　　　② Ar
③ Cl　　　④ Xe

| 해설
할로겐족 원소에 속하는 것에는 불소(F), 염소(Cl), 브롬(Br) 및 요오드(I)가 있다.

정답 ③

04. 화재의 유형별 특성에 관한 설명으로 옳은 것은?

① A급 화재는 무색으로 표시하며, 감전의 위험이 있으므로 주수소화를 엄금한다.
② B급 화재는 황색으로 표시하며, 질식소화를 통해 화재를 진압한다.
③ C급 화재는 백색으로 표시하며, 가연성이 강한 금속의 화재이다.
④ D급 화재는 청색으로 표시하며, 연소 후에 재를 남긴다.

| 해설
화재의 유형별 특성은 다음과 같다.
㉠ A급 화재는 백색으로 표시하며, 연소 후에 재를 남긴다.
㉡ B급 화재는 황색으로 표시하며, 질식소화를 통해 화재를 진압한다.
㉢ C급 화재는 청색으로 표시하며, 감전의 위험이 있으므로 주수소화를 엄금한다.
㉣ D급 화재는 무색으로 표시하며, 가연성이 강한 금속의 화재이다.

정답 ②

05. 제3류 위험물로 금수성 물질에 해당하는 것은?

① 탄화칼슘　　　② 유황
③ 황린　　　④ 이황화탄소

| 해설
- 제3류 위험물로 금수성 물질에 해당하는 것은 탄화칼슘이다.
- 유황은 가연성 물질이다.
- 황린은 자연발화성 물질이다.
- 이황화탄소는 인화성 물질이다.

정답 ①

06. 주요구조부가 내화구조로 된 건축물에서 거실 각 부분으로부터 하나의 직통계단에 이르는 보행거리는 피난자의 안전상 몇 m 이하이어야 하는가?

① 50 ② 60
③ 70 ④ 80

| 해설
주요구조부가 내화구조로 된 건축물에서 거실 각 부분으로부터 하나의 직통계단에 이르는 보행거리는 50m 이하이어야 한다.

정답 ①

07. 소화원리에 대한 설명으로 옳지 않은 것은?

① 억제소화: 불활성기체를 방출하여 연소범위 이하로 낮추어 소화하는 방법
② 냉각소화: 물의 증발잠열을 이용하여 가연물의 온도를 낮추는 소화방법
③ 제거소화: 가연성 가스의 분출화재시 연료공급을 차단시키는 소화방법
④ 질식소화: 포소화약제 또는 불연성기체를 이용해서 공기 중의 산소공급을 차단하여 소화하는 방법

| 해설
억제소화는 화염으로 인한 연소반응을 주도하는 라디칼을 제거하여 연소반응을 중단시키는 방법으로 화학적 작용에 의한 소화법이다.

정답 ①

08. 제4류 위험물의 물리·화학적 특성에 대한 설명으로 옳지 않은 것은?

① 증기비중은 공기보다 크다.
② 정전기에 의한 화재발생위험이 있다.
③ 인화성 액체이다.
④ 인화점이 높을수록 증기발생이 용이하다.

| 해설
제4류 위험물의 물리·화학적 특성은 다음과 같다.
㉠ 증기비중은 공기보다 크다.
㉡ 정전기에 의한 화재발생위험이 있다.
㉢ 인화성 액체이다.
㉣ 비점이 낮을수록 증기발생이 용이하다.

정답 ④

09. 주수소화시 가연물에 따라 발생하는 가연성 가스의 연결로 옳지 않은 것은?

① 탄화칼슘 – 아세틸렌
② 탄화알루미늄 – 프로판
③ 인화칼슘 – 포스핀
④ 수소화리튬 – 수소

| 해설
탄화알루미늄은 메탄가스를 발생한다.

$$Al_4C_3 + 12H_2O \rightarrow 4Al(OH)_3 + 3CH_4 \uparrow$$
탄화알루미늄   메탄가스

정답 ②

10. 실내 화재 발생시 순간적으로 실 전체로 화염이 확산되면서 온도가 급격히 상승하는 현상은?

① 제트 파이어(jet fire)
② 파이어 볼(fire ball)
③ 플래시오버(flash over)
④ 리프트(lift)

| 해설
실내 화재 발생시 순간적으로 실 전체로 화염이 확산되면서 온도가 급격히 상승하는 현상은 플래시오버(flash over)이다.

정답 ③

11. 위험물안전관리법령에서 정하는 위험물의 한계에 대한 정의로 옳지 않은 것은?

① 유황: 순도가 60 중량퍼센트 이상인 것
② 인화성고체: 고형알코올 그 밖에 1기압에서 인화점이 섭씨 40도 미만인 고체
③ 과산화수소: 그 농도가 35 중량퍼센트 이상인 것
④ 제1석유류: 아세톤, 휘발유 그 밖에 1기압에서 인화점이 섭씨 21도 미만인것

| 해설
위험물 중 과산화수소는 그 농도가 36 중량퍼센트 이상인 것을 말한다.

정답 ③

12. 화재 표면온도(절대온도)가 2배로 되면 복사에너지는 몇 배로 증가되는가?

① 2
② 4
③ 8
④ 16

| 해설
절대온도의 4승에 비례하므로 $2^4 = 16$배이다.

정답 ④

13. 방화벽의 구조 기준 중 ( ) 안에 알맞은 것은?

> • 방화벽의 양쪽 끝과 위쪽 끝을 건축물의 외벽면 및 지붕면으로부터 (㉠)m 이상 튀어나오게 할 것
> • 방화벽에 설치하는 출입문의 너비 및 높이는 각각 (㉡)m 이하로 하고, 해당 출입문에는 60분 + 방화문 또는 60분방화문을 설치할 것

	㉠	㉡		㉠	㉡
①	0.3	2.5	②	0.3	3.0
③	0.5	2.5	④	0.5	3.0

| 해설
• 방화벽의 양쪽 끝과 위쪽 끝을 건축물의 외벽면으로부터 ㉠ 0.5m 이상 튀어나오게 할 것
• 방화벽에 설치하는 출입문의 너비 및 높이는 각각 ㉡ 2.5m 이하로 하고, 해당 출입문에는 60분 + 방화문 또는 60분방화문을 설치할 것

정답 ③

14. 다음 물질 중 연소하였을 때 시안화수소를 가장 많이 발생시키는 물질은?

① Polyethylene
② Polystyrene
③ Polyvinyl chloride
④ Polyurethane

| 해설
연소 시 시안화수소를 가장 많이 발생시키는 물질은 Polyurethane(폴리우레탄)이다.

정답 ④

15. 다음 중 수소의 연소범위로 옳은 것은?

① 4.3~45vol%
② 4~75vol%
③ 2.6~12.8vol%
④ 2.1~9.5vol%

| 해설
• 수소의 연소범위는 4~75vol%이다.
• 황화수소의 연소범위는 4.3~45vol%이다.
• 아세톤의 연소범위는 2.6~12.8vol%이다.
• 프로판의 연소범위는 2.1~9.5vol%이다.

정답 ②

16. 건물 내 피난동선의 조건으로 옳지 않은 것은?

① 2개 이상의 방향으로 피난할 수 있어야 한다.
② 가급적 단순한 형태로 한다.
③ 수직동선은 금하고 수평동선만 고려한다.
④ 통로의 말단은 안전한 장소이어야 한다.

| 해설

수직동선과 수평동선을 고려한다.

 정답 ③

17. 소화약제로 물을 사용하는 주된 이유로 옳은 것은?

① 촉매역할을 하기 때문에
② 제거작용을 하기 때문에
③ 연소작용을 하기 때문에
④ 증발잠열이 크기 때문에

| 해설

소화약제로 물을 사용하는 주된 이유는 증발잠열(= 기화잠열)이 크기 때문이다.

 정답 ④

18. 할론소화설비에서 Halon 1211 약제의 분자식은?

① CBr_2ClF　　② CF_2ClBr
③ CCl_2BrF　　④ BrC_2ClF

| 해설

• Halon 1211: CF_2ClBr
• Halon 1301: CF_3Br

정답 ②

19. MOC(Minimum Oxygen Concentration: 최소 산소 농도)가 가장 작은 물질은?

① 부탄　　② 에탄
③ 프로판　　④ 메탄

| 해설

• 각 물질의 최소 산소 농도(MOC)는 다음과 같다.
 [최소 산소 농도(MOC) = 산소몰수 × 연소하한계(폭발하한계)]
 ㉠ 메탄: 2 × 5 = 10
 ㉡ 에탄: 3.5 × 3 = 10.5
 ㉢ 프로판: 5 × 2.1 = 10.5
 ㉣ 부탄: 6.5 × 1.8 = 11.7
• 따라서 최소 산소 농도가 가장 작은 물질은 메탄이다.

 정답 ④

20. 다음 중 자연발화가 일어나기 쉬운 조건이 아닌 것은?

① 열전도율이 작을 것
② 수분이 없이 건조할 것
③ 주위의 온도가 높을 것
④ 표면적이 넓을 것

| 해설

자연발화 조건
㉠ 열전도율이 작을 것
㉡ 적당량의 수분이 존재할 것
㉢ 주위의 온도가 높을 것
㉣ 표면적이 넓을 것

 정답 ②

※ CBT 문제는 수험생의 기억에 따라 복원된 것이며, 실제 기출문제와 동일하지 않을 수 있습니다.

01. 화재하중을 감소하려는 조치로 옳지 않은 것은?

① 가연물의 중량을 작게 할 것
② 가연물의 단위발열량을 작게 할 것
③ 화재실의 바닥면적을 작게 할 것
④ 화재실 내의 가연물의 전발열량을 작게 할 것

| 해설

• 화재하중과 바닥면적을 작게 하는 것은 관계성이 없다.
• 화재하중(kg/m^2)

$$q = \frac{\Sigma G_t H_t}{H_0 A} = \frac{\Sigma Q_t}{4500A}$$

q : 화재하중(kg/m^2)
A : 화재실의 바닥면적(m^2)
G_t : 가연물 중량(kg)
H_t : 가연물의 단위발열량($kcal/kg$)
ΣQ_t : 화재실 내의 가연물의 전발열량($kcal$)
H_0 : 목재의 단위발열량($kcal/kg$)

정답 ③

02. 연기감지기가 작동할 정도이고 가시거리가 20~30m에 해당하는 감광계수는?

① $0.1m^{-1}$
② $1.0m^{-1}$
③ $2.0m^{-1}$
④ $10m^{-1}$

| 해설

• 연기감지기가 작동할 정도이고 가시거리가 20~30m에 해당하는 감광계수는 $0.1m^{-1}$이다.

• 감광계수 및 가시거리

감광계수 (m^{-1})	가시거리 (m)	상황
0.1	20~30	연기감지기 작동
0.3	5	건물 내부에 익숙한 사람이 피난에 지장을 느낄 정도
0.5	3	어두침침한 것을 느낄 정도
1.0	1~2	거의 앞이 보이지 않을 정도
10	0.2~0.5	화재 최성기 때의 연기농도 또는 유도등이 보이지 않을 정도
30	–	출화실에서 연기가 분출

정답 ①

03. Halon 1301의 분자식은?

① CH_3Cl
② CH_3Br
③ CF_3Cl
④ CF_3Br

| 해설

Halon 1301의 분자식은 CF_3Br이다.

정답 ④

04. 건축물의 내화구조에서 바닥의 경우에는 철근콘크리트의 두께가 몇 cm 이상이어야 하는가?

① 7
② 10
③ 12
④ 15

| 해설

내화구조(바닥)의 기준은 다음과 같다.
- ㉠ 철근콘크리트조 또는 철골철근콘크리트조로서 두께가 10cm 이상인 것
- ㉡ 철재로 보강된 콘크리트블록조·벽돌조 또는 석조로서 철재에 덮은 콘크리트블록등의 두께가 5cm 이상인 것
- ㉢ 철재의 양면을 두께 5cm 이상의 철망모르타르 또는 콘크리트로 덮은 것

정답 ②

---

05. 할로겐화합물 및 불활성기체소화약제 중 최대허용 설계농도가 가장 낮은 것은?

① FC-3-1-10
② FIC-13I1
③ FK-5-1-12
④ IG-541

| 해설

- 할로겐화합물 및 불활성기체소화약제 중 최대허용설계농도는 다음과 같다.
  - ㉠ FC-3-1-10: 40%
  - ㉡ FIC-13I1: 0.3%
  - ㉢ FK-5-1-12: 10%
  - ㉣ IG-541: 43%
- 따라서 최대허용설계농도가 가장 낮은 것은 FIC-13I1이다.

정답 ②

---

06. 정전기 발생 방지대책 중 틀린 것은?

① 상대습도를 높인다.
② 공기를 이온화시킨다.
③ 접지시설을 한다.
④ 가능한 한 부도체를 사용한다.

| 해설

가능한 한 부도체를 사용한다는 것은 정전기 발생을 촉진시킨다.

정답 ④

---

07. 다음 중 실화의 정의로 옳은 것은?

① 고의적으로 불을 지르거나 그로 인한 것이라고 의심되는 화재
② 화재 진합 후 같은 장소에서 다시 발생한 화재
③ 과실 등 부주의한 행위에 의해 발생한 화재
④ 반응열의 축적, 혼촉, 마찰 등에 의해 인위적으로 행위 없이 스스로 발화된 화재

| 해설

'실화'란 과실 등 부주의한 행위에 의해 발생한 화재를 말한다.

정답 ③

---

08. 다음 중 공기 중에서의 연소범위가 가장 넓은 것은?

① 부탄
② 프로판
③ 메탄
④ 수소

| 해설

연소범위가 넓은 순서
수소 > 메탄 > 프로판 > 부탄

정답 ④

---

09. 다음 물질 중 수조 속에 저장하는 것이 안전한 물질인 것은?

① 나트륨
② 이황화탄소
③ 수소화칼슘
④ 탄화칼슘

| 해설

이황화탄소는 제4류 위험물 중 특수인화물로서 「위험물안전관리법」에 따라 물속에 저장해야 한다.

정답 ②

10. 위험물안전관리법령상 자기반응성물질의 품명에 해당하지 않는 것은?

① 니트로화합물   ② 질산에스테르류

③ 할로겐간화합물   ④ 히드록실아민염류

11. 소화약제로 사용하는 물의 증발잠열로 기대할 수 있는 소화효과는?

① 냉각소화   ② 질식소화

③ 제거소화   ④ 촉매소화

12. 분말소화약제 중 A급, B급, C급 화재에 모두 사용할 수 있는 것은?

① 제1종 분말   ② 제2종 분말

③ 제3종 분말   ④ 제4종 분말

13. 건축물의 화재시 피난자들의 집중으로 패닉(Panic) 현상이 일어날 수 있는 피난방향은?

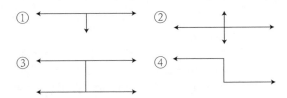

14. 조연성 가스에 해당하는 것은?

① 일산화탄소   ② 수소

③ 산소   ④ 부탄

15. 탄산수소나트륨이 주성분인 분말소화약제는?

① 제1종 분말   ② 제2종 분말

③ 제3종 분말   ④ 제4종 분말

16. 인명구조기구에 해당하지 않는 것은?

① 방열복　　　② 공기안전매트
③ 공기호흡기　④ 인공소생기

| 해설
인명구조기구에 해당하는 것으로는 방열복, 방화복, 공기호흡기, 인공소생기가 있으며, 공기안전매트는 이에 해당하지 않는다.

정답 ②

17. 독성이 매우 높은 가스로서 석유제품, 유지(油脂) 등이 연소할 때 생성되는 알데히드 계통의 가스는?

① 시안화수소　② 아크롤레인
③ 포스겐　　　④ 암모니아

| 해설
석유제품, 유지(油脂) 등이 연소할 때 생성되는 알데히드 계통의 가스로서 독성이 매우 높은 가스는 아크롤레인이다.

정답 ②

18. 탱크화재시 발생되는 보일오버(Boil Over)의 방지방법으로 옳지 않은 것은?

① 과열방지
② 물의 배출
③ 위험물 탱크 내의 하부에 냉각수 저장
④ 탱크 내용물의 기계적 교반

| 해설
보일오버(Boil Over)의 방지방법에는 탱크 내용물의 기계적 교반, 물의 배출, 과열방지가 있으며, 위험물 탱크 내의 하부에 냉각수를 저장하는 것은 해당되지 않는다.

정답 ③

19. 위험물안전관리법령상 위험물의 지정수량이 잘못 연결된 것은?

① 과산화나트륨 – 50kg
② 적린 – 100kg
③ 트리니트로톨루엔 – 200kg
④ 탄화알루미늄 – 400kg

| 해설
탄화알루미늄의 지정수량은 300kg이다.

정답 ④

20. 건축물의 피난·방화구조 등의 기준에 관한 규칙에 따른 철망모르타르로서 그 바름 두께가 최소 몇 cm 이상인 것을 방화구조로 규정하는가?

① 1　　　② 1.5
③ 2　　　④ 2.5

| 해설
• 철망모르타르로서 그 바름 두께가 2cm 이상인 것을 방화구조로 규정한다.
• 그 외 방화구조로 규정하는 것은 다음과 같다.
  ㉠ 석고판 위에 시멘트모르타르 또는 회반죽을 바른 것으로서 그 두께의 합계가 2.5cm 이상인 것
  ㉡ 시멘트모르타르 위에 타일을 붙인 것으로서 그 두께의 합계가 2.5cm 이상인 것
  ㉢ 심벽에 흙으로 맞벽치기한 것
  ㉣ 산업표준화법에 따른 한국산업표준이 정하는 바에 따라 시험한 결과 방화 2급 이상에 해당하는 것

정답 ③

해커스 소방설비기사 필기 소방원론 기본서 + 7개년 기출문제집

※ CBT 문제는 수험생의 기억에 따라 복원된 것이며, 실제 기출문제와 동일하지 않을 수 있습니다.

01. 가연물질의 종류에 따라 화재를 분류하였을 때 섬유류 화재가 속하는 것은?

① A급 화재
② B급 화재
③ C급 화재
④ D급 화재

| 해설
섬유류 화재는 재를 남기는 A급 화재에 속한다.

참고 화재의 분류
• A급 화재: 일반화재
• B급 화재: 유류화재
• C급 화재: 전기화재
• D급 화재: 금속화재

정답 ①

02. 다음 각 물질과 물이 반응하였을 때 발생하는 가스의 연결이 옳지 않은 것은?

① 탄화칼슘 – 아세틸렌
② 탄화알루미늄 – 이산화황
③ 인화칼슘 – 포스핀
④ 수소화리튬 – 수소

| 해설
탄화알루미늄과 물이 반응하면 가연성 및 폭발성의 '메탄가스'를 발생시킨다.

정답 ②

03. 다음 중 가연성 물질이 아닌 것은?

① 프로판
② 산소
③ 에탄
④ 암모니아

| 해설
산소는 조연성 물질이다.

정답 ②

04. 공기와 할론 1301의 혼합기체에서 할론 1301에 비해 공기의 확산속도는 약 몇 배인가? (단, 공기의 평균분자량은 29, 할론 1301의 분자량은 149이다)

① 2.27배
② 3.85배
③ 5.17배
④ 6.46배

| 해설
그레이엄의 확산속도 법칙에 따라
$$\frac{V_a}{V_b} = \sqrt{\frac{M_b}{M_a}} = \sqrt{\frac{D_b}{D_a}}$$ 에서 $\sqrt{\frac{149}{29}} = 2.266 \fallingdotseq 2.27$
∴ 약 2.27배이다.

정답 ①

05. 방화벽의 구조 기준 중 ( ) 안에 알맞은 것은?

• 방화벽의 양쪽 끝과 위쪽 끝을 건축물의 외벽면 및 지붕면으로부터 (㉠)m 이상 튀어나오게 할 것
• 방화벽에 설치하는 출입문의 너비 및 높이는 각각 (㉡)m 이하로 하고, 해당 출입문에는 60분+방화문 또는 60분방화문을 설치할 것

	㉠	㉡		㉠	㉡
①	0.3	2.5	②	0.3	3.0
③	0.5	2.5	④	0.5	3.0

| 해설

- 방화벽의 양쪽 끝과 위쪽 끝을 건축물의 외벽면 및 지붕면으로부터 ⊙ 0.5m 이상 튀어나오게 할 것
- 방화벽에 설치하는 출입문의 너비 및 높이는 각각 ⓒ 2.5m 이하로 하고, 해당 출입문에는 60분 + 방화문 또는 60분방화문을 설치할 것

정답 ③

06. 연면적이 1,000m² 이상인 건축물에 설치하는 방화벽이 갖추어야 할 기준으로 옳지 않은 것은?

① 내화구조로서 홀로 설 수 있는 구조일 것
② 방화벽의 양쪽 끝과 위쪽 끝을 건축물의 외벽면 및 지붕면으로부터 0.1m 이상 튀어나오게 할 것
③ 방화벽에 설치하는 출입문의 너비는 2.5m 이하로 할 것
④ 방화벽에 설치하는 출입문의 높이는 2.5m 이하로 할 것

| 해설

②의 경우 방화벽의 양쪽 끝과 위쪽 끝을 건축물의 외벽면 및 지붕면으로부터 0.5m 이상 튀어 나오게 할 것이 옳은 내용이다.

정답 ②

07. 화재 표면온도(절대온도)가 2배로 되면 복사에너지는 몇 배로 증가 되는가?

① 2   ② 4
③ 8   ④ 16

| 해설

절대온도의 4승에 비례하므로 $2^4 = 16$배이다.

정답 ④

08. 제3종 분말소화약제에 대한 설명으로 옳지 않은 것은?

① A, B, C급 화재에 모두 적응한다.
② 주성분은 탄산수소칼륨과 요소이다.
③ 열분해시 발생되는 불연성 가스에 의한 질식효과가 있다.
④ 분말 운무에 의한 열방사를 차단하는 효과가 있다.

| 해설

제3종 분말소화약제는 다음과 같은 특징을 가진다.
⊙ A, B, C급 화재에 모두 적응한다.
ⓒ 주성분은 인산암모늄이다.
ⓒ 열분해시 발생되는 불연성 가스에 의한 질식효과가 있다.
ⓔ 분말 운무에 의한 열방사를 차단하는 효과가 있다.

정답 ②

09. 플래시오버(Flash Over)의 지연대책으로 틀린 것은?

① 두께가 얇은 가연성 내장재료를 사용한다.
② 열전도율이 큰 내장재료를 사용한다.
③ 주요구조부를 내화구조로 하고 개구부를 적게 설치한다.
④ 실내에 저장하는 가연물의 양을 줄인다.

| 해설

내장재료를 방염화한다.

정답 ①

10. 건축물의 주요구조부가 아닌 것은?

① 내력벽   ② 지붕틀
③ 보   ④ 옥외계단

| 해설

건축물의 주요구조부에는 ⊙ 내력벽, ⓒ 지붕틀, ⓒ 보, ⓔ 계단이 있으며, 사이 기둥, 최하층 바닥, 작은 보, 차양, 옥외계단은 해당하지 않는다.

정답 ④

11. 주요구조부가 내화구조로 된 건축물에서 거실 각 부분으로부터 하나의 직통계단에 이르는 보행거리는 피난자의 안전상 몇 m 이하이어야 하는가?

① 50
② 60
③ 70
④ 80

| 해설

주요구조부가 내화구조로된 건축물에서 거실 각 부분으로부터 하나의 직통계단에 이르는 보행거리는 50m 이하이어야 한다.

정답 ①

12. 연소의 4요소에 해당하지 않는 것은?

① 점화원
② 촉매
③ 가연물질
④ 산소공급원

| 해설

연소의 4요소로는 가연물질, 산소공급원, 점화원, 연쇄반응이 있으며, 촉매는 해당하지 않는다.

정답 ②

13. 270℃에서 다음의 열분해 반응식과 관계가 있는 분말 소화약제는?

$$2NaHCO_3 \rightarrow Na_2CO_3 + CO_2 + H_2O$$

① 제1종 분말
② 제2종 분말
③ 제3종 분말
④ 제4종 분말

| 해설

소화작용의 주성분이 탄산수소나트륨(= 중탄산나트륨)으로 이에 해당하는 소화약제는 제1종 분말소화약제이다.

정답 ①

14. 부피비가 메탄 80%, 에탄 15%, 프로판 4%, 부탄 1%인 혼합기체가 있다. 이 기체의 공기 중 폭발하한계는 약 몇 vol%인가? (단, 공기 중 단일 가스의 폭발하한계는 메탄 5vol%, 에탄 2vol%, 프로판 2vol%, 부탄 1.8vol%이다)

① 1.3
② 2.4
③ 3.8
④ 5.2

| 해설

르 샤틀리에의 법칙에서

$$L = \frac{1}{\dfrac{V_1}{L_1} + \dfrac{V_2}{L_2} + \cdots} \times 100(\%) 에서$$

$$L = \frac{1}{\dfrac{80}{5} + \dfrac{15}{2} + \dfrac{4}{2} + \dfrac{1}{1.8}} \times 100 = 3.83 ≒ 3.8$$

정답 ③

15. 자연발화의 조건으로 옳지 않은 것은?

① 열전도율이 높을 것
② 발열량이 클 것
③ 주위의 온도가 높을 것
④ 표면적이 클 것

| 해설

자연발화의 조건은 다음과 같다.
㉠ 열전도율이 낮을 것
㉡ 발열량이 클 것
㉢ 주위의 온도가 높을 것
㉣ 표면적이 클 것

정답 ①

16. 다음 중 바닥 부분의 내화구조 기준으로 옳지 않은 것은?

① 철근콘크리트조로서 두께가 5cm 이상인 것
② 철골철근콘크리트조로서 두께가 10cm 이상인 것
③ 철재로 보강된 콘크리트블록조·벽돌조 또는 석조로서 철재에 덮은 콘크리트블록등의 두께가 5cm 이상인 것
④ 철재의 양면을 두께 5cm 이상의 철망모르타르 또는 콘크리트로 덮은 것

| 해설
내화구조(바닥)
㉠ 철근콘크리트조 또는 철골철근콘크리트조로서 두께가 10센티미터 이상인 것
㉡ 철재로 보강된 콘크리트블록조·벽돌조 또는 석조로서 철재에 덮은 콘크리트블록등의 두께가 5센티미터 이상인 것
㉢ 철재의 양면을 두께 5센티미터 이상의 철망모르타르 또는 콘크리트로 덮은 것

정답 ①

17. 다음 중 연소시 발생하는 가스로 독성이 가장 강한 것은?

① 수소
② 질소
③ 일산화탄소
④ 이산화탄소

| 해설
• 가스의 허용농도가 100만분의 200 이하인 가스(= 200ppm 이하)의 경우 독성이 있는 것이며, 각 가스의 허용농도는 다음과 같다.
㉠ **수소, 질소**: 독성이 없음
㉡ **일산화탄소**: 50ppm
㉢ **이산화탄소**: 5,000ppm
• 따라서 허용농도가 가장 낮은 일산화탄소의 독성이 가장 강하다.

정답 ③

18. 화재발생시 피난기구로 직접 활용할 수 없는 것은?

① 완강기
② 무선통신보조설비
③ 피난사다리
④ 구조대

| 해설
무선통신보조설비는 소화활동설비에 해당된다.

정답 ②

19. 목재건축물의 화재 진행과정을 순서대로 나열한 것은?

① 무염착화 – 발염착화 – 발화 – 최성기
② 무염착화 – 최성기 – 발염착화 – 발화
③ 발염착화 – 발화 – 최성기 – 무염착화
④ 발염착화 – 최성기 – 무염착화 – 발화

| 해설
목재건축물의 화재 진행과정
화재원인 성립 → 무염착화 → 발염착화 → 발화 → 최성기 → 감쇠기

정답 ①

20. 실내에서 화재가 발생하여 실내의 온도가 21℃에서 650℃로 되었다면, 공기의 팽창은 처음의 약 몇 배가 되는가?

① 0.32
② 0.64
③ 3.14
④ 6.28

| 해설
샬의 법칙 $\dfrac{V_1}{T_1} = \dfrac{V_2}{T_2}$ 에서

$$V_2 = \frac{1 \times (650+273)}{21+273} = 3.139 \fallingdotseq 3.14$$

정답 ③

※ CBT 문제는 수험생의 기억에 따라 복원된 것이며, 실제 기출문제와 동일하지 않을 수 있습니다.

01. 부피 비가 메탄 80%, 에탄 15%, 프로판 4%, 부탄 1%인 혼합기체가 있다. 이 기체의 공기 중 폭발하한계는 약 몇 vol%인가? (단, 공기 중 단일 가스의 폭발하한계는 메탄 5vol%, 에탄 2vol%, 프로판 2vol%, 부탄 1.8vol%이다)

① 2.2
② 3.8
③ 4.9
④ 6.2

| 해설

르 샤틀리에의 법칙에서

$$L = \frac{1}{\frac{V_1}{L_1} + \frac{V_2}{L_2} + \cdots} \times 100 \, (\%)$$

$$L = \frac{1}{\frac{80}{5} + \frac{15}{2} + \frac{4}{2} + \frac{1}{1.8}} \times 100 = 3.83 \fallingdotseq 3.8$$

정답 ②

02. 알킬알루미늄 화재에 적합한 소화약제는?

① 물
② 이산화탄소
③ 팽창질석
④ 할로겐화합물

| 해설

알킬알루미늄 및 알킬리튬은 금수성 및 자연발화성물질로서 유기금속화합물이므로 금속화재에 적합한 소화약제가 적응성이 있다. 따라서 소화약제로는 마른모래, 팽창질석 및 팽창진주암으로 덮어씌워서 피복소화한다.

정답 ③

03. 화재하중에 대한 설명으로 옳지 않은 것은?

① 화재하중이 크면 단위면적당의 발열량이 크다.
② 화재하중이 크다는 것은 화재구획의 공간이 넓다는 것이다.
③ 화재하중이 같더라도 물질의 상태에 따라 가혹도는 달라진다.
④ 화재하중은 화재구획실 내의 가연물 총량을 목재 중량당비로 환산하여 면적으로 나눈 수치이다.

| 해설

- 화재하중과 공간이 넓다는 것은 관계성이 없다.
- 화재하중(kg/m^2)

$$q = \frac{\sum G_t H_t}{H_0 \, A} = \frac{\sum Q_t}{4500A}$$

q: 화재하중(kg/m^2)
A: 화재실의 바닥면적(m^2)
G_t: 가연물 중량(kg)
H_t: 가연물의 단위발열량($kcal/kg$)
$\sum Q_t$: 화재실 내의 가연물의 전발열량($kcal$)
H_0: 목재의 단위발열량($kcal/kg$)

정답 ②

04. 44L의 프로판 가스 1몰을 완전 연소했을 때 발생하는 이산화탄소의 양(L)은?

① 88
② 132
③ 156
④ 20

| 해설

$$C_3H_8 + 5O_2 \rightarrow 3CO_2 + 4H_2O$$

$$\therefore \; 3 \times 44 = 132$$

정답 ②

05. 위험물안전관리법령상 자기반응성물질의 품명에 해당하지 않는 것은?

① 니트로화합물
② 할로겐간화합물
③ 질산에스테르류
④ 히드록실아민염류

| 해설

- 제5류위험물(자기반응성물질): 니트로화합물, 질산에스테르류, 히드록실아민염류
- 제6류위험물(산화성액체): 할로겐간화합물

정답 ②

06. 건물화재에서 플래시오버(flash over)에 관한 설명으로 옳은 것은?

① 가연물이 착화되는 초기 단계에서 발생한다.
② 화재시 발생한 가연성 가스가 축적되었다가 일순간에 화염이 실 전체로 확대되는 현상을 말한다.
③ 소화활동이 끝난 단계에서 발생한다.
④ 화재시 모두 연소하여 자연 진화된 상태를 말한다.

| 해설

플래시오버(flash over)란 화재 시 발생한 가연성 가스가 축적되었다가 일순간에 화염이 실(room) 전체로 확대되는 현상을 말한다.

정답 ②

07. 다음 중 가연성가스가 아닌 것은?

① 일산화탄소
② 프로판
③ 아르곤
④ 메탄

| 해설

아르곤은 불연성가스이다.

정답 ③

08. 탄산수소나트륨이 주성분인 분말소화약제는?

① 제1종 분말
② 제2종 분말
③ 제3종 분말
④ 제4종 분말

| 해설

탄산수소나트륨이 주성분인 분말소화약제는 제1종 분말소화약제이며, 각 분말소화약제의 주성분은 다음과 같다.
㉠ 제2종 분말: 탄산수소칼륨
㉡ 제3종 분말: 제1인산암모늄
㉢ 제4종 분말: 탄산수소칼륨 + 요소

정답 ①

09. 화재를 발생시키는 열원 중 물리적 열원으로 옳지 않은 것은?

① 단열
② 마찰
③ 압축
④ 분해

| 해설

화학적 열원
㉠ 연소열
㉡ 분해열
㉢ 용해열
㉣ 자연발열

정답 ④

10. 물체의 표면온도가 250℃에서 650℃로 상승하면 열 복사량은 약 몇 배 정도 상승하는가?

① 2.5
② 5.7
③ 7.5
④ 9.7

| 해설

절대온도의 4제곱에 비례하므로 $\left(\dfrac{650+273}{250+273}\right)^4 = 9.70$배이다.

정답 ④

11. 다음 중 증기 비중이 가장 큰 것은?

① Halon 1301   ② Halon 2402

③ Halon 1211   ④ Halon 104

| 해설

증기비중을 계산하지 않아도 브롬의 수가 2개인 Halon 2402의 증기비중이 가장 무겁다.

정답 ②

12. 0℃, 1기압에서 44.8㎥의 용적을 가진 이산화탄소를 액화하여 얻을 수 있는 액화탄산가스의 무게(kg)는?

① 88   ② 44

③ 22   ④ 11

| 해설

0℃, 1기압, 용적 44.8㎥ 이산화탄소의 경우
이상기체상태방정식

$$PV = nRT = \frac{W}{M}RT$$

$$W(g) = \frac{PVM}{RT} = \frac{1 \times 44.8 \times 10^3 \times 44}{0.082 \times 273}$$

$$= 88055(g) \fallingdotseq 88(kg)$$

정답 ①

13. 다음 중 제4류 위험물 중 알코올류가 아닌 것은?

① 메틸알코올   ② 에틸알코올

③ 프로필알코올   ④ 부틸알코올

| 해설

알코올류

1분자를 구성하는 탄소 원자의 수가 1개부터 3개까지인 포화 1가 알코올(변성알코올을 포함한다)을 말하며, 부틸알코올은 탄소의 원자 수가 4개이므로 알코올류가 아니다.

정답 ④

14. 자연발화의 조건으로 옳지 않은 것은?

① 열전도율이 낮을 것

② 발열량이 클 것

③ 주위의 온도가 높을 것

④ 표면적이 작을 것

| 해설

자연발화의 조건

㉠ 열전도율이 낮을 것

㉡ 발열량이 클 것

㉢ 주위의 온도가 높을 것

㉣ 표면적이 클 것

정답 ④

15. 물에 저장하는 것이 안전한 물질로 옳은 것은?

① 나트륨   ② 수소화칼슘

③ 이황화탄소   ④ 탄화칼슘

| 해설

• 이황화탄소는 제4류위험물 중 특수인화물로서 「위험물안전관리법」에 따라 수조(물)에 저장한다.

• 나트륨, 수소화칼슘, 탄화칼슘 등은 금수성물질로 물과 접촉해서는 아니 된다.

정답 ③

16. 건축물 화재에서 플래시오버(Flash over) 현상이 일어나는 시기로 옳은 것은?

① 초기에서 성장기로 넘어가는 시기

② 성장기에서 최성기로 넘어가는 시기

③ 최성기에서 감쇠기로 넘어가는 시기

④ 감쇠기에서 종기로 넘어가는 시기

| 해설

플래시오버(Flash over) 현상은 건축물 실내 화재시 복사열에 의한 실내의 가연물이 일시에 폭발적인 착화현상을 말하며, 발생 시기는 성장기에서 최성기로 넘어가는 분기점이다.

정답 ②

17. 다음 물질 중 연소범위를 통해 산출한 위험도 값이 가장 높은 것은?

① 수소　　　　　② 에틸렌
③ 메탄　　　　　④ 이황화탄소

| 해설

위험도

㉠ 위험도 = $\dfrac{연소범위의\ 상한값 - 연소범위의\ 하한값}{연소범위의\ 하한값}$

㉡ **이황화탄소**: 43(연소범위: 1 ~ 44%)

㉢ **수소**: 17.75(연소범위: 4 ~ 75%)

㉣ **에틸렌**: 12.3(연소범위: 2.7 ~ 36%)

㉤ **메탄**: 2(연소범위: 5 ~ 15%)

정답　④

---

18. 화재의 정의로 옳지 않은 것은?

① 가연성물질과 산소와의 격렬한 산화반응이다.
② 사람의 과실로 인한 실화나 고의에 의한 방화로 발생하는 연소현상으로서 소화할 필요성이 있는 연소현상이다.
③ 가연물과 공기와의 혼합물이 어떤 점화원에 의하여 활성화되어 열과 빛을 발하면서 일으키는 격렬한 발열반응이다.
④ 인류의 문화와 문명의 발달을 가져오게 한 근본 존재로서 인간의 제어수단에 의하여 컨트롤할 수 있는 연소현상이다.

| 해설

• **화재**: 사람의 의도에 반하거나 고의 또는 과실에 의하여 발생하는 연소 현상으로서 소화할 필요가 있는 현상 또는 사람의 의도에 반하여 발생하거나 확대된 화학적 폭발현상을 말한다.
• **화학적인 폭발현상**: 화학적 변화가 있는 연소 현상의 형태로서, 급속히 진행되는 화학반응에 의해 다량의 가스와 열을 발생하면서 폭음, 불꽃 및 파괴가 일어나는 현상을 말한다.

정답　④

---

19. 조연성가스로만 나열되어 있는 것은?

① 질소, 불소, 수증기
② 산소, 불소, 염소
③ 산소, 이산화탄소, 오존
④ 질소, 이산화탄소, 염소

| 해설

조연성이란 가연물질이 연소하는 것을 도와주는 성질을 말하며, 조연성물질로는 산소, 염소, 불소, 오존 등이 있다. 그리고 이산화탄소와 질소는 불연성물질이다.

정답　②

---

20. 다음 중 부촉매소화효과에 따른 소화방법으로 옳은 것은?

① 냉각소화　　　② 질식소화
③ 억제소화　　　④ 제거소화

| 해설

억제소화(부촉매소화)효과는 화염으로 인한 연소반응을 주도하는 라디칼을 제거하여 연소반응을 중단시키는 방법으로 화학적 작용에 의한 소화법이다.

정답　③

01. 정전기로 인한 화재를 줄이고 방지하기 위한 대책 중 틀린 것은?

① 공기 중 습도를 일정값 이상으로 유지한다.
② 기기의 전기 절연성을 높이기 위하여 부도체로 차단공사를 한다.
③ 공기 이온화 장치를 설치하여 가동시킨다.
④ 정전기 축적을 막기 위해 접지선을 이용하여 대지로 연결 작업을 한다.

│ 해설
정전기는 도체에서는 발생하지 않고 부도체(절연체)에서 쉽게 발생한다.

정답 ②

02. 물질의 연소시 산소공급원이 될 수 없는 것은?

① 탄화칼슘
② 과산화나트륨
③ 질산나트륨
④ 압축공기

│ 해설
산소공급원
㉠ 공기: 압축공기
㉡ 산화성물질(제1류위험물, 제6류위험물): 과산화나트륨, 질산나트륨
㉢ 자연발화성물질(제5류위험물): 유기과산화물, 질산에스테르류 등

정답 ①

03. 이산화탄소 20g은 약 몇 mol인가?

① 0.23
② 0.45
③ 2.2
④ 4.4

│ 해설
이산화탄소 1mol은 44g이므로 20g은 $\dfrac{20}{44} = 0.45$ mol

 정답 ②

04. 위험물안전관리법령상 위험물로 분류되는 것은?

① 과산화수소
② 압축산소
③ 프로판가스
④ 포스겐

│ 해설
과산화수소는 제6류위험물로서 산화성액체의 성질과 상태를 갖는다.

정답 ①

05. 프로판가스의 최소점화에너지는 일반적으로 몇 mJ 정도 되는가?

① 0.25
② 2.5
③ 25
④ 250

│ 해설
최소점화에너지
㉠ 일반 탄화수소(프로판 등): 약 0.25mJ
㉡ 수소: 0.02mJ

 정답 ①

06. Fourier 법칙(전도)에 대한 설명으로 틀린 것은?

① 이동열량은 전열체의 단면적에 비례한다.
② 이동열량은 전열체의 두께에 비례한다.
③ 이동열량은 전열체의 열전도도에 비례한다.
④ 이동열량은 전열체 내·외부 온도차에 비례한다.

| 해설

• 이동열량은 전열체의 단면적에 비례한다.
• 이동열량은 전열체의 두께에 반비례한다.
• 이동열량은 전열체의 열전도도에 비례한다.
• 이동열량은 전열체 내·외부 온도차에 비례한다.

정답 ②

07. 할론소화설비에서 Halon 1211 약제의 분자식은?

① CBr_2ClF
② CF_2ClBr
③ CCl_2BrF
④ BrC_2ClF

| 해설

• CF_3Br: Halon 1301
• CF_2ClBr: Halon 1211

정답 ②

08. 제4류위험물의 성질로 옳은 것은?

① 가연성 고체
② 산화성 고체
③ 인화성 액체
④ 자기반응성물질

| 해설

• **가연성 고체**: 제2류위험물
• **산화성 고체**: 제1류위험물
• **인화성 액체**: 제4류위험물
• **자기반응성물질**: 제5류위험물

정답 ③

09. 목재 화재시 다량의 물을 뿌려 소화할 경우 기대되는 주된 소화효과는?

① 제거효과
② 냉각효과
③ 부촉매효과
④ 희석효과

| 해설

목재 화재시 다량의 물을 뿌려 소화할 경우 기대되는 주된 소화효과는 냉각소화효과이다.

정답 ②

10. 연기에 의한 감광계수가 $0.1m^{-1}$이고, 가시거리가 20 ~ 30m일 때의 상황으로 옳은 것은?

① 건물 내부에 익숙한 사람이 피난에 지장을 느낄 정도
② 연기감지기가 작동할 정도
③ 어두운 것을 느낄 정도
④ 앞이 거의 보이지 않을 정도

| 해설
감광계수 및 가시거리
• 건물 내부에 익숙한 사람이 피난에 지장을 느낄 정도: 감광계수가 $0.3m^{-1}$이고, 가시거리가 5m
• 연기감지기가 작동할 정도: 감광계수가 $0.1m^{-1}$이고, 가시거리가 20 ~ 30m
• 어두운 것을 느낄 정도: 감광계수가 $0.5m^{-1}$이고, 가시거리가 3m
• 앞이 거의 보이지 않을 정도: 감광계수가 $1.0m^{-1}$이고, 가시거리가 1 ~ 2m

정답 ②

11. 다음 분말소화약제 중 탄산수소칼륨($KHCO_3$)과 요소($CO(NH_2)_2$)와의 반응물을 주성분으로 하는 소화약제는?

① 제1종 분말　　② 제2종 분말

③ 제3종 분말　　④ 제4종 분말

| 해설

분말소화약제 주성분

㉠ 제1종 분말: 탄산수소나트륨

㉡ 제2종 분말: 탄산수소칼륨

㉢ 제3종 분말: 제1인산암모늄

㉣ 제4종 분말: 탄산수소칼륨 + 요소

정답　④

12. 가연물의 제거를 통한 소화 방법과 무관한 것은?

① 산불의 확산방지를 위해 산림의 일부를 벌채한다.

② 화학반응기의 화재시 원료 공급관의 밸브를 잠근다.

③ 전기실 화재시 IG-541 약제를 방출한다.

④ 유류탱크 화재시 주변에 있는 유류탱크의 유류를 다른 곳으로 이동시킨다.

| 해설

전기실 화재시 IG-541(불활성기체) 약제를 방출하는 소화는 질식소화이다.

정답　③

13. 건물화재의 표준 시간 - 온도 곡선에서 화재발생 후 1시간이 경과할 경우 내부 온도(℃)는?

① 125　　② 325

③ 640　　④ 925

| 해설

건물화재의 표준 시간 - 온도 곡선에서 내부 온도

㉠ 840℃: 30분 경과

㉡ 925℃: 1시간 경과

정답　④

14. 물질의 취급 또는 위험성에 대한 설명 중 틀린 것은?

① 융해열은 점화원이다.

② 질산은 물과 반응 시 발열 반응하므로 주의를 해야 한다.

③ 네온, 이산화탄소, 질소는 불연성 물질로 취급한다.

④ 암모니아를 충전하는 공업용 용기의 색상은 백색이다.

| 해설

융해열은 고체(얼음)가 액체(물)로 물질의 상태가 변할 때 필요한 열로서 냉각효과가 있다.

정답　①

15. 물이 소화약제로써 사용되는 장점이 아닌 것은?

① 가격이 저렴하다.

② 많은 양을 구할 수 있다.

③ 증발잠열이 크다.

④ 가연물과 화학반응이 일어나지 않는다.

| 해설

물 소화약제 장점

㉠ 가격이 저렴하다.

㉡ 많은 양을 구할 수 있다.

㉢ 증발잠열이 크다.

㉣ 운송이 용이하다.

정답　④

16. 폭굉(detonation)에 관한 설명으로 틀린 것은?

① 연소속도가 음속보다 느릴 때 나타난다.
② 온도의 상승은 충격파의 압력에 기인한다.
③ 압력상승은 폭연의 경우가 크다.
④ 폭굉의 유도거리는 배관의 지름과 관계가 있다.

| 해설

폭굉(detonation)

㉠ 연소속도가 음속보다 빠를 때 나타난다.
㉡ 온도의 상승은 충격파의 압력에 기인한다.
㉢ 압력상승은 폭연의 경우가 크다.
㉣ 폭굉의 유도거리는 배관의 지름과 관계가 있다(배관의 지름이 작을수록 짧다).

정답 ①

17. 자연발화가 일어나기 쉬운 조건이 아닌 것은?

① 열전도율이 클 것
② 적당량의 수분이 존재할 것
③ 주위의 온도가 높을 것
④ 표면적이 넓을 것

| 해설

자연발화 조건

㉠ 열전도율이 작을 것
㉡ 적당량의 수분이 존재할 것
㉢ 주위의 온도가 높을 것
㉣ 표면적이 넓을 것

정답 ①

18. 목조건축물의 화재특성으로 틀린 것은?

① 습도가 낮을수록 연소 확대가 빠르다.
② 화재진행속도는 내화건축물보다 빠르다.
③ 화재최성기의 온도는 내화건축물보다 낮다.
④ 화재성장속도는 횡방향보다 종방향이 빠르다.

| 해설

화재최성기의 온도

㉠ 내화구조건축물(저온 장기): 목조건축물보다 낮다.
㉡ 목조건축물(고온 단기): 내화구조건축물보다 높다.

정답 ③

19. 다음 중 공기 중에서의 연소범위가 가장 넓은 것은?

① 부탄
② 프로판
③ 메탄
④ 수소

| 해설

연소범위가 넓은 순서

수소 > 메탄 > 프로판 > 부탄

정답 ④

20. 플래시오버(flash over)에 대한 설명으로 옳은 것은?

① 도시가스의 폭발적 연소를 말한다.
② 휘발유 등 가연성 액체가 넓게 흘러서 발화한 상태를 말한다.
③ 옥내화재가 서서히 진행하여 열 및 가연성 기체가 축적되었다가 일시에 연소하여 화염이 크게 발생하는 상태를 말한다.
④ 화재층 불이 상부층으로 올라가는 현상을 말한다.

| 해설

플래시오버(flash over)는 옥내화재가 서서히 진행하여 열 및 가연성 기체가 축적되었다가 일시에 연소하여 화염이 크게 발생하는 상태를 말한다.

정답 ③

01. 소화원리에 대한 설명으로 옳지 않은 것은?

① 억제소화: 불활성기체를 방출하여 연소범위 이하로 낮추어 소화하는 방법

② 냉각소화: 물의 증발잠열을 이용하여 가연물의 온도를 낮추는 소화방법

③ 제거소화: 가연성 가스의 분출화재시 연료공급을 차단시키는 소화방법

④ 질식소화: 포소화약제 또는 불연성기체를 이용해서 공기 중의 산소공급을 차단하여 소화하는 방법

| 해설

억제소화는 화염으로 인한 연소반응을 주도하는 라디칼을 제거하여 연소반응을 중단시키는 방법으로 화학적 작용에 의한 소화법이다.

정답 ①

02. 위험물의 류별에 따른 분류가 잘못된 것은?

① 제1류 위험물: 산화성 고체

② 제3류 위험물: 자연발화성 물질 및 금수성 물질

③ 제4류 위험물: 인화성 액체

④ 제6류 위험물: 가연성 액체

| 해설

제6류 위험물은 산화성 액체이다.

정답 ④

03. 고층 건축물 내 연기거동 중 굴뚝효과에 영향을 미치는 요소가 아닌 것은?

① 건물 내·외의 온도차   ② 화재실의 온도

③ 건물의 높이   ④ 층의 면적

| 해설

굴뚝효과에 영향을 미치는 요소

㉠ 건물 내·외의 온도차

㉡ 화재실의 온도

㉢ 건물의 높이

㉣ 외벽의 기밀성

정답 ④

04. 화재에 관련된 국제적인 규정을 제정하는 단체는?

① IMO(International Maritime Organization)

② SFPE(Society of Fire Protection Engineers)

③ NFPA(Nation Fire Protection Association)

④ ISO(International Organization for Standardization) TC 92

| 해설

• IMO(International Maritime Organization): 국제해사기구

• SFPE(Society of Fire Protection Engineers): 소방엔지니어협회

• NFPA(Nation Fire Protection Association): 미국화재보험협회

• ISO(International Organization for Standardization) TC 92: 국제표준화기구(화재안전)

정답 ④

05. 제연설비의 화재안전기준상 예상제연구역에 공기가 유입되는 순간의 풍속은 몇 m/s 이하가 되도록 하여야 하는가?

① 2 　　　　　　 ② 3
③ 4 　　　　　　 ④ 5

| 해설

예상제연구역에 공기가 유입되는 순간의 풍속은 5m/s 이하가 되도록 하고, 유입구의 구조는 유입공기를 상향으로 분출하지 않도록 설치해야 한다.

정답 ④

06. 화재의 정의로 옳지 않은 것은?

① 가연성물질과 산소와의 격렬한 산화반응이다.
② 사람의 과실로 인한 실화나 고의에 의한 방화로 발생하는 연소현상으로서 소화할 필요성이 있는 연소현상이다.
③ 가연물과 공기와의 혼합물이 어떤 점화원에 의하여 활성화되어 열과 빛을 발하면서 일으키는 격렬한 발열반응이다.
④ 인류의 문화와 문명의 발달을 가져오게 한 근본 존재로서 인간의 제어수단에 의하여 컨트롤할 수 있는 연소현상이다.

| 해설

• 화재: 사람의 의도에 반하거나 고의 또는 과실에 의하여 발생하는 연소 현상으로서 소화할 필요가 있는 현상 또는 사람의 의도에 반하여 발생하거나 확대된 화학적 폭발현상을 말한다.
• 화학적인 폭발현상: 화학적 변화가 있는 연소 현상의 형태로서, 급속히 진행되는 화학반응에 의해 다량의 가스와 열을 발생하면서 폭음, 불꽃 및 파괴가 일어나는 현상을 말한다.

정답 ④

07. 물에 황산을 넣어 묽은 황산을 만들 때 발생되는 열은?

① 연소열 　　　　　 ② 분해열
③ 용해열 　　　　　 ④ 자연발열

| 해설

용질(황산)이 용매(물)에서 용해될 때는 열을 흡수하거나 방출하는데, 물질 1몰이 과량의 용매에 완전히 용해할 때 출입하는 열은 용해열이다.

정답 ③

08. 이산화탄소 소화약제의 임계온도는 약 몇 ℃인가?

① 24.4 　　　　　 ② 31.4
③ 56.4 　　　　　 ④ 78.4

| 해설

이산화탄소의 임계온도와 임계압력
㉠ 임계온도: 31.4℃
㉡ 임계압력: 72.8kg/cm^2

정답 ②

09. 상온·상압의 공기 중에서 탄화수소류의 가연물을 소화하기 위한 이산화탄소 소화약제의 농도는 약 몇 %인가? (단, 탄화수소류는 산소농도가 10%일 때 소화된다고 가정한다)

① 28.57 　　　　 ② 35.48
③ 49.56 　　　　 ④ 52.38

| 해설

$$CO_2 \text{ 농도} = \frac{21 - 10}{21} \times 100 = 52.38\%$$

정답 ④

10. 과산화수소 위험물의 특성이 아닌 것은?

① 비수용성이다.
② 무기화합물이다.
③ 불연성 물질이다.
④ 비중은 물보다 무겁다.

| 해설
과산화수소는 물에 녹는 수용성 물질이다.

정답 ①

11. 건축물의 피난·방화구조 등의 기준에 관한 규칙 상 방화구획의 설치기준 중 스프링클러를 설치한 10층 이하의 층은 바닥면적 몇 m² 이내마다 방화구획을 구획하여야 하는가?

① 1,000
② 1,500
③ 2,000
④ 3,000

| 해설
방화구획
㉠ 10층 이하의 층은 바닥면적 1천제곱미터(스프링클러 기타 이와 유사한 자동식 소화설비를 설치한 경우에는 바닥면적 3천제곱미터) 이내마다 구획할 것
㉡ 11층 이상의 층은 바닥면적 200제곱미터(스프링클러 기타 이와 유사한 자동식 소화설비를 설치한 경우에는 600제곱미터) 이내마다 구획할 것. 다만, 벽 및 반자의 실내에 접하는 부분의 마감을 불연재료로 한 경우에는 바닥면적 500제곱미터(스프링클러 기타 이와 유사한 자동식 소화설비를 설치한 경우에는 1천500제곱미터) 이내마다 구획하여야 한다.

정답 ④

12. 이산화탄소 소화약제의 주된 소화효과는?

① 제거소화
② 억제소화
③ 질식소화
④ 냉각소화

| 해설
이산화탄소 소화약제의 주된 소화효과는 질식소화효과이다.

정답 ③

13. 다음 중 분진 폭발의 위험성이 가장 낮은 것은?

① 시멘트가루
② 알루미늄분
③ 석탄분말
④ 밀가루

| 해설
분진 폭발의 위험성이 가장 낮은 것은 시멘트가루이다.

정답 ①

14. 백열전구가 발열하는 원인이 되는 열은?

① 아크열
② 유도열
③ 저항열
④ 정전기열

| 해설
저항열은 저항의 생성으로 인해 전류가 집적되며 발생되는 열이다(백열전구, 전열기 등).

정답 ③

15. 동식물유류에서 "요오드값이 크다"라는 의미를 옳게 설명한 것은?

① 불포화도가 높다.
② 불건성유이다.
③ 자연발화성이 낮다.
④ 산소와의 결합이 어렵다.

| 해설
"요오드값이 크다"의 의미
㉠ 불포화도가 높다.
㉡ 건성유이다.
㉢ 자연발화성이 높다.
㉣ 산소와의 결합이 쉽다.

정답 ①

16. 단백포 소화약제의 특징이 아닌 것은?

① 내열성이 우수하다.
② 유류에 대한 유동성이 나쁘다.
③ 유류를 오염시킬 수 있다.
④ 변질의 우려가 없어 저장 유효기간의 제한이 없다.

| 해설

단백포 소화약제의 특징
㉠ 내열성이 우수하다.
㉡ 유류에 대한 유동성이 나쁘다.
㉢ 유류를 오염시킬 수 있다.
㉣ 변질·부패의 우려가 있어 저장 유효기간이 짧다(3년 정도).

정답 ④

17. 전기불꽃, 아크 등이 발생하는 부분을 기름 속에 넣어 폭발을 방지하는 방폭구조는?

① 내압방폭구조
② 유입방폭구조
③ 안전증방폭구조
④ 특수방폭구조

| 해설

방폭구조
㉠ **내압방폭구조**: 방폭전기기기의 용기 내부에서 가연성가스가 폭발했을 경우 그 압력에 견디고 내부의 가연성가스로 전해지지 않도록 고안된 구조
㉡ **유입방폭구조**: 전기기기의 불꽃, 아크 등이 발생하는 부분을 기름 속에 넣어 폭발을 방지하는 구조
㉢ **안전증방폭구조**: 운전 중에 불꽃, 아크 또는 과열이 발생하면 아니 되는 부분에 이것들이 발생하지 않도록 구조상 또는 온도상승에 대하여 특별히 안전성을 높인 구조
㉣ **특수방폭구조**: 가연성가스에 점화를 방지할 수 있는 것이 시험 그 밖의 방법에 의하여 확인된 구조

정답 ②

18. 자연발화의 방지방법이 아닌 것은?

① 통풍이 잘되도록 한다.
② 퇴적 및 수납시 열이 쌓이지 않게 한다.
③ 높은 습도를 유지한다.
④ 저장실의 온도를 낮게 한다.

| 해설

자연발화의 방지방법
㉠ 통풍이 잘되도록 한다.
㉡ 퇴적 및 수납시 열이 쌓이지 않게 한다.
㉢ 습도를 낮게 유지한다.
㉣ 저장실의 온도를 낮게 한다.

정답 ③

19. 소화약제의 형식승인 및 제품검사의 기술기준상 강화액 소화약제의 응고점은 몇 ℃ 이하여야 하는가?

① 0
② -20
③ -25
④ -30

| 해설

강화액 소화약제(알칼리 금속염류 등을 주성분으로 하는 수용액)
㉠ 알칼리 금속염류의 수용액인 경우에는 알칼리성 반응을 나타내어야 한다.
㉡ 강화액 소화약제의 응고점은 -20℃ 이하여야 한다.

 정답 ②

20. 상온에서 무색의 기체로서 암모니아와 유사한 냄새를 가지는 물질은?

① 에틸벤젠
② 에틸아민
③ 산화프로필렌
④ 사이클로프로판

| 해설

에틸아민은 지방족 제1차 아민의 하나로, 암모니아의 수소 1개를 에틸기로 치환한 것이다. 생선 썩는 냄새와 비슷한 냄새가 난다.

 정답 ②

2021년 | 제4회

01. 피난자의 집중으로 패닉현상이 일어날 우려가 가장 큰 형태는?

① T형   ② X형

③ Z형   ④ H형

| 해설

H형의 경우 피난자의 집중으로 패닉현상이 일어날 우려가 가장 크다.

정답 ④

02. 연기감지기가 작동할 정도이고 가시거리가 20 ~ 30m에 해당하는 감광계수는?

① $0.1m^{-1}$ ② $1.0m^{-1}$

③ $2.0m^{-1}$ ④ $10m^{-1}$

| 해설

• 연기감지기가 작동할 정도이고 가시거리가 20 ~ 30m에 해당하는 감광계수는 $0.1m^{-1}$이다.

• 감광계수 및 가시거리

감광계수 (m^{-1})	가시거리 (m)	상황
0.1	20~30	연기감지기 작동
0.3	5	건물 내부에 익숙한 사람이 피난에 지장을 느낄 정도
0.5	3	어두침침한 것을 느낄 정도
1.0	1~2	거의 앞이 보이지 않을 정도
10	0.2~0.5	화재 최성기 때의 연기농도 또는 유도등이 보이지 않을 정도
30	–	출화실에서 연기가 분출

정답 ①

03. 소화에 필요한 CO_2의 이론소화농도가 공기 중에서 37Vol%일 때 한계산소농도(Vol%)는?

① 13.2   ② 14.5

③ 15.5   ④ 16.5

| 해설

$$CO_2의\ 소화농도 = \frac{21-O_2}{21} \times 100$$

$$37 = \frac{21-O_2}{21} \times 100 에서$$

$$2100 - 100O_2 = 37 \times 21$$

$$100O_2 = 2100 - 777$$

$$O_2 = \frac{1323}{100} = 13.23\% ≒ 13.2\%$$

정답 ①

04. 건물화재시 패닉(panic)의 발생원인과 직접적인 관계가 없는 것은?

① 연기에 의한 시계 제한

② 유독가스에 의한 호흡 장애

③ 외부와 단절되어 고립

④ 불연내장재의 사용

| 해설

패닉(panic)의 직접적인 원인으로는 연기에 의한 시계 제한, 유독가스에 의한 호흡 장애, 외부와 단절되어 고립, 가연내장재의 사용이 있으며, 불연내장재의 사용은 직접적인 관계가 없다.

정답 ④

05. 소화기구 및 자동소화장치의 화재안전기준에 따르면 소화기구(자동확산소화기는 제외)는 거주자 등이 손쉽게 사용할 수 있는 장소에 바닥으로부터 높이 몇 m 이하의 곳에 비치하여야 하는가?

① 0.5   ② 1.0
③ 1.5   ④ 2.0

| 해설

소화기구 및 자동소화장치의 화재안전기준에 따르면 소화기구(자동확산소화기는 제외)는 거주자 등이 손쉽게 사용할 수 있는 장소에 바닥으로부터 높이 1.5m 이하의 곳에 비치하여야 한다.

정답 ③

06. 물리적 폭발에 해당하는 것은?

① 분해 폭발   ② 분진 폭발
③ 중합 폭발   ④ 수증기 폭발

| 해설

폭발
• 물리적 폭발에 해당하는 것은 수증기 폭발이다.
• 분해 폭발, 분진 폭발, 중합 폭발은 화학적 폭발에 해당한다.

정답 ④

07. 소화약제로 사용되는 이산화탄소에 대한 설명으로 옳은 것은?

① 산소와 반응시 흡열반응을 일으킨다.
② 산소와 반응하여 불연성 물질을 발생시킨다.
③ 산화하지 않으나 산소와는 반응한다.
④ 산소와 반응하지 않는다.

| 해설

이산화탄소는 연소반응이 완료된 물질로서 소화약제로 사용되는 것이다. 즉, 산소와 반응하지 않는다.

정답 ④

08. Halon 1211의 화학식에 해당하는 것은?

① CH_2BrCl ② CF_2ClBr
③ CH_2BrF ④ CF_2HBr

| 해설

Halon 1211의 화학식은 CF_2ClBr이다.

정답 ②

09. 건축물 화재에서 플래시오버(Flash over) 현상이 일어나는 시기는?

① 초기에서 성장기로 넘어가는 시기
② 성장기에서 최성기로 넘어가는 시기
③ 최성기에서 감쇠기로 넘어가는 시기
④ 감쇠기에서 종기로 넘어가는 시기

| 해설

플래시오버(Flash over) 현상은 건축물 실내 화재시 복사열에 의한 실내의 가연물이 일시에 폭발적인 착화현상을 말하며, 발생 시기는 성장기에서 최성기로 넘어가는 분기점이다.

정답 ②

10. 인화칼슘과 물이 반응할 때 생성되는 가스는?

① 아세틸렌   ② 황화수소
③ 황산   ④ 포스핀

| 해설

인화칼슘과 물이 반응할 때 포스핀가스가 발생한다(인화칼슘 + 물 → 포스핀가스).

정답 ④

11. 위험물안전관리법령상 자기반응성물질의 품명에 해당하지 않는 것은?

① 니트로화합물
② 할로겐간화합물
③ 질산에스테르류
④ 히드록실아민염류

| 해설

위험물
할로겐간화합물은 산화성고체에 해당한다.

정답 ②

12. 마그네슘의 화재에 주수하였을 때 물과 마그네슘의 반응으로 인하여 생성되는 가스는?

① 산소
② 수소
③ 일산화탄소
④ 이산화탄소

| 해설

마그네슘과 물이 반응하면 수소가스가 발생한다(마그네슘 + 물 → 수소가스).

정답 ②

13. 제2종 분말소화약제의 주성분으로 옳은 것은?

① NaH_2PO_4
② KH_2PO_4
③ $NaHCO_3$
④ $KHCO_3$

| 해설

분말소화약제의 주성분은 다음과 같다.
㉠ 제1종 분말소화약제: 탄산수소나트륨($NaHCO_3$)
㉡ 제2종 분말소화약제: 탄산수소칼륨($KHCO_3$)
㉢ 제3종 분말소화약제: 제1인산암모늄($NH_4H_2PO_4$)

정답 ④

14. 물과 반응하였을 때 가연성 가스를 발생하여 화재의 위험성이 증가하는 것은?

① 과산화칼슘
② 메탄올
③ 칼륨
④ 과산화수소

| 해설

칼륨과 물이 반응하면 수소가스(가연성)가 발생하므로 화재의 위험성이 증가한다.

정답 ③

15. 물리적 소화방법이 아닌 것은?

① 연쇄반응의 억제에 의한 방법
② 냉각에 의한 방법
③ 공기와의 접촉 차단에 의한 방법
④ 가연물 제거에 의한 방법

| 해설

연쇄반응의 억제에 의한 방법은 화학적 소화(= 부촉매)에 해당한다.

정답 ①

16. 다음 중 착화온도가 가장 낮은 것은?

① 아세톤
② 휘발유
③ 이황화탄소
④ 벤젠

| 해설

• 각 물질의 착화온도는 다음과 같다.
㉠ **아세톤**: 468℃
㉡ **휘발유**: 300℃
㉢ **이황화탄소**: 90℃
㉣ **벤젠**: 498℃
• 따라서 착화온도가 가장 낮은 것은 이황화탄소이다.

정답 ③

17. 화재의 분류방법 중 유류화재를 나타낸 것은?

① A급 화재
② B급 화재
③ C급 화재
④ D급 화재

18. 소화약제로 사용되는 물에 관한 소화성능 및 물성에 대한 설명으로 옳지 않은 것은?

① 비열과 증발잠열이 커서 냉각소화 효과가 우수하다.
② 물(15℃)의 비열은 약 1cal/g · ℃이다.
③ 물(100℃)의 증발잠열은 439.6cal/g이다.
④ 물의 기화에 의한 팽창된 수증기는 질식소화작용을 할 수 있다.

19. 공기에서의 연소범위를 기준으로 했을 때 위험도 (H)값이 가장 큰 것은?

① 디에틸에테르
② 수소
③ 에틸렌
④ 부탄

20. 조연성가스로만 나열되어 있는 것은?

① 질소, 불소, 수증기
② 산소, 불소, 염소
③ 산소, 이산화탄소, 오존
④ 질소, 이산화탄소, 염소

2021년 | 제2회

01. 제3종 분말소화약제의 주성분은?

① 인산암모늄   ② 탄산수소칼륨
③ 탄산수소나트륨   ④ 탄산수소칼륨과 요소

| 해설

제3종 분말소화약제의 주성분은 인산암모늄이며, 각 종별 분말소화약제의 주성분은 다음과 같다.
㉠ 제1종 분말소화약제의 주성분: 탄산수소나트륨(= 중탄산나트륨)
㉡ 제2종 분말소화약제의 주성분: 탄산수소칼륨(= 중탄산칼륨)
㉢ 제3종 분말소화약제의 주성분: 인산암모늄
㉣ 제4종 분말소화약제의 주성분: 탄산수소칼륨과 요소

정답 ①

02. 화재발생시 피난기구로 직접 활용할 수 없는 것은?

① 완강기   ② 무선통신보조설비
③ 피난사다리   ④ 구조대

| 해설

무선통신보조설비는 소화활동설비에 해당된다.

정답 ②

03. 소화약제 중 HFC-125의 화학식으로 옳은 것은?

① CHF_2CF_3 ② CHF_3
③ CF_3CHFCF_3 ④ CF_3I

| 해설

소화약제 중 HFC-125(펜타플루오로에탄)의 화학식은 CHF_2CF_3이며, 소화약제별 화학식은 다음과 같다.
㉠ HFC-125(펜타플루오로에탄)의 화학식: CHF_2CF_3
㉡ HFC-23(트리플루오로메탄)의 화학식: CHF_3
㉢ HFC-227ea(헵타플루오로프로판)의 화학식: CF_3CHFCF_3
㉣ FIC-1311(트리플루오로이오다이드)의 화학식: CF_3I

정답 ①

04. 위험물안전관리법령상 제6류 위험물을 수납하는 운반용기의 외부에 주의사항을 표시하여야 할 경우, 어떤 내용을 표시하여야 하는가?

① 물기엄금   ② 화기엄금
③ 화기주의 · 충격주의   ④ 가연물접촉주의

| 해설

• 제6류 위험물에는 가연물접촉주의 표시를 하여야 한다.
• **물기엄금:** 제1류 위험물 중 알칼리금속의 과산화물, 제2류 위험물 중 철분 · 금속분 및 마그네슘, 제3류 위험물 중 금수성 물질에 표시하여야 한다.
• **화기엄금:** 제2류 위험물 중 인화성고체, 제3류 위험물 중 자연발화성물질, 제4류 위험물, 제5류 위험물에 표시하여야 한다.
• **화기주의 · 충격주의:** 제1류 위험물에 표시하여야 한다.

정답 ④

05. 분말소화약제 중 A급, B급, C급 화재에 모두 사용할 수 있는 것은?

① 제1종 분말 ② 제2종 분말
③ 제3종 분말 ④ 제4종 분말

| 해설

- A급, B급, C급 화재에 모두 사용할 수 있는 것은 제3종 분말소화약제이다.
- 제1종 분말 및 제2종 분말은 B급, C급 화재에 사용할 수 있다.

정답 ③

06. 열전도도(Thermal Conductivity)를 표시하는 단위에 해당하는 것은?

① $J/m^2 \cdot h$ ② $kcal/h \cdot ℃^2$
③ $W/m \cdot K$ ④ $J \cdot K/m^3$

| 해설

열전도도(Thermal Conductivity)를 표시하는 단위에 해당하는 것은 $W/m \cdot K$이다.

참고 푸리에(Jean Baptiste Joseph Fourier)의 법칙
두 물체 사이에 단위시간에 전도되는 열량은 두 물체의 온도차와 접촉된 면적에 비례하고 거리에 반비례한다는 것이다.

$$q = -KA\frac{\Delta T}{\Delta L}$$

여기서, q : 단위 시간당 전도에 의한 이동 열량[W, kW, J/s, kJ/s]
　　　　K : 각 물질의 열전도도(열전도율)[W/m·K]
　　　　A : 접촉된 단면적[m²]
　　　　ΔT : 물체의 온도 차[K, ℃]
　　　　ΔL : 길이(두께)차[m]

정답 ③

07. 알킬알루미늄 화재에 적합한 소화약제는?

① 물 ② 이산화탄소
③ 팽창질석 ④ 할로겐화합물

| 해설

알킬알루미늄 및 알킬리튬은 금수성 및 자연발화성물질로서 유기금속화합물이므로 금속화재에 적합한 소화약제가 적응성이 있다. 따라서 소화약제로는 마른모래, 팽창질석 및 팽창진주암으로 덮어씌워서 피복소화한다.

정답 ③

08. 가연물질의 종류에 따라 화재를 분류하였을 때 섬유류 화재가 속하는 것은?

① A급 화재 ② B급 화재
③ C급 화재 ④ D급 화재

| 해설

섬유류 화재는 A급 화재에 속한다.

참고 화재의 분류
- A급 화재: 일반화재
- B급 화재: 유류화재
- C급 화재: 전기화재
- D급 화재: 금속화재

정답 ①

09. 다음 연소생성물 중 인체에 독성이 가장 높은 것은?

① 이산화탄소 ② 일산화탄소
③ 수증기 ④ 포스겐

| 해설

- 각 연소생성물의 허용농도는 다음과 같다.
  ㉠ 이산화탄소: 5000ppm
  ㉡ 일산화탄소: 50ppm
  ㉢ 수증기: 독성 없음
  ㉣ 포스겐: 1ppm
- 따라서 연소생성물 중 인체에 독성이 가장 높은 것은 허용농도가 가장 낮은 포스겐이다.

정답 ④

10. 내화건축물과 비교한 목조건축물 화재의 일반적인 특징을 옳게 나타낸 것은?

① 고온, 단시간형
② 저온, 단시간형
③ 고온, 장시간형
④ 저온, 장시간형

| 해설
내화건축물 화재의 일반적인 특징은 저온, 장시간형이다. 이에 반하여 목조건축물 화재의 일반적인 특징은 고온, 단시간형이다.

정답 ①

11. 정전기에 의한 발화과정으로 옳은 것은?

① 방전 → 전하의 축적 → 전하의 발생 → 발화
② 전하의 발생 → 전하의 축적 → 방전 → 발화
③ 전하의 발생 → 방전 → 전하의 축적 → 발화
④ 전하의 축적 → 방전 → 전하의 발생 → 발화

| 해설
정전기에 의한 발화과정은 '전하의 발생 → 전하의 축적 → 방전 → 발화'이다.

정답 ②

12. 물리적 소화방법이 아닌 것은?

① 산소공급원 차단
② 연쇄반응 차단
③ 온도 냉각
④ 가연물 제거

| 해설
연쇄반응 차단은 화학적 소화방법에 해당하며, 가연물 제거, 산소공급원 차단, 온도 냉각은 물리적 소화방법에 해당한다.

정답 ②

13. 이산화탄소 소화기의 일반적인 성질에서 단점이 아닌 것은?

① 밀폐된 공간에서 사용시 질식의 위험성이 있다.
② 인체에 직접 방출시 동상의 위험성이 있다.
③ 소화약제의 방사시 소음이 크다.
④ 전기가 잘 통하기 때문에 전기설비에 사용할 수 없다.

| 해설
이산화탄소 소화약제는 전기가 잘 통하지 않기 때문에 전기설비화재에 사용할 수 있는 장점이 있다.

정답 ④

14. 위험물안전관리법령상 위험물에 대한 설명으로 옳은 것은?

① 과염소산은 위험물이 아니다.
② 황린은 제2류 위험물이다.
③ 황화린의 지정수량은 100kg이다.
④ 산화성 고체는 제6류 위험물의 성질이다.

| 해설
• 황화린은 제2류 위험물로서 지정수량은 100kg이다.
• 과염소산은 제6류 위험물이다.
• 황린은 제3류 위험물로서 자연발화성물질이다.
• 산화성 고체는 제1류 위험물의 성질이다.

정답 ③

15. 탄화칼슘이 물과 반응할 때 발생되는 기체는?

① 일산화탄소
② 아세틸렌
③ 황화수소
④ 수소

| 해설
탄화칼슘이 물과 반응할 때 발생되는 기체는 아세틸렌이다.

$$CaC_2 \quad + \quad 2H_2O \quad \rightarrow \quad Ca(OH)_2 \quad + \quad C_2H_2$$
탄화칼슘 　　 물 　　 수산화칼슘 　　 아세틸렌

정답 ②

16. 다음 중 증기 비중이 가장 큰 것은?

① Halon 1301　　② Halon 2402

③ Halon 1211　　④ Halon 104

| 해설

증기비중을 계산하지 않아도 브롬의 원자량이 80으로서 브롬의 수가 2개인 Halon 2402의 증기 비중이 가장 크다.

 ②

17. 분자 내부에 나이트로기를 갖고 있는 TNT, 나이트로셀룰로스 등과 같은 제5류 위험물의 연소형태는?

① 분해연소　　② 자기연소

③ 증발연소　　④ 표면연소

| 해설

분자 내부에 나이트로기를 갖고 있는 TNT, 나이트로셀룰로스 등과 같은 제5류 위험물은 자기반응성물질로서 외부에서 산소공급이 없어도 연소가 가능한 자기연소의 연소형태를 갖는다.

정답 ②

18. IG-541이 15℃에서 내용적 50리터 압력용기에 155kgf/cm² 으로 충전되어 있다. 온도가 30℃가 되었다면 IG-541 압력은 약 몇 kgf/cm²가 되겠는가? (단, 용기의 팽창은 없다고 가정한다)

① 78　　② 155

③ 163　　④ 310

| 해설

$\dfrac{P_1 V_1}{T_1} = \dfrac{P_2 V_2}{T_2}$ 에서 $V_1 = V_2$ 일정

$P_2 = \dfrac{155 \times (30.273)}{15 + 273} = 163.07 ≒ 163$

정답 ③

19. 프로판 50vol%, 부탄 40vol%, 프로필렌 10vol%로 된 혼합가스의 폭발하한계(vol%)는? (단, 각 가스의 폭발하한계는 프로판은 2.2vol%, 부탄은 1.9vol%, 프로필렌은 2.4vol%이다)

① 0.83　　② 2.09

③ 5.05　　④ 9.44

| 해설

르 샤틀리에의 법칙에서

$$L = \dfrac{1}{\dfrac{V_1}{L_1} + \dfrac{V_2}{L_2} + \cdots} \times 100(\%)$$

$$L = \dfrac{1}{\dfrac{50}{2.2} + \dfrac{40}{1.9} + \dfrac{10}{2.4}} \times 100 = 2.085 ≒ 2.09$$

 ②

20. 조연성 가스에 해당하는 것은?

① 수소　　② 일산화탄소

③ 산소　　④ 에탄

| 해설

조연성 가스는 자기자신은 타지않고 연료(가연성물질)가 잘 타도록 도와주는 가스를 말하며 산소, 공기, 오존, 불소, 염소가 해당되며 지연성 가스라고도 한다.

정답 ③

01. 건축법령상 내력벽, 기둥, 바닥, 보, 지붕틀 및 주계단을 무엇이라 하는가?

① 내진구조부
② 건축설비부
③ 보조구조부
④ 주요구조부

| 해설
- 주요구조부에 대한 설명이다.
- 주요구조부란 건축물의 내력벽(耐力壁), 기둥, 바닥, 보, 지붕틀 및 주계단 등(최하층 바닥과 옥외 계단은 제외)을 법규적으로 정한 부분을 말한다.

정답 ④

02. 이산화탄소의 물성으로 옳은 것은?

① 임계온도: 31.35℃, 증기비중: 0.529
② 임계온도: 31.35℃, 증기비중: 1.529
③ 임계온도: 0.35℃, 증기비중: 1.529
④ 임계온도: 0.35℃, 증기비중: 0.529

| 해설
이산화탄소는 다음과 같은 특징을 가진다.
㉠ 기체인 것은 탄산가스라 한다. 보통의 상태에서는 단열성도 가열성도 없는 무색무취의 기체이다.
㉡ 임계온도: 31.35℃
㉢ 증기비중: 1.529(공기를 1로 한다)
㉣ 밀도: 1.976g/l(0℃, 1atm)
㉤ 용융점(3중점): −56.5℃(5.11atm)

정답 ②

03. 소화약제로 사용하는 물의 증발잠열로 기대할 수 있는 소화효과는?

① 냉각소화
② 질식소화
③ 제거소화
④ 촉매소화

| 해설
- 소화약제로 사용하는 물의 증발잠열로 기대할 수 있는 소화효과는 냉각소화이다.
- **냉각소화**: 연소물을 냉각하면 착화온도 이하가 되어서 연소할 수 없도록 하는 소화방법이다. 이 방식에는 물을 가장 보편적으로 사용하고 있으며, 이는 물이 증발잠열이 커서 화점에서 물을 수증기로 변하면서 많은 열을 빼앗아 착화온도 이하로 낮출 수 있기 때문이다.

정답 ①

04. 블레비(BLEVE) 현상과 관계가 없는 것은?

① 핵분열
② 화구(Fire ball)의 형성
③ 가연성액체
④ 복사열의 대량 방출

| 해설
핵분열은 블레비(BLEVE) 현상과 관계가 없다.

참고 **블레비(BLEVE) 현상**
- 액체가 들어있는 탱크 주위에서 화재 발생
- 화재열에 의해 탱크 벽이 가열
- 액위 이하의 탱크 벽은 액에 의해 냉각되나, 액의 온도는 상승되고, 탱크 내의 압력은 증가
- 열을 제거시킬 액이 없고 증기만 존재하는 탱크의 벽이나 천장에 화염이 도달하면 화염과 접촉하는 부위의 탱크 금속 온도는 상승하여 구조적 강도를 잃음
- 탱크는 파열되고 그 내용물은 폭발적으로 증발
- 액체가 가연성이면 점화되고, 이때 화구(Fire ball) 형성
- **피해**: 폭풍압에 의한 피해, 복사열에 의한 피해

정답 ①

05. 할로겐화합물 소화약제에 관한 설명으로 옳지 않은 것은?

① 연쇄반응을 차단하여 소화한다.
② 할로겐족 원소가 사용된다.
③ 전기에 도체이므로 전기화재에 효과가 있다.
④ 소화약제의 변질분해 위험성이 낮다.

| 해설

전기에 부도체이므로 전기화재에 효과가 있다.

정답 ③

06. 스테판 – 볼쯔만의 법칙에 의해 복사열과 절대온도와의 관계를 옳게 설명한 것은?

① 복사열은 절대온도의 제곱에 비례한다.
② 복사열은 절대온도의 4제곱에 비례한다.
③ 복사열은 절대온도의 제곱에 반비례한다.
④ 복사열은 절대온도의 4제곱에 반비례한다.

| 해설

흑체 복사의 에너지는 흑체 표면의 절대온도의 4승에 비례한다고 하는 법칙이다.

정답 ②

07. 분자식이 CF_2ClBr인 할론 소화약제는?

① Halon 1301   ② Halon 1211
③ Halon 2402   ④ Halon 2021

| 해설

• 분자식이 CF_2ClBr인 할론 소화약제는 Halon 1211이다.
• Halon 1301의 경우 분자식은 CF_3Br이다.

정답 ②

08. 대두유가 침적된 기름 걸레를 쓰레기통에 장시간 방치한 결과 자연발화에 의하여 화재가 발생한 경우 그 이유로 옳은 것은?

① 융해열 축적   ② 산화열 축적
③ 증발열 축적   ④ 발효열 축적

| 해설

동식물유도 공기 중에 노출되면 열화하는데 이러한 과정을 '산화'라고 한다. 산화는 공기 중의 산소와 결합하며 일어나는 화학 반응이며, 발열을 수반한다. 이 산화열이 축적되어 주위의 온도가 상승하고 더욱 빠르게 산화 반응이 진행되는 사이클이 반복되고, 동식물유의 발화점에 도달하게 된다.

정답 ②

09. 조연성 가스에 해당하는 것은?

① 일산화탄소   ② 산소
③ 수소   ④ 부탄

| 해설

조연성 가스는 자기 자신은 타지 않고 연료(가연성물질)가 잘 타도록 도와주는 가스를 말하며 산소, 공기, 오존, 불소, 염소가 해당되며 지연성 가스라고도 한다.

정답 ②

10. 물에 저장하는 것이 안전한 물질은?

① 나트륨   ② 수소화칼슘
③ 이황화탄소   ④ 탄화칼슘

| 해설

이황화탄소는 제4류 위험물 중 특수인화물로서 「위험물안전관리법」에 따라 물속에 저장해야 한다.

정답 ③

11. 다음 각 물질과 물이 반응하였을 때 발생하는 가스의 연결이 옳지 않은 것은?

① 탄화칼슘 – 아세틸렌
② 탄화알루미늄 – 이산화황
③ 인화칼슘 – 포스핀
④ 수소화리튬 – 수소

12. 건축물의 화재시 피난자들의 집중으로 패닉(Panic) 현상이 일어날 수 있는 피난방향은?

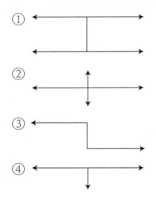

13. 위험물별 저장방법에 대한 설명으로 옳지 않은 것은?

① 유황은 정전기가 축적되지 않도록 하여 저장한다.
② 적린은 화기로부터 격리하여 저장한다.
③ 마그네슘은 건조하면 부유하여 분진폭발의 위험이 있으므로 물에 적셔 보관한다.
④ 황화린은 산화제와 격리하여 저장한다.

14. 전기화재의 원인으로 거리가 먼 것은?

① 단락   ② 과전류
③ 누전   ④ 절연 과다

15. 인화점이 낮은 것부터 높은 순서로 옳게 나열된 것은?

① 에틸알코올 < 이황화탄소 < 아세톤
② 이황화탄소 < 에틸알코올 < 아세톤
③ 에틸알코올 < 아세톤 < 이황화탄소
④ 이황화탄소 < 아세톤 < 에틸알코올

16. 가연성 가스이면서도 독성 가스인 것은?

① 질소   ② 수소

③ 염소   ④ 황화수소

| 해설

• 가연성 가스이면서도 독성 가스인 것은 황화수소이다.
• 황화수소는 유독한 기체로 달걀 썩는 냄새가 나며, 공기 중에서는 청색 불꽃을 내고 탄다.

정답 ④

17. 1기압 상태에서, 100℃ 물 1g이 모두 기체로 변할 때 필요한 열량(cal)은?

① 429   ② 499

③ 539   ④ 639

| 해설

잠열량(cal) = 1(g) × 539(cal/g) = 539

정답 ③

18. 다음 물질 중 연소범위를 통해 산출한 위험도 값이 가장 높은 것은?

① 수소   ② 에틸렌

③ 메탄   ④ 이황화탄소

| 해설

• 연소범위를 통해 산출한 위험도 값이 가장 높은 것은 이황화탄소(위험도: 43, 연소범위: 1 ~ 44%)이다.
• 수소의 위험도는 17.75(연소범위: 4~75%), 에틸렌의 위험도는 12.3(연소범위: 2.7~36%), 메탄의 위험도는 2(연소범위: 5~15%)이다.

참고 위험도의 계산

$$위험도 = \frac{연소범위의\ 상한값 - 연소범위의\ 하한값}{연소범위의\ 하한값}$$

정답 ④

19. 일반적으로 공기 중 산소농도를 몇 vol% 이하로 감소시키면 연소속도의 감소 및 질식 소화가 가능한가?

① 15   ② 21

③ 25   ④ 31

| 해설

일반적으로 공기 중 산소농도를 15vol% 이하로 감소시키면 연소속도의 감소 및 질식소화가 된다.

정답 ①

20. 가연물질의 구비조건으로 옳지 않은 것은?

① 화학적 활성이 클 것
② 열의 축적이 용이할 것
③ 활성화 에너지가 작을 것
④ 산소와 결합할 때 발열량이 작을 것

| 해설

가연물질의 구비조건은 다음과 같다.
㉠ 산소와 결합할 때 발열량(반응열)이 클 것
㉡ 비표면적이 클 것
㉢ 열의 축적이 용이할 것(= 열전도율이 작을 것)

정답 ④

01. 피난시 하나의 수단이 고장 등으로 사용이 불가능하더라도 다른 수단 및 방법을 통해서 피난할 수 있도록 하는 것으로 2방향 이상의 피난통로를 확보하는 피난대책의 일반 원칙은?

① Risk-down 원칙　② Feed-back 원칙
③ Fool-proof 원칙　④ Fail-safe 원칙

| 해설
- Fail-safe 원칙에 대한 설명이다.
- Fail-safe 원칙이란 안전도 증강 장치로서 기계가 과오나 동작상의 실수가 있어도 사고가 발생하지 않도록 2중, 3중의 안전대책으로, 예를 들면 피난 시 하나의 수단이 고장 등으로 사용이 불가능하더라도 다른 수단 및 방법을 통해서 피난 할 수 있도록 하는 것으로 2방향 이상의 피난통로를 확보하는 피난대책을 말한다.

정답 ④

02. 열분해에 의해 가연물 표면에 유리상의 메타인산 피막을 형성하여 연소에 필요한 산소의 유입을 차단하는 분말약제는?

① 요소　② 탄산수소칼륨
③ 제1인산암모늄　④ 탄산수소나트륨

| 해설
제1인산암모늄이 고온에서 열분해에 의해 메타인산($2HPO_3$)은 유리상의 피막을 형성하여 연소에 필요한 산소 유입을 차단하여 소화하는 것으로, 일반가연물인 불꽃연소 및 작열연소에도 소화효과가 있다.

정답 ③

03. 공기 중 산소의 농도(vol%)는?

① 10　② 13
③ 17　④ 21

| 해설
공기 중의 산소의 농도는 약 21vol%이다.

정답 ④

04. 일반적인 플라스틱 분류상 열경화성 플라스틱에 해당하는 것은?

① 폴리에틸렌　② 폴리염화비닐
③ 페놀 수지　④ 폴리스티렌

| 해설
열경화성 플라스틱은 열을 가해도 연화하지 않는 플라스틱, 한번 굳어지면 다시 가열하였을 때 녹지 않고 타서 가루가 되거나 기체를 발생시키는 플라스틱이다. 에폭시 수지, 아미노 수지, 페놀 수지, 폴리에스테르 수지 따위가 있다.

참고 **열가소성 플라스틱**
열가소성 플라스틱은 플라스틱 중에서 열을 가하면 녹는 플라스틱이다. 폴리에틸렌, 폴리프로필렌, 나일론, 폴리옥시메틸렌 등이 결정성 열가소성 플라스틱이고, 폴리스티렌, 폴리염화비닐, 폴리카보네이트, 아크릴 등이 비정질 열가소성 플라스틱이다.

정답 ③

05. 자연발화 방지대책에 대한 설명으로 옳지 않은 것은?

① 저장실의 온도를 낮게 유지한다.
② 저장실의 환기를 원활히 시킨다.
③ 촉매물질과의 접촉을 피한다.
④ 저장실의 습도를 높게 유지한다.

| 해설
습기, 수분 등은 물질에 따라 촉매작용을 하여 자연발화를 촉진함으로 습도가 높은 것을 피한다.

정답 ④

06. 공기 중에서 수소의 연소범위로 옳은 것은?

① 0.4 ~ 4vol%
② 1 ~ 12.5vol%
③ 4 ~ 75vol%
④ 67 ~ 92vol%

| 해설
• 공기 중 수소의 연소범위는 4 ~ 75vol%이다.
• 아세틸렌은 2.5 ~ 81vol%, 산화에틸렌은 3 ~ 81vol%, 일산화탄소는 12.5 ~ 74.2vol%의 연소범위를 가진다.

정답 ③

07. 탄산수소나트륨이 주성분인 분말소화약제는?

① 제1종 분말
② 제2종 분말
③ 제3종 분말
④ 제4종 분말

| 해설
탄산수소나트륨이 주성분인 분말소화약제는 제1종 분말소화약제이며, 각 분말소화약제의 주성분은 다음과 같다.
㉠ 제2종 분말: 탄산수소칼륨
㉡ 제3종 분말: 제1인산암모늄
㉢ 제4종 분말: 탄산수소칼륨 + 요소

정답 ①

08. 불연성 기체나 고체 등으로 연소물을 감싸 산소공급을 차단하는 소화방법은?

① 질식소화
② 냉각소화
③ 연쇄반응차단소화
④ 제거소화

| 해설
불연성 기체나 고체 등으로 연소물을 감싸 산소공급을 차단하는 소화방법은 질식소화이다.

정답 ①

09. 증발잠열을 이용하여 가연물의 온도를 떨어뜨려 화재를 진압하는 소화방법은?

① 제거소화
② 억제소화
③ 질식소화
④ 냉각소화

| 해설
증발잠열을 이용하여 가연물의 온도를 떨어뜨려 화재를 진압하는 소화방법은 냉각소화이다.

정답 ④

10. 화재 발생시 인간의 피난 특성으로 옳지 않은 것은?

① 본능적으로 평상시 사용하는 출입구를 사용한다.
② 최초로 행동을 개시한 사람을 따라서 움직인다.
③ 공포감으로 인해서 빛을 피하여 어두운 곳으로 몸을 숨긴다.
④ 무의식중에 발화 장소의 반대 쪽으로 이동한다.

| 해설
화재 발생시 인간의 피난특성은 다음과 같다.
㉠ 본능적으로 평상시 사용하는 출입구를 사용한다(귀소본능).
㉡ 최초로 행동을 개시한 사람을 따라서 움직인다(추종본능).
㉢ 공포감으로 인해서 빛을 쫓아 밝은 곳으로 피난하고자 한다(지광본능).
㉣ 무의식중에 발화 장소의 반대 쪽으로 이동한다(퇴피본능).

정답 ③

11. 공기와 할론 1301의 혼합기체에서 할론 1301에 비해 공기의 확산속도는 약 몇 배인가? (단, 공기의 평균분자량은 29, 할론 1301의 분자량은 149이다)

① 2.27배 ② 3.85배
③ 5.17배 ④ 6.46배

| 해설

그레이엄의 확산속도 법칙에 따라

$$\frac{V_a}{V_b} = \sqrt{\frac{M_b}{M_a}} = \sqrt{\frac{D_b}{D_a}} \ \text{에서}$$

$$\sqrt{\frac{149}{29}} = 2.266 \fallingdotseq 2.27$$

∴ 약 2.27배이다.

정답 ①

12. 다음 원소 중 할로겐족 원소인 것은?

① Ne ② Ar
③ Cl ④ Xe

| 해설

할로겐족 원소에 속하는 것에는 불소(F), 염소(Cl), 브롬(Br) 및 요오드(I)가 있다.

정답 ③

13. 건물 내 피난동선의 조건으로 옳지 않은 것은?

① 2개 이상의 방향으로 피난할 수 있어야 한다.
② 가급적 단순한 형태로 한다.
③ 통로의 말단은 안전한 장소이어야 한다.
④ 수직동선은 금하고 수평동선만 고려한다.

| 해설

수직동선과 수평동선을 고려한다.

정답 ④

14. 실내화재에서 화재의 최성기에 돌입하기 전에 다량의 가연성 가스가 동시에 연소되면서 급격한 온도상승을 유발하는 현상은?

① 패닉(Panic) 현상
② 스택(Stack) 현상
③ 파이어 볼(Fire Ball) 현상
④ 플래시 오버(Flash Over) 현상

| 해설

실내화재에서 화재의 최성기에 돌입하기 전에 다량의 가연성 가스가 동시에 연소되면서 급격한 온도상승을 유발하는 현상은 플래시오버(Flash Over) 현상이다.

정답 ④

15. 과산화수소와 과염소산의 공통성질이 아닌 것은?

① 산화성 액체이다.
② 유기화합물이다.
③ 불연성 물질이다.
④ 비중이 1보다 크다.

| 해설

과산화수소와 과염소산의 공통성질은 다음과 같다.
㉠ 산화성 액체이다.
㉡ 무기화합물이다.
㉢ 불연성 물질이다.
㉣ 비중이 1보다 크고 물에 녹기 쉽다.

정답 ②

16. 화재의 소화방법 중 물리적 방법에 의한 소화가 아닌 것은?

① 억제소화 ② 제거소화
③ 질식소화 ④ 냉각소화

│해설
- 억제소화는 화학적 소화이다. 화학적 소화는 가연물질의 연속적인 연소반응을 방해·차단 또는 억제시켜 더 이상 진행하지 못하게 하여 소화하는 것을 말하며 부촉매소화 또는 억제소화라고도 한다.
- 제거소화, 질식소화, 냉각소화는 물리적 소화에 해당한다.

정답 ①

17. 물과 반응하여 가연성 기체를 발생하지 않는 것은?

① 칼륨 ② 인화아연
③ 산화칼슘 ④ 탄화알루미늄

│해설
산화칼슘은 물과 반응하여 가연성 기체를 발생하지 않는다. 물과 반응하여 가연성 기체를 발생하는 경우는 다음과 같다.
㉠ 칼륨 + 물 = 수소가스
㉡ 인화아연 + 물 = 포스핀가스
㉢ 탄화알루미늄 + 물 = 메탄가스

정답 ③

18. 목재건축물의 화재 진행과정을 순서대로 나열한 것은?

① 무염착화 – 발염착화 – 발화 – 최성기
② 무염착화 – 최성기 – 발염착화 – 발화
③ 발염착화 – 발화 – 최성기 – 무염착화
④ 발염착화 – 최성기 – 무염착화 – 발화

│해설
목재건축물의 화재 진행과정
화재원인 성립 → 무염착화 → 발염착화 → 발화 → 최성기 → 감쇠기

정답 ①

19. 다음 물질을 저장하고 있는 장소에서 화재가 발생하였을 때 주수소화가 적합하지 않은 것은?

① 적린 ② 마그네슘 분말
③ 과염소산칼륨 ④ 유황

│해설
마그네슘이 연소하고 있을 때 주수하면 위험성이 증대된다 (수소 폭발).

정답 ②

20. 다음 중 가연성 가스가 아닌 것은?

① 일산화탄소 ② 프로판
③ 아르곤 ④ 메탄

│해설
아르곤, 헬륨, 네온 등은 불활성기체에 해당한다.

정답 ③

01. 공기의 평균 분자량이 29일 때 이산화탄소 기체의 증기비중은 얼마인가?

① 1.44
② 1.52
③ 2.88
④ 3.24

| 해설

$$증기비중 = \frac{해당가스\ 분자량}{공기평균\ 분자량}$$

$$= \frac{12+16 \times 2}{29} = 1.517 \fallingdotseq 1.52$$

정답 ②

02. 밀폐된 공간에 이산화탄소를 방사하여 산소의 체적 농도를 12%가 되게 하려면 상대적으로 방사된 이산화탄소의 농도는 얼마가 되어야 하는가?

① 25.40%
② 28.70%
③ 38.35%
④ 42.86%

| 해설

$$CO_2의\ 소화농도(\%) = \frac{21 - O_2}{21} \times 100$$

$$= \frac{21 - 12}{21} \times 100 = 42.857 \fallingdotseq 42.86\%$$

정답 ④

03. 고체 가연물이 덩어리보다 가루일 때 연소되기 쉬운 이유로 가장 적합한 것은?

① 발열량이 작아지기 때문이다.
② 공기와 접촉면이 커지기 때문이다.
③ 열전도율이 커지기 때문이다.
④ 활성에너지가 커지기 때문이다.

| 해설

고체 가연물이 덩어리보다 가루일 때 연소되기 쉬운 것은 가루일 때가 공기와 접촉면이 커지기 때문이다.

정답 ②

04. 다음 중 발화점이 가장 낮은 물질은?

① 휘발유
② 이황화탄소
③ 적린
④ 황린

| 해설

• 각 물질의 발화점은 다음과 같다.
  ㉠ 휘발유: 300℃
  ㉡ 이황화탄소: 90℃
  ㉢ 적린: 260℃
  ㉣ 황린: 34℃
• 따라서 발화점이 가장 낮은 물질은 황린이다.

정답 ④

05. 질식소화시 공기 중의 산소농도는 일반적으로 약 몇 vol% 이하로 하여야 하는가?

① 25
② 21
③ 19
④ 15

| 해설

수소와 일산화탄소를 제외한 대부분의 탄화수소기체는 산소 농도가 11~15% 이하에서 연소가 지속될 수 없다.

정답 ④

06. 화재하중의 단위로 옳은 것은?

① kg/m^2
② $℃/m^2$
③ $kg \cdot L/m^3$
④ $℃ \cdot L/m^3$

| 해설

화재하중의 단위는 kg/m^2이다.

참고 화재하중(kg/m^2)

$$q = \frac{\sum G_t H_t}{H_0 A} = \frac{\sum Q_t}{4500A}$$

q: 화재하중(kg/m^2)
A: 화재실의 바닥면적(m^2)
G_t: 가연물 중량(kg)
H_t: 가연물의 단위발열량(kcal/kg)
$\sum Q_t$: 화재실 내의 가연물의 전발열량(kcal)
H_0: 목재의 단위발열량(kcal/kg)

정답 ①

07. 제1종 분말소화약제의 주성분으로 옳은 것은?

① $KHCO_3$
② $NaHCO_3$
③ $NH_4H_2PO_4$
④ $Al_2(SO_4)_3$

| 해설

• 제1종 분말소화약제의 주성분은 탄산수소나트륨($NaHCO_3$)이다.
• 제2종 분말소화약제의 주성분은 탄산수소칼륨($KHCO_3$)이다.
• 제3종 분말소화약제의 주성분은 제1인산암모늄($NH_4H_2PO_4$)이다.

정답 ②

08. 소화약제인 IG-541의 성분이 아닌 것은?

① 질소
② 아르곤
③ 헬륨
④ 이산화탄소

| 해설

헬륨은 소화약제인 IG-541의 성분에 포함되지 않는다.

불연성 · 불활성기체혼합가스	성분
IG-01	Ar
IG-100	N_2
IG-541	N_2: 52%, Ar: 40%, CO_2: 8%
IG-55	N_2: 50%, Ar: 50%

정답 ③

09. 다음 중 연소와 가장 관련 있는 화학반응은?

① 중화반응
② 치환반응
③ 환원반응
④ 산화반응

| 해설

• 물질이 빛이나 열 또는 불꽃을 내면서 빠르게 산소와 결합하는 반응(= 산화반응)이다.
• 물질이 완전히 연소할 때 발생하는 열을 연소열이라고 하며 대부분의 연소반응은 발열반응이다.

정답 ④

10. 위험물과 위험물안전관리법령에서 정한 지정수량을 옳게 연결한 것은?

① 무기과산화물 – 300kg
② 황화린 – 500kg
③ 황린 – 20kg
④ 질산에스테르류 – 200kg

| 해설

위험물안전관리법령에서 정한 지정수량은 다음과 같다.
㉠ 무기과산화물 – 50kg
㉡ 황화린 – 100kg
㉢ 황린 – 20kg
㉣ 질산에스테르류 – 10kg

정답 ③

11. 화재의 종류에 따른 분류로 옳지 않은 것은?

① A급: 일반화재
② B급: 유류화재
③ C급: 가스화재
④ D급: 금속화재

12. 이산화탄소 소화약제 저장용기의 설치장소에 대한 설명 중 옳지 않은 것은?

① 반드시 방호구역 내의 장소에 설치한다.
② 온도의 변화가 적은 곳에 설치한다.
③ 방화문으로 구획된 실에 설치한다.
④ 해당 용기가 설치된 곳임을 표시하는 표지를 한다.

13. 화재의 소화원리에 따른 소화방법의 적용으로 옳지 않은 것은?

① 냉각소화: 스프링클러설비
② 질식소화: 이산화탄소 소화설비
③ 제거소화: 포소화설비
④ 억제소화: 할로겐화합물 소화설비

14. Halon 1301의 분자식은?

① CH_3Cl
② CH_3Br
③ CF_3Cl
④ CF_3Br

15. 소화효과를 고려하였을 경우 화재시 사용할 수 있는 물질이 아닌 것은?

① 이산화탄소
② 아세틸렌
③ Halon 1211
④ Halon 1301

16. 탄화칼슘이 물과 반응시 발생하는 가연성 가스는?

① 메탄   ② 포스핀
③ 아세틸렌   ④ 수소

| 해설

탄화칼슘 + 물 → 수산화칼슘 + 아세틸렌(가연성 가스)

정답 ③

17. 다음 원소 중 전기 음성도가 가장 큰 것은?

① F   ② Br
③ Cl   ④ I

| 해설

전기 음성도가 가장 큰 것은 불소(F)이다.

정답 ①

18. 건축물의 내화구조에서 바닥의 경우에는 철근콘크리트의 두께가 몇 cm 이상이어야 하는가?

① 7   ② 10
③ 12   ④ 15

| 해설

내화구조(바닥)의 기준은 다음과 같다.
㉠ 철근콘크리트조 또는 철골철근콘크리트조로서 두께가 10cm 이상인 것
㉡ 철재로 보강된 콘크리트블록조·벽돌조 또는 석조로서 철재에 덮은 콘크리트블록등의 두께가 5cm 이상인 것
㉢ 철재의 양면을 두께 5cm 이상의 철망모르타르 또는 콘크리트로 덮은 것

정답 ②

19. 화재 시 발생하는 연소가스 중 인체에서 헤모글로빈과 결합하여 혈액의 산소운반을 저해하고 두통, 근육조절의 장애를 일으키는 것은?

① CO_2 ② CO
③ HCN   ④ H_2S

| 해설

화재 시 발생하는 일산화탄소(CO)는 인체에서 헤모글로빈과 결합하여 혈액의 산소운반을 저해하고 두통, 근육조절의 장애를 일으키는 가연성이면서 독성가스이다.

정답 ②

20. 인화점이 20℃인 액체위험물을 보관하는 창고의 인화 위험성에 대한 설명 중 옳은 것은?

① 여름철에 창고 안이 더워질수록 인화의 위험성이 커진다.
② 겨울철에 창고 안이 추워질수록 인화의 위험성이 커진다.
③ 20℃에서 가장 안전하고 20℃보다 높아지거나 낮아질수록 인화의 위험성이 커진다.
④ 인화의 위험성은 계절의 온도와는 상관없다.

| 해설

여름철과 같이 창고 안이 더워질수록 인화의 위험성이 커지며, 겨울철과 같이 창고 안이 추워질수록 인화의 위험성이 작아진다.

정답 ①

01. 이산화탄소에 대한 설명으로 옳지 않은 것은?

① 임계온도는 97.5℃이다.
② 고체의 형태로 존재할 수 있다.
③ 불연성가스로 공기보다 무겁다.
④ 드라이아이스와 분자식이 동일하다.

| 해설

이산화탄소의 임계온도는 31℃이다.

정답 ①

02. 물질의 화재 위험성에 대한 설명으로 옳지 않은 것은?

① 인화점 및 착화점이 낮을수록 위험
② 착화에너지가 작을수록 위험
③ 비점 및 융점이 높을수록 위험
④ 연소범위가 넓을수록 위험

| 해설

물질의 화재 위험성은 비점(끓는점) 및 융점(녹는점)이 낮을수록 위험하다.

정답 ③

03. 연소범위를 근거로 계산한 위험도 값이 가장 큰 물질은?

① 이황화탄소 ② 메탄
③ 수소 ④ 일산화탄소

| 해설

• 위험도 $= \dfrac{\text{연소범위}}{\text{연소하한값}} = \dfrac{U-L}{L}$ 에서

㉠ 이황화탄소의 위험도: $\dfrac{44-1}{1} = 43$

㉡ 메탄의 위험도: $\dfrac{15-5}{5} = 2$

㉢ 수소의 위험도: $\dfrac{75-4}{4} = 17.75$

㉣ 일산화탄소의 위험도: $\dfrac{74.2-12.5}{12.5} = 4.936$

• 위험도 값이 가장 높은 물질은 이황화탄소이다.

정답 ①

04. 위험물안전관리법령상 제2석유류에 해당하는 것으로만 나열된 것은?

① 아세톤, 벤젠 ② 중유, 아닐린
③ 에테르, 이황화탄소 ④ 아세트산, 아크릴산

| 해설

• 아세톤, 벤젠은 제1석유류에 해당한다.
• 중유, 아닐린은 제3석유류에 해당한다.
• 디에틸에테르, 이황화탄소는 특수인화물에 해당한다.
• 아세트산(= 초산), 아크릴산은 제2석유류에 해당한다.

정답 ④

05. 종이, 나무, 섬유류 등에 의한 화재에 해당하는 것은?

① A급 화재　　　　② B급 화재
③ C급 화재　　　　④ D급 화재

| 해설

- 종이, 나무, 섬유류 등에 의한 화재는 A급 화재이다.
- B급 화재는 유류, 가스화재 등에 의한 화재이다.
- C급 화재는 전기화재에 의한 화재이다.
- D급 화재는 금속화재에 의한 화재이다.

정답 ①

06. 0℃, 1기압에서 44.8m³의 용적을 가진 이산화탄소를 액화하여 얻을 수 있는 액화탄산가스의 무게(kg)는?

① 88　　　　② 44
③ 22　　　　④ 11

| 해설

0℃, 1기압, 용적 44.8m³ 이산화탄소의 경우
이상기체상태방정식은,

$$PV = nRT = \frac{W}{M}RT$$

$$W(g) = \frac{PVM}{RT} = \frac{1 \times 44.8 \times 10^3 \times 44}{0.082 \times 273}$$
$$= 88,055(g) ≒ 88(kg)$$

정답 ①

07. 가연물이 연소가 잘 되기 위한 구비조건으로 옳지 않은 것은?

① 열전도율이 클 것
② 산소와 화학적으로 친화력이 클 것
③ 표면적이 클 것
④ 활성화 에너지가 작을 것

| 해설

가연물이 연소가 잘 되기 위한 구비조건은 다음과 같다.
㉠ 열전도율이 작을 것
㉡ 산소와 화학적으로 친화력이 클 것
㉢ 표면적이 클 것
㉣ 활성화 에너지가 작을 것

정답 ①

08. 다음 중 소화에 필요한 이산화탄소 소화약제의 최소 설계농도 값이 가장 높은 물질은?

① 메탄　　　　② 에틸렌
③ 천연가스　　　④ 아세틸렌

| 해설

- 이산화탄소 소화약제의 최소 설계농도 값은 다음과 같다.
  ㉠ 메탄: 34
  ㉡ 에틸렌: 49
  ㉢ 천연가스: 37
  ㉣ 아세틸렌: 66
- 소화에 필요한 이산화탄소 소화약제의 최소 설계농도 값이 가장 높은 물질은 아세틸렌이다.

정답 ④

09. 이산화탄소의 증기비중은 약 얼마인가? (단, 공기의 분자량은 29이다)

① 0.81　　　　② 1.52
③ 2.02　　　　④ 2.51

| 해설

$$증기비중 = \frac{해당가스 \ 분자량}{공기평균 \ 분자량}$$

$$= \frac{12 + 16 \times 2}{29} = 1.517 ≒ 1.52$$

정답 ②

10. 유류탱크 화재시 기름 표면에 물을 살수하면 기름이 탱크 밖으로 비산하여 화재가 확대되는 현상은?

① 슬롭오버(Slop over)
② 플래시오버(Flash over)
③ 프로스오버(Froth over)
④ 블레비(BLEVE)

| 해설

- 유류탱크 화재시 기름 표면에 물을 살수하면 기름이 탱크 밖으로 비산하여 화재가 확대되는 현상은 슬롭오버(Slop over)이다.
- 기타 유류탱크 화재시 이현상은 다음과 같다.
  ㉠ 보일오버(Boil over): 유류탱크 화재시 열파가 하부로 전파되면서 밑부분에 있던 물이 급격한 증발에 의해 수증기의 부피팽창으로 상층의 유류를 밀어 올려 유류가 불이 붙은 채로 비산하여 화재가 확대되는 것
  ㉡ 프로스오버(Froth over): 탱크 속 물이 점성을 가진 뜨거운 기름의 표면 아래에서 끓을 때 기름이 넘쳐 흐르는 것
  ㉢ 오일오버(Oil over): 유류탱크 내에 저장된 양이 내용적의 1/2 이하로 충전되었을 때 화재로 인해 증기압력이 상승하면서 탱크 내의 유류를 분출하면서 탱크가 파열되는 것

정답 ①

11. 실내 화재시 발생한 연기로 인한 감광계수(m^{-1})와 가시거리에 대한 설명으로 옳지 않은 것은?

① 감광계수가 0.1일 때 가시거리는 20 ~ 30m이다.
② 감광계수가 0.3일 때 가시거리는 15 ~ 20m이다.
③ 감광계수가 1.0일 때 가시거리는 1 ~ 2m이다.
④ 감광계수가 10일 때 가시거리는 0.2 ~ 0.5m이다.

| 해설

감광계수가 0.3일 때 가시거리는 5m이다.

정답 ②

12. $NH_4H_2PO_4$를 주성분으로 한 분말소화약제는 제 몇 종 분말소화약제인가?

① 제1종   ② 제2종
③ 제3종   ④ 제4종

| 해설

제1인산암모늄($NH_4H_2PO_4$)을 주성분으로 한 분말소화약제는 제3종 분말소화약제이다.

정답 ③

13. 다음 물질 중 연소하였을 때 시안화수소를 가장 많이 발생시키는 물질은?

① Polyethylene   ② Polyurethane
③ Polyvinyl chloride   ④ Polystyrene

| 해설

연소 시 시안화수소를 가장 많이 발생시키는 물질은 Polyurethane(폴리우레탄)이다.

정답 ②

14. 다음 물질의 저장창고에서 화재가 발생하였을 때 주수소화를 할 수 없는 물질은?

① 부틸리튬   ② 질산에틸
③ 니트로셀룰로오스   ④ 적린

| 해설

부틸리튬은 제3류 위험물 알킬리튬에 속하는 금수성 및 자연발화성물질이므로 주수소화 시 가연성가스인 부탄가스가 발생한다. 따라서 주수소화를 할 수 없다.

정답 ①

15. 다음 중 상온 · 상압에서 액체인 것은?

① 탄산가스   ② 할론 1301

③ 할론 2402   ④ 할론 1211

| 해설

할론 2402는 상온 · 상압에서 액체이다.

정답 ③

16. 밀폐된 내화건물의 실내에 화재가 발생했을 때 그 실내의 환경변화에 대한 설명으로 옳지 않은 것은?

① 기압이 급강하한다.

② 산소가 감소된다.

③ 일산화탄소가 증가한다.

④ 이산화탄소가 증가한다.

| 해설

밀폐된 내화건물의 실내에 화재가 발생했을 때 실내온도가 급상승하고 이에 따라 기압이 급상승한다.

정답 ①

17. 제거소화의 예에 해당하지 않는 것은?

① 밀폐 공간에서의 화재시 공기를 제거한다.

② 가연성가스 화재시 가스의 밸브를 닫는다.

③ 산림화재시 확산을 막기 위하여 산림의 일부를 벌목한다.

④ 유류탱크 화재시 연소되지 않은 기름을 다른 탱크로 이동시킨다.

| 해설

밀폐 공간에서의 화재시 공기를 제거하는 것은 질식소화에 해당한다.

정답 ①

18. 화재시 나타나는 인간의 피난특성으로 볼 수 없는 것은?

① 어두운 곳으로 대피한다.

② 최초로 행동한 사람을 따른다.

③ 발화지점의 반대방향으로 이동한다.

④ 평소에 사용하던 문, 통로를 사용한다.

| 해설

화재시 나타나는 인간의 피난특성은 다음과 같다.

㉠ **지광본능**: 밝은 곳으로 대피한다.

㉡ **추종본능**: 최초로 행동한 사람을 따른다.

㉢ **퇴피본능**: 발화지점의 반대방향으로 이동한다.

㉣ **귀소본능**: 평소에 사용하던 문, 통로를 사용한다.

정답 ①

19. 산소의 농도를 낮추어 소화하는 방법은?

① 냉각소화   ② 질식소화

③ 제거소화   ④ 억제소화

| 해설

산소의 농도를 낮추어 소화하는 방법은 질식소화이다.

정답 ②

20. 인화알루미늄의 화재시 주수소화하면 발생하는 물질은?

① 수소   ② 메탄

③ 포스핀   ④ 아세틸렌

| 해설

인화알루미늄의 화재시 주수소화하면 발생하는 물질은 포스핀이다[인화알루미늄 + 물(화재시 주수소화) → 포스핀].

정답 ③

01. 프로판가스의 연소범위(vol%)에 가장 가까운 것은?

① 9.8 ~ 28.4
② 2.5 ~ 81
③ 4.0 ~ 75
④ 2.1 ~ 9.5

| 해설
프로판가스의 연소범위(vol%)는 2.1 ~ 9.5이다.

정답 ④

02. 화재의 지속시간 및 온도에 따라 목재건물과 내화건물을 비교했을 때, 목재건물의 화재성상으로 가장 적합한 것은?

① 저온장기형이다.
② 저온단기형이다.
③ 고온장기형이다.
④ 고온단기형이다.

| 해설
목재건물의 화재성상은 고온단기형이며, 내화건물의 화재성상은 저온장기형이다.

정답 ④

03. 특정소방대상물(소방안전관리대상물 제외)의 관계인과 소방안전관리대상물의 소방안전관리자의 업무가 아닌 것은?

① 화기 취급의 감독
② 자체소방대의 운용
③ 소방 관련 시설의 유지 · 관리
④ 피난시설, 방화구획 및 방화시설의 유지 · 관리

| 해설
자체소방대의 운용은 위험물안전관리법에 따라 관계인이 운용한다.

정답 ②

04. 가연물의 제거와 가장 관련이 없는 소화방법은?

① 유류화재시 유류공급 밸브를 잠근다.
② 산불화재시 나무를 잘라 없앤다.
③ 팽창진주암을 사용하여 진화한다.
④ 가스화재시 중간밸브를 잠근다.

| 해설
금속화재시 마른모래 · 팽창질석 및 팽창진주암을 사용하여 진화하는 것은 질식소화(= 피복소화)이다.

정답 ③

05. 화재의 유형별 특성에 관한 설명으로 옳은 것은?

① A급 화재는 무색으로 표시하며, 감전의 위험이 있으므로 주수소화를 엄금한다.
② B급 화재는 황색으로 표시하며, 질식소화를 통해 화재를 진압한다.
③ C급 화재는 백색으로 표시하며, 가연성이 강한 금속의 화재이다.
④ D급 화재는 청색으로 표시하며, 연소 후에 재를 남긴다.

| 해설
화재의 유형별 특성은 다음과 같다.
㉠ A급 화재는 백색으로 표시하며, 연소 후에 재를 남긴다.
㉡ B급 화재는 황색으로 표시하며, 질식소화를 통해 화재를 진압한다.
㉢ C급 화재는 청색으로 표시하며, 감전의 위험이 있으므로 주수소화를 엄금한다.
㉣ D급 화재는 무색으로 표시하며, 가연성이 강한 금속의 화재이다.

정답 ②

06. 인명구조기구에 해당하지 않는 것은?

① 방열복   ② 공기안전매트
③ 공기호흡기   ④ 인공소생기

| 해설

인명구조기구에 해당하는 것으로는 방열복, 방화복, 공기호흡기, 인공소생기가 있으며, 공기안전매트는 이에 해당하지 않는다.

정답 ②

07. 전산실, 통신기기실 등에서의 소화에 가장 적합한 것은?

① 스프링클러설비
② 옥내소화전설비
③ 분말소화설비
④ 할로겐화합물 및 불활성기체 소화설비

| 해설

전산실, 통신기기실 등에서의 소화에 가장 적합한 것은 이산화탄소소화설비 · 할론소화설비 및 할로겐화합물 및 불활성기체 소화설비이다.

정답 ④

08. 화재강도(Fire Intensity)와 관계가 없는 것은?

① 가연물의 비표면적   ② 발화원의 온도
③ 화재실의 구조   ④ 가연물의 발열량

| 해설

발화원의 온도는 화재강도(Fire Intensity)와 관계가 없으며, 화재강도의 주요소는 다음과 같다.
㉠ 가연물의 비표면적
㉡ 가연물의 연소속도
㉢ 화재실의 구조
㉣ 가연물의 발열량

정답 ②

09. 방화벽의 구조 기준 중 (　　) 안에 알맞은 것은?

• 방화벽의 양쪽 끝과 위쪽 끝을 건축물의 외벽면 및 지붕면으로부터 (　㉠　)m 이상 튀어나오게 할 것
• 방화벽에 설치하는 출입문의 너비 및 높이는 각각 (　㉡　)m 이하로 하고, 해당 출입문에는 60분 + 방화문 또는 60분방화문을 설치할 것

	㉠	㉡		㉠	㉡
①	0.3	2.5	②	0.3	3.0
③	0.5	2.5	④	0.5	3.0

| 해설

• 방화벽의 양쪽 끝과 위쪽 끝을 건축물의 외벽면 및 지붕면으로부터 ㉠ 0.5m 이상 튀어나오게 할 것
• 방화벽에 설치하는 출입문의 너비 및 높이는 각각 ㉡ 2.5m 이하로 하고, 해당 출입문에는 60분 + 방화문 또는 60분방화문을 설치할 것

정답 ③

10. BLEVE 현상을 설명한 것으로 가장 옳은 것은?

① 물이 뜨거운 기름표면 아래에서 끓을 때 화재를 수반하지 않고 over flow되는 현상
② 물이 연소유의 뜨거운 표면에 들어갈 때 발생되는 over flow 현상
③ 탱크 바닥에 물과 기름의 에멀전이 섞여있을 때 물의 비등으로 인하여 급격하게 over flow되는 현상
④ 탱크 주위 화재로 탱크 내 인화성 액체가 비등하고 가스부분의 압력이 상승하여 탱크가 파괴되고 폭발을 일으키는 현상

| 해설

BLEVE 현상이란 탱크 주위 화재로 탱크 내 인화성 액체가 비등하고 가스부분의 압력이 상승하여 탱크가 파괴되고 폭발을 일으키는 현상을 말한다.

정답 ④

11. 화재발생시 인명피해 방지를 위한 건물로 적합한 것은?

① 피난설비가 없는 건물
② 특별피난계단의 구조로 된 건물
③ 피난기구가 관리되고 있지 않은 건물
④ 피난구 폐쇄 및 피난구유도등이 미비되어 있는 건물

| 해설

화재발생시 인명피해 방지를 위한 건물은 다음과 같다.
㉠ 피난구조설비가 있는 건물
㉡ 직통계단·피난계단 및 특별피난계단의 구조로 된 건물
㉢ 피난기구가 관리되고 있는 건물
㉣ 피난구 및 피난구유도등이 확보되어 있는 건물

정답 ②

12. 다음 중 인화점이 가장 낮은 물질은?

① 산화프로필렌　② 이황화탄소
③ 메틸알코올　　④ 등유

| 해설

• 각 물질의 인화점은 다음과 같다.
　㉠ 산화프로필렌: −37℃
　㉡ 이황화탄소: −30℃
　㉢ 메틸알코올: 11℃
　㉣ 등유: 43 ~ 72℃
• 인화점이 가장 낮은 물질은 산화프로필렌이다.

정답 ①

13. 소화원리에 대한 설명으로 틀린 것은?

① 냉각소화: 물의 증발잠열에 의해서 가연물의 온도를 저하시키는 소화방법
② 제거소화: 가연성 가스의 분출화재 시 연료공급을 차단시키는 소화방법
③ 질식소화: 포소화약제 또는 불연성가스를 이용해서 공기 중의 산소공급을 차단하여 소화하는 방법
④ 억제소화: 불활성기체를 방출하여 연소범위 이하로 낮추어 소화하는 방법

| 해설

억제소화(= 부촉매소화)는 연쇄반응을 차단하여 소화하는 방법이다.

정답 ④

14. CF_3Br 소화약제의 명칭을 옳게 나타낸 것은?

① 하론 1011　② 하론 1211
③ 하론 1301　④ 하론 2402

| 해설

CF_3Br의 명칭인 하론 1301이다.

정답 ③

15. 에테르, 케톤, 에스테르, 알데히드, 카르복실산, 아민 등과 같은 가연성인 수용성 용매에 유효한 포소화약제는?

① 단백포　　② 수성막포
③ 불화단백포　④ 내알코올포

| 해설

에테르, 케톤, 에스테르, 알데히드, 카르복실산, 아민 등과 같은 가연성인 수용성 용매에 유효한 포소화약제는 내알코올포이다.

정답 ④

16. 독성이 매우 높은 가스로서 석유제품, 유지(油脂) 등이 연소할 때 생성되는 알데히드 계통의 가스는?

① 시안화수소   ② 암모니아
③ 포스겐   ④ 아크롤레인

| 해설
석유제품, 유지(油脂) 등이 연소할 때 생성되는 알데히드 계통의 가스로서 독성이 매우 높은 가스는 아크롤레인이다.

정답 ④

17. 물의 소화력을 증대시키기 위하여 첨가하는 첨가제 중 물의 유실을 방지하고 건물, 임야 등의 입체면에 오랫동안 잔류하게 하기 위한 것은?

① 증점제   ② 강화액
③ 침투제   ④ 유화제

| 해설
• 물의 소화력을 증대시키기 위하여 첨가하는 첨가제 중 물의 유실을 방지하고 건물, 임야 등의 입체면에 오랫동안 잔류하게 하기 위한 것은 증점제이다.
• 침투제는 계면활성제 계통의 물질을 첨가하여 물의 표면장력을 낮추어 침투성을 강화시킨 것을 말한다.

정답 ①

18. 화재시 이산화탄소를 방출하여 산소농도를 13vol%로 낮추어 소화하기 위한 공기 중 이산화탄소의 농도(vol%)는?

① 9.5   ② 25.8
③ 38.1   ④ 61.5

| 해설
산소농도를 13vol%로 낮추어 소화하기 위한 공기 중 이산화탄소의 농도(vol%)

$$CO_2의 소화농도(\%) = \frac{21 - O_2}{21} \times 100$$

$$= \frac{21 - 13}{21} \times 100 = 38.095 ≒ 38.1$$

정답 ③

19. 할로겐화합물 및 불활성기체소화약제는 일반적으로 열을 받으면 할로겐족이 분해되어 가연 물질의 연소 과정에서 발생하는 활성종과 화합하여 연소의 연쇄반응을 차단한다. 연쇄반응의 차단과 가장 거리가 먼 소화약제는?

① FC-3-1-10   ② HFC-125
③ IG-541   ④ FIC-13I1

| 해설
• 연쇄반응과 가장 거리가 먼 소화약제는 IG-541이다.
• IG-541 소화약제는 질식소화약제로서 주성분은 N_2: 52%, Ar: 40%, CO_2: 8%이다.

정답 ③

20. 불포화 섬유지나 석탄에 자연발화를 일으키는 원인은?

① 분해열   ② 산화열
③ 발효열   ④ 중합열

| 해설
불포화 섬유지나 석탄에 자연발화를 일으키는 원인은 산화열이다.

정답 ②

01. 목조건축물의 화재 진행상황에 관한 설명으로 옳은 것은?

① 화원 – 발연착화 – 무염착화 – 출화 – 최성기 – 소화
② 화원 – 발염착화 – 무염착화 – 소화 – 연소낙하
③ 화원 – 무염착화 – 발염착화 – 출화 – 최성기 – 소화
④ 화원 – 무염착화 – 출화 – 발염착화 – 최성기 – 소화

| 해설
목조건축물의 화재 진행상황은 다음과 같다.

> 화원 → 무염착화 → 발염착화 → 출화 → 최성기 → 소화

정답 ③

02. 연면적이 1,000m² 이상인 건축물에 설치하는 방화벽이 갖추어야 할 기준으로 옳지 않은 것은?

① 내화구조로서 홀로 설 수 있는 구조일 것
② 방화벽의 양쪽 끝과 위쪽 끝을 건축물의 외벽면 및 지붕면으로부터 0.1m 이상 튀어나오게 할 것
③ 방화벽에 설치하는 출입문의 너비는 2.5m 이하로 할 것
④ 방화벽에 설치하는 출입문의 높이는 2.5m 이하로 할 것

| 해설
②의 경우 방화벽의 양쪽 끝과 위쪽 끝을 건축물의 외벽면 및 지붕면으로부터 0.5m 이상 튀어 나오게 할 것이 옳은 내용이다.

정답 ②

03. 화재의 일반적 특성으로 옳지 않은 것은?

① 확대성 　② 정형성
③ 우발성 　④ 불안정성

| 해설
화재의 일반적 특성에는 확대성, 우발성, 불안정성이 있으며, 정형성은 이에 포함되지 않는다.

정답 ②

04. 공기의 부피 비율이 질소 79%, 산소 21%인 전기실에 화재가 발생하여 이산화탄소 소화약제를 방출하여 소화하였다. 이때 산소의 부피농도가 14%이었다면 이 혼합 공기의 분자량은? (단, 화재시 발생한 연소가스는 무시한다)

① 28.9 　② 30.9
③ 33.9 　④ 35.9

| 해설
• 이산화탄소 방출시 공기 부피비율 변화를 구하면 다음과 같다.
㉠ 산소: 14vol%

㉡ 이산화탄소: CO_2의 소화농도 $= \dfrac{21 - O_2}{21} \times 100$

$= \dfrac{21 - 14}{21} \times 100 = 33.33 \fallingdotseq 33.33\text{vol}\%$

㉢ 질소: $100 - (O_2$ 농도 $+ CO_2$ 농도)
$= 100 - (14 + 33.33) = 52.67\text{ol}\%$

• 분자량
㉠ 산소(O_2): $16 \times 2 \times 0.14 = 4.48$
㉡ 이산화탄소(CO_2): $(12 + 16 \times 2) \times 0.3333 = 14.67$
㉢ 질소(N_2): $14 \times 2 \times 0.527 = 14.75$
∴ 혼합공기 분자량 $= 4.48 + 14.67 + 14.75 = 33.9$

정답 ③

05. 가연성 기체 1몰이 완전 연소하는데 필요한 이론 공기량으로 옳지 않은 것은? (단, 체적비로 계산하며 공기 중 산소의 농도를 21vol%로 한다)

① 수소 – 약 2.38몰
② 메탄 – 약 9.52몰
③ 아세틸렌 – 약 16.91몰
④ 프로판 – 약 23.81몰

| 해설

아세틸렌 1몰이 완전 연소하는데 필요한 이론공기량은 다음과 같다.

$$C_2H_2 + 2.5O_2 \rightarrow 2CO_2 + H_2O$$

$$\frac{2.5mol}{0.21} = 11.90mol$$

정답 ③

06. 물의 소화능력에 관한 설명으로 옳지 않은 것은?

① 다른 물질보다 비열이 크다.
② 다른 물질보다 융해잠열이 작다.
③ 다른 물질보다 증발잠열이 크다.
④ 밀폐된 장소에서 증발가열되면 산소희석작용을 한다.

| 해설

물의 소화능력은 다음과 같다.
㉠ 다른 물질보다 비열이 크다.
㉡ 다른 물질보다 융해잠열이 크다.
㉢ 다른 물질보다 증발잠열이 크다.
㉣ 밀폐된 장소에서 증발가열되면 산소희석작용을 한다.

정답 ②

07. 화재실의 연기를 옥외로 배출시키는 제연방식으로 효과가 가장 적은 것은?

① 자연제연방식
② 스모크타워 제연방식
③ 기계식 제연방식
④ 냉난방설비를 이용한 제연방식

| 해설

제연방식에는 자연제연방식, 스모크타워 제연방식, 기계식 제연방식이 있으며, 냉난방설비를 이용한 제연방식은 효과가 가장 적다.

정답 ④

08. 분말 소화약제의 취급시 주의사항으로 옳지 않은 것은?

① 습도가 높은 공기 중에 노출되면 고화되므로 항상 주의를 기울인다.
② 충진시 다른 소화약제와 혼합을 피하기 위하여 종별로 각각 다른 색으로 착색되어 있다.
③ 실내에서 다량 방사하는 경우 분말을 흡입하지 않도록 한다.
④ 분말 소화약제와 수성막포를 함께 사용할 경우 포의 소포 현상을 발생시키므로 병용해서는 안 된다.

| 해설

분말 소화약제와 수성막포를 함께 사용할 경우 포의 소포 현상을 발생시키지 않으므로 병용해서 사용하는 경우 재착화를 방지한다.

정답 ④

09. 건축물의 화재를 확산시키는 요인이라 볼 수 없는 것은?

① 비화(飛火)   ② 복사열(輻射熱)
③ 자연발화(自然發火)   ④ 접염(接炎)

| 해설

건축물의 화재를 확산시키는 요인에는 비화(飛火), 복사열(輻射熱), 접염(接炎)이 있으며, 자연발화(自然發火)는 이에 해당하지 않는다.

정답 ③

10. 석유, 고무, 동물의 털, 가죽 등과 같이 황 성분을 함유하고 있는 물질이 불완전연소될 때 발생하는 연소가스로 계란 썩는 듯한 냄새가 나는 기체는?

① 아황산가스   ② 시안화가스
③ 황화수소   ④ 암모니아

| 해설

석유, 고무, 동물의 털, 가죽 등과 같이 황 성분을 함유하고 있는 물질이 불완전연소될 때 발생하는 연소가스로 계란 썩는 듯한 냄새가 나는 기체는 황화수소이다.

정답 ③

11. 동일한 조건에서 증발잠열(kJ/kg)이 가장 큰 것은?

① 질소   ② 할론 1301
③ 이산화탄소   ④ 물

| 해설

물의 증발잠열이 539cal/g으로 가장 크다.

정답 ④

12. 탱크화재시 발생되는 보일오버(Boil Over)의 방지방법으로 옳지 않은 것은?

① 탱크 내용물의 기계적 교반
② 물의 배출
③ 과열방지
④ 위험물 탱크 내의 하부에 냉각수 저장

| 해설

위험물 탱크 내의 하부에 냉각수를 저장하는 것은 보일오버(Boil Over)의 방지방법에 해당되지 않는다.

정답 ④

13. 화재시 CO_2를 방사하여 산소농도를 11vol.%로 낮추어 소화하려면 공기 중 CO_2의 농도는 약 몇 vol.%가 되어야 하는가?

① 47.6   ② 42.9
③ 37.9   ④ 34.5

| 해설

$$CO_2의\ 소화농도 = \frac{21 - O_2}{21} \times 100 = \frac{21 - 11}{21} \times 100$$
$$= 47.619 ≒ 47.62vol\%$$

∴ 약 47.6%가 되어야 한다.

정답 ①

14. 물 소화약제를 어떠한 상태로 주수할 경우 전기화재의 진압에서도 소화능력을 발휘할 수 있는가?

① 물에 의한 봉상주수
② 물에 의한 적상주수
③ 물에 의한 무상주수
④ 어떤 상태의 주수에 의해서도 효과가 없다.

| 해설

물 소화약제를 무상주수할 경우 전기화재의 진압에서도 소화능력을 발휘할 수 있다.

정답 ③

15. 도장작업 공정에서의 위험도를 설명한 것으로 옳지 않은 것은?

① 도장작업 그 자체 못지않게 건조공정도 위험하다.
② 도장작업에서는 인화성 용제가 쓰이지 않으므로 폭발의 위험이 없다.
③ 도장작업장은 폭발시를 대비하여 지붕을 시공한다.
④ 도장실의 환기닥트를 주기적으로 청소하여 도료가 닥트 내에 부착되지 않게 한다.

| 해설

도장작업에서는 인화성 용제가 많이 쓰여 폭발의 위험이 있다.

정답 ②

16. 방호 공간 안에서 화재의 세기를 나타내고 화재가 진행되는 과정에서 온도에 따라 변하는 것으로 온도 – 시간 곡선으로 표시할 수 있는 것은?

① 화재저항   ② 화재가혹도
③ 화재하중   ④ 화재플럼

| 해설

방호 공간 안에서 화재의 세기를 나타내고 화재가 진행되는 과정에서 온도에 따라 변하는 것으로 온도 – 시간 곡선으로 표시할 수 있는 것은 화재가혹도이다.

정답 ②

17. 다음 위험물 중 특수인화물이 아닌 것은?

① 아세톤   ② 디에틸에테르
③ 산화프로필렌   ④ 아세트알데히드

| 해설

아세톤은 제4류 위험물 중 제1석유류에 해당되며, 수용성이다.

정답 ①

18. 가연물의 제거를 통한 소화 방법과 무관한 것은?

① 산불의 확산방지를 위하여 산림의 일부를 벌채한다.
② 화학반응기의 화재시 원료 공급관의 밸브를 잠근다.
③ 전기실 화재시 IG-541 약제를 방출한다.
④ 유류탱크 화재시 주변에 있는 유류탱크의 유류를 다른 곳으로 이동시킨다.

| 해설

전기실 화재시 IG-541 약제를 방출하여 소화하는 것은 산소의 농도를 떨어뜨려 소화하는 질식소화에 해당한다.

정답 ③

19. 화재 표면온도(절대온도)가 2배로 되면 복사에너지는 몇 배로 증가 되는가?

① 2   ② 4
③ 8   ④ 16

| 해설

절대온도의 4승에 비례하므로 $2^4 = 16$배이다.

정답 ④

20. 산불화재의 형태로 옳지 않은 것은?

① 지중화 형태   ② 수평화 형태
③ 지표화 형태   ④ 수관화 형태

| 해설

• 수평화 형태는 산불화재의 형태에 해당하지 않는다.
• 산불화재의 형태는 다음과 같다.
  ㉠ 지중화 형태: 땅속 부식층을 태움
  ㉡ 수관화 형태: 수관부 등을 태움
  ㉢ 지표화 형태: 지표에 있는 낙엽 등을 태움
  ㉣ 수간화 형태: 나뭇가지 등을 태움

정답 ②

01. 불활성 가스에 해당하는 것은?

① 수증기   ② 일산화탄소
③ 아르곤   ④ 아세틸렌

| 해설
불활성 가스에 해당하는 것은 헬륨, 네온, 아르곤 등이 있다.

 정답 ③

02. 이산화탄소 소화약제의 임계온도로 옳은 것은?

① 24.4℃   ② 31.1℃
③ 56.4℃   ④ 78.2℃

| 해설
이산화탄소 소화약제의 임계온도는 31.1℃이다.

 정답 ②

03. 분말소화약제 중 A급, B급, C급 화재에 모두 사용할 수 있는 것은?

① Na_2CO_3 ② $NH_4H_2PO_4$
③ $KHCO_3$ ④ $NaHCO_3$

| 해설
분말소화약제 중 A급, B급, C급 화재에 모두 사용할 수 있는 것은 $NH_4H_2PO_4$(제1인산암모늄)이다.

 정답 ②

04. 방화구획의 설치기준 중 스프링클러 기타 이와 유사한 자동식 소화설비를 설치한 10층 이하의 층은 몇 m^2 이내마다 구획하여야 하는가?

① 1,000   ② 1,500
③ 2,000   ④ 3,000

| 해설
방화구획 중 10층 이하의 층은 바닥면적 1,000m^2(스프링클러 기타 이와 유사한 자동식 소화설비를 설치한 경우에는 바닥면적 3,000m^2) 이내마다 구획하여야 한다.

 정답 ④

05. 탄화칼슘의 화재시 물을 주수하였을 때 발생하는 가스로 옳은 것은?

① C_2H_2 ② H_2
③ O_2 ④ C_2H_6

| 해설
탄화칼슘 + 물 → 아세틸렌가스(C_2H_2)

정답 ①

06. 이산화탄소의 질식 및 냉각 효과에 대한 설명으로 옳지 않은 것은?

① 이산화탄소의 증기비중이 산소보다 크기 때문에 가연물과 산소의 접촉을 방해한다.
② 액체 이산화탄소가 기화되는 과정에서 열을 흡수한다.
③ 이산화탄소는 불연성 가스로서 가연물의 연소반응을 방해한다.
④ 이산화탄소는 산소와 반응하며 이 과정에서 발생한 연소열을 흡수하므로 냉각효과를 나타낸다.

| 해설

액체 이산화탄소가 기화되는 과정에서 열을 흡수하므로 냉각효과를 나타낸다.

정답 ④

07. 증기비중의 정의로 옳은 것은? (단, 분자, 분모의 단위는 모두 g/mol이다)

① 분자량/22.4
② 분자량/29
③ 분자량/44.8
④ 분자량/100

| 해설

증기비중(= 가스비중) = $\dfrac{분자량}{29}$

정답 ②

08. 화재의 분류방법 중 유류화재를 나타낸 것은?

① A급 화재
② B급 화재
③ C급 화재
④ D급 화재

| 해설

• 유류, 가스화재를 나타내는 것은 B급 화재이다.
• A급 화재는 종이, 나무, 섬유류 등에 의한 화재를 나타낸다.
• C급 화재는 전기화재를 나타낸다.
• D급 화재는 금속화재를 나타낸다.

정답 ②

09. 공기와 접촉되었을 때 위험도(H)가 가장 큰 것은?

① 에테르
② 수소
③ 에틸렌
④ 부탄

| 해설

• 위험도 = $\dfrac{연소범위}{연소하한값} = \dfrac{U-L}{L}$ 에서

㉠ 에테르의 위험도: $\dfrac{48-1.9}{1.9} = 24.26$

㉡ 수소의 위험도: $\dfrac{75-4}{4} = 17.75$

㉢ 에틸렌의 위험도: $\dfrac{36-2.7}{2.7} = 12.33$

㉣ 부탄의 위험도: $\dfrac{8.4-1.8}{1.8} = 3.67$

• 따라서 위험도가 가장 큰 것은 에테르이다.

정답 ①

10. 제2류 위험물에 해당하지 않는 것은?

① 유황
② 황화린
③ 적린
④ 황린

| 해설

황린은 제3류 위험물에 해당된다.

정답 ④

11. 주요구조부가 내화구조로 된 건축물에서 거실 각 부분으로부터 하나의 직통계단에 이르는 보행거리는 피난자의 안전상 몇 m 이하이어야 하는가?

① 50   ② 60
③ 70   ④ 80

| 해설
주요구조부가 내화구조로된 건축물에서 거실 각 부분으로부터 하나의 직통계단에 이르는 보행거리는 50m 이하이어야 한다.

정답 ①

12. 분말소화약제 분말입도의 소화성능에 관한 설명으로 옳은 것은?

① 미세할수록 소화성능이 우수하다.
② 입도가 클수록 소화성능이 우수하다.
③ 입도와 소화성능과는 관련이 없다.
④ 입도가 너무 미세하거나 너무 커도 소화 성능은 저하된다.

| 해설
입도가 너무 미세하거나 너무 커도 소화성능은 저하된다.

정답 ④

13. 마그네슘의 화재에 주수하였을 때 물과 마그네슘의 반응으로 인하여 생성되는 가스는?

① 산소   ② 수소
③ 일산화탄소   ④ 이산화탄소

| 해설
마그네슘 + 물 → 수소가스 발생

정답 ②

14. 물질의 취급 또는 위험성에 대한 설명으로 옳지 않은 것은?

① 융해열은 점화원이다.
② 질산은 물과 반응시 발열 반응하므로 주의를 해야 한다.
③ 네온, 이산화탄소, 질소는 불연성 물질로 취급한다.
④ 암모니아를 충전하는 공업용 용기의 색상은 백색이다.

| 해설
융해열은 고체(얼음)가 액체(물)로 물질의 상태가 변할 때 필요한 열로서 냉각효과가 있다.

정답 ①

15. 화재에 관련된 국제적인 규정을 제정하는 단체는?

① IMO(International Maritime Organiz-ation)
② SFPE(Society of Fire Protection En-gineers)
③ NFPA(Nation Fire Protection Associ-ation)
④ ISO(International Organization for Standardi-zation) TC 92

| 해설
화재에 관련된 국제적인 규정을 제정하는 단체는 ISO(International Organization for Standardization) TC 92이다.

정답 ④

16. 위험물안전관리법령상 위험물의 지정수량이 잘못 연결된 것은?

① 과산화나트륨 - 50kg
② 적린 - 100kg
③ 트리니트로톨루엔 - 200kg
④ 탄화알루미늄 - 400kg

| 해설
탄화알루미늄의 지정수량은 300kg이다.

정답 ④

17. 연면적이 1,000m² 이상인 목조건축물은 그 외벽 및 처마 밑의 연소할 우려가 있는 부분을 방화구조로 하여야 하는데 이때 연소우려가 있는 부분은? (단, 동일한 대지 안에 2동 이상의 건물이 있는 경우이며, 공원·광장, 하천의 공지나 수면 또는 내화구조의 벽 기타 이와 유사한 것에 접하는 부분을 제외한다)

① 상호의 외벽간 중심선으로부터 1층은 3m 이내의 부분
② 상호의 외벽간 중심선으로부터 2층은 7m 이내의 부분
③ 상호의 외벽간 중심선으로부터 3층은 11m 이내의 부분
④ 상호의 외벽간 중심선으로부터 4층은 13m 이내의 부분

| 해설
연소할 우려가 있는 부분은 상호의 외벽간 중심선으로부터 1층은 3m 이내의 부분이다.

정답 ①

18. 물의 기화열이 539.6cal/g인 것은 어떤 의미인가?

① 0℃의 물 1g이 얼음으로 변화하는데 539.6cal의 열량이 필요하다.
② 0℃의 얼음 1g이 물로 변화하는데 539.6cal의 열량이 필요하다.
③ 0℃의 물 1g이 100℃의 물로 변화하는데 539.6cal의 열량이 필요하다.
④ 100℃의 물 1g이 수증기로 변화하는데 539.6cal의 열량이 필요하다.

| 해설
기화란 액체가 기체로 상태가 변하는 것을 말하며, 기화열은 100℃의 물 1g이 수증기로 변화하는데 539.6cal의 열량이 필요하다는 것이다.

정답 ④

19. 인화점이 40℃ 이하인 위험물을 저장, 취급하는 장소에 설치하는 전기설비는 방폭구조로 설치하는데, 용기의 내부에 기체를 압입하여 압력을 유지하도록 함으로써 폭발성가스가 침입하는 것을 방지하는 구조는?

① 압력방폭구조
② 유입방폭구조
③ 안전증방폭구조
④ 본질안전방폭구조

| 해설
용기의 내부에 기체를 압입하여 압력을 유지하도록 함으로써 폭발성가스가 침입하는 것을 방지하는 구조로 된 것은 압력방폭구조이다.

정답 ①

20. 화재하중에 대한 설명으로 옳지 않은 것은?

① 화재하중이 크면 단위면적당의 발열량이 크다.
② 화재하중이 크다는 것은 화재구획의 공간이 넓다는 것이다.
③ 화재하중이 같더라도 물질의 상태에 따라 가혹도는 달라진다.
④ 화재하중은 화재구획실 내의 가연물 총량을 목재 중량당비로 환산하여 면적으로 나눈 수치이다.

| 해설
· 화재하중과 공간이 넓다는 것은 관계성이 없다.
· 화재하중(kg/m²)

$$q = \frac{\sum G_t H_t}{H_0 A} = \frac{\sum Q_t}{4500A}$$

q: 화재하중(kg/m²)
A: 화재실의 바닥면적(m²)
G_t: 가연물 중량(kg)
H_t: 가연물의 단위발열량(kcal/kg)
$\sum Q_t$: 화재실 내의 가연물의 전발열량(kcal)
H_0: 목재의 단위발열량(kcal/kg)

정답 ②

01. 피난로의 안전구획 중 2차 안전구획에 속하는 것은?

① 복도
② 계단부속실(계단전실)
③ 계단
④ 피난층에서 외부와 직면한 현관

| 해설
• 피난로의 안전구획 중 2차 안전구획에 속하는 것에는 계단
  부속실(계단전실), 발코니 등이 있다.
• 복도는 제1차 안전구획에 해당한다.
• 피난층에서 외부와 직면한 현관로비, 계단 및 계단실은 제3
  차 안전구획에 해당한다.

 정답 ②

02. 어떤 기체가 0℃, 1기압에서 부피가 11.2L, 기체
질량이 22g이었다면 이 기체의 분자량은? (단, 이
상기체로 가정한다)

① 22   ② 35
③ 44   ④ 56

| 해설
이상기체상태방정식에 따라 구할 수 있다.

$$PV = nRT = \frac{W}{M}RT$$

$$M(g) = \frac{WRT}{PV} = \frac{22 \times 0.082 \times (0+273)}{1 \times 11.2} = 43.97 ≒ 44$$

 정답 ③

03. 제3종 분말소화약제에 대한 설명으로 옳지 않은
것은?

① A, B, C급 화재에 모두 적응한다.
② 주성분은 탄산수소칼륨과 요소이다.
③ 열분해시 발생되는 불연성 가스에 의한 질식효
   과가 있다.
④ 분말 운무에 의한 열방사를 차단하는 효과가 있다.

| 해설
제3종 분말소화약제는 다음과 같은 특징을 가진다.
㉠ A, B, C급 화재에 모두 적응한다.
㉡ 주성분은 인산암모늄이다.
㉢ 열분해시 발생되는 불연성 가스에 의한 질식효과가 있다.
㉣ 분말 운무에 의한 열방사를 차단하는 효과가 있다.

 정답 ②

04. 연소의 4요소 중 자유활성기(free radical)의 생
성을 저하시켜 연쇄반응을 중지시키는 소화방법은?

① 제거소화   ② 냉각소화
③ 질식소화   ④ 억제소화

| 해설
연소의 4요소 중 자유활성기(free radical)의 생성을 저하시
켜 연쇄반응을 중지시키는 소화방법은 억제소화(= 부촉매소화)
이다.

 정답 ④

05. 할론계 소화약제의 주된 소화효과 및 방법에 대한 설명으로 옳은 것은?

① 소화약제의 증발잠열에 의한 소화방법이다.
② 산소의 농도를 15% 이하로 낮게 하는 소화방법이다.
③ 소화약제의 열분해에 의해 발생하는 이산화탄소에 의한 소화방법이다.
④ 자유활성기(free radical)의 생성을 억제하는 소화방법이다.

| 해설
할론계 소화약제의 주된 소화효과 및 방법은 연소의 4요소 중 자유활성기(free radical)의 생성을 저하시켜 연쇄반응을 중지시키는 소화방법으로 억제소화(= 부촉매소화)라 한다.

정답 ④

06. 다음 중 분진폭발의 위험성이 가장 낮은 것은?

① 소석회   ② 알루미늄분
③ 석탄분말   ④ 밀가루

| 해설
소석회의 경우 분진폭발의 위험성이 가장 낮으며, 분진폭발 물질에는 다음과 같은 것이 있다.
㉠ 농산물 및 농산물 가공품류
㉡ 석탄, 목탄, 코크스, 활성탄 등
㉢ 금속분류
㉣ 플라스틱류, 고무류

정답 ①

07. 60분방화문과 30분방화문의 화염과 연기를 차단하는 성능은 각각 최소 몇 분 이상이어야 하는가?

① 60분방화문: 90분, 30분방화문: 40분
② 60분방화문: 60분, 30분방화문: 30분
③ 60분방화문: 45분, 30분방화문: 20분
④ 60분방화문: 30분, 30분방화문: 10분

| 해설
• **60분방화문**: 연기 및 불꽃을 차단할 수 있는 시간이 60분 이상인 방화문을 말한다.
• **30분방화문**: 연기 및 불꽃을 차단할 수 있는 시간이 30분 이상 60분 미만인 방화문을 말한다.
※ 법령 개정으로 갑종방화문은 '60분 + 방화문', '60분방화문'으로, 을종방화문은 '30분방화문'으로 변경됨

정답 ②

08. 경유화재가 발생했을 때 주수소화가 오히려 위험할 수 있는 이유는?

① 경유는 물과 반응하여 유독가스를 발생하므로
② 경유의 연소열로 인하여 산소가 방출되어 연소를 돕기 때문에
③ 경유는 물보다 비중이 가벼워 화재면의 확대 우려가 있으므로
④ 경유가 연소할 때 수소가스를 발생하여 연소를 돕기 때문에

| 해설
경유화재가 발생했을 때 경유는 물보다 비중이 가벼워 화재면의 확대 우려가 있으므로 주수소화가 오히려 위험할 수 있다.

정답 ③

09. 비열이 가장 큰 물질은?

① 구리 ② 수은
③ 물 ④ 철

| 해설

• 각 물질의 비열은 다음과 같다.
  ㉠ **구리**: 0.092(cal/g℃)
  ㉡ **수은**: 0.033(cal/g℃)
  ㉢ **물**: 1(cal/g℃)
  ㉣ **철**: 0.104(cal/g℃)
• 따라서 비열이 가장 큰 물질은 물이다.

정답 ③

10. TLV(Threshold Limit Value)가 가장 높은 가스는?

① 시안화수소 ② 포스겐
③ 일산화탄소 ④ 이산화탄소

| 해설

• 각 가스의 TLV(Threshold Limit Value, 허용농도기준)는 다음과 같다.
  ㉠ **시안화수소**: 10ppm
  ㉡ **포스겐**: 0.1ppm
  ㉢ **일산화탄소**: 50ppm
  ㉣ **이산화탄소**: 5000ppm
• 따라서 허용농도가 가장 큰 가스는 이산화탄소이다.

정답 ④

11. 화재예방, 소방시설 설치·유지 및 안전관리에 관한 법령에 따른 개구부의 기준으로 옳지 않은 것은?

① 해당 층의 바닥면으로부터 개구부 밑부분까지의 높이가 1.5m 이내일 것
② 크기는 지름 50cm 이상의 원이 내접할 수 있는 크기일 것
③ 도로 또는 차량이 진입할 수 있는 빈터를 향할 것
④ 내부 또는 외부에서 쉽게 부수거나 열 수 있을 것

| 해설

①의 경우 해당 층의 바닥면으로부터 개구부 밑부분까지의 높이가 1.2m 이내일 것이 옳은 내용이다.

정답 ①

12. 다음 물질 중 소화약제로 사용할 수 없는 것은?

① $KHCO_3$ ② $NaHCO_3$
③ CO_2 ④ NH_3

| 해설

NH_3(암모니아)의 경우 가연성이면서 독성가스로서 소화약제로 사용할 수 없다.

정답 ④

13. 염소산염류, 과염소산염류, 알칼리금속의 과산화물, 질산염류, 과망간산염류의 특징과 화재시 소화 방법에 대한 설명 중 옳지 않은 것은?

① 가열 등에 의해 분해하여 산소를 발생하고 화재시 산소의 공급원 역할을 한다.

② 가연물, 유기물, 기타 산화하기 쉬운 물질과 혼합물은 가열, 충격, 마찰 등에 의해 폭발하는 수도 있다.

③ 알칼리금속의 과산화물을 제외하고 다량의 물로 냉각소화한다.

④ 그 자체가 가연성이며 폭발성을 지니고 있어 화약류 취급시와 같이 주의를 요한다.

| **해설**
염소산염류, 과염소산염류, 알칼리금속의 과산화물, 질산염류, 과망간산염류는 제1류 위험물(산화성고체)에 해당되며, 그 자신은 불연성이다.

정답 ④

14. 내화구조에 해당하지 않는 것은?

① 철근콘크리트조로 두께가 10cm 이상인 벽
② 철근콘크리트조로 두께가 5cm 이상인 외벽 중 비내력벽
③ 벽돌조로서 두께가 19cm 이상인 벽
④ 철골철근콘크리트조로서 두께가 10cm 이상인 벽

| **해설**
내화구조에 해당하는 것은 다음과 같다.
㉠ 철근콘크리트조로 두께가 10cm 이상인 벽
㉡ 철근콘크리트조로 두께가 7cm 이상인 외벽 중 비내력벽
㉢ 벽돌조로서 두께가 19cm 이상인 벽
㉣ 철골철근콘크리트조로서 두께가 10cm 이상인 벽

정답 ②

15. 소방시설 중 피난구조설비에 해당하지 않는 것은?

① 무선통신보조설비 ② 완강기
③ 구조대 ④ 공기안전매트

| **해설**
무선통신보조설비는 소화활동설비에 해당한다.

정답 ①

16. 폭연에서 폭굉으로 전이되기 위한 조건에 대한 설명으로 옳지 않은 것은?

① 정상연소속도가 작은 가스일수록 폭굉으로 전이가 용이하다.

② 배관 내에 장애물이 존재할 경우 폭굉으로 전이가 용이하다.

③ 배관의 관경이 가늘수록 폭굉으로 전이가 용이하다.

④ 배관 내 압력이 높을수록 폭굉으로 전이가 용이하다.

| **해설**
폭굉으로 전이되기 위한 조건은 다음과 같다.
㉠ 연소속도가 큰 가스일수록 폭굉으로 전이가 용이하다.
㉡ 배관 내에 장애물이 존재할 경우 폭굉으로 전이가 용이하다.
㉢ 배관의 관경이 가늘수록 폭굉으로 전이가 용이하다.
㉣ 배관 내 압력이 높을수록 폭굉으로 전이가 용이하다.

정답 ①

17. 어떤 유기화합물을 원소 분석한 결과 중량백분율이 'C: 39.9%, H: 6.7%, O: 53.4%'인 경우 이 화합물의 분자식은? (단, 원자량은 C = 12, O = 16, H = 1이다)

① $C_3H_8O_2$

② $C_2H_4O_2$

③ C_2H_4O

④ $C_2H_6O_2$

| 해설

분자량

$0.399/12 : 0.067/1 : 0.534/16 = 1 : 2 : 1 = 2 : 4 : 2$

∴ 따라서 이 화합물의 분자식은 CH_2O 또는 $C_2H_4O_2$이다.

 ②

18. 유류 탱크의 화재시 탱크 저부의 물이 뜨거운 열유층에 의하여 수증기로 변하면서 급작스런 부피 팽창을 일으켜 유류가 탱크 외부로 분출하는 현상은?

① 슬롭오버(Slop Over)

② 블레비(BLEVE)

③ 보일오버(Boil Over)

④ 파이어 볼(Fire Ball)

| 해설

유류 탱크의 화재시 탱크 저부의 물이 뜨거운 열유층에 의하여 수증기로 변하면서 급작스런 부피 팽창을 일으켜 유류가 탱크 외부로 분출하는 현상은 보일오버(Boil Over) 현상이다.

정답 ③

19. 건축물의 피난·방화구조 등의 기준에 관한 규칙에 따른 철망모르타르로서 그 바름 두께가 최소 몇 cm 이상인 것을 방화구조로 규정하는가?

① 2

② 2.5

③ 3

④ 3.5

| 해설

• 철망모르타르로서 그 바름 두께가 2cm 이상인 것을 방화구조로 규정한다.

• 그 외 방화구조로 규정하는 것은 다음과 같다.

  ㉠ 석고판 위에 시멘트모르타르 또는 회반죽을 바른 것으로서 그 두께의 합계가 2.5cm 이상인 것

  ㉡ 시멘트모르타르 위에 타일을 붙인 것으로서 그 두께의 합계가 2.5cm 이상인 것

  ㉢ 심벽에 흙으로 맞벽치기한 것

  ㉣ 산업표준화법에 따른 한국산업표준이 정하는 바에 따라 시험한 결과 방화 2급 이상에 해당하는 것

정답 ①

20. 제4류 위험물의 물리·화학적 특성에 대한 설명으로 옳지 않은 것은?

① 증기비중은 공기보다 크다.

② 정전기에 의한 화재발생위험이 있다.

③ 인화성 액체이다.

④ 인화점이 높을수록 증기발생이 용이하다.

| 해설

제4류 위험물의 물리·화학적 특성은 다음과 같다.

㉠ 증기비중은 공기보다 크다.

㉡ 정전기에 의한 화재발생위험이 있다.

㉢ 인화성 액체이다.

㉣ 비점이 낮을수록 증기발생이 용이하다.

 ④

01. 다음의 소화약제 중 오존 파괴 지수(ODP)가 가장 큰 것은?

① 할론 104 　　　② 할론 1301
③ 할론 1211 　　　④ 할론 2402

| 해설
- 각 소화약제의 오존 파괴 지수(ODP)는 다음과 같다.
  - ㉠ **할론 104**: 1.1
  - ㉡ **할론 1301**: 10
  - ㉢ **할론 1211**: 3
  - ㉣ **할론 2402**: 6
- 따라서 오존 파괴 지수가 가장 큰 것은 할론 1301이다.

 정답 ②

02. 자연발화 방지대책에 대한 설명으로 옳지 않은 것은?

① 저장실의 온도를 낮게 유지한다.
② 저장실의 환기를 원활히 시킨다.
③ 촉매물질과의 접촉을 피한다.
④ 저장실의 습도를 높게 유지한다.

| 해설
저장실의 습도를 낮게 유지한다.

 정답 ④

03. 건축물의 화재발생시 인간의 피난 특성으로 옳지 않은 것은?

① 평상시 사용하는 출입구나 통로를 사용하는 경향이 있다.
② 화재의 공포감으로 인하여 빛을 피해 어두운 곳으로 몸을 숨기는 경향이 있다.
③ 화염, 연기에 대한 공포감으로 발화지점의 반대방향으로 이동하는 경향이 있다.
④ 화재시 최초로 행동을 개시한 사람을 따라 전체가 움직이는 경향이 있다.

| 해설
화재발생시 인간의 피난 특성은 다음과 같다.
㉠ 평상시 사용하는 출입구나 통로를 사용하는 경향이 있다.
㉡ 화재의 공포감으로 인하여 밝은 곳으로 대피하려는 경향이 있다.
㉢ 화염, 연기에 대한 공포감으로 발화지점의 반대방향으로 이동하는 경향이 있다.
㉣ 화재시 최초로 행동을 개시한 사람을 따라 전체가 움직이는 경향이 있다.

 정답 ②

해카스 소방설비기사 필기 소방원론 기본서 + 개념 기출문제집

04. 건축물에 설치하는 방화구획의 설치기준 중 스프링클러설비를 설치한 11층 이상의 층은 바닥면적 몇 m² 이내마다 방화구획을 하여야 하는가? (단, 벽 및 반자의 실내에 접하는 부분의 마감은 불연재료가 아닌 경우이다)

① 200
② 600
③ 1,000
④ 3,000

| 해설
11층 이상의 층은 바닥면적 200m²(스프링클러 기타 이와 유사한 자동식 소화설비를 설치한 경우에는 바닥면적 600m²) 이내마다 구획하여야 한다.

정답 ②

05. 인화점이 낮은 것부터 높은 순서로 옳게 나열된 것은?

① 에틸알코올 < 이황화탄소 < 아세톤
② 이황화탄소 < 에틸알코올 < 아세톤
③ 에틸알코올 < 아세톤 < 이황화탄소
④ 이황화탄소 < 아세톤 < 에틸알코올

| 해설
인화점을 낮은 것부터 높은 순서대로 나열하면 다음과 같다.
이황화탄소(-30℃) < 아세톤(-18℃) < 에틸알코올(13℃)

정답 ④

06. 분말소화약제로서 ABC급 화재에 적응성이 있는 소화약제의 종류는?

① $NH_4H_2PO_4$
② $NaHCO_3$
③ Na_2CO_3
④ $KHCO_3$

| 해설
분말소화약제로서 ABC급 화재에 적응성이 있는 소화약제의 종류는 $NH_4H_2PO_4$(제1인산암모늄)이다.

정답 ①

07. 조연성 가스에 해당되는 것은?

① 일산화탄소
② 산소
③ 수소
④ 부탄

| 해설
조연성 가스에 해당하는 것은 산소이며, 일산화탄소, 수소, 부탄은 가연성 가스에 해당한다.

정답 ②

08. 액화석유가스(LPG)에 대한 성질로 옳지 않은 것은?

① 주성분은 프로판, 부탄이다.
② 천연고무를 잘 녹인다.
③ 물에 녹지 않으나 유기용매에 용해된다.
④ 공기보다 1.5배 가볍다.

| 해설
액화석유가스(LPG) 성질은 다음과 같다.
㉠ 주성분은 프로판, 부탄이다.
㉡ 천연고무를 잘 녹인다.
㉢ 물에 녹지 않으나 유기용매에 용해된다.
㉣ 공기보다 1.5배 이상 무겁다.

정답 ④

09. 과산화칼륨이 물과 접촉하였을 때 발생하는 것은?

① 산소
② 수소
③ 메탄
④ 아세틸렌

| 해설
알칼리금속의 과산화칼륨이 물과 접촉하였을 때에는 산소가 발생한다.

| 과산화칼륨 + 물 → 산소 + 발열 |

정답 ①

10. 제2류 위험물에 해당되는 것은?

① 유황   ② 질산칼륨
③ 칼륨   ④ 톨루엔

| 해설
- 제2류 위험물에 해당하는 것은 유황이다.
- 질산칼륨은 제1류 위험물에 해당한다.
- 칼륨은 제3류 위험물에 해당한다.
- 톨루엔은 제4류 위험물에 해당한다.

정답 ①

11. 물리적 폭발에 해당되는 것은?

① 분해폭발   ② 분진폭발
③ 증기운 폭발   ④ 수증기 폭발

| 해설
물리적 폭발에 해당하는 것은 수증기 폭발이며, 분해폭발, 분진폭발, 증기운 폭발은 화학적 폭발에 해당한다.

정답 ④

12. 산림화재시 소화효과를 증대시키기 위해 물에 첨가하는 증점제로서 적합한 것은?

① Ethylene Glycol
② Potassium Carbonate
③ Ammonium Phosphate
④ Sodium Carboxy Methyl Cellulose

| 해설
산림화재시 소화효과를 증대시키기 위해 물에 첨가하는 증점제는 Sodium Carboxy Methyl Cellulose이다.

정답 ④

13. 물과 반응하여 가연성 기체를 발생하지 않는 것은?

① 칼륨   ② 인화아연
③ 산화칼슘   ④ 탄화알루미늄

| 해설
- 산화칼슘은 물과 반응하여 가연성 기체를 발생하지 않는다.
- 칼륨은 물과 반응하여 수소가스를 발생한다.
- 인화아연은 물과 반응하여 포스핀가스를 발생한다.
- 탄화알루미늄은 물과 반응하여 메탄가스를 발생한다.

정답 ③

14. 피난계획의 일반원칙 중 Fool Proof 원칙에 대한 설명으로 옳은 것은?

① 1가지가 고장이 나도 다른 수단을 이용하는 원칙
② 2방향의 피난동선을 항상 확보하는 원칙
③ 피난수단을 이동식 시설로 하는 원칙
④ 피난수단을 조작이 간편한 원시적 방법으로 하는 원칙

| 해설
- Fool Proof 원칙은 피난수단을 조작이 간편한 원시적 방법으로 하는 원칙이다.
- 1가지가 고장이 나도 다른 수단을 이용하는 원칙 또는 2방향의 피난동선을 항상 확보하는 원칙은 Fail-safe 원칙이다.

정답 ④

15. 물체의 표면온도가 250℃에서 650℃로 상승하면 열복사량은 약 몇 배 정도 상승하는가?

① 2.5   ② 5.7
③ 7.5   ④ 9.7

| 해설
절대온도의 4승에 비례하므로 $(\dfrac{650+273}{250+273})^4 = 9.70$배이다.

정답 ④

16. 화재발생시 발생하는 연기에 대한 설명으로 옳지 않은 것은?

① 연기의 유동속도는 수평방향이 수직방향보다 빠르다.

② 동일한 가연물에 있어 환기지배형 화재가 연료지배형 화재에 비하여 연기발생량이 많다.

③ 고온상태의 연기는 유동확산이 빨라 화재전파의 원인이 되기도 한다.

④ 연기는 일반적으로 불완전 연소시에 발생한 고체, 액체, 기체 생성물의 집합체이다.

| 해설

연기의 유동속도는 수평방향이 수직방향보다 느리다.

정답 ①

17. 소화방법 중 제거소화에 해당되지 않는 것은?

① 산불이 발생하면 화재의 진행방향을 앞질러 벌목

② 방 안에서 화재가 발생하면 이불이나 담요로 덮음

③ 가스 화재 시 밸브를 잠궈 가스흐름을 차단

④ 불타지 않는 장작더미 속에서 아직 타지 않는 것을 안전한 곳으로 운반

| 해설

방 안에서 화재가 발생하면 이불이나 담요로 덮는 것은 질식소화(산소공급을 차단)에 해당한다.

정답 ②

18. 주수소화시 가연물에 따라 발생하는 가연성 가스의 연결로 옳지 않은 것은?

① 탄화칼슘 – 아세틸렌

② 탄화알루미늄 – 프로판

③ 인화칼슘 – 포스핀

④ 수소화리튬 – 수소

| 해설

탄화알루미늄은 메탄가스를 발생시킨다.

$$Al_4C_3 \ + \ 12H_2O \ \rightarrow \ 4Al(OH)_3 \ + \ 3CH_4\uparrow$$
탄화알루미늄　　　　　　　　　　　　　　　메탄가스

정답 ②

19. 포소화약제의 적응성이 있는 것은?

① 칼륨 화재

② 알킬리튬 화재

③ 가솔린 화재

④ 인화알루미늄 화재

| 해설

• 포소화약제의 적응성이 있는 것은 가솔린 화재이다.

• 칼륨 화재, 알킬리튬 화재, 인화알루미늄 화재는 물계통의 소화가 금지된다(금수성 물질).

정답 ③

20. 위험물안전관리법령상 지정된 동식물유류의 성질에 대한 설명으로 옳지 않은 것은?

① 요오드가 작을수록 자연발화의 위험성이 크다.

② 상온에서 모두 액체이다.

③ 물에는 불용성이지만 에테르 및 벤젠 등의 유기용매에는 잘 녹는다.

④ 인화점은 1기압하에서 250℃ 미만이다.

| 해설

제4류 위험물 중 동식물유류는 요오드가가 클수록 자연발화의 위험성이 크다.

정답 ①

01. pH9 정도의 물을 보호액으로 하여 보호액 속에 저장하는 물질은?

① 나트륨   ② 탄화칼슘
③ 칼륨   ④ 황린

| 해설

pH9 정도의 물을 보호액으로 하여 보호액 속에 저장하는 물질은 황린이다. 황린은 공기 중에서 자연발화하는 성질이 있어 보호액(pH9 정도의 물을 보호액으로 함) 속에 저장하여야 한다.

 ④

02. 고분자 재료와 열적 특성의 연결이 옳은 것은?

① 폴리염화비닐 수지 – 열가소성
② 페놀 수지 – 열가소성
③ 폴리에틸렌 수지 – 열경화성
④ 멜라민 수지 – 열가소성

| 해설

• 폴리염화비닐 수지는 열가소성 물질이다.
• 페놀 수지는 열경화성 물질이다.
• 폴리에틸렌 수지는 열가소성 물질이다.
• 멜라민 수지는 열경화성 물질이다.

정답 ①

03. 소화약제로 물을 사용하는 주된 이유는?

① 촉매역할을 하기 때문에
② 증발잠열이 크기 때문에
③ 연소작용을 하기 때문에
④ 제거작용을 하기 때문에

| 해설

소화약제로 물을 사용하는 주된 이유는 증발잠열(= 기화잠열)이 크기 때문이다.

정답 ②

04. 대두유가 침적된 기름 걸레를 쓰레기통에 장시간 방치한 결과 자연발화에 의하여 화재가 발생한 경우 그 이유로 옳은 것은?

① 분해열 축적   ② 산화열 축적
③ 흡착열 축적   ④ 발효열 축적

| 해설

• 대두유가 침적된 기름 걸레를 쓰레기통에 장시간 방치한 결과 자연발화에 의하여 화재가 발생한 경우 이는 산화열 축적이 그 원인이다. 산화열 축적으로 인한 화재는 유지류, 원면, 금속분류 등에서 발생한다.
• 분해열 축적으로 인한 화재는 니트로셀룰로스, 니트로글리세린, 표백분 등에서 발생한다.
• 흡착열 축적으로 인한 화재는 활성탄, 유연탄, 목탄분 등에서 발생한다.
• 발효열 축적으로 인한 화재는 먼지, 퇴비 등에서 발생한다.

정답 ②

05. 다음 그림에서 목조 건물의 표준 화재 온도 – 시간 곡선으로 옳은 것은?

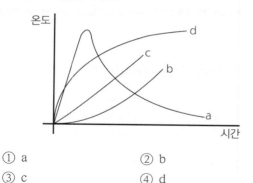

① a
② b
③ c
④ d

06. 포소화약제가 갖추어야 할 조건이 아닌 것은?

① 부착성이 있을 것
② 유동성과 내열성이 있을 것
③ 응집성과 안정성이 있을 것
④ 소포성이 있고 기화가 용이할 것

07. 탄화칼슘이 물과 반응 시 발생하는 가연성 가스는?

① 메탄
② 포스핀
③ 아세틸렌
④ 수소

08. 건축물의 바깥쪽에 설치하는 피난계단의 구조 기준 중 계단의 유효너비는 몇 m 이상으로 하여야 하는가?

① 0.6
② 0.7
③ 0.8
④ 0.9

09. 0℃, 1atm 상태에서 부탄(C_4H_{10}) 1mol을 완전 연소시키기 위해 필요한 산소의 mol 수는?

① 2　　　　　　② 4
③ 5.5　　　　　④ 6.5

| 해설

$$C_4H_{10} + 6.5O_2 \rightarrow 4CO_2 + 5H_2O$$
　1mol　　6.5mol　　4mol　　5mol

정답 ④

10. 상온, 상압에서 액체인 물질은?

① CO_2　　　　② Halon 1301
③ Halon 1211　　④ Halon 2402

| 해설

상온, 상압에서 액체인 물질은 Halon 2402이며, 나머지는 모두 상온, 상압에서 기체이다.

정답 ④

11. MOC(Minimum Oxygen Concentration: 최소 산소 농도)가 가장 작은 물질은?

① 메탄　　　　　② 에탄
③ 프로판　　　　④ 부탄

| 해설

• 각 물질의 최소 산소 농도(MOC)는 다음과 같다.
 [최소산소농도(MOC) = 산소몰수 × 연소하한계(폭발하한계)]
 ㉠ 메탄: 2 × 5 = 10
 ㉡ 에탄: 3.5 × 3 = 10.5
 ㉢ 프로판: 5 × 2.1 = 10.5
 ㉣ 부탄: 6.5 × 1.8 = 11.7
• 따라서 최소 산소 농도가 가장 작은 물질은 메탄이다.

정답 ①

12. 분진폭발의 위험성이 가장 낮은 것은?

① 알루미늄분　　② 유황
③ 팽창질석　　　④ 소맥분

| 해설

팽창질석은 간이소화용구로서 금속화재에 적응하는 소화약제로 사용되므로 분진폭발의 위험성이 가장 낮다.

정답 ③

13. 소화의 방법으로 옳지 않은 것은?

① 가연성 물질을 제거한다.
② 불연성 가스의 공기 중 농도를 높인다.
③ 산소의 공급을 원활히 한다.
④ 가연성 물질을 냉각시킨다.

| 해설

소화하기 위해서는 산소의 공급을 차단해야 한다.

정답 ③

14. 수성막포 소화약제의 특성에 대한 설명으로 옳지 않은 것은?

① 내열성이 우수하여 고온에서 수성막의 형성이 용이하다.
② 기름에 의한 오염이 적다.
③ 다른 소화약제와 병용하여 사용이 가능하다.
④ 불소계 계면활성제가 주성분이다.

| 해설

수성막포 소화약제의 특성은 다음과 같다.
 ㉠ 내열성이 약해 ring fire(= 윤화) 현상의 발생 우려가 있다.
 ㉡ 기름에 의한 오염이 적다.
 ㉢ 다른 소화약제와 병용하여 사용이 가능하다.
 ㉣ 불소계 계면활성제가 주성분이다.

정답 ①

15. 1기압 상태에서, 100℃ 물 1g이 모두 기체로 변할 때 필요한 열량(cal)은?

① 429   ② 499
③ 539   ④ 639

| 해설

잠열량(cal) = 1(g) × 539(cal/g) = 539(cal)

정답 ③

16. 다음 중 발화점이 가장 낮은 물질은?

① 휘발유   ② 이황화탄소
③ 적린   ④ 황린

| 해설

• 각 물질의 발화점은 다음과 같다.
  ㉠ 휘발유: 300℃
  ㉡ 이황화탄소: 90℃
  ㉢ 적린: 260℃
  ㉣ 황린: 34℃
• 따라서 발화점이 가장 낮은 물질은 황린이다.

정답 ④

17. 위험물안전관리법령에서 정하는 위험물의 한계에 대한 정의로 옳지 않은 것은?

① 유황: 순도가 60 중량퍼센트 이상인 것
② 인화성고체: 고형알코올 그 밖에 1기압에서 인화점이 섭씨 40도 미만인 고체
③ 과산화수소: 그 농도가 35 중량퍼센트 이상인 것
④ 제1석유류: 아세톤, 휘발유 그 밖에 1기압에서 인화점이 섭씨 21도 미만인것

| 해설

위험물 중 과산화수소는 그 농도가 36 중량퍼센트 이상인 것을 말한다.

정답 ③

18. 건축물 내 방화벽에 설치하는 출입문의 너비 및 높이의 기준은 각각 몇 m 이하인가?

① 2.5   ② 3.0
③ 3.5   ④ 4.0

| 해설

방화벽 설치기준은 다음과 같다.
  ㉠ 내화구조로서 홀로 설 수 있는 구조일 것
  ㉡ 방화벽의 양쪽 끝과 윗쪽 끝을 건축물의 외벽면 및 지붕면으로부터 0.5m 이상 튀어 나오게 할 것
  ㉢ 방화벽에 설치하는 출입문의 너비 및 높이는 각각 2.5m 이하로 하고, 해당 출입문에는 60분 + 방화문 또는 60분 방화문을 설치할 것

정답 ①

19. Fourier법칙(전도)에 대한 설명으로 옳지 않은 것은?

① 이동열량은 전열체의 단면적에 비례한다.
② 이동열량은 전열체의 두께에 비례한다.
③ 이동열량은 전열체의 열전도도에 비례한다.
④ 이동열량은 전열체 내·외부의 온도차에 비례한다.

| 해설

• 이동열량은 전열체의 두께에 반비례한다.
• 푸리에(Jean Baptiste Joseph Fourier)의 법칙
  두 물체 사이에 단위시간에 전도되는 열량은 두 물체의 온도차와 접촉된 면적에 비례하고 거리에 반비례한다는 것이다.

$$q = -KA\frac{\Delta T}{\Delta L}$$

여기서, q : 단위 시간당 전도에 의한 이동 열량[W, kW, J/s, kJ/s]
         K: 각 물질의 열전도도(열전도율)[W/m·K]
         A: 접촉된 단면적[m²]
         ΔT: 물체의 온도 차[K, ℃]
         ΔL: 길이(두께)차[m]

정답 ②

20. 다음의 가연성 물질 중 위험도가 가장 높은 것은?

① 수소
② 에틸렌
③ 아세틸렌
④ 이황화탄소

| 해설

• 각 물질의 위험도는 다음과 같다.

$$위험도 = \frac{연소범위}{연소하한값}\ 에서$$

㉠ 수소의 위험도: $\dfrac{75-4}{4} = 17.75$

㉡ 에틸렌의 위험도: $\dfrac{36-2.7}{2.7} = 12.33$

㉢ 아세틸렌의 위험도: $\dfrac{81-2.5}{2.5} = 31.4$

㉣ 이황화탄소의 위험도: $\dfrac{44-1}{1} = 43$

• 따라서 위험도가 가장 높은 것은 이황화탄소이다.

정답 ④

2025 대비 최신개정판

해커스
소방설비기사
필기 기본서+7개년 기출문제집

소방원론

개정 4판 1쇄 발행 2024년 11월 7일

지은이	김진성
펴낸곳	㈜챔프스터디
펴낸이	챔프스터디 출판팀

주소	서울특별시 서초구 강남대로61길 23 ㈜챔프스터디
고객센터	02-537-5000
교재 관련 문의	publishing@hackers.com
동영상강의	pass.Hackers.com

ISBN	소방원론: 978-89-6965-528-8 (14530)
	세트: 978-89-6965-527-1 (14530)
Serial Number	04-01-01

해커스자격증

쉽고 빠른 합격의 비결,
해커스자격증 전 교재
베스트셀러 시리즈

해커스 산업안전기사 · 산업기사 시리즈
해커스 전기기사
해커스 전기기능사

해커스 소방설비기사 · 산업기사 시리즈

해커스 일반기계기사 시리즈

해커스 식품기사 · 산업기사 시리즈

해커스 스포츠지도사 시리즈

해커스 사회조사분석사

해커스 KBS한국어능력시험/실용글쓰기

해커스 한국사능력검정

소방설비기사의 모든 것,
해커스자격증이 알려드립니다.

Q1. 소방설비기사 왜 취득해야 할까?

소방 안전 강화에 따라 소방 인력 수요가 증가하고 있습니다.

이에 따라 소방 대표 자격증인 소방설비기사의 수요가 높아지고 있으며, 자격증 응시 인원도 증가하는 추세입니다.

자격증 취득 시 소방, 건설, 위험물 등 관련 업무에 종사할 수 있으며, 취업 및 승진 시 우대하는 사업장 및 공공기관이 늘어나고 있습니다.

소방설비기사는 정년 없이 평생 활용 가능하기 때문에 취득이 필수인 자격증입니다.

Q2. 기출만 풀어도 합격할 수 있다고?

소방설비기사 시험은 문제은행 방식이기 때문에 실제 시험은 대부분 출제된 문제가 다시 출제되고 있어 기출문제를 위주로 학습하는 것도 합격을 위한 방법이 될 수 있습니다. 그러나 계산문제 또는 응용문제와 같은 난도 높은 문제는 기초적인 내용에 대한 암기 또는 이해가 동반되지 않으면 해결하기 어렵기 때문에 기출문제를 위주로 학습하되, 반복 출제되는 내용에 대한 이론 학습을 병행하는 것이 보다 효과적입니다.

Q3. 50대, 직장인, 비전공자도 가능할까?

소방설비기사는 자격증 취득 요건 및 정년 등 나이에 관한 제한을 두고 있지 않습니다.

나이와 상관 없이 누구나 취득할 수 있습니다.

실무 경력을 오래 쌓은 50대~60대의 경우 자격증 취득을 통해 승진, 연봉 인상 등의 이점이 있으며, 자격증을 보유한 경우, 취업 시에도 우위를 점할 수 있습니다. 실제로 해커스자격증에는 중장년층 또는 직장인 수험생·합격생이 많습니다. 늦은 나이라고 걱정하실 필요가 전혀 없습니다.

해커스 자격증

이번 시험 합격, 불합격? 1분 자가 진단 테스트

테스트 바로가기 ▶

응시 분야 및 시험 종류 선택	❯	1분 만에 내 수준 알아보는 **자가 진단 테스트 응시**	❯	나의 공부 내공 결과 확인!

소방설비기사 전기 VS 기계, 지금 바로 추천 받기

지금 내 실력 확인하기 ▶

공부 기간, 학습 상황 등을 분석해
나와 꼭 맞는 자격증 추천!

자격증 추천 이유까지
상세하게!

누구나 따라올 수 있도록
해커스가 제안하는
합격 플랜

워밍업 과정

초보합격가이드*와
합격 꿀팁 특강으로
단기 합격 학습 전략 확인
*PDF

기초 과정

기초 특강 3종으로
기초부터 탄탄하게 학습

기본 과정

이론+기출 학습으로
출제 경향 정복

실전 대비

CBT 모의고사로
실전 감각 향상

마무리

족집게 핵심요약노트와
벼락치기 특강으로
막판 점수 뒤집기

이젠 기출도 컴퓨터로 간편하게!
해커스 CBT 문제은행

CBT 환경 완벽 구현

실제 시험과 동일한 시간으로 응시!

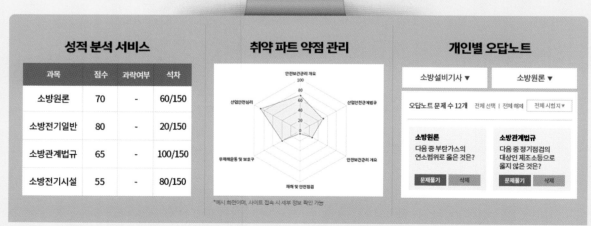

성적 분석 서비스

과목	점수	과락여부	석차
소방원론	70	-	60/150
소방전기일반	80	-	20/150
소방관계법규	65	-	100/150
소방전기시설	55	-	80/150

취약 파트 약점 관리

*예시 화면이며, 사이트 접속 시 세부 정보 확인 가능

개인별 오답노트

2025 대비 최신개정판

해커스
소방설비기사
필기

기본서+7개년 기출문제집

소방관계법규

해커스

김진성

약력

가천대학교 대학원 졸업(소방방재공학 석사)
현 | 해커스자격증 소방설비기사 강의
현 | 해커스자격증 소방설비산업기사 강의
현 | 해커스소방 소방관계법규 강의
전 | 아모르이그잼 소방분야 강의
전 | 한국소방사관학원 원장 및 소방분야 강의
전 | 한국소방안전학원 원장 및 소방분야 강의
전 | 서정대학교 겸임교수
전 | 중앙소방학교, 인천소방학교 초빙교수
전 | (주)포스코, 강원대학교, 호원대학교, 경민대학교 초빙 교수

저서

- 해커스 소방설비기사 필기 전기 기본서 + 7개년 기출문제집
- 해커스 소방설비산업기사 필기 전기 기본서 + 7개년 기출문제집
- 해커스 소방설비기사 필기 소방원론 · 소방관계법규 기본서 + 7개년 기출문제집
- 해커스 소방설비산업기사 필기 소방원론 · 소방관계법규 기본서 + 7개년 기출문제집
- 해커스소방 김진성 소방관계법규 단원별 실전문제집
- 해커스소방 김진성 소방관계법규 단원별 기출문제집
- 해커스소방 김진성 소방관계법규 합격생 필기노트
- 해커스소방 김진성 소방관계법규 기본서
- 소방설비기사 소방관계법규, 예린
- 소방설비기사 소방전기일반, 예린
- 소방설비기사 소방전기시설의 구조원리, 예린
- 소방설비기사(전기분야) 필기 문제풀이, 예린
- 소방설비기사(전기분야) 실기, 예린

소방설비기사 단기 합격을 향한 길을 비추는 환한 불빛 같은 수험서

해커스 소방설비기사 필기
소방관계법규 기본서 + 7개년 기출문제집

소방설비기사 시험은 방대한 학습량으로 인해 많은 수험생들이 학습을 시작하기 전 막연한 두려움을 가질 수 있습니다. 그러나 방대한 이론을 체계적으로 정리하고, 시험에 필요한 내용만을 중점적으로 학습한다면 학습한 내용을 오래 기억하고 실제 시험 문제에 적용하여 보다 쉬운 합격의 길을 갈 수 있을 것입니다.

수험생 여러분들의 합격의 길에 함께하기 위해 오랫동안 소방분야에서 전문적인 강의를 했던 경험과 체계적인 이론을 바탕으로 「해커스 소방설비기사 필기 소방관계법규 기본서 + 7개년 기출문제집」 교재를 출간하게 되었습니다.

「해커스 소방설비기사 필기 소방관계법규 기본서 + 7개년 기출문제집」 교재는 수험생 여러분이 학습한 내용을 완전한 '나의 것'으로 만들 수 있도록 다음과 같은 특징을 교재에 담았습니다.

01 교재의 흐름을 그대로 따라가는 학습이 가능하도록 구성하였습니다.

교재 이외에 별도의 자료를 찾아 학습할 필요가 없도록 반드시 알아야 할 기본적인 이론부터 학습의 순서에 맞춰 교재를 구성하였습니다. 이를 통해 전체 이론을 더욱 효율적으로 학습할 수 있습니다.

02 다양한 학습 요소를 통해 입체적인 학습을 할 수 있도록 구성하였습니다.

다양한 형태의 도표 및 그림자료를 수록하여 복잡한 이론을 보다 쉽게 이해할 수 있도록 하였습니다. 또한 '핵심정리'와 '참고'를 통해 이론 학습에 도움이 되는 배경 및 심화이론까지 학습할 수 있습니다.

03 교재 전체 영역에 최신의 내용을 반영하였습니다.

한국산업인력공단의 출제기준 및 최신 개정법령과 세부규정을 모두 빠짐없이 반영하였습니다.
이를 통해 가장 최신의 내용을 정확하게 학습할 수 있습니다.

더불어 자격증 시험 전문 사이트 해커스자격증(pass.Hackers.com)에서 교재 학습 중 궁금한 점을 나누고 다양한 무료 학습자료를 함께 이용하여 학습 효과를 극대화할 수 있습니다.

소방설비기사 시험에 도전하시는 모든 분들의 최종 합격을 진심으로 기원합니다.

김진성

목차

기본서

7개년 기출문제집

 시험장에 꼭 가져가야 할 족집게 핵심요약노트

 무료 특강·학습 콘텐츠 제공
pass.Hackers.com

책의 구성 및 특징

01 학습 중 놓치는 내용 없이 완벽한 이해를 가능하게!

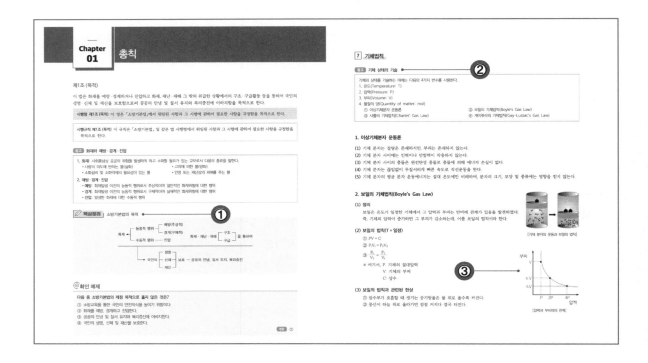

① 핵심정리

출제가능성이 높은 주요이론을 압축하여 '핵심정리'에 수록하였습니다. 이를 통해 학습한 내용을 다시 한번 요약·정리할 수 있으며, 시험에 자주 출제되는 부분만 효율적으로 학습할 수 있습니다.

② 참고

더 알아두면 학습에 도움이 되는 배경 및 개념 등의 이론을 '참고'에 담아 수록하였습니다. 이를 통해 이론 학습을 보충하고, 심화 내용까지 학습할 수 있습니다.

③ 사진 및 그림자료

내용의 이해를 돕기 위해 다양한 그림자료를 함께 수록하였습니다. 이를 통해 복잡하고 어려운 이론 내용을 쉽고 빠르게 이해하고 학습할 수 있습니다.

02 확인 예제와 7개년 기출문제를 통해 실력 점검과 실전 대비까지 확실하게!

확인 예제

- 주요 이론 또는 시험에 자주 출제되는 이론을 문제로 구성한 확인예제를 수록하였습니다.
- 이를 통해 학습한 내용을 정확히 이해하고 있는지 곧바로 확인할 수 있으며, 실제 시험에서 출제될 수 있는 문제의 경향도 함께 파악할 수 있습니다.

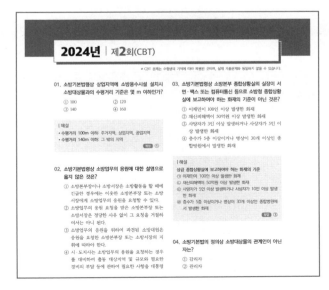

7개년 기출문제

- 2024 ~ 2018년의 7개년 기출문제를 수록하였습니다.
- 수록된 '모든' 문제에는 상세한 해설을 수록하여 문제풀이 과정에서 실전감각을 높이고 실력을 한층 향상시킬 수 있습니다.
- 또한 해설을 통해 옳은 지문뿐만 아니라 옳지 않은 지문의 내용까지 확인할 수 있으므로 문제를 풀고 답을 찾아가는 과정에서 자신의 학습 수준을 스스로 점검하고 보완하여 학습 효과를 높일 수 있습니다.

소방설비기사 시험 정보

01 시험 제도 및 과목

• 검정기준 · 방법 및 합격기준

검정기준	소방설비기사에 대한 공학적인 기술이론 지식을 통해 설계 · 시공 · 분석 등의 업무를 수행할 수 있는지를 검정합니다.
검정방법	• 필기: 객관식 4지 택일형으로 과목당 20문제가 출제되며, CBT 방식으로 시행됩니다. • 실기: 필답형으로 출제됩니다.
합격기준	• 필기: 과목당 40점 이상, 전과목 평균 60점 이상을 받으면 합격입니다(100점 만점 기준). • 실기: 60점 이상을 받으면 합격입니다(100점 만점 기준).

• 시험 과목

전기 분야	기계 분야
• 제1과목 – 소방원론 • 제2과목 – 소방전기일반 • 제3과목 – 소방관계법규 • 제4과목 – 소방전기시설의 구조 및 원리	• 제1과목 – 소방원론 • 제2과목 – 소방유체역학 • 제3과목 – 소방관계법규 • 제4과목 – 소방기계시설의 구조 및 원리

02 시험 일정

구분		원서접수(휴일 제외)	시험일	합격자 발표일
필기	정기 1회	1월 중	2 ~ 3월 중	3월 중
	정기 2회	4월 중	5 ~ 6월 중	6월 중
	정기 3회	6월 중	7월 중	8월 중
실기	정기 1회	3월 중	4 ~ 6월 중	6월 중
	정기 2회	6월 중	7 ~ 8월 중	9월 중
	정기 3회	9월 중	10월 중	11월 중

03 응시자격

다음은 일반적인 응시자격이며, 각자의 이력에 따른 개인별 응시자격은 Q - Net에서 정확히 확인하시기 바랍니다.

자격 소지	• 산업기사 이상 취득 후 실무 1년 이상 • 기능사 이상 취득 후 실무 3년 이상 • 다른 종목의 기사 이상 자격 취득자 • 외국에서 동일 종목 자격 취득자
관련학과 졸업	• 대학의 관련학과의 졸업(예정)자 • 3년제 전문대학 관련학과 졸업 후 실무 1년 이상 • 2년제 전문대학 관련학과 졸업 후 실무 2년 이상
기술훈련과정 이수	• 기사 수준 기술훈련과정 이수(예정)자 • 산업기사 수준 기술훈련과정 이수 후 실무 2년 이상
경력	동일 및 유사 직무분야에서 실무 4년 이상

※ 관련학과: 대학 및 전문대학의 소방학, 건축설비공학, 기계설비학, 가스냉동학, 공조냉동학 관련학과

04 최근 5년간 검정현황

구분		2020	2021	2022	2023	2024
전기분야	응시자	21,749	27,083	26,517	29,880	30,163
	합격자	11,711	12,483	11,902	14,628	14,061
	합격률	53.8%	46.1%	44.9%	49.0%	46.6%
기계분야	응시자	14,623	17,736	17,523	23,350	20,888
	합격자	7,546	9,048	8,206	10,689	9,676
	합격률	51.6%	51.0%	46.8%	45.8%	46.3%

출제기준

※ 한국산업인력공단에 공시된 출제기준으로 [해커스 소방설비기사 필기 소방관계법규 기본서 + 7개년 기출문제집] 전체 내용은 모두 아래 출제기준에 근거하여 제작되었습니다.

01 전기 분야

필기 과목명	주요항목	세부항목	
1과목 소방원론	1. 연소이론	(1) 연소 및 연소현상	
	2. 화재현상	(1) 화재 및 화재현상 (2) 건축물의 화재현상	
	3. 위험물	(1) 위험물 안전관리	
	4. 소방안전	(1) 소방안전관리 (3) 소화약제	(2) 소화론
2과목 소방전기일반	1. 전기회로	(1) 직류회로 (3) 교류회로	(2) 정전용량과 자기회로
	2. 전기기기	(1) 전기기기 (2) 전기계측	
	3. 제어회로	(1) 자동제어의 기초 (3) 제어기기 및 응용	(2) 시퀀스 제어회로
	4. 전자회로	(1) 전자회로	
3과목 소방관계법규	1. 소방기본법	(1) 소방기본법, 시행령, 시행규칙	
	2. 화재의 예방 및 안전관리에 관한 법	(1) 화재의 예방 및 안전관리에 관한 법, 시행령, 시행규칙	
	3. 소방시설 설치 및 관리에 관한 법	(1) 소방시설 설치 및 관리에 관한 법, 시행령, 시행규칙	
	4. 소방시설공사업법	(1) 소방시설공사업법, 시행령, 시행규칙	
	5. 위험물안전관리법	(1) 위험물안전관리법, 시행령, 시행규칙	
4과목 소방전기시설의 구조 및 원리	1. 소방전기시설 및 화재안전성능 기준 · 화재안전기술기준	(1) 비상경보설비 및 단독경보형감지기 (2) 비상방송설비 (3) 자동화재탐지설비 및 시각경보장치 (4) 자동화재속보설비 (5) 누전경보기 (6) 유도등 및 유도표지 (7) 비상조명등 (8) 비상콘센트 (9) 무선통신보조설비 (10) 기타 소방전기시설	

02 기계 분야

필기 과목명	주요항목	세부항목	
1과목 소방원론	1. 연소이론	(1) 연소 및 연소현상	
	2. 화재현상	(1) 화재 및 화재현상 (2) 건축물의 화재현상	
	3. 위험물	(1) 위험물 안전관리	
	4. 소방안전	(1) 소방안전관리 (3) 소화약제	(2) 소화론
2과목 소방유체역학	1. 소방유체역학	(1) 유체의 기본적 성질 (3) 유체유동의 해석 (5) 펌프 및 송풍기의 성능 특성	(2) 유체정역학 (4) 관내의 유동
	2. 소방 관련 열역학	(1) 열역학 기초 및 열역학 법칙 (3) 이상기체 및 카르노사이클	(2) 상태변화 (4) 열전달 기초
3과목 소방관계법규	1. 소방기본법	(1) 소방기본법, 시행령, 시행규칙	
	2. 화재의 예방 및 안전관리에 관한 법	(1) 화재의 예방 및 안전관리에 관한 법, 시행령, 시행규칙	
	3. 소방시설 설치 및 관리에 관한 법	(1) 소방시설 설치 및 관리에 관한 법, 시행령, 시행규칙	
	4. 소방시설공사업법	(1) 소방시설공사업법, 시행령, 시행규칙	
	5. 위험물안전관리법	(1) 위험물안전관리법, 시행령, 시행규칙	
4과목 소방기계시설의 구조 및 원리	1. 소방기계 시설 및 화재안전성능 기준·화재안전기술기준	(1) 소화기구 (2) 옥내·외 소화전설비 (3) 스프링클러 설비 (4) 포 소화설비 (5) 이산화탄소, 할론, 할로겐화합물 및 불활성기체 소화설비 (6) 분말 소화설비 (7) 물분무 및 미분무 소화설비 (8) 피난구조설비 (9) 소화 용수 설비 (10) 소화 활동 설비 (11) 기타 소방기계설비	

학습플랜

5주 합격 학습플랜

• 이론과 기출문제를 모두 차근차근 학습하고 싶은 수험생에게 추천합니다.

	1일차 ☐	2일차 ☐	3일차 ☐	4일차 ☐	5일차 ☐	6일차 ☐	7일차 ☐
1주	Part 01				Part 02		
	Chapter 01 ~ 03	Chapter 04 ~ 06	Chapter 07 ~ 10	복습	Chapter 01 ~ 04	Chapter 05 ~ 08	복습
	8일차 ☐	**9일차** ☐	**10일차** ☐	**11일차** ☐	**12일차** ☐	**13일차** ☐	**14일차** ☐
2주	Part 03			Part 04			Part 05
	Chapter 01 ~ 04	Chapter 05 ~ 07	복습	Chapter 01 ~ 04	Chapter 05 ~ 07	복습	Chapter 01 ~ 04
	15일차 ☐	**16일차** ☐	**17일차** ☐	**18일차** ☐	**19일차** ☐	**20일차** ☐	**21일차** ☐
3주	Part 05		최신 기출문제				
	Chapter 05 ~ 07	복습	2024년	2023년	2022년	2021년	2020년
	22일차 ☐	**23일차** ☐	**24일차** ☐	**25일차** ☐	**26일차** ☐	**27일차** ☐	**28일차** ☐
4주	최신 기출문제		Part 01	Part 02	Part 03	Part 04	Part 05
	2019년 복습	2018년 복습	복습	복습	복습	복습	복습
	29일차 ☐	**30일차** ☐	**31일차** ☐	**32일차** ☐	**33일차** ☐	**34일차** ☐	**35일차** ☐
5주	최신 기출문제					CBT 모의고사	최종정리
	2024 ~ 2023년	2022 ~ 2021년	2020 ~ 2018년	2024 ~ 2021년	2020 ~ 2018년		

📅 3주 합격 학습플랜

• 이론을 빠르게 학습하고 기출문제를 반복학습하고 싶은 수험생에게 추천합니다.

	1일차 ☐	2일차 ☐	3일차 ☐	4일차 ☐	5일차 ☐	6일차 ☐	7일차 ☐
1주	Part 01	Part 02	Part 03	Part 04	Part 05	Part 01	Part 02
	Chapter 01 ~ 10	Chapter 01 ~ 08	Chapter 01 ~ 07	Chapter 01 ~ 07	Chapter 01 ~ 07	복습	복습
	8일차 ☐	**9일차** ☐	**10일차** ☐	**11일차** ☐	**12일차** ☐	**13일차** ☐	**14일차** ☐
2주	Part 03	Part 04	Part 05	최신 기출문제			
	복습	복습	복습	2024년	2023년	2022년	2021년
	15일차 ☐	**16일차** ☐	**17일차** ☐	**18일차** ☐	**19일차** ☐	**20일차** ☐	**21일차** ☐
3주	최신 기출문제						최종정리
	2020년	2019년	2018년	2024 ~ 2023년	2022 ~ 2021년	2020 ~ 2018년	

기본서

Part 01

소방기본법

제1조 (목적)

이 법은 화재를 예방·경계하거나 진압하고 화재, 재난·재해 그 밖의 위급한 상황에서의 구조·구급활동 등을 통하여 국민의 생명·신체 및 재산을 보호함으로써 공공의 안녕 및 질서 유지와 복리증진에 이바지함을 목적으로 한다.

> **시행령 제1조 (목적)** 이 영은 「소방기본법」에서 위임된 사항과 그 시행에 관하여 필요한 사항을 규정함을 목적으로 한다.

> **시행규칙 제1조 (목적)** 이 규칙은 「소방기본법」 및 같은 법 시행령에서 위임된 사항과 그 시행에 관하여 필요한 사항을 규정함을 목적으로 한다.

참고 | 화재와 예방·경계·진압

1. **화재:** 사회통념상 공공의 위험을 발생하게 하고 소화할 필요가 있는 규모로서 다음의 종류를 말한다.
   - 사람의 의도에 반하는 불(실화)
   - 소화설비 및 소화약제의 필요성이 있는 불
   - 고의에 의한 불(방화)
   - 인명 또는 재산상의 피해를 주는 불
2. **예방·경계·진압**
   - **예방:** 화재발생 이전의 능동적 행위로서 추상적이며 일반적인 화재위험에 대한 행위
   - **경계:** 화재발생 이전의 능동적 행위로서 구체적이며 실체적인 화재위험에 대한 행위
   - **진압:** 발생한 화재에 대한 수동적 행위

핵심정리 | 소방기본법의 목적

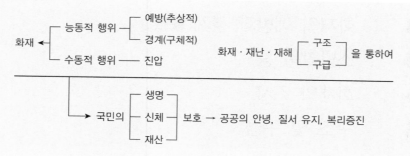

확인 예제

다음 중 소방기본법의 제정 목적으로 옳지 않은 것은?

① 소방교육을 통한 국민의 안전의식을 높이기 위함이다.
② 화재를 예방, 경계하고 진압한다.
③ 공공의 안녕 및 질서 유지와 복리증진에 이바지한다.
④ 국민의 생명, 신체 및 재산을 보호한다.

정답 ①

제2조 (정의)

이 법에서 사용하는 용어의 뜻은 다음과 같다.

1. "소방대상물"이란 건축물, 차량, 선박(「선박법」제1조의2 제1항에 따른 선박으로서 항구에 매어둔 선박만 해당한다), 선박 건조 구조물, 산림, 그 밖의 인공 구조물 또는 물건을 말한다.
2. "관계지역"이란 소방대상물이 있는 장소 및 그 이웃 지역으로서 화재의 예방·경계·진압, 구조·구급 등의 활동에 필요한 지역을 말한다.
3. "관계인"이란 소방대상물의 소유자·관리자 또는 점유자를 말한다.
4. "소방본부장"이란 특별시·광역시·특별자치시·도 또는 특별자치도(이하 "시·도"라 한다)에서 화재의 예방·경계·진압· 조사 및 구조·구급 등의 업무를 담당하는 부서의 장을 말한다.
5. "소방대"(消防隊)란 화재를 진압하고 화재, 재난·재해, 그 밖의 위급한 상황에서 구조·구급 활동 등을 하기 위하여 다음 각 목의 사람으로 구성된 조직체를 말한다.
   가. 「소방공무원법」에 따른 소방공무원
   나. 「의무소방대설치법」제3조에 따라 임용된 의무소방원(義務消防員)
   다. 「의용소방대 설치 및 운영에 관한 법률」에 따른 의용소방대원(義勇消防隊員)
6. "소방대장"(消防隊長)이란 소방본부장 또는 소방서장 등 화재, 재난·재해, 그 밖의 위급한 상황이 발생한 현장에서 소방대 를 지휘하는 사람을 말한다.

참고 용어의 정의

법 집행과정에서 발생할 수 있는 해석상의 혼란을 방지하기 위하여 정의 규정을 두었다.

1. **소방대상물**: 소방행정 수행상의 목적물을 말한다.
2. **건축물**
   • 토지에 장착하는 건축물 중 지붕과 기둥 또는 벽이 있는 것을 말한다.
   • 지하 또는 고가의 공작물에 설치하는 사무소, 공연장, 점포, 차고, 창고 등
3. **인공 구조물**: 일반적으로는 인위적으로 지상이나 지중에 만들어진 것을 말한다. 건축물과 공작물을 나누어서 말하는 경우는 굴뚝·광고탑· 고가수조·옹벽 엘리베이터 등을 말한다.
4. **선박**: 「선박법」에서는 그 적용대상을 특정하기 위하여 선박을 수상(水上) 또는 수중(水中)에서 항행용(航行用)으로 사용될 수 있는 배 종 류로 규정하고 있다.
5. **선박 건조 구조물**: 선박의 건조, 의장, 수리를 하거나 선박에 화물을 적재 또는 하역하기 위한 축조물을 말한다.
6. **관계인**
   • **소유자**: 물건의 처분권이 있는 사람을 말한다.
   • **점유자**: 물건을 소지하는 권리를 가진 사람을 말한다.
   • **관리자**: 물건의 처분권은 없고 보존행위 등 관리만을 하는 사람을 말한다.

⊙ 확인 예제

「소방기본법」상 용어에 대한 설명으로 가장 옳은 것은?

① 관계인이란 소방대상물의 소유자 또는 점유자만을 말한다.
② 관계지역이란 소방대상물이 있는 장소만을 말한다.
③ 소방대상물이란 건축물, 차량, 항구에 매어둔 선박, 선박 건조 구조물, 산림, 그 밖의 인공 구조물 또는 물건을 말한다.
④ 소방대장이란 소방본부장 또는 소방서장만을 말한다.

정답 ③

제2조의2 (국가와 지방자치단체의 책무)

국가와 지방자치단체는 화재, 재난·재해, 그 밖의 위급한 상황으로부터 국민의 생명·신체 및 재산을 보호하기 위하여 필요한 시책을 수립·시행하여야 한다.

제3조 (소방기관의 설치 등)

① 시·도의 화재 예방·경계·진압 및 조사, 소방안전교육·홍보와 화재, 재난·재해, 그 밖의 위급한 상황에서의 구조·구급 등의 업무(이하 "소방업무"라 한다)를 수행하는 소방기관의 설치에 필요한 사항은 대통령령으로 정한다.
② 소방업무를 수행하는 소방본부장 또는 소방서장은 그 소재지를 관할하는 특별시장·광역시장·특별자치시장·도지사 또는 특별자치도지사(이하 "시·도지사"라 한다)의 지휘와 감독을 받는다.
③ 제2항에도 불구하고 소방청장은 화재 예방 및 대형 재난 등 필요한 경우 시·도 소방본부장 및 소방서장을 지휘·감독할 수 있다.
④ 시·도에서 소방업무를 수행하기 위하여 시·도지사 직속으로 소방본부를 둔다.

🔄 확인 예제

다음 중 관할구역 안에서 소방업무를 수행하는 소방본부장·소방서장을 지휘·감독하는 권한이 없는 자는?
① 특별시장　　　　　　　　　　　　　　② 광역시장
③ 도지사　　　　　　　　　　　　　　　④ 시장·군수 및 구청장

정답 ④

제3조의2 (소방공무원의 배치)

제3조 제1항의 소방기관 및 같은 조 제4항의 소방본부에는 「지방자치단체에 두는 국가공무원의 정원에 관한 법률」에도 불구하고 대통령령으로 정하는 바에 따라 소방공무원을 둘 수 있다.

제3조의3 (다른 법률과의 관계)

제주특별자치도에는 「제주특별자치도 설치 및 국제자유도시 조성을 위한 특별법」 제44조에도 불구하고 같은 법 제6조 제1항 단서에 따라 이 법 제3조의2를 우선하여 적용한다.

제4조 (119종합상황실의 설치와 운영)

① 소방청장, 소방본부장 및 소방서장은 화재, 재난·재해, 그 밖에 구조·구급이 필요한 상황이 발생하였을 때에 신속한 소방활동(소방업무를 위한 모든 활동을 말한다. 이하 같다)을 위한 정보의 수집·분석과 판단·전파, 상황관리, 현장 지휘 및 조정·통제 등의 업무를 수행하기 위하여 119종합상황실을 설치·운영하여야 한다.
② 제1항에 따라 소방본부에 설치하는 119종합상황실에는 「지방자치단체에 두는 국가공무원의 정원에 관한 법률」에도 불구하고 대통령령으로 정하는 바에 따라 경찰공무원을 둘 수 있다. <신설 2024.1.30.>
③ 제1항에 따른 119종합상황실의 설치·운영에 필요한 사항은 행정안전부령으로 정한다.

제4조의2(소방정보통신망 구축·운영)

① 소방청장 및 시·도지사는 119종합상황실 등의 효율적 운영을 위하여 소방정보통신망을 구축·운영할 수 있다.
② 소방청장 및 시·도지사는 소방정보통신망의 안정적 운영을 위하여 소방정보통신망의 회선을 이중화할 수 있다. 이 경우 이중화된 각 회선은 서로 다른 사업자로부터 제공받아야 한다.
③ 제1항 및 제2항에 따른 소방정보통신망의 구축 및 운영에 필요한 사항은 행정안전부령으로 정한다.
[2023.4.11. 신설] [2024.4.12. 시행]

제4조의3(소방기술민원센터의 설치·운영)

① 소방청장 또는 소방본부장은 소방시설, 소방공사 및 위험물 안전관리 등과 관련된 법령해석 등의 민원을 종합적으로 접수하여 처리할 수 있는 기구(이하 이 조에서 "소방기술민원센터"라 한다)를 설치·운영할 수 있다.
② 소방기술민원센터의 설치·운영 등에 필요한 사항은 대통령령으로 정한다.
[제4조의2에서 이동 <2023.4.11.>] [2024.4.12. 시행]

> **시행령 제1조의2 (소방기술민원센터의 설치·운영)** ① 소방청장 또는 소방본부장은 「소방기본법」(이하 "법"이라 한다) 제4조의2제1항에 따른 소방기술민원센터(이하 "소방기술민원센터"라 한다)를 소방청 또는 소방본부에 각각 설치·운영한다.
> ② 소방기술민원센터는 센터장을 포함하여 18명 이내로 구성한다.
> ③ 소방기술민원센터는 다음 각 호의 업무를 수행한다.
> 1. 소방시설, 소방공사와 위험물 안전관리 등과 관련된 법령해석 등의 민원(이하 "소방기술민원"이라 한다)의 처리
> 2. 소방기술민원과 관련된 질의회신집 및 해설서 발간
> 3. 소방기술민원과 관련된 정보시스템의 운영·관리
> 4. 소방기술민원과 관련된 현장 확인 및 처리
> 5. 그 밖에 소방기술민원과 관련된 업무로서 소방청장 또는 소방본부장이 필요하다고 인정하여 지시하는 업무
> ④ 소방청장 또는 소방본부장은 소방기술민원센터의 업무수행을 위하여 필요하다고 인정하는 경우에는 관계 기관의 장에게 소속 공무원 또는 직원의 파견을 요청할 수 있다.
> ⑤ 제1항부터 제4항까지에서 규정한 사항 외에 소방기술민원센터의 설치·운영에 필요한 사항은 소방청에 설치하는 경우에는 소방청장이 정하고, 소방본부에 설치하는 경우에는 해당 특별시·광역시·특별자치시·도 또는 특별자치도(이하 "시·도"라 한다)의 규칙으로 정한다.
> [본조신설 2022.1.4.]
> [종전 제1조의2는 제1조의3으로 이동 <2022.1.4.>]

> **시행규칙 제2조 (종합상황실의 설치·운영)** ① 「소방기본법」(이하 "법"이라 한다) 제4조 제2항의 규정에 의한 종합상황실은 소방청과 특별시·광역시·특별자치시·도 또는 특별자치도(이하 "시·도"라 한다)의 소방본부 및 소방서에 각각 설치·운영하여야 한다.
> ② 소방청장, 소방본부장 또는 소방서장은 신속한 소방활동을 위한 정보를 수집·전파하기 위하여 종합상황실에 「소방력 기준에 관한 규칙」에 의한 전산·통신요원을 배치하고, 소방청장이 정하는 유·무선통신시설을 갖추어야 한다.
> ③ 종합상황실은 24시간 운영체제를 유지하여야 한다.
>
> **제3조 (종합상황실의 실장의 업무 등)** ① 종합상황실의 실장[종합상황실에 근무하는 자 중 최고직위에 있는 자(최고직위에 있는 자가 2인 이상인 경우에는 선임자)를 말한다. 이하 같다]은 다음 각 호의 업무를 행하고, 그에 관한 내용을 기록·관리하여야 한다.
> 1. 화재, 재난·재해 그 밖에 구조·구급이 필요한 상황(이하 "재난상황"이라 한다)의 발생의 신고접수
> 2. 접수된 재난상황을 검토하여 가까운 소방서에 인력 및 장비의 동원을 요청하는 등의 사고수습
> 3. 하급소방기관에 대한 출동지령 또는 동급 이상의 소방기관 및 유관기관에 대한 지원요청

4. 재난상황의 전파 및 보고

5. 재난상황이 발생한 현장에 대한 지휘 및 피해현황의 파악

6. 재난상황의 수습에 필요한 정보수집 및 제공

② 종합상황실의 실장은 다음 각 호의 어느 하나에 해당하는 상황이 발생하는 때에는 그 사실을 지체 없이 별지 제1호서식에 따라 서면·팩스 또는 컴퓨터통신 등으로 소방서의 종합상황실의 경우는 소방본부의 종합상황실에, 소방본부의 종합상황실의 경우는 소방청의 종합상황실에 각각 보고해야 한다. <개정 2022.12.1.>

1. 다음 각 목의 1에 해당하는 화재

    가. 사망자가 5인 이상 발생하거나 사상자가 10인 이상 발생한 화재

    나. 이재민이 100인 이상 발생한 화재

    다. 재산피해액이 50억원 이상 발생한 화재

    라. 관공서·학교·정부미도정공장·문화재·지하철 또는 지하구의 화재

    마. 관광호텔, 층수(「건축법 시행령」 제119조 제1항 제9호의 규정에 의하여 산정한 층수를 말한다. 이하 이 목에서 같다)가 11층 이상인 건축물, 지하상가, 시장, 백화점, 「위험물안전관리법」 제2조 제2항의 규정에 의한 지정수량의 3천배 이상의 위험물의 제조소·저장소·취급소, 층수가 5층 이상이거나 객실이 30실 이상인 숙박시설, 층수가 5층 이상이거나 병상이 30개 이상인 종합병원·정신병원·한방병원·요양소, 연면적 1만5천제곱미터 이상인 공장 또는 「화재의 예방 및 안전관리에 관한 법률」 제18조 제1항 각 목에 따른 화재예방강화지구에서 발생한 화재

    바. 철도차량, 항구에 매어둔 총 톤수가 1천톤 이상인 선박, 항공기, 발전소 또는 변전소에서 발생한 화재

    사. 가스 및 화약류의 폭발에 의한 화재

    아. 「다중이용업소의 안전관리에 관한 특별법」 제2조에 따른 다중이용업소의 화재

2. 「긴급구조 대응활동 및 현장지휘에 관한 규칙」에 의한 통제단장의 현장지휘가 필요한 재난상황

3. 언론에 보도된 재난상황

4. 그 밖에 소방청장이 정하는 재난상황

③ 종합상황실 근무자의 근무방법 등 종합상황실의 운영에 관하여 필요한 사항은 종합상황실을 설치하는 소방청장, 소방본부장 또는 소방서장이 각각 정한다.

선생님 TIP

1. 119종합상황실은 소방업무에 대한 필요 상황이 발생한 경우 신속한 소방활동을 위한 정보의 수집 및 전파, 상황관리, 현장 지휘 및 조정·통제 등의 업무를 한다.

2. 소방관서는 소방장비·인력 등을 동원하여 소방업무를 수행하는 소방서·119안전센터·119구조대·119구급대·소방정대 및 지역대를 말한다.

확인 예제

119종합상황실에 지체 없이 보고하여야 할 사항으로 옳지 않은 것은?

① 사상자가 10인 이상 발생한 화재

② 이재민이 50인 이상 발생한 화재

③ 사망자가 5인 이상 발생한 화재

④ 재산피해액이 50억원 이상 발생한 화재

정답 ②

✏️ **핵심정리** 119종합상황실의 설치와 운영(행정안전부령)

1. **설치 · 운영권자:** 소방청장, 소방본부장, 소방서장

2. **설치:** 소방청, 소방본부, 소방서

3. **119종합상황실장의 업무**
   ① 재난상황 신고접수
   ② 소방서에 인력 · 장비 등 동원 요청(사고 수습)
   ③ 하급소방기관 출동지령, 유관기관 지원 요청
   ④ 전화 및 보고
   ⑤ 피해현황 파악
   ⑥ 정보 수집 및 보고

4. **보고대상(소방서장 → 소방본부장 → 소방청장)**
   ① **대형화재:** 사망 5명 이상, 사상 10명 이상, 재산피해 50억원 이상
   ② **중요화재:** 이재민 100명 이상, 백화점 · 관공서 · 지하철 · 정부미도정공장 · 문화재
   ③ **특수화재:** 철도 · 항공기 · 발전소 · 변전소 · 선박(1,000톤 이상)
   ④ 통제단장의 지휘가 필요한 재난상황
   ⑤ 언론에 보도된 재난상황

제5조 (소방박물관 등의 설립과 운영)

① 소방의 역사와 안전문화를 발전시키고 국민의 안전의식을 높이기 위하여 소방청장은 소방박물관을, 시 · 도지사는 소방체험관(화재 현장에서의 피난 등을 체험할 수 있는 체험관을 말한다. 이하 이 조에서 같다)을 설립하여 운영할 수 있다.

② 제1항에 따른 소방박물관의 설립과 운영에 필요한 사항은 행정안전부령으로 정하고, 소방체험관의 설립과 운영에 필요한 사항은 행정안전부령으로 정하는 기준에 따라 시 · 도의 조례로 정한다.

시행규칙 제4조 (소방박물관의 설립과 운영) ① 소방청장은 법 제5조 제2항의 규정에 의하여 소방박물관을 설립 · 운영하는 경우에는 소방박물관에 소방박물관장 1인과 부관장 1인을 두되, 소방박물관장은 소방공무원 중에서 소방청장이 임명한다.

② 소방박물관은 국내 · 외의 소방의 역사, 소방공무원의 복장 및 소방장비 등의 변천 및 발전에 관한 자료를 수집 · 보관 및 전시한다.

③ 소방박물관에는 그 운영에 관한 중요한 사항을 심의하기 위하여 7인 이내의 위원으로 구성된 운영위원회를 둔다.

④ 제1항의 규정에 의하여 설립된 소방박물관의 관광업무 · 조직 · 운영위원회의 구성 등에 관하여 필요한 사항은 소방청장이 정한다.

제4조의2 (소방체험관의 설립 및 운영) ① 법 제5조 제1항에 따라 설립된 소방체험관(이하 "소방체험관"이라 한다)은 다음 각 호의 기능을 수행한다.

1. 재난 및 안전사고 유형에 따른 예방, 대처, 대응 등에 관한 체험교육(이하 "체험교육"이라 한다)의 제공
2. 체험교육 프로그램의 개발 및 국민 안전의식 향상을 위한 홍보 · 전시
3. 체험교육 인력의 양성 및 유관기관 · 단체 등과의 협력
4. 그 밖에 체험교육을 위하여 시 · 도지사가 필요하다고 인정하는 사업의 수행

② 법 제5조 제2항에서 "행정안전부령으로 정하는 기준"이란 별표 1에 따른 기준을 말한다.

설립과 운영의 주체

1. **소방박물관**: 소방의 위상 정립, 자료의 보존, 세계 소방기관과의 교류 등의 사무를 위하여 소방청장에게 박물관의 설립과 운영을 하도록 하였다.
2. **소방체험관**: 지역 주민에 대한 화재, 재난 등 위급상황에서의 대처능력을 향상시키기 위하여 시·도지사에게 체험관의 설립과 운영을 하도록 하였다.

핵심정리 | 소방박물관 등의 설치와 운영

1. 설립·운영권자
   ① **소방박물관**: 소방청장(행정안전부령)
   ② **소방체험관**: 시·도지사(시·도 조례)
2. **박물관장**: 소방공무원 중 소방청장이 임명
3. **박물관 운영위원**: 7인 이내

확인 예제

소방박물관 등의 설립과 운영에 관하여 빈칸에 들어갈 내용으로 옳은 것은?

> 소방의 역사와 안전문화를 발전시키고 국민의 안전의식을 높이기 위하여 [　　　　]은/는 소방박물관을, [　　　　]은/는 소방체험관을 운영할 수 있다.

① 소방청장, 시·도지사
② 시·도지사, 소방청장
③ 행정안전부장관, 시·도지사
④ 시·도지사, 행정안전부장관

정답 ①

제6조 (소방업무에 대한 종합계획 수립·시행 등)

① 소방청장은 화재, 재난·재해, 그 밖의 위급한 상황으로부터 국민의 생명·신체 및 재산을 보호하기 위하여 소방업무에 관한 종합계획(이하 이 조에서 "종합계획"이라 한다)을 5년마다 수립·시행하여야 하고, 이에 필요한 재원을 확보하도록 노력하여야 한다.
② 종합계획에는 다음 각 호의 사항이 포함되어야 한다.
  1. 소방서비스의 질 향상을 위한 정책의 기본방향
  2. 소방업무에 필요한 체계의 구축, 소방기술의 연구·개발 및 보급
  3. 소방업무에 필요한 장비의 구비
  4. 소방전문인력 양성
  5. 소방업무에 필요한 기반조성
  6. 소방업무의 교육 및 홍보(제21조에 따른 소방자동차의 우선 통행 등에 관한 홍보를 포함한다)
  7. 그 밖에 소방업무의 효율적 수행을 위하여 필요한 사항으로서 대통령령으로 정하는 사항
③ 소방청장은 제1항에 따라 수립한 종합계획을 관계 중앙행정기관의 장, 시·도지사에게 통보하여야 한다.
④ 시·도지사는 관할 지역의 특성을 고려하여 종합계획의 시행에 필요한 세부계획(이하 이 조에서 "세부계획"이라 한다)을 매년 수립하여 소방청장에게 제출하여야 하며, 세부계획에 따른 소방업무를 성실히 수행하여야 한다.

⑤ 소방청장은 소방업무의 체계적 수행을 위하여 필요한 경우 제4항에 따라 시·도지사가 제출한 세부계획의 보완 또는 수정을 요청할 수 있다.

⑥ 그 밖에 종합계획 및 세부계획의 수립·시행에 필요한 사항은 대통령령으로 정한다.

> **시행령 제1조의3 (소방업무에 관한 종합계획 및 세부계획의 수립·시행)** ① 소방청장은 「소방기본법」(이하 "법"이라 한다) 제6조 제1항에 따른 소방업무에 관한 종합계획을 관계 중앙행정기관의 장과의 협의를 거쳐 계획 시행 전년도 10월 31일까지 수립하여야 한다. <개정 2022.1.4.>
> ② 법 제6조 제2항 제7호에서 "대통령령으로 정하는 사항"이란 다음 각 호의 사항을 말한다.
> 1. 재난·재해 환경 변화에 따른 소방업무에 필요한 대응 체계 마련
> 2. 장애인, 노인, 임산부, 영유아 및 어린이 등 이동이 어려운 사람을 대상으로 한 소방활동에 필요한 조치
> ③ 특별시장·광역시장·특별자치시장·도지사 또는 특별자치도지사(이하 "시·도지사"라 한다)는 법 제6조 제4항에 따른 종합계획의 시행에 필요한 세부계획을 계획 시행 전년도 12월 31일까지 수립하여 소방청장에게 제출하여야 한다.
> [제1조의2에서 이동 <2022.1.4.>]

핵심정리 | 소방업무에 대한 종합계획 및 세부계획

1. **종합계획 수립·시행권자:** 소방청장(5년마다)
2. **세부계획 수립·시행권자:** 시·도지사(매년)

확인 예제

소방청장은 화재, 재난·재해, 그 밖의 위급한 상황으로부터 국민의 생명·신체 및 재산을 보호하기 위하여 소방업무에 관한 종합계획을 몇 년마다 수립·시행하여야 하는가?

① 1년   ② 3년
③ 5년   ④ 6년

정답 ③

제7조 (소방의 날 제정과 운영 등)

① 국민의 안전의식과 화재에 대한 경각심을 높이고 안전문화를 정착시키기 위하여 매년 11월 9일을 소방의 날로 정하여 기념행사를 한다.

② 소방의 날 행사에 관하여 필요한 사항은 소방청장 또는 시·도지사가 따로 정하여 시행할 수 있다.

③ 소방청장은 다음 각 호에 해당하는 사람을 명예직 소방대원으로 위촉할 수 있다.
   1. 「의사상자 등 예우 및 지원에 관한 법률」 제2조에 따른 의사상자(義死傷者)로서 같은 법 제3조 제3호 또는 제4호에 해당하는 사람
   2. 소방행정 발전에 공로가 있다고 인정되는 사람

핵심정리 | 소방의 날 제정과 운영

1. **소방의 날:** 11월 9일
2. **기념행사:** 소방청장, 시·도지사

Chapter 02
소방장비 및 소방용수시설 등

제8조 (소방력의 기준 등)

① 소방기관이 소방업무를 수행하는 데에 필요한 인력과 장비 등[이하 "소방력"(消防力)이라 한다]에 관한 기준은 행정안전부령으로 정한다.
② 시·도지사는 제1항에 따른 소방력의 기준에 따라 관할구역의 소방력을 확충하기 위하여 필요한 계획을 수립하여 시행하여야 한다.
③ 소방자동차 등 소방장비의 분류·표준화와 그 관리 등에 필요한 사항은 따로 법률에서 정한다.

참고 소방력의 기준

> 소방력은 그 지역의 인구와 관할하는 면적을 기준으로 행정안전부령(「소방력 기준에 관한 규칙」)으로 정한다.

✏️ **핵심정리** | 소방력의 기준 등(행정안전부령)

시·도가 기준이 되면 소방력이 비평준화되기 때문에 행정안전부령으로 정한다.

1. **소방력**

2. **현대의 소방력:** 훈련된 기술인력, 정비된 장비, 충분한 수리, 원활한 통신망

제9조 (소방장비 등에 대한 국고보조)

① 국가는 소방장비의 구입 등 시·도의 소방업무에 필요한 경비의 일부를 보조한다.
② 제1항에 따른 보조 대상사업의 범위와 기준보조율은 대통령령으로 정한다.

> **시행령 제2조 (국고보조 대상사업의 범위와 기준보조율)** ① 법 제9조 제2항에 따른 국고보조 대상사업의 범위는 다음 각 호와 같다.
> 1. 다음 각 목의 소방활동장비와 설비의 구입 및 설치
>   가. 소방자동차
>   나. 소방헬리콥터 및 소방정
>   다. 소방전용통신설비 및 전산설비
>   라. 그 밖에 방화복 등 소방활동에 필요한 소방장비
> 2. 소방관서용 청사의 건축(「건축법」 제2조 제1항 제8호에 따른 건축을 말한다)
> ② 제1항 제1호에 따른 소방활동장비 및 설비의 종류와 규격은 행정안전부령으로 정한다.
> ③ 제1항에 따른 국고보조 대상사업의 기준보조율은 「보조금 관리에 관한 법률 시행령」에서 정하는 바에 따른다.

시행규칙 제5조 (소방활동장비 및 설비의 규격 및 종류와 기준가격) ① 영 제2조 제2항의 규정에 의한 국고보조의 대상이 되는 소방활동장비 및 설비의 종류 및 규격은 별표 1의2와 같다.

② 영 제2조 제2항의 규정에 의한 국고보조산정을 위한 기준가격은 다음 각 호와 같다.

1. 국내조달품: 정부고시가격

2. 수입물품: 조달청에서 조사한 해외시장의 시가

3. 정부고시가격 또는 조달청에서 조사한 해외시장의 시가가 없는 물품: 2 이상의 공신력 있는 물가조사기관에서 조사한 가격의 평균가격

「보조금 관리에 관한 법률 시행령」

제4조 (보조금 지급 대상사업의 범위와 기준보조율) ① 법 제9조 제1항 제1호에 따른 보조금이 지급되는 지방자치단체의 사업의 범위 및 같은 항 제2호에 따른 기준보조율(이하 "기준보조율"이라 한다)은 별표 1과 같다. 다만, 별표 2에서 정한 지방자치단체의 사업은 보조금 지급 대상에서 제외한다.

② 기준보조율은 해당 회계연도의 국고보조금, 지방비 부담액, 국가의 재정융자금으로 조달된 금액, 수익자가 부담하는 금액과 그 밖에 기획재정부장관이 정하는 금액을 모두 합한 금액에서 국고보조금이 차지하는 비율로 한다.

제5조 (차등보조율의 적용기준 등) ① 법 제10조에 따라 기준보조율에 일정 비율을 더하는 차등보조(이하 "인상보조율"이라 한다)은 기준보조율에 20퍼센트, 15퍼센트, 10퍼센트를 각각 더하여 적용하고, 기준보조율에서 일정 비율을 빼는 차등보조율은 기준보조율에서 20퍼센트, 15퍼센트, 10퍼센트를 각각 빼고 적용하며, 그 적용기준과 각 적용기준의 구체적인 계산식은 별표 3과 같다.

② 인상보조율은 재정사정이 특히 어려운 지방자치단체에 대해서만 적용한다.

③ 기획재정부장관은 인상보조율의 적용을 요구한 지방자치단체에 대하여 보조금을 교부하는 경우에는 해당 지방자치단체의 재정운용에 대하여 필요한 권고를 할 수 있다.

참고 국고보조금

지방자치단체가 지출하는 특정 경비에 대하여 국가가 지급하는 일체의 지출금(교부금, 부담금, 협의보조금)을 말한다.

확인 예제

국가는 소방장비의 구입 등 시·도의 소방업무에 필요한 경비의 일부를 보조하는바, 국고대상사업의 범위로 옳지 않은 것은?

① 소방전용통신설비 및 전산설비

② 소방헬리콥터 및 소방정

③ 소화전방식의 소방용수시설

④ 소방관서용 청사의 건축

정답 ③

제10조 (소방용수시설의 설치 및 관리 등)

① 시·도지사는 소방활동에 필요한 소화전(消火栓)·급수탑(給水塔)·저수조(貯水槽)(이하 "소방용수시설"이라 한다)를 설치하고 유지·관리하여야 한다. 다만, 「수도법」 제45조에 따라 소화전을 설치하는 일반수도사업자는 관할 소방서장과 사전 협의를 거친 후 소화전을 설치하여야 하며, 설치 사실을 관할 소방서장에게 통지하고, 그 소화전을 유지·관리하여야 한다.

② 시 · 도지사는 제21조 제1항에 따른 소방자동차의 진입이 곤란한 지역 등 화재발생 시에 초기 대응이 필요한 지역으로서 대통령령으로 정하는 지역에 소방호스 또는 호스릴 등을 소방용수시설에 연결하여 화재를 진압하는 시설이나 장치(이하 "비상소화장치"라 한다)를 설치하고 유지 · 관리할 수 있다.

③ 제1항에 따른 소방용수시설과 제2항에 따른 비상소화장치의 설치기준은 행정안전부령으로 정한다.

> **시행령 제2조의2 (비상소화장치의 설치대상 지역)** 법 제10조 제2항에서 "대통령령으로 정하는 지역"이란 다음 각 호의 어느 하나에 해당하는 지역을 말한다. <개정 2022.11.29.>
> 1. 「화재의 예방 및 안전관리에 관한 법률」 제18조 제1항에 따라 지정된 화재예방강화지구
> 2. 시 · 도지사가 법 제10조 제2항에 따른 비상소화장치의 설치가 필요하다고 인정하는 지역

🖉 핵심정리 | 소방용수시설의 설치 및 관리 등(행정안전부령)

1. 설치 · 유지 · 관리권자: 시 · 도지사

2. 종류
① 소화전(지상식 / 지하식)
② 저수조
③ 급수탑

3. 지하에 설치하는 소화전 또는 저수조의 표지

4. 급수탑 및 지상에 설치하는 소화전 또는 저수조의 표지: 내측 문자 백색, 외측 문자 황색, 내측 바탕 적색, 외측 바탕 청색

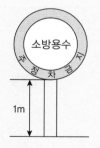

5. 소방용수시설의 설치기준
① 공통기준
• **주거지역 · 상업지역 · 공업지역:** 수평거리 100m 이하
• **기타지역(녹지지역):** 수평거리 140m 이하

② 소방용수시설별 설치기준
• **소화전의 설치기준:** 연결금속구의 구경은 65mm
• **급수탑의 설치기준**

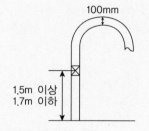

③ 저수조의 설치 기준

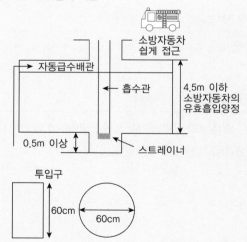

※ **소방용수시설:** 시 · 도지사 설치, **소화용수설비:** 관계인 설치

6. 소방용수시설 및 지리 조사
① **조사권자:** 소방본부장, 소방서장
② **조사시기:** 월 1회 이상
③ **조사내용**
• 소방대상물에 인접한 도로의 폭 및 교통 상황
• 도로 주변의 토지의 고저
• 건축물의 개황

시행규칙 제6조 (소방용수시설 및 비상소화장치의 설치기준) ① 특별시장·광역시장·특별자치시장·도지사 또는 특별자치도지사(이하 "시·도지사"라 한다)는 법 제10조 제1항의 규정에 의하여 설치된 소방용수시설에 대하여 별표 2의 소방용수표지를 보기 쉬운 곳에 설치하여야 한다.

② 법 제10조 제1항에 따른 소방용수시설의 설치기준은 별표 3과 같다.

③ 법 제10조 제2항에 따른 비상소화장치의 설치기준은 다음 각 호와 같다. <개정 2022.12.1.>

1. 비상소화장치는 비상소화장치함, 소화전, 소방호스(소화전의 방수구에 연결하여 소화용수를 방수하기 위한 도관으로서 호스와 연결금속구로 구성되어 있는 소방용릴호스 또는 소방용고무내장호스를 말한다), 관창(소방호스용 연결금속구 또는 중간연결금속구 등의 끝에 연결하여 소화용수를 방수하기 위한 나사식 또는 차입식 토출기구를 말한다)을 포함하여 구성할 것

2. 소방호스 및 관창은 「소방시설 설치 및 관리에 관한 법률」 제37조 제5항에 따라 소방청장이 정하여 고시하는 형식승인 및 제품검사의 기술기준에 적합한 것으로 설치할 것

3. 비상소화장치함은 「소방시설 설치 및 관리에 관한 법률」 제40조 제4항에 따라 소방청장이 정하여 고시하는 성능인증 및 제품검사의 기술기준에 적합한 것으로 설치할 것

④ 제3항에서 규정한 사항 외에 비상소화장치의 설치기준에 관한 세부 사항은 소방청장이 정한다.

제7조 (소방용수시설 및 지리조사) ① 소방본부장 또는 소방서장은 원활한 소방활동을 위하여 다음 각 호의 조사를 월 1회 이상 실시하여야 한다.

1. 법 제10조의 규정에 의하여 설치된 소방용수시설에 대한 조사

2. 소방대상물에 인접한 도로의 폭·교통상황, 도로주변의 토지의 고저·건축물의 개황 그 밖의 소방활동에 필요한 지리에 대한 조사

② 제1항의 조사결과는 전자적 처리가 불가능한 특별한 사유가 없으면 전자적 처리가 가능한 방법으로 작성·관리하여야 한다.

③ 제1항 제1호의 조사는 별지 제2호 서식에 의하고, 제1항 제2호의 조사는 별지 제3호 서식에 의하되, 그 조사결과를 2년간 보관하여야 한다.

확인 예제

01 소방용수시설을 설치하고 유지 및 관리는 누가 하여야 하는가?

① 소방서장
② 소방본부장
③ 시·도지사
④ 수도관리단장

02 소방활동에 필요한 소방용수시설의 설치기준으로 설치가 적합하게 된 것은?

① 급수탑 방식의 개폐밸브를 지상에서 1.0m 높이에 설치하였다.
② 주거지역에 설치하는 경우 소방대상물과의 수평거리를 90m가 되도록 설치하였다.
③ 상수도와 연결하여 지하식 또는 지상식의 구조로 하고, 소방용호스와 연결하는 소화전의 연결금속구의 구경을 45mm로 설치하였다.
④ 저수조 흡수부분의 수심을 0.4m로 설치하였다.

정답 01 ③   02 ②

제11조 (소방업무의 응원)

① 소방본부장이나 소방서장은 소방활동을 할 때에 긴급한 경우에는 이웃한 소방본부장 또는 소방서장에게 소방업무의 응원(應援)을 요청할 수 있다.

② 제1항에 따라 소방업무의 응원 요청을 받은 소방본부장 또는 소방서장은 정당한 사유 없이 그 요청을 거절하여서는 아니 된다.

③ 제1항에 따라 소방업무의 응원을 위하여 파견된 소방대원은 응원을 요청한 소방본부장 또는 소방서장의 지휘에 따라야 한다.

④ 시·도지사는 제1항에 따라 소방업무의 응원을 요청하는 경우를 대비하여 출동 대상지역 및 규모와 필요한 경비의 부담 등에 관하여 필요한 사항을 행정안전부령으로 정하는 바에 따라 이웃하는 시·도지사와 협의하여 미리 규약(規約)으로 정하여야 한다.

시행규칙 제8조 (소방업무의 상호응원협정) 법 제11조 제4항의 규정에 의하여 시·도지사는 이웃하는 다른 시·도지사와 소방업무에 관하여 상호응원협정을 체결하고자 하는 때에는 다음 각 호의 사항이 포함되도록 하여야 한다.

1. 다음 각 목의 소방활동에 관한 사항
   가. 화재의 경계·진압활동
   나. 구조·구급업무의 지원
   다. 화재조사활동
2. 응원출동대상지역 및 규모
3. 다음 각 목의 소요경비의 부담에 관한 사항
   가. 출동대원의 수당·식사 및 의복의 수선
   나. 소방장비 및 기구의 정비와 연료의 보급
   다. 그 밖의 경비
4. 응원출동의 요청방법
5. 응원출동훈련 및 평가

🖋 핵심정리 | 소방업무의 응원(행정안전부령)

1. **지휘권자**: 응원을 요청한 소방본부장 또는 소방서장
2. **비용부담자**: 응원을 요청한 시·도지사
3. **응원협정 내용(화재예방은 대상이 아님)**
   ① 화재의 경계, 진압, 구조, 구급, 조사활동
   ② 응원출동 대상지역 및 규모
   ③ 소요경비의 부담
   ④ 응원출동의 요청, 훈련, 평가

제11조의2 (소방력의 동원)

① 소방청장은 해당 시·도의 소방력만으로는 소방활동을 효율적으로 수행하기 어려운 화재, 재난·재해, 그 밖의 구조·구급이 필요한 상황이 발생하거나 특별히 국가적 차원에서 소방활동을 수행할 필요가 인정될 때에는 각 시·도지사에게 행정안전부령으로 정하는 바에 따라 소방력을 동원할 것을 요청할 수 있다.

② 제1항에 따라 동원 요청을 받은 시·도지사는 정당한 사유 없이 요청을 거절하여서는 아니 된다.

③ 소방청장은 시·도지사에게 제1항에 따라 동원된 소방력을 화재, 재난·재해 등이 발생한 지역에 지원·파견하여 줄 것을 요청하거나 필요한 경우 직접 소방대를 편성하여 화재진압 및 인명구조 등 소방에 필요한 활동을 하게 할 수 있다.

④ 제1항에 따라 동원된 소방대원이 다른 시·도에 파견·지원되어 소방활동을 수행할 때에는 특별한 사정이 없으면 화재, 재난·재해 등이 발생한 지역을 관할하는 소방본부장 또는 소방서장의 지휘에 따라야 한다. 다만, 소방청장이 직접 소방대를 편성하여 소방활동을 하게 하는 경우에는 소방청장의 지휘에 따라야 한다.

⑤ 제3항 및 제4항에 따른 소방활동을 수행하는 과정에서 발생하는 경비 부담에 관한 사항, 제3항 및 제4항에 따라 소방활동을 수행한 민간 소방 인력이 사망하거나 부상을 입었을 경우의 보상주체·보상기준 등에 관한 사항, 그 밖에 동원된 소방력의 운용과 관련하여 필요한 사항은 대통령령으로 정한다.

> **시행령 제2조의3 (소방력의 동원)** ① 법 제11조의2 제3항 및 제4항에 따라 동원된 소방력의 소방활동 수행 과정에서 발생하는 경비는 화재, 재난·재해나 그 밖의 구조·구급이 필요한 상황이 발생한 시·도에서 부담하는 것을 원칙으로 하며, 구체적인 내용은 해당 시·도가 서로 협의하여 정한다. <개정 2022.1.4.>
> ② 법 제11조의2 제3항 및 제4항에 따라 동원된 민간 소방 인력이 소방활동을 수행하다가 사망하거나 부상을 입은 경우 화재, 재난·재해 또는 그 밖의 구조·구급이 필요한 상황이 발생한 시·도가 해당 시·도의 조례로 정하는 바에 따라 보상한다.
> ③ 제1항 및 제2항에서 규정한 사항 외에 법 제11조의2에 따라 동원된 소방력의 운용과 관련하여 필요한 사항은 소방청장이 정한다.

> **시행규칙 제8조의2 (소방력의 동원 요청)** ① 소방청장은 법 제11조의2 제1항에 따라 각 시·도지사에게 소방력 동원을 요청하는 경우 동원 요청 사실과 다음 각 호의 사항을 팩스 또는 전화 등의 방법으로 통지하여야 한다. 다만, 긴급을 요하는 경우에는 시·도 소방본부 또는 소방서의 종합상황실장에게 직접 요청할 수 있다.
> 1. 동원을 요청하는 인력 및 장비의 규모
> 2. 소방력 이송 수단 및 집결장소
> 3. 소방활동을 수행하게 될 재난의 규모, 원인 등 소방활동에 필요한 정보
> ② 제1항에서 규정한 사항 외에 그 밖의 시·도 소방력 동원에 필요한 사항은 소방청장이 정한다.

◎ 확인 예제

다음 중 소방력의 동원을 요청할 수 있는 자는?

① 시·도지사
② 소방본부장 또는 소방서장
③ 소방청장
④ 행정안전부장관

정답 ③

Chapter 03

화재의 예방과 경계(警戒)

제12조 삭제

시행령 제3조 삭제 <2022.11.29.>

제13조 삭제

시행령 제4조 삭제 <2022.11.29.>

시행규칙 제8조의3 삭제 <2022.12.1.>

제14조 삭제

제15조 삭제

시행령 제5조 삭제 <2022.11.29.>
제6조 삭제 <2022.11.29.>
제7조 삭제 <2022.11.29.>

제16조 (소방활동)

① 소방청장, 소방본부장 또는 소방서장은 화재, 재난·재해, 그 밖의 위급한 상황이 발생하였을 때에는 소방대를 현장에 신속하게 출동시켜 화재진압과 인명구조·구급 등 소방에 필요한 활동(이하 이 조에서 "소방활동"이라 한다)을 하게 하여야 한다.

② 누구든지 정당한 사유 없이 제1항에 따라 출동한 소방대의 소방활동을 방해하여서는 아니 된다.

제16조의2 (소방지원활동)

① 소방청장·소방본부장 또는 소방서장은 공공의 안녕, 질서 유지 또는 복리증진을 위하여 필요한 경우 소방활동 외에 다음 각 호의 활동(이하 "소방지원활동"이라 한다)을 하게 할 수 있다.

　1. 산불에 대한 예방·진압 등 지원활동

　2. 자연재해에 따른 급수·배수 및 제설 등 지원활동

　3. 집회·공연 등 각종 행사시 사고에 대비한 근접대기 등 지원활동

　4. 화재, 재난·재해로 인한 피해복구 지원활동

　5. 삭제 <2015.7.24.>

　6. 그 밖에 행정안전부령으로 정하는 활동

② 소방지원활동은 제16조의 소방활동 수행에 지장을 주지 아니하는 범위에서 할 수 있다.

③ 유관기관·단체 등의 요청에 따른 소방지원활동에 드는 비용은 지원요청을 한 유관기관·단체 등에게 부담하게 할 수 있다. 다만, 부담금액 및 부담방법에 관하여는 지원요청을 한 유관기관·단체 등과 협의하여 결정한다.

🎯 확인 예제

소방지원활동의 내용으로 옳지 않은 것은?

① 자연재해에 따른 급수·배수 및 제설 등 지원활동
② 집회·공연 등 각종 행사시 사고에 대비한 근접대기 등 지원활동
③ 화재, 재난·재해로 인한 피해복구 지원활동
④ 화재, 재난·재해 그 밖의 위급한 상황에서의 구조·구급 지원활동

정답　④

제16조의3 (생활안전활동)

① 소방청장·소방본부장 또는 소방서장은 신고가 접수된 생활안전 및 위험제거 활동(화재, 재난·재해, 그 밖의 위급한 상황에 해당하는 것은 제외한다)에 대응하기 위하여 소방대를 출동시켜 다음 각 호의 활동(이하 "생활안전활동"이라 한다)을 하게 하여야 한다.
  1. 붕괴, 낙하 등이 우려되는 고드름, 나무, 위험 구조물 등의 제거 활동
  2. 위해동물, 벌 등의 포획 및 퇴치 활동
  3. 끼임, 고립 등에 따른 위험제거 및 구출 활동
  4. 단전사고시 비상전원 또는 조명의 공급
  5. 그 밖에 방치하면 급박해질 우려가 있는 위험을 예방하기 위한 활동
② 누구든지 정당한 사유 없이 제1항에 따라 출동하는 소방대의 생활안전활동을 방해하여서는 아니 된다.
③ 삭제 <2017.12.26.>

> **시행규칙 제8조의4 (소방지원활동)** 법 제16조의2 제1항 제6호에서 "그 밖에 행정안전부령으로 정하는 활동"이란 다음 각 호의 어느 하나에 해당하는 활동을 말한다.
> 1. 군·경찰 등 유관기관에서 실시하는 훈련지원 활동
> 2. 소방시설 오작동 신고에 따른 조치 활동
> 3. 방송제작 또는 촬영 관련 지원 활동
>
> **제8조의5 (소방지원활동 등의 기록관리)** ① 소방대원은 법 제16조의2 제1항에 따른 소방지원활동 및 법 제16조의3 제1항에 따른 생활안전활동(이하 "소방지원활동등"이라 한다)을 한 경우 별지 제3호의2 서식의 소방지원활동등 기록지에 해당 활동상황을 상세히 기록하고, 소속 소방관서에 3년간 보관해야 한다.
> ② 소방본부장은 소방지원활동등의 상황을 종합하여 연 2회 소방청장에게 보고해야 한다.
> <신설 2024.2.27.>

제16조의4 (소방자동차의 보험 가입 등)

① 시·도지사는 소방자동차의 공무상 운행 중 교통사고가 발생한 경우 그 운전자의 법률상 분쟁에 소요되는 비용을 지원할 수 있는 보험에 가입하여야 한다.
② 국가는 제1항에 따른 보험 가입비용의 일부를 지원할 수 있다.

제16조의5 (소방활동에 대한 면책)

소방공무원이 제16조 제1항에 따른 소방활동으로 인하여 타인을 사상(死傷)에 이르게 한 경우 그 소방활동이 불가피하고 소방공무원에게 고의 또는 중대한 과실이 없는 때에는 그 정상을 참작하여 사상에 대한 형사책임을 감경하거나 면제할 수 있다.

제16조의6 (소송지원)

소방청장, 소방본부장 또는 소방서장은 소방공무원이 제16조 제1항에 따른 소방활동, 제16조의2 제1항에 따른 소방지원활동, 제16조의3 제1항에 따른 생활안전활동으로 인하여 민·형사상 책임과 관련된 소송을 수행할 경우 변호인 선임 등 소송수행에 필요한 지원을 할 수 있다.

제17조 (소방교육 · 훈련)

① 소방청장, 소방본부장 또는 소방서장은 소방업무를 전문적이고 효과적으로 수행하기 위하여 소방대원에게 필요한 교육 · 훈련을 실시하여야 한다.

② 소방청장, 소방본부장 또는 소방서장은 화재를 예방하고 화재 발생 시 인명과 재산피해를 최소화하기 위하여 다음 각 호에 해당하는 사람을 대상으로 행정안전부령으로 정하는 바에 따라 소방안전에 관한 교육과 훈련을 실시할 수 있다. 이 경우 소방청장, 소방본부장 또는 소방서장은 해당 어린이집 · 유치원 · 학교의 장 또는 장애인복지시설의 장과 교육일정 등에 관하여 협의하여야 한다. <개정 2022.11.15.>

　1. 「영유아보육법」 제2조에 따른 어린이집의 영유아

　2. 「유아교육법」 제2조에 따른 유치원의 유아

　3. 「초 · 중등교육법」 제2조에 따른 학교의 학생

　4. 「장애인복지법」 제58조에 따른 장애인복지시설에 거주하거나 해당 시설을 이용하는 장애인

③ 소방청장, 소방본부장 또는 소방서장은 국민의 안전의식을 높이기 위하여 화재 발생시 피난 및 행동 방법 등을 홍보하여야 한다.

④ 제1항에 따른 교육 · 훈련의 종류 및 대상자, 그 밖에 교육 · 훈련의 실시에 필요한 사항은 행정안전부령으로 정한다.

[시행일: 2023.5.16.]

> **시행규칙 제9조 (소방교육 · 훈련의 종류 등)** ① 법 제17조 제1항에 따라 소방대원에게 실시할 교육 · 훈련의 종류, 해당 교육 · 훈련을 받아야 할 대상자 및 교육 · 훈련기간 등은 별표 3의2와 같다.
> ② 법 제17조 제2항에 따른 소방안전에 관한 교육과 훈련(이하 "소방안전교육훈련"이라 한다)에 필요한 시설, 장비, 강사자격 및 교육방법 등의 기준은 별표 3의3과 같다.
> ③ 소방청장, 소방본부장 또는 소방서장은 소방안전교육훈련을 실시하려는 경우 매년 12월 31일까지 다음 해의 소방안전교육훈련 운영계획을 수립하여야 한다.
> ④ 소방청장은 제3항에 따른 소방안전교육훈련 운영계획의 작성에 필요한 지침을 정하여 소방본부장과 소방서장에게 매년 10월 31일까지 통보하여야 한다.

🖊 핵심정리 　소방대의 소방교육 · 훈련(행정안전부령)

1. **교육 · 훈련의 목적:** 훈련된 소방대원의 양성

2. **교육 · 훈련의 종류 및 대상자**
   ① **화재진압:** 진압 소방공무원, 의무소방원, 의용소방대원
   ② **인명구조:** 구조 소방공무원, 의무소방원, 의용소방대원
   ③ **응급처치:** 구급 소방공무원, 의무소방원, 의용소방대원
   ④ **인명대피:** 소방공무원, 의무소방원, 의용소방대원
   ⑤ **현장지휘:** 지방소방(위, 경, 령, 정)

3. **기간 및 횟수:** 2년마다 1회 이상, 2주 이상

◎ 확인 예제

소방교육 · 훈련 중 현장지휘훈련을 받는 사람은?

① 지방소방위　　　　　　　　　　　② 지방소방사
③ 지방소방장　　　　　　　　　　　④ 지방소방준감

정답　①

제17조의2 (소방안전교육사)

① 소방청장은 제17조 제2항에 따른 소방안전교육을 위하여 소방청장이 실시하는 시험에 합격한 사람에게 소방안전교육사 자격을 부여한다.

② 소방안전교육사는 소방안전교육의 기획 · 진행 · 분석 · 평가 및 교수업무를 수행한다.

③ 제1항에 따른 소방안전교육사시험의 응시자격, 시험방법, 시험과목, 시험위원, 그 밖에 소방안전교육사시험의 실시에 필요한 사항은 대통령령으로 정한다.

④ 제1항에 따른 소방안전교육사시험에 응시하려는 사람은 대통령령으로 정하는 바에 따라 수수료를 내야 한다.

시행령 제7조의2 (소방안전교육사의 응시자격) 법 제17조의2 제3항에 따른 소방안전교육사시험의 응시자격은 별표 2의2와 같다.

제7조의3 (시험방법) ① 소방안전교육사시험은 제1차 시험 및 제2차 시험으로 구분하여 시행한다.

② 제1차 시험은 선택형을, 제2차 시험은 논술형을 원칙으로 한다. 다만, 제2차 시험에는 주관식 단답형 또는 기입형을 포함할 수 있다.

③ 제1차 시험에 합격한 사람에 대해서는 다음 회의 시험에 한정하여 제1차 시험을 면제한다.

제7조의4 (시험과목) ① 소방안전교육사시험의 제1차 시험 및 제2차 시험 과목은 다음 각 호와 같다.

1. 제1차 시험: 소방학개론, 구급 · 응급처치론, 재난관리론 및 교육학개론 중 응시자가 선택하는 3과목
2. 제2차 시험: 국민안전교육 실무

② 제1항에 따른 시험 과목별 출제범위는 행정안전부령으로 정한다.

제7조의5 (시험위원 등) ① 소방청장은 소방안전교육사시험 응시자격심사, 출제 및 채점을 위하여 다음 각 호의 어느 하나에 해당하는 사람을 응시자격심사위원 및 시험위원으로 임명 또는 위촉하여야 한다. <개정 2020.3.10.>

1. 소방 관련 학과, 교육학과 또는 응급구조학과 박사학위 취득자
2. 「고등교육법」 제2조 제1호부터 제6호까지의 규정 중 어느 하나에 해당하는 학교에서 소방 관련 학과, 교육학과 또는 응급구조학과에서 조교수 이상으로 2년 이상 재직한 자
3. 소방위 이상의 소방공무원
4. 소방안전교육사 자격을 취득한 자

② 제1항에 따른 응시자격심사위원 및 시험위원의 수는 다음 각 호와 같다.

1. 응시자격심사위원: 3명
2. 시험위원 중 출제위원: 시험과목별 3명
3. 시험위원 중 채점위원: 5명
4. 삭제 <2016.6.30.>

③ 제1항에 따라 응시자격심사위원 및 시험위원으로 임명 또는 위촉된 자는 소방청장이 정하는 시험문제 등의 작성시 유의사항 및 서약서 등에 따른 준수사항을 성실히 이행해야 한다.

④ 제1항에 따라 임명 또는 위촉된 응시자격심사위원 및 시험위원과 시험감독업무에 종사하는 자에 대하여는 예산의 범위에서 수당 및 여비를 지급할 수 있다.

제7조의6 (시험의 시행 및 공고) ① 소방안전교육사시험은 2년마다 1회 시행함을 원칙으로 하되, 소방청장이 필요하다고 인정하는 때에는 그 횟수를 증감할 수 있다.

② 소방청장은 소방안전교육사시험을 시행하려는 때에는 응시자격 · 시험과목 · 일시 · 장소 및 응시절차 등에 관하여 필요한 사항을 모든 응시 희망자가 알 수 있도록 소방안전교육사시험의 시행일 90일 전까지 소방청의 인터넷 홈페이지 등에 공고해야 한다. <개정 2020.12.9.>

제7조의7 (응시원서 제출 등) ① 소방안전교육사시험에 응시하려는 자는 행정안전부령으로 정하는 소방안전교육사시험 응시원서를 소방청장에게 제출(정보통신망에 의한 제출을 포함한다. 이하 이 조에서 같다)하여야 한다.

② 소방안전교육사시험에 응시하려는 자는 행정안전부령으로 정하는 제7조의2에 따른 응시자격에 관한 증명서류를 소방청장이 정하는 기간 내에 제출해야 한다.

③ 소방안전교육사시험에 응시하려는 자는 행정안전부령으로 정하는 응시수수료를 납부해야 한다.

④ 제3항에 따라 납부한 응시수수료는 다음 각 호의 어느 하나에 해당하는 경우에는 해당 금액을 반환해야 한다.

1. 응시수수료를 과오납한 경우: 과오납한 응시수수료 전액
2. 시험시행기관의 귀책사유로 시험에 응시하지 못한 경우: 납입한 응시수수료 전액
3. 시험시행일 20일 전까지 접수를 철회하는 경우: 납입한 응시수수료 전액
4. 시험시행일 10일 전까지 접수를 철회하는 경우: 납입한 응시수수료의 100분의 50
5. 사고 또는 질병으로 입원(시험시행일이 입원기간에 포함되는 경우로 한정한다)하여 시험에 응시하지 못한 경우: 납입한 응시수수료 전액
6. 「감염병의 예방 및 관리에 관한 법률」에 따른 치료·입원 또는 격리(시험시행일이 치료·입원 또는 격리기간에 포함되는 경우로 한정한다) 처분을 받아 시험에 응시하지 못한 경우: 납입한 응시수수료 전액
7. 본인이 사망하거나 다음 각 목의 사람이 시험시행일 7일 전부터 시험시행일까지의 기간에 사망하여 시험에 응시하지 못한 경우: 납입한 응시수수료 전액
    가. 응시수수료를 낸 사람의 배우자
    나. 응시수수료를 낸 사람 본인 및 배우자의 자녀
    다. 응시수수료를 낸 사람 본인 및 배우자의 부모
    라. 응시수수료를 낸 사람 본인 및 배우자의 조부모·외조부모
    마. 응시수수료를 낸 사람 본인 및 배우자의 형제자매

제7조의8 (시험의 합격자 결정 등) ① 제1차 시험은 매과목 100점을 만점으로 하여 매과목 40점 이상, 전과목 평균 60점 이상 득점한 자를 합격자로 한다.

② 제2차 시험은 100점을 만점으로 하되, 시험위원의 채점점수 중 최고점수와 최저점수를 제외한 점수의 평균이 60점 이상인 사람을 합격자로 한다.

③ 소방청장은 제1항 및 제2항에 따라 소방안전교육사시험 합격자를 결정한 때에는 이를 소방청의 인터넷 홈페이지 등에 공고해야 한다. <개정 2020.12.9.>

④ 소방청장은 제3항에 따른 시험합격자 공고일부터 1개월 이내에 행정안전부령으로 정하는 소방안전교육사증을 시험합격자에게 발급하며, 이를 소방안전교육사증 교부대장에 기재하고 관리하여야 한다.

제7조의9 삭제 <2016.6.30.>

시행규칙 제9조의2 (시험과목별 출제범위) 영 제7조의4 제2항에 따른 소방안전교육사시험 과목별 출제범위는 별표 3의4와 같다.

제9조의3 (응시원서 등) ① 영 제7조의7 제1항에 따른 소방안전교육사시험 응시원서는 별지 제4호 서식과 같다.

② 영 제7조의7 제2항에 따라 응시자가 제출하여야 하는 증명서류는 다음 각 호의 서류 중 응시자에게 해당되는 것으로 한다. <개정 2022. 12. 1.>

1. 자격증 사본. 다만, 영 별표 2의2 제6호, 제8호 및 제9호에 해당하는 사람이 응시하는 경우 해당 자격증 사본은 제외한다.
2. 교육과정 이수증명서 또는 수료증
3. 교과목 이수증명서 또는 성적증명서
4. 별지 제5호 서식에 따른 경력(재직)증명서. 다만, 발행 기관에 별도의 경력(재직)증명서 서식이 있는 경우는 그에 따를 수 있다.
5. 「화재의 예방 및 안전관리에 관한 법률 시행규칙」 제18조에 따른 소방안전관리자 자격증 사본

③ 소방청장은 제2항 제1호 단서에 따라 응시자가 제출하지 아니한 영 별표 2의2 제6호, 제8호 및 제9호에 해당하는 국가기술자격증에 대해서는 「전자정부법」 제36조 제1항에 따른 행정정보의 공동이용을 통하여 확인하여야 한다. 다만, 응시자가 확인에 동의하지 아니하는 경우에는 해당 국가기술자격증 사본을 제출하도록 하여야 한다.

제9조의4 (응시수수료) ① 영 제7조의7 제3항에 따른 응시수수료(이하 "수수료"라 한다)는 제1차 시험의 경우 3만원, 제2차 시험의 경우 2만 5천원으로 한다.

② 수수료는 수입인지 또는 정보통신망을 이용한 전자화폐·전자결제 등의 방법으로 납부해야 한다.

③ 삭제 <2017.2.3.>

제9조의5 (소방안전교육사증 등의 서식) 영 제7조의8 제4항에 따른 소방안전교육사증 및 소방안전교육사증 교부대장은 별지 제6호 서식 및 별지 제7호 서식과 같다.

제17조의3 (소방안전교육사의 결격사유)

다음 각 호의 어느 하나에 해당하는 사람은 소방안전교육사가 될 수 없다.
1. 피성년후견인
2. 금고 이상의 실형을 선고받고 그 집행이 끝나거나(집행이 끝난 것으로 보는 경우를 포함한다) 집행이 면제된 날부터 2년이 지나지 아니한 사람
3. 금고 이상의 형의 집행유예를 선고받고 그 유예기간 중에 있는 사람
4. 법원의 판결 또는 다른 법률에 따라 자격이 정지되거나 상실된 사람

⊚ 확인 예제

소방안전교육사의 결격사유로 옳지 않은 것은?
① 금고 이상의 실형을 선고받고 그 집행이 면제된 날부터 2년이 경과한 사람
② 금고 이상의 형의 집행유예를 선고받고 그 유예기간 중에 있는 사람
③ 법원의 판결 또는 다른 법률에 의하여 자격이 정지 또는 상실된 사람
④ 피성년후견인

 정답 ①

제17조의4 (부정행위자에 대한 조치)

① 소방청장은 제17조의2에 따른 소방안전교육사시험에서 부정행위를 한 사람에 대하여는 해당 시험을 정지시키거나 무효로 처리한다.
② 제1항에 따라 시험이 정지되거나 무효로 처리된 사람은 그 처분이 있은 날부터 2년간 소방안전교육사시험에 응시하지 못한다.

제17조의5 (소방안전교육사의 배치)

① 제17조의2 제1항에 따른 소방안전교육사를 소방청, 소방본부 또는 소방서, 그 밖에 대통령령으로 정하는 대상에 배치할 수 있다.
② 제1항에 따른 소방안전교육사의 배치대상 및 배치기준, 그 밖에 필요한 사항은 대통령령으로 정한다.

> **시행령 제7조의10 (소방안전교육사의 배치대상)** 법 제17조의5 제1항에서 "그 밖에 대통령령으로 정하는 대상"이란 다음 각 호의 어느 하나에 해당하는 기관이나 단체를 말한다.
> 1. 법 제40조에 따라 설립된 한국소방안전원(이하 "안전원"이라 한다)
> 2. 「소방산업의 진흥에 관한 법률」 제14조에 따른 한국소방산업기술원
>
> **제7조의11 (소방안전교육사의 배치대상별 배치기준)** 법 제17조의5 제2항에 따른 소방안전교육사의 배치대상별 배치기준은 별표 2의3과 같다.

제17조의6 (한국119청소년단)

① 청소년에게 소방안전에 관한 올바른 이해와 안전의식을 함양시키기 위하여 한국119청소년단을 설립한다.
② 한국119청소년단은 법인으로 하고, 그 주된 사무소의 소재지에 설립등기를 함으로써 성립한다.

③ 국가나 지방자치단체는 한국119청소년단에 그 조직 및 활동에 필요한 시설·장비를 지원할 수 있으며, 운영경비와 시설비 및 국내외 행사에 필요한 경비를 보조할 수 있다.

④ 개인·법인 또는 단체는 한국119청소년단의 시설 및 운영 등을 지원하기 위하여 금전이나 그 밖의 재산을 기부할 수 있다.

⑤ 이 법에 따른 한국119청소년단이 아닌 자는 한국119청소년단 또는 이와 유사한 명칭을 사용할 수 없다.

⑥ 한국119청소년단의 정관 또는 사업의 범위·지도·감독 및 지원에 필요한 사항은 행정안전부령으로 정한다.

⑦ 한국119청소년단에 관하여 이 법에서 규정한 것을 제외하고는 「민법」 중 사단법인에 관한 규정을 준용한다.

> **시행규칙 제9조의6 (한국119청소년단의 사업 범위 등)** ① 법 제17조의6에 따른 한국119청소년단의 사업 범위는 다음 각 호와 같다.
> 1. 한국119청소년단 단원의 선발·육성과 활동 지원
> 2. 한국119청소년단의 활동·체험 프로그램 개발 및 운영
> 3. 한국119청소년단의 활동과 관련된 학문·기술의 연구·교육 및 홍보
> 4. 한국119청소년단 단원의 교육·지도를 위한 전문인력 양성
> 5. 관련 기관·단체와의 자문 및 협력사업
> 6. 그 밖에 한국119청소년단의 설립목적에 부합하는 사업
> ② 소방청장은 한국119청소년단의 설립목적 달성 및 원활한 사업 추진 등을 위하여 필요한 지원과 지도·감독을 할 수 있다.
> ③ 제1항 및 제2항에서 규정한 사항 외에 한국119청소년단의 구성 및 운영 등에 필요한 사항은 한국119청소년단 정관으로 정한다.

제18조 (소방신호)

화재예방, 소방활동 또는 소방훈련을 위하여 사용되는 소방신호의 종류와 방법은 행정안전부령으로 정한다.

> **시행규칙 제10조 (소방신호의 종류 및 방법)** ① 법 제18조의 규정에 의한 소방신호의 종류는 다음 각 호와 같다.
> <개정 2022.12.1.>
> 1. 경계신호: 화재예방상 필요하다고 인정되거나 「화재의 예방 및 안전관리에 관한 법률」 제20조의 규정에 의한 화재위험경보 시 발령
> 2. 발화신호: 화재가 발생한 때 발령
> 3. 해제신호: 소화활동이 필요없다고 인정되는 때 발령
> 4. 훈련신호: 훈련상 필요하다고 인정되는 때 발령
> ② 제1항의 규정에 의한 소방신호의 종류별 소방신호의 방법은 별표 4와 같다.

핵심정리 | 소방신호(행정안전부령)

1. **목적**: 화재예방, 소방활동, 소방훈련
2. **신호 방식**: 타종, 사이렌, 통풍대, 게시판, 기
3. **소방신호의 종류와 방법**

종류 \ 신호방법	타종신호	사이렌신호		
		발령시간	간격	횟수
경계신호	1타와 연 2타를 반복	30초	5초	3회
발화신호	난타	5초	5초	3회
해제신호	상당한 간격을 두고 1타 반복	1분간	–	1회
훈련신호	연 3타 반복	1분씩	10초	3회

ⓒ 확인 예제

소방신호의 종류 및 방법에 대한 설명으로 옳지 않은 것은?

① 경계신호: 1타와 연 2타를 반복
② 발화신호: 난타
③ 해제신호: 상당한 간격을 두고 1타씩 반복
④ 소방대의 비상소집을 하는 경우에는 훈련신호를 사용할 수 없다.

정답 ④

제19조 (화재 등의 통지)

① 화재 현장 또는 구조·구급이 필요한 사고 현장을 발견한 사람은 그 현장의 상황을 소방본부, 소방서 또는 관계 행정기관에 지체 없이 알려야 한다.
② 다음 각 호의 어느 하나에 해당하는 지역 또는 장소에서 화재로 오인할 만한 우려가 있는 불을 피우거나 연막(煙幕) 소독을 하려는 자는 시·도의 조례로 정하는 바에 따라 관할 소방본부장 또는 소방서장에게 신고하여야 한다.
   1. 시장지역
   2. 공장·창고가 밀집한 지역
   3. 목조건물이 밀집한 지역
   4. 위험물의 저장 및 처리시설이 밀집한 지역
   5. 석유화학제품을 생산하는 공장이 있는 지역
   6. 그 밖에 시·도의 조례로 정하는 지역 또는 장소

✎ 핵심정리 | 화재 등의 통지

1. **화재 등의 통지의 목적:** 화재, 재난 현장을 발견한 사람이 소방관서에 통지함으로써 피해를 최소화하기 위함이다(의무규정).
2. **허위 신고:** 500만원 이하의 과태료
3. **오인출동 방지(연막소독, 화재오인 우려 행위)**
   ① **통보대상:** 화재예방경계지구 내 오인 화재
   ② **미통보시:** 20만원 이하의 과태료(시·도 조례)

ⓒ 확인 예제

다음 중 시·도 조례로 정하는 바에 따라 연막소독을 하려는 자가 관할 소방본부장 또는 소방서장에게 신고하지 않아도 되는 지역으로 옳은 것은?

① 석유화학제품을 생산하는 공장
② 소방시설, 소방용수시설 또는 소방출동로가 있는 지역
③ 위험물의 저장 및 처리시설이 밀집한 지역
④ 목조건물이 밀집한 지역 및 공장·창고가 밀집한 지역

정답 ②

제20조 (관계인의 소방활동 등)

① 관계인은 소방대상물에 화재, 재난·재해, 그 밖의 위급한 상황이 발생한 경우에는 소방대가 현장에 도착할 때까지 경보를 울리거나 대피를 유도하는 등의 방법으로 사람을 구출하는 조치 또는 불을 끄거나 불이 번지지 아니하도록 필요한 조치를 하여야 한다. <개정 2022.4.26.>

② 관계인은 소방대상물에 화재, 재난·재해, 그 밖의 위급한 상황이 발생한 경우에는 이를 소방본부, 소방서 또는 관계 행정기관에 지체 없이 알려야 한다. <신설 2022.4.26.>

> ### 핵심정리 | 관계인의 소방활동
>
> 1. **관계인의 소방활동 내용**: 인명구조, 소화, 연소 확대 방지
> 2. **벌칙**: 100만원 이하의 벌금

제20조의2 (자체소방대의 설치·운영 등)

① 관계인은 화재를 진압하거나 구조·구급 활동을 하기 위하여 상설 조직체(「위험물안전관리법」 제19조 및 그 밖의 다른 법령에 따라 설치된 자체소방대를 포함하며, 이하 이 조에서 "자체소방대"라 한다)를 설치·운영할 수 있다.

② 자체소방대는 소방대가 현장에 도착한 경우 소방대장의 지휘·통제에 따라야 한다.

③ 소방청장, 소방본부장 또는 소방서장은 자체소방대의 역량 향상을 위하여 필요한 교육·훈련 등을 지원할 수 있다.

④ 제3항에 따른 교육·훈련 등의 지원에 필요한 사항은 행정안전부령으로 정한다.

[본조신설 2022.11.15.]
[시행일: 2023.5.16.]

제21조 (소방자동차의 우선 통행 등)

① 모든 차와 사람은 소방자동차(지휘를 위한 자동차와 구조·구급차를 포함한다. 이하 같다)가 화재진압 및 구조·구급 활동을 위하여 출동을 할 때에는 이를 방해하여서는 아니 된다.

② 소방자동차가 화재진압 및 구조·구급 활동을 위하여 출동하거나 훈련을 위하여 필요할 때에는 사이렌을 사용할 수 있다.

③ 모든 차와 사람은 소방자동차가 화재진압 및 구조·구급 활동을 위하여 제2항에 따라 사이렌을 사용하여 출동하는 경우에는 다음 각 호의 행위를 하여서는 아니 된다.

1. 소방자동차에 진로를 양보하지 아니하는 행위
2. 소방자동차 앞에 끼어들거나 소방자동차를 가로막는 행위
3. 그 밖에 소방자동차의 출동에 지장을 주는 행위

④ 제3항의 경우를 제외하고 소방자동차의 우선 통행에 관하여는 「도로교통법」에서 정하는 바에 따른다.

소방활동을 위한 소방자동차의 출동 및 통행에 대한 설명으로 옳지 않은 것은?

① 모든 차와 사람은 소방자동차가 화재진압 및 구조·구급 활동을 위하여 출동을 할 때에는 이를 방해하여서는 아니 된다.

② 소방자동차의 우선 통행에 관하여는 「도로교통법」에서 정하는 바에 따른다.

③ 소방대가 현장에 신속하게 출동하기 위하여 긴급할 때에는 일반적인 통행에 쓰이지 아니하는 도로·빈터 또는 물 위로 통행할 수 있다.

④ 소방자동차가 구조·구급 활동에 한하여 사이렌을 사용할 수 있다.

정답 ④

제21조의2 (소방자동차 전용구역 등)

① 「건축법」제2조 제2항 제2호에 따른 공동주택 중 대통령령으로 정하는 공동주택의 건축주는 제16조 제1항에 따른 소방활동의 원활한 수행을 위하여 공동주택에 소방자동차 전용구역(이하 "전용구역"이라 한다)을 설치하여야 한다.

② 누구든지 전용구역에 차를 주차하거나 전용구역에의 진입을 가로막는 등의 방해행위를 하여서는 아니 된다.

③ 전용구역의 설치 기준·방법, 제2항에 따른 방해행위의 기준, 그 밖의 필요한 사항은 대통령령으로 정한다.

> **시행령 제7조의12 (소방자동차 전용구역 설치 대상)** 법 제21조의2 제1항에서 "대통령령으로 정하는 공동주택"이란 다음 각 호의 주택을 말한다. 다만, 하나의 대지에 하나의 동(棟)으로 구성되고 「도로교통법」제32조 또는 제33조에 따라 정차 또는 주차가 금지된 편도 2차선 이상의 도로에 직접 접하여 소방자동차가 도로에서 직접 소방활동이 가능한 공동주택은 제외한다.
> 1. 「건축법 시행령」별표 1 제2호 가목의 아파트 중 세대수가 100세대 이상인 아파트
> 2. 「건축법 시행령」별표 1 제2호 라목의 기숙사 중 3층 이상의 기숙사
>
> **제7조의13 (소방자동차 전용구역의 설치 기준·방법)** ① 제7조의12 각 호 외의 부분 본문에 따른 공동주택의 건축주는 소방자동차가 접근하기 쉽고 소방활동이 원활하게 수행될 수 있도록 각 동별 전면 또는 후면에 소방자동차 전용구역(이하 "전용구역"이라 한다)을 1개소 이상 설치해야 한다. 다만, 하나의 전용구역에서 여러 동에 접근하여 소방활동이 가능한 경우로서 소방청장이 정하는 경우에는 각 동별로 설치하지 않을 수 있다.
> ② 전용구역의 설치 방법은 별표 2의5와 같다.
>
> **제7조의14 (전용구역 방해행위의 기준)** 법 제21조의2 제2항에 따른 방해행위의 기준은 다음 각 호와 같다.
> 1. 전용구역에 물건 등을 쌓거나 주차하는 행위
> 2. 전용구역의 앞면, 뒷면 또는 양 측면에 물건 등을 쌓거나 주차하는 행위. 다만, 「주차장법」제19조에 따른 부설주차장의 주차구획 내에 주차하는 경우는 제외한다.
> 3. 전용구역 진입로에 물건 등을 쌓거나 주차하여 전용구역으로의 진입을 가로막는 행위
> 4. 전용구역 노면표지를 지우거나 훼손하는 행위
> 5. 그 밖의 방법으로 소방자동차가 전용구역에 주차하는 것을 방해하거나 전용구역으로 진입하는 것을 방해하는 행위

제21조의3 (소방자동차 교통안전 분석 시스템 구축·운영)

① 소방청장 또는 소방본부장은 대통령령으로 정하는 소방자동차에 행정안전부령으로 정하는 기준에 적합한 운행기록장치(이하 이 조에서 "운행기록장치"라 한다)를 장착하고 운용하여야 한다.

② 소방청장은 소방자동차의 안전한 운행 및 교통사고 예방을 위하여 운행기록장치 데이터의 수집·저장·통합·분석 등의 업무를 전자적으로 처리하기 위한 시스템(이하 이 조에서 "소방자동차 교통안전 분석 시스템"이라 한다)을 구축·운영할 수 있다.

③ 소방청장, 소방본부장 및 소방서장은 소방자동차 교통안전 분석 시스템으로 처리된 자료(이하 이 조에서 "전산자료"라 한다)를 이용하여 소방자동차의 장비운용자 등에게 어떠한 불리한 제재나 처벌을 하여서는 아니 된다.
④ 소방자동차 교통안전 분석 시스템의 구축·운영, 운행기록장치 데이터 및 전산자료의 보관·활용 등에 필요한 사항은 행정안전부령으로 정한다.
[본조신설 2022.4.26.] [시행일: 2023.4.27.]

제22조 (소방대의 긴급통행)

소방대는 화재, 재난·재해, 그 밖의 위급한 상황이 발생한 현장에 신속하게 출동하기 위하여 긴급할 때에는 일반적인 통행에 쓰이지 아니하는 도로·빈터 또는 물 위로 통행할 수 있다.

> **참고** 일반통행에 쓰이지 않는 도로·빈터, 물 위
>
> 1. **일반통행에 쓰이지 않는 도로**: 차량 등의 통행금지 도로, 가옥 부지 내의 도로, 개인 주택의 전용도로
> 2. **빈터**: 개인 소유지로 공지되어 있는 것
> 3. **물 위**: 호수, 양식장, 댐 등

제23조 (소방활동구역의 설정)

① 소방대장은 화재, 재난·재해, 그 밖의 위급한 상황이 발생한 현장에 소방활동구역을 정하여 소방활동에 필요한 사람으로서 대통령령으로 정하는 사람 외에는 그 구역에 출입하는 것을 제한할 수 있다.
② 경찰공무원은 소방대가 제1항에 따른 소방활동구역에 있지 아니하거나 소방대장의 요청이 있을 때에는 제1항에 따른 조치를 할 수 있다.

> **시행령 제8조 (소방활동구역의 출입자)** 법 제23조 제1항에서 "대통령령으로 정하는 사람"이란 다음 각 호의 사람을 말한다.
> 1. 소방활동구역 안에 있는 소방대상물의 소유자·관리자 또는 점유자
> 2. 전기·가스·수도·통신·교통의 업무에 종사하는 사람으로서 원활한 소방활동을 위하여 필요한 사람
> 3. 의사·간호사 그 밖의 구조·구급업무에 종사하는 사람
> 4. 취재인력 등 보도업무에 종사하는 사람
> 5. 수사업무에 종사하는 사람
> 6. 그 밖에 소방대장이 소방활동을 위하여 출입을 허가한 사람

핵심정리 | 소방활동구역의 설정

1. **설정권자**: 소방본부장, 소방서장, 소방대장
2. **출입가능자**
   ① 관계인
   ③ 의료인(의사, 간호사), 구조·구급업무 종사자
   ⑤ 수사업무 종사자
   ② 전기·가스·수도·통신·교통업무 종사자
   ④ 보도업무 종사자
   ⑥ 소방대장이 출입을 허가한 자
3. **벌칙**: 200만원 이하의 과태료

다음 중 소방활동구역을 출입할 수 있는 사람으로 옳지 않은 것은?

① 소방활동구역 내 소유자·관리자·점유자
② 전기·통신·가스·수도·교통업무에 종사한 자로서 원활한 소방활동을 위하여 필요한 자
③ 의사, 간호사
④ 의용소방대장이 정하는 자

정답 ④

제24조 (소방활동 종사명령)

① 소방본부장, 소방서장 또는 소방대장은 화재, 재난·재해, 그 밖의 위급한 상황이 발생한 현장에서 소방활동을 위하여 필요할 때에는 그 관할구역에 사는 사람 또는 그 현장에 있는 사람으로 하여금 사람을 구출하는 일 또는 불을 끄거나 불이 번지지 아니하도록 하는 일을 하게 할 수 있다. 이 경우 소방본부장, 소방서장 또는 소방대장은 소방활동에 필요한 보호장구를 지급하는 등 안전을 위한 조치를 하여야 한다.
② 삭제 <2017.12.26.>
③ 제1항에 따른 명령에 따라 소방활동에 종사한 사람은 시·도지사로부터 소방활동의 비용을 지급받을 수 있다. 다만, 다음 각 호의 어느 하나에 해당하는 사람의 경우에는 그러하지 아니하다.
  1. 소방대상물에 화재, 재난·재해, 그 밖의 위급한 상황이 발생한 경우 그 관계인
  2. 고의 또는 과실로 화재 또는 구조·구급 활동이 필요한 상황을 발생시킨 사람
  3. 화재 또는 구조·구급 현장에서 물건을 가져간 사람

✎ **핵심정리** | 소방활동 종사명령

1. **명령권자**: 소방본부장, 소방서장, 소방대장
2. **비용지급자**: 시·도지사
3. **비용지급 제외**
   ① 관계인
   ② 고의·과실로 화재 또는 구조·구급활동을 발생시킨 자
   ③ 물건을 가져간 자

제25조 (강제처분 등)

① 소방본부장, 소방서장 또는 소방대장은 사람을 구출하거나 불이 번지는 것을 막기 위하여 필요할 때에는 화재가 발생하거나 불이 번질 우려가 있는 소방대상물 및 토지를 일시적으로 사용하거나 그 사용의 제한 또는 소방활동에 필요한 처분을 할 수 있다.
② 소방본부장, 소방서장 또는 소방대장은 사람을 구출하거나 불이 번지는 것을 막기 위하여 긴급하다고 인정할 때에는 제1항에 따른 소방대상물 또는 토지 외의 소방대상물과 토지에 대하여 제1항에 따른 처분을 할 수 있다.
③ 소방본부장, 소방서장 또는 소방대장은 소방활동을 위하여 긴급하게 출동할 때에는 소방자동차의 통행과 소방활동에 방해가 되는 주차 또는 정차된 차량 및 물건 등을 제거하거나 이동시킬 수 있다.

④ 소방본부장, 소방서장 또는 소방대장은 제3항에 따른 소방활동에 방해가 되는 주차 또는 정차된 차량의 제거나 이동을 위하여 관할 지방자치단체 등 관련 기관에 견인차량과 인력 등에 대한 지원을 요청할 수 있고, 요청을 받은 관련 기관의 장은 정당한 사유가 없으면 이에 협조하여야 한다.

⑤ 시·도지사는 제4항에 따라 견인차량과 인력 등을 지원한 자에게 시·도의 조례로 정하는 바에 따라 비용을 지급할 수 있다.

참고 관련 원칙

1. **적합성의 원칙**: 행정상의 장애가 목전에 급박하여 조치가 필요할 것
2. **필요성의 원칙·침해 최소의 원칙**: 목적달성을 위하여 관계자에게 가장 적게 부담을 주는 수단을 선택할 것
3. **보충성의 원칙**: 다른 수단으로는 행정목적을 달성할 수 없는 경우에 발동할 것
4. **비례성의 원칙**: 행정상 즉시강제와 행정목적 사이에 정당한 비례관계가 유지될 것

핵심정리 강제처분 등

1. **처분권자**: 소방본부장, 소방서장, 소방대장
2. **손실보상**: 시·도지사
3. **처분 대상**
   ① 소방활동구역 내의 소방대상물, 토지
   ② 출동 중의 소방대상물, 토지, 주·정차 차량

확인 예제

다음 중 소방활동으로 인한 강제처분을 할 수 있는 사람으로 옳지 않은 것은?

① 소방본부장
② 소방서장
③ 소방대장
④ 시·도지사

정답 ④

제26조 (피난명령)

① 소방본부장, 소방서장 또는 소방대장은 화재, 재난·재해, 그 밖의 위급한 상황이 발생하여 사람의 생명을 위험하게 할 것으로 인정할 때에는 일정한 구역을 지정하여 그 구역에 있는 사람에게 그 구역 밖으로 피난할 것을 명할 수 있다.

② 소방본부장, 소방서장 또는 소방대장은 제1항에 따른 명령을 할 때 필요하면 관할 경찰서장 또는 자치경찰단장에게 협조를 요청할 수 있다.

핵심정리 피난명령

1. **명령권자**: 소방본부장, 소방서장, 소방대장
2. **협조자**: 경찰서장, 자치경찰단장
3. **벌칙**: 100만원 이하의 벌금

제27조 (위험시설 등에 대한 긴급조치)

① 소방본부장, 소방서장 또는 소방대장은 화재 진압 등 소방활동을 위하여 필요할 때에는 소방용수 외에 댐·저수지 또는 수영장 등의 물을 사용하거나 수도(水道)의 개폐장치 등을 조작할 수 있다.

② 소방본부장, 소방서장 또는 소방대장은 화재 발생을 막거나 폭발 등으로 화재가 확대되는 것을 막기 위하여 가스·전기 또는 유류 등의 시설에 대하여 위험물질의 공급을 차단하는 등 필요한 조치를 할 수 있다.

③ 삭제 <2017.12.26.>

제27조의2 (방해행위의 제지 등)

소방대원은 제16조 제1항에 따른 소방활동 또는 제16조의3 제1항에 따른 생활안전활동을 방해하는 행위를 하는 사람에게 필요한 경고를 하고, 그 행위로 인하여 사람의 생명·신체에 위해를 끼치거나 재산에 중대한 손해를 끼칠 우려가 있는 긴급한 경우에는 그 행위를 제지할 수 있다. [본조신설 2021.1.5.]

제28조 (소방용수시설 또는 비상소화장치의 사용금지 등)

누구든지 다음 각 호의 어느 하나에 해당하는 행위를 하여서는 아니 된다.
1. 정당한 사유 없이 소방용수시설 또는 비상소화장치를 사용하는 행위
2. 정당한 사유 없이 손상·파괴, 철거 또는 그 밖의 방법으로 소방용수시설 또는 비상소화장치의 효용(效用)을 해치는 행위
3. 소방용수시설 또는 비상소화장치의 정당한 사용을 방해하는 행위

> **참고** **정당한 사유**
>
> 1. 화재를 소화하기 위하여 사용하는 경우
> 2. 소방자동차에 소화수를 공급하기 위하여 사용하는 경우
> 3. 소방용수시설의 점검, 정비 또는 보수를 위하여 사용하는 경우

Chapter 05 — 화재의 조사

제29조~제33조 삭제

> **시행규칙 제11조~제13조** 삭제
> **제12조** 삭제
> **제13조** 삭제

Chapter 06 — 구조 및 구급

제34조 (구조대 및 구급대의 편성과 운영)

구조대 및 구급대의 편성과 운영에 관하여는 별도의 법률로 정한다.

제35조~제36조 삭제

Chapter 07 — 의용소방대

제37조 (의용소방대의 설치 및 운영)

의용소방대의 설치 및 운영에 관하여는 별도의 법률로 정한다.

제38조~제39조의2 삭제

제39조의3 (국가의 책무)

국가는 소방산업(소방용 기계·기구의 제조, 연구·개발 및 판매 등에 관한 일련의 산업을 말한다. 이하 같다)의 육성·진흥을 위하여 필요한 계획의 수립 등 행정상·재정상의 지원시책을 마련하여야 한다.

제39조의4 삭제

제39조의5 (소방산업과 관련된 기술개발 등의 지원)

① 국가는 소방산업과 관련된 기술(이하 "소방기술"이라 한다)의 개발을 촉진하기 위하여 기술개발을 실시하는 자에게 그 기술개발에 드는 자금의 전부나 일부를 출연하거나 보조할 수 있다.
② 국가는 우수소방제품의 전시·홍보를 위하여 「대외무역법」 제4조 제2항에 따른 무역전시장 등을 설치한 자에게 다음 각 호에서 정한 범위에서 재정적인 지원을 할 수 있다.
  1. 소방산업전시회 운영에 따른 경비의 일부
  2. 소방산업전시회 관련 국외 홍보비
  3. 소방산업전시회 기간 중 국외의 구매자 초청 경비

제39조의6 (소방기술의 연구·개발사업의 수행)

① 국가는 국민의 생명과 재산을 보호하기 위하여 다음 각 호의 어느 하나에 해당하는 기관이나 단체로 하여금 소방기술의 연구·개발사업을 수행하게 할 수 있다.
  1. 국공립 연구기관
  2. 「과학기술분야 정부출연연구기관 등의 설립·운영 및 육성에 관한 법률」에 따라 설립된 연구기관
  3. 「특정연구기관 육성법」 제2조에 따른 특정연구기관
  4. 「고등교육법」에 따른 대학·산업대학·전문대학 및 기술대학
  5. 「민법」이나 다른 법률에 따라 설립된 소방기술 분야의 법인인 연구기관 또는 법인 부설 연구소
  6. 「기초연구진흥 및 기술개발지원에 관한 법률」 제14조의2 제1항에 따라 인정받은 기업부설연구소
  7. 「소방산업의 진흥에 관한 법률」 제14조에 따른 한국소방산업기술원
  8. 그 밖에 대통령령으로 정하는 소방에 관한 기술개발 및 연구를 수행하는 기관·협회
② 국가가 제1항에 따른 기관이나 단체로 하여금 소방기술의 연구·개발사업을 수행하게 하는 경우에는 필요한 경비를 지원하여야 한다.

제39조의7 (소방기술 및 소방산업의 국제화사업)

① 국가는 소방기술 및 소방산업의 국제경쟁력과 국제적 통용성을 높이는 데에 필요한 기반 조성을 촉진하기 위한 시책을 마련하여야 한다.

② 소방청장은 소방기술 및 소방산업의 국제경쟁력과 국제적 통용성을 높이기 위하여 다음 각 호의 사업을 추진하여야 한다.

　　1. 소방기술 및 소방산업의 국제 협력을 위한 조사·연구

　　2. 소방기술 및 소방산업에 관한 국제 전시회, 국제 학술회의 개최 등 국제 교류

　　3. 소방기술 및 소방산업의 국외시장 개척

　　4. 그 밖에 소방기술 및 소방산업의 국제경쟁력과 국제적 통용성을 높이기 위하여 필요하다고 인정하는 사업

✅ 확인 예제

소방산업과 관련된 기술의 개발 등에 대한 지원과 소방기술 및 소방산업의 국제경쟁력과 국제적 통용성을 높이는 데 필요한 기반 조성을 촉진하기 위한 시책은 누가 마련하는가?

① 국가
② 행정안전부장관
③ 소방청장
④ 시·도지사

정답 ①

제40조 (한국소방안전원의 설립 등)

① 소방기술과 안전관리기술의 향상 및 홍보, 그 밖의 교육·훈련 등 행정기관이 위탁하는 업무의 수행과 소방 관계 종사자의 기술 향상을 위하여 한국소방안전원(이하 "안전원"이라 한다)을 소방청장의 인가를 받아 설립한다.
② 제1항에 따라 설립되는 안전원은 법인으로 한다.
③ 안전원에 관하여 이 법에 규정된 것을 제외하고는 「민법」 중 재단법인에 관한 규정을 준용한다.

제40조의2 (교육계획의 수립 및 평가 등)

① 안전원의 장(이하 "안전원장"이라 한다)은 소방기술과 안전관리의 기술향상을 위하여 매년 교육 수요조사를 실시하여 교육계획을 수립하고 소방청장의 승인을 받아야 한다.
② 안전원장은 소방청장에게 해당 연도 교육결과를 평가·분석하여 보고하여야 하며, 소방청장은 교육평가 결과를 제1항의 교육계획에 반영하게 할 수 있다.
③ 안전원장은 제2항의 교육결과를 객관적이고 정밀하게 분석하기 위하여 필요한 경우 교육 관련 전문가로 구성된 위원회를 운영할 수 있다.
④ 제3항에 따른 위원회의 구성·운영에 필요한 사항은 대통령령으로 정한다.

> **시행령 제9조 (교육평가심의위원회의 구성·운영)** ① 안전원의 장(이하 "안전원장"이라 한다)은 법 제40조의2 제3항에 따라 다음 각 호의 사항을 심의하기 위하여 교육평가심의위원회(이하 "평가위원회"라 한다)를 둔다.
> 1. 교육평가 및 운영에 관한 사항
> 2. 교육결과 분석 및 개선에 관한 사항
> 3. 다음 연도의 교육계획에 관한 사항
> ② 평가위원회는 위원장 1명을 포함하여 9명 이하의 위원으로 성별을 고려하여 구성한다.
> ③ 평가위원회의 위원장은 위원 중에서 호선(互選)한다.
> ④ 평가위원회의 위원은 다음 각 호의 어느 하나에 해당하는 사람 중에서 안전원장이 임명 또는 위촉한다.
> 1. 소방안전교육 업무 담당 소방공무원 중 소방청장이 추천하는 사람
> 2. 소방안전교육 전문가
> 3. 소방안전교육 수료자
> 4. 소방안전에 관한 학식과 경험이 풍부한 사람
> ⑤ 평가위원회에 참석한 위원에게는 예산의 범위에서 수당을 지급할 수 있다. 다만, 공무원인 위원이 소관 업무와 직접 관련되어 참석하는 경우에는 수당을 지급하지 아니한다.
> ⑥ 제1항부터 제5항까지에서 규정한 사항 외에 평가위원회의 운영 등에 필요한 사항은 안전원장이 정한다.

제41조 (안전원의 업무)

안전원은 다음 각 호의 업무를 수행한다.
1. 소방기술과 안전관리에 관한 교육 및 조사·연구
2. 소방기술과 안전관리에 관한 각종 간행물 발간
3. 화재예방과 안전관리의식 고취를 위한 대국민 홍보
4. 소방업무에 관하여 행정기관이 위탁하는 업무
5. 소방안전에 관한 국제협력
6. 그 밖에 회원에 대한 기술지원 등 정관으로 정하는 사항

> ✏️ **핵심정리** | 한국소방안전원의 업무
>
> 1. 교육 및 조사, 연구
> 2. 간행물의 발간
> 3. 대국민 홍보
> 4. 행정기관이 위탁하는 업무
> 5. 국제협력
> 6. 정관이 정하는 사항

🎯 확인 예제

소방기본법상 한국소방안전원이 수행하는 업무에 대한 내용으로 옳지 않은 것은?

① 소방기술과 안전관리에 관한 인·허가 업무
② 소방기술과 안전관리에 관한 각종 간행물 발간
③ 소방기술과 안전관리에 관한 교육 및 조사·연구
④ 화재 예방과 안전관리의식 고취를 위한 대국민 홍보

정답 ①

제42조 (회원의 관리)

안전원은 소방기술과 안전관리 역량의 향상을 위하여 다음 각 호의 사람을 회원으로 관리할 수 있다.
1. 「소방시설 설치 및 관리에 관한 법률」, 「소방시설공사업법」 또는 「위험물안전관리법」에 따라 등록을 하거나 허가를 받은 사람으로서 회원이 되려는 사람
2. 「화재의 예방 및 안전관리에 관한 법률」, 「소방시설공사업법」 또는 「위험물안전관리법」에 따라 소방안전관리자, 소방기술자 또는 위험물안전관리자로 선임되거나 채용된 사람으로서 회원이 되려는 사람
3. 그 밖에 소방 분야에 관심이 있거나 학식과 경험이 풍부한 사람으로서 회원이 되려는 사람

제43조 (안전원의 정관)

① 안전원의 정관에는 다음 각 호의 사항이 포함되어야 한다.
　　1. 목적
　　2. 명칭
　　3. 주된 사무소의 소재지
　　4. 사업에 관한 사항
　　5. 이사회에 관한 사항
　　6. 회원과 임원 및 직원에 관한 사항
　　7. 재정 및 회계에 관한 사항
　　8. 정관의 변경에 관한 사항
② 안전원은 정관을 변경하려면 소방청장의 인가를 받아야 한다.

참고 **정관**

> 1. 정관은 회사 또는 법인의 자주적 법규로, 실질적으로는 단체 또는 법인의 조직·활동을 정한 근본규칙을 뜻하고, 형식적으로는 그 근본규칙을 기재한 서면을 의미한다.
> 2. 정관은 강행규정이나 사회질서에 반하지 않는 한 회사 또는 법인의 구성원 내지 기관을 구속한다. 주식회사의 이사가 정관에 위반한 행위를 한 때에는 회사에 대하여 손해배상책임을 진다.

제44조 (안전원의 운영 경비)

안전원의 운영 및 사업에 소요되는 경비는 다음 각 호의 재원으로 충당한다.
1. 제41조 제1호 및 제4호의 업무 수행에 따른 수입금
2. 제42조에 따른 회원의 회비
3. 자산운영수익금
4. 그 밖의 부대수입

제44조의2 (안전원의 임원)

① 안전원에 임원으로 원장 1명을 포함한 9명 이내의 이사와 1명의 감사를 둔다.
② 제1항에 따른 원장과 감사는 소방청장이 임명한다.

제44조의3 (유사명칭의 사용금지)

이 법에 따른 안전원이 아닌 자는 한국소방안전원 또는 이와 유사한 명칭을 사용하지 못한다.

제45조 ~ 제47조 삭제

제48조 (감독)

① 소방청장은 안전원의 업무를 감독한다.

② 소방청장은 안전원에 대하여 업무·회계 및 재산에 관하여 필요한 사항을 보고하게 하거나, 소속 공무원으로 하여금 안전원의 장부·서류 및 그 밖의 물건을 검사하게 할 수 있다.

③ 소방청장은 제2항에 따른 보고 또는 검사의 결과 필요하다고 인정되면 시정명령 등 필요한 조치를 할 수 있다.

> 시행령 제10조 (감독 등) ① 소방청장은 법 제48조 제1항에 따라 안전원의 다음 각 호의 업무를 감독하여야 한다.
> 1. 이사회의 중요의결 사항
> 2. 회원의 가입·탈퇴 및 회비에 관한 사항
> 3. 사업계획 및 예산에 관한 사항
> 4. 기구 및 조직에 관한 사항
> 5. 그 밖에 소방청장이 위탁한 업무의 수행 또는 정관에서 정하고 있는 업무의 수행에 관한 사항
> ② 협회의 사업계획 및 예산에 관하여는 소방청장의 승인을 얻어야 한다.
> ③ 소방청장은 협회의 업무감독을 위하여 필요한 자료의 제출을 명하거나 「소방시설 설치 및 관리에 관한 법률」 제50조, 「소방시설공사업법」 제33조 및 「위험물안전관리법」 제30조의 규정에 의하여 위탁된 업무와 관련된 규정의 개선을 명할 수 있다. 이 경우 협회는 정당한 사유가 없는 한 이에 따라야 한다. <개정 2022.11.29.>
>
> 제18조의2 (고유식별정보의 처리) 소방청장(해당 권한이 위임·위탁된 경우에는 그 권한을 위임·위탁받은 자를 포함한다), 시·도지사는 다음 각 호의 사무를 수행하기 위하여 불가피한 경우 「개인정보 보호법 시행령」 제19조 제1호 또는 제4호에 따른 주민등록번호 또는 외국인등록번호가 포함된 자료를 처리할 수 있다.
> 1. 법 제17조의2에 따른 소방안전교육사 자격시험 운영·관리에 관한 사무
> 2. 법 제17조의3에 따른 소방안전교육사의 결격사유 확인에 관한 사무
> 3. 법 제49조의2에 따른 손실보상에 관한 사무

제49조 (권한의 위임)

소방청장은 이 법에 따른 권한의 일부를 대통령령으로 정하는 바에 따라 시·도지사, 소방본부장 또는 소방서장에게 위임할 수 있다.

참고 권한의 위임

> 권한의 위임은 행정관청이 그 권한의 일부를 다른 행정기관에 위양하는 것으로 권한의 위임을 받은 기관은 당해 행정관청의 보조기관·하급기관이 되는 것이 통례이다.

제49조의2 (손실보상)

① 소방청장 또는 시·도지사는 다음 각 호의 어느 하나에 해당하는 자에게 제3항의 손실보상심의위원회의 심사·의결에 따라 정당한 보상을 하여야 한다.
1. 제16조의3 제1항에 따른 조치로 인하여 손실을 입은 자
2. 제24조 제1항 전단에 따른 소방활동 종사로 인하여 사망하거나 부상을 입은 자
3. 제25조 제2항 또는 제3항에 따른 처분으로 인하여 손실을 입은 자. 다만, 같은 조 제3항에 해당하는 경우로서 법령을 위반하여 소방자동차의 통행과 소방활동에 방해가 된 경우는 제외한다.

4. 제27조 제1항 또는 제2항에 따른 조치로 인하여 손실을 입은 자

5. 그 밖에 소방기관 또는 소방대의 적법한 소방업무 또는 소방활동으로 인하여 손실을 입은 자

② 제1항에 따라 손실보상을 청구할 수 있는 권리는 손실이 있음을 안 날부터 3년, 손실이 발생한 날부터 5년간 행사하지 아니하면 시효의 완성으로 소멸한다.

③ 소방청장 또는 시·도지사는 제1항에 따른 손실보상청구사건을 심사·의결하기 위하여 필요한 경우 손실보상심의위원회를 구성·운영할 수 있다.

④ 소방청장 또는 시·도지사는 손실보상심의위원회의 구성 목적을 달성하였다고 인정하는 경우에는 손실보상심의위원회를 해산할 수 있다.

⑤ 제1항에 따른 손실보상의 기준, 보상금액, 지급절차 및 방법, 제3항에 따른 손실보상심의위원회의 구성 및 운영, 그 밖에 필요한 사항은 대통령령으로 정한다.

시행령 제11조 (손실보상의 기준 및 보상금액) ① 법 제49조의2 제1항에 따라 같은 항 각 호(제2호는 제외한다)의 어느 하나에 해당하는 자에게 물건의 멸실·훼손으로 인한 손실보상을 하는 때에는 다음 각 호의 기준에 따른 금액으로 보상한다. 이 경우 영업자가 손실을 입은 물건의 수리나 교환으로 인하여 영업을 계속할 수 없는 때에는 영업을 계속할 수 없는 기간의 영업이익액에 상당하는 금액을 더하여 보상한다.

1. 손실을 입은 물건을 수리할 수 있는 때: 수리비에 상당하는 금액

2. 손실을 입은 물건을 수리할 수 없는 때: 손실을 입은 당시의 해당 물건의 교환가액

② 물건의 멸실·훼손으로 인한 손실 외의 재산상 손실에 대해서는 직무집행과 상당한 인과관계가 있는 범위에서 보상한다.

③ 법 제49조의2 제1항 제2호에 따른 사상자의 보상금액 등의 기준은 별표 2의4와 같다.

제12조 (손실보상의 지급절차 및 방법) ① 법 제49조의2 제1항에 따라 소방기관 또는 소방대의 적법한 소방업무 또는 소방활동으로 인하여 발생한 손실을 보상받으려는 자는 행정안전부령으로 정하는 보상금 지급 청구서에 손실내용과 손실금액을 증명할 수 있는 서류를 첨부하여 소방청장 또는 시·도지사(이하 "소방청장등"이라 한다)에게 제출하여야 한다. 이 경우 소방청장등은 손실보상금의 산정을 위하여 필요하면 손실보상을 청구한 자에게 증빙·보완 자료의 제출을 요구할 수 있다.

② 소방청장등은 제13조에 따른 손실보상심의위원회의 심사·의결을 거쳐 특별한 사유가 없으면 보상금 지급 청구서를 받은 날부터 60일 이내에 보상금 지급 여부 및 보상금액을 결정하여야 한다.

③ 소방청장등은 다음 각 호의 어느 하나에 해당하는 경우에는 그 청구를 각하(却下)하는 결정을 하여야 한다.

1. 청구인이 같은 청구 원인으로 보상금 청구를 하여 보상금 지급 여부 결정을 받은 경우. 다만, 기각 결정을 받은 청구인이 손실을 증명할 수 있는 새로운 증거가 발견되었음을 소명(疎明)하는 경우는 제외한다.

2. 손실보상 청구가 요건과 절차를 갖추지 못한 경우. 다만, 그 잘못된 부분을 시정할 수 있는 경우는 제외한다.

④ 소방청장등은 제2항 또는 제3항에 따른 결정일부터 10일 이내에 행정안전부령으로 정하는 바에 따라 결정 내용을 청구인에게 통지하고, 보상금을 지급하기로 결정한 경우에는 특별한 사유가 없으면 통지한 날부터 30일 이내에 보상금을 지급하여야 한다.

⑤ 소방청장등은 보상금을 지급받을 자가 지정하는 예금계좌(「우체국예금·보험에 관한 법률」에 따른 체신관서 또는 「은행법」에 따른 은행의 계좌를 말한다)에 입금하는 방법으로 보상금을 지급한다. 다만, 보상금을 지급받을 자가 체신관서 또는 은행이 없는 지역에 거주하는 등 부득이한 사유가 있는 경우에는 그 보상금을 지급받을 자의 신청에 따라 현금으로 지급할 수 있다.

⑥ 보상금은 일시불로 지급하되, 예산 부족 등의 사유로 일시불로 지급할 수 없는 특별한 사정이 있는 경우에는 청구인의 동의를 받아 분할하여 지급할 수 있다.

⑦ 제1항부터 제6항까지에서 규정한 사항 외에 보상금의 청구 및 지급에 필요한 사항은 소방청장이 정한다.

제13조 (손실보상심의위원회의 설치 및 구성) ① 소방청장등은 법 제49조의2 제3항에 따라 손실보상청구 사건을 심사·의결하기 위하여 필요한 경우 각각 손실보상심의위원회(이하 "보상위원회"라 한다)를 둔다.

② 보상위원회는 위원장 1명을 포함하여 5명 이상 7명 이하의 위원으로 구성한다. 다만, 청구금액이 100만원 이하인 사건에 대해서는 제3항 제1호에 해당하는 위원 3명으로만 구성할 수 있다.

③ 보상위원회의 위원은 다음 각 호의 어느 하나에 해당하는 사람 중에서 소방청장등이 위촉하거나 임명한다. 이 경우 제2항 본문에 따라 보상위원회를 구성할 때에는 위원의 과반수는 성별을 고려하여 소방공무원이 아닌 사람으로 하여야 한다.

1. 소속 소방공무원
2. 판사·검사 또는 변호사로 5년 이상 근무한 사람
3. 「고등교육법」 제2조에 따른 학교에서 법학 또는 행정학을 가르치는 부교수 이상으로 5년 이상 재직한 사람
4. 「보험업법」 제186조에 따른 손해사정사
5. 소방안전 또는 의학 분야에 관한 학식과 경험이 풍부한 사람

④ 제3항에 따라 위촉되는 위원의 임기는 2년으로 한다. 다만, 법 제49조의2 제4항에 따라 보상위원회가 해산되는 경우에는 그 해산되는 때에 임기가 만료되는 것으로 한다.

⑤ 보상위원회의 사무를 처리하기 위하여 보상위원회에 간사 1명을 두되, 간사는 소속 소방공무원 중에서 소방청장등이 지명한다.

제14조 (보상위원회의 위원장) ① 보상위원회의 위원장(이하 "보상위원장"이라 한다)은 제13조 제3항 제1호에 따른 위원 중에서 소방청장등이 지명한다.

② 보상위원장은 보상위원회를 대표하며, 보상위원회의 업무를 총괄한다.

③ 보상위원장이 부득이한 사유로 직무를 수행할 수 없는 때에는 보상위원장이 미리 지명한 위원이 그 직무를 대행한다.

제15조 (보상위원회의 운영) ① 보상위원장은 보상위원회의 회의를 소집하고, 그 의장이 된다.

② 보상위원회의 회의는 재적위원 과반수의 출석으로 개의(開議)하고, 출석위원 과반수의 찬성으로 의결한다.

③ 보상위원회는 심의를 위하여 필요한 경우에는 관계 공무원이나 관계 기관에 사실조사나 자료의 제출 등을 요구할 수 있으며, 관계 전문가에게 필요한 정보의 제공이나 의견의 진술 등을 요청할 수 있다.

제16조 (보상위원회 위원의 제척·기피·회피) ① 보상위원회의 위원이 다음 각 호의 어느 하나에 해당하는 경우에는 보상위원회의 심의·의결에서 제척(除斥)된다.

1. 위원 또는 그 배우자나 배우자였던 사람이 심의 안건의 청구인인 경우
2. 위원이 심의 안건의 청구인과 친족이거나 친족이었던 경우
3. 위원이 심의 안건에 대하여 증언, 진술, 자문, 용역 또는 감정을 한 경우
4. 위원이나 위원이 속한 법인(법무조합 및 공증인가합동법률사무소를 포함한다)이 심의 안건 청구인의 대리인이거나 대리인이었던 경우
5. 위원이 해당 심의 안건의 청구인인 법인의 임원인 경우

② 청구인은 보상위원회의 위원에게 공정한 심의·의결을 기대하기 어려운 사정이 있는 때에는 보상위원회에 기피 신청을 할 수 있고, 보상위원회는 의결로 이를 결정한다. 이 경우 기피 신청의 대상인 위원은 그 의결에 참여하지 못한다.

③ 보상위원회의 위원이 제1항 각 호에 따른 제척 사유에 해당하는 경우에는 스스로 해당 안건의 심의·의결에서 회피(回避)하여야 한다.

제17조 (보상위원회 위원의 해촉 및 해임) 소방청장등은 보상위원회의 위원이 다음 각 호의 어느 하나에 해당하는 경우에는 해당 위원을 해촉(解囑)하거나 해임할 수 있다.

1. 심신장애로 인하여 직무를 수행할 수 없게 된 경우
2. 직무태만, 품위손상이나 그 밖의 사유로 위원으로 적합하지 아니하다고 인정되는 경우
3. 제16조 제1항 각 호의 어느 하나에 해당하는 데에도 불구하고 회피하지 아니한 경우
4. 제17조의2를 위반하여 직무상 알게 된 비밀을 누설한 경우

제17조의2 (보상위원회의 비밀누설 금지) 보상위원회의 회의에 참석한 사람은 직무상 알게 된 비밀을 누설해서는 아니 된다.

제18조 (보상위원회의 운영 등에 필요한 사항) 제13조부터 제17조까지 및 제17조의2에서 규정한 사항 외에 보상위원회의 운영 등에 필요한 사항은 소방청장등이 정한다.

> **시행규칙 제14조 (보상금 지급 청구서 등의 서식)** ① 영 제12조 제1항에 따른 보상금 지급 청구서는 별지 제8호 서식에 따른다.
>
> ② 영 제12조 제4항에 따라 결정 내용을 청구인에게 통지하는 경우에는 다음 각 호의 서식에 따른다.
>
> 1. 보상금을 지급하기로 결정한 경우: 별지 제9호 서식의 보상금 지급 결정 통지서
>
> 2. 보상금을 지급하지 아니하기로 결정하거나 보상금 지급 청구를 각하한 경우: 별지 제10호 서식의 보상금 지급 청구 (기각·각하) 통지서

제49조의3 (벌칙 적용에서 공무원 의제)

제41조 제4호에 따라 위탁받은 업무에 종사하는 안전원의 임직원은 「형법」 제129조부터 제132조까지를 적용할 때에는 공무원으로 본다.

벌칙

제50조 (벌칙)

다음 각 호의 어느 하나에 해당하는 사람은 5년 이하의 징역 또는 5천만원 이하의 벌금에 처한다.

1. 제16조 제2항을 위반하여 다음 각 목의 어느 하나에 해당하는 행위를 한 사람

   가. 위력(威力)을 사용하여 출동한 소방대의 화재진압·인명구조 또는 구급활동을 방해하는 행위

   나. 소방대가 화재진압·인명구조 또는 구급활동을 위하여 현장에 출동하거나 현장에 출입하는 것을 고의로 방해하는 행위

   다. 출동한 소방대원에게 폭행 또는 협박을 행사하여 화재진압·인명구조 또는 구급활동을 방해하는 행위

   라. 출동한 소방대의 소방장비를 파손하거나 그 효용을 해하여 화재진압·인명구조 또는 구급활동을 방해하는 행위

2. 제21조 제1항을 위반하여 소방자동차의 출동을 방해한 사람

3. 제24조 제1항에 따른 사람을 구출하는 일 또는 불을 끄거나 불이 번지지 아니하도록 하는 일을 방해한 사람

4. 제28조를 위반하여 정당한 사유 없이 소방용수시설 또는 비상소화장치를 사용하거나 소방용수시설 또는 비상소화장치의 효용을 해치거나 그 정당한 사용을 방해한 사람

> **참고** **용어의 정의**
>
> 1. **징역**: 일정기간 교도소 내에 구치(拘置)하여 정역(定役)에 종사하게 하는 형벌을 말한다.
> 2. **벌금**: 일정금액을 국가에 납부하게 하는 형벌을 말한다.
> 3. **과태료**: 벌금이나 과료(科料)와 달리 형벌의 성질을 가지지 않는 법령위반에 대하여 과해지는 금전벌(金錢罰)을 말한다.
> 4. **과료**: 범인으로부터 일정금액을 징수하는 형벌을 말한다.

제51조 (벌칙)

제25조 제1항에 따른 처분을 방해한 자 또는 정당한 사유 없이 그 처분에 따르지 아니한 자는 3년 이하의 징역 또는 3천만원 이하의 벌금에 처한다.

제52조 (벌칙)

다음 각 호의 어느 하나에 해당하는 자는 300만원 이하의 벌금에 처한다.

1. 제25조 제2항 및 제3항에 따른 처분을 방해한 자 또는 정당한 사유 없이 그 처분에 따르지 아니한 자
2. 삭제

제53조 삭제

제54조 (벌칙)

다음 각 호의 어느 하나에 해당하는 자는 100만원 이하의 벌금에 처한다. <개정 2022. 4. 26.>

1. 삭제

1의2. 제16조의3 제2항(소방대의 생활안전활동 방해 금지)을 위반하여 정당한 사유 없이 소방대의 생활안전활동을 방해한 자

2. 제20조 제1항을 위반하여 정당한 사유 없이 소방대가 현장에 도착할 때까지 사람을 구출하는 조치 또는 불을 끄거나 불이 번지지 아니하도록 하는 조치를 하지 아니한 사람

3. 제26조 제1항(소방본부장, 소방서장, 소방대장의 피난명령)에 따른 피난명령을 위반한 사람

4. 제27조 제1항을 위반하여 정당한 사유 없이 물의 사용이나 수도의 개폐장치의 사용 또는 조작을 하지 못하게 하거나 방해한 자

5. 제27조 제2항(유류, 가스, 전기의 위험시설에 대한 긴급조치)에 따른 조치를 정당한 사유 없이 방해한 자

제54조의2 (「형법」상 감경규정에 관한 특례)

음주 또는 약물로 인한 심신장애 상태에서 제50조 제1호 다목의 죄를 범한 때에는 「형법」 제10조 제1항 및 제2항을 적용하지 아니할 수 있다.

제55조 (양벌규정)

법인의 대표자나 법인 또는 개인의 대리인, 사용인, 그 밖의 종업원이 그 법인 또는 개인의 업무에 관하여 제50조(5년 이하의 징역 또는 3천만원 이하의 벌금)부터 제54조(100만원 이하의 벌금)까지의 어느 하나에 해당하는 위반행위를 하면 그 행위자를 벌하는 외에 그 법인 또는 개인에게도 해당 조문의 벌금형을 과(科)한다. 다만, 법인 또는 개인이 그 위반행위를 방지하기 위하여 해당 업무에 관하여 상당한 주의와 감독을 게을리하지 아니한 경우에는 그러하지 아니하다.

제56조 (과태료)

① 다음 각 호의 어느 하나에 해당하는 자에게는 500만원 이하의 과태료를 부과한다. <개정 2022. 4. 26.>
  1. 제19조 제1항을 위반하여 화재 또는 구조·구급이 필요한 상황을 거짓으로 알린 사람
  2. 정당한 사유 없이 제20조 제2항을 위반하여 화재, 재난·재해, 그 밖의 위급한 상황을 소방본부, 소방서 또는 관계 행정기관에 알리지 아니한 관계인
② 다음 각 호의 어느 하나에 해당하는 자에게는 200만원 이하의 과태료를 부과한다.
  1. 삭제
  2. 삭제
  2의2. 제17조의6 제5항을 위반하여 한국119청소년단 또는 이와 유사한 명칭을 사용한 자
  3. 삭제 <2020.10.20.>
  3의2. 제21조 제3항을 위반하여 소방자동차의 출동에 지장을 준 자
  4. 제23조 제1항을 위반하여 소방활동구역을 출입한 사람
  5. 삭제
  6. 제44조의3을 위반하여 한국소방안전원 또는 이와 유사한 명칭을 사용한 자
③ 제21조의2 제2항을 위반하여 전용구역에 차를 주차하거나 전용구역에의 진입을 가로막는 등의 방해행위를 한 자에게는 100만원 이하의 과태료를 부과한다.
④ 제1항부터 제3항까지에 따른 과태료는 대통령령으로 정하는 바에 따라 관할 시·도지사, 소방본부장 또는 소방서장이 부과·징수한다.

제57조 (과태료)

① 제19조 제2항(화재 오인 우려 행위)에 따른 신고를 하지 아니하여 소방자동차를 출동하게 한 자에게는 20만원 이하의 과태료를 부과한다.

② 제1항에 따른 과태료는 조례로 정하는 바에 따라 관할 소방본부장 또는 소방서장이 부과·징수한다.

> **시행령 제19조 (과태료 부과기준)** 법 제56조 제1항부터 제3항까지의 규정에 따른 과태료의 부과기준은 별표 3과 같다. <개정 2021.1.19.>

> **시행규칙 제15조 (과태료의 징수절차)** 영 제19조 제4항의 규정에 의한 과태료의 징수절차에 관하여는 「국고금관리법 시행규칙」을 준용한다. 이 경우 납입고지서에는 이의방법 및 이의기간 등을 함께 기재하여야 한다.

◎ 확인 예제

01 5년 이하의 징역 또는 5천만원 이하의 벌금에 해당하지 않는 것은?

① 소방자동차 출동을 방해한 사람
② 사람 구출 또는 불을 끄는 소화활동을 방해한 사람
③ 영업정지기간 중에 방염업 또는 관리업의 업무를 한 자
④ 정당한 사유 없이 소방용수시설을 사용하거나, 효용을 해치거나 정당한 사용을 방해한 사람

02 「소방기본법」에서의 벌칙에 따른 처벌에 관한 내용 중 성격이 다른 하나는?

① 화재 또는 구조·구급이 필요한 상황을 거짓으로 알린 행위
② 출동한 소방대원에게 폭행 또는 협박을 행사하여 화재진압·인명구조 또는 구급활동을 방해하는 행위
③ 위력(威力)을 사용하여 출동한 소방대의 화재진압·인명구조 또는 구급활동을 방해하는 행위
④ 소방대가 화재진압·인명구조 또는 구급활동을 위하여 현장에 출동하거나 현장에 출입하는 것을 고의로 방해하는 행위

정답 01 ③ 02 ①

소방기본법 시행령 별표

별표 1~2 삭제 <2022.11.29.>

별표 2의2 소방안전교육사시험의 응시자격(제7조의2 관련)

<개정 2023.9.12.>

1. 소방공무원으로서 다음 각 목의 어느 하나에 해당하는 사람

   가. 소방공무원으로 3년 이상 근무한 경력이 있는 사람

   나. 중앙소방학교 또는 지방소방학교에서 2주 이상의 소방안전교육사 관련 전문교육과정을 이수한 사람

2. 「초·중등교육법」제21조에 따라 교원의 자격을 취득한 사람

3. 「유아교육법」제22조에 따라 교원의 자격을 취득한 사람

4. 「영유아보육법」제21조에 따라 어린이집의 원장 또는 보육교사의 자격을 취득한 사람(보육교사 자격을 취득한 사람은 보육교사 자격을 취득한 후 3년 이상의 보육업무 경력이 있는 사람만 해당한다)

5. 다음 각 목의 어느 하나에 해당하는 기관에서 교육학과, 응급구조학과, 의학과, 간호학과 또는 소방안전 관련 학과 등 소방청장이 고시하는 학과에 개설된 교과목 중 소방안전교육과 관련하여 소방청장이 정하여 고시하는 교과목을 총 6학점 이상 이수한 사람

   가. 「고등교육법」제2조 제1호부터 제6호까지의 규정의 어느 하나에 해당하는 학교

   나. 「학점인정 등에 관한 법률」제3조에 따라 학습과정의 평가인정을 받은 교육훈련기관 [2023.12.13. 시행]

6. 「국가기술자격법」제2조 제3호에 따른 국가기술자격의 직무분야 중 안전관리 분야(국가기술자격의 직무분야 및 국가기술자격의 종목 중 중직무분야의 안전관리를 말한다. 이하 같다)의 기술사 자격을 취득한 사람

7. 「소방시설 설치 및 관리에 관한 법률」제26조에 따른 소방시설관리사 자격을 취득한 사람

8. 「국가기술자격법」제2조 제3호에 따른 국가기술자격의 직무분야 중 안전관리 분야의 기사 자격을 취득한 후 안전관리 분야에 1년 이상 종사한 사람

9. 「국가기술자격법」제2조 제3호에 따른 국가기술자격의 직무분야 중 안전관리 분야의 산업기사 자격을 취득한 후 안전관리 분야에 3년 이상 종사한 사람

10. 「의료법」제7조에 따라 간호사 면허를 취득한 후 간호업무 분야에 1년 이상 종사한 사람

11. 「응급의료에 관한 법률」제36조 제2항에 따라 1급 응급구조사 자격을 취득한 후 응급의료 업무 분야에 1년 이상 종사한 사람

12. 「응급의료에 관한 법률」제36조 제3항에 따라 2급 응급구조사 자격을 취득한 후 응급의료 업무 분야에 3년 이상 종사한 사람

13. 「소방시설 설치 및 관리에 관한 법률 시행령」제23조 제1항 각 호의 어느 하나에 해당하는 사람

14. 「소방시설 설치 및 관리에 관한 법률 시행령」제23조 제2항 각 호의 어느 하나에 해당하는 자격을 갖춘 후 소방안전관리대상물의 소방안전관리에 관한 실무경력이 1년 이상 있는 사람

15. 「소방시설 설치 및 관리에 관한 법률 시행령」제23조 제3항 각 호의 어느 하나에 해당하는 자격을 갖춘 후 소방안전관리대상물의 소방안전관리에 관한 실무경력이 3년 이상 있는 사람

16. 「의용소방대 설치 및 운영에 관한 법률」제3조에 따라 의용소방대원으로 임명된 후 5년 이상 의용소방대 활동을 한 경력이 있는 사람

17. 「국가기술자격법」제2조 제3호에 따른 국가기술자격의 직무분야 중 위험물 중직무분야의 기능장 자격을 취득한 사람

별표 2의3 소방안전교육사의 배치대상별 배치 기준(제7조의11 관련)

<개정 2022.11.29.>

배치대상	배치기준(단위: 명)
1. 소방청	2 이상
2. 소방본부	2 이상
3. 소방서	1 이상
4. 한국소방안전원	본회: 2 이상 시·도지부: 1 이상
5. 한국소방산업기술원	2 이상

별표 2의4 소방활동 종사 사상자의 보상금액 등의 기준(제11조 제3항 관련)

<신설 2018.6.26.>

1. 사망자의 보상금액 기준

「의사상자 등 예우 및 지원에 관한 법률 시행령」 제12조 제1항에 따라 보건복지부장관이 결정하여 고시하는 보상금에 따른다.

2. 부상등급의 기준

「의사상자 등 예우 및 지원에 관한 법률 시행령」 제2조 및 별표 1에 따른 부상범위 및 등급에 따른다.

3. 부상등급별 보상금액 기준

「의사상자 등 예우 및 지원에 관한 법률 시행령」 제12조 제2항 및 별표 2에 따른 의상자의 부상등급별 보상금에 따른다.

4. 보상금 지급순위의 기준

「의사상자 등 예우 및 지원에 관한 법률」 제10조의 규정을 준용한다.

5. 보상금의 환수 기준

「의사상자 등 예우 및 지원에 관한 법률」 제19조의 규정을 준용한다.

<신설 2018.8.7.>

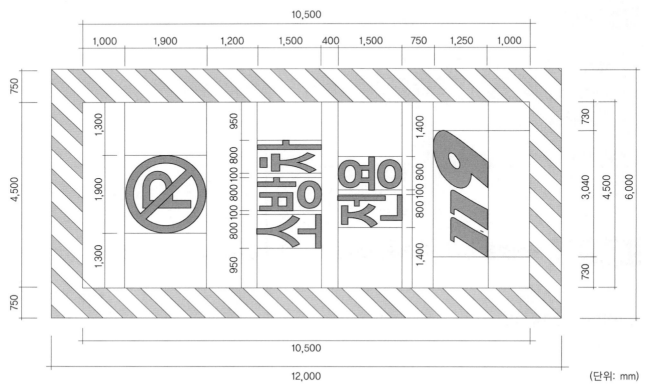

(단위: mm)

※ 비고

1. 전용구역 노면표지의 외곽선은 빗금무늬로 표시하되, 빗금은 두께를 30센티미터로 하여 50센티미터 간격으로 표시한다.
2. 전용구역 노면표지 도료의 색채는 황색을 기본으로 하되, 문자(P, 소방차 전용)는 백색으로 표시한다.

별표 3 │ 과태료의 부과기준(제19조 관련)

<개정 2023.9.12.>

1. 일반기준

가. 위반행위의 횟수에 따른 과태료의 가중된 부과기준은 최근 1년간 같은 위반행위로 과태료 부과처분을 받은 경우에 적용한다. 이 경우 기간의 계산은 위반행위에 대하여 과태료 부과처분을 받은 날과 그 처분 후 다시 같은 위반행위를 하여 적발된 날을 기준으로 한다.

나. 가목에 따라 가중된 부과처분을 하는 경우 가중처분의 적용 차수는 그 위반행위 전 부과처분 차수(가목에 따른 기간 내에 과태료 부과처분이 둘 이상 있었던 경우에는 높은 차수를 말한다)의 다음 차수로 한다.

다. 부과권자는 다음의 어느 하나에 해당하는 경우에는 제2호의 개별기준에 따른 과태료의 2분의 1 범위에서 그 금액을 줄여 부과할 수 있다. 다만, 과태료를 체납하고 있는 위반행위자에 대해서는 그렇지 않다.

1) 위반행위가 사소한 부주의나 오류로 인한 것으로 인정되는 경우

2) 위반행위자가 법 위반상태를 시정하거나 해소하기 위하여 노력한 사실이 인정되는 경우

3) 위반행위자가 화재 등 재난으로 재산에 현저한 손실을 입거나 사업 여건의 악화로 그 사업이 중대한 위기에 처하는 등 사정이 있는 경우

4) 그 밖에 위반행위의 정도, 위반행위의 동기와 그 결과 등을 고려하여 감경할 필요가 있다고 인정되는 경우

2. 개별기준

위반행위	근거 법조문	과태료 금액(만원)		
		1회	2회	3회 이상
가. 법 제17조의6 제5항을 위반하여 한국119청소년단 또는 이와 유사한 명칭을 사용한 경우	법 제56조 제2항 제2호의2	100	150	200
나. 법 제19조 제1항을 위반하여 화재 또는 구조·구급이 필요한 상황을 거짓으로 알린 경우	법 제56조 제1항 제1호	200	400	500
다. 정당한 사유 없이 법 제20조 제2항을 위반하여 화재, 재난·재해, 그 밖의 위급한 상황을 소방본부, 소방서 또는 관계 행정기관에 알리지 않은 경우	법 제56조 제1항 제2호	500		
라. 법 제21조 제3항을 위반하여 소방자동차의 출동에 지장을 준 경우	법 제56조 제2항 제3호의2	100		
마. 법 제21조의2 제2항을 위반하여 전용구역에 차를 주차하거나 전용구역에의 진입을 가로막는 등의 방해행위를 한 경우	법 제56조 제3항	50	100	100
바. 법 제23조 제1항을 위반하여 소방활동구역을 출입한 경우	법 제56조 제2항 제4호	100		
사. 법 제44조의3을 위반하여 한국소방안전원 또는 이와 유사한 명칭을 사용한 경우	법 제56조 제2항 제6호	200		

소방기본법 시행규칙 별표

별표 1 　 소방체험관의 설립 및 운영에 관한 기준(제4조의2 제2항 관련)

<개정 2017.7.26.>

1. 설립 입지 및 규모 기준

　가. 소방체험관은 도로 등 교통시설을 갖추고, 재해 및 재난 위험요소가 없는 등 국민의 접근성과 안전성이 확보된 지역에 설립되어야 한다.

　나. 소방체험관 중 제2호의 소방안전체험실로 사용되는 부분의 바닥면적 합이 900제곱미터 이상이 되어야 한다.

2. 소방체험관의 시설 기준

　가. 소방체험관에는 다음 표에 따른 체험실을 모두 갖추어야 한다. 이 경우 체험실별 바닥면적은 100제곱미터 이상이어야 한다.

분야	체험실	분야	체험실
생활안전	화재안전체험실	자연재난안전	기후성 재난체험실
	시설안전체험실		지질성 재난체험실
교통안전	보행안전체험실	보건안전	응급처치체험실
	자동차안전체험실		

　나. 소방체험관의 규모 및 지역 여건 등을 고려하여 다음 표에 따른 체험실을 갖출 수 있다. 이 경우 체험실별 바닥면적은 100제곱미터 이상이어야 한다.

분야	체험실
생활안전	전기안전체험실, 가스안전체험실, 작업안전체험실, 여가활동체험실, 노인안전체험실
교통안전	버스안전체험실, 이륜차안전체험실, 지하철안전체험실
자연재난안전	생물권 재난안전체험실(조류독감, 구제역 등)
사회기반안전	화생방 · 민방위안전체험실, 환경안전체험실, 에너지 · 정보통신안전체험실, 사이버안전체험실
범죄안전	미아안전체험실, 유괴안전체험실, 폭력안전체험실, 성폭력안전체험실, 사기범죄안전체험실
보건안전	중독안전체험실(게임 · 인터넷, 흡연 등), 감염병안전체험실, 식품안전체험실, 자살방지체험실
기타	시 · 도지사가 필요하다고 인정하는 체험실

　다. 소방체험관에는 사무실, 회의실, 그 밖에 시설물의 관리 · 운영에 필요한 관리시설이 건물규모에 적합하게 설치되어야 한다.

3. 체험교육 인력의 자격 기준

　가. 체험실별 체험교육을 총괄하는 교수요원은 소방공무원 중 다음의 어느 하나에 해당하는 사람이어야 한다.

　　1) 소방 관련학과의 석사학위 이상을 취득한 사람

　　2) 「소방기본법」 제17조의2에 따른 소방안전교육사, 「소방시설 설치 및 관리에 관한 법률」 제26조에 따른 소방시설관리사, 「국가기술자격법」에 따른 소방기술사 또는 소방설비기사 자격을 취득한 사람

　　3) 간호사 또는 「응급의료에 관한 법률」 제36조에 따른 응급구조사 자격을 취득한 사람

　　4) 소방청장이 실시하는 인명구조사시험 또는 화재대응능력시험에 합격한 사람

　　5) 「소방기본법」 제16조 또는 제16조의3에 따른 소방활동이나 생활안전활동을 3년 이상 수행한 경력이 있는 사람

6) 5년 이상 근무한 소방공무원 중 시·도지사가 체험실의 교수요원으로 적합하다고 인정하는 사람

나. 체험실별 체험교육을 지원하고 실습을 보조하는 조교는 다음의 어느 하나에 해당하는 사람이어야 한다.

　1) 가목에 따른 교수요원의 자격을 갖춘 사람

　2) 「소방기본법」 제16조 및 제16조의3에 따른 소방활동이나 생활안전활동을 1년 이상 수행한 경력이 있는 사람

　3) 중앙소방학교 또는 지방소방학교에서 2주 이상의 소방안전교육사 관련 전문교육과정을 이수한 사람

　4) 소방체험관에서 2주 이상의 체험교육에 관한 직무교육을 이수한 의무소방원

　5) 그 밖에 1)부터 4)까지의 규정에 준하는 자격 또는 능력을 갖추었다고 시·도지사가 인정하는 사람

4. 소방체험관의 관리인력 배치 기준 등

가. 소방체험관의 규모 등에 비추어 체험교육 프로그램의 기획·개발, 대외협력 및 성과분석 등을 담당할 적정한 수준의 행정인력을 두어야 한다.

나. 소방체험관의 규모 등에 비추어 건축물과 체험교육 시설·장비 등의 유지관리를 담당할 적정한 수준의 시설관리인력을 두어야 한다.

다. 시·도지사는 소방체험관 이용자에 대한 안전지도 및 질서 유지 등을 담당할 자원봉사자를 모집하여 활용할 수 있다.

5. 체험교육 운영 기준

가. 체험교육을 실시할 때 체험실에는 1명 이상의 교수요원을 배치하고, 조교는 체험교육대상자 30명당 1명 이상이 배치되도록 하여야 한다. 다만, 소방체험관의 장은 체험교육대상자의 연령 등을 고려하여 조교의 배치기준을 달리 정할 수 있다.

나. 교수요원은 체험교육 실시 전에 소방체험관 이용자에게 주의사항 및 안전관리 협조사항을 미리 알려야 한다.

다. 시·도지사는 설치되어 있는 체험실별로 체험교육 표준운영절차를 마련하여야 한다.

라. 시·도지사는 체험교육대상자의 정신적·신체적 능력을 고려하여 체험교육을 운영하여야 한다.

마. 시·도지사는 체험교육 운영인력에 대하여 체험교육과 관련된 지식·기술 및 소양 등에 관한 교육훈련을 연간 12시간 이상 이수하도록 하여야 한다.

바. 체험교육 운영인력은 「소방공무원 복제 규칙」 제12조에 따른 기동장을 착용하여야 한다. 다만, 계절이나 야외 체험활동 등을 고려하여 제복의 종류 및 착용방법을 달리 정할 수 있다.

6. 안전관리 기준

가. 시·도지사는 소방체험관에서 발생한 사고로 인한 이용자 등의 생명·신체나 재산상의 손해를 보상하기 위한 보험 또는 공제에 가입하여야 한다.

나. 교수요원은 체험교육 실시 전에 체험실의 시설 및 장비의 이상 유무를 반드시 확인하는 등 안전점검을 실시하여야 한다.

다. 소방체험관의 장은 소방체험관에서 발생하는 각종 안전사고 등을 총괄하여 관리하는 안전관리자를 지정하여야 한다.

라. 소방체험관의 장은 안전사고 발생 시 신속한 응급처치 및 병원 이송 등의 조치를 하여야 한다.

마. 소방체험관의 장은 소방체험관의 이용자의 안전에 위해(危害)를 끼치거나 끼칠 위험이 있다고 인정되는 이용자에 대하여 출입 금지 또는 행위의 제한, 체험교육의 거절 등의 조치를 하여야 한다.

7. 이용현황 관리 등

가. 소방체험관의 장은 체험교육의 운영결과, 만족도 조사결과 등을 기록하고 이를 3년간 보관하여야 한다.

나. 소방체험관의 장은 체험교육의 효과 및 개선 사항 발굴 등을 위하여 이용자를 대상으로 만족도 조사를 실시하여야 한다. 다만, 이용자가 거부하거나 만족도 조사를 실시할 시간적 여유가 없는 등의 경우에는 만족도 조사를 실시하지 아니할 수 있다.

다. 소방체험관의 장은 체험교육을 이수한 사람에게 교육이수자의 성명, 체험내용, 체험시간 등을 적은 체험교육 이수증을 발급할 수 있다.

<개정 2020.2.20.>

1. 지하에 설치하는 소화전 또는 저수조의 경우 소방용수표지는 다음 각 목의 기준에 따라 설치한다.
   가. 맨홀 뚜껑은 지름 648밀리미터 이상의 것으로 할 것. 다만, 승하강식 소화전의 경우에는 이를 적용하지 않는다.
   나. 맨홀 뚜껑에는 "소화전·주정차금지" 또는 "저수조·주정차금지"의 표시를 할 것
   다. 맨홀 뚜껑 부근에는 노란색 반사도료로 폭 15센티미터의 선을 그 둘레를 따라 칠할 것
2. 지상에 설치하는 소화전, 저수조 및 급수탑의 경우 소방용수표지는 다음 각 목의 기준에 따라 설치한다.
   가. 규격

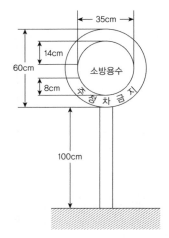

   나. 안쪽 문자는 흰색, 바깥쪽 문자는 노란색으로, 안쪽 바탕은 붉은색, 바깥쪽 바탕은 파란색으로 하고, 반사재료를 사용해야 한다.
   다. 가목의 규격에 따른 소방용수표지를 세우는 것이 매우 어렵거나 부적당한 경우에는 그 규격 등을 다르게 할 수 있다.

1. **공통 기준**
   가. 「국토의 계획 및 이용에 관한 법률」 제36조 제1항 제1호의 규정에 의한 주거지역·상업지역 및 공업지역에 설치하는 경우: 소방대상물과의 수평거리를 100미터 이하가 되도록 할 것
   나. 가목 외의 지역에 설치하는 경우: 소방대상물과의 수평거리를 140미터 이하가 되도록 할 것

2. **소방용수시설별 설치 기준**
   가. 소화전의 설치 기준: 상수도와 연결하여 지하식 또는 지상식의 구조로 하고, 소방용호스와 연결하는 소화전의 연결금속구의 구경은 65밀리미터로 할 것

나. 급수탑의 설치 기준: 급수배관의 구경은 100밀리미터 이상으로 하고, 개폐밸브는 지상에서 1.5미터 이상 1.7미터 이하의 위치에 설치하도록 할 것

다. 저수조의 설치기준

   1) 지면으로부터의 낙차가 4.5미터 이하일 것

   2) 흡수부분의 수심이 0.5미터 이상일 것

   3) 소방펌프자동차가 쉽게 접근할 수 있도록 할 것

   4) 흡수에 지장이 없도록 토사 및 쓰레기 등을 제거할 수 있는 설비를 갖출 것

   5) 흡수관의 투입구가 사각형의 경우에는 한 변의 길이가 60센티미터 이상, 원형의 경우에는 지름이 60센티미터 이상일 것

   6) 저수조에 물을 공급하는 방법은 상수에 연결하여 자동으로 급수되는 구조일 것

별표 3의2 소방대원에게 실시할 교육·훈련의 종류 등(제9조 제1항 관련)

<개정 2017.7.26.>

1. 교육·훈련의 종류 및 교육·훈련을 받아야 할 대상자

종류	교육·훈련을 받아야 할 대상자
가. 화재진압훈련	1) 화재진압업무를 담당하는 소방공무원 2) 「의무소방대설치법 시행령」 제20조 제1항 제1호에 따른 임무를 수행하는 의무소방원 3) 「의용소방대 설치 및 운영에 관한 법률」 제3조에 따라 임명된 의용소방대원
나. 인명구조훈련	1) 구조업무를 담당하는 소방공무원 2) 「의무소방대설치법 시행령」 제20조 제1항 제1호에 따른 임무를 수행하는 의무소방원 3) 「의용소방대 설치 및 운영에 관한 법률」 제3조에 따라 임명된 의용소방대원
다. 응급처치훈련	1) 구급업무를 담당하는 소방공무원 2) 「의무소방대설치법」 제3조에 따라 임용된 의무소방원 3) 「의용소방대 설치 및 운영에 관한 법률」 제3조에 따라 임명된 의용소방대원
라. 인명대피훈련	1) 소방공무원 2) 「의무소방대설치법」 제3조에 따라 임용된 의무소방원 3) 「의용소방대 설치 및 운영에 관한 법률」 제3조에 따라 임명된 의용소방대원
마. 현장지휘훈련	소방공무원 중 다음의 계급에 있는 사람 1) 지방소방정 2) 지방소방령 3) 지방소방경 4) 지방소방위

2. 교육·훈련 횟수 및 기간

횟수	기간
2년마다 1회	2주 이상

3. 제1호 및 제2호에서 규정한 사항 외에 소방대원의 교육·훈련에 필요한 사항은 소방청장이 정한다.

별표 3의3	소방안전교육훈련의 시설, 장비, 강사자격 및 교육방법 등의 기준 (제9조 제2항 관련)

<개정 2017.7.26.>

1. 시설 및 장비 기준

가. 소방안전교육훈련에 필요한 장소 및 차량의 기준은 다음과 같다.

    1) 소방안전교실: 화재안전 및 생활안전 등을 체험할 수 있는 100제곱미터 이상의 실내시설

    2) 이동안전체험차량: 어린이 30명(성인은 15명)을 동시에 수용할 수 있는 실내공간을 갖춘 자동차

나. 소방안전교실 및 이동안전체험차량에 갖추어야 할 안전교육장비의 종류는 다음과 같다.

구분	종류
화재안전 교육용	안전체험복, 안전체험용 헬멧, 소화기, 물소화기, 연기소화기, 옥내소화전 모형장비, 화재모형 타켓, 가상화재 연출장비, 연기발생기, 유도등, 유도표지, 완강기, 소방시설(자동화재탐지설비, 옥내소화전 등) 계통 모형도, 화재대피용 마스크, 공기호흡기, 119신고 실습전화기
생활안전 교육용	구명조끼, 구명환, 공기 튜브, 안전벨트, 개인로프, 가스안전 실습 모형도, 전기안전 실습 모형도
교육 기자재	유·무선 마이크, 노트북 컴퓨터, 빔 프로젝터, 이동형 앰프, LCD 모니터, 디지털 캠코더
기타	그 밖에 소방안전교육훈련에 필요하다고 인정하는 장비

2. 강사 및 보조강사의 자격 기준 등

가. 강사는 다음의 어느 하나에 해당하는 사람이어야 한다.

    1) 소방 관련학과의 석사학위 이상을 취득한 사람

    2) 「소방기본법」 제17조의2에 따른 소방안전교육사, 「소방시설 설치 및 관리에 관한 법률」 제26조에 따른 소방시설관리사, 「국가기술자격법」에 따른 소방기술사 또는 소방설비기사 자격을 취득한 사람

    3) 응급구조사, 인명구조사, 화재대응능력 등 소방청장이 정하는 소방활동 관련 자격을 취득한 사람

    4) 소방공무원으로서 5년 이상 근무한 경력이 있는 사람

나. 보조강사는 다음의 어느 하나에 해당하는 사람이어야 한다.

    1) 가목에 따른 강사의 자격을 갖춘 사람

    2) 소방공무원으로서 3년 이상 근무한 경력이 있는 사람

    3) 그 밖에 보조강사의 능력이 있다고 소방청장, 소방본부장 또는 소방서장이 인정하는 사람

다. 소방청장, 소방본부장 또는 소방서장은 강사 및 보조강사로 활동하는 사람에 대하여 소방안전교육훈련과 관련된 지식·기술 및 소양 등에 관한 교육 등을 받게 할 수 있다.

3. 교육의 방법

가. 소방안전교육훈련의 교육시간은 소방안전교육훈련대상자의 연령 등을 고려하여 소방청장, 소방본부장 또는 소방서장이 정한다.

나. 소방안전교육훈련은 이론교육과 실습(체험)교육을 병행하여 실시하되, 실습(체험)교육이 전체 교육시간의 100분의 30 이상이 되어야 한다.

다. 소방청장, 소방본부장 또는 소방서장은 나목에도 불구하고 소방안전교육훈련대상자의 연령 등을 고려하여 실습(체험)교육 시간의 비율을 달리할 수 있다.

라. 실습(체험)교육 인원은 특별한 경우가 아니면 강사 1명당 30명을 넘지 않아야 한다.

마. 소방청장, 소방본부장 또는 소방서장은 소방안전교육훈련 실시 전에 소방안전교육훈련대상자에게 주의사항 및 안전관리 협조사항을 미리 알려야 한다.

바. 소방청장, 소방본부장 또는 소방서장은 소방안전교육훈련대상자의 정신적·신체적 능력을 고려하여 소방안전교육훈련을 실시하여야 한다.

4. 안전관리 기준

가. 소방청장, 소방본부장 또는 소방서장은 소방안전교육훈련 중 발생한 사고로 인한 교육훈련대상자 등의 생명·신체나 재산상의 손해를 보상하기 위한 보험 또는 공제에 가입하여야 한다.

나. 소방청장, 소방본부장 또는 소방서장은 소방안전교육훈련 실시 전에 시설 및 장비의 이상 유무를 반드시 확인하는 등 안전점검을 실시하여야 한다.

다. 소방청장, 소방본부장 또는 소방서장은 사고가 발생한 경우 신속한 응급처치 및 병원 이송 등의 조치를 하여야 한다.

5. 교육현황 관리 등

가. 소방청장, 소방본부장 또는 소방서장은 소방안전교육훈련의 실시결과, 만족도 조사결과 등을 기록하고 이를 3년간 보관하여야 한다.

나. 소방청장, 소방본부장 또는 소방서장은 소방안전교육훈련의 효과 및 개선사항 발굴 등을 위하여 이용자를 대상으로 만족도 조사를 실시하여야 한다. 다만, 이용자가 거부하거나 만족도 조사를 실시할 시간적 여유가 없는 등의 경우에는 만족도 조사를 실시하지 아니할 수 있다.

다. 소방청장, 소방본부장 또는 소방서장은 소방안전교육훈련을 이수한 사람에게 교육이수자의 성명, 교육내용, 교육시간 등을 기재한 소방안전교육훈련 이수증을 발급할 수 있다.

별표 3의4 소방안전교육사시험 과목별 출제범위(제9조의2 관련)

<개정 2020.12.10.>

구분	시험 과목	출제범위	비고
제1차 시험 ※ 4과목 중 3과목 선택	소방학개론	소방조직, 연소이론, 화재이론, 소화이론, 소방시설(소방시설의 종류, 작동원리 및 사용법 등을 말하며, 소방시설의 구체적인 설치 기준은 제외한다)	선택형 (객관식)
	구급·응급처치론	응급환자 관리, 임상응급의학, 인공호흡 및 심폐소생술(기도폐쇄 포함), 화상환자 및 특수환자 응급처치	
	재난관리론	재난의 정의·종류, 재난유형론, 재난단계별 대응이론	
	교육학개론	교육의 이해, 교육심리, 교육사회, 교육과정, 교육방법 및 교육공학, 교육평가	
제2차 시험	국민안전교육 실무	재난 및 안전사고의 이해, 안전교육의 개념과 기본원리, 안전교육 지도의 실제	논술형 (주관식)

종별 ＼ 신호방법	타종신호	사이렌신호	그 밖의 신호
경계신호	1타와 연 2타를 반복	5초 간격을 두고 30초씩 3회	
발화신호	난타	5초 간격을 두고 5초씩 3회	
해제신호	상당한 간격을 두고 1타씩 반복	1분간 1회	
훈련신호	연 3타 반복	10초 간격을 두고 1분씩 3회	

※ 비고
1. 소방신호의 방법은 그 전부 또는 일부를 함께 사용할 수 있다.
2. 게시판을 철거하거나 통풍대 또는 기를 내리는 것으로 소방활동이 해제되었음을 알린다.
3. 소방대의 비상소집을 하는 경우에는 훈련신호를 사용할 수 있다.

pass.Hackers.com

Part 02

화재의 예방 및 안전관리에 관한 법률

Chapter 01 · 총칙

제1조 (목적)

이 법은 화재의 예방과 안전관리에 필요한 사항을 규정함으로써 화재로부터 국민의 생명·신체 및 재산을 보호하고 공공의 안전과 복리 증진에 이바지함을 목적으로 한다.

> **시행령 제1조 (목적)** 이 영은 「화재의 예방 및 안전관리에 관한 법률」에서 위임된 사항과 그 시행에 필요한 사항을 규정함을 목적으로 한다.

> **시행규칙 제1조 (목적)** 이 규칙은 「화재의 예방 및 안전관리에 관한 법률」 및 같은 법 시행령에서 위임된 사항과 그 시행에 필요한 사항을 규정함을 목적으로 한다.

제2조 (정의)

① 이 법에서 사용하는 용어의 뜻은 다음과 같다.
1. "예방"이란 화재의 위험으로부터 사람의 생명·신체 및 재산을 보호하기 위하여 화재발생을 사전에 제거하거나 방지하기 위한 모든 활동을 말한다.
2. "안전관리"란 화재로 인한 피해를 최소화하기 위한 예방, 대비, 대응 등의 활동을 말한다.
3. "화재안전조사"란 소방청장, 소방본부장 또는 소방서장(이하 "소방관서장"이라 한다)이 소방대상물, 관계지역 또는 관계인에 대하여 소방시설등(「소방시설 설치 및 관리에 관한 법률」 제2조 제1항 제2호에 따른 소방시설등을 말한다. 이하 같다)이 소방 관계 법령에 적합하게 설치·관리되고 있는지, 소방대상물에 화재의 발생 위험이 있는지 등을 확인하기 위하여 실시하는 현장조사·문서열람·보고요구 등을 하는 활동을 말한다.
4. "화재예방강화지구"란 특별시장·광역시장·특별자치시장·도지사 또는 특별자치도지사(이하 "시·도지사"라 한다)가 화재발생 우려가 크거나 화재가 발생할 경우 피해가 클 것으로 예상되는 지역에 대하여 화재의 예방 및 안전관리를 강화하기 위해 지정·관리하는 지역을 말한다.
5. "화재예방안전진단"이란 화재가 발생할 경우 사회·경제적으로 피해 규모가 클 것으로 예상되는 소방대상물에 대하여 화재위험요인을 조사하고 그 위험성을 평가하여 개선대책을 수립하는 것을 말한다.

② 이 법에서 사용하는 용어의 뜻은 제1항에서 규정하는 것을 제외하고는 「소방기본법」, 「소방시설 설치 및 관리에 관한 법률」, 「소방시설공사업법」, 「위험물안전관리법」 및 「건축법」에서 정하는 바에 따른다.

✎ 핵심정리 | 용어 정의

1. **예방:** 화재발생을 사전에 제거, 방지
2. **안전관리:** 예방, 대비, 대응 등의 활동
3. **소방관서장:** 소방청장, 소방본부장, 소방서장
4. **화재안전조사:** 현장조사·문서열람·보고요구 등을 하는 활동
5. **화재예방강화지구:** 시·도지사가 화재의 예방 및 안전관리를 강화하기 위해 지정·관리하는 지역
6. **화재예방안전진단:** 화재위험요인을 조사하고 그 위험성을 평가하여 개선대책을 수립하는 것

제3조 (국가와 지방자치단체 등의 책무)

① 국가는 화재로부터 국민의 생명과 재산을 보호할 수 있도록 화재의 예방 및 안전관리에 관한 정책(이하 "화재예방정책"이라 한다)을 수립·시행하여야 한다.
② 지방자치단체는 국가의 화재예방정책에 맞추어 지역의 실정에 부합하는 화재예방정책을 수립·시행하여야 한다.
③ 관계인은 국가와 지방자치단체의 화재예방정책에 적극적으로 협조하여야 한다.

화재의 예방 및 안전관리 기본계획의 수립·시행

제4조 (화재의 예방 및 안전관리 기본계획 등의 수립·시행)

① 소방청장은 화재예방정책을 체계적·효율적으로 추진하고 이에 필요한 기반 확충을 위하여 화재의 예방 및 안전관리에 관한 기본계획(이하 "기본계획"이라 한다)을 5년마다 수립·시행하여야 한다.

② 기본계획은 대통령령으로 정하는 바에 따라 소방청장이 관계 중앙행정기관의 장과 협의하여 수립한다.

③ 기본계획에는 다음 각 호의 사항이 포함되어야 한다.

　1. 화재예방정책의 기본목표 및 추진방향

　2. 화재의 예방과 안전관리를 위한 법령·제도의 마련 등 기반 조성

　3. 화재의 예방과 안전관리를 위한 대국민 교육·홍보

　4. 화재의 예방과 안전관리 관련 기술의 개발·보급

　5. 화재의 예방과 안전관리 관련 전문인력의 육성·지원 및 관리

　6. 화재의 예방과 안전관리 관련 산업의 국제경쟁력 향상

　7. 그 밖에 대통령령으로 정하는 화재의 예방과 안전관리에 필요한 사항

④ 소방청장은 기본계획을 시행하기 위하여 매년 시행계획을 수립·시행하여야 한다.

⑤ 소방청장은 제1항 및 제4항에 따라 수립된 기본계획과 시행계획을 관계 중앙행정기관의 장과 시·도지사에게 통보하여야 한다.

⑥ 제5항에 따라 기본계획과 시행계획을 통보받은 관계 중앙행정기관의 장과 시·도지사는 소관 사무의 특성을 반영한 세부 시행계획을 수립·시행하고 그 결과를 소방청장에게 통보하여야 한다.

⑦ 소방청장은 기본계획 및 시행계획을 수립하기 위하여 필요한 경우에는 관계 중앙행정기관의 장 또는 시·도지사에게 관련 자료의 제출을 요청할 수 있다. 이 경우 자료 제출을 요청받은 관계 중앙행정기관의 장 또는 시·도지사는 특별한 사유가 없으면 이에 따라야 한다.

⑧ 제1항부터 제7항까지에서 규정한 사항 외에 기본계획, 시행계획 및 세부시행계획의 수립·시행에 필요한 사항은 대통령령으로 정한다.

> **시행령 제2조 (화재의 예방 및 안전관리 기본계획의 협의 및 수립)** 소방청장은 「화재의 예방 및 안전관리에 관한 법률」(이하 "법"이라 한다) 제4조 제1항에 따른 화재의 예방 및 안전관리에 관한 기본계획(이하 "기본계획"이라 한다)을 계획 시행 전년도 8월 31일까지 관계 중앙행정기관의 장과 협의한 후 계획 시행 전년도 9월 30일까지 수립해야 한다.
>
> **제3조 (기본계획의 내용)** 법 제4조 제3항 제7호에서 "대통령령으로 정하는 화재의 예방과 안전관리에 필요한 사항"이란 다음 각 호의 사항을 말한다.
>
> 　1. 화재발생 현황
>
> 　2. 소방대상물의 환경 및 화재위험특성 변화 추세 등 화재예방정책의 여건 변화에 관한 사항
>
> 　3. 소방시설의 설치·관리 및 화재안전기준의 개선에 관한 사항
>
> 　4. 계절별·시기별·소방대상물별 화재예방대책의 추진 및 평가 등에 관한 사항
>
> 　5. 그 밖에 화재의 예방 및 안전관리와 관련하여 소방청장이 필요하다고 인정하는 사항
>
> **제4조(시행계획의 수립·시행)** ① 소방청장은 법 제4조 제4항에 따라 기본계획을 시행하기 위한 계획(이하 "시행계획"이라 한다)을 계획 시행 전년도 10월 31일까지 수립해야 한다.
>
> ② 시행계획에는 다음 각 호의 사항이 포함되어야 한다.
>
> 　1. 기본계획의 시행을 위하여 필요한 사항

2. 그 밖에 화재의 예방 및 안전관리와 관련하여 소방청장이 필요하다고 인정하는 사항

제5조 (세부시행계획의 수립·시행) ① 소방청장은 법 제4조 제5항에 따라 관계 중앙행정기관의 장과 특별시장·광역시장·특별자치시장·도지사 또는 특별자치도지사(이하 "시·도지사"라 한다)에게 기본계획 및 시행계획을 각각 계획 시행 전년도 10월 31일까지 통보해야 한다.

② 제1항에 따라 통보를 받은 관계 중앙행정기관의 장 및 시·도지사는 법 제4조 제6항에 따른 세부시행계획(이하 "세부시행계획"이라 한다)을 수립하여 계획 시행 전년도 12월 31일까지 소방청장에게 통보해야 한다.

③ 세부시행계획에는 다음 각 호의 사항이 포함되어야 한다.

1. 기본계획 및 시행계획에 대한 관계 중앙행정기관 또는 특별시·광역시·특별자치시·도·특별자치도(이하 "시·도"라 한다)의 세부 집행계획
2. 직전 세부시행계획의 시행 결과
3. 그 밖에 화재안전과 관련하여 관계 중앙행정기관의 장 또는 시·도지사가 필요하다고 결정한 사항

✏️ 핵심정리

1. **기본계획 수립·시행:** 소방청장(5년)
2. **시행계획 수립·시행:** 소방청장(매년)
3. **세부시행계획 수립·시행:** 관계 중앙행정기관의 장 및 시·도지사(매년)

제5조 (실태조사)

① 소방청장은 기본계획 및 시행계획의 수립·시행에 필요한 기초자료를 확보하기 위하여 다음 각 호의 사항에 대하여 실태조사를 할 수 있다. 이 경우 관계 중앙행정기관의 장의 요청이 있는 때에는 합동으로 실태조사를 할 수 있다.

1. 소방대상물의 용도별·규모별 현황
2. 소방대상물의 화재의 예방 및 안전관리 현황
3. 소방대상물의 소방시설등 설치·관리 현황
4. 그 밖에 기본계획 및 시행계획의 수립·시행을 위하여 필요한 사항

② 소방청장은 소방대상물의 현황 등 관련 정보를 보유·운용하고 있는 관계 중앙행정기관의 장, 지방자치단체의 장, 「공공기관의 운영에 관한 법률」 제4조에 따른 공공기관(이하 "공공기관"이라 한다)의 장 또는 관계인 등에게 제1항에 따른 실태조사에 필요한 자료의 제출을 요청할 수 있다. 이 경우 자료 제출을 요청받은 자는 특별한 사유가 없으면 이에 따라야 한다.

③ 제1항에 따른 실태조사의 방법 및 절차 등에 필요한 사항은 행정안전부령으로 정한다.

시행규칙 제2조 (실태조사의 방법 및 절차 등) ① 「화재의 예방 및 안전관리에 관한 법률」(이하 "법"이라 한다) 제5조 제1항에 따른 실태조사는 통계조사, 문헌조사 또는 현장조사의 방법으로 하며, 정보통신망 또는 전자적인 방식을 사용할 수 있다.

② 소방청장은 제1항에 따른 실태조사를 실시하려는 경우 실태조사 시작 7일 전까지 조사 일시, 조사 사유 및 조사 내용 등을 포함한 조사계획을 조사대상자에게 서면 또는 전자우편 등의 방법으로 미리 알려야 한다.

③ 관계 공무원 및 제4항에 따라 실태조사를 의뢰받은 관계 전문가 등이 실태조사를 위하여 소방대상물에 출입할 때에는 그 권한 또는 자격을 표시하는 증표를 지니고 이를 관계인에게 내보여야 한다.

④ 소방청장은 실태조사를 전문연구기관·단체나 관계 전문가에게 의뢰하여 실시할 수 있다.

⑤ 소방청장은 실태조사의 결과를 인터넷 홈페이지 등에 공표할 수 있다.

⑥ 제1항부터 제5항까지에서 규정한 사항 외에 실태조사 방법 및 절차 등에 관하여 필요한 사항은 소방청장이 정한다.

1. **조사자:** 소방청장
2. **실태조사:** 통계조사, 문헌조사, 현장조사
3. **조사통보:** 조사 시작 7일 전까지

제6조 (통계의 작성 및 관리)

① 소방청장은 화재의 예방 및 안전관리에 관한 통계를 매년 작성·관리하여야 한다.

② 소방청장은 제1항의 통계자료를 작성·관리하기 위하여 관계 중앙행정기관의 장, 지방자치단체의 장, 공공기관의 장 또는 관계인 등에게 필요한 자료와 정보의 제공을 요청할 수 있다. 이 경우 자료와 정보의 제공을 요청받은 자는 특별한 사정이 없으면 이에 따라야 한다.

③ 소방청장은 제1항에 따른 통계자료의 작성·관리에 관한 업무의 전부 또는 일부를 행정안전부령으로 정하는 바에 따라 전문성이 있는 기관을 지정하여 수행하게 할 수 있다.

④ 제1항에 따른 통계의 작성·관리 등에 필요한 사항은 대통령령으로 정한다.

시행령 제6조 (통계의 작성·관리) ① 법 제6조 제1항에 따른 통계의 작성·관리 항목은 다음 각 호와 같다.

1. 소방대상물의 현황 및 안전관리에 관한 사항
2. 소방시설등의 설치 및 관리에 관한 사항
3. 「다중이용업소의 안전관리에 관한 특별법」 제2조 제1항 제1호에 따른 다중이용업 현황 및 안전관리에 관한 사항
4. 「위험물안전관리법」 제2조 제1항 제6호에 따른 제조소등(이하 "제조소등"이라 한다) 현황
5. 화재발생 이력 및 화재안전조사 등 화재예방 활동에 관한 사항
6. 법 제5조에 따른 실태조사 결과
7. 화재예방강화지구의 현황 및 안전관리에 관한 사항
8. 법 제23조에 따른 어린이, 노인, 장애인 등 화재의 예방 및 안전관리에 취약한 자에 대한 지역별·성별·연령별 지원 현황
9. 법 제24조 제1항에 따른 소방안전관리자 자격증 발급 및 선임 관련 지역별·성별·연령별 현황
10. 화재예방안전진단 대상의 현황 및 그 실시 결과
11. 소방시설업자, 소방기술자 및 「소방시설 설치 및 관리에 관한 법률」 제29조에 따른 소방시설관리업 등록을 한 자의 지역별·성별·연령별 현황
12. 그 밖에 화재의 예방 및 안전관리에 관한 자료로서 소방청장이 작성·관리가 필요하다고 인정하는 사항

② 소방청장은 법 제6조 제1항에 따라 통계를 체계적으로 작성·관리하고 분석하기 위하여 전산시스템을 구축·운영할 수 있다.

③ 소방청장은 제2항에 따른 전산시스템을 구축·운영하는 경우 빅데이터(대용량의 정형 또는 비정형의 데이터 세트를 말한다. 이하 같다)를 활용하여 화재발생 동향 분석 및 전망 등을 할 수 있다.

④ 제3항에 따른 빅데이터를 활용하기 위한 방법·절차 등에 관하여 필요한 사항은 소방청장이 정한다.

시행규칙 제3조 (통계의 작성·관리) 소방청장은 법 제6조 제3항에 따라 다음 각 호의 기관으로 하여금 통계자료의 작성·관리에 관한 업무를 수행하게 할 수 있다.

1. 「소방기본법」 제40조 제1항에 따라 설립된 한국소방안전원(이하 "안전원"이라 한다)
2. 「정부출연연구기관 등의 설립·운영 및 육성에 관한 법률」 제8조에 따라 설립된 정부출연연구기관
3. 「통계법」 제15조에 따라 지정된 통계작성지정기관

Chapter 03
화재안전조사

제7조 (화재안전조사)

① 소방관서장은 다음 각 호의 어느 하나에 해당하는 경우 화재안전조사를 실시할 수 있다. 다만, 개인의 주거(실제 주거용
   도로 사용되는 경우에 한정한다)에 대한 화재안전조사는 관계인의 승낙이 있거나 화재발생의 우려가 뚜렷하여 긴급한
   필요가 있는 때에 한정한다.
   1. 「소방시설 설치 및 관리에 관한 법률」 제22조에 따른 자체점검이 불성실하거나 불완전하다고 인정되는 경우
   2. 화재예방강화지구 등 법령에서 화재안전조사를 하도록 규정되어 있는 경우
   3. 화재예방안전진단이 불성실하거나 불완전하다고 인정되는 경우
   4. 국가적 행사 등 주요 행사가 개최되는 장소 및 그 주변의 관계 지역에 대하여 소방안전관리 실태를 조사할 필요가 있
      는 경우
   5. 화재가 자주 발생하였거나 발생할 우려가 뚜렷한 곳에 대한 조사가 필요한 경우
   6. 재난예측정보, 기상예보 등을 분석한 결과 소방대상물에 화재의 발생 위험이 크다고 판단되는 경우
   7. 제1호부터 제6호까지에서 규정한 경우 외에 화재, 그 밖의 긴급한 상황이 발생할 경우 인명 또는 재산 피해의 우려가
      현저하다고 판단되는 경우
② 화재안전조사의 항목은 대통령령으로 정한다. 이 경우 화재안전조사의 항목에는 화재의 예방조치 상황, 소방시설등의 관
   리 상황 및 소방대상물의 화재 등의 발생 위험과 관련된 사항이 포함되어야 한다.
③ 소방관서장은 화재안전조사를 실시하는 경우 다른 목적을 위하여 조사권을 남용하여서는 아니 된다.

> **시행령 제7조 (화재안전조사의 항목)** 소방청장, 소방본부장 또는 소방서장(이하 "소방관서장"이라 한다)은 법 제7조 제1항에 따라
> 다음 각 호의 항목에 대하여 화재안전조사를 실시한다.
>   1. 법 제17조에 따른 화재의 예방조치 등에 관한 사항
>   2. 법 제24조, 제25조, 제27조 및 제29조에 따른 소방안전관리 업무 수행에 관한 사항
>   3. 법 제36조에 따른 피난계획의 수립 및 시행에 관한 사항
>   4. 법 제37조에 따른 소화·통보·피난 등의 훈련 및 소방안전관리에 필요한 교육(이하 "소방훈련·교육"이라 한다)에 관한
>   사항
>   5. 「소방기본법」 제21조의2에 따른 소방자동차 전용구역의 설치에 관한 사항
>   6. 「소방시설공사업법」 제12조에 따른 시공, 같은 법 제16조에 따른 감리 및 같은 법 제18조에 따른 감리원의 배치에 관한
>   사항
>   7. 「소방시설 설치 및 관리에 관한 법률」 제12조에 따른 소방시설의 설치 및 관리에 관한 사항
>   8. 「소방시설 설치 및 관리에 관한 법률」 제15조에 따른 건설현장 임시소방시설의 설치 및 관리에 관한 사항
>   9. 「소방시설 설치 및 관리에 관한 법률」 제16조에 따른 피난시설, 방화구획(防火區劃) 및 방화시설의 관리에 관한 사항
>   10. 「소방시설 설치 및 관리에 관한 법률」 제20조에 따른 방염(防炎)에 관한 사항
>   11. 「소방시설 설치 및 관리에 관한 법률」 제22조에 따른 소방시설등의 자체점검에 관한 사항
>   12. 「다중이용업소의 안전관리에 관한 특별법」 제8조, 제9조, 제9조의2, 제10조, 제10조의2 및 제11조부터 제13조까지의 규정에
>   따른 안전관리에 관한 사항
>   13. 「위험물안전관리법」 제5조, 제6조, 제14조, 제15조 및 제18조에 따른 위험물 안전관리에 관한 사항
>   14. 「초고층 및 지하연계 복합건축물 재난관리에 관한 특별법」 제9조, 제11조, 제12조, 제14조, 제16조 및 제22조에 따른 초고층
>   및 지하연계 복합건축물의 안전관리에 관한 사항
>   15. 그 밖에 소방대상물에 화재의 발생 위험이 있는지 등을 확인하기 위해 소방관서장이 화재안전조사가 필요하다고 인정하
>   는 사항

1. **조사자:** 소방관서장(소방청장, 소방본부장, 소방서장)
2. **화재안전조사 항목:** 대통령령
3. **조사대상:** 불성실·불완전(자체점검), 화재예방강화지구 등, 화재예방안전진단, 국가적 행사 등, 화재가 자주 발생, 재난예측정보·기상예보 등을 분석한 결과 화재 발생 위험 크다.

제8조 (화재안전조사의 방법·절차 등)

① 소방관서장은 화재안전조사를 조사의 목적에 따라 제7조 제2항에 따른 화재안전조사의 항목 전체에 대하여 종합적으로 실시하거나 특정 항목에 한정하여 실시할 수 있다.

② 소방관서장은 화재안전조사를 실시하려는 경우 사전에 관계인에게 조사대상, 조사기간 및 조사사유 등을 우편, 전화, 전자메일 또는 문자전송 등을 통하여 통지하고 이를 대통령령으로 정하는 바에 따라 인터넷 홈페이지나 제16조 제3항의 전산시스템 등을 통하여 공개하여야 한다. 다만, 다음 각 호의 어느 하나에 해당하는 경우에는 그러하지 아니하다.
1. 화재가 발생할 우려가 뚜렷하여 긴급하게 조사할 필요가 있는 경우
2. 제1호 외에 화재안전조사의 실시를 사전에 통지하거나 공개하면 조사목적을 달성할 수 없다고 인정되는 경우

③ 화재안전조사는 관계인의 승낙 없이 소방대상물의 공개시간 또는 근무시간 이외에는 할 수 없다. 다만, 제2항 제1호에 해당하는 경우에는 그러하지 아니하다.

④ 제2항에 따른 통지를 받은 관계인은 천재지변이나 그 밖에 대통령령으로 정하는 사유로 화재안전조사를 받기 곤란한 경우에는 화재안전조사를 통지한 소방관서장에게 대통령령으로 정하는 바에 따라 화재안전조사를 연기하여 줄 것을 신청할 수 있다. 이 경우 소방관서장은 연기신청 승인 여부를 결정하고 그 결과를 조사 시작 전까지 관계인에게 알려 주어야 한다.

⑤ 제1항부터 제4항까지에서 규정한 사항 외에 화재안전조사의 방법 및 절차 등에 필요한 사항은 대통령령으로 정한다.

> **시행령 제8조 (화재안전조사의 방법·절차 등)** ① 소방관서장은 화재안전조사의 목적에 따라 다음 각 호의 어느 하나에 해당하는 방법으로 화재안전조사를 실시할 수 있다.
> 1. 종합조사: 제7조의 화재안전조사 항목 전부를 확인하는 조사
> 2. 부분조사: 제7조의 화재안전조사 항목 중 일부를 확인하는 조사
> ② 소방관서장은 화재안전조사를 실시하려는 경우 사전에 법 제8조 제2항 각 호 외의 부분 본문에 따라 조사대상, 조사기간 및 조사사유 등 조사계획을 소방청, 소방본부 또는 소방서(이하 "소방관서"라 한다)의 인터넷 홈페이지나 법 제16조 제3항에 따른 전산시스템을 통해 7일 이상 공개해야 한다.
> ③ 소방관서장은 법 제8조 제2항 각 호 외의 부분 단서에 따라 사전 통지 없이 화재안전조사를 실시하는 경우에는 화재안전조사를 실시하기 전에 관계인에게 조사사유 및 조사범위 등을 현장에서 설명해야 한다.
> ④ 소방관서장은 화재안전조사를 위하여 소속 공무원으로 하여금 관계인에게 보고 또는 자료의 제출을 요구하거나 소방대상물의 위치·구조·설비 또는 관리 상황에 대한 조사·질문을 하게 할 수 있다.
> ⑤ 소방관서장은 화재안전조사를 효율적으로 실시하기 위하여 필요한 경우 다음 각 호의 기관의 장과 합동으로 조사반을 편성하여 화재안전조사를 할 수 있다.
> 1. 관계 중앙행정기관 또는 지방자치단체
> 2. 「소방기본법」 제40조에 따른 한국소방안전원(이하 "안전원"이라 한다)
> 3. 「소방산업의 진흥에 관한 법률」 제14조에 따른 한국소방산업기술원(이하 "기술원"이라 한다)
> 4. 「화재로 인한 재해보상과 보험가입에 관한 법률」 제11조에 따른 한국화재보험협회(이하 "화재보험협회"라 한다)
> 5. 「고압가스 안전관리법」 제28조에 따른 한국가스안전공사(이하 "가스안전공사"라 한다)
> 6. 「전기안전관리법」 제30조에 따른 한국전기안전공사(이하 "전기안전공사"라 한다)

7. 그 밖에 소방청장이 정하여 고시하는 소방 관련 법인 또는 단체

⑥ 제1항부터 제5항까지에서 규정한 사항 외에 화재안전조사 계획의 수립 등 화재안전조사에 필요한 사항은 소방청장이 정한다.

제9조 (화재안전조사의 연기) ① 법 제8조 제4항 전단에서 "대통령령으로 정하는 사유"란 다음 각 호의 어느 하나에 해당하는 사유를 말한다.

1. 「재난 및 안전관리 기본법」 제3조 제1호에 해당하는 재난이 발생한 경우
2. 관계인의 질병, 사고, 장기출장의 경우
3. 권한 있는 기관에 자체점검기록부, 교육·훈련일지 등 화재안전조사에 필요한 장부·서류 등이 압수되거나 영치(領置)되어 있는 경우
4. 소방대상물의 증축·용도변경 또는 대수선 등의 공사로 화재안전조사를 실시하기 어려운 경우

② 법 제8조 제4항 전단에 따라 화재안전조사의 연기를 신청하려는 관계인은 행정안전부령으로 정하는 바에 따라 연기신청서에 연기의 사유 및 기간 등을 적어 소방관서장에게 제출해야 한다.

③ 소방관서장은 법 제8조 제4항 후단에 따라 화재안전조사의 연기를 승인한 경우라도 연기기간이 끝나기 전에 연기사유가 없어졌거나 긴급히 조사를 해야 할 사유가 발생하였을 때는 관계인에게 미리 알리고 화재안전조사를 할 수 있다.

시행규칙 제4조 (화재안전조사의 연기신청 등) ① 「화재의 예방 및 안전관리에 관한 법률 시행령」(이하 "영"이라 한다) 제9조 제2항에 따라 화재안전조사의 연기를 신청하려는 관계인은 화재안전조사 시작 3일 전까지 별지 제1호서식의 화재안전조사 연기신청서(전자문서를 포함한다)에 화재안전조사를 받기 곤란함을 증명할 수 있는 서류(전자문서를 포함한다)를 첨부하여 소방청장, 소방본부장 또는 소방서장(이하 "소방관서장"이라 한다)에게 제출해야 한다.

② 제1항에 따른 신청서를 제출받은 소방관서장은 3일 이내에 연기신청의 승인 여부를 결정하여 별지 제2호서식의 화재안전조사 연기신청 결과 통지서를 연기신청을 한 자에게 통지해야 하며 연기기간이 종료되면 지체 없이 화재안전조사를 시작해야 한다.

✏️ **핵심정리** │ 화재안전조사의 방법·절차

1. **조사 분류:** 종합조사, 부분조사
2. **절차:** 관계인에게 통지 → 7일 이상 공개(인터넷 홈페이지, 전산시스템) → 조사실시
3. **조사시기:** 공개시간, 근무시간
4. **조사연기:** 재난발생, 감염병 발생, 경매 등, 질병, 사고, 장기출장, 장부 및 서류 압수 영치

제9조 (화재안전조사단 편성·운영)

① 소방관서장은 화재안전조사를 효율적으로 수행하기 위하여 대통령령으로 정하는 바에 따라 소방청에는 중앙화재안전조사단을, 소방본부 및 소방서에는 지방화재안전조사단을 편성하여 운영할 수 있다.

② 소방관서장은 제1항에 따른 중앙화재안전조사단 및 지방화재안전조사단의 업무 수행을 위하여 필요한 경우에는 관계 기관의 장에게 그 소속 공무원 또는 직원의 파견을 요청할 수 있다. 이 경우 공무원 또는 직원의 파견 요청을 받은 관계 기관의 장은 특별한 사유가 없으면 이에 협조하여야 한다.

시행령 제10조 (화재안전조사단 편성·운영) ① 법 제9조 제1항에 따른 중앙화재안전조사단 및 지방화재안전조사단(이하 "조사단"이라 한다)은 각각 단장을 포함하여 50명 이내의 단원으로 성별을 고려하여 구성한다.

② 조사단의 단원은 다음 각 호의 어느 하나에 해당하는 사람 중에서 소방관서장이 임명하거나 위촉하고, 단장은 단원 중에서 소방관서장이 임명하거나 위촉한다.

1. 소방공무원

---

2. 소방업무와 관련된 단체 또는 연구기관 등의 임직원

3. 소방 관련 분야에서 전문적인 지식이나 경험이 풍부한 사람

📝 **핵심정리** | 화재안전조사단

1. 중앙화재안전조사단
   ① 설치: 소방청
   ② 구성: 단장 포함 50명 이내 단원
   ③ 합동조사단 편성

2. 지방화재안전조사단
   ① 설치: 소방본부, 소방서
   ② 구성: 단장 포함 50명 이내 단원
   ③ 합동조사단 편성

3. 단원의 자격
   ① 소방공무원
   ② 관련 단체, 연구기관 등의 임직원
   ③ 소방 관련 분야 등을 5년 이상 연구한 사람
   ④ 소방관서장이 인정하는 사람

제10조 (화재안전조사위원회 구성 · 운영)

① 소방관서장은 화재안전조사의 대상을 객관적이고 공정하게 선정하기 위하여 필요한 경우 화재안전조사위원회를 구성하여 화재안전조사의 대상을 선정할 수 있다.

② 화재안전조사위원회의 구성 · 운영 등에 필요한 사항은 대통령령으로 정한다.

시행령 제11조 (화재안전조사위원회의 구성 · 운영 등) ① 법 제10조 제1항에 따른 화재안전조사위원회(이하 "위원회"라 한다)는 위원장 1명을 포함하여 7명 이내의 위원으로 성별을 고려하여 구성한다.

② 위원회의 위원장은 소방관서장이 된다.

③ 위원회의 위원은 다음 각 호의 어느 하나에 해당하는 사람 중에서 소방관서장이 임명하거나 위촉한다.

1. 과장급 직위 이상의 소방공무원

2. 소방기술사

3. 소방시설관리사

4. 소방 관련 분야의 석사 이상 학위를 취득한 사람

5. 소방 관련 법인 또는 단체에서 소방 관련 업무에 5년 이상 종사한 사람

6. 「소방공무원 교육훈련규정」 제3조 제2항에 따른 소방공무원 교육훈련기관, 「고등교육법」 제2조의 학교 또는 연구소에서 소방과 관련한 교육 또는 연구에 5년 이상 종사한 사람

④ 위촉위원의 임기는 2년으로 하며, 한 차례만 연임할 수 있다.

⑤ 소방관서장은 위원회의 위원이 다음 각 호의 어느 하나에 해당하는 경우에는 해당 위원을 해임하거나 해촉(解囑)할 수 있다.

1. 심신장애로 직무를 수행할 수 없게 된 경우

2. 직무와 관련된 비위사실이 있는 경우

3. 직무태만, 품위손상이나 그 밖의 사유로 위원으로 적합하지 않다고 인정되는 경우

4. 제12조 제1항 각 호의 어느 하나에 해당함에도 불구하고 회피하지 않은 경우

5. 위원 스스로 직무를 수행하기 어렵다는 의사를 밝히는 경우

⑥ 위원회에 출석한 위원에게는 예산의 범위에서 수당, 여비, 그 밖에 필요한 경비를 지급할 수 있다. 다만, 공무원인 위원이 소관 업무와 직접 관련하여 위원회에 출석하는 경우에는 그렇지 않다.

제12조 (위원의 제척·기피·회피) ① 위원회의 위원이 다음 각 호의 어느 하나에 해당하는 경우에는 위원회의 심의·의결에서 제척(除斥)된다.

1. 위원, 그 배우자나 배우자였던 사람 또는 위원의 친족이거나 친족이었던 사람이 다음 각 목의 어느 하나에 해당하는 경우
   가. 해당 소방대상물의 관계인이거나 그 관계인과 공동권리자 또는 공동의무자인 경우
   나. 해당 소방대상물의 설계, 공사, 감리 또는 자체점검 등을 수행한 경우
   다. 해당 소방대상물에 대하여 제7조 각 호의 업무를 수행한 경우 등 소방대상물과 직접적인 이해관계가 있는 경우
2. 위원이 해당 소방대상물에 관하여 자문, 연구, 용역(하도급을 포함한다), 감정 또는 조사를 한 경우
3. 위원이 임원 또는 직원으로 재직하고 있거나 최근 3년 내에 재직하였던 기업 등이 해당 소방대상물에 관하여 자문, 연구, 용역(하도급을 포함한다), 감정 또는 조사를 한 경우

② 당사자는 제1항에 따른 제척사유가 있거나 위원에게 공정한 심의·의결을 기대하기 어려운 사정이 있는 경우에는 위원회에 기피 신청을 할 수 있고, 위원회는 의결로 기피 여부를 결정한다. 이 경우 기피 신청의 대상인 위원은 그 의결에 참여하지 못한다.

③ 위원이 제1항 또는 제2항의 사유에 해당하는 경우에는 스스로 해당 안건의 심의·의결에서 회피(回避)해야 한다.

제13조 (위원회 운영 세칙) 제11조 및 제12조에서 규정한 사항 외에 위원회의 구성 및 운영에 필요한 사항은 소방청장이 정한다.

✏️ **핵심정리** | 화재안전조사위원회

1. **구성**: 위원장 1명을 포함한 7명 이내의 위원(성별 고려)
2. **위원장**: 소방관서장
3. **설치**: 소방관서
4. **위원**: 소방기술사, 소방시설관리사, 석사 이상, 소방공무원(과장 이상), 경력 5년 이상
5. **임기**: 2년(한차례 연임)

제11조 (화재안전조사 전문가 참여)

① 소방관서장은 필요한 경우에는 소방기술사, 소방시설관리사, 그 밖에 화재안전 분야에 전문지식을 갖춘 사람을 화재안전조사에 참여하게 할 수 있다.

② 제1항에 따라 조사에 참여하는 외부 전문가에게는 예산의 범위에서 수당, 여비, 그 밖에 필요한 경비를 지급할 수 있다.

제12조 (증표의 제시 및 비밀유지 의무 등)

① 화재안전조사 업무를 수행하는 관계 공무원 및 관계 전문가는 그 권한 또는 자격을 표시하는 증표를 지니고 이를 관계인에게 내보여야 한다.

② 화재안전조사 업무를 수행하는 관계 공무원 및 관계 전문가는 관계인의 정당한 업무를 방해하여서는 아니 되며, 조사업무를 수행하면서 취득한 자료나 알게 된 비밀을 다른 사람 또는 기관에 제공 또는 누설하거나 목적 외의 용도로 사용하여서는 아니 된다.

제13조 (화재안전조사 결과 통보)

소방관서장은 화재안전조사를 마친 때에는 그 조사 결과를 관계인에게 서면으로 통지하여야 한다. 다만, 화재안전조사의 현장에서 관계인에게 조사의 결과를 설명하고 화재안전조사 결과서의 부본을 교부한 경우에는 그러하지 아니하다.

제14조 (화재안전조사 결과에 따른 조치명령)

① 소방관서장은 화재안전조사 결과에 따른 소방대상물의 위치·구조·설비 또는 관리의 상황이 화재예방을 위하여 보완될 필요가 있거나 화재가 발생하면 인명 또는 재산의 피해가 클 것으로 예상되는 때에는 행정안전부령으로 정하는 바에 따라 관계인에게 그 소방대상물의 개수(改修)·이전·제거, 사용의 금지 또는 제한, 사용폐쇄, 공사의 정지 또는 중지, 그 밖에 필요한 조치를 명할 수 있다.

② 소방관서장은 화재안전조사 결과 소방대상물이 법령을 위반하여 건축 또는 설비되었거나 소방시설등, 피난시설·방화구획, 방화시설 등이 법령에 적합하게 설치 또는 관리되고 있지 아니한 경우에는 관계인에게 제1항에 따른 조치를 명하거나 관계 행정기관의 장에게 필요한 조치를 하여 줄 것을 요청할 수 있다.

> **시행규칙 제5조 (화재안전조사에 따른 조치명령 등의 절차)** ① 소방관서장은 법 제14조에 따라 소방대상물의 개수(改修)·이전·제거, 사용의 금지 또는 제한, 사용폐쇄, 공사의 정지 또는 중지, 그 밖에 필요한 조치를 명할 때에는 별지 제3호서식의 화재안전조사 조치명령서를 해당 소방대상물의 관계인에게 발급하고, 별지 제4호서식의 화재안전조사 조치명령 대장에 이를 기록하여 관리해야 한다.
>
> ② 소방관서장은 법 제14조에 따른 명령으로 인하여 손실을 입은 자가 있는 경우에는 별지 제5호서식의 화재안전조사 조치명령 손실확인서를 작성하여 관련 사진 및 그 밖의 증명자료와 함께 보관해야 한다.
>
> **제6조 (손실보상 청구자가 제출해야 하는 서류 등)** ① 법 제14조에 따른 명령으로 인하여 손실을 입은 자가 손실보상을 청구하려는 경우에는 별지 제6호서식의 손실보상 청구서(전자문서를 포함한다)에 다음 각 호의 서류(전자문서를 포함한다)를 첨부하여 소방청장, 특별시장·광역시장·특별자치시장·도지사 또는 특별자치도지사(이하 "시·도지사"라 한다)에게 제출해야 한다. 이 경우 담당 공무원은 「전자정부법」 제36조 제1항에 따른 행정정보의 공동이용을 통하여 건축물대장(소방대상물의 관계인임을 증명할 수 있는 서류가 건축물대장인 경우만 해당한다)을 확인해야 한다.
>
> 1. 소방대상물의 관계인임을 증명할 수 있는 서류(건축물대장은 제외한다)
> 2. 손실을 증명할 수 있는 사진 및 그 밖의 증빙자료
>
> ② 소방청장 또는 시·도지사는 영 제14조 제2항에 따라 손실보상에 관하여 협의가 이루어진 경우에는 손실보상을 청구한 자와 연명으로 별지 제7호서식의 손실보상 합의서를 작성하고 이를 보관해야 한다.

제15조 (손실보상)

소방청장 또는 시·도지사는 제14조 제1항에 따른 명령으로 인하여 손실을 입은 자가 있는 경우에는 대통령령으로 정하는 바에 따라 보상하여야 한다.

> **시행령 제14조 (손실보상)** ① 법 제15조에 따라 소방청장 또는 시·도지사가 손실을 보상하는 경우에는 시가(時價)로 보상해야 한다.
>
> ② 제1항에 따른 손실보상에 관하여는 소방청장 또는 시·도지사와 손실을 입은 자가 협의해야 한다.
>
> ③ 소방청장 또는 시·도지사는 제2항에 따른 보상금액에 관한 협의가 성립되지 않은 경우에는 그 보상금액을 지급하거나 공탁하고 이를 상대방에게 알려야 한다.
>
> ④ 제3항에 따른 보상금의 지급 또는 공탁의 통지에 불복하는 자는 지급 또는 공탁의 통지를 받은 날부터 30일 이내에 「공익사업을 위한 토지 등의 취득 및 보상에 관한 법률」 제49조에 따른 중앙토지수용위원회 또는 관할 지방토지수용위원회에 재결(裁決)을 신청할 수 있다.

✎ **핵심정리** | 손실보상

1. **보상자:** 소방청장, 시·도지사
2. **보상:** 시가보상
3. **보상관련 필요사항:** 대통령령

제16조 (화재안전조사 결과 공개)

① 소방관서장은 화재안전조사를 실시한 경우 다음 각 호의 전부 또는 일부를 인터넷 홈페이지나 제3항의 전산시스템 등을 통하여 공개할 수 있다.
　1. 소방대상물의 위치, 연면적, 용도 등 현황
　2. 소방시설등의 설치 및 관리 현황
　3. 피난시설, 방화구획 및 방화시설의 설치 및 관리 현황
　4. 그 밖에 대통령령으로 정하는 사항
② 제1항에 따라 화재안전조사 결과를 공개하는 경우 공개 절차, 공개 기간 및 공개 방법 등에 필요한 사항은 대통령령으로 정한다.
③ 소방청장은 제1항에 따른 화재안전조사 결과를 체계적으로 관리하고 활용하기 위하여 전산시스템을 구축·운영하여야 한다.
④ 소방청장은 건축, 전기 및 가스 등 화재안전과 관련된 정보를 소방활동 등에 활용하기 위하여 제3항에 따른 전산시스템과 관계 중앙행정기관, 지방자치단체 및 공공기관 등에서 구축·운용하고 있는 전산시스템을 연계하여 구축할 수 있다.

시행령 제15조 (화재안전조사 결과 공개) ① 법 제16조 제1항 제4호에서 "대통령령으로 정하는 사항"이란 다음 각 호의 사항을 말한다.
　1. 제조소등 설치 현황
　2. 소방안전관리자 선임 현황
　3. 화재예방안전진단 실시 결과
② 소방관서장은 법 제16조 제1항에 따라 화재안전조사 결과를 공개하는 경우 30일 이상 해당 소방관서 인터넷 홈페이지나 같은 조 제3항에 따른 전산시스템을 통해 공개해야 한다.
③ 소방관서장은 제2항에 따라 화재안전조사 결과를 공개하려는 경우 공개 기간, 공개 내용 및 공개 방법을 해당 소방대상물의 관계인에게 미리 알려야 한다.
④ 소방대상물의 관계인은 제3항에 따른 공개 내용 등을 통보받은 날부터 10일 이내에 소방관서장에게 이의신청을 할 수 있다.
⑤ 소방관서장은 제4항에 따라 이의신청을 받은 날부터 10일 이내에 심사·결정하여 그 결과를 지체 없이 신청인에게 알려야 한다.
⑥ 화재안전조사 결과의 공개가 제3자의 법익을 침해하는 경우에는 제3자와 관련된 사실을 제외하고 공개해야 한다.

제17조 (화재의 예방조치 등)

① 누구든지 화재예방강화지구 및 이에 준하는 대통령령으로 정하는 장소에서는 다음 각 호의 어느 하나에 해당하는 행위를 하여서는 아니 된다. 다만, 행정안전부령으로 정하는 바에 따라 안전조치를 한 경우에는 그러하지 아니한다.

1. 모닥불, 흡연 등 화기의 취급
2. 풍등 등 소형열기구 날리기
3. 용접·용단 등 불꽃을 발생시키는 행위
4. 그 밖에 대통령령으로 정하는 화재 발생 위험이 있는 행위

② 소방관서장은 화재 발생 위험이 크거나 소화 활동에 지장을 줄 수 있다고 인정되는 행위나 물건에 대하여 행위 당사자나 그 물건의 소유자, 관리자 또는 점유자에게 다음 각 호의 명령을 할 수 있다. 다만, 제2호 및 제3호에 해당하는 물건의 소유자, 관리자 또는 점유자를 알 수 없는 경우 소속 공무원으로 하여금 그 물건을 옮기거나 보관하는 등 필요한 조치를 하게 할 수 있다.

1. 제1항 각 호의 어느 하나에 해당하는 행위의 금지 또는 제한
2. 목재, 플라스틱 등 가연성이 큰 물건의 제거, 이격, 적재 금지 등
3. 소방차량의 통행이나 소화 활동에 지장을 줄 수 있는 물건의 이동

③ 제2항 단서에 따라 옮긴 물건 등에 대한 보관기간 및 보관기간 경과 후 처리 등에 필요한 사항은 대통령령으로 정한다.

④ 보일러, 난로, 건조설비, 가스·전기시설, 그 밖에 화재 발생 우려가 있는 대통령령으로 정하는 설비 또는 기구 등의 위치·구조 및 관리와 화재 예방을 위하여 불을 사용할 때 지켜야 하는 사항은 대통령령으로 정한다.

⑤ 화재가 발생하는 경우 불길이 빠르게 번지는 고무류·플라스틱류·석탄 및 목탄 등 대통령령으로 정하는 특수가연물(特殊可燃物)의 저장 및 취급 기준은 대통령령으로 정한다.

시행령 제16조 (화재의 예방조치 등) ① 법 제17조 제1항 각 호 외의 부분 본문에서 "대통령령으로 정하는 장소"란 다음 각 호의 장소를 말한다.

1. 제조소등
2. 「고압가스 안전관리법」 제3조 제1호에 따른 저장소
3. 「액화석유가스의 안전관리 및 사업법」 제2조 제1호에 따른 액화석유가스의 저장소·판매소
4. 「수소경제 육성 및 수소 안전관리에 관한 법률」 제2조 제7호에 따른 수소연료공급시설 및 같은 조 제9호에 따른 수소연료 사용시설
5. 「총포·도검·화약류 등의 안전관리에 관한 법률」 제2조 제3항에 따른 화약류를 저장하는 장소

② 법 제17조 제1항 제4호에서 "대통령령으로 정하는 화재 발생 위험이 있는 행위"란 「위험물안전관리법」 제2조 제1항 제1호에 따른 위험물을 방치하는 행위를 말한다.

제17조 (옮긴 물건 등의 보관기간 및 보관기간 경과 후 처리) ① 소방관서장은 법 제17조 제2항 각 호 외의 부분 단서에 따라 옮긴 물건 등(이하 "옮긴물건등"이라 한다)을 보관하는 경우에는 그날부터 14일 동안 해당 소방관서의 인터넷 홈페이지에 그 사실을 공고해야 한다.

② 옮긴물건등의 보관기간은 제1항에 따른 공고기간의 종료일 다음 날부터 7일까지로 한다.

③ 소방관서장은 제2항에 따른 보관기간이 종료된 때에는 보관하고 있는 옮긴물건등을 매각해야 한다. 다만, 보관하고 있는 옮긴물건등이 부패·파손 또는 이와 유사한 사유로 정해진 용도로 계속 사용할 수 없는 경우에는 폐기할 수 있다.

④ 소방관서장은 보관하던 옮긴물건등을 제3항 본문에 따라 매각한 경우에는 지체 없이 「국가재정법」에 따라 세입조치를 해야 한다.

⑤ 소방관서장은 제3항에 따라 매각되거나 폐기된 옮긴물건등의 소유자가 보상을 요구하는 경우에는 보상금액에 대하여 소유자와의 협의를 거쳐 이를 보상해야 한다.

⑥ 제5항의 손실보상의 방법 및 절차 등에 관하여는 제14조를 준용한다.

제18조 (불을 사용하는 설비의 관리기준 등) ① 법 제17조 제4항에서 "대통령령으로 정하는 설비 또는 기구 등"이란 다음 각 호의 설비 또는 기구를 말한다.

1. 보일러
2. 난로
3. 건조설비
4. 가스·전기시설
5. 불꽃을 사용하는 용접·용단 기구
6. 노(爐)·화덕설비
7. 음식조리를 위하여 설치하는 설비

② 제1항 각 호에 따른 설비 또는 기구의 위치·구조 및 관리와 화재 예방을 위하여 불을 사용할 때 지켜야 하는 사항은 별표 1과 같다.

③ 제1항 및 제2항에서 규정한 사항 외에 화재 발생 우려가 있는 설비 또는 기구의 종류, 해당 설비 또는 기구의 위치·구조 및 관리와 화재 예방을 위하여 불을 사용할 때 지켜야 하는 사항은 시·도의 조례로 정한다.

제19조 (화재의 확대가 빠른 특수가연물) ① 법 제17조 제5항에서 "고무류·플라스틱류·석탄 및 목탄 등 대통령령으로 정하는 특수가연물(特殊可燃物)"이란 별표 2에서 정하는 품명별 수량 이상의 가연물을 말한다.

② 법 제17조 제5항에 따른 특수가연물의 저장 및 취급 기준은 별표 3과 같다.

시행규칙 제7조 (화재예방 안전조치 등) ① 화재예방강화지구 및 영 제16조 제1항 각 호의 장소에서는 다음 각 호의 안전조치를 한 경우에 법 제17조 제1항 각 호의 행위를 할 수 있다.

1. 「국민건강증진법」 제9조 제4항 각 호 외의 부분 후단에 따라 설치한 흡연실 등 법령에 따라 지정된 장소에서 화기 등을 취급하는 경우
2. 소화기 등 소방시설을 비치 또는 설치한 장소에서 화기 등을 취급하는 경우
3. 「산업안전보건기준에 관한 규칙」 제241조의2 제1항에 따른 화재감시자 등 안전요원이 배치된 장소에서 화기 등을 취급하는 경우
4. 그 밖에 소방관서장과 사전 협의하여 안전조치를 한 경우

② 제1항 제4호에 따라 소방관서장과 사전 협의하여 안전조치를 하려는 자는 별지 제8호서식의 화재예방 안전조치 협의 신청서를 작성하여 소방관서장에게 제출해야 한다.

③ 소방관서장은 제2항에 따라 협의 신청서를 받은 경우에는 화재예방 안전조치의 적절성을 검토하고 5일 이내에 별지 제9호서식의 화재예방 안전조치 협의 결과 통보서를 협의를 신청한 자에게 통보해야 한다.

④ 소방관서장은 법 제17조 제2항 각 호의 명령을 할 때에는 별지 제10호서식의 화재예방 조치명령서를 해당 관계인에게 발급해야 한다.

핵심정리 | 화재예방강화지구 행위 금지

1. 화기의 취급
2. 소형열기구 날리기
3. 용접·용단 등
4. 화재 발생 위험 행위
   ① 위험물제조소등
   ② 고압가스 저장소
   ③ 액화석유가스
   ④ 수소연료
   ⑤ 화약류

핵심정리 | 물건 등 보관기간·보관기간 경과 후 처리

1. 대상
   ① 목재, 플라스틱 등
   ② 소방차량의 통행이나 소화 활동 지장
2. 절차
   ① 옮김
   ② 14일간 공고(소방관서의 인터넷 홈페이지, 게시판)
   ③ 보관기간: 공고하는 기간의 종료일 다음 날부터 7일
   ④ 매각, 폐기

핵심정리 | 불을 사용하는 설비의 관리(대통령령)

1. 보일러
   ① 경유·등유 등 액체연료 사용
      • 보일러 본체로부터 1m 이상의 간격
      • 연료를 차단할 수 있는 개폐밸브를 연료탱크로부터 0.5m 이내에 설치
   ② 기체연료 사용
      • 긴급시 연료를 차단할 수 있는 개폐밸브를 연료용기로부터 0.5m 이내에 설치
      • 보일러와 벽 천장 사이의 거리는 0.6m 이상
   ③ 고체연료 사용
      • 고체연료는 별도의 실 또는 보일러와 수평거리 2미터 이상 이격
      • 연통은 천장으로부터 0.6미터 이상, 건물 밖으로 0.6미터 이상 나오도록 설치
      • 연통은 보일러보다 2미터 이상 높게 연장 설치
      • 연통재질은 불연재료로 사용하고 연결부에 청소구를 설치
2. 불꽃 사용 용접·용단
   ① 소화기 비치: 유효반경 5m 이내
   ② 가연물 금지: 유효반경 10m 이내
3. 안전거리(보일러, 난로, 조리): 0.6m 이상(단, 건조설비는 0.5m 이상)
4. 시간당 열량 30만kcal 이상의 노 설치시
   ① 주요 구조부: 불연재료
   ② 창문·출입구: 60+방화문 또는 60분 방화문
   ③ 공간확보: 1m 이상
5. 소화기 1개(능력단위 3단위 이상) 이상 비치 장소: 보일러, 난로, 건조설비, 용접·용단기구, 노·화덕설비

1. **특수가연물**: 연소속도가 빠른 액체, 고체물질로서 품명별 수량 이상의 것

품명		수량
면화류		200kg
나무껍질 및 대팻밥		400kg
볏짚류, 사류, 넝마 및 종이 부스러기		1,000kg
가연성 고체류, 비발포 합성수지류		3,000kg
석탄·목탄류		10,000kg
가연성 액체류		2m³
목재가공품 및 나무 부스러기		10m³
고무류·플라스틱류	발포시킨 것	20m³ * 2m³(가연성 액체류) × 10m³(목재가공품 및 나무 부스러기) = 20m³(발포시킨 것)
	그 밖의 것	3,000kg

2. **특수가연물의 저장·취급의 기준[석탄·목탄류 발전(發電)용 제외]**
   ① 표지(품명, 최대수량, 단위부피당 질량, 관리책임자, 화기 취급의 금지)를 설치
   ② 품명별로 구분하여 쌓는다.
   ③ 저장

높이	10m 이하
바닥면적	50m²(석탄·목탄류는 200m²) 이하
최대체적	150m³ 이하
살수설비 및 대형 소화기 설치시	• 높이는 15m 이하 • 바닥면적은 200m²(석탄·목탄류는 300m²) 이하

   ④ 쌓는 부분의 바닥면적 사이
   • 실내의 경우 1.2미터 또는 쌓는 높이의 1/2 중 큰 값 이상
   • 실외의 경우 3미터 또는 쌓는 높이 중 큰 값 이상

제18조 (화재예방강화지구의 지정 등)

① 시·도지사는 다음 각 호의 어느 하나에 해당하는 지역을 화재예방강화지구로 지정하여 관리할 수 있다.
   1. 시장지역
   2. 공장·창고가 밀집한 지역
   3. 목조건물이 밀집한 지역
   4. 노후·불량건축물이 밀집한 지역
   5. 위험물의 저장 및 처리 시설이 밀집한 지역
   6. 석유화학제품을 생산하는 공장이 있는 지역
   7. 「산업입지 및 개발에 관한 법률」 제2조 제8호에 따른 산업단지
   8. 소방시설·소방용수시설 또는 소방출동로가 없는 지역
   9. 「물류시설의 개발 및 운영에 관한 법률」 제2조 제6호에 따른 물류단지
   10. 그 밖에 제1호부터 제9호까지에 준하는 지역으로서 소방관서장이 화재예방강화지구로 지정할 필요가 있다고 인정하는 지역
   [2023.10.12. 시행]

② 제1항에도 불구하고 시·도지사가 화재예방강화지구로 지정할 필요가 있는 지역을 화재예방강화지구로 지정하지 아니하는 경우 소방청장은 해당 시·도지사에게 해당 지역의 화재예방강화지구 지정을 요청할 수 있다.

③ 소방관서장은 대통령령으로 정하는 바에 따라 제1항에 따른 화재예방강화지구 안의 소방대상물의 위치·구조 및 설비 등에 대하여 화재안전조사를 하여야 한다.

④ 소방관서장은 제3항에 따른 화재안전조사를 한 결과 화재의 예방강화를 위하여 필요하다고 인정할 때에는 관계인에게 소화기구, 소방용수시설 또는 그 밖에 소방에 필요한 설비(이하 "소방설비등"이라 한다)의 설치(보수, 보강을 포함한다. 이하 같다)를 명할 수 있다.

⑤ 소방관서장은 화재예방강화지구 안의 관계인에 대하여 대통령령으로 정하는 바에 따라 소방에 필요한 훈련 및 교육을 실시할 수 있다.

⑥ 시·도지사는 대통령령으로 정하는 바에 따라 제1항에 따른 화재예방강화지구의 지정 현황, 제3항에 따른 화재안전조사의 결과, 제4항에 따른 소방설비등의 설치 명령 현황, 제5항에 따른 소방훈련 및 교육 현황 등이 포함된 화재예방강화지구에서의 화재예방에 필요한 자료를 매년 작성·관리하여야 한다.

시행령 제20조 (화재예방강화지구의 관리) ① 소방관서장은 법 제18조 제3항에 따라 화재예방강화지구 안의 소방대상물의 위치·구조 및 설비 등에 대한 화재안전조사를 연 1회 이상 실시해야 한다.

② 소방관서장은 법 제18조 제5항에 따라 화재예방강화지구 안의 관계인에 대하여 소방에 필요한 훈련 및 교육을 연 1회 이상 실시할 수 있다.

③ 소방관서장은 제2항에 따라 훈련 및 교육을 실시하려는 경우에는 화재예방강화지구 안의 관계인에게 훈련 또는 교육 10일 전까지 그 사실을 통보해야 한다.

④ 시·도지사는 법 제18조 제6항에 따라 다음 각 호의 사항을 행정안전부령으로 정하는 화재예방강화지구 관리대장에 작성하고 관리해야 한다.

1. 화재예방강화지구의 지정 현황
2. 화재안전조사의 결과
3. 법 제18조 제4항에 따른 소화기구, 소방용수시설 또는 그 밖에 소방에 필요한 설비(이하 "소방설비등"이라 한다)의 설치(보수, 보강을 포함한다) 명령 현황
4. 법 제18조 제5항에 따른 소방훈련 및 교육의 실시 현황
5. 그 밖에 화재예방 강화를 위하여 필요한 사항

시행규칙 제8조 (화재예방강화지구 관리대장) 영 제20조 제4항 각 호 외의 부분에 따른 화재예방강화지구 관리대장은 별지 제11호 서식에 따른다.

✎ 핵심정리 | 화재예방강화지구의 지정

1. **지정권자**: 시·도지사
2. **지정 요청자**: 소방청장
3. **지정 대상**
   ① 목조건물 밀집
   ② 시장지역
   ③ 공장·창고 밀집
   ④ 위험물의 저장 및 처리시설 밀집
   ⑤ 석유화학제품을 생산하는 공장
   ⑥ 소방시설·소방용수시설 또는 소방출동로가 없는 지역
   ⑦ 산업단지
   ⑧ 노후·불량건물 밀집
   ⑨ 소방관서장이 지정 필요 인정 지역
4. **소방안전조사 및 교육훈련 실시(연 1회 이상)**
5. **교육, 훈련 통보**: 10일 전 통보

제19조 (화재의 예방 등에 대한 지원)

① 소방청장은 제18조 제4항에 따라 소방설비등의 설치를 명하는 경우 해당 관계인에게 소방설비등의 설치에 필요한 지원을 할 수 있다.
② 소방청장은 관계 중앙행정기관의 장 및 시·도지사에게 제1항에 따른 지원에 필요한 협조를 요청할 수 있다.
③ 시·도지사는 제2항에 따라 소방청장의 요청이 있거나 화재예방강화지구 안의 소방대상물의 화재안전성능 향상을 위하여 필요한 경우 특별시·광역시·특별자치시·도 또는 특별자치도(이하 "시·도"라 한다)의 조례로 정하는 바에 따라 소방설비등의 설치에 필요한 비용을 지원할 수 있다.

제20조 (화재 위험경보)

소방관서장은 「기상법」 제13조, 제13조의2 및 제13조의4에 따른 기상현상 및 기상영향에 대한 예보·특보·태풍예보에 따라 화재의 발생 위험이 높다고 분석·판단되는 경우에는 행정안전부령으로 정하는 바에 따라 화재에 관한 위험경보를 발령하고 그에 따른 필요한 조치를 할 수 있다. <개정 2023.2.14.>

> **시행규칙 제9조 (화재 위험경보)** ① 소방관서장은 「기상법」 제13조에 따른 기상현상 및 기상영향에 대한 예보·특보에 따라 화재의 발생 위험이 높다고 분석·판단되는 경우에는 법 제20조에 따라 화재 위험경보를 발령하고, 보도기관을 이용하거나 정보통신망에 게재하는 등 적절한 방법을 통하여 이를 일반인에게 알려야 한다.
> ② 제1항에 따른 화재 위험경보 발령 절차 및 조치사항에 관하여 필요한 사항은 소방청장이 정한다.

제21조 (화재안전영향평가)

① 소방청장은 화재발생 원인 및 연소과정을 조사·분석하는 등의 과정에서 법령이나 정책의 개선이 필요하다고 인정되는 경우 그 법령이나 정책에 대한 화재 위험성의 유발요인 및 완화 방안에 대한 평가(이하 "화재안전영향평가"라 한다)를 실시할 수 있다.
② 소방청장은 제1항에 따라 화재안전영향평가를 실시한 경우 그 결과를 해당 법령이나 정책의 소관 기관의 장에게 통보하여야 한다.
③ 제2항에 따라 결과를 통보받은 소관 기관의 장은 특별한 사정이 없는 한 이를 해당 법령이나 정책에 반영하도록 노력하여야 한다.
④ 화재안전영향평가의 방법·절차·기준 등에 필요한 사항은 대통령령으로 정한다.

> **시행령 제21조 (화재안전영향평가의 방법·절차·기준 등)** ① 소방청장은 법 제21조 제1항에 따른 화재안전영향평가(이하 "화재안전영향평가"라 한다)를 하는 경우 화재현장 및 자료 조사 등을 기초로 화재·피난 모의실험 등 과학적인 예측·분석 방법으로 실시할 수 있다.
> ② 소방청장은 화재안전영향평가를 위하여 필요한 경우 해당 법령이나 정책의 소관 기관의 장에게 관련 자료의 제출을 요청할 수 있다. 이 경우 자료 제출을 요청받은 소관 기관의 장은 특별한 사유가 없으면 이에 따라야 한다.
> ③ 소방청장은 다음 각 호의 사항이 포함된 화재안전영향평가의 기준을 법 제22조에 따른 화재안전영향평가심의회(이하 "심의회"라 한다)의 심의를 거쳐 정한다.
> 1. 법령이나 정책의 화재위험 유발요인
> 2. 법령이나 정책이 소방대상물의 재료, 공간, 이용자 특성 및 화재 확산 경로에 미치는 영향
> 3. 법령이나 정책이 화재피해에 미치는 영향 등 사회경제적 파급 효과
> 4. 화재위험 유발요인을 제어 또는 관리할 수 있는 법령이나 정책의 개선 방안

④ 제1항부터 제3항까지에서 규정한 사항 외에 화재안전영향평가의 방법·절차·기준 등에 관하여 필요한 사항은 소방청장이 정한다.

제22조 (화재안전영향평가심의회)

① 소방청장은 화재안전영향평가에 관한 업무를 수행하기 위하여 화재안전영향평가심의회(이하 "심의회"라 한다)를 구성·운영할 수 있다.
② 심의회는 위원장 1명을 포함한 12명 이내의 위원으로 구성한다.
③ 위원장은 위원 중에서 호선하고, 위원은 다음 각 호의 사람으로 한다.
  1. 화재안전과 관련되는 법령이나 정책을 담당하는 관계 기관의 소속 직원으로서 대통령령으로 정하는 사람
  2. 소방기술사 등 대통령령으로 정하는 화재안전과 관련된 분야의 학식과 경험이 풍부한 전문가로서 소방청장이 위촉한 사람
④ 제2항 및 제3항에서 규정한 사항 외에 심의회의 구성·운영 등에 필요한 사항은 대통령령으로 정한다.

시행령 제22조 (심의회의 구성) ① 법 제22조 제3항 제1호에서 "대통령령으로 정하는 사람"이란 다음 각 호의 사람을 말한다.
  1. 다음 각 목의 중앙행정기관에서 화재안전 관련 법령이나 정책을 담당하는 고위공무원단에 속하는 일반직공무원(이에 상당하는 특정직공무원 및 별정직공무원을 포함한다) 중에서 해당 중앙행정기관의 장이 지명하는 사람 각 1명
    가. 행정안전부·산업통상자원부·보건복지부·고용노동부·국토교통부
    나. 그 밖에 심의회의 심의에 부치는 안건과 관련된 중앙행정기관
  2. 소방청에서 화재안전 관련 업무를 수행하는 소방준감 이상의 소방공무원 중에서 소방청장이 지명하는 사람
② 법 제22조 제3항 제2호에서 "소방기술사 등 대통령령으로 정하는 화재안전과 관련된 분야의 학식과 경험이 풍부한 전문가"란 다음 각 호의 어느 하나에 해당하는 사람을 말한다.
  1. 소방기술사
  2. 다음 각 목의 기관이나 법인 또는 단체에서 화재안전 관련 업무를 수행하는 사람으로서 해당 기관이나 법인 또는 단체의 장이 추천하는 사람
    가. 안전원
    나. 기술원
    다. 화재보험협회
    라. 가스안전공사
    마. 전기안전공사
  3. 「고등교육법」 제2조에 따른 학교 또는 이에 준하는 학교나 공인된 연구기관에서 부교수 이상의 직(職) 또는 이에 상당하는 직에 있거나 있었던 사람으로서 화재안전 또는 관련 법령이나 정책에 전문성이 있는 사람
③ 법 제22조 제3항 제2호에 따른 위촉위원의 임기는 2년으로 하며 한 차례만 연임할 수 있다.
④ 심의회의 위원장은 심의회를 대표하고 심의회 업무를 총괄한다.
⑤ 위원장이 부득이한 사유로 직무를 수행할 수 없을 때에는 위원장이 지명한 위원이 그 직무를 대행한다.
⑥ 소방청장은 심의회의 위원이 다음 각 호의 어느 하나에 해당하는 경우에는 해당 위원을 해촉할 수 있다.
  1. 심신장애로 직무를 수행할 수 없게 된 경우
  2. 직무와 관련된 비위사실이 있는 경우
  3. 직무태만, 품위손상이나 그 밖의 사유로 위원으로 적합하지 않다고 인정되는 경우
  4. 위원 스스로 직무를 수행하기 어렵다는 의사를 밝히는 경우

제23조 (심의회의 운영) ① 심의회의 업무를 효율적으로 수행하기 위하여 심의회에 분야별로 전문위원회를 둘 수 있다.

② 심의회 및 전문위원회에 출석한 위원 및 전문위원회의 위원에게는 예산의 범위에서 수당, 여비, 그 밖에 필요한 경비를 지급할 수 있다. 다만, 공무원인 위원 또는 전문위원회의 위원이 소관 업무와 직접 관련하여 심의회에 출석하는 경우는 그렇지 않다.

③ 제1항 및 제2항에서 규정한 사항 외에 심의회의 운영 등에 필요한 사항은 소방청장이 정한다.

제23조 (화재안전취약자에 대한 지원)

① 소방관서장은 어린이, 노인, 장애인 등 화재의 예방 및 안전관리에 취약한 자(이하 "화재안전취약자"라 한다)의 안전한 생활환경을 조성하기 위하여 소방용품의 제공 및 소방시설의 개선 등 필요한 사항을 지원하기 위하여 노력하여야 한다.

② 제1항에 따른 화재안전취약자에 대한 지원의 대상·범위·방법 및 절차 등에 필요한 사항은 대통령령으로 정한다.

③ 소방관서장은 관계 행정기관의 장에게 제1항에 따른 지원이 원활히 수행되는 데 필요한 협력을 요청할 수 있다. 이 경우 요청받은 관계 행정기관의 장은 특별한 사정이 없으면 요청에 따라야 한다.

시행령 제24조 (화재안전취약자 지원 대상 및 방법 등) ① 법 제23조 제1항에 따른 어린이, 노인, 장애인 등 화재의 예방 및 안전관리에 취약한 자(이하 "화재안전취약자"라 한다)에 대한 지원의 대상은 다음 각 호와 같다.

1. 「국민기초생활 보장법」 제2조 제2호에 따른 수급자
2. 「장애인복지법」 제6조에 따른 중증장애인
3. 「한부모가족지원법」 제5조에 따른 지원대상자
4. 「노인복지법」 제27조의2에 따른 홀로 사는 노인
5. 「다문화가족지원법」 제2조 제1호에 따른 다문화가족의 구성원
6. 그 밖에 화재안전에 취약하다고 소방관서장이 인정하는 사람

② 소방관서장은 법 제23조 제1항에 따라 제1항 각 호의 사람에게 다음 각 호의 사항을 지원할 수 있다.

1. 소방시설등의 설치 및 개선
2. 소방시설등의 안전점검
3. 소방용품의 제공
4. 전기·가스 등 화재위험 설비의 점검 및 개선
5. 그 밖에 화재안전을 위하여 필요하다고 인정되는 사항

③ 제1항 및 제2항에서 규정한 사항 외에 지원의 방법 및 절차 등에 관하여 필요한 사항은 소방청장이 정한다.

Chapter 05

소방대상물의 소방안전관리

제24조 (특정소방대상물의 소방안전관리)

① 특정소방대상물 중 전문적인 안전관리가 요구되는 대통령령으로 정하는 특정소방대상물(이하 "소방안전관리대상물"이라 한다)의 관계인은 소방안전관리업무를 수행하기 위하여 제30조 제1항에 따른 소방안전관리자 자격증을 발급받은 사람을 소방안전관리자로 선임하여야 한다. 이 경우 소방안전관리자의 업무에 대하여 보조가 필요한 대통령령으로 정하는 소방안전관리대상물의 경우에는 소방안전관리자 외에 소방안전관리보조자를 추가로 선임하여야 한다.

② 다른 안전관리자(다른 법령에 따라 전기 · 가스 · 위험물 등의 안전관리 업무에 종사하는 자를 말한다. 이하 같다)는 소방안전관리대상물 중 소방안전관리업무의 전담이 필요한 대통령령으로 정하는 소방안전관리대상물의 소방안전관리자를 겸할 수 없다. 다만, 다른 법령에 특별한 규정이 있는 경우에는 그러하지 아니하다.

③ 제1항에도 불구하고 제25조 제1항에 따른 소방안전관리대상물의 관계인은 소방안전관리업무를 대행하는 관리업자(「소방시설 설치 및 관리에 관한 법률」 제29조 제1항에 따른 소방시설관리업의 등록을 한 자를 말한다. 이하 "관리업자"라 한다)를 감독할 수 있는 사람을 지정하여 소방안전관리자로 선임할 수 있다. 이 경우 소방안전관리자로 선임된 자는 선임된 날부터 3개월 이내에 제34조에 따른 교육을 받아야 한다.

④ 소방안전관리자 및 소방안전관리보조자의 선임 대상별 자격 및 인원기준은 대통령령으로 정하고, 선임 절차 등 그 밖에 필요한 사항은 행정안전부령으로 정한다.

⑤ 특정소방대상물(소방안전관리대상물은 제외한다)의 관계인과 소방안전관리대상물의 소방안전관리자는 다음 각 호의 업무를 수행한다. 다만, 제1호 · 제2호 · 제5호 및 제7호의 업무는 소방안전관리대상물의 경우에만 해당한다.

　1. 제36조에 따른 피난계획에 관한 사항과 대통령령으로 정하는 사항이 포함된 소방계획서의 작성 및 시행

　2. 자위소방대(自衛消防隊) 및 초기대응체계의 구성, 운영 및 교육

　3. 「소방시설 설치 및 관리에 관한 법률」 제16조에 따른 피난시설, 방화구획 및 방화시설의 관리

　4. 소방시설이나 그 밖의 소방 관련 시설의 관리

　5. 제37조에 따른 소방훈련 및 교육

　6. 화기(火氣) 취급의 감독

　7. 행정안전부령으로 정하는 바에 따른 소방안전관리에 관한 업무수행에 관한 기록 · 유지(제3호 · 제4호 및 제6호의 업무를 말한다)

　8. 화재발생 시 초기대응

　9. 그 밖에 소방안전관리에 필요한 업무

⑥ 제5항 제2호에 따른 자위소방대와 초기대응체계의 구성, 운영 및 교육 등에 필요한 사항은 행정안전부령으로 정한다.

시행령 제25조 (소방안전관리자 및 소방안전관리보조자를 두어야 하는 특정소방대상물) ① 법 제24조 제1항 전단에 따라 특정소방대상물 중 전문적인 안전관리가 요구되는 특정소방대상물(이하 "소방안전관리대상물"이라 한다)의 범위와 같은 조 제4항에 따른 소방안전관리자의 선임 대상별 자격 및 인원기준은 별표 4와 같다.

② 법 제24조 제1항 후단에 따라 소방안전관리보조자를 추가로 선임해야 하는 소방안전관리대상물의 범위와 같은 조 제4항에 따른 소방안전관리보조자의 선임 대상별 자격 및 인원기준은 별표 5와 같다.

③ 제1항에도 불구하고 건축물대장의 건축물현황도에 표시된 대지경계선 안의 지역 또는 인접한 2개 이상의 대지에 제1항에 따라 소방안전관리자를 두어야 하는 특정소방대상물이 둘 이상 있고, 그 관리에 관한 권원(權原)을 가진 자가 동일인인 경우에는 이를 하나의 특정소방대상물로 본다. 이 경우 해당 특정소방대상물이 별표 4에 따른 등급 중 둘 이상에 해당하면 그중에서 등급이 높은 특정소방대상물로 본다.

제26조 (소방안전관리업무 전담 대상물) 법 제24조 제2항 본문에서 "대통령령으로 정하는 소방안전관리대상물"이란 다음 각 호의 소방안전관리대상물을 말한다.

1. 별표 4 제1호에 따른 특급 소방안전관리대상물
2. 별표 4 제2호에 따른 1급 소방안전관리대상물

제27조 (소방안전관리대상물의 소방계획서 작성 등) ① 법 제24조 제5항 제1호에서 "대통령령으로 정하는 사항"이란 다음 각 호의 사항을 말한다.

1. 소방안전관리대상물의 위치·구조·연면적(「건축법 시행령」 제119조 제1항 제4호에 따라 산정된 면적을 말한다. 이하 같다)·용도 및 수용인원 등 일반 현황
2. 소방안전관리대상물에 설치한 소방시설, 방화시설, 전기시설, 가스시설 및 위험물시설의 현황
3. 화재 예방을 위한 자체점검계획 및 대응대책
4. 소방시설·피난시설 및 방화시설의 점검·정비계획
5. 피난층 및 피난시설의 위치와 피난경로의 설정, 화재안전취약자의 피난계획 등을 포함한 피난계획
6. 방화구획, 제연구획(除煙區劃), 건축물의 내부 마감재료 및 방염대상물품의 사용 현황과 그 밖의 방화구조 및 설비의 유지·관리계획
7. 법 제35조 제1항에 따른 관리의 권원이 분리된 특정소방대상물의 소방안전관리에 관한 사항
8. 소방훈련·교육에 관한 계획
9. 법 제37조를 적용받는 소방안전관리대상물의 근무자 및 거주자의 자위소방대 조직과 대원의 임무(화재안전취약자의 피난 보조 임무를 포함한다)에 관한 사항
10. 화기 취급 작업에 대한 사전 안전조치 및 감독 등 공사 중 소방안전관리에 관한 사항
11. 소화에 관한 사항과 연소 방지에 관한 사항
12. 위험물의 저장·취급에 관한 사항(「위험물안전관리법」 제17조에 따라 예방규정을 정하는 제조소등은 제외한다)
13. 소방안전관리에 대한 업무수행에 관한 기록 및 유지에 관한 사항
14. 화재발생 시 화재경보, 초기소화 및 피난유도 등 초기대응에 관한 사항
15. 그 밖에 소방본부장 또는 소방서장이 소방안전관리대상물의 위치·구조·설비 또는 관리 상황 등을 고려하여 소방안전관리에 필요하여 요청하는 사항

② 소방본부장 또는 소방서장은 소방안전관리대상물의 소방계획서의 작성 및 그 실시에 관하여 지도·감독한다.

시행규칙 제10조 (소방안전관리업무 수행에 관한 기록·유지) ① 영 제25조 제1항의 소방안전관리대상물(이하 "소방안전관리대상물"이라 한다)의 소방안전관리자는 법 제24조 제5항 제7호에 따른 소방안전관리업무 수행에 관한 기록을 별지 제12호서식에 따라 월 1회 이상 작성·관리해야 한다.

② 소방안전관리자는 소방안전관리업무 수행 중 보수 또는 정비가 필요한 사항을 발견한 경우에는 이를 지체 없이 관계인에게 알리고, 별지 제12호서식에 기록해야 한다.

③ 소방안전관리자는 제1항에 따른 업무 수행에 관한 기록을 작성한 날부터 2년간 보관해야 한다.

제11조 (자위소방대 및 초기대응체계의 구성·운영 및 교육 등) ① 소방안전관리대상물의 소방안전관리자는 법 제24조 제5항 제2호에 따른 자위소방대를 다음 각 호의 기능을 효율적으로 수행할 수 있도록 편성·운영하되, 소방안전관리대상물의 규모·용도 등의 특성을 고려하여 응급구조 및 방호안전기능 등을 추가하여 수행할 수 있도록 편성할 수 있다.

1. 화재 발생 시 비상연락, 초기소화 및 피난유도
2. 화재 발생 시 인명·재산피해 최소화를 위한 조치

② 제1항에 따른 자위소방대에는 대장과 부대장 1명을 각각 두며, 편성 조직의 인원은 해당 소방안전관리대상물의 수용인원 등을 고려하여 구성한다. 이 경우 자위소방대의 대장·부대장 및 편성조직의 임무는 다음 각 호와 같다.

1. 대장은 자위소방대를 총괄 지휘한다.
2. 부대장은 대장을 보좌하고 대장이 부득이한 사유로 임무를 수행할 수 없는 때에는 그 임무를 대행한다.
3. 비상연락팀은 화재사실의 전파 및 신고 업무를 수행한다.
4. 초기소화팀은 화재 발생 시 초기화재 진압 활동을 수행한다.
5. 피난유도팀은 재실자(在室者) 및 장애인, 노인, 임산부, 영유아 및 어린이 등 이동이 어려운 사람(이하 "피난약자"라 한다)을 안전한 장소로 대피시키는 업무를 수행한다.
6. 응급구조팀은 인명을 구조하고, 부상자에 대한 응급조치를 수행한다.
7. 방호안전팀은 화재확산방지 및 위험시설의 비상정지 등 방호안전 업무를 수행한다.

③ 소방안전관리대상물의 소방안전관리자는 법 제24조 제5항 제2호에 따른 초기대응체계를 제1항에 따른 자위소방대에 포함하여 편성하되, 화재 발생 시 초기에 신속하게 대처할 수 있도록 해당 소방안전관리대상물에 근무하는 사람의 근무위치, 근무인원 등을 고려한다.

④ 소방안전관리대상물의 소방안전관리자는 해당 소방안전관리대상물이 이용되고 있는 동안 제3항에 따른 초기대응체계를 상시적으로 운영해야 한다.

⑤ 소방안전관리대상물의 소방안전관리자는 연 1회 이상 자위소방대를 소집하여 그 편성 상태 및 초기대응체계를 점검하고, 편성된 근무자에 대한 소방교육을 실시해야 한다. 이 경우 초기대응체계에 편성된 근무자 등에 대해서는 화재 발생 초기대응에 필요한 기본 요령을 숙지할 수 있도록 소방교육을 실시해야 한다.

⑥ 소방안전관리대상물의 소방안전관리자는 제5항에 따른 소방교육을 제36조 제1항에 따른 소방훈련과 병행하여 실시할 수 있다.

⑦ 소방안전관리대상물의 소방안전관리자는 제5항에 따른 소방교육을 실시하였을 때는 그 실시 결과를 별지 제13호서식의 자위소방대 및 초기대응체계 교육·훈련 실시 결과 기록부에 기록하고, 교육을 실시한 날부터 2년간 보관해야 한다.

⑧ 소방청장은 자위소방대의 구성·운영 및 교육, 초기대응체계의 편성·운영 등에 필요한 지침을 작성하여 배포할 수 있으며, 소방본부장 또는 소방서장은 소방안전관리대상물의 소방안전관리자가 해당 지침을 준수하도록 지도할 수 있다.

제14조 (소방안전관리자의 선임신고 등) ① 소방안전관리대상물의 관계인은 법 제24조 및 제35조에 따라 소방안전관리자를 다음 각 호의 구분에 따라 해당 호에서 정하는 날부터 30일 이내에 선임해야 한다.

1. 신축·증축·개축·재축·대수선 또는 용도변경으로 해당 특정소방대상물의 소방안전관리자를 신규로 선임해야 하는 경우: 해당 특정소방대상물의 사용승인일(건축물의 경우에는 「건축법」 제22조에 따라 건축물을 사용할 수 있게 된 날을 말한다. 이하 이 조 및 제16조에서 같다)
2. 증축 또는 용도변경으로 인하여 특정소방대상물이 영 제25조 제1항에 따른 소방안전관리대상물로 된 경우 또는 특정소방대상물의 소방안전관리 등급이 변경된 경우: 증축공사의 사용승인일 또는 용도변경 사실을 건축물관리대장에 기재한 날
3. 특정소방대상물을 양수하거나 「민사집행법」에 따른 경매, 「채무자 회생 및 파산에 관한 법률」에 따른 환가(換價), 「국세징수법」·「관세법」 또는 「지방세기본법」에 따른 압류재산의 매각이나 그 밖에 이에 준하는 절차에 따라 관계인의 권리를 취득한 경우: 해당 권리를 취득한 날 또는 관할 소방서장으로부터 소방안전관리자 선임 안내를 받은 날. 다만, 새로 권리를 취득한 관계인이 종전의 특정소방대상물의 관계인이 선임신고한 소방안전관리자를 해임하지 않는 경우는 제외한다.
4. 법 제35조에 따른 특정소방대상물의 경우: 관리의 권원이 분리되거나 소방본부장 또는 소방서장이 관리의 권원을 조정한 날

5. 소방안전관리자의 해임, 퇴직 등으로 해당 소방안전관리자의 업무가 종료된 경우: 소방안전관리자가 해임된 날, 퇴직한 날 등 근무를 종료한 날

6. 법 제24조 제3항에 따라 소방안전관리업무를 대행하는 자를 감독할 수 있는 사람을 소방안전관리자로 선임한 경우로서 그 업무대행 계약이 해지 또는 종료된 경우: 소방안전관리업무 대행이 끝난 날

7. 법 제31조 제1항에 따라 소방안전관리자 자격이 정지 또는 취소된 경우: 소방안전관리자 자격이 정지 또는 취소된 날

② 영 별표 4 제3호 및 제4호에 따른 2급 또는 3급 소방안전관리대상물의 관계인은 제20조에 따른 소방안전관리자 자격시험이나 제25조에 따른 소방안전관리자에 대한 강습교육이 제1항에 따른 소방안전관리자 선임기간 내에 있지 않아 소방안전관리자를 선임할 수 없는 경우에는 소방안전관리자 선임의 연기를 신청할 수 있다.

③ 제2항에 따라 소방안전관리자 선임의 연기를 신청하려는 2급 또는 3급 소방안전관리대상물의 관계인은 별지 제14호서식의 소방안전관리자ㆍ소방안전관리보조자 선임 연기 신청서를 작성하여 소방본부장 또는 소방서장에게 제출해야 한다. 이 경우 소방본부장 또는 소방서장은 법 제33조에 따른 종합정보망(이하 "종합정보망"이라 한다)에서 강습교육의 접수 또는 시험 응시 여부를 확인해야 하며, 2급 또는 3급 소방안전관리대상물의 관계인은 소방안전관리자가 선임될 때까지 법 제24조 제5항의 소방안전관리업무를 수행해야 한다.

④ 소방본부장 또는 소방서장은 제3항에 따라 선임 연기 신청서를 제출받은 경우에는 3일 이내에 소방안전관리자 선임기간을 정하여 2급 또는 3급 소방안전관리대상물의 관계인에게 통보해야 한다.

⑤ 소방안전관리대상물의 관계인은 법 제24조 또는 제35조에 따라 소방안전관리자 또는 총괄소방안전관리자(「기업활동 규제 완화에 관한 특별조치법」 제29조 제2항ㆍ제3항, 제30조 제2항 또는 제32조 제2항에 따라 소방안전관리자를 겸임하거나 공동으로 선임되는 사람을 포함한다)를 선임한 경우에는 법 제26조 제1항에 따라 별지 제15호서식의 소방안전관리자 선임신고서(전자문서를 포함한다)에 다음 각 호의 어느 하나에 해당하는 서류(전자문서를 포함한다)를 첨부하여 소방본부장 또는 소방서장에게 제출해야 한다. 이 경우 소방안전관리대상물의 관계인은 종합정보망을 이용하여 선임신고를 할 수 있다.

1. 제18조에 따른 소방안전관리자 자격증

2. 소방안전관리대상물의 소방안전관리에 관한 업무를 감독할 수 있는 직위에 있는 사람임을 증명하는 서류 및 소방안전관리 업무의 대행 계약서 사본(법 제24조 제3항에 따라 소방안전관리대상물의 관계인이 소방안전관리업무를 대행하게 하는 경우만 해당한다)

3. 「기업활동 규제완화에 관한 특별조치법」 제29조 제2항ㆍ제3항, 제30조 제2항 또는 제32조 제2항에 따라 해당 소방안전관리대상물의 소방안전관리자를 겸임할 수 있는 안전관리자로 선임된 사실을 증명할 수 있는 서류 또는 선임사항이 기록된 자격증(자격수첩을 포함한다)

4. 계약서 또는 권원이 분리됨을 증명하는 관련 서류(법 제35조에 따른 권원별 소방안전관리자를 선임한 경우만 해당한다)

⑥ 소방본부장 또는 소방서장은 소방안전관리대상물의 관계인이 제5항에 따라 소방안전관리자 등을 선임하여 신고하는 경우에는 신고인에게 별지 제16호서식의 선임증을 발급해야 한다. 이 경우 소방본부장 또는 소방서장은 신고인이 종전의 선임이력에 관한 확인을 신청하는 경우에는 별지 제17호서식의 소방안전관리자 선임 이력 확인서를 발급해야 한다.

⑦ 소방본부장 또는 소방서장은 소방안전관리자의 선임신고를 접수하거나 해임 사실을 확인한 경우에는 지체 없이 관련 사실을 종합정보망에 입력해야 한다.

⑧ 소방본부장 또는 소방서장은 선임신고의 효율적 처리를 위하여 소방안전관리대상물이 완공된 경우에는 지체 없이 해당 소방안전관리대상물의 위치, 연면적 등의 정보를 종합정보망에 입력해야 한다.

제16조 (소방안전관리보조자의 선임신고 등) ① 소방안전관리대상물의 관계인은 법 제24조 제1항 후단에 따라 소방안전관리자보조자를 다음 각 호의 구분에 따라 해당 호에서 정하는 날부터 30일 이내에 선임해야 한다.

1. 신축ㆍ증축ㆍ개축ㆍ재축ㆍ대수선 또는 용도변경으로 해당 소방안전관리대상물의 소방안전관리보조자를 신규로 선임해야 하는 경우: 해당 소방안전관리대상물의 사용승인일

2. 소방안전관리대상물을 양수하거나 「민사집행법」에 따른 경매, 「채무자 회생 및 파산에 관한 법률」에 따른 환가, 「국세징수법」ㆍ「관세법」 또는 「지방세기본법」에 따른 압류재산의 매각이나 그 밖에 이에 준하는 절차에 따라 관계인의 권리를 취득한 경우: 해당 권리를 취득한 날 또는 관할 소방서장으로부터 소방안전관리보조자 선임 안내를 받은 날. 다만, 새로 권리를 취득한 관계인이 종전의 소방안전관리대상물의 관계인이 선임신고한 소방안전관리보조자를 해임하지 않는 경우는 제외한다.

3. 소방안전관리보조자의 해임, 퇴직 등으로 해당 소방안전관리보조자의 업무가 종료된 경우: 소방안전관리보조자가 해임된 날, 퇴직한 날 등 근무를 종료한 날

② 법 제24조 제1항 후단에 따라 소방안전관리보조자를 선임해야 하는 소방안전관리대상물(이하 "보조자선임대상 소방안전관리대상물"이라 한다)의 관계인은 제25조에 따른 강습교육이 제1항에 따른 소방안전관리보조자 선임기간 내에 있지 않아 소방안전관리보조자를 선임할 수 없는 경우에는 소방안전관리보조자 선임의 연기를 신청할 수 있다.

③ 제2항에 따라 소방안전관리보조자 선임의 연기를 신청하려는 보조자선임대상 소방안전관리대상물의 관계인은 별지 제14호서식의 선임 연기 신청서를 작성하여 소방본부장 또는 소방서장에게 제출해야 한다. 이 경우 소방본부장 또는 소방서장은 종합정보망에서 강습교육의 접수 여부를 확인해야 한다.

④ 소방본부장 또는 소방서장은 제3항에 따라 선임 연기 신청서를 제출받은 경우에는 3일 이내에 소방안전관리보조자 선임기간을 정하여 보조자선임대상 소방안전관리대상물의 관계인에게 통보해야 한다.

⑤ 보조자선임대상 소방안전관리대상물의 관계인은 법 제24조 제1항에 따른 소방안전관리보조자를 선임한 경우에는 법 제26조 제1항에 따라 별지 제18호서식의 소방안전관리보조자 선임신고서(전자문서를 포함한다)에 다음 각 호의 어느 하나에 해당하는 서류(영 별표 5 제2호의 자격요건 중 해당 자격을 증명할 수 있는 서류를 말하며, 전자문서를 포함한다)를 첨부하여 소방본부장 또는 소방서장에게 제출해야 한다. 이 경우 보조자선임대상 소방안전관리대상물의 관계인은 종합정보망을 이용하여 선임신고를 할 수 있다.

1. 제18조에 따른 소방안전관리자 자격증
2. 영 별표 4에 따른 특급, 1급, 2급 또는 3급 소방안전관리대상물의 소방안전관리자가 되려는 사람에 대한 강습교육 수료증
3. 소방안전관리대상물의 소방안전 관련 업무에 2년 이상 근무한 경력이 있는 사람임을 증명할 수 있는 서류

⑥ 소방본부장 또는 소방서장은 제5항에 따라 보조자선임대상 소방안전관리대상물의 관계인이 선임신고를 하는 경우「전자정부법」제36조 제1항에 따른 행정정보의 공동이용을 통하여 선임된 소방안전관리보조자의 국가기술자격증(영 별표 5 제2호 나목에 해당하는 사람만 해당한다)을 확인해야 한다. 이 경우 선임된 소방안전관리보조자가 확인에 동의하지 않으면 국가기술자격증의 사본을 제출하도록 해야 한다.

⑦ 소방본부장 또는 소방서장은 보조자선임대상 소방안전관리대상물의 관계인이 법 제26조 제1항에 따른 소방안전관리보조자를 선임하고 제5항에 따라 신고하는 경우에는 신고인에게 별지 제16호서식의 소방안전관리보조자 선임증을 발급해야 한다. 이 경우 소방본부장 또는 소방서장은 신고인이 종전의 선임이력에 관한 확인을 신청하는 경우에는 별지 제17호서식의 소방안전관리보조자 선임 이력 확인서를 발급해야 한다.

⑧ 소방본부장 또는 소방서장은 소방안전관리보조자의 선임신고를 접수하거나 해임 사실을 확인한 경우에는 지체 없이 관련 사실을 종합정보망에 입력해야 한다.

✏️ **핵심정리** | 소방대상물의 안전관리

1. 소방안전관리자를 두어야 하는 특정소방대상물

① 특급 소방안전관리대상물
- 연면적 10만m² 이상(아파트 제외)
- 지하층 포함 층수가 30층 이상(아파트 제외)
- 건축물의 높이가 120m 이상(아파트 제외)
- 아파트로서 지하층 제외 50층 이상 또는 높이 200m 이상

② 1급 소방안전관리대상물
- 연면적 1만5천m² 이상(아파트 제외)
- 층수가 11층 이상(아파트 제외)
- 아파트로서 지하층 제외 30층 이상 또는 높이 120m 이상
- 가연성 가스를 1천톤 이상 저장·취급하는 시설

③ 2급 소방안전관리대상물
- 스프링클러설비, 물분무등소화설비(호스릴 제외)를 설치한 특정소방대상물
- 옥내소화전설비를 설치한 특정소방대상물

- 가연성 가스를 100톤 이상 1천톤 미만 저장·취급하는 시설
- 지하구
- 공동주택
- 문화재(목조건축물)

④ 3급 소방안전관리대상물: 간이스프링클러설비, 자동화재탐지설비를 설치한 특정소방대상물

2. 소방안전관리자 선임자격

① 특급 소방안전관리자
- 소방기술사, 소방시설관리사
- 소방설비기사 + 5년 이상 실무경력(1급)
- 소방설비산업기사 + 7년 이상 실무경력(1급)
- 소방공무원 + 20년 이상 근무경력
- 시험합격(특급)

② 1급 소방안전관리자
- 특급 소방안전관리자 자격 인정
- 소방자격증(기사, 산업기사)
- 소방공무원 + 7년 근무경력
- 시험합격(1급)

3. 소방안전관리자의 선임·신고 등: 30일 이내 소방안전관리자를 선임한 후 14일 이내 신고

① 신규선임: 완공일
② 증축 또는 용도변경한 경우: 증축공사의 완공일 또는 용도변경 사실을 건축물관리대장에 기재한 날
③ 관계인의 권리를 취득한 경우: 해당 권리를 취득한 날
④ 공동소방안전관리 대상: 관리권원 분리, 조정한 날
⑤ 소방안전관리사를 해임한 경우: 소방안전관리자를 해임한 날

4. 소방안전관리보조자

① 선임대상
- 아파트(300세대 이상)
- 연면적 1만5천m² 이상 특정소방대상물(아파트 제외)
- 기숙사, 노유자시설, 수련시설, 의료시설,
- 숙박시설(1500m² 미만으로 24시근무 제외)

② 추가선임
- 아파트: 300세대 초과시 300세대마다 1명 이상
- 아파트 제외: 1만5천m² 초과시 1만5천m² 마다 1명 이상(단, 자위소방대가 소방펌프차 등을 운용시 3만m² 마다)

제25조 (소방안전관리업무의 대행)

① 소방안전관리대상물 중 연면적 등이 일정규모 미만인 대통령령으로 정하는 소방안전관리대상물의 관계인은 제24조 제1항에도 불구하고 관리업자로 하여금 같은 조 제5항에 따른 소방안전관리업무 중 대통령령으로 정하는 업무를 대행하게 할 수 있다. 이 경우 제24조 제3항에 따라 선임된 소방안전관리자는 관리업자의 대행업무 수행을 감독하고 대행업무 외의 소방안전관리업무는 직접 수행하여야 한다.
② 제1항 전단에 따라 소방안전관리업무를 대행하는 자는 대행인력의 배치기준·자격·방법 등 행정안전부령으로 정하는 준수사항을 지켜야 한다.
③ 제1항에 따라 소방안전관리업무를 관리업자에게 대행하게 하는 경우의 대가(代價)는 「엔지니어링산업 진흥법」 제31조에 따른 엔지니어링사업의 대가 기준 가운데 행정안전부령으로 정하는 방식에 따라 산정한다.

시행령 제28조 (소방안전관리 업무의 대행 대상 및 업무) ① 법 제25조 제1항 전단에서 "대통령령으로 정하는 소방안전관리대상물" 이란 다음 각 호의 소방안전관리대상물을 말한다.
1. 별표 4 제2호가목3)에 따른 지상층의 층수가 11층 이상인 1급 소방안전관리대상물(연면적 1만5천제곱미터 이상인 특정소방 대상물과 아파트는 제외한다)
2. 별표 4 제3호에 따른 2급 소방안전관리대상물
3. 별표 4 제4호에 따른 3급 소방안전관리대상물
② 법 제25조 제1항 전단에서 "대통령령으로 정하는 업무"란 다음 각 호의 업무를 말한다.
1. 법 제24조 제5항 제3호에 따른 피난시설, 방화구획 및 방화시설의 관리
2. 법 제24조 제5항 제4호에 따른 소방시설이나 그 밖의 소방 관련 시설의 관리

시행규칙 제12조 (소방안전관리업무 대행 기준) 법 제25조 제2항에 따른 소방안전관리업무 대행인력의 배치기준·자격·방법 등 준수사항은 별표 1과 같다.
제13조 (소방안전관리업무 대행의 대가) 법 제25조 제3항에서 "행정안전부령으로 정하는 방식"이란 「엔지니어링산업 진흥법」 제31조에 따라 산업통상자원부장관이 고시한 엔지니어링사업 대가의 기준 중 실비정액가산방식을 말한다.

제26조 (소방안전관리자 선임신고 등)

① 소방안전관리대상물의 관계인이 제24조에 따라 소방안전관리자 또는 소방안전관리보조자를 선임한 경우에는 행정안전 부령으로 정하는 바에 따라 선임한 날부터 14일 이내에 소방본부장 또는 소방서장에게 신고하고, 소방안전관리대상물의 출입자가 쉽게 알 수 있도록 소방안전관리자의 성명과 그 밖에 행정안전부령으로 정하는 사항을 게시하여야 한다.
② 소방안전관리대상물의 관계인이 소방안전관리자 또는 소방안전관리보조자를 해임한 경우에는 그 관계인 또는 해임된 소방안전관리자 또는 소방안전관리보조자는 소방본부장이나 소방서장에게 그 사실을 알려 해임한 사실의 확인을 받을 수 있다.

시행규칙 제15조 (소방안전관리자 정보의 게시) ① 법 제26조 제1항에서 "행정안전부령으로 정하는 사항"이란 다음 각 호의 사항을 말한다.
1. 소방안전관리대상물의 명칭 및 등급
2. 소방안전관리자의 성명 및 선임일자
3. 소방안전관리자의 연락처
4. 소방안전관리자의 근무 위치(화재 수신기 또는 종합방재실을 말한다)
② 제1항에 따른 소방안전관리자 성명 등의 게시는 별표 2의 소방안전관리자 현황표에 따른다. 이 경우 「소방시설 설치 및 관리에 관한 법률 시행규칙」 별표 5에 따른 소방시설등 자체점검기록표를 함께 게시할 수 있다.

제27조 (관계인 등의 의무)

① 특정소방대상물의 관계인은 그 특정소방대상물에 대하여 제24조 제5항에 따른 소방안전관리업무를 수행하여야 한다.
② 소방안전관리대상물의 관계인은 소방안전관리자가 소방안전관리업무를 성실하게 수행할 수 있도록 지도·감독하여야 한다.
③ 소방안전관리자는 인명과 재산을 보호하기 위하여 소방시설·피난시설·방화시설 및 방화구획 등이 법령에 위반된 것을 발견한 때에는 지체 없이 소방안전관리대상물의 관계인에게 소방대상물의 개수·이전·제거·수리 등 필요한 조치를 할 것을 요구하여야 하며, 관계인이 시정하지 아니하는 경우 소방본부장 또는 소방서장에게 그 사실을 알려야 한다. 이 경우 소방안전관리자는 공정하고 객관적으로 그 업무를 수행하여야 한다.

④ 소방안전관리자로부터 제3항에 따른 조치요구 등을 받은 소방안전관리대상물의 관계인은 지체 없이 이에 따라야 하며, 이를 이유로 소방안전관리자를 해임하거나 보수(報酬)의 지급을 거부하는 등 불이익한 처우를 하여서는 아니 된다.

제28조 (소방안전관리자 선임명령 등)

① 소방본부장 또는 소방서장은 제24조 제1항에 따른 소방안전관리자 또는 소방안전관리보조자를 선임하지 아니한 소방안전관리대상물의 관계인에게 소방안전관리자 또는 소방안전관리보조자를 선임하도록 명할 수 있다.
② 소방본부장 또는 소방서장은 제24조 제5항에 따른 업무를 다하지 아니하는 특정소방대상물의 관계인 또는 소방안전관리자에게 그 업무의 이행을 명할 수 있다.

제29조 (건설현장 소방안전관리)

① 「소방시설 설치 및 관리에 관한 법률」 제15조 제1항에 따른 공사시공자가 화재발생 및 화재피해의 우려가 큰 대통령령으로 정하는 특정소방대상물(이하 "건설현장 소방안전관리대상물"이라 한다)을 신축·증축·개축·재축·이전·용도변경 또는 대수선 하는 경우에는 제24조 제1항에 따른 소방안전관리자로서 제34조에 따른 교육을 받은 사람을 소방시설공사 착공 신고일부터 건축물 사용승인일(「건축법」 제22조에 따라 건축물을 사용할 수 있게 된 날을 말한다)까지 소방안전관리자로 선임하고 행정안전부령으로 정하는 바에 따라 소방본부장 또는 소방서장에게 신고하여야 한다.
② 제1항에 따른 건설현장 소방안전관리대상물의 소방안전관리자의 업무는 다음 각 호와 같다.
  1. 건설현장의 소방계획서의 작성
  2. 「소방시설 설치 및 관리에 관한 법률」 제15조 제1항에 따른 임시소방시설의 설치 및 관리에 대한 감독
  3. 공사진행 단계별 피난안전구역, 피난로 등의 확보와 관리
  4. 건설현장의 작업자에 대한 소방안전 교육 및 훈련
  5. 초기대응체계의 구성·운영 및 교육
  6. 화기취급의 감독, 화재위험작업의 허가 및 관리
  7. 그 밖에 건설현장의 소방안전관리와 관련하여 소방청장이 고시하는 업무
③ 그 밖에 건설현장 소방안전관리대상물의 소방안전관리에 관하여는 제26조부터 제28조까지의 규정을 준용한다. 이 경우 "소방안전관리대상물의 관계인" 또는 "특정소방대상물의 관계인"은 "공사시공자"로 본다.

> **시행령 제29조 (건설현장 소방안전관리대상물)** 법 제29조 제1항에서 "대통령령으로 정하는 특정소방대상물"이란 다음 각 호의 어느 하나에 해당하는 특정소방대상물을 말한다.
> 1. 신축·증축·개축·재축·이전·용도변경 또는 대수선을 하려는 부분의 연면적의 합계가 1만5천제곱미터 이상인 것
> 2. 신축·증축·개축·재축·이전·용도변경 또는 대수선을 하려는 부분의 연면적이 5천제곱미터 이상인 것으로서 다음 각 목의 어느 하나에 해당하는 것
>   가. 지하층의 층수가 2개 층 이상인 것
>   나. 지상층의 층수가 11층 이상인 것
>   다. 냉동창고, 냉장창고 또는 냉동·냉장창고

시행규칙 제17조 (건설현장 소방안전관리자의 선임신고) ① 법 제29조 제1항에 따른 건설현장 소방안전관리대상물(이하 "건설현장 소방안전관리대상물"이라 한다)의 공사시공자는 같은 항에 따라 소방안전관리자를 선임한 경우에는 선임한 날부터 14일 이내에 별지 제19호서식의 건설현장 소방안전관리자 선임신고서(전자문서를 포함한다)에 다음 각 호의 서류(전자문서를 포함한다)를 첨부하여 소방본부장 또는 소방서장에게 신고해야 한다. 이 경우 건설현장 소방안전관리대상물의 공사시공자는 종합정보망을 이용하여 선임신고를 할 수 있다.

1. 제18조에 따른 소방안전관리자 자격증
2. 건설현장 소방안전관리자가 되려는 사람에 대한 강습교육 수료증
3. 건설현장 소방안전관리대상물의 공사 계약서 사본

② 소방본부장 또는 소방서장은 건설현장 소방안전관리대상물의 공사시공자가 소방안전관리자를 선임하고 제1항에 따라 신고하는 경우에는 신고인에게 별지 제16호서식의 건설현장 소방안전관리자 선임증을 발급해야 한다. 이 경우 소방본부장 또는 소방서장은 신고인이 종전의 선임이력에 관한 확인을 신청하는 경우 별지 제17호서식의 건설현장 소방안전관리자 선임 이력 확인서를 발급해야 한다.

③ 소방본부장 또는 소방서장은 건설현장 소방안전관리자의 선임신고를 접수하거나 해임 사실을 확인한 경우에는 지체 없이 관련 사실을 종합정보망에 입력해야 한다.

④ 소방본부장 또는 소방서장은 건설현장 소방안전관리대상물 선임신고의 효율적 처리를 위하여 「소방시설 설치 및 안전관리에 관한 법률」 제6조 제1항에 따라 건축허가등의 동의를 하는 경우에는 지체 없이 해당 소방안전관리대상물의 위치, 연면적 등의 정보를 종합정보망에 입력해야 한다.

✐ **핵심정리** | 건설현장 소방안전관리

1. **주체:** 시공자
2. **소방안전관리자 선임**
3. **선임기간:** 착공 신고일부터 건축물 사용승인일 까지
4. **소방본부장, 소방서장에게 착공일까지 신고(행정안전부령)**

✐ **핵심정리** | 건설현장 소방안전관리대상물

1. 연면적 1만5천제곱미터 이상
2. 연면적 5천제곱미터 이상으로
   가. 지하층의 층수가 2개 층 이상인 것
   나. 지상층의 층수가 11층 이상인 것
   다. 냉동창고, 냉장창고 또는 냉동·냉장창고

제30조 (소방안전관리자 자격 및 자격증의 발급 등)

① 제24조 제1항에 따른 소방안전관리자의 자격은 다음 각 호의 어느 하나에 해당하는 사람으로서 소방청장으로부터 소방안전관리자 자격증을 발급받은 사람으로 한다.
   1. 소방청장이 실시하는 소방안전관리자 자격시험에 합격한 사람
   2. 다음 각 목에 해당하는 사람으로서 대통령령으로 정하는 사람
      가. 소방안전과 관련한 국가기술자격증을 소지한 사람
      나. 가목에 해당하는 국가기술자격증 중 일정 자격증을 소지한 사람으로서 소방안전관리자로 근무한 실무경력이 있는 사람

다. 소방공무원 경력자

라. 「기업활동 규제완화에 관한 특별조치법」에 따라 소방안전관리자로 선임된 사람(소방안전관리자로 선임된 기간에 한정한다)

② 소방청장은 제1항 각 호에 따른 자격을 갖춘 사람이 소방안전관리자 자격증 발급을 신청하는 경우 행정안전부령으로 정하는 바에 따라 자격증을 발급하여야 한다.

③ 제2항에 따라 소방안전관리자 자격증을 발급받은 사람이 소방안전관리자 자격증을 잃어버렸거나 못 쓰게 된 경우에는 행정안전부령으로 정하는 바에 따라 소방안전관리자 자격증을 재발급 받을 수 있다.

④ 제2항 또는 제3항에 따라 발급 또는 재발급 받은 소방안전관리자 자격증을 다른 사람에게 빌려 주거나 빌려서는 아니 되며, 이를 알선하여서도 아니 된다.

> **시행령 제30조 (소방안전관리자 자격증의 발급 등)** 법 제30조 제1항 제2호 각 목 외의 부분에서 "대통령령으로 정하는 사람"이란 별표 4 각 호의 소방안전관리대상물별로 선임해야 하는 소방안전관리자의 자격을 갖춘 사람(법 제30조 제1항 제1호에 해당하는 사람은 제외한다)을 말한다.

시행규칙 제18조 (소방안전관리자 자격증의 발급 및 재발급 등) ① 소방안전관리자 자격증을 발급받으려는 사람은 법 제30조 제2항에 따라 별지 제20호서식의 소방안전관리자 자격증 발급 신청서(전자문서를 포함한다)에 다음 각 호의 서류(전자문서를 포함한다)를 첨부하여 소방청장에게 제출해야 한다. 이 경우 소방청장은 「전자정부법」 제36조 제1항에 따른 행정정보의 공동이용을 통하여 소방안전관리자 자격증의 발급 요건인 국가기술자격증(자격증 발급을 위하여 필요한 경우만 해당한다)을 확인할 수 있으며, 신청인이 확인에 동의하지 않는 경우에는 그 사본을 제출하도록 해야 한다.

1. 법 제30조 제1항 각 호의 어느 하나에 해당하는 사람임을 증명하는 서류

2. 신분증 사본

3. 사진(가로 3.5센티미터 × 세로 4.5센티미터)

② 제1항에 따라 소방안전관리자 자격증의 발급을 신청받은 소방청장은 3일 이내에 법 제30조 제1항 각 호에 따른 자격을 갖춘 사람에게 별지 제21호서식의 소방안전관리자 자격증을 발급해야 한다. 이 경우 소방청장은 별지 제22호서식의 소방안전관리자 자격증 발급대장에 등급별로 기록하고 관리해야 한다.

③ 제2항에 따라 소방안전관리자 자격증을 발급받은 사람이 그 자격증을 잃어버렸거나 자격증이 못 쓰게 된 경우에는 별지 제20호서식의 소방안전관리자 자격증 재발급 신청서(전자문서를 포함한다)를 작성하여 소방청장에게 자격증의 재발급을 신청할 수 있다. 이 경우 소방청장은 신청자에게 자격증을 3일 이내에 재발급하고 별지 제22호서식의 소방안전관리자 자격증 재발급대장에 재발급 사항을 기록하고 관리해야 한다.

④ 소방청장은 별지 제22호서식의 소방안전관리자 자격증 (재)발급대장을 종합정보망에서 전자적 처리가 가능한 방법으로 작성·관리해야 한다.

제20조 (소방안전관리자 자격시험의 방법) ① 소방청장은 법 제30조 제1항 제1호에 따른 소방안전관리자 자격시험(이하 "소방안전관리자 자격시험"이라 한다)을 다음 각 호와 같이 실시한다. 이 경우 특급 소방안전관리자 자격시험은 제1차시험과 제2차시험으로 나누어 실시한다.

1. 특급 소방안전관리자 자격시험: 연 2회 이상

2. 1급·2급·3급 소방안전관리자 자격시험: 월 1회 이상

② 소방안전관리자 자격시험에 응시하려는 사람은 별지 제23호서식의 소방안전관리자 자격시험 응시원서(전자문서를 포함한다)에 다음 각 호의 서류(전자문서를 포함한다)를 첨부하여 소방청장에게 제출해야 한다.

1. 사진(가로 3.5센티미터 × 세로 4.5센티미터)

2. 응시자격 증명서류

③ 소방청장은 제2항에 따라 소방안전관리자 자격시험 응시원서를 접수한 경우에는 시험응시표를 발급해야 한다.

제21조 (소방안전관리자 자격시험의 공고) 소방청장은 특급, 1급, 2급 또는 3급 소방안전관리자 자격시험을 실시하려는 경우에는 응시자격·시험과목·일시·장소 및 응시절차를 모든 응시 희망자가 알 수 있도록 시험 시행일 30일 전에 인터넷 홈페이지에 공고해야 한다.

제22조 (소방안전관리자 자격시험의 합격자 결정 등) ① 특급, 1급, 2급 및 3급 소방안전관리자 자격시험은 매과목을 100점 만점으로 하여 매과목 40점 이상, 전과목 평균 70점 이상 득점한 사람을 합격자로 한다.

② 소방안전관리자 자격시험은 다음 각 호의 방법으로 채점한다. 이 경우 특급 소방안전관리자 자격시험의 제2차시험 채점은 제1차시험 합격자의 답안지에 대해서만 실시한다.

1. 선택형 문제: 답안지 기재사항을 전산으로 판독하여 채점

2. 주관식 서술형 문제: 제23조 제2항에 따라 임명·위촉된 시험위원이 채점. 이 경우 3명 이상의 채점자가 문항별 배점과 채점 기준표에 따라 별도로 채점하고 그 평균 점수를 해당 문제의 점수로 한다.

③ 특급 소방안전관리자 자격시험의 제1차시험에 합격한 사람은 제1차시험에 합격한 날부터 2년간 제1차시험을 면제한다.

④ 소방청장은 소방안전관리자 자격시험을 종료한 날부터 30일(특급 소방안전관리 자격시험의 경우에는 60일) 이내에 인터넷 홈페이지에 합격자를 공고하고, 응시자에게 휴대전화 문자 메시지로 합격 여부를 알려 줄 수 있다.

제23조 (소방안전관리자 자격시험 과목 및 시험위원 위촉 등) ① 소방안전관리자 자격시험 과목 및 시험방법은 별표 4와 같다.

② 소방청장은 소방안전관리자 자격시험의 시험문제 출제, 검토 및 채점을 위하여 다음 각 호의 어느 하나에 해당하는 사람 중에서 시험 위원을 임명 또는 위촉해야 한다.

1. 소방 관련 분야에서 석사 이상의 학위를 취득한 사람

2. 「고등교육법」 제2조 제1호부터 제6호까지에 해당하는 학교에서 소방안전 관련 학과의 조교수 이상으로 2년 이상 재직한 사람

3. 소방위 이상의 소방공무원

4. 소방기술사

5. 소방시설관리사

6. 그 밖에 화재안전 또는 소방 관련 법령이나 정책에 전문성이 있는 사람

③ 제2항에 따라 위촉된 시험위원에게는 예산의 범위에서 수당, 여비 및 그 밖에 필요한 경비를 지급할 수 있다.

④ 제1항부터 제3항까지에서 규정한 사항 외에 소방안전관리자 자격시험의 운영 등에 필요한 세부적인 사항은 소방청장이 정한다.

제24조 (부정행위 기준 등) ① 소방안전관리자 자격시험에서의 부정행위는 다음 각 호와 같다.

1. 대리시험을 의뢰하거나 대리로 시험에 응시한 행위

2. 다른 수험자의 답안지 또는 문제지를 엿보거나, 다른 수험자에게 이를 알려주는 행위

3. 다른 수험자와 답안지 또는 문제지를 교환하는 행위

4. 시험 중 다른 수험자와 시험과 관련된 대화를 하는 행위

5. 시험 중 시험문제 내용과 관련된 물건을 휴대하여 사용하거나 이를 주고받는 행위(해당 물건의 휴대 여부를 확인하기 위한 검색 요구에 따르지 않는 행위를 포함한다)

6. 시험장 안이나 밖의 사람으로부터 도움을 받아 답안지를 작성하는 행위

7. 다른 수험자와 성명 또는 수험번호를 바꾸어 제출하는 행위

8. 수험자가 시험시간에 통신기기 및 전자기기 등을 사용하여 답안지를 작성하거나 다른 수험자를 위하여 답안을 송신하는 행위(해당 물건의 휴대 여부를 확인하기 위한 검색 요구에 따르지 않는 행위를 포함한다)

9. 감독관의 본인 확인 요구에 따르지 않는 행위

10. 시험 종료 후에도 계속해서 답안을 작성하거나 수정하는 행위

11. 그 밖의 부정 또는 불공정한 방법으로 시험을 치르는 행위

② 제1항 각 호에 따른 부정행위를 하는 응시자를 적발한 경우에는 해당 시험을 정지하고 무효로 처리한다.

제31조 (소방안전관리자 자격의 정지 및 취소)

① 소방청장은 제30조 제2항에 따라 소방안전관리자 자격증을 발급받은 사람이 다음 각 호의 어느 하나에 해당하는 경우에는 행정안전부령으로 정하는 바에 따라 그 자격을 취소하거나 1년 이하의 기간을 정하여 그 자격을 정지시킬 수 있다. 다만, 제1호 또는 제3호에 해당하는 경우에는 그 자격을 취소하여야 한다.

　　1. 거짓이나 그 밖의 부정한 방법으로 소방안전관리자 자격증을 발급받은 경우

　　2. 제24조 제5항에 따른 소방안전관리업무를 게을리한 경우

　　3. 제30조 제4항을 위반하여 소방안전관리자 자격증을 다른 사람에게 빌려준 경우

　　4. 제34조에 따른 실무교육을 받지 아니한 경우

　　5. 이 법 또는 이 법에 따른 명령을 위반한 경우

② 제1항에 따라 소방안전관리자 자격이 취소된 사람은 취소된 날부터 2년간 소방안전관리자 자격증을 발급받을 수 없다.

> **시행규칙 제19조 (소방안전관리자 자격의 정지 및 취소 기준)** 법 제31조 제1항에 따른 소방안전관리자 자격의 정지 및 취소 기준은 별표 3과 같다.

제32조 (소방안전관리자 자격시험)

① 제30조 제1항 제1호에 따른 소방안전관리자 자격시험에 응시할 수 있는 사람의 자격은 대통령령으로 정한다.

② 제1항에 따른 소방안전관리자 자격의 시험방법, 시험의 공고 및 합격자 결정 등 소방안전관리자의 자격시험에 필요한 사항은 행정안전부령으로 정한다.

> **시행령 제31조 (소방안전관리자 자격시험 응시자격)** 법 제32조 제1항에 따라 소방안전관리자 자격시험에 응시할 수 있는 사람의 자격은 별표 6과 같다.

제33조 (소방안전관리자 등 종합정보망의 구축·운영)

① 소방청장은 소방안전관리자 및 소방안전관리보조자에 대한 다음 각 호의 정보를 효율적으로 관리하기 위하여 종합정보망을 구축·운영할 수 있다.

　　1. 제26조 제1항에 따른 소방안전관리자 및 소방안전관리보조자의 선임신고 현황

　　2. 제26조 제2항에 따른 소방안전관리자 및 소방안전관리보조자의 해임 사실의 확인 현황

　　3. 제29조 제1항에 따른 건설현장 소방안전관리자 선임신고 현황

　　4. 제30조 제1항 및 제2항에 따른 소방안전관리자 자격시험 합격자 및 자격증의 발급 현황

　　5. 제31조 제1항에 따른 소방안전관리자 자격증의 정지·취소 처분 현황

　　6. 제34조에 따른 소방안전관리자 및 소방안전관리보조자의 교육 실시현황

② 제1항에 따른 종합정보망의 구축·운영 등에 필요한 사항은 대통령령으로 정한다.

> **시행령 제32조 (종합정보망의 구축·운영)** 소방청장은 법 제33조 제1항에 따른 종합정보망(이하 "종합정보망"이라 한다)의 효율적인 운영을 위해 필요한 경우 다음 각 호의 업무를 수행할 수 있다.
> 　1. 종합정보망과 유관 정보시스템의 연계·운영
> 　2. 법 제33조 제1항 각 호의 정보를 저장·가공 및 제공하기 위한 시스템의 구축·운영

제34조 (소방안전관리자 등에 대한 교육)

① 소방안전관리자가 되려고 하는 사람 또는 소방안전관리자(소방안전관리보조자를 포함한다)로 선임된 사람은 소방안전관리업무에 관한 능력의 습득 또는 향상을 위하여 행정안전부령으로 정하는 바에 따라 소방청장이 실시하는 다음 각 호의 강습교육 또는 실무교육을 받아야 한다.

1. 강습교육
   가. 소방안전관리자의 자격을 인정받으려는 사람으로서 대통령령으로 정하는 사람
   나. 제24조 제3항에 따른 소방안전관리자로 선임되고자 하는 사람
   다. 제29조에 따른 소방안전관리자로 선임되고자 하는 사람
2. 실무교육
   가. 제24조 제1항에 따라 선임된 소방안전관리자 및 소방안전관리보조자
   나. 제24조 제3항에 따라 선임된 소방안전관리자

② 제1항에 따른 교육실시방법은 다음 각 호와 같다. 다만, 「감염병의 예방 및 관리에 관한 법률」 제2조에 따른 감염병 등 불가피한 사유가 있는 경우에는 행정안전부령으로 정하는 바에 따라 제1호 또는 제3호의 교육을 제2호의 교육으로 실시할 수 있다.

1. 집합교육
2. 정보통신매체를 이용한 원격교육
3. 제1호 및 제2호를 혼용한 교육

시행령 제33조 (소방안전관리자의 자격을 인정받으려는 사람) 법 제34조 제1항 제1호가목에서 "대통령령으로 정하는 사람"이란 다음 각 호의 사람을 말한다.
1. 특급 소방안전관리대상물의 소방안전관리자가 되려는 사람
2. 1급 소방안전관리대상물의 소방안전관리자가 되려는 사람
3. 2급 소방안전관리대상물의 소방안전관리자가 되려는 사람
4. 3급 소방안전관리대상물의 소방안전관리자가 되려는 사람
5. 「공공기관의 소방안전관리에 관한 규정」 제2조에 따른 공공기관의 소방안전관리자가 되려는 사람

시행규칙 제25조 (강습교육의 실시) ① 소방청장은 법 제34조 제1항 제1호에 따른 강습교육(이하 "강습교육"이라 한다)의 대상·일정·횟수 등을 포함한 강습교육의 실시계획을 매년 수립·시행해야 한다.
② 소방청장은 강습교육을 실시하려는 경우에는 강습교육 실시 20일 전까지 일시·장소, 그 밖에 강습교육 실시에 필요한 사항을 인터넷 홈페이지에 공고해야 한다.
③ 소방청장은 강습교육을 실시한 경우에는 수료자에게 별지 제24호서식의 수료증(전자문서를 포함한다)을 발급하고 강습교육의 과정별로 별지 제25호서식의 강습교육수료자 명부대장(전자문서를 포함한다)을 작성·보관해야 한다.

제26조 (강습교육 수강신청 등) ① 강습교육을 받으려는 사람은 강습교육의 과정별로 별지 제26호서식의 강습교육 수강신청서(전자문서를 포함한다)에 다음 각 호의 서류(전자문서를 포함한다)를 첨부하여 소방청장에게 제출해야 한다.
1. 사진(가로 3.5센티미터 × 세로 4.5센티미터)
2. 재직증명서(법 제39조 제1항에 따른 공공기관에 재직하는 사람만 해당한다)
② 소방청장은 강습교육 수강신청서를 접수한 경우에는 수강증을 발급해야 한다.

제27조 (강습교육의 강사) 강습교육을 담당할 강사는 과목별로 다음 각 호의 어느 하나에 해당하는 사람 중에서 소방에 관한 학식·경험·능력 등을 고려하여 소방청장이 임명 또는 위촉한다.
1. 안전원 직원
2. 소방기술사
3. 소방시설관리사

4. 소방안전 관련 학과에서 부교수 이상의 직(職)에 재직 중이거나 재직한 사람

5. 소방안전 관련 분야에서 석사 이상의 학위를 취득한 사람

6. 소방공무원으로 5년 이상 근무한 사람

제28조 (강습교육의 과목, 시간 및 운영방법) 강습교육의 과목, 시간 및 운영방법은 별표 5와 같다.

제29조 (실무교육의 실시) ① 소방청장은 법 제34조 제1항 제2호에 따른 실무교육(이하 "실무교육"이라 한다)의 대상·일정·횟수 등을 포함한 실무교육의 실시 계획을 매년 수립·시행해야 한다.

② 소방청장은 실무교육을 실시하려는 경우에는 실무교육 실시 30일 전까지 일시·장소, 그 밖에 실무교육 실시에 필요한 사항을 인터넷 홈페이지에 공고하고 교육대상자에게 통보해야 한다.

③ 소방안전관리자는 소방안전관리자로 선임된 날부터 6개월 이내에 실무교육을 받아야 하며, 그 이후에는 2년마다(최초 실무교육을 받은 날을 기준일로 하여 매 2년이 되는 해의 기준일과 같은 날 전까지를 말한다) 1회 이상 실무교육을 받아야 한다. 다만, 소방안전관리 강습교육 또는 실무교육을 받은 후 1년 이내에 소방안전관리자로 선임된 사람은 해당 강습교육을 수료하거나 실무교육을 이수한 날에 실무교육을 이수한 것으로 본다.

④ 소방안전관리보조자는 그 선임된 날부터 6개월(영 별표 5 제2호마목에 따라 소방안전관리보조자로 지정된 사람의 경우 3개월을 말한다) 이내에 실무교육을 받아야 하며, 그 이후에는 2년마다(최초 실무교육을 받은 날을 기준일로 하여 매 2년이 되는 해의 기준일과 같은 날 전까지를 말한다) 1회 이상 실무교육을 받아야 한다. 다만, 소방안전관리자 강습교육 또는 실무교육이나 소방안전관리보조자 실무교육을 받은 후 1년 이내에 소방안전관리보조자로 선임된 사람은 해당 강습교육을 수료하거나 실무교육을 이수한 날에 실무교육을 이수한 것으로 본다.

제30조 (실무교육의 강사) 실무교육을 담당할 강사는 다음 각 호의 어느 하나에 해당하는 사람 중에서 소방에 관한 학식·경험·능력 등을 종합적으로 고려하여 소방청장이 임명 또는 위촉한다.

1. 안전원 직원

2. 소방기술사

3. 소방시설관리사

4. 소방안전 관련 학과에서 부교수 이상의 직에 재직 중이거나 재직한 사람

5. 소방안전 관련 분야에서 석사 이상의 학위를 취득한 사람

6. 소방공무원으로 5년 이상 근무한 사람

제31조 (실무교육의 과목, 시간 및 운영방법) 실무교육의 과목, 시간 및 운영방법은 별표 6과 같다.

제32조 (실무교육 수료증 발급 및 실무교육 결과의 통보) ① 소방청장은 실무교육을 수료한 사람에게 실무교육 수료증(전자문서를 포함한다)을 발급하고, 별지 제27호서식의 실무교육 수료자명부(전자문서를 포함한다)에 작성·관리해야 한다.

② 소방청장은 해당 연도의 실무교육이 끝난 날부터 30일 이내에 그 결과를 소방본부장 또는 소방서장에게 통보해야 한다.

제33조 (원격교육 실시방법) 법 제34조 제2항 제2호에 따른 원격교육은 실시간 양방향 교육, 인터넷을 통한 영상강의 등 정보통신매체를 이용하여 실시한다.

제35조 (관리의 권원이 분리된 특정소방대상물의 소방안전관리)

① 다음 각 호의 어느 하나에 해당하는 특정소방대상물로서 그 관리의 권원(權原)이 분리되어 있는 특정소방대상물의 경우 그 관리의 권원별 관계인은 대통령령으로 정하는 바에 따라 제24조 제1항에 따른 소방안전관리자를 선임하여야 한다. 다만, 소방본부장 또는 소방서장은 관리의 권원이 많아 효율적인 소방안전관리가 이루어지지 아니한다고 판단되는 경우 대통령령으로 정하는 바에 따라 관리의 권원을 조정하여 소방안전관리자를 선임하도록 할 수 있다.

1. 복합건축물(지하층을 제외한 층수가 11층 이상 또는 연면적 3만제곱미터 이상인 건축물)

2. 지하가(지하의 인공구조물 안에 설치된 상점 및 사무실, 그 밖에 이와 비슷한 시설이 연속하여 지하도에 접하여 설치된 것과 그 지하도를 합한 것을 말한다)

3. 그 밖에 대통령령으로 정하는 특정소방대상물

② 제1항에 따른 관리의 권원별 관계인은 상호 협의하여 특정소방대상물의 전체에 걸쳐 소방안전관리상 필요한 업무를 총괄하는 소방안전관리자(이하 "총괄소방안전관리자"라 한다)를 제1항에 따라 선임된 소방안전관리자 중에서 선임하거나 별도로 선임하여야 한다. 이 경우 총괄소방안전관리자의 자격은 대통령령으로 정하고 업무수행 등에 필요한 사항은 행정안전부령으로 정한다.

③ 제2항에 따른 총괄소방안전관리자에 대하여는 제24조, 제26조부터 제28조까지 및 제30조부터 제34조까지에서 규정한 사항 중 소방안전관리자에 관한 사항을 준용한다.

④ 제1항 및 제2항에 따라 선임된 소방안전관리자 및 총괄소방안전관리자는 해당 특정소방대상물의 소방안전관리를 효율적으로 수행하기 위하여 공동소방안전관리협의회를 구성하고, 해당 특정소방대상물에 대한 소방안전관리를 공동으로 수행하여야 한다. 이 경우 공동소방안전관리협의회의 구성·운영 및 공동소방안전관리의 수행 등에 필요한 사항은 대통령령으로 정한다.

시행령 제34조 (관리의 권원별 소방안전관리자 선임 및 조정 기준) ① 법 제35조 제1항 본문에 따라 관리의 권원이 분리되어 있는 특정소방대상물의 관계인은 소유권, 관리권 및 점유권에 따라 각각 소방안전관리자를 선임해야 한다. 다만, 둘 이상의 소유권, 관리권 또는 점유권이 동일인에게 귀속된 경우에는 하나의 관리 권원으로 보아 소방안전관리자를 선임할 수 있다.

② 제1항에도 불구하고 다음 각 호의 어느 하나에 해당하는 경우에는 해당 호에서 정하는 바에 따라 소방안전관리자를 선임할 수 있다.

1. 법령 또는 계약 등에 따라 공동으로 관리하는 경우: 하나의 관리 권원으로 보아 소방안전관리자 1명 선임
2. 화재 수신기 또는 소화펌프(가압송수장치를 포함한다. 이하 이 항에서 같다)가 별도로 설치되어 있는 경우: 설치된 화재 수신기 또는 소화펌프가 화재를 감지·소화 또는 경보할 수 있는 부분을 각각 하나의 관리 권원으로 보아 각각 소방안전관리자 선임
3. 하나의 화재 수신기 및 소화펌프가 설치된 경우: 하나의 관리 권원으로 보아 소방안전관리자 1명 선임

③ 제1항 및 제2항에도 불구하고 소방본부장 또는 소방서장은 법 제35조 제1항 각 호 외의 부분 단서에 따라 관리의 권원이 많아 효율적인 소방안전관리가 이루어지지 않는다고 판단되는 경우 제1항 각 호의 기준 및 해당 특정소방대상물의 화재위험성 등을 고려하여 관리의 권원이 분리되어 있는 특정소방대상물의 관리의 권원을 조정하여 소방안전관리자를 선임하도록 할 수 있다.

제35조 (관리의 권원이 분리된 특정소방대상물) 법 제35조 제1항 제3호에서 "대통령령으로 정하는 특정소방대상물"이란 「소방시설 설치 및 관리에 관한 법률 시행령」 별표 2에 따른 판매시설 중 도매시장, 소매시장 및 전통시장을 말한다.

제36조 (총괄소방안전관리자 선임자격) 법 제35조 제2항에 따른 특정소방대상물의 전체에 걸쳐 소방안전관리상 필요한 업무를 총괄하는 소방안전관리자(이하 "총괄소방안전관리자"라 한다)는 별표 4에 따른 소방안전관리대상물의 등급별 선임자격을 갖춰야 한다. 이 경우 관리의 권원이 분리되어 있는 특정소방대상물에 대하여 소방안전관리대상물의 등급을 결정할 때에는 해당 특정소방대상물 전체를 기준으로 한다.

제37조 (공동소방안전관리협의회의 구성·운영 등) ① 법 제35조 제4항에 따른 공동소방안전관리협의회(이하 "협의회"라 한다)는 같은 조 제1항 및 제2항에 따라 선임된 소방안전관리자 및 총괄소방안전관리자(이하 이 조에서 "총괄소방안전관리자등"이라 한다)로 구성한다.

② 총괄소방안전관리자등은 법 제35조 제4항에 따라 다음 각 호의 공동소방안전관리 업무를 협의회의 협의를 거쳐 공동으로 수행한다.

1. 특정소방대상물 전체의 소방계획 수립 및 시행에 관한 사항
2. 특정소방대상물 전체의 소방훈련·교육의 실시에 관한 사항
3. 공용 부분의 소방시설 및 피난·방화시설의 유지·관리에 관한 사항
4. 그 밖에 공동으로 소방안전관리를 할 필요가 있는 사항

③ 협의회는 공동소방안전관리 업무의 수행에 필요한 기준을 정하여 운영할 수 있다.

1. 복합건축물(지하층을 제외한 층수가 11층 이상 또는 연면적 3만제곱미터 이상인 건축물)
2. 지하가(지하의 인공구조물 안에 설치된 상점 및 사무실, 그 밖에 이와 비슷한 시설이 연속하여 지하도에 접하여 설치된 것과 그 지하도를 합한 것을 말한다)
3. 판매시설 중 도매시장, 소매시장 및 전통시장

제36조 (피난계획의 수립 및 시행)

① 소방안전관리대상물의 관계인은 그 장소에 근무하거나 거주 또는 출입하는 사람들이 화재가 발생한 경우에 안전하게 피난할 수 있도록 피난계획을 수립·시행하여야 한다.
② 제1항의 피난계획에는 그 소방안전관리대상물의 구조, 피난시설 등을 고려하여 설정한 피난경로가 포함되어야 한다.
③ 소방안전관리대상물의 관계인은 피난시설의 위치, 피난경로 또는 대피요령이 포함된 피난유도 안내정보를 근무자 또는 거주자에게 정기적으로 제공하여야 한다.
④ 제1항에 따른 피난계획의 수립·시행, 제3항에 따른 피난유도 안내정보 제공에 필요한 사항은 행정안전부령으로 정한다.

> **시행규칙 제34조 (피난계획의 수립·시행)** ① 법 제36조 제1항에 따른 피난계획(이하 "피난계획"이라 한다)에는 다음 각 호의 사항이 포함되어야 한다.
> 1. 화재경보의 수단 및 방식
> 2. 층별, 구역별 피난대상 인원의 연령별·성별 현황
> 3. 피난약자의 현황
> 4. 각 거실에서 옥외(옥상 또는 피난안전구역을 포함한다)로 이르는 피난경로
> 5. 피난약자 및 피난약자를 동반한 사람의 피난동선과 피난방법
> 6. 피난시설, 방화구획, 그 밖에 피난에 영향을 줄 수 있는 제반 사항
> ② 소방안전관리대상물의 관계인은 해당 소방안전관리대상물의 구조·위치, 소방시설 등을 고려하여 피난계획을 수립해야 한다.
> ③ 소방안전관리대상물의 관계인은 해당 소방안전관리대상물의 피난시설이 변경된 경우에는 그 변경사항을 반영하여 피난계획을 정비해야 한다.
> ④ 제1항부터 제3항까지에서 규정한 사항 외에 피난계획의 수립·시행에 필요한 세부 사항은 소방청장이 정하여 고시한다.
> **제35조 (피난유도 안내정보의 제공)** ① 법 제36조 제3항에 따른 피난유도 안내정보는 다음 각 호의 어느 하나의 방법으로 제공한다.
> 1. 연 2회 피난안내 교육을 실시하는 방법
> 2. 분기별 1회 이상 피난안내방송을 실시하는 방법
> 3. 피난안내도를 층마다 보기 쉬운 위치에 게시하는 방법
> 4. 엘리베이터, 출입구 등 시청이 용이한 장소에 피난안내영상을 제공하는 방법
> ② 제1항에서 규정한 사항 외에 피난유도 안내정보의 제공에 필요한 세부 사항은 소방청장이 정하여 고시한다.

✏️ **핵심정리** │ 피난계획

1. **수립, 시행자:** 관계인
2. **피난안내교육:** 연2회
3. **피난안내방송:** 분기별 1회 이상
4. 피난안내도 층마다 설치
5. **피난안내영상제공:** 엘리베이터, 출입구 등

제37조 (소방안전관리대상물 근무자 및 거주자 등에 대한 소방훈련 등)

① 소방안전관리대상물의 관계인은 그 장소에 근무하거나 거주하는 사람 등(이하 이 조에서 "근무자등"이라 한다)에게 소화·통보·피난 등의 훈련(이하 "소방훈련"이라 한다)과 소방안전관리에 필요한 교육을 하여야 하고, 피난훈련은 그 소방대상물에 출입하는 사람을 안전한 장소로 대피시키고 유도하는 훈련을 포함하여야 한다. 이 경우 소방훈련과 교육의 횟수 및 방법 등에 관하여 필요한 사항은 행정안전부령으로 정한다.

② 소방안전관리대상물 중 소방안전관리업무의 전담이 필요한 대통령령으로 정하는 소방안전관리대상물의 관계인은 제1항에 따른 소방훈련 및 교육을 한 날부터 30일 이내에 소방훈련 및 교육 결과를 행정안전부령으로 정하는 바에 따라 소방본부장 또는 소방서장에게 제출하여야 한다.

③ 소방본부장 또는 소방서장은 제1항에 따라 소방안전관리대상물의 관계인이 실시하는 소방훈련과 교육을 지도·감독할 수 있다.

④ 소방본부장 또는 소방서장은 소방안전관리대상물 중 불특정 다수인이 이용하는 대통령령으로 정하는 특정소방대상물의 근무자등에게 불시에 소방훈련과 교육을 실시할 수 있다. 이 경우 소방본부장 또는 소방서장은 그 특정소방대상물 근무자등의 불편을 최소화하고 안전 등을 확보하는 대책을 마련하여야 하며, 소방훈련과 교육의 내용, 방법 및 절차 등은 행정안전부령으로 정하는 바에 따라 관계인에게 사전에 통지하여야 한다.

⑤ 소방본부장 또는 소방서장은 제4항에 따라 소방훈련과 교육을 실시한 경우에는 그 결과를 평가할 수 있다. 이 경우 소방훈련과 교육의 평가방법 및 절차 등에 필요한 사항은 행정안전부령으로 정한다.

> **시행령 제38조 (소방훈련·교육 결과 제출의 대상)** 법 제37조 제2항에서 "대통령령으로 정하는 소방안전관리대상물"이란 다음 각 호의 소방안전관리대상물을 말한다.
> 1. 별표4 제1호에 따른 특급 소방안전관리대상물
> 2. 별표4 제2호에 따른 1급 소방안전관리대상물
>
> **제39조 (불시 소방훈련·교육의 대상)** 법 제37조 제4항에서 "대통령령으로 정하는 특정소방대상물"이란 소방안전관리대상물 중 다음 각 호의 특정소방대상물을 말한다.
> 1. 「소방시설 설치 및 관리에 관한 법률 시행령」 별표 2 제7호에 따른 의료시설
> 2. 「소방시설 설치 및 관리에 관한 법률 시행령」 별표 2 제8호에 따른 교육연구시설
> 3. 「소방시설 설치 및 관리에 관한 법률 시행령」 별표 2 제9호에 따른 노유자 시설
> 4. 그 밖에 화재 발생 시 불특정 다수의 인명피해가 예상되어 소방본부장 또는 소방서장이 소방훈련·교육이 필요하다고 인정하는 특정소방대상물

> **시행규칙 제36조 (근무자 및 거주자에 대한 소방훈련과 교육)** ① 소방안전관리대상물의 관계인은 법 제37조 제1항에 따른 소방훈련과 교육을 연 1회 이상 실시해야 한다. 다만, 소방본부장 또는 소방서장이 화재예방을 위하여 필요하다고 인정하여 2회의 범위에서 추가로 실시할 것을 요청하는 경우에는 소방훈련과 교육을 추가로 실시해야 한다.
> ② 소방본부장 또는 소방서장은 특급 및 1급 소방안전관리대상물의 관계인으로 하여금 제1항에 따른 소방훈련과 교육을 소방기관과 합동으로 실시하게 할 수 있다.
> ③ 소방안전관리대상물의 관계인은 소방훈련과 교육을 실시하는 경우 소방훈련 및 교육에 필요한 장비 및 교재 등을 갖추어야 한다.
> ④ 소방안전관리대상물의 관계인은 제1항에 따라 소방훈련과 교육을 실시했을 때에는 그 실시 결과를 별지 제28호서식의 소방훈련·교육 실시 결과 기록부에 기록하고, 이를 소방훈련 및 교육을 실시한 날부터 2년간 보관해야 한다.
>
> **제37조 (소방훈련 및 교육 실시 결과의 제출)** 영 제38조 각 호에 따른 소방안전관리대상물의 관계인은 제36조 제1항에 따라 소방훈련 및 교육을 실시한 날부터 30일 이내에 별지 제29호서식의 소방훈련·교육 실시 결과서를 작성하여 소방본부장 또는 소방서장에게 제출해야 한다.

제38조 (불시 소방훈련 및 교육 사전통지) 소방본부장 또는 소방서장은 법 제37조 제4항에 따라 불시 소방훈련과 교육(이하 "불시 소방훈련·교육"이라 한다)을 실시하려는 경우에는 소방안전관리대상물의 관계인에게 불시 소방훈련·교육 실시 10일 전까지 별지 제30호서식의 불시 소방훈련·교육 계획서를 통지해야 한다.

제39조 (불시 소방훈련·교육의 평가 방법 및 절차) ① 소방본부장 또는 소방서장은 법 제37조 제5항 전단에 따라 불시 소방훈련·교육 실시 결과에 대한 평가를 실시하려는 경우에는 평가 계획을 사전에 수립해야 한다.

② 제1항에 따른 평가의 기준은 다음 각 호와 같다.

1. 불시 소방훈련·교육 내용의 적절성
2. 불시 소방훈련·교육 유형 및 방법의 적합성
3. 불시 소방훈련·교육 참여인력, 시설 및 장비 등의 적정성
4. 불시 소방훈련·교육 여건 및 참여도

③ 제1항에 따른 평가는 현장평가를 원칙으로 하되, 필요에 따라 서면평가 등을 병행할 수 있다. 이 경우 불시 소방훈련·교육 참가자에 대한 설문조사 또는 면접조사 등을 함께 실시할 수 있다.

④ 소방본부장 또는 소방서장은 제1항에 따른 평가를 실시한 경우 소방안전관리대상물의 관계인에게 불시 소방훈련·교육 종료일부터 10일 이내에 별지 제31호서식의 불시 소방훈련·교육 평가 결과서를 통지해야 한다.

✏️ **핵심정리** | **특정소방대상물의 근무자 및 거주자에 대한 소방훈련 등**

1. 근무자등의 소방훈련 등
가. 소방훈련: 소화·통보·피난 등의 훈련
나. 지도 및 감독: 소방본부장, 소방서장
다. 결과 제출: 소방훈련 및 교육을 한 날부터 30일 이내에 행정안전부령으로 정하는 바에 따라 소방본부장, 소방서장에게 제출
라. 제출대상: 특급, 1급 소방안전관리대상물

2. 불시 소방훈련 및 교육 대상
가. 의료시설
나. 교육연구시설
다. 노유자시설
라. 소방본부장, 소방서장이 지정하는 것

3. 근무자 및 거주자에 대한 소방훈련과 교육
가. 추가실시: 소방본부장, 소방서장이 화재예방을 위하여 필요하다고 인정시 2회 범위
나. 합동훈련대상: 특급 및 1급 소방안전관리대상물의 관계인
다. 기록보관: 2년간

4. 소방훈련 및 교육 사전통지
가. 통지자: 소방본부장, 소방서장
나. 통지: 10일전까지 서면으로

제38조 (특정소방대상물의 관계인에 대한 소방안전교육)

① 소방본부장이나 소방서장은 제37조를 적용받지 아니하는 특정소방대상물의 관계인에 대하여 특정소방대상물의 화재예방과 소방안전을 위하여 행정안전부령으로 정하는 바에 따라 소방안전교육을 할 수 있다.

② 제1항에 따른 교육대상자 및 특정소방대상물의 범위 등에 필요한 사항은 행정안전부령으로 정한다.

> **시행규칙 제40조 (소방안전교육 대상자 등)** ① 법 제38조 제1항에 따른 소방안전교육의 교육대상자는 법 제37조를 적용받지 않는 특정소방대상물 중 다음 각 호의 어느 하나에 해당하는 특정소방대상물의 관계인으로서 관할 소방서장이 소방안전교육이 필요하다고 인정하는 사람으로 한다.
> 1. 소화기 또는 비상경보설비가 설치된 공장·창고 등의 특정소방대상물
> 2. 그 밖에 관할 소방본부장 또는 소방서장이 화재에 대한 취약성이 높다고 인정하는 특정소방대상물
> ② 소방본부장 또는 소방서장은 법 제38조 제1항에 따른 소방안전교육을 실시하려는 경우에는 교육일 10일 전까지 별지 제32호서식의 특정소방대상물 관계인 소방안전교육 계획서를 작성하여 통보해야 한다.

제39조 (공공기관의 소방안전관리)

① 국가, 지방자치단체, 국공립학교 등 대통령령으로 정하는 공공기관의 장은 소관 기관의 근무자 등의 생명·신체와 건축물·인공구조물 및 물품 등을 화재로부터 보호하기 위하여 화재예방, 자위소방대의 조직 및 편성, 소방시설등의 자체점검과 소방훈련 등의 소방안전관리를 하여야 한다.

② 제1항에 따른 공공기관에 대한 다음 각 호의 사항에 관하여는 제24조부터 제38조까지의 규정에도 불구하고 대통령령으로 정하는 바에 따른다.
1. 소방안전관리자의 자격·책임 및 선임 등
2. 소방안전관리의 업무대행
3. 자위소방대의 구성·운영 및 교육
4. 근무자 등에 대한 소방훈련 및 교육
5. 그 밖에 소방안전관리에 필요한 사항

> **시행령 제40조 (공공기관의 소방안전관리)** 법 제39조에 따른 공공기관의 소방안전관리에 관하여는 「공공기관의 소방안전관리에 관한 규정」으로 정한다.

Chapter 06 특별관리시설물의 소방안전관리

제40조 (소방안전 특별관리시설물의 안전관리)

① 소방청장은 화재 등 재난이 발생할 경우 사회·경제적으로 피해가 큰 다음 각 호의 시설(이하 "소방안전 특별관리시설물"이라 한다)에 대하여 소방안전 특별관리를 하여야 한다. <개정 2023.3.21, 2023.8.8, 2024.2.6.>

  1. 「공항시설법」 제2조 제7호의 공항시설
  2. 「철도산업발전기본법」 제3조 제2호의 철도시설
  3. 「도시철도법」 제2조 제3호의 도시철도시설
  4. 「항만법」 제2조 제5호의 항만시설
  5. 「문화유산의 보존 및 활용에 관한 법률」 제2조 제3항의 지정문화유산 및 「자연유산의 보존 및 활용에 관한 법률」 제2조 제5호에 따른 천연기념물등인 시설(시설이 아닌 지정문화유산 및 천연기념물등을 보호하거나 소장하고 있는 시설을 포함한다)
  6. 「산업기술단지 지원에 관한 특례법」 제2조 제1호의 산업기술단지
  7. 「산업입지 및 개발에 관한 법률」 제2조 제8호의 산업단지
  8. 「초고층 및 지하연계 복합건축물 재난관리에 관한 특별법」 제2조 제1호·제2호의 초고층 건축물 및 지하연계 복합건축물
  9. 「영화 및 비디오물의 진흥에 관한 법률」 제2조 제10호의 영화상영관 중 수용인원 1천명 이상인 영화상영관
  10. 전력용 및 통신용 지하구
  11. 「한국석유공사법」 제10조 제1항 제3호의 석유비축시설
  12. 「한국가스공사법」 제11조 제1항 제2호의 천연가스 인수기지 및 공급망
  13. 「전통시장 및 상점가 육성을 위한 특별법」 제2조 제1호의 전통시장으로서 대통령령으로 정하는 전통시장
  14. 그 밖에 대통령령으로 정하는 시설물

② 소방청장은 제1항에 따른 특별관리를 체계적이고 효율적으로 하기 위하여 시·도지사와 협의하여 소방안전 특별관리기본계획을 제4조 제1항에 따른 기본계획에 포함하여 수립 및 시행하여야 한다.

③ 시·도지사는 제2항에 따른 소방안전 특별관리기본계획에 저촉되지 아니하는 범위에서 관할 구역에 있는 소방안전 특별관리시설물의 안전관리에 적합한 소방안전 특별관리시행계획을 제4조 제6항에 따른 세부시행계획에 포함하여 수립 및 시행하여야 한다.

④ 그 밖에 제2항 및 제3항에 따른 소방안전 특별관리기본계획 및 소방안전 특별관리시행계획의 수립·시행에 필요한 사항은 대통령령으로 정한다.

시행령 제41조 (소방안전 특별관리시설물) ① 법 제40조 제1항 제13호에서 "대통령령으로 정하는 전통시장"이란 점포가 500개 이상인 전통시장을 말한다.

② 법 제40조 제1항 제14호에서 "대통령령으로 정하는 시설물"이란 다음 각 호의 시설물을 말한다.

1. 「전기사업법」 제2조 제4호에 따른 발전사업자가 가동 중인 발전소(「발전소주변지역 지원에 관한 법률 시행령」 제2조 제2항에 따른 발전소는 제외한다)
2. 「물류시설의 개발 및 운영에 관한 법률」 제2조 제5호의2에 따른 물류창고로서 연면적 10만제곱미터 이상인 것
3. 「도시가스사업법」 제2조 제5호에 따른 가스공급시설

제42조 (소방안전 특별관리기본계획·시행계획의 수립·시행) ① 소방청장은 법 제40조 제2항에 따른 소방안전 특별관리기본계획(이하 "특별관리기본계획"이라 한다)을 5년마다 수립하여 시·도에 통보해야 한다.

② 특별관리기본계획에는 다음 각 호의 사항이 포함되어야 한다.

1. 화재예방을 위한 중기·장기 안전관리정책
2. 화재예방을 위한 교육·홍보 및 점검·진단
3. 화재대응을 위한 훈련
4. 화재대응과 사후 조치에 관한 역할 및 공조체계
5. 그 밖에 화재 등의 안전관리를 위하여 필요한 사항

③ 시·도지사는 특별관리기본계획을 시행하기 위하여 매년 법 제40조 제3항에 따른 소방안전 특별관리시행계획(이하 "특별관리시행계획"이라 한다)을 수립·시행하고, 그 결과를 다음 연도 1월 31일까지 소방청장에게 통보해야 한다.

④ 특별관리시행계획에는 다음 각 호의 사항이 포함되어야 한다.

1. 특별관리기본계획의 집행을 위하여 필요한 사항
2. 시·도에서 화재 등의 안전관리를 위하여 필요한 사항

⑤ 소방청장 및 시·도지사는 특별관리기본계획 또는 특별관리시행계획을 수립하는 경우 성별, 연령별, 화재안전취약자별 화재 피해현황 및 실태 등을 고려해야 한다.

📝 **핵심정리** | 소방안전 특별관리시설물

1. **기본계획 수립·시행권자:** 소방청장(5년마다)
2. **세부시행계획 수립·시행권자:** 시·도지사(매년)
3. **대상**
   ① 운수시설 중 철도, 도시철도, 공항, 항만시설
   ② 초고층 건축물, 지하연계 복합건축물, 연면적 10만m² 이상 물류창고
   ③ 산업단지, 산업기술단지
   ④ 수용인원 1천명 이상인 영화상영관
   ⑤ 문화재, 전력·통신용 지하구, 점포 500개 이상 전통시장
   ⑥ 석유비축시설, 천연가스 인수기지 및 공급망, 도시가스 공급시설, 발전소

제41조 (화재예방안전진단)

① 대통령령으로 정하는 소방안전 특별관리시설물의 관계인은 화재의 예방 및 안전관리를 체계적·효율적으로 수행하기 위하여 대통령령으로 정하는 바에 따라 「소방기본법」 제40조에 따른 한국소방안전원(이하 "안전원"이라 한다) 또는 소방청장이 지정하는 화재예방안전진단기관(이하 "진단기관"이라 한다)으로부터 정기적으로 화재예방안전진단을 받아야 한다.

② 제1항에 따른 화재예방안전진단의 범위는 다음 각 호와 같다.

1. 화재위험요인의 조사에 관한 사항
2. 소방계획 및 피난계획 수립에 관한 사항
3. 소방시설등의 유지·관리에 관한 사항

4. 비상대응조직 및 교육훈련에 관한 사항

5. 화재 위험성 평가에 관한 사항

6. 그 밖에 화재예방진단을 위하여 대통령령으로 정하는 사항

③ 제1항에 따라 안전원 또는 진단기관의 화재예방안전진단을 받은 연도에는 제37조에 따른 소방훈련과 교육 및 「소방시설 설치 및 관리에 관한 법률」 제22조에 따른 자체점검을 받은 것으로 본다.

④ 안전원 또는 진단기관은 제1항에 따른 화재예방안전진단 결과를 행정안전부령으로 정하는 바에 따라 소방본부장 또는 소방서장, 관계인에게 제출하여야 한다.

⑤ 소방본부장 또는 소방서장은 제4항에 따라 제출받은 화재예방안전진단 결과에 따라 보수·보강 등의 조치가 필요하다고 인정하는 경우에는 해당 소방안전 특별관리시설물의 관계인에게 보수·보강 등의 조치를 취할 것을 명할 수 있다.

⑥ 화재예방안전진단 업무에 종사하고 있거나 종사하였던 사람은 업무를 수행하면서 알게 된 비밀을 이 법에서 정한 목적 외의 용도로 사용하거나 다른 사람 또는 기관에 제공하거나 누설하여서는 아니 된다.

시행령 제43조 (화재예방안전진단의 대상) 법 제41조 제1항에서 "대통령령으로 정하는 소방안전 특별관리시설물"이란 다음 각 호의 시설을 말한다.

1. 법 제40조 제1항 제1호에 따른 공항시설 중 여객터미널의 연면적이 1천제곱미터 이상인 공항시설(2023년 12월 31일 기간내 진단)

2. 법 제40조 제1항 제2호에 따른 철도시설 중 역 시설의 연면적이 5천제곱미터 이상인 철도시설(2024년 12월 31일 기간내 진단)

3. 법 제40조 제1항 제3호에 따른 도시철도시설 중 역사 및 역 시설의 연면적이 5천제곱미터 이상인 도시철도시설(2025년 12월 31일 기간내 진단)

4. 법 제40조 제1항 제4호에 따른 항만시설 중 여객이용시설 및 지원시설의 연면적이 5천제곱미터 이상인 항만시설(2024년 12월 31일 기간내 진단)

5. 법 제40조 제1항 제10호에 따른 전력용 및 통신용 지하구 중 「국토의 계획 및 이용에 관한 법률」 제2조 제9호에 따른 공동구(2023년 12월 31일 기간내 진단)

6. 법 제40조 제1항 제12호에 따른 천연가스 인수기지 및 공급망 중 「소방시설 설치 및 관리에 관한 법률 시행령」 별표 2 제17호 나목에 따른 가스시설(2026년 12월 31일 기간내 진단)

7. 제41조 제2항 제1호에 따른 발전소 중 연면적이 5천제곱미터 이상인 발전소(2026년 12월 31일 기간내 진단)

8. 제41조 제2항 제3호에 따른 가스공급시설 중 가연성 가스 탱크의 저장용량의 합계가 100톤 이상이거나 저장용량이 30톤 이상인 가연성 가스 탱크가 있는 가스공급시설(2026년 12월 31일 기간내 진단)

제44조 (화재예방안전진단의 실시 절차 등) ① 소방안전관리대상물이 건축되어 제43조 각 호의 소방안전 특별관리시설물에 해당하게 된 경우 해당 소방안전 특별관리시설물의 관계인은 「건축법」 제22조에 따른 사용승인 또는 「소방시설공사업법」 제14조에 따른 완공검사를 받은 날부터 5년이 경과한 날이 속하는 해에 법 제41조 제1항에 따라 최초의 화재예방안전진단을 받아야 한다.

② 화재예방안전진단을 받은 소방안전 특별관리시설물의 관계인은 제3항에 따른 안전등급(이하 "안전등급"이라 한다)에 따라 정기적으로 다음 각 호의 기간에 법 제41조 제1항에 따라 화재예방안전진단을 받아야 한다.

1. 안전등급이 우수인 경우: 안전등급을 통보받은 날부터 6년이 경과한 날이 속하는 해

2. 안전등급이 양호·보통인 경우: 안전등급을 통보받은 날부터 5년이 경과한 날이 속하는 해

3. 안전등급이 미흡·불량인 경우: 안전등급을 통보받은 날부터 4년이 경과한 날이 속하는 해

③ 화재예방안전진단 결과는 우수, 양호, 보통, 미흡 및 불량의 안전등급으로 구분하며, 안전등급의 기준은 별표 7과 같다.

④ 제1항부터 제3항까지에서 규정한 사항 외에 화재예방안전진단 절차 및 방법 등에 관하여 필요한 사항은 행정안전부령으로 정한다.

제45조 (화재예방안전진단의 범위) 법 제41조 제2항 제6호에서 "대통령령으로 정하는 사항"이란 다음 각 호의 사항을 말한다.

1. 화재 등의 재난 발생 후 재발방지 대책의 수립 및 그 이행에 관한 사항

2. 지진 등 외부 환경 위험요인 등에 대한 예방·대비·대응에 관한 사항

3. 화재예방안전진단 결과 보수·보강 등 개선요구 사항 등에 대한 이행 여부

시행규칙 제41조 (화재예방안전진단의 절차 및 방법) ① 법 제41조 제1항에 따라 화재예방안전진단을 받아야 하는 소방안전 특별관리시설물(이하 "소방안전 특별관리시설물"이라 한다)의 관계인은 별지 제33호서식을 안전원 또는 소방청장이 지정하는 화재예방안전진단기관(이하 "진단기관"이라 한다)에 신청해야 한다.

② 제1항에 따라 화재예방안전진단 신청을 받은 안전원 또는 진단기관은 다음 각 호의 절차에 따라 화재예방안전진단을 실시한다.

1. 위험요인 조사
2. 위험성 평가
3. 위험성 감소대책의 수립

③ 화재예방안전진단은 다음 각 호의 방법으로 실시한다.

1. 준공도면, 시설 현황, 소방계획서 등 자료수집 및 분석
2. 화재위험요인 조사, 소방시설등의 성능점검 등 현장조사 및 점검
3. 정성적·정량적 방법을 통한 화재위험성 평가
4. 불시·무각본 훈련에 의한 비상대응훈련 평가
5. 그 밖에 지진 등 외부 환경 위험요인에 대한 예방·대비·대응태세 평가

④ 제1항에 따라 화재예방안전진단을 신청한 소방안전 특별관리시설물의 관계인은 화재예방안전진단에 필요한 자료의 열람 및 화재예방안전진단에 적극 협조해야 한다.

⑤ 제1항부터 제4항까지에서 규정한 사항 외에 화재예방안전진단의 세부 절차 및 평가방법 등에 관하여 필요한 사항은 소방청장이 정하여 고시한다.

제42조 (화재예방안전진단 결과 제출) ① 화재예방안전진단을 실시한 안전원 또는 진단기관은 법 제41조 제4항에 따라 화재예방안전진단이 완료된 날부터 60일 이내에 소방본부장 또는 소방서장, 관계인에게 별지 제34호서식의 화재예방안전진단 결과 보고서(전자문서를 포함한다)에 다음 각 호의 서류(전자문서를 포함한다)를 첨부하여 제출해야 한다.

1. 화재예방안전진단 결과 세부 보고서
2. 화재예방안전진단기관 지정서

② 제1항에 따른 화재예방안전진단 결과 보고서에는 다음 각 호의 사항이 포함되어야 한다.

1. 해당 소방안전 특별관리시설물 현황
2. 화재예방안전진단 실시 기관 및 참여인력
3. 화재예방안전진단 범위 및 내용
4. 화재위험요인의 조사·분석 및 평가 결과
5. 영 제44조 제2항에 따른 안전등급 및 위험성 감소대책
6. 그 밖에 소방안전 특별관리시설물의 화재예방 강화를 위하여 소방청장이 정하는 사항

📝 **핵심정리** | 화재예방안전진단

1. 실시방법
① A등급: 6년에 1회 이상
② B, C등급: 5년에 1회 이상
③ D, E등급: 4년에 1회 이상

2. 안전등급
① A등급: 우수, 문제점 발견되지 않음
② B등급: 양호, 문제점 일부 발견, 일부 시정 보완조치, 권고
③ C등급: 보통, 문제점 다수 발견, 다수 시정 보완조치, 권고
④ D등급: 미흡, 광범위 문제점 발견, 사용 제한
⑤ E등급: 불량, 중대한 문제점 발견, 사용 중단

제42조 (진단기관의 지정 및 취소)

① 제41조 제1항에 따라 소방청장으로부터 진단기관으로 지정을 받으려는 자는 대통령령으로 정하는 시설과 전문인력 등 지정기준을 갖추어 소방청장에게 지정을 신청하여야 한다.

② 소방청장은 진단기관으로 지정받은 자가 다음 각 호의 어느 하나에 해당하는 경우에는 그 지정을 취소하거나 6개월 이내의 기간을 정하여 업무의 전부 또는 일부의 정지를 명할 수 있다. 다만, 제1호 또는 제4호에 해당하는 경우에는 그 지정을 취소하여야 한다.

1. 거짓이나 그 밖의 부정한 방법으로 지정을 받은 경우
2. 제41조 제4항에 따른 화재예방안전진단 결과를 소방본부장 또는 소방서장, 관계인에게 제출하지 아니한 경우
3. 제1항에 따른 지정기준에 미달하게 된 경우
4. 업무정지기간에 화재예방안전진단 업무를 한 경우

③ 진단기관의 지정절차, 지정취소 또는 업무정지의 처분 등에 필요한 사항은 행정안전부령으로 정한다.

> **시행령 제46조 (화재예방안전진단기관의 지정기준)** 법 제42조 제1항에서 "대통령령으로 정하는 시설과 전문인력 등 지정기준"이란 별표 8에서 정하는 기준을 말한다.

> **시행규칙 제43조 (진단기관의 장비기준)** 영 별표 8 제3호에서 "행정안전부령으로 정하는 장비"란 별표 7의 장비를 말한다.
>
> **제44조 (진단기관의 지정신청)** ① 진단기관으로 지정받으려는 자는 법 제42조 제1항에 따라 별지 제35호서식의 화재예방안전진단기관 지정신청서(전자문서를 포함한다)에 다음 각 호의 서류(전자문서를 포함한다)를 첨부하여 소방청장에게 제출해야 한다.
>
> 1. 정관 사본
> 2. 시설 요건을 증명하는 서류 및 장비 명세서
> 3. 경력증명서 또는 재직증명서 등 기술인력의 자격요건을 증명하는 서류
>
> ② 제1항에 따른 화재예방안전진단기관 지정신청서를 제출받은 담당 공무원은 「전자정부법」 제36조 제1항에 따른 행정정보의 공동이용을 통하여 법인등기부 등본(법인인 경우만 해당한다) 및 국가기술자격증을 확인해야 한다. 다만, 신청인이 확인에 동의하지 않는 경우에는 이를 제출하도록 해야 한다.
>
> **제45조 (진단기관의 지정 절차)** ① 소방청장은 제44조 제1항에 따라 지정신청서를 접수한 경우에는 지정기준 등에 적합한지를 검토하여 60일 이내에 진단기관 지정 여부를 결정해야 한다.
>
> ② 소방청장은 제1항에 따라 진단기관의 지정을 결정한 경우에는 별지 제36호서식의 화재예방안전진단기관 지정서를 발급하고, 별지 제37호서식의 화재예방안전진단기관 관리대장에 기록하고 관리해야 한다.
>
> ③ 소방청장은 제2항에 따라 지정서를 발급한 경우에는 그 내용을 소방청 인터넷 홈페이지에 공고해야 한다.
>
> **제46조 (진단기관의 지정취소)** 법 제42조 제2항에 따른 진단기관의 지정취소 및 업무정지의 처분기준은 별표 8과 같다.

Chapter 07 보칙

제43조 (화재의 예방과 안전문화 진흥을 위한 시책의 추진)

① 소방관서장은 국민의 화재 예방과 안전에 관한 의식을 높이고 화재의 예방과 안전문화를 진흥시키기 위한 다음 각 호의 활동을 적극 추진하여야 한다.
1. 화재의 예방 및 안전관리에 관한 의식을 높이기 위한 활동 및 홍보
2. 소방대상물 특성별 화재의 예방과 안전관리에 필요한 행동요령의 개발·보급
3. 화재의 예방과 안전문화 우수사례의 발굴 및 확산
4. 화재 관련 통계 현황의 관리·활용 및 공개
5. 화재의 예방과 안전관리 취약계층에 대한 화재의 예방 및 안전관리 강화
6. 그 밖에 화재의 예방과 안전문화를 진흥하기 위한 활동
② 소방관서장은 화재의 예방과 안전문화 활동에 국민 또는 주민이 참여할 수 있는 제도를 마련하여 시행할 수 있다.
③ 소방청장은 국민이 화재의 예방과 안전문화를 실천하고 체험할 수 있는 체험시설을 설치·운영할 수 있다.
④ 국가와 지방자치단체는 지방자치단체 또는 그 밖의 기관·단체에서 추진하는 화재의 예방과 안전문화활동을 위하여 필요한 예산을 지원할 수 있다.

제44조 (우수 소방대상물 관계인에 대한 포상 등)

① 소방청장은 소방대상물의 자율적인 안전관리를 유도하기 위하여 안전관리 상태가 우수한 소방대상물을 선정하여 우수 소방대상물 표지를 발급하고, 소방대상물의 관계인을 포상할 수 있다.
② 제1항에 따른 우수 소방대상물의 선정 방법, 평가 대상물의 범위 및 평가 절차 등에 필요한 사항은 행정안전부령으로 정한다.

> **시행규칙 제47조 (우수 소방대상물의 선정 등)** ① 소방청장은 법 제44조 제1항에 따른 우수 소방대상물의 선정 및 관계인에 대한 포상을 위하여 우수 소방대상물의 선정방법, 평가 대상물의 범위 및 평가 절차 등에 관한 내용이 포함된 시행계획(이하 "시행계획"이라 한다)을 매년 수립·시행해야 한다.
> ② 소방청장은 우수 소방대상물 선정을 위하여 필요한 경우에는 소방대상물을 직접 방문하여 필요한 사항을 확인할 수 있다.
> ③ 소방청장은 우수 소방대상물 선정의 객관성 및 전문성을 확보하기 위하여 필요한 경우에는 다음 각 호의 어느 하나에 해당하는 사람이 2명 이상 포함된 평가위원회(이하 이 조에서 "평가위원회"라 한다)를 성별을 고려하여 구성·운영할 수 있다. 이 경우 평가위원회의 위원에게는 예산의 범위에서 수당, 여비 등 필요한 경비를 지급할 수 있다.
> 1. 소방기술사(소방안전관리자로 선임된 사람은 제외한다)
> 2. 소방시설관리사
> 3. 소방 관련 석사 이상의 학위를 취득한 사람
> 4. 소방 관련 법인 또는 단체에서 소방 관련 업무에 5년 이상 종사한 사람
> 5. 소방공무원 교육기관, 대학 또는 연구소에서 소방과 관련한 교육 또는 연구에 5년 이상 종사한 사람
> ④ 제1항부터 제3항까지에서 규정한 사항 외에 우수 소방대상물의 평가, 평가위원회 구성·운영, 포상의 종류·명칭 및 우수 소방대상물 표지 등에 관하여 필요한 사항은 소방청장이 정하여 고시한다.

제45조 (조치명령 등의 기간연장)

① 다음 각 호에 따른 조치명령·선임명령 또는 이행명령(이하 "조치명령등"이라 한다)을 받은 관계인 등은 천재지변이나 그 밖에 대통령령으로 정하는 사유로 조치명령등을 그 기간 내에 이행할 수 없는 경우에는 조치명령등을 명령한 소방관서장에게 대통령령으로 정하는 바에 따라 조치명령등의 이행시기를 연장하여 줄 것을 신청할 수 있다.

   1. 제14조에 따른 소방대상물의 개수·이전·제거, 사용의 금지 또는 제한, 사용폐쇄, 공사의 정지 또는 중지, 그 밖의 필요한 조치명령

   2. 제28조 제1항에 따른 소방안전관리자 또는 소방안전관리보조자 선임명령

   3. 제28조 제2항에 따른 소방안전관리업무 이행명령

② 제1항에 따라 연장신청을 받은 소방관서장은 연장신청 승인 여부를 결정하고 그 결과를 조치명령등의 이행 기간 내에 관계인 등에게 알려 주어야 한다.

> **시행령 제47조 (조치명령등의 기간연장)** ① 법 제45조 제1항 각 호 외의 부분에서 "대통령령으로 정하는 사유"란 다음 각 호의 어느 하나에 해당하는 사유를 말한다.
> 1. 「재난 및 안전관리 기본법」 제3조 제1호에 해당하는 재난이 발생한 경우
> 2. 경매 등의 사유로 소유권이 변동 중이거나 변동된 경우
> 3. 관계인의 질병, 사고, 장기출장의 경우
> 4. 시장·상가·복합건축물 등 소방대상물의 관계인이 여러 명으로 구성되어 법 제45조 제1항 각 호에 따른 조치명령·선임명령 또는 이행명령(이하 "조치명령등"이라 한다)의 이행에 대한 의견을 조정하기 어려운 경우
> 5. 그 밖에 관계인이 운영하는 사업에 부도 또는 도산 등 중대한 위기가 발생하여 조치명령등을 그 기간 내에 이행할 수 없는 경우
> ② 법 제45조 제1항에 따라 조치명령등의 이행시기 연장을 신청하려는 관계인 등은 행정안전부령으로 정하는 바에 따라 연장신청서에 기간연장의 사유 및 기간 등을 적어 소방관서장에게 제출해야 한다.
> ③ 제2항에 따른 기간연장의 신청 및 연장신청서의 처리에 필요한 사항은 행정안전부령으로 정한다.

> **시행규칙 제48조 (조치명령등의 기간연장)** ① 법 제45조 제1항에 따른 조치명령·선임명령 또는 이행명령(이하 "조치명령등"이라 한다)의 기간연장을 신청하려는 관계인 등은 영 제47조 제2항에 따라 별지 제38호서식에 따른 조치명령등의 기간연장 신청서(전자문서를 포함한다)에 조치명령등을 이행할 수 없음을 증명할 수 있는 서류(전자문서를 포함한다)를 첨부하여 소방관서장에게 제출해야 한다.
> ② 제1항에 따른 신청서를 제출받은 소방관서장은 신청받은 날부터 3일 이내에 조치명령등의 기간연장 여부를 결정하여 별지 제39호서식의 조치명령등의 기간연장 신청 결과 통지서를 관계인 등에게 통지해야 한다.

제46조 (청문)

소방청장 또는 시·도지사는 다음 각 호의 어느 하나에 해당하는 처분을 하려면 청문을 하여야 한다.
1. 제31조 제1항에 따른 소방안전관리자의 자격 취소
2. 제42조 제2항에 따른 진단기관의 지정 취소

제47조 (수수료 등)

다음 각 호의 어느 하나에 해당하는 자는 행정안전부령으로 정하는 수수료 또는 교육비를 내야 한다.
1. 제30조 제1항에 따른 소방안전관리자 자격시험에 응시하려는 사람
2. 제30조 제2항 및 제3항에 따른 소방안전관리자 자격증을 발급 또는 재발급 받으려는 사람

3. 제34조에 따른 강습교육 또는 실무교육을 받으려는 사람

4. 제41조 제1항에 따라 화재예방안전진단을 받으려는 관계인

> **시행규칙 제49조 (수수료 및 교육비)** ① 법 제47조에 따른 수수료 및 교육비는 별표 9와 같다.
>
> ② 별표 9에 따른 수수료 또는 교육비를 반환하는 경우에는 다음 각 호의 구분에 따라 반환해야 한다.
>
> 1. 수수료 또는 교육비를 과오납한 경우: 그 과오납한 금액의 전부
>
> 2. 시험시행기관 또는 교육실시기관에 책임이 있는 사유로 시험에 응시하지 못하거나 교육을 받지 못한 경우: 납입한 수수료 또는 교육비의 전부
>
> 3. 직계가족의 사망, 본인의 사고 또는 질병, 격리가 필요한 감염병이나 예견할 수 없는 기상상황 등으로 인해 시험에 응시하지 못하거나 교육을 받지 못한 경우(해당 사실을 증명하는 서류 등을 제출한 경우로 한정한다): 납입한 수수료 또는 교육비의 전부
>
> 4. 원서접수기간 또는 교육신청기간에 접수를 철회한 경우: 납입한 수수료 또는 교육비의 전부
>
> 5. 시험시행일 또는 교육실시일 20일 전까지 접수를 취소한 경우: 납입한 수수료 또는 교육비의 전부
>
> 6. 시험시행일 또는 교육실시일 10일 전까지 접수를 취소한 경우: 납입한 수수료 또는 교육비의 100분의 50

제48조 (권한의 위임 · 위탁 등)

① 이 법에 따른 소방청장 또는 시 · 도지사의 권한은 그 일부를 대통령령으로 정하는 바에 따라 시 · 도지사, 소방본부장 또는 소방서장에게 위임할 수 있다.

② 소방관서장은 다음 각 호에 해당하는 업무를 안전원에 위탁할 수 있다.

1. 제26조 제1항에 따른 소방안전관리자 또는 소방안전관리보조자 선임신고의 접수

2. 제26조 제2항에 따른 소방안전관리자 또는 소방안전관리보조자 해임 사실의 확인

3. 제29조 제1항에 따른 건설현장 소방안전관리자 선임신고의 접수

4. 제30조 제1항 제1호에 따른 소방안전관리자 자격시험

5. 제30조 제2항 및 제3항에 따른 소방안전관리자 자격증의 발급 및 재발급

6. 제33조에 따른 소방안전관리 등에 관한 종합정보망의 구축 · 운영

7. 제34조에 따른 강습교육 및 실무교육

③ 제2항에 따라 위탁받은 업무에 종사하고 있거나 종사하였던 사람은 업무를 수행하면서 알게 된 비밀을 이 법에서 정한 목적 외의 용도로 사용하거나 다른 사람 또는 기관에 제공하거나 누설하여서는 아니 된다.

> **시행령 제48조 (권한의 위임 · 위탁 등)** 소방청장은 법 제48조 제1항에 따라 법 제31조에 따른 소방안전관리자 자격의 정지 및 취소에 관한 업무를 소방서장에게 위임한다.
>
> **제49조 (고유식별정보의 처리)** 소방관서장(제48조 및 법 제48조 제2항에 따라 소방관서장의 권한 또는 업무를 위임받거나 위탁받은 자를 포함한다) 또는 시 · 도지사(해당 권한 또는 업무가 위임되거나 위탁된 경우에는 그 권한 또는 업무를 위임받거나 위탁받은 자를 포함한다)는 다음 각 호의 사무를 수행하기 위하여 불가피한 경우 「개인정보 보호법 시행령」 제19조 제1호 또는 제4호에 따른 주민등록번호 또는 외국인등록번호가 포함된 자료를 처리할 수 있다.
>
> 1. 법 제7조 및 제8조에 따른 화재안전조사에 관한 사무
>
> 2. 법 제14조에 따른 화재안전조사 결과에 따른 조치명령에 관한 사무
>
> 3. 법 제15조에 따른 손실보상에 관한 사무
>
> 4. 법 제17조에 따른 화재의 예방조치 등에 관한 사무
>
> 5. 법 제19조에 따른 화재의 예방 등에 대한 지원에 관한 사무
>
> 6. 법 제23조에 따른 화재안전취약자 지원에 관한 사무

7. 법 제24조, 제26조, 제28조 및 제29조에 따른 소방안전관리자, 소방안전관리보조자 및 건설현장 소방안전관리자의 선임신고 등에 관한 사무
8. 법 제30조에 따른 소방안전관리자 자격증의 발급·재발급 및 법 제31조에 따른 자격의 정지·취소에 관한 사무
9. 법 제32조에 따른 소방안전관리자 자격시험에 관한 사무
10. 법 제33조에 따른 소방안전관리 등에 관한 종합정보망의 구축·운영에 관한 사무
11. 법 제34조에 따른 소방안전관리자 등에 대한 교육에 관한 사무
12. 법 제42조에 따른 화재예방안전진단기관의 지정 및 취소
13. 법 제44조에 따른 우수 소방대상물 관계인에 대한 포상 등에 관한 사무
14. 법 제45조에 따른 조치명령등의 기간연장에 관한 사무
15. 법 제46조에 따른 청문에 관한 사무
16. 법 제47조에 따른 수수료 징수에 관한 사무

제50조 (규제의 재검토) 소방청장은 다음 각 호의 사항에 대하여 해당 호에서 정하는 날을 기준일로 하여 3년마다(매 3년이 되는 해의 기준일과 같은 날 전까지를 말한다) 그 타당성을 검토하여 개선 등의 조치를 해야 한다.
1. 제25조에 따른 소방안전관리자를 두어야 하는 특정소방대상물: 2022년 12월 1일
2. 제25조에 따른 소방안전관리보조자를 두어야 하는 특정소방대상물: 2022년 12월 1일
3. 제25조에 따른 소방안전관리자 및 소방안전관리보조자의 선임 대상별 자격 및 선임인원: 2022년 12월 1일
4. 제28조에 따른 소방안전관리 업무의 대행 대상 및 업무: 2022년 12월 1일

시행규칙 제50조 (안전원이 갖춰야 하는 시설 기준 등) ① 안전원의 장은 화재예방안전진단을 원활하게 수행하기 위하여 영 별표 8에 따른 진단기관이 갖춰야 하는 시설, 전문인력 및 장비를 갖춰야 한다.
② 안전원은 법 제48조 제2항 제7호에 따른 업무를 위탁받은 경우 별표 10의 시설기준을 갖춰야 한다.

제49조 (벌칙 적용에서 공무원 의제)

다음 각 호의 어느 하나에 해당하는 자 중 공무원이 아닌 사람은 「형법」 제129조부터 제132조까지의 규정을 적용할 때에는 공무원으로 본다.
1. 제9조에 따른 화재안전조사단의 구성원
2. 제10조에 따른 화재안전조사위원회의 위원
3. 제11조에 따라 화재안전조사에 참여하는 자
4. 제22조에 따른 화재안전영향평가심의회 위원
5. 제41조 제1항에 따른 화재예방안전진단업무 수행 기관의 임원 및 직원
6. 제48조 제2항에 따라 위탁받은 업무에 종사하는 안전원의 담당 임원 및 직원

제50조 (벌칙)

① 다음 각 호의 어느 하나에 해당하는 자는 3년 이하의 징역 또는 3천만원 이하의 벌금에 처한다.

   1. 제14조 제1항 및 제2항에 따른 조치명령을 정당한 사유 없이 위반한 자

   2. 제28조 제1항 및 제2항에 따른 명령을 정당한 사유 없이 위반한 자

   3. 제41조 제5항에 따른 보수·보강 등의 조치명령을 정당한 사유 없이 위반한 자

   4. 거짓이나 그 밖의 부정한 방법으로 제42조 제1항에 따른 진단기관으로 지정을 받은 자

② 다음 각 호의 어느 하나에 해당하는 자는 1년 이하의 징역 또는 1천만원 이하의 벌금에 처한다.

   1. 제12조 제2항을 위반하여 관계인의 정당한 업무를 방해하거나, 조사업무를 수행하면서 취득한 자료나 알게 된 비밀을 다른 사람 또는 기관에게 제공 또는 누설하거나 목적 외의 용도로 사용한 자

   2. 제30조 제4항을 위반하여 자격증을 다른 사람에게 빌려 주거나 빌리거나 이를 알선한 자

   3. 제41조 제1항을 위반하여 진단기관으로부터 화재예방안전진단을 받지 아니한 자

③ 다음 각 호의 어느 하나에 해당하는 자는 300만원 이하의 벌금에 처한다.

   1. 제7조 제1항에 따른 화재안전조사를 정당한 사유 없이 거부·방해 또는 기피한 자

   2. 제17조 제2항 각 호의 어느 하나에 따른 명령을 정당한 사유 없이 따르지 아니하거나 방해한 자

   3. 제24조 제1항·제3항, 제29조 제1항 및 제35조 제1항·제2항을 위반하여 소방안전관리자, 총괄소방안전관리자 또는 소방안전관리보조자를 선임하지 아니한 자

   4. 제27조 제3항을 위반하여 소방시설·피난시설·방화시설 및 방화구획 등이 법령에 위반된 것을 발견하였음에도 필요한 조치를 할 것을 요구하지 아니한 소방안전관리자

   5. 제27조 제4항을 위반하여 소방안전관리자에게 불이익한 처우를 한 관계인

   6. 제41조 제6항 및 제48조 제3항을 위반하여 업무를 수행하면서 알게 된 비밀을 이 법에서 정한 목적 외의 용도로 사용하거나 다른 사람 또는 기관에 제공하거나 누설한 자

제51조 (양벌규정)

법인의 대표자나 법인 또는 개인의 대리인, 사용인, 그 밖의 종업원이 그 법인 또는 개인의 업무에 관하여 제50조에 해당하는 위반행위를 하면 그 행위자를 벌하는 외에 그 법인 또는 개인에게도 해당 조문의 벌금형을 과(科)한다. 다만, 법인 또는 개인이 그 위반행위를 방지하기 위하여 해당 업무에 관하여 상당한 주의와 감독을 게을리하지 아니한 경우에는 그러하지 아니하다.

제52조 (과태료)

① 다음 각 호의 어느 하나에 해당하는 자에게는 300만원 이하의 과태료를 부과한다.

  1. 정당한 사유 없이 제17조 제1항 각 호의 어느 하나에 해당하는 행위를 한 자

  2. 제24조 제2항을 위반하여 소방안전관리자를 겸한 자

  3. 제24조 제5항에 따른 소방안전관리업무를 하지 아니한 특정소방대상물의 관계인 또는 소방안전관리대상물의 소방안전관리자

  4. 제27조 제2항을 위반하여 소방안전관리업무의 지도·감독을 하지 아니한 자

  5. 제29조 제2항에 따른 건설현장 소방안전관리대상물의 소방안전관리자의 업무를 하지 아니한 소방안전관리자

  6. 제36조 제3항을 위반하여 피난유도 안내정보를 제공하지 아니한 자

  7. 제37조 제1항을 위반하여 소방훈련 및 교육을 하지 아니한 자

  8. 제41조 제4항을 위반하여 화재예방안전진단 결과를 제출하지 아니한 자

② 다음 각 호의 어느 하나에 해당하는 자에게는 200만원 이하의 과태료를 부과한다.

  1. 제17조 제4항에 따른 불을 사용할 때 지켜야 하는 사항 및 같은 조 제5항에 따른 특수가연물의 저장 및 취급 기준을 위반한 자

  2. 제18조 제4항에 따른 소방설비등의 설치 명령을 정당한 사유 없이 따르지 아니한 자

  3. 제26조 제1항을 위반하여 기간 내에 선임신고를 하지 아니하거나 소방안전관리자의 성명 등을 게시하지 아니한 자

  4. 제29조 제1항을 위반하여 기간 내에 선임신고를 하지 아니한 자

  5. 제37조 제2항을 위반하여 기간 내에 소방훈련 및 교육 결과를 제출하지 아니한 자

③ 제34조 제1항 제2호를 위반하여 실무교육을 받지 아니한 소방안전관리자 및 소방안전관리보조자에게는 100만원 이하의 과태료를 부과한다.

④ 제1항부터 제3항까지에 따른 과태료는 대통령령으로 정하는 바에 따라 소방청장, 시·도지사, 소방본부장 또는 소방서장이 부과·징수한다.

> **시행령 제51조 (과태료의 부과기준)** 법 제52조 제1항부터 제3항까지의 규정에 따른 과태료의 부과기준은 별표 9와 같다.

화재의 예방 및 안전관리에 관한 법률 시행령 별표

별표 1 보일러 등의 설비 또는 기구 등의 위치·구조 및 관리와 화재예방을 위하여 불을 사용할 때 지켜야 하는 사항(제18조 제2항 관련)

1. 보일러

가. 가연성 벽·바닥 또는 천장과 접촉하는 증기기관 또는 연통의 부분은 규조토 등 난연성 또는 불연성 단열재로 덮어씌워야 한다.

나. 경유·등유 등 액체연료를 사용할 때에는 다음 사항을 지켜야 한다.
1) 연료탱크는 보일러 본체로부터 수평거리 1미터 이상의 간격을 두어 설치할 것
2) 연료탱크에는 화재 등 긴급상황이 발생하는 경우 연료를 차단할 수 있는 개폐밸브를 연료탱크로부터 0.5미터 이내에 설치할 것
3) 연료탱크 또는 보일러 등에 연료를 공급하는 배관에는 여과장치를 설치할 것
4) 사용이 허용된 연료 외의 것을 사용하지 않을 것
5) 연료탱크가 넘어지지 않도록 받침대를 설치하고, 연료탱크 및 연료탱크 받침대는 「건축법 시행령」 제2조 제10호에 따른 불연재료(이하 "불연재료"라 한다)로 할 것

다. 기체연료를 사용할 때에는 다음 사항을 지켜야 한다.
1) 보일러를 설치하는 장소에는 환기구를 설치하는 등 가연성 가스가 머무르지 않도록 할 것
2) 연료를 공급하는 배관은 금속관으로 할 것
3) 화재 등 긴급 시 연료를 차단할 수 있는 개폐밸브를 연료용기 등으로부터 0.5미터 이내에 설치할 것
4) 보일러가 설치된 장소에는 가스누설경보기를 설치할 것

라. 화목(火木) 등 고체연료를 사용할 때에는 다음 사항을 지켜야 한다.
1) 고체연료는 보일러 본체와 수평거리 2미터 이상 간격을 두어 보관하거나 불연재료로 된 별도의 구획된 공간에 보관할 것
2) 연통은 천장으로부터 0.6미터 떨어지고, 연통의 배출구는 건물 밖으로 0.6미터 이상 나오도록 설치할 것
3) 연통의 배출구는 보일러 본체보다 2미터 이상 높게 설치할 것
4) 연통이 관통하는 벽면, 지붕 등은 불연재료로 처리할 것
5) 연통재질은 불연재료로 사용하고 연결부에 청소구를 설치할 것

마. 보일러 본체와 벽·천장 사이의 거리는 0.6미터 이상이어야 한다.

바. 보일러를 실내에 설치하는 경우에는 콘크리트바닥 또는 금속 외의 불연재료로 된 바닥 위에 설치해야 한다.

2. 난로

가. 연통은 천장으로부터 0.6미터 이상 떨어지고, 연통의 배출구는 건물 밖으로 0.6미터 이상 나오게 설치해야 한다.

나. 가연성 벽·바닥 또는 천장과 접촉하는 연통의 부분은 규조토 등 난연성 또는 불연성의 단열재로 덮어씌워야 한다.

다. 이동식난로는 다음의 장소에서 사용해서는 안 된다. 다만, 난로가 쓰러지지 않도록 받침대를 두어 고정시키거나 쓰러지는 경우 즉시 소화되고 연료의 누출을 차단할 수 있는 장치가 부착된 경우에는 그렇지 않다.
1) 「다중이용업소의 안전관리에 관한 특별법」 제2조 제1항 제4호에 따른 다중이용업소
2) 「학원의 설립·운영 및 과외교습에 관한 법률」 제2조 제1호에 따른 학원
3) 「학원의 설립·운영 및 과외교습에 관한 법률 시행령」 제2조 제1항 제4호에 따른 독서실

4) 「공중위생관리법」 제2조 제1항 제2호에 따른 숙박업, 같은 항 제3호에 따른 목욕장업 및 같은 항 제6호에 따른 세탁업의 영업장

5) 「의료법」 제3조 제2항 제1호에 따른 의원·치과의원·한의원, 같은 항 제2호에 따른 조산원 및 같은 항 제3호에 따른 병원·치과병원·한방병원·요양병원·정신병원·종합병원

6) 「식품위생법 시행령」 제21조 제8호에 따른 식품접객업의 영업장

7) 「영화 및 비디오물의 진흥에 관한 법률」 제2조 제10호에 따른 영화상영관

8) 「공연법」 제2조 제4호에 따른 공연장

9) 「박물관 및 미술관 진흥법」 제2조 제1호에 따른 박물관 및 같은 조 제2호에 따른 미술관

10) 「유통산업발전법」 제2조 제7호에 따른 상점가

11) 「건축법」 제20조에 따른 가설건축물

12) 역·터미널

3. 건조설비

가. 건조설비와 벽·천장 사이의 거리는 0.5미터 이상이어야 한다.

나. 건조물품이 열원과 직접 접촉하지 않도록 해야 한다.

다. 실내에 설치하는 경우에 벽·천장 및 바닥은 불연재료로 해야 한다.

4. 가스·전기시설

가. 가스시설의 경우 「고압가스 안전관리법」, 「도시가스사업법」 및 「액화석유가스의 안전관리 및 사업법」에서 정하는 바에 따른다.

나. 전기시설의 경우 「전기사업법」 및 「전기안전관리법」에서 정하는 바에 따른다.

5. 불꽃을 사용하는 용접·용단 기구

용접 또는 용단 작업장에서는 다음 각 목의 사항을 지켜야 한다. 다만, 「산업안전보건법」 제38조의 적용을 받는 사업장에는 적용하지 않는다.

가. 용접 또는 용단 작업장 주변 반경 5미터 이내에 소화기를 갖추어 둘 것

나. 용접 또는 용단 작업장 주변 반경 10미터 이내에는 가연물을 쌓아두거나 놓아두지 말 것. 다만, 가연물의 제거가 곤란하여 방화포 등으로 방호조치를 한 경우는 제외한다.

6. 노·화덕설비

가. 실내에 설치하는 경우에는 흙바닥 또는 금속 외의 불연재료로 된 바닥에 설치해야 한다.

나. 노 또는 화덕을 설치하는 장소의 벽·천장은 불연재료로 된 것이어야 한다.

다. 노 또는 화덕의 주위에는 녹는 물질이 확산되지 않도록 높이 0.1미터 이상의 턱을 설치해야 한다.

라. 시간당 열량이 30만킬로칼로리 이상인 노를 설치하는 경우에는 다음의 사항을 지켜야 한다.

1) 「건축법」 제2조 제1항 제7호에 따른 주요구조부(이하 "주요구조부"라 한다)는 불연재료 이상으로 할 것

2) 창문과 출입구는 「건축법 시행령」 제64조에 따른 60분+ 방화문 또는 60분 방화문으로 설치할 것

3) 노 주위에는 1미터 이상 공간을 확보할 것

7. 음식조리를 위하여 설치하는 설비

「식품위생법 시행령」 제21조 제8호에 따른 식품접객업 중 일반음식점 주방에서 조리를 위하여 불을 사용하는 설비를 설치하는 경우에는 다음 각 목의 사항을 지켜야 한다.

가. 주방설비에 부속된 배출덕트(공기 배출통로)는 0.5밀리미터 이상의 아연도금강판 또는 이와 같거나 그 이상의 내식성 불연재료로 설치할 것

나. 주방시설에는 동물 또는 식물의 기름을 제거할 수 있는 필터 등을 설치할 것

다. 열을 발생하는 조리기구는 반자 또는 선반으로부터 0.6미터 이상 떨어지게 할 것

라. 열을 발생하는 조리기구로부터 0.15미터 이내의 거리에 있는 가연성 주요구조부는 단열성이 있는 불연재료로 덮어 씌울 것

※ 비고

1. "보일러"란 사업장 또는 영업장 등에서 사용하는 것을 말하며, 주택에서 사용하는 가정용 보일러는 제외한다.
2. "건조설비"란 산업용 건조설비를 말하며, 주택에서 사용하는 건조설비는 제외한다.
3. "노·화덕설비"란 제조업·가공업에서 사용되는 것을 말하며, 주택에서 조리용도로 사용되는 화덕은 제외한다.
4. 보일러, 난로, 건조설비, 불꽃을 사용하는 용접·용단기구 및 노·화덕설비가 설치된 장소에는 소화기 1개 이상을 갖추어 두어야 한다(시행 이후 6개월 이내).

별표 2 　특수가연물(제19조 제1항 관련)

품명		수량
면화류		200킬로그램 이상
나무껍질 및 대팻밥		400킬로그램 이상
넝마 및 종이 부스러기		1,000킬로그램 이상
사류(絲類)		1,000킬로그램 이상
볏짚류		1,000킬로그램 이상
가연성 고체류		3,000킬로그램 이상
석탄·목탄류		10,000킬로그램 이상
가연성 액체류		2세제곱미터 이상
목재가공품 및 나무 부스러기		10세제곱미터 이상
고무류·플라스틱류	발포시킨 것	20세제곱미터 이상
	그 밖의 것	3,000킬로그램 이상

※ 비고

1. "면화류"란 불연성 또는 난연성이 아닌 면상(綿狀) 또는 팽이모양의 섬유와 마사(麻絲) 원료를 말한다.
2. 넝마 및 종이부스러기는 불연성 또는 난연성이 아닌 것(동물 또는 식물의 기름이 깊이 스며들어 있는 옷감·종이 및 이들의 제품을 포함한다)으로 한정한다.
3. "사류"란 불연성 또는 난연성이 아닌 실(실부스러기와 솜털을 포함한다)과 누에고치를 말한다.
4. "볏짚류"란 마른 볏짚·북데기와 이들의 제품 및 건초를 말한다. 다만, 축산용도로 사용하는 것은 제외한다.
5. "가연성 고체류"란 고체로서 다음 각 목에 해당하는 것을 말한다.
　가. 인화점이 섭씨 40도 이상 100도 미만인 것
　나. 인화점이 섭씨 100도 이상 200도 미만이고, 연소열량이 1그램당 8킬로칼로리 이상인 것
　다. 인화점이 섭씨 200도 이상이고 연소열량이 1그램당 8킬로칼로리 이상인 것으로서 녹는점(융점)이 100도 미만인 것
　라. 1기압과 섭씨 20도 초과 40도 이하에서 액상인 것으로서 인화점이 섭씨 70도 이상 섭씨 200도 미만이거나 나목 또는 다목에 해당하는 것
6. 석탄·목탄류에는 코크스, 석탄가루를 물에 갠 것, 마세크탄(조개탄), 연탄, 석유코크스, 활성탄 및 이와 유사한 것을 포함한다.

7. "가연성 액체류"란 다음 각 목의 것을 말한다.

    가. 1기압과 섭씨 20도 이하에서 액상인 것으로서 가연성 액체량이 40중량퍼센트 이하이면서 인화점이 섭씨 40도 이상 섭씨 70도 미만이고 연소점이 섭씨 60도 이상인 것

    나. 1기압과 섭씨 20도에서 액상인 것으로서 가연성 액체량이 40중량퍼센트 이하이고 인화점이 섭씨 70도 이상 섭씨 250도 미만인 것

    다. 동물의 기름과 살코기 또는 식물의 씨나 과일의 살에서 추출한 것으로서 다음의 어느 하나에 해당하는 것

        1) 1기압과 섭씨 20도에서 액상이고 인화점이 250도 미만인 것으로서 「위험물안전관리법」 제20조 제1항에 따른 용기기준과 수납 · 저장기준에 적합하고 용기외부에 물품명 · 수량 및 "화기엄금" 등의 표시를 한 것

        2) 1기압과 섭씨 20도에서 액상이고 인화점이 섭씨 250도 이상인 것

8. "고무류 · 플라스틱류"란 불연성 또는 난연성이 아닌 고체의 합성수지제품, 합성수지반제품, 원료합성수지 및 합성수지 부스러기(불연성 또는 난연성이 아닌 고무제품, 고무반제품, 원료고무 및 고무 부스러기를 포함한다)를 말한다. 다만, 합성수지의 섬유 · 옷감 · 종이 및 실과 이들의 넝마와 부스러기는 제외한다.

별표 3 특수가연물의 저장 및 취급 기준(제19조 제2항 관련)

1. 특수가연물의 저장 · 취급 기준

특수가연물은 다음 각 목의 기준에 따라 쌓아 저장해야 한다. 다만, 석탄 · 목탄류를 발전용(發電用)으로 저장하는 경우는 제외한다.

가. 품명별로 구분하여 쌓을 것

나. 다음의 기준에 맞게 쌓을 것

구분	살수설비를 설치하거나 방사능력 범위에 해당 특수가연물이 포함되도록 대형수동식소화기를 설치하는 경우	그 밖의 경우
높이	15미터 이하	10미터 이하
쌓는 부분의 바닥면적	200제곱미터(석탄 · 목탄류의 경우에는 300제곱미터) 이하	50제곱미터(석탄 · 목탄류의 경우에는 200제곱미터) 이하

다. 실외에 쌓아 저장하는 경우 쌓는 부분이 대지경계선, 도로 및 인접 건축물과 최소 6미터 이상 간격을 둘 것. 다만, 쌓는 높이보다 0.9미터 이상 높은 「건축법 시행령」 제2조 제7호에 따른 내화구조(이하 "내화구조"라 한다) 벽체를 설치한 경우는 그렇지 않다.

라. 실내에 쌓아 저장하는 경우 주요구조부는 내화구조이면서 불연재료여야 하고, 다른 종류의 특수가연물과 같은 공간에 보관하지 않을 것. 다만, 내화구조의 벽으로 분리하는 경우는 그렇지 않다.

마. 쌓는 부분 바닥면적의 사이는 실내의 경우 1.2미터 또는 쌓는 높이의 1/2 중 큰 값 이상으로 간격을 두어야 하며, 실외의 경우 3미터 또는 쌓는 높이 중 큰 값 이상으로 간격을 둘 것

2. 특수가연물 표지(시행 이후 6개월 이내)

가. 특수가연물을 저장 또는 취급하는 장소에는 품명, 최대저장수량, 단위부피당 질량 또는 단위체적당 질량, 관리책임자 성명 · 직책, 연락처 및 화기취급의 금지표시가 포함된 특수연물 표지를 설치해야 한다.

나. 특수가연물 표지의 규격은 다음과 같다.

특수가연물	
화기엄금	
품명	합성수지류
최대저장수량(배수)	OOO톤(OO배)
단위부피당 질량 (단위체적당 질량)	OOOkg/m³
관리책임자 (직책)	홍길동 팀장
연락처	02-OOO-OOOO

1) 특수가연물 표지는 한 변의 길이가 0.3미터 이상, 다른 한 변의 길이가 0.6미터 이상인 직사각형으로 할 것
2) 특수가연물 표지의 바탕은 흰색으로, 문자는 검은색으로 할 것. 다만, "화기엄금" 표시 부분은 제외한다.
3) 특수가연물 표지 중 화기엄금 표시 부분의 바탕은 붉은색으로, 문자는 백색으로 할 것
다. 특수가연물 표지는 특수가연물을 저장하거나 취급하는 장소 중 보기 쉬운 곳에 설치해야 한다.

별표 4 소방안전관리자를 선임해야 하는 소방안전관리대상물의 범위와 소방안전관리자의 선임 대상별 자격 및 인원기준(제25조 제1항 관련)

1. 특급 소방안전관리대상물

가. 특급 소방안전관리대상물의 범위
소방시설 설치 및 관리에 관한 법률 시행령」 별표 2의 특정소방대상물 중 다음의 어느 하나에 해당하는 것
1) 50층 이상(지하층은 제외한다)이거나 지상으로부터 높이가 200미터 이상인 아파트
2) 30층 이상(지하층을 포함한다)이거나 지상으로부터 높이가 120미터 이상인 특정소방대상물(아파트는 제외한다)
3) 2)에 해당하지 않는 특정소방대상물로서 연면적이 10만제곱미터 이상인 특정소방대상물(아파트는 제외한다)
나. 특급 소방안전관리대상물에 선임해야 하는 소방안전관리자의 자격
다음의 어느 하나에 해당하는 사람으로서 특급 소방안전관리자 자격증을 발급받은 사람
1) 소방기술사 또는 소방시설관리사의 자격이 있는 사람
2) 소방설비기사의 자격을 취득한 후 5년 이상 1급 소방안전관리대상물의 소방안전관리자로 근무한 실무경력(법 제24조 제3항에 따라 소방안전관리자로 선임되어 근무한 경력은 제외한다. 이하 이 표에서 같다)이 있는 사람
3) 소방설비산업기사의 자격을 취득한 후 7년 이상 1급 소방안전관리대상물의 소방안전관리자로 근무한 실무경력이 있는 사람
4) 소방공무원으로 20년 이상 근무한 경력이 있는 사람
5) 소방청장이 실시하는 특급 소방안전관리대상물의 소방안전관리에 관한 시험에 합격한 사람
다. 선임인원: 1명 이상

2. 1급 소방안전관리대상물

가. 1급 소방안전관리대상물의 범위

「소방시설 설치 및 관리에 관한 법률 시행령」 별표 2의 특정소방대상물 중 다음의 어느 하나에 해당하는 것(제1호에 따른 특급 소방안전관리대상물은 제외한다)

1) 30층 이상(지하층은 제외한다)이거나 지상으로부터 높이가 120미터 이상인 아파트

2) 연면적 1만5천제곱미터 이상인 특정소방대상물(아파트 및 연립주택은 제외한다)

3) 2)에 해당하지 않는 특정소방대상물로서 지상층의 층수가 11층 이상인 특정소방대상물(아파트는 제외한다)

4) 가연성 가스를 1천톤 이상 저장·취급하는 시설

나. 1급 소방안전관리대상물에 선임해야 하는 소방안전관리자의 자격

다음의 어느 하나에 해당하는 사람으로서 1급 소방안전관리자 자격증을 발급받은 사람 또는 제1호에 따른 특급 소방안전관리대상물의 소방안전관리자 자격증을 발급받은 사람

1) 소방설비기사 또는 소방설비산업기사의 자격이 있는 사람

2) 소방공무원으로 7년 이상 근무한 경력이 있는 사람

3) 소방청장이 실시하는 1급 소방안전관리대상물의 소방안전관리에 관한 시험에 합격한 사람

다. 선임인원: 1명 이상

3. 2급 소방안전관리대상물

가. 2급 소방안전관리대상물의 범위

「소방시설 설치 및 관리에 관한 법률 시행령」 별표 2의 특정소방대상물 중 다음의 어느 하나에 해당하는 것(제1호에 따른 특급 소방안전관리대상물 및 제2호에 따른 1급 소방안전관리대상물은 제외한다)

1) 「소방시설 설치 및 관리에 관한 법률 시행령」 별표 4 제1호다목에 따라 옥내소화전설비를 설치해야 하는 특정소방대상물, 같은 호 라목에 따라 스프링클러설비를 설치해야 하는 특정소방대상물 또는 같은 호 바목에 따라 물분무등소화설비[화재안전기준에 따라 호스릴(hose reel) 방식의 물분무등소화설비만을 설치할 수 있는 특정소방대상물은 제외한다]를 설치해야 하는 특정소방대상물

2) 가스 제조설비를 갖추고 도시가스사업의 허가를 받아야 하는 시설 또는 가연성 가스를 100톤 이상 1천톤 미만 저장·취급하는 시설

3) 지하구

4) 「공동주택관리법」 제2조 제1항 제2호의 어느 하나에 해당하는 공동주택(「소방시설 설치 및 관리에 관한 법률 시행령」 별표 4 제1호다목 또는 라목에 따른 옥내소화전설비 또는 스프링클러설비가 설치된 공동주택으로 한정한다)

5) 「문화재보호법」 제23조에 따라 보물 또는 국보로 지정된 목조건축물

나. 2급 소방안전관리대상물에 선임해야 하는 소방안전관리자의 자격

다음의 어느 하나에 해당하는 사람으로서 2급 소방안전관리자 자격증을 발급받은 사람, 제1호에 따른 특급 소방안전관리대상물 또는 제2호에 따른 1급 소방안전관리대상물의 소방안전관리자 자격증을 발급받은 사람

1) 위험물기능장·위험물산업기사 또는 위험물기능사 자격이 있는 사람

2) 소방공무원으로 3년 이상 근무한 경력이 있는 사람

3) 소방청장이 실시하는 2급 소방안전관리대상물의 소방안전관리에 관한 시험에 합격한 사람

4) 「기업활동 규제완화에 관한 특별조치법」 제29조, 제30조 및 제32조에 따라 소방안전관리자로 선임된 사람(소방안전관리자로 선임된 기간으로 한정한다)

다. 선임인원: 1명 이상

4. 3급 소방안전관리대상물

가. 3급 소방안전관리대상물의 범위

「소방시설 설치 및 관리에 관한 법률 시행령」 별표 2의 특정소방대상물 중 다음의 어느 하나에 해당하는 것(제1호에 따른 특급 소방안전관리대상물, 제2호에 따른 1급 소방안전관리대상물 및 제3호에 따른 2급 소방안전관리대상물은 제외한다)

1) 「소방시설 설치 및 관리에 관한 법률 시행령」 별표 4 제1호마목에 따라 간이스프링클러설비(주택전용 간이스프링클러설비는 제외한다)를 설치해야 하는 특정소방대상물(시행 이후 1년이 이내 선임)

2) 「소방시설 설치 및 관리에 관한 법률 시행령」 별표 4 제2호다목에 따른 자동화재탐지설비를 설치해야 하는 특정소방대상물

나. 3급 소방안전관리대상물에 선임해야 하는 소방안전관리자의 자격

다음의 어느 하나에 해당하는 사람으로서 3급 소방안전관리자 자격증을 발급받은 사람 또는 제1호부터 제3호까지의 규정에 따라 특급 소방안전관리대상물, 1급 소방안전관리대상물 또는 2급 소방안전관리대상물의 소방안전관리자 자격증을 발급받은 사람

1) 소방공무원으로 1년 이상 근무한 경력이 있는 사람

2) 소방청장이 실시하는 3급 소방안전관리대상물의 소방안전관리에 관한 시험에 합격한 사람

3) 「기업활동 규제완화에 관한 특별조치법」 제29조, 제30조 및 제32조에 따라 소방안전관리자로 선임된 사람(소방안전관리자로 선임된 기간으로 한정한다)

다. 선임인원: 1명 이상

※ 비고

1. 동·식물원, 철강 등 불연성 물품을 저장·취급하는 창고, 위험물 저장 및 처리 시설 중 제조소등과 지하구는 특급 소방안전관리대상물 및 1급 소방안전관리대상물에서 제외한다.

2. 이 표 제1호에 따른 특급 소방안전관리대상물에 선임해야 하는 소방안전관리자의 자격을 산정할 때에는 동일한 기간에 수행한 경력이 두 가지 이상의 자격기준에 해당하는 경우 하나의 자격기준에 대해서만 그 기간을 인정하고 기간이 중복되지 않는 소방안전관리자 실무경력의 경우에는 각각의 기간을 실무경력으로 인정한다. 이 경우 자격기준별 실무경력 기간을 해당 실무경력 기준기간으로 나누어 합한 값이 1 이상이면 선임자격을 갖춘 것으로 본다.

별표 5

소방안전관리보조자를 선임해야 하는 소방안전관리대상물의 범위와 선임 대상별 자격 및 인원기준(제25조 제2항 관련)

1. 소방안전관리보조자를 선임해야 하는 소방안전관리대상물의 범위

별표 4에 따라 소방안전관리자를 선임해야 하는 소방안전관리대상물 중 다음 각 목의 어느 하나에 해당하는 소방안전관리대상물

가. 「건축법 시행령」 별표 1 제2호가목에 따른 아파트 중 300세대 이상인 아파트

나. 연면적이 1만5천제곱미터 이상인 특정소방대상물(아파트 및 연립주택은 제외한다)

다. 가목 및 나목에 따른 특정소방대상물을 제외한 특정소방대상물 중 다음의 어느 하나에 해당하는 특정소방대상물

1) 공동주택 중 기숙사

2) 의료시설

3) 노유자 시설

4) 수련시설

5) 숙박시설(숙박시설로 사용되는 바닥면적의 합계가 1천500제곱미터 미만이고 관계인이 24시간 상시 근무하고 있는 숙박시설은 제외한다)

2. 소방안전관리보조자의 자격

가. 별표 4에 따른 특급 소방안전관리대상물, 1급 소방안전관리대상물, 2급 소방안전관리대상물 또는 3급 소방안전관리대상물의 소방안전관리자 자격이 있는 사람

나. 「국가기술자격법」 제2조 제3호에 따른 국가기술자격의 직무분야 중 건축, 기계제작, 기계장비설비·설치, 화공, 위험물, 전기, 전자 및 안전관리에 해당하는 국가기술자격이 있는 사람

다. 「공공기관의 소방안전관리에 관한 규정」 제5조 제1항 제2호나목에 따른 강습교육을 수료한 사람

라. 법 제34조 제1항 제1호에 따른 강습교육 중 이 영 제33조 제1호부터 제4호까지에 해당하는 사람을 대상으로 하는 강습교육을 수료한 사람

마. 소방안전관리대상물에서 소방안전 관련 업무에 2년 이상 근무한 경력이 있는 사람

3. 선임인원

가. 제1호가목에 따른 소방안전관리대상물의 경우에는 1명. 다만, 초과되는 300세대마다 1명 이상을 추가로 선임해야 한다.

나. 제1호나목에 따른 소방안전관리대상물의 경우에는 1명. 다만, 초과되는 연면적 1만5천제곱미터(특정소방대상물의 방재실에 자위소방대가 24시간 상시 근무하고 「소방장비관리법 시행령」 별표 1 제1호가목에 따른 소방자동차 중 소방펌프차, 소방물탱크차, 소방화학차 또는 무인방수차를 운용하는 경우에는 3만제곱미터로 한다)마다 1명 이상을 추가로 선임해야 한다.

다. 제1호다목에 따른 소방안전관리대상물의 경우에는 1명. 다만, 해당 특정소방대상물이 소재하는 지역을 관할하는 소방서장이 야간이나 휴일에 해당 특정소방대상물이 이용되지 않는다는 것을 확인한 경우에는 소방안전관리보조자를 선임하지 않을 수 있다.

별표 6 │ 소방안전관리자 자격시험에 응시할 수 있는 사람의 자격(제31조 관련)

1. 특급 소방안전관리자

가. 1급 소방안전관리대상물의 소방안전관리자로 5년(소방설비기사의 경우에는 자격 취득 후 2년, 소방설비산업기사의 경우에는 자격 취득 후 3년) 이상 근무한 실무경력(법 제24조 제3항에 따라 소방안전관리자로 선임되어 근무한 경력은 제외한다. 이하 이 표에서 같다)이 있는 사람

나. 1급 소방안전관리대상물의 소방안전관리자로 선임될 수 있는 자격을 갖춘 후 특급 또는 1급 소방안전관리대상물의 소방안전관리보조자로 7년 이상 근무한 실무경력이 있는 사람

다. 소방공무원으로 10년 이상 근무한 경력이 있는 사람

라. 「고등교육법」 제2조 제1호부터 제6호까지 규정 중 어느 하나에 해당하는 학교(이하 "대학"이라 한다) 또는 「초·중등교육법 시행령」 제90조 제1항 제10호 및 제91조에 따른 고등학교(이하 "고등학교"라 한다)에서 소방안전관리학과(소방청장이 정하여 고시하는 학과를 말한다. 이하 이 표에서 같다)를 전공하고 졸업한 사람(법령에 따라 이와 같은 수준의 학력이 있다고 인정되는 사람을 포함한다)으로서 해당 학과를 졸업한 후 2년 이상 1급 소방안전관리대상물의 소방안전관리자로 근무한 실무경력이 있는 사람

마. 다음의 어느 하나에 해당하는 요건을 갖춘 후 3년 이상 1급 소방안전관리대상물의 소방안전관리자로 근무한 실무경력이 있는 사람

　　1) 대학 또는 고등학교에서 소방안전 관련 교과목(소방청장이 정하여 고시하는 교과목을 말한다. 이하 이 표에서 같다)을 12학점 이상 이수하고 졸업한 사람

2) 법령에 따라 1)에 해당하는 사람과 같은 수준의 학력이 있다고 인정되는 사람으로서 해당 학력 취득 과정에서 소방안전 관련 교과목을 12학점 이상 이수한 사람

3) 대학 또는 고등학교에서 소방안전 관련 학과(소방청장이 정하여 고시하는 학과를 말한다. 이하 이 표에서 같다)를 전공하고 졸업한 사람(법령에 따라 이와 같은 수준의 학력이 있다고 인정되는 사람을 포함한다)

바. 소방행정학(소방학 및 소방방재학을 포함한다) 또는 소방안전공학(소방방재공학 및 안전공학을 포함한다) 분야에서 석사 이상 학위를 취득한 후 2년 이상 1급 소방안전관리대상물의 소방안전관리자로 근무한 실무경력이 있는 사람

사. 특급 소방안전관리대상물의 소방안전관리보조자로 10년 이상 근무한 실무경력이 있는 사람

아. 법 제34조 제1항 제1호에 따른 강습교육 중 이 영 제33조 제1호에 해당하는 사람을 대상으로 하는 강습교육을 수료한 사람

자. 「초고층 및 지하연계 복합건축물 재난관리에 관한 특별법」 제12조 제1항 각 호 외의 부분 본문에 따라 총괄재난관리자로 지정되어 1년 이상 근무한 경력이 있는 사람

2. 1급 소방안전관리자

가. 대학 또는 고등학교에서 소방안전관리학과를 전공하고 졸업한 사람(법령에 따라 이와 같은 수준의 학력이 있다고 인정되는 사람을 포함한다)으로서 해당 학과를 졸업한 후 2년 이상 2급 소방안전관리대상물 또는 3급 소방안전관리대상물의 소방안전관리자로 근무한 실무경력이 있는 사람

나. 다음의 어느 하나에 해당하는 요건을 갖춘 후 3년 이상 2급 소방안전관리대상물 또는 3급 소방안전관리대상물의 소방안전관리자로 근무한 실무경력이 있는 사람

1) 대학 또는 고등학교에서 소방안전 관련 교과목을 12학점 이상 이수하고 졸업한 사람

2) 법령에 따라 1)에 해당하는 사람과 같은 수준의 학력이 있다고 인정되는 사람으로서 해당 학력 취득 과정에서 소방안전 관련 교과목을 12학점 이상 이수한 사람

3) 대학 또는 고등학교에서 소방안전 관련 학과를 전공하고 졸업한 사람(법령에 따라 이와 같은 수준의 학력이 있다고 인정되는 사람을 포함한다)

다. 소방행정학(소방학 및 소방방재학을 포함한다) 또는 소방안전공학(소방방재공학 및 안전공학을 포함한다) 분야에서 석사 이상 학위를 취득한 사람

라. 5년 이상 2급 소방안전관리대상물의 소방안전관리자로 근무한 실무경력이 있는 사람

마. 법 제34조 제1항 제1호에 따른 강습교육 중 이 영 제33조 제1호 및 제2호에 해당하는 사람을 대상으로 하는 강습교육을 수료한 사람

바. 2급 소방안전관리대상물의 소방안전관리자로 선임될 수 있는 자격을 갖춘 후 특급 또는 1급 소방안전관리대상물의 소방안전관리보조자로 5년 이상 근무한 실무경력이 있는 사람

사. 2급 소방안전관리대상물의 소방안전관리자로 선임될 수 있는 자격을 갖춘 후 2급 소방안전관리대상물의 소방안전관리보조자로 7년 이상 근무한 실무경력(특급 또는 1급 소방안전관리대상물의 소방안전관리보조자로 근무한 실무경력이 있는 경우에는 이를 포함하여 합산한다)이 있는 사람

아. 산업안전기사 또는 산업안전산업기사의 자격을 취득한 후 2년 이상 2급 소방안전관리대상물 또는 3급 소방안전관리대상물의 소방안전관리자로 근무한 실무경력이 있는 사람

자. 제1호에 따라 특급 소방안전관리대상물의 소방안전관리자 시험응시 자격이 인정되는 사람

3. 2급 소방안전관리자

가. 대학 또는 고등학교에서 소방안전관리학과를 전공하고 졸업한 사람(법령에 따라 이와 같은 수준의 학력이 있다고 인정되는 사람을 포함한다)

나. 다음의 어느 하나에 해당하는 사람

1) 대학 또는 고등학교에서 소방안전 관련 교과목을 6학점 이상 이수하고 졸업한 사람

2) 법령에 따라 1)에 해당하는 사람과 같은 수준의 학력이 있다고 인정되는 사람으로서 해당 학력 취득 과정에서 소방안전 관련 교과목을 6학점 이상 이수한 사람

3) 대학 또는 고등학교에서 소방안전 관련 학과를 전공하고 졸업한 사람(법령에 따라 이와 같은 수준의 학력이 있다고 인정되는 사람을 포함한다)

다. 소방본부 또는 소방서에서 1년 이상 화재진압 또는 그 보조 업무에 종사한 경력이 있는 사람

라. 「의용소방대 설치 및 운영에 관한 법률」 제3조에 따라 의용소방대원으로 임명되어 3년 이상 근무한 경력이 있는 사람

마. 군부대(주한 외국군부대를 포함한다) 및 의무소방대의 소방대원으로 1년 이상 근무한 경력이 있는 사람

바. 「위험물안전관리법」 제19조에 따른 자체소방대의 소방대원으로 3년 이상 근무한 경력이 있는 사람

사. 「대통령 등의 경호에 관한 법률」에 따른 경호공무원 또는 별정직공무원으로서 2년 이상 안전검측 업무에 종사한 경력이 있는 사람

아. 경찰공무원으로 3년 이상 근무한 경력이 있는 사람

자. 법 제34조 제1항 제1호에 따른 강습교육 중 이 영 제33조 제1호부터 제3호까지에 해당하는 사람을 대상으로 하는 강습교육을 수료한 사람

차. 「공공기관의 소방안전관리에 관한 규정」 제5조 제1항 제2호 나목에 따른 강습교육을 수료한 사람

카. 특급 소방안전관리대상물, 1급 소방안전관리대상물, 2급 소방안전관리대상물 또는 3급 소방안전관리대상물의 소방안전관리보조자로 3년 이상 근무한 실무경력이 있는 사람

타. 3급 소방안전관리대상물의 소방안전관리자로 2년 이상 근무한 실무경력이 있는 사람

파. 건축사·산업안전기사·산업안전산업기사·건축기사·건축산업기사·일반기계기사·전기기능장·전기기사·전기산업기사·전기공사기사·전기공사산업기사·건설안전기사 또는 건설안전산업기사 자격을 가진 사람

하. 제1호 및 제2호에 따라 특급 또는 1급 소방안전관리대상물의 소방안전관리자 시험응시 자격이 인정되는 사람

4. 3급 소방안전관리자

가. 「의용소방대 설치 및 운영에 관한 법률」 제3조에 따라 의용소방대원으로 임명되어 의용소방대원으로 2년 이상 근무한 경력이 있는 사람

나. 「위험물안전관리법」 제19조에 따른 자체소방대의 소방대원으로 1년 이상 근무한 경력이 있는 사람

다. 「대통령 등의 경호에 관한 법률」에 따른 경호공무원 또는 별정직공무원으로 1년 이상 안전검측 업무에 종사한 경력이 있는 사람

라. 경찰공무원으로 2년 이상 근무한 경력이 있는 사람

마. 법 제34조 제1항 제1호에 따른 강습교육 중 이 영 제33조 제1호부터 제4호까지에 해당하는 사람을 대상으로 하는 강습교육을 수료한 사람

바. 「공공기관의 소방안전관리에 관한 규정」 제5조 제1항 제2호 나목에 따른 강습교육을 수료한 사람

사. 특급 소방안전관리대상물, 1급 소방안전관리대상물, 2급 소방안전관리대상물 또는 3급 소방안전관리대상물의 소방안전관리보조자로 2년 이상 근무한 실무경력이 있는 사람

아. 제1호부터 제3호까지의 규정에 따라 특급 소방안전관리대상물, 1급 소방안전관리대상물 또는 2급 소방안전관리대상물의 소방안전관리자 시험응시 자격이 인정되는 사람

별표 7 　화재예방안전진단 결과에 따른 안전등급 기준(제44조 제3항 관련)

안전등급	화재안전예방진단 대상물의 상태
A(우수)	화재예방안전진단 실시 결과 문제점이 발견되지 않은 상태
B(양호)	화재예방안전진단 실시 결과 문제점이 일부 발견되었으나 대상물의 화재안전에는 이상이 없으며 대상물 일부에 대해 법 제41조 제5항에 따른 보수·보강 등의 조치명령(이하 이 표에서 "조치명령"이라 한다)이 필요한 상태
C(보통)	화재예방안전진단 실시 결과 문제점이 다수 발견되었으나 대상물의 전반적인 화재안전에는 이상이 없으며 대상물에 대한 다수의 조치명령이 필요한 상태
D(미흡)	화재예방안전진단 실시 결과 광범위한 문제점이 발견되어 대상물의 화재안전을 위해 조치명령의 즉각적인 이행이 필요하고 대상물의 사용 제한을 권고할 필요가 있는 상태
E(불량)	화재예방안전진단 실시 결과 중대한 문제점이 발견되어 대상물의 화재안전을 위해 조치명령의 즉각적인 이행이 필요하고 대상물의 사용 중단을 권고할 필요가 있는 상태

※ 비고
안전등급의 세부적인 기준은 소방청장이 정하여 고시한다.

별표 8 　화재예방안전진단기관의 시설, 전문인력 등 지정기준(제46조 관련)

1. 시설

화재예방안전진단을 목적으로 설립된 비영리법인·단체로서 제2호에 따른 전문인력이 근무할 수 있는 사무실과 제3호에 따른 장비를 보관할 수 있는 창고를 갖출 것. 이 경우 사무실과 창고를 임차하여 사용하는 경우도 사무실과 창고를 갖춘 것으로 본다.

2. 전문인력

다음 각 목의 전문인력을 모두 갖출 것. 이 경우 전문인력은 해당 화재예방안전진단기관의 상근 직원이어야 하며, 한 사람이 다음 각 목의 자격 요건 중 둘 이상을 충족하는 경우에도 한 명의 전문인력으로 본다.

가. 다음에 해당하는 사람
　1) 소방기술사: 1명 이상
　2) 소방시설관리사: 1명 이상
　3) 전기안전기술사·화공안전기술사·가스기술사·위험물기능장 또는 건축사: 1명 이상
나. 다음의 분야별로 각 1명 이상

분야	자격 요건
소방	1) 소방기술사 2) 소방시설관리사 3) 소방설비기사(산업기사를 포함한다) 자격 취득 후 소방 관련 업무경력이 3년(소방설비산업기사의 경우 5년) 이상인 사람

전기	1) 전기안전기술사 2) 전기기사(산업기사를 포함한다) 자격 취득 후 소방 관련 업무 경력이 3년(전기산업기사의 경우 5년) 이상인 사람
화공	1) 화공안전기술사 2) 화공기사(산업기사를 포함한다) 자격 취득 후 소방 관련 업무 경력이 3년(화공산업기사의 경우 5년) 이상인 사람
가스	1) 가스기술사 2) 가스기사(산업기사를 포함한다) 자격 취득 후 소방 관련 업무 경력이 3년(가스산업기사의 경우 5년) 이상인 사람
위험물	1) 위험물기능장 2) 위험물산업기사 자격 취득 후 소방 관련 업무 경력이 5년 이상인 사람
건축	1) 건축사 2) 건축기사(산업기사를 포함한다) 자격 취득 후 소방 관련 업무 경력이 3년(건축산업기사의 경우 5년) 이상인 사람
교육훈련	소방안전교육사

※ 비고

소방 관련 업무 경력은 소방청장이 정하여 고시하는 기준에 따른다.

3. 장비

소방, 전기, 가스, 위험물, 건축 분야별로 행정안전부령으로 정하는 장비를 갖출 것

별표 9 과태료의 부과기준(제51조 관련)

1. 일반기준

가. 위반행위의 횟수에 따른 과태료의 가중된 부과기준은 최근 1년간 같은 위반행위로 과태료 부과처분을 받은 경우에 적용한다. 이 경우 기간의 계산은 위반행위에 대하여 과태료 부과처분을 받은 날과 그 처분 후 다시 같은 위반행위를 하여 적발된 날을 기준으로 한다.

나. 가목에 따라 가중된 부과처분을 하는 경우 가중처분의 적용 차수는 그 위반행위 전 부과처분 차수(가목에 따른 기간 내에 과태료 부과처분이 둘 이상 있었던 경우에는 높은 차수를 말한다)의 다음 차수로 한다.

다. 부과권자는 다음의 어느 하나에 해당하는 경우에는 제2호의 개별기준에 따른 과태료의 2분의 1 범위에서 그 금액을 줄여 부과할 수 있다. 다만, 과태료를 체납하고 있는 위반행위자에 대해서는 그렇지 않다.

1) 위반행위가 사소한 부주의나 오류로 인한 것으로 인정되는 경우

2) 위반행위자가 법 위반상태를 시정하거나 해소하기 위하여 노력한 사실이 인정되는 경우

3) 위반행위자가 처음 위반행위를 한 경우로서 3년 이상 해당 업종을 모범적으로 영위한 사실이 인정되는 경우

4) 위반행위자가 화재 등 재난으로 재산에 현저한 손실을 입거나 사업 여건의 악화로 그 사업이 중대한 위기에 처하는 등 사정이 있는 경우

5) 위반행위자가 같은 위반행위로 다른 법률에 따라 과태료·벌금·영업정지 등의 처분을 받은 경우

6) 그 밖에 위반행위의 정도, 위반행위의 동기와 그 결과 등을 고려하여 과태료 금액을 줄일 필요가 있다고 인정되는 경우

2. 개별기준

위반행위	근거 법조문	과태료 금액(단위: 만원)		
		1차 위반	2차 위반	3차 위반
가. 정당한 사유 없이 법 제17조 제1항 각 호의 어느 하나에 해당하는 행위를 한 경우	법 제52조 제1항 제1호	300		
나. 법 제17조 제4항에 따른 불을 사용할 때 지켜야 하는 사항 및 같은 조 제5항에 따른 특수가연물의 저장 및 취급 기준을 위반한 경우	법 제52조 제2항 제1호	200		
다. 법 제18조 제4항에 따른 소방설비등의 설치 명령을 정당한 사유 없이 따르지 않은 경우	법 제52조 제2항 제2호	200		
라. 법 제24조 제2항을 위반하여 소방안전관리자를 겸한 경우	법 제52조 제1항 제2호	300		
마. 법 제24조 제5항에 따른 소방안전관리업무를 하지 않은 경우	법 제52조 제1항 제3호	100	200	300
바. 법 제26조 제1항을 위반하여 기간 내에 선임신고를 하지 않거나 소방안전관리자의 성명 등을 게시하지 않은 경우	법 제52조 제2항 제3호			
1) 지연 신고기간이 1개월 미만인 경우		50		
2) 지연 신고기간이 1개월 이상 3개월 미만인 경우		100		
3) 지연 신고기간이 3개월 이상이거나 신고하지 않은 경우		200		
4) 소방안전관리자의 성명 등을 게시하지 않은 경우		50	100	200
사. 법 제27조 제2항을 위반하여 소방안전관리업무의 지도·감독을 하지 않은 경우	법 제52조 제1항 제4호	300		
아. 법 제29조 제1항을 위반하여 기간 내에 선임신고를 하지 않은 경우	법 제52조 제2항 제4호			
1) 지연 신고기간이 1개월 미만인 경우		50		
2) 지연 신고기간이 1개월 이상 3개월 미만인 경우		100		
3) 지연 신고기간이 3개월 이상이거나 신고하지 않은 경우		200		
자. 법 제29조 제2항에 따른 건설현장 소방안전관리대상물의 소방안전관리자의 업무를 하지 않은 경우	법 제52조 제1항 제5호	100	200	300
차. 법 제34조 제1항 제2호를 위반하여 실무교육을 받지 않은 경우	법 제52조 제3항	50		
카. 법 제36조 제3항을 위반하여 피난유도 안내정보를 제공하지 않은 경우	법 제52조 제1항 제6호	100	200	300
타. 법 제37조 제1항을 위반하여 소방훈련 및 교육을 하지 않은 경우	법 제52조 제1항 제7호	100	200	300
파. 법 제37조 제2항을 위반하여 기간 내에 소방훈련 및 교육 결과를 제출하지 않은 경우	법 제52조 제2항 제5호			
1) 지연 제출기간이 1개월 미만인 경우		50		
2) 지연 제출기간이 1개월 이상 3개월 미만인 경우		100		
3) 지연 제출기간이 3개월 이상이거나 제출을 하지 않은 경우		200		
하. 법 제41조 제4항을 위반하여 화재예방안전진단 결과를 제출하지 않은 경우	법 제52조 제1항 제8호			
1) 지연 제출기간이 1개월 미만인 경우		100		
2) 지연 제출기간이 1개월 이상 3개월 미만인 경우		200		
3) 지연 제출기간이 3개월 이상이거나 제출하지 않은 경우		300		

별표 3 · 소방안전관리자 자격의 정지 및 취소 기준(제19조 관련)

1. 일반기준

가. 위반행위가 둘 이상인 경우로서 그에 해당하는 각각의 처분기준이 다른 경우에는 그 중 무거운 처분기준에 따른다.

나. 위반행위의 횟수에 따른 행정처분 기준은 최근 3년간 같은 위반행위로 행정처분을 받은 경우에 적용한다. 이 경우 기준 적용일은 위반행위에 대한 행정처분일과 그 처분 후에 한 위반행위가 다시 적발된 날을 기준으로 한다.

다. 나목에 따라 가중된 부과처분을 하는 경우 가중처분의 적용 차수는 그 위반행위 전 부과처분 차수(나목에 따른 기간 내에 처분이 둘 이상 있었던 경우에는 높은 차수를 말한다)의 다음 차수로 한다.

라. 처분권자는 위반행위의 동기·내용·횟수 및 위반 정도 등 다음의 감경 사유에 해당하는 경우 그 처분기준의 2분의 1의 범위에서 감경할 수 있다.

1) 위반행위가 사소한 부주의나 오류 등으로 인한 것으로 인정되는 경우
2) 위반행위를 바로 정정하거나 시정하여 해소한 경우
3) 그 밖에 위반행위의 정도, 위반행위의 동기와 그 결과 등을 고려하여 처분을 줄일 필요가 있다고 인정되는 경우

2. 개별기준

위반사항	근거법령	행정처분기준		
		1차 위반	2차 위반	3차 이상 위반
가. 거짓이나 그 밖의 부정한 방법으로 소방안전관리자 자격증을 발급받은 경우	법 제31조 제1항 제1호	자격취소		
나. 법 제24조 제5항에 따른 소방안전관리업무를 게을리한 경우	법 제31조 제1항 제2호	경고 (시정명령)	자격정지 (3개월)	자격정지 (6개월)
다. 법 제30조 제4항을 위반하여 소방안전관리자 자격증을 다른 사람에게 빌려준 경우	법 제31조 제1항 제3호	자격취소		
라. 제34조에 따른 실무교육을 받지 않는 경우	법 제31조 제1항 제4호	경고 (시정명령)	자격정지 (3개월)	자격정지 (6개월)

1. 일반기준

가. 위반행위가 둘 이상인 경우에는 각 위반행위에 따라 각각 처분한다.

나. 위반행위의 횟수에 따른 행정처분 기준은 최근 3년간 같은 위반행위로 행정처분을 받은 경우에 적용한다. 이 경우 기준 적용일은 위반행위에 대한 행정처분일과 그 처분 후에 한 위반행위가 다시 적발된 날을 기준으로 한다.

다. 나목에 따라 가중된 부과처분을 하는 경우 가중처분의 적용 차수는 그 위반행위 전 부과처분 차수(나목에 따른 기간 내에 처분이 둘 이상 있었던 경우에는 높은 차수를 말한다)의 다음 차수로 한다.

라. 처분권자는 위반행위의 동기·내용·횟수 및 위반 정도 등 다음의 감경 사유에 해당하는 경우 그 처분기준의 2분의 1의 범위에서 감경할 수 있다.

　　1) 위반행위가 사소한 부주의나 오류로 인한 것으로 인정되는 경우

　　2) 위반의 내용 및 정도가 경미하여 화재예방안전진단등의 업무를 수행하는데 문제가 발생하지 않는 경우

　　3) 그 밖에 위반행위의 정도, 위반행위의 동기와 그 결과 등을 고려하여 감경할 필요가 있다고 인정되는 경우

2. 개별기준

위반 내용	근거 법조문	처분기준		
		1차 위반	2차 위반	3차 이상 위반
가. 거짓이나 그 밖의 부정한 방법으로 안전진단기관으로 지정을 받은 경우	법 제42조 제2항 제1호	지정취소		
나. 법 제41조 제4항에 따른 화재예방안전진단 결과를 소방본부장 또는 소방서장, 관계인에게 제출하지 않은 경우	법 제42조 제2항 제2호	경고 (시정명령)	업무정지 3개월	업무정지 6개월
다. 법 제42조 제1항에 따른 지정기준에 미달하게 된 경우	법 제42조 제2항 제3호	업무정지 3개월	업무정지 6개월	지정취소
라. 업무정지기간에 화재예방안전진단 업무를 한 경우	법 제42조 제2항 제4호	지정취소		

Part 03

소방시설 설치 및 관리에 관한 법률

Chapter 01 총칙

제1조 (목적)

이 법은 특정소방대상물 등에 설치하여야 하는 소방시설등의 설치·관리와 소방용품 성능관리에 필요한 사항을 규정함으로써 국민의 생명·신체 및 재산을 보호하고 공공의 안전과 복리 증진에 이바지함을 목적으로 한다.

> **시행령 제1조 (목적)** 이 영은 「소방시설 설치 및 관리에 관한 법률」에서 위임된 사항과 그 시행에 필요한 사항을 규정함을 목적으로 한다.

시행규칙 제1조 (목적) 이 규칙은 「소방시설 설치 및 관리에 관한 법률」 및 같은 법 시행령에서 위임된 사항과 그 시행에 필요한 사항을 규정함을 목적으로 한다.

제2조 (기술기준의 제정·개정 절차) ① 국립소방연구원장은 화재안전기준 중 기술기준(이하 "기술기준"이라 한다)을 제정·개정하려는 경우 제정안·개정안을 작성하여 「소방시설 설치 및 관리에 관한 법률」(이하 "법"이라 한다) 제18조 제1항에 따른 중앙소방기술심의위원회(이하 "중앙위원회"라 한다)의 심의·의결을 거쳐야 한다. 이 경우 제정안·개정안의 작성을 위해 소방 관련 기관·단체 및 개인 등의 의견을 수렴할 수 있다.

② 국립소방연구원장은 제1항에 따라 중앙위원회의 심의·의결을 거쳐 다음 각 호의 사항이 포함된 승인신청서를 소방청장에게 제출해야 한다.

1. 기술기준의 제정안 또는 개정안
2. 기술기준의 제정 또는 개정 이유
3. 기술기준의 심의 경과 및 결과

③ 제2항에 따라 승인신청서를 제출받은 소방청장은 제정안 또는 개정안이 화재안전기준 중 성능기준 등을 충족하는지를 검토하여 승인 여부를 결정하고 국립소방연구원장에게 통보해야 한다.

④ 제3항에 따라 승인을 통보받은 국립소방연구원장은 승인받은 기술기준을 관보에 게재하고, 국립소방연구원 인터넷 홈페이지를 통해 공개해야 한다.

⑤ 제1항부터 제4항까지에서 규정한 사항 외에 기술기준의 제정·개정을 위하여 필요한 사항은 국립소방연구원장이 정한다.

제2조 (정의)

① 이 법에서 사용하는 용어의 뜻은 다음과 같다.

1. "소방시설"이란 소화설비, 경보설비, 피난구조설비, 소화용수설비, 그 밖에 소화활동설비로서 대통령령으로 정하는 것을 말한다.
2. "소방시설등"이란 소방시설과 비상구(非常口), 그 밖에 소방 관련 시설로서 대통령령으로 정하는 것을 말한다.
3. "특정소방대상물"이란 건축물 등의 규모·용도 및 수용인원 등을 고려하여 소방시설을 설치하여야 하는 소방대상물로서 대통령령으로 정하는 것을 말한다.
4. "화재안전성능"이란 화재를 예방하고 화재발생 시 피해를 최소화하기 위하여 소방대상물의 재료, 공간 및 설비 등에 요구되는 안전성능을 말한다.
5. "성능위주설계"란 건축물 등의 재료, 공간, 이용자, 화재 특성 등을 종합적으로 고려하여 공학적 방법으로 화재 위험성을 평가하고 그 결과에 따라 화재안전성능이 확보될 수 있도록 특정소방대상물을 설계하는 것을 말한다.

6. "화재안전기준"이란 소방시설 설치 및 관리를 위한 다음 각 목의 기준을 말한다.

　가. 성능기준: 화재안전 확보를 위하여 재료, 공간 및 설비 등에 요구되는 안전성능으로서 소방청장이 고시로 정하는 기준

　나. 기술기준: 가목에 따른 성능기준을 충족하는 상세한 규격, 특정한 수치 및 시험방법 등에 관한 기준으로서 행정안전부령으로 정하는 절차에 따라 소방청장의 승인을 받은 기준

7. "소방용품"이란 소방시설등을 구성하거나 소방용으로 사용되는 제품 또는 기기로서 대통령령으로 정하는 것을 말한다.

② 이 법에서 사용하는 용어의 뜻은 제1항에서 규정하는 것을 제외하고는 「소방기본법」, 「화재의 예방 및 안전관리에 관한 법률」, 「소방시설공사업법」, 「위험물안전관리법」 및 「건축법」에서 정하는 바에 따른다.

시행령 제2조 (정의) 이 영에서 사용하는 용어의 뜻은 다음과 같다.

1. "무창층(無窓層)"이란 지상층 중 다음 각 목의 요건을 모두 갖춘 개구부(건축물에서 채광·환기·통풍 또는 출입 등을 위하여 만든 창·출입구, 그 밖에 이와 비슷한 것을 말한다. 이하 같다)의 면적의 합계가 해당 층의 바닥면적(「건축법 시행령」 제119조 제1항 제3호에 따라 산정된 면적을 말한다. 이하 같다)의 30분의 1 이하가 되는 층을 말한다.

　가. 크기는 지름 50센티미터 이상의 원이 통과할 수 있을 것
　나. 해당 층의 바닥면으로부터 개구부 밑부분까지의 높이가 1.2미터 이내일 것
　다. 도로 또는 차량이 진입할 수 있는 빈터를 향할 것
　라. 화재 시 건축물로부터 쉽게 피난할 수 있도록 창살이나 그 밖의 장애물이 설치되지 않을 것
　마. 내부 또는 외부에서 쉽게 부수거나 열 수 있을 것

2. "피난층"이란 곧바로 지상으로 갈 수 있는 출입구가 있는 층을 말한다.

제3조 (소방시설) 「소방시설 설치 및 관리에 관한 법률」(이하 "법"이라 한다) 제2조 제1항 제1호에서 "대통령령으로 정하는 것"이란 별표 1의 설비를 말한다.

제4조 (소방시설등) 법 제2조 제1항 제2호에서 "대통령령으로 정하는 것"이란 방화문 및 자동방화셔터를 말한다.

제5조 (특정소방대상물) 법 제2조 제1항 제3호에서 "대통령령으로 정하는 것"이란 별표 2의 소방대상물을 말한다.

제6조 (소방용품) 법 제2조 제1항 제7호에서 "대통령령으로 정하는 것"이란 별표 3의 제품 또는 기기를 말한다.

✎ 핵심정리 | 용어 정의

1. **소방시설:** 소화설비, 경보설비, 피난구조설비, 소화용수설비, 소화활동설비
2. **소방시설등:** 소방시설과 비상구 등
3. **특정소방대상물:** 소방시설을 설치하여야 하는 소방대상물
4. **화재안전성능:** 소방대상물의 재료, 공간 및 설비 등에 요구되는 안전성능
5. **성능위주설계:** 공학적 방법으로 화재 위험성을 평가하고 그 결과에 따라 화재안전성능이 확보될 수 있도록 특정소방대상물을 설계하는 것
6. **화재안전기준:** 소방시설 설치 및 관리를 위한 성능기준 및 기술기준
7. **소방용품:** 소방시설등을 구성하거나 소방용으로 사용되는 제품 또는 기기

제3조 (국가 및 지방자치단체의 책무)

① 국가와 지방자치단체는 소방시설등의 설치·관리와 소방용품의 품질 향상 등을 위하여 필요한 정책을 수립하고 시행하여야 한다.
② 국가와 지방자치단체는 새로운 소방 기술·기준의 개발 및 조사·연구, 전문인력 양성 등 필요한 노력을 하여야 한다.
③ 국가와 지방자치단체는 제1항 및 제2항에 따른 정책을 수립·시행하는 데 있어 필요한 행정적·재정적 지원을 하여야 한다.

제4조 (관계인의 의무)

① 관계인(「소방기본법」 제2조 제3호에 따른 관계인을 말한다. 이하 같다)은 소방시설등의 기능과 성능을 보전·향상시키고 이용자의 편의와 안전성을 높이기 위하여 노력하여야 한다.
② 관계인은 매년 소방시설등의 관리에 필요한 재원을 확보하도록 노력하여야 한다.
③ 관계인은 국가 및 지방자치단체의 소방시설등의 설치 및 관리 활동에 적극 협조하여야 한다.
④ 관계인 중 점유자는 소유자 및 관리자의 소방시설등 관리 업무에 적극 협조하여야 한다.

제5조 (다른 법률과의 관계)

특정소방대상물 가운데 「위험물안전관리법」에 따른 위험물 제조소등의 안전관리와 위험물 제조소등에 설치하는 소방시설등의 설치기준에 관하여는 「위험물안전관리법」에서 정하는 바에 따른다.

Chapter 02

소방시설등의 설치·관리 및 방염

제1절 건축허가등의 동의 등

제6조 (건축허가등의 동의 등)

① 건축물 등의 신축·증축·개축·재축(再築)·이전·용도변경 또는 대수선(大修繕)의 허가·협의 및 사용승인(「주택법」 제15조에 따른 승인 및 같은 법 제49조에 따른 사용검사, 「학교시설사업 촉진법」 제4조에 따른 승인 및 같은 법 제13조에 따른 사용승인을 포함하며, 이하 "건축허가등"이라 한다)의 권한이 있는 행정기관은 건축허가등을 할 때 미리 그 건축물 등의 시공지(施工地) 또는 소재지를 관할하는 소방본부장이나 소방서장의 동의를 받아야 한다.

② 건축물 등의 증축·개축·재축·용도변경 또는 대수선의 신고를 수리(受理)할 권한이 있는 행정기관은 그 신고를 수리하면 그 건축물 등의 시공지 또는 소재지를 관할하는 소방본부장이나 소방서장에게 지체 없이 그 사실을 알려야 한다.

③ 제1항에 따른 건축허가등의 권한이 있는 행정기관과 제2항에 따른 신고를 수리할 권한이 있는 행정기관은 제1항에 따라 건축허가등의 동의를 받거나 제2항에 따른 신고를 수리한 사실을 알릴 때 관할 소방본부장이나 소방서장에게 건축허가등을 하거나 신고를 수리할 때 건축허가등을 받으려는 자 또는 신고를 한 자가 제출한 설계도서 중 건축물의 내부구조를 알 수 있는 설계도면을 제출하여야 한다. 다만, 국가안보상 중요하거나 국가기밀에 속하는 건축물을 건축하는 경우로서 관계 법령에 따라 행정기관이 설계도면을 확보할 수 없는 경우에는 그러하지 아니하다.

④ 소방본부장 또는 소방서장은 제1항에 따른 동의를 요구받은 경우 해당 건축물 등이 다음 각 호의 사항을 따르고 있는지를 검토하여 행정안전부령으로 정하는 기간 내에 해당 행정기관에 동의 여부를 알려야 한다.
  1. 이 법 또는 이 법에 따른 명령
  2. 「소방기본법」 제21조의2에 따른 소방자동차 전용구역의 설치

⑤ 소방본부장 또는 소방서장은 제4항에 따른 건축허가등의 동의 여부를 알릴 경우에는 원활한 소방활동 및 건축물 등의 화재안전성능을 확보하기 위하여 필요한 다음 각 호의 사항에 대한 검토 자료 또는 의견서를 첨부할 수 있다.
  1. 「건축법」 제49조 제1항 및 제2항에 따른 피난시설, 방화구획(防火區劃)
  2. 「건축법」 제49조 제3항에 따른 소방관 진입창
  3. 「건축법」 제50조, 제50조의2, 제51조, 제52조, 제52조의2 및 제53조에 따른 방화벽, 마감재료 등(이하 "방화시설"이라 한다)
  4. 그 밖에 소방자동차의 접근이 가능한 통로의 설치 등 대통령령으로 정하는 사항

⑥ 제1항에 따라 사용승인에 대한 동의를 할 때에는 「소방시설공사업법」 제14조 제3항에 따른 소방시설공사의 완공검사증명서를 발급하는 것으로 동의를 갈음할 수 있다. 이 경우 제1항에 따른 건축허가등의 권한이 있는 행정기관은 소방시설공사의 완공검사증명서를 확인하여야 한다.

⑦ 제1항에 따른 건축허가등을 할 때 소방본부장이나 소방서장의 동의를 받아야 하는 건축물 등의 범위는 대통령령으로 정한다.

⑧ 다른 법령에 따른 인가·허가 또는 신고 등(건축허가등과 제2항에 따른 신고는 제외하며, 이하 이 항에서 "인허가등"이라 한다)의 시설기준에 소방시설등의 설치·관리 등에 관한 사항이 포함되어 있는 경우 해당 인허가등의 권한이 있는 행정기관은 인허가등을 할 때 미리 그 시설의 소재지를 관할하는 소방본부장이나 소방서장에게 그 시설이 이 법 또는 이 법에 따른 명령을 따르고 있는지를 확인하여 줄 것을 요청할 수 있다. 이 경우 요청을 받은 소방본부장 또는 소방서장은 행정안전부령으로 정하는 기간 내에 확인 결과를 알려야 한다.

시행령 제7조 (건축허가등의 동의대상물의 범위 등) ① 법 제6조 제1항에 따라 건축물 등의 신축·증축·개축·재축·이전·용도변경 또는 대수선의 허가·협의 및 사용승인(「주택법」 제15조에 따른 승인 및 같은 법 제49조에 따른 사용검사, 「학교시설사업 촉진법」 제4조에 따른 승인 및 같은 법 제13조에 따른 사용승인을 포함하며, 이하 "건축허가등"이라 한다)을 할 때 미리 소방본부장 또는 소방서장의 동의를 받아야 하는 건축물 등의 범위는 다음 각 호와 같다.

1. 연면적(「건축법 시행령」 제119조 제1항 제4호에 따라 산정된 면적을 말한다. 이하 같다)이 400제곱미터 이상인 건축물이나 시설. 다만, 다음 각 목의 어느 하나에 해당하는 건축물이나 시설은 해당 목에서 정한 기준 이상인 건축물이나 시설로 한다.
   가. 「학교시설사업 촉진법」 제5조의2제1항에 따라 건축등을 하려는 학교시설: 100제곱미터
   나. 별표 2의 특정소방대상물 중 노유자(老幼者) 시설 및 수련시설: 200제곱미터
   다. 「정신건강증진 및 정신질환자 복지서비스 지원에 관한 법률」 제3조 제5호에 따른 정신의료기관(입원실이 없는 정신건강의학과 의원은 제외하며, 이하 "정신의료기관"이라 한다): 300제곱미터
   라. 「장애인복지법」 제58조 제1항 제4호에 따른 장애인 의료재활시설(이하 "의료재활시설"이라 한다): 300제곱미터
2. 지하층 또는 무창층이 있는 건축물로서 바닥면적이 150제곱미터(공연장의 경우에는 100제곱미터) 이상인 층이 있는 것
3. 차고·주차장 또는 주차 용도로 사용되는 시설로서 다음 각 목의 어느 하나에 해당하는 것
   가. 차고·주차장으로 사용되는 바닥면적이 200제곱미터 이상인 층이 있는 건축물이나 주차시설
   나. 승강기 등 기계장치에 의한 주차시설로서 자동차 20대 이상을 주차할 수 있는 시설
4. 층수(「건축법 시행령」 제119조 제1항 제9호에 따라 산정된 층수를 말한다. 이하 같다)가 6층 이상인 건축물
5. 항공기 격납고, 관망탑, 항공관제탑, 방송용 송수신탑
6. 별표 2의 특정소방대상물 중 의원(입원실이 있는 것으로 한정한다)·조산원·산후조리원, 위험물 저장 및 처리 시설, 발전시설 중 풍력발전소·전기저장시설, 지하구(地下溝)
7. 제1호나목에 해당하지 않는 노유자 시설 중 다음 각 목의 어느 하나에 해당하는 시설. 다만, 가목2) 및 나목부터 바목까지의 시설 중 「건축법 시행령」 별표 1의 단독주택 또는 공동주택에 설치되는 시설은 제외한다.
   가. 별표 2 제9호가목에 따른 노인 관련 시설 중 다음의 어느 하나에 해당하는 시설
      1) 「노인복지법」 제31조 제1호에 따른 노인주거복지시설, 같은 조 제2호에 따른 노인의료복지시설 및 같은 조 제4호에 따른 재가노인복지시설
      2) 「노인복지법」 제31조 제7호에 따른 학대피해노인 전용쉼터
   나. 「아동복지법」 제52조에 따른 아동복지시설(아동상담소, 아동전용시설 및 지역아동센터는 제외한다)
   다. 「장애인복지법」 제58조 제1항 제1호에 따른 장애인 거주시설
   라. 정신질환자 관련 시설(「정신건강증진 및 정신질환자 복지서비스 지원에 관한 법률」 제27조 제1항 제2호에 따른 공동생활가정을 제외한 재활훈련시설과 같은 법 시행령 제16조 제3호에 따른 종합시설 중 24시간 주거를 제공하지 않는 시설은 제외한다)
   마. 별표 2 제9호마목에 따른 노숙인 관련 시설 중 노숙인자활시설, 노숙인재활시설 및 노숙인요양시설
   바. 결핵환자나 한센인이 24시간 생활하는 노유자 시설
8. 「의료법」 제3조 제2항 제3호라목에 따른 요양병원(이하 "요양병원"이라 한다). 다만, 의료재활시설은 제외한다.
9. 별표 2의 특정소방대상물 중 공장 또는 창고시설로서 「화재의 예방 및 안전관리에 관한 법률 시행령」 별표 2에서 정하는 수량의 750배 이상의 특수가연물을 저장·취급하는 것
10. 별표 2 제17호나목에 따른 가스시설로서 지상에 노출된 탱크의 저장용량의 합계가 100톤 이상인 것

② 제1항에도 불구하고 다음 각 호의 어느 하나에 해당하는 특정소방대상물은 소방본부장 또는 소방서장의 건축허가등의 동의대상에서 제외한다.

1. 별표 4에 따라 특정소방대상물에 설치되는 소화기구, 자동소화장치, 누전경보기, 단독경보형감지기, 가스누설경보기 및 피난구조설비(비상조명등은 제외한다)가 화재안전기준에 적합한 경우 해당 특정소방대상물
2. 건축물의 증축 또는 용도변경으로 인하여 해당 특정소방대상물에 추가로 소방시설이 설치되지 않는 경우 해당 특정소방대상물
3. 「소방시설공사업법 시행령」 제4조에 따른 소방시설공사의 착공신고 대상에 해당하지 않는 경우 해당 특정소방대상물

③ 법 제6조 제1항에 따라 건축허가등의 권한이 있는 행정기관은 건축허가등의 동의를 받으려는 경우에는 동의요구서에 행정안전부령으로 정하는 서류를 첨부하여 해당 건축물 등의 소재지를 관할하는 소방본부장 또는 소방서장에게 동의를 요구해야 한다. 이 경우 동의 요구를 받은 소방본부장 또는 소방서장은 첨부서류 등이 미비한 경우에는 그 서류의 보완을 요구할 수 있다.

④ 법 제6조 제5항 제4호에서 "소방자동차의 접근이 가능한 통로의 설치 등 대통령령으로 정하는 사항"이란 다음 각 호의 사항을 말한다.

1. 소방자동차의 접근이 가능한 통로의 설치
2. 「건축법」 제64조 및 「주택건설기준 등에 관한 규정」 제15조에 따른 승강기의 설치
3. 「주택건설기준 등에 관한 규정」 제26조에 따른 주택단지 안 도로의 설치
4. 「건축법 시행령」 제40조 제2항에 따른 옥상광장, 같은 조 제3항에 따른 비상문자동개폐장치 또는 같은 조 제4항에 따른 헬리포트의 설치
5. 그 밖에 소방본부장 또는 소방서장이 소화활동 및 피난을 위해 필요하다고 인정하는 사항

시행규칙 제3조 (건축허가등의 동의 요구) ① 법 제6조 제1항에 따른 건축물 등의 신축·증축·개축·재축·이전·용도변경 또는 대수선의 허가·협의 및 사용승인(「주택법」 제15조에 따른 승인 및 같은 법 제49조에 따른 사용검사, 「학교시설사업 촉진법」 제4조에 따른 승인 및 같은 법 제13조에 따른 사용승인을 포함하며, 이하 "건축허가등"이라 한다)의 동의 요구는 다음 각 호의 권한이 있는 행정기관이 「소방시설 설치 및 관리에 관한 법률 시행령」(이하 "영"이라 한다) 제7조 제1항 각 호에 따른 동의대상물의 시공지 또는 소재지를 관할하는 소방본부장 또는 소방서장에게 해야 한다.

1. 「건축법」 제11조에 따른 허가 및 같은 법 제29조 제2항에 따른 협의의 권한이 있는 행정기관
2. 「주택법」 제15조에 따른 승인 및 같은 법 제49조에 따른 사용검사의 권한이 있는 행정기관
3. 「학교시설사업 촉진법」 제4조에 따른 승인 및 같은 법 제13조에 따른 사용승인의 권한이 있는 행정기관
4. 「고압가스 안전관리법」 제4조에 따른 허가의 권한이 있는 행정기관
5. 「도시가스사업법」 제3조에 따른 허가의 권한이 있는 행정기관
6. 「액화석유가스의 안전관리 및 사업법」 제5조 및 제6조에 따른 허가의 권한이 있는 행정기관
7. 「전기안전관리법」 제8조에 따른 자가용전기설비의 공사계획의 인가의 권한이 있는 행정기관
8. 「전기사업법」 제61조에 따른 전기사업용전기설비의 공사계획에 대한 인가의 권한이 있는 행정기관
9. 「국토의 계획 및 이용에 관한 법률」 제88조 제2항에 따른 도시·군계획시설사업 실시계획 인가의 권한이 있는 행정기관

② 제1항 각 호의 어느 하나에 해당하는 기관은 영 제7조 제3항에 따라 건축허가등의 동의를 요구하는 경우에는 동의요구서(전자문서로 된 요구서를 포함한다)에 다음 각 호의 서류(전자문서를 포함한다)를 첨부해야 한다.

1. 「건축법 시행규칙」 제6조에 따른 건축허가신청서, 같은 법 시행규칙 제8조에 따른 건축허가서 또는 같은 법 시행규칙 제12조에 따른 건축·대수선·용도변경신고서 등 건축허가등을 확인할 수 있는 서류의 사본. 이 경우 동의 요구를 받은 담당 공무원은 특별한 사정이 있는 경우를 제외하고는 「전자정부법」 제36조 제1항에 따른 행정정보의 공동이용을 통하여 건축허가서를 확인함으로써 첨부서류의 제출을 갈음할 수 있다.
2. 다음 각 목의 설계도서. 다만, 가목 및 나목2)·4)의 설계도서는 「소방시설공사업법 시행령」 제4조에 따른 소방시설공사 착공신고 대상에 해당되는 경우에만 제출한다.
   가. 건축물 설계도서
      1) 건축물 개요 및 배치도
      2) 주단면도 및 입면도(立面圖: 물체를 정면에서 본 대로 그린 그림을 말한다. 이하 같다)
      3) 층별 평면도(용도별 기준층 평면도를 포함한다. 이하 같다)
      4) 방화구획도(창호도를 포함한다)
      5) 실내·실외 마감재료표
      6) 소방자동차 진입 동선도 및 부서 공간 위치도(조경계획을 포함한다)

나. 소방시설 설계도서
   1) 소방시설(기계·전기 분야의 시설을 말한다)의 계통도(시설별 계산서를 포함한다)
   2) 소방시설별 층별 평면도
   3) 실내장식물 방염대상물품 설치 계획(「건축법」제52조에 따른 건축물의 마감재료는 제외한다)
   4) 소방시설의 내진설계 계통도 및 기준층 평면도(내진 시방서 및 계산서 등 세부 내용이 포함된 상세 설계도면은 제외한다)
3. 소방시설 설치계획표
4. 임시소방시설 설치계획서(설치시기·위치·종류·방법 등 임시소방시설의 설치와 관련된 세부 사항을 포함한다)
5. 「소방시설공사업법」제4조 제1항에 따라 등록한 소방시설설계업등록증과 소방시설을 설계한 기술인력의 기술자격증 사본
6. 「소방시설공사업법」제21조 및 제21조의3제2항에 따라 체결한 소방시설설계 계약서 사본

③ 제1항에 따른 동의 요구를 받은 소방본부장 또는 소방서장은 법 제6조 제4항에 따라 건축허가등의 동의 요구서류를 접수한 날부터 5일(허가를 신청한 건축물 등이 「화재의 예방 및 안전관리에 관한 법률 시행령」 별표 4 제1호가목의 어느 하나에 해당하는 경우에는 10일) 이내에 건축허가등의 동의 여부를 회신해야 한다.

④ 소방본부장 또는 소방서장은 제3항에도 불구하고 제2항에 따른 동의요구서 및 첨부서류의 보완이 필요한 경우에는 4일 이내의 기간을 정하여 보완을 요구할 수 있다. 이 경우 보완 기간은 제3항에 따른 회신 기간에 산입하지 않으며 보완 기간 내에 보완하지 않는 경우에는 동의요구서를 반려해야 한다.

⑤ 제1항에 따라 건축허가등의 동의를 요구한 기관이 그 건축허가등을 취소했을 때에는 취소한 날부터 7일 이내에 건축물 등의 시공지 또는 소재지를 관할하는 소방본부장 또는 소방서장에게 그 사실을 통보해야 한다.

⑥ 소방본부장 또는 소방서장은 제3항에 따라 동의 여부를 회신하는 경우에는 별지 제1호서식의 건축허가등의 동의대장에 이를 기록하고 관리해야 한다.

⑦ 법 제6조 제8항 후단에서 "행정안전부령으로 정하는 기간"이란 7일을 말한다.

📝 **핵심정리** | 건축허가등의 동의

1. 건축허가등의 동의대상물의 범위
① 층수가 6층 이상인 건축물
② 20대 이상: 기계장치 주차시설
③ 100m² 이상: 학교시설, 공연장(지하층·무창층)
④ 150m² 이상: 지하층·무창층이 있는 건축물
⑤ 200m² 이상: 수련·노유자시설, 차고·주차장
⑥ 300m² 이상: 정신의료기관(입원실이 있는 경우), 장애인의료재활시설
⑦ 연면적 400m² 이상
⑧ 항공기 격납고, 항공관제탑, 관망탑, 방송용 송·수신탑, 위험물저장 및 처리시설, 지하구, 노유자생활시설, 요양병원
⑨ 조산원, 산후조리원, 의원(입원실 있는 것), 판매시설 중 전통시장
⑩ 발전시설 중 전기저장시설, 풍력발전소

2. 건축허가등의 동의요구시 첨부서류
① 건축허가신청서 및 건축허가서
② 설계도서
③ 소방시설 설치계획표
④ 임시소방시설 설치계획서
⑤ 소방시설설계업등록증 및 기술인력자격증
⑥ 소방시설설계 계약서 사본

제7조 (소방시설의 내진설계기준)

「지진·화산재해대책법」 제14조 제1항 각 호의 시설 중 대통령령으로 정하는 특정소방대상물에 대통령령으로 정하는 소방시설을 설치하려는 자는 지진이 발생할 경우 소방시설이 정상적으로 작동될 수 있도록 소방청장이 정하는 내진설계기준에 맞게 소방시설을 설치하여야 한다.

> **시행령 제8조 (소방시설의 내진설계)** 법 제7조에서 "대통령령으로 정하는 특정소방대상물"이란 「건축법」 제2조 제1항 제2호에 따른 건축물로서 「지진·화산재해대책법 시행령」 제10조 제1항 각 호에 해당하는 시설을 말한다.
> ② 법 제7조에서 "대통령령으로 정하는 소방시설"이란 소방시설 중 옥내소화전설비, 스프링클러설비 및 물분무등소화설비를 말한다.

 핵심정리 | 소방시설등의 내진설계 대상

1. 옥내소화전설비
2. 스프링클러설비
3. 물분무등소화설비

제8조 (성능위주설계)

① 연면적·높이·층수 등이 일정 규모 이상인 대통령령으로 정하는 특정소방대상물(신축하는 것만 해당한다)에 소방시설을 설치하려는 자는 성능위주설계를 하여야 한다.
② 제1항에 따라 소방시설을 설치하려는 자가 성능위주설계를 한 경우에는 「건축법」 제11조에 따른 건축허가를 신청하기 전에 해당 특정소방대상물의 시공지 또는 소재지를 관할하는 소방서장에게 신고하여야 한다. 해당 특정소방대상물의 연면적·높이·층수의 변경 등 행정안전부령으로 정하는 사유로 신고한 성능위주설계를 변경하려는 경우에도 또한 같다.
③ 소방서장은 제2항에 따른 신고 또는 변경신고를 받은 경우 그 내용을 검토하여 이 법에 적합하면 신고를 수리하여야 한다.
④ 제2항에 따라 성능위주설계의 신고 또는 변경신고를 하려는 자는 해당 특정소방대상물이 「건축법」 제4조의2에 따른 건축위원회의 심의를 받아야 하는 건축물인 경우에는 그 심의를 신청하기 전에 성능위주설계의 기본설계도서(基本設計圖書) 등에 대해서 해당 특정소방대상물의 시공지 또는 소재지를 관할하는 소방서장의 사전검토를 받아야 한다.
⑤ 소방서장은 제2항 또는 제4항에 따라 성능위주설계의 신고, 변경신고 또는 사전검토 신청을 받은 경우에는 소방청 또는 관할 소방본부에 설치된 제9조 제1항에 따른 성능위주설계평가단의 검토·평가를 거쳐야 한다. 다만, 소방서장은 신기술·신공법 등 검토·평가에 고도의 기술이 필요한 경우에는 제18조 제1항에 따른 중앙소방기술심의위원회에 심의를 요청할 수 있다.
⑥ 소방서장은 제5항에 따른 검토·평가 결과 성능위주설계의 수정 또는 보완이 필요하다고 인정되는 경우에는 성능위주설계를 한 자에게 그 수정 또는 보완을 요청할 수 있으며, 수정 또는 보완 요청을 받은 자는 정당한 사유가 없으면 그 요청에 따라야 한다.
⑦ 제2항부터 제6항까지에서 규정한 사항 외에 성능위주설계의 신고, 변경신고 및 사전검토의 절차·방법 등에 필요한 사항과 성능위주설계의 기준은 행정안전부령으로 정한다.

> **시행령 제9조 (성능위주설계를 해야 하는 특정소방대상물의 범위)** 법 제8조 제1항에서 "대통령령으로 정하는 특정소방대상물"이란 다음 각 호의 어느 하나에 해당하는 특정소방대상물(신축하는 것만 해당한다)을 말한다.
> 1. 연면적 20만제곱미터 이상인 특정소방대상물. 다만, 별표 2 제1호가목에 따른 아파트등(이하 "아파트등"이라 한다)은 제외한다.
> 2. 50층 이상(지하층은 제외한다)이거나 지상으로부터 높이가 200미터 이상인 아파트등

3. 30층 이상(지하층을 포함한다)이거나 지상으로부터 높이가 120미터 이상인 특정소방대상물(아파트등은 제외한다)
4. 연면적 3만제곱미터 이상인 특정소방대상물로서 다음 각 목의 어느 하나에 해당하는 특정소방대상물
   가. 별표 2 제6호 나목의 철도 및 도시철도 시설
   나. 별표 2 제6호 다목의 공항시설
5. 별표 2 제16호의 창고시설 중 연면적 10만제곱미터 이상인 것 또는 지하층의 층수가 2개 층 이상이고 지하층의 바닥면적의 합계가 3만제곱미터 이상인 것
6. 하나의 건축물에 「영화 및 비디오물의 진흥에 관한 법률」 제2조 제10호에 따른 영화상영관이 10개 이상인 특정소방대상물
7. 「초고층 및 지하연계 복합건축물 재난관리에 관한 특별법」 제2조 제2호에 따른 지하연계 복합건축물에 해당하는 특정소방대상물
8. 별표 2 제27호의 터널 중 수저(水底)터널 또는 길이가 5천미터 이상인 것

시행규칙 제4조 (성능위주설계의 신고) ① 성능위주설계를 한 자는 법 제8조 제2항에 따라 「건축법」 제11조에 따른 건축허가를 신청하기 전에 별지 제2호서식의 성능위주설계 신고서(전자문서로 된 신고서를 포함한다)에 다음 각 호의 서류(전자문서를 포함한다)를 첨부하여 관할 소방서장에게 신고해야 한다. 이 경우 다음 각 호의 서류에는 사전검토 결과에 따라 보완된 내용을 포함해야 하며, 제7조 제1항에 따른 사전검토 신청 시 제출한 서류와 동일한 내용의 서류는 제외한다.
1. 다음 각 목의 사항이 포함된 설계도서
   가. 건축물의 개요(위치, 구조, 규모, 용도)
   나. 부지 및 도로의 설치 계획(소방차량 진입 동선을 포함한다)
   다. 화재안전성능의 확보 계획
   라. 성능위주설계 요소에 대한 성능평가(화재 및 피난 모의실험 결과를 포함한다)
   마. 성능위주설계 적용으로 인한 화재안전성능 비교표
   바. 다음의 건축물 설계도면
      1) 주단면도 및 입면도
      2) 층별 평면도 및 창호도
      3) 실내 · 실외 마감재료표
      4) 방화구획도(화재 확대 방지계획을 포함한다)
      5) 건축물의 구조 설계에 따른 피난계획 및 피난 동선도
   사. 소방시설의 설치계획 및 설계 설명서
   아. 다음의 소방시설 설계도면
      1) 소방시설 계통도 및 층별 평면도
      2) 소화용수설비 및 연결송수구 설치 위치 평면도
      3) 종합방재실 설치 및 운영계획
      4) 상용전원 및 비상전원의 설치계획
      5) 소방시설의 내진설계 계통도 및 기준층 평면도(내진 시방서 및 계산서 등 세부 내용이 포함된 상세 설계도면은 제외한다)
   자. 소방시설에 대한 전기부하 및 소화펌프 등 용량계산서
2. 「소방시설공사업법 시행령」 별표 1의2에 따른 성능위주설계를 할 수 있는 자의 자격 · 기술인력을 확인할 수 있는 서류
3. 「소방시설공사업법」 제21조 및 제21조의3 제2항에 따라 체결한 성능위주설계 계약서 사본
② 소방서장은 제1항에 따라 성능위주설계 신고서를 받은 경우 성능위주설계 대상 및 자격 여부 등을 확인하고, 첨부서류의 보완이 필요한 경우에는 7일 이내의 기간을 정하여 성능위주설계를 한 자에게 보완을 요청할 수 있다.

제5조 (신고된 성능위주설계에 대한 검토 · 평가) ① 제4조 제1항에 따라 성능위주설계의 신고를 받은 소방서장은 필요한 경우 같은 조 제2항에 따른 보완 절차를 거쳐 소방청장 또는 관할 소방본부장에게 법 제9조 제1항에 따른 성능위주설계 평가단(이하 "평가단"이라 한다)의 검토 · 평가를 요청해야 한다.

② 제1항에 따라 검토·평가를 요청받은 소방청장 또는 소방본부장은 요청을 받은 날부터 20일 이내에 평가단의 심의·의결을 거쳐 해당 건축물의 성능위주설계를 검토·평가하고, 별지 제3호서식의 성능위주설계 검토·평가 결과서를 작성하여 관할 소방서장에게 지체 없이 통보해야 한다.

③ 제4조 제1항에 따라 성능위주설계 신고를 받은 소방서장은 제1항에도 불구하고 신기술·신공법 등 검토·평가에 고도의 기술이 필요한 경우에는 중앙위원회에 심의를 요청할 수 있다.

④ 중앙위원회는 제3항에 따라 요청된 사항에 대하여 20일 이내에 심의·의결을 거쳐 별지 제3호서식의 성능위주설계 검토·평가 결과서를 작성하고 관할 소방서장에게 지체 없이 통보해야 한다.

⑤ 제2항 또는 제4항에 따라 성능위주설계 검토·평가 결과서를 통보받은 소방서장은 성능위주설계 신고를 한 자에게 별표 1에 따라 수리 여부를 통보해야 한다.

제6조 (성능위주설계의 변경신고) ① 법 제8조 제2항 후단에서 "해당 특정소방대상물의 연면적·높이·층수의 변경 등 행정안전부령으로 정하는 사유"란 특정소방대상물의 연면적·높이·층수의 변경이 있는 경우를 말한다. 다만, 「건축법」 제16조 제1항 단서 및 같은 조 제2항에 따른 경우는 제외한다.

② 성능위주설계를 한 자는 법 제8조 제2항 후단에 따라 해당 성능위주설계를 한 특정소방대상물이 제1항에 해당하는 경우 별지 제4호서식의 성능위주설계 변경 신고서(전자문서로 된 신고서를 포함한다)에 제4조 제1항 각 호의 서류(전자문서를 포함하며, 변경되는 부분만 해당한다)를 첨부하여 관할 소방서장에게 신고해야 한다.

③ 제2항에 따른 성능위주설계의 변경신고에 대한 검토·평가, 수리 여부 결정 및 통보에 관하여는 제5조 제2항부터 제5항까지의 규정을 준용한다. 이 경우 같은 조 제2항 및 제4항 중 "20일 이내"는 각각 "14일 이내"로 본다.

제7조 (성능위주설계의 사전검토 신청) ① 성능위주설계를 한 자는 법 제8조 제4항에 따라 「건축법」 제4조의2에 따른 건축위원회의 심의를 받아야 하는 건축물인 경우에는 그 심의를 신청하기 전에 별지 제5호서식의 성능위주설계 사전검토 신청서(전자문서로 된 신청서를 포함한다)에 다음 각 호의 서류(전자문서를 포함한다)를 첨부하여 관할 소방서장에게 사전검토를 신청해야 한다.

1. 건축물의 개요(위치, 구조, 규모, 용도)
2. 부지 및 도로의 설치 계획(소방차량 진입 동선을 포함한다)
3. 화재안전성능의 확보 계획
4. 화재 및 피난 모의실험 결과
5. 다음 각 목의 건축물 설계도면
   가. 주단면도 및 입면도
   나. 층별 평면도 및 창호도
   다. 실내·실외 마감재료표
   라. 방화구획도(화재 확대 방지계획을 포함한다)
   마. 건축물의 구조 설계에 따른 피난계획 및 피난 동선도
6. 소방시설 설치계획 및 설계 설명서(소방시설 기계·전기 분야의 기본계통도를 포함한다)
7. 「소방시설공사업법 시행령」 별표 1의2에 따른 성능위주설계를 할 수 있는 자의 자격·기술인력을 확인할 수 있는 서류
8. 「소방시설공사업법」 제21조 및 제21조의3 제2항에 따라 체결한 성능위주설계 계약서 사본

② 소방서장은 제1항에 따른 성능위주설계 사전검토 신청서를 받은 경우 성능위주설계 대상 및 자격 여부 등을 확인하고, 첨부서류의 보완이 필요한 경우에는 7일 이내의 기간을 정하여 성능위주설계를 한 자에게 보완을 요청할 수 있다.

제8조 (사전검토가 신청된 성능위주설계에 대한 검토·평가) ① 제7조 제1항에 따라 사전검토의 신청을 받은 소방서장은 필요한 경우 같은 조 제2항에 따른 보완 절차를 거쳐 소방청장 또는 관할 소방본부장에게 평가단의 검토·평가를 요청해야 한다.

② 제1항에 따라 검토·평가를 요청받은 소방청장 또는 소방본부장은 평가단의 심의·의결을 거쳐 해당 건축물의 성능위주설계를 검토·평가하고, 별지 제6호서식의 성능위주설계 사전검토 결과서를 작성하여 관할 소방서장에게 지체 없이 통보해야 한다.

③ 제1항에도 불구하고 제7조 제1항에 따라 성능위주설계 사전검토의 신청을 받은 소방서장은 신기술·신공법 등 검토·평가에 고도의 기술이 필요한 경우에는 중앙위원회에 심의를 요청할 수 있다.

④ 중앙위원회는 제3항에 따라 요청된 사항에 대하여 심의를 거쳐 별지 제6호서식의 성능위주설계 사전검토 결과서를 작성하고, 관할 소방서장에게 지체 없이 통보해야 한다.

⑤ 제2항 또는 제4항에 따라 성능위주설계 사전검토 결과서를 통보받은 소방서장은 성능위주설계 사전검토를 신청한 자 및 「건축법」 제4조에 따른 해당 건축위원회에 그 결과를 지체 없이 통보해야 한다.

제9조 (성능위주설계 기준) ① 법 제8조 제7항에 따른 성능위주설계의 기준은 다음 각 호와 같다.

1. 소방자동차 진입(통로) 동선 및 소방관 진입 경로 확보
2. 화재·피난 모의실험을 통한 화재위험성 및 피난안전성 검증
3. 건축물의 규모와 특성을 고려한 최적의 소방시설 설치
4. 소화수 공급시스템 최적화를 통한 화재피해 최소화 방안 마련
5. 특별피난계단을 포함한 피난경로의 안전성 확보
6. 건축물의 용도별 방화구획의 적정성
7. 침수 등 재난상황을 포함한 지하층 안전확보 방안 마련

② 제1항에 따른 성능위주설계의 세부 기준은 소방청장이 정한다.

📝 **핵심정리** | 성능위주설계 대상(신축에 한정)

1. 연면적 20만m² 이상, 지하층을 포함한 층수가 30층 이상, 건축물의 높이가 120m 이상(아파트등 제외)
2. 지하층을 제외한 층수가 50층 이상, 건축물의 높이가 200m 이상(아파트등)
3. 지하연계복합건축물
4. 연면적 3만m² 이상(철도·도시철도시설 및 공항시설)
5. 하나의 건축물에 영화상영관이 10개 이상
6. 연면적 10만m² 이상이거나 지하 2층 이하이고 지하층의 바닥면적의 합이 3만m² 이상인 창고시설
7. 터널 중 수저(水底)터널 또는 길이가 5천미터 이상인 것

제9조 (성능위주설계평가단)

① 성능위주설계에 대한 전문적·기술적인 검토 및 평가를 위하여 소방청 또는 소방본부에 성능위주설계 평가단(이하 "평가단"이라 한다)을 둔다.

② 평가단에 소속되거나 소속되었던 사람은 평가단의 업무를 수행하면서 알게 된 비밀을 이 법에서 정한 목적 외의 용도로 사용하거나 다른 사람 또는 기관에 제공하거나 누설하여서는 아니 된다.

③ 평가단의 구성 및 운영 등에 필요한 사항은 행정안전부령으로 정한다.

시행규칙 제10조 (평가단의 구성) ① 평가단은 평가단장을 포함하여 50명 이내의 평가단원으로 성별을 고려하여 구성한다.

② 평가단장은 화재예방 업무를 담당하는 부서의 장 또는 제3항에 따라 임명 또는 위촉된 평가단원 중에서 학식·경험·전문성 등을 종합적으로 고려하여 소방청장 또는 소방본부장이 임명하거나 위촉한다.

③ 평가단원은 다음 각 호의 어느 하나에 해당하는 사람 중에서 소방청장 또는 관할 소방본부장이 임명하거나 위촉한다. 다만, 관할 소방서의 해당 업무 담당 과장은 당연직 평가단원으로 한다.

1. 소방공무원 중 다음 각 목의 어느 하나에 해당하는 사람
   가. 소방기술사
   나. 소방시설관리사
   다. 다음의 어느 하나에 해당하는 자격을 갖춘 사람으로서 「소방공무원 교육훈련규정」 제3조 제2항에 따른 중앙소방학교에서 실시하는 성능위주설계 관련 교육과정을 이수한 사람
      1) 소방설비기사 이상의 자격을 가진 사람으로서 제3조에 따른 건축허가등의 동의 업무를 1년 이상 담당한 사람

2) 건축 또는 소방 관련 석사 이상의 학위를 취득한 사람으로서 제3조에 따른 건축허가등의 동의 업무를 1년 이상 담당한 사람

2. 건축 분야 및 소방방재 분야 전문가 중 다음 각 목의 어느 하나에 해당하는 사람

    가. 위원회 위원 또는 법 제18조 제2항에 따른 지방소방기술심의위원회 위원

    나. 「고등교육법」 제2조에 따른 학교 또는 이에 준하는 학교나 공인된 연구기관에서 부교수 이상의 직(職) 또는 이에 상당하는 직에 있거나 있었던 사람으로서 화재안전 또는 관련 법령이나 정책에 전문성이 있는 사람

    다. 소방기술사

    라. 소방시설관리사

    마. 건축계획, 건축구조 또는 도시계획과 관련된 업종에 종사하는 사람으로서 건축사 또는 건축구조기술사 자격을 취득한 사람

    바. 「소방시설공사업법」 제28조 제3항에 따른 특급감리원 자격을 취득한 사람으로 소방공사 현장 감리업무를 10년 이상 수행한 사람

④ 위촉된 평가단원의 임기는 2년으로 하되, 2회에 한정하여 연임할 수 있다.

⑤ 평가단장은 평가단을 대표하고 평가단의 업무를 총괄한다.

⑥ 평가단장이 부득이한 사유로 직무를 수행할 수 없을 때에는 평가단장이 미리 지정한 평가단원이 그 직무를 대리한다.

제11조 (평가단의 운영) ① 평가단의 회의는 평가단장과 평가단장이 회의마다 지명하는 6명 이상 8명 이하의 평가단원으로 구성·운영하며, 과반수의 출석으로 개의(開議)하고 출석 평가단원 과반수의 찬성으로 의결한다. 다만, 제6조 제2항에 따른 성능위주설계의 변경신고에 대한 심의·의결을 하는 경우에는 제5조 제2항에 따라 건축물의 성능위주설계를 검토·평가한 평가단원 중 5명 이상으로 평가단을 구성·운영할 수 있다.

② 평가단의 회의에 참석한 평가단원에게는 예산의 범위에서 수당, 여비, 그 밖에 필요한 경비를 지급할 수 있다. 다만, 소방공무원인 평가단원이 소관 업무와 관련하여 평가단의 회의에 참석하는 경우에는 그렇지 않다.

③ 제1항 및 제2항에서 규정한 사항 외에 평가단의 운영에 필요한 세부적인 사항은 소방청장 또는 관할 소방본부장이 정한다.

제12조 (평가단원의 제척·기피·회피) ① 평가단원이 다음 각 호의 어느 하나에 해당하는 경우에는 평가단의 심의·의결에서 제척(除斥)된다.

1. 평가단원 또는 그 배우자나 배우자였던 사람이 해당 안건의 당사자(당사자가 법인·단체 등인 경우에는 그 임원을 포함한다. 이하 이 호 및 제2호에서 같다)가 되거나 그 안건의 당사자와 공동권리자 또는 공동의무자인 경우

2. 평가단원이 해당 안건의 당사자와 친족인 경우

3. 평가단원이 해당 안건에 관하여 증언, 진술, 자문, 연구, 용역 또는 감정을 한 경우

4. 평가단원이나 평가단원이 속한 법인·단체 등이 해당 안건의 당사자의 대리인이거나 대리인이었던 경우

② 당사자는 제1항에 따른 제척사유가 있거나 평가단원에게 공정한 심의·의결을 기대하기 어려운 사정이 있는 경우에는 평가단에 기피신청을 할 수 있고, 평가단은 의결로 기피 여부를 결정한다. 이 경우 기피 신청의 대상인 평가단원은 그 의결에 참여하지 못한다.

③ 평가단원이 제1항 각 호의 사유에 해당하는 경우에는 스스로 해당 안건의 심의·의결에서 회피(回避)해야 한다.

제13조 (평가단원의 해임·해촉) 소방청장 또는 관할 소방본부장은 평가단원이 다음 각 호의 어느 하나에 해당하는 경우에는 해당 평가단원을 해임하거나 해촉(解囑)할 수 있다.

1. 심신장애로 직무를 수행할 수 없게 된 경우

2. 직무와 관련된 비위사실이 있는 경우

3. 직무태만, 품위손상이나 그 밖의 사유로 평가단원으로 적합하지 않다고 인정되는 경우

4. 제12조 제1항 각 호의 어느 하나에 해당하는데도 불구하고 회피하지 않은 경우

5. 평가단원 스스로 직무를 수행하기 어렵다는 의사를 밝히는 경우

Part 03 소방시설 설치 및 관리에 관한 법률 | 해커스 소방설비기사 필기 소방관계법규 기본서 + 7개년 기출문제집

Chapter 02 소방시설등의 설치·관리 및 방염 **151**

제10조 (주택에 설치하는 소방시설)

① 다음 각 호의 주택의 소유자는 소화기 등 대통령령으로 정하는 소방시설(이하 "주택용소방시설"이라 한다)을 설치하여야 한다.
 1. 「건축법」 제2조 제2항 제1호의 단독주택
 2. 「건축법」 제2조 제2항 제2호의 공동주택(아파트 및 기숙사는 제외한다)
② 국가 및 지방자치단체는 주택용소방시설의 설치 및 국민의 자율적인 안전관리를 촉진하기 위하여 필요한 시책을 마련하여야 한다.
③ 주택용소방시설의 설치기준 및 자율적인 안전관리 등에 관한 사항은 특별시·광역시·특별자치시·도 또는 특별자치도(이하 "시·도"라 한다)의 조례로 정한다.

> **시행령 제10조 (주택용소방시설)** 법 제10조 제1항 각 호 외의 부분에서 "소화기 등 대통령령으로 정하는 소방시설"이란 소화기 및 단독경보형 감지기를 말한다.

제11조 (자동차에 설치 또는 비치하는 소화기)

① 「자동차관리법」 제3조 제1항에 따른 자동차 중 다음 각 호의 어느 하나에 해당하는 자동차를 제작·조립·수입·판매하려는 자 또는 해당 자동차의 소유자는 차량용 소화기를 설치하거나 비치하여야 한다.
 1. 5인승 이상의 승용자동차
 2. 승합자동차
 3. 화물자동차
 4. 특수자동차
② 제1항에 따른 차량용 소화기의 설치 또는 비치 기준은 행정안전부령으로 정한다.
③ 국토교통부장관은 「자동차관리법」 제43조 제1항에 따른 자동차검사 시 차량용 소화기의 설치 또는 비치 여부 등을 확인하여야 하며, 그 결과를 매년 12월 31일까지 소방청장에게 통보하여야 한다.
[시행일: 2024.12.1.] 제11조

> **시행규칙 제14조 (차량용 소화기의 설치 또는 비치 기준)** 법 제11조 제1항에 따른 차량용 소화기의 설치 또는 비치 기준은 별표 2와 같다. [시행일: 2024.12.1.] 제14조

특정소방대상물에 설치하는 소방시설의 관리 등

제12조 (특정소방대상물에 설치하는 소방시설의 관리 등)

① 특정소방대상물의 관계인은 대통령령으로 정하는 소방시설을 화재안전기준에 따라 설치·관리하여야 한다. 이 경우 「장애인·노인·임산부 등의 편의증진 보장에 관한 법률」 제2조 제1호에 따른 장애인등이 사용하는 소방시설(경보설비 및 피난구조설비를 말한다)은 대통령령으로 정하는 바에 따라 장애인등에 적합하게 설치·관리하여야 한다.

② 소방본부장이나 소방서장은 제1항에 따른 소방시설이 화재안전기준에 따라 설치·관리되고 있지 아니할 때에는 해당 특정소방대상물의 관계인에게 필요한 조치를 명할 수 있다.

③ 특정소방대상물의 관계인은 제1항에 따라 소방시설을 설치·관리하는 경우 화재 시 소방시설의 기능과 성능에 지장을 줄 수 있는 폐쇄(잠금을 포함한다. 이하 같다)·차단 등의 행위를 하여서는 아니 된다. 다만, 소방시설의 점검·정비를 위하여 필요한 경우 폐쇄·차단은 할 수 있다.

④ 소방청장은 제3항 단서에 따라 특정소방대상물의 관계인이 소방시설의 점검·정비를 위하여 폐쇄·차단을 하는 경우 안전을 확보하기 위하여 필요한 행동요령에 관한 지침을 마련하여 고시하여야 한다. <신설 2023.1.3.>

⑤ 소방청장, 소방본부장 또는 소방서장은 제1항에 따른 소방시설의 작동정보 등을 실시간으로 수집·분석할 수 있는 시스템(이하 "소방시설정보관리시스템"이라 한다)을 구축·운영할 수 있다. <개정 2023.1.3.>

⑥ 소방청장, 소방본부장 또는 소방서장은 제5항에 따른 작동정보를 해당 특정소방대상물의 관계인에게 통보하여야 한다. <개정 2023.1.3.>

⑦ 소방시설정보관리시스템 구축·운영의 대상은 「화재의 예방 및 안전관리에 관한 법률」 제24조 제1항 전단에 따른 소방안전관리대상물 중 소방안전관리의 취약성 등을 고려하여 대통령령으로 정하고, 그 밖에 운영방법 및 통보 절차 등에 필요한 사항은 행정안전부령으로 정한다. <개정 2023.1.3.>

[2023.7.4. 시행]

시행령 제11조 (특정소방대상물에 설치·관리해야 하는 소방시설) ① 법 제12조 제1항 전단에 따라 특정소방대상물의 관계인이 특정소방대상물에 설치·관리해야 하는 소방시설의 종류는 별표 4와 같다.

② 법 제12조 제1항 후단에 따라 「장애인·노인·임산부 등의 편의증진 보장에 관한 법률」 제2조 제1호에 따른 장애인등이 사용하는 소방시설은 별표 4 제2호 및 제3호에 따라 장애인등에 적합하게 설치·관리해야 한다.

제12조 (소방시설정보관리시스템 구축·운영 대상 등) ① 소방청장, 소방본부장 또는 소방서장이 법 제12조 제4항에 따라 소방시설의 작동정보 등을 실시간으로 수집·분석할 수 있는 시스템(이하 "소방시설정보관리시스템"이라 한다)을 구축·운영하는 경우 그 구축·운영의 대상은 「화재의 예방 및 안전관리에 관한 법률」 제24조 제1항 전단에 따른 소방안전관리대상물 중 다음 각 호의 특정소방대상물로 한다.

1. 문화 및 집회시설
2. 종교시설
3. 판매시설
4. 의료시설
5. 노유자 시설
6. 숙박이 가능한 수련시설
7. 업무시설
8. 숙박시설
9. 공장
10. 창고시설
11. 위험물 저장 및 처리 시설
12. 지하가(地下街)
13. 지하구
14. 그 밖에 소방청장, 소방본부장 또는 소방서장이 소방안전관리의 취약성과 화재 위험성을 고려하여 필요하다고 인정하는 특정소방대상물

② 제1항 각 호에 따른 특정소방대상물의 관계인은 소방청장, 소방본부장 또는 소방서장이 법 제12조 제4항에 따라 소방시설정보관리시스템을 구축·운영하려는 경우 특별한 사정이 없으면 이에 협조해야 한다.

시행규칙 제15조 (소방시설정보관리시스템 운영방법 및 통보 절차 등) ① 소방청장, 소방본부장 또는 소방서장은 법 제12조 제4항에 따른 소방시설의 작동정보 등을 실시간으로 수집·분석할 수 있는 시스템(이하 "소방시설정보관리시스템"이라 한다)으로 수집되는 소방시설의 작동정보 등을 분석하여 해당 특정소방대상물의 관계인에게 해당 소방시설의 정상적인 작동에 필요한 사항과 관리 방법 등 개선사항에 관한 정보를 제공할 수 있다.

② 소방청장, 소방본부장 또는 소방서장은 소방시설정보관리시스템을 통하여 소방시설의 고장 등 비정상적인 작동정보를 수집한 경우에는 해당 특정소방대상물의 관계인에게 그 사실을 알려주어야 한다.

③ 소방청장, 소방본부장 또는 소방서장은 소방시설정보관리시스템의 체계적·효율적·전문적인 운영을 위해 전담인력을 둘 수 있다.

④ 제1항부터 제3항까지에서 규정한 사항 외에 소방시설정보관리시스템의 운영방법 및 통보 절차 등에 관하여 필요한 세부사항은 소방청장이 정한다.

제16조 (소방시설을 설치해야 하는 터널) ① 영 별표 4 제1호다목4)나)에서 "행정안전부령으로 정하는 터널"이란 「도로의 구조·시설 기준에 관한 규칙」 제48조에 따라 국토교통부장관이 정하는 도로의 구조 및 시설에 관한 세부 기준에 따라 옥내소화전설비를 설치해야 하는 터널을 말한다.

② 영 별표 4 제1호바목7) 전단에서 "행정안전부령으로 정하는 터널"이란 「도로의 구조·시설 기준에 관한 규칙」 제48조에 따라 국토교통부장관이 정하는 도로의 구조 및 시설에 관한 세부 기준에 따라 물분무소화설비를 설치해야 하는 터널을 말한다.

③ 영 별표 4 제5호 가목6)에서 "행정안전부령으로 정하는 터널"이란 「도로의 구조·시설 기준에 관한 규칙」 제48조에 따라 국토교통부장관이 정하는 도로의 구조 및 시설에 관한 세부 기준에 따라 제연설비를 설치해야 하는 터널을 말한다.

제17조 (연소 우려가 있는 건축물의 구조) 영 별표 4 제1호사목1) 후단에서 "행정안전부령으로 정하는 연소(延燒) 우려가 있는 구조"란 다음 각 호의 기준에 모두 해당하는 구조를 말한다.

1. 건축물대장의 건축물 현황도에 표시된 대지경계선 안에 둘 이상의 건축물이 있는 경우
2. 각각의 건축물이 다른 건축물의 외벽으로부터 수평거리가 1층의 경우에는 6미터 이하, 2층 이상의 층의 경우에는 10미터 이하인 경우
3. 개구부(영 제2조 제1호 각 목 외의 부분에 따른 개구부를 말한다)가 다른 건축물을 향하여 설치되어 있는 경우

✏️ **핵심정리** 소방시설의 관리 등

1. **설치·관리자**: 관계인
2. **설치·관리기준**: 화재안전기준
3. **조치명령자**: 소방본부장, 소방서장
4. **행위금지**: 폐쇄(잠금)·차단 등의 행위
5. **소방시설정보관리시스템 구축·운영 대상**
   ① 문화 및 집회시설
   ② 종교시설
   ③ 판매시설
   ④ 의료시설
   ⑤ 노유자시설
   ⑥ 숙박이 가능한 수련시설
   ⑦ 숙박시설
   ⑧ 업무시설
   ⑨ 공장, 창고시설
   ⑩ 위험물 저장 및 처리 시설
   ⑪ 지하가 및 지하구
   ⑫ 소방청장. 소방본부장 또는 소방서장이 필요하다고 인정하는 대상

제13조 (소방시설기준 적용의 특례)

① 소방본부장이나 소방서장은 제12조 제1항 전단에 따른 대통령령 또는 화재안전기준이 변경되어 그 기준이 강화되는 경우 기존의 특정소방대상물(건축물의 신축·개축·재축·이전 및 대수선 중인 특정소방대상물을 포함한다)의 소방시설에 대하여는 변경 전의 대통령령 또는 화재안전기준을 적용한다. 다만, 다음 각 호의 어느 하나에 해당하는 소방시설의 경우에는 대통령령 또는 화재안전기준의 변경으로 강화된 기준을 적용할 수 있다.

1. 다음 각 목의 소방시설 중 대통령령 또는 화재안전기준으로 정하는 것
   가. 소화기구
   나. 비상경보설비
   다. 자동화재탐지설비

라. 자동화재속보설비

마. 피난구조설비

2. 다음 각 목의 특정소방대상물에 설치하는 소방시설 중 대통령령 또는 화재안전기준으로 정하는 것

　가. 「국토의 계획 및 이용에 관한 법률」 제2조 제9호에 따른 공동구

　나. 전력 및 통신사업용 지하구

　다. 노유자(老幼者) 시설

　라. 의료시설

② 소방본부장이나 소방서장은 특정소방대상물에 설치하여야 하는 소방시설 가운데 기능과 성능이 유사한 스프링클러설비, 물분무등소화설비, 비상경보설비 및 비상방송설비 등의 소방시설의 경우에는 대통령령으로 정하는 바에 따라 유사한 소방시설의 설치를 면제할 수 있다.

③ 소방본부장이나 소방서장은 기존의 특정소방대상물이 증축되거나 용도변경되는 경우에는 대통령령으로 정하는 바에 따라 증축 또는 용도변경 당시의 소방시설의 설치에 관한 대통령령 또는 화재안전기준을 적용한다.

④ 다음 각 호의 어느 하나에 해당하는 특정소방대상물 가운데 대통령령으로 정하는 특정소방대상물에는 제12조 제1항 전단에도 불구하고 대통령령으로 정하는 소방시설을 설치하지 아니할 수 있다.

1. 화재 위험도가 낮은 특정소방대상물

2. 화재안전기준을 적용하기 어려운 특정소방대상물

3. 화재안전기준을 다르게 적용하여야 하는 특수한 용도 또는 구조를 가진 특정소방대상물

4. 「위험물안전관리법」 제19조에 따른 자체소방대가 설치된 특정소방대상물

⑤ 제4항 각 호의 어느 하나에 해당하는 특정소방대상물에 구조 및 원리 등에서 공법이 특수한 설계로 인정된 소방시설을 설치하는 경우에는 제18조 제1항에 따른 중앙소방기술심의위원회의 심의를 거쳐 제12조 제1항 전단에 따른 화재안전기준을 적용하지 아니할 수 있다.

시행령 제13조 (강화된 소방시설기준의 적용대상) 법 제13조 제1항 제2호 각 목 외의 부분에서 "대통령령으로 정하는 것"이란 다음 각 호의 소방시설을 말한다.

1. 「국토의 계획 및 이용에 관한 법률」 제2조 제9호에 따른 공동구에 설치하는 소화기, 자동소화장치, 자동화재탐지설비, 통합감시시설, 유도등 및 연소방지설비

2. 전력 및 통신사업용 지하구에 설치하는 소화기, 자동소화장치, 자동화재탐지설비, 통합감시시설, 유도등 및 연소방지설비

3. 노유자 시설에 설치하는 간이스프링클러설비, 자동화재탐지설비 및 단독경보형 감지기

4. 의료시설에 설치하는 스프링클러설비, 간이스프링클러설비, 자동화재탐지설비 및 자동화재속보설비

제14조 (유사한 소방시설의 설치 면제의 기준) 법 제13조 제2항에 따라 소방본부장 또는 소방서장은 특정소방대상물에 설치해야 하는 소방시설 가운데 기능과 성능이 유사한 소방시설의 설치를 면제하려는 경우에는 별표 5의 기준에 따른다.

제15조 (특정소방대상물의 증축 또는 용도변경 시의 소방시설기준 적용의 특례) ① 법 제13조 제3항에 따라 소방본부장 또는 소방서장은 특정소방대상물이 증축되는 경우에는 기존 부분을 포함한 특정소방대상물의 전체에 대하여 증축 당시의 소방시설의 설치에 관한 대통령령 또는 화재안전기준을 적용해야 한다. 다만, 다음 각 호의 어느 하나에 해당하는 경우에는 기존 부분에 대해서는 증축 당시의 소방시설의 설치에 관한 대통령령 또는 화재안전기준을 적용하지 않는다.

1. 기존 부분과 증축 부분이 내화구조(耐火構造)로 된 바닥과 벽으로 구획된 경우

2. 기존 부분과 증축 부분이 「건축법 시행령」 제46조 제1항 제2호에 따른 자동방화셔터(이하 "자동방화셔터"라 한다) 또는 같은 영 제64조 제1항 제1호에 따른 60분+ 방화문(이하 "60분+ 방화문"이라 한다)으로 구획되어 있는 경우

3. 자동차 생산공장 등 화재 위험이 낮은 특정소방대상물 내부에 연면적 33제곱미터 이하의 직원 휴게실을 증축하는 경우

4. 자동차 생산공장 등 화재 위험이 낮은 특정소방대상물에 캐노피(기둥으로 받치거나 매달아 놓은 덮개를 말하며, 3면 이상에 벽이 없는 구조의 것을 말한다)를 설치하는 경우

② 법 제13조 제3항에 따라 소방본부장 또는 소방서장은 특정소방대상물이 용도변경되는 경우에는 용도변경되는 부분에 대해서만 용도변경 당시의 소방시설의 설치에 관한 대통령령 또는 화재안전기준을 적용한다. 다만, 다음 각 호의 어느 하나에 해당하는 경우에는 특정소방대상물 전체에 대하여 용도변경 전에 해당 특정소방대상물에 적용되던 소방시설의 설치에 관한 대통령령 또는 화재안전기준을 적용한다.

1. 특정소방대상물의 구조·설비가 화재연소 확대 요인이 적어지거나 피난 또는 화재진압활동이 쉬워지도록 변경되는 경우

2. 용도변경으로 인하여 천장·바닥·벽 등에 고정되어 있는 가연성 물질의 양이 줄어드는 경우

제16조 (소방시설을 설치하지 않을 수 있는 특정소방대상물의 범위) 법 제13조 제4항에 따라 소방시설을 설치하지 않을 수 있는 특정소방대상물 및 소방시설의 범위는 별표 6과 같다.

🖊 핵심정리 │ 소방시설기준 적용의 특례

1. 강화된 기준 적용(소급적용 특례)
　① 소화기구·비상경보설비·자동화재탐지설비·자동화재속보설비 및 피난구조설비
　② 지하구 중 공동구 및 전력용·통신사업용(대통령령으로 정하는 설비)
　③ 의료시설, 노유자시설(대통령령으로 정하는 설비)

2. 소방시설 설치를 면제할 수 없는 경우
　① 소화기구
　② 주거용주방자동소화장치

3. 증축
　① 내화구조 및 60분+ 방화문, 자동방화셔터 구획
　② 연면적 33제곱미터 이하의 직원 휴게실 증축
　③ 캐노피(3면 이상에 벽이 없는 구조)를 설치

4. 소방시설 설치 제외
　1. 화재 위험도가 낮은 것
　2. 화재안전기준을 적용하기 어려운 것
　3. 화재안전기준을 다르게 적용하여야 하는 특수한 용도 또는 구조를 가진 것
　4. 「위험물안전관리법」에 따른 자체소방대가 설치된 것

제14조 (특정소방대상물별로 설치하여야 하는 소방시설의 정비 등)

① 제12조 제1항에 따라 대통령령으로 소방시설을 정할 때에는 특정소방대상물의 규모·용도·수용인원 및 이용자 특성 등을 고려하여야 한다.
② 소방청장은 건축 환경 및 화재위험특성 변화사항을 효과적으로 반영할 수 있도록 제1항에 따른 소방시설 규정을 3년에 1회 이상 정비하여야 한다.
③ 소방청장은 건축 환경 및 화재위험특성 변화 추세를 체계적으로 연구하여 제2항에 따른 정비를 위한 개선방안을 마련하여야 한다.
④ 제3항에 따른 연구의 수행 등에 필요한 사항은 행정안전부령으로 정한다.

시행령 제17조 (특정소방대상물의 수용인원 산정) 법 제14조 제1항에 따른 특정소방대상물의 수용인원은 별표 7에 따라 산정한다.

시행규칙 제18조 (소방시설 규정의 정비) 소방청장은 법 제14조 제3항에 따라 다음 각 호의 연구과제에 대하여 건축 환경 및 화재 위험 변화 추세를 체계적으로 연구하여 소방시설 규정의 정비를 위한 개선방안을 마련해야 한다.
　1. 공모과제: 공모에 의하여 심의·선정된 과제
　2. 지정과제: 소방청장이 필요하다고 인정하여 발굴·기획하고, 주관 연구기관 및 주관 연구책임자를 지정하는 과제

✏️ **핵심정리** | 수용인원 산정 방법 및 정비

1. 숙박시설이 있는 특정소방대상물
   ① 침대가 있는 숙박시설: 종사자 수 + 침대의 수(2인용 침대는 2개로 산정)
   ② 침대가 없는 숙박시설: 종사자 수 + $\dfrac{바닥면적}{3m^2}$

2. 1. 외의 특정소방대상물
   ① 강의실·교무실·상담실·실습실·휴게실: $\dfrac{바닥면적}{1.9m^2}$
   ② 강당·문화 및 집회시설, 운동시설, 종교시설: $\dfrac{바닥면적}{4.6m^2}$
      긴 의자의 경우: $\dfrac{정면너비}{0.45m}$
   ③ 그 밖의 특정소방대상물: $\dfrac{바닥면적}{3m^2}$

3. 소방시설 정비: 소방청장 3년 1회 이상

제15조 (건설현장의 임시소방시설 설치 및 관리)

① 「건설산업기본법」 제2조 제4호에 따른 건설공사를 하는 자(이하 "공사시공자"라 한다)는 특정소방대상물의 신축·증축·개축·재축·이전·용도변경·대수선 또는 설비 설치 등을 위한 공사 현장에서 인화성(引火性) 물품을 취급하는 작업 등 대통령령으로 정하는 작업(이하 "화재위험작업"이라 한다)을 하기 전에 설치 및 철거가 쉬운 화재대비시설(이하 "임시소방시설"이라 한다)을 설치하고 관리하여야 한다.

② 제1항에도 불구하고 소방시설공사업자가 화재위험작업 현장에 소방시설 중 임시소방시설과 기능 및 성능이 유사한 것으로서 대통령령으로 정하는 소방시설을 화재안전기준에 맞게 설치 및 관리하고 있는 경우에는 공사시공자가 임시소방시설을 설치하고 관리한 것으로 본다.

③ 소방본부장 또는 소방서장은 제1항이나 제2항에 따라 임시소방시설 또는 소방시설이 설치 및 관리되지 아니할 때에는 해당 공사시공자에게 필요한 조치를 명할 수 있다.

④ 제1항에 따라 임시소방시설을 설치하여야 하는 공사의 종류와 규모, 임시소방시설의 종류 등에 필요한 사항은 대통령령으로 정하고, 임시소방시설의 설치 및 관리 기준은 소방청장이 정하여 고시한다.

시행령 제18조 (화재위험작업 및 임시소방시설 등) ① 법 제15조 제1항에서 "인화성(引火性) 물품을 취급하는 작업 등 대통령령으로 정하는 작업"이란 다음 각 호의 어느 하나에 해당하는 작업을 말한다.
1. 인화성·가연성·폭발성 물질을 취급하거나 가연성 가스를 발생시키는 작업
2. 용접·용단(금속·유리·플라스틱 따위를 녹여서 절단하는 일을 말한다) 등 불꽃을 발생시키거나 화기(火氣)를 취급하는 작업
3. 전열기구, 가열전선 등 열을 발생시키는 기구를 취급하는 작업
4. 알루미늄, 마그네슘 등을 취급하여 폭발성 부유분진(공기 중에 떠다니는 미세한 입자를 말한다)을 발생시킬 수 있는 작업
5. 그 밖에 제1호부터 제4호까지와 비슷한 작업으로 소방청장이 정하여 고시하는 작업
② 법 제15조 제1항에 따른 임시소방시설(이하 "임시소방시설"이라 한다)의 종류와 임시소방시설을 설치해야 하는 공사의 종류 및 규모는 별표 8 제1호 및 제2호와 같다.
③ 법 제15조 제2항에 따른 임시소방시설과 기능 및 성능이 유사한 소방시설은 별표 8 제3호와 같다.

1. 임시소방시설의 종류
  ① 소화기
  ② 간이소화장치
  ③ 비상경보장치
  ④ 간이피난유도선
  ⑤ 비상조명등　　[시행일: 2023.7.1.]
  ⑥ 방화포　　　　[시행일: 2023.7.1.]
  ⑦ 가스누설경보기 [시행일: 2023.7.1.]

2. 설치·관리자: 시공자

3. 임시소방시설을 설치하여야 하는 공사의 종류와 규모
  ① 소화기: 건축허가 동의를 받아야 하는 특정소방대상물의 건축·대수선·용도변경 또는 설치 등을 위한 공사
  ② 간이소화장치
    • 연면적 3천m^2 이상
    • 해당 층의 바닥면적이 600m^2 이상인 지하층·무창층 및 4층 이상의 층
  ③ 비상경보장치
    • 연면적 400m^2 이상
    • 해당 층의 바닥면적이 150m^2 이상인 지하층 또는 무창층
  ③ 비상경보장치
    • 연면적 400m^2 이상
    • 해당 층의 바닥면적이 150m^2 이상인 지하층 또는 무창층
  ④ 간이피난유도선: 바닥면적이 150m^2 이상인 지하층 또는 무창층
  ⑤ 비상조명등: 바닥면적이 150m^2 이상인 지하층 또는 무창층
  ⑥ 가스누설경보기: 바닥면적이 150m^2 이상인 지하층 또는 무창층
  ⑦ 방화포: 용접·용단 작업이 진행되는 모든 작업장

제16조 (피난시설, 방화구획 및 방화시설의 관리)

① 특정소방대상물의 관계인은 「건축법」 제49조에 따른 피난시설, 방화구획 및 방화시설에 대하여 정당한 사유가 없는 한 다음 각 호의 행위를 하여서는 아니 된다.
  1. 피난시설, 방화구획 및 방화시설을 폐쇄하거나 훼손하는 등의 행위
  2. 피난시설, 방화구획 및 방화시설의 주위에 물건을 쌓아두거나 장애물을 설치하는 행위
  3. 피난시설, 방화구획 및 방화시설의 용도에 장애를 주거나 「소방기본법」 제16조에 따른 소방활동에 지장을 주는 행위
  4. 그 밖에 피난시설, 방화구획 및 방화시설을 변경하는 행위
② 소방본부장이나 소방서장은 특정소방대상물의 관계인이 제1항 각 호의 어느 하나에 해당하는 행위를 한 경우에는 피난시설, 방화구획 및 방화시설의 관리를 위하여 필요한 조치를 명할 수 있다.

1. 행위금지
  ① 폐쇄하거나 훼손하는 등의 행위
  ② 주위에 물건을 쌓아두거나 장애물을 설치하는 행위
  ③ 용도에 장애를 주거나 「소방기본법」에 따른 소방활동에 지장을 주는 행위
  ④ 변경하는 행위

2. 조치·명령자: 소방본부장, 소방서장

제17조 (소방용품의 내용연수 등)

① 특정소방대상물의 관계인은 내용연수가 경과한 소방용품을 교체하여야 한다. 이 경우 내용연수를 설정하여야 하는 소방용품의 종류 및 그 내용연수 연한에 필요한 사항은 대통령령으로 정한다.

② 제1항에도 불구하고 행정안전부령으로 정하는 절차 및 방법 등에 따라 소방용품의 성능을 확인받은 경우에는 그 사용기한을 연장할 수 있다.

> 시행령 제19조 (내용연수 설정대상 소방용품) ① 법 제17조 제1항 후단에 따라 내용연수를 설정해야 하는 소방용품은 분말형태의 소화약제를 사용하는 소화기로 한다.
> ② 제1항에 따른 소방용품의 내용연수는 10년으로 한다.

제18조 (소방기술심의위원회)

① 다음 각 호의 사항을 심의하기 위하여 소방청에 중앙소방기술심의위원회(이하 "중앙위원회"라 한다)를 둔다.
  1. 화재안전기준에 관한 사항
  2. 소방시설의 구조 및 원리 등에서 공법이 특수한 설계 및 시공에 관한 사항
  3. 소방시설의 설계 및 공사감리의 방법에 관한 사항
  4. 소방시설공사의 하자를 판단하는 기준에 관한 사항
  5. 제8조 제5항 단서에 따라 신기술·신공법 등 검토·평가에 고도의 기술이 필요한 경우로서 중앙위원회에 심의를 요청한 사항
  6. 그 밖에 소방기술 등에 관하여 대통령령으로 정하는 사항
② 다음 각 호의 사항을 심의하기 위하여 시·도에 지방소방기술심의위원회(이하 "지방위원회"라 한다)를 둔다.
  1. 소방시설에 하자가 있는지의 판단에 관한 사항
  2. 그 밖에 소방기술 등에 관하여 대통령령으로 정하는 사항
③ 중앙위원회 및 지방위원회의 구성·운영 등에 필요한 사항은 대통령령으로 정한다.

> 시행령 제20조 (소방기술심의위원회의 심의사항) ① 법 제18조 제1항 제6호에서 "대통령령으로 정하는 사항"이란 다음 각 호의 사항을 말한다.
>   1. 연면적 10만제곱미터 이상의 특정소방대상물에 설치된 소방시설의 설계·시공·감리의 하자 유무에 관한 사항
>   2. 새로운 소방시설과 소방용품 등의 도입 여부에 관한 사항
>   3. 그 밖에 소방기술과 관련하여 소방청장이 소방기술심의위원회의 심의에 부치는 사항
>   ② 법 제18조 제2항 제2호에서 "대통령령으로 정하는 사항"이란 다음 각 호의 사항을 말한다.
>   1. 연면적 10만제곱미터 미만의 특정소방대상물에 설치된 소방시설의 설계·시공·감리의 하자 유무에 관한 사항
>   2. 소방본부장 또는 소방서장이 「위험물안전관리법」 제2조 제1항 제6호에 따른 제조소등(이하 "제조소등"이라 한다)의 시설기준 또는 화재안전기준의 적용에 관하여 기술검토를 요청하는 사항
>   3. 그 밖에 소방기술과 관련하여 특별시장·광역시장·특별자치시장·도지사 또는 특별자치도지사(이하 "시·도지사"라 한다)가 소방기술심의위원회의 심의에 부치는 사항
> 제21조 (소방기술심의위원회의 구성 등) ① 법 제18조 제1항에 따른 중앙소방기술심의위원회(이하 "중앙위원회"라 한다)는 위원장을 포함하여 60명 이내의 위원으로 성별을 고려하여 구성한다.
>   ② 법 제18조 제2항에 따른 지방소방기술심의위원회(이하 "지방위원회"라 한다)는 위원장을 포함하여 5명 이상 9명 이하의 위원으로 구성한다.
>   ③ 중앙위원회의 회의는 위원장과 위원장이 회의마다 지정하는 6명 이상 12명 이하의 위원으로 구성한다.
>   ④ 중앙위원회는 분야별 소위원회를 구성·운영할 수 있다.

제22조 (위원의 임명·위촉) ① 중앙위원회의 위원은 과장급 직위 이상의 소방공무원과 다음 각 호의 어느 하나에 해당하는 사람 중에서 소방청장이 임명하거나 성별을 고려하여 위촉한다.

1. 소방기술사
2. 석사 이상의 소방 관련 학위를 소지한 사람
3. 소방시설관리사
4. 소방 관련 법인·단체에서 소방 관련 업무에 5년 이상 종사한 사람
5. 소방공무원 교육기관, 대학교 또는 연구소에서 소방과 관련된 교육이나 연구에 5년 이상 종사한 사람

② 지방위원회의 위원은 해당 시·도 소속 소방공무원과 제1항 각 호의 어느 하나에 해당하는 사람 중에서 시·도지사가 임명하거나 성별을 고려하여 위촉한다.

③ 중앙위원회의 위원장은 소방청장이 해당 위원 중에서 위촉하고, 지방위원회의 위원장은 시·도지사가 해당 위원 중에서 위촉한다.

④ 중앙위원회 및 지방위원회의 위원 중 위촉위원의 임기는 2년으로 하되, 한 차례만 연임할 수 있다.

제23조 (위원장 및 위원의 직무) ① 중앙위원회 및 지방위원회(이하 "위원회"라 한다)의 각 위원장(이하 "위원장"이라 한다)은 각각 위원회의 회의를 소집하고 그 의장이 된다.

② 위원장이 부득이한 사유로 직무를 수행할 수 없을 때에는 위원장이 지정한 위원이 그 직무를 대리한다.

제24조 (위원의 제척·기피·회피) ① 위원회의 위원(이하 "위원"이라 한다)이 다음 각 호의 어느 하나에 해당하는 경우에는 위원회의 심의·의결에서 제척(除斥)된다.

1. 위원 또는 그 배우자나 배우자였던 사람이 해당 안건의 당사자(당사자가 법인·단체 등인 경우에는 그 임원을 포함한다. 이하 이 호 및 제2호에서 같다)가 되거나 그 안건의 당사자와 공동권리자 또는 공동의무자인 경우
2. 위원이 해당 안건의 당사자와 친족인 경우
3. 위원이 해당 안건에 관하여 증언, 진술, 자문, 연구, 용역 또는 감정을 한 경우
4. 위원이나 위원이 속한 법인·단체 등이 해당 안건의 당사자의 대리인이거나 대리인이었던 경우

② 당사자는 제1항에 따른 제척사유가 있거나 위원에게 공정한 심의·의결을 기대하기 어려운 사정이 있는 경우에는 위원회에 기피신청을 할 수 있고, 위원회는 의결로 기피 여부를 결정한다. 이 경우 기피신청의 대상인 위원은 그 의결에 참여하지 못한다.

③ 위원이 제1항 또는 제2항의 사유에 해당하는 경우에는 스스로 해당 안건의 심의·의결에서 회피(回避)해야 한다.

제25조 (위원의 해임·해촉) 소방청장 또는 시·도지사는 위원이 다음 각 호의 어느 하나에 해당하는 경우에는 해당 위원을 해임하거나 해촉(解囑)할 수 있다.

1. 심신장애로 직무를 수행할 수 없게 된 경우
2. 직무와 관련된 비위사실이 있는 경우
3. 직무태만, 품위손상이나 그 밖의 사유로 위원으로 적합하지 않다고 인정되는 경우
4. 제24조 제1항 각 호의 어느 하나에 해당하는 데도 불구하고 회피하지 않은 경우
5. 위원 스스로 직무를 수행하기 어렵다는 의사를 밝히는 경우

제26조 (시설 등의 확인 및 의견청취) 소방청장 또는 시·도지사는 위원회의 원활한 운영을 위하여 필요하다고 인정하는 경우 위원회 위원으로 하여금 관련 시설 등을 확인하게 하거나 해당 분야의 전문가 또는 이해관계자 등으로부터 의견을 청취하게 할 수 있다.

제27조 (위원의 수당) 위원회의 위원에게는 예산의 범위에서 수당, 여비, 그 밖에 필요한 경비를 지급할 수 있다. 다만, 공무원이 그 소관 업무와 직접 관련하여 출석하는 경우에는 그렇지 않다.

제28조 (운영세칙) 이 영에서 정한 것 외에 위원회의 운영에 필요한 사항은 소방청장 또는 시·도지사가 정한다.

1. **중앙소방기술심의위원회**
   ① 설치자: 소방청장
   ② 심의사항
   - 화재안전기준
   - 신기술·신공법 등 검토·평가에 고도의 기술이 필요한 경우로서 중앙위원회에 심의를 요청한 사항
   - 설계 및 공사감리의 방법
   - 공사의 하자 판단기준
   - 대통령령으로 정하는 사항(소방용품 도입, 연면적 10만m² 이상의 하자)
2. **지방소방기술심의위원회**
   ① 설치자: 시·도지사
   ② 심의사항
   - 하자 판단
   - 대통령령으로 정하는 사항(연면적 10만m² 미만의 하자)

제19조 (화재안전기준의 관리·운영)

소방청장은 화재안전기준을 효율적으로 관리·운영하기 위하여 다음 각 호의 업무를 수행하여야 한다.

1. 화재안전기준의 제정·개정 및 운영
2. 화재안전기준의 연구·개발 및 보급
3. 화재안전기준의 검증 및 평가
4. 화재안전기준의 정보체계 구축
5. 화재안전기준에 대한 교육 및 홍보
6. 국외 화재안전기준의 제도·정책 동향 조사·분석
7. 화재안전기준 발전을 위한 국제협력
8. 그 밖에 화재안전기준 발전을 위하여 대통령령으로 정하는 사항

> **시행령 제29조 (화재안전기준의 관리·운영)** 법 제19조 제8호에서 "대통령령으로 정하는 사항"이란 다음 각 호의 사항을 말한다.
> 1. 화재안전기준에 대한 자문
> 2. 화재안전기준에 대한 해설서 제작 및 보급
> 3. 화재안전에 관한 국외 신기술·신제품의 조사·분석
> 4. 그 밖에 화재안전기준의 발전을 위하여 소방청장이 필요하다고 인정하는 사항

제3절 방염

제20조 (특정소방대상물의 방염 등)

① 대통령령으로 정하는 특정소방대상물에 실내장식 등의 목적으로 설치 또는 부착하는 물품으로서 대통령령으로 정하는 물품(이하 "방염대상물품"이라 한다)은 방염성능기준 이상의 것으로 설치하여야 한다.

② 소방본부장 또는 소방서장은 방염대상물품이 제1항에 따른 방염성능기준에 미치지 못하거나 제21조 제1항에 따른 방염성능검사를 받지 아니한 것이면 특정소방대상물의 관계인에게 방염대상물품을 제거하도록 하거나 방염성능검사를 받도록 하는 등 필요한 조치를 명할 수 있다.

③ 제1항에 따른 방염성능기준은 대통령령으로 정한다.

시행령 제30조 (방염성능기준 이상의 실내장식물 등을 설치해야 하는 특정소방대상물) 법 제20조 제1항에서 "대통령령으로 정하는 특정소방대상물"이란 다음 각 호의 것을 말한다.
1. 근린생활시설 중 의원, 조산원, 산후조리원, 체력단련장, 공연장 및 종교집회장
2. 건축물의 옥내에 있는 다음 각 목의 시설
    가. 문화 및 집회시설　　　　　나. 종교시설　　　　　다. 운동시설(수영장은 제외한다)
3. 의료시설
4. 교육연구시설 중 합숙소
5. 노유자 시설
6. 숙박이 가능한 수련시설
7. 숙박시설
8. 방송통신시설 중 방송국 및 촬영소
9. 「다중이용업소의 안전관리에 관한 특별법」 제2조 제1항 제1호에 따른 다중이용업의 영업소(이하 "다중이용업소"라 한다)
10. 제1호부터 제9호까지의 시설에 해당하지 않는 것으로서 층수가 11층 이상인 것(아파트등은 제외한다)

제31조 (방염대상물품 및 방염성능기준) ① 법 제20조 제1항에서 "대통령령으로 정하는 물품"이란 다음 각 호의 것을 말한다.
1. 제조 또는 가공 공정에서 방염처리를 한 다음 각 목의 물품
    가. 창문에 설치하는 커튼류(블라인드를 포함한다)
    나. 카펫
    다. 벽지류(두께가 2밀리미터 미만인 종이벽지는 제외한다)
    라. 전시용 합판·목재 또는 섬유판, 무대용 합판·목재 또는 섬유판(합판·목재류의 경우 불가피하게 설치 현장에서 방염처리한 것을 포함한다)
    마. 암막·무대막(「영화 및 비디오물의 진흥에 관한 법률」 제2조 제10호에 따른 영화상영관에 설치하는 스크린과 「다중이용업소의 안전관리에 관한 특별법 시행령」 제2조 제7호의4에 따른 가상체험 체육시설업에 설치하는 스크린을 포함한다)
    바. 섬유류 또는 합성수지류 등을 원료로 하여 제작된 소파·의자(「다중이용업소의 안전관리에 관한 특별법 시행령」 제2조 제1호나목 및 같은 조 제6호에 따른 단란주점영업, 유흥주점영업 및 노래연습장업의 영업장에 설치하는 것으로 한정한다)
2. 건축물 내부의 천장이나 벽에 부착하거나 설치하는 다음 각 목의 것. 다만, 가구류(옷장, 찬장, 식탁, 식탁용 의자, 사무용 책상, 사무용 의자, 계산대, 그 밖에 이와 비슷한 것을 말한다. 이하 이 조에서 같다)와 너비 10센티미터 이하인 반자돌림대 등과 「건축법」 제52조에 따른 내부 마감재료는 제외한다.
    가. 종이류(두께 2밀리미터 이상인 것을 말한다)·합성수지류 또는 섬유류를 주원료로 한 물품
    나. 합판이나 목재
    다. 공간을 구획하기 위하여 설치하는 간이 칸막이(접이식 등 이동 가능한 벽체나 천장 또는 반자가 실내에 접하는 부분까지 구획하지 않는 벽체를 말한다)
    라. 흡음(吸音)을 위하여 설치하는 흡음재(흡음용 커튼을 포함한다)
    마. 방음(防音)을 위하여 설치하는 방음재(방음용 커튼을 포함한다)
② 법 제20조 제3항에 따른 방염성능기준은 다음 각 호의 기준에 따르되, 제1항에 따른 방염대상물품의 종류에 따른 구체적인 방염성능기준은 다음 각 호의 기준의 범위에서 소방청장이 정하여 고시하는 바에 따른다.
1. 버너의 불꽃을 제거한 때부터 불꽃을 올리며 연소하는 상태가 그칠 때까지 시간은 20초 이내일 것
2. 버너의 불꽃을 제거한 때부터 불꽃을 올리지 않고 연소하는 상태가 그칠 때까지 시간은 30초 이내일 것
3. 탄화(炭化)한 면적은 50제곱센티미터 이내, 탄화한 길이는 20센티미터 이내일 것
4. 불꽃에 의하여 완전히 녹을 때까지 불꽃의 접촉 횟수는 3회 이상일 것
5. 소방청장이 정하여 고시한 방법으로 발연량(發煙量)을 측정하는 경우 최대연기밀도는 400 이하일 것
③ 소방본부장 또는 소방서장은 제1항에 따른 방염대상물품 외에 다음 각 호의 물품은 방염처리된 물품을 사용하도록 권장할 수 있다.
1. 다중이용업소, 의료시설, 노유자 시설, 숙박시설 또는 장례식장에서 사용하는 침구류·소파 및 의자
2. 건축물 내부의 천장 또는 벽에 부착하거나 설치하는 가구류

1. 방염대상 특정소방대상물
① 근린생활시설 중 의원·체력단련장·공연장·종교집회장·조산원·산후조리원, 옥내에 있는 문화 및 집회시설·운동시설(수영장 제외)· 종교시설, 숙박시설, 의료시설, 방송통신시설 중 방송국 및 촬영소
② 노유자시설 및 숙박이 가능한 수련시설, 교육연구시설 중 합숙소
③ 다중이용업소
④ 층수가 11층 이상인 것(아파트 제외)

2. 방염대상물품
① 창문에 설치하는 커텐류(블라인드 포함)
② 카페트, 벽지류(두께가 2mm 미만의 종이벽지류 제외)
③ 전시용·무대용 합판 또는 섬유판
④ 암막·무대막(스크린 포함)
⑤ 실내장식물(가구류, 집기류, 너비 10cm 이하인 반자돌림대 제외)
  • 종이류(두께 2mm 이상인 것)·합성수지류 또는 섬유류를 주원료로 한 물품
  • 합판, 목재
  • 간이 칸막이
  • 흡음재 또는 방음재(흡음·방음용 커텐류 포함)
⑥ 소파·의자(섬유류·합성수지류): 단란주점영업, 유흥주점영업 및 노래연습장업

3. 방염성능기준
① 잔염시간: 불꽃을 올리며 연소하는 상태가 그칠 때까지 시간은 20초 이내
② 잔신시간: 불꽃을 올리지 아니하고 상태가 그칠 때까지 시간은 30초 이내
③ 탄화면적: 50cm^2 이내
④ 탄화길이: 20cm 이내
⑤ 접염횟수: 3회 이상
⑥ 최대연기밀도 400 이하

4. 방염 권장 물품(침구류·소파·의자) 및 특정소방대상물: 다중이용업소·숙박시설·의료시설 또는 노유자시설, 장례식장

제21조 (방염성능의 검사)

① 제20조 제1항에 따른 특정소방대상물에 사용하는 방염대상물품은 소방청장이 실시하는 방염성능검사를 받은 것이어야 한다. 다만, 대통령령으로 정하는 방염대상물품의 경우에는 특별시장·광역시장·특별자치시장·도지사 또는 특별자치도지사(이하 "시·도지사"라 한다)가 실시하는 방염성능검사를 받은 것이어야 한다.
② 「소방시설공사업법」 제4조에 따라 방염처리업의 등록을 한 자는 제1항에 따른 방염성능검사를 할 때에 거짓 시료(試料)를 제출하여서는 아니 된다.
③ 제1항에 따른 방염성능검사의 방법과 검사 결과에 따른 합격 표시 등에 필요한 사항은 행정안전부령으로 정한다.

> 시행령 제32조 (시·도지사가 실시하는 방염성능검사) 법 제21조 제1항 단서에서 "대통령령으로 정하는 방염대상물품"이란 다음 각 호의 것을 말한다.
> 1. 제31조 제1항 제1호라목의 전시용 합판·목재 또는 무대용 합판·목재 중 설치 현장에서 방염처리를 하는 합판·목재류
> 2. 제31조 제1항 제2호에 따른 방염대상물품 중 설치 현장에서 방염처리를 하는 합판·목재류

Chapter 03

소방시설등의 자체점검

제22조 (소방시설등의 자체점검)

① 특정소방대상물의 관계인은 그 대상물에 설치되어 있는 소방시설등이 이 법이나 이 법에 따른 명령 등에 적합하게 설치·관리되고 있는지에 대하여 다음 각 호의 구분에 따른 기간 내에 스스로 점검하거나 제34조에 따른 점검능력 평가를 받은 관리업자 또는 행정안전부령으로 정하는 기술자격자(이하 "관리업자등"이라 한다)로 하여금 정기적으로 점검(이하 "자체점검"이라 한다)하게 하여야 한다. 이 경우 관리업자등이 점검한 경우에는 그 점검 결과를 행정안전부령으로 정하는 바에 따라 관계인에게 제출하여야 한다.
  1. 해당 특정소방대상물의 소방시설등이 신설된 경우: 「건축법」 제22조에 따라 건축물을 사용할 수 있게 된 날부터 60일
  2. 제1호 외의 경우: 행정안전부령으로 정하는 기간
② 자체점검의 구분 및 대상, 점검인력의 배치기준, 점검자의 자격, 점검 장비, 점검 방법 및 횟수 등 자체점검 시 준수하여야 할 사항은 행정안전부령으로 정한다.
③ 제1항에 따라 관리업자등으로 하여금 자체점검하게 하는 경우의 점검 대가는 「엔지니어링산업 진흥법」 제31조에 따른 엔지니어링사업의 대가 기준 가운데 행정안전부령으로 정하는 방식에 따라 산정한다.
④ 제3항에도 불구하고 소방청장은 소방시설등 자체점검에 대한 품질확보를 위하여 필요하다고 인정하는 경우에는 특정소방대상물의 규모, 소방시설등의 종류 및 점검인력 등에 따라 관계인이 부담하여야 할 자체점검 비용의 표준이 될 금액(이하 "표준자체점검비"라 한다)을 정하여 공표하거나 관리업자등에게 이를 소방시설등 자체점검에 관한 표준가격으로 활용하도록 권고할 수 있다.
⑤ 표준자체점검비의 공표 방법 등에 관하여 필요한 사항은 소방청장이 정하여 고시한다.
⑥ 관계인은 천재지변이나 그 밖에 대통령령으로 정하는 사유로 자체점검을 실시하기 곤란한 경우에는 대통령령으로 정하는 바에 따라 소방본부장 또는 소방서장에게 면제 또는 연기 신청을 할 수 있다. 이 경우 소방본부장 또는 소방서장은 그 면제 또는 연기 신청 승인 여부를 결정하고 그 결과를 관계인에게 알려주어야 한다.

시행령 제33조 (소방시설등의 자체점검 면제 또는 연기) ① 법 제22조 제6항 전단에서 "대통령령으로 정하는 사유"란 다음 각 호의 어느 하나에 해당하는 사유를 말한다.
  1. 「재난 및 안전관리 기본법」 제3조 제1호에 해당하는 재난이 발생한 경우
  2. 경매 등의 사유로 소유권이 변동 중이거나 변동된 경우
  3. 관계인의 질병, 사고, 장기출장의 경우
  4. 그 밖에 관계인이 운영하는 사업에 부도 또는 도산 등 중대한 위기가 발생하여 자체점검을 실시하기 곤란한 경우
② 법 제22조 제1항에 따른 자체점검(이하 "자체점검"이라 한다)의 면제 또는 연기를 신청하려는 관계인은 행정안전부령으로 정하는 면제 또는 연기신청서에 면제 또는 연기의 사유 및 기간 등을 적어 소방본부장 또는 소방서장에게 제출해야 한다. 이 경우 제1항 제1호에 해당하는 경우에만 면제를 신청할 수 있다.
③ 제2항에 따른 면제 또는 연기의 신청 및 신청서의 처리에 필요한 사항은 행정안전부령으로 정한다.

시행규칙 제19조 (기술자격자의 범위) 법 제22조 제1항 각 호 외의 부분 전단에서 "행정안전부령으로 정하는 기술자격자"란 「화재의 예방 및 안전관리에 관한 법률」 제24조 제1항 전단에 따라 소방안전관리자(이하 "소방안전관리자"라 한다)로 선임된 소방시설관리사 및 소방기술사를 말한다.

제20조 (소방시설등 자체점검의 구분 및 대상 등) ① 법 제22조 제1항에 따른 자체점검(이하 "자체점검"이라 한다)의 구분 및 대상, 점검자의 자격, 점검 장비, 점검 방법 및 횟수 등 자체점검 시 준수해야 할 사항은 별표 3과 같고, 점검인력의 배치기준은 별표 4와 같다.

② 법 제29조에 따라 소방시설관리업을 등록한 자(이하 "관리업자"라 한다)는 제1항에 따라 자체점검을 실시하는 경우 점검 대상과 점검 인력 배치상황을 점검인력을 배치한 날 이후 자체점검이 끝난 날부터 5일 이내에 법 제50조 제5항에 따라 관리업자에 대한 점검능력 평가 등에 관한 업무를 위탁받은 법인 또는 단체(이하 "평가기관"이라 한다)에 통보해야 한다.

③ 제1항의 자체점검 구분에 따른 점검사항, 소방시설등점검표, 점검인원 배치상황 통보 및 세부 점검방법 등 자체점검에 필요한 사항은 소방청장이 정하여 고시한다.

제21조 (소방시설등의 자체점검 대가) 법 제22조 제3항에서 "행정안전부령으로 정하는 방식"이란 「엔지니어링산업 진흥법」 제31조에 따라 산업통상자원부장관이 고시한 엔지니어링사업의 대가 기준 중 실비정액가산방식을 말한다.

제22조 (소방시설등의 자체점검 면제 또는 연기 등) ① 법 제22조 제6항 및 영 제33조 제2항에 따라 자체점검의 면제 또는 연기를 신청하려는 특정소방대상물의 관계인은 자체점검의 실시 만료일 3일 전까지 별지 제7호서식의 소방시설등의 자체점검 면제 또는 연기신청서(전자문서로 된 신청서를 포함한다)에 자체점검을 실시하기 곤란함을 증명할 수 있는 서류(전자문서를 포함한다)를 첨부하여 소방본부장 또는 소방서장에게 제출해야 한다.

② 제1항에 따른 자체점검의 면제 또는 연기 신청서를 제출받은 소방본부장 또는 소방서장은 면제 또는 연기의 신청을 받은 날부터 3일 이내에 자체점검의 면제 또는 연기 여부를 결정하여 별지 제8호서식의 자체점검 면제 또는 연기 신청 결과 통지서를 면제 또는 연기 신청을 한 자에게 통보해야 한다.

제23조 (소방시설등의 자체점검 결과의 조치 등) ① 관리업자 또는 소방안전관리자로 선임된 소방시설관리사 및 소방기술사(이하 "관리업자등"이라 한다)는 자체점검을 실시한 경우에는 법 제22조 제1항 각 호 외의 부분 후단에 따라 그 점검이 끝난 날부터 10일 이내에 별지 제9호서식의 소방시설등 자체점검 실시결과 보고서(전자문서로 된 보고서를 포함한다)에 소방청장이 정하여 고시하는 소방시설등점검표를 첨부하여 관계인에게 제출해야 한다.

② 제1항에 따른 자체점검 실시결과 보고서를 제출받거나 스스로 자체점검을 실시한 관계인은 법 제23조 제3항에 따라 자체점검이 끝난 날부터 15일 이내에 별지 제9호서식의 소방시설등 자체점검 실시결과 보고서(전자문서로 된 보고서를 포함한다)에 다음 각 호의 서류를 첨부하여 소방본부장 또는 소방서장에게 서면이나 소방청장이 지정하는 전산망을 통하여 보고해야 한다.

1. 점검인력 배치확인서(관리업자가 점검한 경우만 해당한다)
2. 별지 제10호서식의 소방시설등의 자체점검 결과 이행계획서

③ 제1항 및 제2항에 따른 자체점검 실시결과의 보고기간에는 공휴일 및 토요일은 산입하지 않는다.

④ 제2항에 따라 소방본부장 또는 소방서장에게 자체점검 실시결과 보고를 마친 관계인은 소방시설등 자체점검 실시결과 보고서(소방시설등점검표를 포함한다)를 점검이 끝난 날부터 2년간 자체 보관해야 한다.

⑤ 제2항에 따라 소방시설등의 자체점검 결과 이행계획서를 보고받은 소방본부장 또는 소방서장은 다음 각 호의 구분에 따라 이행계획의 완료 기간을 정하여 관계인에게 통보해야 한다. 다만, 소방시설등에 대한 수리·교체·정비의 규모 또는 절차가 복잡하여 다음 각 호의 기간 내에 이행을 완료하기가 어려운 경우에는 그 기간을 달리 정할 수 있다.

1. 소방시설등을 구성하고 있는 기계·기구를 수리하거나 정비하는 경우: 보고일부터 10일 이내
2. 소방시설등의 전부 또는 일부를 철거하고 새로 교체하는 경우: 보고일부터 20일 이내

⑥ 제5항에 따른 완료기간 내에 이행계획을 완료한 관계인은 이행을 완료한 날부터 10일 이내에 별지 제11호서식의 소방시설등의 자체점검 결과 이행완료 보고서(전자문서로 된 보고서를 포함한다)에 다음 각 호의 서류(전자문서를 포함한다)를 첨부하여 소방본부장 또는 소방서장에게 보고해야 한다.

1. 이행계획 건별 전·후 사진 증명자료
2. 소방시설공사 계약서

1. 자체점검의 구분
① 작동기능점검(인위적 조작으로 작동 여부 점검)
② 종합정밀점검(화재안전기준에 적합 여부 점검)

2. 대상(종합정밀점검)
① 스프링클러가 설치된 특정소방대상물
② 물분무등소화설비가 설치된 연면적 5,000m² 이상인 특정소방대상물(위험물 제조소등 제외)
③ 공공기관: 연면적 1,000m² 이상(옥내소화전, 자동화재탐지설비)
④ 다중이용업소: 연면적 2,000m² 이상

3. 점검횟수
① 작동기능점검

횟수	연 1회 이상 실시
시기	• 종합정밀점검대상: 종합정밀점검을 받은 달부터 6월이 되는 달에 실시 • 그 밖의 대상: 연중실시

② 종합정밀점검

횟수	• 연 1회 이상(특급 소방안전관리대상물: 반기별 1회 이상. 단, 신축 완공검사증명서 교부대상은 다음 연도부터 실시) • 면제: 소방청장이 소방안전관리가 우수하다고 인정한 특정소방대상물 • 면제기간: 당해 연도 포함 3년의 범위
시기	건축물 사용승인일(건축물관리대장 또는 건축물의 등기부등본에 기재된 날)이 속하는 달까지

4. 점검결과보고서의 제출
① 작동기능점검: 7일 이내 소방본부장, 소방서장에게 제출, 2년간 자체 보관
② 종합정밀점검: 7일 이내 소방본부장, 소방서장에게 제출

5. 점검인력 1단위: 소방시설관리사 1명, 보조기술인력 2명

6. 점검한도면적
① 종합정밀점검: 10,000m²
② 작동기능점검: 12,000m²(소규모점검의 경우에는 3,500m²)

7. 점검한도세대
① 종합정밀점검: 300세대
② 작동기능점검: 350세대(소규모점검의 경우에는 90세대)

제23조 (소방시설등의 자체점검 결과의 조치 등)

① 특정소방대상물의 관계인은 제22조 제1항에 따른 자체점검 결과 소화펌프 고장 등 대통령령으로 정하는 중대위반사항(이하 이 조에서 "중대위반사항"이라 한다)이 발견된 경우에는 지체 없이 수리 등 필요한 조치를 하여야 한다.
② 관리업자등은 자체점검 결과 중대위반사항을 발견한 경우 즉시 관계인에게 알려야 한다. 이 경우 관계인은 지체 없이 수리 등 필요한 조치를 하여야 한다.
③ 특정소방대상물의 관계인은 제22조 제1항에 따라 자체점검을 한 경우에는 그 점검 결과를 행정안전부령으로 정하는 바에 따라 소방시설등에 대한 수리·교체·정비에 관한 이행계획(중대위반사항에 대한 조치사항을 포함한다. 이하 이 조에서 같다)을 첨부하여 소방본부장 또는 소방서장에게 보고하여야 한다. 이 경우 소방본부장 또는 소방서장은 점검 결과 및 이행계획이 적합하지 아니하다고 인정되는 경우에는 관계인에게 보완을 요구할 수 있다.

④ 특정소방대상물의 관계인은 제3항에 따른 이행계획을 행정안전부령으로 정하는 바에 따라 기간 내에 완료하고, 소방본부장 또는 소방서장에게 이행계획 완료 결과를 보고하여야 한다. 이 경우 소방본부장 또는 소방서장은 이행계획 완료 결과가 거짓 또는 허위로 작성되었다고 판단되는 경우에는 해당 특정소방대상물을 방문하여 그 이행계획 완료 여부를 확인할 수 있다.

⑤ 제4항에도 불구하고 특정소방대상물의 관계인은 천재지변이나 그 밖에 대통령령으로 정하는 사유로 제3항에 따른 이행계획을 완료하기 곤란한 경우에는 소방본부장 또는 소방서장에게 대통령령으로 정하는 바에 따라 이행계획 완료를 연기하여 줄 것을 신청할 수 있다. 이 경우 소방본부장 또는 소방서장은 연기 신청 승인 여부를 결정하고 그 결과를 관계인에게 알려주어야 한다.

⑥ 소방본부장 또는 소방서장은 관계인이 제4항에 따라 이행계획을 완료하지 아니한 경우에는 필요한 조치의 이행을 명할 수 있고, 관계인은 이에 따라야 한다.

시행령 제34조 (소방시설등의 자체점검 결과의 조치 등) 법 제23조 제1항에서 "소화펌프 고장 등 대통령령으로 정하는 중대위반사항"이란 다음 각 호의 어느 하나에 해당하는 경우를 말한다.

1. 소화펌프(가압송수장치를 포함한다. 이하 같다), 동력·감시 제어반 또는 소방시설용 전원(비상전원을 포함한다)의 고장으로 소방시설이 작동되지 않는 경우
2. 화재 수신기의 고장으로 화재경보음이 자동으로 울리지 않거나 화재 수신기와 연동된 소방시설의 작동이 불가능한 경우
3. 소화배관 등이 폐쇄·차단되어 소화수(消火水) 또는 소화약제가 자동 방출되지 않는 경우
4. 방화문 또는 자동방화셔터가 훼손되거나 철거되어 본래의 기능을 못하는 경우

제35조 (자체점검 결과에 따른 이행계획 완료의 연기) ① 법 제23조 제5항 전단에서 "대통령령으로 정하는 사유"란 다음 각 호의 어느 하나에 해당하는 사유를 말한다.

1. 「재난 및 안전관리 기본법」 제3조 제1호에 해당하는 재난이 발생한 경우
2. 경매 등의 사유로 소유권이 변동 중이거나 변동된 경우
3. 관계인의 질병, 사고, 장기출장 등의 경우
4. 그 밖에 관계인이 운영하는 사업에 부도 또는 도산 등 중대한 위기가 발생하여 이행계획을 완료하기 곤란한 경우

② 법 제23조 제5항에 따라 이행계획 완료의 연기를 신청하려는 관계인은 행정안전부령으로 정하는 바에 따라 연기신청서에 연기의 사유 및 기간 등을 적어 소방본부장 또는 소방서장에게 제출해야 한다.

③ 제2항에 따른 연기의 신청 및 연기신청서의 처리에 필요한 사항은 행정안전부령으로 정한다.

시행규칙 제24조 (이행계획 완료의 연기 신청 등) ① 법 제23조 제5항 및 영 제35조 제2항에 따라 이행계획 완료의 연기를 신청하려는 관계인은 제23조 제5항에 따른 완료기간 만료일 3일 전까지 별지 제12호서식의 소방시설등의 자체점검 결과 이행계획 완료 연기신청서(전자문서로 된 신청서를 포함한다)에 기간 내에 이행계획을 완료하기 곤란함을 증명할 수 있는 서류(전자문서를 포함한다)를 첨부하여 소방본부장 또는 소방서장에게 제출해야 한다.

② 제1항에 따른 이행계획 완료의 연기 신청서를 제출받은 소방본부장 또는 소방서장은 연기 신청을 받은 날부터 3일 이내에 제23조 제5항에 따른 완료기간의 연기 여부를 결정하여 별지 제13호서식의 소방시설등의 자체점검 결과 이행계획 완료 연기 신청 결과 통지서를 연기 신청을 한 자에게 통보해야 한다.

제25조 (자체점검 결과의 게시) 소방본부장 또는 소방서장에게 자체점검 결과 보고를 마친 관계인은 법 제24조 제1항에 따라 보고한 날부터 10일 이내에 별표 5의 소방시설등 자체점검기록표를 작성하여 특정소방대상물의 출입자가 쉽게 볼 수 있는 장소에 30일 이상 게시해야 한다.

제24조 (점검기록표 게시 등)

① 제23조 제3항에 따라 자체점검 결과 보고를 마친 관계인은 관리업자등, 점검일시, 점검자 등 자체점검과 관련된 사항을 점검기록표에 기록하여 특정소방대상물의 출입자가 쉽게 볼 수 있는 장소에 게시하여야 한다. 이 경우 점검기록표의 기록 등에 필요한 사항은 행정안전부령으로 정한다.

② 소방본부장 또는 소방서장은 다음 각 호의 사항을 제48조에 따른 전산시스템 또는 인터넷 홈페이지 등을 통하여 국민에게 공개할 수 있다. 이 경우 공개 절차, 공개 기간 및 공개 방법 등 필요한 사항은 대통령령으로 정한다.

1. 자체점검 기간 및 점검자
2. 특정소방대상물의 정보 및 자체점검 결과
3. 그 밖에 소방본부장 또는 소방서장이 특정소방대상물을 이용하는 불특정다수인의 안전을 위하여 공개가 필요하다고 인정하는 사항

> **시행령 제36조 (자체점검 결과 공개)** ① 소방본부장 또는 소방서장은 법 제24조 제2항에 따라 자체점검 결과를 공개하는 경우 30일 이상 법 제48조에 따른 전산시스템 또는 인터넷 홈페이지 등을 통해 공개해야 한다.
> ② 소방본부장 또는 소방서장은 제1항에 따라 자체점검 결과를 공개하려는 경우 공개 기간, 공개 내용 및 공개 방법을 해당 특정소방대상물의 관계인에게 미리 알려야 한다.
> ③ 특정소방대상물의 관계인은 제2항에 따라 공개 내용 등을 통보받은 날부터 10일 이내에 관할 소방본부장 또는 소방서장에게 이의신청을 할 수 있다.

Chapter 04

소방시설관리사 및 소방시설관리업

제25조 (소방시설관리사)

① 소방시설관리사(이하 "관리사"라 한다)가 되려는 사람은 소방청장이 실시하는 관리사시험에 합격하여야 한다.

② 제1항에 따른 관리사시험의 응시자격, 시험방법, 시험과목, 시험위원, 그 밖에 관리사시험에 필요한 사항은 대통령령으로 정한다. [시행일: 2027.1.1.]

③ 관리사시험의 최종 합격자 발표일을 기준으로 제27조의 결격사유에 해당하는 사람은 관리사 시험에 응시할 수 없다.

④ 소방기술사 등 대통령령으로 정하는 사람에 대하여는 대통령령으로 정하는 바에 따라 제2항에 따른 관리사시험 과목 가운데 일부를 면제할 수 있다.

⑤ 소방청장은 제1항에 따른 관리사시험에 합격한 사람에게는 행정안전부령으로 정하는 바에 따라 소방시설관리사증을 발급하여야 한다.

⑥ 제5항에 따라 소방시설관리사증을 발급받은 사람이 소방시설관리사증을 잃어버렸거나 못 쓰게 된 경우에는 행정안전부령으로 정하는 바에 따라 소방시설관리사증을 재발급받을 수 있다.

⑦ 관리사는 제5항 또는 제6항에 따라 발급 또는 재발급받은 소방시설관리사증을 다른 사람에게 빌려주거나 빌려서는 아니 되며, 이를 알선하여서도 아니 된다.

⑧ 관리사는 동시에 둘 이상의 업체에 취업하여서는 아니 된다.

⑨ 제22조 제1항에 따른 기술자격자 및 제29조 제2항에 따라 관리업의 기술인력으로 등록된 관리사는 이 법과 이 법에 따른 명령에 따라 성실하게 자체점검 업무를 수행하여야 한다.

시행령 제27조 (소방시설관리사시험의 응시자격) 법 제26조 제2항에 따른 소방시설관리사시험(이하 "관리사시험"이라 한다)에 응시할 수 있는 사람은 다음 각 호와 같다. [시행일: 현재 ~ 2026.12.31.까지]

1. 소방기술사·위험물기능장·건축사·건축기계설비기술사·건축전기설비기술사 또는 공조냉동기계기술사
2. 소방설비기사 자격을 취득한 후 2년 이상 소방청장이 정하여 고시하는 소방에 관한 실무경력(이하 "소방실무경력"이라 한다)이 있는 사람
3. 소방설비산업기사 자격을 취득한 후 3년 이상 소방실무경력이 있는 사람
4. 「국가과학기술 경쟁력 강화를 위한 이공계지원 특별법」 제2조 제1호에 따른 이공계(이하 "이공계"라 한다) 분야를 전공한 사람으로서 다음 각 목의 어느 하나에 해당하는 사람
   가. 이공계 분야의 박사학위를 취득한 사람
   나. 이공계 분야의 석사학위를 취득한 후 2년 이상 소방실무경력이 있는 사람
   다. 이공계 분야의 학사학위를 취득한 후 3년 이상 소방실무경력이 있는 사람
5. 소방안전공학(소방방재공학, 안전공학을 포함한다) 분야를 전공한 후 다음 각 목의 어느 하나에 해당하는 사람
   가. 해당 분야의 석사학위 이상을 취득한 사람
   나. 2년 이상 소방실무경력이 있는 사람
6. 위험물산업기사 또는 위험물기능사 자격을 취득한 후 3년 이상 소방실무경력이 있는 사람
7. 소방공무원으로 5년 이상 근무한 경력이 있는 사람
8. 소방안전 관련 학과의 학사학위를 취득한 후 3년 이상 소방실무경력이 있는 사람
9. 산업안전기사 자격을 취득한 후 3년 이상 소방실무경력이 있는 사람

10. 다음 각 목의 어느 하나에 해당하는 사람

　　가. 특급 소방안전관리대상물의 소방안전관리자로 2년 이상 근무한 실무경력이 있는 사람

　　나. 1급 소방안전관리대상물의 소방안전관리자로 3년 이상 근무한 실무경력이 있는 사람

　　다. 2급 소방안전관리대상물의 소방안전관리자로 5년 이상 근무한 실무경력이 있는 사람

　　라. 3급 소방안전관리대상물의 소방안전관리자로 7년 이상 근무한 실무경력이 있는 사람

　　마. 10년 이상 소방실무경력이 있는 사람

제28조 (시험의 시행방법) ① 관리사시험은 제1차시험과 제2차시험으로 구분하여 시행한다. 다만, 소방청장은 필요하다고 인정하는 경우에는 제1차시험과 제2차시험을 구분하되, 같은 날에 순서대로 시행할 수 있다.

② 제1차시험은 선택형을 원칙으로 하고, 제2차시험은 논문형을 원칙으로 하되, 제2차시험의 경우에는 기입형을 포함할 수 있다.

③ 제1차시험에 합격한 사람에 대해서는 다음 회의 관리사시험에 한정하여 제1차시험을 면제한다. 다만, 면제받으려는 시험의 응시자격을 갖춘 경우로 한정한다.

④ 제2차시험은 제1차시험에 합격한 사람만 응시할 수 있다. 다만, 제1항 단서에 따라 제1차시험과 제2차시험을 병행하여 시행하는 경우에 제1차시험에 불합격한 사람의 제2차시험 응시는 무효로 한다.

제29조 (시험 과목) 관리사시험의 제1차시험 및 제2차시험 과목은 다음 각 호와 같다.　<개정 2021.1.5.>

1. 제1차시험

　　가. 소방안전관리론(연소 및 소화, 화재예방관리, 건축물소방안전기준, 인원수용 및 피난계획에 관한 부분으로 한정한다) 및 화재역학[화재의 성질·상태, 화재하중(火災荷重), 열전달, 화염 확산, 연소속도, 구획화재, 연소생성물 및 연기의 생성·이동에 관한 부분으로 한정한다]

　　나. 소방수리학, 약제화학 및 소방전기(소방 관련 전기공사재료 및 전기제어에 관한 부분으로 한정한다)

　　다. 다음의 소방 관련 법령

　　　　1) 「소방기본법」, 같은 법 시행령 및 같은 법 시행규칙

　　　　2) 「소방시설공사업법」, 같은 법 시행령 및 같은 법 시행규칙

　　　　3) 「소방시설 설치 및 관리에 관한 법률」, 같은 법 시행령 및 같은 법 시행규칙

　　　　4) 「위험물안전관리법」, 같은 법 시행령 및 같은 법 시행규칙

　　　　5) 「다중이용업소의 안전관리에 관한 특별법」, 같은 법 시행령 및 같은 법 시행규칙

　　라. 위험물의 성질·상태 및 시설기준

　　마. 소방시설의 구조 원리(고장진단 및 정비를 포함한다)

2. 제2차시험

　　가. 소방시설의 점검실무행정(점검절차 및 점검기구 사용법을 포함한다)

　　나. 소방시설의 설계 및 시공

제30조 (시험위원) ① 소방청장은 법 제26조 제2항에 따라 관리사시험의 출제 및 채점을 위하여 다음 각 호의 어느 하나에 해당하는 사람 중에서 시험위원을 임명하거나 위촉하여야 한다.　<개정 2020.3.10.>

1. 소방 관련 분야의 박사학위를 가진 사람

2. 대학에서 소방안전 관련 학과 조교수 이상으로 2년 이상 재직한 사람

3. 소방위 이상의 소방공무원

4. 소방시설관리사

5. 소방기술사

② 제1항에 따른 시험위원의 수는 다음 각 호의 구분에 따른다.

1. 출제위원: 시험 과목별 3명

2. 채점위원: 시험 과목별 5명 이내(제2차시험의 경우로 한정한다)

③ 제1항에 따라 시험위원으로 임명되거나 위촉된 사람은 소방청장이 정하는 시험문제 등의 출제시 유의사항 및 서약서 등에 따른 준수사항을 성실히 이행하여야 한다.

④ 제1항에 따라 임명되거나 위촉된 시험위원과 시험감독 업무에 종사하는 사람에게는 예산의 범위에서 수당과 여비를 지급할 수 있다.

제31조 (시험 과목의 일부 면제) ① 법 제26조 제3항에 따라 관리사시험의 제1차시험 과목 가운데 일부를 면제받을 수 있는 사람과 그 면제과목은 다음 각 호의 구분에 따른다. 다만, 제1호 및 제2호에 모두 해당하는 사람은 본인이 선택한 한 과목만 면제받을 수 있다.

1. 소방기술사 자격을 취득한 후 15년 이상 소방실무경력이 있는 사람: 제29조 제1호 나목의 과목

2. 소방공무원으로 15년 이상 근무한 경력이 있는 사람으로서 5년 이상 소방청장이 정하여 고시하는 소방 관련 업무 경력이 있는 사람: 제29조 제1호 다목의 과목

② 법 제26조 제3항에 따라 관리사시험의 제2차시험 과목 가운데 일부를 면제받을 수 있는 사람과 그 면제과목은 다음 각 호의 구분에 따른다. 다만, 제1호 및 제2호에 모두 해당하는 사람은 본인이 선택한 한 과목만 면제받을 수 있다.

1. 제27조 제1호에 해당하는 사람: 제29조 제2호 나목의 과목

2. 제27조 제7호에 해당하는 사람: 제29조 제2호 가목의 과목

제32조 (시험의 시행 및 공고) ① 관리사시험은 1년마다 1회 시행하는 것을 원칙으로 하되, 소방청장이 필요하다고 인정하는 경우에는 그 횟수를 늘리거나 줄일 수 있다.

② 소방청장은 관리사시험을 시행하려면 응시자격, 시험 과목, 일시·장소 및 응시절차 등에 관하여 필요한 사항을 모든 응시희망자가 알 수 있도록 관리사시험 시행일 90일 전까지 소방청 홈페이지 등에 공고하여야 한다.

제33조 (응시원서 제출 등) ① 관리사시험에 응시하려는 사람은 행정안전부령으로 정하는 관리사시험 응시원서를 소방청장에게 제출하여야 한다.

② 제31조에 따라 시험 과목의 일부를 면제받으려는 사람은 제1항에 따른 응시원서에 그 뜻을 적어야 한다.

③ 관리사시험에 응시하는 사람은 제27조에 따른 응시자격에 관한 증명서류를 소방청장이 정하는 원서 접수기간 내에 제출하여야 하며, 증명서류는 해당 자격증(「국가기술자격법」에 따른 국가기술자격 취득자의 자격증은 제외한다) 사본과 행정안전부령으로 정하는 경력·재직증명원 또는 「소방시설공사업법 시행령」 제20조 제4항에 따른 수탁기관이 발행하는 경력증명서로 한다. 다만, 국가·지방자치단체, 「공공기관의 운영에 관한 법률」 제4조에 따른 공공기관, 「지방공기업법」에 따른 지방공사 또는 지방공단이 증명하는 경력증명원은 해당 기관에서 정하는 서식에 따를 수 있다.

④ 제1항에 따라 응시원서를 받은 소방청장은 「전자정부법」 제36조 제1항에 따른 행정정보의 공동이용을 통하여 다음 각 호의 서류를 확인해야 한다. 다만, 응시자가 확인에 동의하지 않는 경우에는 그 사본을 첨부하게 해야 한다.

1. 응시자의 해당 국가기술자격증

2. 국민연금가입자가입증명 또는 건강보험자격득실확인서

제34조 (시험의 합격자 결정 등) ① 제1차시험에서는 과목당 100점을 만점으로 하여 모든 과목의 점수가 40점 이상이고, 전 과목 평균 점수가 60점 이상인 사람을 합격자로 한다.

② 제2차시험에서는 과목당 100점을 만점으로 하되, 시험위원의 채점점수 중 최고점수와 최저점수를 제외한 점수가 모든 과목에서 40점 이상, 전 과목에서 평균 60점 이상인 사람을 합격자로 한다.

③ 소방청장은 제1항과 제2항에 따라 관리사시험 합격자를 결정하였을 때에는 이를 소방청 홈페이지 등에 공고하여야 한다.

④ 삭제 <2016.1.19.>

시행령 제37조 (소방시설관리사시험의 응시자격) 법 제25조 제1항에 따른 소방시설관리사시험(이하 "관리사시험"이라 한다)에 응시할 수 있는 사람은 다음 각 호와 같다. [시행일: 2027. 1. 1.]

1. 소방기술사·건축사·건축기계설비기술사·건축전기설비기술사 또는 공조냉동기계기술사

2. 위험물기능장

3. 소방설비기사

4. 「국가과학기술 경쟁력 강화를 위한 이공계지원 특별법」 제2조 제1호에 따른 이공계 분야의 박사학위를 취득한 사람

5. 소방청장이 정하여 고시하는 소방안전 관련 분야의 석사 이상의 학위를 취득한 사람

6. 소방설비산업기사 또는 소방공무원 등 소방청장이 정하여 고시하는 사람 중 소방에 관한 실무경력(자격 취득 후의 실무경력으로 한정한다)이 3년 이상인 사람

제38조 (시험의 시행방법) ① 관리사시험은 제1차시험과 제2차시험으로 구분하여 시행한다. 이 경우 소방청장은 제1차시험과 제2차시험을 같은 날에 시행할 수 있다.

② 제1차시험은 선택형을 원칙으로 하고, 제2차시험은 논문형을 원칙으로 하되, 제2차시험에는 기입형을 포함할 수 있다.

③ 제1차시험에 합격한 사람에 대해서는 다음 회의 관리사시험만 제1차시험을 면제한다. 다만, 면제받으려는 시험의 응시자격을 갖춘 경우로 한정한다.

④ 제2차시험은 제1차시험에 합격한 사람만 응시할 수 있다. 다만, 제1항 후단에 따라 제1차시험과 제2차시험을 병행하여 시행하는 경우에 제1차시험에 불합격한 사람의 제2차시험 응시는 무효로 한다.

제39조 (시험 과목) ① 관리사시험의 제1차시험 및 제2차시험 과목은 다음 각 호와 같다.

1. 제1차시험
   가. 소방안전관리론(소방 및 화재의 기초이론으로 연소이론, 화재현상, 위험물 및 소방안전관리 등의 내용을 포함한다)
   나. 소방기계 점검실무(소방시설 기계 분야 점검의 기초이론 및 실무능력을 측정하기 위한 과목으로 소방유체역학, 소방 관련 열역학, 소방기계 분야의 화재안전기준을 포함한다)
   다. 소방전기 점검실무(소방시설 전기·통신 분야 점검의 기초이론 및 실무능력을 측정하기 위한 과목으로 전기회로, 전기기기, 제어회로, 전자회로 및 소방전기 분야의 화재안전기준을 포함한다)
   라. 다음의 소방 관계 법령
      1) 「소방시설 설치 및 관리에 관한 법률」 및 그 하위법령
      2) 「화재의 예방 및 안전관리에 관한 법률」 및 그 하위법령
      3) 「소방기본법」 및 그 하위법령
      4) 「다중이용업소의 안전관리에 관한 특별법」 및 그 하위법령
      5) 「건축법」 및 그 하위법령(소방 분야로 한정한다)
      6) 「초고층 및 지하연계 복합건축물 재난관리에 관한 특별법」 및 그 하위법령
2. 제2차시험
   가. 소방시설등 점검실무(소방시설등의 점검에 필요한 종합적 능력을 측정하기 위한 과목으로 소방시설등의 현장점검 시 점검절차, 성능확인, 이상판단 및 조치 등의 내용을 포함한다)
   나. 소방시설등 관리실무(소방시설등 점검 및 관리 관련 행정업무 및 서류작성 등의 업무능력을 측정하기 위한 과목으로 점검보고서의 작성, 인력 및 장비 운용 등 실제 현장에서 요구되는 사무 능력을 포함한다)

② 제1항에 따른 관리사시험 과목의 세부 항목은 행정안전부령으로 정한다.

제40조 (시험위원의 임명·위촉) ① 소방청장은 법 제25조 제2항에 따라 관리사시험의 출제 및 채점을 위하여 다음 각 호의 어느 하나에 해당하는 사람 중에서 시험위원을 임명하거나 위촉해야 한다.

1. 소방 관련 분야의 박사학위를 취득한 사람
2. 대학에서 소방안전 관련 학과 조교수 이상으로 2년 이상 재직한 사람
3. 소방위 이상의 소방공무원
4. 소방시설관리사
5. 소방기술사

② 제1항에 따른 시험위원의 수는 다음 각 호의 구분에 따른다.

1. 출제위원: 시험 과목별 3명
2. 채점위원: 시험 과목별 5명 이내(제2차시험의 경우로 한정한다)

③ 제1항에 따라 시험위원으로 임명되거나 위촉된 사람은 소방청장이 정하는 시험문제 등의 출제 시 유의사항 및 서약서 등에 따른 준수사항을 성실히 이행해야 한다.

④ 제1항에 따라 임명되거나 위촉된 시험위원과 시험감독 업무에 종사하는 사람에게는 예산의 범위에서 수당과 여비를 지급할 수 있다.

제41조 (시험 과목의 일부 면제) 법 제25조 제4항에 따라 관리사시험의 제1차시험 과목 가운데 일부를 면제받을 수 있는 사람과 그 면제 과목은 다음 각 호의 구분에 따른다. 다만, 다음 각 호 중 둘 이상에 해당하는 경우에는 본인이 선택한 호의 과목만 면제받을 수 있다.

1. 소방기술사 자격을 취득한 사람: 제39조 제1항 제1호가목부터 다목까지의 과목
2. 소방공무원으로 15년 이상 근무한 경력이 있는 사람으로서 5년 이상 소방청장이 정하여 고시하는 소방 관련 업무 경력이 있는 사람: 제39조 제1항 제1호나목부터 라목까지의 과목
3. 다음 각 목의 어느 하나에 해당하는 사람: 제39조 제1항 제1호나목·다목의 과목
   가. 소방설비기사(기계 또는 전기) 자격을 취득한 후 8년 이상 소방기술과 관련된 경력(「소방시설공사업법」 제28조 제3항에 따른 소방기술과 관련된 경력을 말한다)이 있는 사람
   나. 소방설비산업기사(기계 또는 전기) 자격을 취득한 후 법 제29조에 따른 소방시설관리업에서 10년 이상 자체점검 업무를 수행한 사람

제42조 (시험의 시행 및 공고) ① 관리사시험은 매년 1회 시행하는 것을 원칙으로 하되, 소방청장이 필요하다고 인정하는 경우에는 그 횟수를 늘리거나 줄일 수 있다.

② 소방청장은 관리사시험을 시행하려면 응시자격, 시험 과목, 일시·장소 및 응시절차 등을 모든 응시 희망자가 알 수 있도록 관리사시험 시행일 90일 전까지 인터넷 홈페이지에 공고해야 한다.

제43조 (응시원서 제출 등) ① 관리사시험에 응시하려는 사람은 행정안전부령으로 정하는 바에 따라 관리사시험 응시원서를 소방청장에게 제출해야 한다.

② 제41조에 따라 시험 과목의 일부를 면제받으려는 사람은 제1항에 따른 응시원서에 면제 과목과 그 사유를 적어야 한다.

③ 관리사시험에 응시하는 사람은 제37조에 따른 응시자격에 관한 증명서류를 소방청장이 정하는 원서 접수기간 내에 제출해야 하며, 증명서류는 해당 자격증(「국가기술자격법」에 따른 국가기술자격 취득자의 자격증은 제외한다) 사본과 행정안전부령으로 정하는 경력·재직증명서 또는 「소방시설공사업법 시행령」 제20조 제4항에 따른 수탁기관이 발행하는 경력증명서로 한다. 다만, 국가·지방자치단체, 「공공기관의 운영에 관한 법률」 제4조에 따른 공공기관, 「지방공기업법」에 따른 지방공사 또는 지방공단이 증명하는 경력증명원은 해당 기관에서 정하는 서식에 따를 수 있다.

④ 제1항에 따라 응시원서를 받은 소방청장은 「전자정부법」 제36조 제1항에 따른 행정정보의 공동이용을 통하여 다음 각 호의 서류를 확인해야 한다. 다만, 응시자가 확인에 동의하지 않는 경우에는 그 사본을 첨부하게 해야 한다.

1. 응시자의 해당 국가기술자격증
2. 국민연금가입자가입증명 또는 건강보험자격득실확인서

제44조 (시험의 합격자 결정 등) ① 제1차시험에서는 과목당 100점을 만점으로 하여 모든 과목의 점수가 40점 이상이고, 전 과목 평균 점수가 60점 이상인 사람을 합격자로 한다.

② 제2차시험에서는 과목당 100점을 만점으로 하되, 시험위원의 채점점수 중 최고점수와 최저점수를 제외한 점수가 모든 과목에서 40점 이상, 전 과목에서 평균 60점 이상인 사람을 합격자로 한다.

③ 소방청장은 제1항과 제2항에 따라 관리사시험 합격자를 결정했을 때에는 이를 인터넷 홈페이지에 공고해야 한다.

시행규칙 제26조 (소방시설관리사증의 발급) 영 제48조 제3항 제2호에 따라 소방시설관리사증의 발급·재발급에 관한 업무를 위탁받은 법인 또는 단체(이하 "소방시설관리사증발급자"라 한다)는 법 제25조 제5항에 따라 소방시설관리사 시험에 합격한 사람에게 합격자 공고일부터 1개월 이내에 별지 제14호서식의 소방시설관리사증을 발급해야 하며, 이를 별지 제15호서식의 소방시설관리사증 발급대장에 기록하고 관리해야 한다.

제27조 (소방시설관리사증의 재발급) ① 법 제25조 제6항에 따라 소방시설관리사가 소방시설관리사증을 잃어버렸거나 못 쓰게 되어 소방시설관리사증의 재발급을 신청하는 경우에는 별지 제16호서식의 소방시설관리사증 재발급 신청서(전자문서로 된 신청서를 포함한다)에 다음 각 호의 서류를 첨부하여 소방시설관리사증발급자에게 제출해야 한다.

1. 소방시설관리사증(못 쓰게 된 경우만 해당한다)
2. 신분증 사본
3. 사진(3센티미터×4센티미터) 1장

② 소방시설관리사증발급자는 제1항에 따라 재발급신청서를 제출받은 경우에는 3일 이내에 소방시설관리사증을 재발급해야 한다.

제28조 (소방시설관리사시험 과목의 세부 항목 등) 영 제39조 제2항에 따른 소방시설관리사시험 과목의 세부 항목은 별표 6과 같다.

제29조 (소방시설관리사시험 응시원서 등) ① 영 제43조 제1항에 따른 소방시설관리사시험 응시원서는 별지 제17호서식 또는 별지 제18호서식과 같다.

② 영 제43조 제3항 본문에 따른 경력·재직증명서는 별지 제19호서식과 같다.

✏️ 핵심정리 | 소방시설관리사

1. **실시자:** 소방청장
2. **관리사 의무사항**
    ① 다른 사람에게 빌려주거나 빌려서는 아니 된다.
    ② 다른 사람에게 알선하여서도 아니 된다.
    ③ 동시에 둘 이상의 업체에 취업하여서는 아니 된다.
3. 결격사유에 해당하는 사람은 관리사 시험에 응시할 수 없다. (최종 합격자 발표일 기준)
4. **관리사 자격의 취소**
    ① 거짓이나 그 밖의 부정한 방법으로 시험에 합격한 경우
    ② 소방시설관리사증을 다른 사람에게 빌려준 경우
    ③ 동시에 둘 이상의 업체에 취업한 경우
    ④ 결격사유에 해당하게 된 경우

제26조 (부정행위자에 대한 제재)

소방청장은 시험에서 부정한 행위를 한 응시자에 대하여는 그 시험을 정지 또는 무효로 하고, 그 처분이 있은 날부터 2년간 시험 응시자격을 정지한다.

제27조 (관리사의 결격사유)

다음 각 호의 어느 하나에 해당하는 사람은 관리사가 될 수 없다.
1. 피성년후견인
2. 이 법, 「소방기본법」, 「화재의 예방 및 안전관리에 관한 법률」, 「소방시설공사업법」 또는 「위험물안전관리법」을 위반하여 금고 이상의 실형을 선고받고 그 집행이 끝나거나(집행이 끝난 것으로 보는 경우를 포함한다) 집행이 면제된 날부터 2년이 지나지 아니한 사람
3. 이 법, 「소방기본법」, 「화재의 예방 및 안전관리에 관한 법률」, 「소방시설공사업법」 또는 「위험물안전관리법」을 위반하여 금고 이상의 형의 집행유예를 선고받고 그 유예기간 중에 있는 사람
4. 제28조에 따라 자격이 취소(이 조 제1호에 해당하여 자격이 취소된 경우는 제외한다)된 날부터 2년이 지나지 아니한 사람

제28조 (자격의 취소·정지)

소방청장은 관리사가 다음 각 호의 어느 하나에 해당할 때에는 행정안전부령으로 정하는 바에 따라 그 자격을 취소하거나 1년 이내의 기간을 정하여 그 자격의 정지를 명할 수 있다. 다만, 제1호, 제4호, 제5호 또는 제7호에 해당하면 그 자격을 취소하여야 한다.

1. 거짓이나 그 밖의 부정한 방법으로 시험에 합격한 경우
2. 「화재의 예방 및 안전관리에 관한 법률」 제25조 제2항에 따른 대행인력의 배치기준·자격·방법 등 준수사항을 지키지 아니한 경우
3. 제22조에 따른 점검을 하지 아니하거나 거짓으로 한 경우
4. 제25조 제7항을 위반하여 소방시설관리사증을 다른 사람에게 빌려준 경우
5. 제25조 제8항을 위반하여 동시에 둘 이상의 업체에 취업한 경우
6. 제25조 제9항을 위반하여 성실하게 자체점검 업무를 수행하지 아니한 경우
7. 제27조 각 호의 어느 하나에 따른 결격사유에 해당하게 된 경우

> **시행규칙 제39조 (행정처분의 기준)** 법 제28조에 따른 소방시설관리사 자격의 취소 및 정지 처분과 법 제35조에 따른 소방시설관리업의 등록취소 및 영업정지 처분 기준은 별표 8과 같다.

제2절 소방시설관리업

제29조 (소방시설관리업의 등록 등)

① 소방시설등의 점검 및 관리를 업으로 하려는 자 또는 「화재의 예방 및 안전관리에 관한 법률」 제25조에 따른 소방안전관리업무의 대행을 하려는 자는 대통령령으로 정하는 업종별로 시·도지사에게 소방시설관리업(이하 "관리업"이라 한다) 등록을 하여야 한다.

② 제1항에 따른 업종별 기술인력 등 관리업의 등록기준 및 영업범위 등에 필요한 사항은 대통령령으로 정한다.

③ 관리업의 등록신청과 등록증·등록수첩의 발급·재발급 신청, 그 밖에 관리업의 등록에 필요한 사항은 행정안전부령으로 정한다.

> **시행령 제45조 (소방시설관리업의 등록기준 등)** ① 법 제29조 제1항에 따른 소방시설관리업의 업종별 등록기준 및 영업범위는 별표 9와 같다.
> ② 시·도지사는 법 제29조 제1항에 따른 등록신청이 다음 각 호의 어느 하나에 해당하는 경우를 제외하고는 등록을 해 주어야 한다.
> 1. 제1항에 따른 등록기준에 적합하지 않은 경우
> 2. 등록을 신청한 자가 법 제30조 각 호의 어느 하나에 해당하는 경우
> 3. 그 밖에 이 법 또는 제39조 제1항 제1호라목의 소방 관계 법령에 따른 제한에 위배되는 경우

> **시행규칙 제30조 (소방시설관리업의 등록신청 등)** ① 소방시설관리업을 하려는 자는 법 제29조 제1항에 따라 별지 제20호서식의 소방시설관리업 등록신청서(전자문서로 된 신청서를 포함한다)에 별지 제21호서식의 소방기술인력대장 및 기술자격증(경력수첩을 포함한다)을 첨부하여 특별시장·광역시장·특별자치시장·도지사 또는 특별자치도지사(이하 "시·도지사"라 한다)에게 제출(전자문서로 제출하는 경우를 포함한다)해야 한다.
> ② 제1항에 따른 신청서를 제출받은 담당 공무원은 「전자정부법」 제36조 제1항에 따라 행정정보의 공동이용을 통하여 법인등기부 등본(법인인 경우만 해당한다)과 제1항에 따라 제출하는 소방기술인력대장에 기록된 소방기술인력의 국가기술자격증을 확인해야 한다. 다만, 신청인이 국가기술자격증의 확인에 동의하지 않는 경우에는 그 사본을 제출하도록 해야 한다.

제31조 (소방시설관리업의 등록증 및 등록수첩 발급 등) ① 시·도지사는 제30조에 따른 소방시설관리업의 등록신청 내용이 영 제45조 제1항 및 별표 9에 따른 소방시설관리업의 업종별 등록기준에 적합하다고 인정되면 신청인에게 별지 제22호서식의 소방시설관리업 등록증과 별지 제23호서식의 소방시설관리업 등록수첩을 발급하고, 별지 제24호서식의 소방시설관리업 등록대장을 작성하여 관리해야 한다. 이 경우 시·도지사는 제30조 제1항에 따라 제출된 소방기술인력의 기술자격증(경력수첩을 포함한다)에 해당 소방기술인력이 그 관리업자 소속임을 기록하여 내주어야 한다.

② 시·도지사는 제30조 제1항에 따라 제출된 서류를 심사한 결과 다음 각 호의 어느 하나에 해당하는 경우에는 10일 이내의 기간을 정하여 이를 보완하게 할 수 있다.

1. 첨부서류가 미비되어 있는 경우
2. 신청서 및 첨부서류의 기재내용이 명확하지 않은 경우

③ 시·도지사는 제1항에 따라 소방시설관리업 등록증을 발급하거나 법 제35조에 따라 등록을 취소한 경우에는 이를 시·도의 공보에 공고해야 한다.

④ 영 별표 9에 따른 소방시설관리업의 업종별 등록기준 중 보조 기술인력의 종류별 자격은 「소방시설공사업법 시행규칙」 별표 4의2에서 정하는 기준에 따른다.

제32조 (소방시설관리업의 등록증·등록수첩의 재발급 및 반납) ① 관리업자는 소방시설관리업 등록증 또는 등록수첩을 잃어버렸거나 소방시설관리업등록증 또는 등록수첩이 헐어 못 쓰게 된 경우에는 법 제29조 제3항에 따라 시·도지사에게 소방시설관리업 등록증 또는 등록수첩의 재발급을 신청할 수 있다.

② 관리업자는 제1항에 따라 재발급을 신청하는 경우에는 별지 제25호서식의 소방시설관리업 등록증(등록수첩) 재발급 신청서(전자문서로 된 신청서를 포함한다)에 못 쓰게 된 소방시설관리업 등록증 또는 등록수첩(잃어버린 경우는 제외한다)을 첨부하여 시·도지사에게 제출해야 한다.

③ 시·도지사는 제2항에 따른 재발급 신청서를 제출받은 경우에는 3일 이내에 소방시설관리업 등록증 또는 등록수첩을 재발급해야 한다.

④ 관리업자는 다음 각 호의 어느 하나에 해당하는 경우에는 지체 없이 시·도지사에게 그 소방시설관리업 등록증 및 등록수첩을 반납해야 한다.

1. 법 제35조에 따라 등록이 취소된 경우
2. 소방시설관리업을 폐업한 경우
3. 제1항에 따라 재발급을 받은 경우. 다만, 등록증 또는 등록수첩을 잃어버리고 재발급을 받은 경우에는 이를 다시 찾은 경우로 한정한다.

✎ 핵심정리 │ 소방시설관리업의 등록 등

1. **등록 대상:** 소방시설등의 점검 및 관리를 업으로 하려는 자, 소방안전관리업무의 대행을 하려는 자
2. **대통령령:** 업종별 기술인력 등 관리업의 등록기준 및 영업범위
3. **행정안전부령:** 관리업의 등록신청과 등록증·등록수첩의 발급·재발급 신청

제30조 (등록의 결격사유)

다음 각 호의 어느 하나에 해당하는 자는 관리업의 등록을 할 수 없다.

1. 피성년후견인
2. 이 법, 「소방기본법」, 「화재의 예방 및 안전관리에 관한 법률」, 「소방시설공사업법」 또는 「위험물안전관리법」을 위반하여 금고 이상의 실형을 선고받고 그 집행이 끝나거나(집행이 끝난 것으로 보는 경우를 포함한다) 집행이 면제된 날부터 2년이 지나지 아니한 사람

3. 이 법, 「소방기본법」, 「화재의 예방 및 안전관리에 관한 법률」, 「소방시설공사업법」 또는 「위험물안전관리법」을 위반하여 금고 이상의 형의 집행유예를 선고받고 그 유예기간 중에 있는 사람
4. 제35조 제1항에 따라 관리업의 등록이 취소(제1호에 해당하여 등록이 취소된 경우는 제외한다)된 날부터 2년이 지나지 아니한 자
5. 임원 중에 제1호부터 제4호까지의 어느 하나에 해당하는 사람이 있는 법인

✎ **핵심정리** | 관리업 등록의 결격사유

1. 피성년후견인
2. 소방관계법을 위반하여 금고 이상의 실형을 선고받고 그 집행이 끝나거나(집행이 끝난 것으로 보는 경우를 포함한다) 집행이 면제된 날부터 2년이 지나지 아니한 사람
3. 소방관계법을 위반하여 금고 이상의 형의 집행유예를 선고받고 그 유예기간 중에 있는 사람
4. 등록이 취소된 날부터 2년이 지나지 아니한 사람
5. 임원 중에 결격사유의 어느 하나에 해당하는 사람이 있는 법인

제31조 (등록사항의 변경신고)

관리업자(관리업의 등록을 한 자를 말한다. 이하 같다)는 제29조에 따라 등록한 사항 중 행정안전부령으로 정하는 중요 사항이 변경되었을 때에는 행정안전부령으로 정하는 바에 따라 시·도지사에게 변경사항을 신고하여야 한다.

시행규칙 제33조 (등록사항의 변경신고 사항) 법 제31조에서 "행정안전부령으로 정하는 중요 사항"이란 다음 각 호의 어느 하나에 해당하는 사항을 말한다.
1. 명칭·상호 또는 영업소 소재지
2. 대표자
3. 기술인력

제34조 (등록사항의 변경신고 등) ① 관리업자는 등록사항 중 제33조 각 호의 사항이 변경됐을 때에는 법 제31조에 따라 변경일부터 30일 이내에 별지 제26호서식의 소방시설관리업 등록사항 변경신고서(전자문서로 된 신고서를 포함한다)에 그 변경사항별로 다음 각 호의 구분에 따른 서류(전자문서를 포함한다)를 첨부하여 시·도지사에게 제출해야 한다.
1. 명칭·상호 또는 영업소 소재지가 변경된 경우: 소방시설관리업 등록증 및 등록수첩
2. 대표자가 변경된 경우: 소방시설관리업 등록증 및 등록수첩
3. 기술인력이 변경된 경우
   가. 소방시설관리업 등록수첩
   나. 변경된 기술인력의 기술자격증(경력수첩을 포함한다)
   다. 별지 제21호서식의 소방기술인력대장
② 제1항에 따라 신고서를 제출받은 담당 공무원은 「전자정부법」 제36조 제1항에 따라 법인등기부 등본(법인인 경우만 해당한다), 사업자등록증(개인인 경우만 해당한다) 및 국가기술자격증을 확인해야 한다. 다만, 신고인이 확인에 동의하지 않는 경우에는 이를 첨부하도록 해야 한다.
③ 시·도지사는 제1항에 따라 변경신고를 받은 경우 5일 이내에 소방시설관리업 등록증 및 등록수첩을 새로 발급하거나 제1항에 따라 제출된 소방시설관리업 등록증 및 등록수첩과 기술인력의 기술자격증(경력수첩을 포함한다)에 그 변경된 사항을 적은 후 내주어야 한다. 이 경우 별지 제24호서식의 소방시설관리업 등록대장에 변경사항을 기록하고 관리해야 한다.

1. **신고처:** 시·도지사
2. **변경사항**
   ① 상호, 명칭
   ② 영업소 소재지
   ③ 대표자
   ④ 기술인력
3. **절차:** 변경사유가 발생한 날부터 30일 이내

제32조 (관리업자의 지위승계)

① 다음 각 호의 어느 하나에 해당하는 자는 종전의 관리업자의 지위를 승계한다.
   1. 관리업자가 사망한 경우 그 상속인
   2. 관리업자가 그 영업을 양도한 경우 그 양수인
   3. 법인인 관리업자가 합병한 경우 합병 후 존속하는 법인이나 합병으로 설립되는 법인

② 「민사집행법」에 따른 경매, 「채무자 회생 및 파산에 관한 법률」에 따른 환가, 「국세징수법」, 「관세법」 또는 「지방세징수법」에 따른 압류재산의 매각과 그 밖에 이에 준하는 절차에 따라 관리업의 시설 및 장비의 전부를 인수한 자는 종전의 관리업자의 지위를 승계한다.

③ 제1항이나 제2항에 따라 종전의 관리업자의 지위를 승계한 자는 행정안전부령으로 정하는 바에 따라 시·도지사에게 신고하여야 한다.

④ 제1항이나 제2항에 따라 지위를 승계한 자의 결격사유에 관하여는 제30조를 준용한다. 다만, 상속인이 제30조 각 호의 어느 하나에 해당하는 경우에는 상속받은 날부터 3개월 동안은 그러하지 아니하다.

시행규칙 제35조 (지위승계 신고 등) ① 법 제32조 제1항 제1호·제2호 또는 같은 조 제2항에 따라 관리업자의 지위를 승계한 자는 같은 조 제3항에 따라 그 지위를 승계한 날부터 30일 이내에 별지 제27호서식의 소방시설관리업 지위승계 신고서(전자문서로 된 신고서를 포함한다)에 다음 각 호의 서류(전자문서를 포함한다)를 첨부하여 시·도지사에게 제출해야 한다.
1. 소방시설관리업 등록증 및 등록수첩
2. 계약서 사본 등 지위승계를 증명하는 서류
3. 별지 제21호서식의 소방기술인력대장 및 기술자격증(경력수첩을 포함한다)
② 법 제32조 제1항 제3호에 따라 관리업자의 지위를 승계한 자는 같은 조 제3항에 따라 그 지위를 승계한 날부터 30일 이내에 별지 제28호서식의 소방시설관리업 합병 신고서(전자문서로 된 신고서를 포함한다)에 제1항 각 호의 서류(전자문서를 포함한다)를 첨부하여 시·도지사에게 제출해야 한다.
③ 제1항 또는 제2항에 따라 신고서를 제출받은 담당 공무원은 「전자정부법」 제36조 제1항에 따라 행정정보의 공동이용을 통하여 다음 각 호의 서류를 확인해야 한다. 다만, 신고인이 사업자등록증 및 국가기술자격증의 확인에 동의하지 않는 경우에는 그 사본을 첨부하도록 해야 한다.
1. 법인등기부 등본(지위승계인이 법인인 경우만 해당한다)
2. 사업자등록증(지위승계인이 개인인 경우만 해당한다)
3. 제30조 제1항에 따라 제출하는 소방기술인력대장에 기록된 소방기술인력의 국가기술자격증
④ 시·도지사는 제1항 또는 제2항에 따라 신고를 받은 경우에는 소방시설관리업 등록증 및 등록수첩을 새로 발급하고, 기술인력의 자격증 및 경력수첩에 그 변경사항을 적은 후 내주어야 하며, 별지 제24호서식의 소방시설관리업 등록대장에 지위승계에 관한 사항을 기록하고 관리해야 한다.

---

1. **신고처:** 시·도지사
2. **승계**
   ① 관리업자가 사망한 경우 그 상속인
   ② 관리업자가 그 영업을 양도한 경우 그 양수인
   ③ 법인인 관리업자가 합병한 경우 합병 후 존속하는 법인, 설립되는 법인
   ④ 관리업의 시설 및 장비의 전부를 인수한 경우(환가, 경매, 압류재산 매각)
3. **절차:** 승계사유가 발생한 날부터 30일 이내

제33조 (관리업의 운영)

① 관리업자는 이 법이나 이 법에 따른 명령 등에 맞게 소방시설등을 점검하거나 관리하여야 한다.
② 관리업자는 관리업의 등록증이나 등록수첩을 다른 자에게 빌려주거나 빌려서는 아니 되며, 이를 알선하여서도 아니 된다.
③ 관리업자는 다음 각 호의 어느 하나에 해당하는 경우에는 「화재의 예방 및 안전관리에 관한 법률」 제25조에 따라 소방안전관리업무를 대행하게 하거나 제22조 제1항에 따라 소방시설등의 점검업무를 수행하게 한 특정소방대상물의 관계인에게 지체 없이 그 사실을 알려야 한다.
   1. 제32조에 따라 관리업자의 지위를 승계한 경우
   2. 제35조 제1항에 따라 관리업의 등록취소 또는 영업정지 처분을 받은 경우
   3. 휴업 또는 폐업을 한 경우
④ 관리업자는 제22조 제1항 및 제2항에 따라 자체점검을 하거나 「화재의 예방 및 안전관리에 관한 법률」 제25조에 따른 소방안전관리업무의 대행을 하는 때에는 행정안전부령으로 정하는 바에 따라 소속 기술인력을 참여시켜야 한다.
⑤ 제35조 제1항에 따라 등록취소 또는 영업정지 처분을 받은 관리업자는 그 날부터 소방안전관리업무를 대행하거나 소방시설등에 대한 점검을 하여서는 아니 된다. 다만, 영업정지처분의 경우 도급계약이 해지되지 아니한 때에는 대행 또는 점검 중에 있는 특정소방대상물의 소방안전관리업무 대행과 자체점검은 할 수 있다.

1. **빌려주지 않을 것(알선 포함)**
2. **관계인에게 지체 없이 알릴 것**
   ① 지위 승계
   ② 등록취소, 영업정지 처분
   ③ 휴업, 폐업
3. **자체점검, 소방안전관리업무 대행시 행정안전부령으로 정하는 소속 기술인력을 참여시킬 것**

제34조 (점검능력 평가 및 공시 등)

① 소방청장은 특정소방대상물의 관계인이 적정한 관리업자를 선정할 수 있도록 하기 위하여 관리업자의 신청이 있는 경우 해당 관리업자의 점검능력을 종합적으로 평가하여 공시하여야 한다.

② 제1항에 따라 점검능력 평가를 신청하려는 관리업자는 소방시설등의 점검실적을 증명하는 서류 등을 행정안전부령으로 정하는 바에 따라 소방청장에게 제출하여야 한다.

③ 제1항에 따른 점검능력 평가 및 공시방법, 수수료 등 필요한 사항은 행정안전부령으로 정한다.

④ 소방청장은 제1항에 따른 점검능력을 평가하기 위하여 관리업자의 기술인력, 장비 보유현황, 점검실적 및 행정처분 이력 등 필요한 사항에 대하여 데이터베이스를 구축·운영할 수 있다.

> **시행규칙 제37조 (점검능력 평가의 신청 등)** ① 법 제34조 제2항에 따라 점검능력을 평가받으려는 관리업자는 별지 제29호서식의 소방시설등 점검능력 평가신청서(전자문서로 된 신청서를 포함한다)에 다음 각 호의 서류(전자문서를 포함한다)를 첨부하여 평가기관에 매년 2월 15일까지 제출해야 한다.
> 1. 소방시설등의 점검실적을 증명하는 서류로서 다음 각 목의 구분에 따른 서류
>   가. 국내 소방시설등에 대한 점검실적: 발주자가 별지 제30호서식에 따라 발급한 소방시설등의 점검실적 증명서 및 세금계산서(공급자 보관용을 말한다) 사본
>   나. 해외 소방시설등에 대한 점검실적: 외국환은행이 발행한 외화입금증명서 및 재외공관장이 발행한 해외점검실적 증명서 또는 점검계약서 사본
>   다. 주한 외국군의 기관으로부터 도급받은 소방시설등에 대한 점검실적: 외국환은행이 발행한 외화입금증명서 및 도급계약서 사본
> 2. 소방시설관리업 등록수첩 사본
> 3. 별지 제31호서식의 소방기술인력 보유 현황 및 국가기술자격증 사본 등 이를 증명할 수 있는 서류
> 4. 별지 제32호서식의 신인도평가 가점사항 확인서 및 가점사항을 확인할 수 있는 다음 각 목의 해당 서류
>   가. 품질경영인증서(ISO 9000 시리즈) 사본
>   나. 소방시설등의 점검 관련 표창 사본
>   다. 특허증 사본
>   라. 소방시설관리업 관련 기술 투자를 증명할 수 있는 서류
> ② 제1항에 따른 신청을 받은 평가기관의 장은 제1항 각 호의 서류가 첨부되어 있지 않은 경우에는 신청인에게 15일 이내의 기간을 정하여 보완하게 할 수 있다.
> ③ 제1항에도 불구하고 다음 각 호의 어느 하나에 해당하는 자는 상시 점검능력 평가를 신청할 수 있다. 이 경우 신청서·첨부서류의 제출 및 보완에 관하여는 제1항 및 제2항에 따른다.
> 1. 법 제29조에 따라 신규로 소방시설관리업의 등록을 한 자
> 2. 법 제32조 제1항 또는 제2항에 따라 관리업자의 지위를 승계한 자
> 3. 제38조 제3항에 따라 점검능력 평가 공시 후 다시 점검능력 평가를 신청하는 자
> ④ 제1항부터 제3항까지에서 규정한 사항 외에 점검능력 평가 등 업무수행에 필요한 세부 규정은 평가기관이 정하되, 소방청장의 승인을 받아야 한다.
>
> **제38조 (점검능력의 평가)** ① 법 제34조 제1항에 따른 점검능력 평가의 항목은 다음 각 호와 같고, 점검능력 평가의 세부 기준은 별표 7과 같다
> 1. 실적
>   가. 점검실적(법 제22조 제1항에 따른 소방시설등에 대한 자체점검 실적을 말한다). 이 경우 점검실적(제37조 제1항 제1호 나목 및 다목에 따른 점검실적은 제외한다)은 제20조 제1항 및 별표 4에 따른 점검인력 배치기준에 적합한 것으로 확인된 것만 인정한다.
>   나. 대행실적(「화재의 예방 및 안전관리에 관한 법률」 제25조 제1항에 따라 소방안전관리 업무를 대행하여 수행한 실적을 말한다)
> 2. 기술력

3. 경력

4. 신인도

② 평가기관은 제1항에 따른 점검능력 평가 결과를 지체 없이 소방청장 및 시 · 도지사에게 통보해야 한다.

③ 평가기관은 제37조 제1항에 따른 점검능력 평가 결과는 매년 7월 31일까지 평가기관의 인터넷 홈페이지를 통하여 공시하고, 같은 조 제3항에 따른 점검능력 평가 결과는 소방청장 및 시 · 도지사에게 통보한 날부터 3일 이내에 평가기관의 인터넷 홈페이지를 통하여 공시해야 한다.

④ 점검능력 평가의 유효기간은 제3항에 따라 점검능력 평가 결과를 공시한 날부터 1년간으로 한다.

✎ 핵심정리 | 점검능력 평가 · 공시

1. **대상:** 관리업자의 신청이 있는 경우
2. **평가 · 공시자:** 소방청장
3. **점검능력 평가 및 공시방법, 수수료:** 행정안전부령

제35조 (등록의 취소와 영업정지 등)

① 시 · 도지사는 관리업자가 다음 각 호의 어느 하나에 해당하는 경우에는 행정안전부령으로 정하는 바에 따라 그 등록을 취소하거나 6개월 이내의 기간을 정하여 이의 시정이나 그 영업의 정지를 명할 수 있다. 다만, 제1호 · 제4호 또는 제5호에 해당할 때에는 등록을 취소하여야 한다.

1. 거짓이나 그 밖의 부정한 방법으로 등록을 한 경우
2. 제22조에 따른 점검을 하지 아니하거나 거짓으로 한 경우
3. 제29조 제2항에 따른 등록기준에 미달하게 된 경우
4. 제30조 각 호의 어느 하나에 해당하게 된 경우. 다만, 제30조 제5호에 해당하는 법인으로서 결격사유에 해당하게 된 날부터 2개월 이내에 그 임원을 결격사유가 없는 임원으로 바꾸어 선임한 경우는 제외한다.
5. 제33조 제2항을 위반하여 등록증 또는 등록수첩을 빌려준 경우
6. 제34조 제1항에 따른 점검능력 평가를 받지 아니하고 자체점검을 한 경우

② 제32조에 따라 관리업자의 지위를 승계한 상속인이 제30조 각 호의 어느 하나에 해당하는 경우에는 상속을 개시한 날부터 6개월 동안은 제1항 제4호를 적용하지 아니한다.

> **시행규칙 제39조 (행정처분의 기준)** 법 제28조에 따른 소방시설관리사 자격의 취소 및 정지 처분과 법 제35조에 따른 소방시설관리업의 등록취소 및 영업정지 처분 기준은 별표 8과 같다.

✎ 핵심정리 | 등록취소 사유

1. 거짓이나 그 밖의 부정한 방법으로 등록
2. 결격사유
3. 등록증 또는 등록수첩을 빌려준 경우

제36조 (과징금처분)

① 시·도지사는 제35조 제1항에 따라 영업정지를 명하는 경우로서 그 영업정지가 이용자에게 불편을 주거나 그 밖에 공익을 해칠 우려가 있을 때에는 영업정지처분을 갈음하여 3천만원 이하의 과징금을 부과할 수 있다.

② 제1항에 따른 과징금을 부과하는 위반행위의 종류와 위반 정도 등에 따른 과징금의 금액, 그 밖에 필요한 사항은 행정안전부령으로 정한다.

③ 시·도지사는 제1항에 따른 과징금을 내야 하는 자가 납부기한까지 내지 아니하면 「지방행정제재·부과금의 징수 등에 관한 법률」에 따라 징수한다.

④ 시·도지사는 제1항에 따른 과징금의 부과를 위하여 필요한 경우에는 다음 각 호의 사항을 적은 문서로 관할 세무관서의 장에게 「국세기본법」 제81조의13에 따른 과세정보의 제공을 요청할 수 있다.

1. 납세자의 인적사항
2. 과세정보의 사용 목적
3. 과징금의 부과 기준이 되는 매출액

시행규칙 제40조 (과징금의 부과기준 등) ① 법 제36조 제1항에 따라 과징금을 부과하는 위반행위의 종류와 위반 정도 등에 따른 과징금의 부과기준은 별표 9와 같다.

② 법 제36조 제1항에 따른 과징금의 징수절차에 관하여는 「국고금관리법 시행규칙」을 준용한다.

✎ 핵심정리 │ 과징금

1. **부과 대상:** 영업정지가 이용자에게 불편을 주거나 공익을 해칠 우려가 있을 때
2. **부과징수자:** 시·도지사
3. **금액:** 3천만원 이하
4. **과징금을 부과하는 위반행위의 종류와 위반 정도 등에 따른 과징금의 금액, 그 밖에 필요한 사항:** 행정안전부령

Chapter 05 소방용품의 품질관리

제37조 (소방용품의 형식승인 등)

① 대통령령으로 정하는 소방용품을 제조하거나 수입하려는 자는 소방청장의 형식승인을 받아야 한다. 다만, 연구개발 목적으로 제조하거나 수입하는 소방용품은 그러하지 아니하다.

② 제1항에 따른 형식승인을 받으려는 자는 행정안전부령으로 정하는 기준에 따라 형식승인을 위한 시험시설을 갖추고 소방청장의 심사를 받아야 한다. 다만, 소방용품을 수입하는 자가 판매를 목적으로 하지 아니하고 자신의 건축물에 직접 설치하거나 사용하려는 경우 등 행정안전부령으로 정하는 경우에는 시험시설을 갖추지 아니할 수 있다.

③ 제1항과 제2항에 따라 형식승인을 받은 자는 그 소방용품에 대하여 소방청장이 실시하는 제품검사를 받아야 한다.

④ 제1항에 따른 형식승인의 방법·절차 등과 제3항에 따른 제품검사의 구분·방법·순서·합격표시 등에 필요한 사항은 행정안전부령으로 정한다.

⑤ 소방용품의 형상·구조·재질·성분·성능 등(이하 "형상등"이라 한다)의 형식승인 및 제품검사의 기술기준 등에 필요한 사항은 소방청장이 정하여 고시한다.

⑥ 누구든지 다음 각 호의 어느 하나에 해당하는 소방용품을 판매하거나 판매 목적으로 진열하거나 소방시설공사에 사용할 수 없다.
  1. 형식승인을 받지 아니한 것
  2. 형상등을 임의로 변경한 것
  3. 제품검사를 받지 아니하거나 합격표시를 하지 아니한 것

⑦ 소방청장, 소방본부장 또는 소방서장은 제6항을 위반한 소방용품에 대하여는 그 제조자·수입자·판매자 또는 시공자에게 수거·폐기 또는 교체 등 행정안전부령으로 정하는 필요한 조치를 명할 수 있다.

⑧ 소방청장은 소방용품의 작동기능, 제조방법, 부품 등이 제5항에 따라 소방청장이 고시하는 형식승인 및 제품검사의 기술기준에서 정하고 있는 방법이 아닌 새로운 기술이 적용된 제품의 경우에는 관련 전문가의 평가를 거쳐 행정안전부령으로 정하는 바에 따라 제4항에 따른 방법 및 절차와 다른 방법 및 절차로 형식승인을 할 수 있으며, 외국의 공인기관으로부터 인정받은 신기술 제품은 형식승인을 위한 시험 중 일부를 생략하여 형식승인을 할 수 있다.

⑨ 다음 각 호의 어느 하나에 해당하는 소방용품의 형식승인 내용에 대하여 공인기관의 평가 결과가 있는 경우 형식승인 및 제품검사 시험 중 일부만을 적용하여 형식승인 및 제품검사를 할 수 있다.
  1. 「군수품관리법」 제2조에 따른 군수품
  2. 주한외국공관 또는 주한외국군 부대에서 사용되는 소방용품
  3. 외국의 차관이나 국가 간의 협약 등에 따라 건설되는 공사에 사용되는 소방용품으로서 사전에 합의된 것
  4. 그 밖에 특수한 목적으로 사용되는 소방용품으로서 소방청장이 인정하는 것

⑩ 하나의 소방용품에 두 가지 이상의 형식승인 사항 또는 형식승인과 성능인증 사항이 결합된 경우에는 두 가지 이상의 형식승인 또는 형식승인과 성능인증 시험을 함께 실시하고 하나의 형식승인을 할 수 있다.

⑪ 제9항 및 제10항에 따른 형식승인의 방법 및 절차 등에 필요한 사항은 행정안전부령으로 정한다.

> **시행령 제46조 (형식승인 대상 소방용품)** 법 제37조 제1항 본문에서 "대통령령으로 정하는 소방용품"이란 별표 3의 소방용품(같은 표 제1호나목의 자동소화장치 중 상업용 주방자동소화장치는 제외한다)을 말한다.

1. **형식승인자**: 소방청장
2. **변경승인자**: 소방청장
3. **성능인증자**: 소방청장
4. **우수품질인증자**: 소방청장
5. **제품검사자**: 소방청장
6. **판매·진열·공사에 사용할 수 없는 경우**
    ① 형식승인을 받지 아니한 것
    ② 형상등을 임의로 변경한 것
    ③ 사전제품검사를 받지 아니하거나 사후제품검사의 대상임을 표시하지 아니한 것

제38조 (형식승인의 변경)

① 제37조 제1항 및 제10항에 따른 형식승인을 받은 자가 해당 소방용품에 대하여 형상등의 일부를 변경하려면 소방청장의 변경승인을 받아야 한다.
② 제1항에 따른 변경승인의 대상·구분·방법 및 절차 등에 필요한 사항은 행정안전부령으로 정한다.

제39조 (형식승인의 취소 등)

① 소방청장은 소방용품의 형식승인을 받았거나 제품검사를 받은 자가 다음 각 호의 어느 하나에 해당할 때에는 행정안전부령으로 정하는 바에 따라 그 형식승인을 취소하거나 6개월 이내의 기간을 정하여 제품검사의 중지를 명할 수 있다. 다만, 제1호·제3호 또는 제5호의 경우에는 해당 소방용품의 형식승인을 취소하여야 한다.
　1. 거짓이나 그 밖의 부정한 방법으로 제37조 제1항 및 제10항에 따른 형식승인을 받은 경우
　2. 제37조 제2항에 따른 시험시설의 시설기준에 미달되는 경우
　3. 거짓이나 그 밖의 부정한 방법으로 제37조 제3항에 따른 제품검사를 받은 경우
　4. 제품검사 시 제37조 제5항에 따른 기술기준에 미달되는 경우
　5. 제38조에 따른 변경승인을 받지 아니하거나 거짓이나 그 밖의 부정한 방법으로 변경승인을 받은 경우
② 제1항에 따라 소방용품의 형식승인이 취소된 자는 그 취소된 날부터 2년 이내에는 형식승인이 취소된 소방용품과 동일한 품목에 대하여 형식승인을 받을 수 없다.

1. 거짓이나 그 밖의 부정한 방법으로 형식승인을 받은 경우
2. 거짓이나 그 밖의 부정한 방법으로 제품검사를 받은 경우
3. 변경승인을 받지 아니하거나 거짓이나 그 밖의 부정한 방법으로 변경승인을 받은 경우

제40조 (소방용품의 성능인증 등)

① 소방청장은 제조자 또는 수입자 등의 요청이 있는 경우 소방용품에 대하여 성능인증을 할 수 있다.

② 제1항에 따라 성능인증을 받은 자는 그 소방용품에 대하여 소방청장의 제품검사를 받아야 한다.

③ 제1항에 따른 성능인증의 대상·신청·방법 및 성능인증서 발급에 관한 사항과 제2항에 따른 제품검사의 구분·대상·절차·방법·합격표시 및 수수료 등에 필요한 사항은 행정안전부령으로 정한다.

④ 제1항에 따른 성능인증 및 제2항에 따른 제품검사의 기술기준 등에 필요한 사항은 소방청장이 정하여 고시한다.

⑤ 제2항에 따른 제품검사에 합격하지 아니한 소방용품에는 성능인증을 받았다는 표시를 하거나 제품검사에 합격하였다는 표시를 하여서는 아니 되며, 제품검사를 받지 아니하거나 합격표시를 하지 아니한 소방용품을 판매 또는 판매 목적으로 진열하거나 소방시설공사에 사용하여서는 아니 된다.

⑥ 하나의 소방용품에 성능인증 사항이 두 가지 이상 결합된 경우에는 해당 성능인증 시험을 모두 실시하고 하나의 성능인증을 할 수 있다.

⑦ 제6항에 따른 성능인증의 방법 및 절차 등에 필요한 사항은 행정안전부령으로 정한다.

제41조 (성능인증의 변경)

① 제40조 제1항 및 제6항에 따른 성능인증을 받은 자가 해당 소방용품에 대하여 형상등의 일부를 변경하려면 소방청장의 변경인증을 받아야 한다.

② 제1항에 따른 변경인증의 대상·구분·방법 및 절차 등에 필요한 사항은 행정안전부령으로 정한다.

제42조 (성능인증의 취소 등)

① 소방청장은 소방용품의 성능인증을 받았거나 제품검사를 받은 자가 다음 각 호의 어느 하나에 해당하는 때에는 행정안전부령으로 정하는 바에 따라 해당 소방용품의 성능인증을 취소하거나 6개월 이내의 기간을 정하여 해당 소방용품의 제품검사 중지를 명할 수 있다. 다만, 제1호·제2호 또는 제5호에 해당하는 경우에는 해당 소방용품의 성능인증을 취소하여야 한다.

1. 거짓이나 그 밖의 부정한 방법으로 제40조 제1항 및 제6항에 따른 성능인증을 받은 경우
2. 거짓이나 그 밖의 부정한 방법으로 제40조 제2항에 따른 제품검사를 받은 경우
3. 제품검사 시 제40조 제4항에 따른 기술기준에 미달되는 경우
4. 제40조 제5항을 위반한 경우
5. 제41조에 따라 변경인증을 받지 아니하고 해당 소방용품에 대하여 형상등의 일부를 변경하거나 거짓이나 그 밖의 부정한 방법으로 변경인증을 받은 경우

② 제1항에 따라 소방용품의 성능인증이 취소된 자는 그 취소된 날부터 2년 이내에는 성능인증이 취소된 소방용품과 동일한 품목에 대하여는 성능인증을 받을 수 없다.

제43조 (우수품질 제품에 대한 인증)

① 소방청장은 제37조에 따른 형식승인의 대상이 되는 소방용품 중 품질이 우수하다고 인정하는 소방용품에 대하여 인증 (이하 "우수품질인증"이라 한다)을 할 수 있다.

② 우수품질인증을 받으려는 자는 행정안전부령으로 정하는 바에 따라 소방청장에게 신청하여야 한다.

③ 우수품질인증을 받은 소방용품에는 우수품질인증 표시를 할 수 있다.

④ 우수품질인증의 유효기간은 5년의 범위에서 행정안전부령으로 정한다.

⑤ 소방청장은 다음 각 호의 어느 하나에 해당하는 경우에는 우수품질인증을 취소할 수 있다. 다만, 제1호에 해당하는 경우에는 우수품질인증을 취소하여야 한다.
   1. 거짓이나 그 밖의 부정한 방법으로 우수품질인증을 받은 경우
   2. 우수품질인증을 받은 제품이 「발명진흥법」 제2조 제4호에 따른 산업재산권 등 타인의 권리를 침해하였다고 판단되는 경우

⑥ 제1항부터 제5항까지에서 규정한 사항 외에 우수품질인증을 위한 기술기준, 제품의 품질관리 평가, 우수품질인증의 갱신, 수수료, 인증표시 등 우수품질인증에 필요한 사항은 행정안전부령으로 정한다.

제44조 (우수품질인증 소방용품에 대한 지원 등)

다음 각 호의 어느 하나에 해당하는 기관 및 단체는 건축물의 신축·증축 및 개축 등으로 소방용품을 변경 또는 신규 비치하여야 하는 경우 우수품질인증 소방용품을 우선 구매·사용하도록 노력하여야 한다.
1. 중앙행정기관
2. 지방자치단체
3. 「공공기관의 운영에 관한 법률」 제4조에 따른 공공기관(이하 "공공기관"이라 한다)
4. 그 밖에 대통령령으로 정하는 기관

> **시행령 제47조 (우수품질인증 소방용품 우선 구매·사용 기관)** 법 제44조 제4호에서 "대통령령으로 정하는 기관"이란 다음 각 호의 기관을 말한다.
> 1. 「지방공기업법」 제49조에 따라 설립된 지방공사 및 같은 법 제76조에 따라 설립된 지방공단
> 2. 「지방자치단체 출자·출연 기관의 운영에 관한 법률」 제2조에 따른 출자·출연 기관

제45조 (소방용품의 제품검사 후 수집검사 등)

① 소방청장은 소방용품의 품질관리를 위하여 필요하다고 인정할 때에는 유통 중인 소방용품을 수집하여 검사할 수 있다.

② 소방청장은 제1항에 따른 수집검사 결과 행정안전부령으로 정하는 중대한 결함이 있다고 인정되는 소방용품에 대하여는 그 제조자 및 수입자에게 행정안전부령으로 정하는 바에 따라 회수·교환·폐기 또는 판매중지를 명하고, 형식승인 또는 성능인증을 취소할 수 있다.

③ 제2항에 따라 소방용품의 회수·교환·폐기 또는 판매중지 명령을 받은 제조자 및 수입자는 해당 소방용품이 이미 판매되어 사용 중인 경우 행정안전부령으로 정하는 바에 따라 구매자에게 그 사실을 알리고 회수 또는 교환 등 필요한 조치를 하여야 한다.

④ 소방청장은 제2항에 따라 회수·교환·폐기 또는 판매중지를 명하거나 형식승인 또는 성능인증을 취소한 때에는 행정안전부령으로 정하는 바에 따라 그 사실을 소방청 홈페이지 등에 공표하여야 한다.

제46조 (제품검사 전문기관의 지정 등)

① 소방청장은 제37조 제3항 및 제40조 제2항에 따른 제품검사를 전문적·효율적으로 실시하기 위하여 다음 각 호의 요건을 모두 갖춘 기관을 제품검사 전문기관(이하 "전문기관"이라 한다)으로 지정할 수 있다.

  1. 다음 각 목의 어느 하나에 해당하는 기관일 것

    가.「과학기술분야 정부출연연구기관 등의 설립·운영 및 육성에 관한 법률」 제8조에 따라 설립된 연구기관

    나. 공공기관

    다. 소방용품의 시험·검사 및 연구를 주된 업무로 하는 비영리 법인

  2.「국가표준기본법」 제23조에 따라 인정을 받은 시험·검사기관일 것

  3. 행정안전부령으로 정하는 검사인력 및 검사설비를 갖추고 있을 것

  4. 기관의 대표자가 제27조 제1호부터 제3호까지의 어느 하나에 해당하지 아니할 것

  5. 제47조에 따라 전문기관의 지정이 취소된 경우 그 지정이 취소된 날부터 2년이 경과하였을 것

② 전문기관 지정의 방법 및 절차 등에 필요한 사항은 행정안전부령으로 정한다.

③ 소방청장은 제1항에 따라 전문기관을 지정하는 경우에는 소방용품의 품질 향상, 제품검사의 기술개발 등에 드는 비용을 부담하게 하는 등 필요한 조건을 붙일 수 있다. 이 경우 그 조건은 공공의 이익을 증진하기 위하여 필요한 최소한도에 그쳐야 하며, 부당한 의무를 부과하여서는 아니 된다.

④ 전문기관은 행정안전부령으로 정하는 바에 따라 제품검사 실시 현황을 소방청장에게 보고하여야 한다.

⑤ 소방청장은 전문기관을 지정한 경우에는 행정안전부령으로 정하는 바에 따라 전문기관의 제품검사 업무에 대한 평가를 실시할 수 있으며, 제품검사를 받은 소방용품에 대하여 확인검사를 할 수 있다.

⑥ 소방청장은 제5항에 따라 전문기관에 대한 평가를 실시하거나 확인검사를 실시한 때에는 그 평가 결과 또는 확인검사 결과를 행정안전부령으로 정하는 바에 따라 공표할 수 있다.

⑦ 소방청장은 제5항에 따른 확인검사를 실시하는 때에는 행정안전부령으로 정하는 바에 따라 전문기관에 대하여 확인검사에 드는 비용을 부담하게 할 수 있다.

제47조 (전문기관의 지정취소 등)

소방청장은 전문기관이 다음 각 호의 어느 하나에 해당할 때에는 그 지정을 취소하거나 6개월 이내의 기간을 정하여 그 업무의 정지를 명할 수 있다. 다만, 제1호에 해당할 때에는 그 지정을 취소하여야 한다.

1. 거짓이나 그 밖의 부정한 방법으로 지정을 받은 경우

2. 정당한 사유 없이 1년 이상 계속하여 제품검사 또는 실무교육 등 지정받은 업무를 수행하지 아니한 경우

3. 제46조 제1항 각 호의 요건을 갖추지 못하거나 제46조 제3항에 따른 조건을 위반한 경우

4. 제52조 제1항 제7호에 따른 감독 결과 이 법이나 다른 법령을 위반하여 전문기관으로서의 업무를 수행하는 것이 부적당하다고 인정되는 경우

제48조 (전산시스템 구축 및 운영)

① 소방청장, 소방본부장 또는 소방서장은 특정소방대상물의 체계적인 안전관리를 위하여 다음 각 호의 정보가 포함된 전산시스템을 구축·운영하여야 한다.
   1. 제6조 제3항에 따라 제출받은 설계도면의 관리 및 활용
   2. 제23조 제3항에 따라 보고받은 자체점검 결과의 관리 및 활용
   3. 그 밖에 소방청장, 소방본부장 또는 소방서장이 필요하다고 인정하는 자료의 관리 및 활용
② 소방청장, 소방본부장 또는 소방서장은 제1항에 따른 전산시스템의 구축·운영에 필요한 자료의 제출 또는 정보의 제공을 관계 행정기관의 장에게 요청할 수 있다. 이 경우 자료의 제출이나 정보의 제공을 요청받은 관계 행정기관의 장은 정당한 사유가 없으면 이에 따라야 한다.

제49조 (청문)

소방청장 또는 시·도지사는 다음 각 호의 어느 하나에 해당하는 처분을 하려면 청문을 하여야 한다.
1. 제28조에 따른 관리사 자격의 취소 및 정지
2. 제35조 제1항에 따른 관리업의 등록취소 및 영업정지
3. 제39조에 따른 소방용품의 형식승인 취소 및 제품검사 중지
4. 제42조에 따른 성능인증의 취소
5. 제43조 제5항에 따른 우수품질인증의 취소
6. 제47조에 따른 전문기관의 지정취소 및 업무정지

✎ **핵심정리** | 청문

1. **청문자**: 소방청장, 시·도지사
2. **청문대상**
   ① 관리사 자격의 취소 및 정지
   ② 관리업의 등록취소 및 영업정지
   ③ 소방용품의 형식승인 취소 및 제품검사 중지
   ④ 성능인증의 취소
   ⑤ 우수품질인증의 취소
   ⑥ 전문기관의 지정취소 및 업무정지

제50조 (권한 또는 업무의 위임·위탁 등)

① 이 법에 따른 소방청장 또는 시·도지사의 권한은 대통령령으로 정하는 바에 따라 그 일부를 소속 기관의 장, 시·도지사, 소방본부장 또는 소방서장에게 위임할 수 있다.
② 소방청장은 다음 각 호의 업무를 「소방산업의 진흥에 관한 법률」 제14조에 따른 한국소방산업기술원(이하 "기술원"이라 한다)에 위탁할 수 있다. 이 경우 소방청장은 기술원에 소방시설 및 소방용품에 관한 기술개발·연구 등에 필요한 경비의 일부를 보조할 수 있다.
   1. 제21조에 따른 방염성능검사 중 대통령령으로 정하는 검사
   2. 제37조 제1항·제2항 및 제8항부터 제10항까지의 규정에 따른 소방용품의 형식승인
   3. 제38조에 따른 형식승인의 변경승인
   4. 제39조 제1항에 따른 형식승인의 취소

5. 제40조 제1항·제6항에 따른 성능인증 및 제42조에 따른 성능인증의 취소

6. 제41조에 따른 성능인증의 변경인증

7. 제43조에 따른 우수품질인증 및 그 취소

③ 소방청장은 제37조 제3항 및 제40조 제2항에 따른 제품검사 업무를 기술원 또는 전문기관에 위탁할 수 있다.

④ 제2항 및 제3항에 따라 위탁받은 업무를 수행하는 기술원 및 전문기관이 갖추어야 하는 시설기준 등에 관하여 필요한 사항은 행정안전부령으로 정한다.

⑤ 소방청장은 다음 각 호의 업무를 대통령령으로 정하는 바에 따라 소방기술과 관련된 법인 또는 단체에 위탁할 수 있다.

1. 표준자체점검비의 산정 및 공표

2. 제25조 제5항 및 제6항에 따른 소방시설관리사증의 발급·재발급

3. 제34조 제1항에 따른 점검능력 평가 및 공시

4. 제34조 제4항에 따른 데이터베이스 구축·운영

⑥ 소방청장은 제14조 제3항에 따른 건축 환경 및 화재위험특성 변화 추세 연구에 관한 업무를 대통령령으로 정하는 바에 따라 화재안전 관련 전문연구기관에 위탁할 수 있다. 이 경우 소방청장은 연구에 필요한 경비를 지원할 수 있다.

⑦ 제2항부터 제6항까지의 규정에 따라 위탁받은 업무에 종사하고 있거나 종사하였던 사람은 업무를 수행하면서 알게 된 비밀을 이 법에서 정한 목적 외의 용도로 사용하거나 다른 사람 또는 기관에 제공하거나 누설하여서는 아니 된다.

> **시행령 제48조 (권한 또는 업무의 위임·위탁 등)** ① 소방청장은 법 제50조 제1항에 따라 화재안전기준 중 기술기준에 대한 법 제19조 각 호에 따른 관리·운영 권한을 국립소방연구원장에게 위임한다.
>
> ② 법 제50조 제2항 제1호에서 "대통령령으로 정하는 검사"란 제31조 제1항에 따른 방염대상물품에 대한 방염성능검사(제32조 각 호에 따라 설치 현장에서 방염처리를 하는 합판·목재류에 대한 방염성능검사는 제외한다)를 말한다.
>
> ③ 소방청장은 법 제50조 제5항에 따라 다음 각 호의 업무를 소방청장의 허가를 받아 설립한 소방기술과 관련된 법인 또는 단체 중 해당 업무를 처리하는 데 필요한 관련 인력과 장비를 갖춘 법인 또는 단체에 위탁한다. 이 경우 소방청장은 위탁받는 기관의 명칭·주소·대표자 및 위탁 업무의 내용을 고시해야 한다.
>
> 1. 표준자체점검비의 산정 및 공표
> 2. 법 제25조 제5항 및 제6항에 따른 소방시설관리사증의 발급·재발급
> 3. 법 제34조 제1항에 따른 점검능력 평가 및 공시
> 4. 법 제34조 제4항에 따른 데이터베이스 구축·운영

제51조 (벌칙 적용에서 공무원 의제)

다음 각 호의 어느 하나에 해당하는 자는 「형법」 제129조부터 제132조까지의 규정을 적용할 때에는 공무원으로 본다.

1. 평가단의 구성원 중 공무원이 아닌 사람

2. 중앙위원회 및 지방위원회의 위원 중 공무원이 아닌 사람

3. 제50조 제2항부터 제6항까지의 규정에 따라 위탁받은 업무를 수행하는 기술원, 전문기관, 법인 또는 단체, 화재안전 관련 전문연구기관의 담당 임직원

제52조 (감독)

① 소방청장, 시·도지사, 소방본부장 또는 소방서장은 다음 각 호의 어느 하나에 해당하는 자, 사업체 또는 소방대상물 등의 감독을 위하여 필요하면 관계인에게 필요한 보고 또는 자료제출을 명할 수 있으며, 관계 공무원으로 하여금 소방대상물·사업소·사무소 또는 사업장에 출입하여 관계 서류·시설 및 제품 등을 검사하게 하거나 관계인에게 질문하게 할 수 있다.

  1. 제22조에 따라 관리업자등이 점검한 특정소방대상물

  2. 제25조에 따른 관리사

  3. 제29조 제1항에 따른 등록한 관리업자

  4. 제37조 제1항부터 제3항까지 및 제10항에 따른 소방용품의 형식승인, 제품검사 또는 시험시설의 심사를 받은 자

  5. 제38조 제1항에 따라 변경승인을 받은 자

  6. 제40조 제1항, 제2항 및 제6항에 따라 성능인증 및 제품검사를 받은 자

  7. 제46조 제1항에 따라 지정을 받은 전문기관

  8. 소방용품을 판매하는 자

② 제1항에 따라 출입·검사 업무를 수행하는 관계 공무원은 그 권한을 표시하는 증표를 지니고 이를 관계인에게 내보여야 한다.

③ 제1항에 따라 출입·검사 업무를 수행하는 관계 공무원은 관계인의 정당한 업무를 방해하거나 출입·검사 업무를 수행하면서 알게 된 비밀을 다른 사람에게 누설하여서는 아니 된다.

제53조 (수수료 등)

다음 각 호의 어느 하나에 해당하는 자는 행정안전부령으로 정하는 수수료를 내야 한다.

  1. 제21조에 따른 방염성능검사를 받으려는 자

  2. 제25조 제1항에 따른 관리사시험에 응시하려는 사람

  3. 제25조 제5항 및 제6항에 따라 소방시설관리사증을 발급받거나 재발급받으려는 자

  4. 제29조 제1항에 따른 관리업의 등록을 하려는 자

  5. 제29조 제3항에 따라 관리업의 등록증이나 등록수첩을 재발급 받으려는 자

  6. 제32조 제3항에 따라 관리업자의 지위승계를 신고하려는 자

  7. 제34조 제1항에 따라 점검능력 평가를 받으려는 자

  8. 제37조 제1항 및 제10항에 따라 소방용품의 형식승인을 받으려는 자

  9. 제37조 제2항에 따라 시험시설의 심사를 받으려는 자

10. 제37조 제3항에 따라 형식승인을 받은 소방용품의 제품검사를 받으려는 자

11. 제38조 제1항에 따라 형식승인의 변경승인을 받으려는 자

12. 제40조 제1항 및 제6항에 따라 소방용품의 성능인증을 받으려는 자

13. 제40조 제2항에 따라 성능인증을 받은 소방용품의 제품검사를 받으려는 자

14. 제41조 제1항에 따른 성능인증의 변경인증을 받으려는 자

15. 제43조 제1항에 따른 우수품질인증을 받으려는 자

16. 제46조에 따라 전문기관으로 지정을 받으려는 자

> **시행규칙 제41조 (수수료)** ① 법 제53조에 따른 수수료 및 납부방법은 별표 10과 같다.
> ② 별표 10의 수수료를 반환하는 경우에는 다음 각 호의 구분에 따라 반환해야 한다.
> 1. 수수료를 과오납한 경우: 그 과오납한 금액의 전부
> 2. 시험시행기관에 책임이 있는 사유로 시험에 응시하지 못한 경우: 납입한 수수료의 전부
> 3. 직계 가족의 사망, 본인의 사고 또는 질병, 격리가 필요한 감염병이나 예견할 수 없는 기상상황 등으로 시험에 응시하지 못한 경우(해당 사실을 증명하는 서류 등을 제출한 경우로 한정한다): 납입한 수수료의 전부
> 4. 원서접수기간에 접수를 철회한 경우: 납입한 수수료의 전부
> 5. 시험시행일 20일 전까지 접수를 취소하는 경우: 납입한 수수료의 전부
> 6. 시험시행일 10일 전까지 접수를 취소하는 경우: 납입한 수수료의 100분의 50

제54조 (조치명령등의 기간연장)

① 다음 각 호에 따른 조치명령 또는 이행명령(이하 "조치명령등"이라 한다)을 받은 관계인 등은 천재지변이나 그 밖에 대통령령으로 정하는 사유로 조치명령등을 그 기간 내에 이행할 수 없는 경우에는 조치명령등을 명령한 소방청장, 소방본부장 또는 소방서장에게 대통령령으로 정하는 바에 따라 조치명령등을 연기하여 줄 것을 신청할 수 있다.
1. 제12조 제2항에 따른 소방시설에 대한 조치명령
2. 제16조 제2항에 따른 피난시설, 방화구획 또는 방화시설에 대한 조치명령
3. 제20조 제2항에 따른 방염대상물품의 제거 또는 방염성능검사 조치명령
4. 제23조 제6항에 따른 소방시설에 대한 이행계획 조치명령
5. 제37조 제7항에 따른 형식승인을 받지 아니한 소방용품의 수거·폐기 또는 교체 등의 조치명령
6. 제45조 제2항에 따른 중대한 결함이 있는 소방용품의 회수·교환·폐기 조치명령
② 제1항에 따라 연기신청을 받은 소방청장, 소방본부장 또는 소방서장은 연기 신청 승인 여부를 결정하고 그 결과를 조치명령등의 이행 기간 내에 관계인 등에게 알려주어야 한다.

> **시행령 제49조 (조치명령등의 기간연장)** ① 법 제54조 제1항 각 호 외의 부분에서 "대통령령으로 정하는 사유"란 다음 각 호의 어느 하나에 해당하는 사유를 말한다.
> 1. 「재난 및 안전관리 기본법」 제3조 제1호에 해당하는 재난이 발생한 경우
> 2. 경매 등의 사유로 소유권이 변동 중이거나 변동된 경우
> 3. 관계인의 질병, 사고, 장기출장의 경우
> 4. 시장·상가·복합건축물 등 소방대상물의 관계인이 여러 명으로 구성되어 법 제54조 제1항 각 호에 따른 조치명령 또는 이행명령(이하 "조치명령등"이라 한다)의 이행에 대한 의견을 조정하기 어려운 경우
> 5. 그 밖에 관계인이 운영하는 사업에 부도 또는 도산 등 중대한 위기가 발생하여 조치명령등을 그 기간 내에 이행할 수 없는 경우
> ② 법 제54조 제1항에 따라 조치명령등의 연기를 신청하려는 관계인 등은 행정안전부령으로 정하는 연기신청서에 연기의 사유 및 기간 등을 적어 소방청장, 소방본부장 또는 소방서장에게 제출해야 한다.
> ③ 제2항에 따른 연기의 신청 및 연기신청서의 처리에 필요한 사항은 행정안전부령으로 정한다.
> **제50조 (고유식별정보의 처리)** 소방청장(제48조에 따라 소방청장의 업무를 위탁받은 자를 포함한다), 시·도지사(해당 권한 또는 업무가 위임되거나 위탁된 경우에는 그 권한 또는 업무를 위임받거나 위탁받은 자를 포함한다), 소방본부장 또는 소방서장은 다음 각 호의 사무를 수행하기 위하여 불가피한 경우 「개인정보 보호법 시행령」 제19조 제1호 또는 제4호에 따른 주민등록번호 또는 외국인등록번호가 포함된 자료를 처리할 수 있다.
> 1. 법 제6조에 따른 건축허가등의 동의에 관한 사무
> 2. 법 제12조에 따른 특정소방대상물에 설치하는 소방시설의 설치·관리 등에 관한 사무
> 3. 법 제20조에 따른 특정소방대상물의 방염 등에 관한 사무
> 4. 법 제25조에 따른 소방시설관리사시험 및 소방시설관리사증 발급 등에 관한 사무

5. 법 제26조에 따른 부정행위자에 대한 제재에 관한 사무
6. 법 제28조에 따른 자격의 취소·정지에 관한 사무
7. 법 제29조에 따른 소방시설관리업의 등록 등에 관한 사무
8. 법 제31조에 따른 등록사항의 변경신고에 관한 사무
9. 법 제32조에 따른 관리업자의 지위승계에 관한 사무
10. 법 제34조에 따른 점검능력 평가 및 공시 등에 관한 사무
11. 법 제35조에 따른 등록의 취소와 영업정지 등에 관한 사무
12. 법 제36조에 따른 과징금처분에 관한 사무
13. 법 제39조에 따른 형식승인의 취소 등에 관한 사무
14. 법 제46조에 따른 전문기관의 지정 등에 관한 사무
15. 법 제47조에 따른 전문기관의 지정취소 등에 관한 사무
16. 법 제49조에 따른 청문에 관한 사무
17. 법 제52조에 따른 감독에 관한 사무
18. 법 제53조에 따른 수수료 등 징수에 관한 사무

제51조 (규제의 재검토) 소방청장은 다음 각 호의 사항에 대하여 해당 호에서 정하는 날을 기준일로 하여 3년마다(매 3년이 되는 해의 기준일과 같은 날 전까지를 말한다) 그 타당성을 검토하여 개선 등의 조치를 해야 한다.
1. 제7조에 따른 건축허가등의 동의대상물의 범위 등: 2022년 12월 1일
2. 삭제
3. 제11조 및 별표 4에 따른 특정소방대상물의 규모, 용도, 수용인원 및 이용자 특성 등을 고려하여 설치·관리해야 하는 소방시설: 2022년 12월 1일
4. 제13조에 따른 강화된 소방시설기준의 적용대상: 2022년 12월 1일
5. 제15조에 따른 특정소방대상물의 증축 또는 용도변경 시의 소방시설기준 적용의 특례: 2022년 12월 1일
6. 제18조 및 별표 8에 따른 임시소방시설의 종류 및 설치기준 등: 2022년 12월 1일
7. 제30조에 따른 방염성능기준 이상의 실내장식물 등을 설치해야 하는 특정소방대상물: 2022년 12월 1일
8. 제31조에 따른 방염성능기준: 2022년 12월 1일

시행규칙 제42조 (조치명령등의 연기 신청) ① 법 제54조 제1항에 따라 조치명령 또는 이행명령(이하 "조치명령등"이라 한다)의 연기를 신청하려는 관계인 등은 영 제49조 제2항에 따라 조치명령등의 이행기간 만료일 5일 전까지 별지 제33호서식에 따른 조치명령등의 연기신청서(전자문서로 된 신청서를 포함한다)에 조치명령등을 그 기간 내에 이행할 수 없음을 증명할 수 있는 서류(전자문서를 포함한다)를 첨부하여 소방청장, 소방본부장 또는 소방서장에게 제출해야 한다.
② 제1항에 따른 신청서를 제출받은 소방청장, 소방본부장 또는 소방서장은 신청받은 날부터 3일 이내에 조치명령등의 연기 신청 승인 여부를 결정하여 별지 제34호서식의 조치명령등의 연기 통지서를 관계인 등에게 통지해야 한다.

제55조 (위반행위의 신고 및 신고포상금의 지급)

① 누구든지 소방본부장 또는 소방서장에게 다음 각 호의 어느 하나에 해당하는 행위를 한 자를 신고할 수 있다.
1. 제12조 제1항을 위반하여 소방시설을 설치 또는 관리한 자
2. 제12조 제3항을 위반하여 폐쇄·차단 등의 행위를 한 자
3. 제16조 제1항 각 호의 어느 하나에 해당하는 행위를 한 자
② 소방본부장 또는 소방서장은 제1항에 따른 신고를 받은 경우 신고 내용을 확인하여 이를 신속하게 처리하고, 그 처리결과를 행정안전부령으로 정하는 방법 및 절차에 따라 신고자에게 통지하여야 한다.
③ 소방본부장 또는 소방서장은 제1항에 따른 신고를 한 사람에게 예산의 범위에서 포상금을 지급할 수 있다.
④ 제3항에 따른 신고포상금의 지급대상, 지급기준, 지급절차 등에 필요한 사항은 시·도의 조례로 정한다.

시행규칙 제43조 (위반행위 신고 내용 처리결과의 통지 등) ① 소방본부장 또는 소방서장은 법 제55조 제2항에 따라 위반행위의 신고 내용을 확인하여 이를 처리한 경우에는 처리한 날부터 10일 이내에 별지 제35호서식의 위반행위 신고 내용 처리결과 통지서를 신고자에게 통지해야 한다.

② 제1항에 따른 통지는 우편, 팩스, 정보통신망, 전자우편 또는 휴대전화 문자메시지 등의 방법으로 할 수 있다.

제44조 (규제의 재검토) 소방청장은 다음 각 호의 사항에 대하여 해당 호에서 정하는 날을 기준일로 하여 3년마다(매 3년이 되는 해의 기준일과 같은 날 전까지를 말한다) 그 타당성을 검토하여 개선 등의 조치를 해야 한다.

1. 제19조에 따른 소방시설등 자체점검 기술자격자의 범위: 2022년 12월 1일
2. 제20조 및 별표 3에 따른 소방시설등 자체점검의 구분 및 대상: 2022년 12월 1일
3. 제20조 및 별표 4에 따른 소방시설등 자체점검 시 점검인력 배치기준: 2022년 12월 1일
4. 제34조에 따른 소방시설관리업 등록사항의 변경신고 시 첨부서류: 2022년 12월 1일
5. 제39조 및 별표 8에 따른 행정처분 기준: 2022년 12월 1일

핵심정리 | 위반행위의 신고 및 신고 포상금 지급

1. **신고처**: 소방본부장, 소방서장
2. **신고대상**
   ① 소방시설 설치 또는 관리위반
   ② 소방시설의 폐쇄·차단 등의 행위위반
   ③ 피난시설, 방화구획, 방화시설 행위 위반
3. **포상금 지급**: 소방본부장, 소방서장
4. **신고포상금 지급대상, 지급기준, 지급절차 등**: 시·도 조례

Chapter 07 벌칙

제56조 (벌칙)

① 제12조 제3항 본문을 위반하여 소방시설에 폐쇄·차단 등의 행위를 한 자는 5년 이하의 징역 또는 5천만원 이하의 벌금에 처한다.

② 제1항의 죄를 범하여 사람을 상해에 이르게 한 때에는 7년 이하의 징역 또는 7천만원 이하의 벌금에 처하며, 사망에 이르게 한 때에는 10년 이하의 징역 또는 1억원 이하의 벌금에 처한다.

제57조 (벌칙)

다음 각 호의 어느 하나에 해당하는 자는 3년 이하의 징역 또는 3천만원 이하의 벌금에 처한다.

1. 제12조 제2항, 제15조 제3항, 제16조 제2항, 제20조 제2항, 제23조 제6항, 제37조 제7항 또는 제45조 제2항에 따른 명령을 정당한 사유 없이 위반한 자
2. 제29조 제1항을 위반하여 관리업의 등록을 하지 아니하고 영업을 한 자
3. 제37조 제1항, 제2항 및 제10항을 위반하여 소방용품의 형식승인을 받지 아니하고 소방용품을 제조하거나 수입한 자 또는 거짓이나 그 밖의 부정한 방법으로 형식승인을 받은 자
4. 제37조 제3항을 위반하여 제품검사를 받지 아니한 자 또는 거짓이나 그 밖의 부정한 방법으로 제품검사를 받은 자
5. 제37조 제6항을 위반하여 소방용품을 판매·진열하거나 소방시설공사에 사용한 자
6. 제40조 제1항 및 제2항을 위반하여 거짓이나 그 밖의 부정한 방법으로 성능인증 또는 제품검사를 받은 자
7. 제40조 제5항을 위반하여 제품검사를 받지 아니하거나 합격표시를 하지 아니한 소방용품을 판매·진열하거나 소방시설공사에 사용한 자
8. 제45조 제3항을 위반하여 구매자에게 명령을 받은 사실을 알리지 아니하거나 필요한 조치를 하지 아니한 자
9. 거짓이나 그 밖의 부정한 방법으로 제46조 제1항에 따른 전문기관으로 지정을 받은 자

제58조 (벌칙)

다음 각 호의 어느 하나에 해당하는 자는 1년 이하의 징역 또는 1천만원 이하의 벌금에 처한다.

1. 제22조 제1항을 위반하여 소방시설등에 대하여 스스로 점검을 하지 아니하거나 관리업자등으로 하여금 정기적으로 점검하게 하지 아니한 자
2. 제25조 제7항을 위반하여 소방시설관리사증을 다른 사람에게 빌려주거나 빌리거나 이를 알선한 자
3. 제25조 제8항을 위반하여 동시에 둘 이상의 업체에 취업한 자
4. 제28조에 따라 자격정지처분을 받고 그 자격정지기간 중에 관리사의 업무를 한 자
5. 제33조 제2항을 위반하여 관리업의 등록증이나 등록수첩을 다른 자에게 빌려주거나 빌리거나 이를 알선한 자
6. 제35조 제1항에 따라 영업정지처분을 받고 그 영업정지기간 중에 관리업의 업무를 한 자
7. 제37조 제3항에 따른 제품검사에 합격하지 아니한 제품에 합격표시를 하거나 합격표시를 위조 또는 변조하여 사용한 자
8. 제38조 제1항을 위반하여 형식승인의 변경승인을 받지 아니한 자
9. 제40조 제5항을 위반하여 제품검사에 합격하지 아니한 소방용품에 성능인증을 받았다는 표시 또는 제품검사에 합격하였다는 표시를 하거나 성능인증을 받았다는 표시 또는 제품검사에 합격하였다는 표시를 위조 또는 변조하여 사용한 자
10. 제41조 제1항을 위반하여 성능인증의 변경인증을 받지 아니한 자
11. 제43조 제1항에 따른 우수품질인증을 받지 아니한 제품에 우수품질인증 표시를 하거나 우수품질인증 표시를 위조하거나 변조하여 사용한 자
12. 제52조 제3항을 위반하여 관계인의 정당한 업무를 방해하거나 출입·검사 업무를 수행하면서 알게 된 비밀을 다른 사람에게 누설한 자

제59조 (벌칙)

다음 각 호의 어느 하나에 해당하는 자는 300만원 이하의 벌금에 처한다.

1. 제9조 제2항 및 제50조 제7항을 위반하여 업무를 수행하면서 알게 된 비밀을 이 법에서 정한 목적 외의 용도로 사용하거나 다른 사람 또는 기관에 제공하거나 누설한 자
2. 제21조를 위반하여 방염성능검사에 합격하지 아니한 물품에 합격표시를 하거나 합격표시를 위조하거나 변조하여 사용한 자
3. 제21조 제2항을 위반하여 거짓 시료를 제출한 자
4. 제23조 제1항 및 제2항을 위반하여 필요한 조치를 하지 아니한 관계인 또는 관계인에게 중대위반사항을 알리지 아니한 관리업자등

제60조 (양벌규정)

법인의 대표자나 법인 또는 개인의 대리인, 사용인, 그 밖의 종업원이 그 법인 또는 개인의 업무에 관하여 제56조부터 제59조까지의 어느 하나에 해당하는 위반행위를 하면 그 행위자를 벌하는 외에 그 법인 또는 개인에게도 해당 조문의 벌금형을 과(科)한다. 다만, 법인 또는 개인이 그 위반행위를 방지하기 위하여 해당 업무에 관하여 상당한 주의와 감독을 게을리하지 아니한 경우에는 그러하지 아니하다.

제61조 (과태료)

① 다음 각 호의 어느 하나에 해당하는 자에게는 300만원 이하의 과태료를 부과한다.
   1. 제12조 제1항을 위반하여 소방시설을 화재안전기준에 따라 설치·관리하지 아니한 자
   2. 제15조 제1항을 위반하여 공사 현장에 임시소방시설을 설치·관리하지 아니한 자
   3. 제16조 제1항을 위반하여 피난시설, 방화구획 또는 방화시설의 폐쇄·훼손·변경 등의 행위를 한 자
   4. 제20조 제1항을 위반하여 방염대상물품을 방염성능기준 이상으로 설치하지 아니한 자
   5. 제22조 제1항 전단을 위반하여 점검능력 평가를 받지 아니하고 점검을 한 관리업자
   6. 제22조 제1항 후단을 위반하여 관계인에게 점검 결과를 제출하지 아니한 관리업자등
   7. 제22조 제2항에 따른 점검인력의 배치기준 등 자체점검 시 준수사항을 위반한 자
   8. 제23조 제3항을 위반하여 점검 결과를 보고하지 아니하거나 거짓으로 보고한 자
   9. 제23조 제4항을 위반하여 이행계획을 기간 내에 완료하지 아니한 자 또는 이행계획 완료 결과를 보고하지 아니하거나 거짓으로 보고한 자
   10. 제24조 제1항을 위반하여 점검기록표를 기록하지 아니하거나 특정소방대상물의 출입자가 쉽게 볼 수 있는 장소에 게시하지 아니한 관계인
   11. 제31조 또는 제32조 제3항을 위반하여 신고를 하지 아니하거나 거짓으로 신고한 자
   12. 제33조 제3항을 위반하여 지위승계, 행정처분 또는 휴업·폐업의 사실을 특정소방대상물의 관계인에게 알리지 아니하거나 거짓으로 알린 관리업자
   13. 제33조 제4항을 위반하여 소속 기술인력의 참여 없이 자체점검을 한 관리업자
   14. 제34조 제2항에 따른 점검실적을 증명하는 서류 등을 거짓으로 제출한 자
   15. 제52조 제1항에 따른 명령을 위반하여 보고 또는 자료제출을 하지 아니하거나 거짓으로 보고 또는 자료제출을 한 자 또는 정당한 사유 없이 관계 공무원의 출입 또는 검사를 거부·방해 또는 기피한 자
② 제1항에 따른 과태료는 대통령령으로 정하는 바에 따라 소방청장, 시·도지사, 소방본부장 또는 소방서장이 부과·징수한다.

> **시행령 제52조 (과태료의 부과기준)** 법 제61조 제1항에 따른 과태료의 부과기준은 별표 10과 같다.

별표 1 소방시설(제3조 관련)

[시행일: 2023.12.1.] 제2호 마목

1. **소화설비**: 물 또는 그 밖의 소화약제를 사용하여 소화하는 기계·기구 또는 설비로서 다음 각 목의 것

   가. 소화기구
   1) 소화기
   2) 간이소화용구: 에어로졸식 소화용구, 투척용 소화용구, 소공간용 소화용구 및 소화약제 외의 것을 이용한 간이소화용구
   3) 자동확산소화기

   나. 자동소화장치
   1) 주거용 주방자동소화장치
   2) 상업용 주방자동소화장치
   3) 캐비닛형 자동소화장치
   4) 가스자동소화장치
   5) 분말자동소화장치
   6) 고체에어로졸자동소화장치

   다. 옥내소화전설비[호스릴(hose reel) 옥내소화전설비를 포함한다]

   라. 스프링클러설비등
   1) 스프링클러설비
   2) 간이스프링클러설비(캐비닛형 간이스프링클러설비를 포함한다)
   3) 화재조기진압용 스프링클러설비

   마. 물분무등소화설비
   1) 물분무소화설비
   2) 미분무소화설비
   3) 포소화설비
   4) 이산화탄소소화설비
   5) 할론소화설비
   6) 할로겐화합물 및 불활성기체(다른 원소와 화학반응을 일으키기 어려운 기체를 말한다. 이하 같다) 소화설비
   7) 분말소화설비
   8) 강화액소화설비
   9) 고체에어로졸소화설비

   바. 옥외소화전설비

2. **경보설비**: 화재발생 사실을 통보하는 기계·기구 또는 설비로서 다음 각 목의 것

   가. 단독경보형 감지기
   나. 비상경보설비
   1) 비상벨설비
   2) 자동식사이렌설비

   다. 자동화재탐지설비
   라. 시각경보기
   마. 화재알림설비 [시행일: 2023.12.1.]
   바. 비상방송설비
   사. 자동화재속보설비
   아. 통합감시시설
   자. 누전경보기
   차. 가스누설경보기

3. **피난구조설비**: 화재가 발생할 경우 피난하기 위하여 사용하는 기구 또는 설비로서 다음 각 목의 것

   가. 피난기구
   1) 피난사다리
   2) 구조대
   3) 완강기
   4) 간이완강기
   5) 그 밖에 화재안전기준으로 정하는 것

   나. 인명구조기구
   1) 방열복, 방화복(안전모, 보호장갑 및 안전화를 포함한다)
   2) 공기호흡기
   3) 인공소생기

   다. 유도등
   1) 피난유도선
   2) 피난구유도등
   3) 통로유도등
   4) 객석유도등
   5) 유도표지

   라. 비상조명등 및 휴대용비상조명등

4. **소화용수설비**: 화재를 진압하는 데 필요한 물을 공급하거나 저장하는 설비로서 다음 각 목의 것

   가. 상수도소화용수설비
   나. 소화수조·저수조, 그 밖의 소화용수설비

5. **소화활동설비**: 화재를 진압하거나 인명구조활동을 위하여 사용하는 설비로서 다음 각 목의 것

   가. 제연설비
   나. 연결송수관설비
   다. 연결살수설비
   라. 비상콘센트설비
   마. 무선통신보조설비
   바. 연소방지설비

[시행일: 2024.12.1.] 제1호 나목·다목

1. 공동주택

가. 아파트등: 주택으로 쓰는 층수가 5층 이상인 주택

나. 연립주택: 주택으로 쓰는 1개 동의 바닥면적(2개 이상의 동을 지하주차장으로 연결하는 경우에는 각각의 동으로 본다) 합계가 660m²를 초과하고, 층수가 4개 층 이하인 주택 [시행일: 2024.12.1.]

다. 다세대주택: 주택으로 쓰는 1개 동의 바닥면적(2개 이상의 동을 지하주차장으로 연결하는 경우에는 각각의 동으로 본다) 합계가 660m² 이하이고, 층수가 4개 층 이하인 주택 [시행일: 2024.12.1.]

라. 기숙사: 학교 또는 공장 등의 학생 또는 종업원 등을 위하여 쓰는 것으로서 1개 동의 공동취사시설 이용 세대 수가 전체의 50퍼센트 이상인 것(「교육기본법」 제27조 제2항에 따른 학생복지주택 및 「공공주택 특별법」 제2조 제1호의3에 따른 공공매입임대주택 중 독립된 주거의 형태를 갖추지 않은 것을 포함한다)

2. 근린생활시설

가. 슈퍼마켓과 일용품(식품, 잡화, 의류, 완구, 서적, 건축자재, 의약품, 의료기기 등) 등의 소매점으로서 같은 건축물(하나의 대지에 두 동 이상의 건축물이 있는 경우에는 이를 같은 건축물로 본다. 이하 같다)에 해당 용도로 쓰는 바닥면적의 합계가 1천m² 미만인 것

나. 휴게음식점, 제과점, 일반음식점, 기원(棋院), 노래연습장 및 단란주점(단란주점은 같은 건축물에 해당 용도로 쓰는 바닥면적의 합계가 150m² 미만인 것만 해당한다)

다. 이용원, 미용원, 목욕장 및 세탁소(공장에 부설된 것과 「대기환경보전법」, 「물환경보전법」 또는 「소음·진동관리법」에 따른 배출시설의 설치허가 또는 신고의 대상인 것은 제외한다)

라. 의원, 치과의원, 한의원, 침술원, 접골원(接骨院), 조산원, 산후조리원 및 안마원(「의료법」 제82조 제4항에 따른 안마시술소를 포함한다)

마. 탁구장, 테니스장, 체육도장, 체력단련장, 에어로빅장, 볼링장, 당구장, 실내낚시터, 골프연습장, 물놀이형 시설(「관광진흥법」 제33조에 따른 안전성검사의 대상이 되는 물놀이형 시설을 말한다. 이하 같다), 그 밖에 이와 비슷한 것으로서 같은 건축물에 해당 용도로 쓰는 바닥면적의 합계가 500m² 미만인 것

바. 공연장(극장, 영화상영관, 연예장, 음악당, 서커스장, 「영화 및 비디오물의 진흥에 관한 법률」 제2조 제16호가목에 따른 비디오물감상실업의 시설, 같은 호 나목에 따른 비디오물소극장업의 시설, 그 밖에 이와 비슷한 것을 말한다. 이하 같다) 또는 종교집회장[교회, 성당, 사찰, 기도원, 수도원, 수녀원, 제실(祭室), 사당, 그 밖에 이와 비슷한 것을 말한다. 이하 같다]으로서 같은 건축물에 해당 용도로 쓰는 바닥면적의 합계가 300m² 미만인 것

사. 금융업소, 사무소, 부동산중개사무소, 결혼상담소 등 소개업소, 출판사, 서점, 그 밖에 이와 비슷한 것으로서 같은 건축물에 해당 용도로 쓰는 바닥면적의 합계가 500m² 미만인 것

아. 제조업소, 수리점, 그 밖에 이와 비슷한 것으로서 같은 건축물에 해당 용도로 쓰는 바닥면적의 합계가 500m² 미만인 것(「대기환경보전법」, 「물환경보전법」 또는 「소음·진동관리법」에 따른 배출시설의 설치허가 또는 신고의 대상인 것은 제외한다)

자. 「게임산업진흥에 관한 법률」 제2조 제6호의2에 따른 청소년게임제공업 및 일반게임제공업의 시설, 같은 조 제7호에 따른 인터넷컴퓨터게임시설제공업의 시설 및 같은 조 제8호에 따른 복합유통게임제공업의 시설로서 같은 건축물에 해당 용도로 쓰는 바닥면적의 합계가 500m² 미만인 것

차. 사진관, 표구점, 학원(같은 건축물에 해당 용도로 쓰는 바닥면적의 합계가 500m² 미만인 것만 해당하며, 자동차학원 및 무도학원은 제외한다), 독서실, 고시원(「다중이용업소의 안전관리에 관한 특별법」에 따른 다중이용업 중 고시원업의 시설로서 독립된 주거의 형태를 갖추지 않은 것으로서 같은 건축물에 해당 용도로 쓰는 바닥면적의 합계가 500m² 미만인 것을 말한다), 장의사, 동물병원, 총포판매사, 그 밖에 이와 비슷한 것

카. 의약품 판매소, 의료기기 판매소 및 자동차영업소로서 같은 건축물에 해당 용도로 쓰는 바닥면적의 합계가 1천m² 미만인 것

3. 문화 및 집회시설

가. 공연장으로서 근린생활시설에 해당하지 않는 것

나. 집회장: 예식장, 공회당, 회의장, 마권(馬券) 장외 발매소, 마권 전화투표소, 그 밖에 이와 비슷한 것으로서 근린생활시설에 해당하지 않는 것

다. 관람장: 경마장, 경륜장, 경정장, 자동차 경기장, 그 밖에 이와 비슷한 것과 체육관 및 운동장으로서 관람석의 바닥면적의 합계가 1천m² 이상인 것

라. 전시장: 박물관, 미술관, 과학관, 문화관, 체험관, 기념관, 산업전시장, 박람회장, 견본주택, 그 밖에 이와 비슷한 것

마. 동·식물원: 동물원, 식물원, 수족관, 그 밖에 이와 비슷한 것

4. 종교시설

가. 종교집회장으로서 근린생활시설에 해당하지 않는 것

나. 가목의 종교집회장에 설치하는 봉안당(奉安堂)

5. 판매시설

가. 도매시장: 「농수산물 유통 및 가격안정에 관한 법률」 제2조 제2호에 따른 농수산물도매시장, 같은 조 제5호에 따른 농수산물공판장, 그 밖에 이와 비슷한 것(그 안에 있는 근린생활시설을 포함한다)

나. 소매시장: 시장, 「유통산업발전법」 제2조 제3호에 따른 대규모점포, 그 밖에 이와 비슷한 것(그 안에 있는 근린생활시설을 포함한다)

다. 전통시장: 「전통시장 및 상점가 육성을 위한 특별법」 제2조 제1호에 따른 전통시장(그 안에 있는 근린생활시설을 포함하며, 노점형시장은 제외한다)

라. 상점: 다음의 어느 하나에 해당하는 것(그 안에 있는 근린생활시설을 포함한다)
  1) 제2호가목에 해당하는 용도로서 같은 건축물에 해당 용도로 쓰는 바닥면적 합계가 1천m² 이상인 것
  2) 제2호자목에 해당하는 용도로서 같은 건축물에 해당 용도로 쓰는 바닥면적 합계가 500m² 이상인 것

6. 운수시설

가. 여객자동차터미널

나. 철도 및 도시철도 시설[정비창(整備廠) 등 관련 시설을 포함한다]

다. 공항시설(항공관제탑을 포함한다)

라. 항만시설 및 종합여객시설

7. 의료시설

가. 병원: 종합병원, 병원, 치과병원, 한방병원, 요양병원

나. 격리병원: 전염병원, 마약진료소, 그 밖에 이와 비슷한 것

다. 정신의료기관

라. 「장애인복지법」 제58조 제1항 제4호에 따른 장애인 의료재활시설

8. 교육연구시설

  가. 학교

    1) 초등학교, 중학교, 고등학교, 특수학교, 그 밖에 이에 준하는 학교: 「학교시설사업 촉진법」 제2조 제1호나목의 교사(校舍)(교실·도서실 등 교수·학습활동에 직접 또는 간접적으로 필요한 시설물을 말하되, 병설유치원으로 사용되는 부분은 제외한다. 이하 같다), 체육관, 「학교급식법」 제6조에 따른 급식시설, 합숙소(학교의 운동부, 기능선수 등이 집단으로 숙식하는 장소를 말한다. 이하 같다)

    2) 대학, 대학교, 그 밖에 이에 준하는 각종 학교: 교사 및 합숙소

  나. 교육원(연수원, 그 밖에 이와 비슷한 것을 포함한다)

  다. 직업훈련소

  라. 학원(근린생활시설에 해당하는 것과 자동차운전학원·정비학원 및 무도학원은 제외한다)

  마. 연구소(연구소에 준하는 시험소와 계량계측소를 포함한다)

  바. 도서관

9. 노유자 시설

  가. 노인 관련 시설: 「노인복지법」에 따른 노인주거복지시설, 노인의료복지시설, 노인여가복지시설, 주·야간보호서비스나 단기보호서비스를 제공하는 재가노인복지시설(「노인장기요양보험법」에 따른 장기요양기관을 포함한다), 노인보호전문기관, 노인일자리지원기관, 학대피해노인 전용쉼터, 그 밖에 이와 비슷한 것

  나. 아동 관련 시설: 「아동복지법」에 따른 아동복지시설, 「영유아보육법」에 따른 어린이집, 「유아교육법」에 따른 유치원[제8호가목1)에 따른 학교의 교사 중 병설유치원으로 사용되는 부분을 포함한다], 그 밖에 이와 비슷한 것

  다. 장애인 관련 시설: 「장애인복지법」에 따른 장애인 거주시설, 장애인 지역사회재활시설(장애인 심부름센터, 한국수어통역센터, 점자도서 및 녹음서 출판시설 등 장애인이 직접 그 시설 자체를 이용하는 것을 주된 목적으로 하지 않는 시설은 제외한다), 장애인 직업재활시설, 그 밖에 이와 비슷한 것

  라. 정신질환자 관련 시설: 「정신건강증진 및 정신질환자 복지서비스 지원에 관한 법률」에 따른 정신재활시설(생산품판매시설은 제외한다), 정신요양시설, 그 밖에 이와 비슷한 것

  마. 노숙인 관련 시설: 「노숙인 등의 복지 및 자립지원에 관한 법률」 제2조 제2호에 따른 노숙인복지시설(노숙인일시보호시설, 노숙인자활시설, 노숙인재활시설, 노숙인요양시설 및 쪽방상담소만 해당한다), 노숙인종합지원센터 및 그 밖에 이와 비슷한 것

  바. 가목부터 마목까지에서 규정한 것 외에 「사회복지사업법」에 따른 사회복지시설 중 결핵환자 또는 한센인 요양시설 등 다른 용도로 분류되지 않는 것

10. 수련시설

  가. 생활권 수련시설: 「청소년활동 진흥법」에 따른 청소년수련관, 청소년문화의집, 청소년특화시설, 그 밖에 이와 비슷한 것

  나. 자연권 수련시설: 「청소년활동 진흥법」에 따른 청소년수련원, 청소년야영장, 그 밖에 이와 비슷한 것

  다. 「청소년활동 진흥법」에 따른 유스호스텔

11. 운동시설

  가. 탁구장, 체육도장, 테니스장, 체력단련장, 에어로빅장, 볼링장, 당구장, 실내낚시터, 골프연습장, 물놀이형 시설, 그 밖에 이와 비슷한 것으로서 근린생활시설에 해당하지 않는 것

  나. 체육관으로서 관람석이 없거나 관람석의 바닥면적이 1천㎡ 미만인 것

  다. 운동장: 육상장, 구기장, 볼링장, 수영장, 스케이트장, 롤러스케이트장, 승마장, 사격장, 궁도장, 골프장 등과 이에 딸린 건축물로서 관람석이 없거나 관람석의 바닥면적이 1천㎡ 미만인 것

12. 업무시설

가. 공공업무시설: 국가 또는 지방자치단체의 청사와 외국공관의 건축물로서 근린생활시설에 해당하지 않는 것

나. 일반업무시설: 금융업소, 사무소, 신문사, 오피스텔[업무를 주로 하며, 분양하거나 임대하는 구획 중 일부의 구획에서 숙식을 할 수 있도록 한 건축물로서 「건축법 시행령」 별표 1 제14호나목2)에 따라 국토교통부장관이 고시하는 기준에 적합한 것을 말한다], 그 밖에 이와 비슷한 것으로서 근린생활시설에 해당하지 않는 것

다. 주민자치센터(동사무소), 경찰서, 지구대, 파출소, 소방서, 119안전센터, 우체국, 보건소, 공공도서관, 국민건강보험공단, 그 밖에 이와 비슷한 용도로 사용하는 것

라. 마을회관, 마을공동작업소, 마을공동구판장, 그 밖에 이와 유사한 용도로 사용되는 것

마. 변전소, 양수장, 정수장, 대피소, 공중화장실, 그 밖에 이와 유사한 용도로 사용되는 것

13. 숙박시설

가. 일반형 숙박시설: 「공중위생관리법 시행령」 제4조 제1호에 따른 숙박업의 시설

나. 생활형 숙박시설: 「공중위생관리법 시행령」 제4조 제2호에 따른 숙박업의 시설

다. 고시원(근린생활시설에 해당하지 않는 것을 말한다)

라. 그 밖에 가목부터 다목까지의 시설과 비슷한 것

14. 위락시설

가. 단란주점으로서 근린생활시설에 해당하지 않는 것

나. 유흥주점, 그 밖에 이와 비슷한 것

다. 「관광진흥법」에 따른 유원시설업(遊園施設業)의 시설, 그 밖에 이와 비슷한 시설(근린생활시설에 해당하는 것은 제외한다)

라. 무도장 및 무도학원

마. 카지노영업소

15. 공장

물품의 제조·가공[세탁·염색·도장(塗裝)·표백·재봉·건조·인쇄 등을 포함한다] 또는 수리에 계속적으로 이용되는 건축물로서 근린생활시설, 위험물 저장 및 처리 시설, 항공기 및 자동차 관련 시설, 자원순환 관련 시설, 묘지 관련 시설 등으로 따로 분류되지 않는 것

16. 창고시설(위험물 저장 및 처리 시설 또는 그 부속용도에 해당하는 것은 제외한다)

가. 창고(물품저장시설로서 냉장·냉동 창고를 포함한다)

나. 하역장

다. 「물류시설의 개발 및 운영에 관한 법률」에 따른 물류터미널

라. 「유통산업발전법」 제2조 제15호에 따른 집배송시설

17. 위험물 저장 및 처리 시설

가. 제조소등

나. 가스시설: 산소 또는 가연성 가스를 제조·저장 또는 취급하는 시설 중 지상에 노출된 산소 또는 가연성 가스 탱크의 저장용량의 합계가 100톤 이상이거나 저장용량이 30톤 이상인 탱크가 있는 가스시설로서 다음의 어느 하나에 해당하는 것
   1) 가스 제조시설
      가) 「고압가스 안전관리법」 제4조 제1항에 따른 고압가스의 제조허가를 받아야 하는 시설
      나) 「도시가스사업법」 제3조에 따른 도시가스사업허가를 받아야 하는 시설

2) 가스 저장시설

　　가)「고압가스 안전관리법」제4조 제5항에 따른 고압가스 저장소의 설치허가를 받아야 하는 시설

　　나)「액화석유가스의 안전관리 및 사업법」제8조 제1항에 따른 액화석유가스 저장소의 설치 허가를 받아야 하는 시설

3) 가스 취급시설

　　「액화석유가스의 안전관리 및 사업법」제5조에 따른 액화석유가스 충전사업 또는 액화석유가스 집단공급사업의 허가를 받아야 하는 시설

18. 항공기 및 자동차 관련 시설(건설기계 관련 시설을 포함한다)

가. 항공기 격납고

나. 차고, 주차용 건축물, 철골 조립식 주차시설(바닥면이 조립식이 아닌 것을 포함한다) 및 기계장치에 의한 주차시설

다. 세차장

라. 폐차장

마. 자동차 검사장

바. 자동차 매매장

사. 자동차 정비공장

아. 운전학원 · 정비학원

자. 다음의 건축물을 제외한 건축물의 내부(「건축법 시행령」제119조 제1항 제3호다목에 따른 필로티와 건축물의 지하를 포함한다)에 설치된 주차장

　　1)「건축법 시행령」별표 1 제1호에 따른 단독주택

　　2)「건축법 시행령」별표 1 제2호에 따른 공동주택 중 50세대 미만인 연립주택 또는 50세대 미만인 다세대주택

차. 「여객자동차 운수사업법」, 「화물자동차 운수사업법」 및 「건설기계관리법」에 따른 차고 및 주기장(駐機場)

19. 동물 및 식물 관련 시설

가. 축사[부화장(孵化場)을 포함한다]

나. 가축시설: 가축용 운동시설, 인공수정센터, 관리사(管理舍), 가축용 창고, 가축시장, 동물검역소, 실험동물 사육시설, 그 밖에 이와 비슷한 것

다. 도축장

라. 도계장

마. 작물 재배사(栽培舍)

바. 종묘배양시설

사. 화초 및 분재 등의 온실

아. 식물과 관련된 마목부터 사목까지의 시설과 비슷한 것(동 · 식물원은 제외한다)

20. 자원순환 관련 시설

가. 하수 등 처리시설

나. 고물상

다. 폐기물재활용시설

라. 폐기물처분시설

마. 폐기물감량화시설

21. 교정 및 군사시설

  가. 보호감호소, 교도소, 구치소 및 그 지소

  나. 보호관찰소, 갱생보호시설, 그 밖에 범죄자의 갱생·보호·교육·보건 등의 용도로 쓰는 시설

  다. 치료감호시설

  라. 소년원 및 소년분류심사원

  마. 「출입국관리법」 제52조 제2항에 따른 보호시설

  바. 「경찰관 직무집행법」 제9조에 따른 유치장

  사. 국방·군사시설(「국방·군사시설 사업에 관한 법률」 제2조 제1호가목부터 마목까지의 시설을 말한다)

22. 방송통신시설

  가. 방송국(방송프로그램 제작시설 및 송신·수신·중계시설을 포함한다)

  나. 전신전화국

  다. 촬영소

  라. 통신용 시설

  마. 그 밖에 가목부터 라목까지의 시설과 비슷한 것

23. 발전시설

  가. 원자력발전소

  나. 화력발전소

  다. 수력발전소(조력발전소를 포함한다)

  라. 풍력발전소

  마. 전기저장시설[20킬로와트시(kWh)를 초과하는 리튬·나트륨·레독스플로우 계열의 2차 전지를 이용한 전기저장장치의
    시설을 말한다. 이하 같다]

  바. 그 밖에 가목부터 마목까지의 시설과 비슷한 것(집단에너지 공급시설을 포함한다)

24. 묘지 관련 시설

  가. 화장시설   다. 묘지와 자연장지에 부수되는 건축물

  나. 봉안당(제4호나목의 봉안당은 제외한다)   라. 동물화장시설, 동물건조장(乾燥葬)시설 및 동물 전용의 납골시설

25. 관광 휴게시설

  가. 야외음악당   라. 관망탑

  나. 야외극장   바. 공원·유원지 또는 관광지에 부수되는 건축물

  다. 어린이회관

26. 장례시설

  가. 장례식장[의료시설의 부수시설(「의료법」 제36조 제1호에 따른 의료기관의 종류에 따른 시설을 말한다)은 제외한다]

  나. 동물 전용의 장례식장

27. 지하가

지하의 인공구조물 안에 설치되어 있는 상점, 사무실, 그 밖에 이와 비슷한 시설이 연속하여 지하도에 면하여 설치된 것
과 그 지하도를 합한 것

  가. 지하상가

  나. 터널: 차량(궤도차량용은 제외한다) 등의 통행을 목적으로 지하, 수저 또는 산을 뚫어서 만든 것

28. 지하구

가. 전력·통신용의 전선이나 가스·냉난방용의 배관 또는 이와 비슷한 것을 집합수용하기 위하여 설치한 지하 인공구조
   물로서 사람이 점검 또는 보수를 하기 위하여 출입이 가능한 것 중 다음의 어느 하나에 해당하는 것
   1) 전력 또는 통신사업용 지하 인공구조물로서 전력구(케이블 접속부가 없는 경우는 제외한다) 또는 통신구 방식으로
      설치된 것
   2) 1)외의 지하 인공구조물로서 폭이 1.8m 이상이고 높이가 2m 이상이며 길이가 50m 이상인 것
나. 「국토의 계획 및 이용에 관한 법률」 제2조 제9호에 따른 공동구

29. 문화재

「문화재보호법」 제2조 제3항에 따른 지정문화재 중 건축물

30. 복합건축물

가. 하나의 건축물이 제1호부터 제27호까지의 것 중 둘 이상의 용도로 사용되는 것. 다만, 다음의 어느 하나에 해당하는
   경우에는 복합건축물로 보지 않는다.
   1) 관계 법령에서 주된 용도의 부수시설로서 그 설치를 의무화하고 있는 용도 또는 시설
   2) 「주택법」 제35조 제1항 제3호 및 제4호에 따라 주택 안에 부대시설 또는 복리시설이 설치되는 특정소방대상물
   3) 건축물의 주된 용도의 기능에 필수적인 용도로서 다음의 어느 하나에 해당하는 용도
      가) 건축물의 설비(제23호마목의 전기저장시설을 포함한다), 대피 또는 위생을 위한 용도, 그 밖에 이와 비슷한 용도
      나) 사무, 작업, 집회, 물품저장 또는 주차를 위한 용도, 그 밖에 이와 비슷한 용도
      다) 구내식당, 구내세탁소, 구내운동시설 등 종업원후생복리시설(기숙사는 제외한다) 또는 구내소각시설의 용도,
         그 밖에 이와 비슷한 용도
나. 하나의 건축물이 근린생활시설, 판매시설, 업무시설, 숙박시설 또는 위락시설의 용도와 주택의 용도로 함께 사용되는 것

※ 비고

1. 내화구조로 된 하나의 특정소방대상물이 개구부 및 연소 확대 우려가 없는 내화구조의 바닥과 벽으로 구획되어 있는 경우에는 그 구
   획된 부분을 각각 별개의 특정소방대상물로 본다. 다만, 제9조에 따라 성능위주설계를 해야 하는 범위를 정할 때에는 하나의 특정소방
   대상물로 본다.
2. 둘 이상의 특정소방대상물이 다음 각 목의 어느 하나에 해당되는 구조의 복도 또는 통로(이하 이 표에서 "연결통로"라 한다)로 연결된
   경우에는 이를 하나의 특정소방대상물로 본다.
   가. 내화구조로 된 연결통로가 다음의 어느 하나에 해당되는 경우
      1) 벽이 없는 구조로서 그 길이가 6m 이하인 경우
      2) 벽이 있는 구조로서 그 길이가 10m 이하인 경우. 다만, 벽 높이가 바닥에서 천장까지의 높이의 2분의 1 이상인 경우에는 벽이
         있는 구조로 보고, 벽 높이가 바닥에서 천장까지의 높이의 2분의 1 미만인 경우에는 벽이 없는 구조로 본다.
   나. 내화구조가 아닌 연결통로로 연결된 경우
   다. 컨베이어로 연결되거나 플랜트설비의 배관 등으로 연결되어 있는 경우
   라. 지하보도, 지하상가, 지하가로 연결된 경우
   마. 자동방화셔터 또는 60분+ 방화문이 설치되지 않은 피트(전기설비 또는 배관설비 등이 설치되는 공간을 말한다)로 연결된 경우
   바. 지하구로 연결된 경우
3. 제2호에도 불구하고 연결통로 또는 지하구와 특정소방대상물의 양쪽에 다음 각 목의 어느 하나에 해당하는 시설이 적합하게 설치된
   경우에는 각각 별개의 특정소방대상물로 본다.
   가. 화재 시 경보설비 또는 자동소화설비의 작동과 연동하여 자동으로 닫히는 자동방화셔터 또는 60분+ 방화문이 설치된 경우
   나. 화재 시 자동으로 방수되는 방식의 드렌처설비 또는 개방형 스프링클러헤드가 설치된 경우
4. 위 제1호부터 제30호까지의 특정소방대상물의 지하층이 지하가와 연결되어 있는 경우 해당 지하층의 부분을 지하가로 본다. 다만, 다
   음 지하가와 연결되는 지하층에 지하층 또는 지하가에 설치된 자동방화셔터 또는 60분+ 방화문이 화재 시 경보설비 또는 자동소화설
   비의 작동과 연동하여 자동으로 닫히는 구조이거나 그 윗부분에 드렌처설비가 설치된 경우에는 지하가로 보지 않는다.

1. 소화설비를 구성하는 제품 또는 기기

가. 별표 1 제1호가목의 소화기구(소화약제 외의 것을 이용한 간이소화용구는 제외한다)

나. 별표 1 제1호나목의 자동소화장치

다. 소화설비를 구성하는 소화전, 관창(菅槍), 소방호스, 스프링클러헤드, 기동용 수압개폐장치, 유수제어밸브 및 가스관선택밸브

2. 경보설비를 구성하는 제품 또는 기기

가. 누전경보기 및 가스누설경보기

나. 경보설비를 구성하는 발신기, 수신기, 중계기, 감지기 및 음향장치(경종만 해당한다)

3. 피난구조설비를 구성하는 제품 또는 기기

가. 피난사다리, 구조대, 완강기(지지대를 포함한다) 및 간이완강기(지지대를 포함한다)

나. 공기호흡기(충전기를 포함한다)

다. 피난구유도등, 통로유도등, 객석유도등 및 예비 전원이 내장된 비상조명등

4. 소화용으로 사용하는 제품 또는 기기

가. 소화약제[별표 1 제1호나목2) 및 3)의 자동소화장치와 같은 호 마목3)부터 9)까지의 소화설비용만 해당한다]

나. 방염제(방염액·방염도료 및 방염성물질을 말한다)

5. 그 밖에 행정안전부령으로 정하는 소방 관련 제품 또는 기기

[시행일: 2023.12.1.] 제1호 나목2), 제2호 마목

1. 소화설비

가. 화재안전기준에 따라 소화기구를 설치해야 하는 특정소방대상물은 다음의 어느 하나에 해당하는 것으로 한다.

  1) 연면적 33m² 이상인 것. 다만, 노유자 시설의 경우에는 투척용 소화용구 등을 화재안전기준에 따라 산정된 소화기 수량의 2분의 1 이상으로 설치할 수 있다.

  2) 1)에 해당하지 않는 시설로서 가스시설, 발전시설 중 전기저장시설 및 국가유산

  3) 터널

  4) 지하구

나. 자동소화장치를 설치해야 하는 특정소방대상물은 다음의 어느 하나에 해당하는 특정소방대상물 중 후드 및 덕트가 설치되어 있는 주방이 있는 특정소방대상물로 한다. 이 경우 해당 주방에 자동소화장치를 설치해야 한다.

  1) 주거용 주방자동소화장치를 설치해야 하는 것: 아파트등 및 오피스텔의 모든 층

  2) 상업용 주방자동소화장치를 설치해야 하는 것 [시행일: 2023.12.1.]

    가) 판매시설 중 「유통산업발전법」 제2조 제3호에 해당하는 대규모점포에 입점해 있는 일반음식점

    나) 「식품위생법」 제2조 제12호에 따른 집단급식소

  3) 캐비닛형 자동소화장치, 가스자동소화장치, 분말자동소화장치 또는 고체에어로졸자동소화장치를 설치해야 하는 것: 화재안전기준에서 정하는 장소

다. 옥내소화전설비를 설치해야 하는 특정소방대상물은 다음의 어느 하나에 해당하는 것으로 한다. 다만, 위험물 저장 및 처리 시설 중 가스시설, 지하구 및 업무시설 중 무인변전소(방재실 등에서 스프링클러설비 또는 물분무등소화설비를 원격으로 조정할 수 있는 무인변전소로 한정한다)는 제외한다.

  1) 다음의 어느 하나에 해당하는 경우에는 모든 층

    가) 연면적 3천m² 이상인 것(지하가 중 터널은 제외한다)

    나) 지하층·무창층(축사는 제외한다)으로서 바닥면적이 600m² 이상인 층이 있는 것

    다) 층수가 4층 이상인 것 중 바닥면적이 600m² 이상인 층이 있는 것

  2) 1)에 해당하지 않는 근린생활시설, 판매시설, 운수시설, 의료시설, 노유자 시설, 업무시설, 숙박시설, 위락시설, 공장, 창고시설, 항공기 및 자동차 관련 시설, 교정 및 군사시설 중 국방·군사시설, 방송통신시설, 발전시설, 장례시설 또는 복합건축물로서 다음의 어느 하나에 해당하는 경우에는 모든 층

    가) 연면적 1천5백m² 이상인 것

    나) 지하층·무창층으로서 바닥면적이 300m² 이상인 층이 있는 것

    다) 층수가 4층 이상인 것 중 바닥면적이 300m² 이상인 층이 있는 것

  3) 건축물의 옥상에 설치된 차고·주차장으로서 사용되는 면적이 200m² 이상인 경우 해당 부분

  4) 지하가 중 터널로서 다음에 해당하는 터널

    가) 길이가 1천m 이상인 터널

    나) 예상교통량, 경사도 등 터널의 특성을 고려하여 행정안전부령으로 정하는 터널

  5) 1) 및 2)에 해당하지 않는 공장 또는 창고시설로서 「화재의 예방 및 안전관리에 관한 법률 시행령」 별표 2에서 정하는 수량의 750배 이상의 특수가연물을 저장·취급하는 것

라. 스프링클러설비를 설치해야 하는 특정소방대상물(위험물 저장 및 처리 시설 중 가스시설 및 지하구는 제외한다)은 다음의 어느 하나에 해당하는 것으로 한다.

1) 층수가 6층 이상인 특정소방대상물의 경우에는 모든 층. 다만, 다음의 어느 하나에 해당하는 경우는 제외한다.
    가) 주택 관련 법령에 따라 기존의 아파트등을 리모델링하는 경우로서 건축물의 연면적 및 층의 높이가 변경되지 않는 경우. 이 경우 해당 아파트등의 사용검사 당시의 소방시설의 설치에 관한 대통령령 또는 화재안전기준을 적용한다.
    나) 스프링클러설비가 없는 기존의 특정소방대상물을 용도변경하는 경우. 다만, 2)부터 6)까지 및 9)부터 12)까지의 규정에 해당하는 특정소방대상물로 용도변경하는 경우에는 해당 규정에 따라 스프링클러설비를 설치한다.
2) 기숙사(교육연구시설·수련시설 내에 있는 학생 수용을 위한 것을 말한다) 또는 복합건축물로서 연면적 5천m^2 이상인 경우에는 모든 층
3) 문화 및 집회시설(동·식물원은 제외한다), 종교시설(주요구조부가 목조인 것은 제외한다), 운동시설(물놀이형 시설 및 바닥이 불연재료이고 관람석이 없는 운동시설은 제외한다)로서 다음의 어느 하나에 해당하는 경우에는 모든 층
    가) 수용인원이 100명 이상인 것
    나) 영화상영관의 용도로 쓰는 층의 바닥면적이 지하층 또는 무창층인 경우에는 500m^2 이상, 그 밖의 층의 경우에는 1천m^2 이상인 것
    다) 무대부가 지하층·무창층 또는 4층 이상의 층에 있는 경우에는 무대부의 면적이 300m^2 이상인 것
    라) 무대부가 다) 외의 층에 있는 경우에는 무대부의 면적이 500m^2 이상인 것
4) 판매시설, 운수시설 및 창고시설(물류터미널로 한정한다)로서 바닥면적의 합계가 5천m^2 이상이거나 수용인원이 500명 이상인 경우에는 모든 층
5) 다음의 어느 하나에 해당하는 용도로 사용되는 시설의 바닥면적의 합계가 600m^2 이상인 것은 모든 층
    가) 근린생활시설 중 조산원 및 산후조리원
    나) 의료시설 중 정신의료기관
    다) 의료시설 중 종합병원, 병원, 치과병원, 한방병원 및 요양병원
    라) 노유자 시설
    마) 숙박이 가능한 수련시설
    바) 숙박시설
6) 창고시설(물류터미널은 제외한다)로서 바닥면적 합계가 5천m^2 이상인 경우에는 모든 층
7) 특정소방대상물의 지하층·무창층(축사는 제외한다) 또는 층수가 4층 이상인 층으로서 바닥면적이 1천m^2 이상인 층이 있는 경우에는 해당 층
8) 랙식 창고(rack warehouse): 랙(물건을 수납할 수 있는 선반이나 이와 비슷한 것을 말한다. 이하 같다)을 갖춘 것으로서 천장 또는 반자(반자가 없는 경우에는 지붕의 옥내에 면하는 부분을 말한다)의 높이가 10m를 초과하고, 랙이 설치된 층의 바닥면적의 합계가 1천5백m^2 이상인 경우에는 모든 층
9) 공장 또는 창고시설로서 다음의 어느 하나에 해당하는 시설
    가) 「화재의 예방 및 안전관리에 관한 법률 시행령」 별표 2에서 정하는 수량의 1천 배 이상의 특수가연물을 저장·취급하는 시설
    나) 「원자력안전법 시행령」 제2조 제1호에 따른 중·저준위방사성폐기물(이하 "중·저준위방사성폐기물"이라 한다)의 저장시설 중 소화수를 수집·처리하는 설비가 있는 저장시설
10) 지붕 또는 외벽이 불연재료가 아니거나 내화구조가 아닌 공장 또는 창고시설로서 다음의 어느 하나에 해당하는 것
    가) 창고시설(물류터미널로 한정한다) 중 4)에 해당하지 않는 것으로서 바닥면적의 합계가 2천5백m^2 이상이거나 수용인원이 250명 이상인 경우에는 모든 층
    나) 창고시설(물류터미널은 제외한다) 중 6)에 해당하지 않는 것으로서 바닥면적의 합계가 2천5백m^2 이상인 경우에는 모든 층

다) 공장 또는 창고시설 중 7)에 해당하지 않는 것으로서 지하층·무창층 또는 층수가 4층 이상인 것 중 바닥면적이 500m² 이상인 경우에는 모든 층

라) 랙식 창고 중 8)에 해당하지 않는 것으로서 바닥면적의 합계가 750m² 이상인 경우에는 모든 층

마) 공장 또는 창고시설 중 9)가)에 해당하지 않는 것으로서 「화재의 예방 및 안전관리에 관한 법률 시행령」 별표 2에서 정하는 수량의 500배 이상의 특수가연물을 저장·취급하는 시설

11) 교정 및 군사시설 중 다음의 어느 하나에 해당하는 경우에는 해당 장소

가) 보호감호소, 교도소, 구치소 및 그 지소, 보호관찰소, 갱생보호시설, 치료감호시설, 소년원 및 소년분류심사원의 수용거실

나) 「출입국관리법」 제52조 제2항에 따른 보호시설(외국인보호소의 경우에는 보호대상자의 생활공간으로 한정한다. 이하 같다)로 사용하는 부분. 다만, 보호시설이 임차건물에 있는 경우는 제외한다.

다) 「경찰관 직무집행법」 제9조에 따른 유치장

12) 지하가(터널은 제외한다)로서 연면적 1천m² 이상인 것

13) 발전시설 중 전기저장시설

14) 1)부터 13)까지의 특정소방대상물에 부속된 보일러실 또는 연결통로 등

마. 간이스프링클러설비를 설치해야 하는 특정소방대상물은 다음의 어느 하나에 해당하는 것으로 한다.

1) 공동주택 중 연립주택 및 다세대주택(연립주택 및 다세대주택에 설치하는 간이스프링클러설비는 화재안전기준에 따른 주택전용 간이스프링클러설비를 설치한다)

2) 근린생활시설 중 다음의 어느 하나에 해당하는 것

가) 근린생활시설로 사용하는 부분의 바닥면적 합계가 1천m² 이상인 것은 모든 층

나) 의원, 치과의원 및 한의원으로서 입원실이 있는 시설

다) 조산원 및 산후조리원으로서 연면적 600m² 미만인 시설

3) 의료시설 중 다음의 어느 하나에 해당하는 시설

가) 종합병원, 병원, 치과병원, 한방병원 및 요양병원(의료재활시설은 제외한다)으로 사용되는 바닥면적의 합계가 600m² 미만인 시설

나) 정신의료기관 또는 의료재활시설로 사용되는 바닥면적의 합계가 300m² 이상 600m² 미만인 시설

다) 정신의료기관 또는 의료재활시설로 사용되는 바닥면적의 합계가 300m² 미만이고, 창살(철재·플라스틱 또는 목재 등으로 사람의 탈출 등을 막기 위하여 설치한 것을 말하며, 화재 시 자동으로 열리는 구조로 되어 있는 창살은 제외한다)이 설치된 시설

4) 교육연구시설 내에 합숙소로서 연면적 100m² 이상인 경우에는 모든 층

5) 노유자 시설로서 다음의 어느 하나에 해당하는 시설

가) 제7조 제1항 제7호 각 목에 따른 시설[같은 호 가목2) 및 같은 호 나목부터 바목까지의 시설 중 단독주택 또는 공동주택에 설치되는 시설은 제외하며, 이하 "노유자 생활시설"이라 한다]

나) 가)에 해당하지 않는 노유자 시설로 해당 시설로 사용하는 바닥면적의 합계가 300m² 이상 600m² 미만인 시설

다) 가)에 해당하지 않는 노유자 시설로 해당 시설로 사용하는 바닥면적의 합계가 300m² 미만이고, 창살(철재·플라스틱 또는 목재 등으로 사람의 탈출 등을 막기 위하여 설치한 것을 말하며, 화재 시 자동으로 열리는 구조로 되어 있는 창살은 제외한다)이 설치된 시설

6) 숙박시설로 사용되는 바닥면적의 합계가 300m² 이상 600m² 미만인 시설

7) 건물을 임차하여 「출입국관리법」 제52조 제2항에 따른 보호시설로 사용하는 부분

8) 복합건축물(별표 2 제30호나목의 복합건축물만 해당한다)로서 연면적 1천m² 이상인 것은 모든 층

바. 물분무등소화설비를 설치해야 하는 특정소방대상물(위험물 저장 및 처리 시설 중 가스시설 및 지하구는 제외한다)은 다음의 어느 하나에 해당하는 것으로 한다.

1) 항공기 및 자동차 관련 시설 중 항공기 격납고

2) 차고, 주차용 건축물 또는 철골 조립식 주차시설. 이 경우 연면적 800m² 이상인 것만 해당한다.

3) 건축물의 내부에 설치된 차고·주차장으로서 차고 또는 주차의 용도로 사용되는 면적이 200m² 이상인 경우 해당 부분(50세대 미만 연립주택 및 다세대주택은 제외한다)

4) 기계장치에 의한 주차시설을 이용하여 20대 이상의 차량을 주차할 수 있는 시설

5) 특정소방대상물에 설치된 전기실·발전실·변전실(가연성 절연유를 사용하지 않는 변압기·전류차단기 등의 전기 기기와 가연성 피복을 사용하지 않은 전선 및 케이블만을 설치한 전기실·발전실 및 변전실은 제외한다)·축전지 실·통신기기실 또는 전산실, 그 밖에 이와 비슷한 것으로서 바닥면적이 300m² 이상인 것[하나의 방화구획 내에 둘 이상의 실(室)이 설치되어 있는 경우에는 이를 하나의 실로 보아 바닥면적을 산정한다]. 다만, 내화구조로 된 공정제어실 내에 설치된 주조정실로서 양압시설(외부 오염 공기 침투를 차단하고 내부의 나쁜 공기가 자연스럽게 외부로 흐를 수 있도록 한 시설을 말한다)이 설치되고 전기기기에 220볼트 이하인 저전압이 사용되며 종업원이 24시간 상주하는 곳은 제외한다.

6) 소화수를 수집·처리하는 설비가 설치되어 있지 않은 중·저준위방사성폐기물의 저장시설. 이 시설에는 이산화탄소소화설비, 할론소화설비 또는 할로겐화합물 및 불활성기체 소화설비를 설치해야 한다.

7) 지하가 중 예상 교통량, 경사도 등 터널의 특성을 고려하여 행정안전부령으로 정하는 터널. 이 시설에는 물분무소화설비를 설치해야 한다.

8) 국가유산 중 「문화유산의 보존 및 활용에 관한 법률」에 따른 지정문화유산(문화유산자료를 제외한다) 또는 「자연유산의 보존 및 활용에 관한 법률」에 따른 천연기념물등(자연유산자료를 제외한다)으로서 소방청장이 국가유산청장과 협의하여 정하는 것

사. 옥외소화전설비를 설치해야 하는 특정소방대상물(아파트등, 위험물 저장 및 처리 시설 중 가스시설, 지하구 및 지하가 중 터널은 제외한다)은 다음의 어느 하나에 해당하는 것으로 한다.

1) 지상 1층 및 2층의 바닥면적의 합계가 9천m² 이상인 것. 이 경우 같은 구(區) 내의 둘 이상의 특정소방대상물이 행정안전부령으로 정하는 연소(延燒) 우려가 있는 구조인 경우에는 이를 하나의 특정소방대상물로 본다.

2) 문화유산 중 「문화유산의 보존 및 활용에 관한 법률」 제23조에 따라 보물 또는 국보로 지정된 목조건축물

3) 1)에 해당하지 않는 공장 또는 창고시설로서 「화재의 예방 및 안전관리에 관한 법률 시행령」 별표 2에서 정하는 수량의 750배 이상의 특수가연물을 저장·취급하는 것

2. 경보설비

가. 단독경보형 감지기를 설치해야 하는 특정소방대상물은 다음의 어느 하나에 해당하는 것으로 한다. 이 경우 5)의 연립주택 및 다세대주택에 설치하는 단독경보형 감지기는 연동형으로 설치해야 한다.

1) 교육연구시설 내에 있는 기숙사 또는 합숙소로서 연면적 2천m² 미만인 것

2) 수련시설 내에 있는 기숙사 또는 합숙소로서 연면적 2천m² 미만인 것

3) 다목7)에 해당하지 않는 수련시설(숙박시설이 있는 것만 해당한다)

4) 연면적 400m² 미만의 유치원

5) 공동주택 중 연립주택 및 다세대주택

나. 비상경보설비를 설치해야 하는 특정소방대상물(모래·석재 등 불연재료 공장 및 창고시설, 위험물 저장 및 처리 시설 중 가스시설, 사람이 거주하지 않거나 벽이 없는 축사 등 동물 및 식물 관련 시설 및 지하구는 제외한다)은 다음의 어느 하나에 해당하는 것으로 한다.

1) 연면적 400m² 이상인 것은 모든 층

2) 지하층 또는 무창층의 바닥면적이 150m²(공연장의 경우 100m²) 이상인 것은 모든 층

3) 지하가 중 터널로서 길이가 500m 이상인 것

4) 50명 이상의 근로자가 작업하는 옥내 작업장

다. 자동화재탐지설비를 설치해야 하는 특정소방대상물은 다음의 어느 하나에 해당하는 것으로 한다.

1) 공동주택 중 아파트등·기숙사 및 숙박시설의 경우에는 모든 층

2) 층수가 6층 이상인 건축물의 경우에는 모든 층

3) 근린생활시설(목욕장은 제외한다), 의료시설(정신의료기관 및 요양병원은 제외한다), 위락시설, 장례시설 및 복합 건축물로서 연면적 600m² 이상인 경우에는 모든 층

4) 근린생활시설 중 목욕장, 문화 및 집회시설, 종교시설, 판매시설, 운수시설, 운동시설, 업무시설, 공장, 창고시설, 위험물 저장 및 처리 시설, 항공기 및 자동차 관련 시설, 교정 및 군사시설 중 국방·군사시설, 방송통신시설, 발전시설, 관광 휴게시설, 지하가(터널은 제외한다)로서 연면적 1천m² 이상인 경우에는 모든 층

5) 교육연구시설(교육시설 내에 있는 기숙사 및 합숙소를 포함한다), 수련시설(수련시설 내에 있는 기숙사 및 합숙소를 포함하며, 숙박시설이 있는 수련시설은 제외한다), 동물 및 식물 관련 시설(기둥과 지붕만으로 구성되어 외부와 기류가 통하는 장소는 제외한다), 자원순환 관련 시설, 교정 및 군사시설(국방·군사시설은 제외한다) 또는 묘지 관련 시설로서 연면적 2천m² 이상인 경우에는 모든 층

6) 노유자 생활시설의 경우에는 모든 층

7) 6)에 해당하지 않는 노유자 시설로서 연면적 400m² 이상인 노유자 시설 및 숙박시설이 있는 수련시설로서 수용인원 100명 이상인 경우에는 모든 층

8) 의료시설 중 정신의료기관 또는 요양병원으로서 다음의 어느 하나에 해당하는 시설

가) 요양병원(의료재활시설은 제외한다)

나) 정신의료기관 또는 의료재활시설로 사용되는 바닥면적의 합계가 300m² 이상인 시설

다) 정신의료기관 또는 의료재활시설로 사용되는 바닥면적의 합계가 300m² 미만이고, 창살(철재·플라스틱 또는 목재 등으로 사람의 탈출 등을 막기 위하여 설치한 것을 말하며, 화재 시 자동으로 열리는 구조로 되어 있는 창살은 제외한다)이 설치된 시설

9) 판매시설 중 전통시장

10) 지하가 중 터널로서 길이가 1천m 이상인 것

11) 지하구

12) 3)에 해당하지 않는 근린생활시설 중 조산원 및 산후조리원

13) 4)에 해당하지 않는 공장 및 창고시설로서 「화재의 예방 및 안전관리에 관한 법률 시행령」 별표 2에서 정하는 수량의 500배 이상의 특수가연물을 저장·취급하는 것

14) 4)에 해당하지 않는 발전시설 중 전기저장시설

라. 시각경보기를 설치해야 하는 특정소방대상물은 다목에 따라 자동화재탐지설비를 설치해야 하는 특정소방대상물 중 다음의 어느 하나에 해당하는 것으로 한다.

1) 근린생활시설, 문화 및 집회시설, 종교시설, 판매시설, 운수시설, 의료시설, 노유자 시설

2) 운동시설, 업무시설, 숙박시설, 위락시설, 창고시설 중 물류터미널, 발전시설 및 장례시설

3) 교육연구시설 중 도서관, 방송통신시설 중 방송국

4) 지하가 중 지하상가

마. 화재알림설비를 설치해야 하는 특정소방대상물은 판매시설 중 전통시장으로 한다. [시행일: 2023.12.1.]

바. 비상방송설비를 설치해야 하는 특정소방대상물(위험물 저장 및 처리 시설 중 가스시설, 사람이 거주하지 않거나 벽이 없는 축사 등 동물 및 식물 관련 시설, 지하가 중 터널 및 지하구는 제외한다)은 다음의 어느 하나에 해당하는 것으로 한다.

1) 연면적 3천5백m² 이상인 것은 모든 층

2) 층수가 11층 이상인 것은 모든 층

3) 지하층의 층수가 3층 이상인 것은 모든 층

사. 자동화재속보설비를 설치해야 하는 특정소방대상물은 다음의 어느 하나에 해당하는 것으로 한다. 다만, 방재실 등 화재 수신기가 설치된 장소에 24시간 화재를 감시할 수 있는 사람이 근무하고 있는 경우에는 자동화재속보설비를 설치하지 않을 수 있다.

   1) 노유자 생활시설

   2) 노유자 시설로서 바닥면적이 500m² 이상인 층이 있는 것

   3) 수련시설(숙박시설이 있는 것만 해당한다)로서 바닥면적이 500m² 이상인 층이 있는 것

   4) 문화유산 중 「문화유산의 보존 및 활용에 관한 법률」 제23조에 따라 보물 또는 국보로 지정된 목조건축물

   5) 근린생활시설 중 다음의 어느 하나에 해당하는 시설

      가) 의원, 치과의원 및 한의원으로서 입원실이 있는 시설

      나) 조산원 및 산후조리원

   6) 의료시설 중 다음의 어느 하나에 해당하는 것

      가) 종합병원, 병원, 치과병원, 한방병원 및 요양병원(의료재활시설은 제외한다)

      나) 정신병원 및 의료재활시설로 사용되는 바닥면적의 합계가 500m² 이상인 층이 있는 것

   7) 판매시설 중 전통시장

아. 통합감시시설을 설치해야 하는 특정소방대상물은 지하구로 한다.

자. 누전경보기는 계약전류용량(같은 건축물에 계약 종류가 다른 전기가 공급되는 경우에는 그중 최대계약전류용량을 말한다)이 100암페어를 초과하는 특정소방대상물(내화구조가 아닌 건축물로서 벽·바닥 또는 반자의 전부나 일부를 불연재료 또는 준불연재료가 아닌 재료에 철망을 넣어 만든 것만 해당한다)에 설치해야 한다. 다만, 위험물 저장 및 처리 시설 중 가스시설, 지하가 중 터널 및 지하구의 경우에는 그렇지 않다.

차. 가스누설경보기를 설치해야 하는 특정소방대상물(가스시설이 설치된 경우만 해당한다)은 다음의 어느 하나에 해당하는 것으로 한다.

   1) 문화 및 집회시설, 종교시설, 판매시설, 운수시설, 의료시설, 노유자 시설

   2) 수련시설, 운동시설, 숙박시설, 창고시설 중 물류터미널, 장례시설

3. 피난구조설비

가. 피난기구는 특정소방대상물의 모든 층에 화재안전기준에 적합한 것으로 설치해야 한다. 다만, 피난층, 지상 1층, 지상 2층(노유자 시설 중 피난층이 아닌 지상 1층과 피난층이 아닌 지상 2층은 제외한다), 층수가 11층 이상인 층과 위험물 저장 및 처리시설 중 가스시설, 지하가 중 터널 및 지하구의 경우에는 그렇지 않다.

나. 인명구조기구를 설치해야 하는 특정소방대상물은 다음의 어느 하나에 해당하는 것으로 한다.

   1) 방열복 또는 방화복(안전모, 보호장갑 및 안전화를 포함한다), 인공소생기 및 공기호흡기를 설치해야 하는 특정소방대상물: 지하층을 포함하는 층수가 7층 이상인 것 중 관광호텔 용도로 사용하는 층

   2) 방열복 또는 방화복(안전모, 보호장갑 및 안전화를 포함한다) 및 공기호흡기를 설치해야 하는 특정소방대상물: 지하층을 포함하는 층수가 5층 이상인 것 중 병원 용도로 사용하는 층

   3) 공기호흡기를 설치해야 하는 특정소방대상물은 다음의 어느 하나에 해당하는 것으로 한다.

      가) 수용인원 100명 이상인 문화 및 집회시설 중 영화상영관

      나) 판매시설 중 대규모점포

      다) 운수시설 중 지하역사

      라) 지하가 중 지하상가

      마) 제1호바목 및 화재안전기준에 따라 이산화탄소소화설비(호스릴이산화탄소소화설비는 제외한다)를 설치해야 하는 특정소방대상물

다. 유도등을 설치해야 하는 특정소방대상물은 다음의 어느 하나에 해당하는 것으로 한다.

    1) 피난구유도등, 통로유도등 및 유도표지는 특정소방대상물에 설치한다. 다만, 다음의 어느 하나에 해당하는 경우는 제외한다.

      가) 동물 및 식물 관련 시설 중 축사로서 가축을 직접 가두어 사육하는 부분

      나) 지하가 중 터널

    2) 객석유도등은 다음의 어느 하나에 해당하는 특정소방대상물에 설치한다.

      가) 유흥주점영업시설(「식품위생법 시행령」 제21조 제8호라목의 유흥주점영업 중 손님이 춤을 출 수 있는 무대가 설치된 카바레, 나이트클럽 또는 그 밖에 이와 비슷한 영업시설만 해당한다)

      나) 문화 및 집회시설

      다) 종교시설

      라) 운동시설

    3) 피난유도선은 화재안전기준에서 정하는 장소에 설치한다.

라. 비상조명등을 설치해야 하는 특정소방대상물(창고시설 중 창고 및 하역장, 위험물 저장 및 처리 시설 중 가스시설 및 사람이 거주하지 않거나 벽이 없는 축사 등 동물 및 식물 관련 시설은 제외한다)은 다음의 어느 하나에 해당하는 것으로 한다.

    1) 지하층을 포함하는 층수가 5층 이상인 건축물로서 연면적 3천m² 이상인 경우에는 모든 층

    2) 1)에 해당하지 않는 특정소방대상물로서 그 지하층 또는 무창층의 바닥면적이 450m² 이상인 경우에는 해당 층

    3) 지하가 중 터널로서 그 길이가 500m 이상인 것

마. 휴대용비상조명등을 설치해야 하는 특정소방대상물은 다음의 어느 하나에 해당하는 것으로 한다.

    1) 숙박시설

    2) 수용인원 100명 이상의 영화상영관, 판매시설 중 대규모점포, 철도 및 도시철도 시설 중 지하역사, 지하가 중 지하상가

4. 소화용수설비

상수도소화용수설비를 설치해야 하는 특정소방대상물은 다음 각 목의 어느 하나에 해당하는 것으로 한다. 다만, 상수도소화용수설비를 설치해야 하는 특정소방대상물의 대지 경계선으로부터 180m 이내에 지름 75mm 이상인 상수도용 배수관이 설치되지 않은 지역의 경우에는 화재안전기준에 따른 소화수조 또는 저수조를 설치해야 한다.

가. 연면적 5천m² 이상인 것. 다만, 위험물 저장 및 처리 시설 중 가스시설, 지하가 중 터널 또는 지하구의 경우에는 제외한다.

나. 가스시설로서 지상에 노출된 탱크의 저장용량의 합계가 100톤 이상인 것

다. 자원순환 관련 시설 중 폐기물재활용시설 및 폐기물처분시설

5. 소화활동설비

가. 제연설비를 설치해야 하는 특정소방대상물은 다음의 어느 하나에 해당하는 것으로 한다.

    1) 문화 및 집회시설, 종교시설, 운동시설 중 무대부의 바닥면적이 200m² 이상인 경우에는 해당 무대부

    2) 문화 및 집회시설 중 영화상영관으로서 수용인원 100명 이상인 경우에는 해당 영화상영관

    3) 지하층이나 무창층에 설치된 근린생활시설, 판매시설, 운수시설, 숙박시설, 위락시설, 의료시설, 노유자 시설 또는 창고시설(물류터미널로 한정한다)로서 해당 용도로 사용되는 바닥면적의 합계가 1천m² 이상인 경우 해당 부분

    4) 운수시설 중 시외버스정류장, 철도 및 도시철도 시설, 공항시설 및 항만시설의 대기실 또는 휴게시설로서 지하층 또는 무창층의 바닥면적이 1천m² 이상인 경우에는 모든 층

    5) 지하가(터널은 제외한다)로서 연면적 1천m² 이상인 것

    6) 지하가 중 예상 교통량, 경사도 등 터널의 특성을 고려하여 행정안전부령으로 정하는 터널

7) 특정소방대상물(갓복도형 아파트등은 제외한다)에 부설된 특별피난계단, 비상용 승강기의 승강장 또는 피난용 승강기의 승강장

나. 연결송수관설비를 설치해야 하는 특정소방대상물(위험물 저장 및 처리 시설 중 가스시설 및 지하구는 제외한다)은 다음의 어느 하나에 해당하는 것으로 한다.

1) 층수가 5층 이상으로서 연면적 6천m² 이상인 경우에는 모든 층

2) 1)에 해당하지 않는 특정소방대상물로서 지하층을 포함하는 층수가 7층 이상인 경우에는 모든 층

3) 1) 및 2)에 해당하지 않는 특정소방대상물로서 지하층의 층수가 3층 이상이고 지하층의 바닥면적의 합계가 1천m² 이상인 경우에는 모든 층

4) 지하가 중 터널로서 길이가 1천m 이상인 것

다. 연결살수설비를 설치해야 하는 특정소방대상물(지하구는 제외한다)은 다음의 어느 하나에 해당하는 것으로 한다.

1) 판매시설, 운수시설, 창고시설 중 물류터미널로서 해당 용도로 사용되는 부분의 바닥면적의 합계가 1천m² 이상인 경우에는 해당 시설

2) 지하층(피난층으로 주된 출입구가 도로와 접한 경우는 제외한다)으로서 바닥면적의 합계가 150m² 이상인 경우에는 지하층의 모든 층. 다만, 「주택법 시행령」 제46조 제1항에 따른 국민주택규모 이하인 아파트등의 지하층(대피시설로 사용하는 것만 해당한다)과 교육연구시설 중 학교의 지하층의 경우에는 700m² 이상인 것으로 한다.

3) 가스시설 중 지상에 노출된 탱크의 용량이 30톤 이상인 탱크시설

4) 1) 및 2)의 특정소방대상물에 부속된 연결통로

라. 비상콘센트설비를 설치해야 하는 특정소방대상물(위험물 저장 및 처리 시설 중 가스시설 및 지하구는 제외한다)은 다음의 어느 하나에 해당하는 것으로 한다.

1) 층수가 11층 이상인 특정소방대상물의 경우에는 11층 이상의 층

2) 지하층의 층수가 3층 이상이고 지하층의 바닥면적의 합계가 1천m² 이상인 것은 지하층의 모든 층

3) 지하가 중 터널로서 길이가 500m 이상인 것

마. 무선통신보조설비를 설치해야 하는 특정소방대상물(위험물 저장 및 처리 시설 중 가스시설은 제외한다)은 다음의 어느 하나에 해당하는 것으로 한다.

1) 지하가(터널은 제외한다)로서 연면적 1천m² 이상인 것

2) 지하층의 바닥면적의 합계가 3천m² 이상인 것 또는 지하층의 층수가 3층 이상이고 지하층의 바닥면적의 합계가 1천m² 이상인 것은 지하층의 모든 층

3) 지하가 중 터널로서 길이가 500m 이상인 것

4) 지하구 중 공동구

5) 층수가 30층 이상인 것으로서 16층 이상 부분의 모든 층

바. 연소방지설비는 지하구(전력 또는 통신사업용인 것만 해당한다)에 설치해야 한다.

※ 비고

1. 별표 2 제1호부터 제27호까지 중 어느 하나에 해당하는 시설(이하 이 호에서 "근린생활시설등"이라 한다)의 소방시설 설치기준이 복합건축물의 소방시설 설치기준보다 강화된 경우 복합건축물 안에 있는 해당 근린생활시설등에 대해서는 그 근린생활시설등의 소방시설 설치기준을 적용한다.

2. 원자력발전소 중 「원자력안전법」 제2조에 따른 원자로 및 관계시설에 설치하는 소방시설에 대해서는 「원자력안전법」 제11조 및 제21조에 따른 허가기준에 따라 설치한다.

3. 특정소방대상물의 관계인은 제8조 제1항에 따른 내진설계 대상 특정소방대상물 및 제9조에 따른 성능위주설계 대상 특정소방대상물에 설치·관리해야 하는 소방시설에 대해서는 법 제7조에 따른 소방시설의 내진설계기준 및 법 제8조에 따른 성능위주설계의 기준에 맞게 설치·관리해야 한다.

설치가 면제되는 소방시설	설치가 면제되는 기준
1. 자동소화장치	자동소화장치(주거용 주방자동소화장치 및 상업용 주방자동소화장치는 제외한다)를 설치해야 하는 특정소방대상물에 물분무등소화설비를 화재안전기준에 적합하게 설치한 경우에는 그 설비의 유효범위(해당 소방시설이 화재를 감지·소화 또는 경보할 수 있는 부분을 말한다. 이하 같다)에서 설치가 면제된다.
2. 옥내소화전설비	소방본부장 또는 소방서장이 옥내소화전설비의 설치가 곤란하다고 인정하는 경우로서 호스릴 방식의 미분무소화설비 또는 옥외소화전설비를 화재안전기준에 적합하게 설치한 경우에는 그 설비의 유효범위에서 설치가 면제된다.
3. 스프링클러설비	가. 스프링클러설비를 설치해야 하는 특정소방대상물(발전시설 중 전기저장시설은 제외한다)에 적응성 있는 자동소화장치 또는 물분무등소화설비를 화재안전기준에 적합하게 설치한 경우에는 그 설비의 유효범위에서 설치가 면제된다. 나. 스프링클러설비를 설치해야 하는 전기저장시설에 소화설비를 소방청장이 정하여 고시하는 방법에 따라 설치한 경우에는 그 설비의 유효범위에서 설치가 면제된다.
4. 간이스프링클러 설비	간이스프링클러설비를 설치해야 하는 특정소방대상물에 스프링클러설비, 물분무소화설비 또는 미분무소화설비를 화재안전기준에 적합하게 설치한 경우에는 그 설비의 유효범위에서 설치가 면제된다.
5. 물분무등소화설비	물분무등소화설비를 설치해야 하는 차고·주차장에 스프링클러설비를 화재안전기준에 적합하게 설치한 경우에는 그 설비의 유효범위에서 설치가 면제된다.
6. 옥외소화전설비	옥외소화전설비를 설치해야 하는 문화유산인 목조건축물에 상수도소화용수설비를 화재안전기준에서 정하는 방수압력·방수량·옥외소화전함 및 호스의 기준에 적합하게 설치한 경우에는 설치가 면제된다.
7. 비상경보설비	비상경보설비를 설치해야 할 특정소방대상물에 단독경보형 감지기를 2개 이상의 단독경보형 감지기와 연동하여 설치한 경우에는 그 설비의 유효범위에서 설치가 면제된다.
8. 비상경보설비 또는 단독경보형 감지기	비상경보설비 또는 단독경보형 감지기를 설치해야 하는 특정소방대상물에 자동화재탐지설비 또는 화재알림설비를 화재안전기준에 적합하게 설치한 경우에는 그 설비의 유효범위에서 설치가 면제된다.
9. 자동화재탐지설비	자동화재탐지설비의 기능(감지·수신·경보기능을 말한다)과 성능을 가진 화재알림설비, 스프링클러설비 또는 물분무등소화설비를 화재안전기준에 적합하게 설치한 경우에는 그 설비의 유효범위에서 설치가 면제된다.
10. 화재알림설비	화재알림설비를 설치해야 하는 특정소방대상물에 자동화재탐지설비를 화재안전기준에 적합하게 설치한 경우에는 그 설비의 유효범위에서 설치가 면제된다.
11. 비상방송설비	비상방송설비를 설치해야 하는 특정소방대상물에 자동화재탐지설비 또는 비상경보설비와 같은 수준 이상의 음향을 발하는 장치를 부설한 방송설비를 화재안전기준에 적합하게 설치한 경우에는 그 설비의 유효범위에서 설치가 면제된다.
12. 자동화재속보설비	자동화재속보설비를 설치해야 하는 특정소방대상물에 화재알림설비를 화재안전기준에 적합하게 설치한 경우에는 그 설비의 유효범위에서 설치가 면제된다.
13. 누전경보기	누전경보기를 설치해야 하는 특정소방대상물 또는 그 부분에 아크경보기(옥내 배전선로의 단선이나 선로 손상 등으로 인하여 발생하는 아크를 감지하고 경보하는 장치를 말한다) 또는 전기 관련 법령에 따른 지락차단장치를 설치한 경우에는 그 설비의 유효범위에서 설치가 면제된다.
14. 피난구조설비	피난구조설비를 설치해야 하는 특정소방대상물에 그 위치·구조 또는 설비의 상황에 따라 피난상 지장이 없다고 인정되는 경우에는 화재안전기준에서 정하는 바에 따라 설치가 면제된다.

15. 비상조명등	비상조명등을 설치해야 하는 특정소방대상물에 피난구유도등 또는 통로유도등을 화재안전기준에 적합하게 설치한 경우에는 그 유도등의 유효범위에서 설치가 면제된다.
16. 상수도소화용수 설비	가. 상수도소화용수설비를 설치해야 하는 특정소방대상물의 각 부분으로부터 수평거리 140m 이내에 공공의 소방을 위한 소화전이 화재안전기준에 적합하게 설치되어 있는 경우에는 설치가 면제된다. 나. 소방본부장 또는 소방서장이 상수도소화용수설비의 설치가 곤란하다고 인정하는 경우로서 화재안전기준에 적합한 소화수조 또는 저수조가 설치되어 있거나 이를 설치하는 경우에는 그 설비의 유효범위에서 설치가 면제된다.
17. 제연설비	가. 제연설비를 설치해야 하는 특정소방대상물[별표 4 제5호가목6)은 제외한다]에 다음의 어느 하나에 해당하는 설비를 설치한 경우에는 설치가 면제된다. 　1) 공기조화설비를 화재안전기준의 제연설비기준에 적합하게 설치하고 공기조화설비가 화재 시 제연설비기능으로 자동전환되는 구조로 설치되어 있는 경우 　2) 직접 외부 공기와 통하는 배출구의 면적의 합계가 해당 제연구역[제연경계(제연설비의 일부인 천장을 포함한다)에 의하여 구획된 건축물 내의 공간을 말한다] 바닥면적의 100분의 1 이상이고, 배출구부터 각 부분까지의 수평거리가 30m 이내이며, 공기유입구가 화재안전기준에 적합하게(외부 공기를 직접 자연 유입할 경우에 유입구의 크기는 배출구의 크기 이상이어야 한다) 설치되어 있는 경우 나. 별표 4 제5호가목6)에 따라 제연설비를 설치해야 하는 특정소방대상물 중 노대(露臺)와 연결된 특별피난계단, 노대가 설치된 비상용 승강기의 승강장 또는 「건축법 시행령」 제91조 제5호의 기준에 따라 배연설비가 설치된 피난용 승강기의 승강장에는 설치가 면제된다.
18. 연결송수관설비	연결송수관설비를 설치해야 하는 소방대상물에 옥외에 연결송수구 및 옥내에 방수구가 부설된 옥내소화전설비, 스프링클러설비, 간이스프링클러설비 또는 연결살수설비를 화재안전기준에 적합하게 설치한 경우에는 그 설비의 유효범위에서 설치가 면제된다. 다만, 지표면에서 최상층 방수구의 높이가 70m 이상인 경우에는 설치해야 한다.
19. 연결살수설비	가. 연결살수설비를 설치해야 하는 특정소방대상물에 송수구를 부설한 스프링클러설비, 간이스프링클러설비, 물분무소화설비 또는 미분무소화설비를 화재안전기준에 적합하게 설치한 경우에는 그 설비의 유효범위에서 설치가 면제된다. 나. 가스 관계 법령에 따라 설치되는 물분무장치 등에 소방대가 사용할 수 있는 연결송수구가 설치되거나 물분무장치 등에 6시간 이상 공급할 수 있는 수원(水源)이 확보된 경우에는 설치가 면제된다.
20. 무선통신보조설비	무선통신보조설비를 설치해야 하는 특정소방대상물에 이동통신 구내 중계기 선로설비 또는 무선이동중계기(「전파법」 제58조의2에 따른 적합성평가를 받은 제품만 해당한다) 등을 화재안전기준의 무선통신보조설비기준에 적합하게 설치한 경우에는 설치가 면제된다.
21. 연소방지설비	연소방지설비를 설치해야 하는 특정소방대상물에 스프링클러설비, 물분무소화설비 또는 미분무소화설비를 화재안전기준에 적합하게 설치한 경우에는 그 설비의 유효범위에서 설치가 면제된다.

소방시설을 설치하지 않을 수 있는 특정소방대상물 및 소방시설의 범위 (제16조 관련)

구분	특정소방대상물	설치하지 않을 수 있는 소방시설
1. 화재 위험도가 낮은 특정소방대상물	석재, 불연성금속, 불연성 건축재료 등의 가공공장·기계조립공장 또는 불연성 물품을 저장하는 창고	옥외소화전 및 연결살수설비
2. 화재안전기준을 적용하기 어려운 특정소방대상물	펄프공장의 작업장, 음료수 공장의 세정 또는 충전을 하는 작업장, 그 밖에 이와 비슷한 용도로 사용하는 것	스프링클러설비, 상수도소화용수설비 및 연결살수설비
	정수장, 수영장, 목욕장, 농예·축산·어류양식용 시설, 그 밖에 이와 비슷한 용도로 사용되는 것	자동화재탐지설비, 상수도소화용수설비 및 연결살수설비
3. 화재안전기준을 달리 적용해야 하는 특수한 용도 또는 구조를 가진 특정소방대상물	원자력발전소, 중·저준위방사성폐기물의 저장시설	연결송수관설비 및 연결살수설비
4. 「위험물 안전관리법」 제19조에 따른 자체소방대가 설치된 특정소방대상물	자체소방대가 설치된 제조소등에 부속된 사무실	옥내소화전설비, 소화용수설비, 연결살수설비 및 연결송수관설비

수용인원의 산정 방법(제17조 관련)

1. 숙박시설이 있는 특정소방대상물

가. 침대가 있는 숙박시설: 해당 특정소방대상물의 종사자 수에 침대 수(2인용 침대는 2개로 산정한다)를 합한 수

나. 침대가 없는 숙박시설: 해당 특정소방대상물의 종사자 수에 숙박시설 바닥면적의 합계를 $3m^2$로 나누어 얻은 수를 합한 수

2. 제1호 외의 특정소방대상물

가. 강의실·교무실·상담실·실습실·휴게실 용도로 쓰는 특정소방대상물: 해당 용도로 사용하는 바닥면적의 합계를 $1.9m^2$로 나누어 얻은 수

나. 강당, 문화 및 집회시설, 운동시설, 종교시설: 해당 용도로 사용하는 바닥면적의 합계를 $4.6m^2$로 나누어 얻은 수(관람석이 있는 경우 고정식 의자를 설치한 부분은 그 부분의 의자 수로 하고, 긴 의자의 경우에는 의자의 정면너비를 0.45m로 나누어 얻은 수로 한다)

다. 그 밖의 특정소방대상물: 해당 용도로 사용하는 바닥면적의 합계를 $3m^2$로 나누어 얻은 수

※ 비고

1. 위 표에서 바닥면적을 산정할 때에는 복도(「건축법 시행령」 제2조 제11호에 따른 준불연재료 이상의 것을 사용하여 바닥에서 천장까지 벽으로 구획한 것을 말한다), 계단 및 화장실의 바닥면적을 포함하지 않는다.
2. 계산 결과 소수점 이하의 수는 반올림한다.

[시행일: 2023.7.1.] 제1호 라목, 제1호 바목, 제1호 사목, 제2호 라목, 제2호 바목, 제2호 사목

1. 임시소방시설의 종류

가. 소화기

나. 간이소화장치: 물을 방사(放射)하여 화재를 진화할 수 있는 장치로서 소방청장이 정하는 성능을 갖추고 있을 것

다. 비상경보장치: 화재가 발생한 경우 주변에 있는 작업자에게 화재사실을 알릴 수 있는 장치로서 소방청장이 정하는 성능을 갖추고 있을 것

라. 가스누설경보기: 가연성 가스가 누설되거나 발생된 경우 이를 탐지하여 경보하는 장치로서 법 제37조에 따른 형식승인 및 제품검사를 받은 것 [시행일: 2023.7.1.]

마. 간이피난유도선: 화재가 발생한 경우 피난구 방향을 안내할 수 있는 장치로서 소방청장이 정하는 성능을 갖추고 있을 것

바. 비상조명등: 화재가 발생한 경우 안전하고 원활한 피난활동을 할 수 있도록 자동 점등되는 조명장치로서 소방청장이 정하는 성능을 갖추고 있을 것 [시행일: 2023.7.1.]

사. 방화포: 용접·용단 등의 작업 시 발생하는 불티로부터 가연물이 점화되는 것을 방지해주는 천 또는 불연성 물품으로서 소방청장이 정하는 성능을 갖추고 있을 것 [시행일: 2023.7.1.]

2. 임시소방시설을 설치해야 하는 공사의 종류와 규모

가. 소화기: 법 제6조 제1항에 따라 소방본부장 또는 소방서장의 동의를 받아야 하는 특정소방대상물의 신축·증축·개축·재축·이전·용도변경 또는 대수선 등을 위한 공사 중 법 제15조 제1항에 따른 화재위험작업의 현장(이하 이 표에서 "화재위험작업현장"이라 한다)에 설치한다.

나. 간이소화장치: 다음의 어느 하나에 해당하는 공사의 화재위험작업현장에 설치한다.
1) 연면적 3천m² 이상
2) 지하층, 무창층 또는 4층 이상의 층. 이 경우 해당 층의 바닥면적이 600m² 이상인 경우만 해당한다.

다. 비상경보장치: 다음의 어느 하나에 해당하는 공사의 화재위험작업현장에 설치한다.
1) 연면적 400m² 이상
2) 지하층 또는 무창층. 이 경우 해당 층의 바닥면적이 150m² 이상인 경우만 해당한다.

라. 가스누설경보기: 바닥면적이 150m² 이상인 지하층 또는 무창층의 화재위험작업현장에 설치한다.
[시행일: 2023.7.1.]

마. 간이피난유도선: 바닥면적이 150m² 이상인 지하층 또는 무창층의 화재위험작업현장에 설치한다.

바. 비상조명등: 바닥면적이 150m² 이상인 지하층 또는 무창층의 화재위험작업현장에 설치한다.
[시행일: 2023.7.1.]

사. 방화포: 용접·용단 작업이 진행되는 화재위험작업현장에 설치한다. [시행일: 2023.7.1.]

3. 임시소방시설과 기능 및 성능이 유사한 소방시설로서 임시소방시설을 설치한 것으로 보는 소방시설

가. 간이소화장치를 설치한 것으로 보는 소방시설: 소방청장이 정하여 고시하는 기준에 맞는 소화기(연결송수관설비의 방수구 인근에 설치한 경우로 한정한다) 또는 옥내소화전설비

나. 비상경보장치를 설치한 것으로 보는 소방시설: 비상방송설비 또는 자동화재탐지설비

다. 간이피난유도선을 설치한 것으로 보는 소방시설: 피난유도선, 피난구유도등, 통로유도등 또는 비상조명등

소방시설관리업의 업종별 등록기준 및 영업범위(제45조 제1항 관련)

기술인력 등 업종별	기술인력	영업범위
전문 소방시설관리업	가. 주된 기술인력 　1) 소방시설관리사 자격을 취득한 후 소방 관련 실무경력이 5년 이상 　　인 사람 1명 이상 　2) 소방시설관리사 자격을 취득한 후 소방 관련 실무경력이 3년 이상 　　인 사람 1명 이상 나. 보조 기술인력 　1) 고급점검자 이상의 기술인력: 2명 이상 　2) 중급점검자 이상의 기술인력: 2명 이상 　3) 초급점검자 이상의 기술인력: 2명 이상	모든 특정소방대상물
일반 소방시설관리업	가. 주된 기술인력: 소방시설관리사 자격을 취득한 후 소방 관련 실무경력 　이 1년 이상인 사람 1명 이상 나. 보조 기술인력 　1) 중급점검자 이상의 기술인력: 1명 이상 　2) 초급점검자 이상의 기술인력: 1명 이상	특정소방대상물 중 「화재의 예방 및 안전관리에 관한 법 률 시행령」 별표 4에 따른 1 급, 2급, 3급 소방안전관리대 상물

※ 비고
1. "소방 관련 실무경력"이란 「소방시설공사업법」 제28조 제3항에 따른 소방기술과 관련된 경력을 말한다.
2. 보조 기술인력의 종류별 자격은 「소방시설공사업법」 제28조 제3항에 따라 소방기술과 관련된 자격·학력 및 경력을 가진 사람 중에서 행정안전부령으로 정한다.

과태료의 부과기준(제52조 관련)

1. 일반기준

가. 위반행위의 횟수에 따른 과태료의 가중된 부과기준은 최근 1년간 같은 위반행위로 과태료 부과처분을 받은 경우에 적용한다. 이 경우 기간의 계산은 위반행위에 대하여 과태료 부과처분을 받은 날과 그 처분 후 다시 같은 위반행위를 하여 적발된 날을 기준으로 한다.

나. 가목에 따라 가중된 부과처분을 하는 경우 가중처분의 적용 차수는 그 위반행위 전 부과처분 차수(가목에 따른 기간 내에 과태료 부과처분이 둘 이상 있었던 경우에는 높은 차수를 말한다)의 다음 차수로 한다.

다. 부과권자는 다음의 어느 하나에 해당하는 경우에는 제2호의 개별기준에 따른 과태료의 2분의 1 범위에서 그 금액을 줄여 부과할 수 있다. 다만, 과태료를 체납하고 있는 위반행위자에 대해서는 그렇지 않다.

1) 위반행위가 사소한 부주의나 오류로 인한 것으로 인정되는 경우

2) 위반행위자가 법 위반상태를 시정하거나 해소하기 위하여 노력한 사실이 인정되는 경우

3) 위반행위자가 처음 위반행위를 한 경우로서 3년 이상 해당 업종을 모범적으로 영위한 사실이 인정되는 경우

4) 위반행위자가 화재 등 재난으로 재산에 현저한 손실을 입거나 사업 여건의 악화로 그 사업이 중대한 위기에 처하는 등 사정이 있는 경우

5) 위반행위자가 같은 위반행위로 다른 법률에 따라 과태료·벌금·영업정지 등의 처분을 받은 경우
6) 그 밖에 위반행위의 정도, 위반행위의 동기와 그 결과 등을 고려하여 과태료 금액을 줄일 필요가 있다고 인정되는 경우

2. 개별기준

위반행위	근거 법조문	과태료 금액 (단위: 만원)		
		1차 위반	2차 위반	3차 이상 위반
가. 법 제12조 제1항을 위반한 경우	법 제61조 제1항 제1호			
1) 2) 및 3)의 규정을 제외하고 소방시설을 최근 1년 이내에 2회 이상 화재안전기준에 따라 관리하지 않은 경우			100	
2) 소방시설을 다음에 해당하는 고장 상태 등으로 방치한 경우 가) 소화펌프를 고장 상태로 방치한 경우 나) 화재 수신기, 동력·감시 제어반 또는 소방시설용 전원(비상전원을 포함한다)을 차단하거나, 고장난 상태로 방치하거나, 임의로 조작하여 자동으로 작동이 되지 않도록 한 경우 다) 소방시설이 작동할 때 소화배관을 통하여 소화수가 방수되지 않는 상태 또는 소화약제가 방출되지 않는 상태로 방치한 경우			200	
3) 소방시설을 설치하지 않은 경우			300	
나. 법 제15조 제1항을 위반하여 공사 현장에 임시소방시설을 설치·관리하지 않은 경우	법 제61조 제1항 제2호		300	
다. 법 제16조 제1항을 위반하여 피난시설, 방화구획 또는 방화시설을 폐쇄·훼손·변경하는 등의 행위를 한 경우	법 제61조 제1항 제3호	100	200	300
라. 법 제20조 제1항을 위반하여 방염대상물품을 방염성능기준 이상으로 설치하지 않은 경우	법 제61조 제1항 제4호		200	
마. 법 제22조 제1항 전단을 위반하여 점검능력평가를 받지 않고 점검을 한 경우	법 제61조 제1항 제5호		300	
바. 법 제22조 제1항 후단을 위반하여 관계인에게 점검 결과를 제출하지 않은 경우	법 제61조 제1항 제6호		300	
사. 법 제22조 제2항에 따른 점검인력의 배치기준 등 자체점검 시 준수사항을 위반한 경우	법 제61조 제1항 제7호		300	
아. 법 제23조 제3항을 위반하여 점검 결과를 보고하지 않거나 거짓으로 보고한 경우	법 제61조 제1항 제8호			
1) 지연 보고 기간이 10일 미만인 경우			50	
2) 지연 보고 기간이 10일 이상 1개월 미만인 경우			100	
3) 지연 보고 기간이 1개월 이상이거나 보고하지 않은 경우			200	
4) 점검 결과를 축소·삭제하는 등 거짓으로 보고한 경우			300	

자. 법 제23조 제4항을 위반하여 이행계획을 기간 내에 완료하지 않은 경우 또는 이행계획 완료 결과를 보고하지 않거나 거짓으로 보고한 경우	법 제61조 제1항 제9호			
1) 지연 완료 기간 또는 지연 보고 기간이 10일 미만인 경우			50	
2) 지연 완료 기간 또는 지연 보고 기간이 10일 이상 1개월 미만인 경우			100	
3) 지연 완료 기간 또는 지연 보고 기간이 1개월 이상이거나, 완료 또는 보고를 하지 않은 경우			200	
4) 이행계획 완료 결과를 거짓으로 보고한 경우			300	
차. 법 제24조 제1항을 위반하여 점검기록표를 기록하지 않거나 특정소방대상물의 출입자가 쉽게 볼 수 있는 장소에 게시하지 않은 경우	법 제61조 제1항 제10호	100	200	300
카. 법 제31조 또는 제32조 제3항을 위반하여 신고를 하지 않거나 거짓으로 신고한 경우	법 제61조 제1항 제11호			
1) 지연 신고 기간이 1개월 미만인 경우			50	
2) 지연 신고 기간이 1개월 이상 3개월 미만인 경우			100	
3) 지연 신고 기간이 3개월 이상이거나 신고를 하지 않은 경우			200	
4) 거짓으로 신고한 경우			300	
타. 법 제33조 제3항을 위반하여 지위승계, 행정처분 또는 휴업·폐업의 사실을 특정소방대상물의 관계인에게 알리지 않거나 거짓으로 알린 경우	법 제61조 제1항 제12호		300	
파. 법 제33조 제4항을 위반하여 소속 기술인력의 참여 없이 자체점검을 한 경우	법 제61조 제1항 제13호		300	
하. 법 제34조 제2항에 따른 점검실적을 증명하는 서류 등을 거짓으로 제출한 경우	법 제61조 제1항 제14호		300	
거. 법 제52조 제1항에 따른 명령을 위반하여 보고 또는 자료제출을 하지 않거나 거짓으로 보고 또는 자료제출을 한 경우 또는 정당한 사유 없이 관계 공무원의 출입 또는 검사를 거부·방해 또는 기피한 경우	법 제61조 제1항 제15호	50	100	300

소방시설 설치 및 관리에 관한 법률 시행규칙 별표

별표 1 성능위주설계 평가단 및 중앙소방심의위원회의 검토·평가 구분 및 통보 시기 (제5조 제5항 관련)

구분		성립요건	통보 시기
수리	원안채택	신고서(도면 등) 내용에 수정이 없거나 경미한 경우 원안대로 수리	지체 없이
	보완	평가단 또는 중앙위원회에서 검토·평가한 결과 보완이 요구되는 경우로서 보완이 완료되면 수리	보완완료 후 지체 없이 통보
불수리	재검토	평가단 또는 중앙위원회에서 검토·평가한 결과 보완이 요구되나 단기간에 보완될 수 없는 경우	지체 없이
	부결	평가단 또는 중앙위원회에서 검토·평가한 결과 소방 관련 법령 및 건축 법령에 위반되거나 평가 기준을 충족하지 못한 경우	지체 없이

※ 비고

보완으로 결정된 경우 보완기간은 21일 이내로 부여하고 보완이 완료되면 지체 없이 수리 여부를 통보해야 한다.

별표 2 차량용 소화기의 설치 또는 비치 기준(제14조 관련)

[시행일: 2024.12.1.]

자동차에는 법 제37조 제5항에 따라 형식승인을 받은 차량용 소화기를 다음 각 호의 기준에 따라 설치 또는 비치해야 한다.

1. 승용자동차

법 제37조 제5항에 따른 능력단위(이하 "능력단위"라 한다) 1 이상의 소화기 1개 이상을 사용하기 쉬운 곳에 설치 또는 비치한다.

2. 승합자동차

가. 경형승합자동차: 능력단위 1 이상의 소화기 1개 이상을 사용하기 쉬운 곳에 설치 또는 비치한다.

나. 승차정원 15인 이하: 능력단위 2 이상인 소화기 1개 이상 또는 능력단위 1 이상인 소화기 2개 이상을 설치한다. 이 경우 승차정원 11인 이상 승합자동차는 운전석 또는 운전석과 옆으로 나란한 좌석 주위에 1개 이상을 설치한다.

다. 승차정원 16인 이상 35인 이하: 능력단위 2 이상인 소화기 2개 이상을 설치한다. 이 경우 승차정원 23인을 초과하는 승합자동차로서 너비 2.3미터를 초과하는 경우에는 운전자 좌석 부근에 가로 600밀리미터, 세로 200밀리미터 이상의 공간을 확보하고 1개 이상의 소화기를 설치한다.

라. 승차정원 36인 이상: 능력단위 3 이상인 소화기 1개 이상 및 능력단위 2 이상인 소화기 1개 이상을 설치한다. 다만, 2층 대형승합자동차의 경우에는 위층 차실에 능력단위 3 이상인 소화기 1개 이상을 추가 설치한다.

3. 화물자동차(피견인자동차는 제외한다) 및 특수자동차

　　가. 중형 이하: 능력단위 1 이상인 소화기 1개 이상을 사용하기 쉬운 곳에 설치한다.

　　나. 대형 이상: 능력단위 2 이상인 소화기 1개 이상 또는 능력단위 1 이상인 소화기 2개 이상을 사용하기 쉬운 곳에 설치한다.

4. 「위험물안전관리법 시행령」 제3조에 따른 지정수량 이상의 위험물 또는 「고압가스 안전관리법 시행령」 제2조에 따라 고압가스를 운송하는 특수자동차(피견인자동차를 연결한 경우에는 이를 연결한 견인자동차를 포함한다)

　　「위험물안전관리법 시행규칙」 제41조 및 별표 17 제3호나목 중 이동탱크저장소 자동차용소화기의 설치기준란에 해당하는 능력단위와 수량 이상을 설치한다.

별표 3　소방시설등 자체점검의 구분 및 대상, 점검자의 자격, 점검 장비, 점검 방법 및 횟수 등 자체점검 시 준수해야 할 사항(제20조 제1항 관련)

1. 소방시설등에 대한 자체점검은 다음과 같이 구분한다.

　　가. 작동점검: 소방시설등을 인위적으로 조작하여 소방시설이 정상적으로 작동하는지를 소방청장이 정하여 고시하는 소방시설등 작동점검표에 따라 점검하는 것을 말한다.

　　나. 종합점검: 소방시설등의 작동점검을 포함하여 소방시설등의 설비별 주요 구성 부품의 구조기준이 화재안전기준과 「건축법」 등 관련 법령에서 정하는 기준에 적합한 지 여부를 소방청장이 정하여 고시하는 소방시설등 종합점검표에 따라 점검하는 것을 말하며, 다음과 같이 구분한다.

　　　　1) 최초점검: 법 제22조 제1항 제1호에 따라 소방시설이 새로 설치되는 경우 「건축법」 제22조에 따라 건축물을 사용할 수 있게 된 날부터 60일 이내 점검하는 것을 말한다.

　　　　2) 그 밖의 종합점검: 최초점검을 제외한 종합점검을 말한다.

2. 작동점검은 다음의 구분에 따라 실시한다.

　　가. 작동점검은 영 제5조에 따른 특정소방대상물을 대상으로 한다. 다만, 다음의 어느 하나에 해당하는 특정소방대상물은 제외한다.

　　　　1) 특정소방대상물 중 「화재의 예방 및 안전관리에 관한 법률」 제24조 제1항에 해당하지 않는 특정소방대상물(소방안전관리자를 선임하지 않는 대상을 말한다)

　　　　2) 「위험물안전관리법」 제2조 제6호에 따른 제조소등(이하 "제조소등"이라 한다)

　　　　3) 「화재의 예방 및 안전관리에 관한 법률 시행령」 별표 4 제1호가목의 특급소방안전관리대상물

　　나. 작동점검은 다음의 분류에 따른 기술인력이 점검할 수 있다. 이 경우 별표 4에 따른 점검인력 배치기준을 준수해야 한다.

　　　　1) 영 별표 4 제1호마목의 간이스프링클러설비(주택전용 간이스프링클러설비는 제외한다) 또는 같은 표 제2호다목의 자동화재탐지설비가 설치된 특정소방대상물

　　　　　　가) 관계인

　　　　　　나) 관리업에 등록된 기술인력 중 소방시설관리사

　　　　　　다) 「소방시설공사업법 시행규칙」 별표 4의2에 따른 특급점검자

　　　　　　라) 소방안전관리자로 선임된 소방시설관리사 및 소방기술사

2) 1)에 해당하지 않는 특정소방대상물

　　가) 관리업에 등록된 소방시설관리사

　　나) 소방안전관리자로 선임된 소방시설관리사 및 소방기술사

다. 작동점검은 연 1회 이상 실시한다.

라. 작동점검의 점검 시기는 다음과 같다.

　1) 종합점검 대상은 종합점검을 받은 달부터 6개월이 되는 달에 실시한다.

　2) 1)에 해당하지 않는 특정소방대상물은 특정소방대상물의 사용승인일(건축물의 경우에는 건축물관리대장 또는 건물 등기사항증명서에 기재되어 있는 날, 시설물의 경우에는 「시설물의 안전 및 유지관리에 관한 특별법」 제55조 제1항에 따른 시설물통합정보관리체계에 저장·관리되고 있는 날을 말하며, 건축물관리대장, 건물 등기사항증명서 및 시설물통합정보관리체계를 통해 확인되지 않는 경우에는 소방시설완공검사증명서에 기재된 날을 말한다)이 속하는 달의 말일까지 실시한다. 다만, 건축물관리대장 또는 건물 등기사항증명서 등에 기입된 날이 서로 다른 경우에는 건축물관리대장에 기재되어 있는 날을 기준으로 점검한다.

3. 종합점검은 다음의 구분에 따라 실시한다.

가. 종합점검은 다음의 어느 하나에 해당하는 특정소방대상물을 대상으로 한다.

　1) 법 제22조 제1항 제1호에 해당하는 특정소방대상물

　2) 스프링클러설비가 설치된 특정소방대상물

　3) 물분무등소화설비[호스릴(hose reel) 방식의 물분무등소화설비만을 설치한 경우는 제외한다]가 설치된 연면적 5,000m^2 이상인 특정소방대상물(제조소등은 제외한다)

　4) 「다중이용업소의 안전관리에 관한 특별법 시행령」 제2조 제1호나목, 같은 조 제2호(비디오물소극장업은 제외한다)·제6호·제7호·제7호의2 및 제7호의5의 다중이용업의 영업장이 설치된 특정소방대상물로서 연면적이 2,000m^2 이상인 것

　5) 제연설비가 설치된 터널

　6) 「공공기관의 소방안전관리에 관한 규정」 제2조에 따른 공공기관 중 연면적(터널·지하구의 경우 그 길이와 평균 폭을 곱하여 계산된 값을 말한다)이 1,000m^2 이상인 것으로서 옥내소화전설비 또는 자동화재탐지설비가 설치된 것. 다만, 「소방기본법」 제2조 제5호에 따른 소방대가 근무하는 공공기관은 제외한다.

나. 종합점검은 다음 어느 하나에 해당하는 기술인력이 점검할 수 있다. 이 경우 별표 4에 따른 점검인력 배치기준을 준수해야 한다.

　1) 관리업에 등록된 소방시설관리사

　2) 소방안전관리자로 선임된 소방시설관리사 및 소방기술사

다. 종합점검의 점검 횟수는 다음과 같다.

　1) 연 1회 이상(「화재의 예방 및 안전에 관한 법률 시행령」 별표 4 제1호가목의 특급 소방안전관리대상물은 반기에 1회 이상) 실시한다.

　2) 1)에도 불구하고 소방본부장 또는 소방서장은 소방청장이 소방안전관리가 우수하다고 인정한 특정소방대상물에 대해서는 3년의 범위에서 소방청장이 고시하거나 정한 기간 동안 종합점검을 면제할 수 있다. 다만, 면제기간 중 화재가 발생한 경우는 제외한다.

라. 종합점검의 점검 시기는 다음과 같다.

　1) 가목 1)에 해당하는 특정소방대상물은 「건축법」 제22조에 따라 건축물을 사용할 수 있게 된 날부터 60일 이내 실시한다.

　2) 1)을 제외한 특정소방대상물은 건축물의 사용승인일이 속하는 달에 실시한다. 다만, 「공공기관의 안전관리에 관한 규정」 제2조 제2호 또는 제5호에 따른 학교의 경우에는 해당 건축물의 사용승인일이 1월에서 6월 사이에 있는 경우에는 6월 30일까지 실시할 수 있다.

3) 건축물 사용승인일 이후 가목 3)에 따라 종합점검 대상에 해당하게 된 경우에는 그 다음 해부터 실시한다.

4) 하나의 대지경계선 안에 2개 이상의 자체점검 대상 건축물 등이 있는 경우에는 그 건축물 중 사용승인일이 가장 빠른 연도의 건축물의 사용승인일을 기준으로 점검할 수 있다.

4. 제1호에도 불구하고 「공공기관의 소방안전관리에 관한 규정」 제2조에 따른 공공기관의 장은 공공기관에 설치된 소방시설 등의 유지·관리상태를 맨눈 또는 신체감각을 이용하여 점검하는 외관점검을 월 1회 이상 실시(작동점검 또는 종합점검을 실시한 달에는 실시하지 않을 수 있다)하고, 그 점검 결과를 2년간 자체 보관해야 한다. 이 경우 외관점검의 점검자는 해당 특정소방대상물의 관계인, 소방안전관리자 또는 관리업자(소방시설관리사를 포함하여 등록된 기술인력을 말한다)로 해야 한다.

5. 제1호 및 제4호에도 불구하고 공공기관의 장은 해당 공공기관의 전기시설물 및 가스시설에 대하여 다음 각 목의 구분에 따른 점검 또는 검사를 받아야 한다.

가. 전기시설물의 경우: 「전기사업법」 제63조에 따른 사용전검사

나. 가스시설의 경우: 「도시가스사업법」 제17조에 따른 검사, 「고압가스 안전관리법」 제16조의2 및 제20조 제4항에 따른 검사 또는 「액화석유가스의 안전관리 및 사업법」 제37조 및 제44조 제2항·제4항에 따른 검사

6. 공동주택(아파트등으로 한정한다) 세대별 점검방법은 다음과 같다.

가. 관리자(관리소장, 입주자대표회의 및 소방안전관리자를 포함한다. 이하 같다) 및 입주민(세대 거주자를 말한다)은 2년 이내 모든 세대에 대하여 점검을 해야 한다.

나. 가목에도 불구하고 아날로그감지기 등 특수감지기가 설치되어 있는 경우에는 수신기에서 원격 점검할 수 있으며, 점검할 때마다 모든 세대를 점검해야 한다. 다만, 자동화재탐지설비의 선로 단선이 확인되는 때에는 단선이 난 세대 또는 그 경계구역에 대하여 현장점검을 해야 한다.

다. 관리자는 수신기에서 원격 점검이 불가능한 경우 매년 작동점검만 실시하는 공동주택은 1회 점검 시 마다 전체 세대 수의 50퍼센트 이상, 종합점검을 실시하는 공동주택은 1회 점검 시 마다 전체 세대수의 30퍼센트 이상 점검하도록 자체점검 계획을 수립·시행해야 한다.

라. 관리자 또는 해당 공동주택을 점검하는 관리업자는 입주민이 세대 내에 설치된 소방시설등을 스스로 점검할 수 있도록 소방청 또는 사단법인 한국소방시설관리협회의 홈페이지에 게시되어 있는 공동주택 세대별 점검 동영상을 입주민이 시청할 수 있도록 안내하고, 점검서식(별지 제36호서식 소방시설 외관점검표를 말한다)을 사전에 배부해야 한다.

마. 입주민은 점검서식에 따라 스스로 점검하거나 관리자 또는 관리업자로 하여금 대신 점검하게 할 수 있다. 입주민이 스스로 점검한 경우에는 그 점검 결과를 관리자에게 제출하고 관리자는 그 결과를 관리업자에게 알려주어야 한다.

바. 관리자는 관리업자로 하여금 세대별 점검을 하고자 하는 경우에는 사전에 점검 일정을 입주민에게 사전에 공지하고 세대별 점검 일자를 파악하여 관리업자에게 알려주어야 한다. 관리업자는 사전 파악된 일정에 따라 세대별 점검을 한 후 관리자에게 점검 현황을 제출해야 한다.

사. 관리자는 관리업자가 점검하기로 한 세대에 대하여 입주민의 사정으로 점검을 하지 못한 경우 입주민이 스스로 점검할 수 있도록 다시 안내해야 한다. 이 경우 입주민이 관리업자로 하여금 다시 점검받기를 원하는 경우 관리업자로 하여금 추가로 점검하게 할 수 있다.

아. 관리자는 세대별 점검현황(입주민 부재 등 불가피한 사유로 점검을 하지 못한 세대 현황을 포함한다)을 작성하여 자체점검이 끝난 날부터 2년간 자체 보관해야 한다.

7. 자체점검은 다음의 점검 장비를 이용하여 점검해야 한다.

소방시설	점검 장비	규격
모든 소방시설	방수압력측정계, 절연저항계(절연저항측정기), 전류전압측정계	
소화기구	저울	
옥내소화전설비 옥외소화전설비	소화전밸브압력계	
스프링클러설비 포소화설비	헤드결합렌치(볼트, 너트, 나사 등을 죄거나 푸는 공구)	
이산화탄소소화설비 분말소화설비 할론소화설비 할로겐화합물 및 불활성기체 소화설비	검량계, 기동관누설시험기, 그 밖에 소화약제의 저장량을 측정할 수 있는 점검기구	
자동화재탐지설비 시각경보기	열감지기시험기, 연(煙)감지기시험기, 공기주입시험기, 감지기시험기연결막대, 음량계	
누전경보기	누전계	누전전류 측정용
무선통신보조설비	무선기	통화시험용
제연설비	풍속풍압계, 폐쇄력측정기, 차압계(압력차 측정기)	
통로유도등 비상조명등	조도계(밝기 측정기)	최소눈금이 0.1럭스 이하인 것

※ 비고
1. 신축·증축·개축·재축·이전·용도변경 또는 대수선 등으로 소방시설이 새로 설치된 경우에는 해당 특정소방대상물의 소방시설 전체에 대하여 실시한다.
2. 작동점검 및 종합점검(최초점검은 제외한다)은 건축물 사용승인 후 그 다음 해부터 실시한다.
3. 특정소방대상물이 증축·용도변경 또는 대수선 등으로 사용승인일이 달라지는 경우 사용승인일이 빠른 날을 기준으로 자체점검을 실시한다.

별표 4 소방시설등의 자체점검 시 점검인력의 배치기준(제20조 제1항 관련)

2024.11.30.까지는 종전 시행규칙 별표 2에 따른다. [시행일: 2024.12.1.]

1. 점검인력 1단위는 다음과 같다.

　가. 관리업자가 점검하는 경우에는 소방시설관리사 또는 특급점검자 1명과 영 별표 9에 따른 보조 기술인력 2명을 점검인력 1단위로 하되, 점검인력 1단위에 2명(같은 건축물을 점검할 때는 4명) 이내의 보조 기술인력을 추가할 수 있다.

　나. 소방안전관리자로 선임된 소방시설관리사 및 소방기술사가 점검하는 경우에는 소방시설관리사 또는 소방기술사 중 1명과 보조 기술인력 2명을 점검인력 1단위로 하되, 점검인력 1단위에 2명 이내의 보조 기술인력을 추가할 수 있다. 다만, 보조 기술인력은 해당 특정소방대상물의 관계인 또는 소방안전관리보조자로 할 수 있다.

　다. 관계인 또는 소방안전관리자가 점검하는 경우에는 관계인 또는 소방안전관리자 1명과 보조 기술인력 2명을 점검인력 1단위로 하되, 보조 기술인력은 해당 특정소방대상물의 관리자, 점유자 또는 소방안전관리보조자로 할 수 있다.

2. 관리업자가 점검하는 경우 특정소방대상물의 규모 등에 따른 점검인력의 배치기준은 다음과 같다.

구분	주된 기술인력	보조 기술인력
가. 50층 이상 또는 성능위주설계를 한 특정소방대상물	소방시설관리사 경력 5년 이상 1명 이상	고급점검자 이상 1명 이상 및 중급점검자 이상 1명 이상
나. 「화재의 예방 및 안전관리에 관한 법률 시행령」 별표 4 제1호에 따른 특급 소방안전관리대상물 (가목의 특정소방대상물은 제외한다)	소방시설관리사 경력 3년 이상 1명 이상	고급점검자 이상 1명 이상 및 초급점검자 이상 1명 이상
다. 「화재의 예방 및 안전관리에 관한 법률 시행령」 별표 4 제2호 및 제3호에 따른 1급 또는 2급 소방안전관리대상물	소방시설관리사 1명 이상	중급점검자 이상 1명 이상 및 초급점검자 이상 1명 이상
라. 「화재의 예방 및 안전관리에 관한 법률 시행령」 별표 4 제4호에 따른 3급 소방안전관리대상물	소방시설관리사 1명 이상	초급점검자 이상의 기술인력 2명 이상

※ 비고
 1. 라목에는 주된 기술인력으로 특급점검자를 배치할 수 있다.
 2. 보조 기술인력의 등급구분(특급점검자, 고급점검자, 중급점검자, 초급점검자)은 「소방시설공사업법 시행규칙」 별표 4의2에서 정하는 기준에 따른다.

3. 점검인력 1단위가 하루 동안 점검할 수 있는 특정소방대상물의 연면적(이하 "점검한도 면적"이라 한다)은 다음 각 목과 같다.

 가. 종합점검: 8,000m^2
 나. 작동점검: 10,000m^2

4. 점검인력 1단위에 보조 기술인력을 1명씩 추가할 때마다 종합점검의 경우에는 2,000m^2, 작동점검의 경우에는 2,500m^{2}씩을 점검한도 면적에 더한다. 다만, 하루에 2개 이상의 특정소방대상물을 배치할 경우 1일 점검 한도면적은 특정소방대상물별로 투입된 점검인력에 따른 점검 한도면적의 평균값으로 적용하여 계산한다.

5. 점검인력은 하루에 5개의 특정소방대상물에 한하여 배치할 수 있다. 다만 2개 이상의 특정소방대상물을 2일 이상 연속하여 점검하는 경우에는 배치기한을 초과해서는 안 된다.

6. 관리업자등이 하루 동안 점검한 면적은 실제 점검면적(지하구는 그 길이에 폭의 길이 1.8m를 곱하여 계산된 값을 말하며, 터널은 3차로 이하인 경우에는 그 길이에 폭의 길이 3.5m를 곱하고, 4차로 이상인 경우에는 그 길이에 폭의 길이 7m를 곱한 값을 말한다. 다만, 한쪽 측벽에 소방시설이 설치된 4차로 이상인 터널의 경우에는 그 길이와 폭의 길이 3.5m를 곱한 값을 말한다. 이하 같다)에 다음의 각 목의 기준을 적용하여 계산한 면적(이하 "점검면적"이라 한다)으로 하되, 점검면적은 점검한도 면적을 초과해서는 안 된다.

 가. 실제 점검면적에 다음의 가감계수를 곱한다.

구분	대상용도	가감계수
1류	문화 및 집회시설, 종교시설, 판매시설, 의료시설, 노유자시설, 수련시설, 숙박시설, 위락시설, 창고시설, 교정시설, 발전시설, 지하가, 복합건축물	1.1
2류	공동주택, 근린생활시설, 운수시설, 교육연구시설, 운동시설, 업무시설, 방송통신시설, 공장, 항공기 및 자동차 관련 시설, 군사시설, 관광휴게시설, 장례시설, 지하구	1.0
3류	위험물 저장 및 처리시설, 문화재, 동물 및 식물 관련 시설, 자원순환 관련 시설, 묘지 관련 시설	0.9

나. 점검한 특정소방대상물이 다음의 어느 하나에 해당할 때에는 다음에 따라 계산된 값을 가목에 따라 계산된 값에서 뺀다.

1) 영 별표 4 제1호라목에 따라 스프링클러설비가 설치되지 않은 경우: 가목에 따라 계산된 값에 0.1을 곱한 값

2) 영 별표 4 제1호바목에 따라 물분무등소화설비(호스릴 방식의 물분무등소화설비는 제외한다)가 설치되지 않은 경우: 가목에 따라 계산된 값에 0.1을 곱한 값

3) 영 별표 4 제5호가목에 따라 제연설비가 설치되지 않은 경우: 가목에 따라 계산된 값에 0.1을 곱한 값

다. 2개 이상의 특정소방대상물을 하루에 점검하는 경우에는 특정소방대상물 상호간의 좌표 최단거리 5km마다 점검 한도면적에 0.02를 곱한 값을 점검 한도면적에서 뺀다.

7. 제3호부터 제6호까지의 규정에도 불구하고 아파트등(공용시설, 부대시설 또는 복리시설은 포함하고, 아파트등이 포함된 복합건축물의 아파트등 외의 부분은 제외한다. 이하 이 표에서 같다)를 점검할 때에는 다음 각 목의 기준에 따른다.

가. 점검인력 1단위가 하루 동안 점검할 수 있는 아파트등의 세대수(이하 "점검한도 세대수"라 한다)는 종합점검 및 작동점검에 관계없이 250세대로 한다.

나. 점검인력 1단위에 보조 기술인력을 1명씩 추가할 때마다 60세대씩을 점검한도 세대수에 더한다.

다. 관리업자등이 하루 동안 점검한 세대수는 실제 점검 세대수에 다음의 기준을 적용하여 계산한 세대수(이하 "점검세대수"라 한다)로 하되, 점검세대수는 점검한도 세대수를 초과해서는 안 된다.

1) 점검한 아파트등이 다음의 어느 하나에 해당할 때에는 다음에 따라 계산된 값을 실제 점검 세대수에서 뺀다.

가) 영 별표 4 제1호라목에 따라 스프링클러설비가 설치되지 않은 경우: 실제 점검 세대수에 0.1을 곱한 값

나) 영 별표 4 제1호바목에 따라 물분무등소화설비(호스릴 방식의 물분무등소화설비는 제외한다)가 설치되지 않은 경우: 실제 점검 세대수에 0.1을 곱한 값

다) 영 별표 4 제5호가목에 따라 제연설비가 설치되지 않은 경우: 실제 점검 세대수에 0.1을 곱한 값

2) 2개 이상의 아파트를 하루에 점검하는 경우에는 아파트 상호간의 좌표 최단거리 5km마다 점검 한도세대수에 0.02를 곱한 값을 점검한도 세대수에서 뺀다.

8. 아파트등과 아파트등 외 용도의 건축물을 하루에 점검할 때에는 종합점검의 경우 제7호에 따라 계산된 값에 32, 작동점검의 경우 제7호에 따라 계산된 값에 40을 곱한 값을 점검대상 연면적으로 보고 제2호 및 제3호를 적용한다.

9. 종합점검과 작동점검을 하루에 점검하는 경우에는 작동점검의 점검대상 연면적 또는 점검대상 세대수에 0.8을 곱한 값을 종합점검 점검대상 연면적 또는 점검대상 세대수로 본다.

10. 제3호부터 제9호까지의 규정에 따라 계산된 값은 소수점 이하 둘째 자리에서 반올림한다.

1. 일반기준

가. 위반행위가 둘 이상이면 그 중 무거운 처분기준(무거운 처분기준이 동일한 경우에는 그 중 하나의 처분기준을 말한다. 이하 같다)에 따른다. 다만, 둘 이상의 처분기준이 모두 영업정지이거나 사용정지인 경우에는 각 처분기준을 합산한 기간을 넘지 않는 범위에서 무거운 처분기준에 각각 나머지 처분기준의 2분의 1 범위에서 가중한다.

나. 영업정지 또는 사용정지 처분기간 중 영업정지 또는 사용정지에 해당하는 위반사항이 있는 경우에는 종전의 처분기간 만료일의 다음 날부터 새로운 위반사항에 따른 영업정지 또는 사용정지의 행정처분을 한다.

다. 위반행위의 횟수에 따른 행정처분의 기준은 최근 1년간 같은 위반행위로 행정처분을 받은 경우에 적용한다. 이 경우 적용일은 위반행위에 대한 행정처분일과 그 처분 후에 한 위반행위가 다시 적발된 날을 기준으로 한다.

라. 다목에 따라 가중된 부과처분을 하는 경우 가중처분의 적용 차수는 그 위반행위 전 부과처분 차수(다목에 따른 기간 내에 행정처분이 둘 이상 있었던 경우에는 높은 차수를 말한다)의 다음 차수로 한다.

마. 처분권자는 위반행위의 동기·내용·횟수 및 위반 정도 등 다음에 해당하는 사유를 고려하여 그 처분을 가중하거나 감경할 수 있다. 이 경우 그 처분이 영업정지 또는 자격정지인 경우에는 그 처분기준의 2분의 1의 범위에서 가중하거나 감경할 수 있고, 등록취소 또는 자격취소인 경우에는 등록취소 또는 자격취소 전 차수의 행정처분이 영업정지 또는 자격정지이면 그 처분기준의 2배 이하의 영업정지 또는 자격정지로 감경(법 제28조 제1호·제4호·제5호·제7호 및 법 제35조 제1항 제1호·제4호·제5호를 위반하여 등록취소 또는 자격취소된 경우는 제외한다)할 수 있다.

  1) 가중 사유
    가) 위반행위가 사소한 부주의나 오류가 아닌 고의나 중대한 과실에 의한 것으로 인정되는 경우
    나) 위반의 내용·정도가 중대하여 관계인에게 미치는 피해가 크다고 인정되는 경우
  2) 감경 사유
    가) 위반행위가 사소한 부주의나 오류 등 과실로 인한 것으로 인정되는 경우
    나) 위반의 내용·정도가 경미하여 관계인에게 미치는 피해가 적다고 인정되는 경우
    다) 위반 행위자가 처음 해당 위반행위를 한 경우로서 5년 이상 소방시설관리사의 업무, 소방시설관리업 등을 모범적으로 해 온 사실이 인정되는 경우
    라) 그 밖에 다음의 경미한 위반사항에 해당되는 경우
      (1) 스프링클러설비 헤드가 살수반경에 미치지 못하는 경우
      (2) 자동화재탐지설비 감지기 2개 이하가 설치되지 않은 경우
      (3) 유도등이 일시적으로 점등되지 않는 경우
      (4) 유도표지가 정해진 위치에 붙어 있지 않은 경우

바. 처분권자는 고의 또는 중과실이 없는 위반행위자가 「소상공인기본법」 제2조에 따른 소상공인인 경우에는 다음의 사항을 고려하여 제2호나목의 개별기준에 따른 처분을 감경할 수 있다. 이 경우 그 처분이 영업정지인 경우에는 그 처분기준의 100분의 70 범위에서 감경할 수 있고, 그 처분이 등록취소(법 제35조 제1항 제1호·제4호·제5호를 위반하여 등록취소된 경우는 제외한다)인 경우에는 3개월의 영업정지 처분으로 감경할 수 있다. 다만, 마목에 따른 감경과 중복하여 적용하지 않는다.

  1) 해당 행정처분으로 위반행위자가 더 이상 영업을 영위하기 어렵다고 객관적으로 인정되는지 여부
  2) 경제위기 등으로 위반행위자가 속한 시장·산업 여건이 현저하게 변동되거나 지속적으로 악화된 상태인지 여부

2. 개별기준

가. 소방시설관리사에 대한 행정처분기준

위반사항	근거 법조문	행정처분기준		
		1차 위반	2차 위반	3차 이상 위반
1) 거짓이나 그 밖의 부정한 방법으로 시험에 합격한 경우	법 제28조 제1호	자격취소		
2)「화재의 예방 및 안전관리에 관한 법률」제25조 제2항에 따른 대행인력의 배치기준·자격·방법 등 준수사항을 지키지 않은 경우	법 제28조 제2호	경고 (시정명령)	자격정지 6개월	자격취소
3) 법 제22조에 따른 점검을 하지 않거나 거짓으로 한 경우	법 제28조 제3호			
가) 점검을 하지 않은 경우		자격정지 1개월	자격정지 6개월	자격취소
나) 거짓으로 점검한 경우		경고 (시정명령)	자격정지 6개월	자격취소
4) 법 제25조 제7항을 위반하여 소방시설관리사증을 다른 사람에게 빌려준 경우	법 제28조 제4호	자격취소		
5) 법 제25조 제8항을 위반하여 동시에 둘 이상의 업체에 취업한 경우	법 제28조 제5호	자격취소		
6) 법 제25조 제9항을 위반하여 성실하게 자체점검 업무를 수행하지 않은 경우	법 제28조 제6호	경고 (시정명령)	자격정지 6개월	자격취소
7) 법 제27조 각 호의 어느 하나의 결격사유에 해당하게 된 경우	법 제28조 제7호	자격취소		

나. 소방시설관리업자에 대한 행정처분기준

위반사항	근거 법조문	행정처분기준		
		1차 위반	2차 위반	3차 이상 위반
1) 거짓이나 그 밖의 부정한 방법으로 등록을 한 경우	법 제35조 제1항 제1호	등록취소		
2) 법 제22조에 따른 점검을 하지 않거나 거짓으로 한 경우	법 제35조 제1항 제2호			
가) 점검을 하지 않은 경우		영업정지 1개월	영업정지 3개월	등록취소
나) 거짓으로 점검한 경우		경고 (시정명령)	영업정지 3개월	등록취소
3) 법 제29조 제2항에 따른 등록기준에 미달하게 된 경우. 다만, 기술인력이 퇴직하거나 해임되어 30일 이내에 재선임하여 신고한 경우는 제외한다.	법 제35조 제1항 제3호	경고 (시정명령)	영업정지 3개월	등록취소
4) 법 제30조 각 호의 어느 하나의 등록의 결격사유에 해당하게 된 경우. 다만, 제30조 제5호에 해당하는 법인으로서 결격사유에 해당하게 된 날부터 2개월 이내에 그 임원을 결격사유가 없는 임원으로 바꾸어 선임한 경우는 제외한다.	법 제35조 제1항 제4호	등록취소		
5) 법 제33조 제2항을 위반하여 등록증 또는 등록수첩을 빌려준 경우	법 제35조 제1항 제5호	등록취소		
6) 법 제34조 제1항에 따른 점검능력 평가를 받지 않고 자체점검을 한 경우	법 제35조 제1항 제6호	영업정지 1개월	영업정지 3개월	등록취소

별표 9	**과징금의 부과기준(제40조 제1항 관련)**

1. 일반기준

가. 영업정지 1개월은 30일로 계산한다.

나. 과징금 산정은 영업정지기간(일)에 제2호나목의 영업정지 1일에 해당하는 금액을 곱한 금액으로 한다.

다. 위반행위가 둘 이상 발생한 경우 과징금 부과를 위한 영업정지기간(일) 산정은 제2호가목의 개별기준에 따른 각각의 영업정지 처분기간을 합산한 기간으로 한다.

라. 영업정지에 해당하는 위반사항으로서 위반행위의 동기·내용·횟수 또는 그 결과를 고려하여 그 처분기준의 2분의 1까지 감경한 경우 과징금 부과에 의한 영업정지기간(일) 산정은 감경한 영업정지기간으로 한다.

마. 연간 매출액은 해당 업체에 대한 처분일이 속한 연도의 전년도의 1년간 위반사항이 적발된 업종의 각 매출금액을 기준으로 한다. 다만, 신규사업·휴업 등으로 인하여 1년간의 위반사항이 적발된 업종의 각 매출금액을 산출할 수 없거나 1년간의 위반사항이 적발된 업종의 각 매출금액을 기준으로 하는 것이 불합리하다고 인정되는 경우에는 분기별·월별 또는 일별 매출금액을 기준으로 산출 또는 조정한다.

바. 가목부터 마목까지의 규정에도 불구하고 과징금 산정금액이 3천만원을 초과하는 경우 3천만원으로 한다.

2. 개별기준

가. 과징금을 부과할 수 있는 위반행위의 종류

위반사항	근거 법조문	행정처분기준		
		1차 위반	2차 위반	3차 이상 위반
1) 법 제22조에 따른 점검을 하지 않거나 거짓으로 한 경우	법 제35조 제1항 제2호	영업정지 1개월	영업정지 3개월	
2) 법 제29조 제2항에 따른 등록기준에 미달하게 된 경우. 다만, 기술인력이 퇴직하거나 해임되어 30일 이내에 재선임하여 신고한 경우는 제외한다.	법 제35조 제1항 제3호		영업정지 3개월	
3) 법 제34조 제1항에 따른 점검능력 평가를 받지 않고 자체점검을 한 경우	법 제35조 제1항 제6호	영업정지 1개월	영업정지 3개월	

나. 과징금 금액 산정기준

등급	연간매출액(단위: 백만원)	영업정지 1일에 해당되는 금액(단위: 원)
1	10 이하	25,000
2	10 초과 ~ 30 이하	30,000
3	30 초과 ~ 50 이하	35,000
4	50 초과 ~ 100 이하	45,000
5	100 초과 ~ 150 이하	50,000
6	150 초과 ~ 200 이하	55,000
7	200 초과 ~ 250 이하	65,000
8	250 초과 ~ 300 이하	80,000
9	300 초과 ~ 350 이하	95,000
10	350 초과 ~ 400 이하	110,000
11	400 초과 ~ 450 이하	125,000
12	450 초과 ~ 500 이하	140,000
13	500 초과 ~ 750 이하	160,000
14	750 초과 ~ 1,000 이하	180,000
15	1,000 초과 ~ 2,500 이하	210,000
16	2,500 초과 ~ 5,000 이하	240,000
17	5,000 초과 ~ 7,500 이하	270,000
18	7,500 초과 ~ 10,000 이하	300,000
19	10,000 초과	330,000

pass.Hackers.com

Part 04
위험물안전관리법

제1조 (목적)

이 법은 위험물의 저장·취급 및 운반과 이에 따른 안전관리에 관한 사항을 규정함으로써 위험물로 인한 위해를 방지하여 공공의 안전을 확보함을 목적으로 한다.

> **시행령 제1조 (목적)** 이 영은 「위험물안전관리법」에서 위임된 사항과 그 시행에 관하여 필요한 사항을 규정함을 목적으로 한다.

> **시행규칙 제1조 (목적)** 이 규칙은 「위험물안전관리법」 및 동법 시행령에서 위임된 사항과 그 시행에 관하여 필요한 사항을 규정함을 목적으로 한다.

제2조 (정의)

① 이 법에서 사용하는 용어의 정의는 다음과 같다.
  1. "위험물"이라 함은 인화성 또는 발화성 등의 성질을 가지는 것으로서 대통령령이 정하는 물품을 말한다.
  2. "지정수량"이라 함은 위험물의 종류별로 위험성을 고려하여 대통령령이 정하는 수량으로서 제6호의 규정에 의한 제조소등의 설치허가 등에 있어서 최저의 기준이 되는 수량을 말한다.
  3. "제조소"라 함은 위험물을 제조할 목적으로 지정수량 이상의 위험물을 취급하기 위하여 제6조 제1항의 규정에 따른 허가(동조 제3항의 규정에 따라 허가가 면제된 경우 및 제7조 제2항의 규정에 따라 협의로써 허가를 받은 것으로 보는 경우를 포함한다. 이하 제4호 및 제5호에서 같다)를 받은 장소를 말한다.
  4. "저장소"라 함은 지정수량 이상의 위험물을 저장하기 위한 대통령령이 정하는 장소로서 제6조 제1항의 규정에 따른 허가를 받은 장소를 말한다.
  5. "취급소"라 함은 지정수량 이상의 위험물을 제조 외의 목적으로 취급하기 위한 대통령령이 정하는 장소로서 제6조 제1항의 규정에 따른 허가를 받은 장소를 말한다.
  6. "제조소등"이라 함은 제3호 내지 제5호의 제조소·저장소 및 취급소를 말한다.
② 이 법에서 사용하는 용어의 정의는 제1항에서 규정하는 것을 제외하고는 「소방기본법」, 「화재의 예방 및 안전관리에 관한 법률」, 「소방시설 설치 및 관리에 관한 법률」 및 「소방시설공사업법」에서 정하는 바에 따른다.

> **참고** **저장소 및 취급소의 종류**
>
> **1. 저장소의 종류**
>   - 옥내저장소
>   - 옥외저장소
>   - 지하탱크저장소
>   - 이동탱크저장소
>   - 옥내탱크저장소
>   - 옥외탱크저장소
>   - 간이탱크저장소
>   - 암반탱크저장소
>
> **2. 취급소의 종류**
>   - 주유취급소
>   - 이송취급소
>   - 판매취급소
>   - 일반취급소

시행령 제2조 (위험물) 「위험물안전관리법」(이하 "법"이라 한다) 제2조 제1항 제1호에서 "대통령령이 정하는 물품"이라 함은 별표 1에 규정된 위험물을 말한다.

제3조 (위험물의 지정수량) 법 제2조 제1항 제2호에서 "대통령령이 정하는 수량"이라 함은 별표 1의 위험물별로 지정수량란에 규정된 수량을 말한다.

제4조 (위험물을 저장하기 위한 장소 등) 법 제2조 제1항 제4호의 규정에 의한 지정수량 이상의 위험물을 저장하기 위한 장소와 그에 따른 저장소의 구분은 별표 2와 같다.

제5조 (위험물을 취급하기 위한 장소 등) 법 제2조 제1항 제5호의 규정에 의한 지정수량 이상의 위험물을 제조 외의 목적으로 취급하기 위한 장소와 그에 따른 취급소의 구분은 별표 3과 같다.

시행규칙 제2조 (정의) 이 규칙에서 사용하는 용어의 뜻은 다음과 같다.
1. "고속국도"란 「도로법」 제10조 제1호에 따른 고속국도를 말한다.
2. "도로"란 다음 각 목의 어느 하나에 해당하는 것을 말한다.
   가. 「도로법」 제2조 제1호에 따른 도로
   나. 「항만법」 제2조 제5호에 따른 항만시설 중 임항교통시설에 해당하는 도로
   다. 「사도법」 제2조의 규정에 의한 사도
   라. 그 밖에 일반교통에 이용되는 너비 2미터 이상의 도로로서 자동차의 통행이 가능한 것
3. "하천"이란 「하천법」 제2조 제1호에 따른 하천을 말한다.
4. "내화구조"란 「건축법 시행령」 제2조 제7호에 따른 내화구조를 말한다.
5. "불연재료"란 「건축법 시행령」 제2조 제10호에 따른 불연재료 중 유리 외의 것을 말한다.

제3조 (위험물 품명의 지정) ① 「위험물안전관리법 시행령」(이하 "영"이라 한다) 별표 1 제1류의 품명란 제10호에서 "행정안전부령으로 정하는 것"이라 함은 다음 각 호의 1에 해당하는 것을 말한다.
1. 과아이오딘산염류
2. 과아이오딘산
3. 크롬, 납 또는 아이오딘의 산화물
4. 아질산염류
5. 차아염소산염류
6. 염소화아이소사이아누르산
7. 퍼옥소이황산염류
8. 퍼옥소붕산염류
② 영 별표 1 제3류의 품명란 제11호에서 "행정안전부령으로 정하는 것"이라 함은 염소화규소화합물을 말한다.
③ 영 별표 1 제5류의 품명란 제10호에서 "행정안전부령으로 정하는 것"이라 함은 다음 각 호의 1에 해당하는 것을 말한다.
1. 금속의 아지화합물
2. 질산구아니딘
④ 영 별표 1 제6류의 품명란 제4호에서 "행정안전부령으로 정하는 것"이란 할로겐간화합물을 말한다.

제4조 (위험물의 품명) ① 제3조 제1항 및 제3항 각 호의 1에 해당하는 위험물은 각각 다른 품명의 위험물로 본다.
② 영 별표 1 제1류의 품명란 제11호, 동표 제2류의 품명란 제8호, 동표 제3류의 품명란 제12호, 동표 제5류의 품명란 제11호 또는 동표 제6류의 품명란 제5호의 위험물로서 당해 위험물에 함유된 위험물의 품명이 다른 것은 각각 다른 품명의 위험물로 본다.

제5조 (탱크 용적의 산정기준) ① 위험물을 저장 또는 취급하는 탱크의 용량은 해당 탱크의 내용적에서 공간용적을 뺀 용적으로 한다. 이 경우 위험물을 저장 또는 취급하는 영 별표 2 제6호에 따른 차량에 고정된 탱크(이하 "이동저장탱크"라 한다)의 용량은 「자동차 및 자동차부품의 성능과 기준에 관한 규칙」에 따른 최대적재량 이하로 하여야 한다.
② 제1항의 규정에 의한 탱크의 내용적 및 공간용적의 계산방법은 소방청장이 정하여 고시한다.

③ 제1항의 규정에 불구하고 제조소 또는 일반취급소의 위험물을 취급하는 탱크 중 특수한 구조 또는 설비를 이용함에 따라 당해 탱크 내의 위험물의 최대량이 제1항의 규정에 의한 용량 이하인 경우에는 당해 최대량을 용량으로 한다.

> **[참고]** **탱크 용적과 탱크의 공간 용적**
>
> 1. **탱크 용적**: 탱크 내 용적 – 탱크 공간 용적
> 2. **탱크의 공간 용적**: 탱크용적의 100분의 5 이상 100분의 10 이하의 용적

◎ 확인 예제

01 「위험물안전관리법 시행령」 및 같은 법 시행규칙상 위험물의 성질과 품명이 옳지 않은 것은?

① 가연성 고체: 적린, 금속분
② 산화성 액체: 과염소산, 질산
③ 산화성 고체: 아이오딘산염류, 과요오드산
④ 자연발화성 및 금수성물질: 황린, 아조화합물

02 위험물을 제조할 목적으로 지정수량 이상의 위험물을 취급하기 위하여 규정에 따른 허가를 받은 장소를 말하는 것은?

① 위험물취급소   ② 위험물저장소
③ 위험물제조소   ④ 일반취급소

[정답] 01 ④   02 ③

제3조 (적용제외)

이 법은 항공기·선박(선박법 제1조의2 제1항의 규정에 따른 선박을 말한다)·철도 및 궤도에 의한 위험물의 저장·취급 및 운반에 있어서는 이를 적용하지 아니한다.

제3조의2 (국가의 책무)

① 국가는 위험물에 의한 사고를 예방하기 위하여 다음 각 호의 사항을 포함하는 시책을 수립·시행하여야 한다.
  1. 위험물의 유통실태 분석
  2. 위험물에 의한 사고 유형의 분석
  3. 사고 예방을 위한 안전기술 개발
  4. 전문인력 양성
  5. 그 밖에 사고 예방을 위하여 필요한 사항
② 국가는 지방자치단체가 위험물에 의한 사고의 예방·대비 및 대응을 위한 시책을 추진하는 데에 필요한 행정적·재정적 지원을 하여야 한다.

제4조 (지정수량 미만인 위험물의 저장·취급)

지정수량 미만인 위험물의 저장 또는 취급에 관한 기술상의 기준은 특별시·광역시·특별자치시·도 및 특별자치도(이하 "시·도"라 한다)의 조례로 정한다.

확인 예제

위험물표에서 지정수량 미만인 위험물의 저장 또는 취급에 관한 기술상의 기준은 어디의 적용을 받는가?

① 위험물안전관리법   ② 행정안전부령

③ 시·도의 조례   ④ 위험물안전관리법 시행령

정답 ③

제5조 (위험물의 저장 및 취급의 제한)

① 지정수량 이상의 위험물을 저장소가 아닌 장소에서 저장하거나 제조소등이 아닌 장소에서 취급하여서는 아니 된다.

② 제1항의 규정에 불구하고 다음 각 호의 어느 하나에 해당하는 경우에는 제조소등이 아닌 장소에서 지정수량 이상의 위험물을 취급할 수 있다. 이 경우 임시로 저장 또는 취급하는 장소에서의 저장 또는 취급의 기준과 임시로 저장 또는 취급하는 장소의 위치·구조 및 설비의 기준은 시·도의 조례로 정한다.

    1. 시·도의 조례가 정하는 바에 따라 관할소방서장의 승인을 받아 지정수량 이상의 위험물을 90일 이내의 기간 동안 임시로 저장 또는 취급하는 경우

    2. 군부대가 지정수량 이상의 위험물을 군사목적으로 임시로 저장 또는 취급하는 경우

③ 제조소등에서의 위험물의 저장 또는 취급에 관하여는 다음 각 호의 중요기준 및 세부기준에 따라야 한다.

    1. 중요기준: 화재 등 위해의 예방과 응급조치에 있어서 큰 영향을 미치거나 그 기준을 위반하는 경우 직접적으로 화재를 일으킬 가능성이 큰 기준으로서 행정안전부령이 정하는 기준

    2. 세부기준: 화재 등 위해의 예방과 응급조치에 있어서 중요기준보다 상대적으로 적은 영향을 미치거나 그 기준을 위반하는 경우 간접적으로 화재를 일으킬 수 있는 기준 및 위험물의 안전관리에 필요한 표시와 서류·기구 등의 비치에 관한 기준으로서 행정안전부령이 정하는 기준

④ 제1항의 규정에 따른 제조소등의 위치·구조 및 설비의 기술기준은 행정안전부령으로 정한다.

⑤ 둘 이상의 위험물을 같은 장소에서 저장 또는 취급하는 경우에 있어서 당해 장소에서 저장 또는 취급하는 각 위험물의 수량을 그 위험물의 지정수량으로 각각 나누어 얻은 수의 합계가 1 이상인 경우 당해 위험물은 지정수량 이상의 위험물로 본다.

> **참고** 위험물
>
> 일반적으로 위험물이라는 용어는 인간의 생명과 건강 또는 재산에 피해를 줄 수 있는 물질을 총칭하여 사용하고 있지만, 「위험물안전관리법」에서는 산화성고체, 가연성고체, 자연발화성 및 금수성물질, 인화성액체, 자기반응성물질, 산화성액체 등 6가지의 공통성질을 갖는 것을 의미하는 것으로 사용된다.

> **핵심정리** | 위험물의 저장 및 취급의 제한[임시 저장, 취급(시·도 조례)]
>
> 1. 관할 소방서장의 승인을 받아 지정수량 이상의 위험물을 90일 이내의 기간 동안 임시로 저장 또는 취급
> 2. 군부대가 지정수량 이상의 위험물을 군사목적으로 임시로 저장 또는 취급

시행규칙 제28조 (제조소의 기준) 법 제5조 제4항의 규정에 의한 제조소등의 위치·구조 및 설비의 기준(법 제19조의2 제2항에 따른 금연구역 표지의 설치 기준·방법 등을 포함하며, 이하 제40조까지에서 같다) 중 제조소에 관한 것은 별표 4와 같다. <개정 2024.7.30.>

제29조 (옥내저장소의 기준) 법 제5조 제4항의 규정에 의한 제조소등의 위치·구조 및 설비의 기준 중 옥내저장소에 관한 것은 별표 5와 같다.

제30조 (옥외탱크저장소의 기준) 법 제5조 제4항의 규정에 의한 제조소등의 위치·구조 및 설비의 기준 중 옥외탱크저장소에 관한 것은 별표 6과 같다.

제31조 (옥내탱크저장소의 기준) 법 제5조 제4항의 규정에 의한 제조소등의 위치·구조 및 설비의 기준 중 옥내탱크저장소에 관한 것은 별표 7과 같다.

제32조 (지하탱크저장소의 기준) 법 제5조 제4항의 규정에 의한 제조소등의 위치·구조 및 설비의 기준 중 지하탱크저장소에 관한 것은 별표 8과 같다.

제33조 (간이탱크저장소의 기준) 법 제5조 제4항의 규정에 의한 제조소등의 위치·구조 및 설비의 기준 중 간이탱크저장소에 관한 것은 별표 9와 같다.

제34조 (이동탱크저장소의 기준) 법 제5조 제4항의 규정에 의한 제조소등의 위치·구조 및 설비의 기준 중 이동탱크저장소에 관한 것은 별표 10과 같다.

제35조 (옥외저장소의 기준) 법 제5조 제4항의 규정에 의한 제조소등의 위치·구조 및 설비의 기준 중 옥외저장소에 관한 것은 별표 11과 같다.

제36조 (암반탱크저장소의 기준) 법 제5조 제4항의 규정에 의한 제조소등의 위치·구조 및 설비의 기준 중 암반탱크저장소에 관한 것은 별표 12와 같다.

제37조 (주유취급소의 기준) 법 제5조 제4항의 규정에 의한 제조소등의 위치·구조 및 설비의 기준 중 주유취급소에 관한 것은 별표 13과 같다.

제38조 (판매취급소의 기준) 법 제5조 제4항의 규정에 의한 제조소등의 위치·구조 및 설비의 기준 중 판매취급소에 관한 것은 별표 14와 같다.

제39조 (이송취급소의 기준) 법 제5조 제4항의 규정에 의한 제조소등의 위치·구조 및 설비의 기준 중 이송취급소에 관한 것은 별표 15와 같다.

제40조 (일반취급소의 기준) 법 제5조 제4항의 규정에 의한 제조소등의 위치·구조 및 설비의 기준 중 일반취급소에 관한 것은 별표 16과 같다.

제41조 (소화설비의 기준) ① 법 제5조 제4항의 규정에 의하여 제조소등에는 화재발생시 소화가 곤란한 정도에 따라 그 소화에 적응성이 있는 소화설비를 설치하여야 한다.
② 제1항의 규정에 의한 소화가 곤란한 정도에 따른 소화난이도는 소화난이도등급Ⅰ, 소화난이도등급Ⅱ 및 소화난이도등급Ⅲ으로 구분하되, 각 소화난이도등급에 해당하는 제조소등의 규모, 저장 또는 취급하는 위험물의 품명 및 최대수량 등과 그에 따라 제조소등별로 설치하여야 하는 소화설비의 종류, 각 소화설비의 적응성 및 소화설비의 설치기준은 별표 17과 같다.

제42조 (경보설비의 기준) ① 법 제5조 제4항의 규정에 의하여 영 별표 1의 규정에 의한 지정수량의 10배 이상의 위험물을 저장 또는 취급하는 제조소등(이동탱크저장소를 제외한다)에는 화재발생시 이를 알릴 수 있는 경보설비를 설치하여야 한다.
② 제1항에 따른 경보설비는 자동화재탐지설비·자동화재속보설비·비상경보설비(비상벨장치 또는 경종을 포함한다)·확성장치(휴대용확성기를 포함한다) 및 비상방송설비로 구분하되, 제조소등별로 설치하여야 하는 경보설비의 종류 및 설치기준은 별표 17과 같다. <개정 2020.10.12, 시행 2021.7.1.>
③ 자동신호장치를 갖춘 스프링클러설비 또는 물분무등소화설비를 설치한 제조소등에 있어서는 제2항의 규정에 의한 자동화재탐지설비를 설치한 것으로 본다.

제43조 (피난설비의 기준) ① 법 제5조 제4항의 규정에 의하여 주유취급소 중 건축물의 2층 이상의 부분을 점포·휴게음식점 또는 전시장의 용도로 사용하는 것과 옥내주유취급소에는 피난설비를 설치하여야 한다.
② 제1항의 규정에 의한 피난설비의 설치기준은 별표 17과 같다.

제44조 (소화설비 등의 설치에 관한 세부기준) 제41조 내지 제43조의 규정에 의한 기준 외에 소화설비·경보설비 및 피난설비의 설치에 관하여 필요한 세부기준은 소방청장이 정하여 고시한다.

제45조 (소화설비 등의 형식) 소화설비·경보설비 및 피난설비는 「소방시설 설치 및 관리에 관한 법률」 제37조에 따라 소방청장의 형식승인을 받은 것이어야 한다.

제46조 (화재안전기준 등의 적용) 제조소등에 설치하는 소화설비·경보설비 및 피난설비의 설치 기준 등에 관하여 제41조부터 제44조까지의 규정에 따른 기준 외에는 「소방시설 설치 및 관리에 관한 법률」 제2조 제6호에 따른 화재안전기준 및 같은 법 제7조에 따른 내진설계기준에 따른다. <개정 2016.8.2, 2022.12.1, 2024.5.20.>

제47조 (제조소등의 기준의 특례) ① 시·도지사 또는 소방서장은 다음 각 호의 1에 해당하는 경우에는 이 장의 규정을 적용하지 아니한다.

1. 위험물의 품명 및 최대수량, 지정수량의 배수, 위험물의 저장 또는 취급의 방법 및 제조소등의 주위의 지형 그 밖의 상황 등에 비추어 볼 때 화재의 발생 및 연소의 정도나 화재 등의 재난에 의한 피해가 이 장의 규정에 의한 제조소등의 위치·구조 및 설비의 기준에 의한 경우와 동등 이하가 된다고 인정되는 경우

2. 예상하지 아니한 특수한 구조나 설비를 이용하는 것으로서 이 장의 규정에 의한 제조소등의 위치·구조 및 설비의 기준에 의한 경우와 동등 이상의 효력이 있다고 인정되는 경우

② 시·도지사 또는 소방서장은 제조소등의 기준의 특례 적용 여부를 심사함에 있어서 전문기술적인 판단이 필요하다고 인정하는 사항에 대해서는 기술원이 실시한 해당 제조소등의 안전성에 관한 평가(이하 이 조에서 "안전성 평가"라 한다)를 참작할 수 있다.

③ 안전성 평가를 받으려는 자는 제6조 제1호부터 제4호까지 및 같은 조 제7호부터 제9호까지의 규정에 따른 서류 중 해당 서류를 기술원에 제출하여 안전성 평가를 신청할 수 있다.

④ 안전성 평가의 신청을 받은 기술원은 소방기술사, 위험물기능장 등 해당 분야의 전문가가 참여하는 위원회(이하 이 조에서 "안전성평가위원회"라 한다)의 심의를 거쳐 안전성 평가 결과를 30일 이내에 신청인에게 통보하여야 한다.

⑤ 그 밖에 안전성평가위원회의 구성 및 운영과 신청절차 등 안전성 평가에 관하여 필요한 사항은 기술원의 원장이 정한다.

제48조 (화약류에 해당하는 위험물의 특례) 염소산염류·과염소산염류·질산염류·황·철분·금속분·마그네슘·질산에스터류·나이트로화합물 중 「총포·도검·화약류 등의 안전관리에 관한 법률」에 따른 화약류에 해당하는 위험물을 저장 또는 취급하는 제조소 등에 대해서는 별표 4 Ⅱ·Ⅳ·Ⅸ·Ⅹ 및 별표 5 Ⅰ 제1호·제2호·제4호부터 제8호까지·제14호·제16호·Ⅱ·Ⅲ을 적용하지 않는다. <개정 2005.5.26, 2016.1.22, 2020.10.12, 2024.5.20.>

제49조 (제조소등에서의 위험물의 저장 및 취급의 기준) 법 제5조 제3항의 규정에 의한 제조소등에서의 위험물의 저장 및 취급에 관한 기준은 별표 18과 같다.

확인 예제

「위험물안전관리법 시행규칙」상 제조소등에 설치하는 소방시설 설치에 대한 내용으로 옳지 않은 것은?

① 제조소등에는 화재 발생시 소화가 곤란한 정도에 따라 그 소화에 적응성이 있는 소화설비를 설치하여야 한다.

② 제조소등에는 화재 발생시 소방공무원이 화재를 진압하거나 인명구조활동을 할 수 있도록 소화활동설비를 설치하여야 한다.

③ 주유취급소 중 건축물의 2층 이상의 부분을 점포·휴게음식점 또는 전시장의 용도로 사용하는 것과 옥내주유취급소에는 피난설비를 설치하여야 한다.

④ 지정수량의 10배 이상의 위험물을 저장 또는 취급하는 제조소등(이동탱크저장소 제외)에는 화재 발생시 이를 알릴 수 있는 경보설비를 설치하여야 한다.

정답 ②

Chapter 02 · 위험물시설의 설치 및 변경

제6조 (위험물시설의 설치 및 변경 등)

① 제조소등을 설치하고자 하는 자는 대통령령이 정하는 바에 따라 그 설치장소를 관할하는 특별시장·광역시장·특별자치시장·도지사 또는 특별자치도지사(이하 "시·도지사"라 한다)의 허가를 받아야 한다. 제조소등의 위치·구조 또는 설비 가운데 행정안전부령이 정하는 사항을 변경하고자 하는 때에도 또한 같다.

② 제조소등의 위치·구조 또는 설비의 변경 없이 당해 제조소등에서 저장하거나 취급하는 위험물의 품명·수량 또는 지정수량의 배수를 변경하고자 하는 자는 변경하고자 하는 날의 1일 전까지 행정안전부령이 정하는 바에 따라 시·도지사에게 신고하여야 한다.

③ 제1항 및 제2항의 규정에 불구하고 다음 각 호의 어느 하나에 해당하는 제조소등의 경우에는 허가를 받지 아니하고 당해 제조소등을 설치하거나 그 위치·구조 또는 설비를 변경할 수 있으며, 신고를 하지 아니하고 위험물의 품명·수량 또는 지정수량의 배수를 변경할 수 있다.
  1. 주택의 난방시설(공동주택의 중앙난방시설을 제외한다)을 위한 저장소 또는 취급소
  2. 농예용·축산용 또는 수산용으로 필요한 난방시설 또는 건조시설을 위한 지정수량 20배 이하의 저장소

> **참고** 허가
>
> 일반적 금지를 특정한 경우에 해제하여 그 금지된 행위를 할 수 있도록 자유를 회복시켜주는 행정행위를 말한다.

시행령 제6조 (제조소등의 설치 및 변경의 허가) ① 법 제6조 제1항에 따라 제조소등의 설치허가 또는 변경허가를 받으려는 자는 설치허가 또는 변경허가신청서에 행정안전부령으로 정하는 서류를 첨부하여 특별시장·광역시장·특별자치시장·도지사 또는 특별자치도지사(이하 "시·도지사"라 한다)에게 제출하여야 한다.

② 시·도지사는 제1항에 따른 제조소등의 설치허가 또는 변경허가 신청 내용이 다음 각 호의 기준에 적합하다고 인정하는 경우에는 허가를 하여야 한다. <개정 2020.7.14.>
  1. 제조소등의 위치·구조 및 설비가 법 제5조 제4항의 규정에 의한 기술기준에 적합할 것
  2. 제조소등에서의 위험물의 저장 또는 취급이 공공의 안전유지 또는 재해의 발생방지에 지장을 줄 우려가 없다고 인정될 것
  3. 다음 각 목의 제조소등은 해당 목에서 정한 사항에 대하여 「소방산업의 진흥에 관한 법률」 제14조에 따른 한국소방산업기술원(이하 "기술원"이라 한다)의 기술검토를 받고 그 결과가 행정안전부령으로 정하는 기준에 적합한 것으로 인정될 것. 다만, 보수 등을 위한 부분적인 변경으로서 소방청장이 정하여 고시하는 사항에 대해서는 기술원의 기술검토를 받지 않을 수 있으나 행정안전부령으로 정하는 기준에는 적합해야 한다.
    가. 지정수량의 1천배 이상의 위험물을 취급하는 제조소 또는 일반취급소: 구조·설비에 관한 사항
    나. 옥외탱크저장소(저장용량이 50만리터 이상인 것만 해당한다) 또는 암반탱크저장소: 위험물탱크의 기초·지반, 탱크본체 및 소화설비에 관한 사항

③ 제2항 제3호 각 목의 어느 하나에 해당하는 제조소등에 관한 설치허가 또는 변경허가를 신청하는 자는 그 시설의 설치계획에 관하여 미리 기술원의 기술검토를 받아 그 결과를 설치허가 또는 변경허가신청서류와 함께 제출할 수 있다.

핵심정리 | 위험물시설의 설치 및 변경 등

1. **시·도지사 허가:** 제조소등 설치, 제조소등(위치·구조, 설비) 변경(소화기 제외)
2. **시·도지사 변경신고:** 위험물의 품명·수량 또는 지정수량의 배수(변경 1일 전)
3. **시·도지사의 허가 또는 신고 없이 할 수 있는 경우**
   ① 주택의 난방시설(공동주택 중앙난방 제외)을 위한 저장소 또는 취급소
   ② **농예용·축산용 또는 수산용(난방·건조):** 지정수량 20배 이하의 저장소

시행규칙 제6조 (제조소등의 설치허가의 신청) 「위험물안전관리법」(이하 "법"이라 한다) 제6조 제1항 전단 및 영 제6조 제1항에 따라 제조소등의 설치허가를 받으려는 자는 별지 제1호서식 또는 별지 제2호서식의 신청서(전자문서로 된 신청서를 포함한다)에 다음 각 호의 서류(전자문서를 포함한다)를 첨부하여 특별시장·광역시장·특별자치시장·도지사 또는 특별자치도지사(이하 "시·도지사"라 한다)나 소방서장에게 제출하여야 한다. 다만, 「전자정부법」 제36조 제1항에 따른 행정정보의 공동이용을 통하여 첨부서류에 대한 정보를 확인할 수 있는 경우에는 그 확인으로 첨부서류에 갈음할 수 있다. <개정 2005.5.26, 2007.12.3, 2008.12.18, 2010.11.8, 2016.1.22, 2024.5.20.>

1. 다음 각목의 사항을 기재한 제조소등의 위치·구조 및 설비에 관한 도면
   가. 당해 제조소등을 포함하는 사업소 안 및 주위의 주요 건축물과 공작물의 배치
   나. 당해 제조소등이 설치된 건축물 안에 제조소등의 용도로 사용되지 아니하는 부분이 있는 경우 그 부분의 배치 및 구조
   다. 당해 제조소등을 구성하는 건축물, 공작물 및 기계·기구 그 밖의 설비의 배치(제조소 또는 일반취급소의 경우에는 공정의 개요를 포함한다)
   라. 당해 제조소등에서 위험물을 저장 또는 취급하는 건축물, 공작물 및 기계·기구 그 밖의 설비의 구조(주유취급소의 경우에는 별표 13 Ⅴ 제1호 각목의 규정에 의한 건축물 및 공작물의 구조를 포함한다)
   마. 당해 제조소등에 설치하는 전기설비, 피뢰설비, 소화설비, 경보설비 및 피난설비의 개요
   바. 압력안전장치·누설점검장치 및 긴급차단밸브 등 긴급대책에 관계된 설비를 설치하는 제조소등의 경우에는 당해 설비의 개요
2. 당해 제조소등에 해당하는 별지 제3호서식 내지 별지 제15호서식에 의한 구조설비명세표
3. 소화설비(소화기구를 제외한다)를 설치하는 제조소등의 경우에는 당해 설비의 설계도서
4. 화재탐지설비를 설치하는 제조소등의 경우에는 당해 설비의 설계도서
5. 50만리터 이상의 옥외탱크저장소의 경우에는 당해 옥외탱크저장소의 탱크(이하 "옥외저장탱크"라 한다)의 기초·지반 및 탱크본체의 설계도서, 공사계획서, 공사공정표, 지질조사자료 등 기초·지반에 관하여 필요한 자료와 용접부에 관한 설명서 등 탱크에 관한 자료
6. 암반탱크저장소의 경우에는 당해 암반탱크의 탱크본체·갱도(坑道) 및 배관 그 밖의 설비의 설계도서, 공사계획서, 공사공정표 및 지질·수리(水理)조사서
7. 옥외저장탱크가 지중탱크(저부가 지반면 아래에 있고 상부가 지반면 이상에 있으며 탱크내 위험물의 최고액면이 지반면 아래에 있는 원통세로형식의 위험물탱크를 말한다. 이하 같다)인 경우에는 해당 지중탱크의 지반 및 탱크본체의 설계도서, 공사계획서, 공사공정표 및 지질조사자료 등 지반에 관한 자료
8. 옥외저장탱크가 해상탱크[해상의 동일장소에 정치(定置)되어 육상에 설치된 설비와 배관 등에 의하여 접속된 위험물탱크를 말한다. 이하 같다]인 경우에는 당해 해상탱크의 탱크본체·정치설비(해상탱크를 동일장소에 정치하기 위한 설비를 말한다. 이하 같다) 그 밖의 설비의 설계도서, 공사계획서 및 공사공정표
9. 이송취급소의 경우에는 공사계획서, 공사공정표 및 별표 1의 규정에 의한 서류
10. 「소방산업의 진흥에 관한 법률」 제14조에 따른 한국소방산업기술원(이하 "기술원"이라 한다)이 발급한 기술검토서(영 제6조 제3항의 규정에 의하여 기술원의 기술검토를 미리 받은 경우에 한한다)

제7조 (제조소등의 변경허가의 신청) 법 제6조 제1항 후단 및 영 제6조 제1항의 규정에 의하여 제조소등의 위치·구조 또는 설비의 변경허가를 받고자 하는 자는 별지 제16호 서식 또는 별지 제17호 서식의 신청서(전자문서로 된 신청서를 포함한다)에 다음 각 호의 서류(전자문서를 포함한다)를 첨부하여 설치허가를 한 시·도지사 또는 소방서장에게 제출하여야 한다. 다만, 「전자정부법」 제36조 제1항의 규정에 의한 행정정보의 공동이용을 통하여 첨부서류에 대한 정보를 확인할 수 있는 경우에는 그 확인으로 첨부서류에 갈음할 수 있다.

1. 제조소등의 완공검사필증
2. 제6조 제1호의 규정에 의한 서류(라목 내지 바목의 서류는 변경에 관계된 것에 한한다)
3. 제6조 제2호 내지 제10호의 규정에 의한 서류 중 변경에 관계된 서류
4. 법 제9조 제1항 단서의 규정에 의한 화재예방에 관한 조치사항을 기재한 서류(변경공사와 관계가 없는 부분을 완공검사 전에 사용하고자 하는 경우에 한한다)

제8조 (제조소등의 변경허가를 받아야 하는 경우) 법 제6조 제1항 후단에서 "행정안전부령이 정하는 사항"이라 함은 별표 1의2에 따른 사항을 말한다.

제9조 (기술검토의 신청 등) ① 영 제6조 제3항에 따라 기술검토를 미리 받으려는 자는 다음 각 호의 구분에 따른 신청서(전자문서로 된 신청서를 포함한다)와 서류(전자문서를 포함한다)를 기술원에 제출하여야 한다. 다만, 「전자정부법」 제36조 제1항에 따른 행정정보의 공동이용을 통하여 제출하여야 하는 서류에 대한 정보를 확인할 수 있는 경우에는 그 확인으로 서류의 제출을 갈음할 수 있다.

1. 영 제6조 제2항 제3호 가목의 사항에 대한 기술검토 신청: 별지 제17호의2서식의 신청서와 제6조 제1호(가목은 제외한다)부터 제4호까지의 서류 중 해당 서류(변경허가와 관련된 경우에는 변경에 관계된 서류로 한정한다)
2. 영 제6조 제2항 제3호 나목의 사항에 대한 기술검토 신청: 별지 제18호 서식의 신청서와 제6조 제3호 및 같은 조 제5호부터 제8호까지의 서류 중 해당 서류(변경허가와 관련된 경우에는 변경에 관계된 서류로 한정한다)

② 기술원은 제1항에 따른 신청의 내용이 다음 각 호의 구분에 따른 기준에 적합하다고 인정되는 경우에는 기술검토서를 교부하고, 적합하지 아니하다고 인정되는 경우에는 신청인에게 서면으로 그 사유를 통보하고 보완을 요구하여야 한다.

1. 영 제6조 제2항 제3호 가목의 사항에 대한 기술검토 신청: 별표 4 IV부터 XII까지의 기준, 별표 16 I·VI·XI·XII의 기준 및 별표 17의 관련 규정
2. 영 제6조 제2항 제3호 나목의 사항에 대한 기술검토 신청: 별표 6 IV부터 VIII까지, XII 및 XIII의 기준과 별표 12 및 별표 17 I. 소화설비의 관련 규정

제10조 (품명 등의 변경신고서) 법 제6조 제2항의 규정에 의하여 저장 또는 취급하는 위험물의 품명·수량 또는 지정수량의 배수에 관한 변경신고를 하고자 하는 자는 별지 제19호 서식의 신고서(전자문서로 된 신고서를 포함한다)에 제조소등의 완공검사필증을 첨부하여 시·도지사 또는 소방서장에게 제출하여야 한다.

◎ 확인 예제

위험물시설의 설치 및 변경 등에 관한 설명으로 옳지 않은 것은?

① 제조소등을 설치하고자 하는 자는 대통령령이 정하는 바에 따라 그 설치장소를 관할하는 시·도지사의 허가를 받아야 한다.
② 위험물의 품명·수량 또는 지정수량의 배수를 변경하고자 하는 자는 변경하고자 하는 날의 1일 전까지 행정안전부령이 정하는 바에 따라 시·도지사에게 신고하여야 한다.
③ 주택의 난방시설(공동주택의 중앙난방시설 제외)을 위한 저장소 또는 취급소는 허가 및 신고에서 제외되는 대상이다.
④ 농예용·축산용 또는 수산용으로 필요한 난방시설 또는 건조시설을 위한 지정수량 40배 이하의 저장소는 허가 및 신고에서 제외되는 대상이다.

정답 ④

제7조 (군용위험물시설의 설치 및 변경에 대한 특례)

① 군사목적 또는 군부대시설을 위한 제조소등을 설치하거나 그 위치·구조 또는 설비를 변경하고자 하는 군부대의 장은 대통령령이 정하는 바에 따라 미리 제조소등의 소재지를 관할하는 시·도지사와 협의하여야 한다.

② 군부대의 장이 제1항의 규정에 따라 제조소등의 소재지를 관할하는 시·도지사와 협의한 경우에는 제6조 제1항의 규정에 따른 허가를 받은 것으로 본다.

③ 군부대의 장은 제1항의 규정에 따라 협의한 제조소등에 대하여는 제8조 및 제9조의 규정에 불구하고 탱크안전성능검사와 완공검사를 자체적으로 실시할 수 있다. 이 경우 완공검사를 자체적으로 실시한 군부대의 장은 지체 없이 행정안전부령이 정하는 사항을 시·도지사에게 통보하여야 한다.

> **시행령 제7조 (군용위험물시설의 설치 및 변경에 대한 특례)** ① 군부대의 장은 법 제7조 제1항의 규정에 의하여 군사목적 또는 군부대시설을 위한 제조소등을 설치하거나 그 위치·구조 또는 설비를 변경하고자 하는 경우에는 당해 제조소등의 설치공사 또는 변경공사를 착수하기 전에 그 공사의 설계도서와 행정안전부령이 정하는 서류를 시·도지사에게 제출하여야 한다. 다만, 국가안보상 중요하거나 국가기밀에 속하는 제조소등을 설치 또는 변경하는 경우에는 당해 공사의 설계도서의 제출을 생략할 수 있다.
> ② 시·도지사는 제1항의 규정에 의하여 제출받은 설계도서와 관계서류를 검토한 후 그 결과를 당해 군부대의 장에게 통지하여야 한다. 이 경우 시·도지사는 검토결과를 통지하기 전에 설계도서와 관계서류의 보완요청을 할 수 있고, 보완요청을 받은 군부대의 장은 특별한 사유가 없는 한 이에 응하여야 한다.

> **시행규칙 제11조 (군용위험물시설의 설치 등에 관한 서류 등)** ① 영 제7조 제1항 본문에서 "행정안전부령이 정하는 서류"라 함은 군사목적 또는 군부대시설을 위한 제조소등의 설치공사 또는 변경공사에 관한 제6조 또는 제7조의 규정에 의한 서류를 말한다.
> ② 법 제7조 제3항 후단에서 "행정안전부령이 정하는 사항"이라 함은 다음 각 호의 사항을 말한다.
> 1. 제조소등의 완공일 및 사용개시일
> 2. 탱크안전성능검사의 결과(영 제8조 제1항의 규정에 의한 탱크안전성능검사의 대상이 되는 위험물탱크가 있는 경우에 한한다)
> 3. 완공검사의 결과
> 4. 안전관리자 선임계획
> 5. 예방규정(영 제15조 제1항 각 호의 1에 해당하는 제조소등의 경우에 한한다)

제8조 (탱크안전성능검사)

① 위험물을 저장 또는 취급하는 탱크로서 대통령령이 정하는 탱크(이하 "위험물탱크"라 한다)가 있는 제조소등의 설치 또는 그 위치·구조 또는 설비의 변경에 관하여 제6조 제1항의 규정에 따른 허가를 받은 자가 위험물탱크의 설치 또는 그 위치·구조 또는 설비의 변경공사를 하는 때에는 제9조 제1항의 규정에 따른 완공검사를 받기 전에 제5조 제4항의 규정에 따른 기술기준에 적합한지의 여부를 확인하기 위하여 시·도지사가 실시하는 탱크안전성능검사를 받아야 한다. 이 경우 시·도지사는 제6조 제1항의 규정에 따른 허가를 받은 자가 제16조 제1항의 규정에 따른 탱크안전성능시험자 또는 「소방산업의 진흥에 관한 법률」에 따른 한국소방산업기술원(이하 "기술원"이라 한다)으로부터 탱크안전성능시험을 받은 경우에는 대통령령이 정하는 바에 따라 당해 탱크안전성능검사의 전부 또는 일부를 면제할 수 있다.

② 제1항의 규정에 따른 탱크안전성능검사의 내용은 대통령령으로 정하고, 탱크안전성능검사의 실시 등에 관하여 필요한 사항은 행정안전부령으로 정한다.

1. 탱크안전성능검사를 받아야 하는 위험물탱크
    ① **기초 · 지반검사**: 옥외탱크저장소(액체위험물탱크) 중 용량 100만L 이상
    ② **충수(充水) · 수압검사**: 액체위험물을 저장 또는 취급하는 탱크
    ③ **용접부검사**: 옥외탱크저장소(액체위험물탱크) 중 용량 100만L 이상
    ④ **암반탱크검사**: 액체위험물을 저장 또는 취급하는 암반 내의 공간을 이용한 탱크

2. 탱크안전성능검사의 신청 시기
    ① **기초 · 지반검사**: 위험물탱크의 기초 및 지반에 관한 공사의 개시 전
    ② **충수 · 수압검사**: 위험물을 저장 또는 취급하는 탱크에 배관 그 밖의 부속설비를 부착하기 전
    ③ **용접부검사**: 탱크본체에 관한 공사의 개시 전
    ④ **암반탱크검사**: 암반탱크의 본체에 관한 공사의 개시 전

3. **검사권자**: 시 · 도지사(위탁: 한국소방산업기술원)

시행령 제8조 (탱크안전성능검사의 대상이 되는 탱크 등) ① 법 제8조 제1항 전단에 따라 탱크안전성능검사를 받아야 하는 위험물탱크는 제2항에 따른 탱크안전성능검사별로 다음 각 호의 어느 하나에 해당하는 탱크로 한다.
1. 기초 · 지반검사: 옥외탱크저장소의 액체위험물탱크 중 그 용량이 100만리터 이상인 탱크
2. 충수(充水) · 수압검사: 액체위험물을 저장 또는 취급하는 탱크. 다만, 다음 각 목의 어느 하나에 해당하는 탱크를 제외한다.
    가. 제조소 또는 일반취급소에 설치된 탱크로서 용량이 지정수량 미만인 것
    나. 「고압가스 안전관리법」 제17조 제1항에 따른 특정설비에 관한 검사에 합격한 탱크
    다. 「산업안전보건법」 제84조 제1항에 따른 안전인증을 받은 탱크
    라. 삭제
3. 용접부검사: 제1호의 규정에 의한 탱크. 다만, 탱크의 저부에 관계된 변경공사(탱크의 옆판과 관련되는 공사를 포함하는 것을 제외한다)시에 행하여진 법 제18조 제2항의 규정에 의한 정기검사에 의하여 용접부에 관한 사항이 행정안전부령으로 정하는 기준에 적합하다고 인정된 탱크를 제외한다.
4. 암반탱크검사: 액체위험물을 저장 또는 취급하는 암반 내의 공간을 이용한 탱크
② 법 제8조 제2항의 규정에 의하여 탱크안전성능검사는 기초 · 지반검사, 충수 · 수압검사, 용접부검사 및 암반탱크검사로 구분하되, 그 내용은 별표 4와 같다.

제9조 (탱크안전성능검사의 면제) ① 법 제8조 제1항 후단의 규정에 의하여 시 · 도지사가 면제할 수 있는 탱크안전성능검사는 제8조 제2항 및 별표 4의 규정에 의한 충수 · 수압검사로 한다.
② 위험물탱크에 대한 충수 · 수압검사를 면제받고자 하는 자는 법 제16조 제1항에 따른 탱크안전성능시험자(이하 "탱크시험자"라 한다) 또는 기술원으로부터 충수 · 수압검사에 관한 탱크안전성능시험을 받아 법 제9조 제1항에 따른 완공검사를 받기 전(지하에 매설하는 위험물탱크에 있어서는 지하에 매설하기 전)에 해당 시험에 합격하였음을 증명하는 서류(이하 "탱크시험합격확인증"이라 한다)를 시 · 도지사에게 제출해야 한다. <개정 2008.12.3, 2021.1.5, 2024.4.30.>
③ 시 · 도지사는 제2항에 따라 제출받은 탱크시험합격확인증과 해당 위험물탱크를 확인한 결과 법 제5조 제4항에 따른 기술기준에 적합하다고 인정되는 때에는 해당 충수 · 수압검사를 면제한다. <개정 2021.1.5.>

시행규칙 제12조 (기초·지반검사에 관한 기준 등) ① 영 별표 4 제1호 가목에서 "행정안전부령이 정하는 기준"이라 함은 당해 위험물탱크의 구조 및 설비에 관한 사항 중 별표 6 Ⅳ 및 Ⅴ의 규정에 의한 기초 및 지반에 관한 기준을 말한다.

② 영 별표 4 제1호 나목에서 "행정안전부령으로 정하는 탱크"라 함은 지중탱크 및 해상탱크(이하 "특수액체위험물탱크"라 한다)를 말한다.

③ 영 별표 4 제1호 나목에서 "행정안전부령으로 정하는 공사"라 함은 지중탱크의 경우에는 지반에 관한 공사를 말하고, 해상탱크의 경우에는 정치설비의 지반에 관한 공사를 말한다.

④ 영 별표 4 제1호 나목에서 "행정안전부령으로 정하는 기준"이라 함은 지중탱크의 경우에는 별표 6 제2호 라목의 규정에 의한 기준을 말하고, 해상탱크의 경우에는 별표 6 ⅩⅢ 제3호 라목의 규정에 의한 기준을 말한다.

⑤ 법 제8조 제2항에 따라 기술원은 100만리터 이상 옥외탱크저장소의 기초·지반검사를「엔지니어링산업 진흥법」에 따른 엔지니어링사업자가 실시하는 기초·지반에 관한 시험의 과정 및 결과를 확인하는 방법으로 할 수 있다.

제13조 (충수·수압검사에 관한 기준 등) ① 영 별표 4 제2호에서 "행정안전부령으로 정하는 기준"이라 함은 다음 각 호의 1에 해당하는 기준을 말한다.

1. 100만리터 이상의 액체위험물탱크의 경우: 별표 6 Ⅵ 제1호의 규정에 의한 기준[충수시험(물 외의 적당한 액체를 채워서 실시하는 시험을 포함한다. 이하 같다) 또는 수압시험에 관한 부분에 한한다]

2. 100만리터 미만의 액체위험물탱크의 경우: 별표 4 Ⅸ 제1호 가목, 별표 6 Ⅵ 제1호, 별표 7 Ⅰ 제1호 마목, 별표 8 Ⅰ 제6호·Ⅱ 제1호·제4호·제6호·Ⅲ, 별표 9 제6호, 별표 10 Ⅱ 제1호·Ⅹ 제1호 가목, 별표 13 Ⅲ 제3호, 별표 16 Ⅰ 제1호의 규정에 의한 기준(충수시험·수압시험 및 그 밖의 탱크의 누설·변형에 대한 안전성에 관련된 탱크안전성능시험의 부분에 한한다)

② 법 제8조 제2항의 규정에 의하여 기술원은 제18조 제6항의 규정에 의한 이중벽탱크에 대하여 제1항 제2호의 규정에 의한 수압검사를 법 제16조 제1항의 규정에 의한 탱크안전성능시험자(이하 "탱크시험자"라 한다)가 실시하는 수압시험의 과정 및 결과를 확인하는 방법으로 할 수 있다.

제14조 (용접부검사에 관한 기준 등) ① 영 별표 4 제3호에서 "행정안전부령으로 정하는 기준"이라 함은 다음 각 호의 1에 해당하는 기준을 말한다.

1. 특수액체위험물탱크 외의 위험물탱크의 경우: 별표 6 Ⅵ 제2호의 규정에 의한 기준

2. 지중탱크의 경우: 별표 6 ⅩⅡ 제2호 마목 4) 라)의 규정에 의한 기준(용접부에 관련된 부분에 한한다)

② 법 제8조 제2항의 규정에 의하여 공사는 용접부검사를 탱크시험자가 실시하는 용접부에 관한 시험의 과정 및 결과를 확인하는 방법으로 할 수 있다.

제15조 (암반탱크검사에 관한 기준 등) ① 영 별표 4 제4호에서 "행정안전부령으로 정하는 기준"이라 함은 별표 12 Ⅰ의 규정에 의한 기준을 말한다.

② 법 제8조 제2항에 따라 기술원은 암반탱크검사를「엔지니어링산업 진흥법」에 따른 엔지니어링사업자가 실시하는 암반탱크에 관한 시험의 과정 및 결과를 확인하는 방법으로 할 수 있다.

제16조 (탱크안전성능검사에 관한 세부기준 등) 제13조부터 제15조까지에서 정한 사항 외에 탱크안전성능검사의 세부기준·방법·절차 및 탱크시험자 또는 엔지니어링사업자가 실시하는 탱크안전성능시험에 대한 기술원의 확인 등에 관하여 필요한 사항은 소방청장이 정하여 고시한다.

제17조 (용접부검사의 제외기준) ① 삭제 <2006.8.3>

② 영 제8조 제1항 제3호 단서의 규정에 의하여 용접부검사 대상에서 제외되는 탱크로 인정되기 위한 기준은 별표 6 Ⅵ 제2호의 규정에 의한 기준으로 한다.

제18조 (탱크안전성능검사의 신청 등) ① 법 제8조 제1항의 규정에 의하여 탱크안전성능검사를 받아야 하는 자는 별지 제20호 서식의 신청서(전자문서로 된 신청서를 포함한다)를 해당 위험물탱크의 설치장소를 관할하는 소방서장 또는 기술원에 제출하여야 한다. 다만, 설치장소에서 제작하지 아니하는 위험물탱크에 대한 탱크안전성능검사(충수·수압검사에 한한다)의 경우에는 별지 제20호 서식의 신청서(전자문서로 된 신청서를 포함한다)에 해당 위험물탱크의 구조명세서 1부를 첨부하여 해당 위험물탱크의 제작지를 관할하는 소방서장에게 신청할 수 있다.

② 법 제8조 제1항 후단의 규정에 의한 탱크안전성능시험을 받고자 하는 자는 별지 제20호 서식의 신청서에 당해 위험물탱크의 구조명세서 2부를 첨부하여 기술원 또는 탱크시험자에게 신청할 수 있다.

③ 영 제9조 제2항의 규정에 의하여 충수·수압검사를 면제받고자 하는 자는 별지 제21호 서식의 탱크시험필증에 비파괴시험 성적서를 첨부(비파괴시험을 받은 경우에 한한다)하여 소방서장에게 제출하여야 한다.

④ 제1항의 규정에 의한 탱크안전성능검사의 신청시기는 다음 각 호의 구분에 의한다.

1. 기초·지반검사: 위험물탱크의 기초 및 지반에 관한 공사의 개시 전
2. 충수·수압검사: 위험물을 저장 또는 취급하는 탱크에 배관 그 밖의 부속설비를 부착하기 전
3. 용접부검사: 탱크본체에 관한 공사의 개시 전
4. 암반탱크검사: 암반탱크의 본체에 관한 공사의 개시 전

⑤ 소방서장 또는 기술원 또는 탱크안전성능검사를 실시한 결과 제12조 제1항·제4항, 제13조 제1항, 제14조 제1항 및 제15조 제1항의 규정에 의한 기준에 적합하다고 인정되는 때에는 당해 탱크안전성능검사를 신청한 자에게 별지 제21호 서식의 탱크 검사필증을 교부하고, 적합하지 아니하다고 인정되는 때에는 신청인에게 서면으로 그 사유를 통보하여야 한다.

⑥ 영 제22조 제1항 제1호 다목에서 "행정안전부령이 정하는 액체위험물탱크"란 별표 8 Ⅱ의 규정에 의한 이중벽탱크를 말한다.

◎ 확인 예제

위험물탱크안전성능검사의 신청 등에 관하여 옳지 않은 것은?

① 기초·지반검사: 위험물탱크의 기초 및 지반에 관한 공사의 개시 전
② 충수·수압검사: 위험물을 저장 또는 취급하는 탱크에 배관 그 밖의 부속설비를 부착하기 전
③ 유류탱크검사: 탱크본체에 관한 공사의 개시 전
④ 암반탱크검사: 암반탱크의 본체에 관한 공사의 개시 전

정답 ③

제9조 (완공검사)

① 제6조 제1항의 규정에 따른 허가를 받은 자가 제조소등의 설치를 마쳤거나 그 위치·구조 또는 설비의 변경을 마친 때에는 당해 제조소등마다 시·도지사가 행하는 완공검사를 받아 제5조 제4항의 규정에 따른 기술기준에 적합하다고 인정받은 후가 아니면 이를 사용하여서는 아니 된다. 다만, 제조소등의 위치·구조 또는 설비를 변경함에 있어서 제6조 제1항 후단의 규정에 따른 변경허가를 신청하는 때에 화재예방에 관한 조치사항을 기재한 서류를 제출하는 경우에는 당해 변경공사와 관계가 없는 부분은 완공검사를 받기 전에 미리 사용할 수 있다.

② 제1항 본문의 규정에 따른 완공검사를 받고자 하는 자가 제조소등의 일부에 대한 설치 또는 변경을 마친 후 그 일부를 미리 사용하고자 하는 경우에는 당해 제조소등의 일부에 대하여 완공검사를 받을 수 있다.

시행령 제10조 (완공검사의 신청 등) ① 법 제9조의 규정에 의한 제조소등에 대한 완공검사를 받고자 하는 자는 이를 시·도지사에게 신청하여야 한다.

② 제1항에 따른 신청을 받은 시·도지사는 제조소등에 대하여 완공검사를 실시하고, 완공검사를 실시한 결과 해당 제조소등이 법 제5조 제4항에 따른 기술기준(탱크안전성능검사에 관련된 것을 제외한다)에 적합하다고 인정하는 때에는 완공검사합격확인증을 교부해야 한다. <개정 2021.1.5.>

③ 제2항의 완공검사합격확인증을 교부받은 자는 완공검사합격확인증을 잃어버리거나 멸실·훼손 또는 파손한 경우에는 이를 교부한 시·도지사에게 재교부를 신청할 수 있다. <개정 2021.1.5.>

④ 완공검사합격확인증을 훼손 또는 파손하여 제3항에 따른 신청을 하는 경우에는 신청서에 해당 완공검사합격확인증을 첨부하여 제출해야 한다. <개정 2021.1.5.>

⑤ 제2항의 완공검사합격확인증을 잃어버려 재교부를 받은 자는 잃어버린 완공검사합격확인증을 발견하는 경우에는 이를 10일 이내에 완공검사합격확인증을 재교부한 시·도지사에게 제출해야 한다. <개정 2021.1.5.>

시행규칙 제19조 (완공검사의 신청 등) ① 법 제9조에 따라 제조소등에 대한 완공검사를 받고자 하는 자는 별지 제22호 서식 또는 별지 제23호 서식의 신청서(전자문서로 된 신청서를 포함한다)에 다음 각 호의 서류(전자문서를 포함한다)를 첨부하여 시·도지사 또는 소방서장(영 제22조 제2항 제2호에 따라 완공검사를 기술원에 위탁하는 제조소등의 경우에는 기술원)에게 제출하여야 한다. 다만, 첨부서류는 완공검사를 실시할 때까지 제출할 수 있되, 「전자정부법」 제36조 제1항에 따른 행정정보의 공동이용을 통하여 첨부서류에 대한 정보를 확인할 수 있는 경우에는 그 확인으로 첨부서류를 갈음할 수 있다.
1. 배관에 관한 내압시험, 비파괴시험 등에 합격하였음을 증명하는 서류(내압시험 등을 하여야 하는 배관이 있는 경우에 한한다)
2. 소기술원 또는 탱크시험자가 교부한 탱크검사필증 또는 탱크시험필증(해당 위험물탱크의 완공검사를 실시하는 소방서장 또는 공사가 그 위험물탱크의 탱크안전성능검사를 실시한 경우는 제외한다)
3. 재료의 성능을 증명하는 서류(이중벽탱크에 한한다)
② 기술원은 영 제22조 제2항 제2호에 따라 완공검사를 실시한 경우에는 완공검사결과서를 소방서장에게 송부하고, 검사대상명·접수일시·검사일·검사번호·검사자·검사결과 및 검사결과서 발송일 등을 기재한 완공검사업무대장을 작성하여 10년간 보관하여야 한다. <개정 2008.12.18, 2009.9.15, 2024.5.20.>
③ 영 제10조 제2항의 완공검사필증은 별지 제24호 서식 또는 별지 제25호 서식에 의한다.
④ 영 제10조 제3항의 규정에 의한 완공검사필증의 재교부신청은 별지 제26호 서식의 신청서에 의한다.

제20조 (완공검사의 신청시기) 법 제9조 제1항의 규정에 의한 제조소등의 완공검사 신청 시기는 다음 각 호의 구분에 의한다.
1. 지하탱크가 있는 제조소등의 경우: 당해 지하탱크를 매설하기 전
2. 이동탱크저장소의 경우: 이동저장탱크를 완공하고 상치장소를 확보한 후
3. 이송취급소의 경우: 이송배관 공사의 전체 또는 일부를 완료한 후. 다만, 지하·하천 등에 매설하는 이송배관의 공사의 경우에는 이송배관을 매설하기 전
4. 전체 공사가 완료된 후에는 완공검사를 실시하기 곤란한 경우: 다음 각 목에서 정하는 시기
   가. 위험물설비 또는 배관의 설치가 완료되어 기밀시험 또는 내압시험을 실시하는 시기
   나. 배관을 지하에 설치하는 경우에는 시·도지사, 소방서장 또는 기술원이 지정하는 부분을 매몰하기 직전
   다. 기술원이 지정하는 부분의 비파괴시험을 실시하는 시기
5. 제1호 내지 제4호에 해당하지 아니하는 제조소등의 경우: 제조소등의 공사를 완료한 후

📝 **핵심정리** | 완공검사

1. 완공검사 신청시기
   ① **지하탱크가 있는 제조소등**: 당해 지하탱크 매설 전
   ② **이동탱크저장소**: 이동저장탱크를 완공하고 상치장소를 확보한 후
   ③ **이송취급소**: 이송배관 공사의 전체 또는 일부를 완료한 후(단, 지하·하천 등에 매설하는 이송배관의 공사의 경우에는 이송배관을 매설하기 전)
2. **검사권자**: 시·도지사

확인 예제

위험물 제조소등의 설치를 마쳤거나 그 위치·구조 또는 설비의 변경을 마친 때 완공검사를 받아야 한다. 지하탱크가 있는 제조소 등의 경우 완공검사 신청시기로 옳은 것은?

① 당해 지하탱크를 매설한 후
② 당해 지하탱크의 공사를 마친 후
③ 당해 지하탱크를 매설하기 전
④ 당해 지하탱크를 완공한 후

정답 ③

제10조 (제조소등 설치자의 지위승계)

① 제조소등의 설치자(제6조 제1항의 규정에 따라 허가를 받아 제조소등을 설치한 자를 말한다. 이하 같다)가 사망하거나 그 제조소등을 양도·인도한 때 또는 법인인 제조소등의 설치자의 합병이 있는 때에는 그 상속인, 제조소등을 양수·인수한 자 또는 합병후 존속하는 법인이나 합병에 의하여 설립되는 법인은 그 설치자의 지위를 승계한다.

② 「민사집행법」에 의한 경매, 「채무자 회생 및 파산에 관한 법률」에 의한 환가, 「국세징수법」·「관세법」 또는 「지방세징수법」에 따른 압류재산의 매각과 그 밖에 이에 준하는 절차에 따라 제조소등의 시설의 전부를 인수한 자는 그 설치자의 지위를 승계한다.

③ 제1항 또는 제2항의 규정에 따라 제조소등의 설치자의 지위를 승계한 자는 행정안전부령이 정하는 바에 따라 승계한 날 부터 30일 이내에 시·도지사에게 그 사실을 신고하여야 한다.

> **시행규칙 제22조 (지위승계의 신고)** 법 제10조 제3항의 규정에 의하여 제조소등의 설치자의 지위승계를 신고하고자 하는 자는 별지 제28호 서식의 신고서(전자문서로 된 신고서를 포함한다)에 제조소등의 완공검사 필증과 지위승계를 증명하는 서류(전자문서를 포함한다)를 첨부하여 시·도지사 또는 소방서장에게 제출하여야 한다.

제11조 (제조소등의 폐지)

제조소등의 관계인(소유자·점유자 또는 관리자를 말한다. 이하 같다)은 당해 제조소등의 용도를 폐지(장래에 대하여 위험물 시설로서의 기능을 완전히 상실시키는 것을 말한다)한 때에는 행정안전부령이 정하는 바에 따라 제조소등의 용도를 폐지한 날부터 14일 이내에 시·도지사에게 신고하여야 한다.

제11조의2 (제조소등의 사용 중지 등)

① 제조소등의 관계인은 제조소등의 사용을 중지(경영상 형편, 대규모 공사 등의 사유로 3개월 이상 위험물을 저장하지 아니하거나 취급하지 아니하는 것을 말한다. 이하 같다)하려는 경우에는 위험물의 제거 및 제조소등에의 출입통제 등 행정 안전부령으로 정하는 안전조치를 하여야 한다. 다만, 제조소등의 사용을 중지하는 기간에도 제15조 제1항 본문에 따른 위험물안전관리자가 계속하여 직무를 수행하는 경우에는 안전조치를 아니할 수 있다.

② 제조소등의 관계인은 제조소등의 사용을 중지하거나 중지한 제조소등의 사용을 재개하려는 경우에는 해당 제조소등의 사용을 중지하려는 날 또는 재개하려는 날의 14일 전까지 행정안전부령으로 정하는 바에 따라 제조소등의 사용 중지 또는 재개를 시·도지사에게 신고하여야 한다.

③ 시·도지사는 제2항에 따라 신고를 받으면 제조소등의 관계인이 제1항 본문에 따른 안전조치를 적합하게 하였는지 또는 제15조 제1항 본문에 따른 위험물안전관리자가 직무를 적합하게 수행하는지를 확인하고 위해 방지를 위하여 필요한 안전조치의 이행을 명할 수 있다.

④ 제조소등의 관계인은 제2항의 사용 중지신고에 따라 제조소등의 사용을 중지하는 기간 동안에는 제15조 제1항 본문에도 불구하고 위험물안전관리자를 선임하지 아니할 수 있다.

> **시행규칙 제23조 (용도폐지의 신고)** ① 법 제11조의 규정에 의하여 제조소등의 용도폐지신고를 하고자 하는 자는 별지 제29호 서식의 신고서(전자문서로 된 신고서를 포함한다)에 제조소등의 완공검사필증을 첨부하여 시·도지사 또는 소방서장에게 제출하여야 한다.
>
> ② 제1항의 규정에 의한 신고서를 접수한 시·도지사 또는 소방서장은 당해 제조소 등을 확인하여 위험물시설의 철거 등 용도폐지에 필요한 안전조치를 한 것으로 인정하는 경우에는 당해 신고서의 사본에 수리사실을 표시하여 용도폐지신고를 한 자에게 통보하여야 한다.
>
> **제24조 (처리결과의 통보)** ① 시·도지사가 영 제7조 제1항의 설치·변경 관련 서류제출, 제6조의 설치허가신청, 제7조의 변경허가신청, 제10조의 품명 등의 변경신고, 제19조 제1항의 완공검사신청, 제21조의 가사용승인신청, 제22조의 지위승계신고 또는 제23조 제1항의 용도폐지신고를 각각 접수하고 처리한 경우 그 신청서 또는 신고서와 첨부서류의 사본 및 처리결과를 관할 소방서장에게 송부하여야 한다.
>
> ② 시·도지사 또는 소방서장이 영 제7조 제1항의 설치·변경 관련 서류제출, 제6조의 설치허가신청, 제7조의 변경허가신청, 제10조의 품명 등의 변경신고, 제19조 제1항의 완공검사신청, 제22조의 지위승계신고 또는 제23조 제1항의 용도폐지신고를 각각 접수하고 처리한 경우 그 신청서 또는 신고서와 구조설비명세표(설치허가신청 또는 변경허가신청에 한한다)의 사본 및 처리결과를 관할 시장·군수·구청장에게 송부하여야 한다.

◎ 확인 예제

위험물 제조소등의 관계인이 제조소등을 폐지할 경우 조치사항으로 옳은 것은?

① 폐지한 날부터 7일 이내에 시·도지사에게 신고한다.
② 폐지한 날부터 10일 이내에 시·도지사에게 신고한다.
③ 폐지한 날부터 14일 이내에 시·도지사에게 신고한다.
④ 폐지한 날부터 30일 이내에 시·도지사에게 신고한다.

정답 ③

제12조 (제조소등 설치허가의 취소와 사용정지 등)

시·도지사는 제조소등의 관계인이 다음 각 호의 어느 하나에 해당하는 때에는 행정안전부령이 정하는 바에 따라 제6조 제1항에 따른 허가를 취소하거나 6월 이내의 기간을 정하여 제조소등의 전부 또는 일부의 사용정지를 명할 수 있다. <개정 2020.10.20.>

1. 제6조 제1항 후단의 규정에 따른 변경허가를 받지 아니하고 제조소등의 위치·구조 또는 설비를 변경한 때
2. 제9조의 규정에 따른 완공검사를 받지 아니하고 제조소등을 사용한 때
2의2. 제11조의2 제3항에 따른 안전조치 이행명령을 따르지 아니한 때
3. 제14조 제2항의 규정에 따른 수리·개조 또는 이전의 명령을 위반한 때
4. 제15조 제1항 및 제2항의 규정에 따른 위험물안전관리자를 선임하지 아니한 때
5. 제15조 제5항을 위반하여 대리자를 지정하지 아니한 때
6. 제18조 제1항의 규정에 따른 정기점검을 하지 아니한 때

7. 제18조 제3항에 따른 정기검사를 받지 아니한 때

8. 제26조의 규정에 따른 저장·취급기준 준수명령을 위반한 때

> **시행규칙 제25조 (허가취소 등의 처분기준)** 법 제12조의 규정에 의한 제조소등에 대한 허가취소 및 사용정지의 처분기준은 별표 2와 같다.

제13조 (과징금처분)

① 시·도지사는 제12조 각 호의 어느 하나에 해당하는 경우로서 제조소등에 대한 사용의 정지가 그 이용자에게 심한 불편을 주거나 그 밖에 공익을 해칠 우려가 있는 때에는 사용정지처분에 갈음하여 2억원 이하의 과징금을 부과할 수 있다.

② 제1항의 규정에 따른 과징금을 부과하는 위반행위의 종별·정도 등에 따른 과징금의 금액 그 밖의 필요한 사항은 행정안전부령으로 정한다.

③ 시·도지사는 제1항의 규정에 따른 과징금을 납부하여야 하는 자가 납부기한까지 이를 납부하지 아니한 때에는 「지방행정제재·부과금의 징수 등에 관한 법률」에 따라 징수한다.

참고 과징금제도

> 1. 위험물 제조소등의 사용정지 처분으로 업체의 존립 불가 또는 대외적인 신뢰도 추락으로 업체 및 관계인 모두에게 피해를 줄 우려가 있고, 대형 국책사업 등과 같이 국가기간산업을 한다거나 일반국민의 일상생활과도 밀접한 관계가 있기 때문에 제조소등의 관계인이 의무를 위반한 때라도 이행 확보를 위한 영업정지처분을 한다는 것은 현실적으로 어려움이 따른다. 그리하여 공익을 침해하지 않으면서도 의무이행을 확보할 수 있는 수단으로 '과징금제도'를 도입하였다.
> 2. **과징금:** 행정법상의 의무이행을 강제하기 위한 목적으로 의무위반자에 대하여 부과·징수하는 금전적 제재를 말한다.

> **시행규칙 제26조 (과징금의 금액)** 법 제13조 제1항에 따라 과징금을 부과하는 위반행위의 종류와 위반 정도 등에 따른 과징금의 금액은 다음 각 호의 구분에 따른 기준에 따라 산정한다.
>   1. 2016년 2월 1일부터 2018년 12월 31일까지의 기간 중에 위반행위를 한 경우: 별표 3
>   2. 2019년 1월 1일 이후에 위반행위를 한 경우: 별표 3의2
>
> **제27조 (과징금 징수절차)** 법 제13조 제2항에 따른 과징금의 징수절차에 관하여는 「국고금 관리법 시행규칙」을 준용한다.

핵심정리 | 과징금

1. **부과·징수권자:** 시·도지사
2. **사용정지에 갈음**
3. **과징금 금액:** 2억원 이하
4. **필요사항:** 행정안전부령

◎ 확인 예제

위험물 제조소등에서 일반적으로 영업정지처분에 갈음하여 과징금은 얼마까지 부과할 수 있는가?

① 1천만원   ② 3천만원
③ 1억원   ④ 2억원

정답 ④

Chapter 03 | 위험물시설의 안전관리

제14조 (위험물시설의 유지·관리)

① 제조소등의 관계인은 당해 제조소등의 위치·구조 및 설비가 제5조 제4항의 규정에 따른 기술기준에 적합하도록 유지·관리하여야 한다.

② 시·도지사, 소방본부장 또는 소방서장은 제1항의 규정에 따른 유지·관리의 상황이 제5조 제4항의 규정에 따른 기술기준에 부적합하다고 인정하는 때에는 그 기술기준에 적합하도록 제조소등의 위치·구조 및 설비의 수리·개조 또는 이전을 명할 수 있다.

제15조 (위험물안전관리자) <시행 2025.8.7.>

① 제조소등[제6조 제3항의 규정에 따라 허가를 받지 아니하는 제조소등과 이동탱크저장소(차량에 고정된 탱크에 위험물을 저장 또는 취급하는 저장소를 말한다)를 제외한다. 이하 이 조에서 같다]의 관계인은 위험물의 안전관리에 관한 직무를 수행하게 하기 위하여 제조소등마다 대통령령이 정하는 위험물의 취급에 관한 자격이 있는 자(이하 "위험물취급자격자"라 한다)를 위험물안전관리자(이하 "안전관리자"라 한다)로 선임하여야 한다. 다만, 제조소등에서 저장·취급하는 위험물이 「화학물질관리법」에 따른 인체급성유해성물질, 인체만성유해성물질, 생태유해성물질에 해당하는 경우 등 대통령령이 정하는 경우에는 당해 제조소등을 설치한 자는 다른 법률에 의하여 안전관리업무를 하는 자로 선임된 자 가운데 대통령령이 정하는 자를 안전관리자로 선임할 수 있다. <개정 2013.6.4, 2024.2.6.>

② 제1항의 규정에 따라 안전관리자를 선임한 제조소등의 관계인은 그 안전관리자를 해임하거나 안전관리자가 퇴직한 때에는 해임하거나 퇴직한 날부터 30일 이내에 다시 안전관리자를 선임하여야 한다.

③ 제조소등의 관계인은 제1항 및 제2항에 따라 안전관리자를 선임한 경우에는 선임한 날부터 14일 이내에 행정안전부령으로 정하는 바에 따라 소방본부장 또는 소방서장에게 신고하여야 한다.

④ 제조소등의 관계인이 안전관리자를 해임하거나 안전관리자가 퇴직한 경우 그 관계인 또는 안전관리자는 소방본부장이나 소방서장에게 그 사실을 알려 해임되거나 퇴직한 사실을 확인받을 수 있다.

⑤ 제1항의 규정에 따라 안전관리자를 선임한 제조소등의 관계인은 안전관리자가 여행·질병 그 밖의 사유로 인하여 일시적으로 직무를 수행할 수 없거나 안전관리자의 해임 또는 퇴직과 동시에 다른 안전관리자를 선임하지 못하는 경우에는 「국가기술자격법」에 따른 위험물의 취급에 관한 자격취득자 또는 위험물안전에 관한 기본지식과 경험이 있는 자로서 행정안전부령이 정하는 자를 대리자(代理者)로 지정하여 그 직무를 대행하게 하여야 한다. 이 경우 대리자가 안전관리자의 직무를 대행하는 기간은 30일을 초과할 수 없다.

⑥ 안전관리자는 위험물을 취급하는 작업을 하는 때에는 작업자에게 안전관리에 관한 필요한 지시를 하는 등 행정안전부령이 정하는 바에 따라 위험물의 취급에 관한 안전관리와 감독을 하여야 하고, 제조소등의 관계인과 그 종사자는 안전관리자의 위험물 안전관리에 관한 의견을 존중하고 그 권고에 따라야 한다.

⑦ 제조소등에 있어서 위험물취급자격자가 아닌 자는 안전관리자 또는 제5항에 따른 대리자가 참여한 상태에서 위험물을 취급하여야 한다.

⑧ 다수의 제조소등을 동일인이 설치한 경우에는 제1항의 규정에 불구하고 관계인은 대통령령이 정하는 바에 따라 1인의 안전관리자를 중복하여 선임할 수 있다. 이 경우 대통령령이 정하는 제조소등의 관계인은 제5항에 따른 대리자의 자격이 있는 자를 각 제조소등별로 지정하여 안전관리자를 보조하게 하여야 한다.

⑨ 제조소등의 종류 및 규모에 따라 선임하여야 하는 안전관리자의 자격은 대통령령으로 정한다.

제조소등에서의 위험물로 인한 재해발생을 방지하고 재난발생시 적절하게 대응할 수 있는 소정의 지식을 갖춘 자를 안전관리자로 선임하도록 하였다. 이동탱크저장소의 경우에는 이동적인 특성으로 보아 안전관리자 선임에 실효성이 없어 선임대상에서 제외한다.

시행령 제11조 (위험물안전관리자로 선임할 수 있는 위험물취급자격자 등) ① 법 제15조 제1항 본문에서 "대통령령이 정하는 위험물의 취급에 관한 자격이 있는 자"라 함은 별표 5에 규정된 자를 말한다.

② 법 제15조 제1항 단서에서 "대통령령이 정하는 경우"란 다음 각 호의 어느 하나에 해당하는 경우를 말한다.

1. 제조소등에서 저장·취급하는 위험물이 「화학물질관리법」 제2조 제2호에 따른 유독물질에 해당하는 경우

2. 「소방시설 설치 및 관리에 관한 법률」 제2조 제1항 제3호에 따른 특정소방대상물의 난방·비상발전 또는 자가발전에 필요한 위험물을 저장·취급하기 위하여 설치된 저장소 또는 일반취급소가 해당 특정소방대상물 안에 있거나 인접하여 있는 경우

③ 법 제15조 제1항 단서에서 "대통령령이 정하는 자"란 다음 각 호의 어느 하나에 해당하는 자를 말한다.

1. 제2항 제1호의 경우: 「화학물질관리법」 제32조 제1항에 따라 해당 제조소등의 유해화학물질관리자로 선임된 자로서 법 제28조 또는 「화학물질관리법」 제33조에 따라 유해화학물질 안전교육을 받은 자

2. 제2항 제2호의 경우: 「화재의 예방 및 안전관리에 관한 법률」 제20조 제2항 또는 「공공기관의 소방안전관리에 관한 규정」 제5조에 따라 소방안전관리자로 선임된 자로서 법 제15조 제9항에 따른 위험물안전관리자(이하 "안전관리자"라 한다)의 자격이 있는 자

제12조 (1인의 안전관리자를 중복하여 선임할 수 있는 경우 등) ① 법 제15조 제8항 전단에 따라 다수의 제조소등을 설치한 자가 1인의 안전관리자를 중복하여 선임할 수 있는 경우는 다음 각 호의 어느 하나와 같다.

1. 보일러·버너 또는 이와 비슷한 것으로서 위험물을 소비하는 장치로 이루어진 7개 이하의 일반취급소와 그 일반취급소에 공급하기 위한 위험물을 저장하는 저장소[일반취급소 및 저장소가 모두 동일구 내(같은 건물 안 또는 같은 울 안을 말한다. 이하 같다)에 있는 경우에 한한다. 이하 제2호에서 같다]를 동일인이 설치한 경우

2. 위험물을 차량에 고정된 탱크 또는 운반용기에 옮겨 담기 위한 5개 이하의 일반취급소[일반취급소 간의 거리(보행거리를 말한다. 제3호 및 제4호에서 같다)가 300미터 이내인 경우에 한한다]와 그 일반취급소에 공급하기 위한 위험물을 저장하는 저장소를 동일인이 설치한 경우

3. 동일 구내에 있거나 상호 100미터 이내의 거리에 있는 저장소로서 저장소의 규모, 저장하는 위험물의 종류 등을 고려하여 행정안전부령이 정하는 저장소를 동일인이 설치한 경우

4. 다음 각 목의 기준에 모두 적합한 5개 이하의 제조소등을 동일인이 설치한 경우

　가. 각 제조소등이 동일 구내에 위치하거나 상호 100미터 이내의 거리에 있을 것

　나. 각 제조소등에서 저장 또는 취급하는 위험물의 최대수량이 지정수량의 3천배 미만일 것. 다만, 저장소의 경우에는 그러하지 아니하다.

5. 그 밖에 제1호 또는 제2호의 규정에 의한 제조소등과 비슷한 것으로서 행정안전부령이 정하는 제조소등을 동일인이 설치한 경우

② 법 제15조 제8항 후단에서 "대통령령이 정하는 제조소등"이란 다음 각 호의 어느 하나에 해당하는 제조소등을 말한다.

1. 제조소

2. 이송취급소

3. 일반취급소. 다만, 인화점이 38도 이상인 제4류 위험물만을 지정수량의 30배 이하로 취급하는 일반취급소로서 다음 각 목의 1에 해당하는 일반취급소를 제외한다.

　가. 보일러·버너 또는 이와 비슷한 것으로서 위험물을 소비하는 장치로 이루어진 일반취급소

　나. 위험물을 용기에 옮겨 담거나 차량에 고정된 탱크에 주입하는 일반취급소

제13조 (위험물안전관리자의 자격) 법 제15조 제9항에 따라 제조소등의 종류 및 규모에 따라 선임하여야 하는 안전관리자의 자격은 별표 6과 같다.

시행규칙 제53조 (안전관리자의 선임신고 등) ① 제조소 등의 관계인은 법 제15조 제3항에 따라 안전관리자(「기업활동 규제완화에 관한 특별조치법」제29조 제1항·제3항 및 제32조 제1항에 따른 안전관리자와 제57조 제1항에 따른 안전관리대행기관을 포함한다)의 선임을 신고하려는 경우에는 별지 제32호 서식의 신고서(전자문서로 된 신고서를 포함한다)에 다음 각 호의 해당 서류(전자문서를 포함한다)를 첨부하여 소방본부장 또는 소방서장에게 제출하여야 한다.

1. 위험물안전관리업무대행계약서(제57조 제1항에 따른 안전관리대행기관에 한한다)
2. 위험물안전관리교육 수료증(제78조 제1항 및 별표 24에 따른 안전관리자 강습교육을 받은 자에 한한다)
3. 위험물안전관리자를 겸직할 수 있는 관련 안전관리자로 선임된 사실을 증명할 수 있는 서류(「기업활동 규제완화에 관한 특별조치법」제29조 제1항 제1호부터 제3호까지 및 제3항에 해당하는 안전관리자 또는 영 제11조 제3항 각 호의 어느 하나에 해당하는 사람으로서 위험물의 취급에 관한 국가기술자격자가 아닌 사람으로 한정한다)
4. 소방공무원 경력증명서(소방공무원 경력자에 한한다)

② 제1항에 따라 신고를 받은 담당 공무원은 「전자정부법」제36조 제1항에 따른 행정정보의 공동이용을 통하여 다음 각 호의 행정정보를 확인하여야 한다. 다만, 신고인이 확인에 동의하지 아니하는 경우에는 그 서류(국가기술자격증의 경우에는 그 사본을 말한다)를 제출하도록 하여야 한다.

1. 국가기술자격증(위험물의 취급에 관한 국가기술자격자에 한한다)
2. 국가기술자격증(「기업활동 규제완화에 관한 특별조치법」제29조 제1항 및 제3항에 해당하는 자로서 국가기술자격자에 한한다)

제54조 (안전관리자의 대리자) 법 제15조 제5항 전단에서 "행정안전부령이 정하는 자"란 다음 각 호의 어느 하나에 해당하는 사람을 말한다.

1. 법 제28조 제1항에 따른 안전교육을 받은 자
2. 삭제 <2016.8.2.>
3. 제조소등의 위험물 안전관리업무에 있어서 안전관리자를 지휘·감독하는 직위에 있는 자

제55조 (안전관리자의 책무) 법 제15조 제6항에 따라 안전관리자는 위험물의 취급에 관한 안전관리와 감독에 관한 다음 각 호의 업무를 성실하게 수행하여야 한다.

1. 위험물의 취급작업에 참여하여 당해 작업이 법 제5조 제3항의 규정에 의한 저장 또는 취급에 관한 기술기준과 법 제17조의 규정에 의한 예방규정에 적합하도록 해당 작업자(당해 작업에 참여하는 위험물취급자격자를 포함한다)에 대하여 지시 및 감독하는 업무
2. 화재 등의 재난이 발생한 경우 응급조치 및 소방관서 등에 대한 연락업무
3. 위험물시설의 안전을 담당하는 자를 따로 두는 제조소등의 경우에는 그 담당자에게 다음 각 목의 규정에 의한 업무의 지시, 그 밖의 제조소등의 경우에는 다음 각 목의 규정에 의한 업무
   가. 제조소등의 위치·구조 및 설비를 법 제5조 제4항의 기술기준에 적합하도록 유지하기 위한 점검과 점검상황의 기록·보존
   나. 제조소등의 구조 또는 설비의 이상을 발견한 경우 관계자에 대한 연락 및 응급조치
   다. 화재가 발생하거나 화재발생의 위험성이 현저한 경우 소방관서 등에 대한 연락 및 응급조치
   라. 제조소등의 계측장치·제어장치 및 안전장치 등의 적정한 유지·관리
   마. 제조소등의 위치·구조 및 설비에 관한 설계도서 등의 정비·보존 및 제조소등의 구조 및 설비의 안전에 관한 사무의 관리
4. 화재 등의 재해의 방지와 응급조치에 관하여 인접하는 제조소등과 그 밖의 관련되는 시설의 관계자와 협조체제의 유지
5. 위험물의 취급에 관한 일지의 작성·기록
6. 그 밖에 위험물을 수납한 용기를 차량에 적재하는 작업, 위험물설비를 보수하는 작업 등 위험물의 취급과 관련된 작업의 안전에 관하여 필요한 감독의 수행

제56조 (1인의 안전관리자를 중복하여 선임할 수 있는 저장소 등) ① 영 제12조 제1항 제3호에서 "행정안전부령이 정하는 저장소"라 함은 다음 각 호의 1에 해당하는 저장소를 말한다.

1. 10개 이하의 옥내저장소

2. 30개 이하의 옥외탱크저장소

3. 옥내탱크저장소

4. 지하탱크저장소

5. 간이탱크저장소

6. 10개 이하의 옥외저장소

7. 10개 이하의 암반탱크저장소

② 영 제12조 제1항 제5호에서 "행정안전부령이 정하는 제조소등"이라 함은 선박주유취급소의 고정주유설비에 공급하기 위한 위험물을 저장하는 저장소와 당해 선박주유취급소를 말한다.

제57조 (안전관리대행기관의 지정 등) ① 「기업활동 규제완화에 관한 특별조치법」 제40조 제1항 제3호의 규정에 의하여 위험물안전관리자의 업무를 위탁받아 수행할 수 있는 관리대행기관(이하 "안전관리대행기관"이라 한다)은 다음 각 호의 1에 해당하는 기관으로서 별표 22의 안전관리대행기관의 지정기준을 갖추어 소방청장의 지정을 받아야 한다.

1. 법 제16조 제2항의 규정에 의한 탱크시험자로 등록한 법인

2. 다른 법령에 의하여 안전관리업무를 대행하는 기관으로 지정·승인 등을 받은 법인

② 안전관리대행기관으로 지정받고자 하는 자는 별지 제33호 서식의 신청서(전자문서로 된 신청서를 포함한다)에 다음 각 호의 서류(전자문서를 포함한다)를 첨부하여 소방청장에게 제출하여야 한다.

1. 삭제 <2006.8.3.>

2. 기술인력 연명부 및 기술자격증

3. 사무실의 확보를 증명할 수 있는 서류

4. 장비보유명세서

③ 제2항의 규정에 의한 지정신청을 받은 소방청장은 자격요건·기술인력 및 시설·장비보유현황 등을 검토하여 적합하다고 인정하는 때에는 별지 제34호 서식의 위험물안전관리대행기관지정서를 발급하고, 제2항 제2호의 규정에 의하여 제출된 기술인력의 기술자격증에는 그 자격자가 안전관리대행기관의 기술인력자임을 기재하여 교부하여야 한다.

④ 소방청장은 안전관리대행기관에 대하여 필요한 지도·감독을 하여야 한다.

⑤ 안전관리대행기관은 지정받은 사항의 변경이 있는 때에는 그 사유가 있는 날부터 14일 이내에, 휴업·재개업 또는 폐업을 하고자 하는 때에는 휴업·재개업 또는 폐업하고자 하는 날의 14일 전에 별지 제35호 서식의 신고서(전자문서로 된 신고서를 포함한다)에 다음 각 호의 구분에 의한 해당 서류(전자문서를 포함한다)를 첨부하여 소방청장에게 제출하여야 한다.

1. 영업소의 소재지, 법인명칭 또는 대표자를 변경하는 경우

   가. 삭제 <2006.8.3.>

   나. 위험물안전관리대행기관지정서

2. 기술인력을 변경하는 경우

   가. 기술인력자의 연명부

   나. 변경된 기술인력자의 기술자격증

3. 삭제 <2024.5.20.>

⑥ 안전관리대행기관은 휴업·재개업 또는 폐업을 하려는 경우에는 휴업·재개업 또는 폐업하려는 날 1일 전까지 별지 제35호의2서식의 위험물안전관리대행기관 휴업·재개업·폐업 신고서(전자문서로 된 신고서를 포함한다)에 위험물안전관리대행기관지정서(전자문서를 포함한다)를 첨부하여 소방청장에게 제출해야 한다. <신설 2024.5.20.>

⑦ 제2항에 따른 신청서 또는 제5항 제1호에 따른 신고서를 제출받은 경우에 담당공무원은 법인 등기사항증명서를 제출받는 것에 갈음하여 그 내용을 「전자정부법」 제36조 제1항에 따른 행정정보의 공동이용을 통하여 확인하여야 한다. <신설 2006.8.3, 2007.12.3, 2010.11.8, 2024.5.20.>

제58조 (안전관리대행기관의 지정취소 등) ① 「기업활동 규제완화에 관한 특별조치법」 제40조 제3항의 규정에 의하여 소방청장은 안전관리대행기관이 다음 각 호의 어느 하나에 해당하는 때에는 별표 2의 기준에 따라 그 지정을 취소하거나 6월 이내의 기간을 정하여 그 업무의 정지를 명하거나 시정하게 할 수 있다. 다만, 제1호부터 제3호까지의 규정 중 어느 하나에 해당하는 때에는 그 지정을 취소하여야 한다. <개정 2005.5.26, 2014.11.19, 2017.7.26, 2024.5.20.>

1. 허위 그 밖의 부정한 방법으로 지정을 받은 때
2. 탱크시험자의 등록 또는 다른 법령에 의하여 안전관리업무를 대행하는 기관의 지정·승인 등이 취소된 때
3. 다른 사람에게 지정서를 대여한 때
4. 별표 22의 안전관리대행기관의 지정기준에 미달되는 때
5. 제57조 제4항의 규정에 의한 소방청장의 지도·감독에 정당한 이유 없이 따르지 아니하는 때
6. 제57조 제5항에 따른 변경 신고를 연간 2회 이상 하지 아니한 때
6의2. 제57조 제6항에 따른 휴업 또는 재개업 신고를 연간 2회 이상 하지 아니한 때
7. 안전관리대행기관의 기술인력이 제59조의 규정에 의한 안전관리업무를 성실하게 수행하지 아니한 때
② 소방청장은 안전관리대행기관의 지정·업무정지 또는 지정취소를 한 때에는 이를 관보에 공고하여야 한다.
③ 안전관리대행기관의 지정을 취소한 때에는 지정서를 회수하여야 한다.

제59조 (안전관리대행기관의 업무수행) ① 안전관리대행기관은 안전관리자의 업무를 위탁받는 경우에는 영 제13조 및 영 별표 6의 규정에 적합한 기술인력을 당해 제조소등의 안전관리자로 지정하여 안전관리자의 업무를 하게 하여야 한다.
② 안전관리대행기관은 제1항의 규정에 의하여 기술인력을 안전관리자로 지정함에 있어서 1인의 기술인력을 다수의 제조소등의 안전관리자로 중복하여 지정하는 경우에는 영 제12조 제1항 및 이 규칙 제56조의 규정에 적합하게 지정하거나 안전관리자의 업무를 성실히 대행할 수 있는 범위 내에서 관리하는 제조소등의 수가 25를 초과하지 아니하도록 지정하여야 한다. 이 경우 각 제조소등(지정수량의 20배 이하를 저장하는 저장소는 제외한다)의 관계인은 당해 제조소등마다 위험물의 취급에 관한 국가기술자격자 또는 법 제28조 제1항에 따른 안전교육을 받은 자를 안전관리원으로 지정하여 대행기관이 지정한 안전관리자의 업무를 보조하게 하여야 한다.
③ 제1항에 따라 안전관리자로 지정된 안전관리대행기관의 기술인력(이하 이항에서 "기술인력"이라 한다) 또는 제2항에 따라 안전관리원으로 지정된 자는 위험물의 취급작업에 참여하여 법 제15조 및 이 규칙 제55조에 따른 안전관리자의 책무를 성실히 수행하여야 하며, 기술인력이 위험물의 취급작업에 참여하지 아니하는 경우에 기술인력은 제55조 제3호 가목에 따른 점검 및 동조 제6호에 따른 감독을 매월 4회(저장소의 경우에는 매월 2회) 이상 실시하여야 한다.
④ 안전관리대행기관은 제1항의 규정에 의하여 안전관리자로 지정된 안전관리대행기관의 기술인력이 여행·질병 그 밖의 사유로 인하여 일시적으로 직무를 수행할 수 없는 경우에는 안전관리대행기관에 소속된 다른 기술인력을 안전관리자로 지정하여 안전관리자의 책무를 계속 수행하게 하여야 한다.

핵심정리 | 위험물안전관리자

1. **선임**: 30일 이내(관계인)
2. **선임신고**: 14일 이내(행정안전부령) 소방본부장, 소방서장에게
3. **대리자 직무대행 기간**: 30일 초과 금지
4. **안전관리자의 자격(대통령령)**
   ① **위험물기능장, 위험물기능사, 위험물산업기사**: 모든 위험물
   ② **교육 이수자, 소방공무원 경력자(3년 이상)**: 제4류 위험물

구분		취급할 수 있는 위험물
「국가기술자격법」에 의하여 위험물의 취급에 관한 자격을 취득한 자	위험물기능장	모든 위험물
	위험물산업기사	모든 위험물
	위험물기능사	모든 위험물
안전관리자교육 이수자(소방청장이 실시하는 안전관리자교육을 이수한 자)		위험물 중 제4류 위험물
소방공무원 경력자(소방공무원으로 근무한 경력이 3년 이상인 자)		위험물 중 제4류 위험물

01 다음 중 위험물취급자격자에 대한 설명으로 옳지 않은 것은?

① 안전교육을 받은 자로서 제조소등에서 위험물안전관리에 관한 업무에 1년 이상 종사한 경력이 있는 자를 안전관리자의 대리자로 지정할 수 있다.

② 관계인은 위험물의 안전관리에 관한 직무를 수행하게 하기 위하여 제조소등마다 안전관리교육 이수자를 위험물안전관리자로 선임하여야 한다.

③ 소방공무원으로서 근무경력이 3년 이상인 자에게는 제4류 위험물을 취급할 자격이 있다.

④ 위험물기능사의 국가기술자격을 갖춘 자는 모든 위험물을 취급할 자격이 있다.

02 다음 중 위험물안전관리자를 선임하지 않아도 되는 제조소등은?

① 옥내저장소   ② 일반취급소

③ 옥외탱크저장소   ④ 이동탱크저장소

정답 01 ②   02 ④

제16조 (탱크시험자의 등록 등)

① 시·도지사 또는 제조소등의 관계인은 안전관리업무를 전문적이고 효율적으로 수행하기 위하여 탱크안전성능시험자(이하 "탱크시험자"라 한다)로 하여금 이 법에 의한 검사 또는 점검의 일부를 실시하게 할 수 있다.

② 탱크시험자가 되고자 하는 자는 대통령령이 정하는 기술능력·시설 및 장비를 갖추어 시·도지사에게 등록하여야 한다.

③ 제2항의 규정에 따라 등록한 사항 가운데 행정안전부령이 정하는 중요사항을 변경한 경우에는 그날부터 30일 이내에 시·도지사에게 변경신고를 하여야 한다.

④ 다음 각 호의 어느 하나에 해당하는 자는 탱크시험자로 등록하거나 탱크시험자의 업무에 종사할 수 없다.   <개정 2021.1.12.>

1. 피성년후견인

2. 삭제   <2006.9.22.>

3. 이 법, 「소방기본법」, 「화재의 예방 및 안전관리에 관한 법률」, 「소방시설 설치 및 관리에 관한 법률」 또는 「소방시설공사업법」에 따른 금고 이상의 실형의 선고를 받고 그 집행이 종료(집행이 종료된 것으로 보는 경우를 포함한다)되거나 집행이 면제된 날부터 2년이 지나지 아니한 자

4. 이 법, 「소방기본법」, 「화재의 예방 및 안전관리에 관한 법률」, 「소방시설 설치 및 관리에 관한 법률」 또는 「소방시설공사업법」에 따른 금고 이상의 형의 집행유예 선고를 받고 그 유예기간 중에 있는 자

5. 제5항의 규정에 따라 탱크시험자의 등록이 취소(제1호에 해당하여 자격이 취소된 경우는 제외한다)된 날부터 2년이 지나지 아니한 자

6. 법인으로서 그 대표자가 제1호 내지 제5호의 1에 해당하는 경우

⑤ 시·도지사는 탱크시험자가 다음 각 호의 어느 하나에 해당하는 경우에는 행정안전부령으로 정하는 바에 따라 그 등록을 취소하거나 6월 이내의 기간을 정하여 업무의 정지를 명할 수 있다. 다만, 제1호 내지 제3호에 해당하는 경우에는 그 등록을 취소하여야 한다.

1. 허위 그 밖의 부정한 방법으로 등록을 한 경우

2. 제4항 각 호의 어느 하나의 등록의 결격사유에 해당하게 된 경우

3. 등록증을 다른 자에게 빌려준 경우

4. 제2항의 규정에 따른 등록기준에 미달하게 된 경우

5. 탱크안전성능시험 또는 점검을 허위로 하거나 이 법에 의한 기준에 맞지 아니하게 탱크안전성능시험 또는 점검을 실시하는 경우 등 탱크시험자로서 적합하지 아니하다고 인정하는 경우

⑥ 탱크시험자는 이 법 또는 이 법에 의한 명령에 따라 탱크안전성능시험 또는 점검에 관한 업무를 성실히 수행하여야 한다.

시행령 제14조 (탱크시험자의 등록기준 등) ① 법 제16조 제2항의 규정에 의하여 탱크시험자가 갖추어야 하는 기술능력·시설 및 장비는 별표 7과 같다.

② 탱크시험자로 등록하고자 하는 자는 등록신청서에 행정안전부령이 정하는 서류를 첨부하여 시·도지사에게 제출하여야 한다.

③ 시·도지사는 제2항에 따른 등록신청을 접수한 경우에 다음 각 호의 어느 하나에 해당하는 경우를 제외하고는 등록을 해주어야 한다.

1. 제1항에 따른 기술능력·시설 및 장비 기준을 갖추지 못한 경우

2. 등록을 신청한 자가 법 제16조 제4항 각 호의 어느 하나에 해당하는 경우

3. 그 밖에 법, 이 영 또는 다른 법령에 따른 제한에 위반되는 경우

시행규칙 제60조 (탱크시험자의 등록신청 등) ① 법 제16조 제2항에 따라 탱크시험자로 등록하려는 자는 별지 제36호 서식의 신청서(전자문서로 된 신청서를 포함한다)에 다음 각 호의 서류(전자문서를 포함한다)를 첨부하여 시·도지사에게 제출하여야 한다.

1. 삭제 <2006.8.3.>

2. 기술능력자 연명부 및 기술자격증

3. 안전성능시험장비의 명세서

4. 보유장비 및 시험방법에 대한 기술검토를 기술원으로부터 받은 경우에는 그에 대한 자료

5. 「원자력안전법」에 따른 방사성동위원소이동사용허가증 또는 방사선발생장치 이동사용 허가증의 사본 1부

6. 사무실의 확보를 증명할 수 있는 서류

② 제1항에 따른 신청서를 제출받은 경우에 담당공무원은 법인 등기사항증명서를 제출받는 것에 갈음하여 그 내용을 「전자정부법」 제36조 제1항에 따른 행정정보의 공동이용을 통하여 확인하여야 한다.

③ 시·도지사는 제1항의 신청서를 접수한 때에는 20일 이내에 그 신청이 영 제14조 제1항의 규정에 의한 등록기준에 적합하다고 인정하는 때에는 별지 제37호 서식의 위험물탱크안전성능시험자등록증을 교부하고, 제1항의 규정에 의하여 제출된 기술인력자의 기술자격증에 그 기술인력자가 당해 탱크시험기관의 기술인력자임을 기재하여 교부하여야 한다.

제61조 (변경사항의 신고 등) ① 탱크시험자는 법 제16조 제3항의 규정에 의하여 다음 각 호의 1에 해당하는 중요사항을 변경한 경우에는 별지 제38호 서식의 신고서(전자문서로 된 신고서를 포함한다)에 다음 각 호의 구분에 따른 서류(전자문서를 포함한다)를 첨부하여 시·도지사에게 제출하여야 한다.

1. 영업소 소재지의 변경: 사무소의 사용을 증명하는 서류와 위험물탱크안전성능시험자등록증

2. 기술능력의 변경: 변경하는 기술인력의 자격증과 위험물탱크안전성능시험자등록증

3. 대표자의 변경: 위험물탱크안전성능시험자등록증

4. 상호 또는 명칭의 변경: 위험물탱크안전성능시험자등록증

② 제1항에 따른 신고서를 제출받은 경우에 담당공무원은 법인 등기사항증명서를 제출받는 것에 갈음하여 그 내용을 「전자정부법」 제36조 제1항에 따른 행정정보의 공동이용을 통하여 확인하여야 한다.

③ 시·도지사는 제1항의 신고서를 수리한 때에는 등록증을 새로 교부하거나 제출된 등록증에 변경사항을 기재하여 교부하고, 기술자격증에는 그 변경된 사항을 기재하여 교부하여야 한다.

제62조 (등록의 취소 등) ① 법 제16조 제5항의 규정에 의한 탱크시험자의 등록취소 및 업무정지의 기준은 별표 2와 같다.

② 시·도지사는 법 제16조 제2항에 따라 탱크시험자의 등록을 받거나 법 제16조 제5항에 따라 등록의 취소 또는 업무의 정지를 한 때에는 이를 특별시·광역시·특별자치시·도 또는 특별자치도(이하 "시·도"라 한다)의 공보에 공고하여야 한다.

③ 시·도지사는 탱크시험자의 등록을 취소한 때에는 등록증을 회수하여야 한다.

제17조 (예방규정)

① 대통령령으로 정하는 제조소등의 관계인은 해당 제조소등의 화재예방과 화재 등 재해발생시의 비상조치를 위하여 행정안전부령으로 정하는 바에 따라 예방규정을 정하여 해당 제조소등의 사용을 시작하기 전에 시·도지사에게 제출하여야 한다. 예방규정을 변경한 때에도 또한 같다. <개정 2023.1.3.>

② 시·도지사는 제1항에 따라 제출한 예방규정이 제5조 제3항에 따른 기준에 적합하지 아니하거나 화재예방이나 재해발생시의 비상조치를 위하여 필요하다고 인정하는 때에는 이를 반려하거나 그 변경을 명할 수 있다. <개정 2023.1.3.>

③ 제1항에 따른 제조소등의 관계인과 그 종업원은 예방규정을 충분히 잘 익히고 준수하여야 한다. <개정 2023.1.3.>

④ 소방청장은 대통령령으로 정하는 제조소등에 대하여 행정안전부령으로 정하는 바에 따라 예방규정의 이행 실태를 정기적으로 평가할 수 있다. <신설 2023.1.3.>

시행령 제15조 (예방규정) ① 법 제17조 제1항에서 "대통령령으로 정하는 제조소등"이란 다음 각 호의 어느 하나에 해당하는 제조소등을 말한다. <개정 2005.5.26, 2006.5.25, 2024.7.2.>

1. 지정수량의 10배 이상의 위험물을 취급하는 제조소
2. 지정수량의 100배 이상의 위험물을 저장하는 옥외저장소
3. 지정수량의 150배 이상의 위험물을 저장하는 옥내저장소
4. 지정수량의 200배 이상의 위험물을 저장하는 옥외탱크저장소
5. 암반탱크저장소
6. 이송취급소
7. 지정수량의 10배 이상의 위험물을 취급하는 일반취급소. 다만, 제4류 위험물(특수인화물을 제외한다)만을 지정수량의 50배 이하로 취급하는 일반취급소(제1석유류·알코올류의 취급량이 지정수량의 10배 이하인 경우에 한한다)로서 다음 각목의 어느 하나에 해당하는 것을 제외한다.
   가. 보일러·버너 또는 이와 비슷한 것으로서 위험물을 소비하는 장치로 이루어진 일반취급소
   나. 위험물을 용기에 옮겨 담거나 차량에 고정된 탱크에 주입하는 일반취급소

② 법 제17조 제4항에서 "대통령령으로 정하는 제조소등"이란 제1항에 따른 제조소등 가운데 저장 또는 취급하는 위험물의 최대수량의 합이 지정수량의 3천배 이상인 제조소등을 말한다. 이 경우 소방청장은 예방규정 이행 실태 평가 대상인 제조소등의 위험성 등을 고려하여 행정안전부령으로 정하는 바에 따라 평가 방법을 다르게 할 수 있다. <신설 2024.7.2.>

[제목개정 2024.7.2.]

시행규칙 제63조 (예방규정의 작성 등) ① 법 제17조 제1항에 따라 영 제15조 제1항 각 호의 어느 하나에 해당하는 제조소등의 관계인은 다음 각 호의 사항이 포함된 예방규정을 작성하여야 한다. <개정 2015.7.17, 2024.7.2.>

1. 위험물의 안전관리업무를 담당하는 자의 직무 및 조직에 관한 사항
2. 안전관리자가 여행·질병 등으로 인하여 그 직무를 수행할 수 없을 경우 그 직무의 대리자에 관한 사항
3. 영 제18조의 규정에 의하여 자체소방대를 설치하여야 하는 경우에는 자체소방대의 편성과 화학소방자동차의 배치에 관한 사항
4. 위험물의 안전에 관계된 작업에 종사하는 자에 대한 안전교육 및 훈련에 관한 사항
5. 위험물시설 및 작업장에 대한 안전순찰에 관한 사항
6. 위험물시설·소방시설 그 밖의 관련시설에 대한 점검 및 정비에 관한 사항
7. 위험물시설의 운전 또는 조작에 관한 사항
8. 위험물 취급작업의 기준에 관한 사항
9. 이송취급소에 있어서는 배관공사 현장책임자의 조건 등 배관공사 현장에 대한 감독체제에 관한 사항과 배관주위에 있는 이송취급소 시설 외의 공사를 하는 경우 배관의 안전확보에 관한 사항
10. 재난 그 밖의 비상시의 경우에 취하여야 하는 조치에 관한 사항
11. 위험물의 안전에 관한 기록에 관한 사항

12. 제조소등의 위치·구조 및 설비를 명시한 서류와 도면의 정비에 관한 사항

13. 그 밖에 위험물의 안전관리에 관하여 필요한 사항

② 예방규정은 「산업안전보건법」 제25조에 따른 안전보건관리규정과 통합하여 작성할 수 있다.

③ 영 제15조 제1항 각 호의 어느 하나에 해당하는 제조소등의 관계인은 예방규정을 제정하거나 변경한 경우에는 별지 제39호서식의 예방규정제출서에 제정 또는 변경한 예방규정 1부를 첨부하여 시·도지사 또는 소방서장에게 제출하여야 한다. <개정 2009.9.15, 2024.7.2.>

제63조의2 (예방규정의 이행 실태 평가) ① 법 제17조 제4항에 따른 예방규정의 이행 실태 평가는 다음 각 호의 구분에 따라 실시한다.

1. 최초평가: 법 제17조 제1항 전단에 따라 예방규정을 최초로 제출한 날부터 3년이 되는 날이 속하는 연도에 실시

2. 정기평가: 최초평가 또는 직전 정기평가를 실시한 날을 기준으로 4년마다 실시. 다만, 제3호에 따라 수시평가를 실시한 경우에는 수시평가를 실시한 날을 기준으로 4년마다 실시한다.

3. 수시평가: 위험물의 누출·화재·폭발 등의 사고가 발생한 경우 소방청장이 제조소등의 관계인 또는 종업원의 예방규정 준수 여부를 평가할 필요가 있다고 인정하는 경우에 실시

② 소방청장은 제1항에 따른 평가를 실시하는 경우 영 제15조 제2항 후단에 따라 제조소등의 위험성 등을 고려하여 서면점검 또는 현장검사의 방법으로 실시할 수 있다. 이 경우 현장검사는 소방청장이 정하여 고시하는 고위험군의 제조소등에 대하여만 실시한다.

③ 소방청장은 제1항에 따른 평가를 실시하는 경우 평가실시일 30일 전까지(제1항 제3호의 경우에는 7일 전까지를 말한다) 제조소등의 관계인에게 평가실시일, 평가항목 및 세부 평가일정에 관한 사항을 통보해야 한다.

④ 제1항에 따른 평가는 제63조 제1항 각 호에 따른 예방규정의 세부항목에 대하여 실시한다. 다만, 평가실시일부터 직전 1년 동안 「산업안전보건법」 제46조 제4항에 따른 공정안전보고서의 이행 상태 평가 또는 「화학물질관리법」 제23조의2 제2항에 따른 화학사고예방관리계획서의 이행 여부 점검을 받은 경우로서 해당 평가 또는 점검 항목과 중복되는 항목이 있는 경우에는 해당 항목에 대한 평가를 면제할 수 있다.

⑤ 소방청장은 제1항부터 제4항까지의 규정에 따라 예방규정의 이행 실태 평가를 완료한 때에는 그 결과를 해당 제조소등의 관계인에게 통보해야 한다. 이 경우 소방청장은 제조소등의 관계인에게 화재예방과 화재 등 재해발생시 비상조치의 효율적 수행을 위하여 필요한 조치 등의 이행을 권고할 수 있다.

⑥ 제1항부터 제5항까지에서 규정한 사항 외에 예방규정의 이행 실태 평가의 내용·절차·방법 등에 관하여 필요한 사항은 소방청장이 정하여 고시한다.

[본조신설 2024.7.2.]

 핵심정리 | 예방규정

1. **제출:** 사용 전 시·도지사에게

2. **예방규정 작성 대상**
   ① 지정수량의 10배 이상의 위험물을 취급하는 제조소 및 일반취급소
   ② 지정수량의 100배 이상의 위험물을 저장하는 옥외저장소
   ③ 지정수량의 150배 이상의 위험물을 저장하는 옥내저장소
   ④ 지정수량의 200배 이상의 위험물을 저장하는 옥외탱크저장소
   ⑤ 암반탱크저장소
   ⑥ 이송취급소

3. **예방규정이 기준에 적합하지 않은 경우:** 시·도지사가 반려하거나 변경을 명령

4. **예방규정 준수 의무자:** 관계인 및 종업원

다음 중 관계인이 예방규정을 작성하여야 하는 제조소등의 기준이 아닌 것은?

① 지정수량의 10배 이상을 취급하는 제조소
② 지정수량의 100배 이상의 위험물을 저장하는 옥내저장소
③ 지정수량의 200배 이상의 위험물을 저장하는 옥외탱크저장소
④ 암반탱크저장소

정답 ②

제18조 (정기점검 및 정기검사)

① 대통령령이 정하는 제조소등의 관계인은 그 제조소등에 대하여 행정안전부령이 정하는 바에 따라 제5조 제4항의 규정에 따른 기술기준에 적합한지의 여부를 정기적으로 점검하고 점검결과를 기록하여 보존하여야 한다.
② 제1항에 따라 정기점검을 한 제조소등의 관계인은 점검을 한 날부터 30일 이내에 점검결과를 시·도지사에게 제출하여야 한다. <신설 2020.10.20.>
③ 제1항에 따른 정기점검의 대상이 되는 제조소등의 관계인 가운데 대통령령으로 정하는 제조소등의 관계인은 행정안전부령으로 정하는 바에 따라 소방본부장 또는 소방서장으로부터 해당 제조소등이 제5조 제4항에 따른 기술기준에 적합하게 유지되고 있는지의 여부에 대하여 정기적으로 검사를 받아야 한다.

참고 정기점검기록부 보존기간

1. 구조안전점검: 25년
2. 구조안전점검 외의 정기점검: 3년

시행령 제16조 (정기점검의 대상인 제조소등) 법 제18조 제1항에서 "대통령령이 정하는 제조소등"이라 함은 다음 각 호의 1에 해당하는 제조소등을 말한다.
1. 제15조 각 호의 1에 해당하는 제조소등
2. 지하탱크저장소
3. 이동탱크저장소
4. 위험물을 취급하는 탱크로서 지하에 매설된 탱크가 있는 제조소·주유취급소 또는 일반취급소

제17조 (정기검사의 대상인 제조소등) 법 제18조 제2항에서 "대통령령이 정하는 제조소등"이라 함은 액체위험물을 저장 또는 취급하는 50만리터 이상의 옥외탱크저장소를 말한다.

시행규칙 제64조 (정기점검의 횟수) 법 제18조 제1항의 규정에 의하여 제조소등의 관계인은 당해 제조소등에 대하여 연 1회 이상 정기점검을 실시하여야 한다.

제65조 (특정·준특정옥외탱크저장소의 정기점검) ① 법 제18조 제1항에 따라 옥외탱크저장소 중 저장 또는 취급하는 액체위험물의 최대수량이 50만리터 이상인 것(이하 "특정·준특정옥외탱크저장소"라 한다)에 대해서는 제64조에 따른 정기점검 외에 다음 각 호의 어느 하나에 해당하는 기간 이내에 1회 이상 특정·준특정옥외저장탱크(특정·준특정옥외탱크저장소의 탱크를 말한다. 이하 같다)의 구조 등에 관한 안전점검(이하 "구조안전점검"이라 한다)을 해야 한다. 다만, 해당 기간 이내에 특정·준특정옥외저장탱크의 사용중단 등으로 구조안전점검을 실시하기가 곤란한 경우에는 별지 제39호의2 서식에 따라 관할소방서장에게 구조안전점검의 실시기간 연장신청(전자문서에 의한 신청을 포함한다)을 할 수 있으며, 그 신청을 받은 소방서장은 1년(특정·준특정옥외저장탱크의 사용을 중지한 경우에는 사용중지기간)의 범위에서 실시기간을 연장할 수 있다. <개정 2020.10.12.>

1. 특정·준특정옥외탱크저장소의 설치허가에 따른 완공검사필증을 발급받은 날부터 12년
2. 제70조 제1항 제1호에 따른 최근의 정밀정기검사를 받은 날부터 11년
3. 제2항에 따라 특정·준특정옥외저장탱크에 안전조치를 한 후 제71조 제2항에 따라 구조안전점검시기 연장신청을 하여 해당 안전조치가 적정한 것으로 인정받은 경우에는 제70조 제1항 제1호에 따른 최근의 정밀정기검사를 받은 날부터 13년

② 제1항 제3호에 따른 특정·준특정옥외저장탱크의 안전조치는 특정·준특정옥외저장탱크의 부식 등에 대한 안전성을 확보하는 데 필요한 다음 각 호의 어느 하나의 조치로 한다.

1. 특정·준특정옥외저장탱크의 부식방지 등을 위한 다음 각 목의 조치
   가. 특정·준특정옥외저장탱크의 내부의 부식을 방지하기 위한 코팅[유리입자(글래스플레이크)코팅 또는 유리섬유강화플라스틱 라이닝에 한한다] 또는 이와 동등 이상의 조치
   나. 특정·준특정옥외저장탱크의 에뉼러판 및 밑판 외면의 부식을 방지하는 조치
   다. 특정·준특정옥외저장탱크의 에뉼러판 및 밑판의 두께가 적정하게 유지되도록 하는 조치
   라. 특정·준특정옥외저장탱크에 구조상의 영향을 줄 우려가 있는 보수를 하지 아니하거나 변형이 없도록 하는 조치
   마. 현저한 부등침하가 없도록 하는 조치
   바. 지반이 충분한 지지력을 확보하는 동시에 침하에 대하여 충분한 안전성을 확보하는 조치
   사. 특정·준특정옥외저장탱크의 유지관리체제의 적정 유지
2. 위험물의 저장관리 등에 관한 다음 각 목의 조치
   가. 부식의 발생에 영향을 주는 물 등의 성분의 적절한 관리
   나. 특정·준특정옥외저장탱크에 대하여 현저한 부식성이 있는 위험물을 저장하지 아니하도록 하는 조치
   다. 부식의 발생에 현저한 영향을 미치는 저장조건의 변경을 하지 아니하도록 하는 조치
   라. 특정·준특정옥외저장탱크의 에뉼러판 및 밑판의 부식율(에뉼러판 및 밑판이 부식에 의하여 감소한 값을 판의 경과연수로 나누어 얻은 값을 말한다)이 연간 0.05밀리미터 이하일 것
   마. 특정·준특정옥외저장탱크의 에뉼러판 및 밑판 외면의 부식을 방지하는 조치
   바. 특정·준특정옥외저장탱크의 에뉼러판 및 밑판의 두께가 적정하게 유지되도록 하는 조치
   사. 특정·준특정옥외저장탱크에 구조상의 영향을 줄 우려가 있는 보수를 하지 아니하거나 변형이 없도록 하는 조치
   아. 현저한 부등침하가 없도록 하는 조치
   자. 지반이 충분한 지지력을 확보하는 동시에 침하에 대하여 충분한 안전성을 확보하는 조치
   차. 특정·준특정옥외저장탱크의 유지관리체제의 적정 유지

③ 제1항 제3호의 규정에 의한 신청은 별지 제40호 서식 또는 별지 제41호 서식의 신청서에 의한다.

제66조 (정기점검의 내용 등) 제조소등의 위치·구조 및 설비가 법 제5조 제4항의 기술기준에 적합한지를 점검하는 데 필요한 정기점검의 내용·방법 등에 관한 기술상의 기준과 그 밖의 점검에 관하여 필요한 사항은 소방청장이 정하여 고시한다.

제67조 (정기점검의 실시자) ① 제조소등의 관계인은 법 제18조 제1항의 규정에 의하여 당해 제조소등의 정기점검을 안전관리자(제65조의 규정에 의한 정기점검에 있어서는 제66조의 규정에 의하여 소방청장이 정하여 고시하는 점검방법에 관한 지식 및 기능이 있는 자에 한한다) 또는 위험물운송자(이동탱크저장소의 경우에 한한다)로 하여금 실시하도록 하여야 한다. 이 경우 옥외탱크저장소에 대한 구조안전점검을 위험물안전관리자가 직접 실시하는 경우에는 점검에 필요한 영 별표 7의 인력 및 장비를 갖춘 후 이를 실시하여야 한다.

② 제1항에도 불구하고 제조소등의 관계인은 안전관리대행기관(제65조에 따른 특정·준특정옥외탱크저장소의 정기점검은 제외한다) 또는 탱크시험자에게 정기점검을 의뢰하여 실시할 수 있다. 이 경우 해당 제조소등의 안전관리자는 안전관리대행기관 또는 탱크시험자의 점검현장에 입회하여야 한다.

제68조 (정기점검의 기록·유지) ① 법 제18조 제1항의 규정에 의하여 제조소등의 관계인은 정기점검 후 다음 각 호의 사항을 기록하여야 한다.

1. 점검을 실시한 제조소등의 명칭
2. 점검의 방법 및 결과
3. 점검연월일
4. 점검을 한 안전관리자 또는 점검을 한 탱크시험자와 점검에 입회한 안전관리자의 성명

② 제1항의 규정에 의한 정기점검기록은 다음 각 호의 구분에 의한 기간 동안 이를 보존하여야 한다.

1. 제65조 제1항의 규정에 의한 옥외저장탱크의 구조안전점검에 관한 기록: 25년(동항 제3호에 규정한 기간의 적용을 받는 경우에는 30년)
2. 제1호에 해당하지 아니하는 정기점검의 기록: 3년

제69조 (정기점검의 의뢰 등) ① 제조소등의 관계인은 법 제18조 제1항의 정기점검을 제67조 제2항의 규정에 의하여 탱크시험자에게 실시하게 하는 경우에는 별지 제42호 서식의 정기점검의뢰서를 탱크시험자에게 제출하여야 한다.

② 탱크시험자는 정기점검을 실시한 결과 그 탱크 등의 유지관리상황이 적합하다고 인정되는 때에는 점검을 완료한 날부터 10일 이내에 별지 제43호 서식의 정기점검결과서에 위험물탱크안전성능시험자등록증 사본 및 시험성적서를 첨부하여 제조소등의 관계인에게 교부하고, 적합하지 아니한 경우에는 개선하여야 하는 사항을 통보하여야 한다.

③ 제2항의 규정에 의하여 개선하여야 하는 사항을 통보받은 제조소등의 관계인은 이를 개선한 후 다시 점검을 의뢰하여야 한다. 이 경우 탱크시험자는 정기점검결과서에 개선하게 한 사항(탱크시험자가 직접 보수한 경우에는 그 보수한 사항을 포함한다)을 기재하여야 한다.

④ 탱크시험자는 제2항의 규정에 의한 정기점검결과서를 교부한 때에는 그 내용을 정기점검대장에 기록하고 이를 제68조 제2항 각 호의 규정에 의한 기간 동안 보관하여야 한다.

제70조 (정기검사의 시기) ① 법 제18조 제2항에 따른 정기검사(이하 "정기검사"라 한다)를 받아야 하는 특정ㆍ준특정옥외탱크저장소의 관계인은 다음 각 호의 구분에 따라 정밀정기검사 및 중간정기검사를 받아야 한다. 다만, 재난 그 밖의 비상사태의 발생, 안전유지상의 필요 또는 사용상황 등의 변경으로 해당 시기에 정기검사를 실시하는 것이 적당하지 않다고 인정되는 때에는 소방서장의 직권 또는 관계인의 신청에 따라 소방서장이 따로 지정하는 시기에 정기검사를 받을 수 있다. <개정 2020.10.12.>

1. 정밀정기검사: 다음 각 목의 어느 하나에 해당하는 기간 내에 1회
   가. 특정ㆍ준특정옥외탱크저장소의 설치허가에 따른 완공검사필증을 발급받은 날부터 12년
   나. 최근의 정밀정기검사를 받은 날부터 11년
2. 중간정기검사: 다음 각 목의 어느 하나에 해당하는 기간 내에 1회
   가. 특정ㆍ준특정옥외탱크저장소의 설치허가에 따른 완공검사필증을 발급받은 날부터 4년
   나. 최근의 정밀정기검사 또는 중간정기검사를 받은 날부터 4년

② 삭제 <2009.3.17.>

③ 제1항 제1호에 따른 정밀정기검사(이하 "정밀정기검사"라 한다)를 받아야 하는 특정ㆍ준특정옥외탱크저장소의 관계인은 제1항에도 불구하고 정밀정기검사를 제65조 제1항에 따른 구조안전점검을 실시하는 때에 함께 받을 수 있다. <개정 2020.10.12.>

제71조 (정기검사의 신청 등) ① 정기검사를 받아야 하는 특정ㆍ준특정옥외탱크저장소의 관계인은 별지 제44호 서식의 신청서(전자문서로 된 신청서를 포함한다)에 다음 각 호의 서류(전자문서를 포함한다)를 첨부하여 기술원에 제출하고 별표 25 제8호에 따른 수수료를 기술원에 납부해야 한다. 다만, 제2호 및 제4호의 서류는 정기검사를 실시하는 때에 제출할 수 있다. <개정 2020.10.12.>

1. 별지 제5호 서식의 구조설비명세표
2. 제조소등의 위치ㆍ구조 및 설비에 관한 도면
3. 완공검사필증
4. 밑판, 옆판, 지붕판 및 개구부의 보수이력에 관한 서류

② 제65조 제1항 제3호에 따른 기간 이내에 구조안전점검을 받으려는 자는 별지 제40호 서식 또는 별지 제41호 서식의 신청서(전자문서로 된 신청서를 포함한다)를 제1항 각 호 외의 부분 본문에 따라 정기검사를 신청하는 때에 함께 기술원에 제출해야 한다. <개정 2020.10.12.>

③ 제70조 제1항 각 호 외의 부분 단서에 따라 정기검사 시기를 변경하려는 자는 별지 제45호 서식의 신청서(전자문서로 된 신청서를 포함한다)에 정기검사 시기의 변경을 필요로 하는 사유를 기재한 서류(전자문서를 포함한다)를 첨부하여 소방서장에게 제출해야 한다. <개정 2020.10.12.>

④ 기술원은 제72조 제4항의 소방청장이 정하여 고시하는 기준에 따라 정기검사를 실시한 결과 다음 각 호의 구분에 따른 사항이 적합하다고 인정되면 검사종료일부터 10일 이내에 별지 제46호 서식의 정기검사필증을 관계인에게 발급하고, 그 결과 보고서를 작성하여 소방서장에게 제출해야 한다. <개정 2020. 10.12.>

1. 정밀정기검사 대상인 경우: 특정·준특정옥외저장탱크에 대한 다음 각 목의 사항

　　가. 수직도·수평도에 관한 사항(지중탱크에 대한 것은 제외한다)

　　나. 밑판(지중탱크의 경우에는 누액방지판을 말한다)의 두께에 관한 사항

　　다. 용접부에 관한 사항

　　라. 구조·설비의 외관에 관한 사항

2. 제70조 제1항 제2호에 따른 중간정기검사 대상인 경우: 특정·준특정옥외저장탱크의 구조·설비의 외관에 관한 사항

⑤ 기술원은 정기검사를 실시한 결과 부적합한 경우에는 개선해야 하는 사항을 신청자 및 소방서장에게 통보하고 개선할 사항을 통보받은 관계인은 개선을 완료한 후 별지 제44호서식의 신청서를 기술원에 다시 제출해야 한다. <개정 2008.12.18, 2020.10.12, 2024.5.20.>

⑥ 정기검사를 받은 제조소등의 관계인과 정기검사를 실시한 기술원은 정기검사필증 등 정기검사에 관한 서류를 해당 제조소등에 대한 차기 정기검사시까지 보관해야 한다. <개정 2020.10.12.>

제72조 (정기검사의 방법 등) ① 정기검사는 특정·준특정옥외탱크저장소의 위치·구조 및 설비의 특성을 감안하여 안전성 확인에 적합한 검사방법으로 실시하여야 한다.

② 특정·준특정옥외탱크저장소의 관계인이 제65조 제1항에 따른 구조안전점검시에 제71조 제4항 제1호 각 목에 따른 사항을 미리 점검한 후에 정밀정기검사를 신청하는 때에는 그 사항에 대한 정밀정기검사는 전체의 검사범위 중 임의의 부위를 발췌하여 검사하는 방법으로 실시한다. <개정 2020.10.12.>

③ 특정옥외탱크저장소의 변경허가에 따른 탱크안전성능검사를 하는 때에 정밀정기검사를 같이 실시하는 경우 검사범위가 중복되면 해당 검사범위에 대한 어느 하나의 검사를 생략한다. <개정 2020.10.12.>

④ 제1항부터 제3항까지의 규정에 따른 검사방법과 판정기준 그 밖의 정기검사의 실시에 관하여 필요한 사항은 소방청장이 정하여 고시한다. <개정 2020.10.12.>

핵심정리 | 정기점검 및 정기검사

구분	정기점검	정기검사
대상	• 예방규정 작성 대상 • 지하탱크저장소 • 이동탱크저장소 • 지하에 매설된 탱크가 있는 제조소·주유취급소 또는 일반취급소	액체위험물을 저장 또는 취급하는 50만L 이상의 옥외탱크저장소
횟수	연 1회 이상	11년(단, 최초정기검사는 12년이 되는 해)

확인 예제

위험물 제조소등에서 정기점검대상으로 옳은 것은?

① 지정수량의 50배 이상의 위험물을 저장하는 옥외저장소

② 지정수량의 100배 이상의 위험물을 저장하는 옥외탱크저장소

③ 지정수량의 150배 이상의 위험물을 저장하는 옥내저장소

④ 100만리터 이상의 액체위험물을 저장하는 옥외탱크저장소

정답 ③

제19조 (자체소방대)

다량의 위험물을 저장·취급하는 제조소등으로서 대통령령이 정하는 제조소등이 있는 동일한 사업소에서 대통령령이 정하는 수량 이상의 위험물을 저장 또는 취급하는 경우 당해 사업소의 관계인은 대통령령이 정하는 바에 따라 당해 사업소에 자체소방대를 설치하여야 한다.

> **시행령 제18조 (자체소방대를 설치하여야 하는 사업소)** ① 법 제19조에서 "대통령령이 정하는 제조소등"이란 다음 각 호의 어느 하나에 해당하는 제조소등을 말한다. <개정 2020.7.14.>
> 1. 제4류 위험물을 취급하는 제조소 또는 일반취급소. 다만, 보일러로 위험물을 소비하는 일반취급소 등 행정안전부령으로 정하는 일반취급소는 제외한다.
> 2. 제4류 위험물을 저장하는 옥외탱크저장소
> ② 법 제19조에서 "대통령령이 정하는 수량 이상"이란 다음 각 호의 구분에 따른 수량을 말한다. <개정 2020.7.14.>
> 1. 제1항 제1호에 해당하는 경우: 제조소 또는 일반취급소에서 취급하는 제4류 위험물의 최대수량의 합이 지정수량의 3천배 이상
> 2. 제1항 제2호에 해당하는 경우: 옥외탱크저장소에 저장하는 제4류 위험물의 최대수량이 지정수량의 50만배 이상
> ③ 법 제19조의 규정에 의하여 자체소방대를 설치하는 사업소의 관계인(소유자·점유자 또는 관리자를 말한다. 이하 같다)은 별표 8의 규정에 의하여 자체소방대에 화학소방자동차 및 자체소방대원을 두어야 한다. 다만, 화재 그 밖의 재난발생시 다른 사업소 등과 상호응원에 관한 협정을 체결하고 있는 사업소에 있어서는 행정안전부령이 정하는 바에 따라 별표 8의 범위 안에서 화학소방자동차 및 인원의 수를 달리할 수 있다. <개정 2008.12.17, 2013.3.23, 2014.11.19, 2017.7.26, 2024.7.23.>

제19조의2 (제조소등에서의 흡연 금지)

① 누구든지 제조소등에서는 지정된 장소가 아닌 곳에서 흡연을 하여서는 아니 된다.
② 제조소등의 관계인은 해당 제조소등이 금연구역임을 알리는 표지를 설치하여야 한다.
③ 시·도지사는 제조소등의 관계인이 제2항을 위반하여 금연구역임을 알리는 표지를 설치하지 아니하거나 보완이 필요한 경우 일정한 기간을 정하여 그 시정을 명할 수 있다.
④ 제1항에 따른 지정 기준·방법 등은 대통령령으로 정하고, 제2항에 따른 표지를 설치하는 기준·방법 등은 행정안전부령으로 정한다.
[본조신설 2024.1.30.]

> **시행령 제18조의2 (흡연장소의 지정기준 등)** ① 제조소등의 관계인은 법 제19조의2에 따라 제조소등에서 흡연장소를 지정할 필요가 있다고 인정하는 경우 다음 각 호의 기준에 따라 흡연장소를 지정해야 한다.
> 1. 흡연장소는 폭발위험장소(「산업표준화법」 제12조에 따른 한국산업표준에서 정한 폭발성 가스에 의한 폭발위험장소의 범위를 말한다) 외의 장소에 지정하는 등 위험물을 저장·취급하는 건축물, 공작물 및 기계·기구, 그 밖의 설비로부터 안전 확보에 필요한 일정한 거리를 둘 것
> 2. 흡연장소는 옥외로 지정할 것. 다만, 부득이한 경우에는 건축물 내에 지정할 수 있다.
> ② 제조소등의 관계인은 제1항에 따라 흡연장소를 지정하는 경우에는 다음 각 호의 방법에 따른 화재예방 조치를 해야 한다.
> 1. 흡연장소는 구획된 실(室)로 하되, 가연성의 증기 또는 미분이 실내에 체류하거나 실내로 유입되는 것을 방지하기 위한 구조 또는 설비를 갖출 것
> 2. 소형수동식소화기(이에 준하는 소화설비를 포함한다)를 1개 이상 비치할 것
> ③ 제1항 및 제2항에서 규정한 사항 외에 흡연장소의 지정 기준·방법 등에 관한 세부적인 기준은 소방청장이 정하여 고시한다.
> [본조신설 2024.7.23.]

시행규칙 제73조 (자체소방대의 설치 제외대상인 일반취급소) 영 제18조 제1항 제1호 단서에서 "행정안전부령으로 정하는 일반취급소"란 다음 각 호의 어느 하나에 해당하는 일반취급소를 말한다. <개정 2020.10.12.>

1. 보일러, 버너 그 밖에 이와 유사한 장치로 위험물을 소비하는 일반취급소
2. 이동저장탱크 그 밖에 이와 유사한 것에 위험물을 주입하는 일반취급소
3. 용기에 위험물을 옮겨 담는 일반취급소
4. 유압장치, 윤활유순환장치 그 밖에 이와 유사한 장치로 위험물을 취급하는 일반취급소
5. 「광산안전법」의 적용을 받는 일반취급소

제74조 (자체소방대 편성의 특례) 영 제18조 제3항 단서의 규정에 의하여 2 이상의 사업소가 상호응원에 관한 협정을 체결하고 있는 경우에는 당해 모든 사업소를 하나의 사업소로 보고 제조소 또는 취급소에서 취급하는 제4류 위험물을 합산한 양을 하나의 사업소에서 취급하는 제4류 위험물의 최대수량으로 간주하여 동항 본문의 규정에 의한 화학소방자동차의 대수 및 자체소방대원을 정할 수 있다. 이 경우 상호응원에 관한 협정을 체결하고 있는 각 사업소의 자체소방대에는 영 제18조 제3항 본문의 규정에 의한 화학소방차 대수의 2분의 1 이상의 대수와 화학소방자동차마다 5인 이상의 자체소방대원을 두어야 한다.

제75조 (화학소방차의 기준 등) ① 영 별표 8 비고의 규정에 의하여 화학소방자동차(내폭화학차 및 제독차를 포함한다)에 갖추어야 하는 소화능력 및 설비의 기준은 별표 23과 같다.
② 포수용액을 방사하는 화학소방자동차의 대수는 영 제18조 제3항의 규정에 의한 화학소방자동차의 대수의 3분의 2 이상으로 하여야 한다.

✏ **핵심정리** | 자체소방대

1. 설치 대상
① 제4류 위험물 제조소 또는 일반취급소로, 지정수량의 3천배 이상인 경우에 설치한다.
② 제4류 위험물을 저장하는 옥외탱크저장소, 지정수량의 50만배 이상인 경우에 설치한다.

2. 자체소방대에 두는 화학소방자동차 및 인원

사업소의 구분	화학소방자동차	자체소방대원의 수
지정수량의 12만배 미만인 사업소	1대	5인
지정수량의 12만배 이상 24만배 미만인 사업소	2대	10인
지정수량의 24만배 이상 48만배 미만인 사업소	3대	15인
지정수량의 48만배 이상인 사업소	4대	20인
옥외탱크저장소(4류) 지정수량의 50만배 이상	2대	10인

※ 화학소방자동차에는 행정안전부령이 정하는 소화능력 및 설비를 갖추어야 하고, 소화활동에 필요한 소화약제 및 기구(방열복 등 개인장구를 포함한다)를 비치하여야 한다.

3. 화학소방자동차에 갖추어야 하는 소화능력 및 설비의 기준

화학소방자동차의 구분	소화능력 및 설비의 기준
포수용액 방사차	방사능력: 매분 2,000L 이상
	소화약액탱크, 혼합장치 비치
	소화약제 비치: 포수용액 10만L 이상
분말 방사차	방사능력: 매초 35kg 이상
	분말탱크, 가압용가스설비 비치
	소화약제 비치: 1,400kg 이상
할로겐화합물 방사차	방사능력: 매초 40kg 이상
	할로겐화물탱크, 가압용가스설비 비치
	소화약제 비치: 1,000kg 이상
이산화탄소 방사차	방사능력: 매초 40kg 이상
	이산화탄소저장용기 비치
	소화약제 비치: 3,000kg 이상
제독차	가성소다 및 규조토 각각 50kg 이상 비치

◎ 확인 예제

자체소방대를 두어야 하는 제조소등의 기준으로 옳은 것은?

① 지정수량의 3천배 이상의 제4류 위험물을 저장·취급하는 제조소 또는 일반취급소
② 지정수량의 2천배 이상의 제4류 위험물을 저장·취급하는 제조소
③ 지정수량의 2천배 이상의 제4류 위험물을 저장·취급하는 일반취급소
④ 지정수량의 1천배 이상의 제4류 위험물을 저장·취급하는 일반취급소

정답 ①

Chapter 04

위험물의 운반 등

제20조 (위험물의 운반)

① 위험물의 운반은 그 용기·적재방법 및 운반방법에 관한 다음 각 호의 중요기준과 세부기준에 따라 행하여야 한다.
1. 중요기준: 화재 등 위해의 예방과 응급조치에 있어서 큰 영향을 미치거나 그 기준을 위반하는 경우 직접적으로 화재를 일으킬 가능성이 큰 기준으로서 행정안전부령이 정하는 기준
2. 세부기준: 화재 등 위해의 예방과 응급조치에 있어서 중요기준보다 상대적으로 적은 영향을 미치거나 그 기준을 위반하는 경우 간접적으로 화재를 일으킬 수 있는 기준 및 위험물의 안전관리에 필요한 표시와 서류·기구 등의 비치에 관한 기준으로서 행정안전부령이 정하는 기준

② 제1항에 따라 운반용기에 수납된 위험물을 지정수량 이상으로 차량에 적재하여 운반하는 차량의 운전자(이하 "위험물운반자"라 한다)는 다음 각 호의 어느 하나에 해당하는 요건을 갖추어야 한다. <신설 2020.6.9.>
1. 「국가기술자격법」에 따른 위험물 분야의 자격을 취득할 것
2. 제28조 제1항에 따른 교육을 수료할 것

③ 시·도지사는 운반용기를 제작하거나 수입한 자 등의 신청에 따라 제1항의 규정에 따른 운반용기를 검사할 수 있다. 다만, 기계에 의하여 하역하는 구조로 된 대형의 운반용기로서 행정안전부령이 정하는 것을 제작하거나 수입한 자 등은 행정안전부령이 정하는 바에 따라 당해 용기를 사용하거나 유통시키기 전에 시·도지사가 실시하는 운반용기에 대한 검사를 받아야 한다.

> **참고** **위험물의 수납율**
>
> 1. **고체위험물의 수납율**: 운반용기 내 용적의 95% 이하로 수납
> 2. **액체위험물의 수납율**: 운반용기 내 용적의 98% 이하로 수납
> 3. **알킬알루미늄 등의 수납율**: 운반용기 내 용적의 90% 이하로 수납

> **시행규칙 제50조 (위험물의 운반기준)** 법 제20조 제1항의 규정에 의한 위험물의 운반에 관한 기준은 별표 19와 같다.
>
> **제51조 (운반용기의 검사)** ① 법 제20조 제2항 단서에서 "행정안전부령이 정하는 것"이라 함은 별표 20의 규정에 의한 운반용기를 말한다.
> ② 법 제20조 제2항의 규정에 의하여 운반용기의 검사를 받고자 하는 자는 별지 제30호 서식의 신청서(전자문서로 된 신청서를 포함한다)에 용기의 설계도면과 재료에 관한 설명서를 첨부하여 기술원에 제출하여야 한다. 다만, UN의 위험물 운송에 관한 권고(RTDG, Recommendations on the Transport of Dangerous Goods)에서 정한 기준에 따라 관련 검사기관으로부터 검사를 받은 때에는 그러하지 아니하다.
> ③ 기술원은 제2항의 규정에 의한 검사신청을 한 운반용기가 별표 19 Ⅰ의 규정에 의한 기준에 적합하고 위험물의 운반상 지장이 없다고 인정되는 때에는 별지 제31호 서식의 용기검사필증을 교부하여야 한다.
> ④ 기술원의 원장은 운반용기 검사업무의 처리절차와 방법을 정하여 운용하여야 한다.
> ⑤ 기술원의 원장은 전년도의 운반용기 검사업무 처리결과를 매년 1월 31일까지 시·도지사에게 보고하여야 하고, 시·도지사는 기술원으로부터 보고받은 운반용기 검사업무 처리결과를 매년 2월 말까지 소방청장에게 제출하여야 한다.

제21조 (위험물의 운송)

① 이동탱크저장소에 의하여 위험물을 운송하는 자(운송책임자 및 이동탱크저장소 운전자를 말하며, 이하 "위험물운송자"라 한다)는 제20조 제2항 각 호의 어느 하나에 해당하는 요건을 갖추어야 한다.

② 대통령령이 정하는 위험물의 운송에 있어서는 운송책임자(위험물 운송의 감독 또는 지원을 하는 자를 말한다. 이하 같다)의 감독 또는 지원을 받아 이를 운송하여야 한다. 운송책임자의 범위, 감독 또는 지원의 방법 등에 관한 구체적인 기준은 행정안전부령으로 정한다.

③ 위험물운송자는 이동탱크저장소에 의하여 위험물을 운송하는 때에는 해당 국가기술자격증 또는 교육수료증을 지녀야 하며, 행정안전부령이 정하는 기준을 준수하는 등 당해 위험물의 안전확보를 위하여 세심한 주의를 기울여야 한다.

> **참고** 이동탱크저장소의 위험물을 운송하는 운전자
>
> 1. **자격요건**: 위험물에 관한 국가기술자격자 또는 한국소방안전원의 위험물 운송에 관한 교육을 받은 자
> 2. **의무사항**: 위험물 운송시 자격증 및 교육 수료증을 휴대할 것

> **시행령 제19조 (운송책임자의 감독·지원을 받아 운송하여야 하는 위험물)** 법 제21조 제2항에서 "대통령령이 정하는 위험물"이라 함은 다음 각 호의 1에 해당하는 위험물을 말한다.
> 1. 알킬알루미늄
> 2. 알킬리튬
> 3. 제1호 또는 제2호의 물질을 함유하는 위험물

> **시행규칙 제52조 (위험물의 운송기준)** ① 법 제21조 제2항의 규정에 의한 위험물 운송책임자는 다음 각 호의 1에 해당하는 자로 한다.
> 1. 당해 위험물의 취급에 관한 국가기술자격을 취득하고 관련 업무에 1년 이상 종사한 경력이 있는 자
> 2. 법 제28조 제1항의 규정에 의한 위험물의 운송에 관한 안전교육을 수료하고 관련 업무에 2년 이상 종사한 경력이 있는 자
> ② 법 제21조 제2항의 규정에 의한 위험물 운송책임자의 감독 또는 지원의 방법과 법 제21조 제3항의 규정에 의한 위험물의 운송시에 준수하여야 하는 사항은 별표 21과 같다.

✎ 핵심정리 | 위험물의 운송

1. **위험물운송자**: 위험물 국가기술자격자, 안전교육 이수자
2. **운송책임자의 감독 또는 지원을 받아 이를 운송하여야 하는 위험물**: 알킬알루미늄, 알킬리튬, 알킬기의 물질을 함유하는 위험물

◎ 확인 예제

이동탱크저장소에 의하여 위험물을 운송하는 경우 운송책임자의 감독 또는 지원을 받아야 하는 위험물은?

① 알킬알루미늄　　　　　　　　　② 아세트알데히드
③ 산화프로필렌　　　　　　　　　④ 질산메틸

정답 ①

제22조(출입·검사 등)

① 소방청장(중앙119구조본부장 및 그 소속 기관의 장을 포함한다. 이하 제22조의2에서 같다), 시·도지사, 소방본부장 또는 소방서장은 위험물의 저장 또는 취급에 따른 화재의 예방 또는 진압대책을 위하여 필요한 때에는 위험물을 저장 또는 취급하고 있다고 인정되는 장소의 관계인에 대하여 필요한 보고 또는 자료제출을 명할 수 있으며, 관계공무원으로 하여금 당해 장소에 출입하여 그 장소의 위치·구조·설비 및 위험물의 저장·취급상황에 대하여 검사하게 하거나 관계인에게 질문하게 하고 시험에 필요한 최소한의 위험물 또는 위험물로 의심되는 물품을 수거하게 할 수 있다. 다만, 개인의 주거는 관계인의 승낙을 얻은 경우 또는 화재발생의 우려가 커서 긴급한 필요가 있는 경우가 아니면 출입할 수 없다.

② 소방공무원 또는 경찰공무원은 위험물운반자 또는 위험물운송자의 요건을 확인하기 위하여 필요하다고 인정하는 경우에는 주행 중인 위험물 운반 차량 또는 이동탱크저장소를 정지시켜 해당 위험물운반자 또는 위험물운송자에게 그 자격을 증명할 수 있는 국가기술자격증 또는 교육수료증의 제시를 요구할 수 있으며, 이를 제시하지 아니한 경우에는 주민등록증(모바일 주민등록증을 포함한다), 여권, 운전면허증 등 신원확인을 위한 증명서를 제시할 것을 요구하거나 신원확인을 위한 질문을 할 수 있다. 이 직무를 수행하는 경우에 있어서 소방공무원과 경찰공무원은 긴밀히 협력하여야 한다. <개정 2006.2.21, 2014.12.30, 2020.6.9, 2020.12.22, 2023.12.26.>

③ 제1항의 규정에 따른 출입·검사 등은 그 장소의 공개시간이나 근무시간 내 또는 해가 뜬 후부터 해가 지기 전까지의 시간 내에 행하여야 한다. 다만, 건축물 그 밖의 공작물의 관계인의 승낙을 얻은 경우 또는 화재발생의 우려가 커서 긴급한 필요가 있는 경우에는 그러하지 아니하다.

④ 제1항 및 제2항의 규정에 의하여 출입·검사 등을 행하는 관계공무원은 관계인의 정당한 업무를 방해하거나 출입·검사 등을 수행하면서 알게 된 비밀을 다른 자에게 누설하여서는 아니 된다.

⑤ 시·도지사, 소방본부장 또는 소방서장은 탱크시험자에게 탱크시험자의 등록 또는 그 업무에 관하여 필요한 보고 또는 자료제출을 명하거나 관계공무원으로 하여금 당해 사무소에 출입하여 업무의 상황·시험기구·장부·서류와 그 밖의 물건을 검사하게 하거나 관계인에게 질문하게 할 수 있다. <개정 2020.6.9.>

⑥ 제1항·제2항 및 제5항의 규정에 따라 출입·검사 등을 하는 관계공무원은 그 권한을 표시하는 증표를 지니고 관계인에게 이를 내보여야 한다.

> **참고** 출입·검사
>
> 출입·검사는 위험물의 각종 재해로부터 안전을 확보하기 위하여 필요한 최소한의 예방조치로서 소방기관이 화재의 예방 또는 진압대책을 위하여 필요한 때에는 해당 관계자에게 의무를 부과하거나 직접 대상물에 출입하여 그 장소의 위치·구조·설비 및 위험물의 저장·취급에 관한 사항에 대하여 질문 또는 수거를 명하는 일련의 법 집행행위이다.

> **시행규칙 제76조 (소방검사서)** 법 제22조 제1항의 규정에 의한 출입·검사 등을 행하는 관계공무원은 법 또는 법에 근거한 명령 또는 조례의 규정에 적합하지 아니한 사항을 발견한 때에는 그 내용을 기재한 별지 제47호 서식의 위험물제조소등 소방검사서의 사본을 검사현장에서 제조소등의 관계인에게 교부하여야 한다. 다만, 도로상에서 주행 중인 이동탱크저장소를 정지시켜 검사를 한 경우에는 그러하지 아니하다.

1. **출입·검사권자**: 시·도지사, 소방본부장, 소방서장
2. **개인 주거시설**: 관계인 승낙
3. **출입·검사**: 공개시간, 근무시간 내, 해가 뜬 후부터 해가 지기 전까지(단, 관계인의 승낙을 얻은 경우, 긴급한 경우 제외)
4. 관계인의 정당한 업무 방해 금지, 비밀 누설 금지

제22조의2 (위험물 누출 등의 사고 조사)

① 소방청장, 소방본부장 또는 소방서장은 위험물의 누출·화재·폭발 등의 사고가 발생한 경우 사고의 원인 및 피해 등을 조사하여야 한다.

② 제1항에 따른 조사에 관하여는 제22조 제1항·제3항·제4항 및 제6항을 준용한다.

③ 소방청장, 소방본부장 또는 소방서장은 제1항에 따른 사고 조사에 필요한 경우 자문을 하기 위하여 관련 분야에 전문지식이 있는 사람으로 구성된 사고조사위원회를 둘 수 있다.

④ 제3항에 따른 사고조사위원회의 구성과 운영 등에 필요한 사항은 대통령령으로 정한다.

시행령 제19조의2 (사고조사위원회의 구성 등) ① 법 제22조의2 제3항에 따른 사고조사위원회(이하 이 조에서 "위원회"라 한다)는 위원장 1명을 포함하여 7명 이내의 위원으로 구성한다.

② 위원회의 위원은 다음 각 호의 어느 하나에 해당하는 사람 중에서 소방청장, 소방본부장 또는 소방서장이 임명하거나 위촉하고, 위원장은 위원 중에서 소방청장, 소방본부장 또는 소방서장이 임명하거나 위촉한다.

1. 소속 소방공무원
2. 기술원의 임직원 중 위험물 안전관리 관련 업무에 5년 이상 종사한 사람
3. 「소방기본법」 제40조에 따른 한국소방안전원의 임직원 중 위험물 안전관리 관련 업무에 5년 이상 종사한 사람
4. 위험물로 인한 사고의 원인·피해 조사 및 위험물 안전관리 관련 업무 등에 관한 학식과 경험이 풍부한 사람

③ 제2항 제2호부터 제4호까지의 규정에 따라 위촉되는 민간위원의 임기는 2년으로 하며, 한 차례만 연임할 수 있다.

④ 위원회에 출석한 위원에게는 예산의 범위에서 수당, 여비, 그 밖에 필요한 경비를 지급할 수 있다. 다만, 공무원인 위원이 그 소관 업무와 직접적으로 관련되어 위원회에 출석하는 경우에는 지급하지 않는다.

⑤ 제1항부터 제4항까지에서 규정한 사항 외에 위원회의 구성 및 운영에 필요한 사항은 소방청장이 정하여 고시할 수 있다.

[본조신설 2020.7.14.]

제23조 (탱크시험자에 대한 명령)

시·도지사, 소방본부장 또는 소방서장은 탱크시험자에 대하여 당해 업무를 적정하게 실시하게 하기 위하여 필요하다고 인정하는 때에는 감독상 필요한 명령을 할 수 있다.

제24조 (무허가장소의 위험물에 대한 조치명령)

시·도지사, 소방본부장 또는 소방서장은 위험물에 의한 재해를 방지하기 위하여 제6조 제1항(설치허가 및 변경허가)의 규정에 따른 허가를 받지 아니하고 지정수량 이상의 위험물을 저장 또는 취급하는 자(제6조 제3항의 규정에 따라 허가를 받지 아니하는 자를 제외한다)에 대하여 그 위험물 및 시설의 제거 등 필요한 조치를 명할 수 있다.

무허가장소의 위험물에 대한 조치권 부여 → 적법하게 설치·유지·관리되지 않는 위험물 및 시설 제거 → 무허가 위험물 및 시설로 인한 각종 재해 방지

제25조 (제조소등에 대한 긴급 사용정지명령 등)

시·도지사, 소방본부장 또는 소방서장은 공공의 안전을 유지하거나 재해의 발생을 방지하기 위하여 긴급한 필요가 있다고 인정하는 때에는 제조소등의 관계인에 대하여 당해 제조소등의 사용을 일시정지하거나 그 사용을 제한할 것을 명할 수 있다.

제26조 (저장·취급기준 준수명령 등)

① 시·도지사, 소방본부장 또는 소방서장은 제조소등에서의 위험물의 저장 또는 취급이 제5조 제3항의 규정에 위반된다고 인정하는 때에는 당해 제조소등의 관계인에 대하여 동항의 기준에 따라 위험물을 저장 또는 취급하도록 명할 수 있다.

② 시·도지사, 소방본부장 또는 소방서장은 관할하는 구역에 있는 이동탱크저장소에서의 위험물의 저장 또는 취급이 제5조 제3항의 규정에 위반된다고 인정되는 때에는 당해 이동탱크저장소의 관계인에 대하여 동항의 기준에 따라 위험물을 저장 또는 취급하도록 명할 수 있다.

③ 시·도지사, 소방본부장 또는 소방서장은 제2항의 규정에 따라 이동탱크저장소의 관계인에 대하여 명령을 한 경우에는 행정안전부령이 정하는 바에 따라 제6조 제1항(설치허가 및 변경허가)의 규정에 따라 당해 이동탱크저장소의 허가를 한 시·도지사, 소방본부장 또는 소방서장에게 신속히 그 취지를 통지하여야 한다.

시행규칙 제77조 (이동탱크저장소에 관한 통보사항) 시·도지사, 소방본부장 또는 소방서장은 법 제26조 제3항의 규정에 의하여 이동탱크저장소의 관계인에 대하여 위험물의 저장 또는 취급기준 준수명령을 한 때에는 다음 각 호의 사항을 당해 이동탱크저장소의 허가를 한 소방서장에게 통보하여야 한다.
1. 명령을 한 시·도지사, 소방본부장 또는 소방서장
2. 명령을 받은 자의 성명·명칭 및 주소
3. 명령에 관계된 이동탱크저장소의 설치자, 상치장소 및 설치 또는 변경의 허가번호
4. 위반내용
5. 명령의 내용 및 그 이행사항
6. 그 밖에 명령을 한 시·도지사, 소방본부장 또는 소방서장이 통보할 필요가 있다고 인정하는 사항

제27조 (응급조치·통보 및 조치명령)

① 제조소등의 관계인은 당해 제조소등에서 위험물의 유출 그 밖의 사고가 발생한 때에는 즉시 그리고 지속적으로 위험물의 유출 및 확산의 방지, 유출된 위험물의 제거 그 밖에 재해의 발생방지를 위한 응급조치를 강구하여야 한다.

② 제1항의 사태를 발견한 자는 즉시 그 사실을 소방서, 경찰서 또는 기타의 관계기관에 통보하여야 한다.

③ 소방본부장 또는 소방서장은 제조소등의 관계인이 제1항의 응급조치를 강구하지 아니하였다고 인정하는 때에는 제1항의 응급조치를 강구하도록 명할 수 있다.

④ 소방본부장 또는 소방서장은 그 관할하는 구역에 있는 이동탱크저장소의 관계인에 대하여 제3항의 규정의 예에 따라 제1항의 응급조치를 강구하도록 명할 수 있다.

제28조 (안전교육)

① 안전관리자·탱크시험자·위험물운반자·위험물운송자 등 위험물의 안전관리와 관련된 업무를 수행하는 자로서 대통령령이 정하는 자는 해당 업무에 관한 능력의 습득 또는 향상을 위하여 소방청장이 실시하는 교육을 받아야 한다.
② 제조소등의 관계인은 제1항의 규정에 따른 교육대상자에 대하여 필요한 안전교육을 받게 하여야 한다.
③ 제1항의 규정에 따른 교육의 과정 및 기간과 그 밖에 교육의 실시에 관하여 필요한 사항은 행정안전부령으로 정한다.
④ 시·도지사, 소방본부장 또는 소방서장은 제1항의 규정에 따른 교육대상자가 교육을 받지 아니한 때에는 그 교육대상자가 교육을 받을 때까지 이 법의 규정에 따라 그 자격으로 행하는 행위를 제한할 수 있다.

시행령 제20조 (안전교육대상자) 법 제28조 제1항에서 "대통령령이 정하는 자"라 함은 다음 각 호의 1에 해당하는 자를 말한다.
1. 안전관리자로 선임된 자
2. 탱크시험자의 기술인력으로 종사하는 자
3. 위험물운송자로 종사하는 자

시행규칙 제78조 (안전교육) ① 법 제28조 제3항의 규정에 의하여 소방청장은 안전교육을 강습교육과 실무교육으로 구분하여 실시한다.
② 법 제28조 제3항의 규정에 의한 안전교육의 과정·기간과 그 밖의 교육의 실시에 관한 사항은 별표 24와 같다.
③ 기술원 또는 「소방기본법」 제40조에 따른 한국소방안전원(이하 "안전원"이라 한다)은 매년 교육실시계획을 수립하여 교육을 실시하는 해의 전년도 말까지 소방청장의 승인을 받아야 하고, 해당 연도 교육실시결과를 교육을 실시한 해의 다음 연도 1월 31일까지 소방청장에게 보고하여야 한다.
④ 소방본부장은 매년 10월 말까지 관할구역 안의 실무교육대상자 현황을 안전원에 통보하고 관할구역 안에서 안전원이 실시하는 안전교육에 관하여 지도·감독하여야 한다.

 핵심정리 | 안전교육

1. **교육 실시권자**: 소방청장
2. **교육 대상자**
   ① 안전관리자로 선임된 자
   ② 탱크시험자의 기술인력으로 종사하는 자
   ③ 위험물운송자로 종사하는 자
3. **교육을 받지 아니한 경우**: 교육을 받을 때까지 이 법의 규정에 따라 그 자격으로 행하는 행위를 제한할 수 있다.

◎ 확인 예제

위험물 안전교육대상자가 아닌 것은?

① 안전관리자로 선임된 자
② 탱크시험자의 기술인력으로 종사하는 자
③ 위험물운송자로 종사하는 자
④ 자체 소방대원

정답 ④

제29조 (청문)

시·도지사, 소방본부장 또는 소방서장은 다음 각 호의 어느 하나에 해당하는 처분을 하고자 하는 경우에는 청문을 실시하여야 한다.
1. 제12조의 규정에 따른 제조소등 설치허가의 취소
2. 제16조 제5항의 규정에 따른 탱크시험자의 등록취소

제29조의2 (위험물 안전관리에 관한 협회)

<시행 2025.2.21.>

① 제조소등의 관계인, 위험물운송자, 탱크시험자 및 안전관리자의 업무를 위탁받아 수행할 수 있는 안전관리대행기관으로 소방청장의 지정을 받은 자는 위험물의 안전관리, 사고 예방을 위한 안전기술 개발, 그 밖에 위험물 안전관리의 건전한 발전을 도모하기 위하여 위험물 안전관리에 관한 협회(이하 "협회"라 한다)를 설립할 수 있다.
② 협회는 법인으로 한다.
③ 협회는 소방청장의 인가를 받아 주된 사무소의 소재지에 설립등기를 함으로써 성립한다.
④ 협회의 설립인가 절차 및 정관의 기재사항 등에 관하여 필요한 사항은 대통령령으로 정한다.
⑤ 협회의 업무는 정관으로 정한다.
⑥ 협회에 관하여 이 법에서 규정한 것 외에는 「민법」 중 사단법인에 관한 규정을 준용한다.
[본조신설 2024.2.20.]

제30조 (권한의 위임·위탁)

① 소방청장 또는 시·도지사는 이 법에 따른 권한의 일부를 대통령령이 정하는 바에 따라 시·도지사, 소방본부장 또는 소방서장에게 위임할 수 있다.
② 소방청장, 시·도지사, 소방본부장 또는 소방서장은 이 법에 따른 업무의 일부를 대통령령이 정하는 바에 따라 소방기본법 제40조의 규정에 의한 한국소방안전원(이하 "안전원"이라 한다) 또는 기술원에 위탁할 수 있다.

참고 **권한의 위임과 위탁**

1. 권한의 위임은 행정관청이 그 권한의 일부를 다른 행정기관에 위양하는 것으로 권한의 위임을 받은 기관은 당해 행정관청의 보조기관·하급기관이 되는 것이 통례이다.
2. 권한의 위탁은 각종 법률에 규정된 행정기관의 사무 중 일부를 법인·단체 또는 그 기관이나 개인에게 맡겨 그의 명의와 책임으로 행사하도록 하는 것을 말한다. 위탁은 수탁자에게 어느 정도 자유재량의 여지가 있고 위탁을 한 자와의 사이에는 신탁관계가 성립되며 일반적으로 객관성과 경제적 능률성이 중시되는 분야 중 민간 전문지식 또는 기술을 활용할 필요가 있을 경우에 주로 위탁을 한다.

시행령 제21조 (권한의 위임) 시·도지사는 법 제30조 제1항에 따라 다음 각 호의 권한을 소방서장에게 위임한다. 다만, 동일한 시·도에 있는 둘 이상의 소방서장의 관할구역에 걸쳐 설치되는 이송취급소에 관련된 권한을 제외한다. <개정 2008.12.3, 2021.6.8, 2021.10.19, 2024.7.23.>

1. 법 제6조 제1항의 규정에 의한 제조소등의 설치허가 또는 변경허가
2. 법 제6조 제2항의 규정에 의한 위험물의 품명·수량 또는 지정수량의 배수의 변경신고의 수리
3. 법 제7조 제1항의 규정에 의하여 군사목적 또는 군부대시설을 위한 제조소등을 설치하거나 그 위치·구조 또는 설비의 변경에 관한 군부대의 장과의 협의
4. 법 제8조 제1항의 규정에 의한 탱크안전성능검사(제22조 제1항 제1호의 규정에 의하여 기술원에 위탁하는 것을 제외한다)
5. 법 제9조의 규정에 의한 완공검사(제22조 제1항 제2호의 규정에 의하여 기술원에 위탁하는 것을 제외한다)
6. 법 제10조 제3항의 규정에 의한 제조소등의 설치자의 지위승계신고의 수리
7. 법 제11조의 규정에 의한 제조소등의 용도폐지신고의 수리
8. 법 제12조의 규정에 의한 제조소등의 설치허가의 취소와 사용정지
9. 법 제13조의 규정에 의한 과징금처분
10. 법 제17조의 규정에 의한 예방규정의 수리·반려 및 변경명령

제22조 (업무의 위탁) ① 소방청장은 법 제30조 제2항에 따라 다음 각 호의 구분에 따른 안전교육에 관한 업무를 안전원 또는 기술원에 위탁한다. <개정 2024.4.30.>

1. 안전원: 다음 각 목의 어느 하나에 해당하는 사람에 대한 안전교육
   가. 법 제20조 제2항 제2호 및 제21조 제1항에 따라 위험물운반자 또는 위험물운송자의 요건을 갖추려는 사람
   나. 제11조 제1항 및 별표 5 제2호에 따라 위험물취급자격자의 자격을 갖추려는 사람
   다. 제20조 제1호, 제3호 및 제4호에 해당하는 사람
2. 기술원: 제20조 제2호에 해당하는 사람에 대한 안전교육
② 시·도지사는 법 제30조 제2항에 따라 다음 각 호의 업무를 기술원에 위탁한다. <개정 2024.4.30.>
1. 법 제8조 제1항에 따른 탱크안전성능검사 중 다음 각 목의 탱크에 대한 탱크안전성능검사
   가. 용량이 100만리터 이상인 액체위험물을 저장하는 탱크
   나. 암반탱크
   다. 지하탱크저장소의 위험물탱크 중 행정안전부령으로 정하는 액체위험물탱크
2. 법 제9조 제1항에 따른 완공검사 중 다음 각 목의 완공검사
   가. 지정수량의 1천배 이상의 위험물을 취급하는 제조소 또는 일반취급소의 설치 또는 변경(사용 중인 제조소 또는 일반취급소의 보수 또는 부분적인 증설은 제외한다)에 따른 완공검사
   나. 옥외탱크저장소(저장용량이 50만 리터 이상인 것만 해당한다) 또는 암반탱크저장소의 설치 또는 변경에 따른 완공검사
3. 법 제20조 제3항에 따른 운반용기 검사
③ 소방본부장 또는 소방서장은 법 제30조 제2항에 따라 법 제18조 제3항에 따른 정기검사를 기술원에 위탁한다.
[전문개정 2021.6.8.]

제22조의2 (고유식별정보의 처리) 소방청장(법 제30조에 따라 소방청장의 권한 또는 업무를 위임 또는 위탁받은 자를 포함한다), 시·도지사(해당 권한이 위임·위탁된 경우에는 그 권한을 위임·위탁받은 자를 포함한다), 소방본부장 또는 소방서장은 다음 각 호의 사무를 수행하기 위하여 불가피한 경우 「개인정보 보호법 시행령」 제19조 제1호 또는 제4호에 따른 주민등록번호 또는 외국인등록번호가 포함된 자료를 처리할 수 있다.

1. 법 제12조에 따른 제조소등 설치허가의 취소와 사용정지등에 관한 사무
2. 법 제13조에 따른 과징금 처분에 관한 사무
3. 법 제15조에 따른 위험물안전관리자의 선임신고 등에 관한 사무
4. 법 제16조에 따른 탱크시험자 등록등에 관한 사무
5. 법 제22조에 따른 출입·검사 등의 사무
6. 법 제23조에 따른 탱크시험자 명령에 관한 사무
7. 법 제24조에 따른 무허가장소의 위험물에 대한 조치명령에 관한 사무

8. 법 제25조에 따른 제조소등에 대한 긴급 사용정지명령에 관한 사무

9. 법 제26조에 따른 저장·취급기준 준수명령에 관한 사무

10. 법 제27조에 따른 응급조치·통보 및 조치명령에 관한 사무

11. 법 제28조에 따른 안전관리자 등에 대한 교육에 관한 사무

제22조의3 (규제의 재검토) 소방청장은 제15조 제2항에 따른 예방규정의 이행 실태 평가 대상에 대하여 2025년 1월 1일을 기준으로 5년마다(매 5년이 되는 해의 1월 1일 전까지를 말한다) 그 타당성을 검토하여 개선 등의 조치를 해야 한다.

[본조신설 2024.7.2.]

제31조 (수수료 등)

다음 각 호의 어느 하나에 해당하는 승인·허가·검사 또는 교육 등을 받으려는 자나 등록 또는 신고를 하려는 자는 행정안전부령으로 정하는 바에 따라 수수료 또는 교육비를 납부하여야 한다. <개정 2020.6.9, 2020.10.20.>

1. 제5조 제2항 제1호의 규정에 따른 임시저장·취급의 승인

2. 제6조 제1항의 규정에 따른 제조소등의 설치 또는 변경의 허가

3. 제8조의 규정에 따른 제조소등의 탱크안전성능검사

4. 제9조의 규정에 따른 제조소등의 완공검사

5. 제10조 제3항의 규정에 따른 설치자의 지위승계신고

6. 제16조 제2항의 규정에 따른 탱크시험자의 등록

7. 제16조 제3항의 규정에 따른 탱크시험자의 등록사항 변경신고

8. 제18조 제3항에 따른 정기검사

9. 제20조 제3항에 따른 운반용기의 검사

10. 제28조의 규정에 따른 안전교육

> **시행규칙 제79조 (수수료 등)** ① 법 제31조의 규정에 의한 수수료 및 교육비는 별표 25와 같다.
> ② 제1항의 규정에 의한 수수료 또는 교육비는 당해 허가 등의 신청 또는 신고시에 당해 허가 등의 업무를 직접 행하는 기관에 납부하되, 시·도지사 또는 소방서장에게 납부하는 수수료는 당해 시·도의 수입증지로 납부하여야 한다. 다만, 시·도지사 또는 소방서장은 정보통신망을 이용하여 전자화폐·전자결제 등의 방법으로 이를 납부하게 할 수 있다.

제32조 (벌칙적용에 있어서의 공무원 의제)

다음 각 호의 자는 형법 제129조 내지 제132조의 적용에 있어서는 이를 공무원으로 본다.

1. 제8조 제1항 후단의 규정에 따른 검사업무에 종사하는 기술원의 담당 임원 및 직원

2. 제16조 제1항의 규정에 따른 탱크시험자의 업무에 종사하는 자

3. 제30조 제2항의 규정에 따라 위탁받은 업무에 종사하는 안전원 및 기술원의 담당 임원 및 직원

Chapter 07 벌칙

제33조 (벌칙)

① 제조소등 또는 제6조 제1항에 따른 허가를 받지 않고 지정수량 이상의 위험물을 저장 또는 취급하는 장소에서 위험물을 유출·방출 또는 확산시켜 사람의 생명·신체 또는 재산에 대하여 위험을 발생시킨 자는 1년 이상 10년 이하의 징역에 처한다. <개정 2023.1.3.>
② 제1항의 규정에 따른 죄를 범하여 사람을 상해(傷害)에 이르게 한 때에는 무기 또는 3년 이상의 징역에 처하며, 사망에 이르게 한 때에는 무기 또는 5년 이상의 징역에 처한다.

제34조 (벌칙)

① 업무상 과실로 제33조 제1항의 죄를 범한 자는 7년 이하의 금고 또는 7천만원 이하의 벌금에 처한다. <개정 2023.1.3.>
② 제1항의 죄를 범하여 사람을 사상(死傷)에 이르게 한 자는 10년 이하의 징역 또는 금고나 1억원 이하의 벌금에 처한다.

제34조의2 (벌칙)

제6조 제1항 전단을 위반하여 제조소등의 설치허가를 받지 아니하고 제조소등을 설치한 자는 5년 이하의 징역 또는 1억원 이하의 벌금에 처한다.

제34조의3 (벌칙)

제5조 제1항을 위반하여 저장소 또는 제조소등이 아닌 장소에서 지정수량 이상의 위험물을 저장 또는 취급한 자는 3년 이하의 징역 또는 3천만원 이하의 벌금에 처한다.

제35조 (벌칙)

다음 각 호의 어느 하나에 해당하는 자는 1년 이하의 징역 또는 1천만원 이하의 벌금에 처한다. <개정 2020.6.9, 2020.10.20.>
1. 삭제 <2017.3.21.>
2. 삭제 <2017.3.21.>
3. 제16조 제2항의 규정에 따른 탱크시험자로 등록하지 아니하고 탱크시험자의 업무를 한 자
4. 제18조 제1항의 규정을 위반하여 정기점검을 하지 아니하거나 점검기록을 허위로 작성한 관계인으로서 제6조 제1항의 규정에 따른 허가(제6조 제3항의 규정에 따라 허가가 면제된 경우 및 제7조 제2항의 규정에 따라 협의로써 허가를 받은 것으로 보는 경우를 포함한다. 이하 제5호·제6호, 제36조 제6호·제7호·제10호 및 제37조 제3호에서 같다)를 받은 자
5. 제18조 제3항을 위반하여 정기검사를 받지 아니한 관계인으로서 제6조 제1항에 따른 허가를 받은 자
6. 제19조의 규정을 위반하여 자체소방대를 두지 아니한 관계인으로서 제6조 제1항의 규정에 따른 허가를 받은 자
7. 제20조 제3항 단서를 위반하여 운반용기에 대한 검사를 받지 아니하고 운반용기를 사용하거나 유통시킨 자
8. 제22조 제1항(제22조의2 제2항에서 준용하는 경우를 포함한다)의 규정에 따른 명령을 위반하여 보고 또는 자료제출을 하지 아니하거나 허위의 보고 또는 자료제출을 한 자 또는 관계공무원의 출입·검사 또는 수거를 거부·방해 또는 기피한 자
9. 제25조의 규정에 따른 제조소등에 대한 긴급 사용정지·제한명령을 위반한 자

제36조 (벌칙)

다음 각 호의 어느 하나에 해당하는 자는 1천 500만원 이하의 벌금에 처한다. <개정 2020.10.20.>

1. 제5조 제3항 제1호의 규정에 따른 위험물의 저장 또는 취급에 관한 중요기준에 따르지 아니한 자
2. 제6조 제1항 후단의 규정을 위반하여 변경허가를 받지 아니하고 제조소등을 변경한 자
3. 제9조 제1항의 규정을 위반하여 제조소등의 완공검사를 받지 아니하고 위험물을 저장·취급한 자
3의2. 제11조의2 제3항에 따른 안전조치 이행명령을 따르지 아니한 자
4. 제12조의 규정에 따른 제조소등의 사용정지명령을 위반한 자
5. 제14조 제2항의 규정에 따른 수리·개조 또는 이전의 명령에 따르지 아니한 자
6. 제15조 제1항 또는 제2항의 규정을 위반하여 안전관리자를 선임하지 아니한 관계인으로서 제6조 제1항의 규정에 따른 허가를 받은 자
7. 제15조 제5항을 위반하여 대리자를 지정하지 아니한 관계인으로서 제6조 제1항의 규정에 따른 허가를 받은 자
8. 제16조 제5항의 규정에 따른 업무정지명령을 위반한 자
9. 제16조 제6항의 규정을 위반하여 탱크안전성능시험 또는 점검에 관한 업무를 허위로 하거나 그 결과를 증명하는 서류를 허위로 교부한 자
10. 제17조 제1항 전단의 규정을 위반하여 예방규정을 제출하지 아니하거나 동조 제2항의 규정에 따른 변경명령을 위반한 관계인으로서 제6조 제1항의 규정에 따른 허가를 받은 자
11. 제22조 제2항에 따른 정지지시를 거부하거나 국가기술자격증, 교육수료증·신원확인을 위한 증명서의 제시 요구 또는 신원확인을 위한 질문에 응하지 아니한 사람
12. 제22조 제5항의 규정에 따른 명령을 위반하여 보고 또는 자료제출을 하지 아니하거나 허위의 보고 또는 자료제출을 한 자 및 관계공무원의 출입 또는 조사·검사를 거부·방해 또는 기피한 자
13. 제23조의 규정에 따른 탱크시험자에 대한 감독상 명령에 따르지 아니한 자
14. 제24조의 규정에 따른 무허가장소의 위험물에 대한 조치명령에 따르지 아니한 자
15. 제26조 제1항·제2항 또는 제27조의 규정에 따른 저장·취급기준 준수명령 또는 응급조치명령을 위반한 자

제37조 (벌칙)

다음 각 호의 어느 하나에 해당하는 자는 1천만원 이하의 벌금에 처한다. <개정 2020.6.9.>

1. 제15조 제6항을 위반하여 위험물의 취급에 관한 안전관리와 감독을 하지 아니한 자
2. 제15조 제7항을 위반하여 안전관리자 또는 그 대리자가 참여하지 아니한 상태에서 위험물을 취급한 자
3. 제17조 제1항 후단의 규정을 위반하여 변경한 예방규정을 제출하지 아니한 관계인으로서 제6조 제1항의 규정에 따른 허가를 받은 자
4. 제20조 제1항 제1호의 규정을 위반하여 위험물의 운반에 관한 중요기준에 따르지 아니한 자
4의2. 제20조 제2항을 위반하여 요건을 갖추지 아니한 위험물운반자
5. 제21조 제1항 또는 제2항의 규정을 위반한 위험물운송자
6. 제22조 제4항(제22조의2 제2항에서 준용하는 경우를 포함한다)의 규정을 위반하여 관계인의 정당한 업무를 방해하거나 출입·검사 등을 수행하면서 알게 된 비밀을 누설한 자

제38조 (양벌규정)

① 법인의 대표자나 법인 또는 개인의 대리인, 사용인, 그 밖의 종업원이 그 법인 또는 개인의 업무에 관하여 제33조 제1항(위험물을 유출·방출 또는 확산시켜 위험을 발생)의 위반행위를 하면 그 행위자를 벌하는 외에 그 법인 또는 개인을 5천만원 이하의 벌금에 처하고, 같은 조 제2항(위험물을 유출·방출 또는 확산시켜 사상을 발생)의 위반행위를 하면 그 행위자를 벌하는 외에 그 법인 또는 개인을 1억원 이하의 벌금에 처한다. 다만, 법인 또는 개인이 그 위반행위를 방지하기 위하여 해당 업무에 관하여 상당한 주의와 감독을 게을리하지 아니한 경우에는 그러하지 아니하다.

② 법인의 대표자나 법인 또는 개인의 대리인, 사용인, 그 밖의 종업원이 그 법인 또는 개인의 업무에 관하여 제34조(업무상 과실로 인한 벌칙)부터 제37조(1천만원 이하의 벌금)까지의 어느 하나에 해당하는 위반행위를 하면 그 행위자를 벌하는 외에 그 법인 또는 개인에게도 해당 조문의 벌금형을 과(科)한다. 다만, 법인 또는 개인이 그 위반행위를 방지하기 위하여 해당 업무에 관하여 상당한 주의와 감독을 게을리하지 아니한 경우에는 그러하지 아니하다.

제39조 (과태료)

① 다음 각 호의 어느 하나에 해당하는 자에게는 500만원 이하의 과태료를 부과한다. <개정 2014.12.30, 2016.1.27, 2020.10.20, 2023.1.3, 2024.1.30.>
   1. 제5조 제2항 제1호의 규정에 따른 승인을 받지 아니한 자
   2. 제5조 제3항 제2호의 규정에 따른 위험물의 저장 또는 취급에 관한 세부기준을 위반한 자
   3. 제6조 제2항의 규정에 따른 품명 등의 변경신고를 기간 이내에 하지 아니하거나 허위로 한 자
   4. 제10조 제3항의 규정에 따른 지위승계신고를 기간 이내에 하지 아니하거나 허위로 한 자
   5. 제11조의 규정에 따른 제조소등의 폐지신고 또는 제15조 제3항의 규정에 따른 안전관리자의 선임신고를 기간 이내에 하지 아니하거나 허위로 한 자
   5의2. 제11조의2 제2항을 위반하여 사용 중지신고 또는 재개신고를 기간 이내에 하지 아니하거나 거짓으로 한 자
   6. 제16조 제3항의 규정을 위반하여 등록사항의 변경신고를 기간 이내에 하지 아니하거나 허위로 한 자
   6의2. 제17조 제3항을 위반하여 예방규정을 준수하지 아니한 자
   7. 제18조 제1항의 규정을 위반하여 점검결과를 기록·보존하지 아니한 자
   7의2. 제18조 제2항을 위반하여 기간 이내에 점검결과를 제출하지 아니한 자
   7의3. 제19조의2 제1항을 위반하여 흡연을 한 자
   7의4. 제19조의2 제3항에 따른 시정명령을 따르지 아니한 자
   8. 제20조 제1항 제2호의 규정에 따른 위험물의 운반에 관한 세부기준을 위반한 자
   9. 제21조 제3항의 규정을 위반하여 위험물의 운송에 관한 기준을 따르지 아니한 자
② 제1항의 규정에 따른 과태료는 대통령령이 정하는 바에 따라 시·도지사, 소방본부장 또는 소방서장(이하 "부과권자"라 한다)이 부과·징수한다.
③ 삭제 <2014.12.30.>
④ 삭제 <2014.12.30.>
⑤ 삭제 <2014.12.30.>
⑥ 제4조 및 제5조 제2항 각 호 외의 부분 후단의 규정에 따른 조례에는 200만원 이하의 과태료를 정할 수 있다. 이 경우 과태료는 부과권자가 부과·징수한다. <개정 2016.1.27.>
⑦ 삭제 <2014.12.30.>

시행령 제23조 (과태료 부과기준) 법 제39조 제1항에 따른 과태료의 부과기준은 별표 9와 같다.

위험물안전관리법 시행령 별표

별표 1 위험물 및 지정수량(제2조 및 제3조 관련)

<개정 2021.1.5.>

유별	성질	위험물 품명	지정수량
제1류	산화성 고체	1. 아염소산염류	50킬로그램
		2. 염소산염류	50킬로그램
		3. 과염소산염류	50킬로그램
		4. 무기과산화물	50킬로그램
		5. 브로민산염류	300킬로그램
		6. 질산염류	300킬로그램
		7. 아이오딘산염류	300킬로그램
		8. 과망가니즈산염류	1,000킬로그램
		9. 다이크로뮴산염류	1,000킬로그램
		10. 그 밖에 행정안전부령으로 정하는 것 11. 제1호부터 제10호까지의 어느 하나에 해당하는 위험물을 하나 이상 함유한 것	50킬로그램, 300킬로그램 또는 1,000킬로그램
제2류	가연성 고체	1. 황화인	100킬로그램
		2. 적린	100킬로그램
		3. 황	100킬로그램
		4. 철분	500킬로그램
		5. 금속분	500킬로그램
		6. 마그네슘	500킬로그램
		7. 그 밖에 행정안전부령으로 정하는 것 8. 제1호부터 제7호까지의 어느 하나에 해당하는 위험물을 하나 이상 함유한 것	100킬로그램 또는 500킬로그램
		9. 인화성고체	1,000킬로그램
제3류	자연발화성 물질 및 금수성물질	1. 칼륨	10킬로그램
		2. 나트륨	10킬로그램
		3. 알킬알루미늄	10킬로그램
		4. 알킬리튬	10킬로그램
		5. 황린	20킬로그램
		6. 알칼리금속(칼륨 및 나트륨을 제외한다) 및 알칼리토금속	50킬로그램
		7. 유기금속화합물(알킬알루미늄 및 알킬리튬을 제외한다)	50킬로그램
		8. 금속의 수소화물	300킬로그램
		9. 금속의 인화물	300킬로그램
		10. 칼슘 또는 알루미늄의 탄화물	300킬로그램

		11. 그 밖에 행정안전부령으로 정하는 것 12. 제1호 내지 제11호의 1에 해당하는 어느 하나 이상을 함유한 것		10킬로그램, 20킬로그램, 50킬로그램 또는 300킬로그램
제4류	인화성 액체	1. 특수인화물		50리터
		2. 제1석유류	비수용성액체	200리터
			수용성액체	400리터
		3. 알코올류		400리터
		4. 제2석유류	비수용성액체	1,000리터
			수용성액체	2,000리터
		5. 제3석유류	비수용성액체	2,000리터
			수용성액체	4,000리터
		6. 제4석유류		6,000리터
		7. 동식물유류		10,000리터
제5류	자기반응성 물질	1. 유기과산화물		• 제1종: 10킬로그램 • 제2종: 100킬로그램
		2. 질산에스터류		
		3. 나이트로화합물		
		4. 나이트로소화합물		
		5. 아조화합물		
		6. 다이아조화합물		
		7. 하이드라진 유도체		
		8. 하이드록실아민		
		9. 하이드록실아민염류		
		10. 그 밖에 행정안전부령으로 정하는 것		
		11. 제1호부터 제10호까지의 어느 하나에 해당하는 위험물을 하나 이상 함유한 것		
제6류	산화성 액체	1. 과염소산		300킬로그램
		2. 과산화수소		300킬로그램
		3. 질산		300킬로그램
		4. 그 밖에 행정안전부령으로 정하는 것		300킬로그램
		5. 제1호 내지 제4호의 1에 해당하는 어느 하나 이상을 함유한 것		300킬로그램

※ 비고

1. "산화성고체"라 함은 고체[액체(1기압 및 섭씨 20도에서 액상인 것 또는 섭씨 20도 초과 섭씨 40도 이하에서 액상인 것을 말한다. 이하 같다)또는 기체(1기압 및 섭씨 20도에서 기상인 것을 말한다) 외의 것을 말한다. 이하 같다]로서 산화력의 잠재적인 위험성 또는 충격에 대한 민감성을 판단하기 위하여 소방청장이 정하여 고시(이하 "고시"라 한다)하는 시험에서 고시로 정하는 성질과 상태를 나타내는 것을 말한다. 이 경우 "액상"이라 함은 수직으로 된 시험관(안지름 30밀리미터, 높이 120밀리미터의 원통형유리관을 말한다)에 시료를 55밀리미터까지 채운 다음 당해 시험관을 수평으로 하였을 때 시료액면의 선단이 30밀리미터를 이동하는 데 걸리는 시간이 90초 이내에 있는 것을 말한다.
2. "가연성고체"라 함은 고체로서 화염에 의한 발화의 위험성 또는 인화의 위험성을 판단하기 위하여 고시로 정하는 시험에서 고시로 정하는 성질과 상태를 나타내는 것을 말한다.
3. 황은 순도가 60중량퍼센트 이상인 것을 말하며, 순도측정을 하는 경우 불순물은 활석 등 불연성물질과 수분으로 한정한다.
4. "철분"이라 함은 철의 분말로서 53마이크로미터의 표준체를 통과하는 것이 50중량퍼센트 미만인 것은 제외한다.
5. "금속분"이라 함은 알칼리금속·알칼리토류금속·철 및 마그네슘외의 금속의 분말을 말하고, 구리분·니켈분 및 150마이크로미터의 체를 통과하는 것이 50중량퍼센트 미만인 것은 제외한다.

6. 마그네슘 및 제2류 제8호의 물품 중 마그네슘을 함유한 것에 있어서는 다음 각 목의 1에 해당하는 것은 제외한다.
　　가. 2밀리미터의 체를 통과하지 아니하는 덩어리 상태의 것
　　나. 지름 2밀리미터 이상의 막대 모양의 것
7. 황화인·적린·황 및 철분은 제2호에 따른 성질과 상태가 있는 것으로 본다.
8. "인화성고체"라 함은 고형알코올 그 밖에 1기압에서 인화점이 섭씨 40도 미만인 고체를 말한다.
9. "자연발화성물질 및 금수성물질"이라 함은 고체 또는 액체로서 공기 중에서 발화의 위험성이 있거나 물과 접촉하여 발화하거나 가연성가스를 발생하는 위험성이 있는 것을 말한다.
10. 칼륨·나트륨·알킬알루미늄·알킬리튬 및 황린은 제9호의 규정에 의한 성상이 있는 것으로 본다.
11. "인화성액체"라 함은 액체(제3석유류, 제4석유류 및 동식물유류의 경우 1기압과 섭씨 20도에서 액체인 것만 해당한다)로서 인화의 위험성이 있는 것을 말한다. 다만, 다음 각 목의 어느 하나에 해당하는 것을 법 제20조 제1항의 중요기준과 세부기준에 따른 운반용기를 사용하여 운반하거나 저장(진열 및 판매를 포함한다)하는 경우는 제외한다.
　　가. 「화장품법」 제2조 제1호에 따른 화장품 중 인화성액체를 포함하고 있는 것
　　나. 「약사법」 제2조 제4호에 따른 의약품 중 인화성액체를 포함하고 있는 것
　　다. 「약사법」 제2조 제7호에 따른 의약외품(알코올류에 해당하는 것은 제외한다) 중 수용성인 인화성액체를 50부피퍼센트 이하로 포함하고 있는 것
　　라. 「의료기기법」에 따른 체외진단용 의료기기 중 인화성액체를 포함하고 있는 것
　　마. 「생활화학제품 및 살생물제의 안전관리에 관한 법률」 제3조 제4호에 따른 안전확인대상생활화학제품(알코올류에 해당하는 것은 제외한다) 중 수용성인 인화성액체를 50부피퍼센트 이하로 포함하고 있는 것
12. "특수인화물"이라 함은 이황화탄소, 디에틸에테르 그 밖에 1기압에서 발화점이 섭씨 100도 이하인 것 또는 인화점이 섭씨 영하 20도 이하이고 비점이 섭씨 40도 이하인 것을 말한다.
13. "제1석유류"라 함은 아세톤, 휘발유 그 밖에 1기압에서 인화점이 섭씨 21도 미만인 것을 말한다.
14. "알코올류"라 함은 1분자를 구성하는 탄소원자의 수가 1개부터 3개까지인 포화1가 알코올(변성알코올을 포함한다)을 말한다. 다만, 다음 각 목의 1에 해당하는 것은 제외한다.
　　가. 1분자를 구성하는 탄소원자의 수가 1개 내지 3개의 포화1가 알코올의 함유량이 60중량퍼센트 미만인 수용액
　　나. 가연성액체량이 60중량퍼센트 미만이고 인화점 및 연소점(태그개방식인화점측정기에 의한 연소점을 말한다. 이하 같다)이 에틸알코올 60중량퍼센트 수용액의 인화점 및 연소점을 초과하는 것
15. "제2석유류"라 함은 등유, 경유 그 밖에 1기압에서 인화점이 섭씨 21도 이상 70도 미만인 것을 말한다. 다만, 도료류 그 밖의 물품에 있어서 가연성 액체량이 40중량퍼센트 이하이면서 인화점이 섭씨 40도 이상인 동시에 연소점이 섭씨 60도 이상인 것은 제외한다.
16. "제3석유류"란 중유, 크레오소트유 그 밖에 1기압에서 인화점이 섭씨 70도 이상 섭씨 200도 미만인 것을 말한다. 다만, 도료류 그 밖의 물품은 가연성 액체량이 40중량퍼센트 이하인 것은 제외한다.
17. "제4석유류"라 함은 기어유, 실린더유 그 밖에 1기압에서 인화점이 섭씨 200도 이상 섭씨 250도 미만의 것을 말한다. 다만, 도료류 그 밖의 물품은 가연성 액체량이 40중량퍼센트 이하인 것은 제외한다.
18. "동식물유류"라 함은 동물의 지육(枝肉: 머리, 내장, 다리를 잘라 내고 아직 부위별로 나누지 않은 고기를 말한다) 등 또는 식물의 종자나 과육으로부터 추출한 것으로서 1기압에서 인화점이 섭씨 250도 미만인 것을 말한다. 다만, 법 제20조 제1항의 규정에 의하여 행정안전부령으로 정하는 용기기준과 수납·저장기준에 따라 수납되어 저장·보관되고 용기의 외부에 물품의 통칭명, 수량 및 화기엄금(화기엄금과 동일한 의미를 갖는 표시를 포함한다)의 표시가 있는 경우를 제외한다.
19. "자기반응성물질"이란 고체 또는 액체로서 폭발의 위험성 또는 가열분해의 격렬함을 판단하기 위하여 고시로 정하는 시험에서 고시로 정하는 성질과 상태를 나타내는 것을 말하며, 위험성 유무와 등급에 따라 제1종 또는 제2종으로 분류한다.
20. 제5류 제11호의 물품에 있어서는 유기과산화물을 함유하는 것 중에서 불활성고체를 함유하는 것으로서 다음 각 목의 1에 해당하는 것은 제외한다.
　　가. 과산화벤조일의 함유량이 35.5중량퍼센트 미만인 것으로서 전분가루, 황산칼슘2수화물 또는 인산수소칼슘2수화물과의 혼합물
　　나. 비스(4 - 클로로벤조일)퍼옥사이드의 함유량이 30중량퍼센트 미만인 것으로서 불활성고체와의 혼합물
　　다. 과산화다이쿠밀의 함유량이 40중량퍼센트 미만인 것으로서 불활성고체와의 혼합물
　　라. 1·4비스(2 - 터셔리뷰틸퍼옥시아이소프로필)벤젠의 함유량이 40중량퍼센트 미만인 것으로서 불활성고체와의 혼합물
　　마. 사이클로헥산온퍼옥사이드의 함유량이 30중량퍼센트 미만인 것으로서 불활성고체와의 혼합물
21. "산화성액체"라 함은 액체로서 산화력의 잠재적인 위험성을 판단하기 위하여 고시로 정하는 시험에서 고시로 정하는 성질과 상태를 나타내는 것을 말한다.
22. 과산화수소는 그 농도가 36중량퍼센트 이상인 것에 한하며, 제21호의 성상이 있는 것으로 본다.
23. 질산은 그 비중이 1.49 이상인 것에 한하며, 제21호의 성상이 있는 것으로 본다.
24. 위 표의 성질란에 규정된 성상을 2가지 이상 포함하는 물품(이하 이 호에서 "복수성상물품"이라 한다)이 속하는 품명은 다음 각 목의 1에 의한다.
　　가. 복수성상물품이 산화성고체의 성상 및 가연성고체의 성상을 가지는 경우: 제2류 제8호의 규정에 의한 품명

나. 복수성상물품이 산화성고체의 성상 및 자기반응성물질의 성상을 가지는 경우: 제5류 제11호의 규정에 의한 품명

다. 복수성상물품이 가연성고체의 성상과 자연발화성물질의 성상 및 금수성물질의 성상을 가지는 경우: 제3류 제12호의 규정에 의한 품명

라. 복수성상물품이 자연발화성물질의 성상, 금수성물질의 성상 및 인화성액체의 성상을 가지는 경우: 제3류 제12호의 규정에 의한 품명

마. 복수성상물품이 인화성액체의 성상 및 자기반응성물질의 성상을 가지는 경우: 제5류 제11호의 규정에 의한 품명

25. 위 표의 지정수량란에 정하는 수량이 복수로 있는 품명에 있어서는 당해 품명이 속하는 유(類)의 품명 가운데 위험성의 정도가 가장 유사한 품명의 지정수량란에 정하는 수량과 같은 수량을 당해 품명의 지정수량으로 한다. 이 경우 위험물의 위험성을 실험·비교하기 위한 기준은 고시로 정할 수 있다.

26. 위 표의 기준에 따라 위험물을 판정하고 지정수량을 결정하기 위하여 필요한 실험은 「국가표준기본법」 제23조에 따라 인정을 받은 시험·검사기관, 「소방산업의 진흥에 관한 법률」 제14조에 따른 한국소방산업기술원, 중앙소방학교 또는 소방청장이 지정하는 기관에서 실시할 수 있다. 이 경우 실험 결과에는 실험한 위험물에 해당하는 품명과 지정수량이 포함되어야 한다.

별표 2 지정수량 이상의 위험물을 저장하기 위한 장소와 그에 따른 저장소의 구분 (제4조 관련)

<개정 2024.4.30.>

지정수량 이상의 위험물을 저장하기 위한 장소	저장소의 구분
1. 옥내(지붕과 기둥 또는 벽 등에 의하여 둘러싸인 곳을 말한다. 이하 같다)에 저장(위험물을 저장하는 데 따르는 취급을 포함한다. 이하 이 표에서 같다)하는 장소. 다만, 제3호의 장소를 제외한다.	옥내저장소
2. 옥외에 있는 탱크(제4호 내지 제6호 및 제8호에 규정된 탱크를 제외한다. 이하 제3호에서 같다)에 위험물을 저장하는 장소	옥외탱크저장소
3. 옥내에 있는 탱크에 위험물을 저장하는 장소	옥내탱크저장소
4. 지하에 매설한 탱크에 위험물을 저장하는 장소	지하탱크저장소
5. 간이탱크에 위험물을 저장하는 장소	간이탱크저장소
6. 차량(피견인자동차에 있어서는 앞차축을 갖지 아니하는 것으로서 당해 피견인자동차의 일부가 견인자동차에 적재되고 당해 피견인자동차와 그 적재물의 중량의 상당부분이 견인자동차에 의하여 지탱되는 구조의 것에 한한다)에 고정된 탱크에 위험물을 저장하는 장소	이동탱크저장소
7. 옥외에 다음 각 목의 1에 해당하는 위험물을 저장하는 장소. 다만, 제2호의 장소를 제외한다. 가. 제2류 위험물 중 황 또는 인화성고체(인화점이 섭씨 0도 이상인 것에 한한다) 나. 제4류 위험물 중 제1석유류(인화점이 섭씨 0도 이상인 것에 한한다)·알코올류·제2석유류·제3석유류·제4석유류 및 동식물유류 다. 제6류 위험물 라. 제2류 위험물 및 제4류 위험물 중 특별시·광역시·특별자치시·도 또는 특별자치도의 조례로 정하는 위험물(「관세법」 제154조에 따른 보세구역 안에 저장하는 경우에 한정한다) 마. 「국제해사기구에 관한 협약」에 의하여 설치된 국제해사기구가 채택한 「국제해상위험물규칙」(IMDG Code)에 적합한 용기에 수납된 위험물	옥외저장소
8. 암반 내의 공간을 이용한 탱크에 액체의 위험물을 저장하는 장소	암반탱크저장소

별표 3 위험물을 제조 외의 목적으로 취급하기 위한 장소와 그에 따른 취급소의 구분(제5조 관련)

<개정 2021.1.5.>

위험물을 제조 외의 목적으로 취급하기 위한 장소	취급소의 구분
1. 고정된 주유설비(항공기에 주유하는 경우에는 차량에 설치된 주유설비를 포함한다)에 의하여 자동차·항공기 또는 선박 등의 연료탱크에 직접 주유하기 위하여 위험물(「석유 및 석유대체연료 사업법」 제29조의 규정에 의한 가짜석유제품에 해당하는 물품을 제외한다. 이하 제2호에서 같다)을 취급하는 장소(위험물을 용기에 옮겨 담거나 차량에 고정된 5천리터 이하의 탱크에 주입하기 위하여 고정된 급유설비를 병설한 장소를 포함한다)	주유취급소
2. 점포에서 위험물을 용기에 담아 판매하기 위하여 지정수량의 40배 이하의 위험물을 취급하는 장소	판매취급소
3. 배관 및 이에 부속된 설비에 의하여 위험물을 이송하는 장소. 다만, 다음 각 목의 1에 해당하는 경우의 장소를 제외한다. 가. 「송유관안전관리법」에 의한 송유관에 의하여 위험물을 이송하는 경우 나. 제조소등에 관계된 시설(배관을 제외한다) 및 그 부지가 같은 사업소 안에 있고 당해 사업소 안에서만 위험물을 이송하는 경우 다. 사업소와 사업소의 사이에 도로(폭 2미터 이상의 일반교통에 이용되는 도로로서 자동차의 통행이 가능한 것을 말한다)만 있고 사업소와 사업소 사이의 이송배관이 그 도로를 횡단하는 경우 라. 사업소와 사업소 사이의 이송배관이 제3자(당해 사업소와 관련이 있거나 유사한 사업을 하는 자에 한한다)의 토지만을 통과하는 경우로서 당해 배관의 길이가 100미터 이하인 경우 마. 해상구조물에 설치된 배관(이송되는 위험물이 별표 1의 제4류 위험물중 제1석유류인 경우에는 배관의 안지름이 30센티미터 미만인 것에 한한다)으로서 해당 해상구조물에 설치된 배관이 길이가 30미터 이하인 경우 바. 사업소와 사업소 사이의 이송배관이 다목 내지 마목의 규정에 의한 경우 중 2 이상에 해당하는 경우 사. 「농어촌 전기공급사업 촉진법」에 따라 설치된 자가발전시설에 사용되는 위험물을 이송하는 경우	이송취급소
4. 제1호 내지 제3호 외의 장소(「석유 및 석유대체연료 사업법」 제29조의 규정에 의한 가짜석유제품에 해당하는 위험물을 취급하는 경우의 장소를 제외한다)	일반취급소

별표 4 탱크안전성능검사의 내용(제8조 제2항 관련)

<개정 2017.7.26.>

구분	검사내용
1. 기초·지반검사	가. 제8조 제1항 제1호의 규정에 의한 탱크 중 나목 외의 탱크: 탱크의 기초 및 지반에 관한 공사에 있어서 당해 탱크의 기초 및 지반이 행정안전부령으로 정하는 기준에 적합한지 여부를 확인함 나. 제8조 제1항 제1호의 규정에 의한 탱크 중 행정안전부령으로 정하는 탱크: 탱크의 기초 및 지반에 관한 공사에 상당한 것으로서 행정안전부령으로 정하는 공사에 있어서 당해 탱크의 기초 및 지반에 상당하는 부분이 행정안전부령으로 정하는 기준에 적합한지 여부를 확인함
2. 충수·수압검사	탱크에 배관 그 밖의 부속설비를 부착하기 전에 당해 탱크 본체의 누설 및 변형에 대한 안전성이 행정안전부령으로 정하는 기준에 적합한지 여부를 확인함
3. 용접부검사	탱크의 배관 그 밖의 부속설비를 부착하기 전에 행하는 당해 탱크의 본체에 관한 공사에 있어서 탱크의 용접부가 행정안전부령으로 정하는 기준에 적합한지 여부를 확인함
4. 암반탱크검사	탱크의 본체에 관한 공사에 있어서 탱크의 구조가 행정안전부령으로 정하는 기준에 적합한지 여부를 확인함

별표 5 | 위험물취급자격자의 자격(제11조 제1항 관련)

<개정 2017.7.26.>

위험물취급자격자의 구분	취급할 수 있는 위험물
1. 「국가기술자격법」에 따라 위험물기능장, 위험물산업기사, 위험물기능사의 자격을 취득한 사람	별표 1의 모든 위험물
2. 안전관리자교육 이수자(법 28조 제1항에 따라 소방청장이 실시하는 안전관리자교육을 이수한 자를 말한다. 이하 별표 6에서 같다)	별표 1의 위험물 중 제4류 위험물
3. 소방공무원 경력자(소방공무원으로 근무한 경력이 3년 이상인 자를 말한다. 이하 별표 6에서 같다)	별표 1의 위험물 중 제4류 위험물

별표 6 | 제조소등의 종류 및 규모에 따라 선임하여야 하는 안전관리자의 자격(제13조 관련)

<개정 2012.1.6.>

제조소등의 종류 및 규모			안전관리자의 자격
제조소	1. 제4류 위험물만을 취급하는 것으로서 지정수량 5배 이하의 것		위험물기능장, 위험물산업기사, 위험물기능사, 안전관리자교육 이수자 또는 소방공무원 경력자
	2. 제1호에 해당하지 아니하는 것		위험물기능장, 위험물산업기사 또는 위험물기능사
저장소	1. 옥내저장소	제4류 위험물만을 저장하는 것으로서 지정수량 5배 이하의 것	위험물기능장, 위험물산업기사, 위험물기능사, 안전관리자교육 이수자 또는 소방공무원 경력자
		제4류 위험물 중 알코올류·제2석유류·제3석유류·제4석유류·동식물유류만을 저장하는 것으로서 지정수량 40배 이하의 것	
	2. 옥외탱크저장소	제4류 위험물만 저장하는 것으로서 지정수량 5배 이하의 것	
		제4류 위험물 중 제2석유류·제3석유류·제4석유류·동식물유류만을 저장하는 것으로서 지정수량 40배 이하의 것	
	3. 옥내탱크저장소	제4류 위험물만을 저장하는 것으로서 지정수량 5배 이하의 것	
		제4류 위험물 중 제2석유류·제3석유류·제4석유류·동식물유류만을 저장하는 것	
	4. 지하탱크저장소	제4류 위험물만을 저장하는 것으로서 지정수량 40배 이하의 것	
		제4류 위험물 중 제1석유류·알코올류·제2석유류·제3석유류·제4석유류·동식물유류만을 저장하는 것으로서 지정수량 250배 이하의 것	
	5. 간이탱크저장소로서 제4류 위험물만을 저장하는 것		
	6. 옥외저장소 중 제4류 위험물만을 저장하는 것으로서 지정수량의 40배 이하의 것		
	7. 보일러, 버너 그 밖에 이와 유사한 장치에 공급하기 위한 위험물을 저장하는 탱크저장소		

			자격
	8. 선박주유취급소, 철도주유취급소 또는 항공기주유취급소의 고정주유설비에 공급하기 위한 위험물을 저장하는 탱크저장소로서 지정수량의 250배(제1석유류의 경우에는 지정수량의 100배) 이하의 것		
	9. 제1호 내지 제8호에 해당하지 아니하는 저장소		위험물기능장, 위험물산업기사 또는 2년 이상의 실무경력이 있는 위험물기능사
취급소	1. 주유취급소		
	2. 판매취급소	제4류 위험물만을 취급하는 것으로서 지정수량 5배 이하의 것	
		제4류 위험물 중 제1석유류·알코올류·제2석유류·제3석유류·제4석유류·동식물유류만을 취급하는 것	
	3. 제4류 위험물 중 제1류 석유류·알코올류·제2석유류·제3석유류·제4석유류·동식물유류만을 지정수량 50배 이하로 취급하는 일반취급소(제1석유류·알코올류의 취급량이 지정수량의 10배 이하인 경우에 한한다)로서 다음 각 목의 어느 하나에 해당하는 것 가. 보일러, 버너 그 밖에 이와 유사한 장치에 의하여 위험물을 소비하는 것 나. 위험물을 용기 또는 차량에 고정된 탱크에 주입하는 것		위험물기능장, 위험물산업기사, 위험물기능사, 안전관리자교육 이수자 또는 소방공무원 경력자
	4. 제4류 위험물만을 취급하는 일반취급소로서 지정수량 10배 이하의 것		
	5. 제4류 위험물 중 제2석유류·제3석유류·제4석유류·동식물유류만을 취급하는 일반취급소로서 지정수량 20배 이하의 것		
	6. 「농어촌 전기공급사업 촉진법」에 따라 설치된 자가발전시설에 사용되는 위험물을 취급하는 일반취급소		
	7. 제1호 내지 제6호에 해당하지 아니하는 취급소		위험물기능장, 위험물산업기사 또는 2년 이상의 실무경력이 있는 위험물기능사

※ 비고
1. 왼쪽란의 제조소등의 종류 및 규모에 따라 오른쪽란에 규정된 안전관리자의 자격이 있는 위험물취급자격자는 별표 5의 규정에 의하여 당해 제조소등에서 저장 또는 취급하는 위험물을 취급할 수 있는 자격이 있어야 한다.
2. 위험물기능사의 실무경력 기간은 위험물기능사 자격을 취득한 이후 「위험물안전관리법」 제15조에 따른 위험물안전관리자로 선임된 기간 또는 위험물안전관리자를 보조한 기간을 말한다.

별표 7 **탱크시험자의 기술능력·시설 및 장비(제14조 제1항 관련)**

<개정 2021.1.5.>

1. 기술능력

가. 필수인력
  1) 위험물기능장·위험물산업기사 또는 위험물기능사 중 1명 이상
  2) 비파괴검사기술사 1명 이상 또는 방사선비파괴검사·초음파비파괴검사·자기비파괴검사 및 침투비파괴검사별로 기사 또는 산업기사 각 1명 이상

나. 필요한 경우에 두는 인력
  1) 충·수압시험, 진공시험, 기밀시험 또는 내압시험의 경우: 누설비파괴검사 기사, 산업기사 또는 기능사
  2) 수직·수평도시험의 경우: 측량 및 지형공간정보 기술사, 기사, 산업기사 또는 측량기능사
  3) 방사선투과시험의 경우: 방사선비파괴검사 기사 또는 산업기사
  4) 필수 인력의 보조: 방사선비파괴검사·초음파비파괴검사·자기비파괴검사 또는 침투비파괴검사 기능사

2. 시설: 전용사무실

3. 장비

가. 필수장비: 자기탐상시험기, 초음파두께측정기 및 다음 1) 또는 2) 중 어느 하나
  1) 영상초음파시험기
  2) 방사선투과시험기 및 초음파시험기
나. 필요한 경우에 두는 장비
  1) 충·수압시험, 진공시험, 기밀시험 또는 내압시험의 경우
    가) 진공능력 53KPa 이상의 진공누설시험기
    나) 기밀시험장치(안전장치가 부착된 것으로서 가압능력 200KPa 이상, 감압의 경우에는 감압능력 10KPa 이상·감도 10Pa 이하의 것으로서 각각의 압력 변화를 스스로 기록할 수 있는 것)
  2) 수직·수평도 시험의 경우: 수직·수평도 측정기

※ 비고
둘 이상의 기능을 함께 가지고 있는 장비를 갖춘 경우에는 각각의 장비를 갖춘 것으로 본다.

별표 8 **자체소방대에 두는 화학소방자동차 및 인원(제18조 제3항 관련)**

<개정 2020.7.14, 시행 2022.1.1.>

사업소의 구분	화학소방자동차	자체소방대원의 수
1. 제조소 또는 일반취급소에서 취급하는 제4류 위험물의 최대수량의 합이 지정수량의 12만배 미만인 사업소	1대	5인
2. 제조소 또는 일반취급소에서 취급하는 제4류 위험물의 최대수량의 합이 지정수량의 12만배 이상 24만배 미만인 사업소	2대	10인
3. 제조소 또는 일반취급소에서 취급하는 제4류 위험물의 최대수량의 합이 지정수량의 24만배 이상 48만배 미만인 사업소	3대	15인
4. 제조소 또는 일반취급소에서 취급하는 제4류 위험물의 최대수량의 합이 지정수량의 48만배 이상인 사업소	4대	20인
5. 옥외탱크저장소에 저장하는 제4류 위험물의 최대수량이 지정수량의 50만배 이상인 사업소	2대	10인

※ 비고
화학소방자동차에는 행정안전부령으로 정하는 소화능력 및 설비를 갖추어야 하고, 소화활동에 필요한 소화약제 및 기구(방열복 등 개인장구를 포함한다)를 비치하여야 한다.

<개정 2024.7.23.>

1. 일반기준

가. 과태료 부과권자는 다음의 어느 하나에 해당하는 경우에는 제2호의 개별기준에 따른 과태료 금액의 2분의 1까지 그 금액을 줄일 수 있다. 다만, 과태료를 체납하고 있는 위반행위자에 대해서는 그러하지 아니하다.

1) 위반행위자가 「질서위반행위규제법 시행령」 제2조의2 제1항 각 호의 어느 하나에 해당하는 경우

2) 위반행위자가 처음 위반행위를 한 경우로서 3년 이상 해당 업종을 모범적으로 경영한 사실이 인정되는 경우

3) 위반행위가 사소한 부주의나 오류 등 과실로 인한 것으로 인정되는 경우

4) 위반행위자가 같은 위반행위로 다른 법률에 따라 과태료·벌금·영업정지 등의 처분을 받은 경우

5) 위반행위자가 위법행위로 인한 결과를 시정하거나 해소한 경우

6) 그 밖에 위반행위의 정도, 위반행위의 동기와 그 결과 등을 고려하여 과태료를 줄일 필요가 있다고 인정되는 경우

나. 부과권자는 고의 또는 중과실이 없는 위반행위자가 「소상공인기본법」 제2조에 따른 소상공인에 해당하고, 과태료를 체납하고 있지 않은 경우에는 다음의 사항을 고려하여 제2호의 개별기준에 따른 과태료의 100분의 70 범위에서 그 금액을 줄여 부과할 수 있다. 다만, 가목에 따른 감경과 중복하여 적용하지 않는다.

1) 위반행위자의 현실적인 부담능력

2) 경제위기 등으로 위반행위자가 속한 시장·산업 여건이 현저하게 변동되거나 지속적으로 악화된 상태인지 여부

다. 위반행위의 횟수에 따른 과태료의 부과기준은 최근 1년간 같은 위반행위로 과태료 부과처분을 받은 경우에 적용한다. 이 경우 기간의 계산은 위반행위에 대하여 과태료 부과처분을 받은 날과 그 처분 후 다시 같은 위반행위를 하여 적발된 날을 기준으로 한다.

라. 다목에 따라 가중된 부과처분을 하는 경우 가중처분의 적용 차수는 그 위반행위 전 부과처분 차수(다목에 따른 기간 내에 과태료 부과처분이 둘 이상 있었던 경우에는 높은 차수를 말한다)의 다음 차수로 한다.

2. 개별기준

(단위: 만원)

위반행위	근거 법조문	과태료 금액
가. 법 제5조 제2항 제1호에 따른 승인을 받지 않은 경우 1) 승인기한(임시저장 또는 취급개시일의 전날)의 다음날을 기산일로 하여 30일 이내에 승인을 신청한 경우 2) 승인기한(임시저장 또는 취급개시일의 전날)의 다음날을 기산일로 하여 31일 이후에 승인을 신청한 경우 3) 승인을 받지 않은 경우	법 제39조 제1항 제1호	250 400 500
나. 법 제5조 제3항 제2호에 따른 위험물의 저장 또는 취급에 관한 세부기준을 위반한 경우 1) 1차 위반 시 2) 2차 위반 시 3) 3차 이상 위반 시	법 제39조 제1항 제2호	250 400 500
다. 법 제6조 제2항에 따른 품명 등의 변경신고를 기간 이내에 하지 않거나 허위로 한 경우 1) 신고기한(변경한 날의 1일 전날)의 다음날을 기산일로 하여 30일 이내에 신고한 경우 2) 신고기한(변경한 날의 1일 전날)의 다음날을 기산일로 하여 31일 이후에 신고한 경우 3) 허위로 신고한 경우 4) 신고를 하지 않은 경우	법 제39조 제1항 제3호	250 350 500 500

라. 법 제10조 제3항에 따른 지위승계신고를 기간 이내에 하지 않거나 허위로 한 경우		
1) 신고기한(지위승계일의 다음날을 기산일로 하여 30일이 되는 날)의 다음날을 기산일로 하여 30일 이내에 신고한 경우	법 제39조 제1항 제4호	250
2) 신고기한(지위승계일의 다음날을 기산일로 하여 30일이 되는 날)의 다음날을 기산일로 하여 31일 이후에 신고한 경우		350
3) 허위로 신고한 경우		500
4) 신고를 하지 않은 경우		500
마. 법 제11조에 따른 제조소등의 폐지신고를 기간 이내에 하지 않거나 허위로 한 경우		
1) 신고기한(폐지일의 다음날을 기산일로 하여 14일이 되는 날)의 다음날을 기산일로 하여 30일 이내에 신고한 경우	법 제39조 제1항 제5호	250
2) 신고기한(폐지일의 다음날을 기산일로 하여 14일이 되는 날)의 다음날을 기산일로 하여 31일 이후에 신고한 경우		350
3) 허위로 신고한 경우		500
4) 신고를 하지 않은 경우		500
바. 법 제11조의2 제2항을 위반하여 사용 중지신고 또는 재개신고를 기간 이내에 하지 않거나 거짓으로 한 경우		
1) 신고기한(중지 또는 재개한 날의 14일 전날)의 다음날을 기산일로 하여 30일 이내에 신고한 경우	법 제39조 제1항 제5호의2	250
2) 신고기한(중지 또는 재개한 날의 14일 전날)의 다음날을 기산일로 하여 31일 이후에 신고한 경우		350
3) 거짓으로 신고한 경우		500
4) 신고를 하지 않은 경우		500
사. 법 제15조 제3항에 따른 안전관리자의 선임신고를 기간 이내에 하지 않거나 허위로 한 경우		
1) 신고기한(선임한 날의 다음날을 기산일로 하여 14일이 되는 날)의 다음날을 기산일로 하여 30일 이내에 신고한 경우	법 제39조 제1항 제5호	250
2) 신고기한(선임한 날의 다음날을 기산일로 하여 14일이 되는 날)의 다음날을 기산일로 하여 31일 이후에 신고한 경우		350
3) 허위로 신고한 경우		500
4) 신고를 하지 않은 경우		500
아. 법 제16조 제3항을 위반하여 등록사항의 변경신고를 기간 이내에 하지 않거나 허위로 한 경우		
1) 신고기한(변경일의 다음날을 기산일로 하여 30일이 되는 날)의 다음날을 기산일로 하여 30일 이내에 신고한 경우	법 제39조 제1항 제6호	250
2) 신고기한(변경일의 다음날을 기산일로 하여 30일이 되는 날)의 다음날을 기산일로 하여 31일 이후에 신고한 경우		350
3) 허위로 신고한 경우		500
4) 신고를 하지 않은 경우		500
자. 법 제17조 제3항을 위반하여 예방규정을 준수하지 않은 경우	법 제39조 제1항 제6호의2	
1) 1차 위반 시		250
2) 2차 위반 시		400
3) 3차 이상 위반 시		500
차. 법 제18조 제1항을 위반하여 점검결과를 기록하지 않거나 보존하지 않은 경우	법 제39조 제1항 제7호	
1) 1차 위반 시		250
2) 2차 위반 시		400
3) 3차 이상 위반 시		500
카. 법 제18조 제2항을 위반하여 기간 이내에 점검 결과를 제출하지 않은 경우	법 제39조 제1항 제7호의2	
1) 제출기한(점검일의 다음날을 기산일로 하여 30일이 되는 날)의 다음날을 기산일로 하여 30일 이내에 제출한 경우		250
2) 제출기한(점검일의 다음날을 기산일로 하여 30일이 되는 날)의 다음날을 기산일로 하여 31일 이후에 제출한 경우		400
3) 제출하지 않은 경우		500

타. 법 제19조의2 제1항을 위반하여 흡연을 한 경우 1) 1차 위반 시 2) 2차 위반 시 3) 3차 이상 위반 시	법 제39조 제1항 제7호의3	250 400 500
파. 제19조의2 제3항에 따른 시정명령을 따르지 않은 경우 1) 1차 위반 시 2) 2차 위반 시 3) 3차 이상 위반 시	법 제39조 제1항 제7호의4	250 400 500
하. 법 제20조 제1항 제2호에 따른 위험물의 운반에 관한 세부기준을 위반한 경우 1) 1차 위반 시 2) 2차 위반 시 3) 3차 이상 위반 시	법 제39조 제1항 제8호	250 400 500
거. 법 제21조 제3항을 위반하여 위험물의 운송에 관한 기준을 따르지 않은 경우 1) 1차 위반 시 2) 2차 위반 시 3) 3차 이상 위반 시	법 제39조 제1항 제9호	250 400 500

별표 2 행정처분기준(제25조, 제58조 제1항 및 제62조 제1항 관련)

<개정 2017.7.26.>

1. 일반기준

가. 위반행위가 2 이상인 때에는 그 중 중한 처분기준(중한 처분기준이 동일한 때에는 그 중 하나의 처분기준을 말한다. 이하 이 호에서 같다)에 의하되, 2 이상의 처분기준이 동일한 사용정지이거나 업무정지인 경우에는 중한 처분의 2분의 1까지 가중처분할 수 있다.

나. 사용정지 또는 업무정지의 처분기간 중에 사용정지 또는 업무정지에 해당하는 새로운 위반행위가 있는 때에는 종전의 처분기간 만료일의 다음 날부터 새로운 위반행위에 따른 사용정지 또는 업무정지의 행정처분을 한다.

다. 위반행위의 횟수에 따른 행정처분기준은 최근 2년간 같은 위반행위로 행정처분을 받은 경우에 적용한다. 이 경우 기간의 계산은 위반행위에 대하여 행정처분을 받은 날과 그 처분 후 다시 같은 위반행위를 하여 적발된 날을 기준으로 한다.

라. 다목에 따라 가중된 행정처분을 하는 경우 가중처분의 적용 차수는 그 위반행위 전 행정처분 차수(다목에 따른 기간 내에 행정처분이 둘 이상 있었던 경우에는 높은 차수를 말한다)의 다음 차수로 한다.

마. 사용정지 또는 업무정지의 처분기간이 완료될 때까지 위반행위가 계속되는 경우에는 사용정지 또는 업무정지의 행정처분을 다시 한다.

바. 처분권자는 다음의 사항을 고려하여 제2호의 개별기준에 따른 처분을 감경할 수 있다. 이 경우 그 처분이 사용정지 또는 업무정지인 경우에는 그 처분기준의 2분의 1 범위에서 처분기간을 감경할 수 있고, 그 처분이 지정취소(제58조 제1항 제1호부터 제3호까지에 해당하는 경우는 제외한다) 또는 등록취소(법 제16조 제5항 제1호부터 제3호까지에 해당하는 경우는 제외한다)인 경우에는 6개월의 업무정지 처분으로 감경할 수 있다.

1) 위반행위의 동기·내용·횟수 또는 그 결과 등을 고려할 때 제2호 각 목의 기준을 적용하는 것이 불합리하다고 인정되는 경우

2) 고의 또는 중과실이 없는 위반행위자가 「소상공인기본법」 제2조에 따른 소상공인인 경우로서 해당 행정처분으로 위반행위자가 더 이상 영업을 영위하기 어렵다고 객관적으로 인정되는지 여부, 경제위기 등으로 위반행위자가 속한 시장·산업 여건이 현저하게 변동되거나 지속적으로 악화된 상태인지 여부 등을 종합적으로 고려할 때 행정처분을 감경할 필요가 있다고 인정되는 경우

2. 개별기준

가. 제조소등에 대한 행정처분기준

위반사항	근거법규	행정처분기준		
		1차	2차	3차
(1) 법 제6조 제1항의 후단의 규정에 의한 변경허가를 받지 아니하고, 제조소등의 위치·구조 또는 설비를 변경한 때	법 제12조	경고 또는 사용정지 15일	사용정지 60일	허가 취소
(2) 법 제9조의 규정에 의한 완공검사를 받지 아니하고 제조소등을 사용한 때	법 제12조	사용정지 15일	사용정지 60일	허가 취소
(3) 법 제14조 제2항의 규정에 의한 수리·개조 또는 이전의 명령에 위반한 때	법 제12조	사용정지 30일	사용정지 90일	허가 취소
(4) 법 제15조 제1항 및 제2항의 규정에 의한 위험물안전관리자를 선임하지 아니한 때	법 제12조	사용정지 15일	사용정지 60일	허가 취소
(5) 법 제15조 제5항을 위반하여 대리자를 지정하지 아니한 때	법 제12조	사용정지 10일	사용정지 30일	허가 취소
(6) 법 제18조 제1항의 규정에 의한 정기점검을 하지 아니한 때	법 제12조	사용정지 10일	사용정지 30일	허가 취소
(7) 법 제18조 제2항의 규정에 의한 정기검사를 받지 아니한 때	법 제12조	사용정지 10일	사용정지 30일	허가 취소
(8) 법 제26조의 규정에 의한 저장·취급기준 준수명령을 위반한 때	법 제12조	사용정지 30일	사용정지 60일	허가 취소

나. 안전관리대행기관에 대한 행정처분기준

위반사항	근거법규	행정처분기준		
		1차	2차	3차
(1) 허위 그 밖의 부정한 방법으로 등록을 한 때	제58조	지정취소		
(2) 탱크시험자의 등록 또는 다른 법령에 의한 안전관리업무대행기관의 지정·승인 등이 취소된 때	제58조	지정취소		
(3) 다른 사람에게 지정서를 대여한 때	제58조	지정취소		
(4) 별표 22의 규정에 의한 안전관리대행기관의 지정기준에 미달되는 때	제58조	업무정지 30일	업무정지 60일	지정 취소
(5) 제57조 제4항의 규정에 의한 소방청장의 지도·감독에 정당한 이유 없이 따르지 아니한 때	제58조	업무정지 30일	업무정지 60일	지정 취소
(6) 제57조 제5항에 따른 변경 신고를 연간 2회 이상 하지 아니한 때	제58조	경고 또는 업무정지 30일	업무정지 90일	지정 취소
(7) 제57조 제6항에 따른 휴업 또는 재개업 신고를 연간 2회 이상 하지 아니한 때	제58조	경고 또는 업무정지 30일	업무정지 90일	지정 취소
(8) 안전관리대행기관의 기술인력이 제59조의 규정에 의한 안전관리업무를 성실하게 수행하지 아니한 때	제58조	경고	업무정지 90일	지정 취소

다. 탱크시험자에 대한 행정처분기준

위반사항	근거법령	행정처분기준		
		1차	2차	3차
(1) 허위 그 밖의 부정한 방법으로 등록을 한 경우	법 제16조 제5항	등록취소		
(2) 법 제16조 제4항 각 호의 1의 등록의 결격사유에 해당하게 된 경우	법 제16조 제5항	등록취소		
(3) 다른 자에게 등록증을 빌려준 경우	법 제16조 제5항	등록취소		
(4) 법 제16조 제2항의 규정에 의한 등록기준에 미달하게 된 경우	법 제16조 제5항	업무정지 30일	업무정지 60일	등록 취소
(5) 탱크안전성능시험 또는 점검을 허위로 하거나 이 법에 의한 기준에 맞지 아니하게 탱크안전성능시험 또는 점검을 실시하는 경우 등 탱크시험자로서 적합하지 아니하다고 인정되는 경우	법 제16조 제5항	업무정지 30일	업무정지 90일	등록 취소

별표 3 과징금의 금액(제26조 제1호 관련)

<개정 2016.1.22.>

1. 일반기준

가. 과징금을 부과하는 위반행위의 종별에 따른 과징금의 금액은 제25조 및 별표 2의 규정에 의한 사용정지의 기간에 나목 또는 다목에 의하여 산정한 1일당 과징금의 금액을 곱하여 얻은 금액으로 한다.

나. 1일당 과징금의 금액은 당해 제조소등의 연간 매출액을 기준으로 하여 제2호 가목의 기준에 의하여 산정한다. 이 경우 연간 매출액은 전년도의 1년간의 총 매출액을 기준으로 하되, 신규사업·휴업 등으로 인하여 1년간의 총 매출액을 산출할 수 없는 경우에는 분기별·월별 또는 일별 매출액을 기준으로 하여 연간 매출액을 환산한다.

다. 연간 매출액이 없거나 연간 매출액의 산출이 곤란한 제조소등의 경우에는 당해 제조소등에서 저장 또는 취급하는 위험물의 허가수량(지정수량의 배수)을 기준으로 하여 제2호 나목의 기준에 의하여 산정한다.

2. 과징금 산정기준

가. 연간 매출액을 기준으로 한 과징금 산정기준

등급	연간 매출액	1일당 과징금의 금액(단위: 원)
1	5천만원 이하	7,000
2	5천만원 초과 ~ 1억원 이하	20,000
3	1억원 초과 ~ 2억원 이하	41,000
4	2억원 초과 ~ 3억원 이하	68,000
5	3억원 초과 ~ 5억원 이하	110,000
6	5억원 초과 ~ 7억원 이하	160,000
7	7억원 초과 ~ 10억원 이하	200,000
8	10억원 초과 ~ 13억원 이하	240,000
9	13억원 초과 ~ 16억원 이하	280,000
10	16억원 초과 ~ 20억원 이하	320,000
11	20억원 초과 ~ 25억원 이하	360,000
12	25억원 초과 ~ 30억원 이하	400,000
13	30억원 초과 ~ 40억원 이하	440,000
14	40억원 초과 ~ 50억원 이하	480,000
15	50억원 초과 ~ 70억원 이하	520,000
16	70억원 초과 ~ 100억원 이하	560,000
17	100억원 초과 ~ 150억원 이하	737,000
18	150억원 초과 ~ 200억원 이하	1,031,000
19	200억원 초과 ~ 300억원 이하	1,473,000
20	300억원 초과 ~ 400억원 이하	2,062,000
21	400억원 초과 ~ 500억원 이하	2,115,000
22	500억원 초과 ~ 600억원 이하	2,168,000
23	600억원 초과	2,222,000

나. 저장 또는 취급하는 위험물의 허가수량을 기준으로 한 과징금 산정기준

등급	저장 또는 취급하는 위험물의 허가수량(지정수량의 배수)		1일당 과징금의 금액 (단위: 천원)
	저장량	취급량	
1	50배 이하	30배 이하	30
2	50배 초과 ~ 100배 이하	30배 초과 ~ 100배 이하	100
3	100배 초과 ~ 1,000배 이하	100배 초과 ~ 500배 이하	400
4	1,000배 초과 ~ 10,000배 이하	500배 초과 ~ 1,000배 이하	600
5	10,000배 초과 ~ 100,000배 이하	1,000배 초과 ~ 2,000배 이하	800
6	100,000배 초과	2,000배 초과	1,000

※ 비고
1. 저장량과 취급량이 다른 경우에는 둘 중 많은 수량을 기준으로 한다.
2. 자가발전, 자가난방 그 밖의 이와 유사한 목적의 제조소등에 있어서는 이 표에 의한 금액의 2분의 1을 과징금의 금액으로 한다.

별표 3의2   과징금의 금액(제26조 제2호 관련)

<신설 2016.1.22.>

1. 일반기준

가. 위반행위의 종류에 따른 과징금의 금액은 제25조 및 별표 2에 따른 해당 위반행위에 대한 사용정지의 기간에 따라 나목 또는 다목의 기준에 따라 산정한다.

나. 과징금 금액은 해당 제조소등의 1일 평균 매출액을 기준으로 하여 제2호 가목의 기준에 따라 산정한다. 이 경우 1일 평균 매출액은 전년도의 1년간의 총 매출액의 1일 평균 매출액을 기준으로 하되, 신규사업·휴업 등으로 인하여 1년간의 총 매출액을 산출할 수 없는 경우에는 분기별·월별 또는 일별 매출액을 기준으로 하여 1년간의 총 매출액을 환산한다.

다. 1년간의 총 매출액이 없거나 산출하기 곤란한 제조소등의 경우에는 해당 제조소등에서 저장 또는 취급하는 위험물의 허가수량(지정수량의 배수)을 기준으로 하여 제2호 나목의 기준에 따라 산정한다.

2. 과징금 산정기준

가. 1일 평균 매출액을 기준으로 한 과징금 산정기준

> 과징금 금액 = 1일 평균 매출액 × 사용정지 일수 × 0.0574

나. 저장 또는 취급하는 위험물의 허가수량을 기준으로 한 과징금 산정기준

등급	저장 또는 취급하는 위험물의 허가수량(지정수량의 배수)		1일당 과징금 금액 (단위: 원)
	저장량	취급량	
1	50배 이하	30배 이하	30,000
2	50배 초과 ~ 100배 이하	30배 초과 ~ 100배 이하	100,000
3	100배 초과 ~ 1,000배 이하	100배 초과 ~ 500배 이하	400,000
4	1,000배 초과 ~ 10,000배 이하	500배 초과 ~ 1,000배 이하	600,000
5	10,000배 초과 ~100,000배 이하	1,000배 초과 ~ 2,000배 이하	800,000
6	100,000배 초과	2,000배 초과	1,000,000

※ 비고
1. 저장량과 취급량이 다른 경우에는 둘 중 많은 수량을 기준으로 한다.
2. 자가발전, 자가난방, 그 밖의 이와 유사한 목적의 제조소등에 대해서는 이 목에 따른 금액의 2분의 1을 과징금 금액으로 한다.

제조소의 위치·구조 및 설비의 기준(제28조 관련)

<개정 2020.10.12.>

I. 안전거리

1. 제조소(제6류 위험물을 취급하는 제조소를 제외한다)는 다음 각 목의 규정에 의한 건축물의 외벽 또는 이에 상당하는 공작물의 외측으로부터 당해 제조소의 외벽 또는 이에 상당하는 공작물의 외측까지의 사이에 다음 각 목의 규정에 의한 수평거리(이하 "안전거리"라 한다)를 두어야 한다.

   가. 나목 내지 라목의 규정에 의한 것 외의 건축물 그 밖의 공작물로서 주거용으로 사용되는 것(제조소가 설치된 부지 내에 있는 것을 제외한다)에 있어서는 10m 이상

   나. 학교·병원·극장 그 밖에 다수인을 수용하는 시설로서 다음의 1에 해당하는 것에 있어서는 30m 이상

   1) 「초·중등교육법」 제2조 및 「고등교육법」 제2조에 정하는 학교

   2) 「의료법」 제3조 제2항 제3호에 따른 병원급 의료기관

   3) 「공연법」 제2조 제4호의 규정에 의한 공연장, 「영화 및 비디오물의 진흥에 관한 법률」 제2조 제10호의 규정에 의한 영화상영관 그 밖에 이와 유사한 시설로서 3백명 이상의 인원을 수용할 수 있는 것

   4) 「아동복지법」 제3조 제10호의 규정에 의한 아동복지시설, 「노인복지법」 제31조 제1호부터 제3호에 해당하는 노인복지시설, 「장애인복지법」 제58조 제1항의 규정에 의한 장애인복지시설, 「한부모가족지원법」 제19조 제1항에 따른 한부모가족복지시설, 「영유아보육법」 제2조 제3호에 따른 어린이집, 「성매매 방지 및 피해자보호 등에 관한 법률」 제9조 제1항에 따른 성매매피해자등을 위한 지원시설, 「정신건강증진 및 정신질환자 복지서비스 지원에 관한 법률」 제3조 제4호에 따른 정신건강증진시설, 「가정폭력방지 및 피해자보호 등에 관한 법률」 제7조의2 제1항에 따른 보호시설 그 밖에 이와 유사한 시설로서 20명 이상의 인원을 수용할 수 있는 것

   다. 「문화재보호법」의 규정에 의한 유형문화재와 기념물 중 지정문화재에 있어서는 50m 이상

   라. 고압가스, 액화석유가스 또는 도시가스를 저장 또는 취급하는 시설로서 다음의 1에 해당하는 것에 있어서는 20m 이상. 다만, 당해 시설의 배관 중 제조소가 설치된 부지 내에 있는 것은 제외한다.

   1) 「고압가스 안전관리법」의 규정에 의하여 허가를 받거나 신고를 하여야 하는 고압가스제조시설(용기에 충전하는 것을 포함한다) 또는 고압가스사용시설로서 1일 30m³ 이상의 용적을 취급하는 시설이 있는 것

   2) 「고압가스 안전관리법」의 규정에 의하여 허가를 받거나 신고를 하여야 하는 고압가스저장시설

   3) 「고압가스 안전관리법」의 규정에 의하여 허가를 받거나 신고를 하여야 하는 액화산소를 소비하는 시설

   4) 「액화석유가스의 안전관리 및 사업법」의 규정에 의하여 허가를 받아야 하는 액화석유가스제조시설 및 액화석유가스저장시설

   5) 「도시가스사업법」 제2조 제5호의 규정에 의한 가스공급시설

   마. 사용전압이 7,000V 초과 35,000V 이하의 특고압가공전선에 있어서는 3m 이상

   바. 사용전압이 35,000V를 초과하는 특고압가공전선에 있어서는 5m 이상

2. 제1호 가목 내지 다목의 규정에 의한 건축물 등은 부표의 기준에 의하여 불연재료로 된 방화상 유효한 담 또는 벽을 설치하는 경우에는 동표의 기준에 의하여 안전거리를 단축할 수 있다.

◎ 확인 예제

다음 중 제조소의 안전거리가 옳지 않은 것은?

① 주거용: 10m
② 가스저장 및 취급시설: 20m
③ 병원 및 학교: 20m
④ 문화재: 50m

 정답 ③

Ⅱ. 보유공지

1. 위험물을 취급하는 건축물 그 밖의 시설(위험물을 이송하기 위한 배관 그 밖에 이와 유사한 시설을 제외한다)의 주위에는 그 취급하는 위험물의 최대수량에 따라 다음 표에 의한 너비의 공지를 보유하여야 한다.

취급하는 위험물의 최대수량	공지의 너비
지정수량의 10배 이하	3m 이상
지정수량의 10배 초과	5m 이상

2. 제조소의 작업공정이 다른 작업장의 작업공정과 연속되어 있어, 제조소의 건축물 그 밖의 공작물의 주위에 공지를 두게 되면 그 제조소의 작업에 현저한 지장이 생길 우려가 있는 경우 당해 제조소와 다른 작업장 사이에 다음 각 목의 기준에 따라 방화상 유효한 격벽을 설치한 때에는 당해 제조소와 다른 작업장 사이에 제1호의 규정에 의한 공지를 보유하지 아니할 수 있다.
   가. 방화벽은 내화구조로 할 것, 다만 취급하는 위험물이 제6류 위험물인 경우에는 불연재료로 할 수 있다.
   나. 방화벽에 설치하는 출입구 및 창 등의 개구부는 가능한 한 최소로 하고, 출입구 및 창에는 자동폐쇄식의 60분+ 방화문 또는 60분방화문을 설치할 것
   다. 방화벽의 양단 및 상단이 외벽 또는 지붕으로부터 50cm 이상 돌출하도록 할 것

◎ 확인 예제

위험물 제조소의 보유공지에 대한 시설기준으로 옳지 않은 것은?

① 위험물을 취급하는 건축물 그 밖의 시설의 주위에는 그 취급하는 위험물의 최대수량에 따라 공지를 보유하여야 한다.
② 보유공지는 제조소의 구성요소에 해당하지 않으므로 도로를 포함하여도 된다.
③ 도로는 위험물을 취급하는 건축물에 해당되지 않으므로 보유공지를 확보하지 않아도 된다.
④ 위험물을 이송하기 위한 배관 그 밖에 이와 유사한 시설은 보유공지를 확보하지 않아도 된다.

정답 ②

Ⅲ. 표지 및 게시판

1. 제조소에는 보기 쉬운 곳에 다음 각 목의 기준에 따라 "위험물 제조소"라는 표시를 한 표지를 설치하여야 한다.
   가. 표지는 한 변의 길이가 0.3m 이상, 다른 한 변의 길이가 0.6m 이상인 직사각형으로 할 것
   나. 표지의 바탕은 백색으로, 문자는 흑색으로 할 것

2. 제조소에는 보기 쉬운 곳에 다음 각 목의 기준에 따라 방화에 관하여 필요한 사항을 게시한 게시판을 설치하여야 한다.
   가. 게시판은 한 변의 길이가 0.3m 이상, 다른 한 변의 길이가 0.6m 이상인 직사각형으로 할 것
   나. 게시판에는 저장 또는 취급하는 위험물의 유별·품명 및 저장최대수량 또는 취급최대수량, 지정수량의 배수 및 안전관리자의 성명 또는 직명을 기재할 것
   다. 나목의 게시판의 바탕은 백색으로, 문자는 흑색으로 할 것
   라. 나목의 게시판 외에 저장 또는 취급하는 위험물에 따라 다음의 규정에 의한 주의사항을 표시한 게시판을 설치할 것
      1) 제1류 위험물 중 알칼리금속의 과산화물과 이를 함유한 것 또는 제3류 위험물 중 금수성물질에 있어서는 "물기엄금"
      2) 제2류 위험물(인화성고체를 제외한다)에 있어서는 "화기주의"
      3) 제2류 위험물 중 인화성고체, 제3류 위험물 중 자연발화성물질, 제4류 위험물 또는 제5류 위험물에 있어서는 "화기엄금"
   마. 라목의 게시판의 색은 "물기엄금"을 표시하는 것에 있어서는 청색바탕에 백색문자로, "화기주의" 또는 "화기엄금"을 표시하는 것에 있어서는 적색바탕에 백색문자로 할 것

ⓞ 확인 예제

제조소에 설치하는 게시판의 기준으로 옳지 않은 것은?

① 게시판의 바탕은 백색으로, 문자는 흑색으로 할 것
② 게시판은 한변의 길이가 0.3m 이상, 다른 한변의 길이가 0.6m 이상인 직사각형으로 할 것
③ 게시판에는 저장 또는 취급하는 위험물의 유별·품명 및 저장최대수량 또는 취급최대수량, 지정수량의 배수 및 안전관리자의 성명 또는 직명을 기재할 것
④ 알칼리금속의 과산화물과 이를 함유한 것 또는 제3류 위험물 중 금수성물품에 있어서는 '물기주의' 표시를 할 것

정답 ④

IV. 건축물의 구조

위험물을 취급하는 건축물의 구조는 다음 각 호의 기준에 의하여야 한다.

1. 지하층이 없도록 하여야 한다. 다만, 위험물을 취급하지 아니하는 지하층으로서 위험물의 취급장소에서 새어나온 위험물 또는 가연성의 증기가 흘러 들어갈 우려가 없는 구조로 된 경우에는 그러하지 아니하다.

2. 벽·기둥·바닥·보·서까래 및 계단을 불연재료로 하고, 연소(延燒)의 우려가 있는 외벽(소방청장이 정하여 고시하는 것에 한한다. 이하 같다)은 출입구 외의 개구부가 없는 내화구조의 벽으로 하여야 한다. 이 경우 제6류 위험물을 취급하는 건축물에 있어서 위험물이 스며들 우려가 있는 부분에 대하여는 아스팔트 그 밖에 부식되지 아니하는 재료로 피복하여야 한다.

3. 지붕(작업공정상 제조기계시설 등이 2층 이상에 연결되어 설치된 경우에는 최상층의 지붕을 말한다)은 폭발력이 위로 방출될 정도의 가벼운 불연재료로 덮어야 한다. 다만, 위험물을 취급하는 건축물이 다음 각 목의 1에 해당하는 경우에는 그 지붕을 내화구조로 할 수 있다.
   가. 제2류 위험물(분상의 것과 인화성고체를 제외한다), 제4류 위험물 중 제4석유류·동식물유류 또는 제6류 위험물을 취급하는 건축물인 경우
   나. 다음의 기준에 적합한 밀폐형 구조의 건축물인 경우
      1) 발생할 수 있는 내부의 과압(過壓) 또는 부압(負壓)에 견딜 수 있는 철근콘크리트조일 것
      2) 외부화재에 90분 이상 견딜 수 있는 구조일 것

4. 출입구와 「산업안전보건기준에 관한 규칙」 제17조에 따라 설치하여야 하는 비상구에는 60분+ 방화문·60분방화문 또는 30분방화문을 설치하되, 연소의 우려가 있는 외벽에 설치하는 출입구에는 수시로 열 수 있는 자동폐쇄식의 60분+ 방화문 또는 60분방화문을 설치하여야 한다.

5. 위험물을 취급하는 건축물의 창 및 출입구에 유리를 이용하는 경우에는 망입유리로 하여야 한다.

6. 액체의 위험물을 취급하는 건축물의 바닥은 위험물이 스며들지 못하는 재료를 사용하고, 적당한 경사를 두어 그 최저부에 집유설비를 하여야 한다.

ⓞ 확인 예제

위험물 제조소의 건축물 구조로 옳지 않은 것은?

① 지하층은 없도록 한다.
② 지붕은 가벼운 불연재료로 한다.
③ 연소의 우려가 있는 외벽에 설치하는 출입구에는 자동폐쇄식의 60분+ 방화문·60분방화문과 30분방화문을 설치한다.
④ 위험물을 취급하는 건축물의 창 및 출입구 유리는 망입유리로 한다.

정답 ③

V. 채광·조명 및 환기설비

1. 위험물을 취급하는 건축물에는 다음 각 목의 기준에 의하여 위험물을 취급하는 데 필요한 채광·조명 및 환기의 설비를 설치하여야 한다.

   가. 채광설비는 불연재료로 하고, 연소의 우려가 없는 장소에 설치하되 채광면적을 최소로 할 것

   나. 조명설비는 다음의 기준에 적합하게 설치할 것

       1) 가연성가스 등이 체류할 우려가 있는 장소의 조명등은 방폭등으로 할 것

       2) 전선은 내화·내열전선으로 할 것

       3) 점멸스위치는 출입구 바깥부분에 설치할 것. 다만, 스위치의 스파크로 인한 화재·폭발의 우려가 없을 경우에는 그러하지 아니하다.

   다. 환기설비는 다음의 기준에 의할 것

       1) 환기는 자연배기방식으로 할 것

       2) 급기구는 당해 급기구가 설치된 실의 바닥면적 150m² 마다 1개 이상으로 하되, 급기구의 크기는 800cm² 이상으로 할 것. 다만, 바닥면적이 150m² 미만인 경우에는 다음의 크기로 하여야 한다.

바닥면적	급기구의 면적
60m² 미만	150cm² 이상
60m² 이상 90m² 미만	300cm² 이상
90m² 이상 120m² 미만	450cm² 이상
120m² 이상 150m² 미만	600cm² 이상

       3) 급기구는 낮은 곳에 설치하고 가는 눈의 구리망 등으로 인화방지망을 설치할 것

       4) 환기구는 지붕 위 또는 지상 2m 이상의 높이에 회전식 고정벤티레이터 또는 루푸팬방식으로 설치할 것

2. 배출설비가 설치되어 유효하게 환기가 되는 건축물에는 환기설비를 하지 아니할 수 있고, 조명설비가 설치되어 유효하게 조도가 확보되는 건축물에는 채광설비를 하지 아니할 수 있다.

◎ 확인 예제

위험물 제조소의 설비에 대한 설명 중 옳지 않은 것은?

① 채광설비는 불연재료로 하고, 연소의 우려가 없는 장소에 설치하되 채광면적을 최대로 할 것
② 환기설비의 급기구는 낮은 곳에 설치할 것
③ 조명설비의 점멸스위치는 출입구 바깥부분에 설치할 것
④ 환기설비는 자연배기방식으로 할 것

정답 ①

VI. 배출설비

가연성의 증기 또는 미분이 체류할 우려가 있는 건축물에는 그 증기 또는 미분을 옥외의 높은 곳으로 배출할 수 있도록 다음 각 호의 기준에 의하여 배출설비를 설치하여야 한다.

1. 배출설비는 국소방식으로 하여야 한다. 다만, 다음 각 목의 1에 해당하는 경우에는 전역방식으로 할 수 있다.

   가. 위험물취급설비가 배관이음 등으로만 된 경우

   나. 건축물의 구조·작업장소의 분포 등의 조건에 의하여 전역방식이 유효한 경우

2. 배출설비는 배풍기·배출 덕트(duct)·후드 등을 이용하여 강제적으로 배출하는 것으로 하여야 한다.

3. 배출능력은 1시간당 배출장소 용적의 20배 이상인 것으로 하여야 한다. 다만, 전역방식의 경우에는 바닥면적 1m²당 18m³ 이상으로 할 수 있다.

4. 배출설비의 급기구 및 배출구는 다음 각 목의 기준에 의하여야 한다.

　가. 급기구는 높은 곳에 설치하고, 가는 눈의 구리망 등으로 인화방지망을 설치할 것

　나. 배출구는 지상 2m 이상으로서 연소의 우려가 없는 장소에 설치하고, 배출 덕트가 관통하는 벽 부분의 바로 가까이에 화재시 자동으로 폐쇄되는 방화댐퍼를 설치할 것

5. 배풍기는 강제배기방식으로 하고, 옥내덕트의 내압이 대기압 이상이 되지 아니하는 위치에 설치하여야 한다.

Ⅶ. 옥외설비의 바닥

옥외에서 액체위험물을 취급하는 설비의 바닥은 다음 각 호의 기준에 의하여야 한다.

1. 바닥의 둘레에 높이 0.15m 이상의 턱을 설치하는 등 위험물이 외부로 흘러나가지 아니하도록 하여야 한다.

2. 바닥은 콘크리트 등 위험물이 스며들지 아니하는 재료로 하고, 제1호의 턱이 있는 쪽이 낮게 경사지게 하여야 한다.

3. 바닥의 최저부에 집유설비를 하여야 한다.

4. 위험물(온도 20℃의 물 100g에 용해되는 양이 1g 미만인 것에 한한다)을 취급하는 설비에 있어서는 당해 위험물이 직접 배수구에 흘러들어가지 아니하도록 집유설비에 유분리장치를 설치하여야 한다.

 확인 예제

제조소의 옥외에서 액체위험물을 취급하는 설비의 바닥 기준으로 옳지 않은 것은?

① 바닥의 둘레에 높이 0.20m 이상의 턱을 설치하는 등 위험물이 외부로 흘러나가지 아니하도록 할 것

② 바닥의 최저부에 집유설비를 할 것

③ 위험물을 취급하는 설비에 있어서는 당해 위험물이 직접 배수구에 흘러들어가지 아니하도록 집유설비에 유분리장치를 설치할 것

④ 바닥은 콘크리트 등 위험물이 스며들지 아니하는 재료로 하고, 턱이 있는 쪽이 낮게 경사지게 할 것

　　　　　　　　　　　　　　　　　　　　　　　　　　　　　　　　　　　　　　정답 ①

Ⅷ. 기타설비

1. 위험물의 누출·비산방지

　위험물을 취급하는 기계·기구 그 밖의 설비는 위험물이 새거나 넘치거나 비산하는 것을 방지할 수 있는 구조로 하여야 한다. 다만, 당해 설비에 위험물의 누출 등으로 인한 재해를 방지할 수 있는 부대설비(되돌림관·수막 등)를 한 때에는 그러하지 아니하다.

2. 가열·냉각설비 등의 온도측정장치

　위험물을 가열하거나 냉각하는 설비 또는 위험물의 취급에 수반하여 온도변화가 생기는 설비에는 온도측정장치를 설치하여야 한다.

3. 가열건조설비

　위험물을 가열 또는 건조하는 설비는 직접 불을 사용하지 아니하는 구조로 하여야 한다. 다만, 당해 설비가 방화상 안전한 장소에 설치되어 있거나 화재를 방지할 수 있는 부대설비를 한 때에는 그러하지 아니하다.

4. 압력계 및 안전장치

　위험물을 가압하는 설비 또는 그 취급하는 위험물의 압력이 상승할 우려가 있는 설비에는 압력계 및 다음 각 목의 1에 해당하는 안전장치를 설치하여야 한다. 다만, 라목의 파괴판은 위험물의 성질에 따라 안전밸브의 작동이 곤란한 가압설비에 한한다.

　가. 자동적으로 압력의 상승을 정지시키는 장치

　나. 감압측에 안전밸브를 부착한 감압밸브

　다. 안전밸브를 병용하는 경보장치

　라. 파괴판

5. 전기설비

제조소에 설치하는 전기설비는 「전기사업법」에 의한 전기설비기술기준에 의하여야 한다.

6. 정전기 제거설비

위험물을 취급함에 있어서 정전기가 발생할 우려가 있는 설비에는 다음 각 목의 1에 해당하는 방법으로 정전기를 유효하게 제거할 수 있는 설비를 설치하여야 한다.

가. 접지에 의한 방법

나. 공기 중의 상대습도를 70% 이상으로 하는 방법

다. 공기를 이온화하는 방법

7. 피뢰설비

지정수량의 10배 이상의 위험물을 취급하는 제조소(제6류 위험물을 취급하는 위험물 제조소를 제외한다)에는 피뢰침(「산업표준화법」 제12조에 따른 한국산업표준 중 피뢰설비 표준에 적합한 것을 말한다. 이하 같다)을 설치하여야 한다. 다만, 제조소의 주위의 상황에 따라 안전상 지장이 없는 경우에는 피뢰침을 설치하지 아니할 수 있다.

8. 전동기 등

전동기 및 위험물을 취급하는 설비의 펌프·밸브·스위치 등은 화재예방상 지장이 없는 위치에 부착하여야 한다.

◎ 확인 예제

01 「위험물안전관리법」 제조소등의 제조소에서 정전기를 제거하는 방법으로 옳지 않은 것은?

① 접지를 한다.
② 상대습도를 70% 이상으로 한다.
③ 공기를 이온화한다.
④ 배풍기로 강제배기시킨다.

02 제6류 위험물 취급장소가 아닌 위험물 제조소에 낙뢰위험이 있을 때 피뢰침을 설치하여야 하는 수량으로 옳은 것은?

① 지정수량의 3배
② 지정수량의 5배
③ 지정수량의 10배
④ 지정수량의 15배

정답 01 ④   02 ③

IX. 위험물 취급탱크

1. 위험물 제조소의 옥외에 있는 위험물취급탱크(용량이 지정수량의 5분의 1 미만인 것을 제외한다)는 다음 각 목의 기준에 의하여 설치하여야 한다.

가. 옥외에 있는 위험물취급탱크의 구조 및 설비는 별표 6 Ⅵ 제1호(특정옥외저장탱크 및 준특정옥외저장탱크와 관련되는 부분을 제외한다)·제3호 내지 제9호·제11호 내지 제14호 및 ⅩⅣ의 규정에 의한 옥외탱크저장소의 탱크의 구조 및 설비의 기준을 준용할 것

나. 옥외에 있는 위험물취급탱크로서 액체위험물(이황화탄소를 제외한다)을 취급하는 것의 주위에는 다음의 기준에 의하여 방유제를 설치할 것

1) 하나의 취급탱크 주위에 설치하는 방유제의 용량은 당해 탱크용량의 50% 이상으로 하고, 2 이상의 취급탱크 주위에 하나의 방유제를 설치하는 경우 그 방유제의 용량은 당해 탱크 중 용량이 최대인 것의 50%에 나머지 탱크용량 합계의 10%를 가산한 양 이상이 되게 할 것. 이 경우 방유제의 용량은 당해 방유제의 내용적에서 용량이 최대인 탱크 외의 탱크의 방유제 높이 이하 부분의 용적, 당해 방유제 내에 있는 모든 탱크의 지반면 이상 부분의 기초의 체적, 간막이 둑의 체적 및 당해 방유제 내에 있는 배관 등의 체적을 뺀 것으로 한다.

2) 방유제의 구조 및 설비는 별표 6 Ⅸ 제1호 나목·사목·차목·카목 및 파목의 규정에 의한 옥외저장탱크의 방유제의 기준에 적합하게 할 것

2. 위험물 제조소의 옥내에 있는 위험물취급탱크(용량이 지정수량의 5분의 1 미만인 것을 제외한다)는 다음 각 목의 기준에 의하여 설치하여야 한다.

　가. 탱크의 구조 및 설비는 별표 7 Ⅰ제1호 마목 내지 자목 및 카목 내지 파목의 규정에 의한 옥내탱크저장소의 위험물을 저장 또는 취급하는 탱크의 구조 및 설비의 기준을 준용할 것

　나. 위험물취급탱크의 주위에는 턱(이하 "방유턱"이라고 한다)을 설치하는 등 위험물이 누설된 경우에 그 유출을 방지하기 위한 조치를 할 것. 이 경우 당해 조치는 탱크에 수납하는 위험물의 양(하나의 방유턱 안에 2 이상의 탱크가 있는 경우는 당해 탱크 중 실제로 수납하는 위험물의 양이 최대인 탱크의 양)을 전부 수용할 수 있도록 하여야 한다.

3. 위험물 제조소의 지하에 있는 위험물취급탱크의 위치·구조 및 설비는 별표 8 Ⅰ(제5호·제11호 및 제14호를 제외한다), Ⅱ(Ⅰ제5호·제11호 및 제14호의 규정을 적용하도록 하는 부분을 제외한다) 또는 Ⅲ(Ⅰ제5호·제11호 및 제14호의 규정을 적용하도록 하는 부분을 제외한다)의 규정에 의한 지하탱크저장소의 위험물을 저장 또는 취급하는 탱크의 위치·구조 및 설비의 기준에 준하여 설치하여야 한다.

Ⅹ. 배관

위험물 제조소 내의 위험물을 취급하는 배관은 다음 각 호의 기준에 의하여 설치하여야 한다.

1. 배관의 재질은 강관 그 밖에 이와 유사한 금속성으로 하여야 한다. 다만, 다음 각 목의 기준에 적합한 경우에는 그러하지 아니하다.

　가. 배관의 재질은 한국산업규격의 유리섬유강화플라스틱·고밀도폴리에틸렌 또는 폴리우레탄으로 할 것

　나. 배관의 구조는 내관 및 외관의 이중으로 하고, 내관과 외관의 사이에는 틈새공간을 두어 누설여부를 외부에서 쉽게 확인할 수 있도록 할 것. 다만, 배관의 재질이 취급하는 위험물에 의해 쉽게 열화될 우려가 없는 경우에는 그러하지 아니하다.

　다. 국내 또는 국외의 관련 공인시험기관으로부터 안전성에 대한 시험 또는 인증을 받을 것

　라. 배관은 지하에 매설할 것. 다만, 화재 등 열에 의하여 쉽게 변형될 우려가 없는 재질이거나 화재 등 열에 의한 악영향을 받을 우려가 없는 장소에 설치되는 경우에는 그러하지 아니하다.

2. 배관에 걸리는 최대상용압력의 1.5배 이상의 압력으로 수압시험(불연성의 액체 또는 기체를 이용하여 실시하는 시험을 포함한다)을 실시하여 누설 그 밖의 이상이 없는 것으로 하여야 한다.

3. 배관을 지상에 설치하는 경우에는 지진·풍압·지반침하 및 온도변화에 안전한 구조의 지지물에 설치하되, 지면에 닿지 아니하도록 하고 배관의 외면에 부식방지를 위한 도장을 하여야 한다. 다만, 불변강관 또는 부식의 우려가 없는 재질의 배관의 경우에는 부식방지를 위한 도장을 아니할 수 있다.

4. 배관을 지하에 매설하는 경우에는 다음 각 목의 기준에 적합하게 하여야 한다.

　가. 금속성 배관의 외면에는 부식방지를 위하여 도복장·코팅 또는 전기방식 등의 필요한 조치를 할 것

　나. 배관의 접합부분(용접에 의한 접합부 또는 위험물의 누설의 우려가 없다고 인정되는 방법에 의하여 접합된 부분을 제외한다)에는 위험물의 누설 여부를 점검할 수 있는 점검구를 설치할 것

　다. 지면에 미치는 중량이 당해 배관에 미치지 아니하도록 보호할 것

5. 배관에 가열 또는 보온을 위한 설비를 설치하는 경우에는 화재예방상 안전한 구조로 하여야 한다.

ⅩⅠ. 고인화점 위험물의 제조소의 특례

인화점이 100℃ 이상인 제4류 위험물(이하 "고인화점위험물"이라 한다)만을 100℃ 미만의 온도에서 취급하는 제조소로서 그 위치 및 구조가 다음 각 호의 기준에 모두 적합한 제조소에 대하여는 Ⅰ, Ⅱ, Ⅳ제1호, Ⅳ제3호 내지 제5호, Ⅷ제6호·제7호 및 Ⅸ제1호 나목 2)에 의하여 준용되는 별표 6 Ⅸ제1호 나목의 규정을 적용하지 아니한다.

1. 다음 각 목의 규정에 의한 건축물의 외벽 또는 이에 상당하는 공작물의 외측으로부터 당해 제조소의 외벽 또는 이에 상당하는 공작물의 외측까지의 사이에 다음 각 목의 규정에 의한 안전거리를 두어야 한다. 다만, 가목 내지 다목의 규정에 의한 건축물 등에 부표의 기준에 의하여 불연재료로 된 방화상 유효한 담 또는 벽을 설치하여 소방본부장 또는 소방서장이 안전하다고 인정하는 거리로 할 수 있다.
   가. 나목 내지 라목 외의 건축물 그 밖의 공작물로서 주거용으로 제공하는 것(제조소가 있는 부지와 동일한 부지 내에 있는 것을 제외한다)에 있어서는 10m 이상
   나. Ⅰ제1호 나목 1) 내지 4)의 규정에 의한 시설에 있어서는 30m 이상
   다. 「문화재보호법」의 규정에 의한 유형문화재와 기념물 중 지정문화재에 있어서는 50m 이상
   라. Ⅰ제1호 라목 1) 내지 5)의 규정에 의한 시설(불활성 가스만을 저장 또는 취급하는 것을 제외한다)에 있어서는 20m 이상
2. 위험물을 취급하는 건축물 그 밖의 공작물(위험물을 이송하기 위한 배관 그 밖에 이에 준하는 공작물을 제외한다)의 주위에 3m 이상의 너비의 공지를 보유하여야 한다. 다만, Ⅱ제2호 각 목의 규정에 의하여 방화상 유효한 격벽을 설치하는 경우에는 그러하지 아니하다.
3. 위험물을 취급하는 건축물은 그 지붕을 불연재료로 하여야 한다.
4. 위험물을 취급하는 건축물의 창 및 출입구에는 60분+ 방화문·60분방화문·30분방화문 또는 불연재료나 유리로 만든 문을 달고, 연소의 우려가 있는 외벽에 두는 출입구에는 수시로 열 수 있는 자동폐쇄식의 60분+ 방화문 또는 60분방화문을 설치하여야 한다.
5. 위험물을 취급하는 건축물의 연소의 우려가 있는 외벽에 두는 출입구에 유리를 이용하는 경우에는 망입유리로 하여야 한다.

XII. 위험물의 성질에 따른 제조소의 특례

1. 다음 각목의 1에 해당하는 위험물을 취급하는 제조소에 있어서는 Ⅰ 내지 Ⅷ의 규정에 의한 기준에 의하는 외에 당해 위험물의 성질에 따라 제2호 내지 제4조의 기준에 의하여야 한다.
   가. 제3류 위험물 중 알킬알루미늄·알킬리튬 또는 이중 어느 하나 이상을 함유하는 것(이하 "알킬알루미늄등"이라 한다)
   나. 제4류 위험물 중 특수인화물의 아세트알데하이드·산화프로필렌 또는 이 중 어느 하나 이상을 함유하는 것(이하 "아세트알데하이드등"이라 한다)
   다. 제5류 위험물 중 하이드록실아민·하이드록실아민염류 또는 이 중 어느 하나 이상을 함유하는 것(이하 "하이드록실아민등"이라 한다)
2. 알킬알루미늄등을 취급하는 제조소의 특례는 다음 각목과 같다.
   가. 알킬알루미늄등을 취급하는 설비의 주위에는 누설범위를 국한하기 위한 설비와 누설된 알킬알루미늄등을 안전한 장소에 설치된 저장실에 유입시킬 수 있는 설비를 갖출 것
   나. 알킬알루미늄등을 취급하는 설비에는 불활성기체를 봉입하는 장치를 갖출 것
3. 아세트알데하이드등을 취급하는 제조소의 특례는 다음 각 목과 같다.
   가. 아세트알데하이드등을 취급하는 설비는 은·수은·동·마그네슘 또는 이들을 성분으로 하는 합금으로 만들지 아니할 것
   나. 아세트알데하이드등을 취급하는 설비에는 연소성 혼합기체의 생성에 의한 폭발을 방지하기 위한 불활성기체 또는 수증기를 봉입하는 장치를 갖출 것
   다. 아세트알데하이드등을 취급하는 탱크(옥외에 있는 탱크 또는 옥내에 있는 탱크로서 그 용량이 지정수량의 5분의 1 미만의 것을 제외한다)에는 냉각장치 또는 저온을 유지하기 위한 장치(이하 "보냉장치"라 한다) 및 연소성 혼합기체의 생성에 의한 폭발을 방지하기 위한 불활성기체를 봉입하는 장치를 갖출 것. 다만, 지하에 있는 탱크가 아세트알데하이드등의 온도를 저온으로 유지할 수 있는 구조인 경우에는 냉각장치 및 보냉장치를 갖추지 아니할 수 있다.

라. 다목에 따른 냉각장치 또는 보냉장치는 둘 이상 설치하여 하나의 냉각장치 또는 보냉장치가 고장난 때에도 일정 온도를 유지할 수 있도록 하고, 다음의 기준에 적합한 비상전원을 갖출 것

  1) 상용전력원이 고장인 경우에 자동으로 비상전원으로 전환되어 가동되도록 할 것

  2) 비상전원의 용량은 냉각장치 또는 보냉장치를 유효하게 작동할 수 있는 정도일 것

마. 아세트알데하이드등을 취급하는 탱크를 지하에 매설하는 경우에는 IX 제3호에 따라 적용되는 별표 8 I 제1호 단서에도 불구하고 해당 탱크를 탱크전용실에 설치할 것

4. 하이드록실아민등을 취급하는 제조소의 특례는 다음 각 목과 같다.

가. I 제1호 가목부터 라목까지의 규정에도 불구하고 지정수량 이상의 하이드록실아민등을 취급하는 제조소의 위치는 I 제1호가목부터 라목까지의 규정에 따른 건축물의 벽 또는 이에 상당하는 공작물의 외측으로부터 해당 제조소의 외벽 또는 이에 상당하는 공작물의 외측까지의 사이에 다음 식에 의하여 요구되는 거리 이상의 안전거리를 둘 것

$$D = 51.1 \sqrt[3]{N}$$

D: 거리(m)

N: 해당 제조소에서 취급하는 하이드록실아민등의 지정수량의 배수

나. 가목의 제조소의 주위에는 다음의 기준에 적합한 담 또는 토제(土堤)를 설치할 것

  1) 담 또는 토제는 당해 제조소의 외벽 또는 이에 상당하는 공작물의 외측으로부터 2m 이상 떨어진 장소에 설치할 것

  2) 담 또는 토제의 높이는 해당 제조소에 있어서 하이드록실아민등을 취급하는 부분의 높이 이상으로 할 것

  3) 담은 두께 15㎝ 이상의 철근콘크리트조·철골철근콘크리트조 또는 두께 20㎝ 이상의 보강콘크리트블록조로 할 것

  4) 토제의 경사면의 경사도는 60도 미만으로 할 것

다. 하이드록실아민등을 취급하는 설비에는 하이드록실아민등의 온도 및 농도의 상승에 의한 위험한 반응을 방지하기 위한 조치를 강구할 것

라. 하이드록실아민등을 취급하는 설비에는 철 이온 등의 혼입에 의한 위험한 반응을 방지하기 위한 조치를 강구할 것

별표 6 | 옥외탱크저장소의 위치·구조 및 설비의 기준(제30조 관련)

<개정 2020.10.12, 시행 2021.7.1.>

Ⅰ. 안전거리

옥외저장탱크의 안전거리는 별표 4 Ⅰ을 준용한다.

Ⅱ. 보유공지

1. 옥외저장탱크(위험물을 이송하기 위한 배관 그 밖에 이에 준하는 공작물을 제외한다)의 주위에는 그 저장 또는 취급하는 위험물의 최대수량에 따라 옥외저장탱크의 측면으로부터 다음 표에 의한 너비의 공지를 보유하여야 한다.

저장 또는 취급하는 위험물의 최대수량	공지의 너비
지정수량의 500배 이하	3m 이상
지정수량의 500배 초과 1,000배 이하	5m 이상
지정수량의 1,000배 초과 2,000배 이하	9m 이상
지정수량의 2,000배 초과 3,000배 이하	12m 이상
지정수량의 3,000배 초과 4,000배 이하	15m 이상
지정수량의 4,000배 초과	당해 탱크의 수평단면의 최대지름(횡형인 경우에는 긴 변)과 높이 중 큰 것과 같은 거리 이상. 다만, 30m 초과의 경우에는 30m 이상으로 할 수 있고, 15m 미만의 경우에는 15m 이상으로 하여야 한다.

2. 제6류 위험물 외의 위험물을 저장 또는 취급하는 옥외저장탱크(지정수량의 4,000배를 초과하여 저장 또는 취급하는 옥외저장탱크를 제외한다)를 동일한 방유제 안에 2개 이상 인접하여 설치하는 경우 그 인접하는 방향의 보유공지는 제1호의 규정에 의한 보유공지의 3분의 1 이상의 너비로 할 수 있다. 이 경우 보유공지의 너비는 3m 이상이 되어야 한다.

3. 제6류 위험물을 저장 또는 취급하는 옥외저장탱크는 제1호의 규정에 의한 보유공지의 3분의 1 이상의 너비로 할 수 있다. 이 경우 보유공지의 너비는 1.5m 이상이 되어야 한다.

4. 제6류 위험물을 저장 또는 취급하는 옥외저장탱크를 동일 구내에 2개 이상 인접하여 설치하는 경우 그 인접하는 방향의 보유공지는 제3호의 규정에 의하여 산출된 너비의 3분의 1 이상의 너비로 할 수 있다. 이 경우 보유공지의 너비는 1.5m 이상이 되어야 한다.

5. 제1호의 규정에도 불구하고 옥외저장탱크(이하 이 호에서 "공지단축 옥외저장탱크"라 한다)에 다음 각 목의 기준에 적합한 물분무설비로 방호조치를 하는 경우에는 그 보유공지를 제1호의 규정에 의한 보유공지의 2분의 1 이상의 너비(최소 3m 이상)로 할 수 있다. 이 경우 공지단축 옥외저장탱크의 화재시 $1m^2$당 20kW 이상의 복사열에 노출되는 표면을 갖는 인접한 옥외저장탱크가 있으면 당해 표면에도 다음 각 목의 기준에 적합한 물분무설비로 방호조치를 함께하여야 한다.

   가. 탱크의 표면에 방사하는 물의 양은 탱크의 원주길이 1m에 대하여 분당 37L 이상으로 할 것

   나. 수원의 양은 가목의 규정에 의한 수량으로 20분 이상 방사할 수 있는 수량으로 할 것

   다. 탱크에 보강링이 설치된 경우에는 보강링의 아래에 분무헤드를 설치하되, 분무헤드는 탱크의 높이 및 구조를 고려하여 분무가 적정하게 이루어질 수 있도록 배치할 것

   라. 물분무소화설비의 설치기준에 준할 것

Ⅲ. 표지 및 게시판

1. 옥외탱크저장소에는 별표 4 Ⅲ제1호의 기준에 따라 보기 쉬운 곳에 "위험물 옥외탱크저장소"라는 표시를 한 표지와 같은 표 Ⅲ제2호의 기준에 따라 방화에 관하여 필요한 사항을 게시한 게시판 및 같은 표 Ⅲ 제3호의 기준을 준용하여 해당 옥외탱크저장소가 금연구역임을 알리는 표지를 설치해야 한다.

2. 탱크의 군(群)에 있어서는 제1호의 표지 및 게시판을 그 의미 전달에 지장이 없는 범위 안에서 보기 쉬운 곳에 일괄하여 설치할 수 있다. 이 경우 게시판과 각 탱크가 대응될 수 있도록 하는 조치를 강구하여야 한다.

Ⅳ. 특정옥외저장탱크의 기초 및 지반

1. 옥외탱크저장소 중 그 저장 또는 취급하는 액체위험물의 최대수량이 100만L 이상의 것(이하 "특정옥외탱크저장소"라 한다)의 옥외저장탱크(이하 "특정옥외저장탱크"라 한다)의 기초 및 지반은 당해 기초 및 지반상에 설치하는 특정옥외저장탱크 및 그 부속설비의 자중, 저장하는 위험물의 중량 등의 하중(이하 "탱크하중"이라 한다)에 의하여 발생하는 응력에 대하여 안전한 것으로 하여야 한다.

2. 기초 및 지반은 다음 각 목에 정하는 기준에 적합하여야 한다.

   가. 지반은 암반의 단층, 절토 및 성토에 걸쳐 있는 등 활동(滑動)을 일으킬 우려가 있는 경우가 아닐 것

   나. 지반은 다음 1에 적합할 것

   1) 소방청장이 정하여 고시하는 범위 내에 있는 지반이 표준관입시험(標準貫入試驗) 및 평판재하시험(平板載荷試驗)에 의하여 각각 표준관입시험치가 20 이상 및 평판재하시험치[5mm 침하시에 있어서의 시험치(K30치)로 한다. 제4호에서 같다]가 1m³당 100MN 이상의 값일 것

   2) 소방청장이 정하여 고시하는 범위 내에 있는 지반이 다음의 기준에 적합할 것

   가) 탱크하중에 대한 지지력 계산에 있어서의 지지력 안전율 및 침하량 계산에 있어서의 계산침하량이 소방청장이 정하여 고시하는 값일 것

   나) 기초(소방청장이 정하여 고시하는 것에 한한다. 이하 이 호에서 같다)의 표면으로부터 3m 이내의 기초직하의 지반부분이 기초와 동등 이상의 견고성이 있고, 지표면으로부터의 깊이가 15m까지의 지질(기초의 표면으로부터 3m 이내의 기초직하의 지반부분을 제외한다)이 소방청장이 정하여 고시하는 것 외의 것일 것

   다) 점성토 지반은 압밀도 시험에서, 사질토 지반은 표준관입시험에서 각각 압밀하중에 대하여 압밀도가 90%[미소한 침하가 장기간 계속되는 경우에는 10일간(이하 이 호에서 "미소침하측정기간"이라 한다) 계속하여 측정한 침하량의 합의 1일당 평균침하량이 침하의 측정을 개시한 날부터 미소침하측정기간의 최종일까지의 총침하량의 0.3% 이하인 때에는 당해 지반에서의 압밀도가 90%인 것으로 본다] 이상 또는 표준관입시험치가 평균 15 이상의 값일 것

   3) 1) 또는 2)와 동등 이상의 견고함이 있을 것

   다. 지반이 바다, 하천, 호수와 늪 등에 접하고 있는 경우에는 활동에 관하여 소방청장이 정하여 고시하는 안전율이 있을 것

   라. 기초는 사질토 또는 이와 동등 이상의 견고성이 있는 것을 이용하여 소방청장이 정하여 고시하는 바에 따라 만드는 것으로서 평판재하시험의 평판재하시험치가 1m³당 100MN 이상의 값을 나타내는 것(이하 "성토"라 한다) 또는 이와 동등 이상의 견고함이 있는 것으로 할 것

   마. 기초(성토인 것에 한한다. 이하 바목에서 같다)는 그 윗면이 특정옥외저장탱크를 설치하는 장소의 지하수위와 2m 이상의 간격을 확보할 것

   바. 기초 또는 기초의 주위에는 소방청장이 정하여 고시하는 바에 따라 당해 기초를 보강하기 위한 조치를 강구할 것

3. 제1호 및 제2호에 규정하는 것 외에 기초 및 지반에 관하여 필요한 사항은 소방청장이 정하여 고시한다.

4. 특정옥외저장탱크의 기초 및 지반은 제2호 나목 1)의 규정에 의한 표준관입시험 및 평판재하시험, 동목 2) 다)의 규정에 의한 압밀도시험 또는 표준관입시험, 동호 라목의 규정에 의한 평판재하시험 및 그 밖에 소방청장이 정하여 고시하는 시험을 실시하였을 때 당해 시험과 관련되는 규정에 의한 기준에 적합하여야 한다.

V. 준특정옥외저장탱크의 기초 및 지반

1. 옥외탱크저장소 중 그 저장 또는 취급하는 액체위험물의 최대수량이 50만L 이상 100만L 미만의 것(이하 "준특정옥외탱크저장소"라 한다)의 옥외저장탱크(이하 "준특정옥외저장탱크"라 한다)의 기초 및 지반은 제2호 및 제3호에서 정하는 바에 따라 견고하게 하여야 한다.

2. 기초 및 지반은 탱크하중에 의하여 발생하는 응력에 대하여 안전한 것으로 하여야 한다.

3. 기초 및 지반은 다음의 각 목에 정하는 기준에 적합하여야 한다.

   가. 지반은 암반의 단층, 절토 및 성토에 걸쳐 있는 등 활동을 일으킬 우려가 없을 것

   나. 지반은 다음의 1에 적합할 것

      1) 소방청장이 정하여 고시하는 범위 내에 있는 지반이 암반 그 밖의 견고한 것일 것

      2) 소방청장이 정하여 고시하는 범위 내에 있는 지반이 다음의 기준에 적합할 것

         가) 당해 지반에 설치하는 준특정옥외저장탱크의 탱크하중에 대한 지지력 계산에 있어서의 지지력 안전율 및 침하량 계산에 있어서의 계산침하량이 소방청장이 정하여 고시하는 값일 것

         나) 소방청장이 정하여 고시하는 지질 외의 것일 것(기초가 소방청장이 정하여 고시하는 구조인 경우를 제외한다)

      3) 2)와 동등 이상의 견고함이 있을 것

   다. 지반이 바다, 하천, 호수와 늪 등에 접하고 있는 경우에는 활동에 관하여 소방청장이 정하여 고시하는 바에 따라 만들거나 이와 동등 이상의 견고함이 있는 것으로 할 것

   라. 기초는 사질토 또는 이와 동등 이상의 견고성이 있는 것을 이용하여 소방청장이 정하여 고시하는 바에 따라 만들거나 이와 동등 이상의 견고함이 있는 것으로 할 것

   마. 기초(사질토 또는 이와 동등 이상의 견고성이 있는 것을 이용하여 소방청장이 정하여 고시하는 바에 따라 만드는 것에 한한다)는 그 윗면이 준특정옥외저장탱크를 설치하는 장소의 지하수위와 2m 이상의 간격을 확보할 것

4. 제2호 및 제3호에 규정하는 것 외에 기초 및 지반에 관하여 필요한 사항은 소방청장이 정하여 고시한다.

VI. 옥외저장탱크의 외부구조 및 설비

1. 옥외저장탱크는 특정옥외저장탱크 및 준특정옥외저장탱크 외에는 두께 3.2mm 이상의 강철판 또는 소방청장이 정하여 고시하는 규격에 적합한 재료로, 특정옥외저장탱크 및 준특정옥외저장탱크는 Ⅶ 및 Ⅷ에 의하여 소방청장이 정하여 고시하는 규격에 적합한 강철판 또는 이와 동등 이상의 기계적 성질 및 용접성이 있는 재료로 틈이 없도록 제작하여야 하고, 압력탱크(최대상용압력이 대기압을 초과하는 탱크를 말한다) 외의 탱크는 충수시험, 압력탱크는 최대상용압력의 1.5배의 압력으로 10분간 실시하는 수압시험에서 각각 새거나 변형되지 아니하여야 한다.

2. 특정옥외저장탱크의 용접부는 소방청장이 정하여 고시하는 바에 따라 실시하는 방사선투과시험, 진공시험 등의 비파괴시험에 있어서 소방청장이 정하여 고시하는 기준에 적합한 것이어야 한다.

3. 특정옥외저장탱크 및 준특정옥외저장탱크외의 탱크는 다음 각 목에 정하는 바에 따라, 특정옥외저장탱크 및 준특정옥외저장탱크는 Ⅶ 및 Ⅷ의 규정에 의한 바에 따라 지진 및 풍압에 견딜 수 있는 구조로 하고 그 지주는 철근콘크리트조, 철골콘크리트조 그 밖에 이와 동등 이상의 내화성능이 있는 것이어야 한다.

   가. 지진동에 의한 관성력 또는 풍하중에 대한 응력이 옥외저장탱크의 옆판 또는 지주의 특정한 점에 집중하지 아니하도록 당해 탱크를 견고한 기초 및 지반 위에 고정할 것

   나. 가목의 지진동에 의한 관성력 및 풍하중의 계산방법은 소방청장이 정하여 고시하는 바에 의할 것

4. 옥외저장탱크는 위험물의 폭발 등에 의하여 탱크 내의 압력이 비정상적으로 상승하는 경우에 내부의 가스 또는 증기를 상부로 방출할 수 있는 구조로 하여야 한다.

5. 옥외저장탱크의 외면에는 녹을 방지하기 위한 도장을 하여야 한다. 다만, 탱크의 재질이 부식의 우려가 없는 스테인레스 강판 등인 경우에는 그러하지 아니하다.

6. 옥외저장탱크의 밑판[에뉼러판(특정옥외저장탱크의 옆판의 최하단 두께가 15mm를 초과하는 경우, 내경이 30m를 초과하는 경우 또는 옆판을 고장력강으로 사용하는 경우에 옆판의 직하에 설치하여야 하는 판을 말한다. 이하 같다)을 설치하는 특정옥외저장탱크에 있어서는 에뉼러판을 포함한다. 이하 이 호에서 같다]을 지반면에 접하게 설치하는 경우에는 다음 각 목의 1의 기준에 따라 밑판 외면의 부식을 방지하기 위한 조치를 강구하여야 한다.
   가. 탱크의 밑판 아래에 밑판의 부식을 유효하게 방지할 수 있도록 아스팔트샌드 등의 방식재료를 댈 것
   나. 탱크의 밑판에 전기방식의 조치를 강구할 것
   다. 가목 또는 나목의 규정에 의한 것과 동등 이상으로 밑판의 부식을 방지할 수 있는 조치를 강구할 것
7. 옥외저장탱크 중 압력탱크(최대상용압력이 부압 또는 정압 5kPa을 초과하는 탱크를 말한다) 외의 탱크(제4류 위험물의 옥외저장탱크에 한한다)에 있어서는 밸브없는 통기관 또는 대기밸브부착 통기관을 다음 각 목에 정하는 바에 의하여 설치하여야 하고, 압력탱크에 있어서는 별표 4 Ⅷ 제4호의 규정에 의한 안전장치를 설치하여야 한다.
   가. 밸브 없는 통기관
      1) 직경은 30mm 이상일 것
      2) 선단은 수평면보다 45도 이상 구부려 빗물 등의 침투를 막는 구조로 할 것
      3) 가는 눈의 구리망 등으로 인화방지장치를 할 것. 다만, 인화점 70℃ 이상의 위험물만을 해당 위험물의 인화점 미만의 온도로 저장 또는 취급하는 탱크에 설치하는 통기관에 있어서는 그러하지 아니하다.
      4) 가연성의 증기를 회수하기 위한 밸브를 통기관에 설치하는 경우에 있어서는 당해 통기관의 밸브는 저장탱크에 위험물을 주입하는 경우를 제외하고는 항상 개방되어 있는 구조로 하는 한편, 폐쇄하였을 경우에 있어서는 10kPa 이하의 압력에서 개방되는 구조로 할 것. 이 경우 개방된 부분의 유효단면적은 777.15mm² 이상이어야 한다.
   나. 대기밸브부착 통기관
      1) 5kPa 이하의 압력차이로 작동할 수 있을 것
      2) 가목 3)의 기준에 적합할 것
8. 액체위험물의 옥외저장탱크에는 위험물의 양을 자동적으로 표시할 수 있도록 기밀부유식 계량장치, 증기가 비산하지 아니하는 구조의 부유식 계량장치, 전기압력자동방식이나 방사성동위원소를 이용한 방식에 의한 자동계량장치 또는 유리게이지(금속관으로 보호된 경질유리 등으로 되어 있고 게이지가 파손되었을 때 위험물의 유출을 자동적으로 정지할 수 있는 장치가 되어 있는 것에 한한다)를 설치하여야 한다.
9. 액체위험물의 옥외저장탱크의 주입구는 다음 각 목의 기준에 의하여야 한다.
   가. 화재예방상 지장이 없는 장소에 설치할 것
   나. 주입호스 또는 주입관과 결합할 수 있고, 결합하였을 때 위험물이 새지 아니할 것
   다. 주입구에는 밸브 또는 뚜껑을 설치할 것
   라. 휘발유, 벤젠 그 밖에 정전기에 의한 재해가 발생할 우려가 있는 액체위험물의 옥외저장탱크의 주입구 부근에는 정전기를 유효하게 제거하기 위한 접지전극을 설치할 것
   마. 인화점이 21℃ 미만인 위험물의 옥외저장탱크의 주입구에는 보기 쉬운 곳에 다음의 기준에 의한 게시판을 설치할 것. 다만, 소방본부장 또는 소방서장이 화재예방상 당해 게시판을 설치할 필요가 없다고 인정하는 경우에는 그러하지 아니하다.
      1) 게시판은 한 변이 0.3m 이상, 다른 한 변이 0.6m 이상인 직사각형으로 할 것
      2) 게시판에는 "옥외저장탱크 주입구"라고 표시하는 것 외에 취급하는 위험물의 유별, 품명 및 별표 4 Ⅲ 제2호 라목의 규정에 준하여 주의사항을 표시할 것
      3) 게시판은 백색바탕에 흑색문자(별표 4 Ⅲ 제2호 라목의 주의사항은 적색문자)로 할 것
   바. 주입구 주위에는 새어나온 기름 등 액체가 외부로 유출되지 아니하도록 방유턱을 설치하거나 집유설비 등의 장치를 설치할 것

10. 옥외저장탱크의 펌프설비(펌프 및 이에 부속하는 전동기를 말하며, 당해 펌프 및 전동기를 위한 건축물 그 밖의 공작물을 설치하는 경우에는 당해 공작물을 포함한다. 이하 같다)는 다음 각 목에 의하여야 한다.

가. 펌프설비의 주위에는 너비 3m 이상의 공지를 보유할 것. 다만, 방화상 유효한 격벽을 설치하는 경우와 제6류 위험물 또는 지정수량의 10배 이하 위험물의 옥외저장탱크의 펌프설비에 있어서는 그러하지 아니하다.

나. 펌프설비로부터 옥외저장탱크까지의 사이에는 당해 옥외저장탱크의 보유공지 너비의 3분의 1 이상의 거리를 유지할 것

다. 펌프설비는 견고한 기초 위에 고정할 것

라. 펌프 및 이에 부속하는 전동기를 위한 건축물 그 밖의 공작물(이하 "펌프실"이라 한다)의 벽·기둥·바닥 및 보는 불연재료로 할 것

마. 펌프실의 지붕을 폭발력이 위로 방출될 정도의 가벼운 불연재료로 할 것

바. 펌프실의 창 및 출입구에는 60분+ 방화문·60분방화문 또는 30분방화문을 설치할 것

사. 펌프실의 창 및 출입구에 유리를 이용하는 경우에는 망입유리로 할 것

아. 펌프실의 바닥의 주위에는 높이 0.2m 이상의 턱을 만들고 바닥은 콘크리트 등 위험물이 스며들지 아니하는 재료로 적당히 경사지게 하여 그 최저부에는 집유설비를 설치할 것

자. 펌프실에는 위험물을 취급하는 데 필요한 채광, 조명 및 환기의 설비를 설치할 것

차. 가연성 증기가 체류할 우려가 있는 펌프실에는 그 증기를 옥외의 높은 곳으로 배출하는 설비를 설치할 것

카. 펌프실 외의 장소에 설치하는 펌프설비에는 그 직하의 지반면의 주위에 높이 0.15m 이상의 턱을 만들고 당해 지반면은 콘크리트 등 위험물이 스며들지 아니하는 재료로 적당히 경사지게 하여 그 최저부에는 집유설비를 할 것. 이 경우 제4류 위험물(온도 20℃의 물 100g에 용해되는 양이 1g 미만인 것에 한한다)을 취급하는 펌프설비에 있어서는 당해 위험물이 직접 배수구에 유입하지 아니하도록 집유설비에 유분리장치를 설치하여야 한다.

타. 인화점이 21℃ 미만인 위험물을 취급하는 펌프설비에는 보기 쉬운 곳에 제9호 마목의 규정에 준하여 "옥외저장탱크 펌프설비"라는 표시를 한 게시판과 방화에 관하여 필요한 사항을 게시한 게시판을 설치할 것. 다만, 소방본부장 또는 소방서장이 화재예방상 당해 게시판을 설치할 필요가 없다고 인정하는 경우에는 그러하지 아니하다.

11. 옥외저장탱크의 밸브는 주강 또는 이와 동등 이상의 기계적 성질이 있는 재료로 되어 있고, 위험물이 새지 아니하여야 한다.

12. 옥외저장탱크의 배수관은 탱크의 옆판에 설치하여야 한다. 다만, 탱크와 배수관과의 결합부분이 지진 등에 의하여 손상을 받을 우려가 없는 방법으로 배수관을 설치하는 경우에는 탱크의 밑판에 설치할 수 있다.

13. 부상지붕이 있는 옥외저장탱크의 옆판 또는 부상지붕에 설치하는 설비는 지진 등에 의하여 부상지붕 또는 옆판에 손상을 주지 아니하게 설치하여야 한다. 다만, 당해 옥외저장탱크에 저장하는 위험물의 안전관리에 필요한 가동(可動)사다리, 회전방지기구, 검척관(檢尺管), 샘플링(sampling)설비 및 이에 부속하는 설비에 있어서는 그러하지 아니하다.

14. 옥외저장탱크의 배관의 위치·구조 및 설비는 제15호의 규정에 의한 것 외에 별표 4 X의 규정에 의한 제조소의 배관의 기준을 준용하여야 한다.

15. 액체위험물을 이송하기 위한 옥외저장탱크의 배관은 지진 등에 의하여 당해 배관과 탱크와의 결합부분에 손상을 주지 아니하게 설치하여야 한다.

16. 옥외저장탱크에 설치하는 전기설비는 「전기사업법」에 의한 전기설비기술기준에 의하여야 한다.

17. 지정수량의 10배 이상인 옥외탱크저장소(제6류 위험물의 옥외탱크저장소를 제외한다)에는 별표 4 Ⅷ 제7호의 규정에 준하여 피뢰침을 설치하여야 한다. 다만, 탱크에 저항이 5Ω 이하인 접지시설을 설치하거나 인근 피뢰설비의 보호범위 내에 들어가는 등 주위의 상황에 따라 안전상 지장이 없는 경우에는 피뢰침을 설치하지 아니할 수 있다.

18. 액체위험물의 옥외저장탱크의 주위에는 Ⅸ의 기준에 따라 위험물이 새었을 경우에 그 유출을 방지하기 위한 방유제를 설치하여야 한다.

19. 제3류 위험물 중 금수성물질(고체에 한한다)의 옥외저장탱크에는 방수성의 불연재료로 만든 피복설비를 설치하여야 한다.

20. 이황화탄소의 옥외저장탱크는 벽 및 바닥의 두께가 0.2m 이상이고 누수가 되지 아니하는 철근콘크리트의 수조에 넣어 보관하여야 한다. 이 경우 보유공지·통기관 및 자동계량장치는 생략할 수 있다.

21. 옥외저장탱크에 부착되는 부속설비(교반기, 밸브, 폼챔버, 화염방지장치, 통기관대기밸브, 비상압력배출장치를 말한다)는 기술원 또는 소방청장이 정하여 고시하는 국내·외 공인시험기관에서 시험 또는 인증받은 제품을 사용하여야 한다.

VII. 특정옥외저장탱크의 구조

1. 특정옥외저장탱크는 주하중(탱크하중, 탱크와 관련되는 내압, 온도변화의 영향 등에 의한 것을 말한다. 이하 같다) 및 종하중(적설하중, 풍하중, 지진의 영향 등에 의한 것을 말한다. 이하 같다)에 의하여 발생하는 응력 및 변형에 대하여 안전한 것으로 하여야 한다.

2. 특정옥외저장탱크의 구조는 다음 각 목에 정하는 기준에 적합하여야 한다.

   가. 주하중과 주하중 및 종하중의 조합에 의하여 특정옥외저장탱크의 본체에 발생하는 응력은 소방청장이 정하여 고시하는 허용응력 이하일 것

   나. 특정옥외저장탱크의 보유수평내력(保有水平耐力)은 지진의 영향에 의한 필요보유수평내력(必要保有水平耐力) 이상일 것. 이 경우에 있어서의 보유수평내력 및 필요보수수평내력의 계산방법은 소방청장이 정하여 고시한다.

   다. 옆판, 밑판 및 지붕의 최소두께와 에뉼러판의 너비(옆판 외면에서 바깥으로 연장하는 최소길이, 옆판내면에서 탱크중심부로 연장하는 최소길이를 말한다) 및 최소두께는 소방청장이 정하여 고시하는 기준에 적합할 것

3. 특정옥외저장탱크의 용접(겹침보수 및 육성보수와 관련되는 것을 제외한다)방법은 다음 각 목에 정하는 바에 의한다. 이러한 용접방법은 소방청장이 정하여 고시하는 용접시공방법확인시험의 방법 및 기준에 적합한 것이거나 이와 동등 이상의 것임이 미리 확인되어 있어야 한다.

   가. 옆판의 용접은 다음에 의할 것

   1) 세로이음 및 가로이음은 완전용입 맞대기용접으로 할 것

   2) 옆판의 세로이음은 단을 달리하는 옆판의 각각의 세로이음과 동일선상에 위치하지 아니하도록 할 것. 이 경우 당해 세로이음간의 간격은 서로 접하는 옆판중 두꺼운 쪽 옆판의 5배 이상으로 하여야 한다.

   나. 옆판과 에뉼러판(에뉼러판이 없는 경우에는 밑판)과의 용접은 부분용입그룹용접 또는 이와 동등 이상의 용접강도가 있는 용접방법으로 용접할 것. 이 경우에 있어서 용접 비드(bead)는 매끄러운 형상을 가져야 한다.

   다. 에뉼러판과 에뉼러판은 뒷면에 재료를 댄 맞대기용접으로 하고, 에뉼러판과 밑판 및 밑판과 밑판의 용접은 뒷면에 재료를 댄 맞대기용접 또는 겹치기용접으로 용접할 것

   이 경우에 에뉼러판과 밑판의 용접부의 강도 및 밑판과 밑판의 용접부의 강도에 유해한 영향을 주는 흠이 있어서는 아니된다.

   라. 필렛용접의 사이즈(부등사이즈가 되는 경우에는 작은 쪽의 사이즈를 말한다)는 다음 식에 의하여 구한 값으로 할 것

$$t_1 \geqq S \geqq \sqrt{2t_2} \quad (단, \ S \geqq 4.5)$$

t_1: 얇은 쪽의 강판의 두께(mm)

t_2: 두꺼운 쪽의 강판의 두께(mm)

S: 사이즈(mm)

4. 제1호 내지 제3호의 규정하는 것 외의 특정옥외저장탱크의 구조에 관하여 필요한 사항은 소방청장이 정하여 고시한다.

Ⅷ. 준특정옥외저장탱크의 구조

1. 준특정옥외저장탱크는 주하중 및 종하중에 의하여 발생하는 응력 및 변형에 대하여 안전한 것으로 하여야 한다.

2. 준특정옥외저장탱크의 구조는 다음 각 목에 정하는 기준에 적합하여야 한다.

    가. 두께가 3.2mm 이상일 것

    나. 준특정옥외저장탱크의 옆판에 발생하는 상시의 원주방향인장응력은 소방청장이 정하여 고시하는 허용응력 이하일 것

    다. 준특정옥외저장탱크의 옆판에 발생하는 지진시의 축방향압축응력은 소방청장이 정하여 고시하는 허용응력 이하일 것

3. 준특정옥외저장탱크의 보유수평내력은 지진의 영향에 의한 필요보유수평내력 이상이어야 한다. 이 경우에 있어서의 보유수평내력 및 필요보수수평내력의 계산방법은 소방청장이 정하여 고시한다.

4. 제2호 및 제3호에 규정하는 것 외의 준특정옥외저장탱크의 구조에 관하여 필요한 사항은 소방청장이 정하여 고시한다.

Ⅸ. 방유제

1. 제3류, 제4류 및 제5류 위험물 중 인화성이 있는 액체(이황화탄소를 제외한다)의 옥외탱크저장소의 탱크 주위에는 다음 각 목의 기준에 의하여 방유제를 설치하여야 한다.

    가. 방유제의 용량은 방유제 안에 설치된 탱크가 하나인 때에는 그 탱크 용량의 110% 이상, 2기 이상인 때에는 그 탱크 중 용량이 최대인 것의 용량의 110% 이상으로 할 것. 이 경우 방유제의 용량은 당해 방유제의 내용적에서 용량이 최대인 탱크 외의 탱크의 방유제 높이 이하 부분의 용적, 당해 방유제 내에 있는 모든 탱크의 지반면 이상 부분의 기초의 체적, 간막이 둑의 체적 및 당해 방유제 내에 있는 배관 등의 체적을 뺀 것으로 한다.

    나. 방유제는 높이 0.5m 이상 3m 이하, 두께 0.2m 이상, 지하매설깊이 1m 이상으로 할 것. 다만, 방유제와 옥외저장탱크 사이의 지반면 아래에 불침윤성(不浸潤性) 구조물을 설치하는 경우에는 지하매설깊이를 해당 불침윤성 구조물까지로 할 수 있다.

    다. 방유제 내의 면적은 8만m² 이하로 할 것

    라. 방유제 내의 설치하는 옥외저장탱크의 수는 10(방유제 내에 설치하는 모든 옥외저장탱크의 용량이 20만L 이하이고, 당해 옥외저장탱크에 저장 또는 취급하는 위험물의 인화점이 70℃ 이상 200℃ 미만인 경우에는 20) 이하로 할 것. 다만, 인화점이 200℃ 이상인 위험물을 저장 또는 취급하는 옥외저장탱크에 있어서는 그러하지 아니하다.

    마. 방유제 외면의 2분의 1 이상은 자동차 등이 통행할 수 있는 3m 이상의 노면폭을 확보한 구내도로(옥외저장탱크가 있는 부지 내의 도로를 말한다. 이하 같다)에 직접 접하도록 할 것. 다만, 방유제 내에 설치하는 옥외저장탱크의 용량합계가 20만L 이하인 경우에는 소화활동에 지장이 없다고 인정되는 3m 이상의 노면폭을 확보한 도로 또는 공지에 접하는 것으로 할 수 있다.

    바. 방유제는 옥외저장탱크의 지름에 따라 그 탱크의 옆판으로부터 다음에 정하는 거리를 유지할 것. 다만, 인화점이 200℃ 이상인 위험물을 저장 또는 취급하는 것에 있어서는 그러하지 아니하다.

    1) 지름이 15m 미만인 경우에는 탱크 높이의 3분의 1 이상

    2) 지름이 15m 이상인 경우에는 탱크 높이의 2분의 1 이상

    사. 방유제는 철근콘크리트로 하고, 방유제와 옥외저장탱크 사이의 지표면은 불연성과 불침윤성이 있는 구조(철근콘크리트 등)로 할 것. 다만, 누출된 위험물을 수용할 수 있는 전용유조(專用油槽) 및 펌프 등의 설비를 갖춘 경우에는 방유제와 옥외저장탱크 사이의 지표면을 흙으로 할 수 있다.

    아. 용량이 1,000만L 이상인 옥외저장탱크의 주위에 설치하는 방유제에는 다음의 규정에 따라 당해 탱크마다 간막이 둑을 설치할 것

    1) 간막이 둑의 높이는 0.3m(방유제 내에 설치되는 옥외저장탱크의 용량의 합계가 2억L를 넘는 방유제에 있어서는 1m) 이상으로 하되, 방유제의 높이보다 0.2m 이상 낮게 할 것

    2) 간막이 둑은 흙 또는 철근콘크리트로 할 것

    3) 간막이 둑의 용량은 간막이 둑 안에 설치된 탱크이 용량의 10% 이상일 것

자. 방유제 내에는 당해 방유제 내에 설치하는 옥외저장탱크를 위한 배관(당해 옥외저장탱크의 소화설비를 위한 배관을 포함한다), 조명설비 및 계기시스템과 이들에 부속하는 설비 그 밖의 안전확보에 지장이 없는 부속설비 외에는 다른 설비를 설치하지 아니할 것

차. 방유제 또는 간막이 둑에는 해당 방유제를 관통하는 배관을 설치하지 아니할 것. 다만, 방유제 또는 간막이 둑에 손상을 주지 아니하도록 하는 조치를 강구하는 경우에는 그러하지 아니하다. 다만, 위험물을 이송하는 배관의 경우에는 배관이 관통하는 지점의 좌우방향으로 각 1m 이상까지의 방유제 또는 간막이 둑의 외면에 두께 0.1m 이상, 지하매설깊이 0.1m 이상의 구조물을 설치하여 방유제 또는 간막이 둑을 이중구조로 하고, 그 사이에 토사를 채운 후, 관통하는 부분을 완충재 등으로 마감하는 방식으로 설치할 수 있다.

카. 방유제에는 그 내부에 고인 물을 외부로 배출하기 위한 배수구를 설치하고 이를 개폐하는 밸브 등을 방유제의 외부에 설치할 것

타. 용량이 100만L 이상인 위험물을 저장하는 옥외저장탱크에 있어서는 카목의 밸브 등에 그 개폐상황을 쉽게 확인할 수 있는 장치를 설치할 것

파. 높이가 1m를 넘는 방유제 및 간막이 둑의 안팎에는 방유제 내에 출입하기 위한 계단 또는 경사로를 약 50m마다 설치할 것

하. 용량이 50만L 이상인 옥외탱크저장소가 해안 또는 강변에 설치되어 방유제 외부로 누출된 위험물이 바다 또는 강으로 유입될 우려가 있는 경우에는 해당 옥외탱크저장소가 설치된 부지 내에 전용유조(專用油槽) 등 누출위험물 수용설비를 설치할 것

2. 제1호 가목·나목·사목 내지 파목의 규정은 인화성이 없는 액체위험물의 옥외저장탱크의 주위에 설치하는 방유제의 기술기준에 대하여 준용한다. 이 경우에 있어서 제1호 가목 중 "110%"는 "100%"로 본다.

3. 그 밖에 방유제의 기술기준에 관하여 필요한 사항은 소방청장이 정하여 고시한다.

별표 11 옥외저장소의 위치·구조 및 설비의 기준(제35조 관련)

<개정 2009.3.17.>

Ⅰ. 옥외저장소의 기준

1. 옥외저장소 중 위험물을 용기에 수납하여 저장 또는 취급하는 것의 위치·구조 및 설비의 기술 기준은 다음 각 목과 같다.

가. 옥외저장소는 별표 4 Ⅰ의 규정에 준하여 안전거리를 둘 것

나. 옥외저장소는 습기가 없고 배수가 잘 되는 장소에 설치할 것

다. 위험물을 저장 또는 취급하는 장소의 주위에는 경계표시(울타리의 기능이 있는 것에 한한다. 이와 같다)를 하여 명확하게 구분할 것

라. 다목의 경계표시의 주위에는 그 저장 또는 취급하는 위험물의 최대수량에 따라 다음 표에 의한 너비의 공지를 보유할 것. 다만, 제4류 위험물 중 제4석유류와 제6류 위험물을 저장 또는 취급하는 옥외저장소의 보유공지는 다음 표에 의한 공지의 너비의 3분의 1 이상의 너비로 할 수 있다.

저장 또는 취급하는 위험물의 최대수량	공지의 너비
지정수량의 10배 이하	3m 이상
지정수량의 10배 초과 20배 이하	5m 이상
지정수량의 20배 초과 50배 이하	9m 이상
지정수량의 50배 초과 200배 이하	12m 이상
지정수량의 200배 초과	15m 이상

마. 옥외저장소에는 별표 4 Ⅲ제1호의 기준에 따라 보기 쉬운 곳에 "위험물 옥외저장소"라는 표시를 한 표지와 같은 표 Ⅲ제2호의 기준에 따라 방화에 관하여 필요한 사항을 게시한 게시판 및 같은 표 Ⅲ 제3호의 기준을 준용하여 해당 옥외저장소가 금연구역임을 알리는 표지를 설치해야 한다.

바. 옥외저장소에 선반을 설치하는 경우에는 다음의 기준에 의할 것

   1) 선반은 불연재료로 만들고 견고한 지반면에 고정할 것

   2) 선반은 당해 선반 및 그 부속설비의 자중·저장하는 위험물의 중량·풍하중·지진의 영향 등에 의하여 생기는 응력에 대하여 안전할 것

   3) 선반의 높이는 6m를 초과하지 아니할 것

   4) 선반에는 위험물을 수납한 용기가 쉽게 낙하하지 아니하는 조치를 강구할 것

사. 과산화수소 또는 과염소산을 저장하는 옥외저장소에는 불연성 또는 난연성의 천막 등을 설치하여 햇빛을 가릴 것

아. 눈·비 등을 피하거나 차광 등을 위하여 옥외저장소에 캐노피 또는 지붕을 설치하는 경우에는 환기 및 소화활동에 지장을 주지 아니하는 구조로 할 것. 이 경우 기둥은 내화구조로 하고, 캐노피 또는 지붕을 불연재료로 하며, 벽을 설치하지 아니하여야 한다.

2. 옥외저장소 중 덩어리 상태의 황만을 지반면에 설치한 경계표시의 안쪽에서 저장 또는 취급하는 것(제1호에 정하는 것을 제외한다)의 위치·구조 및 설비의 기술기준은 제1호 각 목의 기준 및 다음 각 목과 같다.

가. 하나의 경계표시의 내무의 면적은 100m² 이하일 것

나. 2 이상의 경계표시를 설치하는 경우에 있어서는 각각의 경계표시 내부의 면적을 합산한 면적은 1,000m² 이하로 하고, 인접하는 경계표시와 경계표시와의 간격을 제1호 라목의 규정에 의한 공지의 너비의 2분의 1 이상으로 할 것. 다만, 저장 또는 취급하는 위험물의 최대수량이 지정수량의 200배 이상인 경우에는 10m 이상으로 하여야 한다.

다. 경계표시는 불연재료로 만드는 동시에 황이 새지 아니하는 구조로 할 것

라. 경계표시의 높이는 1.5m 이하로 할 것

마. 경계표시에는 황이 넘치거나 비산하는 것을 방지하기 위한 천막 등을 고정하는 장치를 설치하되, 천막 등을 고정하는 장치는 경계표시의 길이 2m마다 한 개 이상 설치할 것

바. 황을 저장 또는 취급하는 장소의 주위에는 배수구와 분리장치를 설치할 것

Ⅱ. 고인화점 위험물의 옥외저장소의 특례

1. 고인화점 위험물만을 저장 또는 취급하는 옥외저장소 중 그 위치가 다음 각 목에 정하는 기준에 적합한 것에 대하여는 Ⅰ 제1호 가목 및 라목의 규정을 적용하지 아니한다.

가. 옥외저장소는 별표 4 Ⅺ 제1호의 규정에 준하여 안전거리를 둘 것

나. Ⅰ 제1호 다목의 경계표시의 주위에는 다음 표에 정하는 너비의 공지를 보유할 것

저장 또는 취급하는 위험물의 최대수량	공지의 너비
지정수량의 50배 이하	3m 이상
지정수량의 50배 초과 200배 이하	6m 이상
지정수량의 200배 초과	10m 이상

Ⅲ. 인화성고체, 제1석유류 또는 알코올류의 옥외저장소의 특례

제2류 위험물 중 인화성고체(인화점이 21℃ 미만인 것에 한한다. 이하 Ⅲ에서 같다) 또는 제4류 위험물 중 제1석유류 또는 알코올류를 저장 또는 취급하는 옥외저장소에 있어서는 Ⅰ제1호의 규정에 의한 기준에 의하는 외에 당해 위험물의 성질에 따라 다음 각 호에 정하는 기준에 의한다.

1. 인화성고체, 제1석유류 또는 알코올류를 저장 또는 취급하는 장소에는 당해 위험물을 적당한 온도로 유지하기 위한 살수설비 등을 설치하여야 한다.

2. 제1석유류 또는 알코올류를 저장 또는 취급하는 장소의 주위에는 배수구 및 집유설비를 설치하여야 한다. 이 경우 제1 석유류(온도 20℃의 물 100g에 용해되는 양이 1g 미만인 것에 한한다)를 저장 또는 취급하는 장소에 있어서는 집유설 비에 유분리장치를 설치하여야 한다.

IV. 수출입 하역장소의 옥외저장소의 특례

「관세법」 제154조에 따른 보세구역, 「항만법」 제2조 제1호에 따른 항만 또는 같은 조 제7호에 따른 항만배후단지 내에서 수출입을 위한 위험물을 저장 또는 취급하는 옥외저장소 중 Ⅰ제1호(라목은 제외한다)의 규정에 적합한 것은 다음 표에 정하는 너비의 공지(空地)를 보유할 수 있다.

저장 또는 취급하는 위험물의 최대수량	공지의 너비
지정수량의 50배 이하	3m 이상
지정수량의 50배 초과 200배 이하	4m 이상
지정수량의 200배 초과	5m 이상

별표 13 주유취급소의 위치·구조 및 설비의 기준(제37조 관련)

<개정 2017.7.26.>

Ⅰ. 주유공지 및 급유공지

1. 주유취급소의 고정주유설비(펌프기기 및 호스기기로 되어 위험물을 자동차 등에 직접 주유하기 위한 설비로서 현수식 의 것을 포함한다. 이하 같다)의 주위에는 주유를 받으려는 자동차 등이 출입할 수 있도록 너비 15m 이상, 길이 6m 이상의 콘크리트 등으로 포장한 공지(이하 "주유공지"라 한다)를 보유하여야 하고, 고정급유설비(펌프기기 및 호스기 기로 되어 위험물을 용기에 옮겨 담거나 이동저장탱크에 주입하기 위한 설비로서 현수식의 것을 포함한다. 이하 같다) 를 설치하는 경우에는 고정급유설비의 호스기기의 주위에 필요한 공지(이하 "급유공지"라 한다)를 보유하여야 한다.
2. 제1호의 규정에 의한 공지의 바닥은 주위 지면보다 높게 하고, 그 표면을 적당하게 경사지게 하여 새어나온 기름 그 밖의 액체가 공지의 외부로 유출되지 아니하도록 배수구·집유설비 및 유분리장치를 하여야 한다.

Ⅱ. 표지 및 게시판

주유취급소에는 별표 4 Ⅲ제1호의 기준에 준하여 보기 쉬운 곳에 "위험물 주유취급소"라는 표시를 한 표지, 같은 표 Ⅲ제 2호의 기준에 준하여 방화에 관하여 필요한 사항을 게시한 게시판 및 황색바탕에 흑색문자로 "주유중엔진정지"라는 표 시를 한 게시판 및 같은 표 Ⅲ 제3호의 기준을 준용하여 해당 주유취급소가 금연구역임을 알리는 표지를 설치해야 한다.

Ⅲ. 탱크

1. 주유취급소에는 다음 각 목의 탱크 외에는 위험물을 저장 또는 취급하는 탱크를 설치할 수 없다. 다만, 별표 10 Ⅰ의 규정에 의한 이동탱크저장소의 상치장소를 주유공지 또는 급유공지 외의 장소에 확보하여 이동탱크저장소(당해주유 취급소의 위험물의 저장 또는 취급에 관계된 것에 한한다)를 설치하는 경우에는 그러하지 아니하다.
   가. 자동차 등에 주유하기 위한 고정주유설비에 직접 접속하는 전용탱크로서 50,000L 이하의 것
   나. 고정급유설비에 직접 접속하는 전용탱크로서 50,000L 이하의 것
   다. 보일러 등에 직접 접속하는 전용탱크로서 10,000L 이하의 것

라. 자동차 등을 점검·정비하는 작업장 등(주유취급소안에 설치된 것에 한한다)에서 사용하는 폐유·윤활유 등의 위험물을 저장하는 탱크로서 용량(2 이상 설치하는 경우에는 각 용량의 합계를 말한다)이 2,000L 이하인 탱크(이하 "폐유탱크등"이라 한다)

마. 고정주유설비 또는 고정급유설비에 직접 접속하는 3기 이하의 간이탱크. 다만, 「국토의 계획 및 이용에 관한 법률」에 의한 방화지구 안에 위치하는 주유취급소의 경우를 제외한다.

2. 제1호 가목 내지 라목의 규정에 의한 탱크(다목 및 라목의 규정에 의한 탱크는 용량이 1,000L를 초과하는 것에 한한다)는 옥외의 지하 또는 캐노피 아래의 지하(캐노피 기둥의 하부를 제외한다)에 매설하여야 한다.

3. 제 I 호의 규정에 의하여 설치하는 전용탱크·폐유탱크등 또는 간이탱크의 위치·구조 및 설비의 기준은 다음 각 목과 같다.

가. 지하에 매설하는 전용탱크 또는 폐유탱크등의 위치·구조 및 설비는 별표 8 I [제5호·제10호(게시판에 관한 부분에 한한다)·제11호(액중펌프설비에 관한 부분을 제외한다)·제14호 및 용량 10,000L를 넘는 탱크를 설치하는 경우에 있어서는 제1호 단서를 제외한다]·별표 8 II[별표 8 I 제5호·제10호(게시판에 관한 부분에 한한다)·제11호(액중펌프설비에 관한 부분을 제외한다)·제14호를 제외한다] 또는 별표 8 III[별표 8 I 제5호·제10호(게시판에 관한 부분에 한한다)·제11호(액중펌프설비에 관한 부분을 제외한다)·제14호를 제외한다]의 규정에 의한 지하저장탱크의 위치·구조 및 설비의 기준을 준용할 것

나. 지하에 매설하지 아니하는 폐유탱크등의 위치·구조 및 설비는 별표 7 I (제1호 다목을 제외한다)의 규정에 의한 옥내저장탱크의 위치·구조·설비 또는 시·도의 조례에 정하는 지정수량 미만인 탱크의 위치·구조 및 설비의 기준을 준용할 것

다. 간이탱크의 구조 및 설비는 별표 9 제4호 내지 제8호의 규정에 의한 간이저장탱크의 구조 및 설비의 기준을 준용하되, 자동차 등과 충돌할 우려가 없도록 설치할 것

IV. 고정주유설비 등

1. 주유취급소에는 자동차 등의 연료탱크에 직접 주유하기 위한 고정주유설비를 설치하여야 한다.

2. 주유취급소의 고정주유설비 또는 고정급유설비는 III 제1호 가목·나목 또는 마목의 규정에 의한 탱크 중 하나의 탱크만으로부터 위험물을 공급받을 수 있도록 하고, 다음 각 목의 기준에 적합한 구조로 하여야 한다.

가. 펌프기기는 주유관 선단에서의 최대토출량이 제1석유류의 경우에는 분당 50L 이하, 경유의 경우에는 분당 180L 이하, 등유의 경우에는 분당 80L 이하인 것으로 할 것. 다만, 이동저장탱크에 주입하기 위한 고정급유설비의 펌프기기는 최대토출량이 분당 300L 이하인 것으로 할 수 있으며, 분당 토출량이 200L 이상인 것의 경우에는 주유설비에 관계된 모든 배관의 안지름을 40mm 이상으로 하여야 한다.

나. 이동저장탱크의 상부를 통하여 주입하는 고정급유설비의 주유관에는 당해 탱크의 밑부분에 달하는 주입관을 설치하고, 그 토출량이 분당 80L를 초과하는 것은 이동저장탱크에 주입하는 용도로만 사용할 것

다. 고정주유설비 또는 고정급유설비는 난연성 재료로 만들어진 외장을 설치할 것. 다만, IX의 규정에 의한 기준에 적합한 펌프실에 설치하는 펌프기기 또는 액중펌프에 있어서는 그러하지 아니하다.

라. 고정주유설비 또는 고정급유설비의 본체 또는 노즐 손잡이에 주유작업자의 인체에 축적되는 정전기를 유효하게 제거할 수 있는 장치를 설치할 것

3. 고정주유설비 또는 고정급유설비의 주유관의 길이(선단의 개폐밸브를 포함한다)는 5m(현수식의 경우에는 지면 위 0.5m의 수평면에 수직으로 내려 만나는 점을 중심으로 반경 3m) 이내로 하고 그 선단에는 축적된 정전기를 유효하게 제거할 수 있는 장치를 설치하여야 한다.

4. 고정주유설비 또는 고정급유설비는 다음 각 목의 기준에 적합한 위치에 설치하여야 한다.

가. 고정주유설비의 중심선을 기점으로 하여 도로경계선까지 4m 이상, 부지경계선·담 및 건축물의 벽까지 2m(개구부가 없는 벽까지는 1m) 이상의 거리를 유지하고, 고정급유설비의 중심선을 기점으로 하여 도로경계선까지 4m 이상, 부지경계선 및 담까지 1m 이상, 건축물의 벽까지 2m(개구부가 없는 벽까지는 1m) 이상의 거리를 유지할 것

나. 고정주유설비와 고정급유설비의 사이에는 4m 이상의 거리를 유지할 것

V. 건축물 등의 제한 등

1. 주유취급소에는 주유 또는 그에 부대하는 업무를 위하여 사용되는 다음 각 목의 건축물 또는 시설 외에는 다른 건축물 그 밖의 공작물을 설치할 수 없다.

  가. 주유 또는 등유·경유를 옮겨 담기 위한 작업장
  나. 주유취급소의 업무를 행하기 위한 사무소
  다. 자동차 등의 점검 및 간이정비를 위한 작업장
  라. 자동차 등의 세정을 위한 작업장
  마. 주유취급소에 출입하는 사람을 대상으로 한 점포·휴게음식점 또는 전시장
  바. 주유취급소의 관계자가 거주하는 주거시설
  사. 전기자동차용 충전설비(전기를 동력원으로 하는 자동차에 직접 전기를 공급하는 설비를 말한다. 이하 같다)
  아. 그 밖의 소방청장이 정하여 고시하는 건축물 또는 시설

2. 제1호 각 목의 건축물 중 주유취급소의 직원 외의 자가 출입하는 나목·다목 및 마목의 용도에 제공하는 부분의 면적의 합은 1,000㎡를 초과할 수 없다.

3. 다음 각 목의 1에 해당하는 주유취급소(이하 "옥내주유취급소"라 한다)는 소방청장이 정하여 고시하는 용도로 사용하는 부분이 없는 건축물(옥내주유취급소에서 발생한 화재를 옥내주유취급소의 용도로 사용하는 부분 외의 부분에 자동적으로 유효하게 알릴 수 있는 자동화재탐지설비 등을 설치한 건축물에 한한다)에 설치할 수 있다.

  가. 건축물 안에 설치하는 주유취급소
  나. 캐노피·처마·차양·부연·발코니 및 루버의 수평투영면적이 주유취급소의 공지면적(주유취급소의 부지면적에서 건축물 중 벽 및 바닥으로 구획된 부분의 수평투영면적을 뺀 면적을 말한다)의 3분의 1을 초과하는 주유취급소

VI. 건축물 등의 구조

1. 주유취급소에 설치하는 건축물 등은 다음 각 목의 규정에 의한 위치 및 구조의 기준에 적합하여야 한다.

  가. 건축물, 창 및 출입구의 구조는 다음의 기준에 적합하게 할 것
    1) 건축물의 벽·기둥·바닥·보 및 지붕을 내화구조 또는 불연재료로 할 것. 다만, V제2호에 따른 면적의 합이 500㎡를 초과하는 경우에는 건축물의 벽을 내화구조로 하여야 한다.
    2) 창 및 출입구(V제1호 다목 및 라목의 용도에 사용하는 부분에 설치한 자동차 등의 출입구를 제외한다)에는 60 + 방화문·60분방화문·30분방화문 또는 불연재료로 된 문을 설치할 것. 이 경우 V제2호에 따른 면적의 합이 500㎡를 초과하는 주유취급소로서 하나의 구획실의 면적이 500㎡를 초과하거나 2층 이상의 층에 설치하는 경우에는 해당 구획실 또는 해당 층의 2면 이상의 벽에 각각 출입구를 설치하여야 한다.
  나. V제1호 바목의 용도에 사용하는 부분은 개구부가 없는 내화구조의 바닥 또는 벽으로 당해 건축물의 다른 부분과 구획하고 주유를 위한 작업장 등 위험물취급장소에 면한 쪽의 벽에는 출입구를 설치하지 아니할 것
  다. 사무실 등의 창 및 출입구에 유리를 사용하는 경우에는 망입유리 또는 강화유리로 할 것. 이 경우 강화유리의 두께는 창에는 8mm 이상, 출입구에는 12mm 이상으로 하여야 한다.
  라. 건축물 중 사무실 그 밖의 화기를 사용하는 곳(V제1호 다목 및 라목의 용도에 사용하는 부분을 제외한다)은 누설한 가연성의 증기가 그 내부에 유입되지 아니하도록 다음의 기준에 적합한 구조로 할 것
    1) 출입구는 건축물의 안에서 밖으로 수시로 개방할 수 있는 자동폐쇄식의 것으로 할 것
    2) 출입구 또는 사이통로의 문턱의 높이를 15cm 이상으로 할 것
    3) 높이 1m 이하의 부분에 있는 창 등은 밀폐시킬 것
  마. 자동차 등의 점검·정비를 행하는 설비는 다음의 기준에 적합하게 할 것
    1) 고정주유설비로부터 4m 이상, 도로경계선으로부터 2m 이상 떨어지게 할 것. 다만, V제1호 다목의 규정에 의한 작업장 중 바닥 및 벽으로 구획된 옥내의 작업장에 설치하는 경우에는 그러하지 아니하다.
    2) 위험물을 취급하는 설비는 위험물의 누설·넘침 또는 비산을 방지할 수 있는 구조로 할 것

바. 자동차 등의 세정을 행하는 설비는 다음의 기준에 적합하게 할 것
　　1) 증기세차기를 설치하는 경우에는 그 주위의 불연재료로 된 높이 1m 이상의 담을 설치하고 출입구가 고정주유설비에 면하지 아니하도록 할 것. 이 경우 담은 고정주유설비로부터 4m 이상 떨어지게 하여야 한다.
　　2) 증기세차기 외의 세차기를 설치하는 경우에는 고정주유설비로부터 4m 이상, 도로경계선으로부터 2m 이상 떨어지게 할 것. 다만, Ⅴ 제1호 라목의 규정에 의한 작업장 중 바닥 및 벽으로 구획된 옥내의 작업장에 설치하는 경우에는 그러하지 아니하다.
사. 주유원간이대기실은 다음의 기준에 적합할 것
　　1) 불연재료로 할 것
　　2) 바퀴가 부착되지 아니한 고정식일 것
　　3) 차량의 출입 및 주유작업에 장애를 주지 아니하는 위치에 설치할 것
　　4) 바닥면적이 $2.5m^2$ 이하일 것. 다만, 주유공지 및 급유공지 외의 장소에 설치하는 것은 그러하지 아니하다.
아. 전기자동차용 충전설비는 다음의 기준에 적합할 것
　　1) 충전기기(충전케이블로 전기자동차에 전기를 직접 공급하는 기기를 말한다. 이하 같다)의 주위에 전기자동차 충전을 위한 전용 공지(주유공지 또는 급유공지 외의 장소를 말하며, 이하 "충전공지"라 한다)를 확보하고, 충전공지 주위를 페인트 등으로 표시하여 그 범위를 알아보기 쉽게 할 것
　　2) 전기자동차용 충전설비를 Ⅴ. 건축물 등의 제한 등의 제1호 각 목의 건축물 밖에 설치하는 경우 충전공지는 폭발위험장소(「산업표준화법」 제12조에 따른 한국산업표준에서 정한 폭발성 가스에 의한 폭발위험장소의 범위를 말한다. 이하 이 목에서 같다) 장소에 둘 것
　　3) 전기자동차용 충전설비를 Ⅴ. 건축물 등의 제한 등의 제1호 각 목의 건축물 안에 설치하는 경우에는 다음의 기준에 적합할 것
　　　가) 해당 건축물의 1층에 설치할 것
　　　나) 해당 건축물에 가연성 증기가 남아 있을 우려가 없도록 별표 4 Ⅴ 제1호 다목에 따른 환기설비 또는 별표 4 Ⅵ에 따른 배출설비를 설치할 것
　　4) 전기자동차용 충전설비의 전력공급설비[전기자동차에 전원을 공급하기 위한 전기설비로서 전력량계, 인입구(引入口) 배선, 분전반 및 배선용 차단기 등을 말한다]는 다음의 기준에 적합할 것
　　　가) 분전반은 방폭성능을 갖출 것. 다만, 분전반을 폭발위험장소 외의 장소에 설치하는 경우에는 방폭성능을 갖추지 않을 수 있다.
　　　나) 전력량계, 누전차단기 및 배선용 차단기는 분전반 내에 설치할 것
　　　다) 인입구 배선은 지하에 설치할 것
　　　라) 「전기사업법」에 따른 전기설비의 기술기준에 적합할 것
　　5) 충전기기와 인터페이스[충전기기에서 전기자동차에 전기를 공급하기 위하여 연결하는 커넥터(connector), 케이블 등을 말한다. 이하 같다]는 다음의 기준에 적합할 것
　　　가) 충전기기는 방폭성능을 갖출 것. 다만, 다음의 기준을 모두 갖춘 경우에는 방폭성능을 갖추지 않을 수 있다.
　　　　⑴ 충전기기의 전원공급을 긴급히 차단할 수 있는 장치를 사무소 내부 또는 충전기기 주변에 설치할 것
　　　　⑵ 충전기기를 폭발위험장소 외의 장소에 설치할 것
　　　나) 인터페이스의 구성 부품은 「전기용품 및 생활용품 안전관리법」에 따른 기준에 적합할 것

6) 충전작업에 필요한 주차장을 설치하는 경우에는 다음의 기준에 적합할 것

    가) 주유공지, 급유공지 및 충전공지 외의 장소로서 주유를 위한 자동차 등의 진입·출입에 지장을 주지 않는 장소에 설치할 것

    나) 주차장의 주위를 페인트 등으로 표시하여 그 범위를 알아보기 쉽게 할 것

    다) 지면에 직접 주차하는 구조로 할 것

2. Ⅴ 제3호의 규정에 의한 옥내주유취급소는 제1호의 기준에 의하는 외에 다음 각 목에 정하는 기준에 적합한 구조로 하여야 한다.

가. 건축물에서 옥내주유취급소의 용도에 사용하는 부분은 벽·기둥·바닥·보 및 지붕을 내화구조로 하고, 개구부가 없는 내화구조의 바닥 또는 벽으로 당해 건축물의 다른 부분과 구획할 것. 다만, 건축물의 옥내주유취급소의 용도에 사용하는 부분의 상부에 상층이 없는 경우에는 지붕을 불연재료로 할 수 있다.

나. 건축물에서 옥내주유취급소(건축물안에 설치하는 것에 한한다)의 용도에 사용하는 부분의 2 이상의 방면은 자동차 등이 출입하는 측 또는 통풍 및 피난상 필요한 공지에 접하도록 하고 벽을 설치하지 아니할 것

다. 건축물에서 옥내주유취급소의 용도에 사용하는 부분에는 가연성증기가 체류할 우려가 있는 구멍·구덩이 등이 없도록 할 것

라. 건축물에서 옥내주유취급소의 용도에 사용하는 부분에 상층이 있는 경우에는 상층으로의 연소를 방지하기 위하여 다음의 기준에 적합하게 내화구조로 된 캔틸레버를 설치할 것

    1) 옥내주유취급소의 용도에 사용하는 부분(고정주유설비와 접하는 방향 및 나목의 규정에 의하여 벽이 개방된 부분에 한한다)의 바로 위층의 바닥에 이어서 1.5m 이상 내어 붙일 것. 다만, 바로 위층의 바닥으로부터 높이 7m 이내에 있는 위층의 외벽에 개구부가 없는 경우에는 그러하지 아니하다.

    2) 캔틸레버 선단과 위층의 개구부(열지 못하게 만든 방화문과 연소방지상 필요한 조치를 한 것을 제외한다)까지의 사이에는 7m에서 당해 캔틸레버의 내어 붙인 거리를 뺀 길이 이상의 거리를 보유할 것

마. 건축물 중 옥내주유취급소의 용도에 사용하는 부분 외에는 주유를 위한 작업장 등 위험물취급장소와 접하는 외벽에 창(망입유리로 된 붙박이 창을 제외한다) 및 출입구를 설치하지 아니할 것

Ⅶ. 담 또는 벽

1. 주유취급소의 주위에는 자동차 등이 출입하는 쪽 외의 부분에 높이 2m 이상의 내화구조 또는 불연재료의 담 또는 벽을 설치하되, 주유취급소의 인근에 연소의 우려가 있는 건축물이 있는 경우에는 소방청장이 정하여 고시하는 바에 따라 방화상 유효한 높이로 하여야 한다.

2. 제1호에도 불구하고 다음 각 목의 기준에 모두 적합한 경우에는 담 또는 벽의 일부분에 방화상 유효한 구조의 유리를 부착할 수 있다.

가. 유리를 부착하는 위치는 주입구, 고정주유설비 및 고정급유설비로부터 4m 이상 이격될 것

나. 유리를 부착하는 방법은 다음의 기준에 모두 적합할 것

    1) 주유취급소 내의 지반면으로부터 70cm를 초과하는 부분에 한하여 유리를 부착할 것

    2) 하나의 유리판의 가로의 길이는 2m 이내일 것

    3) 유리판의 테두리를 금속제의 구조물에 견고하게 고정하고 해당 구조물을 담 또는 벽에 견고하게 부착할 것

    4) 유리의 구조는 접합유리(두장의 유리를 두께 0.76mm 이상의 폴리바이닐뷰티랄 필름으로 접합한 구조를 말한다)로 하되, 「유리구획 부분의 내화시험방법(KS F 2845)」에 따라 시험하여 비차열 30분 이상의 방화성능이 인정될 것

다. 유리를 부착하는 범위는 전체의 담 또는 벽의 길이의 10분의 2를 초과하지 아니할 것

VIII. 캐노피

주유취급소에 캐노피를 설치하는 경우에는 다음 각 목의 기준에 의하여야 한다.

가. 배관이 캐노피 내부를 통과할 경우에는 1개 이상의 점검구를 설치할 것

나. 캐노피 외부의 점검이 곤란한 장소에 배관을 설치하는 경우에는 용접이음으로 할 것

다. 캐노피 외부의 배관이 일광열의 영향을 받을 우려가 있는 경우에는 단열재로 피복할 것

IX. 펌프실 등의 구조

주유취급소 펌프실 그 밖에 위험물을 취급하는 실(이하 IX에서 "펌프실등"이라 한다)을 설치하는 경우에는 다음 각 목의 기준에 적합하게 하여야 한다.

가. 바닥은 위험물이 침투하지 아니하는 구조로 하고 적당한 경사를 두어 집유설비를 설치할 것

나. 펌프실등에는 위험물을 취급하는데 필요한 채광·조명 및 환기의 설비를 할 것

다. 가연성 증기가 체류할 우려가 있는 펌프실등에는 그 증기를 옥외에 배출하는 설비를 설치할 것

라. 고정주유설비 또는 고정급유설비중 펌프기기를 호스기기와 분리하여 설치하는 경우에는 펌프실의 출입구를 주유공지 또는 급유공지에 접하도록 하고, 자동폐쇄식의 60분+ 방화문 또는 60분방화문을 설치할 것

마. 펌프실등에는 별표 4 Ⅲ제1호의 기준에 따라 보기 쉬운 곳에 "위험물 펌프실", "위험물 취급실" 등의 표시를 한 표지와 동표 Ⅲ제2호의 기준에 따라 방화에 관하여 필요한 사항을 게시한 게시판을 설치하여야 한다.

바. 출입구에는 바닥으로부터 0.1m 이상의 턱을 설치할 것

◎ 확인 예제

01 주유취급소에 대한 설명으로 옳은 것은?

① 고정주유설비 또는 고정급유설비의 주유관의 길이는 5m 이내로 한다.

② 주유취급소의 주위에는 자동차 등이 출입하는 쪽 외의 부분에 높이 3m 이상의 내화구조 또는 불연재료의 담 또는 벽을 설치하여야 한다.

③ 흑색바탕에 황색문자로 '주유 중 엔진정지'라는 표시를 한 게시판을 설치하여야 한다.

④ 주유를 받으려는 자동차 등이 출입할 수 있도록 너비 10m 이상, 길이 5m 이상의 콘크리트 등으로 포장한 공지를 보유하여야 한다.

02 주유취급소의 위치·구조 및 설비의 기술기준으로 옳지 않은 것은?

① 고정주유설비의 주위에는 주유를 받으려는 자동차 등이 출입할 수 있도록 너비 15m 이상, 길이 6m 이상의 콘크리트 등으로 포장한 공지를 보유할 것

② 주유 및 급유 공지의 바닥은 주위 지면보다 낮게 하고, 그 표면을 적당하게 경사지게 하여 새어나온 기름 그 밖의 액체가 공지의 외부로 유출되지 아니하도록 배수구·집유설비 및 유분리장치를 설치할 것

③ 황색바탕에 흑색문자로 '주유 중 엔진정지'라는 표시를 한 게시판을 설치할 것

④ 주유취급소의 주위에는 자동차 등이 출입하는 쪽 외의 부분에 높이 2m 이상의 내화구조 또는 불연재료의 담 또는 벽을 설치할 것

정답 01 ① 02 ②

<개정 2005.5.26.>

Ⅰ. 판매취급소의 기준

1. 저장 또는 취급하는 위험물의 수량이 지정수량의 20배 이하인 판매취급소(이하 "제1종 판매취급소"라 한다)의 위치·구조 및 설비의 기준은 다음 각 목과 같다.

    가. 제1종 판매취급소는 건축물의 1층에 설치할 것

    나. 제1종 판매취급소에는 별표 4 Ⅲ제1호의 기준에 따라 보기 쉬운 곳에 "위험물 판매취급소(제1종)"라는 표시를 한 표지와 같은 표 Ⅲ제2호의 기준에 따라 방화에 관하여 필요한 사항을 게시한 게시판 및 같은 표 Ⅲ 제3호의 기준을 준용하여 해당 판매취급소가 금연구역임을 알리는 표지를 설치해야 한다.

    다. 제1종 판매취급소의 용도로 사용되는 건축물의 부분은 내화구조 또는 불연재료로 하고, 판매취급소로 사용되는 부분과 다른 부분과의 격벽은 내화구조로 할 것

    라. 제1종 판매취급소의 용도로 사용하는 건축물의 부분은 보를 불연재료로 하고, 천장을 설치하는 경우에는 천장을 불연재료로 할 것

    마. 제1종 판매취급소의 용도로 사용하는 부분에 상층이 있는 경우에 있어서는 그 상층의 바닥을 내화구조로 하고, 상층이 없는 경우에 있어서는 지붕을 내화구조 또는 불연재료로 할 것

    바. 제1종 판매취급소의 용도로 사용하는 부분의 창 및 출입구에는 60분+ 방화문·60분방화문 또는 30분방화문을 설치할 것

    사. 제1종 판매취급소의 용도로 사용하는 부분의 창 또는 출입구에 유리를 이용하는 경우에는 망입유리로 할 것

    아. 제1종 판매취급소의 용도로 사용하는 건축물에 설치하는 전기설비는 「전기사업법」에 의한 전기설비기술기준에 의할 것

    자. 위험물을 배합하는 실은 다음에 의할 것

        1) 바닥면적은 6m² 이상 15m² 이하로 할 것

        2) 내화구조 또는 불연재료로 된 벽으로 구획할 것

        3) 바닥은 위험물이 침투하지 아니하는 구조로 하여 적당한 경사를 두고 집유설비를 할 것

        4) 출입구에는 수시로 열 수 있는 자동폐쇄식의 60분+ 방화문 또는 60분방화문을 설치할 것

        5) 출입구 문턱의 높이는 바닥면으로부터 0.1m 이상으로 할 것

        6) 내부에 체류한 가연성의 증기 또는 가연성의 미분을 지붕 위로 방출하는 설비를 할 것

2. 저장 또는 취급하는 위험물의 수량이 지정수량의 40배 이하인 판매취급소(이하 "제2종 판매취급소"라 한다)의 위치·구조 및 설비의 기준은 제1호 가목·나목 및 사목 내지 자목의 규정을 준용하는 외에 다음 각 목의 기준에 의한다.

    가. 제2종 판매취급소의 용도로 사용하는 부분은 벽·기둥·바닥 및 보를 내화구조로 하고, 천장이 있는 경우에는 이를 불연재료로 하며, 판매취급소로 사용되는 부분과 다른 부분과의 격벽은 내화구조로 할 것

    나. 제2종 판매취급소의 용도로 사용하는 부분에 상층이 있는 경우에 있어서는 상층의 바닥을 내화구조로 하는 동시에 상층으로의 연소를 방지하기 위한 조치를 강구하고, 상층이 없는 경우에는 지붕을 내화구조로 할 것

    다. 제2종 판매취급소의 용도로 사용하는 부분중 연소의 우려가 없는 부분에 한하여 창을 두되, 해당 창에는 60분+ 방화문·60분방화문 또는 30분방화문을 설치할 것

    라. 제2종 판매취급소의 용도로 사용하는 부분의 출입구에는 60분+ 방화문·60분방화문 또는 30분방화문을 설치할 것. 다만, 해당 부분 중 연소의 우려가 있는 벽에 설치하는 출입구에는 수시로 열 수 있는 자동폐쇄식의 60분+ 방화문 또는 60분방화문을 설치해야 한다.

별표 19 위험물의 운반에 관한 기준(제50조 관련)

<개정 2020.10.12.>

I. 운반용기

1. 운반용기의 재질은 강판·알루미늄판·양철판·유리·금속판·종이·플라스틱·섬유판·고무류·합성섬유·삼·짚 또는 나무로 한다.

2. 운반용기는 견고하여 쉽게 파손될 우려가 없고, 그 입구로부터 수납된 위험물이 샐 우려가 없도록 하여야 한다.

3. 운반용기의 구조 및 최대용적은 다음 각 호의 규정에 의한 용기의 구분에 따라 당해 각 목에 정하는 바에 의한다.

   가. 나목의 규정에 의한 용기 외의 용기

   고체의 위험물을 수납하는 것에 있어서는 부표 1 제1호, 액체의 위험물을 수납하는 것에 있어서는 부표 1 제2호에 정하는 기준에 적합할 것. 다만, 운반의 안전상 이러한 기준에 적합한 운반용기와 동등 이상이라고 인정하여 소방청장이 정하여 고시하는 것에 있어서는 그러하지 아니하다.

   나. 기계에 의하여 하역하는 구조로 된 용기

   고체의 위험물을 수납하는 것에 있어서는 별표 20 제1호, 액체의 위험물을 수납하는 것에 있어서는 별표 20 제2호에 정하는 기준 및 1) 내지 6)에 정하는 기준에 적합할 것. 다만, 운반의 안전상 이러한 기준에 적합한 운반용기와 동등 이상이라고 인정하여 소방청장이 정하여 고시하는 것과 UN의 위험물 운송에 관한 권고(RTDG, Recommendations on the Transport of Dangerous Goods)에서 정한 기준에 적합한 것으로 인정된 용기에 있어서는 그러하지 아니하다.

   1) 운반용기는 부식 등의 열화에 대하여 적절히 보호될 것

   2) 운반용기는 수납하는 위험물의 내압 및 취급시와 운반시의 하중에 의하여 당해 용기에 생기는 응력에 대하여 안전할 것

   3) 운반용기의 부속설비에는 수납하는 위험물이 당해 부속설비로부터 누설되지 아니하도록 하는 조치가 강구되어 있을 것

   4) 용기본체가 틀로 둘러싸인 운반용기는 다음의 요건에 적합할 것

   가) 용기본체는 항상 틀 내에 보호되어 있을 것

   나) 용기본체는 틀과의 접촉에 의하여 손상을 입을 우려가 없을 것

   다) 운반용기는 용기본체 또는 틀의 신축 등에 의하여 손상이 생기지 아니할 것

   5) 하부에 배출구가 있는 운반용기는 다음의 요건에 적합할 것

   가) 배출구에는 개폐위치에 고정할 수 있는 밸브가 설치되어 있을 것

   나) 배출을 위한 배관 및 밸브에는 외부로부터의 충격에 의한 손상을 방지하기 위한 조치가 강구되어 있을 것

   다) 폐지판 등에 의하여 배출구를 이중으로 밀폐할 수 있는 구조일 것. 다만, 고체의 위험물을 수납하는 운반용기에 있어서는 그러하지 아니하다.

   6) 1) 내지 5)에 규정하는 것 외의 운반용기의 구조에 관하여 필요한 사항은 소방청장이 정하여 고시한다.

4. 제3호의 규정에 불구하고 승용차량(승용으로 제공하는 차 실내에 화물용으로 제공하는 부분이 있는 구조의 것을 포함한다)으로 인화점이 40℃ 미만인 위험물 중 소방청장이 정하여 고시하는 것을 운반하는 경우의 운반용기의 구조 및 최대용적의 기준은 소방청장이 정하여 고시한다.

5. 제3호의 규정에 불구하고 운반의 안전상 제한이 필요하다고 인정되는 경우에는 위험물의 종류, 운반용기의 구조 및 최대용적의 기준을 소방청장이 정하여 고시할 수 있다.

6. 제3호 내지 제5호의 운반용기는 다음 각 목의 규정에 의한 용기의 구분에 따라 당해 각 목에 정하는 성능이 있어야 한다.

가. 나목의 규정에 의한 용기 외의 용기

소방청장이 정하여 고시하는 낙하시험, 기밀시험, 내압시험 및 겹쳐쌓기시험에서 소방청장이 정하여 고시하는 기준에 적합할 것. 다만, 수납하는 위험물의 품명, 수량, 성질과 상태 등에 따라 소방청장이 정하여 고시하는 용기에 있어서는 그러하지 아니하다.

나. 기계에 의하여 하역하는 구조로 된 용기

소방청장이 정하여 고시하는 낙하시험, 기밀시험, 내압시험, 겹쳐쌓기시험, 아랫부분 인상시험, 윗부분 인상시험, 파열전파시험, 넘어뜨리기시험 및 일으키기시험에서 소방청장이 정하여 고시하는 기준에 적합할 것. 다만, 수납하는 위험물의 품명, 수량, 성질과 상태 등에 따라 소방청장이 정하여 고시하는 용기에 있어서는 그러하지 아니하다.

Ⅱ. 적재방법

1. 위험물은 Ⅰ의 규정에 의한 운반용기에 다음 각 목의 기준에 따라 수납하여 적재하여야 한다.

다만, 덩어리 상태의 황을 운반하기 위하여 적재하는 경우 또는 위험물을 동일구 내에 있는 제조소등의 상호 간에 운반하기 위하여 적재하는 경우에는 그러하지 아니하다(중요기준).

가. 위험물이 온도변화 등에 의하여 누설되지 아니하도록 운반용기를 밀봉하여 수납할 것. 다만, 온도변화 등에 의한 위험물로부터의 가스의 발생으로 운반용기 안의 압력이 상승할 우려가 있는 경우(발생한 가스가 독성 또는 인화성을 갖는 등 위험성이 있는 경우를 제외한다)에는 가스의 배출구(위험물의 누설 및 다른 물질의 침투를 방지하는 구조로 된 것에 한한다)를 설치한 운반용기에 수납할 수 있다.

나. 수납하는 위험물과 위험한 반응을 일으키지 아니하는 등 당해 위험물의 성질에 적합한 재질의 운반용기에 수납할 것

다. 고체위험물은 운반용기 내용적의 95% 이하의 수납율로 수납할 것

라. 액체위험물은 운반용기 내용적의 98% 이하의 수납율로 수납하되, 55도의 온도에서 누설되지 아니하도록 충분한 공간용적을 유지하도록 할 것

마. 하나의 외장용기에는 다른 종류의 위험물을 수납하지 아니할 것

바. 제3류 위험물은 다음의 기준에 따라 운반용기에 수납할 것

1) 자연발화성물질에 있어서는 불활성 기체를 봉입하여 밀봉하는 등 공기와 접하지 아니하도록 할 것

2) 자연발화성물질 외의 물품에 있어서는 파라핀·경유·등유 등의 보호액으로 채워 밀봉하거나 불활성 기체를 봉입하여 밀봉하는 등 수분과 접하지 아니하도록 할 것

3) 라목의 규정에 불구하고 자연발화성물질 중 알킬알루미늄등은 운반용기의 내용적의 90% 이하의 수납율로 수납하되, 50℃의 온도에서 5% 이상의 공간용적을 유지하도록 할 것

2. 기계에 의하여 하역하는 구조로 된 운반용기에 대한 수납은 제1호(다목을 제외한다)의 규정을 준용하는 외에 다음 각 목의 기준에 따라야 한다(중요기준).

가. 다음의 규정에 의한 요건에 적합한 운반용기에 수납할 것

1) 부식, 손상 등 이상이 없을 것

2) 금속제의 운반용기, 경질플라스틱제의 운반용기 또는 플라스틱내용기 부착의 운반용기에 있어서는 다음에 정하는 시험 및 점검에서 누설 등 이상이 없을 것

가) 2년 6개월 이내에 실시한 기밀시험(액체의 위험물 또는 10kPa 이상의 압력을 가하여 수납 또는 배출하는 고체의 위험물을 수납하는 운반용기에 한한다)

나) 2년 6개월 이내에 실시한 운반용기의 외부의 점검·부속설비의 기능점검 및 5년 이내의 사이에 실시한 운반용기의 내부의 점검

나. 복수의 폐쇄장치가 연속하여 설치되어 있는 운반용기에 위험물을 수납하는 경우에는 용기본체에 가까운 폐쇄장치를 먼저 폐쇄할 것

다. 휘발유, 벤젠 그 밖의 정전기에 의한 재해가 발생할 우려가 있는 액체의 위험물을 운반용기에 수납 또는 배출할 때에는 당해 재해의 발생을 방지하기 위한 조치를 강구할 것

라. 온도변화 등에 의하여 액상이 되는 고체의 위험물은 액상으로 되었을 때 당해 위험물이 새지 아니하는 운반용기에 수납할 것

마. 액체위험물을 수납하는 경우에는 55℃의 온도에서의 증기압이 130kPa 이하가 되도록 수납할 것

바. 경질플라스틱제의 운반용기 또는 플라스틱내용기 부착의 운반용기에 액체위험물을 수납하는 경우에는 당해 운반용기는 제조된 때로부터 5년 이내의 것으로 할 것

사. 가목 내지 바목에 규정하는 것 외에 운반용기에의 수납에 관하여 필요한 사항은 소방청장이 정하여 고시한다.

3. 위험물은 당해 위험물이 전락(轉落)하거나 위험물을 수납한 운반용기가 전도·낙하 또는 파손되지 아니하도록 적재하여야 한다(중요기준).

4. 운반용기는 수납구를 위로 향하게 하여 적재하여야 한다(중요기준).

5. 적재하는 위험물의 성질에 따라 일광의 직사 또는 빗물의 침투를 방지하기 위하여 유효하게 피복하는 등 다음 각 목에 정하는 기준에 따른 조치를 하여야 한다(중요기준).

가. 제1류 위험물, 제3류 위험물 중 자연발화성물질, 제4류 위험물 중 특수인화물, 제5류 위험물 또는 제6류 위험물은 차광성이 있는 피복으로 가릴 것

나. 제1류 위험물 중 알칼리금속의 과산화물 또는 이를 함유한 것, 제2류 위험물 중 철분·금속분·마그네슘 또는 이들 중 어느 하나 이상을 함유한 것 또는 제3류 위험물 중 금수성물질은 방수성이 있는 피복으로 덮을 것

다. 제5류 위험물 중 55℃ 이하의 온도에서 분해될 우려가 있는 것은 보냉 컨테이너에 수납하는 등 적절한 온도관리를 할 것

라. 액체위험물 또는 위험등급Ⅱ의 고체위험물을 기계에 의하여 하역하는 구조로 된 운반용기에 수납하여 적재하는 경우에는 당해 용기에 대한 충격등을 방지하기 위한 조치를 강구할 것. 다만, 위험등급Ⅱ의 고체위험물을 플렉서블(flexible)의 운반용기, 파이버판제의 운반용기 및 목제의 운반용기 외의 운반용기에 수납하여 적재하는 경우에는 그러하지 아니하다.

6. 위험물은 다음 각 목의 규정에 의한 바에 따라 종류를 달리하는 그 밖의 위험물 또는 재해를 발생시킬 우려가 있는 물품과 함께 적재하지 아니하여야 한다(중요기준).

가. 부표 2의 규정에서 혼재가 금지되고 있는 위험물

나. 「고압가스 안전관리법」에 의한 고압가스(소방청장이 정하여 고시하는 것을 제외한다)

7. 위험물을 수납한 운반용기를 겹쳐 쌓는 경우에는 그 높이를 3m 이하로 하고, 용기의 상부에 걸리는 하중은 당해 용기 위에 당해 용기와 동종의 용기를 겹쳐 쌓아 3m의 높이로 하였을 때에 걸리는 하중 이하로 하여야 한다(중요기준).

8. 위험물은 그 운반용기의 외부에 다음 각 목에 정하는 바에 따라 위험물의 품명, 수량 등을 표시하여 적재하여야 한다. 다만, UN의 위험물 운송에 관한 권고(RTDG, Recommendations on the Transport of Dangerous Goods)에서 정한 기준 또는 소방청장이 정하여 고시하는 기준에 적합한 표시를 한 경우에는 그러하지 아니하다.

가. 위험물의 품명·위험등급·화학명 및 수용성("수용성" 표시는 제4류 위험물로서 수용성인 것에 한한다)

나. 위험물의 수량

다. 수납하는 위험물에 따라 다음의 규정에 의한 주의사항

1) 제1류 위험물 중 알칼리금속의 과산화물 또는 이를 함유한 것에 있어서는 "화기·충격주의", "물기엄금" 및 "가연물접촉주의", 그 밖의 것에 있어서는 "화기·충격주의" 및 "가연물접촉주의"

2) 제2류 위험물 중 철분·금속분·마그네슘 또는 이들 중 어느 하나 이상을 함유한 것에 있어서는 "화기주의" 및 "물기엄금", 인화성고체에 있어서는 "화기엄금", 그 밖의 것에 있어서는 "화기주의"

3) 제3류 위험물 중 자연발화성물질에 있어서는 "화기엄금" 및 "공기접촉엄금", 금수성물질에 있어서는 "물기엄금"

4) 제4류 위험물에 있어서는 "화기엄금"

5) 제5류 위험물에 있어서는 "화기엄금" 및 "충격주의"

6) 제6류 위험물에 있어서는 "가연물접촉주의"

9. 제8호의 규정에 불구하고 제1류·제2류 또는 제4류 위험물(위험등급 I 의 위험물을 제외한다)의 운반용기로서 최대용적이 1L 이하인 운반용기의 품명 및 주의사항은 위험물의 통칭명 및 당해 주의사항과 동일한 의미가 있는 다른 표시로 대신할 수 있다.

10. 제8호 및 제9호의 규정에 불구하고 제4류 위험물에 해당하는 화장품(에어졸을 제외한다)의 운반용기 중 최대용적이 150mL 이하인 것에 대하여는 제8호 가목 및 다목의 규정에 의한 표시를 하지 아니할 수 있고, 최대용적이 150mL 초과 300mL 이하의 것에 대하여는 제8호 가목의 규정에 의한 표시를 하지 아니할 수 있으며, 동호 다목의 규정에 의한 주의사항을 당해 주의사항과 동일한 의미가 있는 다른 표시로 대신할 수 있다.

11. 제8호 및 제9호의 규정에 불구하고 제4류 위험물에 해당하는 에어졸의 운반용기로서 최대용적이 300mL 이하의 것에 대하여는 제8호 가목의 규정에 의한 표시를 하지 아니할 수 있으며, 동호 다목의 규정에 의한 주의사항을 당해 주의사항과 동일한 의미가 있는 다른 표시로 대신할 수 있다.

12. 제8호 및 제9호의 규정에 불구하고 제4류 위험물 중 동식물유류의 운반용기로서 최대용적이 3L 이하인 것에 대하여는 제8호 가목 및 다목의 표시에 대하여 각각 위험물의 통칭명 및 동호의 규정에 의한 표시와 동일한 의미가 있는 다른 표시로 대신할 수 있다.

13. 기계에 의하여 하역하는 구조로 된 운반용기의 외부에 행하는 표시는 제8호 각 목의 규정에 의하는 외에 다음 각 목의 사항을 포함하여야 한다. 다만, UN의 위험물 운송에 관한 권고(RTDG, Recommendations on the Transport of Dangerous Goods)에서 정한 기준 또는 소방청장이 정하여 고시하는 기준에 적합한 표시를 한 경우에는 그러하지 아니하다.

가. 운반용기의 제조년월 및 제조자의 명칭

나. 겹쳐쌓기시험하중

다. 운반용기의 종류에 따라 다음의 규정에 의한 중량

1) 플렉서블 외의 운반용기: 최대총중량(최대수용중량의 위험물을 수납하였을 경우의 운반용기의 전중량을 말한다)

2) 플렉서블 운반용기: 최대수용중량

라. 가목 내지 다목에 규정하는 것 외에 운반용기의 외부에 행하는 표시에 관하여 필요한 사항으로서 소방청장이 정하여 고시하는 것

III. 운반방법

1. 위험물 또는 위험물을 수납한 운반용기가 현저하게 마찰 또는 동요를 일으키지 아니하도록 운반하여야 한다(중요기준).

2. 지정수량 이상의 위험물을 차량으로 운반하는 경우에는 해당 차량에 소방청장이 정하여 고시하는 바에 따라 운반하는 위험물의 위험성을 알리는 표지를 설치하여야 한다.

3. 지정수량 이상의 위험물을 차량으로 운반하는 경우에 있어서 다른 차량에 바꾸어 싣거나 휴식·고장 등으로 차량을 일시 정차시킬 때에는 안전한 장소를 택하고 운반하는 위험물의 안전확보에 주의하여야 한다.

4. 지정수량 이상의 위험물을 차량으로 운반하는 경우에는 당해 위험물에 적응성이 있는 소형수동식소화기를 당해 위험물의 소요단위에 상응하는 능력단위 이상 갖추어야 한다.

5. 위험물의 운반도중 위험물이 현저하게 새는 등 재난발생의 우려가 있는 경우에는 응급조치를 강구하는 동시에 가까운 소방관서 그 밖의 관계기관에 통보하여야 한다.

6. 제1호 내지 제5호의 적용에 있어서 품명 또는 지정수량을 달리하는 2 이상의 위험물을 운반하는 경우에 있어서 운반하는 각각의 위험물의 수량을 당해 위험물의 지정수량으로 나누어 얻은 수의 합이 1 이상인 때에는 지정수량 이상의 위험물을 운반하는 것으로 본다.

IV. 법 제20조 제1항의 규정에 의한 중요기준 및 세부기준은 다음 각 호의 구분에 의한다.

　1. 중요기준: I 내지 III의 운반기준 중 "중요기준"이라 표기한 것
　2. 세부기준: 중요기준 외의 것

V. 위험물의 위험등급

별표 18 V, 이 표 I 및 II에 있어서 위험물의 위험등급은 위험등급 I · 위험등급 II 및 위험등급III으로 구분하며, 각 위험등급에 해당하는 위험물은 다음 각호와 같다.

　1. 위험등급 I 의 위험물
　　가. 제1류 위험물 중 아염소산염류, 염소산염류, 과염소산염류, 무기과산화물 그 밖에 지정수량이 50kg인 위험물
　　나. 제3류 위험물 중 칼륨, 나트륨, 알킬알루미늄, 알킬리튬, 황린 그 밖에 지정수량이 10kg 또는 20kg인 위험물
　　다. 제4류 위험물 중 특수인화물
　　라. 제5류 위험물 중 지정수량이 10kg인 위험물
　　마. 제6류 위험물
　2. 위험등급 II 의 위험물
　　가. 제1류 위험물 중 브로민산염류, 질산염류, 아이오딘산염류, 그 밖에 지정수량이 300kg인 위험물
　　나. 제2류 위험물 중 황화인, 적린, 황, 그 밖에 지정수량이 100kg인 위험물
　　다. 제3류 위험물 중 알칼리금속(칼륨 및 나트륨을 제외한다) 및 알칼리토금속, 유기금속화합물(알킬알루미늄 및 알킬리튬을 제외한다) 그 밖에 지정수량이 50kg인 위험물
　　라. 제4류 위험물 중 제1석유류 및 알코올류
　　마. 제5류 위험물 중 제1호 라목에 정하는 위험물 외의 것
　3. 위험등급III의 위험물: 제1호 및 제2호에 정하지 아니한 위험물

별표 23　화학소방자동차에 갖추어야 하는 소화능력 및 설비의 기준(제75조 제1항 관련)

화학소방자동차의 구분	소화능력 및 설비의 기준
포수용액 방사차	포수용액의 방사능력이 매분 2,000L 이상일 것
	소화약액탱크 및 소화약액혼합장치를 비치할 것
	10만L 이상의 포수용액을 방사할 수 있는 양의 소화약제를 비치할 것
분말 방사차	분말의 방사능력이 매초 35kg 이상일 것
	분말탱크 및 가압용가스설비를 비치할 것
	1,400kg 이상의 분말을 비치할 것
할로젠화합물 방사차	할로젠화합물의 방사능력이 매초 40kg 이상일 것
	할로젠화합물탱크 및 가압용가스설비를 비치할 것
	1,000kg 이상의 할로젠화합물을 비치할 것
이산화탄소 방사차	이산화탄소의 방사능력이 매초 40kg 이상일 것
	이산화탄소저장용기를 비치할 것
	3,000kg 이상의 이산화탄소를 비치할 것
제독차	가성소오다 및 규조토를 각각 50kg 이상 비치할 것

안전교육의 과정·기간과 그 밖의 교육의 실시에 관한 사항 등(제78조 제2항 관련)

1. 교육과정 · 교육대상자 · 교육시간 · 교육시기 및 교육기관

교육과정	교육대상자	교육시간	교육시기	교육기관
강습교육	안전관리자가 되려는 사람	24시간	최초 선임되기 전	안전원
	위험물운반자가 되려는 사람	8시간	최초 종사하기 전	안전원
	위험물운송자가 되려는 사람	16시간	최초 종사하기 전	안전원
실무교육	안전관리자	8시간	가. 제조소등의 안전관리자로 선임된 날부터 6개월 이내 나. 가목에 따른 교육을 받은 후 2년마다 1회	안전원
	위험물운반자	4시간	가. 위험물운반자로 종사한 날부터 6개월 이내 나. 가목에 따른 교육을 받은 후 3년마다 1회	안전원
	위험물운송자	8시간	가. 이동탱크저장소의 위험물운송자로 종사한 날부터 6개월 이내 나. 가목에 따른 교육을 받은 후 3년마다 1회	안전원
	탱크시험자의 기술인력	8시간	가. 탱크시험자의 기술인력으로 등록한 날부터 6개월 이내 나. 가목에 따른 교육을 받은 후 2년마다 1회	기술원

※ 비고

1. 안전관리자, 위험물운반자 및 위험물운송자 강습교육의 공통과목에 대하여 어느 하나의 강습교육 과정에서 교육을 받은 경우에는 나머지 강습교육 과정에서도 교육을 받은 것으로 본다.
2. 안전관리자, 위험물운반자 및 위험물운송자 실무교육의 공통과목에 대하여 어느 하나의 실무교육 과정에서 교육을 받은 경우에는 나머지 실무교육 과정에서도 교육을 받은 것으로 본다.
3. 안전관리자 및 위험물운송자의 실무교육 시간 중 일부(4시간 이내)를 사이버교육의 방법으로 실시할 수 있다. 다만, 교육대상자가 사이버교육의 방법으로 수강하는 것에 동의하는 경우에 한정한다.

2. 교육계획의 공고 등

가. 안전원의 원장은 강습교육을 하고자 하는 때에는 매년 1월 5일까지 일시, 장소, 그 밖에 강습의 실시에 관한 사항을 공고할 것

나. 기술원 또는 안전원은 실무교육을 하고자 하는 때에는 교육실시 10일 전까지 교육대상자에게 그 내용을 통보할 것

3. 교육신청

가. 강습교육을 받고자 하는 자는 안전원이 지정하는 교육일정 전에 교육수강을 신청할 것

나. 실무교육 대상자는 교육일정 전까지 교육수강을 신청할 것

4. 교육일시 통보

기술원 또는 안전원은 제3호에 따라 교육신청이 있는 때에는 교육실시 전까지 교육대상자에게 교육장소와 교육일시를 통보하여야 한다.

5. 기타

기술원 또는 안전원은 교육대상자별 교육의 과목·시간·실습 및 평가, 강사의 자격, 교육의 신청, 교육수료증의 교부·재교부, 교육수료증의 기재사항, 교육수료자명부의 작성·보관 등 교육의 실시에 관하여 필요한 세부사항을 정하여 소방청장의 승인을 받아야 한다. 이 경우 안전관리자, 위험물운반자 및 위험물운송자 강습교육의 과목에는 각 강습교육별로 다음 표에 정한 사항을 포함하여야 한다.

교육과정	교육내용	
안전관리자 강습교육	제4류 위험물의 품명별 일반성질, 화재예방 및 소화의 방법	• 연소 및 소화에 관한 기초이론
위험물운반자 강습교육	위험물운반에 관한 안전기준	• 모든 위험물의 유별 공통성질과 화재예방 및 소화의 방법
위험물운송자 강습교육	• 이동탱크저장소의 구조 및 설비작동법 • 위험물운송에 관한 안전기준	• 위험물안전관리법령 및 위험물의 안전관리에 관계된 법령

pass.Hackers.com

Part 05

소방시설공사업법

Chapter 01 총칙

제1조 (목적)

이 법은 소방시설공사 및 소방기술의 관리에 필요한 사항을 규정함으로써 소방시설업을 건전하게 발전시키고 소방기술을 진흥시켜 화재로부터 공공의 안전을 확보하고 국민경제에 이바지함을 목적으로 한다.

> **시행령 제1조 (목적)** 이 영은 「소방시설공사업법」에서 위임된 사항과 그 시행에 필요한 사항을 규정함을 목적으로 한다.

> **시행규칙 제1조 (목적)** 이 규칙은 「소방시설공사업법」 및 같은 법 시행령에서 위임된 사항과 그 시행에 필요한 사항을 규정함을 목적으로 한다.

참고 목적

1. **1차 목적:** 소방시설업의 건전한 발전과 소방기술 진흥
2. **2차 목적:** 공공의 안전 확보, 국민경제 이바지

⦿ 확인 예제

다음은 「소방시설공사업법」 제1조의 조문이다. (   )에 들어갈 가장 적합한 것은?

> 이 법은 소방시설공사 및 소방기술의 관리에 필요한 사항을 규정함으로써 소방시설업을 건전하게 발전시키고 (   )시켜 화재로부터 (   )하고 국민경제에 이바지함을 목적으로 한다.

① 소방기술을 혁신, 공공의 안전을 확보
② 소방기술을 혁신, 국민의 생명·신체를 보호
③ 소방기술을 진흥, 공공의 안전을 확보
④ 소방기술을 진흥, 국민의 생명·신체를 보호

정답 ③

제2조 (정의)

① 이 법에서 사용하는 용어의 뜻은 다음과 같다.
1. "소방시설업"이란 다음 각 목의 영업을 말한다.
    가. 소방시설설계업: 소방시설공사에 기본이 되는 공사계획, 설계도면, 설계 설명서, 기술계산서 및 이와 관련된 서류 (이하 "설계도서"라 한다)를 작성(이하 "설계"라 한다)하는 영업
    나. 소방시설공사업: 설계도서에 따라 소방시설을 신설, 증설, 개설, 이전 및 정비(이하 "시공"이라 한다)하는 영업
    다. 소방공사감리업: 소방시설공사에 관한 발주자의 권한을 대행하여 소방시설공사가 설계도서와 관계 법령에 따라 적법하게 시공되는지를 확인하고, 품질·시공 관리에 대한 기술지도를 하는(이하 "감리"라 한다) 영업
    라. 방염처리업: 「소방시설 설치 및 관리에 관한 법률」 제12조 제1항에 따른 방염대상물품에 대하여 방염처리(이하 "방염"이라 한다)하는 영업
2. "소방시설업자"란 소방시설업을 경영하기 위하여 제4조에 따라 소방시설업을 등록한 자를 말한다.
3. "감리원"이란 소방공사감리업자에 소속된 소방기술자로서 해당 소방시설공사를 감리하는 사람을 말한다.

4. "소방기술자"란 제28조에 따라 소방기술 경력 등을 인정받은 사람과 다음 각 목의 어느 하나에 해당하는 사람으로서 소방시설업과 「소방시설 설치 및 관리에 관한 법률」에 따른 소방시설관리업의 기술인력으로 등록된 사람을 말한다.

    가. 「소방시설 설치 및 관리에 관한 법률」에 따른 소방시설관리사

    나. 국가기술자격 법령에 따른 소방기술사, 소방설비기사, 소방설비산업기사, 위험물기능장, 위험물산업기사, 위험물기능사

5. "발주자"란 소방시설의 설계, 시공, 감리 및 방염(이하 "소방시설공사등"이라 한다)을 소방시설업자에게 도급하는 자를 말한다. 다만, 수급인으로서 도급받은 공사를 하도급하는 자는 제외한다.

② 이 법에서 사용하는 용어의 뜻은 제1항에서 규정하는 것을 제외하고는 「소방기본법」, 「화재의 예방 및 안전관리에 관한 법률」, 「소방시설 설치 및 관리에 관한 법률」, 「위험물안전관리법」 및 「건설산업기본법」에서 정하는 바에 따른다.

참고 **시방서**

일반적으로 사용재료의 재질, 품질, 치수 등 제조, 시공상의 방법과 정도, 제품공사 등의 성능 특정한 재료, 제조, 공법 등의 지정, 완성 후의 기술적 및 외관상의 요구 일반 총칙사항이 표시된다. 도면과 함께 설계의 중요한 부분을 이룬다.

핵심정리 | **소방기술자**

1. 소방기술자 인정 자격수첩을 발급받은 자
2. 소방기술사, 소방시설관리사, 소방설비기사, 소방설비산업기사, 위험물기능장, 위험물산업기사, 위험물기능사

확인 예제

「소방시설공사업법」에서 사용하는 용어의 정의로 옳지 않은 것은?

① 소방시설설계업은 공사의 기본이 되는 설계도서를 작성한다.
② 소방시설공사업은 설계도서에 따라 소방시설을 시공한다.
③ 소방시설업자는 시설업 경영을 위하여 소방시설업에 등록한 자이다.
④ 감리원은 공사에 관한 발주자 권한을 대행하여 감리한다.

  ④

제2조의2 (소방시설공사등 관련 주체의 책무)

① 소방청장은 소방시설공사등의 품질과 안전이 확보되도록 소방시설공사등에 관한 기준 등을 정하여 보급하여야 한다.
② 발주자는 소방시설이 공공의 안전과 복리에 적합하게 시공되도록 공정한 기준과 절차에 따라 능력 있는 소방시설업자를 선정하여야 하고, 소방시설공사등이 적정하게 수행되도록 노력하여야 한다.
③ 소방시설업자는 소방시설공사등의 품질과 안전이 확보되도록 소방시설공사등에 관한 법령을 준수하고, 설계도서 · 시방서(示方書) 및 도급계약의 내용 등에 따라 성실하게 소방시설공사등을 수행하여야 한다.

제3조 (다른 법률과의 관계)

소방시설공사 및 소방기술의 관리에 관하여 이 법에서 규정하지 아니한 사항에 대하여는 「화재의 예방 및 안전관리에 관한 법률」, 「소방시설 설치 및 관리에 관한 법률」과 「위험물안전관리법」을 적용한다.

Chapter 02 소방시설업

제4조 (소방시설업의 등록)

① 특정소방대상물의 소방시설공사등을 하려는 자는 업종별로 자본금(개인인 경우에는 자산 평가액을 말한다), 기술인력 등 대통령령으로 정하는 요건을 갖추어 특별시장·광역시장·특별자치시장·도지사 또는 특별자치도지사(이하 "시·도지사"라 한다)에게 소방시설업을 등록하여야 한다. <개정 2014.12.30.>

② 제1항에 따른 소방시설업의 업종별 영업범위는 대통령령으로 정한다.

③ 제1항에 따른 소방시설업의 등록신청과 등록증·등록수첩의 발급·재발급 신청, 그 밖에 소방시설업 등록에 필요한 사항은 행정안전부령으로 정한다.

④ 제1항에도 불구하고 「공공기관의 운영에 관한 법률」 제5조에 따른 공기업·준정부기관 및 「지방공기업법」 제49조에 따라 설립된 지방공사나 같은 법 제76조에 따라 설립된 지방공단이 다음 각 호의 요건을 모두 갖춘 경우에는 시·도지사에게 등록을 하지 아니하고 자체 기술인력을 활용하여 설계·감리를 할 수 있다. 이 경우 대통령령으로 정하는 기술인력을 보유하여야 한다.
   1. 주택의 건설·공급을 목적으로 설립되었을 것
   2. 설계·감리 업무를 주요 업무로 규정하고 있을 것

> **시행령 제2조 (소방시설업의 등록기준 및 영업범위)** ① 「소방시설공사업법」(이하 "법"이라 한다) 제4조 제1항 및 제2항에 따른 소방시설업의 업종별 등록기준 및 영업범위는 별표 1과 같다.
> ② 소방시설공사업의 등록을 하려는 자는 별표 1의 기준을 갖추어 소방청장이 지정하는 금융회사 또는 「소방산업의 진흥에 관한 법률」 제23조에 따른 소방산업공제조합이 별표 1에 따른 자본금 기준금액의 100분의 20 이상에 해당하는 금액의 담보를 제공받거나 현금의 예치 또는 출자를 받은 사실을 증명하여 발행하는 확인서를 특별시장·광역시장·특별자치시장·도지사 또는 특별자치도지사(이하 "시·도지사"라 한다)에게 제출하여야 한다.
> ③ 시·도지사는 법 제4조 제1항에 따른 등록신청이 다음 각 호의 어느 하나에 해당되는 경우를 제외하고는 등록을 해주어야 한다.
>   1. 제1항에 따른 등록기준을 갖추지 못한 경우
>   2. 제2항에 따른 확인서를 제출하지 아니한 경우
>   3. 등록을 신청한 자가 법 제5조 각 호의 어느 하나에 해당하는 경우
>   4. 그 밖에 법, 이 영 또는 다른 법령에 따른 제한에 위반되는 경우

> **시행규칙 제2조 (소방시설업의 등록신청)** ① 「소방시설공사업법」(이하 "법"이라 한다) 제4조 제1항에 따라 소방시설업을 등록하려는 자는 별지 제1호 서식의 소방시설업 등록신청서(전자문서로 된 소방시설업 등록신청서를 포함한다)에 다음 각 호의 서류(전자문서를 포함한다)를 첨부하여 「소방시설공사업법 시행령」(이하 "영"이라 한다) 제20조 제3항에 따라 법 제30조의2에 따른 소방시설업자협회(이하 "협회"라 한다)에 제출하여야 한다. 다만, 「전자정부법」 제36조 제1항에 따른 행정정보의 공동이용을 통하여 첨부서류에 대한 정보를 확인할 수 있는 경우에는 그 확인으로 첨부서류를 갈음할 수 있다.
>   1. 신청인(외국인을 포함하되, 법인의 경우에는 대표자를 포함한 임원을 말한다)의 성명, 주민등록번호 및 주소지 등의 인적사항이 적힌 서류
>   2. 등록기준 중 기술인력에 관한 사항을 확인할 수 있는 다음 각 목의 어느 하나에 해당하는 서류(이하 "기술인력 증빙서류"라 한다)
>   가. 국가기술자격증

나. 법 제28조 제2항에 따라 발급된 소방기술 인정 자격수첩(이하 "자격수첩"이라 한다) 또는 소방기술자 경력수첩(이하 "경력수첩"이라 한다)

3. 영 제2조 제2항에 따라 소방청장이 지정하는 금융회사 또는 소방산업공제조합에 출자·예치·담보한 금액 확인서(이하 "출자·예치·담보 금액 확인서"라 한다) 1부(소방시설공사업만 해당한다). 다만, 소방청장이 지정하는 금융회사 또는 소방산업공제조합에 해당 금액을 확인할 수 있는 경우에는 그 확인으로 갈음할 수 있다.

4. 다음 각 목의 어느 하나에 해당하는 자가 신청일 전 최근 90일 이내에 작성한 자산평가액 또는 소방청장이 정하여 고시하는 바에 따라 작성된 기업진단 보고서(소방시설공사업만 해당한다)

가. 「공인회계사법」 제7조에 따라 금융위원회에 등록한 공인회계사

나. 「세무사법」 제6조에 따라 기획재정부에 등록한 세무사

다. 「건설산업기본법」 제49조 제2항에 따른 전문경영진단기관

5. 신청인(법인인 경우에는 대표자를 말한다)이 외국인인 경우에는 법 제5조 각 호의 어느 하나에 해당하는 사유와 같거나 비슷한 사유에 해당하지 아니함을 확인할 수 있는 서류로서 다음 각 목의 어느 하나에 해당하는 서류

가. 해당 국가의 정부나 공증인(법률에 따른 공증인의 자격을 가진 자만 해당한다), 그 밖의 권한이 있는 기관이 발행한 서류로서 해당 국가에 주재하는 우리나라 영사가 확인한 서류

나. 「외국공문서에 대한 인증의 요구를 폐지하는 협약」을 체결한 국가의 경우에는 해당 국가의 정부나 공증인(법률에 따른 공증인의 자격을 가진 자만 해당한다), 그 밖의 권한이 있는 기관이 발행한 서류로서 해당 국가의 아포스티유(Apostille) 확인서 발급 권한이 있는 기관이 그 확인서를 발급한 서류

② 제1항에 따른 신청서류는 업종별로 제출하여야 한다.

③ 제1항에 따라 등록신청을 받은 협회는 「전자정부법」 제36조 제1항에 따른 행정정보의 공동이용을 통하여 다음 각 호의 서류를 확인하여야 한다. 다만, 신청인이 제2호부터 제4호까지의 서류의 확인에 동의하지 아니하는 경우에는 해당 서류를 제출하도록 하여야 한다.

1. 법인등기사항 전부증명서(법인인 경우만 해당한다)

2. 사업자등록증(개인인 경우만 해당한다)

3. 「출입국관리법」 제88조 제2항에 따른 외국인등록 사실증명(외국인인 경우만 해당한다)

4. 「국민연금법」 제16조에 따른 국민연금가입자 증명서(이하 "국민연금가입자 증명서"라 한다) 또는 「국민건강보험법」 제11조에 따라 건강보험의 가입자로서 자격을 취득하고 있다는 사실을 확인할 수 있는 증명서("건강보험자격취득 확인서"라 한다)

제2조의2 (등록신청 서류의 보완) 협회는 제2조에 따라 받은 소방시설업의 등록신청 서류가 다음 각 호의 어느 하나에 해당되는 경우에는 10일 이내의 기간을 정하여 이를 보완하게 할 수 있다.

1. 첨부서류(전자문서를 포함한다)가 첨부되지 아니한 경우

2. 신청서(전자문서로 된 소방시설업 등록신청서를 포함한다) 및 첨부서류(전자문서를 포함한다)에 기재되어야 할 내용이 기재되어 있지 아니하거나 명확하지 아니한 경우

제2조의3 (등록신청 서류의 검토·확인 및 송부) ① 협회는 제2조에 따라 소방시설업 등록신청 서류를 받았을 때에는 영 제2조 및 영 별표 1에 따른 등록기준에 맞는지를 검토·확인하여야 한다.

② 협회는 제1항에 따른 검토·확인을 마쳤을 때에는 제2조에 따라 받은 소방시설업 등록신청 서류에 그 결과를 기재한 별지 제1호의2 서식에 따른 소방시설업 등록신청서 서면심사 및 확인 결과를 첨부하여 접수일(제2조의2에 따라 신청서류의 보완을 요구한 경우에는 그 보완이 완료된 날을 말한다. 이하 같다)부터 7일 이내에 특별시장·광역시장·특별자치시장·도지사 또는 특별자치도지사(이하 "시·도지사"라 한다)에게 보내야 한다.

제3조 (소방시설업 등록증 및 등록수첩의 발급등) 시·도지사는 제2조에 따른 접수일부터 15일 이내에 협회를 경유하여 별지 제3호 서식에 따른 소방시설업 등록증 및 별지 제4호 서식에 따른 소방시설업 등록수첩을 신청인에게 발급해 주어야 한다.

제4조 (소방시설업 등록증 또는 등록수첩의 재발급 및 반납) ① 법 제4조 제3항에 따라 소방시설업자는 소방시설업 등록증 또는 등록수첩을 잃어버리거나 소방시설업 등록증 또는 등록수첩이 헐어 못 쓰게 된 경우에는 시·도지사에게 소방시설업 등록증 또는 등록수첩의 재발급을 신청할 수 있다.

② 소방시설업자는 제1항에 따라 재발급을 신청하는 경우에는 별지 제6호 서식의 소방시설업 등록증(등록수첩) 재발급신청서[전자문서로 된 소방시설업 등록증(등록수첩) 재발급신청서를 포함한다]를 협회를 경유하여 시·도지사에게 제출하여야 한다.

③ 시·도지사는 제2항에 따른 재발급신청서[전자문서로 된 소방시설업 등록증(등록수첩) 재발급신청서를 포함한다]를 제출받은 경우에는 3일 이내에 협회를 경유하여 소방시설업 등록증 또는 등록수첩을 재발급하여야 한다.

④ 소방시설업자는 다음 각 호의 어느 하나에 해당하는 경우에는 지체 없이 협회를 경유하여 시·도지사에게 그 소방시설업 등록증 및 등록수첩을 반납하여야 한다.

1. 법 제9조에 따라 소방시설업 등록이 취소된 경우

2. 삭제 <2016.8.25>

3. 제1항에 따라 재발급을 받은 경우. 다만, 소방시설업 등록증 또는 등록수첩을 잃어버리고 재발급을 받은 경우에는 이를 다시 찾은 경우에만 해당한다.

제4조의2 (등록관리) ① 시·도지사는 제3조에 따라 소방시설업 등록증 및 등록수첩을 발급(제4조에 따른 재발급, 제6조 제4항 단서 및 제7조 제5항에 따른 발급을 포함한다)하였을 때에는 별지 제4호의2 서식에 따른 소방시설업 등록증 및 등록수첩 발급(재발급)대장에 그 사실을 일련번호 순으로 작성하고 이를 관리(전자문서를 포함한다)하여야 한다.

② 협회는 제1항에 따라 발급한 사항에 대하여 별지 제5호 서식에 따른 소방시설업 등록대장에 등록사항을 작성하여 관리(전자문서를 포함한다)하여야 한다. 이 경우 협회는 다음 각 호의 사항을 협회 인터넷 홈페이지를 통하여 공시하여야 한다.

1. 등록업종 및 등록번호

2. 등록 연월일

3. 상호(명칭) 및 성명(법인의 경우에는 대표자의 성명을 말한다)

4. 영업소 소재지

✏️ **핵심정리** | 소방시설업의 등록

1. **등록권자**: 시, 도지사

2. **등록요건**

3. **소방시설업의 업종별 등록기준 및 영업범위**

업종별 ＼ 종류	전문		일반	
	기술인력	영업범위	기술인력	영업범위
설계업	• 주: 기술사 1인 이상 • 보: 1인 이상	전부	• 주: 기술사 1인 이상 또는 기사 1인 이상 • 보: 1인 이상	• APT(제연제외) • 연면적 3만㎡ 미만(공장 1만㎡ 미만) • 위험물 제조소등
공사업	• 주: 기술사 또는 기사 각 1인 이상(기계, 전기함께 취득시 1인) • 보: 2인 이상	전부	• 주: 기술사 또는 기사 1인 이상 • 보: 1인 이상	• 연면적 1만㎡ 미만 • 위험물 제조소등
감리업	기술사(특급, 고급, 중급, 초급) 이상 각 1인 이상	전부	특급, 고급 또는 중급 이상, 초급 이상	설계업과 동일

※ 비고: 공사업 자본금 { 전문 법인: 1억원, 개인: 1억원 / 일반 법인: 1억원, 개인: 1억원

4. 소방시설업 등록증 또는 등록수첩의 재교부 및 반납

① 재교부

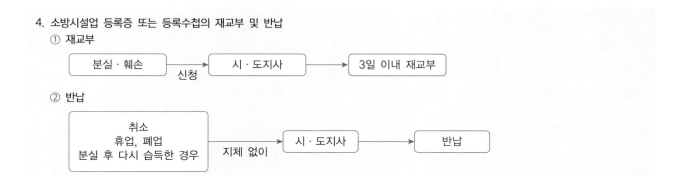

② 반납

<!-- 반납 흐름도: 취소 / 휴업, 폐업 / 분실 후 다시 습득한 경우 → 지체 없이 → 시·도지사 → 반납 -->

⊘ 확인 예제

다음 중 전문 소방시설공사업의 등록기준으로 옳은 것은?

① 개인은 자산평가액 1억 원 이상
② 법인은 자본금 5천만 원 이상
③ 주된 기술인력 1명 이상, 보조기술인력 1명 이상
④ 개인은 자산평가액 2억 원 이상

정답 ①

제5조 (등록의 결격사유)

다음 각 호의 어느 하나에 해당하는 자는 소방시설업을 등록할 수 없다.

1. 피성년후견인
2. 삭제 <2015.7.20.>
3. 이 법, 「소방기본법」, 「화재의 예방 및 안전관리에 관한 법률」, 「소방시설 설치 및 관리에 관한 법률」 또는 「위험물안전관리법」에 따른 금고 이상의 실형을 선고받고 그 집행이 끝나거나(집행이 끝난 것으로 보는 경우를 포함한다) 면제된 날부터 2년이 지나지 아니한 사람
4. 이 법, 「소방기본법」, 「화재의 예방 및 안전관리에 관한 법률」, 「소방시설 설치 및 관리에 관한 법률」 또는 「위험물안전관리법」에 따른 금고 이상의 형의 집행유예를 선고받고 그 유예기간 중에 있는 사람
5. 등록하려는 소방시설업 등록이 취소(제1호에 해당하여 등록이 취소된 경우는 제외한다)된 날부터 2년이 지나지 아니한 자
6. 법인의 대표자가 제1호 또는 제3호부터 제5호까지에 해당하는 경우 그 법인
7. 법인의 임원이 제3호부터 제5호까지의 규정에 해당하는 경우 그 법인

⊘ 확인 예제

소방시설업 등록의 결격사유 기준에 해당하지 않는 것은?

① 피성년후견인
② 소방법에 의한 금고 이상의 실형을 선고받고 그 집행이 끝났거나 집행이 면제된 날로부터 2년이 지나지 아니한 사람
③ 소방법에 따른 금고 이상의 집행유예 선고를 받고 2년이 지난 사람
④ 소방시설업 등록이 취소된 날부터 2년이 지나지 아니한 사람

정답 ③

제6조 (등록사항의 변경신고)

소방시설업자는 제4조에 따라 등록한 사항 중 행정안전부령으로 정하는 중요 사항을 변경할 때에는 행정안전부령으로 정하는 바에 따라 시·도지사에게 신고하여야 한다.

시행규칙 제5조 (등록사항의 변경신고사항) 법 제6조에서 "행정안전부령으로 정하는 중요 사항"이란 다음 각 호의 어느 하나에 해당하는 사항을 말한다.

1. 상호(명칭) 또는 영업소 소재지
2. 대표자
3. 기술인력

제6조 (등록사항의 변경신고 등) ① 법 제6조에 따라 소방시설업자는 제5조 각 호의 어느 하나에 해당하는 등록사항이 변경된 경우에는 변경일부터 30일 이내에 별지 제7호 서식의 소방시설업 등록사항 변경신고서(전자문서로 된 소방시설업 등록사항 변경신고서를 포함한다)에 변경사항별로 다음 각 호의 구분에 따른 서류(전자문서를 포함한다)를 첨부하여 협회에 제출하여야 한다. 다만, 「전자정부법」 제36조 제1항에 따른 행정정보의 공동이용을 통하여 첨부서류에 대한 정보를 확인할 수 있는 경우에는 그 확인으로 첨부서류를 갈음할 수 있다.

1. 상호(명칭) 또는 영업소 소재지가 변경된 경우: 소방시설업 등록증 및 등록수첩
2. 대표자가 변경된 경우: 다음 각 목의 서류
   가. 소방시설업 등록증 및 등록수첩
   나. 변경된 대표자의 성명, 주민등록번호 및 주소지 등의 인적사항이 적힌 서류
   다. 외국인인 경우에는 제2조 제1항 제5호 각 목의 어느 하나에 해당하는 서류
3. 기술인력이 변경된 경우: 다음 각 목의 서류
   가. 소방시설업 등록수첩
   나. 기술인력 증빙서류
   다. 삭제 <2014.9.2.>

② 제1항에 따른 신고서를 제출받은 협회는 「전자정부법」 제36조 제1항에 따라 행정정보의 공동이용을 통하여 다음 각 호의 서류를 확인하여야 한다. 다만, 신청인이 제2호부터 제4호까지의 서류의 확인에 동의하지 아니하는 경우에는 해당 서류를 제출하도록 하여야 한다.

1. 법인등기사항 전부증명서(법인인 경우만 해당한다)
2. 사업자등록증(개인인 경우만 해당한다)
3. 「출입국관리법」 제88조 제2항에 따른 외국인등록 사실증명(외국인인 경우만 해당한다)
4. 국민연금가입자 증명서 또는 건강보험자격취득 확인서(기술인력을 변경하는 경우에만 해당한다)

③ 제1항에 따라 변경신고 서류를 제출받은 협회는 등록사항의 변경신고 내용을 확인하고 5일 이내에 제1항에 따라 제출된 소방시설업 등록증·등록수첩 및 기술인력 증빙서류에 그 변경된 사항을 기재하여 발급하여야 한다.

④ 제3항에도 불구하고 영업소 소재지가 등록된 특별시·광역시·특별자치시·도 및 특별자치도(이하 "시·도"라 한다)에서 다른 시·도로 변경된 경우에는 제1항에 따라 제출받은 변경신고 서류를 접수일로부터 7일 이내에 해당 시·도지사에게 보내야 한다. 이 경우 해당 시·도지사는 소방시설업 등록증 및 등록수첩을 협회를 경유하여 신고인에게 새로 발급하여야 한다.

⑤ 제1항에 따라 변경신고 서류를 제출받은 협회는 별지 제5호 서식의 소방시설업 등록대장에 변경사항을 작성하여 관리(전자문서를 포함한다)하여야 한다.

⑥ 협회는 등록사항의 변경신고 접수현황을 매월 말일을 기준으로 작성하여 다음 달 10일까지 별지 제7호의2 서식에 따라 시·도지사에게 알려야 한다.

⑦ 변경신고 서류의 보완에 관하여는 제2조의2를 준용한다. 이 경우 "소방시설업의 등록신청 서류"는 "소방시설업의 등록사항 변경신고 서류"로 본다.

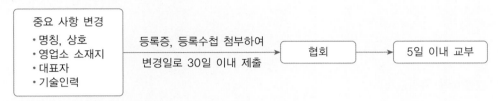

핵심정리 | 등록사항의 변경신고

중요 사항 변경
• 명칭, 상호
• 영업소 소재지
• 대표자
• 기술인력

→ 등록증, 등록수첩 첨부하여 변경일로 30일 이내 제출 → 협회 → 5일 이내 교부

1. **상호, 명칭, 소재지, 대표자 변경:** 등록증, 등록수첩 제출
2. **기술인력 변경:** 등록수첩, 변경된 기술인력 자격증 제출

확인 예제

소방시설업자가 등록사항의 변경시 시·도지사에게 신고하여야 할 사항으로 옳지 <u>않은</u> 것은?

① 명칭과 상호   ② 자본금
③ 대표자   ④ 기술인력

정답 ②

제6조의2 (휴업·폐업 신고 등)

① 소방시설업자는 소방시설업을 휴업·폐업 또는 재개업하는 때에는 행정안전부령으로 정하는 바에 따라 시·도지사에게 신고하여야 한다.
② 제1항에 따른 폐업신고를 받은 시·도지사는 소방시설업 등록을 말소하고 그 사실을 행정안전부령으로 정하는 바에 따라 공고하여야 한다.
③ 제1항에 따른 폐업신고를 한 자가 제2항에 따라 소방시설업 등록이 말소된 후 6개월 이내에 같은 업종의 소방시설업을 다시 제4조에 따라 등록한 경우 해당 소방시설업자는 폐업신고 전 소방시설업자의 지위를 승계한다.
④ 제3항에 따라 소방시설업자의 지위를 승계한 자에 대해서는 폐업신고 전의 소방시설업자에 대한 행정처분의 효과가 승계된다.

> **시행규칙 제6조의2 (소방시설업의 휴업·폐업 등의 신고)** ① 소방시설업자는 법 제6조의2 제1항에 따라 휴업·폐업 또는 재개업 신고를 하려면 휴업·폐업 또는 재개업일부터 30일 이내에 별지 제7호의3서식의 소방시설업 휴업·폐업·재개업 신고서(전자문서로 된 신고서를 포함한다)에 다음 각 호의 구분에 따른 서류(전자문서를 포함한다)를 첨부하여 협회를 경유하여 시·도지사에게 제출하여야 한다. 다만, 「전자정부법」 제36조 제1항에 따른 행정정보의 공동이용을 통하여 첨부서류에 대한 정보를 확인할 수 있는 경우에는 그 확인으로 첨부서류를 갈음할 수 있다. <개정 2024.1.4.>
> 1. 휴업·폐업의 경우: 등록증 및 등록수첩
> 2. 재개업의 경우: 제2조 제1항 제2호 및 제3호에 해당하는 서류
> ② 제1항에 따른 신고서를 제출받은 협회는 「전자정부법」 제36조 제1항에 따라 행정정보의 공동이용을 통하여 국민연금가입자 증명서 또는 건강보험자격취득 확인서를 확인하여야 한다. 다만, 신고인이 서류의 확인에 동의하지 아니하는 경우에는 해당 서류를 제출하도록 하여야 한다.
> ③ 제1항에 따른 신고서를 제출받은 협회는 법 제6조의2 제2항에 따라 다음 각 호의 사항을 협회 인터넷 홈페이지에 공고하여야 한다.
> 1. 등록업종 및 등록번호
> 2. 휴업·폐업 또는 재개업 연월일

3. 상호(명칭) 및 성명(법인의 경우에는 대표자의 성명을 말한다)

4. 영업소 소재지

[본조신설 2016.8.25.]

제7조 (소방시설업자의 지위승계)

① 다음 각 호의 어느 하나에 해당하는 자가 종전의 소방시설업자의 지위를 승계하려는 경우에는 그 상속일, 양수일 또는 합병일부터 30일 이내에 행정안전부령으로 정하는 바에 따라 그 사실을 시·도지사에게 신고하여야 한다.

1. 소방시설업자가 사망한 경우 그 상속인

2. 소방시설업자가 그 영업을 양도한 경우 그 양수인

3. 법인인 소방시설업자가 다른 법인과 합병한 경우 합병 후 존속하는 법인이나 합병으로 설립되는 법인

4. 삭제 <2020.6.9.>

② 다음 각 호의 어느 하나에 해당하는 절차에 따라 소방시설업자의 소방시설의 전부를 인수한 자가 종전의 소방시설업자의 지위를 승계하려는 경우에는 그 인수일부터 30일 이내에 행정안전부령으로 정하는 바에 따라 그 사실을 시·도지사에게 신고하여야 한다.

1. 「민사집행법」에 따른 경매

2. 「채무자 회생 및 파산에 관한 법률」에 따른 환가(換價)

3. 「국세징수법」, 「관세법」 또는 「지방세징수법」에 따른 압류재산의 매각

4. 그 밖에 제1호부터 제3호까지의 규정에 준하는 절차

③ 시·도지사는 제1항 또는 제2항에 따른 신고를 받은 경우 그 내용을 검토하여 이 법에 적합하면 신고를 수리하여야 한다. <개정 2020.6.9.>

④ 제1항이나 제2항에 따른 지위승계에 관하여는 제5조를 준용한다. 다만, 상속인이 제5조 각 호의 어느 하나에 해당하는 경우 상속받은 날부터 3개월 동안은 그러하지 아니하다.

⑤ 제1항 또는 제2항에 따른 신고가 수리된 경우에는 제1항 각 호에 해당하는 자 또는 소방시설업자의 소방시설의 전부를 인수한 자는 그 상속일, 양수일, 합병일 또는 인수일부터 종전의 소방시설업자의 지위를 승계한다. <개정 2020.6.9.>

시행규칙 제7조 (지위승계 신고 등) ① 법 제7조 제3항에 따라 소방시설업자 지위승계를 신고하려는 자는 그 지위를 승계한 날부터 30일 이내에 다음 각 호의 구분에 따른 서류(전자문서를 포함한다)를 협회에 제출하여야 한다. <개정 2020.1.15.>

1. 양도·양수의 경우(분할 또는 분할합병에 따른 양도·양수의 경우를 포함한다. 이하 이 조에서 같다): 다음 각 목의 서류

가. 별지 제8호 서식에 따른 소방시설업 지위승계신고서

나. 양도인 또는 합병 전 법인의 소방시설업 등록증 및 등록수첩

다. 양도·양수 계약서 사본, 분할계획서 사본 또는 분할합병계약서 사본(법인의 경우 양도·양수에 관한 사항을 의결한 주주총회 등의 결의서 사본을 포함한다)

라. 제2조 제1항 각 호에 해당하는 서류. 이 경우 같은 항 제1호 및 제5호의 "신청인"은 "신고인"으로 본다.

마. 양도·양수 공고문 사본

2. 상속의 경우: 다음 각 목의 서류

가. 별지 제8호 서식에 따른 소방시설업 지위승계신고서

나. 피상속인의 소방시설업 등록증 및 등록수첩

다. 제2조 제1항 각 호에 해당하는 서류. 이 경우 같은 항 제1호 및 제5호의 "신청인"은 "신고인"으로 본다.

라. 상속인임을 증명하는 서류

3. 합병의 경우: 다음 각 목의 서류

　　가. 별지 제9호 서식에 따른 소방시설업 합병신고서

　　나. 합병 전 법인의 소방시설업 등록증 및 등록수첩

　　다. 합병계약서 사본(합병에 관한 사항을 의결한 총회 또는 창립총회 결의서 사본을 포함한다)

　　라. 제2조 제1항 각 호에 해당하는 서류. 이 경우 같은 항 제1호 및 제5호의 "신청인"은 "신고인"으로 본다.

　　마. 합병공고문 사본

② 제1항에 따라 소방시설업자 지위 승계를 신고하려는 상속인이 법 제6조의2 제1항에 따른 폐업 신고를 함께 하려는 경우에는 제1항 제2호 다목 전단의 서류 중 제2조 제1항 제1호 및 제5호의 서류만을 첨부하여 제출할 수 있다. 이 경우 같은 항 제1호 및 제5호의 "신청인"은 "신고인"으로 본다. <신설 2020.1.15.>

③ 제1항에 따른 신고서를 제출받은 협회는 「전자정부법」 제36조 제1항에 따라 행정정보의 공동이용을 통하여 다음 각 호의 서류를 확인하여야 하며, 신고인이 제2호부터 제4호까지의 서류의 확인에 동의하지 아니하는 경우에는 해당 서류를 첨부하게 하여야 한다. <개정 2020.1.15.>

1. 법인등기사항 전부증명서(지위승계인이 법인인 경우에만 해당한다)

2. 사업자등록증(지위승계인이 개인인 경우에만 해당한다)

3. 「출입국관리법」 제88조 제2항에 따른 외국인등록 사실증명(지위승계인이 외국인인 경우에만 해당한다)

4. 국민연금가입자 증명서 또는 건강보험자격취득 확인서

④ 제1항에 따른 지위승계 신고 서류를 제출받은 협회는 접수일부터 7일 이내에 지위를 승계한 사실을 확인한 후 그 결과를 시·도지사에게 보고하여야 한다. <개정 2020.1.15.>

⑤ 시·도지사는 제4항에 따라 소방시설업의 지위승계 신고의 확인 사실을 보고받은 날부터 3일 이내에 협회를 경유하여 법 제7조 제1항에 따른 지위승계인에게 등록증 및 등록수첩을 발급하여야 한다. <신설 2020.1.15.>

⑥ 제1항에 따라 지위승계 신고 서류를 제출받은 협회는 별지 제5호 서식에 따른 소방시설업 등록대장에 지위승계에 관한 사항을 작성하여 관리(전자문서를 포함한다)하여야 한다. <신설 2020.1.15.>

⑦ 지위승계 신고 서류의 보완에 관하여는 제2조의2를 준용한다. 이 경우 "소방시설업의 등록신청 서류"는 "소방시설업의 지위승계 신고 서류"로 본다. <신설 2020.1.15.>

✎ **핵심정리** | 소방시설업자의 지위승계

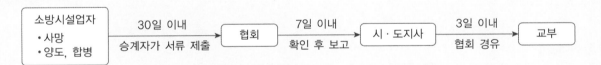

제8조 (소방시설업의 운영)

① 소방시설업자는 다른 자에게 자기의 성명이나 상호를 사용하여 소방시설공사등을 수급 또는 시공하게 하거나 소방시설업의 등록증 또는 등록수첩을 빌려 주어서는 아니 된다. <개정 2020.6.9.>

② 제9조 제1항에 따라 영업정지처분이나 등록취소처분을 받은 소방시설업자는 그 날부터 소방시설공사등을 하여서는 아니 된다. 다만, 소방시설의 착공신고가 수리(受理)되어 공사를 하고 있는 자로서 도급계약이 해지되지 아니한 소방시설공사업자 또는 소방공사감리업자가 그 공사를 하는 동안이나 제4조 제1항에 따라 방염처리업을 등록한 자(이하 "방염처리업자"라 한다)가 도급을 받아 방염 중인 것으로서 도급계약이 해지되지 아니한 상태에서 그 방염을 하는 동안에는 그러하지 아니하다.

③ 소방시설업자는 다음 각 호의 어느 하나에 해당하는 경우에는 소방시설공사등을 맡긴 특정소방대상물의 관계인에게 지체 없이 그 사실을 알려야 한다.
　1. 제7조에 따라 소방시설업자의 지위를 승계한 경우
　2. 제9조 제1항에 따라 소방시설업의 등록취소처분 또는 영업정지처분을 받은 경우
　3. 휴업하거나 폐업한 경우
④ 소방시설업자는 행정안전부령으로 정하는 관계 서류를 제15조 제1항에 따른 하자보수 보증기간 동안 보관하여야 한다.

시행규칙 제8조 (소방시설업자가 보관하여야 하는 관계 서류) 법 제8조 제4항에서 "행정안전부령으로 정하는 관계 서류"란 다음 각 호의 구분에 따른 해당 서류(전자문서를 포함한다)를 말한다.
　1. 소방시설설계업: 별지 제10호 서식의 소방시설 설계기록부 및 소방시설 설계도서
　2. 소방시설공사업: 별지 제11호 서식의 소방시설공사 기록부
　3. 소방공사감리업: 별지 제12호 서식의 소방공사 감리기록부, 별지 제13호 서식의 소방공사 감리일지 및 소방시설의 완공 당시 설계도서

📝 **핵심정리** | 소방시설업의 운영

1. 빌려주지 않을 것(등록증, 등록수첩)
2. 영업정지·등록취소 → 그날부터 소방시설공사등을 하지 않을 것(단, 진행 중인 공사등은 할 수 있다)
3. **통지**

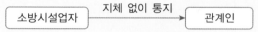

　① 지위승계
　② 취소, 영업정지
　③ 휴업, 폐업
4. **소방시설업자가 보관하여야 하는 관계서류(하자보수 보증기간 동안)**
　① **소방시설설계업**: 소방시설 설계기록부, 소방시설 설계도서
　② **소방시설공사업**: 소방시설 공사기록부
　③ **소방공사감리업**: 소방공사 감리기록부, 감리일지, 소방시설의 완공 당시 설계도서

◎ **확인 예제**

소방시설업자는 설계, 시공 또는 감리를 맡긴 특정소방대상물의 관계인에게 지체 없이 그 사실을 알려야 하는 경우로 옳지 않은 것은?

① 지위승계　　　　　　　　　　　　　② 영업정지
③ 휴업 또는 폐업　　　　　　　　　　④ 기술인력 교체

정답 ④

제9조 (등록취소와 영업정지 등)

① 시·도지사는 소방시설업자가 다음 각 호의 어느 하나에 해당하면 행정안전부령으로 정하는 바에 따라 그 등록을 취소하거나 6개월 이내의 기간을 정하여 시정이나 그 영업의 정지를 명할 수 있다. 다만, 제1호·제3호 또는 제7호에 해당하는 경우에는 그 등록을 취소하여야 한다.   <개정 2021.1.5.>

1. 거짓이나 그 밖의 부정한 방법으로 등록한 경우
2. 제4조 제1항에 따른 등록기준에 미달하게 된 후 30일이 경과한 경우. 다만, 자본금기준에 미달한 경우 중 「채무자 회생 및 파산에 관한 법률」에 따라 법원이 회생절차의 개시의 결정을 하고 그 절차가 진행 중인 경우 등 대통령령으로 정하는 경우는 30일이 경과한 경우에도 예외로 한다.
3. 제5조 각 호의 등록 결격사유에 해당하게 된 경우. 다만, 제5조 제6호 또는 제7호에 해당하게 된 법인이 그 사유가 발생한 날부터 3개월 이내에 그 사유를 해소한 경우는 제외한다.
4. 등록을 한 후 정당한 사유 없이 1년이 지날 때까지 영업을 시작하지 아니하거나 계속하여 1년 이상 휴업한 때
5. 삭제 <2013.5.22.>
6. 제8조 제1항을 위반하여 다른 자에게 자기의 성명이나 상호를 사용하여 소방시설공사등을 수급 또는 시공하게 하거나 소방시설업의 등록증 또는 등록수첩을 빌려준 경우
7. 제8조 제2항을 위반하여 영업정지 기간 중에 소방시설공사등을 한 경우
8. 제8조 제3항 또는 제4항을 위반하여 통지를 하지 아니하거나 관계서류를 보관하지 아니한 경우
9. 제11조나 제12조 제1항을 위반하여 「소방시설 설치 및 관리에 관한 법률」 제9조 제1항에 따른 화재안전기준(이하 "화재안전기준"이라 한다) 등에 적합하게 설계·시공을 하지 아니하거나, 제16조 제1항에 따라 적합하게 감리를 하지 아니한 경우
10. 제11조, 제12조 제1항, 제16조 제1항 또는 제20조의2에 따른 소방시설공사등의 업무수행의무 등을 고의 또는 과실로 위반하여 다른 자에게 상해를 입히거나 재산피해를 입힌 경우
11. 제12조 제2항을 위반하여 소속 소방기술자를 공사현장에 배치하지 아니하거나 거짓으로 한 경우
12. 제13조나 제14조를 위반하여 착공신고(변경신고를 포함한다)를 하지 아니하거나 거짓으로 한 때 또는 완공검사(부분완공검사를 포함한다)를 받지 아니한 경우
13. 제13조 제2항 후단을 위반하여 착공신고사항 중 중요한 사항에 해당하지 아니하는 변경사항을 같은 항 각 호의 어느 하나에 해당하는 서류에 포함하여 보고하지 아니한 경우
14. 제15조 제3항을 위반하여 하자보수 기간 내에 하자보수를 하지 아니하거나 하자보수계획을 통보하지 아니한 경우
14의2. 제16조 제3항에 따른 감리의 방법을 위반한 경우
15. 제17조 제3항을 위반하여 인수·인계를 거부·방해·기피한 경우
16. 제18조 제1항을 위반하여 소속 감리원을 공사현장에 배치하지 아니하거나 거짓으로 한 경우
17. 제18조 제3항의 감리원 배치기준을 위반한 경우
18. 제19조 제1항에 따른 요구에 따르지 아니한 경우
19. 제19조 제3항을 위반하여 보고하지 아니한 경우
20. 제20조를 위반하여 감리 결과를 알리지 아니하거나 거짓으로 알린 경우 또는 공사감리 결과보고서를 제출하지 아니하거나 거짓으로 제출한 경우
20의2. 제20조의2를 위반하여 방염을 한 경우
20의3. 제20조의3 제2항에 따른 방염처리능력 평가에 관한 서류를 거짓으로 제출한 경우
20의4. 제21조의3 제4항을 위반하여 하도급 등에 관한 사항을 관계인과 발주자에게 알리지 아니하거나 거짓으로 알린 경우

20의5. 제21조의5 제1항 또는 제3항을 위반하여 부정한 청탁을 받고 재물 또는 재산상의 이익을 취득하거나 부정한 청탁을 하면서 재물 또는 재산상의 이익을 제공한 경우

21. 제22조 제1항 본문을 위반하여 도급받은 소방시설의 설계, 시공, 감리를 하도급한 경우

21의2. 제22조 제2항을 위반하여 하도급받은 소방시설공사를 다시 하도급한 경우

22. <2020.6.9.> [제22호는 제20호의4로 이동]

23. 제22조의2 제2항을 위반하여 정당한 사유 없이 하수급인 또는 하도급 계약내용의 변경요구에 따르지 아니한 경우

23의2. 제22조의3을 위반하여 하수급인에게 대금을 지급하지 아니한 경우

24. 제24조를 위반하여 시공과 감리를 함께 한 경우

24의2. 제26조 제2항에 따른 시공능력 평가에 관한 서류를 거짓으로 제출한 경우

24의3. 제26조의2 제2항에 따른 사업수행능력 평가에 관한 서류를 위조하거나 변조하는 등 거짓이나 그 밖의 부정한 방법으로 입찰에 참여한 경우

25. 제31조에 따른 명령을 위반하여 보고 또는 자료 제출을 하지 아니하거나 거짓으로 보고 또는 자료 제출을 한 경우

26. 정당한 사유 없이 제31조에 따른 관계 공무원의 출입 또는 검사·조사를 거부·방해 또는 기피한 경우

② 제7조에 따라 소방시설업자의 지위를 승계한 상속인이 제5조 각 호의 어느 하나에 해당할 때에는 상속을 개시한 날부터 6개월 동안은 제1항 제3호를 적용하지 아니한다.

③ 발주자는 소방시설업자가 제1항 각 호의 어느 하나에 해당하는 경우 그 사실을 시·도지사에게 통보하여야 한다.

④ 시·도지사는 제1항 또는 제10조 제1항에 따라 등록취소, 영업정지 또는 과징금 부과 등의 처분을 하는 경우 해당 발주자에게 그 내용을 통보하여야 한다.

[2024.1.4. 시행]

시행령 제2조의2 (일시적인 등록기준 미달에 관한 예외) 법 제9조 제1항 제2호 단서에서 "「채무자 회생 및 파산에 관한 법률」에 따라 법원이 회생절차의 개시의 결정을 하고 그 절차가 진행 중인 경우 등 대통령령으로 정하는 경우"란 다음 각 호의 어느 하나에 해당하는 경우를 말한다.

1. 「상법」 제542조의8 제1항 단서의 적용 대상인 상장회사가 최근 사업연도 말 현재의 자산 총액 감소에 따라 등록기준에 미달하는 기간이 50일 이내인 경우

2. 제2조 제1항에 따른 업종별 등록기준 중 자본금 기준에 미달하는 경우로서 다음 각 목의 어느 하나에 해당하는 경우
   가. 「채무자 회생 및 파산에 관한 법률」에 따라 법원이 회생절차 개시의 결정을 하고, 그 절차가 진행 중인 경우
   나. 「채무자 회생 및 파산에 관한 법률」에 따라 법원이 회생계획의 수행에 지장이 없다고 인정하여 해당 소방시설업자에 대한 회생절차 종결의 결정을 하고, 그 회생계획을 수행 중인 경우
   다. 「기업구조조정 촉진법」에 따라 금융채권자협의회가 금융채권자협의회에 의한 공동관리절차 개시 의결을 하고, 그 절차가 진행 중인 경우

시행규칙 제9조 (소방시설업의 행정처분기준) 법 제9조 제1항에 따른 소방시설업의 등록취소 등의 행정처분에 대한 기준은 별표 1과 같다.

제10조 (과징금처분)

① 시·도지사는 제9조 제1항 각 호의 어느 하나에 해당하는 경우로서 영업정지가 그 이용자에게 불편을 주거나 그 밖에 공익을 해칠 우려가 있을 때에는 영업정지처분을 갈음하여 2억원 이하의 과징금을 부과할 수 있다. <개정 2020.6.9.>

② 제1항에 따른 과징금을 부과하는 위반행위의 종류와 위반 정도 등에 따른 과징금과 그 밖에 필요한 사항은 행정안전부령으로 정한다.

③ 시·도지사는 제1항에 따른 과징금을 내야 할 자가 납부기한까지 과징금을 내지 아니하면 「지방행정제재·부과금의 징수 등에 관한 법률」에 따라 징수한다. <개정 2020.3.24.>

> **참고**
>
> 1. 소방시설업자가 의무사항을 위반하는 경우 공익을 침해하지 않으면서 의무이행을 확보할 수 있는 수단으로 과징금제도를 도입하였다.
> 2. 과징금은 행정법상의 의무이행을 강제하기 위한 목적으로 의무 위반자에 대하여 부과, 징수하는 금전적 제재를 말하며 행정벌이 아니라는 점이 벌금 또는 과태료와는 다르다.

> **시행규칙 제10조 (과징금을 부과하는 위반행위의 종별과 과징금의 부과기준)** 법 제10조 제2항에 따라 과징금을 부과하는 위반행위의 종류와 그에 대한 과징금의 부과기준은 별표 2와 같다.
>
> **제11조 (과징금 징수절차)** 법 제10조 제2항에 따른 과징금의 징수절차는 「국고금관리법 시행규칙」을 준용한다.
>
> **제11조의2 (소방시설업자의 처분통지 등)** 시·도지사는 다음 각 호의 어느 하나에 해당하는 경우에는 협회에 그 사실을 알려주어야 한다.
> 1. 법 제9조 제1항에 따라 등록취소·시정명령 또는 영업정지를 하는 경우
> 2. 법 제10조 제1항에 따라 과징금을 부과하는 경우

⊙ 확인 예제

소방시설업의 영업정지처분에 갈음하여 과징금은 얼마까지 부과할 수 있는가?

① 1천만원　　　　　　　　　　② 2천만원
③ 1억원　　　　　　　　　　　④ 2억원

 ④

Chapter 03 — 소방시설공사

제1절 | 설계

제11조 (설계)

① 제4조 제1항에 따라 소방시설설계업을 등록한 자(이하 "설계업자"라 한다)는 이 법이나 이 법에 따른 명령과 화재안전기준에 맞게 소방시설을 설계하여야 한다. 다만, 「소방시설 설치 및 관리에 관한 법률」 제11조의2 제1항에 따른 중앙소방기술심의위원회의 심의를 거쳐 소방시설의 구조와 원리 등에서 특수한 설계로 인정된 경우는 화재안전기준을 따르지 아니할 수 있다.

② 제1항 본문에도 불구하고 「소방시설 설치 및 관리에 관한 법률」 제9조의3에 따른 특정소방대상물(신축하는 것만 해당한다)에 대해서는 그 용도, 위치, 구조, 수용 인원, 가연물(可燃物)의 종류 및 양 등을 고려하여 설계(이하 "성능위주설계"라 한다)하여야 한다.

③ 성능위주설계를 할 수 있는 자의 자격, 기술인력 및 자격에 따른 설계의 범위와 그 밖에 필요한 사항은 대통령령으로 정한다.

④ 삭제 <2014.12.30.>

> **시행령 제2조의3 (성능위주설계를 할 수 있는 자의 자격 등)** 법 제11조 제3항에 따른 성능위주설계를 할 수 있는 자의 자격·기술인력 및 자격에 따른 설계범위는 별표 1의2와 같다.

✎ 핵심정리 | 설계

1. **성능위주설계:** 소방대상물의 용도, 위치, 구조, 수용인원, 가연물의 종류 및 양을 고려 설계하는 것
2. **성능위주 설계자의 자격 및 기술 인력**
   ① **자격**
      • 전문소방시설설계업을 등록한 자
      • 전문소방시설설계업 등록기준에 따른 기술인력을 갖춘 자로서 소방청장이 고시하는 연구기관 또는 단체
   ② **기술인력:** 소방기술사 2명 이상

제2절 | 시공

제12조 (시공)

① 제4조 제1항에 따라 소방시설공사업을 등록한 자(이하 "공사업자"라 한다)는 이 법이나 이 법에 따른 명령과 화재안전기준에 맞게 시공하여야 한다. 이 경우 소방시설의 구조와 원리 등에서 그 공법이 특수한 시공에 관하여는 제11조 제1항 단서를 준용한다.

② 공사업자는 소방시설공사의 책임시공 및 기술관리를 위하여 대통령령으로 정하는 바에 따라 소속 소방기술자를 공사 현장에 배치하여야 한다.

핵심정리 | 소방기술자 배치기준

1인의 소방기술자를 2개의 공사현장(연면적 5천m² 미만 공사 제외)을 초과하여 배치하여서는 아니 된다.

제13조 (착공신고)

① 공사업자는 대통령령으로 정하는 소방시설공사를 하려면 행정안전부령으로 정하는 바에 따라 그 공사의 내용, 시공 장소, 그 밖에 필요한 사항을 소방본부장이나 소방서장에게 신고하여야 한다.

② 공사업자가 제1항에 따라 신고한 사항 가운데 행정안전부령으로 정하는 중요한 사항을 변경하였을 때에는 행정안전부령으로 정하는 바에 따라 변경신고를 하여야 한다. 이 경우 중요한 사항에 해당하지 아니하는 변경 사항은 다음 각 호의 어느 하나에 해당하는 서류에 포함하여 소방본부장이나 소방서장에게 보고하여야 한다.   <개정 2020.6.9.>
1. 제14조 제1항 또는 제2항에 따른 완공검사 또는 부분완공검사를 신청하는 서류
2. 제20조에 따른 공사감리 결과보고서

③ 소방본부장 또는 소방서장은 제1항 또는 제2항 전단에 따른 착공신고 또는 변경신고를 받은 날부터 2일 이내에 신고 수리 여부를 신고인에게 통지하여야 한다.   <신설 2020.6.9.>

④ 소방본부장 또는 소방서장이 제3항에서 정한 기간 내에 신고수리 여부 또는 민원 처리 관련 법령에 따른 처리기간의 연장을 신고인에게 통지하지 아니하면 그 기간(민원처리 관련 법령에 따라 처리기간이 연장 또는 재연장된 경우에는 해당 처리기간을 말한다)이 끝난 날의 다음 날에 신고를 수리한 것으로 본다.   <신설 2020.6.9.>

참고 | 신고

사인의 공법행위의 하나로서 사인이 행정청에 대하여 일정한 사실, 관념을 통지함으로써 공법적 효과가 발생하는 행위를 말한다.

시행령 제3조 (소방기술자의 배치기준 및 배치기간) 법 제4조 제1항에 따라 소방시설공사업을 등록한 자(이하 "공사업자"라 한다)는 법 제12조 제2항에 따라 별표 2의 배치기준 및 배치기간에 맞게 소속 소방기술자를 소방시설공사 현장에 배치하여야 한다.

제4조 (소방시설공사의 착공신고 대상) 법 제13조 제1항에서 "대통령령으로 정하는 소방시설공사"란 다음 각 호의 어느 하나에 해당하는 소방시설공사를 말한다. 다만, 「위험물안전관리법」 제2조 제1항 제6호에 따른 제조소등 또는 「다중이용업소의 안전관리에 관한 특별법」 제2조 제1항 제4호에 따른 다중이용업소에서의 소방시설공사는 제외한다. <개정 2015.1.6, 2015.6.22, 2019.12.10, 2020.12.29, 2023.5.9, 2023.11.28.>
1. 특정소방대상물에 다음 각 목의 어느 하나에 해당하는 설비를 신설하는 공사
가. 옥내소화전설비(호스릴옥내소화전설비를 포함한다. 이하 같다), 옥외소화전설비, 스프링클러설비 · 간이스프링클러설비(캐비닛형 간이스프링클러설비를 포함한다. 이하 같다) 및 화재조기진압용 스프링클러설비(이하 "스프링클러설비등"이라 한다), 물분무소화설비 · 포소화설비 · 이산화탄소소화설비 · 할론소화설비 · 할로겐화합물 및 불활성기체 소화설비 · 미분무소화설비 · 강화액소화설비 및 분말소화설비(이하 "물분무등소화설비"라 한다), 연결송수관설비, 연결살수설비, 제연설비(소방용 외의 용도와 겸용되는 제연설비를 「건설산업기본법 시행령」 별표 1에 따른 기계설비 · 가스공사업자가 공사하는 경우는 제외한다), 소화용수설비(소화용수설비를 「건설산업기본법 시행령」 별표 1에 따른 기계설비 · 가스공사업자 또는 상 · 하수도설비공사업자가 공사하는 경우는 제외한다) 또는 연소방지설비

나. 자동화재탐지설비, 비상경보설비, 비상방송설비(소방용 외의 용도와 겸용되는 비상방송설비를 「정보통신공사업법」에 따른 정보통신공사업자가 공사하는 경우는 제외한다), 비상콘센트설비(비상콘센트설비를 「전기공사업법」에 따른 전기공사업자가 공사하는 경우는 제외한다) 또는 무선통신보조설비(소방용 외의 용도와 겸용되는 무선통신보조설비를 「정보통신공사업법」에 따른 정보통신공사업자가 공사하는 경우는 제외한다)

2. 특정소방대상물에 다음 각 목의 어느 하나에 해당하는 설비 또는 구역 등을 증설하는 공사

가. 옥내·옥외소화전설비

나. 스프링클러설비·간이스프링클러설비 또는 물분무등소화설비의 방호구역, 자동화재탐지설비의 경계구역, 제연설비의 제연구역(소방용 외의 용도와 겸용되는 제연설비를 「건설산업기본법 시행령」 별표 1에 따른 기계설비·가스공사업자가 공사하는 경우는 제외한다), 연결살수설비의 살수구역, 연결송수관설비의 송수구역, 비상콘센트설비의 전용회로, 연소방지설비의 살수구역

3. 특정소방대상물에 설치된 소방시설등을 구성하는 다음 각 목의 어느 하나에 해당하는 것의 전부 또는 일부를 개설(改設), 이전(移轉) 또는 정비(整備)하는 공사. 다만, 고장 또는 파손 등으로 인하여 작동시킬 수 없는 소방시설을 긴급히 교체하거나 보수하여야 하는 경우에는 신고하지 않을 수 있다.

가. 수신반(受信盤)

나. 소화펌프

다. 동력(감시)제어반

[전문개정 2010.10.18.]

시행규칙 제12조 (착공신고 등) ① 소방시설공사업자(이하 "공사업자"라 한다)는 소방시설공사를 하려면 법 제13조 제1항에 따라 해당 소방시설공사의 착공 전까지 별지 제14호 서식의 소방시설공사 착공(변경)신고서[전자문서로 된 소방시설공사 착공(변경)신고서를 포함한다]에 다음 각 호의 서류(전자문서를 포함한다)를 첨부하여 소방본부장 또는 소방서장에게 신고하여야 한다. 다만, 「전자정부법」 제36조 제1항에 따른 행정정보의 공동이용을 통하여 첨부서류에 대한 정보를 확인할 수 있는 경우에는 그 확인으로 첨부서류를 갈음할 수 있다.

1. 공사업자의 소방시설공사업 등록증 사본 1부 및 등록수첩 사본 1부
2. 해당 소방시설공사의 책임시공 및 기술관리를 하는 기술인력의 기술등급을 증명하는 서류 사본 1부
3. 법 제21조의3 제2항에 따라 체결한 소방시설공사 계약서 사본 1부
4. 설계도서(설계설명서를 포함하되, 「소방시설 설치 및 관리에 관한 법률 시행규칙」 제4조 제2항에 따라 건축허가등의 동의 요구서에 첨부된 서류 중 설계도서가 변경된 경우에만 첨부한다) 1부
5. 소방시설공사를 하도급하는 경우 다음 각 목의 서류

가. 제20조 제1항 및 별지 제31호 서식에 따른 소방시설공사등의 하도급통지서 사본 1부

나. 하도급대금 지급에 관한 다음의 어느 하나에 해당하는 서류

1) 「하도급거래 공정화에 관한 법률」 제13조의2에 따라 공사대금 지급을 보증한 경우에는 하도급대금 지급보증서 사본 1부

2) 「하도급거래 공정화에 관한 법률」 제13조의2 제1항 각 호 외의 부분 단서 및 같은 법 시행령 제8조 제1항에 따라 보증이 필요하지 않거나 보증이 적합하지 않다고 인정되는 경우에는 이를 증빙하는 서류 사본 1부

② 법 제13조 제2항에서 "행정안전부령으로 정하는 중요한 사항"이란 다음 각 호의 어느 하나에 해당하는 사항을 말한다.

1. 시공자
2. 설치되는 소방시설의 종류
3. 책임시공 및 기술관리 소방기술자

③ 법 제13조 제2항에 따라 공사업자는 제2항 각 호의 어느 하나에 해당하는 사항이 변경된 경우에는 변경일부터 30일 이내에 별지 제14호 서식의 소방시설공사 착공(변경)신고서[전자문서로 된 소방시설공사 착공(변경)신고서를 포함한다]에 제1항 각 호의 서류(전자문서를 포함한다) 중 변경된 해당 서류를 첨부하여 소방본부장 또는 소방서장에게 신고하여야 한다.

④ 소방본부장 또는 소방서장은 소방시설공사 착공신고 또는 변경신고를 받은 경우에는 2일 이내에 처리하고 그 결과를 신고인에게 통보하며, 소방시설공사현장에 배치되는 소방기술자의 성명, 자격증 번호·등급, 시공현장의 명칭·소재지·면적 및 현장 배치기간을 법 제26조의3 제1항에 따른 소방시설업 종합정보시스템에 입력해야 한다. 이 경우 소방본부장 또는 소방서장은 별지 제15호 서식의 소방시설 착공 및 완공대장에 필요한 사항을 기록하여 관리하여야 한다. <개정 2020.1.15.>
⑤ 소방본부장 또는 소방서장은 소방시설공사 착공신고 또는 변경신고를 받은 경우에는 공사업자에게 별지 제16호 서식의 소방시설공사현황 표지에 따른 소방시설공사현황의 게시를 요청할 수 있다.

핵심정리 | 착공신고

1. **착공신고**: 공사업자가 소방본부장, 소방서장에게 신고(호스릴, 캐비닛형 포함)

2. **대상**

공사종류 \ 설치종류	기계	전기
특정소방대상물에 당해 소방시설을 신설하는 공사	옥내·외소화전, 스프링클러설비등, 물분무등소화설비(물분무, 포, CO$_2$, 할론, 할로겐화합물 및 불활성기체, 분말, 강화액) 소화활동설비, 소화용수설비	경보설비 중(자동화재탐지설비, 비상경보설비, 비상방송설비), 소화활동설비 중(비상콘센트설비, 무선통신보조설비)
특정소방대상물에 다음에 해당하는 설비 또는 구역 등을 증설하는 공사	옥내·외소화전, 방호구역, 제연구역, 살수구역(연·살, 연·방), 송수구역	자동화재탐지설비(경계구역), 비상콘센트설비(전용회로)
개설(改設), 이전(移轉), 정비	수신반, 소화펌프, 동력(감시)제어반	

3. **신고절차**

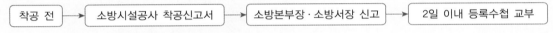

〈첨부서류〉
1. 등록증 및 등록수첩
2. 기술자격증 사본
3. 설계도서
4. 하도급 통지서 사본

4. **변경신고절차**

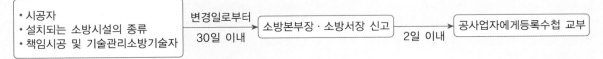

확인 예제

다음 중 소방시설공사의 착공신고 대상이 아닌 것은?

① 비상콘센트설비의 전용회로 증설공사
② 소화펌프 일부를 보수하는 공사
③ 감시제어반 일부를 교체하는 공사
④ 정보통신공사업법에 의한 정보통신공사업자가 행하는 무선통신보조설비를 신설하는 공사

정답 ④

제14조 (완공검사)

① 공사업자는 소방시설공사를 완공하면 소방본부장 또는 소방서장의 완공검사를 받아야 한다. 다만, 제17조 제1항에 따라 공사감리자가 지정되어 있는 경우에는 공사감리 결과보고서로 완공검사를 갈음하되, 대통령령으로 정하는 특정소방대상물의 경우에는 소방본부장이나 소방서장이 소방시설공사가 공사감리 결과보고서대로 완공되었는지를 현장에서 확인할 수 있다.

② 공사업자가 소방대상물 일부분의 소방시설공사를 마친 경우로서 전체 시설이 준공되기 전에 부분적으로 사용할 필요가 있는 경우에는 그 일부분에 대하여 소방본부장이나 소방서장에게 완공검사(이하 "부분완공검사"라 한다)를 신청할 수 있다. 이 경우 소방본부장이나 소방서장은 그 일부분의 공사가 완공되었는지를 확인하여야 한다.

③ 소방본부장이나 소방서장은 제1항에 따른 완공검사나 제2항에 따른 부분완공검사를 하였을 때에는 완공검사증명서나 부분완공검사증명서를 발급하여야 한다.

④ 제1항부터 제3항까지의 규정에 따른 완공검사 및 부분완공검사의 신청과 검사증명서의 발급, 그 밖에 완공검사 및 부분완공검사에 필요한 사항은 행정안전부령으로 정한다.

시행령 제5조 (완공검사를 위한 현장확인 대상 특정소방대상물의 범위) 법 제14조 제1항 단서에서 "대통령령으로 정하는 특정소방대상물"이란 특정소방대상물 중 다음 각 호의 대상물을 말한다.
1. 문화 및 집회시설, 종교시설, 판매시설, 노유자(老幼者)시설, 수련시설, 운동시설, 숙박시설, 창고시설, 지하상가 및 「다중이용업소의 안전관리에 관한 특별법」에 따른 다중이용업소
2. 다음 각 목의 어느 하나에 해당하는 설비가 설치되는 특정소방대상물
   가. 스프링클러설비등
   나. 물분무등소화설비(호스릴 방식의 소화설비는 제외한다)
3. 연면적 1만 제곱미터 이상이거나 11층 이상인 특정소방대상물(아파트는 제외한다)
4. 가연성가스를 제조·저장 또는 취급하는 시설 중 지상에 노출된 가연성가스탱크의 저장용량 합계가 1천 톤 이상인 시설

시행규칙 제13조 (소방시설의 완공검사 신청 등) ① 공사업자는 소방시설공사의 완공검사 또는 부분완공검사를 받으려면 법 제14조 제4항에 따라 별지 제17호 서식의 소방시설공사 완공검사신청서(전자문서로 된 소방시설공사 완공검사신청서를 포함한다) 또는 별지 제18호 서식의 소방시설 부분완공검사신청서(전자문서로 된 소방시설 부분완공검사신청서를 포함한다)를 소방본부장 또는 소방서장에게 제출하여야 한다. 다만, 「전자정부법」 제36조 제1항에 따른 행정정보의 공동이용을 통하여 첨부서류에 대한 정보를 확인할 수 있는 경우에는 그 확인으로 첨부서류를 갈음할 수 있다.

② 제1항에 따라 소방시설 완공검사신청 또는 부분완공검사신청을 받은 소방본부장 또는 소방서장은 법 제14조 제1항 및 제2항에 따른 현장 확인 결과 또는 감리 결과보고서를 검토한 결과 해당 소방시설공사가 법령과 화재안전기준에 적합하다고 인정하면 별지 제19호 서식의 소방시설 완공검사증명서 또는 별지 제20호 서식의 소방시설 부분완공검사증명서를 공사업자에게 발급하여야 한다.

✎ 핵심정리 | 완공검사

1. **검사권자**: 소방본부장 또는 소방서장
2. 감리자가 있는 경우 → 감리결과보고서로 완공검사
3. **완공검사를 위한 현장확인 대상**
   ① 노유자, 수련시설, 지하상가, 판매시설, 문화 및 집회시설, 운동시설, 종교시설, 숙박시설, 다중이용업소, 창고시설
   ② 가스계(CO_2 할로겐화합물, 청정) 소화설비가 설치되는 것
   ③ 연면적 1만 제곱미터 이상, 층수가 11층 이상
   ④ 가연성가스 노출 탱크용량의 합계 1천 톤 이상
4. 현장확인 후에 감리결과보고서 검토 후 적합한 경우 완공검사증명서 교부

소방본부장 또는 소방서장의 소방시설공사가 공사감리 결과보고서에 맞게 완공되었는지 현장 확인할 수 있는 대상이 아닌 것은?

① 다중이용업소
② 지하상가
③ 연면적 3천m² 이상이거나 11층 이상인 특정소방대상물
④ 가연성가스를 제조·저장 또는 취급하는 시설 중 지상에 노출된 가연성가스탱크의 저장용량 합계가 1천t 이상인 시설

정답 ③

제15조 (공사의 하자보수 등)

① 공사업자는 소방시설공사 결과 자동 화재탐지설비 등 대통령령으로 정하는 소방시설에 하자가 있을 때에는 대통령령으로 정하는 기간 동안 그 하자를 보수하여야 한다.
② 삭제 <2015.7.20.>
③ 관계인은 제1항에 따른 기간에 소방시설의 하자가 발생하였을 때에는 공사업자에게 그 사실을 알려야 하며, 통보를 받은 공사업자는 3일 이내에 하자를 보수하거나 보수 일정을 기록한 하자보수계획을 관계인에게 서면으로 알려야 한다.
④ 관계인은 공사업자가 다음 각 호의 어느 하나에 해당하는 경우에는 소방본부장이나 소방서장에게 그 사실을 알릴 수 있다.
   1. 제3항에 따른 기간에 하자보수를 이행하지 아니한 경우
   2. 제3항에 따른 기간에 하자보수계획을 서면으로 알리지 아니한 경우
   3. 하자보수계획이 불합리하다고 인정되는 경우
⑤ 소방본부장이나 소방서장은 제4항에 따른 통보를 받았을 때에는 「소방시설 설치 및 관리에 관한 법률」 제11조의2 제2항에 따른 지방소방기술심의위원회에 심의를 요청하여야 하며, 그 심의 결과 제4항 각 호의 어느 하나에 해당하는 것으로 인정할 때에는 시공자에게 기간을 정하여 하자보수를 명하여야 한다.
⑥ 삭제 <2015.7.20.>

> **시행령 제6조 (하자보수 대상 소방시설과 하자보수 보증기간)** 법 제15조 제1항에 따라 하자를 보수하여야 하는 소방시설과 소방시설별 하자보수 보증기간은 다음 각 호의 구분과 같다.
> 1. 피난기구, 유도등, 유도표지, 비상경보설비, 비상조명등, 비상방송설비 및 무선통신보조설비: 2년
> 2. 자동소화장치, 옥내소화전설비, 스프링클러설비, 간이스프링클러설비, 물분무등소화설비, 옥외소화전설비, 자동화재탐지설비, 상수도소화용수설비 및 소화활동설비(무선통신보조설비는 제외한다): 3년
>
> **제7조** 삭제 <2016.1.19.>

1. 절차

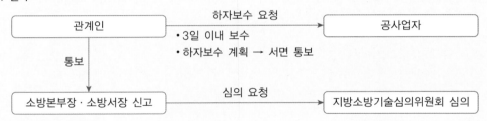

2. 하자보수 보증기간
   ① 기계설비(자동화재탐지설비, 비상콘센트설비 포함): 3년
   ② 전기설비(피난기구 포함): 2년

확인 예제

소방시설공사업자는 소방시설공사 결과 소방시설에 하자가 있을 때에는 하자를 보수하여야 한다. 하자보수 보증기간이 같은 것끼리 옳게 연결된 것은?

ㄱ. 자동화재탐지설비	ㄴ. 피난기구
ㄷ. 자동확산소화기	ㄹ. 비상콘센트설비
ㅁ. 간이스프링클러설비	ㅂ. 무선통신보조설비

① ㄱ, ㄴ   ② ㄱ, ㄷ   ③ ㄱ, ㅁ   ④ ㄹ, ㅂ

정답 ③

제3절 감리

제16조 (감리)

① 제4조 제1항에 따라 소방공사감리업을 등록한 자(이하 "감리업자"라 한다)는 소방공사를 감리할 때 다음 각 호의 업무를 수행하여야 한다.
   1. 소방시설등의 설치계획표의 적법성 검토
   2. 소방시설등 설계도서의 적합성(적법성과 기술상의 합리성을 말한다. 이하 같다) 검토
   3. 소방시설등 설계 변경 사항의 적합성 검토
   4. 「소방시설 설치 및 관리에 관한 법률」 제2조 제1항 제4호의 소방용품의 위치·규격 및 사용 자재의 적합성 검토
   5. 공사업자가 한 소방시설등의 시공이 설계도서와 화재안전기준에 맞는지에 대한 지도·감독
   6. 완공된 소방시설등의 성능시험
   7. 공사업자가 작성한 시공 상세 도면의 적합성 검토
   8. 피난시설 및 방화시설의 적법성 검토
   9. 실내장식물의 불연화(不燃化)와 방염 물품의 적법성 검토

② 용도와 구조에서 특별히 안전성과 보안성이 요구되는 소방대상물로서 대통령령으로 정하는 장소에서 시공되는 소방시설물에 대한 감리는 감리업자가 아닌 자도 할 수 있다.

③ 감리업자는 제1항 각 호의 업무를 수행할 때에는 대통령령으로 정하는 감리의 종류 및 대상에 따라 공사기간 동안 소방시설공사 현장에 소속 감리원을 배치하고 업무수행 내용을 감리일지에 기록하는 등 대통령령으로 정하는 감리의 방법에 따라야 한다. <개정 2020.6.9.>

> **시행령 제8조 (감리업자가 아닌 자가 감리할 수 있는 보안성 등이 요구되는 소방대상물의 시공 장소)** 법 제16조 제2항에서 "대통령령으로 정하는 장소"란 「원자력안전법」 제2조 제10호에 따른 관계시설이 설치되는 장소를 말한다.
>
> **제9조 (소방공사감리의 종류와 방법)** 법 제16조 제3항에 따른 소방공사감리의 종류, 방법 및 대상은 별표 3과 같다.

📝 핵심정리 | 감리

1. **감리자의 업무(검토 및 공사업자 지도·감독)**
   ① 소방시설등의 설치계획표(적법)
   ② 피난·방화시설(적법)
   ③ 실내장식물의 불연화 및 방염물품(적법)
   ④ 소방용 기계·기구 등의 위치·규격 및 사용자재(적합)
   ⑤ 공사업자가 작성한 시공 상세도면(적합)
   ⑥ 소방시설등 설계도서(적합)
   ⑦ 소방시설등 설계변경 사항(적합)
   ⑧ 공사업자 지도·감독
   ⑨ 성능시험

2. **소방공사감리의 종류 및 대상**
   ① **상주공사감리:** 연면적 3만m² 이상(아파트: 500세대 이상 포함), (단, 자·탑, 옥내·외 소화전, 소화용수시설만 설치되는 공사 제외)
   ② **일반공사감리**
      • 상주공사감리 이외의 공사
      • **감리방법**
        - 주 1회 이상 방문
        - 1인 5개 현장 감리(연면적 총합 10만m² 이하)
        - 16층 미만 아파트 연면적에 관계없이 5개 현장 감리

01 「소방시설공사업법」상 소방공사감리업자의 업무범위에 해당하지 않는 것은?

① 완공된 소방시설등의 성능시험
② 소방시설등의 설치계획표의 적법성 검토
③ 소방시설등 설계 변경 사항의 적합성 검토
④ 설계업자가 작성한 시공 상세 도면의 적합성 검토

02 다음 중 상주공사감리 대상으로 옳은 것은?

① 자동화재탐지설비만 설치되는 연면적 3만㎡ 이상의 특정소방대상물
② 옥외소화전설비만 설치되는 연면적 3만㎡ 이상의 특정소방대상물
③ 소화용수시설만 설치되는 연면적 3만㎡ 이상의 특정소방대상물
④ 물분무등소화설비가 설치되는 연면적 3만㎡ 이상의 특정소방대상물

정답 01 ④   02 ④

제17조 (공사감리자의 지정 등)

① 대통령령으로 정하는 특정소방대상물의 관계인이 특정소방대상물에 대하여 자동화재탐지설비, 옥내소화전설비 등 대통령령으로 정하는 소방시설을 시공할 때에는 소방시설공사의 감리를 위하여 감리업자를 공사감리자로 지정하여야 한다. 다만, 제26조의2 제2항에 따라 시·도지사가 감리업자를 선정한 경우에는 그 감리업자를 공사감리자로 지정한다. <개정 2021.1.5.>

② 관계인은 제1항에 따라 공사감리자를 지정하였을 때에는 행정안전부령으로 정하는 바에 따라 소방본부장이나 소방서장에게 신고하여야 한다. 공사감리자를 변경하였을 때에도 또한 같다.

③ 관계인이 제1항에 따른 공사감리자를 변경하였을 때에는 새로 지정된 공사감리자와 종전의 공사감리자는 감리 업무 수행에 관한 사항과 관계 서류를 인수·인계하여야 한다.

④ 소방본부장 또는 소방서장은 제2항에 따른 공사감리자 지정신고 또는 변경신고를 받은 날부터 2일 이내에 신고수리 여부를 신고인에게 통지하여야 한다. <신설 2020.6.9.>

⑤ 소방본부장 또는 소방서장이 제4항에서 정한 기간 내에 신고수리 여부 또는 민원 처리 관련 법령에 따른 처리기간의 연장을 신고인에게 통지하지 아니하면 그 기간(민원처리 관련 법령에 따라 처리기간이 연장 또는 재연장된 경우에는 해당 처리기간을 말한다)이 끝난 날의 다음 날에 신고를 수리한 것으로 본다. <신설 2020.6.9.>

시행령 제10조 (공사감리자 지정대상 특정소방대상물의 범위) ① 법 제17조 제1항 본문에서 "대통령령으로 정하는 특정소방대상물" 이란 「소방시설 설치 및 관리에 관한 법률」 제2조 제1항 제3호의 특정소방대상물을 말한다.

② 법 제17조 제1항 본문에서 "자동화재탐지설비, 옥내소화전설비 등 대통령령으로 정하는 소방시설을 시공할 때"란 다음 각 호의 어느 하나에 해당하는 소방시설을 시공할 때를 말한다.

1. 옥내소화전설비를 신설·개설 또는 증설할 때
2. 스프링클러설비등(캐비닛형 간이스프링클러설비는 제외한다)을 신설·개설하거나 방호·방수 구역을 증설할 때
3. 물분무등소화설비(호스릴 방식의 소화설비는 제외한다)를 신설·개설하거나 방호·방수 구역을 증설할 때
4. 옥외소화전설비를 신설·개설 또는 증설할 때
5. 자동화재탐지설비를 신설 또는 개설할 때
5의2. 비상방송설비를 신설 또는 개설할 때

6. 통합감시시설을 신설 또는 개설할 때

6의2. 삭제 <2023.11.28.>

7. 소화용수설비를 신설 또는 개설할 때

8. 다음 각 목에 따른 소화활동설비에 대하여 각 목에 따른 시공을 할 때

　가. 제연설비를 신설·개설하거나 제연구역을 증설할 때

　나. 연결송수관설비를 신설 또는 개설할 때

　다. 연결살수설비를 신설·개설하거나 송수구역을 증설할 때

　라. 비상콘센트설비를 신설·개설하거나 전용회로를 증설할 때

　마. 무선통신보조설비를 신설 또는 개설할 때

　바. 연소방지설비를 신설·개설하거나 살수구역을 증설할 때

9. 삭제 <2017.12.12.>

시행규칙 제15조 (소방공사감리자의 지정신고 등) ① 법 제17조 제2항에 따라 특정소방대상물의 관계인은 공사감리자를 지정한 경우에는 착공신고일까지 별지 제21호 서식의 소방공사감리자 지정신고서에 다음 각 호의 서류(전자문서를 포함한다)를 첨부하여 소방본부장 또는 소방서장에게 제출하여야 한다. 다만, 「전자정부법」 제36조 제1항에 따른 행정정보의 공동이용을 통하여 첨부서류에 대한 정보를 확인할 수 있는 경우에는 그 확인으로 첨부서류를 갈음할 수 있다.

1. 소방공사감리업 등록증 사본 1부 및 등록수첩 사본 1부

2. 해당 소방시설공사를 감리하는 소속 감리원의 감리원 등급을 증명하는 서류(전자문서를 포함한다) 각 1부

3. 별지 제22호 서식의 소방공사감리계획서 1부

4. 법 제21조의3 제2항에 따라 체결한 소방시설 설계계약서 사본 1부 및 소방공사 감리계약서 사본 1부

② 특정소방대상물의 관계인은 공사감리자가 변경된 경우에는 법 제17조 제2항 후단에 따라 변경일부터 30일 이내에 별지 제23호 서식의 소방공사감리자 변경신고서(전자문서로 된 소방공사감리자 변경신고서를 포함한다)에 제1항 각 호의 서류(전자문서를 포함한다)를 첨부하여 소방본부장 또는 소방서장에게 제출하여야 한다. 다만, 「전자정부법」 제36조 제1항에 따른 행정정보의 공동이용을 통하여 첨부서류에 대한 정보를 확인할 수 있는 경우에는 그 확인으로 첨부서류를 갈음할 수 있다.

③ 소방본부장 또는 소방서장은 제1항 및 제2항에 따라 공사감리자의 지정신고 또는 변경신고를 받은 경우에는 2일 이내에 처리하고 그 결과를 신고인에게 통보해야 한다.

✎ **핵심정리**

1. 공사감리자의 지정

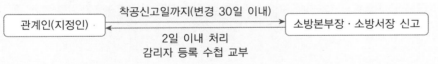

2. 공사감리자 지정대상

　① 옥내·옥외소화전설비(신설·개설·증설)

　② 스프링클러설비등(캐비닛형 간이스프링클러설비 제외) (신설·개설·증설)

　③ 물분무등소화설비(호스릴 제외) (신설·개설·증설)

　④ 자동화재탐지설비(신설·개설)

　⑤ 통합감시시설(신설·개설)

　⑥ 비상방송설비(신설·개설)

　⑦ 비상조명등(신설·개설)

　⑧ 소화용수설비(신설·개설)

　⑨ 소화활동설비(신설·개설·구역 증설)

소방시설공사에 있어서 공사감리자 지정대상 특정소방대상물이 아닌 것은?

① 비상경보설비의 신설
② 옥내소화전설비의 신설
③ 스프링클러설비의 신설
④ 통합감시시설의 신설

정답 ①

제18조 (감리원의 배치 등)

① 감리업자는 소방시설공사의 감리를 위하여 소속 감리원을 대통령령으로 정하는 바에 따라 소방시설공사 현장에 배치하여야 한다.
② 감리업자는 제1항에 따라 소속 감리원을 배치하였을 때에는 행정안전부령으로 정하는 바에 따라 소방본부장이나 소방서장에게 통보하여야 한다. 감리원의 배치를 변경하였을 때에도 또한 같다.
③ 제1항에 따른 감리원의 세부적인 배치 기준은 행정안전부령으로 정한다.

> **시행령 제11조 (소방공사 감리원의 배치기준 및 배치기간)** 법 제18조 제1항에 따라 감리업자는 별표 4의 배치기준 및 배치기간에 맞게 소속 감리원을 소방시설공사 현장에 배치하여야 한다.

> **시행규칙 제16조 (감리원의 세부 배치 기준 등)** ① 법 제18조 제3항에 따른 감리원의 세부적인 배치 기준은 다음 각 호의 구분에 따른다.
> 1. 영 별표 3에 따른 상주공사감리 대상인 경우
>   가. 기계분야의 감리원 자격을 취득한 사람과 전기분야의 감리원 자격을 취득한 사람 각 1명 이상을 감리원으로 배치할 것. 다만, 기계분야 및 전기분야의 감리원 자격을 함께 취득한 사람이 있는 경우에는 그에 해당하는 사람 1명 이상을 배치할 수 있다.
>   나. 소방시설용 배관(전선관을 포함한다. 이하 같다)을 설치하거나 매립하는 때부터 소방시설 완공검사증명서를 발급받을 때까지 소방공사감리현장에 감리원을 배치할 것
> 2. 영 별표 3에 따른 일반공사감리 대상인 경우
>   가. 기계분야의 감리원 자격을 취득한 사람과 전기분야의 감리원 자격을 취득한 사람 각 1명 이상을 감리원으로 배치할 것. 다만, 기계분야 및 전기분야의 감리원 자격을 함께 취득한 사람이 있는 경우에는 그에 해당하는 사람 1명 이상을 배치할 수 있다.
>   나. 별표 3에 따른 기간 동안 감리원을 배치할 것
>   다. 감리원은 주 1회 이상 소방공사감리현장을 방문하여 감리할 것
>   라. 1명의 감리원이 담당하는 소방공사감리현장은 5개 이하(자동화재탐지설비 또는 옥내소화전설비 중 어느 하나만 설치하는 2개의 소방공사감리현장이 최단 차량주행거리로 30킬로미터 이내에 있는 경우에는 1개의 소방공사감리현장으로 본다)로서 감리현장 연면적의 총 합계가 10만 제곱미터 이하일 것. 다만, 일반 공사감리 대상인 아파트의 경우에는 연면적의 합계에 관계없이 1명의 감리원이 5개 이내의 공사현장을 감리할 수 있다.
> ② 영 별표 3 상주 공사감리의 방법란 각 호에서 "행정안전부령으로 정하는 기간"이란 소방시설용 배관을 설치하거나 매립하는 때부터 소방시설 완공검사증명서를 발급받을 때까지를 말한다.
> ③ 영 별표 3 일반공사감리의 방법란 제1호 및 제2호에서 "행정안전부령으로 정하는 기간"이란 별표 3에 따른 기간을 말한다.

제17조 (감리원 배치통보 등) ① 소방공사감리업자는 법 제18조 제2항에 따라 감리원을 소방공사감리현장에 배치하는 경우에는 별지 제24호 서식의 소방공사감리원 배치통보서(전자문서로 된 소방공사감리원 배치통보서를 포함한다)에, 배치한 감리원이 변경된 경우에는 별지 제25호 서식의 소방공사감리원 배치변경통보서(전자문서로 된 소방공사감리원 배치변경통보서를 포함한다)에 다음 각 호의 구분에 따른 해당 서류(전자문서를 포함한다)를 첨부하여 감리원 배치일부터 7일 이내에 소방본부장 또는 소방서장에게 알려야 한다. 이 경우 소방본부장 또는 소방서장은 배치되는 감리원의 성명, 자격증 번호·등급, 감리현장의 명칭·소재지·면적 및 현장 배치기간을 법 제26조의3 제1항에 따른 소방시설업 종합정보시스템에 입력해야 한다. <개정 2020.1.15.>

1. 소방공사감리원 배치통보서에 첨부하는 서류(전자문서를 포함한다)

    가. 별표 4의2 제3호 나목에 따른 감리원의 등급을 증명하는 서류

    나. 법 제21조의3 제2항에 따라 체결한 소방공사 감리계약서 사본 1부

    다. 삭제 <2014.9.2.>

2. 소방공사감리원 배치변경통보서에 첨부하는 서류(전자문서를 포함한다)

    가. 변경된 감리원의 등급을 증명하는 서류(감리원을 배치하는 경우에만 첨부한다)

    나. 변경 전 감리원의 등급을 증명하는 서류

    다. 삭제 <2014.9.2.>

② 삭제 <2015.8.4.>

③ 삭제 <2015.8.4.>

④ 삭제 <2015.8.4.>

 핵심정리 감리원의 배치 등

1. 감리원의 배치 기준

    ① 연면적 20만m² 이상, 지하층 포함 층수 40층 이상: 소방기술사

    ② 연면적 3만m² 이상 ~ 20만m² 미만(아파트 제외), 지하층 포함 층수가 16층 이상 ~ 40층 미만: 특급 이상

    ③ 물분무등, 제연, 연면적 3만m² 이상 아파트: 고급 이상

    ④ 연면적 5천m² 이상 ~ 3만m² 미만: 중급 이상

    ⑤ 연면적 5천m² 미만, 지하구: 초급 이상

2. 감리원의 배치 통보

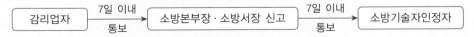

확인 예제

아파트를 제외한 연면적 3만m² 이상 20만m² 미만인 특정소방대상물 또는 지하층을 포함한 층수가 16층 이상 40층 미만인 특정소방대상물의 공사현장의 경우 배치해야 할 소방공사감리원으로 옳은 것은?

① 초급 감리원 이상 1명 이상

② 중급 감리원 이상 1명 이상

③ 특급 감리원 이상 1명 이상

④ 고급 감리원 이상 1명 이상

제19조 (위반사항에 대한 조치)

① 감리업자는 감리를 할 때 소방시설공사가 설계도서나 화재안전기준에 맞지 아니할 때에는 관계인에게 알리고, 공사업자에게 그 공사의 시정 또는 보완 등을 요구하여야 한다.

② 공사업자가 제1항에 따른 요구를 받았을 때에는 그 요구에 따라야 한다.

③ 감리업자는 공사업자가 제1항에 따른 요구를 이행하지 아니하고 그 공사를 계속할 때에는 행정안전부령으로 정하는 바에 따라 소방본부장이나 소방서장에게 그 사실을 보고하여야 한다.

④ 관계인은 감리업자가 제3항에 따라 소방본부장이나 소방서장에게 보고한 것을 이유로 감리계약을 해지하거나 감리의 대가 지급을 거부하거나 지연시키거나 그 밖의 불이익을 주어서는 아니 된다.

> **시행규칙 제18조 (위반사항의 보고 등)** 소방공사감리업자는 법 제19조 제1항에 따라 공사업자에게 해당 공사의 시정 또는 보완을 요구하였으나 이행하지 아니하고 그 공사를 계속할 때에는 법 제19조 제3항에 따라 시정 또는 보완을 이행하지 아니하고 공사를 계속하는 날부터 3일 이내에 별지 제28호 서식의 소방시설공사 위반사항보고서(전자문서로 된 소방시설공사 위반사항보고서를 포함한다)를 소방본부장 또는 소방서장에게 제출하여야 한다. 이 경우 공사업자의 위반사항을 확인할 수 있는 사진 등 증명서류(전자문서를 포함한다)가 있으면 이를 소방시설공사 위반사항보고서(전자문서로 된 소방시설공사 위반사항보고서를 포함한다)에 첨부하여 제출하여야 한다. 다만, 「전자정부법」 제36조 제1항에 따른 행정정보의 공동이용을 통하여 첨부서류에 대한 정보를 확인할 수 있는 경우에는 그 확인으로 첨부서류를 갈음할 수 있다.

🎯 확인 예제

소방공사감리업자가 감리할 때 소방시설공사가 설계도서나 화재안전기준에 맞지 아니할 경우의 취할 수 있는 조치에 해당되지 않는 것은?

① 공사감리자를 지정한 특정소방대상물의 관계인에게 알린다.
② 공사업자에게 공사의 시정 또는 보완을 요구한다.
③ 공사업자가 시정 또는 보완을 하지 않을 경우 공사를 중지시킨다.
④ 공사업자가 시정 또는 보완을 하지 않고 그 공사를 계속할 경우 소방본부장 또는 소방서장에게 그 사실을 보고한다.

정답 ③

제20조 (공사감리 결과의 통보 등)

감리업자는 소방공사의 감리를 마쳤을 때에는 행정안전부령으로 정하는 바에 따라 그 감리 결과를 그 특정소방대상물의 관계인, 소방시설공사의 도급인, 그 특정소방대상물의 공사를 감리한 건축사에게 서면으로 알리고, 소방본부장이나 소방서장에게 공사감리 결과보고서를 제출하여야 한다.

> **시행규칙 제19조 (감리결과의 통보 등)** 법 제20조에 따라 감리업자가 소방공사의 감리를 마쳤을 때에는 별지 제29호 서식의 소방공사감리 결과보고(통보)서[전자문서로 된 소방공사감리 결과보고(통보)서를 포함한다]에 다음 각 호의 서류(전자문서를 포함한다)를 첨부하여 공사가 완료된 날부터 7일 이내에 특정소방대상물의 관계인, 소방시설공사의 도급인 및 특정소방대상물의 공사를 감리한 건축사에게 알리고, 소방본부장 또는 소방서장에게 보고하여야 한다.
> 1. 별지 제30호 서식의 소방시설 성능시험조사표 1부(소방청장이 정하여 고시하는 소방시설 세부성능시험조사표 서식을 첨부한다)
> 2. 착공신고 후 변경된 소방시설설계도면(변경사항이 있는 경우에만 첨부하되, 법 제11조에 따른 설계업자가 설계한 도면만 해당된다) 1부
> 3. 별지 제13호 서식의 소방공사 감리일지(소방본부장 또는 소방서장에게 보고하는 경우에만 첨부한다)

 **핵심정리** 공사감리 결과의 통보

```
                              서면 통보
              ┌─────────┐ ──────────────→ ┌──────────────────────┐
              │ 감리업자 │                 │ 관계인, 도급인, 건축사 │
              └─────────┘ ──────────────→ └──────────────────────┘
                    감리결과보고서 제출      ┌──────────────────────┐
                    (공사완료 후 7일 이내)    │ 소방본부장·소방서장 신고 │
                                            └──────────────────────┘
```

확인 예제

공사감리를 마쳤을 때에는 공사감리 결과를 통보하여야 한다. 다음 중 통보대상이 아닌 것은?

① 관계인
② 도급인
③ 건축사
④ 행정기관

정답 ④

제3절의2 **방염**

제20조의2 (방염)

방염처리업자는 「소방시설 설치 및 관리에 관한 법률」 제12조 제3항에 따른 방염성능기준 이상이 되도록 방염을 하여야 한다.

제20조의3 (방염처리능력 평가 및 공시)

① 소방청장은 방염처리업자의 방염처리능력 평가 요청이 있는 경우 해당 방염처리업자의 방염처리 실적 등에 따라 방염처리능력을 평가하여 공시할 수 있다.
② 제1항에 따른 평가를 받으려는 방염처리업자는 전년도 방염처리 실적이나 그 밖에 행정안전부령으로 정하는 서류를 소방청장에게 제출하여야 한다.
③ 제1항 및 제2항에 따른 방염처리능력 평가신청 절차, 평가방법 및 공시방법 등에 필요한 사항은 행정안전부령으로 정한다.

> **시행규칙 제19조의2 (방염처리능력 평가의 신청)** ① 법 제4조 제1항에 따라 방염처리업을 등록한 자(이하 "방염처리업자"라 한다)는 법 제20조의3 제2항에 따라 방염처리능력을 평가받으려는 경우에는 별지 제30호의2 서식의 방염처리능력 평가 신청서(전자문서를 포함한다)를 협회에 매년 2월 15일까지 제출해야 한다. 다만, 제2항 제4호의 서류의 경우에는 법인은 매년 4월 15일, 개인은 매년 6월 10일(「소득세법」 제70조의2 제1항에 따른 성실신고확인대상사업자는 매년 7월 10일)까지 제출해야 한다.
> ② 별지 제30호의2 서식의 방염처리능력 평가 신청서에는 다음 각 호의 서류(전자문서를 포함한다)를 첨부해야 하며, 협회는 방염처리업자가 첨부해야 할 서류를 갖추지 못한 경우에는 15일의 보완기간을 부여하여 보완하게 해야 한다. 이 경우 「전자정부법」 제36조 제1항에 따른 행정정보의 공동이용을 통하여 첨부서류에 대한 정보를 확인할 수 있는 경우에는 그 확인으로 첨부서류를 갈음할 수 있다.

Part 05

소방시설공사업법 | 해커스 소방학개론 필기 소방관계법규 기본서 + 7개년 기출문제집

1. 방염처리 실적을 증명하는 다음 각 목의 구분에 따른 서류
    가. 제조·가공 공정에서의 방염처리 실적
        1)「소방시설 설치 및 관리에 관한 법률」제13조 제1항에 따른 방염성능검사 결과를 증명하는 서류 사본
        2) 부가가치세법령에 따른 세금계산서(공급자 보관용) 사본 또는 소득세법령에 따른 계산서(공급자 보관용) 사본
    나. 현장에서의 방염처리 실적
        1)「소방용품의 품질관리 등에 관한 규칙」제5조 및 별지 제4호 서식에 따라 시·도지사가 발급한 현장처리물품의 방염성능검사 성적서 사본
        2) 부가가치세법령에 따른 세금계산서(공급자 보관용) 사본 또는 소득세법령에 따른 계산서(공급자 보관용) 사본
    다. 가목 및 나목 외의 방염처리 실적
        1) 별지 제30호의3 서식의 방염처리 실적증명서
        2) 부가가치세법령에 따른 세금계산서(공급자 보관용) 사본 또는 소득세법령에 따른 계산서(공급자 보관용) 사본
    라. 해외 수출 물품에 대한 제조·가공 공정에서의 방염처리 실적 및 해외 현장에서의 방염처리 실적: 방염처리 계약서 사본 및 외국환은행이 발행한 외화입금증명서
    마. 주한국제연합군 또는 그 밖의 외국군의 기관으로부터 도급받은 방염처리 실적: 방염처리 계약서 사본 및 외국환은행이 발행한 외화입금증명서
2. 별지 제30호의4 서식의 방염처리업 분야 기술개발투자비 확인서(해당하는 경우만 제출한다) 및 증빙서류
3. 별지 제30호의5 서식의 방염처리업 신인도평가신고서(다음 각 목의 어느 하나에 해당하는 경우만 제출한다) 및 증빙서류
    가. 품질경영인증(ISO 9000) 취득
    나. 우수방염처리업자 지정
    다. 방염처리 표창 수상
4. 경영상태 확인을 위한 다음 각 목의 어느 하나에 해당하는 서류
    가.「법인세법」또는「소득세법」에 따라 관할 세무서장에게 제출한 조세에 관한 신고서(「세무사법」제6조에 따라 등록한 세무사가 확인한 것으로서 재무상태표 및 손익계산서가 포함된 것을 말한다)
    나.「주식회사 등의 외부감사에 관한 법률」에 따라 외부감사인의 회계감사를 받은 재무제표
    다.「공인회계사법」제7조에 따라 등록한 공인회계사 또는 같은 법 제24조에 따라 등록한 회계법인이 감사한 회계서류
③ 제1항에 따른 기간 내에 방염처리능력 평가를 신청하지 못한 방염처리업자가 다음 각 호의 어느 하나에 해당하는 경우에는 제1항의 신청 기간에도 불구하고 다음 각 호의 어느 하나의 경우에 해당하게 된 날부터 6개월 이내에 방염처리능력 평가를 신청할 수 있다.
1. 법 제4조 제1항에 따라 방염처리업을 등록한 경우
2. 법 제7조 제1항 또는 제2항에 따라 방염처리업을 상속·양수·합병하거나 소방시설 전부를 인수한 경우
3. 법 제9조에 따른 방염처리업 등록취소 처분의 취소 또는 집행정지 결정을 받은 경우
④ 제1항부터 제3항까지에서 규정한 사항 외에 방염처리능력 평가 신청에 필요한 세부규정은 협회가 정하되, 소방청장의 승인을 받아야 한다.

제19조의3 (방염처리능력의 평가 및 공시 등) ① 법 제20조의3 제1항에 따른 방염처리능력 평가의 방법은 별표 3의2와 같다.
② 협회는 방염처리능력을 평가한 경우에는 그 사실을 해당 방염처리업자의 등록수첩에 기재하여 발급해야 한다.
③ 협회는 제19조의2에 따라 제출된 서류가 거짓으로 확인된 경우에는 확인된 날부터 10일 이내에 해당 방염처리업자의 방염처리능력을 새로 평가하고 해당 방염처리업자의 등록수첩에 그 사실을 기재하여 발급해야 한다.
④ 협회는 방염처리능력을 평가한 경우에는 법 제20조의3 제1항에 따라 다음 각 호의 사항을 매년 7월 31일까지 협회의 인터넷 홈페이지에 공시해야 한다. 다만, 제19조의2 제3항 또는 제3항에 따라 방염처리능력을 평가한 경우에는 평가완료일부터 10일 이내에 공시해야 한다.
1. 상호 및 성명(법인인 경우에는 대표자의 성명을 말한다)
2. 주된 영업소의 소재지
3. 업종 및 등록번호
4. 방염처리능력 평가 결과

⑤ 방염처리능력 평가의 유효기간은 공시일부터 1년간으로 한다. 다만, 제19조의2 제3항 또는 제3항에 따라 방염처리능력을 평가한 경우에는 해당 방염처리능력 평가 결과의 공시일부터 다음 해의 정기 공시일(제4항 본문에 따라 공시한 날을 말한다)의 전날까지로 한다.

⑥ 제1항부터 제5항까지에서 규정한 사항 외에 방염처리능력 평가 및 공시에 필요한 세부규정은 협회가 정하되, 소방청장의 승인을 받아야 한다.

제4절 도급

제21조 (소방시설공사등의 도급)

① 특정소방대상물의 관계인 또는 발주자는 소방시설공사등을 도급할 때에는 해당 소방시설업자에게 도급하여야 한다. <개정 2020.6.9.>

② 소방시설공사는 다른 업종의 공사와 분리하여 도급하여야 한다. 다만, 공사의 성질상 또는 기술관리상 분리하여 도급하는 것이 곤란한 경우로서 대통령령으로 정하는 경우에는 다른 업종의 공사와 분리하지 아니하고 도급할 수 있다. <신설 2020.6.9.>

시행령 제11조의2 (소방시설공사 분리 도급의 예외) 법 제21조 제2항 단서에서 "대통령령으로 정하는 경우"란 다음 각 호의 어느 하나에 해당하는 경우를 말한다.
1. 「재난 및 안전관리 기본법」 제3조 제1호에 따른 재난의 발생으로 긴급하게 착공해야 하는 공사인 경우
2. 국방 및 국가안보 등과 관련하여 기밀을 유지해야 하는 공사인 경우
3. 제4조 각 호에 따른 소방시설공사에 해당하지 않는 공사인 경우
4. 연면적이 1천제곱미터 이하인 특정소방대상물에 비상경보설비를 설치하는 공사인 경우
5. 다음 각 목의 어느 하나에 해당하는 입찰로 시행되는 공사인 경우
   가. 「국가를 당사자로 하는 계약에 관한 법률 시행령」 제79조 제1항 제4호 또는 제5호 및 「지방자치단체를 당사자로 하는 계약에 관한 법률 시행령」 제95조 제4호 또는 제5호에 따른 대안입찰 또는 일괄입찰
   나. 「국가를 당사자로 하는 계약에 관한 법률 시행령」 제98조 제2호 또는 제3호 및 「지방자치단체를 당사자로 하는 계약에 관한 법률 시행령」 제127조 제2호 또는 제3호에 따른 실시설계 기술제안입찰 또는 기본설계 기술제안입찰
6. 그 밖에 문화재수리 및 재개발·재건축 등의 공사로서 공사의 성질상 분리하여 도급하는 것이 곤란하다고 소방청장이 인정하는 경우
[본조신설 2020.9.8.] [종전 제11조의2는 제11조의3으로 이동 <2020.9.8.>]

◎ 확인 예제

소방시설공사업의 도급을 받은 자는 몇 번에 한하여 소방시설 공사의 일부를 하도급할 수 있는가?
① 한 번
③ 세 번
② 두 번
④ 회차에 관계없다.

정답 ①

제21조의2 (노임에 대한 압류의 금지)

① 공사업자가 도급받은 소방시설공사의 도급금액 중 그 공사(하도급한 공사를 포함한다)의 근로자에게 지급하여야 할 노임 (勞賃)에 해당하는 금액은 압류할 수 없다.
② 제1항의 노임에 해당하는 금액의 범위와 산정방법은 대통령령으로 정한다.

> **시행령 제11조의3 (압류대상에서 제외되는 노임)** 법 제21조의2에 따라 압류할 수 없는 노임(勞賃)에 해당하는 금액은 해당 소방시 설공사의 도급 또는 하도급 금액 중 설계도서에 기재된 노임을 합산하여 산정한다.
> [제11조의2에서 이동, 종전 제11조의3은 제11조의4로 이동   <2020.9.8.>]

제21조의3 (도급의 원칙 등)

① 소방시설공사등의 도급 또는 하도급의 계약당사자는 서로 대등한 입장에서 합의에 따라 공정하게 계약을 체결하고, 신의 에 따라 성실하게 계약을 이행하여야 한다.
② 소방시설공사등의 도급 또는 하도급의 계약당사자는 그 계약을 체결할 때 도급 또는 하도급 금액, 공사기간, 그 밖에 대 통령령으로 정하는 사항을 계약서에 분명히 밝혀야 하며, 서명날인한 계약서를 서로 내주고 보관하여야 한다.
③ 수급인은 하수급인에게 하도급과 관련하여 자재구입처의 지정 등 하수급인에게 불리하다고 인정되는 행위를 강요하여서 는 아니 된다.
④ 제21조에 따라 도급을 받은 자가 해당 소방시설공사등을 하도급할 때에는 행정안전부령으로 정하는 바에 따라 미리 관계 인과 발주자에게 알려야 한다. 하수급인을 변경하거나 하도급 계약을 해지할 때에도 또한 같다.
⑤ 하도급에 관하여 이 법에서 규정하는 것을 제외하고는 그 성질에 반하지 아니하는 범위에서 「하도급거래 공정화에 관한 법률」의 해당 규정을 준용한다.

> **시행령 제11조의4 (도급계약서의 내용)** ① 법 제21조의3 제2항에서 "그 밖에 대통령령으로 정하는 사항"이란 다음 각 호의 사항을 말한다.
> 1. 소방시설의 설계, 시공, 감리 및 방염(이하 "소방시설공사등"이라 한다)의 내용
> 2. 도급(하도급을 포함한다. 이하 이 항에서 같다)금액 중 노임(勞賃)에 해당하는 금액
> 3. 소방시설공사등의 착수 및 완성 시기
> 4. 도급금액의 선급금이나 기성금 지급을 약정한 경우에는 각각 그 지급의 시기·방법 및 금액
> 5. 도급계약당사자 어느 한쪽에서 설계변경, 공사중지 또는 도급계약의 해제를 요청하는 경우 손해부담에 관한 사항
> 6. 천재지변이나 그 밖의 불가항력으로 인한 면책의 범위에 관한 사항
> 7. 설계변경, 물가변동 등에 따른 도급금액 또는 소방시설공사등의 내용 변경에 관한 사항
> 8. 「하도급거래 공정화에 관한 법률」 제13조의2에 따른 하도급대금 지급보증서의 발급에 관한 사항(하도급계약의 경우만 해 당한다)
> 9. 「하도급거래 공정화에 관한 법률」 제14조에 따른 하도급대금의 직접 지급 사유와 그 절차(하도급계약의 경우만 해당한다)
> 10. 「산업안전보건법」 제72조에 따른 산업안전보건관리비 지급에 관한 사항(소방시설공사업의 경우만 해당한다)
> 11. 해당 공사와 관련하여 「고용보험 및 산업재해보상보험의 보험료징수 등에 관한 법률」, 「국민연금법」 및 「국민건강보험 법」에 따른 보험료 등 관계 법령에 따라 부담하는 비용에 관한 사항(소방시설공사업의 경우만 해당한다)
> 12. 도급목적물의 인도를 위한 검사 및 인도 시기
> 13. 소방시설공사등이 완성된 후 도급금액의 지급시기
> 14. 계약 이행이 지체되는 경우의 위약금 및 지연이자 지급 등 손해배상에 관한 사항
> 15. 하자보수 대상 소방시설과 하자보수 보증기간 및 하자담보 방법(소방시설공사업의 경우만 해당한다)
> 16. 해당 공사에서 발생된 폐기물의 처리방법과 재활용에 관한 사항(소방시설공사업의 경우만 해당한다)
> 17. 그 밖에 다른 법령 또는 계약 당사자 양쪽의 합의에 따라 명시되는 사항

② 소방청장은 계약 당사자가 대등한 입장에서 공정하게 계약을 체결하도록 하기 위하여 소방시설공사등의 도급 또는 하도급에 관한 표준계약서(하도급의 경우에는 「하도급거래 공정화에 관한 법률」에 따라 공정거래위원회가 권장하는 소방시설공사업종 표준하도급계약서를 말한다)를 정하여 보급할 수 있다.
[제11조의3에서 이동 <2020.9.8.>]

제21조의4 (공사대금의 지급보증 등) ① 수급인이 국가, 지방자치단체 또는 대통령령으로 정하는 공공기관 외의 자가 발주하는 공사를 도급받은 경우로서 수급인이 발주자에게 계약의 이행을 보증하는 때에는 발주자도 수급인에게 공사대금의 지급을 보증하거나 담보를 제공하여야 한다. 다만, 발주자는 공사대금의 지급보증 또는 담보 제공을 하기 곤란한 경우에는 수급인이 그에 상응하는 보험 또는 공제에 가입할 수 있도록 계약의 이행보증을 받은 날부터 30일 이내에 보험료 또는 공제료(이하 "보험료등"이라 한다)를 지급하여야 한다.

② 발주자 및 수급인은 소규모공사 등 대통령령으로 정하는 소방시설공사의 경우 제1항에 따른 계약이행의 보증이나 공사대금의 지급보증, 담보의 제공 또는 보험료등의 지급을 아니할 수 있다.

③ 발주자가 제1항에 따른 공사대금의 지급보증, 담보의 제공 또는 보험료등의 지급을 하지 아니한 때에는 수급인은 10일 이내 기간을 정하여 발주자에게 그 이행을 촉구하고 공사를 중지할 수 있다. 발주자가 촉구한 기간 내에 그 이행을 하지 아니한 때에는 수급인은 도급계약을 해지할 수 있다.

④ 제3항에 따라 수급인이 공사를 중지하거나 도급계약을 해지한 경우에는 발주자는 수급인에게 공사 중지나 도급계약의 해지에 따라 발생하는 손해배상을 청구하지 못한다.

⑤ 제1항에 따른 공사대금의 지급보증, 담보의 제공 또는 보험료등의 지급 방법이나 절차 및 제3항에 따른 촉구의 방법 등에 필요한 사항은 행정안전부령으로 정한다.

제21조의5 (부정한 청탁에 의한 재물 등의 취득 및 제공 금지) ① 발주자·수급인·하수급인(발주자, 수급인 또는 하수급인이 법인인 경우 해당 법인의 임원 또는 직원을 포함한다) 또는 이해관계인은 도급계약의 체결 또는 소방시설공사등의 시공 및 수행과 관련하여 부정한 청탁을 받고 재물 또는 재산상의 이익을 취득하거나 부정한 청탁을 하면서 재물 또는 재산상의 이익을 제공하여서는 아니 된다.

② 국가, 지방자치단체 또는 대통령령으로 정하는 공공기관이 발주한 소방시설공사등의 업체 선정에 심사위원으로 참여한 사람은 그 직무와 관련하여 부정한 청탁을 받고 재물 또는 재산상의 이익을 취득하여서는 아니 된다.

③ 국가, 지방자치단체 또는 대통령령으로 정하는 공공기관이 발주한 소방시설공사등의 업체 선정에 참여한 법인, 해당 법인의 대표자, 상업사용인, 그 밖의 임원 또는 직원은 그 직무와 관련하여 부정한 청탁을 받고 재물 또는 재산상의 이익을 취득하거나 부정한 청탁을 하면서 재물 또는 재산상의 이익을 제공하여서는 아니 된다.
[2023.1.3. 신설] [2024.1.4. 시행]

제21조의6 (위반사실의 통보) 국가, 지방자치단체 또는 대통령령으로 정하는 공공기관은 소방시설업자가 제21조의5를 위반한 사실을 발견하면 시·도지사가 제9조 제1항에 따라 그 등록을 취소하거나 6개월 이내의 기간을 정하여 그 영업의 정지를 명할 수 있도록 그 사실을 시·도지사에게 통보하여야 한다.
[2023.1.3. 신설] [2024.1.4. 시행]

시행규칙 제20조 (하도급의 통지) ① 소방시설업자는 소방시설의 설계, 시공, 감리 및 방염(이하 "소방시설공사등"이라 한다)을 하도급하려고 하거나 하수급인을 변경하는 경우에는 법 제21조의3 제4항에 따라 별지 제31호 서식의 소방시설공사등의 하도급통지서(전자문서로 된 소방시설공사등의 하도급통지서를 포함한다)에 다음 각 호의 서류(전자문서를 포함한다)를 첨부하여 미리 관계인 및 발주자에게 알려야 한다.
1. 하도급계약서 1부
2. 예정공정표 1부
3. 하도급내역서 1부
4. 하수급인의 소방시설업 등록증 사본 1부
② 제1항에 따라 하도급을 하려는 소방시설업자는 관계인 및 발주자에게 통지한 소방시설공사등의 하도급통지서(전자문서로 된 소방시설공사등의 하도급통지서를 포함한다) 사본을 하수급자에게 주어야 한다.
③ 소방시설업자는 하도급계약을 해지하는 경우에는 법 제21조의3 제4항에 따라 하도급계약 해지사실을 증명할 수 있는 서류(전자문서를 포함한다)를 관계인 및 발주자에게 알려야 한다.

제21조의4 (공사대금의 지급보증 등)

① 수급인이 국가, 지방자치단체 또는 대통령령으로 정하는 공공기관 외의 자가 발주하는 공사를 도급받은 경우로서 수급인이 발주자에게 계약의 이행을 보증하는 때에는 발주자도 수급인에게 공사대금의 지급을 보증하거나 담보를 제공하여야 한다. 다만, 발주자는 공사대금의 지급보증 또는 담보 제공을 하기 곤란한 경우에는 수급인이 그에 상응하는 보험 또는 공제에 가입할 수 있도록 계약의 이행보증을 받은 날부터 30일 이내에 보험료 또는 공제료(이하 "보험료등"이라 한다)를 지급하여야 한다.

② 발주자 및 수급인은 소규모공사 등 대통령령으로 정하는 소방시설공사의 경우 제1항에 따른 계약이행의 보증이나 공사대금의 지급보증, 담보의 제공 또는 보험료등의 지급을 아니할 수 있다.

③ 발주자가 제1항에 따른 공사대금의 지급보증, 담보의 제공 또는 보험료등의 지급을 하지 아니한 때에는 수급인은 10일 이내 기간을 정하여 발주자에게 그 이행을 촉구하고 공사를 중지할 수 있다. 발주자가 촉구한 기간 내에 그 이행을 하지 아니한 때에는 수급인은 도급계약을 해지할 수 있다.

④ 제3항에 따라 수급인이 공사를 중지하거나 도급계약을 해지한 경우에는 발주자는 수급인에게 공사 중지나 도급계약의 해지에 따라 발생하는 손해배상을 청구하지 못한다.

⑤ 제1항에 따른 공사대금의 지급보증, 담보의 제공 또는 보험료등의 지급 방법이나 절차 및 제3항에 따른 촉구의 방법 등에 필요한 사항은 행정안전부령으로 정한다.

[본조신설 2021.4.20.]

시행령 제11조의5 (공사대금의 지급보증 등의 예외가 되는 공공기관의 범위) 법 제21조의4 제1항 본문에서 "대통령령으로 정하는 공공기관"이란 다음 각 호의 공공기관을 말한다.

1. 「공공기관의 운영에 관한 법률」 제5조에 따른 공기업 및 준정부기관
2. 「지방공기업법」 제49조에 따른 지방공사 및 같은 법 제76조에 따른 지방공단

[본조신설 2022.1.4.]

제11조의6 (공사대금의 지급보증 등의 예외가 되는 소방시설공사의 범위) 법 제21조의4 제2항에서 "소규모공사 등 대통령령으로 정하는 소방시설공사"란 다음 각 호의 소방시설공사를 말한다.

1. 공사 1건의 도급금액이 1천만원 미만인 소규모 소방시설공사
2. 공사기간이 3개월 이내인 단기의 소방시설공사

[본조신설 2022.1.4.]

시행규칙 제20조의2 (공사대금의 지급보증 등의 방법 및 절차) ① 법 제21조의4 제1항 본문에 따라 발주자가 수급인에게 공사대금의 지급을 보증하거나 담보를 제공해야 하는 금액은 다음 각 호의 구분에 따른 금액으로 한다.

1. 공사기간이 4개월 이내인 경우: 도급금액에서 계약상 선급금을 제외한 금액
2. 공사기간이 4개월을 초과하는 경우로서 기성부분에 대한 대가를 지급하지 않기로 약정하거나 그 대가의 지급주기가 2개월 이내인 경우: 다음의 계산식에 따라 산출된 금액

$$\frac{도급금액 - 계약상 선급금}{공사기간(월)} \times 4$$

3. 공사기간이 4개월을 초과하는 경우로서 기성부분에 대한 대가의 지급주기가 2개월을 초과하는 경우: 다음의 계산식에 따라 산출된 금액

$$\frac{도급금액 - 계약상 선급금}{공사기간(월)} \times 기성부분에 대한 대가의 지급주기(월수) \times 2$$

② 제1항에 따른 공사대금의 지급 보증 또는 담보의 제공은 수급인이 발주자에게 계약의 이행을 보증한 날부터 30일 이내에 해야 한다.

③ 공사대금의 지급 보증은 현금(체신관서 또는 「은행법」에 따른 은행이 발행한 자기앞수표를 포함한다)의 지급 또는 다음 각 호의 기관이 발행하는 보증서의 교부에 따른다.

1. 「소방산업의 진흥에 관한 법률」에 따른 소방산업공제조합
2. 「보험업법」에 따른 보험회사
3. 「신용보증기금법」에 따른 신용보증기금
4. 「은행법」에 따른 은행
5. 「주택도시기금법」에 따른 주택도시보증공사

④ 법 제21조의4 제1항 단서에 따라 발주자가 공사대금의 지급을 보증하거나 담보를 제공하기 곤란한 경우에 지급하는 보험료 또는 공제료는 제1항에 따라 산정된 금액을 기초로 발주자의 신용도 등을 고려하여 제3항 각 호의 기관이 정하는 금액으로 한다.

⑤ 법 제21조의4 제3항 전단에 따른 이행촉구의 통지는 다음 각 호의 어느 하나에 해당하는 방법으로 한다.

1. 「우편법 시행규칙」 제25조 제1항 제4호 가목의 내용증명
2. 「전자문서 및 전자거래 기본법」에 따른 전자문서로서 다음 각 목의 어느 하나에 해당하는 요건을 갖춘 것
   가. 「전자서명법」에 따른 전자서명(서명자의 실지명의를 확인할 수 있는 것으로 한정한다)이 있을 것
   나. 「전자문서 및 전자거래 기본법」에 따른 공인전자주소를 이용할 것
3. 그 밖에 이행촉구의 내용 및 수신 여부를 객관적으로 확인할 수 있는 방법

[본조신설 2022.4.21.]

제21조의5 (부정한 청탁에 의한 재물 등의 취득 및 제공 금지)

① 발주자·수급인·하수급인(발주자, 수급인 또는 하수급인이 법인인 경우 해당 법인의 임원 또는 직원을 포함한다) 또는 이해관계인은 도급계약의 체결 또는 소방시설공사등의 시공 및 수행과 관련하여 부정한 청탁을 받고 재물 또는 재산상의 이익을 취득하거나 부정한 청탁을 하면서 재물 또는 재산상의 이익을 제공하여서는 아니 된다.

② 국가, 지방자치단체 또는 대통령령으로 정하는 공공기관이 발주한 소방시설공사등의 업체 선정에 심사위원으로 참여한 사람은 그 직무와 관련하여 부정한 청탁을 받고 재물 또는 재산상의 이익을 취득하여서는 아니 된다.

③ 국가, 지방자치단체 또는 대통령령으로 정하는 공공기관이 발주한 소방시설공사등의 업체 선정에 참여한 법인, 해당 법인의 대표자, 상업사용인, 그 밖의 임원 또는 직원은 그 직무와 관련하여 부정한 청탁을 받고 재물 또는 재산상의 이익을 취득하거나 부정한 청탁을 하면서 재물 또는 재산상의 이익을 제공하여서는 아니 된다.

[본조신설 2023.1.3.]

> **시행령 제11조의7 (부정한 청탁에 의한 재물 등의 취득 및 제공 금지 대상 공공기관의 범위)** 법 제21조의5 제2항 및 제3항에서 "대통령령으로 정하는 공공기관"이란 각각 제11조의5 각 호의 공공기관을 말한다.
> [본조신설 2023.11.28.]

제21조의6 (위반사실의 통보)

국가, 지방자치단체 또는 대통령령으로 정하는 공공기관은 소방시설업자가 제21조의5를 위반한 사실을 발견하면 시·도지사가 제9조 제1항에 따라 그 등록을 취소하거나 6개월 이내의 기간을 정하여 그 영업의 정지를 명할 수 있도록 그 사실을 시·도지사에게 통보하여야 한다.

[본조신설 2023.1.3.]

제22조 (하도급의 제한)

① 제21조에 따라 도급을 받은 자는 소방시설의 설계, 시공, 감리를 제3자에게 하도급할 수 없다. 다만, 시공의 경우에는 대통령령으로 정하는 바에 따라 도급받은 소방시설공사의 일부를 다른 공사업자에게 하도급할 수 있다. <개정 2020.6.9.>
② 하수급인은 제1항 단서에 따라 하도급받은 소방시설공사를 제3자에게 다시 하도급할 수 없다. <신설 2020.6.9.>
③ 삭제 <2014.12.30.>

시행령 제12조 (소방시설공사의 시공을 하도급할 수 있는 경우) ① 법 제22조 제1항 단서에서 "대통령령으로 정하는 경우"란 소방시설공사업과 다음 각 호의 어느 하나에 해당하는 사업을 함께 하는 공사업자가 소방시설공사와 해당 사업의 공사를 함께 도급받은 경우를 말한다. <개정 2020.9.8.>
1. 「주택법」 제4조에 따른 주택건설사업
2. 「건설산업기본법」 제9조에 따른 건설업
3. 「전기공사업법」 제4조에 따른 전기공사업
4. 「정보통신공사업법」 제14조에 따른 정보통신공사업
② 법 제22조 제1항 단서에서 "도급받은 소방시설공사의 일부"란 제4조 제1호 각 목의 어느 하나에 해당하는 소방설비 중 하나 이상의 소방설비를 설치하는 공사를 말한다.

📝 **핵심정리** | 하도급의 제한

제3자에게 한 번(1차)에 한하여 하도급할 수 있다.

제22조의2 (하도급계약의 적정성 심사 등)

① 발주자는 하수급인이 계약내용을 수행하기에 현저하게 부적당하다고 인정되거나 하도급계약금액이 대통령령으로 정하는 비율에 따른 금액에 미달하는 경우에는 하수급인의 시공 및 수행능력, 하도급계약 내용의 적정성 등을 심사할 수 있다. 이 경우, 국가, 지방자치단체 또는 대통령령으로 정하는 공공기관이 발주자인 때에는 적정성 심사를 실시하여야 한다.
② 발주자는 제1항에 따라 심사한 결과 하수급인의 시공 및 수행능력 또는 하도급계약 내용이 적정하지 아니한 경우에는 그 사유를 분명하게 밝혀 수급인에게 하수급인 또는 하도급계약 내용의 변경을 요구할 수 있다. 이 경우 제1항 후단에 따라 적정성 심사를 하였을 때에는 하수급인 또는 하도급계약 내용의 변경을 요구하여야 한다.
③ 발주자는 수급인이 정당한 사유 없이 제2항에 따른 요구에 따르지 아니하여 공사 등의 결과에 중대한 영향을 끼칠 우려가 있는 경우에는 해당 소방시설공사등의 도급계약을 해지할 수 있다.
④ 제1항 후단에 따른 발주자는 하수급인의 시공 및 수행능력, 하도급계약 내용의 적정성 등을 심사하기 위하여 하도급계약심사위원회를 두어야 한다.
⑤ 제1항 및 제2항에 따른 하도급계약의 적정성 심사기준, 하수급인 또는 하도급계약 내용의 변경 요구 절차, 그 밖에 필요한 사항 및 제4항에 따른 하도급계약심사위원회의 설치·구성 및 심사방법 등에 관하여 필요한 사항은 대통령령으로 정한다.

시행령 제12조의2 (하도급계약의 적정성 심사 등) ① 법 제22조의2 제1항 전단에서 "하도급계약금액이 대통령령으로 정하는 비율에 따른 금액에 미달하는 경우"란 다음 각 호의 어느 하나에 해당하는 경우를 말한다.

1. 하도급계약금액이 도급금액 중 하도급부분에 상당하는 금액[하도급하려는 소방시설공사등에 대하여 수급인의 도급금액 산출내역서의 계약단가(직접·간접 노무비, 재료비 및 경비를 포함한다)를 기준으로 산출한 금액에 일반관리비, 이윤 및 부가가치세를 포함한 금액을 말하며, 수급인이 하수급인에게 직접 지급하는 자재의 비용 등 관계 법령에 따라 수급인이 부담하는 금액은 제외한다]의 100분의 82에 해당하는 금액에 미달하는 경우

2. 하도급계약금액이 소방시설공사등에 대한 발주자의 예정가격의 100분의 60에 해당하는 금액에 미달하는 경우

② 법 제22조의2 제1항 후단에서 "대통령령으로 정하는 공공기관"이란 다음 각 호의 어느 하나에 해당하는 기관을 말한다.

1. 「공공기관의 운영에 관한 법률」 제5조에 따른 공기업 및 준정부기관

2. 「지방공기업법」에 따른 지방공사 및 지방공단

③ 소방청장은 법 제22조의2 제1항에 따라 하수급인의 시공 및 수행능력, 하도급계약 내용의 적정성 등을 심사하는 경우에 활용할 수 있는 기준을 정하여 고시하여야 한다.

④ 발주자는 법 제22조의2 제2항에 따라 하수급인 또는 하도급계약 내용의 변경을 요구하려는 경우에는 법 제21조의3 제4항에 따라 하도급에 관한 사항을 통보받은 날 또는 그 사유가 있음을 안 날부터 30일 이내에 서면으로 하여야 한다.

제12조의3 (하도급계약심사위원회의 구성 및 운영) ① 법 제22조의2 제4항에 따른 하도급계약심사위원회(이하 "위원회"라 한다)는 위원장 1명과 부위원장 1명을 포함하여 10명 이내의 위원으로 구성한다.

② 위원회의 위원장(이하 "위원장"이라 한다)은 발주기관의 장(발주기관이 특별시·광역시·특별자치시·도 및 특별자치도인 경우에는 해당 기관 소속 2급 또는 3급 공무원 중에서, 발주기관이 제12조의2 제2항에 따른 공공기관인 경우에는 1급 이상 임직원 중에서 발주기관의 장이 지명하는 사람을 각각 말한다)이 되고, 부위원장과 위원은 다음 각 호의 어느 하나에 해당하는 사람 중에서 위원장이 임명하거나 성별을 고려하여 위촉한다.

1. 해당 발주기관의 과장급 이상 공무원(제12조의2 제2항에 따른 공공기관의 경우에는 2급 이상의 임직원을 말한다)

2. 소방 분야 연구기관의 연구위원급 이상인 사람

3. 소방 분야의 박사학위를 취득하고 그 분야에서 3년 이상 연구 또는 실무경험이 있는 사람

4. 대학(소방 분야로 한정한다)의 조교수 이상인 사람

5. 「국가기술자격법」에 따른 소방기술사 자격을 취득한 사람

③ 제2항 제2호부터 제5호까지의 규정에 해당하는 위원의 임기는 3년으로 하며, 한 차례만 연임할 수 있다.

④ 위원회의 회의는 재적위원 과반수의 출석으로 개의(開議)하고, 출석위원 과반수의 찬성으로 의결한다.

⑤ 제1항부터 제4항까지에서 규정한 사항 외에 위원회의 운영에 필요한 사항은 위원회의 의결을 거쳐 위원장이 정한다.

제12조의4 (위원회 위원의 제척·기피·회피) ① 위원회의 위원은 다음 각 호의 어느 하나에 해당하는 경우에는 해당 하도급계약 심사에서 제척(除斥)된다.

1. 위원 또는 그 배우자나 배우자이었던 사람이 해당 안건의 당사자(당사자가 법인·단체 등인 경우에는 그 임원을 포함한다. 이하 이 호 및 제2호에서 같다)가 되거나 그 안건의 당사자와 공동권리자 또는 공동의무자인 경우

2. 위원이 해당 안건의 당사자와 친족이거나 친족이었던 경우

3. 위원이 해당 안건에 대하여 진술이나 감정을 한 경우

4. 위원이나 위원이 속한 법인·단체 등이 해당 안건의 당사자의 대리인이거나 대리인이었던 경우

5. 위원이 해당 안건의 원인이 된 처분 또는 부작위에 관여한 경우

② 해당 안건의 당사자는 위원에게 공정한 심사를 기대하기 어려운 사정이 있는 경우에는 위원회에 기피 신청을 할 수 있으며, 위원회는 의결로 이를 결정한다. 이 경우 기피 신청의 대상인 위원은 그 의결에 참여하지 못한다.

③ 위원이 제1항 각 호에 따른 제척 사유에 해당하는 경우에는 스스로 해당 안건의 심사에서 회피(回避)하여야 한다.

제22조의3 (하도급대금의 지급 등)

① 수급인은 발주자로부터 도급받은 소방시설공사등에 대한 준공금(竣工金)을 받은 경우에는 하도급대금의 전부를, 기성금 (旣成金)을 받은 경우에는 하수급인이 시공하거나 수행한 부분에 상당한 금액을 각각 지급받은 날(수급인이 발주자로부터 대금을 어음으로 받은 경우에는 그 어음만기일을 말한다)부터 15일 이내에 하수급인에게 현금으로 지급하여야 한다.

② 수급인은 발주자로부터 선급금을 받은 경우에는 하수급인이 자재의 구입, 현장근로자의 고용, 그 밖에 하도급 공사 등을 시작할 수 있도록 그가 받은 선급금의 내용과 비율에 따라 하수급인에게 선금을 받은 날(하도급 계약을 체결하기 전에 선급금을 받은 경우에는 하도급 계약을 체결한 날을 말한다)부터 15일 이내에 선급금을 지급하여야 한다. 이 경우 수급인 은 하수급인이 선급금을 반환하여야 할 경우에 대비하여 하수급인에게 보증을 요구할 수 있다.

③ 수급인은 하도급을 한 후 설계변경 또는 물가변동 등의 사정으로 도급금액이 조정되는 경우에는 조정된 금액과 비율에 따라 하수급인에게 하도급 금액을 증액하거나 감액하여 지급할 수 있다.

제22조의4 (하도급계약 자료의 공개)

① 국가·지방자치단체 또는 대통령령으로 정하는 공공기관이 발주하는 소방시설공사등을 하도급한 경우 해당 발주자는 다음 각 호의 사항을 누구나 볼 수 있는 방법으로 공개하여야 한다.
   1. 공사명
   2. 예정가격 및 수급인의 도급금액 및 낙찰률
   3. 수급인(상호 및 대표자, 영업소 소재지, 하도급 사유)
   4. 하수급인(상호 및 대표자, 업종 및 등록번호, 영업소 소재지)
   5. 하도급 공사업종
   6. 하도급 내용(도급금액 대비 하도급 금액 비교명세, 하도급률)
   7. 선급금 지급 방법 및 비율
   8. 기성금 지급 방법(지급 주기, 현금지급 비율)
   9. 설계변경 및 물가변동에 따른 대금 조정 여부
   10. 하자담보 책임기간
   11. 하도급대금 지급보증서 발급 여부(발급하지 아니한 경우에는 그 사유를 말한다)
   12. 표준하도급계약서 사용 유무
   13. 하도급계약 적정성 심사 결과

② 제1항에 따른 하도급계약 자료의 공개와 관련된 절차 및 방법, 공개대상 계약규모 등에 관하여 필요한 사항은 대통령령으로 정한다.

> **시행령 제12조의5 (하도급계약 자료의 공개)** ① 법 제22조의4 제1항 각 호 외의 부분에서 "대통령령으로 정하는 공공기관"이란 제 12조의2 제2항 각 호의 어느 하나에 해당하는 기관을 말한다.
> ② 법 제22조의4 제1항에 따른 소방시설공사등의 하도급계약 자료의 공개는 법 제21조의3 제4항에 따라 하도급에 관한 사항 을 통보받은 날부터 30일 이내에 해당 소방시설공사등을 발주한 기관의 인터넷 홈페이지에 게재하는 방법으로 하여야 한다.
> ③ 법 제22조의4 제1항에 따른 소방시설공사등의 하도급계약 자료의 공개대상 계약규모는 하도급계약금액[하수급인의 하도 급금액 산출내역서의 계약단가(직접·간접 노무비, 재료비 및 경비를 포함한다)를 기준으로 산출한 금액에 일반관리비, 이윤 및 부가가치세를 포함한 금액을 말하며, 수급인이 하수급인에게 직접 지급하는 자재의 비용 등 관계 법령에 따라 수급인이 부담하는 금액은 제외한다]이 1천만 원 이상인 경우로 한다.

제23조 (도급계약의 해지)

특정소방대상물의 관계인 또는 발주자는 해당 도급계약의 수급인이 다음 각 호의 어느 하나에 해당하는 경우에는 도급계약을 해지할 수 있다.

1. 소방시설업이 등록취소되거나 영업정지된 경우
2. 소방시설업을 휴업하거나 폐업한 경우
3. 정당한 사유 없이 30일 이상 소방시설공사를 계속하지 아니하는 경우
4. 제22조의2 제2항에 따른 요구에 정당한 사유 없이 따르지 아니하는 경우

확인 예제

「소방시설공사업법」 중 도급계약의 해지 기준으로 옳지 않은 것은?

① 소방시설업의 등록이 취소되거나 영업이 정지된 경우
② 소방시설업을 휴업하거나 폐업한 경우
③ 정당한 사유 없이 30일 이상 소방시설공사를 계속하지 않는 경우
④ 경고를 받았을 때

정답 ④

제24조 (공사업자의 감리 제한)

다음 각 호의 어느 하나에 해당되면 동일한 특정소방대상물의 소방시설에 대한 시공과 감리를 함께 할 수 없다.

1. 공사업자(법인인 경우 법인의 대표자 또는 임원을 말한다. 이하 제4호에서 같다)와 감리업자(법인인 경우 법인의 대표자 또는 임원을 말한다. 이하 제4호에서 같다)가 같은 자인 경우 [시행일 2023. 4. 4.]
2. 「독점규제 및 공정거래에 관한 법률」 제2조 제11호에 따른 기업집단의 관계인 경우
3. 법인과 그 법인의 임직원의 관계인 경우
4. 공사업자와 감리업자가 「민법」 제777조에 따른 친족관계인 경우 [시행일 2023. 4. 4.]
[시행일 2021.12.30.]

핵심정리 | 공사업자의 감리 제한

1. 공사업자와 감리업자가 같은 자인 경우
2. 기업집단의 관계인 경우
3. 법인과 그 법인의 임직원의 관계인 경우
4. 「민법」에 따른 친족 관계인 경우

확인 예제

다음 중 특정소방대상물의 소방시설에 대하여 동일인이 함께 할 수 없는 소방시설업은?

① 소방시설에 대한 설계와 감리를 함께 할 수 없다.
② 소방시설에 대한 설계와 공사를 함께 할 수 없다.
③ 소방시설에 대한 공사와 설계를 함께 할 수 없다.
④ 소방시설에 대한 공사와 감리를 함께 할 수 없다.

정답 ④

제25조 (소방 기술용역의 대가 기준)

소방시설공사의 설계와 감리에 관한 약정을 할 때 그 대가는 「엔지니어링산업 진흥법」 제31조에 따른 엔지니어링사업의 대가 기준 가운데 행정안전부령으로 정하는 방식에 따라 산정한다. <개정 2020.6.9.>

> **시행규칙 제21조 (소방기술용역의 대가 기준 산정방식)** 법 제25조에서 "행정안전부령으로 정하는 방식"이란 「엔지니어링산업 진흥법」 제31조 제2항에 따라 지식경제부장관이 인가한 엔지니어링사업의 대가 기준 중 다음 각 호에 따른 방식을 말한다.
> 1. 소방시설설계의 대가: 통신부문에 적용하는 공사비 요율에 따른 방식
> 2. 소방공사감리의 대가: 실비정액 가산방식

제26조 (시공능력 평가 및 공시)

① 소방청장은 관계인 또는 발주자가 적절한 공사업자를 선정할 수 있도록 하기 위하여 공사업자의 신청이 있으면 그 공사업자의 소방시설공사 실적, 자본금 등에 따라 시공능력을 평가하여 공시할 수 있다.

② 제1항에 따른 평가를 받으려는 공사업자는 전년도 소방시설공사 실적, 자본금, 그 밖에 행정안전부령으로 정하는 사항을 소방청장에게 제출하여야 한다.

③ 제1항 및 제2항에 따른 시공능력 평가신청 절차, 평가방법 및 공시방법 등에 관하여 필요한 사항은 행정안전부령으로 정한다.

📝 핵심정리 ┃ 시공능력평가 및 공시

1. **평가 · 공시권자:** 소방청장

2. **시공능력평가의 방법**

> 시공능력 평가액 = 실적평가액 + 자본금평가액 + 기술력평가액 + 경력평가액 ± 신인도 평가액

① 실적평가액 = 연평균 공사실적액
② 자본금평가액 = 실질자본금 × 실질자본금의 평점 × 70/100
③ 기술력평가액 = 전년도공사업계의 기술자 1인당 평균생산액 × 보유기술인력 × 가중치합계 × 30/100 + 전년도 기술개발 투자액
④ 경력평가액 = 실적평가액 × 공사영위기간 평점 × 20 / 100
⑤ 신인도평가액 = (실적평가액 + 자본금평가액 + 기술력평가액 + 경력평가액) × 신인도반영비율합계

> **시행규칙 제22조 (소방시설공사 시공능력 평가의 신청)** ① 법 제26조 제1항에 따라 소방시설공사의 시공능력을 평가받으려는 공사업자는 법 제26조 제2항에 따라 별지 제32호 서식의 소방시설공사 시공능력평가신청서(전자문서로 된 소방시설공사 시공능력평가신청서를 포함한다)에 다음 각 호의 서류(전자문서를 포함한다)를 첨부하여 협회에 매년 2월 15일[제5호의 서류는 법인의 경우에는 매년 4월 15일, 개인의 경우에는 매년 6월 10일(「소득세법」 제70조의2 제1항에 따른 성실신고확인대상사업자는 매년 7월 10일)]까지 제출하여야 하며, 이 경우 협회는 공사업자가 첨부하여야 할 서류를 갖추지 못하였을 때에는 15일의 보완기간을 부여하여 보완하게 하여야 한다. 다만, 「전자정부법」 제36조 제1항에 따른 행정정보의 공동이용을 통하여 첨부서류에 대한 정보를 확인할 수 있는 경우에는 그 확인으로 첨부서류를 갈음할 수 있다.
> 1. 소방공사실적을 증명하는 다음 각 목의 구분에 따른 해당 서류(전자문서를 포함한다)
>   가. 국가, 지방자치단체, 「공공기관의 운영에 관한 법률」 제5조에 따른 공기업·준정부기관 또는 「지방공기업법」 제49조에 따라 설립된 지방공사나 같은 법 제76조에 따라 설립된 지방공단(이하 "국가등"이라 한다. 이하 같다)이 발주한 국내 소방시설공사의 경우: 해당 발주자가 발행한 별지 제33호 서식의 소방시설공사 실적증명서
>   나. 가목, 라목 또는 마목 외의 국내 소방시설공사와 하도급공사의 경우: 해당 소방시설공사의 발주자 또는 수급인이 발행한 별지 제33호 서식의 소방시설공사 실적증명서 및 부가가치세법령에 따른 세금계산서(공급자 보관용) 사본이나 소득세법령에 따른 계산서(공급자 보관용) 사본. 다만, 유지·보수공사는 공사시공명세서로 갈음할 수 있다.

　　다. 해외 소방시설공사의 경우: 재외공관장이 발행한 해외공사 실적증명서 또는 공사계약서 사본이 첨부된 외국환은행이 발행한 외화입금증명서

　　라. 주한국제연합군 또는 그 밖의 외국군의 기관으로부터 도급받은 소방시설공사의 경우: 거래하는 외국환은행이 발행한 외화입금증명서 및 도급계약서 사본

　　마. 공사업자의 자기수요에 따른 소방시설공사의 경우: 그 공사의 감리자가 확인한 별지 제33호 서식의 소방시설공사 실적 증명서

2. 평가를 받는 해의 전년도 말일 현재의 소방시설업 등록수첩 사본

3. 별지 제35호 서식의 소방기술자보유현황

4. 별지 제36호 서식의 신인도평가신고서(다음 각 목의 어느 하나에 해당하는 사실이 있는 경우에만 해당된다)

　　가. 품질경영인증(ISO 9000) 취득

　　나. 우수소방시설공사업자 지정

　　다. 소방시설공사 표창 수상

5. 다음 각 목의 어느 하나에 해당하는 서류

　　가. 「법인세법」 및 「소득세법」에 따라 관할 세무서장에게 제출한 조세에 관한 신고서(「세무사법」 제6조에 따라 등록한 세무사가 확인한 것으로서 대차대조표 및 손익계산서가 포함된 것을 말한다)

　　나. 「주식회사의 외부감사에 관한 법률」에 따라 외부감사인의 회계감사를 받은 재무제표

　　다. 「공인회계사법」 제7조에 따라 등록한 공인회계사 또는 같은 법 제24조에 따라 등록한 회계법인이 감사한 회계서류

　　라. 출자·예치·담보 금액 확인서(다만, 소방청장이 지정하는 금융회사 또는 소방산업공제조합에서 통보하는 경우에는 생략할 수 있다)

② 제1항에서 규정한 사항 외에 시공능력 평가 등 업무수행에 필요한 세부규정은 협회가 정하되, 소방청장의 승인을 받아야 한다.

제23조 (시공능력의 평가) ① 법 제26조 제3항에 따른 시공능력 평가의 방법은 별표 4와 같다.

② 제1항에 따라 평가된 시공능력은 공사업자가 도급받을 수 있는 1건의 공사도급금액으로 하고, 시공능력 평가의 유효기간은 공시일부터 1년간으로 한다. 다만, 다음 각 호의 어느 하나에 해당하는 사유로 평가된 시공능력의 유효기간은 그 시공능력 평가 결과의 공시일부터 다음 해의 정기 공시일(제3항 본문에 따라 공시한 날을 말한다)의 전날까지로 한다.

1. 법 제4조에 따라 소방시설공사업을 등록한 경우

2. 법 제7조 제1항이나 제2항에 따라 소방시설공사업을 상속·양수·합병하거나 소방시설 전부를 인수한 경우

3. 제22조 제1항 각 호의 서류가 거짓으로 확인되어 제4항에 따라 새로 평가한 경우

③ 협회는 시공능력을 평가한 경우에는 그 사실을 해당 공사업자의 등록수첩에 기재하여 발급하고, 매년 7월 31일까지 각 공사업자의 시공능력을 일간신문(「신문 등의 진흥에 관한 법률」 제2조 제1호 가목 또는 나목에 해당하는 일간신문으로서 같은 법 제9조 제1항에 따른 등록 시 전국을 보급지역으로 등록한 일간신문을 말한다. 이하 같다) 또는 인터넷 홈페이지를 통하여 공시하여야 한다. 다만, 제2항 각 호의 어느 하나에 해당하는 사유로 시공능력을 평가한 경우에는 인터넷 홈페이지를 통하여 공시하여야 한다.

④ 협회는 시공능력평가 및 공시를 위하여 제22조에 따라 제출된 자료가 거짓으로 확인된 경우에는 그 확인된 날부터 10일 이내에 제3항에 따라 공시된 해당 공사업자의 시공능력을 새로 평가하고 해당 공사업자의 등록수첩에 그 사실을 기재하여 발급하여야 한다.

제26조의2 (설계·감리업자의 선정)

① 국가, 지방자치단체 또는 대통령령으로 정하는 공공기관은 그가 발주하는 소방시설의 설계·공사 감리 용역 중 소방청장이 정하여 고시하는 금액 이상의 사업에 대하여는 대통령령으로 정하는 바에 따라 집행 계획을 작성하여 공고하여야 한다. 이 경우 공고된 사업을 하려면 기술능력, 경영능력, 그 밖에 대통령령으로 정하는 사업수행능력 평가기준에 적합한 설계·감리업자를 선정하여야 한다.　<개정 2021.1.5.>

② 시·도지사 또는 시장·군수가 「주택법」 제15조 제1항에 따라 주택건설사업계획을 승인하거나 특별자치시장, 특별자치도지사, 시장, 군수 또는 자치구의 구청장이 「도시 및 주거환경정비법」 제50조 제1항에 따라 사업시행계획을 인가할 때에는 그 주택건설공사에서 소방시설공사의 감리를 할 감리업자를 제1항 후단에 따른 사업수행능력 평가기준에 따라 선정하여야 한다. 이 경우 감리업자를 선정하는 주택건설공사의 규모 및 대상 등에 관하여 필요한 사항은 대통령령으로 정한다. <개정 2021.1.5, 2024.1.30.>

③ 제1항 및 제2항에 따른 설계·감리업자의 선정 절차 등에 필요한 사항은 대통령령으로 정한다. <개정 2021.1.5.>

[시행일 2025.1.31.]

시행령 제12조의6 (설계 및 공사 감리 용역사업의 집행 계획 작성·공고 대상자) 법 제26조의2 제1항에서 "대통령령으로 정하는 공공기관"이란 제12조의2 제2항 각 호의 어느 하나에 해당하는 기관을 말한다.

제12조의7 (설계 및 공사 감리 용역사업의 집행 계획의 내용 등) ① 법 제26조의2 제1항에 따른 집행 계획에는 다음 각 호의 사항이 포함되어야 한다.

1. 설계·공사 감리 용역명
2. 설계·공사 감리 용역사업 시행 기관명
3. 설계·공사 감리 용역사업의 주요 내용
4. 총사업비 및 해당 연도 예산 규모
5. 입찰 예정시기
6. 그 밖에 입찰 참가에 필요한 사항

② 법 제26조의2 제1항에 따른 집행 계획의 공고는 입찰공고와 함께 할 수 있다.

제12조의8 (설계·감리업자의 선정 절차 등) ① 법 제26조의2 제2항에서 "대통령령으로 정하는 사업수행능력 평가기준"이란 다음 각 호의 사항에 대한 평가기준을 말한다.

1. 참여하는 소방기술자의 실적 및 경력
2. 입찰참가 제한, 영업정지 등의 처분 유무 또는 재정상태 건실도 등에 따라 평가한 신용도
3. 기술개발 및 투자 실적
4. 참여하는 소방기술자의 업무 중첩도
5. 그 밖에 행정안전부령으로 정하는 사항

② 국가, 지방자치단체 또는 제12조의6에 따른 공공기관(이하 "국가등"이라 한다. 이하 이 조에서 같다)은 제12조의7 제2항에 따라 공고된 소방시설의 설계·공사감리 용역을 발주할 때에는 입찰에 참가하려는 자를 제1항에 따른 사업수행능력 평가기준에 따라 평가하여 입찰에 참가할 자를 선정하여야 한다.

③ 국가등이 소방시설의 설계·공사감리 용역을 발주할 때 특별히 기술이 뛰어난 자를 낙찰자로 선정하려는 경우에는 제2항에 따라 선정된 입찰에 참가할 자에게 기술과 가격을 분리하여 입찰하게 하여 기술능력을 우선적으로 평가한 후 기술능력 평가점수가 높은 업체의 순서로 협상하여 낙찰자를 선정할 수 있다.

④ 제1항부터 제3항까지의 규정에 따른 사업수행능력 평가의 세부 기준 및 방법, 기술능력 평가 기준 및 방법, 협상 방법 등 설계·감리업자의 선정에 필요한 세부적인 사항은 행정안전부령으로 정한다.

시행령 제12조의9 (감리업자를 선정하는 주택건설공사의 규모 및 대상 등) ① 법 제26조의2 제2항 전단에 따라 시·도지사가 감리업자를 선정해야 하는 주택건설공사의 규모 및 대상은 「주택법」에 따른 공동주택(기숙사는 제외한다)으로서 300세대 이상인 것으로 한다.

② 시·도지사는 법 제26조의2 제2항 전단에 따라 감리업자를 선정하려는 경우에는 주택건설사업계획을 승인한 날부터 7일 이내에 다른 공사와는 별도로 소방시설공사의 감리를 할 감리업자의 모집공고를 해야 한다.

③ 시·도지사는 제2항에도 불구하고 「주택법 시행령」 제31조에 따른 공사 착공기간의 연장 등 부득이한 사유가 있어 사업주체가 요청하는 경우에는 그 사유가 없어진 날부터 7일 이내에 제2항에 따른 모집공고를 할 수 있다.

④ 제2항에 따른 모집공고에는 다음 각 호의 사항이 포함되어야 한다.

1. 접수기간
2. 낙찰자 결정방법

3. 사업내용 및 제출서류

4. 감리원 응모자격 기준시점(신청접수 마감일을 원칙으로 한다)

5. 감리업자 실적과 감리원 경력의 기준시점(모집공고일을 원칙으로 한다)

6. 입찰의 전자적 처리에 관한 사항

7. 그 밖에 감리업자 모집에 필요한 사항

⑤ 제2항에 따른 모집공고는 일간신문에 싣거나 해당 특별시·광역시·특별자치시·도 또는 특별자치도의 게시판과 인터넷 홈페이지에 7일 이상 게시하는 등의 방법으로 한다.

[본조신설 2022.1.4.]

시행규칙 제23조의2 (설계업자 또는 감리업자의 선정 등) ① 영 제12조의8 제4항에 따른 사업수행능력 평가의 세부기준은 다음 각 호의 평가기준을 말한다.

1. 설계용역의 경우: 별표 4의3의 사업수행능력 평가기준

2. 공사감리용역의 경우: 별표 4의4의 사업수행능력 평가기준

② 소방청장은 영 제12조의8에 따라 설계업자 또는 감리업자가 사업수행능력을 평가받을 때 제출하는 서류 등의 표준서식을 정하여 국가등이 이를 이용하게 할 수 있다.

③ 설계업자 및 감리업자는 그가 수행하거나 수행한 설계용역 또는 공사감리용역의 실적관리를 위하여 협회에 설계용역 또는 공사감리용역의 실적 현황을 제출할 수 있다.

④ 협회는 제3항에 따라 설계용역 또는 공사감리용역의 현황을 접수받았을 때에는 그 내용을 기록·관리하여야 하며, 설계업자 또는 감리업자가 요청하면 별지 제36호의2 서식의 설계용역 수행현황확인서 또는 별지 제36호의3 서식의 공사감리용역 수행현황확인서를 발급하여야 한다.

⑤ 협회는 제4항에 따라 설계용역 또는 공사감리용역의 기록·관리를 하는 경우나 설계용역 수행현황확인서, 공사감리용역 수행현황확인서를 발급할 때에는 그 신청인으로부터 실비(實費)의 범위에서 소방청장의 승인을 받아 정한 수수료를 받을 수 있다.

제23조의3 (기술능력 평가기준·방법) ① 국가등은 법 제26조의2 및 영 제12조의8 제3항에 따라 기술과 가격을 분리하여 낙찰자를 선정하려는 경우에는 다음 각 호의 기준에 따라야 한다.

1. 설계용역의 경우: 별표 4의3의 평가기준에 따른 평가 결과 국가 등이 정하는 일정 점수 이상을 얻은 자를 입찰참가자로 선정한 후 기술제안서(입찰금액이 적힌 것을 말한다. 이하 이 조에서 같다)를 제출하게 하고, 기술제안서를 제출한 자를 별표 4의5의 평가기준에 따라 평가한 결과 그 점수가 가장 높은 업체부터 순서대로 기술제안서에 기재된 입찰금액이 예정가격 이내인 경우 그 업체와 협상하여 낙찰자를 선정한다.

2. 공사감리용역의 경우: 별표 4의4의 평가기준에 따른 평가 결과 국가등이 정하는 일정 점수 이상을 얻은 자를 입찰참가자로 선정한 후 기술제안서를 제출하게 하고, 기술제안서를 제출한 자를 별표 4의6의 평가기준에 따라 평가한 결과 그 점수가 가장 높은 업체부터 순서대로 기술제안서에 기재된 입찰금액이 예정가격 이내인 경우 그 업체와 협상하여 낙찰자를 선정한다.

② 국가등은 낙찰된 업체의 기술제안서를 설계용역 또는 감리용역 계약문서에 포함시켜야 한다.

제26조의3 (소방시설업 종합정보시스템의 구축 등)

① 소방청장은 다음 각 호의 정보를 종합적이고 체계적으로 관리·제공하기 위하여 소방시설업 종합정보시스템을 구축·운영할 수 있다.

1. 소방시설업자의 자본금·기술인력 보유 현황, 소방시설공사등 수행상황, 행정처분 사항 등 소방시설업자에 관한 정보

2. 소방시설공사등의 착공 및 완공에 관한 사항, 소방기술자 및 감리원의 배치 현황 등 소방시설공사등과 관련된 정보

② 소방청장은 제1항에 따른 정보의 종합관리를 위하여 소방시설업자, 발주자, 관련 기관 및 단체 등에게 필요한 자료의 제출을 요청할 수 있다. 이 경우 요청을 받은 자는 특별한 사유가 없으면 이에 따라야 한다.

③ 소방청장은 제1항에 따른 정보를 필요로 하는 관련 기관 또는 단체에 해당 정보를 제공할 수 있다.

④ 제1항에 따른 소방시설업 종합정보시스템의 구축 및 운영 등에 필요한 사항은 행정안전부령으로 정한다.

시행규칙 제23조의4 (소방시설업 종합정보시스템의 구축·운영) ① 소방청장은 법 제26조의3 제1항에 따른 소방시설업 종합정보시스템(이하 "소방시설업 종합정보시스템"이라 한다)의 구축 및 운영 등을 위하여 다음 각 호의 업무를 수행할 수 있다.

1. 소방시설업 종합정보시스템의 구축 및 운영에 관한 연구개발

2. 법 제26조의3 제1항 각 호의 정보에 대한 수집·분석 및 공유

3. 소방시설업 종합정보시스템의 표준화 및 공동활용 촉진

② 소방청장은 소방시설업 종합정보시스템의 효율적인 구축과 운영을 위하여 협회, 소방기술과 관련된 법인 또는 단체와 협의체를 구성·운영할 수 있다.

③ 소방청장은 법 제26조의3 제2항 전단에 따라 필요한 자료의 제출을 요청하는 경우에는 그 범위, 사용 목적, 제출기한 및 제출방법 등을 명시한 서면으로 해야 한다.

④ 법 제26조의3 제3항에 따른 관련 기관 또는 단체는 소방청장에게 필요한 정보의 제공을 요청하는 경우에는 그 범위, 사용 목적 및 제공방법 등을 명시한 서면으로 해야 한다.

[본조신설 2020.1.15.]

제27조 (소방기술자의 의무)

① 소방기술자는 이 법과 이 법에 따른 명령과 「소방시설 설치 및 관리에 관한 법률」 및 같은 법에 따른 명령에 따라 업무를 수행하여야 한다.

② 소방기술자는 다른 사람에게 자격증[제28조에 따라 소방기술 경력 등을 인정받은 사람의 경우에는 소방기술 인정 자격수첩(이하 "자격수첩"이라 한다)과 소방기술자 경력수첩(이하 "경력수첩"이라 한다)을 말한다]을 빌려 주어서는 아니 된다.

③ 소방기술자는 동시에 둘 이상의 업체에 취업하여서는 아니 된다. 다만, 제1항에 따른 소방기술자 업무에 영향을 미치지 아니하는 범위에서 근무시간 외에 소방시설업이 아닌 다른 업종에 종사하는 경우는 제외한다.

> ✏️ **핵심정리** │ **소방기술자의 의무**
>
> 1. 관련법과 명령에 따라 적법한 업무 수행
> 2. 자격증 빌려주는 행위 금지
> 3. 둘 이상 업체 취업 금지(단, 근무시간 외에 소방시설업 외의 업종에 종사 가능)

제28조 (소방기술 경력 등의 인정 등)

① 소방청장은 소방기술의 효율적인 활용과 소방기술의 향상을 위하여 소방기술과 관련된 자격·학력 및 경력을 가진 사람을 소방기술자로 인정할 수 있다.

② 소방청장은 제1항에 따라 자격·학력 및 경력을 인정받은 사람에게 소방기술 인정 자격수첩과 경력수첩을 발급할 수 있다.

③ 제1항에 따른 소방기술과 관련된 자격·학력 및 경력의 인정 범위와 제2항에 따른 자격수첩 및 경력수첩의 발급 절차 등에 관하여 필요한 사항은 행정안전부령으로 정한다.

④ 소방청장은 제2항에 따라 자격수첩 또는 경력수첩을 발급받은 사람이 다음 각 호의 어느 하나에 해당하는 경우에는 행정안전부령으로 정하는 바에 따라 그 자격을 취소하거나 6개월 이상 2년 이하의 기간을 정하여 그 자격을 정지시킬 수 있다. 다만, 제1호와 제2호에 해당하는 경우에는 그 자격을 취소하여야 한다.

1. 거짓이나 그 밖의 부정한 방법으로 자격수첩 또는 경력수첩을 발급받은 경우
2. 제27조 제2항을 위반하여 자격수첩 또는 경력수첩을 다른 사람에게 빌려준 경우
3. 제27조 제3항을 위반하여 동시에 둘 이상의 업체에 취업한 경우
4. 이 법 또는 이 법에 따른 명령을 위반한 경우

⑤ 제4항에 따라 자격이 취소된 사람은 취소된 날부터 2년간 자격수첩 또는 경력수첩을 발급받을 수 없다.

> **시행규칙 제24조 (소방기술과 관련된 자격·학력 및 경력의 인정 범위 등)** ① 법 제28조 제3항에 따른 소방기술과 관련된 자격·학력 및 경력의 인정 범위는 별표 4의2와 같다.
> 1.~3. 삭제 <2013.11.22.>
> ② 협회 또는 영 제20조 제4항에 따라 소방기술과 관련된 자격·학력 및 경력의 인정업무를 위탁받은 소방기술과 관련된 법인 또는 단체는 법 제28조 제1항에 따라 소방기술과 관련된 자격·학력 및 경력을 가진 사람을 소방기술자로 인정하는 경우에는 별지 제39호 서식의 소방기술 인정 자격수첩과 별지 제39호의2 서식에 따른 소방기술자 경력수첩을 발급하여야 한다. <개정 2020.1.15.>
> ③ 제1항 및 제2항에서 규정한 사항 외에 자격수첩과 경력수첩의 발급절차 수수료 등에 관하여 필요한 사항은 소방청장이 정하여 고시한다.
>
> **제25조 (자격의 정지 및 취소에 관한 기준)** 법 제28조 제4항에 따른 자격의 정지 및 취소기준은 별표 5와 같다. <개정 2015.8.4.>

제28조의2 (소방기술자 양성 및 교육 등)

① 소방청장은 소방기술자를 육성하고 소방기술자의 전문기술능력 향상을 위하여 소방기술자와 제28조에 따라 소방기술과 관련된 자격·학력 및 경력을 인정받으려는 사람의 양성·인정 교육훈련(이하 "소방기술자 양성·인정 교육훈련"이라 한다)을 실시할 수 있다.

② 소방청장은 전문적이고 체계적인 소방기술자 양성·인정 교육훈련을 위하여 소방기술자 양성·인정 교육훈련기관을 지정할 수 있다.

③ 제2항에 따라 지정된 소방기술자 양성·인정 교육훈련기관의 지정취소, 업무정지 및 청문에 관하여는 「소방시설 설치 및 관리에 관한 법률」 제47조 및 제49조를 준용한다. <개정 2021.11.30.>

④ 제1항 및 제2항에 따른 소방기술자 양성·인정 교육훈련 및 교육훈련기관 지정 등에 필요한 사항은 행정안전부령으로 정한다.

[본조신설 2021.4.20.]

> **시행규칙 제25조의2 (소방기술자 양성·인정 교육훈련의 실시 등)** ① 법 제28조의2 제2항에 따른 소방기술자 양성·인정 교육훈련기관(이하 "소방기술자 양성·인정 교육훈련기관"이라 한다)의 지정 요건은 다음 각 호와 같다.
> 1. 전국 4개 이상의 시·도에 이론교육과 실습교육이 가능한 교육·훈련장을 갖출 것
> 2. 소방기술자 양성·인정 교육훈련을 실시할 수 있는 전담인력을 6명 이상 갖출 것
> 3. 교육과목별 교재 및 강사 매뉴얼을 갖출 것
> 4. 교육훈련의 신청·수료, 성과측정, 경력관리 등에 필요한 교육훈련 관리시스템을 구축·운영할 것
> ② 소방기술자 양성·인정 교육훈련기관은 다음 각 호의 사항이 포함된 다음 연도 교육훈련계획을 수립하여 해당 연도 11월 30일까지 소방청장의 승인을 받아야 한다.
> 1. 교육운영계획
> 2. 교육 과정 및 과목
> 3. 교육방법
> 4. 그 밖에 소방기술자 양성·인정 교육훈련의 실시에 필요한 사항
> ③ 소방기술자 양성·인정 교육훈련기관은 교육 이수 사항을 기록·관리해야 한다.
> [본조신설 2022.4.21.]

제29조 (소방기술자의 실무교육)

① 화재 예방, 안전관리의 효율화, 새로운 기술 등 소방에 관한 지식의 보급을 위하여 소방시설업 또는 「소방시설 설치 및 관리에 관한 법률」 제29조에 따른 소방시설관리업의 기술인력으로 등록된 소방기술자는 행정안전부령으로 정하는 바에 따라 실무교육을 받아야 한다.

② 제1항에 따른 소방기술자가 정하여진 교육을 받지 아니하면 그 교육을 이수할 때까지 그 소방기술자는 소방시설업 또는 「소방시설 설치 및 관리에 관한 법률」 제29조에 따른 소방시설관리업의 기술인력으로 등록된 사람으로 보지 아니한다.

③ 소방청장은 제1항에 따른 소방기술자에 대한 실무교육을 효율적으로 하기 위하여 실무교육기관을 지정할 수 있다.

④ 제3항에 따른 실무교육기관의 지정방법·절차·기준 등에 관하여 필요한 사항은 행정안전부령으로 정한다.

⑤ 제3항에 따라 지정된 실무교육기관의 지정취소, 업무정지 및 청문에 관하여는 「소방시설 설치 및 관리에 관한 법률」 제43조 및 제44조를 준용한다.

시행규칙 제26조 (소방기술자의 실무교육) ① 소방기술자는 법 제29조 제1항에 따라 실무교육을 2년마다 1회 이상 받아야 한다.

② 영 제20조 제1항에 따라 소방기술자 실무교육에 관한 업무를 위탁받은 실무교육기관 또는 「소방기본법」 제40조에 따른 한국소방안전원의 장(이하 "실무교육기관등의 장"이라 한다)은 소방기술자에 대한 실무교육을 실시하려면 교육일정 등 교육에 필요한 계획을 수립하여 소방청장에게 보고한 후 교육 10일 전까지 교육대상자에게 알려야 한다.

③ 제1항에 따른 실무교육의 시간, 교육과목, 수수료, 그 밖에 실무교육에 관하여 필요한 사항은 소방청장이 정하여 고시한다.

제27조 (교육수료 사항의 기록 등) ① 실무교육기관등의 장은 실무교육을 수료한 소방기술자의 기술자격증(자격수첩)에 교육수료 사항을 기재·날인하여 발급하여야 한다.

② 실무교육기관등의 장은 별지 제40호 서식의 소방기술자 실무교육수료자 명단을 교육대상자가 소속된 소방시설업의 업종별로 작성하고 필요한 사항을 기록하여 갖춰 두어야 한다.

제28조 (감독) 소방청장은 실무교육기관등의 장이 실시하는 소방기술자 실무교육의 계획·실시 및 결과에 대하여 지도·감독하여야 한다.

제29조 (소방기술자 실무교육기관의 지정기준) ① 법 제29조 제4항에 따라 소방기술자에 대한 실무교육기관의 지정을 받으려는 자가 갖추어야 하는 실무교육에 필요한 기술인력 및 시설장비는 별표 6과 같다.

② 제1항에 따라 실무교육기관의 지정을 받으려는 자는 비영리법인이어야 한다.

제30조 (지정신청) ① 법 제29조 제4항에 따라 실무교육기관의 지정을 받으려는 자는 별지 제41호 서식의 실무교육기관 지정신청서(전자문서로 된 실무교육기관 지정신청서를 포함한다)에 다음 각 호의 서류(전자문서를 포함한다)를 첨부하여 소방청장에게 제출하여야 한다. 다만, 「전자정부법」 제36조 제1항에 따른 행정정보의 공동이용을 통하여 첨부서류에 대한 정보를 확인할 수 있는 경우에는 그 확인으로 첨부서류를 갈음할 수 있다.

1. 정관 사본 1부
2. 대표자, 각 지부의 책임임원 및 기술인력의 자격을 증명할 수 있는 서류(전자문서를 포함한다)와 기술인력의 명단 및 이력서 각 1부
3. 건물의 소유자가 아닌 경우 건물임대차계약서 사본 및 그 밖에 사무실 보유를 증명할 수 있는 서류(전자문서를 포함한다) 각 1부
4. 교육장 도면 1부
5. 시설 및 장비명세서 1부

② 제1항에 따른 신청서를 제출받은 담당 공무원은 「전자정부법」 제36조 제1항에 따라 행정정보의 공동이용을 통하여 다음 각 호의 서류를 확인하여야 한다.

1. 법인등기사항 전부증명서 1부
2. 건물등기사항 전부증명서(건물의 소유자인 경우에만 첨부한다)

제31조 (서류심사 등) ① 제30조에 따라 실무교육기관의 지정신청을 받은 소방청장은 제29조의 지정기준을 충족하였는지를 현장 확인하여야 한다. 이 경우 소방청장은 「소방기본법」 제40조에 따른 한국소방안전원에 소속된 사람을 현장 확인에 참여시킬 수 있다.

② 소방청장은 신청자가 제출한 신청서(전자문서로 된 신청서를 포함한다) 및 첨부서류(전자문서를 포함한다)가 미비되거나 현장 확인 결과 제29조에 따른 지정기준을 충족하지 못하였을 때에는 15일 이내의 기간을 정하여 이를 보완하게 할 수 있다. 이 경우 보완기간 내에 보완하지 않으면 신청서를 되돌려 보내야 한다.

제32조 (지정서 발급 등) ① 소방청장은 제30조에 따라 제출된 서류(전자문서를 포함한다)를 심사하고 현장 확인한 결과 제29조의 지정기준을 충족한 경우에는 신청일부터 30일 이내에 별지 제42호 서식의 실무교육기관 지정서(전자문서로 된 실무교육기관 지정서를 포함한다)를 발급하여야 한다.

② 제1항에 따라 실무교육기관을 지정한 소방청장은 지정한 실무교육기관의 명칭, 대표자, 소재지, 교육실시 범위 및 교육업무 개시일 등 교육에 필요한 사항을 관보에 공고하여야 한다.

제33조 (지정사항의 변경) 제32조 제1항에 따라 실무교육기관으로 지정된 기관은 다음 각 호의 어느 하나에 해당하는 사항을 변경하려면 변경일부터 10일 이내에 소방청장에게 보고하여야 한다.

1. 대표자 또는 각 지부의 책임임원
2. 기술인력 또는 시설장비 등 지정기준
3. 교육기관의 명칭 또는 소재지

제34조 (휴업·재개업 및 폐업 신고 등) ① 제32조 제1항에 따라 지정을 받은 실무교육기관은 휴업·재개업 또는 폐업을 하려면 그 휴업 또는 재개업을 하려는 날의 14일 전까지 별지 제43호 서식의 휴업·재개업·폐업 보고서에 실무교육기관 지정서 1부를 첨부(폐업하는 경우에만 첨부한다)하여 소방청장에게 보고하여야 한다.

② 제1항에 따른 보고는 방문·전화·팩스 또는 컴퓨터통신으로 할 수 있다.

③ 소방청장은 제1항에 따라 휴업보고를 받은 경우에는 실무교육기관 지정서에 휴업기간을 기재하여 발급하고, 폐업보고를 받은 경우에는 실무교육기관 지정서를 회수하여야 한다.

이 경우 소방청장은 휴업·재개업·폐업 사실을 인터넷 등을 통하여 널리 알려야 한다.

제35조 (교육계획의 수립·공고 등) ① 실무교육기관등의 장은 매년 11월 30일까지 다음 해 교육계획을 실무교육의 종류별·대상자별·지역별로 수립하여 이를 일간신문에 공고하고 소방본부장 또는 소방서장에게 보고하여야 한다.

② 제1항에 따른 교육계획을 변경하는 경우에는 변경한 날부터 10일 이내에 이를 일간신문에 공고하고 소방본부장 또는 소방서장에게 보고하여야 한다.

제36조 (교육대상자 관리 및 교육실적 보고) ① 실무교육기관등의 장은 그 해의 교육이 끝난 후 직능별·지역별 교육수료자 명부를 작성하여 소방본부장 또는 소방서장에게 다음 해 1월 말까지 알려야 한다.

② 실무교육기관등의 장은 매년 1월 말까지 전년도 교육 횟수·인원 및 대상자 등 교육실적을 소방청장에게 보고하여야 한다.

📝 **핵심정리** | 소방기술자의 실무 교육

1. **교육 실시권자:** 소방청장
2. **시기 및 횟수:** 2년마다 1회 이상
3. **교육 위탁기관:** 한국소방안전원, 실무교육기관
4. **절차**

실무교육기관의 장(한국소방안전원장) —— 10일 전까지 통지 → 교육대상자

◎ **확인 예제**

다음 중 소방기술자의 실무교육 횟수로 옳은 것은?

① 1년마다 1회 이상
② 2년마다 1회 이상
③ 3년마다 1회 이상
④ 2년마다 2회 이상

정답 ②

Chapter 05

소방시설업자협회

제30조 삭제

제30조의2 (소방시설업자협회의 설립)

① 소방시설업자는 소방시설업자의 권익보호와 소방기술의 개발 등 소방시설업의 건전한 발전을 위하여 소방시설업자협회 (이하 "협회"라 한다)를 설립할 수 있다.

② 협회는 법인으로 한다.

③ 협회는 소방청장의 인가를 받아 주된 사무소의 소재지에 설립등기를 함으로써 성립한다.

④ 협회의 설립인가 절차, 정관의 기재사항 및 협회에 대한 감독에 관하여 필요한 사항은 대통령령으로 정한다.

> **시행령 제13조~제19조 삭제**
>
> **제19조의2 (소방시설업자협회의 설립인가 절차 등)** ① 법 제30조의2 제1항에 따라 소방시설업자협회(이하 "협회"라 한다)를 설립하려면 법 제2조 제1항 제2호에 따른 소방시설업자 10명 이상이 발기하고 창립총회에서 정관을 의결한 후 소방청장에게 인가를 신청하여야 한다.
>
> ② 소방청장은 제1항에 따른 인가를 하였을 때에는 그 사실을 공고하여야 한다.
>
> **제19조의3 (정관의 기재사항)** 협회의 정관에는 다음 각 호의 사항이 포함되어야 한다.
>
> 1. 목적
> 2. 명칭
> 3. 주된 사무소의 소재지
> 4. 사업에 관한 사항
> 5. 회원의 가입 및 탈퇴에 관한 사항
> 6. 회비에 관한 사항
> 7. 자산과 회계에 관한 사항
> 8. 임원의 정원·임기 및 선출방법
> 9. 기구와 조직에 관한 사항
> 10. 총회와 이사회에 관한 사항
> 11. 정관의 변경에 관한 사항
>
> **제19조의4 (감독)** ① 법 제30조의2 제4항에 따라 소방청장은 협회에 대하여 다음 각 호의 사항을 보고하게 할 수 있다.
>
> 1. 총회 또는 이사회의 중요 의결사항
> 2. 회원의 가입·탈퇴와 회비에 관한 사항
> 3. 그 밖에 협회 및 회원에 관계되는 중요한 사항

제30조의3 (협회의 업무)

협회의 업무는 다음 각 호와 같다.

1. 소방시설업의 기술발전과 소방기술의 진흥을 위한 조사·연구·분석 및 평가
2. 소방산업의 발전 및 소방기술의 향상을 위한 지원
3. 소방시설업의 기술발전과 관련된 국제교류·활동 및 행사의 유치
4. 이 법에 따른 위탁 업무의 수행

제30조의4 (「민법」의 준용)

협회에 관하여 이 법에 규정되지 아니한 사항은 「민법」 중 사단법인에 관한 규정을 준용한다.

제31조 (감독)

① 시·도지사, 소방본부장 또는 소방서장은 소방시설업의 감독을 위하여 필요할 때에는 소방시설업자나 관계인에게 필요한 보고나 자료 제출을 명할 수 있고, 관계 공무원으로 하여금 소방시설업체나 특정소방대상물에 출입하여 관계 서류와 시설 등을 검사하거나 소방시설업자 및 관계인에게 질문하게 할 수 있다.

② 소방청장은 제33조 제2항부터 제4항까지의 규정에 따라 소방청장의 업무를 위탁받은 제29조 제3항에 따른 실무교육기관(이하 "실무교육기관"이라 한다) 또는 「소방기본법」 제40조에 따른 한국소방안전원, 협회, 법인 또는 단체에 필요한 보고나 자료 제출을 명할 수 있고, 관계 공무원으로 하여금 실무교육기관, 한국소방안전원, 협회, 법인 또는 단체의 사무실에 출입하여 관계 서류 등을 검사하거나 관계인에게 질문하게 할 수 있다.

③ 제1항과 제2항에 따라 출입·검사를 하는 관계 공무원은 그 권한을 표시하는 증표를 지니고 이를 관계인에게 보여주어야 한다.

④ 제1항과 제2항에 따라 출입·검사업무를 수행하는 관계 공무원은 관계인의 정당한 업무를 방해하거나 출입·검사업무를 수행하면서 알게 된 비밀을 다른 자에게 누설하여서는 아니 된다.

제32조 (청문)

제9조 제1항에 따른 소방시설업 등록취소처분이나 영업정지처분 또는 제28조 제4항에 따른 소방기술 인정 자격취소처분을 하려면 청문을 하여야 한다.

◎ 확인 예제

청문대상으로 옳지 않은 것은?

① 소방기술자의 자격취소 　　　　　② 소방시설공사업의 영업정지
③ 소방시설공사업의 등록취소 　　　④ 소방기술자의 자격정지

정답 ④

제33조 (권한의 위임·위탁 등)

① 소방청장은 이 법에 따른 권한의 일부를 대통령령으로 정하는 바에 따라 시·도지사에게 위임할 수 있다.

② 소방청장은 제29조에 따른 실무교육에 관한 업무를 대통령령으로 정하는 바에 따라 실무교육기관 또는 한국소방안전원에 위탁할 수 있다.

③ 소방청장 또는 시·도지사는 다음 각 호의 업무를 대통령령으로 정하는 바에 따라 협회에 위탁할 수 있다. 〈개정 2020.6.9.〉

　1. 제4조 제1항에 따른 소방시설업 등록신청의 접수 및 신청내용의 확인

　2. 제6조에 따른 소방시설업 등록사항 변경신고의 접수 및 신고내용의 확인

　2의2. 제6조의2에 따른 소방시설업 휴업·폐업 등 신고의 접수 및 신고내용의 확인

　3. 제7조 제3항에 따른 소방시설업자의 지위승계 신고의 접수 및 신고내용의 확인

4. 제20조의3에 따른 방염처리능력 평가 및 공시

5. 제26조에 따른 시공능력 평가 및 공시

6. 제26조의3 제1항에 따른 소방시설업 종합정보시스템의 구축·운영

④ 소방청장은 제28조에 따른 소방기술과 관련된 자격·학력·경력의 인정 업무를 대통령령으로 정하는 바에 따라 협회, 소방기술과 관련된 법인 또는 단체에 위탁할 수 있다.

⑤ 삭제 <2011.8.4.>

참고 **권한의 위임 및 위탁**

1. 권한의 위임은 행정관청이 그 권한의 일부를 다른 행정기관에 위양하는 것으로 권한의 위임을 받은 기관은 당해 행정관청의 보조기관·하급기관임이 통례이다.

2. 권한의 위탁은 각종 법률에서 규정된 행정기관의 사무 중 일부를 법인·단체 또는 그 기관이나 개인에게 맡겨 그의 명의와 책임으로 행사하도록 하는 것으로서 수탁자에게 어느 정도 자유재량의 여지가 있고 위탁을 한 자와의 사이에 신탁관계가 성립된다.

시행령 제20조 (업무의 위탁) ① 소방청장은 법 제33조 제2항에 따라 법 제29조에 따른 소방기술자 실무교육에 관한 업무를 법 제29조 제3항에 따라 소방청장이 지정하는 실무교육기관 또는 「소방기본법」 제40조에 따른 한국소방안전원에 위탁한다.

② 소방청장은 법 제33조 제3항에 따라 다음 각 호의 업무를 협회에 위탁한다.

1. 법 제20조의3에 따른 방염처리능력 평가 및 공시에 관한 업무

2. 법 제26조에 따른 시공능력 평가 및 공시에 관한 업무

3. 법 제26조의3 제1항에 따른 소방시설업 종합정보시스템의 구축·운영

③ 시·도지사는 법 제33조 제3항에 따라 다음 각 호의 업무를 협회에 위탁한다.

1. 법 제4조 제1항에 따른 소방시설업 등록신청의 접수 및 신청내용의 확인

2. 법 제6조에 따른 소방시설업 등록사항 변경신고의 접수 및 신고내용의 확인

2의2. 법 제6조의2에 따른 소방시설업 휴업·폐업 또는 재개업 신고의 접수 및 신고내용의 확인

3. 법 제7조 제3항에 따른 소방시설업자의 지위승계 신고의 접수 및 신고내용의 확인

④ 소방청장은 법 제33조 제4항에 따라 법 제28조에 따른 소방기술과 관련된 자격·학력·경력의 인정 업무를 협회, 소방기술과 관련된 법인 또는 단체에 위탁한다. 이 경우 소방청장은 수탁기관을 지정하여 관보에 고시하여야 한다.

제20조의2 (고유식별정보의 처리) 소방청장(제20조에 따라 소방청장의 업무를 위탁받은 자를 포함한다), 시·도지사(해당 권한이 위임·위탁된 경우에는 그 권한을 위임·위탁받은 자를 포함한다), 소방본부장 또는 소방서장은 다음 각 호의 사무를 수행하기 위하여 불가피한 경우 「개인정보 보호법 시행령」 제19조 제1호 또는 제4호에 따른 주민등록번호 또는 외국인등록번호가 포함된 자료를 처리할 수 있다.

1. 법 제5조에 따른 등록의 결격사유 확인에 관한 사무

2. 법 제9조 제1항에 따른 등록의 취소와 영업정지 등에 관한 사무

3. 법 제10조에 따른 과징금처분에 관한 사무

3의2. 법 제26조에 따른 시공능력 평가 및 공시에 관한 사무

4. 법 제28조 제1항에 따른 소방기술과 관련된 자격·학력 및 경력의 인정 등에 관한 사무

5. 법 제29조 제1항에 따른 소방기술자의 실무교육에 관한 사무

6. 법 제31조에 따른 감독에 관한 사무

제20조의3 (규제의 재검토) 소방청장은 다음 각 호의 사항에 대하여 다음 각 호의 기준일을 기준으로 3년마다(매 3년이 되는 해의 기준일과 같은 날 전까지를 말한다) 그 타당성을 검토하여 개선 등의 조치를 해야 한다. <개정 2021.3.2.>

1. 제2조 제1항 및 별표 1에 따른 소방시설업의 업종별 등록기준 및 영업범위: 2014년 1월 1일

2. 삭제 <2015.6.22.>

3. 삭제 <2016.12.30.>

4. 삭제 <2021.3.2.>

5. 삭제 <2021.3.2.>

6. 삭제 <2021.3.2.>

7. 삭제 <2017.12.12.>

8. 삭제 <2021.3.2.>

9. 삭제 <2021.3.2.>

10. 삭제 <2021.3.2.>

11. 삭제 <2017.12.12.>

12. 제12조에 따른 소방시설공사의 시공을 하도급할 수 있는 경우: 2015년 1월 1일

12의2. 삭제 <2018.12.24.>

13. 삭제 <2018.12.24.>

제34조 (수수료 등)

다음 각 호의 어느 하나에 해당하는 자는 행정안전부령으로 정하는 바에 따라 수수료나 교육비를 내야 한다.

1. 제4조 제1항에 따라 소방시설업을 등록하려는 자

2. 제4조 제3항에 따라 소방시설업 등록증 또는 등록수첩을 재발급 받으려는 자

3. 제7조 제3항에 따라 소방시설업자의 지위승계 신고를 하려는 자

4. 제20조의3 제2항에 따라 방염처리능력 평가를 받으려는 자

5. 제26조 제2항에 따라 시공능력 평가를 받으려는 자

6. 제28조 제2항에 따라 자격수첩 또는 경력수첩을 발급받으려는 사람

7. 제29조 제1항에 따라 실무교육을 받으려는 사람

> **시행규칙 제37조 (수수료 기준)** ① 법 제34조에 따른 수수료 또는 교육비는 별표 7과 같다.
> ② 제1항에 따른 수수료는 다음 각 호의 어느 하나에 해당하는 방법으로 납부하여야 한다. 다만, 소방청장 또는 시·도지사(영 제20조 제2항 또는 제3항에 따라 업무가 위탁된 경우에는 위탁받은 기관을 말한다)는 정보통신망을 이용한 전자화폐·전자결제 등의 방법으로 이를 납부하게 할 수 있다.
> 1. 법 제34조 제1호부터 제3호에 따른 수수료: 해당 지방자치단체의 수입증지
> 2. 법 제34조 제4호부터 제7호까지의 규정에 따른 수수료: 현금

제34조의2 (벌칙 적용시의 공무원 의제)

다음 각 호의 어느 하나에 해당하는 사람은 「형법」 제129조부터 제132조까지의 규정을 적용할 때에는 공무원으로 본다.

1. 제16조, 제19조 및 제20조에 따라 그 업무를 수행하는 감리원

2. 제33조 제2항부터 제4항까지의 규정에 따라 위탁받은 업무를 수행하는 실무교육기관, 한국소방안전원, 협회 및 소방기술과 관련된 법인 또는 단체의 담당 임원 및 직원

Chapter 07
벌칙

제35조 (벌칙)

다음 각 호의 어느 하나에 해당하는 자는 3년 이하의 징역 또는 3천만원 이하의 벌금에 처한다. <개정 2023.1.3.>
1. 제4조 제1항을 위반하여 소방시설업 등록을 하지 아니하고 영업을 한 자
2. 제21조의5를 위반하여 부정한 청탁을 받고 재물 또는 재산상의 이익을 취득하거나 부정한 청탁을 하면서 재물 또는 재산상의 이익을 제공한 자

[2024.1.4. 시행]

제36조 (벌칙)

다음 각 호의 어느 하나에 해당하는 자는 1년 이하의 징역 또는 1천만원 이하의 벌금에 처한다. <개정 2020.6.9.>
1. 제9조 제1항을 위반하여 영업정지처분을 받고 그 영업정지 기간에 영업을 한 자
2. 제11조나 제12조 제1항을 위반하여 설계나 시공을 한 자
3. 제16조 제1항을 위반하여 감리를 하거나 거짓으로 감리한 자
4. 제17조 제1항을 위반하여 공사감리자를 지정하지 아니한 자
4의2. 제19조 제3항에 따른 보고를 거짓으로 한 자
4의3. 제20조에 따른 공사감리 결과의 통보 또는 공사감리 결과보고서의 제출을 거짓으로 한 자
5. 제21조 제1항을 위반하여 해당 소방시설업자가 아닌 자에게 소방시설공사등을 도급한 자
6. 제22조 제1항 본문을 위반하여 도급받은 소방시설의 설계, 시공, 감리를 하도급한 자
6의2. 제22조 제2항을 위반하여 하도급받은 소방시설공사를 다시 하도급한 자
7. 제27조 제1항을 위반하여 같은 항에 따른 법 또는 명령을 따르지 아니하고 업무를 수행한 자

제37조 (벌칙)

다음 각 호의 어느 하나에 해당하는 자는 300만 원 이하의 벌금에 처한다. <개정 2020.6.9.>
1. 제8조 제1항을 위반하여 다른 자에게 자기의 성명이나 상호를 사용하여 소방시설공사등을 수급 또는 시공하게 하거나 소방시설업의 등록증이나 등록수첩을 빌려준 자
2. 제18조 제1항을 위반하여 소방시설공사 현장에 감리원을 배치하지 아니한 자
3. 제19조 제2항을 위반하여 감리업자의 보완 요구에 따르지 아니한 자
4. 제19조 제4항을 위반하여 공사감리 계약을 해지하거나 대가 지급을 거부하거나 지연시키거나 불이익을 준 자
4의2. 제21조 제2항 본문을 위반하여 소방시설공사를 다른 업종의 공사와 분리하여 도급하지 아니한 자
5. 제27조 제2항을 위반하여 자격수첩 또는 경력수첩을 빌려 준 사람
6. 제27조 제3항을 위반하여 동시에 둘 이상의 업체에 취업한 사람
7. 제31조 제4항을 위반하여 관계인의 정당한 업무를 방해하거나 업무상 알게 된 비밀을 누설한 사람

제38조 (벌칙)

다음 각 호의 어느 하나에 해당하는 자는 100만 원 이하의 벌금에 처한다.
1. 제31조 제2항(실무교육기관, 안전협회, 협회, 법인, 단체)에 따른 명령을 위반하여 보고 또는 자료 제출을 하지 아니하거나 거짓으로 한 자
2. 제31조 제1항(소방시설업의 감독) 및 제2항을 위반하여 정당한 사유 없이 관계 공무원의 출입 또는 검사·조사를 거부·방해 또는 기피한 자

제39조 (양벌규정)

법인의 대표자나 법인 또는 개인의 대리인, 사용인, 그 밖의 종업원이 그 법인 또는 개인의 업무에 관하여 제35조부터 제38조(3년 이하의 징역 또는 3천만 원 이하의 벌금부터 100만 원 이하의 벌금)까지의 어느 하나에 해당하는 위반행위를 하면 그 행위자를 벌하는 외에 그 법인 또는 개인에게도 해당 조문의 벌금형을 과(科)한다. 다만, 법인 또는 개인이 그 위반행위를 방지하기 위하여 해당 업무에 관하여 상당한 주의와 감독을 게을리하지 아니한 경우에는 그러하지 아니하다.

제40조 (과태료)

① 다음 각 호의 어느 하나에 해당하는 자에게는 200만원 이하의 과태료를 부과한다. <개정 2023.1.3.>
   1. 제6조, 제6조의2 제1항, 제7조 제1항 및 제2항, 제13조 제1항 및 제2항 전단, 제17조 제2항을 위반하여 신고를 하지 아니하거나 거짓으로 신고한 자
   2. 제8조 제3항을 위반하여 관계인에게 지위승계, 행정처분 또는 휴업·폐업의 사실을 거짓으로 알린 자
   3. 제8조 제4항을 위반하여 관계 서류를 보관하지 아니한 자
   4. 제12조 제2항을 위반하여 소방기술자를 공사 현장에 배치하지 아니한 자
   5. 제14조 제1항을 위반하여 완공검사를 받지 아니한 자
   6. 제15조 제3항을 위반하여 3일 이내에 하자를 보수하지 아니하거나 하자보수계획을 관계인에게 거짓으로 알린 자
   7. 삭제 <2015.7.20.>
   8. 제17조 제3항을 위반하여 감리 관계 서류를 인수·인계하지 아니한 자
   8의2. 제18조 제2항에 따른 배치통보 및 변경통보를 하지 아니하거나 거짓으로 통보한 자
   9. 제20조의2를 위반하여 방염성능기준 미만으로 방염을 한 자
   10. 제20조의3 제2항에 따른 방염처리능력 평가에 관한 서류를 거짓으로 제출한 자
   10의2. 삭제 <2018.2.9.>
   10의3. 제21조의3 제2항에 따른 도급계약 체결 시 의무를 이행하지 아니한 자(하도급 계약의 경우에는 하도급 받은 소방시설업자는 제외한다)
   11. 제21조의3 제4항에 따른 하도급 등의 통지를 하지 아니한 자
   12. 삭제 <2011.8.4.>
   13. 삭제 <2013.5.22.>
   13의2. 제26조 제2항에 따른 시공능력 평가에 관한 서류를 거짓으로 제출한 자
   13의3. 제26조의2 제1항 후단에 따른 사업수행능력 평가에 관한 서류를 위조하거나 변조하는 등 거짓이나 그 밖의 부정한 방법으로 입찰에 참여한 자
   14. 제31조 제1항에 따른 명령을 위반하여 보고 또는 자료 제출을 하지 아니하거나 거짓으로 보고 또는 자료 제출을 한 자

② 제1항에 따른 과태료는 대통령령으로 정하는 바에 따라 관할 시·도지사, 소방본부장 또는 소방서장이 부과·징수한다.
[시행일 2022.1.6.]

시행령 제21조 (과태료 부과기준) 법 제40조 제1항에 따른 과태료의 부과기준은 별표 5와 같다.

⊚ 확인 예제

「소방시설공사업법」에서 1년 이하의 징역 또는 1천만원 이하의 벌금에 해당하지 않는 벌칙은?

① 영업정지처분을 받고 그 영업정지 기간에 영업한 자
② 공사감리자를 지정하지 아니한 관계인
③ 제3자에게 소방시설공사 시공을 하도급한 자
④ 동시에 둘 이상의 업체에 취업한 사람

정답 ④

별표 1 소방시설업의 업종별 등록기준 및 영업범위(제2조 제1항 관련)

<개정 2023.11.28.>

1. 소방시설설계업

업종별 \ 항목		기술인력	영업범위
전문 소방시설 설계업		가. 주된 기술인력: 소방기술사 1명 이상 나. 보조기술인력: 1명 이상	모든 특정소방대상물에 설치되는 소방시설의 설계
일반 소방 시설 설계업	기계 분야	가. 주된 기술인력: 소방기술사 또는 기계분야 소방 설비기사 1명 이상 나. 보조기술인력: 1명 이상	가. 아파트에 설치되는 기계분야 소방시설(제연설비는 제외한다)의 설계 나. 연면적 3만제곱미터(공장의 경우에는 1만제곱미터) 미만의 특정소방대상물(제연설비가 설치되는 특정소방대상물은 제외한다)에 설치되는 기계분야 소방시설의 설계 다. 위험물제조소등에 설치되는 기계분야 소방시설의 설계
	전기 분야	가. 주된 기술인력: 소방기술사 또는 전기분야 소방 설비기사 1명 이상 나. 보조기술인력: 1명 이상	가. 아파트에 설치되는 전기분야 소방시설의 설계 나. 연면적 3만제곱미터(공장의 경우에는 1만제곱미터) 미만의 특정소방대상물에 설치되는 전기분야 소방시설의 설계 다. 위험물제조소등에 설치되는 전기분야 소방시설의 설계

※ 비고
1. 위 표의 일반 소방시설설계업에서 기계분야 및 전기분야의 대상이 되는 소방시설의 범위는 다음 각 목과 같다.
   가. 기계분야
      1) 소화기구, 자동소화장치, 옥내소화전설비, 스프링클러설비등, 물분무등소화설비, 옥외소화전설비, 피난기구, 인명구조기구, 상수도소화용수설비, 소화수조·저수조, 그 밖의 소화용수설비, 제연설비, 연결송수관설비, 연결살수설비 및 연소방지설비
      2) 기계분야 소방시설에 부설되는 전기시설. 다만, 비상전원, 동력회로, 제어회로, 기계분야 소방시설을 작동하기 위하여 설치하는 화재감지기에 의한 화재감지장치 및 전기신호에 의한 소방시설의 작동장치는 제외한다.
   나. 전기분야
      1) 단독경보형감지기, 비상경보설비, 비상방송설비, 누전경보기, 자동화재탐지설비, 시각경보기, 화재알림설비, 자동화재속보설비, 가스누설경보기, 통합감시시설, 유도등, 비상조명등, 휴대용비상조명등, 비상콘센트설비 및 무선통신보조설비
      2) 기계분야 소방시설에 부설되는 전기시설 중 가목 2) 단서의 전기시설
2. 일반 소방시설설계업의 기계분야 및 전기분야를 함께 하는 경우 주된 기술인력은 소방기술사 1명 또는 기계분야 소방설비기사와 전기분야 소방설비기사 자격을 함께 취득한 사람 1명 이상으로 할 수 있다.
3. 소방시설설계업을 하려는 자가 소방시설공사업, 「소방시설 설치 및 관리에 관한 법률」 제29조 제1항에 따른 소방시설관리업(이하 "소방시설관리업"이라 한다) 또는 「다중이용업소의 안전관리에 관한 특별법」 제16조에 따른 화재위험평가 대행 업무(이하 "화재위험평가 대행업"이라 한다) 중 어느 하나를 함께 하려는 경우 소방시설공사업, 소방시설관리업 또는 화재위험평가 대행업 기술인력으로 등록된 기술인력은 다음 각 목의 기준에 따라 소방시설설계업 등록 시 갖추어야 하는 해당 자격을 가진 기술인력으로 볼 수 있다.
   가. 전문 소방시설설계업과 소방시설관리업을 함께 하는 경우: 소방기술사 자격과 소방시설관리사 자격을 함께 취득한 사람
   나. 전문 소방시설설계업과 전문 소방시설공사업을 함께 하는 경우: 소방기술사 자격을 취득한 사람

다. 전문 소방시설설계업과 화재위험평가 대행업을 함께 하는 경우: 소방기술사 자격을 취득한 사람

라. 일반 소방시설설계업과 소방시설관리업을 함께 하는 경우 다음의 어느 하나에 해당하는 사람

   1) 소방기술사 자격과 소방시설관리사 자격을 함께 취득한 사람

   2) 기계분야 소방설비기사 또는 전기분야 소방설비기사 자격을 취득한 사람 중 소방시설관리사 자격을 취득한 사람

마. 일반 소방시설설계업과 일반 소방시설공사업을 함께 하는 경우: 소방기술사 자격을 취득하거나 기계분야 또는 전기분야 소방설비기사 자격을 취득한 사람

바. 일반 소방시설설계업과 전문 소방시설공사업을 함께 하는 경우: 소방기술사 자격을 취득하거나 기계분야 및 전기분야 소방설비기사 자격을 함께 취득한 사람

사. 전문 소방시설설계업과 일반 소방시설공사업을 함께하는 경우: 소방기술사 자격을 취득한 사람

4. "보조기술인력"이란 다음 각 목의 어느 하나에 해당하는 사람을 말한다.

가. 소방기술사, 소방설비기사 또는 소방설비산업기사 자격을 취득한 사람

나. 소방공무원으로 재직한 경력이 3년 이상인 사람으로서 자격수첩을 발급받은 사람

다. 법 제28조 제3항에 따라 행정안전부령으로 정하는 소방기술과 관련된 자격·경력 및 학력을 갖춘 사람으로서 자격수첩을 발급받은 사람

5. 위 표 및 제2호에도 불구하고 다음 각 목의 어느 하나에 해당하는 자가 소방시설설계업을 등록하는 경우 「엔지니어링산업 진흥법」, 「건축사법」, 「기술사법」 및 「전력기술관리법」에 따른 신고 또는 등록기준을 충족하는 기술인력을 확보한 경우로서 해당 기술인력이 위 표의 기술인력(주된 기술인력만 해당한다)의 기준을 충족하는 경우에는 위 표의 등록기준을 충족한 것으로 본다.

가. 「엔지니어링산업 진흥법」 제21조 제1항에 따라 엔지니어링사업자 신고를 한 자

나. 「건축사법」 제23조에 따른 건축사업무신고를 한 자

다. 「기술사법」 제6조 제1항에 따른 기술사사무소 등록을 한 자

라. 「전력기술관리법」 제14조 제1항에 따른 설계업 등록을 한 자

6. 가스계소화설비의 경우에는 해당 설비의 설계프로그램 제조사가 참여하여 설계(변경을 포함한다)할 수 있다.

2. 소방시설공사업

업종별 / 항목		기술인력	자본금 (자산평가액)	영업범위
전문 소방시설 공사업		가. 주된 기술인력: 소방기술사 또는 기계분야와 전기분야의 소방설비기사 각 1명(기계분야 및 전기분야의 자격을 함께 취득한 사람 1명) 이상 나. 보조기술인력: 2명 이상	가. 법인: 1억원 이상 나. 개인: 자산평가액 1억원 이상	특정소방대상물에 설치되는 기계분야 및 전기분야 소방시설의 공사·개설·이전 및 정비
일반 소방 시설 공사업	기계 분야	가. 주된 기술인력: 소방기술사 또는 기계분야 소방설비기사 1명 이상 나. 보조기술인력: 1명 이상	가. 법인: 1억원 이상 나. 개인: 자산평가액 1억원 이상	가. 연면적 1만 제곱미터 미만의 특정소방대상물에 설치되는 기계분야 소방시설의 공사·개설·이전 및 정비 나. 위험물제조소등에 설치되는 기계분야 소방시설의 공사·개설·이전 및 정비
	전기 분야	가. 주된 기술인력: 소방기술사 또는 전기분야 소방설비 기사 1명 이상 나. 보조기술인력: 1명 이상	가. 법인: 1억 원 이상 나. 개인: 자산평가액 1억 원 이상	가. 연면적 1만제곱미터 미만의 특정소방대상물에 설치되는 전기분야 소방시설의 공사·개설·이전·정비 나. 위험물제조소등에 설치되는 전기분야 소방시설의 공사·개설·이전·정비

3. 소방공사감리업

업종별 \ 항목		기술인력	영업범위
전문 소방공사 감리업		가. 소방기술사 1명 이상 나. 기계분야 및 전기분야의 특급 감리원 각 1명(기계분야 및 전기분야의 자격을 함께 가지고 있는 사람이 있는 경우에는 그에 해당하는 사람 1명. 이하 다목부터 마목까지에서 같다) 이상 다. 기계분야 및 전기분야의 고급 감리원 이상의 감리원 각 1명 이상 라. 기계분야 및 전기분야의 중급 감리원 이상의 감리원 각 1명 이상 마. 기계분야 및 전기분야의 초급 감리원 이상의 감리원 각 1명 이상	모든 특정소방대상물에 설치되는 소방시설공사 감리
일반 소방 공사 감리업	기계 분야	가. 기계분야 특급 감리원 1명 이상 나. 기계분야 고급 감리원 또는 중급 감리원 이상의 감리원 1명 이상 다. 기계분야 초급 감리원 이상의 감리원 1명 이상	가. 연면적 3만제곱미터(공장의 경우에는 1만제곱미터) 미만의 특정소방대상물(제연설비가 설치되는 특정소방대상물은 제외한다)에 설치되는 기계분야 소방시설의 감리 나. 아파트에 설치되는 기계분야 소방시설(제연설비는 제외한다)의 감리 다. 위험물제조소등에 설치되는 기계분야 소방시설의 감리
	전기 분야	가. 전기분야 특급 감리원 1명 이상 나. 전기분야 고급 감리원 또는 중급 감리원 이상의 감리원 1명 이상 다. 전기분야 초급 감리원 이상의 감리원 1명 이상	가. 연면적 3만제곱미터(공장의 경우에는 1만제곱미터) 미만의 특정소방대상물에 설치되는 전기분야 소방시설의 감리 나. 아파트에 설치되는 전기분야 소방시설의 감리 다. 위험물제조소등에 설치되는 전기분야 소방시설의 감리

※ 비고
1. 위 표의 일반 소방공사감리업에서 기계분야 및 전기분야의 대상이 되는 소방시설의 범위는 다음 각 목과 같다.
   가. 기계분야
      1) 이 표 제1호 비고 제1호 가목에 따른 기계분야 소방시설
      2) 실내장식물 및 방염대상물품
   나. 전기분야: 이 표 제1호 비고 제1호 나목에 따른 전기분야 소방시설
2. 위 표에서 "특급 감리원", "고급 감리원", "중급 감리원" 및 "초급 감리원"은 행정안전부령으로 정하는 소방기술과 관련된 자격·경력 및 학력을 갖춘 사람으로서 소방공사감리원의 기술등급 자격에 따른 경력수첩을 발급받은 사람을 말한다.
3. 일반 소방공사감리업의 기계분야 및 전기분야를 함께 하는 경우 기계분야 및 전기분야의 자격을 함께 취득한 감리원 각 1명 이상 또는 기계분야 및 전기분야 일반 소방공사감리업의 등록기준 중 각각의 분야에 해당하는 기술인력을 두어야 한다.
4. 소방공사감리업을 하려는 자가 「엔지니어링산업 진흥법」 제21조 제1항에 따른 엔지니어링사업, 「건축사법」 제23조에 따른 건축사사무소 운영, 「건설기술 진흥법」 제26조 제1항에 따른 건설기술용역업, 「전력기술관리법」 제14조 제1항에 따른 전력시설물공사감리업, 「기술사법」 제6조 제1항에 따른 기술사사무소 운영 또는 화재위험평가 대행업(이하 "엔지니어링사업등"이라 한다) 중 어느 하나를 함께 하려는 경우 엔지니어링사업등의 보유 기술인력으로 신고나 등록된 소방기술사는 전문 소방공사감리업 등록 시 갖추어야 하는 기술인력으로 볼 수 있고, 특급 감리원은 일반 소방공사감리업의 등록시 갖추어야 하는 기술인력으로 볼 수 있다.
5. 기술인력 등록기준에서 기준등급보다 초과하여 상위등급의 기술인력을 보유하고 있는 경우 기준등급을 보유한 것으로 간주한다.

4. 방염처리업

업종별 \ 항목	실험실	방염처리시설 및 시험기기	영업범위
섬유류 방염업	1개 이상 갖출 것	부표에 따른 섬유류 방염업의 방염처리시설 및 시험기기를 모두 갖추어야 한다.	커튼·카펫 등 섬유류를 주된 원료로 하는 방염대상물품을 제조 또는 가공 공정에서 방염처리
합성수지류 방염업		부표에 따른 합성수지류 방염업의 방염처리시설 및 시험기기를 모두 갖추어야 한다.	합성수지류를 주된 원료로 하는 방염대상물품을 제조 또는 가공 공정에서 방염처리
합판·목재류 방염업		부표에 따른 합판·목재류 방염업의 방염처리시설 및 시험기기를 모두 갖추어야 한다.	합판 또는 목재류를 제조·가공 공정 또는 설치 현장에서 방염처리

※ 비고
1. 방염처리업자가 2개 이상의 방염업을 함께 하는 경우 갖춰야 하는 실험실은 1개 이상으로 한다.
2. 방염처리업자가 2개 이상의 방염업을 함께 하는 경우 공통되는 방염처리시설 및 시험기기는 중복하여 갖추지 않을 수 있다.

별표 1의2 │ 성능위주설계를 할 수 있는 자의 자격·기술인력 및 자격에 따른 설계범위 (제2조의3 관련)

<개정 2022.11.29.>

성능위주설계자의 자격	기술인력	설계범위
1. 법 제4조에 따라 전문 소방시설설계업을 등록한 자 2. 전문 소방시설설계업 등록기준에 따른 기술인력을 갖춘 자로서 소방청장이 정하여 고시하는 연구기관 또는 단체	소방기술사 2명 이상	「소방시설 설치 및 관리에 관한 법률 시행령」 제9조에 따라 성능위주설계를 하여야 하는 특정소방대상물

<개정 2023.5.9.>

1. 소방기술자의 배치 기준

소방기술자의 배치 기준	소방시설공사 현장의 기준
가. 행정안전부령으로 정하는 특급기술자인 소방기술자(기계분야 및 전기분야)	1) 연면적 20만제곱미터 이상인 특정소방대상물의 공사 현장 2) 지하층을 포함한 층수가 40층 이상인 특정소방대상물의 공사 현장
나. 행정안전부령으로 정하는 고급기술자 이상의 소방기술자 (기계분야 및 전기분야)	1) 연면적 3만제곱미터 이상 20만제곱미터 미만인 특정소방대상물(아파트는 제외한다)의 공사 현장 2) 지하층을 포함한 층수가 16층 이상 40층 미만인 특정소방대상물의 공사 현장
다. 행정안전부령으로 정하는 중급기술자 이상의 소방기술자 (기계분야 및 전기분야)	1) 물분무등소화설비(호스릴 방식의 소화설비는 제외한다) 또는 제연설비가 설치되는 특정소방대상물의 공사 현장 2) 연면적 5천제곱미터 이상 3만제곱미터 미만인 특정소방대상물(아파트는 제외한다)의 공사 현장 3) 연면적 1만제곱미터 이상 20만제곱미터 미만인 아파트의 공사 현장
라. 행정안전부령으로 정하는 초급기술자 이상의 소방기술자 (기계분야 및 전기분야)	1) 연면적 1천제곱미터 이상 5천제곱미터 미만인 특정소방대상물(아파트는 제외한다)의 공사 현장 2) 연면적 1천제곱미터 이상 1만제곱미터 미만인 아파트의 공사 현장 3) 지하구(地下溝)의 공사 현장
마. 법 제28조 제2항에 따라 자격수첩을 발급받은 소방기술자	연면적 1천제곱미터 미만인 특정소방대상물의 공사 현장

※ 비고

가. 다음의 어느 하나에 해당하는 기계분야 소방시설공사의 경우에는 소방기술자의 배치 기준에 따른 기계분야의 소방기술자를 공사 현장에 배치해야 한다.
　　1) 옥내소화전설비, 스프링클러설비등, 물분무등소화설비 또는 옥외소화전설비의 공사
　　2) 상수도소화용수설비, 소화수조·저수조 또는 그 밖의 소화용수설비의 공사
　　3) 제연설비, 연결송수관설비, 연결살수설비 또는 연소방지설비의 공사
　　4) 기계분야 소방시설에 부설되는 전기시설의 공사. 다만, 비상전원, 동력회로, 제어회로, 기계분야의 소방시설을 작동하기 위해 설치하는 화재감지기에 의한 화재감지장치 및 전기신호에 의한 소방시설의 작동장치의 공사는 제외한다.
나. 다음의 어느 하나에 해당하는 전기분야 소방시설공사의 경우에는 소방기술자의 배치 기준에 따른 전기분야의 소방기술자를 공사 현장에 배치해야 한다.
　　1) 비상경보설비, 시각경보기, 자동화재탐지설비, 비상방송설비, 자동화재속보설비 또는 통합감시시설의 공사
　　2) 비상콘센트설비 또는 무선통신보조설비의 공사
　　3) 기계분야 소방시설에 부설되는 전기시설 중 가목 4) 단서의 전기시설 공사
다. 가목 및 나목에도 불구하고 기계분야 및 전기분야의 자격을 모두 갖춘 소방기술자가 있는 경우에는 소방시설공사를 분야별로 구분하지 않고 그 소방기술자를 배치할 수 있다.
라. 가목 및 나목에도 불구하고 소방공사감리업자가 감리하는 소방시설공사가 다음의 어느 하나에 해당하는 경우에는 소방기술자를 소방시설공사 현장에 배치하지 않을 수 있다.
　　1) 소방시설의 비상전원을 「전기공사업법」에 따른 전기공사업자가 공사하는 경우
　　2) 상수도소화용수설비, 소화수조·저수조 또는 그 밖의 소화용수설비를 「건설산업기본법 시행령」 별표 1에 따른 기계설비공사업자 또는 상·하수도설비공사업자가 공사하는 경우
　　3) 소방 외의 용도와 겸용되는 제연설비를 「건설산업기본법 시행령」 별표 1에 따른 기계설비공사업자가 공사하는 경우

4) 소방 외의 용도와 겸용되는 비상방송설비 또는 무선통신보조설비를 「정보통신공사업법」에 따른 정보통신공사업자가 공사하는 경우

마. 공사업자는 다음의 경우를 제외하고는 1명의 소방기술자를 2개의 공사 현장을 초과하여 배치해서는 안 된다. 다만, 연면적 3만제곱미터 이상의 특정소방대상물(아파트는 제외한다)이거나 지하층을 포함한 층수가 16층 이상으로서 500세대 이상인 아파트에 대한 소방시설 공사의 경우에는 1개의 공사 현장에만 배치해야 한다.

1) 건축물의 연면적이 5천제곱미터 미만인 공사 현장에만 배치하는 경우. 다만, 그 연면적의 합계는 2만제곱미터를 초과해서는 안 된다.

2) 건축물의 연면적이 5천제곱미터 이상인 공사 현장 2개 이하와 5천제곱미터 미만인 공사 현장에 같이 배치하는 경우. 다만, 5천제곱미터 미만의 공사 현장의 연면적의 합계는 1만제곱미터를 초과해서는 안 된다.

바. 특정 공사 현장이 2개 이상의 공사 현장 기준에 해당하는 경우에는 해당 공사 현장 기준에 따라 배치해야 하는 소방기술자를 각각 배치하지 않고 그 중 상위 등급 이상의 소방기술자를 배치할 수 있다.

2. 소방기술자의 배치 기간

가. 공사업자는 제1호에 따른 소방기술자를 소방시설공사의 착공일부터 소방시설 완공검사증명서 발급일까지 배치한다.

나. 공사업자는 가목에도 불구하고 시공관리, 품질 및 안전에 지장이 없는 경우로서 다음의 어느 하나에 해당하여 발주자가 서면으로 승낙하는 경우에는 해당 공사가 중단된 기간 동안 소방기술자를 공사 현장에 배치하지 않을 수 있다.

1) 민원 또는 계절적 요인 등으로 해당 공정의 공사가 일정기간 중단된 경우

2) 예산의 부족 등 발주자(하도급의 경우에는 수급인을 포함한다. 이하 이 목에서 같다)의 책임 있는 사유 또는 천재지변 등 불가항력으로 공사가 일정기간 중단된 경우

3) 발주자가 공사의 중단을 요청하는 경우

별표 3 | 소방공사 감리의 종류, 방법 및 대상(제9조 관련)

<개정 2019.12.10.>

종류	대상	방법
상주 공사 감리	1. 연면적 3만제곱미터 이상의 특정소방대상물(아파트는 제외한다)에 대한 소방시설의 공사 2. 지하층을 포함한 층수가 16층 이상으로서 500세대 이상인 아파트에 대한 소방시설의 공사	1. 감리원은 행정안전부령으로 정하는 기간 동안 공사 현장에 상주하여 법 제16조 제1항 각 호에 따른 업무를 수행하고 감리일지에 기록해야 한다. 다만, 법 제16조 제1항 제9호에 따른 업무는 행정안전부령으로 정하는 기간 동안 공사가 이루어지는 경우만 해당한다. 2. 감리원이 행정안전부령으로 정하는 기간 중 부득이한 사유로 1일 이상 현장을 이탈하는 경우에는 감리일지 등에 기록하여 발주청 또는 발주자의 확인을 받아야 한다. 이 경우 감리업자는 감리원의 업무를 대행할 사람을 감리현장에 배치하여 감리업무에 지장이 없도록 해야 한다. 3. 감리업자는 감리원이 행정안전부령으로 정하는 기간 중 법에 따른 교육이나 「민방위기본법」 또는 「예비군법」에 따른 교육을 받는 경우나 「근로기준법」에 따른 유급휴가로 현장을 이탈하게 되는 경우에는 감리업무에 지장이 없도록 감리원의 업무를 대행할 사람을 감리현장에 배치해야 한다. 이 경우 감리원은 새로 배치되는 업무대행자에게 업무 인수·인계 등의 필요한 조치를 해야 한다.

| 일반
공사
감리 | 상주공사감리에 해당하지 않는 소방시설의 공사 | 1. 감리원은 공사 현장에 배치되어 법 제16조 제1항 각 호에 따른 업무를 수행한다. 다만, 법 제16조 제1항 제9호에 따른 업무는 행정안전부령으로 정하는 기간 동안 공사가 이루어지는 경우만 해당한다.
2. 감리원은 행정안전부령으로 정하는 기간 중에는 주 1회 이상 공사 현장에 배치되어 제1호의 업무를 수행하고 감리일지에 기록해야 한다.
3. 감리업자는 감리원이 부득이한 사유로 14일 이내의 범위에서 제2호의 업무를 수행할 수 없는 경우에는 업무대행자를 지정하여 그 업무를 수행하게 해야 한다.
4. 제3호에 따라 지정된 업무대행자는 주 2회 이상 공사 현장에 배치되어 제1호의 업무를 수행하며, 그 업무수행 내용을 감리원에게 통보하고 감리일지에 기록해야 한다. |

※ 비고

감리업자는 제연설비 등 소방시설의 공사 감리를 위해 소방시설 성능시험(확인, 측정 및 조정을 포함한다)에 관한 전문성을 갖춘 기관·단체 또는 업체에 성능시험을 의뢰할 수 있다. 이 경우 해당 소방시설공사의 감리를 위해 별표 4에 따라 배치된 감리원(책임감리원을 배치해야 하는 소방시설공사의 경우에는 책임감리원을 말한다)은 성능시험 현장에 참석하여 성능시험이 적정하게 실시되는지 확인해야 한다.

별표 4 | 소방공사 감리원의 배치 기준 및 배치 기간(제11조 관련)

<개정 2019.12.10.>

1. 소방공사 감리원의 배치 기준

감리원의 배치 기준		소방시설공사 현장의 기준
책임감리원	보조감리원	
가. 행정안전부령으로 정하는 특급감리원 중 소방기술사	행정안전부령으로 정하는 초급감리원 이상의 소방공사 감리원(기계분야 및 전기분야)	1) 연면적 20만제곱미터 이상인 특정소방대상물의 공사 현장 2) 지하층을 포함한 층수가 40층 이상인 특정소방대상물의 공사 현장
나. 행정안전부령으로 정하는 특급감리원 이상의 소방공사 감리원(기계분야 및 전기분야)	행정안전부령으로 정하는 초급감리원 이상의 소방공사 감리원(기계분야 및 전기분야)	1) 연면적 3만제곱미터 이상 20만제곱미터 미만인 특정소방대상물(아파트는 제외한다)의 공사 현장 2) 지하층을 포함한 층수가 16층 이상 40층 미만인 특정소방대상물의 공사 현장
다. 행정안전부령으로 정하는 고급감리원 이상의 소방공사 감리원(기계분야 및 전기분야)	행정안전부령으로 정하는 초급감리원 이상의 소방공사 감리원(기계분야 및 전기분야)	1) 물분무등소화설비(호스릴 방식의 소화설비는 제외한다) 또는 제연설비가 설치되는 특정소방대상물의 공사 현장 2) 연면적 3만제곱미터 이상 20만제곱미터 미만인 아파트의 공사 현장
라. 행정안전부령으로 정하는 중급감리원 이상의 소방공사 감리원(기계분야 및 전기분야)		연면적 5천제곱미터 이상 3만제곱미터 미만인 특정소방대상물의 공사 현장
마. 행정안전부령으로 정하는 초급감리원 이상의 소방공사 감리원(기계분야 및 전기분야)		1) 연면적 5천제곱미터 미만인 특정소방대상물의 공사 현장 2) 지하구의 공사 현장

※ 비고

가. "책임감리원"이란 해당 공사 전반에 관한 감리업무를 총괄하는 사람을 말한다.

나. "보조감리원"이란 책임감리원을 보좌하고 책임감리원의 지시를 받아 감리업무를 수행하는 사람을 말한다.

다. 소방시설공사 현장의 연면적 합계가 20만제곱미터 이상인 경우에는 20만제곱미터를 초과하는 연면적에 대하여 10만제곱미터(20만제곱미터를 초과하는 연면적이 10만제곱미터에 미달하는 경우에는 10만제곱미터로 본다)마다 보조감리원 1명 이상을 추가로 배치해야 한다.

라. 위 표에도 불구하고 상주 공사감리에 해당하지 않는 소방시설의 공사에는 보조감리원을 배치하지 않을 수 있다.

마. 특정 공사 현장이 2개 이상의 공사 현장 기준에 해당하는 경우에는 해당 공사 현장 기준에 따라 배치해야 하는 감리원을 각각 배치하지 않고 그 중 상위 등급 이상의 감리원을 배치할 수 있다.

2. 소방공사 감리원의 배치 기간

가. 감리업자는 제1호의 기준에 따른 소방공사 감리원을 상주공사감리 및 일반공사감리로 구분하여 소방시설공사의 착공일부터 소방시설 완공검사증명서 발급일까지의 기간 중 행정안전부령으로 정하는 기간 동안 배치한다.

나. 감리업자는 가목에도 불구하고 시공관리, 품질 및 안전에 지장이 없는 경우로서 다음의 어느 하나에 해당하여 발주자가 서면으로 승낙하는 경우에는 해당 공사가 중단된 기간 동안 감리원을 공사현장에 배치하지 않을 수 있다.

　　1) 민원 또는 계절적 요인 등으로 해당 공정의 공사가 일정 기간 중단된 경우

　　2) 예산의 부족 등 발주자(하도급의 경우에는 수급인을 포함한다. 이하 이 목에서 같다)의 책임 있는 사유 또는 천재지변 등 불가항력으로 공사가 일정기간 중단된 경우

　　3) 발주자가 공사의 중단을 요청하는 경우

별표 5 　과태료의 부과기준(제21조 관련)

<개정 2022.1.4.>

1. 일반기준

가. 위반행위의 횟수에 따른 과태료의 가중된 부과기준은 최근 1년간 같은 위반행위로 과태료 부과처분을 받은 경우에 적용한다. 이 경우 기간의 계산은 위반행위에 대하여 과태료 부과처분을 받은 날과 그 처분 후 다시 같은 위반행위를 하여 적발된 날을 기준으로 한다.

나. 가목에 따라 가중된 부과처분을 하는 경우 가중처분의 적용 차수는 그 위반행위 전 부과처분 차수(가목에 따른 기간 내에 과태료 부과처분이 둘 이상 있었던 경우에는 높은 차수를 말한다)의 다음 차수로 한다.

다. 과태료 부과권자는 위반행위자가 다음의 어느 하나에 해당하는 경우에는 제2호에 따른 과태료 금액의 2분의 1의 범위에서 그 금액을 줄여 부과할 수 있다. 다만, 과태료를 체납하고 있는 위반행위자에 대해서는 그렇지 않다.

　　1) 위반행위자가 「질서위반행위규제법 시행령」 제2조의2 제1항 각 호의 어느 하나에 해당하는 경우

　　2) 위반행위자가 처음 위반행위를 한 경우로서 3년 이상 해당 업종을 모범적으로 영위한 사실이 인정되는 경우

　　3) 위반행위자가 화재 등 재난으로 재산에 현저한 손실이 발생하거나 사업여건의 악화로 사업이 중대한 위기에 처하는 등의 사정이 있는 경우

　　4) 위반행위가 사소한 부주의나 오류 등 과실로 인한 것으로 인정되는 경우

　　5) 위반행위자가 같은 위반행위로 다른 법률에 따라 과태료·벌금 또는 영업정지 등의 처분을 받은 경우

　　6) 위반행위자가 위법행위로 인한 결과를 시정하거나 해소한 경우

　　7) 그 밖에 위반행위의 정도, 위반행위의 동기와 그 결과 등을 고려하여 과태료 금액을 줄일 필요가 있다고 인정되는 경우

2. 개별기준

위반행위	근거 법조문	과태료 금액(단위: 만 원)		
		1차 위반	2차 위반	3차 이상 위반
가. 법 제6조, 제6조의2 제1항, 제7조 제3항, 제13조 제1항 및 제2항 전단, 제17조 제2항을 위반하여 신고를 하지 않거나 거짓으로 신고한 경우	법 제40조 제1항 제1호	60	100	200
나. 법 제8조 제3항을 위반하여 관계인에게 지위승계, 행정처분 또는 휴업·폐업의 사실을 거짓으로 알린 경우	법 제40조 제1항 제2호	60	100	200
다. 법 제8조 제4항을 위반하여 관계 서류를 보관하지 않은 경우	법 제40조 제1항 제3호	200		
라. 법 제12조 제2항을 위반하여 소방기술자를 공사 현장에 배치하지 않은 경우	법 제40조 제1항 제4호	200		
마. 법 제14조 제1항을 위반하여 완공검사를 받지 않은 경우	법 제40조 제1항 제5호	200		
바. 법 제15조 제3항을 위반하여 3일 이내에 하자를 보수하지 않거나 하자보수계획을 관계인에게 거짓으로 알린 경우 1) 4일 이상 30일 이내에 보수하지 않은 경우 2) 30일을 초과하도록 보수하지 않은 경우 3) 거짓으로 알린 경우	법 제40조 제1항 제6호	60 100 200		
사. 법 제17조 제3항을 위반하여 감리 관계 서류를 인수·인계하지 않은 경우	법 제40조 제1항 제8호	200		
아. 법 제18조 제2항에 따른 배치통보 및 변경통보를 하지 않거나 거짓으로 통보한 경우	법 제40조 제1항 제8호의2	60	100	200
자. 법 제20조의2를 위반하여 방염성능기준 미만으로 방염을 한 경우	법 제40조 제1항 제9호	200		
차. 법 제20조의3 제2항에 따른 자료 제출을 거짓으로 한 경우	법 제40조 제1항 제10호	200		
카. 법 제21조의3 제2항에 따른 도급계약 체결 시 의무를 이행하지 않은 경우(하도급 계약의 경우에는 하도급받은 소방시설업자는 제외한다)	법 제40조 제1항 제10호의3	200		
타. 법 제21조의3 제4항에 따른 하도급 등의 통지를 하지 않은 경우	법 제40조 제1항 제11호	60	100	200
파. 법 제26조 제2항에 따른 자료 제출을 거짓으로 한 경우	법 제40조 제1항 제13호의2	200		
하. 법 제31조 제1항에 따른 명령을 위반하여 보고 또는 자료 제출을 하지 않거나 거짓으로 보고 또는 자료 제출을 한 경우	법 제40조 제1항 제14호	60	100	200

별표 1 소방시설업에 대한 행정처분기준(제9조 관련)

<개정 2024.1.4.>

1. 일반기준

가. 위반행위가 동시에 둘 이상 발생한 경우에는 그 중 중한 처분기준(중한 처분기준이 동일한 경우에는 그 중 하나의 처분기준을 말한다. 이하 같다)에 따르되, 둘 이상의 처분기준이 동일한 영업정지인 경우에는 중한 처분의 2분의 1까지 가중하여 처분할 수 있다.

나. 영업정지 처분기간 중 영업정지에 해당하는 위반사항이 있는 경우에는 종전의 처분기간 만료일의 다음날부터 새로운 위반사항에 대한 영업정지의 행정처분을 한다.

다. 위반행위의 차수에 따른 행정처분기준은 최근 1년간 같은 위반행위로 행정처분을 받은 경우에 적용하되, 제2호 처목에 따른 위반행위의 차수는 재물 또는 재산상의 이익을 취득하거나 제공한 횟수로 산정한다. 이 경우 기준 적용일은 위반사항에 대한 행정처분일과 그 처분 후 다시 적발한 날을 기준으로 한다.

라. 다목에 따라 가중된 행정처분을 하는 경우 가중처분의 적용차수는 그 위반행위 전 행정처분 차수(다목에 따른 기간 내에 행정처분이 둘 이상 있었던 경우에는 높은 차수를 말한다)의 다음 차수로 한다. 다만, 적발된 날부터 소급하여 1년이 되는 날 전에 한 행정처분은 가중처분의 차수 산정 대상에서 제외한다.

마. 영업정지 등에 해당하는 위반사항으로서 위반행위의 동기 · 내용 · 횟수 · 사유 또는 그 결과를 고려하여 다음 각 목에 해당하는 경우 그 처분을 가중하거나 감경할 수 있다. 이 경우 그 처분이 영업정지일 때에는 그 처분기준의 2분의 1의 범위에서 가중하거나 감경할 수 있고, 그 처분이 등록취소(법 제9조 제1항 제1호, 제3호, 제6호 및 제7호를 위반하여 등록취소가 된 경우는 제외한다)인 경우에는 등록취소 전 차수의 행정처분이 영업정지일 경우 처분기준의 2배 이상의 영업정지처분으로 감경할 수 있다.

　1) 가중사유

　　가) 위반행위가 사소한 부주의나 오류가 아닌 고의나 중대한 과실에 의한 것으로 인정되는 경우

　　나) 위반의 내용 · 정도가 중대하여 관계인에게 미치는 피해가 크다고 인정되는 경우

　2) 감경 사유

　　가) 위반행위가 고의나 중대한 과실이 아닌 사소한 부주의나 오류로 인한 것으로 인정되는 경우

　　나) 위반의 내용 · 정도가 경미하여 관계인에게 미치는 피해가 적다고 인정되는 경우

　　다) 위반행위자의 위반행위가 처음이며 5년 이상 소방시설업을 모범적으로 해 온 사실이 인정되는 경우

　　라) 위반행위자가 그 위반행위로 인하여 검사로부터 기소유예 처분을 받거나 법원으로부터 선고유예 판결을 받은 경우

바. 시 · 도지사는 고의 또는 중과실이 없는 위반행위자가 「소상공인기본법」 제2조에 따른 소상공인인 경우에는 다음의 사항을 고려하여 제2호의 개별기준에 따른 처분을 감경할 수 있다. 이 경우 그 처분이 영업정지인 경우에는 그 처분기준의 100분의 70 범위에서 감경할 수 있고, 그 처분이 등록취소(법 제9조 제1항 제1호, 제3호, 제6호 및 제7호를 위반하여 등록취소가 된 경우는 제외한다)인 경우에는 등록취소 전 차수의 행정처분이 영업정지일 경우 그 처분기준의 영업정지 처분으로 감경할 수 있다. 다만, 마목에 따른 감경과 중복하여 적용하지 않는다.

　1) 해당 행정처분으로 위반행위자가 더 이상 영업을 영위하기 어렵다고 객관적으로 인정되는지 여부

　2) 경제위기 등으로 위반행위자가 속한 시장 · 산업 여건이 현저하게 변동되거나 지속적으로 악화된 상태인지 여부

2. 개별기준

위반사항	근거법령	행정처분 기준 1차	2차	3차
가. 거짓이나 그 밖의 부정한 방법으로 등록한 경우	법 제9조	등록취소		
나. 법 제4조 제1항에 따른 등록기준에 미달하게 된 후 30일이 경과한 경우(법 제9조 제1항 제2호 단서에 해당하는 경우는 제외한다)	법 제9조	경고 (시정명령)	영업정지 3개월	등록취소
다. 법 제5조 각 호의 등록 결격사유에 해당하게 된 경우	법 제9조	등록취소		
라. 등록을 한 후 정당한 사유 없이 1년이 지날 때까지 영업을 시작하지 아니하거나 계속하여 1년 이상 휴업한 때	법 제9조	경고 (시정명령)	등록취소	
마. 삭제 <2013.11.22>				
바. 법 제8조 제1항을 위반하여 다른 자에게 등록증 또는 등록수첩을 빌려준 경우	법 제9조	영업정지 6개월	등록취소	
사. 법 제8조 제2항을 위반하여 영업정지 기간 중에 소방시설공사등을 한 경우	법 제9조	등록취소		
아. 법 제8조 제3항 또는 제4항을 위반하여 통지를 하지 아니하거나 관계 서류를 보관하지 아니한 경우	법 제9조	경고 (시정명령)	영업정지 1개월	등록취소
자. 법 제11조 또는 제12조 제1항을 위반하여 화재안전기준 등에 적합하게 설계·시공을 하지 아니하거나, 법 제16조 제1항에 따라 적합하게 감리를 하지 아니한 경우	법 제9조	영업정지 1개월	영업정지 3개월	등록취소
차. 법 제11조, 제12조 제1항, 제16조 제1항 또는 제20조의2에 따른 소방시설공사등의 업무수행의무 등을 고의 또는 과실로 위반하여 다른 자에게 상해를 입히거나 재산피해를 입힌 경우	법 제9조	영업정지 6개월	등록취소	
카. 법 제12조 제2항을 위반하여 소속 소방기술자를 공사현장에 배치하지 아니하거나 거짓으로 한 경우	법 제9조	경고 (시정명령)	영업정지 1개월	등록취소
타. 법 제13조 또는 제14조를 위반하여 착공신고(변경신고를 포함한다)를 하지 아니하거나 거짓으로 한 때 또는 완공검사(부분완공검사를 포함한다)를 받지 아니한 경우	법 제9조	경고 (시정명령)	영업정지 3개월	등록취소
파. 법 제13조 제2항을 위반하여 착공신고사항 중 중요한 사항에 해당하지 아니하는 변경사항을 공사감리 결과보고서에 포함하여 보고하지 아니한 경우	법 제9조	경고 (시정명령)	영업정지 1개월	등록취소
하. 법 제15조 제3항을 위반하여 하자보수 기간 내에 하자보수를 하지 아니하거나 하자보수계획을 통보하지 아니한 경우	법 제9조	경고 (시정명령)	영업정지 1개월	등록취소
거. 법 제17조 제3항을 위반하여 인수·인계를 거부·방해·기피한 경우	법 제9조	영업정지 1개월	영업정지 3개월	등록취소
너. 법 제18조 제1항을 위반하여 소속 감리원을 공사현장에 배치하지 아니하거나 거짓으로 한 경우	법 제9조	영업정지 1개월	영업정지 3개월	등록취소
더. 법 제18조 제3항의 감리원 배치기준을 위반한 경우	법 제9조	경고 (시정명령)	영업정지 1개월	등록취소
러. 법 제19조 제1항에 따른 요구에 따르지 아니한 경우	법 제9조	영업정지 1개월	영업정지 3개월	등록취소

머. 법 제19조 제3항을 위반하여 보고하지 아니한 경우	법 제9조	경고 (시정명령)	영업정지 1개월	등록취소
버. 법 제20조를 위반하여 감리 결과를 알리지 아니하거나 거짓으로 알린 경우 또는 공사감리 결과보고서를 제출하지 아니하거나 거짓으로 제출 한 경우	법 제9조	경고 (시정명령)	영업정지 3개월	등록취소
서. 법 제20조의2를 위반하여 방염을 한 경우	법 제9조	영업정지 3개월	영업정지 6개월	등록취소
어. 법 제22조 제1항을 위반하여 하도급한 경우	법 제9조	영업정지 3개월	영업정지 6개월	등록취소
저. 법 제21조의3 제4항을 위반하여 하도급 등에 관한 사항을 관계인과 발주자에게 알리지 아니하거나 거짓으로 알린 경우	법 제9조	경고 (시정명령)	영업정지 1개월	등록취소
처. 법 제21조의5 제1항 또는 제3항을 위반하여 부정한 청탁을 받고 재물 또는 재산상의 이익을 취득하거나 부정한 청탁을 하면서 재물 또는 재 산상의 이익을 제공한 경우	법 제9조			
1) 취득하거나 제공한 재물 또는 재산상 이익의 가액(價額)이 1천만원 이상인 경우		영업정지 3개월	영업정지 6개월	등록취소
2) 취득하거나 제공한 재물 또는 재산상 이익의 가액이 1백만원 이상 1천만원 미만인 경우		영업정지 2개월	영업정지 5개월	등록취소
3) 취득하거나 제공한 재물 또는 재산상 이익의 가액이 1백만원 미만 인 경우		영업정지 1개월	영업정지 4개월	등록취소
커. 법 제22조 제1항 본문을 위반하여 도급받은 소방시설의 설계, 시공, 감 리를 하도급한 경우	법 제9조	영업정지 3개월	영업정지 6개월	등록취소
터. 법 제22조 제2항을 위반하여 하도급받은 소방시설공사를 다시 하도급 한 경우	법 제9조	영업정지 3개월	영업정지 6개월	등록취소
퍼. 법 제22조의2 제2항을 위반하여 정당한 사유 없이 하수급인 또는 하도 급 계약내용의 변경요구에 따르지 아니한 경우	법 제9조	경고 (시정명령)	영업정지 1개월	등록취소
허. 제22조의3을 위반하여 하수급인에게 대금을 지급하지 아니한 경우	법 제9조	영업정지 1개월	영업정지 3개월	등록취소
고. 법 제24조를 위반하여 시공과 감리를 함께 한 경우	법 제9조	영업정지 3개월	등록취소	
노. 법 제26조 제2항에 따른 시공능력 평가에 관한 서류를 거짓으로 제출 한 경우	법 제9조	영업정지 3개월	영업정지 6개월	등록취소
도. 법 제26조의2 제1항 후단에 따른 사업수행능력 평가에 관한 서류를 위 조하거나 변조하는 등 거짓이나 그 밖의 부정한 방법으로 입찰에 참여 한 경우	법 제9조	영업정지 3개월	영업정지 6개월	등록취소
로. 법 제31조에 따른 명령을 위반하여 보고 또는 자료 제출을 하지 아니하 거나 거짓으로 보고 또는 자료 제출을 한 경우	법 제9조	영업정지 3개월	영업정지 6개월	등록취소
모. 정당한 사유 없이 법 제31조에 따른 관계 공무원의 출입 또는 검사· 조사를 거부·방해 또는 기피한 경우	법 제9조	영업정지 3개월	영업정지 6개월	등록취소

Part 05 소방시설공사업법 | 해커스 소방설비기사 필기 소방관계법규 기본서 + 7개년 기출문제집

<개정 2010.11.1>

1. **옥내소화전설비 · 스프링클러설비 · 포소화설비 · 물분무소화설비 · 연결살수설비 및 연소방지설비의 경우**

   가압송수장치의 설치, 가지배관의 설치, 개폐밸브 · 유수검지장치 · 체크밸브 · 템퍼스위치의 설치, 앵글밸브 · 소화전함의 매립, 스프링클러헤드 · 포헤드 · 포방출구 · 포노즐 · 포호스릴 · 물분무헤드 · 연결살수헤드 · 방수구의 설치, 포소화약제 탱크 및 포혼합기의 설치, 포소화약제의 충전, 입상배관과 옥상탱크의 접속, 옥외 연결송수구의 설치, 제어반의 설치, 동력전원 및 각종 제어회로의 접속, 음향장치의 설치 및 수동조작함의 설치를 하는 기간

2. **이산화탄소소화설비 · 할로겐화합물소화설비 · 청정소화약제소화설비 및 분말소화설비의 경우**

   소화약제 저장용기와 집합관의 접속, 기동용기 등 작동장치의 설치, 제어반 · 화재표시반의 설치, 동력전원 및 각종 제어회로의 접속, 가지배관의 설치, 선택밸브의 설치, 분사헤드의 설치, 수동기동장치의 설치 및 음향경보장치의 설치를 하는 기간

3. **자동화재탐지설비 · 시각경보기 · 비상경보설비 · 비상방송설비 · 통합감시시설 · 유도등 · 비상콘센트설비 및 무선통신보조설비의 경우**

   전선관의 매립, 감지기 · 유도등 · 조명등 및 비상콘센트의 설치, 증폭기의 접속, 누설동축케이블 등의 부설, 무선기기의 접속단자 · 분배기 · 증폭기의 설치 및 동력전원의 접속공사를 하는 기간

4. **피난기구의 경우**

   고정금속구를 설치하는 기간

5. **제연설비의 경우**

   가동식 제연경계벽 · 배출구 · 공기유입구의 설치, 각종 댐퍼 및 유입구 폐쇄장치의 설치, 배출기 및 공기유입기의 설치 및 풍도와의 접속, 배출풍도 및 유입풍도의 설치 · 단열조치, 동력전원 및 제어회로의 접속, 제어반의 설치를 하는 기간

6. **비상전원이 설치되는 소방시설의 경우**

   비상전원의 설치 및 소방시설과의 접속을 하는 기간

※ 비고

위 각 호에 따른 소방시설의 일반공사 감리기간은 소방시설의 성능시험, 소방시설 완공검사증명서의 발급 · 인수인계 및 소방공사의 정산을 하는 기간을 포함한다.

별표 4의2 | 소방기술과 관련된 자격·학력 및 경력의 인정 범위(제24조 제1항 관련)

<개정 2022.4.21.>

1. 공통기준

가. 「소방시설 설치 및 관리에 관한 법률 시행령」별표 9 비고 제2호, 「소방시설공사업법 시행령」별표 1 제1호 비고 제4호 다목 및 같은 표 제3호 비고 제2호에서 "소방기술과 관련된 자격"이란 다음 어느 하나에 해당하는 자격을 말한다.

1) 소방기술사, 소방시설관리사, 소방설비기사, 소방설비산업기사

2) 건축사, 건축기사, 건축산업기사

3) 건축기계설비기술사, 건축설비기사, 건축설비산업기사

4) 건설기계기술사, 건설기계설비기사, 건설기계설비산업기사, 일반기계기사

5) 공조냉동기계기술사, 공조냉동기계기사, 공조냉동기계산업기사

6) 화공기술사, 화공기사, 화공산업기사

7) 가스기술사, 가스기능장, 가스기사, 가스산업기사

8) 건축전기설비기술사, 전기기능장, 전기기사, 전기산업기사, 전기공사기사, 전기공사산업기사

9) 산업안전기사, 산업안전산업기사

10) 위험물기능장, 위험물산업기사, 위험물기능사

나. 「소방시설 설치 및 관리에 관한 법률 시행령」별표 9 비고 제2호, 「소방시설공사업법 시행령」별표 1 제1호 비고 제4호 다목 및 같은 표 제3호 비고 제2호에서 "소방기술과 관련된 학력"이란 다음 어느 하나에 해당하는 학과를 졸업한 경우를 말한다.

1) 소방안전관리학과(소방안전관리과, 소방시스템과, 소방학과, 소방환경관리과, 소방공학과 및 소방행정학과를 포함한다)

2) 전기공학과(전기과, 전기설비과, 전자공학과, 전기전자과, 전기전자공학과, 전기제어공학과를 포함한다)

3) 산업안전공학과(산업안전과, 산업공학과, 안전공학과, 안전시스템공학과를 포함한다)

4) 기계공학과(기계과, 기계학과, 기계설계학과, 기계설계공학과, 정밀기계공학과를 포함한다)

5) 건축공학과(건축과, 건축학과, 건축설비학과, 건축설계학과를 포함한다)

6) 화학공학과(공업화학과, 화학공업과를 포함한다)

7) 학군 또는 학부제로 운영되는 대학의 경우에는 1)부터 6)까지 학과에 해당하는 학과

다. 「소방시설 설치 및 관리에 관한 법률 시행령」별표 9 비고 제2호, 「소방시설공사업법 시행령」별표 1 제1호 비고 제4호 다목 및 같은 표 제3호 비고 제2호에서 "소방기술과 관련된 경력(이하 "소방 관련 업무"라 한다)"이란 다음 어느 하나에 해당하는 경력을 말한다.

1) 소방시설공사업, 소방시설설계업, 소방공사감리업, 소방시설관리업에서 소방시설의 설계·시공·감리 또는 소방시설의 점검 및 유지관리업무를 수행한 경력

2) 소방공무원으로서 다음 어느 하나에 해당하는 업무를 수행한 경력

　가) 건축허가등의 동의 관련 업무

　나) 소방시설 착공·감리·완공검사 관련 업무

　다) 위험물 설치허가 및 완공검사 관련 업무

　라) 다중이용업소 완비증명서 발급 및 방염 관련 업무

　마) 소방시설점검 및 화재안전조사 관련 업무

　바) 가)부터 마)까지의 업무와 관련된 법령의 제도개선 및 지도·감독 관련 업무

3) 국가, 지방자치단체, 「공공기관의 운영에 관한 법률」 제4조에 따른 공공기관, 「지방공기업법」 제49조에 따른 지방 공사 또는 같은 법 제76조에 따른 지방공단에서 소방시설의 공사감독 업무를 수행한 경력

4) 한국소방안전원, 한국소방산업기술원, 협회, 「화재로 인한 재해보상과 보험가입에 관한 법률」에 따른 한국화재보험협회 또는 「소방시설 설치 및 관리에 관한 법률 시행령」 제48조 제3항에 따라 소방청장이 고시한 법인·단체에서 소방 관련 법령에 따라 소방시설과 관련된 정부 위탁 업무를 수행한 경력

5) 소방기술사, 소방시설관리사, 소방설비기사 또는 소방설비산업기사 자격을 취득한 사람이 다음의 어느 하나에 해당하는 업무를 수행한 경력

    가) 「화재의 예방 및 안전관리에 관한 법률」 제24조 제1항 또는 제3항에 따라 소방안전관리자 또는 소방안전관리보조자로 선임되어 소방안전관리 업무를 수행한 경력

    나) 「초고층 및 지하연계 복합건축물 재난관리에 관한 특별법」 제12조 제1항에 따라 총괄재난관리자로 지정되어 소방안전관리 업무를 수행한 경력

    다) 「공공기관의 소방안전관리에 관한 규정」 제5조 제1항에 따라 소방안전관리자로 선임되어 소방안전관리 업무를 수행한 경력

6) 「위험물안전관리법 시행규칙」 제57조에 따른 안전관리대행기관에서 위험물안전관리 업무를 수행하거나 위험물기능장, 위험물산업기사, 위험물기능사 자격을 취득한 사람이 「위험물안전관리법」 제15조 제1항에 따른 위험물안전관리자로 선임되어 위험물안전관리 업무를 수행한 경력

7) 법 제4조 제4항에 따른 요건을 모두 갖춘 기관에서 자체 기술인력으로서 소방시설의 설계 또는 감리 업무를 수행한 경력

8) 「초·중등교육법 시행령」 제90조에 따른 특수목적고등학교 및 같은 영 제91조에 따른 특성화고등학교에서 「초·중등교육법」 제19조 제1항에 따른 교원 또는 「고등교육법」 제2조 제1호부터 제6호까지에 따른 학교에서 같은 법 제14조 제2항에 따른 교원으로서 나목1)에 해당하는 학과에 소속되어 소방 관련 교과목 강의를 담당한 경력

라. 나목 및 다목의 소방기술분야는 다음 표에 따르되, 해당 학과를 포함하는 학군 또는 학부제로 운영되는 대학의 경우에는 해당 학과의 학력·경력을 인정하고, 해당 학과가 두 가지 이상의 소방기술분야에 해당하는 경우에는 다음 표의 소방기술분야(기계, 전기)를 모두 인정한다.

구분				소방기술분야	
				기계	전기
학과·학위	1) 소방안전관리학과(소방안전관리과, 소방시스템과, 소방학과, 소방환경관리과, 소방공학과, 소방행정학과)			○	○
	2) 전기공학과(전기과, 전기설비과, 전자공학과, 전기전자과, 전기전자공학과, 전기제어공학과)			×	○
	3) 산업안전공학과(산업안전과, 산업공학과, 안전공학과, 안전시스템공학과)			○	×
	4) 기계공학과(기계과, 기계학과, 기계설계학과, 기계설계공학과, 정밀기계공학과)				
	5) 건축공학과(건축과, 건축학과, 건축설비학과, 건축설계학과)				
	6) 화학공학과(공업화학과, 화학공업과)				
경력	1) 소방업체에서 소방관련 업무를 수행한 경력	소방시설설계업 소방시설공사업 소방공사감리업	전문	○	○
			일반전기	×	○
			일반기계	○	×
		소방시설관리업		○	○

2) 소방공무원으로서 다음 어느 하나에 해당하는 업무를 수행한 경력 　가) 건축허가등의 동의 관련 업무 　나) 소방시설 착공·감리·완공검사 관련 업무 　다) 위험물 설치허가 및 완공검사 관련 업무 　라) 다중이용업소 완비증명서 발급 및 방염 관련 업무 　마) 소방시설점검 및 화재안전조사 관련 업무 　바) 가)부터 마)까지의 업무와 관련된 법령의 제도개선 및 지도·감독 관련 업무		○	○
3) 국가, 지방자치단체, 「공공기관의 운영에 관한 법률」 제4조에 따른 공공기관, 「지방공기업법」 제49조에 따른 지방공사 또는 같은 법 제76조에 따른 지방공단에서 소방시설의 공사감독 업무를 수행한 경력		○	○
4) 한국소방안전원, 한국소방산업기술원, 협회, 「화재로 인한 재해보상과 보험가입에 관한 법률」에 따른 한국화재보험협회 또는 「소방시설 설치 및 관리에 관한 법률 시행령」 제48조제3항에 따라 소방청장이 고시한 법인·단체에서 소방 관련 법령에 따라 소방시설과 관련된 정부 위탁 업무를 수행한 경력		○	○
5) 소방기술사, 소방시설관리사, 소방설비기사 또는 소방설비산업기사 자격을 취득한 사람이 다음의 어느 하나에 해당하는 업무를 수행한 경력 　가) 「화재의 예방 및 안전관리에 관한 법률」 제24조 제1항 또는 제3항에 따라 소방안전관리자 또는 소방안전관리보조자로 선임되어 소방안전관리 업무를 수행한 경력 　나) 「초고층 및 지하연계 복합건축물 재난관리에 관한 특별법」 제12조 제1항에 따라 총괄재난관리자로 지정되어 소방안전관리 업무를 수행한 경력 　다) 「공공기관의 소방안전관리에 관한 규정」 제5조 제1항에 따라 소방안전관리자로 선임되어 소방안전관리 업무를 수행한 경력		○	○
6) 「위험물안전관리법 시행규칙」 제57조에 따른 안전관리대행기관에서 위험물안전관리 업무를 수행하거나 위험물기능장, 위험물산업기사, 위험물기능사 자격을 취득한 사람이 「위험물안전관리법」 제15조 제1항에 따른 위험물안전관리자로 선임되어 위험물안전관리 업무를 수행한 경력		○	×
7) 법 제4조 제4항에 따른 요건을 모두 갖춘 기관에서 자체 기술인력으로서 소방시설의 설계 또는 감리 업무를 수행한 경력		○	○
8) 「초·중등교육법 시행령」 제90조에 따른 특수목적고등학교 및 같은 영 제91조에 따른 특성화고등학교에서 「초·중등교육법」 제19조 제1항에 따른 교원 또는 「고등교육법」 제2조 제1호부터 제6호까지에 따른 학교에서 같은 법 제14조 제2항에 따른 교원으로서 나목1)에 해당하는 학과에 소속되어 소방 관련 교과목 강의를 담당한 경력		○	○

2. 소방기술 인정 자격수첩의 자격 구분

소방업체 구분	기술 능력	자격 · 학력 · 경력인정기준	
소방시설 공사업, 소방시설 설계업	기계 분야 보조 인력	가. 소방기술과 관련된 자격 　　제1호 가목 1)부터 7)까지, 9) 및 10)의 　　자격을 취득한 사람 나. 소방기술과 관련된 학력 　　고등교육법 제2조 제1호부터 제6호까지 　　에 해당하는 학교에서 제1호 나목 3)부 　　터 6)까지를 졸업한 사람	기계 · 전기분야 공통 가. 고등교육법 제2조 제1호부터 제6호까지에 해당하는 학교에서 제1호 나목 1)에 해당하는 학과를 졸업한 사람 나. 4년제 대학 이상 또는 이와 동등 이상의 교육기관을 졸업한 후 1년 이상 제1호다목에 해당하는 경력이 있는 사람
	전기 분야 보조 인력	가. 소방기술과 관련된 자격 　　가목 1) 및 8)의 자격을 취득한 사람 나. 소방기술과 관련된 학력 　　고등교육법 제2조 제1호부터 제6호까지 　　에 해당하는 학교에서 제1호 나목 2)를 　　졸업한 사람	다. 전문대학 또는 이와 동등 이상의 교육기관을 졸업한 후 3년 이상 제1호 다목에 해당하는 경력이 있는 사람 라. 5년 이상 제1호 다목에 해당하는 경력이 있는 사람 마. 소방공무원으로 3년 이상 근무한 경력이 있는 사람 바. 제1호 가목에 해당하는 자격으로 1년 이상 같은 호 다목에 해당하는 경력이 있는 사람
소방시설 관리업	보조 인력	가. 소방기술과 관련된 자격 　　제1호 가목에 해당하는 자격을 취득한 사람 나. 소방기술과 관련된 학력 · 경력 　　1) 고등교육법 제2조 제1호부터 제6호까지에 해당하는 학교에서 제1호 나목에 해당하는 학과를 졸업한 사람 　　2) 4년제 대학 이상 또는 이와 동등 이상의 교육기관을 졸업한 후 1년 이상 제1호 다목에 해당하는 경력이 있는 사람 　　3) 전문대학 또는 이와 동등 이상의 교육기관을 졸업한 후 3년 이상 제1호 다목에 해당하는 경력이 있는 사람 　　4) 5년 이상 제1호 다목에 해당하는 경력이 있는 사람 　　5) 소방공무원으로 3년 이상 근무한 경력이 있는 사람 　　6) 제1호 가목에 해당하는 자격으로 1년 이상 같은 호 다목에 해당하는 경력이 있는 사람	

3. 소방기술자 경력수첩의 자격 구분

가. 소방기술자의 기술등급 자격

1) 기술자격에 따른 기술등급

등급	기계분야	전기분야
	• 소방기술사 • 소방시설관리사 자격을 취득한 후 5년 이상 소방 관련 업무를 수행한 사람	
특급 기술자	• 건축사, 건축기계설비기술사, 건설기계기술사, 공조냉동기계기술사, 화공기술사, 가스기술사 자격을 취득한 후 5년 이상 소방 관련 업무를 수행한 사람 • 소방설비기사 기계분야의 자격을 취득한 후 8년 이상 소방 관련 업무를 수행한 사람 • 소방설비산업기사 기계분야의 자격을 취득한 후 11년 이상 소방 관련 업무를 수행한 사람 • 건축기사, 건축설비기사, 건설기계설비기사, 일반기계기사, 공조냉동기계기사, 화공기사, 가스기능장, 가스기사, 산업안전기사, 위험물기능장 자격을 취득한 후 13년 이상 소방 관련 업무를 수행한 사람	• 건축전기설비기술사 자격을 취득한 후 5년 이상 소방 관련 업무를 수행한 사람 • 소방설비기사 전기분야의 자격을 취득한 후 8년 이상 소방 관련 업무를 수행한 사람 • 소방설비산업기사 전기분야의 자격을 취득한 후 11년 이상 소방 관련 업무를 수행한 사람 • 전기기능장, 전기기사, 전기공사기사 자격을 취득한 후 13년 이상 소방 관련 업무를 수행한 사람
	• 소방시설관리사	
고급 기술자	• 건축사, 건축기계설비기술사, 건설기계기술사, 공조냉동기계기술사, 화공기술사, 가스기술사 자격을 취득한 후 3년 이상 소방 관련 업무를 수행한 사람 • 소방설비기사 기계분야의 자격을 취득한 후 5년 이상 소방 관련 업무를 수행한 사람 • 소방설비산업기사 기계분야의 자격을 취득한 후 8년 이상 소방 관련 업무를 수행한 사람 • 건축기사, 건축설비기사, 건설기계설비기사, 일반기계기사, 공조냉동기계기사, 화공기사, 가스기능장, 가스기사, 산업안전기사, 위험물기능장 자격을 취득한 후 11년 이상 소방 관련 업무를 수행한 사람 • 건축산업기사, 건축설비산업기사, 건설기계설비산업기사, 공조냉동기계산업기사, 화공산업기사, 가스산업기사, 산업안전산업기사, 위험물산업기사 자격을 취득한 후 13년 이상 소방 관련 업무를 수행한 사람	• 건축전기설비기술사 자격을 취득한 후 3년 이상 소방 관련 업무를 수행한 사람 • 소방설비기사 전기분야의 자격을 취득한 후 5년 이상 소방 관련 업무를 수행한 사람 • 소방설비산업기사 전기분야의 자격을 취득한 후 8년 이상 소방 관련 업무를 수행한 사람 • 전기기능장, 전기기사, 전기공사기사 자격을 취득한 후 11년 이상 소방 관련 업무를 수행한 사람 • 전기산업기사, 전기공사산업기사 자격을 취득한 후 13년 이상 소방 관련 업무를 수행한 사람
중급 기술자	• 건축사, 건축기계설비기술사, 건설기계기술사, 공조냉동기계기술사, 화공기술사, 가스기술사 • 소방설비기사(기계분야) • 소방설비산업기사 기계분야의 자격을 취득한 후 3년 이상 소방 관련 업무를 수행한 사람 • 건축기사, 건축설비기사, 건설기계설비기사, 일반기계기사, 공조냉동기계기사, 화공기사, 가스기능장, 가스기사, 산업안전기사, 위험물기능장 자격을 취득한 후 5년 이상 소방 관련 업무를 수행한 사람	• 건축전기설비기술사 • 소방설비기사(전기분야) • 소방설비산업기사 전기분야의 자격을 취득한 후 3년 이상 소방 관련 업무를 수행한 사람 • 전기기능장, 전기기사, 전기공사기사 자격을 취득한 후 5년 이상 소방 관련 업무를 수행한 사람

	• 건축산업기사, 건축설비산업기사, 건설기계설비산업기사, 공조냉동기계산업기사, 화공산업기사, 가스산업기사, 산업안전산업기사, 위험물산업기사 자격을 취득한 후 8년 이상 소방 관련 업무를 수행한 사람	• 전기공사산업기사 자격을 취득한 후 8년 이상 소방 관련 업무를 수행한 사람
초급 기술자	• 소방설비산업기사(기계분야) • 건축기사, 건축설비기사, 건설기계설비기사, 일반기계기사, 공조냉동기계기사, 화공기사, 가스기능장, 가스기사, 산업안전기사, 위험물기능장 자격을 취득한 후 2년 이상 소방 관련 업무를 수행한 사람 • 건축산업기사, 건축설비산업기사, 건설기계설비산업기사, 공조냉동기계산업기사, 화공산업기사, 가스산업기사, 산업안전산업기사, 위험물산업기사 자격을 취득한 후 4년 이상 소방 관련 업무를 수행한 사람 • 위험물기능사 자격을 취득한 후 6년 이상 소방 관련 업무를 수행한 사람	• 소방설비산업기사(전기분야) • 전기기능장, 전기기사, 전기공사기사 자격을 취득한 후 2년 이상 소방 관련 업무를 수행한 사람 • 전기산업기사, 전기공사산업기사 자격을 취득한 후 4년 이상 소방 관련 업무를 수행한 사람

2) 학력·경력 등에 따른 기술등급

등급	학력·경력자	경력자
특급 기술자	• 박사학위를 취득한 후 3년 이상 소방 관련 업무를 수행한 사람 • 석사학위를 취득한 후 9년 이상 소방 관련 업무를 수행한 사람 • 학사학위를 취득한 후 12년 이상 소방 관련 업무를 수행한 사람 • 전문학사학위를 취득한 후 15년 이상 소방 관련 업무를 수행한 사람	
고급 기술자	• 박사학위를 취득한 후 1년 이상 소방 관련 업무를 수행한 사람 • 석사학위를 취득한 후 6년 이상 소방 관련 업무를 수행한 사람 • 학사학위를 취득한 후 9년 이상 소방 관련 업무를 수행한 사람 • 전문학사학위를 취득한 후 12년 이상 소방 관련 업무를 수행한 사람 • 고등학교를 졸업한 후 15년 이상 소방 관련 업무를 수행한 사람	• 학사 이상의 학위를 취득한 후 12년 이상 소방 관련 업무를 수행한 사람 • 전문학사학위를 취득한 후 15년 이상 소방 관련 업무를 수행한 사람 • 고등학교를 졸업한 후 18년 이상 소방 관련 업무를 수행한 사람 • 22년 이상 소방 관련 업무를 수행한 사람
중급 기술자	• 박사학위를 취득한 사람 • 석사학위를 취득한 후 3년 이상 소방 관련 업무를 수행한 사람 • 학사학위를 취득한 후 6년 이상 소방 관련 업무를 수행한 사람 • 전문학사학위를 취득한 후 9년 이상 소방 관련 업무를 수행한 사람 • 고등학교를 졸업한 후 12년 이상 소방 관련 업무를 수행한 사람	• 학사 이상의 학위를 취득한 후 9년 이상 소방 관련 업무를 수행한 사람 • 전문학사학위를 취득한 후 12년 이상 소방 관련 업무를 수행한 사람 • 고등학교를 졸업한 후 15년 이상 소방 관련 업무를 수행한 사람 • 18년 이상 소방 관련 업무를 수행한 사람

초급 기술자	• 석사 또는 학사학위를 취득한 사람 • 「고등교육법 시행령」 제8조에 따른 대학 이상의 소방안전관리학과를 졸업한 사람 • 전문학사학위를 취득한 후 2년 이상 소방 관련 업무를 수행한 사람 • 고등학교를 졸업한 후 4년 이상 소방 관련 업무를 수행한 사람	• 학사 이상의 학위를 취득한 후 3년 이상 소방 관련 업무를 수행한 사람 • 전문학사학위를 취득한 후 5년 이상 소방 관련 업무를 수행한 사람 • 고등학교를 졸업한 후 7년 이상 소방 관련 업무를 수행한 사람 • 9년 이상 소방 관련 업무를 수행한 사람

※ 비고

1. 동일한 기간에 수행한 경력이 두 가지 이상의 자격 기준에 해당하는 경우에는 하나의 자격 기준에 대해서만 그 기간을 인정하고 기간이 중복되지 아니하는 경우에는 각각의 기간을 경력으로 인정한다. 이 경우 동일 기술등급의 자격 기준별 경력기간을 해당 경력기준기간으로 나누어 합한 값이 1 이상이면 해당 기술등급의 자격 기준을 갖춘 것으로 본다.
2. 위 표에서 "학력 · 경력자"란 고등학교 · 대학 또는 이와 같은 수준 이상의 교육기관의 소방 관련학과의 정해진 교육과정을 이수하고 졸업하거나 그 밖의 관계법령에 따라 국내 또는 외국에서 이와 같은 수준 이상의 학력이 있다고 인정되는 사람을 말한다.
3. 위 표에서 "경력자"란 소방 관련학과 외의 학과의 졸업자를 말한다.
4. "소방 관련 업무"란 다음 각 목의 어느 하나에 해당하는 업무를 말한다.
   가. 제1호 다목에 해당하는 경력으로 인정되는 업무
   나. 소방공무원으로서 근무한 업무

나. 소방공사감리원의 기술등급 자격

구분	기계분야	전기분야
특급 감리원	• 소방기술사 자격을 취득한 사람	
	• 소방설비기사 기계분야 자격을 취득한 후 8년 이상 소방 관련 업무를 수행한 사람 • 소방설비산업기사 기계분야 자격을 취득한 후 12년 이상 소방 관련 업무를 수행한 사람	• 소방설비기사 전기분야 자격을 취득한 후 8년 이상 소방 관련 업무를 수행한 사람 • 소방설비산업기사 전기분야 자격을 취득한 후 12년 이상 소방 관련 업무를 수행한 사람
고급 감리원	• 소방설비기사 기계분야 자격을 취득한 후 5년 이상 소방 관련 업무를 수행한 사람 • 소방설비산업기사 기계분야 자격을 취득한 후 8년 이상 소방 관련 업무를 수행한 사람	• 소방설비기사 전기분야 자격을 취득한 후 5년 이상 소방 관련 업무를 수행한 사람 • 소방설비산업기사 전기분야 자격을 취득한 후 8년 이상 소방 관련 업무를 수행한 사람
중급 감리원	• 소방설비기사 기계분야 자격을 취득한 후 3년 이상 소방 관련 업무를 수행한 사람 • 소방설비산업기사 기계분야 자격을 취득한 후 6년 이상 소방 관련 업무를 수행한 사람	• 소방설비기사 전기분야 자격을 취득한 후 3년 이상 소방 관련 업무를 수행한 사람 • 소방설비산업기사 전기분야 자격을 취득한 후 6년 이상 소방 관련 업무를 수행한 사람
초급 감리원	• 제1호 나목 1)에 해당하는 학과 학사학위를 취득한 후 1년 이상 소방 관련 업무를 수행한 사람 • 「고등교육법」 제2조 제1호부터 제6호까지의 규정 중 어느 하나에 해당하는 학교에서 제1호 나목 1)에 해당하는 학과 전문학사학위를 취득한 후 3년 이상 소방 관련 업무를 수행한 사람 • 소방공무원으로서 3년 이상 근무한 경력이 있는 사람 • 5년 이상 소방 관련 업무를 수행한 사람	

• 소방설비기사 기계분야 자격을 취득한 후 1년 이상 소방 관련 업무를 수행한 사람 • 소방설비산업기사 기계분야 자격을 취득한 후 2년 이상 소방 관련 업무를 수행한 사람 • 제1호 나목 3)부터 6)까지의 규정 중 어느 하나에 해당하는 학과 학사학위를 취득한 후 1년 이상 소방 관련 업무를 수행한 사람 • 「고등교육법」 제2조 제1호부터 제6호까지의 규정 중 어느 하나에 해당하는 학교에서 제1호 나목 3)부터 6)까지의 규정에 해당하는 학과 전문학사학위를 취득한 후 3년 이상 소방 관련 업무를 수행한 사람	• 소방설비기사 전기분야 자격을 취득한 후 1년 이상 소방 관련 업무를 수행한 사람 • 소방설비산업기사 전기분야 자격을 취득한 후 2년 이상 소방 관련 업무를 수행한 사람 • 제1호 나목 2)에 해당하는 학과 학사학위를 취득한 후 1년 이상 소방 관련 업무를 수행한 사람 • 「고등교육법」 제2조 제1호부터 제6호까지의 규정 중 어느 하나에 해당하는 학교에서 제1호 나목 2)에 해당하는 학과 전문학사학위를 취득한 후 3년 이상 소방 관련 업무를 수행한 사람

※ 비고

1. 동일한 기간에 수행한 경력이 두 가지 이상의 자격 기준에 해당하는 경우에는 하나의 자격 기준에 대해서만 그 기간을 인정하고 기간이 중복되지 아니하는 경우에는 각각의 기간을 경력으로 인정한다. 이 경우 동일 기술등급의 자격 기준별 경력기간을 해당 경력기준기간으로 나누어 합한 값이 1 이상이면 해당 기술등급의 자격 기준을 갖춘 것으로 본다.
2. "소방 관련 업무"란 다음 각 목의 어느 하나에 해당하는 업무를 말한다.
   가. 제1호 다목에 해당하는 경력으로 인정되는 업무
   나. 소방공무원으로서 근무한 업무
3. 비고 제2호에 따른 소방 관련 업무를 수행한 경력으로서 위 표에서 정한 국가기술자격 취득 전의 경력은 그 경력의 50퍼센트만 인정한다.

별표 5   소방기술자의 자격의 정지 및 취소에 관한 기준(제25조 관련)

<개정 2015.8.4.>

위반사항	근거법령	행정처분기준		
		1차	2차	3차
가. 거짓이나 그 밖의 부정한 방법으로 자격수첩 또는 경력수첩을 발급받은 경우	법 제28조 제4항	자격취소		
나. 법 제27조 제2항을 위반하여 자격수첩 또는 경력수첩을 다른 자에게 빌려준 경우	법 제28조 제4항	자격취소		
다. 법 제27조 제3항을 위반하여 동시에 둘 이상의 업체에 취업한 경우	법 제28조 제4항	자격정지 1년	자격취소	
라. 법 또는 법에 따른 명령을 위반한 경우	법 제28조 제4항			
1) 법 제27조 제1항의 업무수행 중 해당 자격과 관련하여 고의 또는 중대한 과실로 다른 자에게 손해를 입히고 형의 선고를 받은 경우		자격취소		
2) 법 제28조 제4항에 따라 자격정지처분을 받고도 같은 기간 내에 자격증을 사용한 경우		자격정지 1년	자격정지 2년	자격취소

<개정 2024.1.4>

1. 조직구성

가. 수도권(서울, 인천, 경기), 중부권(대전, 세종, 강원, 충남, 충북), 호남권(광주, 전남, 전북, 제주), 영남권(부산, 대구, 울산, 경남, 경북) 등 권역별로 1개 이상의 지부를 설치할 것

나. 각 지부에는 법인에 선임된 임원 1명 이상을 책임자로 지정할 것

다. 각 지부에는 기술인력 및 시설·장비 등 교육에 필요한 시설을 갖출 것

2. 기술인력

가. 인원: 강사 4명 및 교무요원 2명 이상을 확보할 것

나. 자격요건

1) 강사

가) 소방 관련학의 박사학위를 가진 사람

나) 전문대학 또는 이와 같은 수준 이상의 교육기관에서 소방안전 관련학과 전임 강사 이상으로 재직한 사람

다) 소방기술사, 소방시설관리사, 위험물기능장 자격을 소지한 사람

라) 소방설비기사 및 위험물산업기사 자격을 소지한 사람으로서 소방 관련 기관(단체)에서 2년 이상 강의경력이 있는 사람

마) 소방설비산업기사 및 위험물기능사 자격을 소지한 사람으로서 소방 관련 기관(단체)에서 5년 이상 강의경력이 있는 사람

바) 대학 또는 이와 같은 수준 이상의 교육기관에서 소방안전 관련학과를 졸업하고 소방 관련 기관(단체)에서 5년 이상 강의경력이 있는 사람

사) 소방 관련 기관(단체)에서 10년 이상 실무경력이 있는 사람으로서 5년 이상 강의 경력이 있는 사람

아) 소방경 이상의 소방공무원이나 소방설비기사 자격을 소지한 소방위 이상의 소방공무원

2) 외래 초빙강사: 강사의 자격요건에 해당하는 사람일 것

3. 시설 및 장비

가. 사무실: 바닥면적이 60m² 이상일 것

나. 강의실: 바닥면적이 100m² 이상이고, 의자·탁자 및 교육용 비품을 갖출 것

다. 실습실·실험실·제도실: 각 바닥면적이 100m² 이상(실습실은 소방안전관리자만 해당되고, 실험실은 위험물안전관리자만 해당되며, 제도실은 설계 및 시공자만 해당된다)

라. 교육용 기자재

기자재명	규격	수량(단위: 개)
빔 프로젝터(Beam Projector)		1
소화기(단면절개: 斷面切開)	3종	각 1
경보설비시스템		1
스프링클러모형		1
자동화재탐지설비 세트		1
소화설비 계통도		1
소화기 시뮬레이터		1
소화기 충전장치		1
방출포량 시험기		1
열감지기 시험기		1
수압기	20kgf/cm^2	1
할론 농도 측정기		1
이산화탄소농도 측정기		1
전류전압 측정기		1
검량계	200kgf	1
풍압풍속계(기압측정이 가능한 것)	1~10mmHg	1
차압계(압력차 측정기)		1
음량계		1
초시계		1
방수압력측정기		1
봉인렌치		1
포채집기		1
전기절연저항 시험기(최소눈금이 0.1MΩ이하인 것)	DC 500V	1
연기감지기 시험기		1

pass.Hackers.com

7개년 기출문제집

※ CBT 문제는 수험생의 기억에 따라 복원된 것이며, 실제 기출문제와 동일하지 않을 수 있습니다.

01. 소방기본법상 소방대장의 권한이 아닌 것은?

① 소방활동을 위하여 긴급하게 출동할 때에는 소방자동차의 통행과 소방활동에 방해가 되는 주차 또는 정차된 차량 및 물건 등을 제거하거나 이동시킬 수 있다.

② 소방활동을 할 때에 긴급한 경우에는 이웃한 소방본부장 또는 소방서장에게 소방업무의 응원을 요청할 수 있다.

③ 사람을 구출하거나 불이 번지는 것을 막기 위하여 필요할 때에는 화재가 발생하거나 불이 번질 우려가 있는 소방대상물 및 토지를 일시적으로 사용하거나 그 사용의 제한 또는 소방활동에 필요한 처분을 할 수 있다.

④ 화재, 재난·재해, 그 밖의 위급한 상황이 발생한 현장에서 소방활동을 위하여 필요할 때에는 그 관할구역에 사는 사람 또는 그 현장에 있는 사람으로 하여금 사람을 구출하는 일 또는 불을 끄거나 불이 번지지 아니하도록 하는 일을 하게 할 수 있다.

| 해설

소방본부장이나 소방서장은 소방활동을 할 때에 긴급한 경우에는 이웃한 소방본부장 또는 소방서장에게 소방업무의 응원을 요청할 수 있다.

정답 ②

02. 소방기본법령상 출동한 소방대원에게 폭행 또는 협박을 행사하여 화재진압·인명구조 또는 구급활동을 방해한 사람에 대한 벌칙 기준은?

① 500만원 이하의 과태료

② 1년 이하의 징역 또는 1,000만원 이하의 벌금

③ 3년 이하의 징역 또는 3,000만원 이하의 벌금

④ 5년 이하의 징역 또는 5,000만원 이하의 벌금

| 해설

출동한 소방대원에게 폭행 또는 협박을 행사하여 화재진압·인명구조 또는 구급활동을 방해한 사람은 5년 이하의 징역 또는 5,000만원 이하의 벌금에 처한다.

정답 ④

03. 소방기본법령상 저수조의 설치기준으로 옳지 않은 것은?

① 지면으로부터의 낙차가 4.5m 이하일 것

② 흡수부분의 수심이 0.8m 이상일 것

③ 흡수에 지장이 없도록 토사 및 쓰레기 등을 제거할 수 있는 설비를 갖출 것

④ 흡수관의 투입구가 사각형의 경우에는 한 변의 길이가 60cm 이상, 원형의 경우에는 지름이 60cm 이상일 것

| 해설

저수조의 설치기준은 다음과 같다.

㉠ 지면으로부터의 낙차가 4.5m 이하일 것

㉡ 흡수부분의 수심이 0.5m 이상일 것

㉢ 흡수에 지장이 없도록 토사 및 쓰레기 등을 제거할 수 있는 설비를 갖출 것

㉣ 흡수관의 투입구가 사각형의 경우에는 한 변의 길이가 60cm 이상, 원형의 경우에는 지름이 60cm 이상일 것

정답 ②

04. 소방기본법령상 소방활동구역의 출입자에 해당되지 않는 자는?

① 소방활동구역 안에 있는 소방대상물의 소유자·관리자 또는 점유자
② 의사·간호사 그 밖에 구조·구급업무에 종사하는 사람
③ 시·도지사가 자원봉사를 위해 출입을 허가한 사람
④ 전기·가스·수도·통신·교통의 업무에 종사하는 사람으로서 원활한 소방활동을 위하여 필요한 사람

| 해설
소방활동구역 출입 허용자는 다음과 같다.
㉠ 소방활동구역 안에 있는 소방대상물의 소유자·관리자 또는 점유자
㉡ 의사·간호사 그 밖에 구조·구급업무에 종사하는 사람
㉢ 소방대장이 소방활동을 위하여 출입을 허가한 사람
㉣ 전기·가스·수도·통신·교통의 업무에 종사하는 사람으로서 원활한 소방활동을 위하여 필요한 사람

정답 ③

05. 소방시설 설치 및 관리에 관한 법령상 소방시설이 아닌 것은?

① 소화설비
② 경보설비
③ 방화설비
④ 소화활동설비

| 해설
소방시설에 해당하는 것으로는 소화설비, 경보설비, 피난구조설비, 소화용수설비, 소화활동설비가 있으며, 방화설비는 포함되지 않는다.

정답 ③

06. 소방시설 설치 및 관리에 관한 법령상 정당한 사유 없이 피난시설, 방화구획 및 방화시설의 유지·관리에 필요한 조치 명령을 위반한 경우 이에 대한 벌칙 기준으로 옳은 것은?

① 200만원 이하의 벌금
② 300만원 이하의 벌금
③ 1년 이하의 징역 또는 1,000만원 이하의 벌금
④ 3년 이하의 징역 또는 3,000만원 이하의 벌금

| 해설
정당한 사유 없이 피난시설, 방화구획 및 방화시설의 유지·관리에 필요한 조치 명령을 위반한 경우 3년 이하의 징역 또는 3,000만원 이하의 벌금에 처한다.

정답 ④

07. 소방시설 설치 및 관리에 관한 법령상 수용인원 산정 방법 중 침대가 없는 숙박시설로서 해당 특정소방대상물의 종사자의 수는 10명, 복도, 계단 및 화장실의 바닥면적을 제외한 바닥면적이 158m²인 경우의 수용인원은 약 몇 명인가?

① 37
② 45
③ 58
④ 63

| 해설
$$수용인원 = \frac{바닥면적}{3} + 종사자수 = \frac{158}{3} + 10 = 62.6$$
∴ 63명(소수는 반올림)

정답 ④

08. 소방시설 설치 및 관리에 관한 법령상 스프링클러 설비를 설치하여야 하는 특정소방대상물의 기준으로 틀린 것은? (단, 위험물 저장 및 처리 시설 중 가스시설 또는 지하구는 제외한다)

① 복합건축물로서 연면적 3,500m² 이상인 경우에는 모든 층

② 창고시설(물류터미널은 제외)로서 바닥면적 합계가 5,000m² 이상인 경우에는 모든 층

③ 숙박이 가능한 수련시설 용도로 사용되는 시설의 바닥면적의 합계가 600m² 이상인 것은 모든 층

④ 판매시설, 운수시설 및 창고시설(물류터미널에 한정)로서 바닥면적의 합계가 5,000m² 이상이거나 수용인원이 500명 이상인 경우에는 모든 층

| 해설

스프링클러설비를 설치하여야 하는 특정소방대상물의 기준은 다음과 같다.

㉠ 복합건축물로서 연면적 5,000m² 이상인 경우에는 모든 층
㉡ 창고시설(물류터미널은 제외)로서 바닥면적 합계가 5,000m² 이상인 경우에는 모든 층
㉢ 숙박이 가능한 수련시설 용도로 사용되는 시설의 바닥면적의 합계가 600m² 이상인 것은 모든 층
㉣ 판매시설, 운수시설 및 창고시설(물류터미널에 한정)로서 바닥면적의 합계가 5,000m² 이상이거나 수용인원이 500명 이상인 경우에는 모든 층

정답 ①

09. 화재의 예방 및 안전관리에 관한 법령상 정당한 사유 없이 화재안전조사 결과에 따른 조치명령을 위반한 자에 대한 벌칙으로 옳은 것은?

① 100만원 이하의 벌금
② 300만원 이하의 벌금
③ 1년 이하의 징역 또는 1천만원 이하의 벌금
④ 3년 이하의 징역 또는 3천만원 이하의 벌금

| 해설

정당한 사유 없이 화재안전조사 결과에 따른 조치명령을 위반한 자는 3년 이하의 징역 또는 3천만원 이하의 벌금에 처한다.

정답 ④

10. 화재의 예방 및 안전관리에 관한 법령상 특수가연물의 저장 및 취급 기준 중 석탄·목탄류(발전용 제외)를 저장하는 경우 쌓는 부분의 바닥면적은 몇 m² 이하인가? (단, 살수설비를 설치하거나 방사능력 범위에 해당 특수가연물이 포함되도록 대형수동식소화기를 설치하는 경우이다)

① 200
② 250
③ 300
④ 350

| 해설

특수가연물의 저장 및 취급 기준 중 석탄·목탄류를 저장하는 경우 쌓는 부분의 바닥면적(단, 살수설비를 설치하거나 방사능력 범위에 해당 특수가연물이 포함되도록 대형수동식소화기를 설치하는 경우이며, 발전용의 용도는 아닌 경우)은 300m² 이하이다.

정답 ③

11. 화재의 예방 및 안전관리에 관한 법령상 특수가연물의 저장 및 취급기준 중 (   ) 안에 알맞은 것은?

> 살수설비를 설치하거나 방사능력 범위에 해당 특수가연물이 포함되도록 대형수동식 소화기를 설치하는 경우에는 쌓는 높이를 (㉠)m 이하, 쌓는 부분의 바닥면적을 (㉡)m² 이하로 할 수 있다.

① ㉠: 10, ㉡: 30
② ㉠: 10, ㉡: 50
③ ㉠: 15, ㉡: 100
④ ㉠: 15, ㉡: 200

| 해설
살수설비를 설치하거나, 방사능력 범위에 해당 특수가연물이 포함되도록 대형수동식 소화기를 설치하는 경우에는 쌓는 높이를 15m 이하, 쌓는 부분의 바닥면적을 200m² 이하로 할 수 있다.

정답 ④

12. 화재의 예방 및 안전관리에 관한 법령에 따라 2급 소방안전관리대상물의 소방안전관리자 선임기준으로 옳지 않은 것은?

① 위험물기능사 자격이 있는 사람
② 소방공무원으로 3년 이상 근무한 경력이 있는 사람
③ 의용소방대원으로 5년 이상 근무한 경력이 있는 사람
④ 위험물산업기사 자격을 가진 사람

| 해설
2급 소방안전관리대상물의 소방안전관리자 선임기준

㉠ 특급 소방안전관리대상물의 소방안전관리자 자격증을 발급받은 사람
㉡ 1급 소방안전관리대상물의 소방안전관리자 자격증을 발급받은 사람
㉢ 위험물기능장·위험물산업기사 또는 위험물기능사 자격이 있는 사람으로 특급, 1급 및 2급 소방안전관리자 자격증을 발급받은 사람
㉣ 소방공무원으로 3년 이상 근무한 경력이 있는 사람으로 특급, 1급 및 2급 소방안전관리자 자격증을 발급받은 사람
㉤ 소방청장이 실시하는 2급 소방안전관리대상물의 소방안전관리에 관한 시험에 합격한 사람

정답 ③

13. 소방시설공사업법령상 하자보수를 하여야 하는 소방시설 중 하자보수 보증기간이 3년이 아닌 것은?

① 자동소화장치
② 비상방송설비
③ 스프링클러설비
④ 상수도소화용수설비

| 해설
소방시설에 따른 하자보수 보증기간은 다음과 같다.

㉠ **자동소화장치**: 3년
㉡ **비상방송설비**: 2년
㉢ **스프링클러설비**: 3년
㉣ **상수도소화용수설비**: 3년

정답 ②

14. 소방시설공사업법령에 따른 완공검사를 위한 현장확인 대상 특정소방대상물의 범위 기준으로 옳지 않은 것은?

① 연면적 1만제곱미터 이상이거나 11층 이상인 특정소방대상물(아파트는 제외)

② 가연성 가스를 제조·저장 또는 취급하는 시설 중 지상에 노출된 가연성 가스탱크의 저장용량 합계가 1,000t 이상인 시설

③ 호스릴방식의 소화설비가 설치되는 특정소방대상물

④ 문화 및 집회시설, 종교시설, 판매시설, 노유자시설, 수련시설, 운동시설, 숙박시설, 창고시설, 지하상가

| 해설

• 완공검사를 위한 현장확인 대상 특정소방대상물의 범위는 다음과 같다.

㉠ 연면적 1만제곱미터 이상이거나 11층 이상인 특정소방대상물(아파트는 제외)

㉡ 가연성 가스를 제조·저장 또는 취급하는 시설 중 지상에 노출된 가연성 가스탱크의 저장용량 합계가 1,000t 이상인 시설

㉢ 문화 및 집회시설, 종교시설, 판매시설, 노유자시설, 수련시설, 운동시설, 숙박시설, 창고시설, 지하상가

• 호스릴방식의 소화설비가 설치되는 특정소방대상물은 제외된다.

정답 ③

15. 상주 공사감리를 하여야 할 대상의 기준으로 옳은 것은?

① 지하층을 포함한 층수가 16층 이상으로서 300세대 이상인 아파트에 대한 소방시설의 공사

② 지하층을 포함한 층수가 16층 이상으로서 500세대 이상인 아파트에 대한 소방시설의 공사

③ 지하층을 포함하지 않은 층수가 16층 이상으로서 300세대 이상인 아파트에 대한 소방시설의 공사

④ 지하층을 포함하지 않은 층수가 16층 이상으로서 500세대 이상인 아파트에 대한 소방시설의 공사

| 해설

상주 공사감리를 하여야 할 대상의 기준은 다음과 같다.

㉠ 지하층을 포함한 층수가 16층 이상으로서 500세대 이상인 아파트에 대한 소방시설의 공사

㉡ 연면적 30,000m² 이상인 특정소방대상물

정답 ②

16. 고급기술자에 해당하는 학력·경력 기준으로 옳은 것은?

① 박사학위를 취득한 후 2년 이상 소방 관련 업무를 수행한 사람

② 석사학위를 취득한 후 6년 이상 소방 관련 업무를 수행한 사람

③ 학사학위를 취득한 후 8년 이상 소방 관련 업무를 수행한 사람

④ 고등학교를 졸업한 후 10년 이상 소방 관련 업무를 수행한 사람

| 해설

석사학위를 취득한 후 6년 이상 소방 관련 업무를 수행한 사람의 경우 고급기술자에 해당한다.

정답 ②

17. 위험물안전관리법령에 따른 위험물제조소의 옥외에 있는 위험물취급탱크 용량이 100m³ 및 180m³인 2개의 취급탱크 주위에 하나의 방유제를 설치하는 경우 방유제의 최소 용량은 몇 m³이어야 하는가?

① 100

② 140

③ 180

④ 280

| 해설

위험물제조소의 방유제의 최소 용량

$= 180 \times 0.5 + 100 \times 0.1 = 100m^3$

정답 ①

18. 위험물안전관리법령에 따른 정기점검의 대상인 제조소등의 기준으로 옳지 않은 것은?

① 암반탱크저장소
② 지하탱크저장소
③ 이동탱크저장소
④ 지정수량의 150배 이상의 위험물을 저장하는 옥외탱크저장소

| 해설

정기점검의 대상인 제조소등의 기준은 다음과 같다.
㉠ 암반탱크저장소
㉡ 지하탱크저장소
㉢ 이동탱크저장소
㉣ 지정수량의 200배 이상의 위험물을 저장하는 옥외탱크저장소

정답 ④

19. 위험물안전관리법령상 유별을 달리하는 위험물을 혼재하여 저장할 수 있는 것으로 짝지어진 것은?

① 제1류 – 제2류
② 제2류 – 제3류
③ 제3류 – 제4류
④ 제5류 – 제6류

| 해설

위험물 혼재
㉠ 제1류 – 제6류
㉡ 제2류 – 제4류 – 제5류
㉢ 제3류 – 제4류

정답 ③

20. 위험물안전관리법령에 따른 위험물의 유별 저장·취급의 공통기준 중 다음 (   ) 안에 알맞은 것은?

( ) 위험물은 산화제와의 접촉·혼합이나 불티·불꽃·고온체와의 접근 또는 과열을 피하는 한편, 철분·금속분·마그네슘 및 이를 함유한 것에 있어서는 물이나 산과의 접촉을 피하고 인화성고체에 있어서는 함부로 증기를 발생시키지 아니하여야 한다.

① 제1류
② 제2류
③ 제3류
④ 제4류

| 해설

제2류 위험물은 산화제와의 접촉·혼합이나 불티·불꽃·고온체와의 접근 또는 과열을 피하는 한편, 철분·금속분·마그네슘 및 이를 함유한 것에 있어서는 물이나 산과의 접촉을 피하고 인화성 고체에 있어서는 함부로 증기를 발생시키지 아니하여야 한다.

정답 ②

※ CBT 문제는 수험생의 기억에 따라 복원된 것이며, 실제 기출문제와 동일하지 않을 수 있습니다.

01. 소방기본법령상 상업지역에 소방용수시설 설치시 소방대상물과의 수평거리 기준은 몇 m 이하인가?

① 100 　　　　② 120
③ 140 　　　　④ 160

| 해설
• 수평거리 100m 이하: 주거지역, 상업지역, 공업지역
• 수평거리 140m 이하: 그 밖의 지역

정답 ①

02. 소방기본법령상 소방업무의 응원에 대한 설명으로 옳지 않은 것은?

① 소방본부장이나 소방서장은 소방활동을 할 때에 긴급한 경우에는 이웃한 소방본부장 또는 소방서장에게 소방업무의 응원을 요청할 수 있다.
② 소방업무의 응원 요청을 받은 소방본부장 또는 소방서장은 정당한 사유 없이 그 요청을 거절하여서는 아니 된다.
③ 소방업무의 응원을 위하여 파견된 소방대원은 응원을 요청한 소방본부장 또는 소방서장의 지휘에 따라야 한다.
④ 시·도지사는 소방업무의 응원을 요청하는 경우를 대비하여 출동 대상지역 및 규모와 필요한 경비의 부담 등에 관하여 필요한 사항을 대통령령으로 정하는 바에 따라 이웃하는 시·도지사와 협의하여 미리 규약으로 정하여야 한다.

| 해설
시·도지사는 소방업무의 응원을 요청하는 경우를 대비하여 출동 대상지역 및 규모와 필요한 경비의 부담 등에 관하여 필요한 사항을 행정안전부령으로 정하는 바에 따라 이웃하는 시·도지사와 협의하여 미리 규약으로 정하여야 한다.

정답 ④

03. 소방기본법령상 소방본부 종합상황실의 실장이 서면·팩스 또는 컴퓨터통신 등으로 소방청 종합상황실에 보고하여야 하는 화재의 기준이 아닌 것은?

① 이재민이 100인 이상 발생한 화재
② 재산피해액이 50억원 이상 발생한 화재
③ 사망자가 3인 이상 발생하거나 사상자가 5인 이상 발생한 화재
④ 층수가 5층 이상이거나 병상이 30개 이상인 종합병원에서 발생한 화재

| 해설
상급 종합상황실에 보고하여야 하는 화재의 기준
㉠ 이재민이 100인 이상 발생한 화재
㉡ 재산피해액이 50억원 이상 발생한 화재
㉢ 사망자가 5인 이상 발생하거나 사상자가 10인 이상 발생한 화재
㉣ 층수가 5층 이상이거나 병상이 30개 이상인 종합병원에서 발생한 화재

정답 ③

04. 소방기본법의 정의상 소방대상물의 관계인이 아닌 자는?

① 감리자
② 관리자
③ 점유자
④ 소유자

| 해설
소방대상물의 관계인에는 관리자, 점유자, 소유자가 있으며, 감리자는 포함되지 않는다.

정답 ①

05. 소방시설 설치 및 관리에 관한 법령상 건축허가 등의 동의대상물의 범위 기준으로 옳지 않은 것은?

① 건축 등을 하려는 학교시설: 연면적 $200m^2$ 이상
② 노유자시설: 연면적 $200m^2$ 이상
③ 정신의료기관(입원실이 없는 정신건강의학과 의원은 제외): 연면적 $300m^2$ 이상
④ 장애인 의료재활시설: 연면적 $300m^2$ 이상

| 해설
건축허가 등의 동의대상물의 범위 기준은 다음과 같다.
㉠ 건축 등을 하려는 학교시설: 연면적 $100m^2$ 이상
㉡ 노유자시설: 연면적 $200m^2$ 이상
㉢ 정신의료기관(입원실이 없는 정신건강의학과 의원은 제외): 연면적 $300m^2$ 이상
㉣ 장애인 의료재활시설: 연면적 $300m^2$ 이상

 정답 ①

06. 소방시설 설치 및 관리에 관한 법령상 특정소방대상물의 소방시설설치 면제기준 중 ( ) 안에 들어갈 내용으로 옳은 것은?

> 물분무등소화설비를 설치하여야 하는 차고·주차장에 ( )를 설치한 경우에는 그 설비의 유효범위에서 설치가 면제된다.

① 옥내소화전설비
② 스프링클러설비
③ 간이스프링클러설비
④ 할로겐화합물 및 불활성기체소화설비

| 해설
물분무등소화설비를 설치하여야 하는 차고·주차장에 스프링클러설비를 화재안전기준에 적합하게 설치한 경우에는 그 설비의 유효범위에서 설치가 면제된다.

정답 ②

07. 소방시설 설치 및 관리에 관한 법률상 소방용품의 형식승인을 받지 아니하고 소방용품을 제조하거나 수입한 자에 대한 벌칙 기준은?

① 100만원 이하의 벌금
② 300만원 이하의 벌금
③ 1년 이하의 징역 또는 1천만원 이하의 벌금
④ 3년 이하의 징역 또는 3천만원 이하의 벌금

| 해설
소방용품의 형식승인을 받지 아니하고 소방용품을 제조하거나 수입한 자는 3년 이하의 징역 또는 3천만 원 이하의 벌금에 처한다.

정답 ④

08. 다음 조건을 참고할 때 숙박시설이 있는 특정소방대상물의 수용인원 산정 수로 옳은 것은?

> 침대가 있는 숙박시설로서 1인용 침대의 수는 20개이고, 2인용 침대의 수는 10개이며, 종업원 수는 3명이다.

① 33명
② 40명
③ 43명
④ 46명

| 해설
수용인원 = 침대 수(2인용은 침대 수 2개) + 종사자 수
= 20 + (2 × 10) + 3 = 43명

 정답 ③

09. 화재의 예방 및 안전관리에 관한 법령상 목재 등 가연성이 큰 물건의 보관기간은 소방본부 또는 소방서의 게시판에 공고하는 기간의 종료일 다음 날부터 며칠로 하는가?

① 3일
② 5일
③ 7일
④ 14일

| 해설

목재 등 가연성이 큰 물건의 보관기간은 소방본부 또는 소방서의 게시판에 공고하는 기간의 종료일 다음 날부터 7일로 한다.

정답 ③

10. 화재의 예방 및 안전관리에 관한 법령상 소방안전관리대상물의 소방안전관리자만이 행하는 업무가 아닌 것은?

① 소방훈련 및 교육
② 피난시설, 방화구획 및 방화시설의 유지·관리
③ 자위소방대 및 초기대응체계의 구성·운영·교육
④ 피난계획에 관한 사항과 대통령령으로 정하는 사항이 포함된 소방계획서의 작성 및 시행

| 해설

• 소방훈련 및 교육은 소방안전관리자만의 업무에 해당한다.
• 피난시설, 방화구획 및 방화시설의 유지·관리는 소방안전관리자 및 관계인의 업무에 해당한다.
• 자위소방대 및 초기대응체계의 구성·운영·교육은 소방안전관리자만의 업무에 해당한다.
• 피난계획에 관한 사항과 대통령령으로 정하는 사항이 포함된 소방계획서의 작성 및 시행은 소방안전관리자만의 업무에 해당한다.

정답 ②

11. 화재의 예방 및 안전관리에 관한 법령상 특수가연물의 품명별 수량 기준으로 옳지 않은 것은?

① 합성수지류(발포시킨 것): 20m³ 이상
② 가연성 액체류: 2m³ 이상
③ 넝마 및 종이부스러기: 400kg 이상
④ 볏짚류: 1,000kg 이상

| 해설

넝마 및 종이부스러기의 경우 1,000kg 이상이 수량 기준이다.

정답 ③

12. 화재의 예방 및 안전관리에 관한 법령상 화재의 예방상 위험하다고 인정되는 행위를 하는 사람에게 행위의 금지 또는 제한 명령을 할 수 있는 사람은?

① 소방본부장
② 시·도지사
③ 의용소방대원
④ 소방대상물의 관리자

| 해설

화재의 예방상 위험하다고 인정되는 행위를 하는 사람에게 행위의 금지 또는 제한 명령자는 소방본부장 또는 소방서장이다.

정답 ①

13. 소방시설공사업법령상 소방시설업 등록의 결격사유에 해당되지 않는 법인은?

① 법인의 대표자가 피성년후견인인 경우
② 법인의 임원이 피성년후견인인 경우
③ 법인의 대표자가 소방시설공사업법에 따라 소방시설업 등록이 취소된 지 2년이 지나지 아니한 자인 경우
④ 법인의 임원이 소방시설공사업법에 따라 소방시설업 등록이 취소된 지 2년이 지나지 아니한 자인 경우

| 해설

소방시설업 등록 결격사유

법인의 임원이 아래에 해당하는 경우 그 법인

㉠ 소방관계법에 따른 금고 이상의 실형을 선고받고 그 집행이 끝나거나(집행이 끝난 것으로 보는 경우 포함) 면제된 날부터 2년이 지나지 아니한 사람

㉡ 소방관계법에 따른 금고 이상의 형의 집행유예를 선고받고 그 유예기간 중에 있는 사람

㉢ 등록하려는 소방시설업 등록이 취소된 날부터 2년이 지나지 아니한 자

정답 ②

14. 소방시설공사업법령에 따른 소방시설공사 중 특정소방대상물에 설치된 소방시설등을 구성하는 것의 전부 또는 일부를 개설, 이전 또는 정비하는 공사의 착공신고 대상이 아닌 것은?

① 수신반
② 소화펌프
③ 동력(감시)제어반
④ 제연설비의 제연구역

| 해설

특정소방대상물에 설치된 소방시설등을 구성하는 것의 전부 또는 일부를 개설, 이전 또는 정비하는 공사의 착공신고 대상은 다음과 같다.

㉠ 수신반
㉡ 소화펌프
㉢ 동력(감시)제어반

정답 ④

15. 소방시설공사업법령상 소방시설업의 등록을 하지 아니하고 영업을 한 자에 대한 벌칙기준으로 옳은 것은?

① 1년 이하의 징역 또는 1천만원 이하의 벌금
② 2년 이하의 징역 또는 2천만원 이하의 벌금
③ 3년 이하의 징역 또는 3천만원 이하의 벌금
④ 5년 이하의 징역 또는 5천만원 이하의 벌금

| 해설

소방시설업의 등록을 하지 아니하고 영업을 한 자는 3년 이하의 징역 또는 3천만원 이하의 벌금에 처한다.

정답 ③

16. 소방시설공사업법령상 공사감리자 지정대상 특정소방대상물의 범위가 아닌 것은?

① 캐비닛형 간이스프링클러설비를 신설·개설하거나 방호·방수 구역을 증설할 때
② 물분무등소화설비(호스릴 방식의 소화설비는 제외)를 신설·개설하거나 방호·방수 구역을 증설할 때
③ 제연설비를 신설·개설하거나 제연구역을 증설할 때
④ 연소방지설비를 신설·개설하거나 살수구역을 증설할 때

| 해설

공사감리자 지정대상 특정 소방대상물의 범위는 다음과 같다.

㉠ 스프링클러설비(캐비닛형 간이스프링클러설비 제외)를 신설·개설하거나 방호·방수 구역을 증설할 때

㉡ 물분무등소화설비(호스릴 방식의 소화설비는 제외)를 신설·개설하거나 방호·방수 구역을 증설할 때

㉢ 제연설비를 신설·개설하거나 제연구역을 증설할 때

㉣ 연소방지설비를 신설·개설하거나 살수구역을 증설할 때

정답 ①

17. 제3류 위험물 중 금수성 물품에 적응성이 있는 소화약제는?

① 물
② 강화액
③ 팽창질석
④ 인산염류분말

18. 제4류 위험물을 저장·취급하는 제조소에 "화기엄금"이란 주의사항을 표시하는 게시판을 설치할 경우 게시판의 색상은?

① 청색바탕에 백색문자
② 적색바탕에 백색문자
③ 백색바탕에 적색문자
④ 백색바탕에 흑색문자

19. 위험물안전관리법령상 인화성액체위험물(이황화탄소를 제외)의 옥외탱크저장소의 탱크주위에 설치하여야 하는 방유제의 기준으로 옳지 않은 것은?

① 방유제의 용량은 방유제안에 설치된 탱크가 하나인 때에는 그 탱크 용량의 110% 이상으로 할 것
② 방유제의 용량은 방유제 안에 설치된 탱크가 2기 이상인 때에는 그 탱크중 용량이 최대인 것의 용량의 110% 이상으로 할 것
③ 방유제는 높이 1m 이상 2m 이하, 두께 0.2m 이상, 지하 매설 깊이 0.5m 이상으로 할것
④ 방유제 내의 면적은 80,000m² 이하로 할 것

20. 위험물안전관리법령상 정기점검의 대상인 제조소 등의 기준으로 옳지 않은 것은?

① 지하탱크저장소
② 이동탱크저장소
③ 지정수량의 10배 이상의 위험물을 취급하는 제조소
④ 지정수량의 20배 이상의 위험물을 저장하는 옥외탱크저장소

※ CBT 문제는 수험생의 기억에 따라 복원된 것이며, 실제 기출문제와 동일하지 않을 수 있습니다.

01. 소방안전관리대상물의 관계인이 소방안전관리자를 선임한 경우에는 행정안전부령이 정하는 바에 따라 선임한 날부터 며칠 이내에 소방본부장 또는 소방서장에게 신고하여야 하는가?

① 7일
② 14일
③ 21일
④ 30일

| 해설

소방안전관리대상물의 관계인이 소방안전관리자를 선임한 경우에는 행정안전부령이 정하는 바에 따라 선임한 날부터 14일 이내에 소방본부장 또는 소방서장에게 신고하여야 한다.

 정답 ②

02. 제조소등의 위치·구조 또는 설비의 변경 없이 당해 제조소등에서 저장하거나 취급하는 위험물의 품명·수량 또는 지정수량의 배수를 변경하고자 할 때는 누구에게 신고해야 하는가?

① 국무총리
② 관할소방서장
③ 시·도지사
④ 행정안전부장관

| 해설

위험물의 품명·수량 또는 지정수량의 배수를 변경하고자 할 때는 변경 1일 전까지 시·도지사에게 신고하여야 한다.

 정답 ③

03. 소방기본법령상 용어 정의에 대한 설명으로 옳은 것은?

① 소방대상물이란 건축물, 차량, 선박(항구에 매어둔 선박은 제외) 등을 말한다.
② 관계인이란 소방대상물의 점유예정자를 포함한다.
③ 소방대란 소방공무원, 의무소방원, 의용소방대원으로 구성된 조직체이다.
④ 소방대장이란 화재, 재난·재해, 그 밖의 위급한 상황이 발생한 현장에서 소방대를 지휘하는 사람(소방서장은 제외)이다.

| 해설

• 소방대상물이란 건축물, 차량, 선박(항구에 매어둔 선박에 한정) 등을 말한다.
• 관계인이란 소방대상물의 소유자, 점유자, 관리자를 말한다.
• 소방대란 소방공무원, 의무소방원, 의용소방대원으로 구성된 조직체이다.
• 소방대장이란 소방본부장 또는 소방서장 등 화재, 재난·재해, 그 밖의 위급한 상황이 발생한 현장에서 소방대를 지휘하는 사람을 말한다.

 정답 ③

04. 다음 중 소방기본법령에 따라 화재예방상 필요하다고 인정되거나 화재위험시 발령하는 소방신호의 종류로 옳은 것은?

① 경계신호
② 발화신호
③ 경보신호
④ 훈련신호

| 해설
㉠ **경계신호**: 화재예방상, 화재위험시
㉡ **발화신호**: 화재발생시
㉢ **해제신호**: 소화활동을 마친 경우
㉣ **훈련신호**: 훈련, 비상소집

정답 ①

05. 소방시설 설치 및 관리에 관한 법령상 건축허가등을 할 때 미리 소방본부장 또는 소방서장의 동의를 받아야 하는 건축물의 범위에 해당하는 것은?

① 연면적이 200m²인 노유자시설 및 수련시설
② 연면적이 300m²인 업무시설로 사용되는 건축물
③ 승강기 등 기계장치에 의한 주차시설로서 자동차 10대를 주차할 수 있는 시설
④ 차고·주차장으로 사용되는 층 중 바닥면적이 150m²인 층이 있는 건축물

| 해설
건축허가등을 할 때 미리 소방본부장 또는 소방서장의 동의를 받아야 하는 건축물의 범위
㉠ 연면적이 200m²인 노유자시설 및 수련시설
㉡ 연면적이 300m²인 정신의료기관·장애인의료재활시설로 사용되는 건축물
㉢ 승강기 등 기계장치에 의한 주차시설로서 자동차 20대를 주차할 수 있는 시설
㉣ 차고·주차장으로 사용되는 층 중 바닥면적이 200m²인 층이 있는 건축물

정답 ①

06. 화재의 예방 및 안전관리에 관한 법령상 화재가 발생할 우려가 높거나 화재가 발생하는 경우 그로 인하여 피해가 클 것으로 예상되는 지역을 화재예방강화지구로 지정할 수 있는 자는?

① 한국소방안전원장
② 소방시설관리사
③ 소방본부장
④ 시·도지사

| 해설
시·도지사는 화재가 발생할 우려가 높거나 화재가 발생하는 경우 그로 인하여 피해가 클 것으로 예상되는 지역을 화재예방강화지구로 지정할 수 있다.

정답 ④

07. 소방시설 설치 및 관리에 관한 법령상 자동화재탐지설비를 설치하여야 하는 특정소방대상물의 기준으로 틀린 것은?

① 공장 및 창고시설로서 화재의 예방 및 안전관리에 관한 법률 시행령 별표 2에서 정하는 수량의 500배 이상의 특수가연물을 저장·취급하는 것
② 지하가(터널은 제외한다)로서 연면적 600m² 이상인 것
③ 숙박시설이 있는 수련시설로서 수용인원 100명 이상인 것
④ 장례시설 및 복합건축물로서 연면적 600m² 이상인 것

| 해설
자동화재탐지설비 설치대상
㉠ 공장 및 창고시설로서 소방기본법 시행령에서 정하는 수량의 500배 이상의 특수가연물을 저장·취급하는 것
㉡ 지하가(터널은 제외)로서 연면적 1,000m² 이상인 것
㉢ 숙박시설이 있는 수련시설로서 수용인원 100명 이상인 것
㉣ 장례시설 및 복합건축물로서 연면적 600m² 이상인 것

정답 ②

08. 소방기본법령상 이웃하는 다른 시·도지사와 소방업무에 관하여 시·도지사가 체결할 상호응원협정 사항이 아닌 것은?

① 화재조사활동
② 응원출동의 요청방법
③ 소방교육 및 응원출동훈련
④ 응원출동대상지역 및 규모

| 해설

• 화재조사활동
• 응원출동대상지역 및 규모
• 응원출동의 요청방법
• 응원출동훈련 및 평가

정답 ③

09. 소방기본법 제1장 총칙에서 정하는 목적의 내용으로 거리가 먼 것은?

① 구조, 구급 활동 등을 통하여 공공의 안녕 및 질서 유지
② 풍수해의 예방, 경계, 진압에 관한 계획, 예산 지원 활동
③ 구조, 구급 활동 등을 통하여 국민의 생명, 신체, 재산 보호
④ 화재, 재난, 재해 그 밖의 위급한 상황에서의 구조, 구급 활동

| 해설

소방기본법의 목적

㉠ 화재를 예방·경계하거나 진압하고
㉡ 화재, 재난·재해, 그 밖의 위급한 상황에서의 구조·구급 활동 등을 통하여
㉢ 국민의 생명·신체 및 재산을 보호함으로써
㉣ 공공의 안녕 및 질서 유지와 복리증진에 이바지함

정답 ②

10. 화재의 예방 및 안전관리에 관한 법령상 특수가연물의 수량 기준으로 옳은 것은?

① 면화류: 200kg 이상
② 가연성고체류: 500kg 이상
③ 나무껍질 및 대팻밥: 300kg 이상
④ 넝마 및 종이부스러기: 400kg 이상

| 해설

특수가연물의 수량 기준

㉠ 면화류: 200kg 이상
㉡ 가연성고체류: 3,000kg 이상
㉢ 나무껍질 및 대팻밥: 400kg 이상
㉣ 넝마 및 종이부스러기: 1,000kg 이상

정답 ①

11. 소방시설 설치 및 관리에 관한 법령상 펄프공장의 작업장, 음료수 공장의 충전을 하는 작업장 등과 같이 화재안전기준을 적용하기 어려운 특정소방대상물에 설치하지 아니할 수 있는 소방시설의 종류가 아닌 것은?

① 상수도소화용수설비
② 스프링클러설비
③ 연결송수관설비
④ 연결살수설비

| 해설

화재안전기준을 적용하기 어려운 특정소방대상물에 설치하지 아니할 수 있는 소방시설의 종류에는 스프링클러설비, 상수도소화용수설비 및 연결살수설비가 있으며, 연결송수관설비는 해당하지 않는다.

정답 ③

12. 소방시설공사업법령상 하자보수를 하여야 하는 소방시설 중 하자보수 보증기간이 3년이 아닌 것은?

① 자동소화장치
② 비상방송설비
③ 스프링클러설비
④ 상수도소화용수설비

| 해설

소방시설에 따른 하자보수 보증기간은 다음과 같다.
㉠ **자동소화장치**: 3년
㉡ **비상방송설비**: 2년
㉢ **스프링클러설비**: 3년
㉣ **상수도소화용수설비**: 3년

정답 ②

13. 소방시설 설치 및 관리에 관한 법령상 단독경보형 감지기를 설치하여야 하는 특정소방대상물의 기준으로 틀린 것은?

① 연면적 $600m^2$ 미만의 기숙사
② 연면적 $600m^2$ 미만의 숙박시설
③ 연면적 $1,000m^2$ 미만의 아파트등
④ 교육연구시설 또는 수련시설 내에 있는 합숙소 또는 기숙사로서 연면적 $2,000m^2$ 미만인 것

| 해설

단독경보형 감지기를 설치하여야 하는 특정소방대상물은 다음과 같다.
㉠ 연면적 $1,000m^2$ 미만의 기숙사
㉡ 연면적 $600m^2$ 미만의 숙박시설
㉢ 연면적 $1,000m^2$ 미만의 아파트등
㉣ 교육연구시설 또는 수련시설 내에 있는 합숙소 또는 기숙사로서 연면적 $2,000m^2$ 미만인 것

정답 ①

14. 다음 조건을 참고할 때 숙박시설이 있는 특정소방대상물의 수용인원 산정 수로 옳은 것은?

> 침대가 있는 숙박시설로서 1인용 침대의 수는 20개이고, 2인용 침대의 수는 10개이며, 종업원 수는 3명이다.

① 33명
② 40명
③ 43명
④ 46명

| 해설

수용인원 = 침대 수(2인용은 침대 수 2개) + 종사자 수
= 20 + (2 × 10) + 3 = 43명

정답 ③

15. 소방시설 설치 및 관리에 관한 법령상 스프링클러설비를 설치하여야 하는 특정소방대상물의 기준으로 틀린 것은? (단, 위험물 저장 및 처리 시설 중 가스시설 또는 지하구는 제외한다)

① 복합건축물로서 연면적 $3,500m^2$ 이상인 경우에는 모든 층
② 창고시설(물류터미널은 제외)로서 바닥면적 합계가 $5,000m^2$ 이상인 경우에는 모든 층
③ 숙박이 가능한 수련시설 용도로 사용되는 시설의 바닥면적의 합계가 $600m^2$ 이상인 것은 모든 층
④ 판매시설, 운수시설 및 창고시설(물류터미널에 한정)로서 바닥면적의 합계가 $5,000m^2$ 이상이거나 수용인원이 500명 이상인 경우에는 모든 층

| 해설

스프링클러설비를 설치하여야 하는 특정소방대상물의 기준은 다음과 같다.

㉠ 복합건축물로서 연면적 5,000m² 이상인 경우에는 모든 층
㉡ 창고시설(물류터미널은 제외)로서 바닥면적 합계가 5,000m² 이상인 경우에는 모든 층
㉢ 숙박이 가능한 수련시설 용도로 사용되는 시설의 바닥면적의 합계가 600m² 이상인 것은 모든 층
㉣ 판매시설, 운수시설 및 창고시설(물류터미널에 한정)로서 바닥면적의 합계가 5,000m² 이상이거나 수용인원이 500명 이상인 경우에는 모든 층

정답 ①

16. 위험물안전관리법령에 따라 위험물안전관리자를 해임하거나 퇴직한 때에는 해임하거나 퇴직한 날부터 며칠 이내에 다시 안전관리자를 선임하여야 하는가?

① 30일
② 35일
③ 40일
④ 55일

| 해설

위험물안전관리자를 해임하거나 퇴직한 때에는 해임하거나 퇴직한 날부터 30일 이내에 다시 안전관리자를 선임하여야 한다.

정답 ①

17. 소방시설 설치 및 관리에 관한 법령상 특정소방대상물 중 오피스텔은 어느 시설에 해당하는가?

① 숙박시설
② 일반업무시설
③ 공동주택
④ 근린생활시설

| 해설

• 오피스텔은 일반업무시설에 해당한다.
• **업무시설의 구분**
  ㉠ **공공업무시설**: 국가 또는 지방자치단체의 청사와 외국공관의 건축물로서 근린생활시설에 해당하지 않는 것
  ㉡ **일반업무시설**: 금융업소, 사무소, 신문사, 오피스텔, 그 밖에 이와 비슷한 것으로서 근린생활시설에 해당하지 않는 것
  ㉢ 주민자치센터(동사무소), 경찰서, 지구대, 파출소, 소방서, 119안전센터, 우체국, 보건소, 공공도서관, 국민건강보험공단, 그 밖에 이와 비슷한 용도로 사용하는 것
  ㉣ 마을회관, 마을공동작업소, 마을공동구판장, 그 밖에 이와 유사한 용도로 사용되는 것
  ㉤ 변전소, 양수장, 정수장, 대피소, 공중화장실, 그 밖에 이와 유사한 용도로 사용되는 것

정답 ②

18. 소방용수시설 중 소화전과 급수탑의 설치기준으로 옳지 않은 것은?

① 급수탑 급수배관의 구경은 100mm 이상으로 할 것
② 소화전은 상수도와 연결하여 지하식 또는 지상식의 구조로 할 것
③ 소방용 호스와 연결하는 소화전의 연결금속구의 구경은 65mm로 할 것
④ 급수탑의 개폐밸브는 지상에서 1.5m 이상 1.8m 이하의 위치에 설치할 것

| 해설

소화전과 급수탑의 설치기준은 다음과 같다.
㉠ 급수탑 급수배관의 구경은 100mm 이상으로 할 것
㉡ 소화전은 상수도와 연결하여 지하식 또는 지상식의 구조로 할 것
㉢ 소방용 호스와 연결하는 소화전의 연결금속구의 구경은 65mm로 할 것
㉣ 급수탑의 개폐밸브는 지상에서 1.5m 이상 1.7m 이하의 위치에 설치할 것

정답 ④

19. 위험물안전관리법령에 따른 인화성액체위험물(이황화탄소를 제외)의 옥외탱크저장소의 탱크 주위에 설치하는 방유제의 설치기준으로 옳은 것은?

① 방유제의 높이는 0.5m 이상 2.0m 이하로 할 것
② 방유제 내의 면적은 100,000m² 이하로 할 것
③ 방유제의 용량은 방유제 안에 설치된 탱크가 2기 이상인 때에는 그 탱크 중 용량이 최대인 것의 용량의 120% 이상으로 할 것
④ 높이가 1m를 넘는 방유제 및 간막이 둑의 안팎에는 방유제 내에 출입하기 위한 계단 또는 경사로를 약 50m마다 설치할 것

| 해설
옥외탱크저장소의 방유제의 설치기준은 다음과 같다.
㉠ 방유제의 높이는 0.5m 이상 3m 이하로 할 것
㉡ 방유제 내의 면적은 80,000m² 이하로 할 것
㉢ 방유제의 용량은 방유제 안에 설치된 탱크가 2기 이상인 때에는 그 탱크 중 용량이 최대인 것의 용량의 110% 이상으로 할 것
㉣ 높이가 1m를 넘는 방유제 및 간막이 둑의 안팎에는 방유제 내에 출입하기 위한 계단 또는 경사로를 약 50m마다 설치할 것

정답 ④

20. 제3류 위험물 중 금수성 물품에 적응성이 있는 소화약제는?

① 물
② 강화액
③ 팽창질석
④ 인산염류분말

| 해설
제3류 위험물 중 금수성 물품에 적응성이 있는 소화약제는 마른모래, 팽창질석, 팽창진주암이다.

정답 ③

2023년 | 제4회(CBT)

※ CBT 문제는 수험생의 기억에 따라 복원된 것이며, 실제 기출문제와 동일하지 않을 수 있습니다.

01. 소방기본법령상 출동한 소방대원에게 폭행 또는 협박을 행사하여 화재진압·인명구조 또는 구급활동을 방해한 사람에 대한 벌칙 기준은?

① 500만원 이하의 과태료
② 1년 이하의 징역 또는 1,000만원 이하의 벌금
③ 3년 이하의 징역 또는 3,000만원 이하의 벌금
④ 5년 이하의 징역 또는 5,000만원 이하의 벌금

| 해설

출동한 소방대원에게 폭행 또는 협박을 행사하여 화재진압·인명구조 또는 구급활동을 방해한 사람은 5년 이하의 징역 또는 5,000만원 이하의 벌금에 처한다.

정답 ④

02. 화재의 예방 및 안전관리에 관한 법령상 화재안전조사위원회의 위원에 해당하지 아니하는 사람은?

① 소방기술사
② 소방시설관리사
③ 소방 관련 분야의 석사학위 이상을 취득한 사람
④ 소방 관련 법인 또는 단체에서 소방 관련 업무에 3년 이상 종사한 사람

| 해설

화재안전조사위원회의 위원에 해당하는 사람은 다음과 같다.
㉠ 소방기술사
㉡ 소방시설관리사
㉢ 소방 관련 분야의 석사학위 이상을 취득한 사람
㉣ 소방 관련 법인 또는 단체에서 소방 관련 업무에 5년 이상 종사한 사람

정답 ④

03. 소방시설 설치 및 관리에 관한 법령상 자동화재탐지설비를 설치하여야 하는 특정소방대상물에 대한 기준 중 (   ) 안에 들어갈 내용으로 알맞은 것은?

> 근린생활시설(목욕탕 제외), 의료시설(정신의료기관 또는 요양병원 제외), 위락시설, 장례시설 및 복합건축물로서 연면적 (   )m² 이상인 것

① 400
② 600
③ 1000
④ 3500

| 해설

근린생활시설(목욕장 제외), 의료시설(정신의료기관 또는 요양병원 제외), 위락시설, 장례시설 및 복합건축물로서 연면적 600m² 이상인 것은 자동화재탐지설비를 설치하여야 하는 특정소방대상물에 해당한다.

정답 ②

04. 소방기본법령에 따른 소방용수시설 급수탑 개폐밸브의 설치기준으로 맞는 것은?

① 지상에서 1.0m 이상 1.5m 이하
② 지상에서 1.2m 이상 1.8m 이하
③ 지상에서 1.5m 이상 1.7m 이하
④ 지상에서 1.5m 이상 2.0m 이하

| 해설

급수탑 개폐밸브는 지상에서 1.5m 이상 1.7m 이하에 설치하여야 한다.

정답 ③

05. 소방안전관리대상물의 관계인이 소방안전관리를 선임한 경우에는 행정안전부령이 정하는 바에 따라 선임한 날부터 며칠 이내에 소방본부장 또는 소방서장에게 신고하여야 하는가?

① 7일   ② 14일
③ 21일   ④ 30일

| 해설

소방안전관리대상물의 관계인이 소방안전관리를 선임한 경우에는 행정안전부령이 정하는 바에 따라 선임한 날부터 14일 이내에 소방본부장 또는 소방서장에게 신고하여야 한다.

정답 ②

06. 소방시설 설치 및 관리에 관한 법령상 간이스프링클러설비를 설치하여야 하는 특정소방대상물의 기준으로 옳은 것은?

① 근린생활시설로 사용하는 부분의 바닥면적 합계가 1,000m² 이상인 것은 모든 층
② 교육연구시설 내에 있는 합숙소로서 연면적 500m² 이상인 것
③ 정신병원과 의료재활시설을 제외한 요양병원으로 사용되는 바닥면적의 합계가 300m² 이상 600m² 미만인 시설
④ 정신의료기관 또는 의료재활시설로 사용되는 바닥면적의 합계가 600m² 미만인 시설

| 해설

간이스프링클러설비를 설치하여야 하는 특정소방대상물의 기준은 다음과 같다.
㉠ 근린생활시설로 사용하는 부분의 바닥면적 합계가 1,000m² 이상인 것은 모든 층
㉡ 교육연구시설 내에 있는 합숙소로서 연면적 100m² 이상인 것
㉢ 정신병원과 의료재활시설을 제외한 요양병원으로 사용되는 바닥면적의 합계가 600m² 미만인 시설
㉣ 정신의료기관 또는 의료재활시설로 사용되는 바닥면적의 합계가 300m² 이상 600m² 미만인 시설

정답 ①

07. 소방본부장 또는 소방서장은 건축허가등의 동의요구 서류를 접수한 날부터 최대 며칠 이내에 건축허가등의 동의여부를 회신하여야 하는가? (단, 허가 신청한 건축물은 지상으로부터 높이가 200m인 아파트이다)

① 5일   ② 7일
③ 10일   ④ 15일

| 해설

건축허가등의 동의요구 기간은 다음과 같다.
㉠ 5일 이내
㉡ 특급소방안전관리대상물은 10일 이내
따라서 아파트로서 층수가 50층 이상이거나 높이가 200m 이상인 경우에는 특급소방안전관리대상물에 해당하므로 10일 이내로 동의여부를 회신하여야 한다.

정답 ③

08. 소방시설 설치 및 관리에 관한 법률상 소방시설관리업 등록의 결격사유에 해당하지 않는 사람은?

① 피성년후견인
② 소방시설관리업의 등록이 취소된 날로부터 2년이 지난 자
③ 금고 이상의 형의 집행유예를 선고받고 그 유예기간 중에 있는 자
④ 금고 이상의 실형을 선고받고 그 집행이 면제된 날부터 2년이 지나지 아니한 자

| 해설

소방시설관리업 등록의 결격사유
㉠ 피성년후견인
㉡ 소방시설관리업의 등록이 취소된 날로부터 2년이 지나지 아니한 자
㉢ 금고 이상의 형의 집행유예를 선고받고 그 유예기간 중에 있는 자
㉣ 금고 이상의 실형을 선고받고 그 집행이 면제된 날부터 2년이 지나지 아니한 자

정답 ②

09. 소방기본법상 소방대장의 권한이 아닌 것은?

① 소방활동을 할 때에 긴급한 경우에는 이웃한 소방본부장 또는 소방서장에게 소방업무의 응원을 요청할 수 있다.

② 화재, 재난·재해, 그 밖의 위급한 상황이 발생한 현장에서 소방활동을 위하여 필요할 때에는 그 관할구역에 사는 사람 또는 그 현장에 있는 사람으로 하여금 사람을 구출하는 일 또는 불을 끄거나 불이 번지지 아니하도록 하는 일을 하게 할 수 있다.

③ 사람을 구출하거나 불이 번지는 것을 막기 위하여 필요할 때에는 화재가 발생하거나 불이 번질 우려가 있는 소방대상물 및 토지를 일시적으로 사용하거나 그 사용의 제한 또는 소방활동에 필요한 처분을 할 수 있다.

④ 소방활동을 위하여 긴급하게 출동할 때에는 소방자동차의 통행과 소방활동에 방해가 되는 주차 또는 정차된 차량 및 물건 등을 제거하거나 이동시킬 수 있다.

| 해설
소방본부장이나 소방서장은 소방활동을 할 때에 긴급한 경우에는 이웃한 소방본부장 또는 소방서장에게 소방업무의 응원을 요청할 수 있다.

정답 ①

10. 소방기본법에 따른 소방력의 기준에 따라 관할구역의 소방력을 확충하기 위하여 필요한 계획을 수립하여 시행하여야 하는 자는?

① 소방서장   ② 소방본부장
③ 시·도지사   ④ 행정안전부장관

| 해설
시·도지사는 소방력의 기준에 따라 관할구역의 소방력을 확충하기 위하여 필요한 계획을 수립하여 시행하여야 한다.

정답 ③

11. 위험물안전관리법령상 제조소등이 아닌 장소에서 지정수량 이상의 위험물 취급에 대한 설명으로 옳지 않은 것은?

① 임시로 저장 또는 취급하는 장소에서의 저장 또는 취급의 기준은 시·도의 조례로 정한다.

② 군부대가 지정수량 이상의 위험물을 군사목적으로 임시로 저장 또는 취급하는 경우 제조소등이 아닌 장소에서 지정수량이상의 위험물을 취급할 수 있다.

③ 제조소등이 아닌 장소에서 지정수량 이상의 위험물을 취급할 경우 관할소방서장의 승인을 받아야 한다.

④ 필요한 승인을 받아 지정수량 이상의 위험물을 120일 이내의 기간 동안 임시로 저장 또는 취급하는 경우 제조소등이 아닌 장소에서 지정수량 이상의 위험물을 취급할 수 있다.

| 해설
소방서장의 승인을 받아 지정수량 이상의 위험물을 90일 이내의 기간 동안 임시로 저장 또는 취급하는 경우 제조소등이 아닌 장소에서 지정수량 이상의 위험물을 취급할 수 있다.

정답 ④

12. 화재의 예방 및 안전관리에 관한 법령상 특수가연물의 수량 기준으로 옳은 것은?

① 면화류: 200kg 이상

② 가연성고체류: 500kg 이상

③ 나무껍질 및 대팻밥: 300kg 이상

④ 넝마 및 종이부스러기: 400kg 이상

| 해설
특수가연물의 수량 기준
㉠ **면화류:** 200kg 이상
㉡ **가연성고체류:** 3,000kg 이상
㉢ **나무껍질 및 대팻밥:** 400kg 이상
㉣ **넝마 및 종이부스러기:** 1,000kg 이상

정답 ①

13. 소방시설 설치 및 관리에 관한 법령상 건축허가등의 동의대상물의 범위로 옳지 않은 것은?

① 항공기 격납고
② 방송용 송·수신탑
③ 연면적이 300제곱미터 이상인 건축물
④ 지하층 또는 무창층이 있는 건축물로서 바닥면적이 150제곱미터 이상인 층이 있는 것

| 해설

건축허가등의 동의대상물에 해당하는 것은 다음과 같다.
㉠ 항공기 격납고
㉡ 방송용 송·수신탑
㉢ 연면적이 400m² 이상인 건축물
㉣ 지하층 또는 무창층이 있는 건축물로서 바닥면적이 150m² 이상인 층이 있는 것

정답 ③

14. 소방기본법령상 소방안전교육사의 배치대상별 배치기준으로 옳지 않은 것은?

① 소방청: 2명 이상 배치
② 소방서: 1명 이상 배치
③ 소방본부: 2명 이상 배치
④ 한국소방안전원(본회): 1명 이상 배치

| 해설

소방안전교육사의 배치대상별 배치기준은 다음과 같다.
㉠ **소방청:** 2명 이상 배치
㉡ **소방서:** 1명 이상 배치
㉢ **소방본부:** 2명 이상 배치
㉣ **한국소방안전원(본회):** 2명 이상 배치

정답 ④

15. 소방시설공사업법령에 따른 소방시설업 등록이 가능한 사람은?

① 피성년후견인
② 위험물안전관리법에 따른 금고 이상의 형의 집행유예를 선고받고 그 유예기간 중에 있는 사람
③ 등록하려는 소방시설업 등록이 취소된 날부터 3년이 지난 사람
④ 소방기본법에 따른 금고 이상의 실형을 선고받고 그 집행이 면제된 날부터 1년이 지난 사람

| 해설

소방시설업 등록 기준은 다음과 같다.
㉠ **피성년후견인:** 결격사유자로 등록할 수 없다.
㉡ **위험물안전관리법에 따른 금고 이상의 형의 집행유예를 선고받고 그 유예기간 중에 있는 사람:** 결격사유자로 등록할 수 없다.
㉢ **등록하려는 소방시설업 등록이 취소된 날부터 3년이 지난 사람:** 결격사유자가 아니므로 등록할 수 있다.
㉣ **소방기본법에 따른 금고 이상의 실형을 선고받고 그 집행이 면제된 날부터 1년이 지난 사람:** 결격사유자로 등록할 수 없다.

정답 ③

16. 제조소등의 위치·구조 또는 설비의 변경 없이 당해 제조소등에서 저장하거나 취급하는 위험물의 품명·수량 또는 지정수량의 배수를 변경하고자 할 때는 누구에게 신고해야 하는가?

① 국무총리
② 관할소방서장
③ 시·도지사
④ 행정안전부장관

| 해설

위험물의 품명·수량 또는 지정수량의 배수를 변경하고자 할 때는 변경 1일 전까지 시·도지사에게 신고하여야 한다.

정답 ③

17. 다음 중 300만원 이하의 벌금에 해당되지 않는 것은?

① 소방시설공사의 완공검사를 받지 아니한 자
② 소방시설업의 등록수첩을 다른 자에게 빌려준 자
③ 소방기술자가 동시에 둘 이상의 업체에 취업한 사람
④ 소방시설공사 현장에 감리원을 배치하지 아니한 자

| 해설

• 소방시설공사의 완공검사를 받지 아니한 자는 200만원 이하의 과태료에 처한다.
• 등록수첩을 다른 자에게 빌려준 자는 300만원 이하의 벌금에 처한다.
• 소방기술자가 동시에 둘 이상의 업체에 취업한 사람은 300만원 이하의 벌금에 처한다.
• 소방시설공사 현장에 감리원을 배치하지 아니한 자는 300만원 이하의 벌금에 처한다.

정답 ①

18. 소방시설 설치 및 관리에 관한 법령상 둘 이상의 특정소방대상물이 내화구조로 된 연결통로가 벽이 없는 구조로서 그 길이가 몇 m 이하인 경우 하나의 소방대상물로 보는가?

① 6   ② 9
③ 10   ④ 12

| 해설

• 둘 이상의 특정소방대상물이 다음의 어느 하나에 해당되는 구조의 복도 또는 통로("연결통로"라 함)로 연결된 경우에는 이를 하나의 소방대상물로 본다.
• **내화구조로 된 연결통로가 다음의 어느 하나에 해당되는 경우**
  ㉠ 벽이 없는 구조로서 그 길이가 6m 이하인 경우
  ㉡ 벽이 있는 구조로서 그 길이가 10m 이하인 경우. 다만, 벽 높이가 바닥에서 천장까지의 높이의 2분의 1 이상인 경우에는 벽이 있는 구조로 보고, 벽 높이가 바닥에서 천장까지의 높이의 2분의 1 미만인 경우에는 벽이 없는 구조로 본다.

정답 ①

19. 소방용수시설 중 소화전과 급수탑의 설치기준으로 옳지 않은 것은?

① 급수탑 급수배관의 구경은 100mm 이상으로 할 것
② 소화전은 상수도와 연결하여 지하식 또는 지상식의 구조로 할 것
③ 소방용호스와 연결하는 소화전의 연결금속구의 구경은 65mm로 할 것
④ 급수탑의 개폐밸브는 지상에서 1.5m 이상 1.8m 이하의 위치에 설치할 것

| 해설

소화전과 급수탑의 설치기준은 다음과 같다.
㉠ 급수탑 급수배관의 구경은 100mm 이상으로 할 것
㉡ 소화전은 상수도와 연결하여 지하식 또는 지상식의 구조로 할 것
㉢ 소방용 호스와 연결하는 소화전의 연결금속구의 구경은 65mm로 할 것
㉣ 급수탑의 개폐밸브는 지상에서 1.5m 이상 1.7m 이하의 위치에 설치할 것

정답 ④

20. 소방시설공사업법령에 따른 소방시설공사 중 특정소방대상물에 설치된 소방시설등을 구성하는 것의 전부 또는 일부를 개설, 이전 또는 정비하는 공사의 착공신고 대상이 아닌 것은?

① 수신반   ② 소화펌프
③ 동력(감시)제어반   ④ 제연설비의 제연구역

| 해설

특정소방대상물에 설치된 소방시설등을 구성하는 것의 전부 또는 일부를 개설, 이전 또는 정비하는 공사의 착공신고 대상은 다음과 같다.
㉠ 수신반
㉡ 소화펌프
㉢ 동력(감시)제어반

정답 ④

※ CBT 문제는 수험생의 기억에 따라 복원된 것이며, 실제 기출문제와 동일하지 않을 수 있습니다.

01. 소방시설공사업법령상 하자보수를 하여야 하는 소방시설 중 하자보수 보증기간이 3년이 아닌 것은?

① 상수도소화용수설비 ② 스프링클러설비
③ 비상방송설비 ④ 자동소화장치

| 해설
소방시설에 따른 하자보수 보증기간은 다음과 같다.
㉠ **상수도소화용수설비**: 3년
㉡ **스프링클러설비**: 3년
㉢ **비상방송설비**: 2년
㉣ **자동소화장치**: 3년

정답 ③

02. 위험물안전관리법령상 위험물 중 제1석유류에 속하는 것은?

① 아세톤 ② 등유
③ 경유 ④ 중유

| 해설
제4류 위험물의 품명은 다음과 같다.
㉠ **아세톤**: 제1석유류
㉡ **등유**: 제2석유류
㉢ **경유**: 제2석유류
㉣ **중유**: 제3석유류

정답 ①

03. 소방시설 설치 및 관리에 관한 법령상 자동화재탐지설비를 설치하여야 하는 특정소방대상물의 기준으로 옳지 않은 것은?

① 공장 및 창고시설로서 화재의 예방 및 안전관리에 관한 법률 시행령 별표 2에서 정하는 수량의 500배 이상의 특수가연물을 저장·취급하는 것
② 숙박시설이 있는 수련시설로서 수용인원 100명 이상인 것
③ 지하가(터널은 제외한다)로서 연면적 600m² 이상인 것
④ 장례시설 및 복합건축물로서 연면적 600m² 이상인 것

| 해설
자동화재탐지설비 설치대상
㉠ 공장 및 창고시설로서 소방기본법 시행령에서 정하는 수량의 500배 이상의 특수가연물을 저장·취급하는 것
㉡ 숙박시설이 있는 수련시설로서 수용인원 100명 이상인 것
㉢ 지하가(터널은 제외)로서 연면적 1,000m² 이상인 것
㉣ 장례시설 및 복합건축물로서 연면적 600m² 이상인 것

정답 ③

04. 위험물안전관리법령상 제조소 또는 일반취급소의 위험물취급탱크 노즐 또는 맨홀을 신설하는 경우, 노즐 또는 맨홀의 직경이 몇 mm를 초과하는 경우에 변경허가를 받아야 하는가?

① 150   ② 200
③ 250   ④ 400

| 해설
제조소 또는 일반취급소의 위험물취급탱크 노즐 또는 맨홀을 신설하는 경우, 노즐 또는 맨홀의 직경이 250mm를 초과하는 경우에 변경허가를 받아야 한다.

 정답 ③

05. 국민의 안전의식과 화재에 대한 경각심을 높이고 안전문화를 정착시키기 위한 소방의 날은 언제인가?

① 1월 19일   ② 10월 9일
③ 11월 9일   ④ 12월 19일

| 해설
소방의 날은 매년 11월 9일이다.

 정답 ③

06. 소방시설공사업법에 따른 소방기술 인정 자격수첩 또는 소방기술자 경력수첩의 기준 중 다음 ( ) 안에 알맞은 것은? (단, 소방기술자 업무에 영향을 미치지 아니하는 범위에서 근무시간 외에 소방시설업이 아닌 다른 업종에 종사하는 경우는 제외한다)

- 소방기술 인정 자격수첩 또는 소방기술자 경력수첩을 발급받은 사람이 동시에 둘 이상의 업체에 취업한 경우는 (㉠)의 기간을 정하여 그 자격을 정지시킬 수 있다.
- 소방기술 인정 자격수첩 또는 소방기술자 경력수첩을 다른 사람에게 빌려준 경우에는 그 자격을 취소하여야 하며 빌려 준 사람은 (㉡) 이하의 벌금에 처한다.

	㉠	㉡
①	6개월 이상 2년 이하	300만원
②	6개월 이상 2년 이하	200만원
③	6개월 이상 1년 이하	300만원
④	6개월 이상 1년 이하	200만원

| 해설
- 소방기술 인정 자격수첩 또는 소방기술자 경력수첩을 발급받은 사람이 동시에 둘 이상의 업체에 취업한 경우는 6개월 이상 2년 이하의 기간을 정하여 그 자격을 정지시킬 수 있다.
- 소방기술 인정 자격수첩 또는 소방기술자 경력수첩을 다른 사람에게 빌려준 경우에는 그 자격을 취소하여야 하며 빌려 준 사람은 300만원 이하의 벌금에 처한다.

 정답 ①

07. 소방시설 설치 및 관리에 관한 법령에 따른 특정 소방대상물 중 의료시설에 해당하지 않는 것은?

① 요양병원
② 마약진료소
③ 한방병원
④ 노인의료복지시설

| 해설

노인의료복지시설은 노유자시설에 해당한다.

정답 ④

08. 소방시설 설치 및 관리에 관한 법령상 단독경보형 감지기를 설치하여야 하는 특정소방대상물의 기준으로 옳지 않은 것은?

① 수련시설 내에 있는 합숙소 또는 기숙사로서 연면적 2,000m² 미만인 것
② 연면적 300m² 미만의 유치원
③ 수용인원 100명 미만인 숙박시설이 있는 수련시설
④ 교육연구시설 내에 있는 합숙소 또는 기숙사로서 연면적 2,000m² 미만인 것

| 해설

단독경보형 감지기를 설치하여야 하는 특정소방대상물은 다음과 같다.
㉠ 교육연구시설 내에 있는 기숙사 또는 합숙소로서 연면적 2천m² 미만인 것
㉡ 수련시설 내에 있는 기숙사 또는 합숙소로서 연면적 2천m² 미만인 것
㉢ 수용인원 100명 미만인 수련시설(숙박시설이 있는 것만 해당)
㉣ 연면적 400m² 미만의 유치원
㉤ 공동주택 중 연립주택 및 다세대주택

정답 ②

09. 소방기본법상 소방대장의 권한이 아닌 것은?

① 소방활동을 위하여 긴급하게 출동할 때에는 소방자동차의 통행과 소방활동에 방해가 되는 주차 또는 정차된 차량 및 물건 등을 제거하거나 이동시킬 수 있다.
② 소방활동을 할 때에 긴급한 경우에는 이웃한 소방본부장 또는 소방서장에게 소방업무의 응원을 요청할 수 있다.
③ 사람을 구출하거나 불이 번지는 것을 막기 위하여 필요할 때에는 화재가 발생하거나 불이 번질 우려가 있는 소방대상물 및 토지를 일시적으로 사용하거나 그 사용의 제한 또는 소방활동에 필요한 처분을 할 수 있다.
④ 화재, 재난·재해, 그 밖의 위급한 상황이 발생한 현장에서 소방활동을 위하여 필요할 때에는 그 관할구역에 사는 사람 또는 그 현장에 있는 사람으로 하여금 사람을 구출하는 일 또는 불을 끄거나 불이 번지지 아니하도록 하는 일을 하게 할 수 있다.

| 해설

소방본부장이나 소방서장은 소방활동을 할 때에 긴급한 경우에는 이웃한 소방본부장 또는 소방서장에게 소방업무의 응원을 요청할 수 있다.

정답 ②

10. 소방기본법령상 소방활동구역의 출입자에 해당되지 않는 자는?

① 소방활동구역 안에 있는 소방대상물의 소유자·관리자 또는 점유자
② 의사·간호사 그 밖에 구조·구급업무에 종사하는 사람
③ 시·도지사가 소방활동을 위하여 출입을 허가한 사람
④ 전기·가스·수도·통신·교통의 업무에 종사하는 사람으로서 원활한 소방활동을 위하여 필요한 사람

| 해설
소방활동구역 출입 허용자는 다음과 같다.
㉠ 소방활동구역 안에 있는 소방대상물의 소유자·관리자 또는 점유자
㉡ 의사·간호사 그 밖에 구조·구급업무에 종사하는 사람
㉢ 소방대장이 소방활동을 위하여 출입을 허가한 사람
㉣ 전기·가스·수도·통신·교통의 업무에 종사하는 사람으로서 원활한 소방활동을 위하여 필요한 사람

정답 ③

11. 화재의 예방 및 안전관리에 관한 법령상 소방청장, 소방본부장 또는 소방서장은 관할구역에 있는 소방대상물에 대하여 화재안전조사를 실시할 수 있다. 화재안전조사 대상과 거리가 먼 것은? (단, 개인 주거에 대하여는 관계인의 승낙을 득한 경우이다)

① 화재가 발생할 우려가 없으나 소방대상물의 정기점검이 필요한 경우
② 관계인이 법령에 따라 실시하는 소방시설 등, 방화시설, 피난시설 등에 대한 자체점검 등이 불성실하거나 불완전하다고 인정되는 경우
③ 화재예방강화지구에 대한 화재안전조사 등 다른 법률에서 화재안전조사를 실시하도록 한 경우
④ 국가적 행사 등 주요 행사가 개최되는 장소에 대하여 소방안전관리 실태를 점검할 필요가 있는 경우

| 해설
화재안전조사 대상은 다음과 같다.
㉠ 화재가 자주 발생하였거나 발생할 우려가 뚜렷한 곳에 대한 점검이 필요한 경우
㉡ 관계인이 법령에 따라 실시하는 소방시설 등, 방화시설, 피난시설 등에 대한 자체점검 등이 불성실하거나 불완전하다고 인정되는 경우
㉢ 화재예방강화지구에 대한 화재안전조사 등 다른 법률에서 소방특별조사를 실시하도록 한 경우
㉣ 국가적 행사 등 주요행사가 개최되는 장소에 대하여 소방안전관리 실태를 점검할 필요가 있는 경우
㉤ 재난예측정보, 기상예보 등을 분석한 결과 소방대상물에 화재, 재난·재해의 발생 위험이 높다고 판단되는 경우

정답 ①

12. 소방시설 설치 및 관리에 관한 법령상 간이스프링 클러설비를 설치하여야 하는 특정소방대상물의 기준으로 옳은 것은?

① 근린생활시설로 사용하는 부분의 바닥면적 합계 가 1,000m² 이상인 것은 모든 층
② 교육연구시설 내에 있는 합숙소로서 연면적 100m² 이상인 것
③ 정신병원과 의료재활시설을 제외한 요양병원으로 사용되는 바닥면적의 합계가 300m² 이상 500m² 미만인 시설
④ 정신의료기관 또는 의료재활시설로 사용되는 바닥면적의 합계가 300m² 이상 600m² 미만인 시설

| 해설

간이스프링클러설비 설치 대상
㉠ 근린생활시설로 사용하는 부분의 바닥면적 합계가 1,000m² 이상인 것은 모든 층
㉡ 교육연구시설 내에 있는 합숙소로서 연면적 100m² 이상인 것
㉢ 정신병원과 의료재활시설을 제외한 요양병원으로 사용되는 바닥면적의 합계가 600m² 미만인 시설
㉣ 정신의료기관 또는 의료재활시설로 사용되는 바닥면적의 합계가 300m² 이상 600m² 미만인 시설

정답 ③

---

13. 소방기본법령상 상업지역에 소방용수시설 설치 시 소방대상물과의 수평거리 기준은 몇 m 이하인가?

① 100　　　　② 120
③ 140　　　　④ 160

| 해설

• 수평거리 100m 이하: 주거지역, 상업지역, 공업지역
• 수평거리 140m 이하: 그 밖의 지역

정답 ①

---

14. 소방기본법령상 저수조의 설치기준으로 옳지 않은 것은?

① 지면으로부터의 낙차가 4.5m 이하일 것
② 흡수부분의 수심이 0.8m 이상일 것
③ 흡수에 지장이 없도록 토사 및 쓰레기 등을 제거할 수 있는 설비를 갖출 것
④ 흡수관의 투입구가 사각형의 경우에는 한변의 길이가 60cm 이상, 원형의 경우에는 지름이 60cm 이상일 것

| 해설

저수조의 설치기준은 다음과 같다.
㉠ 지면으로부터의 낙차가 4.5m 이하일 것
㉡ 흡수부분의 수심이 0.5m 이상일 것
㉢ 흡수에 지장이 없도록 토사 및 쓰레기 등을 제거할 수 있는 설비를 갖출 것
㉣ 흡수관의 투입구가 사각형의 경우에는 한 변의 길이가 60cm 이상, 원형의 경우에는 지름이 60cm 이상일 것

정답 ②

---

15. 소방기본법령상 동원된 소방력의 운용과 관련하여 필요한 사항을 정하는 자는? (단, 동원된 소방력의 소방활동 수행 과정에서 발생하는 경비 및 동원된 민간 소방인력이 소방활동을 수행하다가 사망하거나 부상을 입은 경우와 관련된 사항은 제외한다)

① 대통령　　　　② 소방청장
③ 시·도지사　　　④ 행정안전부장관

| 해설

동원된 소방력의 운용과 관련하여 필요한 사항을 정하는 자
소방청장(단, 동원된 소방력의 소방활동 수행 과정에서 발생하는 경비 및 동원된 민간 소방인력이 소방활동을 수행하다가 사망하거나 부상을 입은 경우와 관련된 사항은 제외)

정답 ②

16. 위험물안전관리법령상 제4류 위험물별 지정수량 기준의 연결로 옳지 않은 것은?

① 특수인화물 – 50리터
② 알코올류 – 400리터
③ 동식물유류 – 10,000리터
④ 제4석유류 – 5,000리터

| 해설

제4류 위험물별 지정수량은 다음과 같다.
㉠ **특수인화물:** 50리터
㉡ **알코올류:** 400리터
㉢ **동식물유류:** 10,000리터
㉣ **제4석유류:** 6,000리터

정답 ④

17. 소방시설 설치 및 관리에 관한 법령상 수용인원 산정 방법 중 다음과 같은 시설의 수용인원은 몇 명인가?

숙박시설이 있는 특정소방대상물로서 종사자수는 5명, 숙박시설은 모두 2인용 침대이며, 침대수량은 40개이다.

① 55
② 75
③ 85
④ 105

| 해설

수용인원은 다음과 같이 산정한다.
2 × 40 + 5 = 85명

정답 ③

18. 소방시설 설치 및 관리에 관한 법령상 1년 이하의 징역 또는 1천만원 이하의 벌금 기준에 해당하는 경우는?

① 소방용품의 형식승인을 받지 아니하고 소방용품을 제조하거나 수입한 자
② 소방용품에 대하여 형상 등의 일부를 변경한 후 형식승인의 변경승인을 받지 아니한 자
③ 거짓이나 그 밖의 부정한 방법으로 제품검사 전문기관으로 지정을 받은 자
④ 형식승인을 받은 소방용품에 대하여 제품검사를 받지 아니한 자

| 해설

• 소방용품의 형식승인을 받지 아니하고 소방용품을 제조하거나 수입한 자는 3년 이하의 징역 또는 3천만원 이하의 벌금에 처한다.
• 소방용품에 대하여 형상 등의 일부를 변경한 후 형식승인의 변경승인을 받지 아니한 자는 1년 이하의 징역 또는 1천만원 이하의 벌금에 처한다.
• 거짓이나 그 밖의 부정한 방법으로 제품검사 전문기관으로 지정을 받은 자는 3년 이하의 징역 또는 3천만원 이하의 벌금에 처한다.
• 형식승인을 받은 소방용품에 대하여 제품검사를 받지 아니한 자는 3년 이하의 징역 또는 3천만원 이하의 벌금에 처한다.

정답 ②

해커스 소방설비기사 필기 소방관계법규 기본서 + 7개년 기출문제집

19. 위험물안전관리법령상 정기검사를 받아야 하는 특정·준특정옥외탱크저장소의 관계인은 특정·준특정옥외탱크저장소의 설치허가에 따른 완공검사합격확인증을 발급받은 날부터 몇 년 이내에 정기검사를 받아야 하는가?

① 9 　　　　　　② 10

③ 11 　　　　　　④ 12

| 해설

특정·준특정옥외탱크저장소의 관계인은 특정·준특정옥외탱크저장소의 설치허가에 따른 완공검사합격확인증을 발급받은 날부터 12년 이내에 정기검사를 받아야 한다.

정답 ④

20. 위험물안전관리법령상 유별을 달리하는 위험물을 혼재하여 저장할 수 있는 것으로 짝지어진 것은?

① 제1류 – 제2류 　　② 제2류 – 제3류

③ 제3류 – 제4류 　　④ 제5류 – 제6류

| 해설

위험물 혼재

㉠ 제1류 – 제6류

㉡ 제2류 – 제4류 – 제5류

㉢ 제3류 – 제4류

정답 ③

01. 화재의 예방 및 안전관리에 관한 법령에 따라 2급 소방안전관리대상물의 소방안전관리자 선임기준으로 옳지 않은 것은?

① 위험물기능사 자격이 있는 사람

② 소방공무원으로 3년 이상 근무한 경력이 있는 사람

③ 의용소방대원으로 5년 이상 근무한 경력이 있는 사람

④ 위험물산업기사 자격을 가진 사람

| 해설

2급 소방안전관리대상물의 소방안전관리자 선임기준

㉠ 특급 소방안전관리대상물의 소방안전관리자 자격증을 발급받은 사람

㉡ 1급 소방안전관리대상물의 소방안전관리자 자격증을 발급받은 사람

㉢ 위험물기능장·위험물산업기사 또는 위험물기능사 자격이 있는 사람

㉣ 소방공무원으로 3년 이상 근무한 경력이 있는 사람

㉤ 소방청장이 실시하는 2급 소방안전관리대상물의 소방안전관리에 관한 시험에 합격한 사람

정답 ③

---

02. 소방시설공사업법에 따른 소방기술 인정 자격수첩 또는 소방기술자 경력수첩의 기준 중 다음 ( ) 안에 알맞은 것은? (단, 소방기술자 업무에 영향을 미치지 아니하는 범위에서 근무시간 외에 소방시설업이 아닌 다른 업종에 종사하는 경우는 제외한다)

- 소방기술 인정 자격수첩 또는 소방기술자 경력수첩을 발급받은 사람이 동시에 둘 이상의 업체에 취업한 경우는 (㉠)의 기간을 정하여 그 자격을 정지시킬 수 있다.
- 소방기술 인정 자격수첩 또는 소방기술자 경력수첩을 다른 사람에게 빌려준 경우에는 그 자격을 취소하여야 하며 빌려 준 사람은 (㉡) 이하의 벌금에 처한다.

	㉠	㉡
①	6개월 이상 1년 이하	200만원
②	6개월 이상 1년 이하	300만원
③	6개월 이상 2년 이하	200만원
④	6개월 이상 2년 이하	300만원

| 해설

- 소방기술 인정 자격수첩 또는 소방기술자 경력수첩을 발급받은 사람이 동시에 둘 이상의 업체에 취업한 경우는 6개월 이상 2년 이하의 기간을 정하여 그 자격을 정지시킬 수 있다.
- 소방기술 인정 자격수첩 또는 소방기술자 경력수첩을 다른 사람에게 빌려준 경우에는 그 자격을 취소하여야 하며 빌려 준 사람은 300만원 이하의 벌금에 처한다.

 정답 ④

03. 소방시설공사업법령상 전문 소방시설공사업의 등록기준 및 영업범위의 기준에 대한 설명으로 옳지 않은 것은?

① 법인인 경우 자본금은 1억원 이상이다.
② 개인인 경우 자산평가액은 1억원 이상이다.
③ 주된 기술인력 최소 1명 이상, 보조기술인력 최소 3명 이상을 둔다.
④ 영업범위는 특정소방대상물에 설치되는 기계분야 및 전기분야 소방시설의 공사·개설·이전 및 정비이다.

| 해설
주된 기술인력 최소 1명 이상, 보조기술인력 최소 2명 이상을 둔다.

정답 ③

04. 소방시설공사업법령에 따른 소방시설업의 등록권자는?

① 국무총리
② 소방서장
③ 시·도지사
④ 한국소방안전협회장

| 해설
특정소방대상물의 소방시설공사등을 하려는 자는 업종별로 자본금(개인인 경우에는 자산 평가액을 말함), 기술인력 등 대통령령으로 정하는 요건을 갖추어 시·도지사에게 소방시설업을 등록하여야 한다.

정답 ③

05. 위험물안전관리법령에서 정하는 제3류위험물에 해당하는 것은?

① 나트륨
② 염소산염류
③ 무기과산화물
④ 유기과산화물

| 해설
• 제3류 위험물에 해당하는 것은 나트륨이다.
• 염소산염류와 무기과산화물은 제1류 위험물에 해당한다.
• 유기과산화물은 제5류 위험물에 해당한다.

정답 ①

06. 소방기본법령상 용어 정의에 대한 설명으로 옳은 것은?

① 소방대상물이란 건축물, 차량, 선박(항구에 매어둔 선박은 제외) 등을 말한다.
② 관계인이란 소방대상물의 점유예정자를 포함한다.
③ 소방대란 소방공무원, 의무소방원, 의용소방대원으로 구성된 조직체이다.
④ 소방대장이란 화재, 재난·재해, 그 밖의 위급한 상황이 발생한 현장에서 소방대를 지휘하는 사람(소방서장은 제외)이다.

| 해설
• 소방대상물이란 건축물, 차량, 선박(항구에 매어둔 선박에 한정) 등을 말한다.
• 관계인이란 소방대상물의 소유자, 점유자, 관리자를 말한다.
• 소방대란 소방공무원, 의무소방원, 의용소방대원으로 구성된 조직체이다.
• 소방대장이란 소방본부장 또는 소방서장 등 화재, 재난·재해, 그 밖의 위급한 상황이 발생한 현장에서 소방대를 지휘하는 사람을 말한다.

정답 ③

07. 소방시설공사업법령상 소방시설업의 등록을 하지 아니하고 영업을 한 자에 대한 벌칙기준으로 옳은 것은?

① 1년 이하의 징역 또는 1천만원 이하의 벌금
② 2년 이하의 징역 또는 2천만원 이하의 벌금
③ 3년 이하의 징역 또는 3천만원 이하의 벌금
④ 5년 이하의 징역 또는 5천만원 이하의 벌금

| 해설

소방시설업의 등록을 하지 아니하고 영업을 한 자는 3년 이하의 징역 또는 3천만원 이하의 벌금에 처한다.

정답 ③

08. 특정소방대상물의 소방시설 등에 대한 자체점검기술자격자의 범위에서 '행정안전부령으로 정하는 기술자격자'는?

① 소방안전관리자로 선임된 소방설비산업기사
② 소방안전관리자로 선임된 소방설비기사
③ 소방안전관리자로 선임된 전기기사
④ 소방안전관리자로 선임된 소방시설관리사 및 소방기술사

| 해설

소방시설 등에 대한 자체점검 기술자격자의 범위에서 행정안전부령으로 정하는 기술자격자는 소방안전관리자로 선임된 소방시설관리사 및 소방기술사이다.

정답 ④

09. 소방기본법상 화재 현장에서의 피난 등을 체험할 수 있는 소방체험관의 설립·운영권자는?

① 시·도지사
② 행정안전부장관
③ 소방본부장 또는 소방서장
④ 소방청장

| 해설

소방체험관의 설립·운영권자는 시·도지사이다.

정답 ①

10. 소방기본법령상 소방안전교육사의 배치대상별 배치기준으로 옳지 않은 것은?

① 소방청: 2명 이상 배치
② 소방서: 1명 이상 배치
③ 소방본부: 2명 이상 배치
④ 한국소방안전원(본회): 1명 이상 배치

| 해설

소방안전교육사의 배치대상별 배치기준은 다음과 같다.
㉠ **소방청**: 2명 이상 배치
㉡ **소방서**: 1명 이상 배치
㉢ **소방본부**: 2명 이상 배치
㉣ **한국소방안전원(본회)**: 2명 이상 배치

정답 ④

11. 소방기본법령상 출동한 소방대원에게 폭행 또는 협박을 행사하여 화재진압·인명구조 또는 구급활동을 방해한 사람에 대한 벌칙 기준은?

① 500만원 이하의 과태료
② 1년 이하의 징역 또는 1,000만원 이하의 벌금
③ 3년 이하의 징역 또는 3,000만원 이하의 벌금
④ 5년 이하의 징역 또는 5,000만원 이하의 벌금

| 해설
출동한 소방대원에게 폭행 또는 협박을 행사하여 화재진압·인명구조 또는 구급활동을 방해한 사람은 5년 이하의 징역 또는 5,000만원 이하의 벌금에 처한다.

정답 ④

12. 소방시설 설치 및 관리에 관한 법령상 특정소방대상물의 관계인이 특정소방대상물의 규모·용도 및 수용인원 등을 고려하여 갖추어야 하는 소방시설의 종류 기준 중 ㉠, ㉡에 알맞은 것은?

> 화재안전기준에 따라 소화기구를 설치하여야 하는 특정소방대상물은 연면적 (㉠)m² 이상인 것. 다만, 노유자시설의 경우에는 투척용 소화용구 등을 화재안전기준에 따라 산정된 소화기 수량의 (㉡) 이상으로 설치할 수 있다.

	㉠	㉡		㉠	㉡
①	33	1/2	②	33	1/3
③	50	1/3	④	50	1/3

| 해설
화재안전기준에 따라 소화기구를 설치하여야 하는 특정소방대상물은 연면적 33m² 이상인 것. 다만, 노유자시설의 경우에는 투척용 소화용구 등을 화재안전기준에 따라 산정된 소화기 수량의 1/2 이상으로 설치할 수 있다.

정답 ①

13. 소방시설 설치 및 관리에 관한 법령상 건축허가등을 할 때 미리 소방본부장 또는 소방서장의 동의를 받아야 하는 건축물의 범위에 해당하는 것은?

① 연면적이 200m²인 노유자시설 및 수련시설
② 연면적이 300m²인 업무시설로 사용되는 건축물
③ 승강기 등 기계장치에 의한 주차시설로서 자동차 10대를 주차할 수 있는 시설
④ 차고·주차장으로 사용되는 층 중 바닥면적이 150m²인 층이 있는 건축물

| 해설
건축허가등을 할 때 미리 소방본부장 또는 소방서장의 동의를 받아야 하는 건축물의 범위
㉠ 연면적이 200m²인 노유자시설 및 수련시설
㉡ 연면적이 300m²인 정신의료기관·장애인의료재활시설로 사용되는 건축물
㉢ 승강기 등 기계장치에 의한 주차시설로서 자동차 20대를 주차할 수 있는 시설
㉣ 차고·주차장으로 사용되는 층 중 바닥면적이 200m²인 층이 있는 건축물

정답 ①

14. 한국소방안전원의 회원이 될 수 있는 사람으로 옳지 않은 것은?

① 소방시설공사업법에 따라 등록을 하거나 허가를 받은 사람
② 위험물안전관리법에 따라 위험물안전관리자로 선임되거나 채용된 사람
③ 소방시설공사업법에 따라 소방안전관리자로 선임되었다가 해임된 사람
④ 소방 분야에 관심이 있거나 학식과 경험이 풍부한 사람

15. 위험물안전관리법령상 위험물 및 지정수량에 대한 기준 중 다음 ( ) 안에 알맞은 것은?

> 금속분이라 함은 알칼리금속·알칼리토류금속·철 및 마그네슘 외의 금속의 분말을 말하고, 구리분·니켈분 및 (㉠)마이크로미터의 체를 통과하는 것이 (㉡)중량퍼센트 미만인 것은 제외한다.

	㉠	㉡
①	150	50
②	53	50
③	50	150
④	50	53

16. 소방기본법령에 따른 소방용수시설 급수탑 개폐밸브의 설치기준으로 옳은 것은?

① 지상에서 1.0m 이상 1.5m 이하
② 지상에서 1.2m 이상 1.8m 이하
③ 지상에서 1.5m 이상 1.7m 이하
④ 지상에서 1.5m 이상 2.0m 이하

17. 소방기본법령상 소방활동구역의 출입자에 해당되지 않는 자는?

① 소방활동구역 안에 있는 소방대상물의 소유자·관리자 또는 점유자

② 전기·가스·수도·통신·교통의 업무에 종사하는 사람으로서 원활한 소방활동을 위하여 필요한 자

③ 화재건물과 관련 있는 부동산업자

④ 취재인력 등 보도업무에 종사하는 자

| **해설**

소방활동구역 출입 허용자는 다음과 같으며, 화재건물과 관련 있는 부동산업자는 포함되지 않는다.

㉠ 소방활동구역 안에 있는 소방대상물의 소유자·관리자 또는 점유자

㉡ 전기·가스·수도·통신·교통의 업무에 종사하는 사람으로서 원활한 소방활동을 위하여 필요한 자

㉢ 의사, 간호사

㉣ 취재인력 등 보도업무에 종사하는 자

㉤ 수사업무에 종사하는 자

정답 ③

18. 위험물안전관리법령에 따른 정기점검의 대상인 제조소등의 기준으로 옳지 않은 것은?

① 암반탱크저장소

② 지하탱크저장소

③ 이동탱크저장소

④ 지정수량의 150배 이상의 위험물을 저장하는 옥외탱크저장소

| **해설**

정기점검의 대상인 제조소등의 기준은 다음과 같다.

㉠ 암반탱크저장소

㉡ 지하탱크저장소

㉢ 이동탱크저장소

㉣ 지정수량의 200배 이상의 위험물을 저장하는 옥외탱크저장소

정답 ④

19. 화재의 예방 및 안전관리에 관한 법령상 소방안전관리대상물의 소방안전관리자가 소방훈련 및 교육을 하지 않은 경우 1차 위반 시 과태료 금액 기준으로 옳은 것은?

① 200만원   ② 100만원

③ 50만원   ④ 30만원

| **해설**

소방안전관리대상물의 소방안전관리자가 소방훈련 및 교육을 하지 않은 경우 과태료 금액 기준은 다음과 같다.

㉠ **1차 위반:** 과태료 100만원

㉡ **2차 위반:** 과태료 200만원

㉢ **3차 위반:** 과태료 300만원

정답 ②

20. 소방시설공사업법상 특정소방대상물의 관계인 또는 발주자가 해당 도급계약의 수급인을 도급계약 해지할 수 있는 경우의 기준으로 옳지 않은 것은?

① 하도급계약의 적정성 심사 결과 하수급인 또는 하도급계약 내용의 변경 요구에 정당한 사유 없이 따르지 아니하는 경우

② 정당한 사유 없이 15일 이상 소방시설공사를 계속하지 아니하는 경우

③ 소방시설업이 등록취소되거나 영업정지된 경우

④ 소방시설업을 휴업하거나 폐업한 경우

| **해설**

정당한 사유 없이 30일 이상 소방시설공사를 계속하지 아니하는 경우 특정소방대상물의 관계인 또는 발주자가 해당 도급계약의 수급인을 도급계약 해지할 수 있다.

정답 ②

2022년 | 제4회(CBT)

※ CBT 문제는 수험생의 기억에 따라 복원된 것이며, 실제 기출문제와 동일하지 않을 수 있습니다.

01. 위험물안전관리법령상 제조소 또는 일반취급소의 위험물취급탱크 노즐 또는 맨홀을 신설하는 경우, 노즐 또는 맨홀의 직경이 몇 mm를 초과하는 경우에 변경허가를 받아야 하는가?

① 250
② 300
③ 450
④ 600

| 해설

제조소 또는 일반 취급소의 위험물취급탱크 노즐 또는 맨홀을 신설하는 경우, 노즐 또는 맨홀의 직경이 250mm를 초과하는 경우에 변경허가를 받아야 한다.

정답 ①

02. 화재의 예방 및 안전관리에 관한 법령상 천재지변 및 그 밖에 대통령령으로 정하는 사유로 화재안전조사를 받기 곤란하여 화재안전조사의 연기를 신청하려는 자는 화재안전조사 시작 최대 며칠 전까지 연기신청서 및 증명서류를 제출해야 하는가?

① 3
② 5
③ 7
④ 10

| 해설

천재지변 및 그 밖에 대통령령으로 정하는 사유로 화재안전조사를 받기 곤란하여 화재안전조사의 연기를 신청하려는 자는 화재안전조사 시작 3일 전까지 연기신청서 및 증명서류를 제출하여야 한다.

정답 ①

03. 화재의 예방 및 안전관리에 관한 법령상 소방청장, 소방본부장 또는 소방서장은 관할구역에 있는 소방대상물에 대하여 화재안전조사를 실시할 수 있다. 화재안전조사 대상과 거리가 먼 것은? (단, 개인 주거에 대하여는 관계인의 승낙을 득한 경우이다)

① 화재예방강화지구에 대한 화재안전조사 등 다른 법률에서 화재안전조사를 실시하도록 한 경우
② 관계인이 법령에 따라 실시하는 소방시설 등, 방화시설, 피난시설 등에 대한 자체점검 등이 불성실하거나 불완전하다고 인정되는 경우
③ 화재가 발생할 우려가 없으나 소방대상물의 정기점검이 필요한 경우
④ 국가적 행사 등 주요 행사가 개최되는 장소에 대하여 소방안전관리 실태를 점검할 필요가 있는 경우

| 해설

화재안전조사 대상

㉠ 화재예방강화지구에 대한 화재안전조사 등 다른 법률에서 화재안전조사를 실시하도록 한 경우
㉡ 관계인이 법령에 따라 실시하는 소방시설 등, 방화시설, 피난시설 등에 대한 자체점검 등이 불성실하거나 불완전하다고 인정되는 경우
㉢ 화재가 자주 발생하였거나 발생할 우려가 뚜렷한 곳에 대한 점검이 필요한 경우
㉣ 국가적 행사 등 주요 행사가 개최되는 장소에 대하여 소방안전관리 실태를 점검할 필요가 있는 경우
㉤ 재난예측정보, 기상예보 등을 분석한 결과 소방대상물에 화재, 재난·재해의 발생 위험이 높다고 판단되는 경우

정답 ③

04. 소방시설 설치 및 관리에 관한 법령상 건축허가 등을 할 때 미리 소방본부장 또는 소방서장의 동의를 받아야 하는 건축물의 범위에 해당하는 것은?

① 연면적이 200m²인 노유자시설 및 수련시설
② 연면적이 300m²인 업무시설로 사용되는 건축물
③ 승강기 등 기계장치에 의한 주차시설로서 자동차 10대를 주차할 수 있는 시설
④ 차고·주차장으로 사용되는 층 중 바닥면적이 150m²인 층이 있는 건축물

| 해설
건축허가 동의 대상
㉠ 연면적이 200m²인 노유자시설 및 수련시설
㉡ 연면적이 300m²인 정신의료기관·장애인의료재활시설로 사용되는 건축물
㉢ 승강기 등 기계장치에 의한 주차시설로서 자동차 20대를 주차할 수 있는 시설
㉣ 차고·주차장으로 사용되는 층 중 바닥면적이 200m²인 층이 있는 건축물

정답 ①

05. 소방시설공사업법령상 소방시설공사업자가 소속 소방기술자를 소방시설공사 현장에 배치하지 않았을 경우의 과태료 기준은?

① 100만원 이하
② 200만원 이하
③ 300만원 이하
④ 400만원 이하

| 해설
소방시설공사업자가 소속 소방기술자를 소방시설공사 현장에 배치하지 않았을 경우 200만원 이하의 과태료를 부과한다.

정답 ②

06. 소방시설 설치 및 관리에 관한 법령상 용어의 정의 중 ( ) 안에 알맞은 것은?

> 특정소방대상물이란 소방시설을 설치하여야 하는 소방대상물로서 ( )으로 정하는 것을 말한다.

① 행정안전부령
② 국토교통부령
③ 고용노동부령
④ 대통령령

| 해설
특정소방대상물이란 소방시설을 설치하여야 하는 소방대상물로서 대통령령으로 정하는 것을 말한다.

정답 ④

07. 소방시설 설치 및 관리에 관한 법령상 관계인이 자체점검결과보고를 마친 후 점검기록표를 기록하지 아니하거나 특정소방대상물의 출입자가 쉽게 볼 수 있는 장소에 게시하지 아니하였을 경우 벌칙 기준은?

① 100만원 이하의 벌금
② 200만원 이하의 과태료
③ 300만원 이하의 과태료
④ 300만원 이하의 벌금

| 해설
점검기록표를 거짓으로 작성하거나 해당 특정소방대상물에 부착하지 아니하였을 경우 300만원 이하의 과태료에 처한다.

정답 ③

08. 소방시설공사업법령에 따른 소방시설업의 등록권자는?

① 국무총리
② 소방서장
③ 시·도지사
④ 한국소방안전협회장

| 해설

특정소방대상물의 소방시설공사등을 하려는 자는 업종별로 자본금(개인인 경우에는 자산 평가액을 말함), 기술인력 등 대통령령으로 정하는 요건을 갖추어 시·도지사에게 소방시설업을 등록하여야 한다.

정답 ③

09. 법 개정으로 삭제

10. 소방시설공사업법령상 전문 소방시설공사업의 등록기준 및 영업범위의 기준에 대한 설명으로 옳지 않은 것은?

① 법인인 경우 자본금은 1억원 이상이다.
② 개인인 경우 자산평가액은 1억원 이상이다.
③ 주된 기술인력 최소 1명 이상, 보조기술인력 최소 3명 이상을 둔다.
④ 영업범위는 특정소방대상물에 설치되는 기계분야 및 전기분야 소방시설의 공사·개설·이전 및 정비이다.

| 해설

주된 기술인력 최소 1명 이상, 보조기술인력 최소 2명 이상을 둔다.

정답 ③

11. 소방시설 설치 및 관리에 관한 법률상 소방시설관리업 등록의 결격사유에 해당하지 않는 사람은?

① 피성년후견인
② 소방시설관리업의 등록이 취소된 날로부터 2년이 지난 자
③ 금고 이상의 형의 집행유예를 선고받고 그 유예기간 중에 있는 자
④ 금고 이상의 실형을 선고받고 그 집행이 면제된 날부터 2년이 지나지 아니한 자

| 해설

등록의 결격사유
㉠ 피성년후견인
㉡ 소방시설관리업의 등록이 취소된 날로부터 2년이 지나지 아니한 자
㉢ 금고 이상의 형의 집행유예를 선고받고 그 유예기간 중에 있는 자
㉣ 금고 이상의 실형을 선고받고 그 집행이 면제된 날부터 2년이 지나지 아니한 자

정답 ②

12. 화재예방상 필요하다고 인정되거나 화재위험경보 시 발령하는 소방신호는?

① 경계신호
② 발화신호
③ 해제신호
④ 훈련신호

| 해설

소방신호
㉠ **경계신호**: 화재예방상 필요하다고 인정되거나 화재위험경보시 발령
㉡ **발화신호**: 화재가 발생한 때 발령
㉢ **해제신호**: 소화활동이 필요없다고 인정되는 때 발령
㉣ **훈련신호**: 훈련상 필요하다고 인정되는 때 발령

정답 ①

13. 화재의 예방 및 안전관리에 관한 법령상 보일러 등의 위치·구조 및 관리와 화재예방을 위하여 불의 사용에 있어서 지켜야 하는 사항 중 보일러에 경유·등유 등 액체연료를 사용하는 경우에 연료탱크는 보일러 본체로부터 수평거리 최소 몇 m 이상의 간격을 두어 설치해야 하는가?

① 0.5
② 1
③ 2
④ 3

| 해설
보일러 설치(경유·등유 등 액체연료를 사용할 때)
㉠ 연료탱크는 보일러 본체로부터 수평거리 1미터 이상의 간격을 두어 설치할 것
㉡ 연료탱크에는 화재 등 긴급상황이 발생하는 경우 연료를 차단할 수 있는 개폐밸브를 연료탱크로부터 0.5미터 이내에 설치할 것
㉢ 연료탱크 또는 보일러 등에 연료를 공급하는 배관에는 여과장치를 설치할 것

정답 ②

14. 화재의 예방 및 안전관리에 관한 법령상 화재의 예방상 위험하다고 인정되는 행위를 하는 사람에게 행위의 금지 또는 제한 명령을 할 수 있는 사람은?

① 소방본부장
② 시·도지사
③ 의용소방대원
④ 소방대상물의 관리자

| 해설
화재의 예방상 위험하다고 인정되는 행위를 하는 사람에게 행위의 금지 또는 제한 명령자는 소방본부장 또는 소방서장이다.

정답 ①

15. 소방시설 설치 및 관리에 관한 법령상 간이스프링클러설비를 설치하여야 하는 특정소방대상물의 기준으로 옳은 것은?

① 근린생활시설로 사용하는 부분의 바닥면적 합계가 1,000m² 이상인 것은 모든 층
② 교육연구시설 내에 있는 합숙소로서 연면적 500m² 이상인 것
③ 정신병원과 의료재활시설을 제외한 요양병원으로 사용되는 바닥면적의 합계가 300m² 이상 600m² 미만인 시설
④ 정신의료기관 또는 의료재활시설로 사용되는 바닥면적의 합계가 600m² 미만인 시설

| 해설
간이스프링클러설비 설치 대상
㉠ 근린생활시설로 사용하는 부분의 바닥면적 합계가 1,000m² 이상인 것은 모든 층
㉡ 교육연구시설 내에 있는 합숙소로서 연면적 100m² 이상인 것
㉢ 정신병원과 의료재활시설을 제외한 요양병원으로 사용되는 바닥면적의 합계가 600m² 미만인 시설
㉣ 정신의료기관 또는 의료재활시설로 사용되는 바닥면적의 합계가 300m² 이상 600m² 미만인 시설

정답 ①

16. 위험물안전관리법령에서 정하는 제3류위험물에 해당하는 것은?

① 나트륨
② 염소산염류
③ 무기과산화물
④ 유기과산화물

| 해설
㉠ 제3류 위험물에 해당하는 것은 나트륨이다.
㉡ 염소산염류와 무기과산화물은 제1류 위험물에 해당한다.
㉢ 유기과산화물은 제5류 위험물에 해당한다.

정답 ①

17. 위험물안전관리법령에 따른 위험물의 유별 저장·취급의 공통기준 중 다음 (   ) 안에 알맞은 것은?

> (   ) 위험물은 산화제와의 접촉·혼합이나 불티·불꽃·고온체와의 접근 또는 과열을 피하는 한편, 철분·금속분·마그네슘 및 이를 함유한 것에 있어서는 물이나 산과의 접촉을 피하고 인화성고체에 있어서는 함부로 증기를 발생시키지 아니하여야 한다.

① 제1류
② 제2류
③ 제3류
④ 제4류

| 해설
제2류 위험물은 산화제와의 접촉·혼합이나 불티·불꽃·고온체와의 접근 또는 과열을 피하는 한편, 철분·금속분·마그네슘 및 이를 함유한 것에 있어서는 물이나 산과의 접촉을 피하고 인화성 고체에 있어서는 함부로 증기를 발생시키지 아니하여야 한다.

정답 ②

18. 소방시설공사업법령상 소방시설공사의 하자보수 보증기간이 3년이 아닌 것은?

① 자동소화장치
② 무선통신보조설비
③ 자동화재탐지설비
④ 간이스프링클러설비

| 해설
하자보수 보증기간
㉠ 자동소화장치: 3년
㉡ 무선통신보조설비: 2년
㉢ 자동화재탐지설비: 3년
㉣ 간이스프링클러설비: 3년

정답 ②

19. 소방시설 설치 및 관리에 관한 법령상 건축물대장의 건축물 현황도에 표시된 대지경계선 안에 둘 이상의 건축물이 있는 경우, 연소 우려가 있는 건축물의 구조에 대한 기준으로 옳은 것은?

① 건축물이 다른 건축물의 외벽으로부터 수평거리가 1층의 경우에는 6m 이하인 경우
② 건축물이 다른 건축물의 외벽으로부터 수평거리가 2층의 경우에는 6m 이하인 경우
③ 건축물이 다른 건축물의 외벽으로부터 수평거리가 1층의 경우에는 20m 이하인 경우
④ 건축물이 다른 건축물의 외벽으로부터 수평거리가 2층의 경우에는 20m 이하인 경우

| 해설
건축물대장의 건축물 현황도에 표시된 대지경계선 안에 둘 이상의 건축물이 있는 경우 연소 우려가 있는 건축물의 구조 기준
㉠ 각각의 건축물이 다른 건축물의 외벽으로부터 수평거리가 1층의 경우에는 6미터 이하, 2층 이상의 층의 경우에는 10미터 이하인 경우
㉡ 개구부가 다른 건축물을 향하여 설치되어 있는 경우

정답 ①

20. 소방기본법령상 소방활동장비와 설비의 구입 및 설치시 국조보조의 대상이 아닌 것은?

① 소방자동차
② 사무용 집기
③ 소방헬리콥터 및 소방정
④ 소방전용통신설비 및 전산설비

| 해설
소방활동장비와 설비의 구입 및 설치시 국조보조의 대상은 소방자동차, 소방전용의 통신설비 및 전산설비, 소방헬리콥터 및 소방정, 방화복 등이 있으며, 사무용 집기는 포함되지 않는다.

정답 ②

01. 다음 중 소방기본법령에 따라 화재예방상 필요하다고 인정되거나 화재위험시 발령하는 소방신호의 종류로 옳은 것은?

① 경계신호
② 발화신호
③ 경보신호
④ 훈련신호

| 해설
- 경계신호: 화재예방상, 화재위험시
- 발화신호: 화재발생시
- 해제신호: 소화활동을 마친 경우
- 훈련신호: 훈련, 비상소집

정답 ①

02. 화재의 예방 및 안전관리에 관한 법령상 보일러 등의 위치·구조 및 관리와 화재예방을 위하여 불의 사용에 있어서 지켜야 하는 사항 중 보일러에 경유·등유 등 액체연료를 사용하는 경우에 연료탱크는 보일러 본체로부터 수평거리 최소 몇 m 이상의 간격을 두어 설치해야 하는가?

① 0.5
② 0.6
③ 1
④ 2

| 해설
경유·등유 등 액체연료를 사용하는 경우에 연료탱크는 보일러 본체로부터 수평거리 1m 이상의 간격을 두어 설치할 것

정답 ③

03. 다음은 소방기본법령상 소방본부에 대한 설명이다. (   ) 안에 알맞은 내용은?

> 소방업무를 수행하기 위하여 (   ) 직속으로 소방본부를 둔다.

① 경찰서장
② 시·도지사
③ 행정안전부장관
④ 소방청장

| 해설
소방업무를 수행하기 위하여 시·도지사 직속으로 소방본부를 둔다.

정답 ②

04. 화재의 예방 및 안전관리에 관한 법령상 공동 소방안전관리자를 선임하여야 하는 특정소방대상물로 옳은 것은?

① 층수가 6층 이상인 특정소방대상물
② 층수가 11층 이상인 특정소방대상물
③ 복합건축물로서 층수가 11층 이상인 것
④ 복합건축물로서 연면적 1만m² 이상인 것

| 해설
공동소방안전관리자 선임 대상
㉠ 복합건축물로서 층수가 11층 이상인 것
㉡ 복합건축물로서 연면적 3만m² 이상인 것
㉢ 지하가
㉣ 판매시설 중 도매시장·소매시장 및 전통시장

정답 ③

05. 소방기본법령상 용어 정의에 대한 설명으로 옳은 것은?

① 소방대상물이란 건축물, 차량, 선박(항구에 매어둔 선박은 제외) 등을 말한다.
② 관계인이란 소방대상물의 점유예정자를 포함한다.
③ 소방대란 소방공무원, 의무소방원, 의용소방대원으로 구성된 조직체이다.
④ 소방대장이란 화재, 재난·재해, 그 밖의 위급한 상황이 발생한 현장에서 소방대를 지휘하는 사람(소방서장은 제외)이다.

| 해설
• 소방대상물이란 건축물, 차량, 선박(항구에 매어둔 선박에 한정) 등을 말한다.
• 관계인이란 소방대상물의 소유자, 점유자, 관리자를 말한다.
• 소방대란 소방공무원, 의무소방원, 의용소방대원으로 구성된 조직체이다.
• 소방대장이란 소방본부장 또는 소방서장 등 화재, 재난·재해, 그 밖의 위급한 상황이 발생한 현장에서 소방대를 지휘하는 사람을 말한다.

정답 ③

06. 소방기본법령상 상업지역에 소방용수시설 설치시 소방대상물과의 수평거리 기준은 몇 m 이하인가?

① 100
② 120
③ 140
④ 160

| 해설
• 수평거리 100m 이하: 주거지역, 상업지역, 공업지역
• 수평거리 140m 이하: 그 밖의 지역

정답 ①

07. 소방시설공사업법령상 일반 소방시설설계업(기계분야)의 영업범위에 대한 기준 중 (   ) 안에 알맞은 내용은? (단, 공장의 경우는 제외한다)

> 연면적 (   )m^2 미만의 특정소방대상물(제연설비가 설치되는 특정소방대상물은 제외한다)에 설치되는 기계분야 소방시설의 설계

① 10,000
② 20,000
③ 30,000
④ 50,000

| 해설
일반 소방시설설계업의 영업범위
연면적 30,000m^2 미만의 특정소방대상물(제연설비가 설치되는 특정소방대상물은 제외)에 설치되는 기계분야 소방시설의 설계(단, 공장인 경우에는 연면적 10,000m^2 미만의 특정소방대상물)

정답 ③

08. 소방시설공사업법령상 소방시설업의 등록을 하지 아니하고 영업을 한 자에 대한 벌칙기준으로 옳은 것은?

① 1년 이하의 징역 또는 1천만원 이하의 벌금
② 2년 이하의 징역 또는 2천만원 이하의 벌금
③ 3년 이하의 징역 또는 3천만원 이하의 벌금
④ 5년 이하의 징역 또는 5천만원 이하의 벌금

| 해설
소방시설업의 등록을 하지 아니하고 영업을 한 자는 3년 이하의 징역 또는 3천만원 이하의 벌금에 처한다.

정답 ③

09. 위험물안전관리법령에서 정하는 제3류위험물에 해당하는 것은?

① 나트륨
② 염소산염류
③ 무기과산화물
④ 유기과산화물

10. 소방시설 설치 및 관리에 관한 법령상 자동화재탐지설비를 설치하여야 하는 특정소방대상물의 기준으로 틀린 것은?

① 공장 및 창고시설로서 화재의 예방 및 안전관리에 관한 법률 시행령 별표 2에서 정하는 수량의 500배 이상의 특수가연물을 저장·취급하는 것
② 지하가(터널은 제외한다)로서 연면적 600m² 이상인 것
③ 숙박시설이 있는 수련시설로서 수용인원 100명 이상인 것
④ 장례시설 및 복합건축물로서 연면적 600m² 이상인 것

11. 소방시설 설치 및 관리에 관한 법령상 종합점검 실시 대상이 되는 특정소방대상물의 기준 중 다음 (   ) 안에 알맞은 것은?

> 물분무등소화설비[호스릴(Hose Reel) 방식의 물분무등소화설비만을 설치한 경우는 제외]가 설치된 연면적 (   )m² 이상인 특정소방대상물(위험물 제조소등은 제외)

① 2,000
② 3,000
③ 4,000
④ 5,000

12. 화재의 예방 및 안전관리에 관한 법령상 특수가연물의 저장 및 취급의 기준 중 (   ) 안에 들어갈 내용으로 옳은 것은? (단, 석탄·목탄류의 경우는 제외한다)

> 쌓는 높이는 (㉠)m 이하가 되도록 하고, 쌓는 부분의 바닥면적은 (㉡)m² 이하가 되도록 할 것

	㉠	㉡
①	15	200
②	15	300
③	10	30
④	10	50

13. 위험물안전관리법령상 제4류 위험물을 저장·취급하는 제조소에 '화기엄금'이란 주의사항을 표시하는 게시판을 설치할 경우 게시판의 색상은?

① 청색바탕에 백색문자
② 적색바탕에 백색문자
③ 백색바탕에 적색문자
④ 백색바탕에 흑색문자

| 해설

제4류 위험물을 저장·취급하는 제조소에 적색바탕에 백색문자로 '화기엄금'이란 주의사항을 표시하는 게시판을 설치할 것

정답 ②

14. 소방시설 설치 및 관리에 관한 법령상 건축허가 등을 할 때 미리 소방본부장 또는 소방서장의 동의를 받아야 하는 건축물 등의 범위기준이 아닌 것은?

① 노유자시설 및 수련시설로서 연면적 100m² 이상인 건축물
② 지하층 또는 무창층이 있는 건축물로서 바닥면적이 150m² 이상인 층이 있는 것
③ 차고·주차장으로 사용되는 바닥면적이 200m² 이상인 층이 있는 건축물이나 주차시설
④ 장애인 의료재활시설로서 연면적 300m² 이상인 건축물

| 해설

건축허가 동의 대상
㉠ 건축 등을 하려는 학교시설: 연면적 100m² 이상
㉡ 노유자시설: 연면적 200m² 이상
㉢ 정신의료기관(입원실이 없는 정신건강의학과 의원은 제외): 연면적 300m² 이상
㉣ 장애인 의료재활시설: 연면적 300m² 이상

정답 ①

15. 소방시설 설치 및 관리에 관한 법령상 방염성능기준 이상의 실내장식물 등을 설치하여야 하는 특정소방대상물이 아닌 것은?

① 방송국
② 종합병원
③ 10층 이상의 아파트
④ 숙박이 가능한 수련시설

| 해설

방염성능기준 이상의 실내장식물 등을 설치해야 하는 특정소방대상물
㉠ 방송통신시설 중 방송국
㉡ 종합병원
㉢ 11층 이상의 특정소방대상물(단, 아파트 제외)
㉣ 숙박이 가능한 수련시설

정답 ③

16. 위험물안전관리법령상 유별을 달리하는 위험물을 혼재하여 저장할 수 있는 것으로 짝지어진 것은?

① 제1류 - 제2류
② 제2류 - 제3류
③ 제3류 - 제4류
④ 제5류 - 제6류

| 해설

위험물 혼재
㉠ 제1류 - 제6류
㉡ 제2류 - 제4류 - 제5류
㉢ 제3류 - 제4류

정답 ③

17. 위험물안전관리법령상 관계인이 예방규정을 정하여야 하는 위험물 제조소등에 해당하지 않는 것은?

① 지정수량 10배의 특수인화물을 취급하는 일반취급소
② 지정수량 20배의 휘발유를 고정된 탱크에 주입하는 일반취급소
③ 지정수량 40배의 제3석유류를 용기에 옮겨 담는 일반취급소
④ 지정수량 15배의 알코올을 버너에 소비하는 장치로 이루어진 일반취급소

| 해설
제4류 위험물만을 지정수량의 50배 이하로 취급하는 제2석유류, 제3석유류, 제4석유류 및 동식물유류를 용기에 옮겨 담거나 차량에 고정된 탱크에 주입하는 일반취급소는 제외된다.

정답 ③

18. 소방시설 설치 및 관리에 관한 법령상 제조 또는 가공 공정에서 방염처리를 한 물품 중 방염대상물품이 아닌 것은?

① 카펫
② 전시용 합판
③ 창문에 설치하는 커튼류
④ 두께가 2mm 미만인 종이벽지

| 해설
• 두께가 2mm 미만인 종이벽지는 방염처리를 하는 방염대상물이 아니다.
• 제조 또는 가공 공정에서 방염처리를 하는 방염대상물품 (단, 합판·목재류의 경우 설치 현장에서 방염처리를 한 것을 포함)
  ㉠ 카펫
  ㉡ 창문에 설치하는 커튼류
  ㉢ 전시용 합판 또는 섬유판

정답 ④

19. 소방시설 설치 및 관리에 관한 법령상 무창층으로 판정하기 위한 개구부가 갖추어야 할 요건으로 틀린 것은?

① 크기는 반지름 3cm 이상의 원이 내접할 수 있을 것
② 해당 층의 바닥면으로부터 개구부 밑부분까지 높이가 1.2m 이내일 것
③ 도로 또는 차량이 진입할 수 있는 빈터를 향할 것
④ 화재시 건축물로부터 쉽게 피난할 수 있도록 창살이나 그 밖의 장애물이 설치되지 아니할 것

| 해설
무창층으로 판정하기 위한 개구부가 갖추어야 할 요건
㉠ 크기는 지름 50cm 이상의 원이 내접할 수 있을 것
㉡ 해당 층의 바닥면으로 부터 개구부 밑부분까지 높이가 1.2m 이내일 것
㉢ 도로 또는 차량이 진입할 수 있는 빈터를 향할 것
㉣ 화재시 건축물로부터 쉽게 피난할 수 있도록 창살이나 그 밖의 장애물이 설치되지 아니할 것

정답 ①

20. 법 개정으로 삭제

2022년 | 제1회

01. 소방시설 설치 및 관리에 관한 법령상 건축허가등을 할 때 미리 소방본부장 또는 소방서장의 동의를 받아야 하는 건축물 등의 범위가 아닌 것은?

① 연면적 200m² 이상인 노유자시설 및 수련시설
② 항공기격납고, 관망탑
③ 차고·주차장으로 사용되는 바닥면적이 100m² 이상인 층이 있는 건축물
④ 지하층 또는 무창층이 있는 건축물로서 바닥면적이 150m² 이상인 층이 있는 것

| 해설

건축허가등의 동의대상물의 범위 기준은 다음과 같다.
㉠ 연면적 200m² 이상인 노유자시설 및 수련시설
㉡ 항공기격납고, 관망탑
㉢ 차고·주차장으로 사용되는 바닥면적이 200m² 이상인 층이 있는 건축물
㉣ 연면적 300m² 이상인 정신의료기관(입원실이 없는 정신건강의학과 의원은 제외)
㉤ 지하층 또는 무창층이 있는 건축물로서 바닥면적이 150m² 이상인 층이 있는 것

 정답 ③

02. 화재의 예방 및 안전관리에 관한 법령상 일반음식점에서 음식조리를 위해 불을 사용하는 설비를 설치하는 경우 지켜야 하는 사항으로 옳지 않은 것은?

① 주방시설에는 동물 또는 식물의 기름을 제거할 수 있는 필터 등을 설치할 것
② 열을 발생하는 조리기구는 반자 또는 선반으로부터 0.6미터 이상 떨어지게 할 것
③ 주방설비에 부속된 배출덕트는 0.2밀리미터 이상의 아연도금강판으로 설치할 것
④ 열을 발생하는 조리기구로부터 0.15미터 이내의 거리에 있는 가연성 주요구조부는 석면판 또는 단열성이 있는 불연재료로 덮어씌울 것

| 해설

주방설비에 부속된 배출덕트는 0.5밀리미터 이상의 아연도금강판으로 설치할 것

 정답 ③

03. 소방시설공사업법령상 소방시설업의 감독을 위하여 필요할 때에 소방시설업자나 관계인에게 필요한 보고나 자료 제출을 명할 수 있는 사람이 아닌 것은?

① 시·도지사
② 119안전센터장
③ 소방서장
④ 소방본부장

| 해설

시·도지사, 소방본부장 또는 소방서장은 소방시설업의 감독을 위하여 필요할 때에는 소방시설업자나 관계인에게 필요한 보고나 자료 제출을 명할 수 있고, 관계 공무원으로 하여금 소방시설업체나 특정소방대상물에 출입하여 관계 서류와 시설 등을 검사하거나 소방시설업자 및 관계인에게 질문하게 할 수 있다.

 정답 ②

04. 화재의 예방 및 안전관리에 관한 법령상 화재가 발생할 우려가 높거나 화재가 발생하는 경우 그로 인하여 피해가 클 것으로 예상되는 지역을 화재예방강화지구로 지정할 수 있는 자는?

① 한국소방안전원장
② 소방시설관리사
③ 소방본부장
④ 시·도지사

| 해설

시·도지사는 화재가 발생할 우려가 높거나 화재가 발생하는 경우 그로 인하여 피해가 클 것으로 예상되는 지역을 화재예방강화지구로 지정할 수 있다.

정답 ④

---

05. 소방시설공사업법령상 소방시설업에 대한 행정처분기준에서 1차 행정처분 사항으로 등록취소에 해당하는 것은?

① 거짓이나 그 밖의 부정한 방법으로 등록한 경우
② 소방시설업자의 지위를 승계한 사실을 소방시설공사등을 맡긴 특정소방대상물의 관계인에게 통지를 하지 아니한 경우
③ 화재안전기준 등에 적합하게 설계·시공을 하지 아니하거나, 법에 따라 적합하게 감리를 하지 아니한 경우
④ 등록을 한 후 정당한 사유 없이 1년이 지날 때까지 영업을 시작하지 아니하거나 계속하여 1년 이상 휴업한 때

| 해설

1차 행정처분 - 등록취소
㉠ 거짓이나 그 밖의 부정한 방법으로 등록한 경우
㉡ 결격사유에 해당하는 경우
㉢ 영업정지 기간 중에 소방시설공사등을 한 경우

정답 ①

---

06. 소방시설공사업법령상 소방시설업자가 소방시설공사등을 맡긴 특정소방대상물의 관계인에게 지체 없이 그 사실을 알려야 하는 경우가 아닌 것은?

① 소방시설업자의 지위를 승계한 경우
② 소방시설업의 등록취소처분 또는 영업정지처분을 받은 경우
③ 휴업하거나 폐업한 경우
④ 소방시설업의 주소지가 변경된 경우

| 해설

· 소방시설업자의 지위를 승계한 경우
· 소방시설업의 등록취소처분 또는 영업정지처분을 받은 경우
· 휴업하거나 폐업한 경우

정답 ④

---

07. 화재의 예방 및 안전관리에 관한 법령에 따라 2급 소방안전관리대상물의 소방안전관리자 선임기준으로 옳지 않은 것은?

① 위험물기능사 자격이 있는 사람
② 소방공무원으로 3년 이상 근무한 경력이 있는 사람
③ 의용소방대원으로 5년 이상 근무한 경력이 있는 사람
④ 위험물산업기사 자격을 가진 사람

| 해설

· 특급 소방안전관리대상물의 소방안전관리자 자격증을 발급받은 사람
· 1급 소방안전관리대상물의 소방안전관리자 자격증을 발급받은 사람
· 위험물기능장·위험물산업기사 또는 위험물기능사 자격이 있는 사람
· 소방공무원으로 3년 이상 근무한 경력이 있는 사람
· 소방청장이 실시하는 2급 소방안전관리대상물의 소방안전관리에 관한 시험에 합격한 사람

정답 ③

08. 소방시설공사업법령상 감리업자는 소방시설공사가 설계도서 또는 화재안전기준에 적합하지 아니한 때에는 가장 먼저 누구에게 알려야 하는가?

① 감리업체 대표자　② 시공자
③ 관계인　　　　　④ 소방서장

09. 소방시설 설치 및 관리에 관한 법령상 특정소방대상물의 수용인원 산정방법으로 옳은 것은?

① 침대가 없는 숙박시설은 해당 특정소방대상물의 종사자의 수에 숙박시설의 바닥면적의 합계를 4.6m²로 나누어 얻은 수를 합한 수로 한다.
② 강의실로 쓰이는 특정소방대상물은 해당용도로 사용하는 바닥면적의 합계를 4.6m²로 나누어 얻은 수로 한다.
③ 관람석이 없을 경우 강당, 문화 및 집회시설, 운동시설, 종교시설은 해당용도로 사용하는 바닥면적의 합계를 4.6m²로 나누어 얻은 수로 한다.
④ 백화점은 해당 용도로 사용하는 바닥면적의 합계를 4.6m²로 나누어 얻은 수로 한다.

10. 위험물안전관리법령상 제조소등이 아닌 장소에서 지정수량 이상의 위험물 취급에 대한 설명으로 옳지 않은 것은?

① 임시로 저장 또는 취급하는 장소에서의 저장 또는 취급의 기준은 시·도의 조례로 정한다.
② 필요한 승인을 받아 지정수량 이상의 위험물을 120일 이내의 기간 동안 임시로 저장 또는 취급하는 경우 제조소등이 아닌 장소에서 지정수량 이상의 위험물을 취급할 수 있다.
③ 제조소등이 아닌 장소에서 지정수량 이상의 위험물을 취급할 경우 관할소방서장의 승인을 받아야 한다.
④ 군부대가 지정수량 이상의 위험물을 군사목적으로 임시로 저장 또는 취급하는 경우 제조소등이 아닌 장소에서 지정수량이상의 위험물을 취급할 수 있다.

11. 소방시설공사업법령상 소방공사감리업을 등록한 자가 수행하여야 할 업무가 아닌 것은?

① 완공된 소방시설등의 성능시험
② 소방시설등 설계 변경 사항의 적합성 검토
③ 소방시설등의 설치계획표의 적법성 검토
④ 소방용품 형식승인 및 제품검사의 기술기준에 대한 적합성 검토

12. 소방시설공사업법령상 소방시설업 등록의 결격사유에 해당되지 않는 법인은?

① 법인의 대표자가 피성년후견인인 경우
② 법인의 임원이 피성년후견인인 경우
③ 법인의 대표자가 소방시설공사업법에 따라 소방시설업 등록이 취소된 지 2년이 지나지 아니한 자인 경우
④ 법인의 임원이 소방시설공사업법에 따라 소방시설업 등록이 취소된 지 2년이 지나지 아니한 자인 경우

| 해설

소방시설업 등록 결격사유
법인의 임원이 아래에 해당하는 경우 그 법인
㉠ 소방관계법에 따른 금고 이상의 실형을 선고받고 그 집행이 끝나거나(집행이 끝난 것으로 보는 경우 포함) 면제된 날부터 2년이 지나지 아니한 사람
㉡ 소방관계법에 따른 금고 이상의 형의 집행유예를 선고받고 그 유예기간 중에 있는 사람
㉢ 등록하려는 소방시설업 등록이 취소된 날부터 2년이 지나지 아니한 자

정답 ②

13. 소방시설 설치 및 관리에 관한 법령상 특정소방대상물의 소방시설 설치 면제기준에 따라 연결살수설비를 설치면제 받을 수 있는 경우는?

① 송수구를 부설한 간이스프링클러설비를 설치하였을 때
② 송수구를 부설한 옥내소화전설비를 설치하였을 때
③ 송수구를 부설한 옥외소화전설비를 설치하였을 때
④ 송수구를 부설한 연결송수관설비를 설치하였을 때

| 해설

송수구를 부설한 스프링클러설비, 간이스프링클러설비, 물분무소화설비 또는 미분무소화설비를 화재안전기준에 적합하게 설치한 경우에는 그 설비의 유효범위에서 설치가 면제된다.

정답 ①

14. 위험물안전관리법령상 제조소등의 관계인은 위험물의 안전관리에 관한 직무를 수행하게 하기 위하여 제조소등마다 위험물의 취급에 관한 자격이 있는 자를 위험물안전관리자로 선임하여야 한다. 이 경우 제조소등의 관계인이 지켜야 할 기준으로 옳지 않은 것은?

① 제조소등의 관계인은 안전관리자를 해임하거나 안전관리자가 퇴직한 때에는 해임하거나 퇴직한 날부터 15일 이내에 다시 안전관리자를 선임하여야 한다.
② 제조소등의 관계인이 안전관리자를 선임한 경우에는 선임한 날부터 14일 이내에 소방본부장 또는 소방서장에게 신고하여야 한다.
③ 제조소등의 관계인은 안전관리자가 여행·질병 그 밖의 사유로 인하여 일시적으로 직무를 수행할 수 없는 경우에는 국가기술자격법에 따른 위험물의 취급에 관한 자격취득자 또는 위험물안전에 관한 기본지식과 경험이 있는 자를 대리자로 지정하여 그 직무를 대행하게 하여야 한다. 이 경우 대행하는 기간은 30일을 초과할 수 없다.
④ 안전관리자는 위험물을 취급하는 작업을 하는 때에는 작업자에게 안전관리에 관한 필요한 지시를 하는 등 위험물의 취급에 관한 안전관리와 감독을 하여야 하고, 제조소등의 관계인은 안전관리자의 위험물안전관리에 관한 의견을 존중하고 그 권고에 따라야 한다.

| 해설

제조소등의 관계인은 안전관리자를 해임하거나 안전관리자가 퇴직한 때에는 해임하거나 퇴직한 날부터 30일 이내에 다시 안전관리자를 선임하여야 한다.

정답 ①

15. 소방기본법령상 소방업무의 응원에 대한 설명으로 옳지 않은 것은?

① 소방본부장이나 소방서장은 소방활동을 할 때에 긴급한 경우에는 이웃한 소방본부장 또는 소방서장에게 소방업무의 응원을 요청할 수 있다.

② 소방업무의 응원 요청을 받은 소방본부장 또는 소방서장은 정당한 사유 없이 그 요청을 거절하여서는 아니 된다.

③ 소방업무의 응원을 위하여 파견된 소방대원은 응원을 요청한 소방본부장 또는 소방서장의 지휘에 따라야 한다.

④ 시·도지사는 소방업무의 응원을 요청하는 경우를 대비하여 출동 대상지역 및 규모와 필요한 경비의 부담 등에 관하여 필요한 사항을 대통령령으로 정하는 바에 따라 이웃하는 시·도지사와 협의하여 미리 규약으로 정하여야 한다.

| 해설

시·도지사는 소방업무의 응원을 요청하는 경우를 대비하여 출동 대상지역 및 규모와 필요한 경비의 부담 등에 관하여 필요한 사항을 행정안전부령으로 정하는 바에 따라 이웃하는 시·도지사와 협의하여 미리 규약으로 정하여야 한다.

정답 ④

16. 소방기본법령상 이웃하는 다른 시·도지사와 소방업무에 관하여 시·도지사가 체결할 상호응원협정 사항이 아닌 것은?

① 화재조사활동
② 응원출동의 요청방법
③ 소방교육 및 응원출동훈련
④ 응원출동대상지역 및 규모

| 해설

• 화재조사활동
• 응원출동대상지역 및 규모
• 응원출동의 요청방법
• 응원출동훈련 및 평가

정답 ③

17. 위험물안전관리법령상 옥내주유취급소에 있어서 당해 사무소 등의 출입구 및 피난구와 당해 피난구로 통하는 통로·계단 및 출입구에 설치해야 하는 피난설비는?

① 유도등
② 구조대
③ 피난사다리
④ 완강기

| 해설

옥내주유취급소에 있어서 당해 사무소 등의 출입구 및 피난구와 당해 피난구로 통하는 통로·계단 및 출입구에 설치해야 하는 피난설비는 유도등(피난구유도등, 통로유도등)이다.

정답 ①

18. 위험물안전관리법령상 위험물 및 지정수량에 대한 기준 중 다음 ( ) 안에 알맞은 것은?

> 금속분이라 함은 알칼리금속·알칼리토류금속·철 및 마그네슘 외의 금속의 분말을 말하고, 구리분·니켈분 및 (㉠)마이크로미터의 체를 통과하는 것이 (㉡)중량퍼센트 미만인 것은 제외한다.

	㉠	㉡
①	150	50
②	53	50
③	50	150
④	50	53

| 해설

금속분이라 함은 알칼리금속·알칼리토류금속·철 및 마그네슘 외의 금속의 분말을 말하고, 구리분·니켈분 및 150마이크로미터의 체를 통과하는 것이 50중량퍼센트 미만인 것은 제외한다.

정답 ①

19. 다음 중 소방기본법령상 한국소방안전원의 업무가 아닌 것은?

① 소방기술과 안전관리에 관한 교육 및 조사·연구
② 위험물탱크 성능시험
③ 소방기술과 안전관리에 관한 각종 간행물 발간
④ 화재 예방과 안전관리의식 고취를 위한 대국민 홍보

| 해설
한국소방안전원의 업무
㉠ 소방기술과 안전관리에 관한 교육 및 조사·연구
㉡ 소방기술과 안전관리에 관한 각종 간행물 발간
㉢ 화재 예방과 안전관리의식 고취를 위한 대국민 홍보

정답 ②

20. 소방시설 설치 및 관리에 관한 법령상 소방시설의 종류에 대한 설명으로 옳은 것은?

① 소화기구, 옥외소화전설비는 소화설비에 해당된다.
② 유도등, 비상조명등은 경보설비에 해당된다.
③ 소화수조, 저수조는 소화활동설비에 해당된다.
④ 연결송수관설비는 소화용수설비에 해당된다.

| 해설
• 소화기구, 옥외소화전설비는 소화설비에 해당된다.
• 유도등, 비상조명등은 피난구조설비에 해당된다.
• 소화수조, 저수조는 소화용수설비에 해당된다.
• 연결송수관설비는 소화활동설비에 해당된다.

정답 ①

01. 다음 위험물안전관리법령의 자체소방대 기준에 대한 설명으로 옳지 않은 것은?

> 다량의 위험물을 저장·취급하는 제조소등으로서 대통령령이 정하는 제조소등이 있는 동일한 사업소에서 대통령령이 정하는 수량 이상의 위험물을 저자 또는 취급하는 경우 당해 사업소의 관계인은 대통령령이 정하는 바에 따라 당해 사업소에 자체소방대를 설치하여야 한다.

① '대통령령이 정하는 제조소등'은 제4류 위험물을 취급하는 제조소를 포함한다.
② '대통령령이 정하는 제조소등'은 제4류 위험물을 취급하는 일반취급소를 포함한다.
③ '대통령령이 정하는 수량 이상의 위험물'은 제4류 위험물의 최대수량의 합이 지정수량의 3천배 이상인 것을 포함한다.
④ '대통령령이 정하는 제조소등'은 보일러로 위험물을 소비하는 일반취급소를 포함한다.

| 해설
자체소방대를 설치하여야 하는 사업소는 다음과 같다.
㉠ 제4류 위험물을 취급하는 제조소 또는 일반취급소(최대수량의 합이 지정수량의 3천배 이상). 다만, 보일러로 위험물을 소비하는 일반취급소 등 행정안전부령으로 정하는 일반취급소는 제외한다.
㉡ 제4류 위험물을 저장하는 옥외탱크저장소(최대수량이 지정수량의 50만배 이상)

정답 ④

02. 위험물안전관리법령상 제조소등에 설치하여야 할 자동화재탐지설비의 설치기준 중 (   ) 안에 알맞은 내용은? (단, 광전식분리형 감지기 설치는 제외한다)

> 하나의 경계구역의 면적은 (㉠)m² 이하로 하고 그 한 변의 길이는 (㉡)m 이하로 할 것. 다만 당해 건축물 그 밖의 공작물의 주요한 출입구에서 그 내부의 전체를 볼 수 있는 경우에 있어서는 그 면적을 1,000m² 이하로 할 수 있다.

	㉠	㉡		㉠	㉡
①	300	20	②	400	30
③	500	40	④	600	50

| 해설
하나의 경계구역의 면적은 600m² 이하로 하고 그 한 변의 길이는 50m 이하로 할 것. 다만, 당해 건축물 그 밖의 공작물의 주요한 출입구에서 그 내부의 전체를 볼 수 있는 경우에 있어서는 그 면적을 1,000m² 이하로 할 수 있다.

정답 ④

03. 소방시설공사업법령상 전문 소방시설공사업의 등록기준 및 영업범위의 기준에 대한 설명으로 옳지 않은 것은?

① 법인인 경우 자본금은 최소 1억원 이상이다.
② 개인인 경우 자산평가액은 최소 1억원 이상이다.
③ 주된 기술인력 최소 1명 이상, 보조기술인력 최소 3명 이상을 둔다.
④ 영업범위는 특정소방대상물에 설치되는 기계분야 및 전기분야 소방시설의 공사·개설·이전 및 정비이다.

| 해설

주된 기술인력 최소 1명 이상, 보조기술인력 최소 2명 이상을 둔다.

정답 ③

04. 소방시설 설치 및 관리에 관한 법령상 특정소방대상물의 관계인이 특정소방대상물의 규모·용도 및 수용인원 등을 고려하여 갖추어야 하는 소방시설의 종류에 대한 기준 중 다음 (   ) 안에 알맞은 것은?

> 화재안전기준에 따라 소화기구를 설치하여야 하는 특정소방대상물은 연면적 (㉠)m^2 이상인 것. 다만, 노유자시설의 경우에는 투척용 소화용구 등을 화재안전기준에 따라 산정된 소화기 수량의 (㉡) 이상으로 설치할 수 있다.

	㉠	㉡		㉠	㉡
①	33	1/2	②	33	1/5
③	50	1/2	④	50	1/5

| 해설

화재안전기준에 따라 소화기구를 설치하여야 하는 특정소방대상물은 연면적 33m^2 이상인 것. 다만, 노유자시설의 경우에는 투척용 소화용구 등을 화재안전기준에 따라 산정된 소화기 수량의 1/2 이상으로 설치할 수 있다.

정답 ①

05. 화재의 예방 및 안전관리에 관한 법령상 천재지변 및 그 밖에 대통령령으로 정하는 사유로 화재안전조사를 받기 곤란하여 화재안전조사의 연기를 신청하려는 자는 화재안전조사 시작 최대 며칠 전까지 연기신청서 및 증명서류를 제출해야 하는가?

① 3
② 5
③ 7
④ 10

| 해설

천재지변 및 그 밖에 대통령령으로 정하는 사유로 화재안전조사를 받기 곤란하여 화재안전조사의 연기를 신청하려는 자는 화재안전조사 시작 3일 전까지 연기신청서 및 증명서류를 제출하여야 한다.

정답 ①

06. 위험물안전관리법령상 정기점검의 대상인 제조소 등의 기준으로 옳지 않은 것은?

① 지하탱크저장소
② 이동탱크저장소
③ 지정수량의 10배 이상의 위험물을 취급하는 제조소
④ 지정수량의 20배 이상의 위험물을 저장하는 옥외탱크저장소

| 해설

정기점검의 대상인 제조소등의 기준은 다음과 같다.
㉠ 지하탱크저장소
㉡ 이동탱크저장소
㉢ 지정수량의 10배 이상의 위험물을 취급하는 제조소
㉣ 지정수량의 200배 이상의 위험물을 저장하는 옥외탱크저장소

정답 ④

07. 위험물안전관리법령상 제4류 위험물 중 경유의 지정수량(L)은?

① 500
② 1,000
③ 1,500
④ 2,000

| 해설

• 경유의 지정수량은 1,000L이다.
• 제4류 위험물 지정수량
 ㉠ 특수인화물: 50리터
 ㉡ 제1석유류(비수용성): 200리터, 수용성: 400리터
 ㉢ 알코올류: 400리터
 ㉣ 제2석유류(비수용성): 1,000리터, 수용성: 2,000리터
 ㉤ 제3석유류(비수용성): 2,000리터, 수용성: 4,000리터
 ㉥ 제4석유류: 6,000리터
 ㉦ 동식물유류: 10,000리터

정답 ②

08. 법 개정으로 삭제

09. 소방시설 설치 및 관리에 관한 법령상 용어의 정의 중 ( ) 안에 알맞은 것은?

> 특정소방대상물이란 소방시설을 설치하여야 하는 소방대상물로서 ( )으로 정하는 것을 말한다.

① 대통령령
② 국토교통부령
③ 행정안전부령
④ 고용노동부령

| 해설

특정소방대상물이란 소방시설을 설치하여야 하는 소방대상물로서 대통령령으로 정하는 것을 말한다.

정답 ①

10. 소방기본법 제1장 총칙에서 정하는 목적의 내용으로 거리가 먼 것은?

① 구조, 구급 활동 등을 통하여 공공의 안녕 및 질서 유지
② 풍수해의 예방, 경계, 진압에 관한 계획, 예산 지원 활동
③ 구조, 구급 활동 등을 통하여 국민의 생명, 신체, 재산 보호
④ 화재, 재난, 재해 그 밖의 위급한 상황에서의 구조, 구급 활동

| 해설

소방기본법의 목적
㉠ 화재를 예방·경계하거나 진압하고
㉡ 화재, 재난·재해, 그 밖의 위급한 상황에서의 구조·구급 활동 등을 통하여
㉢ 국민의 생명·신체 및 재산을 보호함으로써
㉣ 공공의 안녕 및 질서 유지와 복리증진에 이바지함

정답 ②

11. 소방기본법령상 소방본부 종합상황실의 실장이 서면·팩스 또는 컴퓨터통신 등으로 소방청 종합상황실에 보고하여야 하는 화재의 기준이 아닌 것은?

① 이재민이 100인 이상 발생한 화재
② 재산피해액이 50억원 이상 발생한 화재
③ 사망자가 3인 이상 발생하거나 사상자가 5인 이상 발생한 화재
④ 층수가 5층 이상이거나 병상이 30개 이상인 종합병원에서 발생한 화재

| 해설

상급 종합상황실에 보고하여야 하는 화재의 기준
㉠ 이재민이 100인 이상 발생한 화재
㉡ 재산피해액이 50억원 이상 발생한 화재
㉢ 5인 이상 발생하거나 사상자가 10인 이상 발생한 화재
㉣ 층수가 5층 이상이거나 병상이 30개 이상인 종합병원에서 발생한 화재

정답 ③

12. 소방시설 설치 및 관리에 관한 법령상 관계인이 자체점검결과보고를 마친 후 점검기록표를 기록하지 아니하거나 특정소방대상물의 출입자가 쉽게 볼 수 있는 장소에 게시하지 아니하였을 경우 벌칙 기준은?

① 100만원 이하의 벌금
② 200만원 이하의 과태료
③ 300만원 이하의 벌금
④ 300만원 이하의 과태료

| 해설

점검기록표를 기록하지 아니하거나 해당 특정소방대상물에 부착하지 아니하였을 경우 300만원 이하의 과태료를 부과한다.

 정답 ④

13. 소방시설 설치 및 관리에 관한 법령상 분말형태의 소화약제를 사용하는 소화기의 내용연수로 옳은 것은? (단, 소방용품의 성능을 확인받아 그 사용기한을 연장하는 경우는 제외한다)

① 3년
② 5년
③ 7년
④ 10년

| 해설

분말형태의 소화약제를 사용하는 소화기의 내용연수(단, 소방용품의 성능을 확인받아 그 사용기한을 연장하는 경우는 제외)는 10년이다.

정답 ④

14. 소방시설공사업법령상 소방시설공사업자가 소속 소방기술자를 소방시설공사 현장에 배치하지 않았을 경우의 과태료 기준은?

① 100만원 이하
② 200만원 이하
③ 300만원 이하
④ 400만원 이하

| 해설

소방시설공사업자가 소속 소방기술자를 소방시설공사 현장에 배치하지 않았을 경우 200만원 이하의 과태료를 부과한다.

 정답 ②

15. 화재의 예방 및 안전관리에 관한 법령상 목재 등 가연성이 큰 물건의 보관기간은 소방본부 또는 소방서의 게시판에 공고하는 기간의 종료일 다음 날부터 며칠로 하는가?

① 3
② 4
③ 5
④ 7

| 해설

목재 등 가연성이 큰 물건의 보관기간은 소방본부 또는 소방서의 게시판에 공고하는 기간의 종료일 다음 날부터 7일 이내로 한다.

정답 ④

16. 소방기본법령상 소방활동장비와 설비의 구입 및 설치시 국조보조의 대상이 아닌 것은?

① 소방자동차
② 사무용 집기
③ 소방헬리콥터 및 소방정
④ 소방전용통신설비 및 전산설비

| 해설

소방활동장비와 설비의 구입 및 설치 시 국조보조의 대상하는 것은 소방자동차, 소방전용의 통신설비 및 전산설비, 소방헬리콥터 및 소방정, 방화복 등이 있으며, 사무용 집기는 포함되지 않는다.

정답 ②

17. 화재의 예방 및 안전관리에 관한 법령상 특정소방대상물의 관계인은 소방안전관리자를 기준일로부터 30일 이내에 선임하여야 한다. 다음 중 기준일로 틀린 것은?

① 소방안전관리자를 해임한 경우 - 소방안전관리자를 해임한 날
② 특정소방대상물을 양수하여 관계인의 권리를 취득한 경우 - 해당 권리를 취득한 날
③ 신축으로 해당 특정소방대상물의 소방안전관리자를 신규로 선임하여야 하는 경우 - 해당 특정소방대상물의 완공일
④ 증축으로 인하여 특정소방대상물이 소방안전관리대상물로 된 경우 - 증축공사의 개시일

| 해설

증축으로 인하여 특정소방대상물이 소방안전관리대상물로 된 경우의 기준일은 증축공사의 완공일이다.

정답 ④

18. 위험물안전관리법령상 위험물을 취급함에 있어서 정전기가 발생할 우려가 있는 설비에 설치할 수 있는 정전기 제거설비 방법이 아닌 것은?

① 접지에 의한 방법
② 공기를 이온화하는 방법
③ 자동적으로 압력의 상승을 정지시키는 방법
④ 공기 중의 상대습도를 70% 이상으로 하는 방법

| 해설

정전기 제거설비 방법에는 ㉠ 접지에 의한 방법, ㉡ 공기를 이온화하는 방법, ㉢ 공기 중의 상대습도를 70% 이상으로 하는 방법이 있으며, 자동적으로 압력의 상승을 정지시키는 방법은 포함되지 않는다.

정답 ③

19. 화재의 예방 및 안전관리에 관한 법령상 특수가연물의 수량 기준으로 옳은 것은?

① 면화류: 200kg 이상
② 가연성고체류: 500kg 이상
③ 나무껍질 및 대팻밥: 300kg 이상
④ 넝마 및 종이부스러기: 400kg 이상

| 해설

특수가연물의 수량 기준
㉠ 면화류: 200kg 이상
㉡ 가연성고체류: 3,000kg 이상
㉢ 나무껍질 및 대팻밥: 400kg 이상
㉣ 넝마 및 종이부스러기: 1,000kg 이상

정답 ①

20. 법 개정으로 삭제

01. 소방시설공사업법령에 따른 완공검사를 위한 현장 확인 대상 특정소방대상물의 범위 기준으로 옳지 않은 것은?

① 연면적 1만제곱미터 이상이거나 11층 이상인 특정소방대상물(아파트는 제외)

② 가연성 가스를 제조·저장 또는 취급하는 시설 중 지상에 노출된 가연성 가스탱크의 저장용량 합계가 1,000t 이상인 시설

③ 호스릴방식의 소화설비가 설치되는 특정소방대상물

④ 문화 및 집회시설, 종교시설, 판매시설, 노유자시설, 수련시설, 운동시설, 숙박시설, 창고시설, 지하상가

| 해설
• 완공검사를 위한 현장확인 대상 특정소방대상물의 범위는 다음과 같다.
  ㉠ 연면적 1만제곱미터 이상이거나 11층 이상인 특정소방대상물(아파트는 제외)
  ㉡ 가연성 가스를 제조·저장 또는 취급하는 시설 중 지상에 노출된 가연성 가스탱크의 저장용량 합계가 1,000t 이상인 시설
  ㉢ 문화 및 집회시설, 종교시설, 판매시설, 노유자시설, 수련시설, 운동시설, 숙박시설, 창고시설, 지하상가
• 호스릴방식의 소화설비가 설치되는 특정소방대상물은 제외된다.

정답 ③

02. 화재의 예방 및 안전관리에 관한 법령에 따른 특수가연물의 기준 중 다음 ( ) 안에 알맞은 것은?

품명	수량
나무껍질 및 대팻밥	(㉠)kg 이상
면화류	(㉡)kg 이상

	㉠	㉡
①	200	400
②	200	1,000
③	400	200
④	400	1,000

| 해설
㉠: 400, ㉡: 200이 옳은 내용이다.

정답 ③

03. 소방시설 설치 및 관리에 관한 법령상 스프링클러설비를 설치하여야 할 특정소방대상물에 소방시설을 화재안전기준에 적합하게 설치하여도 면제받을 수 없는 소방시설로 옳은 것은?

① 포소화설비

② 물분무소화설비

③ 간이스프링클러설비

④ 이산화탄소소화설비

| 해설
스프링클러설비를 설치하여야 할 특정소방대상물에 물분무등소화설비를 화재안전기준에 적합하게 설치하면 기능과 성능이 유사한 것으로서 스프링클러설비의 설치를 면제한다.

정답 ③

04. 소방기본법령상 출동한 소방대원에게 폭행 또는 협박을 행사하여 화재진압·인명구조 또는 구급활동을 방해한 사람에 대한 벌칙 기준은?

① 500만원 이하의 과태료
② 1년 이하의 징역 또는 1,000만원 이하의 벌금
③ 3년 이하의 징역 또는 3,000만원 이하의 벌금
④ 5년 이하의 징역 또는 5,000만원 이하의 벌금

| 해설

출동한 소방대원에게 폭행 또는 협박을 행사하여 화재진압·인명구조 또는 구급활동을 방해한 사람은 5년 이하의 징역 또는 5,000만원 이하의 벌금에 처한다.

정답 ④

05. 위험물안전관리법령상 제조소 또는 일반 취급소에서 취급하는 제4류 위험물의 최대 수량의 합이 지정수량의 48만배 이상인 사업소의 자체소방대에 두는 화학소방자동차 및 인원기준으로 다음 ( ) 안에 알맞은 것은?

화학소방자동차	자체소방대원의 수
(㉠)	(㉡)

	㉠	㉡
①	1대	5인
②	2대	10인
③	3대	15인
④	4대	20인

| 해설

㉠: 4대, ㉡: 20인이 옳은 내용이다.

정답 ④

06. 소방시설 설치 및 관리에 관한 법령상 펄프공장의 작업장, 음료수 공장의 충전을 하는 작업장 등과 같이 화재안전기준을 적용하기 어려운 특정소방대상물에 설치하지 아니할 수 있는 소방시설의 종류가 아닌 것은?

① 상수도소화용수설비 ② 스프링클러설비
③ 연결송수관설비   ④ 연결살수설비

| 해설

화재안전기준을 적용하기 어려운 특정소방대상물에 설치하지 아니할 수 있는 소방시설의 종류에는 스프링클러설비, 상수도소화용수설비 및 연결살수설비가 있으며, 연결송수관설비는 해당하지 않는다.

정답 ③

07. 소방기본법의 정의상 소방대상물의 관계인이 아닌 자는?

① 감리자   ② 관리자
③ 점유자   ④ 소유자

| 해설

관계인에는 관리자, 점유자, 소유자가 있으며, 감리자는 포함되지 않는다.

정답 ①

08. 위험물안전관리법령상 위험물별 성질로서 틀린 것은?

① 제1류: 산화성 고체 ② 제2류: 가연성 고체
③ 제4류: 인화성 액체 ④ 제6류: 인화성 고체

| 해설

각 위험물별 성질은 다음과 같다.
㉠ 제1류: 산화성 고체   ㉡ 제2류: 가연성 고체
㉢ 제4류: 인화성 액체   ㉣ 제6류: 산화성 액체

정답 ④

09. 소방시설 설치 및 관리에 관한 법령상 시·도지사가 소방시설 등의 자체점검을 하지 아니한 관리업자에게 영업정지를 명할 수 있으나, 이로 인해 국민에게 심한 불편을 줄 때에는 영업정지 처분을 갈음하여 과징금 처분을 한다. 과징금의 기준은?

① 1,000만원 이하　　② 2,000만원 이하
③ 3,000만원 이하　　④ 5,000만원 이하

| 해설
과징금의 기준은 3,000만원 이하이다.

 ③

10. 소방기본법령상 소방대장은 화재, 재난·재해 그 밖의 위급한 상황이 발생한 현장에 소방활동구역을 정하여 소방활동에 필요한 자로서 대통령령으로 정하는 사람 외에는 그 구역에의 출입을 제한할 수 있다. 소방활동구역에 출입할 수 없는 사람은?

① 소방활동구역 안에 있는 소방대상물의 소유자·관리자 또는 점유자
② 전기·가스·수도·통신·교통의 업무에 종사하는 사람으로서 원활한 소방활동을 위하여 필요한 사람
③ 시·도지사가 소방활동을 위하여 출입을 허가한 사람
④ 의사·간호사 그 밖에 구조·구급업무에 종사하는 사람

| 해설
소방활동구역 출입이 허용되는 자는 다음과 같다.
㉠ 소방활동구역 안에 있는 소방대상물의 소유자·관리자 또는 점유자
㉡ 전기·가스·수도·통신·교통의 업무에 종사하는 사람으로서 원활한 소방활동을 위하여 필요한 사람
㉢ 소방대장이 소방활동을 위하여 출입을 허가한 사람
㉣ 의사·간호사 그 밖에 구조·구급업무에 종사하는 사람

 ③

11. 위험물안전관리법령상 제조소에서 취급하는 위험물의 최대수량이 지정수량의 10배 이하인 경우 공지의 너비 기준은?

① 2m 이하　　② 2m 이상
③ 3m 이하　　④ 3m 이상

| 해설
제조소 공지의 너비 기준은 다음과 같다.
㉠ 3m 이상: 지정수량의 10배 이하
㉡ 5m 이상: 지정수량의 10배 초과

정답 ④

12. 화재의 예방 및 안전관리에 관한 법령상 화재안전조사위원회의 위원에 해당하지 아니하는 사람은?

① 소방기술사
② 소방시설관리사
③ 소방 관련 분야의 석사학위 이상을 취득한 사람
④ 소방 관련 법인 또는 단체에서 소방 관련 업무에 3년 이상 종사한 사람

| 해설
화재안전조사위원회의 위원에 해당하는 사람은 다음과 같다.
㉠ 소방기술사
㉡ 소방시설관리사
㉢ 소방 관련 분야의 석사학위 이상을 취득한 사람
㉣ 소방 관련 법인 또는 단체에서 소방 관련 업무에 5년 이상 종사한 사람

정답 ④

13. 화재의 예방 및 안전관리에 관한 법령상 특수가연물의 저장 및 취급기준이 아닌 것은? (단, 석탄·목탄류를 발전용으로 저장하는 경우는 제외한다)

① 품명별로 구분하여 쌓는다.
② 쌓는 높이는 20m 이하가 되도록 한다.
③ 쌓는 부분의 바닥면적 사이는 실내의 경우 1.2m 이상이 되도록 한다.
④ 특수가연물을 저장 또는 취급하는 장소에는 품명·최대수량 및 화기취급의 금지표지를 설치해야 한다.

| 해설

특수가연물의 저장 및 취급기준은 다음과 같다.
㉠ 품명별로 구분하여 쌓는다.
㉡ 쌓는 높이는 10m 이하가 되도록 한다.
㉢ 쌓는 부분의 바닥면적 사이는 실내의 경우 1.2m 이상이 되도록 한다.
㉣ 특수가연물을 저장 또는 취급하는 장소에는 품명·최대수량 및 화기취급의 금지표지를 설치해야 한다.

정답 ②

14. 소방시설 설치 및 관리에 관한 법령상 소화설비를 구성하는 제품 또는 기기에 해당하지 않는 것은?

① 가스누설경보기
② 소방호스
③ 스프링클러헤드
④ 분말자동소화장치

| 해설

가스누설경보기는 경보설비를 구성하는 제품 또는 기기에 해당된다.

정답 ①

15. 소방시설공사업법령상 하자보수를 하여야 하는 소방시설 중 하자보수 보증기간이 3년이 아닌 것은?

① 자동소화장치
② 비상방송설비
③ 스프링클러설비
④ 상수도소화용수설비

| 해설

소방시설에 따른 하자보수 보증기간은 다음과 같다.
㉠ 자동소화장치: 3년
㉡ 비상방송설비: 2년
㉢ 스프링클러설비: 3년
㉣ 상수도소화용수설비: 3년

정답 ②

16. 위험물안전관리법령상 소화난이도등급 I 의 옥내탱크저장소에서 유황만을 저장·취급할 경우 설치하여야 하는 소화설비로 옳은 것은?

① 물분무소화설비
② 스프링클러설비
③ 포소화설비
④ 옥내소화전설비

| 해설

소화난이도등급 I 의 옥내탱크저장소에서 유황만을 저장·취급할 경우 설치하여야 하는 소화설비는 물분무소화설비이다.

정답 ①

17. 소방시설 설치 및 관리에 관한 법령상 대통령령 또는 화재안전기준이 변경되어 그 기준이 강화되는 경우 기존 특정소방대상물의 소방시설 중 강화된 기준을 설치장소와 관계없이 항상 적용하여야 하는 것은? (단, 건축물의 신축·개축·재축·이전 및 대수선 중인 특정소방대상물을 포함한다)

① 제연설비
② 비상경보설비
③ 옥내소화전설비
④ 화재조기진압용 스프링클러설비

| 해설
소급적용 특례 대상에 해당하는 것은 소화기구, 비상경보설비, 자동화재속보설비, 자동화재탐지설비, 피난구조설비이다.

 정답 ②

18. 소방시설 설치 및 관리에 관한 법령상 소방시설 등의 종합점검 대상 기준에 맞게 (   )에 들어갈 내용으로 옳은 것은?

> 물분무등소화설비(호스릴방식의 물분무등소화설비만을 설치한 경우는 제외)가 설치된 연면적 (   )m² 이상인 특정소방대상물(위험물제조소등은 제외)

① 2,000
② 3,000
③ 4,000
④ 5,000

| 해설
물분무등소화설비(호스릴 방식의 물분무등소화설비만을 설치한 경우는 제외)가 설치된 연면적 5,000m² 이상인 특정소방대상물(위험물제조소등은 제외)

정답 ④

19. 소방시설 설치 및 관리에 관한 법령상 건축허가 등의 동의대상물의 범위로 옳지 않은 것은?

① 항공기 격납고
② 방송용 송·수신탑
③ 연면적이 400제곱미터 이상인 건축물
④ 지하층 또는 무창층이 있는 건축물로서 바닥면적이 50제곱미터 이상인 층이 있는 것

| 해설
건축허가등의 동의대상물에 해당하는 것은 다음과 같다.
㉠ 항공기 격납고
㉡ 방송용 송·수신탑
㉢ 연면적이 400m² 이상인 건축물
㉣ 지하층 또는 무창층이 있는 건축물로서 바닥면적이 150m² 이상인 층이 있는 것

정답 ④

20. 화재의 예방 및 안전관리에 관한 법령상 화재의 예방상 위험하다고 인정되는 행위를 하는 사람에게 행위의 금지 또는 제한 명령을 할 수 있는 사람은?

① 소방관서장
② 시·도지사
③ 의용소방대원
④ 소방대상물의 관리자

| 해설
화재의 예방상 위험하다고 인정되는 행위를 하는 사람에게 행위의 금지 또는 제한 명령자는 소방관서장이다.

 정답 ①

01. 소방기본법령상 저수조의 설치기준으로 옳지 않은 것은?

① 지면으로부터의 낙차가 4.5m 이상일 것
② 흡수부분의 수심이 0.5m 이상일 것
③ 흡수에 지장이 없도록 토사 및 쓰레기 등을 제거할 수 있는 설비를 갖출 것
④ 흡수관의 투입구가 사각형의 경우에는 한변의 길이가 60cm 이상, 원형의 경우에는 지름이 60cm 이상일 것

| 해설
저수조의 설치기준은 다음과 같다.
㉠ 지면으로부터의 낙차가 4.5m 이하일 것
㉡ 흡수부분의 수심이 0.5m 이상일 것
㉢ 흡수에 지장이 없도록 토사 및 쓰레기 등을 제거할 수 있는 설비를 갖출 것
㉣ 흡수관의 투입구가 사각형의 경우에는 한 변의 길이가 60cm 이상, 원형의 경우에는 지름이 60cm 이상일 것
`정답` ①

02. 소방시설공사업법령상 소방시설업 등록을 하지 아니하고 영업을 한 자에 대한 벌칙은?

① 500만원 이하의 벌금
② 1년 이하의 징역 또는 1,000만원 이하의 벌금
③ 3년 이하의 징역 또는 3,000만원 이하의 벌금
④ 5년 이하의 징역

| 해설
3년 이하의 징역 또는 3,000만원 이하의 벌금에 처한다.
`정답` ③

03. 소방시설 설치 및 관리에 관한 법령상 대통령령 또는 화재안전기준이 변경되어 그 기준이 강화되는 경우 기존 특정소방대상물의 소방시설 중 강화된 기준을 적용하여야 하는 소방시설은?

① 비상경보설비
② 비상방송설비
③ 비상콘센트설비
④ 옥내소화전설비

| 해설
소급적용 특례 대상에 해당하는 것은 소화기구, 비상경보설비, 자동화재속보설비, 자동화재탐지설비, 피난구조설비이다.
`정답` ①

04. 법 개정으로 삭제

05. 소방기본법령상 소방신호의 방법으로 옳지 않은 것은?

① 타종에 의한 훈련신호는 연 3타 반복
② 사이렌에 의한 발화신호는 5초 간격을 두고, 10초씩 3회
③ 타종에 의한 해제신호는 상당한 간격을 두고 1타씩 반복
④ 사이렌에 의한 경계신호는 5초 간격을 두고, 30초씩 3회

| 해설

소방신호의 방법은 다음과 같다.
㉠ 타종에 의한 훈련신호는 연 3타 반복
㉡ 사이렌에 의한 발화신호는 5초 간격을 두고, 5초씩 3회
㉢ 타종에 의한 해제신호는 상당한 간격을 두고 1타씩 반복
㉣ 사이렌에 의한 경계신호는 5초 간격을 두고, 30초씩 3회

정답 ②

06. 화재의 예방 및 안전관리에 관한 법령상 특정소방대상물의 관계인이 수행하여야 하는 소방안전관리 업무가 아닌 것은?

① 소방훈련의 지도·감독
② 화기(火氣) 취급의 감독
③ 피난시설, 방화구획 및 방화시설의 유지·관리
④ 소방시설이나 그 밖의 소방 관련시설의 유지·관리

| 해설

소방안전관리 업무별 관계인은 다음과 같다.
㉠ **소방훈련의 지도·감독**: 소방안전관리자
㉡ **화기(火氣) 취급의 감독**: 소방안전관리자, 관계인
㉢ **피난시설, 방화구획 및 방화시설의 유지·관리**: 소방안전관리자, 관계인
㉣ **소방시설이나 그 밖의 소방 관련 시설의 유지·관리**: 소방안전관리자, 관계인

정답 ①

07. 소방기본법에서 정의하는 소방대의 조직구성원이 아닌 것은?

① 의무소방원
② 소방공무원
③ 의용소방대원
④ 공항소방대원

| 해설

소방대의 조직구성원에는 의무소방원, 소방공무원, 의용소방대원이 있으며, 공항소방대원은 포함되지 않는다.

정답 ④

08. 위험물안전관리법령상 인화성액체위험물(이황화탄소를 제외)의 옥외탱크저장소의 탱크주위에 설치하여야 하는 방유제의 기준으로 옳지 않은 것은?

① 방유제의 용량은 방유제안에 설치된 탱크가 하나인 때에는 그 탱크 용량의 110% 이상으로 할 것
② 방유제의 용량은 방유제안에 설치된 탱크가 2기 이상인 때에는 그 탱크중 용량이 최대인 것의 용량의 110% 이상으로 할 것
③ 방유제는 높이 1m 이상 2m 이하, 두께 0.2m 이상, 지하 매설 깊이 0.5m 이상으로 할 것
④ 방유제 내의 면적은 80,000m^2 이하로 할 것

| 해설

옥외탱크저장소의 방유제 기준은 다음과 같다.
㉠ 방유제의 용량은 방유제 안에 설치된 탱크가 하나인 때에는 그 탱크 용량의 110% 이상으로 할 것
㉡ 방유제의 용량은 방유제 안에 설치된 탱크가 2기 이상인 때에는 그 탱크 중 용량이 최대인 것의 용량의 110% 이상으로 할 것
㉢ 방유제는 높이 0.5m 이상 3m 이하, 두께 0.2m 이상, 지하 매설 깊이 1m 이상으로 할 것
㉣ 방유제 내의 면적은 80,000m^2 이하로 할 것

정답 ③

09. 위험물안전관리법상 시·도지사의 허가를 받지 아니하고 당해 제조소등을 설치할 수 있는 기준 중 (   ) 안에 알맞은 것은?

> 농예용·축산용 또는 수산용으로 필요한 난방시설 또는 건조시설을 위한 지정수량 (   )배 이하의 저장소

① 20
② 30
③ 40
④ 50

| 해설
농예용·축산용 또는 수산용으로 필요한 난방시설 또는 건조시설을 위한 지정수량 20배 이하의 저장소에는 시·도지사의 허가를 받지 아니하고 당해 제조소등을 설치할 수 있다.

정답 ①

10. 소방시설 설치 및 관리에 관한 법령상 건축허가등의 동의대상물의 범위기준으로 옳지 않은 것은?

① 건축등을 하려는 학교시설: 연면적 200m² 이상
② 노유자시설: 연면적 200m² 이상
③ 정신의료기관(입원실이 없는 정신건강의학과 의원은 제외): 연면적 300m² 이상
④ 장애인 의료재활시설: 연면적 300m² 이상

| 해설
건축허가 등의 동의대상물의 범위 기준은 다음과 같다.
㉠ **건축 등을 하려는 학교시설: 연면적 100m² 이상**
㉡ 노유자시설: 연면적 200m² 이상
㉢ 정신의료기관(입원실이 없는 정신건강의학과 의원은 제외): 연면적 300m² 이상
㉣ 장애인 의료재활시설: 연면적 300m² 이상

정답 ①

11. 소방시설 설치 및 관리에 관한 법령상 지하가는 연면적이 최소 몇 m² 이상이어야 스프링클러설비를 설치하여야 하는 특정소방대상물에 해당하는가? (단, 터널은 제외한다)

① 100
② 200
③ 1,000
④ 2,000

| 해설
지하가로서 연면적 1,000m² 이상인 경우 스프링클러설비 설치대상이다.

정답 ③

12. 화재의 예방 및 안전관리에 관한 법령상 소방안전관리대상물의 소방계획서에 포함되어야 하는 사항이 아닌 것은?

① 소방시설·피난시설 및 방화시설의 점검·정비계획
② 위험물안전관리법에 따라 예방규정을 정하는 제조소등의 위험물 저장·취급에 관한사항
③ 특정소방대상물의 근무자 및 거주자의 자위소방대 조직과 대원의 임무에 관한 사항
④ 방화구획, 제연구획, 건축물의 내부마감재료(불연재료·준불연재료 또는 난연재료로 사용된 것) 및 방염물품의 사용현황과 그 밖의 방화구조 및 설비의 유지·관리계획

| 해설
소방계획서 포함되어야 하는 사항은 다음과 같다.
㉠ 소방시설·피난시설 및 방화시설의 점검·정비계획
㉡ 위험물 저장·취급에 관한 사항(위험물안전관리법에 따라 예방규정을 정하는 제조소등 제외)
㉢ 특정소방대상물의 근무자 및 거주자의 자위소방대 조직과 대원의 임무에 관한 사항
㉣ 방화구획, 제연구획, 건축물의 내부마감재료(불연재료·준불연재료 또는 난연재료로 사용된 것) 및 방염물품의 사용현황과 그 밖의 방화구조 및 설비의 유지·관리계획

정답 ②

13. 위험물안전관리법상 업무상 과실로 제조소등에서 위험물을 유출·방출 또는 확산시켜 사람의 생명·신체 또는 재산에 대하여 위험을 발생시킨 자에 대한 벌칙기준은?

① 5년 이하의 금고 또는 2,000만원 이하의 벌금
② 5년 이하의 금고 또는 7,000만원 이하의 벌금
③ 7년 이하의 금고 또는 2,000만원 이하의 벌금
④ 7년 이하의 금고 또는 7,000만원 이하의 벌금

| 해설
업무상 과실로 제조소등에서 위험물을 유출·방출 또는 확산시켜 사람의 생명·신체 또는 재산에 대하여 위험을 발생시킨 자는 7년 이하의 금고 또는 7,000만원 이하의 벌금에 처한다.

정답 ④

14. 소방기본법령상 소방용수시설의 설치기준 중 급수탑의 급수배관의 구경은 최소 몇 mm 이상이어야 하는가?

① 100   ② 150
③ 200   ④ 250

| 해설
급수탑 설치기준
㉠ 급수배관구경: 100mm 이상
㉡ 개폐밸브 설치 높이: 1.5m 이상 1.7m 이하

정답 ①

15. 소방시설공사업법령상 공사감리자 지정대상 특정소방대상물의 범위가 아닌 것은?

① 물분무등소화설비(호스릴 방식의 소화설비는 제외)를 신설·개설하거나 방호·방수 구역을 증설할 때
② 제연설비를 신설·개설하거나 제연구역을 증설할 때
③ 연소방지설비를 신설·개설하거나 살수구역을 증설할 때
④ 캐비닛형 간이스프링클러설비를 신설·개설하거나 방호·방수구역을 증설할 때

| 해설
공사감리자 지정대상 특정소방대상물은 다음과 같다.
㉠ 물분무등소화설비(호스릴 방식의 소화설비는 제외)를 신설·개설하거나 방호·방수 구역을 증설할 때
㉡ 제연설비를 신설·개설하거나 제연구역을 증설할 때
㉢ 연소방지설비를 신설·개설하거나 살수구역을 증설할 때
㉣ 스프링클러설비를 신설·개설하거나 방호·방수구역을 증설할 때(캐비닛형 간이스프링클러설비 제외)

정답 ④

16. 소방시설 설치 및 관리에 관한 법령상 자동화재탐지설비를 설치하여야 하는 특정소방대상물에 대한 기준 중 (   ) 안에 들어갈 내용으로 알맞은 것은?

근린생활시설(목욕탕 제외), 의료시설(정신의료기관 또는 요양병원 제외), 숙박시설, 위락시설, 장례시설 및 복합건축물로서 연면적 (   )m² 이상인 것

① 400   ② 600
③ 1,000   ④ 3,500

| 해설
근린생활시설(목욕장 제외), 의료시설(정신의료기관 또는 요양병원 제외), 숙박시설, 위락시설, 장례시설 및 복합건축물로서 연면적 600m² 이상인 것은 자동화재탐지설비를 설치하여야 하는 특정소방대상물에 해당한다.

정답 ②

17. 소방시설 설치 및 관리에 관한 법령상 형식승인을 받지 아니한 소방용품을 판매하거나 판매목적으로 진열하거나 소방시설공사에 사용한 자에 대한 벌칙 기준은?

① 3년 이하의 징역 또는 3000만원 이하의 벌금
② 2년 이하의 징역 또는 1500만원 이하의 벌금
③ 1년 이하의 징역 또는 1000만원 이하의 벌금
④ 1년 이하의 징역 또는 500만원 이하의 벌금

| 해설

형식승인을 받지 아니한 소방용품을 판매하거나 판매 목적으로 진열하거나 소방시설공사에 사용한 자는 3년 이하의 징역 또는 3,000만 원 이하의 벌금에 처한다.

정답 ①

18. 소방기본법에서 정의하는 소방대상물에 해당하지 않는 것은?

① 산림
② 차량
③ 건축물
④ 항해 중인 선박

| 해설

선박인 경우에는 항구에 매어둔 선박에 한정한다. 즉, 항해 중인 선박은 소방대상물에 해당하지 않는다.

정답 ④

19. 소방시설 설치 및 관리에 관한 법령상 특정소방대상물의 소방시설설치 면제기준 중 (   ) 안에 들어갈 내용으로 옳은 것은?

> 물분무등소화설비를 설치하여야 하는 차고·주차장에 (   )를 설치한 경우에는 그 설비의 유효범위에서 설치가 면제된다.

① 옥내소화전설비
② 스프링클러설비
③ 간이스프링클러설비
④ 할로겐화합물 및 불활성기체소화설비

| 해설

물분무등소화설비를 설치하여야 하는 차고·주차장에 스프링클러설비를 화재안전기준에 적합하게 설치한 경우에는 그 설비의 유효범위에서 설치가 면제된다.

정답 ②

20. 위험물안전관리법령상 위험물의 유별 저장·취급의 공통기준 중 다음 (   ) 안에 알맞은 것은?

> (   ) 위험물은 산화제와의 접촉·혼합이나 불티·불꽃·고온체와의 접근 또는 과열을 피하는 한편, 철분·금속분·마그네슘 및 이를 함유한 것에 있어서는 물이나 산과의 접촉을 피하고 인화성 고체에 있어서는 함부로 증기를 발생시키지 아니하여야 한다.

① 제1류
② 제2류
③ 제3류
④ 제4류

| 해설

제2류 위험물은 산화제와의 접촉·혼합이나 불티·불꽃·고온체와의 접근 또는 과열을 피하는 한편, 철분·금속분·마그네슘 및 이를 함유한 것에 있어서는 물이나 산과의 접촉을 피하고 인화성 고체에 있어서는 함부로 증기를 발생시키지 아니하여야 한다.

정답 ②

01. 위험물안전관리법령상 위험물 중 제1석유류에 속하는 것은?

① 경유
② 등유
③ 중유
④ 아세톤

| 해설

제4류 위험물의 품명은 다음과 같다.
㉠ **경유**: 제2석유류
㉡ **등유**: 제2석유류
㉢ **중유**: 제3석유류
㉣ **아세톤**: 제1석유류

정답 ④

02. 소방시설 설치 및 관리에 관한 법령상 소방시설 등의 자체점검 중 종합점검을 받아야 하는 특정소방대상물 대상 기준으로 옳지 않은 것은?

① 제연설비가 설치된 터널
② 스프링클러설비가 설치된 특정소방대상물
③ 공공기관 중 연면적이 1,000m² 이상인 것으로서 옥내소화전설비 또는 자동화재탐지설비가 설치된 것(단, 소방대가 근무하는 공공기관은 제외한다.)
④ 호스릴 방식의 물분무등소화설비만이 설치된 연면적 5,000m² 이상인 특정소방대상물(단, 위험물 제조소등은 제외한다.)

| 해설

종합점검을 받아야 하는 특정소방대상물은 다음과 같다.
㉠ 제연설비가 설치된 터널
㉡ 스프링클러설비가 설치된 특정소방대상물
㉢ 공공기관 중 연면적이 1,000m² 이상인 것으로서 옥내소화전설비 또는 자동화재탐지설비가 설치된 것(단, 소방대가 근무하는 공공기관은 제외)
㉣ 물분무등소화설비가 설치된 연면적 5,000m² 이상인 특정소방대상물(호스릴 방식의 물분무등소화설비 제외)

정답 ④

03. 소방시설 설치 및 관리에 관한 법령상 소방시설이 아닌 것은?

① 소화설비
② 경보설비
③ 방화설비
④ 소화활동설비

| 해설

소방시설에 해당하는 것으로는 소화설비, 경보설비, 피난구조설비, 소화용수설비, 소화활동설비가 있으며, 방화설비는 포함되지 않는다.

정답 ③

04. 소방기본법상 소방대장의 권한이 아닌 것은?

① 소방활동을 할 때에 긴급한 경우에는 이웃한 소방본부장 또는 소방서장에게 소방업무의 응원을 요청할 수 있다.

② 화재, 재난·재해, 그 밖의 위급한 상황이 발생한 현장에서 소방활동을 위하여 필요할 때에는 그 관할구역에 사는 사람 또는 그 현장에 있는 사람으로 하여금 사람을 구출하는 일 또는 불을 끄거나 불이 번지지 아니하도록 하는 일을 하게 할 수 있다.

③ 사람을 구출하거나 불이 번지는 것을 막기 위하여 필요할 때에는 화재가 발생하거나 불이 번질 우려가 있는 소방대상물 및 토지를 일시적으로 사용하거나 그 사용의 제한 또는 소방활동에 필요한 처분을 할 수 있다.

④ 소방활동을 위하여 긴급하게 출동할 때에는 소방자동차의 통행과 소방활동에 방해가 되는 주차 또는 정차된 차량 및 물건 등을 제거하거나 이동시킬 수 있다.

| 해설

소방본부장이나 소방서장은 소방활동을 할 때에 긴급한 경우에는 이웃한 소방본부장 또는 소방서장에게 소방업무의 응원을 요청할 수 있다.

정답 ①

05. 위험물안전관리법령상 제조소등이 아닌 장소에서 지정수량 이상의 위험물을 취급할 수 있는 경우에 대한 기준으로 맞는 것은? (단, 시·도의 조례가 정하는 바에 따른다)

① 관할 소방서장의 승인을 받아 지정수량 이상의 위험물을 60일 이내의 기간 동안 임시로 저장 또는 취급하는 경우

② 관할 소방대장의 승인을 받아 지정수량 이상의 위험물을 60일 이내의 기간 동안 임시로 저장 또는 취급하는 경우

③ 관할 소방서장의 승인을 받아 지정수량 이상의 위험물을 90일 이내의 기간 동안 임시로 저장 또는 취급하는 경우

④ 관할 소방대장의 승인을 받아 지정수량 이상의 위험물을 90일 이내의 기간 동안 임시로 저장 또는 취급하는 경우

| 해설

관할 소방서장의 승인을 받아 지정수량 이상의 위험물을 90일 이내의 기간 동안 임시로 저장 또는 취급하는 경우 제조소등이 아닌 장소에서 지정수량 이상의 위험물을 취급할 수 있다.

정답 ③

06. 위험물안전관리법령상 제4류 위험물별 지정수량 기준의 연결로 옳지 않은 것은?

① 특수인화물 – 50리터

② 알코올류 – 400리터

③ 동식물유류 – 1,000리터

④ 제4석유류 – 6,000리터

| 해설

제4류 위험물별 지정수량은 다음과 같다.

㉠ **특수인화물**: 50리터

㉡ **알코올류**: 400리터

㉢ **동식물유류**: 10,000리터

㉣ **제4석유류**: 6,000리터

정답 ③

2020년 제4회 **477**

07. 화재의 예방 및 안전관리에 관한 법상 화재예방강화지구의 지정권자는?

① 소방서장　　　　② 시·도지사
③ 소방본부장　　　④ 행정안전부장관

| 해설
화재예방강화지구의 지정권자는 시·도지사이다.

정답 ②

08. 위험물안전관리법령상 관계인이 예방규정을 정하여야 하는 위험물을 취급하는 제조소의 지정수량 기준으로 옳은 것은?

① 지정수량의 10배 이상
② 지정수량의 100배 이상
③ 지정수량의 150배 이상
④ 지정수량의 200배 이상

| 해설
예방규정을 정하여야 하는 위험물을 취급하는 제조소의 지정수량 기준은 다음과 같다.
㉠ **제조소, 일반취급소**: 지정수량의 10배 이상
㉡ **옥외저장소**: 지정수량의 100배 이상
㉢ **옥내저장소**: 지정수량의 150배 이상
㉣ **옥외탱크저장소**: 지정수량의 200배 이상

정답 ①

09. 소방시설 설치 및 관리에 관한 법령상 주택의 소유자가 소방시설을 설치하여야 하는 대상이 아닌 것은?

① 아파트　　　　② 연립주택
③ 다세대주택　　④ 다가구주택

| 해설
공동주택 중 아파트등은 제외된다.

정답 ①

10. 소방시설공사업법령상 정의된 업종 중 소방시설업의 종류에 해당되지 않는 것은?

① 소방시설설계업　　② 소방시설공사업
③ 소방시설정비업　　④ 소방공사감리업

| 해설
소방시설업에는 소방시설설계업, 소방시설공사업, 방염처리업, 소방공사감리업이 있으며, 소방시설정비업은 해당되지 않는다.

정답 ③

11. 소방시설 설치 및 관리에 관한 법령상 특정소방대상물로서 숙박시설에 해당되지 않는 것은?

① 오피스텔
② 일반형 숙박시설
③ 생활형 숙박시설
④ 근린생활시설에 해당하지 않는 고시원

| 해설
㉠ 오피스텔은 업무시설이다.
㉡ 일반형 숙박시설은 숙박시설이다.
㉢ 생활형 숙박시설은 숙박시설이다.
㉣ 근린생활시설에 해당하지 않는 고시원은 숙박시설이다.

정답 ①

12. 화재의 예방 및 안전관리에 관한 법률에서 특수가연물의 저장 및 취급기준을 위반한 경우의 벌칙으로 옳은 것은?

① 100만원 이하의 과태료
② 200만원 이하의 과태료
③ 300만원 이하의 과태료
④ 300만원 이하의 벌금

| 해설
벌칙은 200만원 이하의 과태료이다.

정답 ②

13. 소방시설 설치 및 관리에 관한 법령상 수용인원 산정 방법 중 다음과 같은 시설의 수용인원은 몇 명인가?

> 숙박시설이 있는 특정소방대상물로서 종사자수는 5명, 숙박시설은 모두 2인용 침대이며, 침대수량은 50개이다.

① 55   ② 75
③ 85   ④ 105

| 해설
수용인원은 다음과 같이 산정한다.
2 × 50 + 5 = 105명

정답 ④

14. 소방시설 설치 및 관리에 관한 법상 소방시설 등에 대한 자체점검을 하지 아니하거나 관리업자 등으로 하여금 정기적으로 점검하게 하지 아니한 자에 대한 벌칙 기준으로 옳은 것은?

① 6개월 이하의 징역 또는 1,000만원 이하의 벌금
② 1년 이하의 징역 또는 1,000만원 이하의 벌금
③ 3년 이하의 징역 또는 1,500만원 이하의 벌금
④ 3년 이하의 징역 또는 3,000만원 이하의 벌금

| 해설
소방시설 등에 대한 자체점검을 하지 아니하거나 관리업자 등으로 하여금 정기적으로 점검하게 하지 아니한 자는 1년 이하의 징역 또는 1,000만원 이하의 벌금에 처한다.

정답 ②

15. 화재의 예방 및 안전관리에 관한 법상 화재예방강화지구의 지정대상이 아닌 것은? (단, 소방청장·소방본부장 또는 소방서장이 화재예방강화지구로 지정할 필요가 있다고 인정하는 지역은 제외한다)

① 시장지역
② 농촌지역
③ 목조건물이 밀집한 지역
④ 공장·창고가 밀집한 지역

| 해설
화재예방강화지구의 지정대상은 다음과 같다.
㉠ 시장지역
㉡ 위험물 저장 및 처리시설이 밀집한 지역
㉢ 목조건물이 밀집한 지역
㉣ 공장·창고가 밀집한 지역

 정답 ②

16. 화재의 예방 및 안전관리에 관한 법령상 특수가연물의 품명과 지정수량 기준의 연결이 옳지 않은 것은?

① 사류 – 1,000kg 이상
② 볏짚류 – 3,000kg 이상
③ 석탄·목탄류 – 10,000kg 이상
④ 합성수지류 중 발포시킨 것 – 20m³ 이상

| 해설
특수가연물의 품명과 지정수량은 다음과 같다.
㉠ **사류**: 1,000kg 이상
㉡ **볏짚류**: 1,000kg 이상
㉢ **석탄·목탄류**: 10,000kg 이상
㉣ **합성수지류 중 발포시킨 것**: 20m³ 이상

 정답 ②

17. 소방기본법령상 소방안전교육사의 배치대상별 배치기준으로 옳지 않은 것은?

① 소방청: 2명 이상 배치
② 소방서: 1명 이상 배치
③ 소방본부: 2명 이상 배치
④ 한국소방안전협회(본회): 1명 이상 배치

| 해설

소방안전교육사의 배치대상별 배치기준은 다음과 같다.
㉠ **소방청:** 2명 이상 배치
㉡ **소방서:** 1명 이상 배치
㉢ **소방본부:** 2명 이상 배치
㉣ **한국소방안전협회(본회):** 2명 이상 배치

 ④

18. 화재의 예방 및 안전관리에 관한 법령상 공동 소방안전관리자를 선임해야 하는 특정소방대상물이 아닌 것은?

① 판매시설 중 도매시장 및 소매시장
② 복합건축물로서 층수가 11층 이상인 것
③ 지하층을 제외한 층수가 7층 이상인 고층 건축물
④ 복합건축물로서 연면적이 30,000m² 이상인 것

| 해설

공동 소방안전관리자를 선임해야 하는 특정소방대상물은 다음과 같다.
㉠ 판매시설 중 도매시장·소매시장 및 전통시장
㉡ 복합건축물로서 지하층을 제외한 층수가 11층 이상인 것
㉢ 복합건축물로서 연면적이 30,000m² 이상인 것

 ③

19. 소방시설공사업법상 도급을 받은 자가 제3자에게 소방시설공사의 시공을 하도급한 경우에 대한 벌칙 기준으로 옳은 것은? (단, 대통령령으로 정하는 경우는 제외한다)

① 100만원 이하의 벌금
② 300만원 이하의 벌금
③ 1년 이하의 징역 또는 1,000만원 이하의 벌금
④ 3년 이하의 징역 또는 1,500만원 이하의 벌금

| 해설

도급을 받은 자가 제3자에게 소방시설공사의 시공을 하도급한 경우(대통령령으로 정하는 경우는 제외) 1년 이하의 징역 또는 1,000만원 이하의 벌금에 처한다.

 ③

20. 소방시설 설치 및 관리에 관한 법령상 정당한 사유 없이 피난시설, 방화구획 및 방화시설의 유지·관리에 필요한 조치 명령을 위반한 경우 이에 대한 벌칙 기준으로 옳은 것은?

① 200만원 이하의 벌금
② 300만원 이하의 벌금
③ 1년 이하의 징역 또는 1,000만원 이하의 벌금
④ 3년 이하의 징역 또는 3,000만원 이하의 벌금

| 해설

정당한 사유 없이 피난시설, 방화구획 및 방화시설의 유지·관리에 필요한 조치 명령을 위반한 경우 3년 이하의 징역 또는 3,000만원 이하의 벌금에 처한다.

정답 ④

01. 법 개정으로 삭제

02. 위험물안전관리법령상 제조소의 기준에 따라 건축물의 외벽 또는 이에 상당하는 공작물의 외측으로부터 제조소의 외벽 또는 이에 상당하는 공작물의 외측까지의 안전거리 기준으로 틀린 것은? (단, 제6류 위험물을 취급하는 제조소를 제외하고, 건축물에 불연재료로 된 방화상 유효한 담 또는 벽을 설치하지 않은 경우이다)

① 의료법에 의한 종합병원에 있어서는 30m 이상
② 도시가스사업법에 의한 가스공급시설에 있어서는 20m 이상
③ 사용전압 35,000V를 초과하는 특고압가공전선에 있어서는 5m 이상
④ 문화재보호법에 의한 유형문화재와 기념물 중 지정문화재에 있어서는 30m 이상

| 해설
안전거리의 기준은 다음과 같다.
㉠ 의료법에 의한 종합병원에 있어서는 30m 이상
㉡ 도시가스사업법에 의한 가스공급시설에 있어서는 20m 이상
㉢ 사용전압 35,000V를 초과하는 특고압가공전선에 있어서는 5m 이상
㉣ 문화재보호법에 의한 유형문화재와 기념물 중 지정문화재에 있어서는 50m 이상

정답 ④

03. 위험물안전관리법령상 허가를 받지 아니하고 당해 제조소등을 설치하거나 그 위치·구조 또는 설비를 변경할 수 있으며, 신고를 하지 아니하고 위험물의 품명·수량 또는 지정수량의 배수를 변경할 수 있는 기준으로 옳은 것은?

① 축산용으로 필요한 건조시설을 위한 지정수량 40배 이하의 저장소
② 수산용으로 필요한 건조시설을 위한 지정수량 30배 이하의 저장소
③ 농예용으로 필요한 난방시설을 위한 지정수량 40배 이하의 저장소
④ 주택의 난방시설(공동주택의 중앙난방시설 제외)을 위한 저장소

| 해설
허가를 받지 아니하고 당해 제조소등을 설치하거나 그 위치·구조 또는 설비를 변경할 수 있으며, 신고를 하지 아니하고 위험물의 품명·수량 또는 지정수량의 배수를 변경할 수 있는 기준은 다음과 같다.
㉠ 축산용으로 필요한 건조시설을 위한 지정수량 20배 이하의 저장소
㉡ 수산용으로 필요한 건조시설을 위한 지정수량 20배 이하의 저장소
㉢ 농예용으로 필요한 난방시설을 위한 지정수량 20배 이하의 저장소
㉣ 주택의 난방시설(공동주택의 중앙난방시설 제외)을 위한 저장소

정답 ④

04. 소방시설공사업법령상 공사감리자 지정대상 특정 소방대상물의 범위가 아닌 것은?

① 제연설비를 신설·개설하거나 제연구역을 증설할 때
② 연소방지설비를 신설·개설하거나 살수구역을 증설할 때
③ 캐비닛형 간이스프링클러설비를 신설·개설하거나 방호·방수 구역을 증설할 때
④ 물분무등소화설비(호스릴 방식의 소화설비 제외)를 신설·개설하거나 방호·방수 구역을 증설할 때

| 해설

공사감리자 지정대상 특정소방대상물의 범위는 다음과 같다.
㉠ 제연설비를 신설·개설하거나 제연구역을 증설할 때
㉡ 연소방지설비를 신설·개설하거나 살수구역을 증설할 때
㉢ 스프링클러설비(캐비닛형 간이스프링클러설비 제외)를 신설·개설하거나 방호·방수 구역을 증설할 때
㉣ 물분무등소화설비(호스릴 방식의 소화설비 제외)를 신설·개설하거나 방호·방수 구역을 증설할 때

정답 ③

05. 화재의 예방 및 안전관리에 관한 법령상 특수가연물에 해당하는 품명별 기준수량으로 옳지 않은 것은?

① 사류 1,000kg 이상
② 면화류 200kg 이상
③ 나무껍질 및 대팻밥 400kg 이상
④ 넝마 및 종이부스러기 500kg 이상

| 해설

특수가연물에 해당하는 품명별 기준수량은 다음과 같다.
㉠ **사류**: 1,000kg 이상
㉡ **면화류**: 200kg 이상
㉢ **나무껍질 및 대팻밥**: 400kg 이상
㉣ **넝마 및 종이부스러기**: 1,000kg 이상

정답 ④

06. 소방기본법령상 소방대장의 권한이 아닌 것은?

① 화재 현장에 대통령령으로 정하는 사람 외에는 그 구역에 출입하는 것을 제한할 수 있다.
② 화재 진압 등 소방활동을 위하여 필요할 때에는 소방용수 외에 댐·저수지 등의 물을 사용할 수 있다.
③ 국민의 안전의식을 높이기 위하여 소방박물관 및 소방체험관을 설립하여 운영할 수 있다.
④ 불이 번지는 것을 막기 위하여 필요할 때에는 불이 번질 우려가 있는 소방대상물 및 토지를 일시적으로 사용할 수 있다.

| 해설

국민의 안전의식을 높이기 위하여 소방청장은 소방박물관을, 시·도지사는 소방체험관을 설립하여 운영할 수 있다.

정답 ③

07. 소방시설 설치 및 관리에 관한 법령상 단독경보형 감지기를 설치하여야 하는 특정소방대상물의 기준으로 틀린 것은?

① 연면적 600m² 미만의 기숙사
② 연면적 600m² 미만의 숙박시설
③ 연면적 1,000m² 미만의 아파트등
④ 교육연구시설 또는 수련시설 내에 있는 합숙소 또는 기숙사로서 연면적 2,000m² 미만인 것

| 해설

단독경보형 감지기를 설치하여야 하는 특정소방대상물은 다음과 같다.
㉠ 연면적 1,000m² 미만의 기숙사
㉡ 연면적 600m² 미만의 숙박시설
㉢ 연면적 1,000m² 미만의 아파트등
㉣ 교육연구시설 또는 수련시설 내에 있는 합숙소 또는 기숙사로서 연면적 2,000m² 미만인 것

정답 ①

08. 소방기본법령상 시장지역에서 화재로 오인할 만한 우려가 있는 불을 피우거나 연막소독을 하려는 자가 신고를 하지 아니하여 소방자동차를 출동하게 한 자에 대한 과태료 부과·징수권자는?

① 국무총리
② 시·도지사
③ 행정안전부장관
④ 소방본부장 또는 소방서장

| 해설

시장지역에서 화재로 오인할 만한 우려가 있는 불을 피우거나 연막소독을 하려는 자가 신고를 하지 아니하여 소방자동차를 출동하게 한 자에 대한 과태료 부과·징수권자는 소방본부장 또는 소방서장이다.

 정답 ④

09. 화재의 예방 및 안전관리에 관한 법령상 1급 소방안전관리 대상물에 해당하는 건축물은?

① 지하구
② 층수가 15층인 공공업무시설
③ 연면적 15,000m² 이상인 동물원
④ 층수가 20층이고, 지상으로부터 높이가 100미터인 아파트

| 해설

소방안전관리 대상물에 해당하는 건축물을 구분하면 다음과 같다.
㉠ 지하구: 2급
㉡ 층수가 15층인 공공업무시설: 1급
㉢ 연면적 15,000m² 이상인 동물원: 2급
㉣ 층수가 20층이고, 지상으로부터 높이가 100m인 아파트: 2급

 정답 ②

10. 소방시설 설치 및 관리에 관한 법령상 수용인원 산정 방법 중 침대가 없는 숙박시설로서 해당 특정소방대상물의 종사자의 수는 5명, 복도, 계단 및 화장실의 바닥면적을 제외한 바닥면적이 158m² 인 경우의 수용인원은 약 몇 명인가?

① 37
② 45
③ 58
④ 84

| 해설

$$수용인원 = \frac{바닥면적}{3} + 종사자\ 수 = \frac{158}{3} + 5 = 57.6$$

∴ 58(소수는 반올림)

 정답 ③

11. 화재의 예방 및 안전관리에 관한 법령상 화재안전조사 결과 소방대상물의 위치 상황이 화재 예방을 위하여 보완될 필요가 있을 것으로 예상되는 때에 소방대상물의 개수·이전·제거, 그 밖의 필요한 조치를 관계인에게 명령할 수 있는 사람은?

① 소방관서장
② 경찰청장
③ 시·도지사
④ 해당구청장

| 해설

화재안전조사 결과 소방대상물의 위치 상황이 화재 예방을 위하여 보완될 필요가 있을 것으로 예상 되는 때에 소방대상물의 개수·이전·제거, 그 밖의 필요한 조치를 관계인에게 명령할 수 있는 사람은 소방관서장이다.

정답 ①

12. 소방시설 설치 및 관리에 관한 법령상 지하가 중 터널로서 길이가 1천미터일 때 설치하지 않아도 되는 소방시설은?

① 인명구조기구
② 옥내소화전설비
③ 연결송수관설비
④ 무선통신보조설비

| 해설

터널로서 길이가 1천미터일 때 설치하지 않아도 되는 소방시설은 인명구조기구이다.
㉠ **인명구조기구**: 설치대상 아님
㉡ **옥내소화전설비**: 1,000m 이상
㉢ **연결송수관설비**: 1,000m 이상
㉣ **무선통신보조설비**: 500m 이상

정답 ①

13. 소방시설공사업법령상 소방시설공사의 하자보수 보증기간이 3년이 아닌 것은?

① 자동소화장치
② 무선통신보조설비
③ 자동화재탐지설비
④ 간이스프링클러설비

| 해설

하자보수 보증기간은 다음과 같다.
㉠ **자동소화장치**: 3년
㉡ **무선통신보조설비**: 2년
㉢ **자동화재탐지설비**: 3년
㉣ **간이스프링클러설비**: 3년

정답 ②

14. 소방시설 설치 및 관리에 관한 법령상 스프링클러설비를 설치하여야 하는 특정소방대상물의 기준으로 틀린 것은? (단, 위험물 저장 및 처리 시설 중 가스시설 또는 지하구는 제외한다)

① 복합건축물로서 연면적 3,500m² 이상인 경우에는 모든 층
② 창고시설(물류터미널은 제외)로서 바닥면적 합계가 5,000m² 이상인 경우에는 모든 층
③ 숙박이 가능한 수련시설 용도로 사용되는 시설의 바닥면적의 합계가 600m² 이상인 것은 모든 층
④ 판매시설, 운수시설 및 창고시설(물류터미널에 한정)로서 바닥면적의 합계가 5,000m² 이상이거나 수용인원이 500명 이상인 경우에는 모든 층

| 해설

스프링클러설비를 설치하여야 하는 특정소방대상물의 기준은 다음과 같다.
㉠ 복합건축물로서 연면적 5,000m² 이상인 경우에는 모든 층
㉡ 창고시설(물류터미널은 제외)로서 바닥면적 합계가 5,000m² 이상인 경우에는 모든 층
㉢ 숙박이 가능한 수련시설 용도로 사용되는 시설의 바닥면적의 합계가 600m² 이상인 것은 모든 층
㉣ 판매시설, 운수시설 및 창고시설(물류터미널에 한정)로서 바닥면적의 합계가 5,000m² 이상이거나 수용인원이 500명 이상인 경우에는 모든 층

정답 ①

15. 국민의 안전의식과 화재에 대한 경각심을 높이고 안전문화를 정착시키기 위한 소방의 날은 언제인가?

① 1월 19일
② 10월 9일
③ 11월 9일
④ 12월 19일

| 해설

소방의 날은 매년 11월 9일이다.

정답 ③

16. 위험물안전관리법령상 위험물시설의 설치 및 변경 등에 관한 기준 중 (   ) 안에 들어갈 내용으로 옳은 것은?

> 제조소등의 위치·구조 또는 설비의 변경 없이 당해 제조소등에서 저장하거나 취급하는 위험물의 품명·수량 또는 지정수량의 배수를 변경하고자 하는 자는 변경하고자 하는 날의 (㉠)일 전까지 (㉡)이 정하는 바에 따라 (㉢)에게 신고하여야 한다.

	㉠	㉡	㉢
①	1	대통령령	소방본부장
②	1	행정안전부령	시·도지사
③	14	대통령령	소방서장
④	14	행정안전부령	시·도지사

| 해설

제조소등의 위치·구조 또는 설비의 변경 없이 당해 제조소등에서 저장하거나 취급하는 위험물의 품명·수량 또는 지정수량의 배수를 변경하고자 하는 자는 변경하고자 하는 날의 1일 전까지 행정안전부령이 정하는 바에 따라 시·도지사에게 신고하여야 한다.

정답 ②

---

17. 위험물안전관리법령상 위험물취급소의 구분에 해당하지 않는 것은?

① 이송취급소　　　　② 관리취급소
③ 판매취급소　　　　④ 일반취급소

| 해설

위험물취급소에는 이송취급소, 주유취급소, 판매취급소, 일반취급소가 있으며, 관리취급소는 포함되지 않는다.

정답 ②

---

18. 법 개정으로 삭제

---

19. 소방시설 설치 및 관리에 관한 법령상 1년 이하의 징역 또는 1천만원 이하의 벌금 기준에 해당하는 경우는?

① 소방용품의 형식승인을 받지 아니하고 소방용품을 제조하거나 수입한 자
② 형식승인을 받은 소방용품에 대하여 제품검사를 받지 아니한 자
③ 거짓이나 그 밖의 부정한 방법으로 제품검사 전문기관으로 지정을 받은 자
④ 소방용품에 대하여 형상 등의 일부를 변경한 후 형식승인의 변경승인을 받지 아니한 자

| 해설

• 소방용품의 형식승인을 받지 아니하고 소방용품을 제조하거나 수입한 자는 3년 이하의 징역 또는 3천만원 이하의 벌금에 처한다.
• 형식승인을 받은 소방용품에 대하여 제품검사를 받지 아니한 자는 3년 이하의 징역 또는 3천만원 이하의 벌금에 처한다.
• 거짓이나 그 밖의 부정한 방법으로 제품검사 전문기관으로 지정을 받은 자는 3년 이하의 징역 또는 3천만원 이하의 벌금에 처한다.
• 소방용품에 대하여 형상 등의 일부를 변경한 후 형식승인의 변경승인을 받지 아니한 자는 1년 이하의 징역 또는 1천만원 이하의 벌금에 처한다.

정답 ④

해커스 소방설비기사 필기 소방관계법규 기본서 + 7개년 기출문제집

20. 다음 중 소방시설 설치 및 관리에 관한 법령상 소방시설관리업을 등록할 수 있는 자는?

① 피성년후견인
② 소방시설관리업의 등록이 취소된 날부터 2년이 경과된 자
③ 금고 이상의 형의 집행유예를 선고받고 그 유예기간 중에 있는 자
④ 금고 이상의 실형을 선고받고 그 집행이 면제된 날부터 2년이 지나지 아니한 자

| 해설

소방시설관리업의 등록 기준은 다음과 같다.

㉠ **피성년후견인:** 결격사유자로 등록할 수 없다.
㉡ **소방시설관리업의 등록이 취소된 날부터 2년이 경과된 자:** 결격사유자가 아니므로 등록할 수 있다.
㉢ 금고 이상의 형의 집행유예를 선고받고 그 유예기간 중에 있는 자: 결격사유자로 등록할 수 없다.
㉣ 금고 이상의 실형을 선고받고 그 집행이 면제된 날부터 2년이 지나지 아니한 자: 결격사유자로 등록할 수 없다.

정답 ②

01. 소방시설공사업법령에 따른 소방시설업 등록이 가능한 사람은?

① 피성년후견인
② 위험물안전관리법에 따른 금고 이상의 형의 집행유예를 선고받고 그 유예기간 중에 있는 사람
③ 등록하려는 소방시설업 등록이 취소된 날부터 3년이 지난 사람
④ 소방기본법에 따른 금고 이상의 실형을 선고받고 그 집행이 면제된 날부터 1년이 지난 사람

| 해설

소방시설업 등록 기준은 다음과 같다.
㉠ 피성년후견인: 결격사유자로 등록할 수 없다.
㉡ 위험물안전관리법에 따른 금고 이상의 형의 집행유예를 선고받고 그 유예기간 중에 있는 사람: 결격사유자로 등록할 수 없다.
㉢ 등록하려는 소방시설업 등록이 취소된 날부터 3년이 지난 사람: 결격사유자가 아니므로 등록할 수 있다.
㉣ 소방기본법에 따른 금고 이상의 실형을 선고받고 그 집행이 면제된 날부터 1년이 지난 사람: 결격사유자로 등록할 수 없다.

정답 ③

02. 소방시설 설치 및 관리에 관한 법률상 방염성능기준 이상의 실내 장식물 등을 설치해야 하는 특정소방대상물이 아닌 것은?

① 숙박이 가능한 수련시설
② 층수가 10층 이상인 아파트
③ 건축물 옥내에 있는 종교시설
④ 방송통신시설 중 방송국 및 촬영소

| 해설

방염성능기준 이상의 실내 장식물 등을 설치해야 하는 특정소방대상물은 다음과 같다.
㉠ 숙박이 가능한 수련시설
㉡ 층수가 11층 이상
㉢ 건축물 옥내에 있는 종교시설
㉣ 방송통신시설 중 방송국 및 촬영소

정답 ②

03. 소방시설공사업법령상 소방공사감리를 실시함에 있어 용도와 구조에서 특별히 안전성과 보안성이 요구되는 소방대상물로서 소방시설물에 대한 감리를 감리업자가 아닌 자가 감리할 수 있는 장소는?

① 정보기관의 청사
② 교도소 등 교정관련시설
③ 국방 관계시설 설치장소
④ 원자력안전법상 관계시설이 설치되는 장소

| 해설

소방공사감리를 실시함에 있어 용도와 구조에서 특별히 안전성과 보안성이 요구되는 소방대상물로서 소방 시설물에 대한 감리를 감리업자가 아닌 자가 감리할 수 있는 장소는 원자력안전법상 관계시설이 설치되는 장소이다.

정답 ④

04. 위험물안전관리법령상 다음의 규정을 위반하여 위험물의 운송에 관한 기준을 따르지 아니한 자에 대한 과태료 기준은?

> 위험물운송자는 이동탱크저장소에 의하여 위험물을 운송하는 때에는 행정안전부령으로 정하는 기준을 준수하는 등 당해 위험물의 안전확보를 위하여 세심한 주의를 기울여야 한다.

① 50만원 이하 　　　② 200만원 이하
③ 500만원 이하 　　　④ 1,000만원 이하

| 해설
위험물운송자는 이동탱크저장소에 의하여 위험물을 운송하는 때에는 행정안전부령으로 정하는 기준을 준수하는 등 당해 위험물의 안전확보를 위하여 세심한 주의를 기울여야 하는 규정에 위반한 경우 과태료 500만원 이하에 처한다.

정답 ③

05. 다음 소방시설 중 경보설비가 아닌 것은?

① 통합감시시설 　　　② 가스누설경보기
③ 비상콘센트설비 　　④ 자동화재속보설비

| 해설
비상콘센트설비는 소화활동설비에 해당한다.

정답 ③

06. 소방기본법령에 따라 주거지역·상업지역 및 공업지역에 소방용수시설을 설치하는 경우 소방대상물과의 수평거리를 몇 m 이하가 되도록 해야 하는가?

① 50 　　　　　② 100
③ 150 　　　　　④ 200

| 해설
소방용수시설을 설치하는 경우 주거지역·상업지역 및 공업지역은 수평거리를 100m 이하가 되도록 설치하며, 그 밖의 지역은 수평거리를 140m 이하가 되도록 설치한다.

정답 ②

07. 법 개정으로 삭제

08. 화재의 예방 및 안전관리에 관한 법령상 불꽃을 사용하는 용접·용단 기구의 용접 또는 용단 작업장에서 지켜야 하는 사항 중 ( ) 안에 알맞은 것은?

> • 용접 또는 용단 작업자로부터 반경 (㉠)m 이내에 소화기를 갖추어 둘 것
> • 용접 또는 용단 작업장 주변 반경 (㉡)m 이내에는 가연물을 쌓아두거나 놓아두지 말 것. 다만, 가연물의 제거가 곤란하여 방지포 등으로 방호조치를 한 경우는 제외한다.

	㉠	㉡		㉠	㉡
①	3	5	②	5	3
③	5	10	④	10	5

| 해설
• 용접 또는 용단 작업자로부터 반경 5m 이내에 소화기를 갖추어 둘 것
• 용접 또는 용단 작업장 주변 반경 10m 이내에는 가연물을 쌓아두거나 놓아두지 말 것. 다만, 가연물의 제거가 곤란하여 방지포 등으로 방호조치를 한 경우는 제외한다.

정답 ③

09. 소방기본법령상 소방업무 상호응원협정 체결시 포함되어야 하는 사항이 아닌 것은?

① 응원출동의 요청방법
② 응원출동훈련 및 평가
③ 응원출동대상지역 및 규모
④ 응원출동시 현장지휘에 관한 사항

| 해설

소방업무 상호응원협정 체결시 포함사항은 다음과 같으며, 응원출동시 현장지휘에 관한 사항은 포함되지 않는다.
㉠ 응원출동의 요청방법
㉡ 응원출동훈련 및 평가
㉢ 응원출동대상지역 및 규모
㉣ 출동대원의 수당·식사 및 피복의 수선 등의 소요경비 부담에 관한 사항

정답 ④

10. 위험물안전관리법령상 제조소등의 경보설비 설치 기준에 대한 설명으로 옳지 않은 것은?

① 제조소 및 일반취급소의 연면적이 500m² 이상인 것에는 자동화재탐지설비를 설치한다.
② 자동신호장치를 갖춘 스프링클러설비 또는 물분무등소화설비를 설치한 제조소등에 있어서는 자동화재탐지설비를 설치한 것으로 본다.
③ 경보설비는 자동화재탐지설비·자동화재속보설비·비상경보설비(비상벨장치 또는 경종 포함)·확성장치(휴대용확성기 포함) 및 비상방송설비로 구분한다.
④ 지정수량의 10배 이상의 위험물을 저장 또는 취급하는 제조소등(이동탱크저장소를 포함한다)에는 화재발생시 이를 알릴 수 있는 경보설비를 설치하여야 한다.

| 해설

제조소등의 경보설비 설치기준은 다음과 같다.
㉠ 제조소 및 일반취급소의 연면적이 500m² 이상인 것에는 자동화재탐지설비를 설치한다.
㉡ 자동신호장치를 갖춘 스프링클러설비 또는 물분무등소화설비를 설치한 제조소등에 있어서는 자동화재탐지설비를 설치한 것으로 본다.
㉢ 경보설비는 자동화재탐지설비·자동화재속보설비·비상경보설비(비상벨장치 또는 경종 포함)·확성장치 (휴대용확성기 포함) 및 비상방송설비로 구분한다.
㉣ 지정수량의 10배 이상의 위험물을 저장 또는 취급하는 제조소등(이동탱크저장소 제외)에는 화재발생시 이를 알릴 수 있는 경보설비를 설치하여야 한다.

정답 ④

11. 위험물안전관리법령에 따라 위험물안전관리자를 해임하거나 퇴직한 때에는 해임하거나 퇴직한 날부터 며칠 이내에 다시 안전관리자를 선임하여야 하는가?

① 30일
② 35일
③ 40일
④ 55일

| 해설

위험물안전관리자를 해임하거나 퇴직한 때에는 해임하거나 퇴직한 날부터 30일 이내에 다시 안전관리자를 선임하여야 한다.

정답 ①

12. 소방시설공사업법령에 따른 소방시설업의 등록권자는?

① 국무총리 ② 소방서장
③ 시·도지사 ④ 한국소방안전원장

13. 소방기본법령에 따른 소방용수시설 급수탑 개폐밸브의 설치기준으로 맞는 것은?

① 지상에서 1.0m 이상 1.5m 이하
② 지상에서 1.2m 이상 1.8m 이하
③ 지상에서 1.5m 이상 1.7m 이하
④ 지상에서 1.5m 이상 2.0m 이하

14. 위험물안전관리법령상 정기검사를 받아야 하는 특정·준특정옥외탱크저장소의 관계인은 특정·준특정옥외탱크저장소의 설치허가에 따른 완공검사합격확인증을 발급받은 날부터 몇 년 이내에 정기검사를 받아야 하는가?

① 9 ② 10
③ 11 ④ 12

15. 소방시설 설치 및 관리에 관한 법률상 소방시설 등에 대한 자체점검 중 종합점검 대상인 것은?

① 제연설비가 설치되지 않은 터널
② 스프링클러설비가 설치된 연면적이 5,000m²이고, 12층인 아파트
③ 물분무등소화설비가 설치된 연면적이 5,000m²인 위험물 제조소
④ 호스릴 방식의 물분무등소화설비만을 설치한 연면적 3,000m²인 특정소방대상물

16. 소방시설 설치 및 관리에 관한 법률상 소방용품의 형식승인을 받지 아니하고 소방용품을 제조하거나 수입한 자에 대한 벌칙 기준은?

① 100만원 이하의 벌금
② 300만원 이하의 벌금
③ 1년 이하의 징역 또는 1천만원 이하의 벌금
④ 3년 이하의 징역 또는 3천만원 이하의 벌금

17. 화재의 예방 및 안전관리에 관한 법률상 소방안전 관리대상물의 소방안전관리자의 업무가 아닌 것은?

① 소방시설 공사
② 소방훈련 및 교육
③ 소방계획서의 작성 및 시행
④ 자위소방대의 구성·운영·교육

| 해설

소방안전관리대상물의 소방 안전관리자의 업무는 다음과 같으며, 소방시설 공사는 이에 해당하지 않는다.

㉠ 화기취급의 감독
㉡ 소방훈련 및 교육
㉢ 소방계획서의 작성 및 시행
㉣ 자위소방대의 구성·운영·교육

정답 ①

18. 소방기본법에 따라 화재 등 그 밖의 위급한 상황이 발생한 현장에서 소방활동을 위하여 필요한 때에는 그 관할구역에 사는 사람 또는 그 현장에 있는 사람으로 하여금 사람을 구출하는 일 또는 불을 끄는 등의 일을 하도록 명령할 수 있는 권한이 없는 사람은?

① 소방서장
② 소방대장
③ 시·도지사
④ 소방본부장

| 해설

화재 등 그 밖의 위급한 상황이 발생한 현장에서 소방활동을 위하여 필요한 때에는 그 관할구역에 사는 사람 또는 그 현장에 있는 사람으로 하여금 사람을 구출하는 일 또는 불을 끄는 등의 일을 하도록 명령할 수 있는 권한이 있는 자는 소방서장, 소방대장, 소방본부장이며, 시·도지사는 해당하지 않는다.

정답 ③

19. 소방시설 설치 및 관리에 관한 법률상 화재위험도가 낮은 특정소방대상물 중 석재등의 가공공장에 설치하지 아니할 수 있는 소방시설로 옳은 것은?

① 피난기구
② 비상방송설비
③ 연결살수설비
④ 자동화재탐지설비

| 해설

소방시설을 설치하지 아니할 수 있는 특례는 다음과 같다.

㉠ 화재 위험도가 낮은 특정소방대상물

특정소방대상물	소방시설
석재, 불연성금속, 불연성 건축재료 등의 가공공장·기계조립공장·주물공장 또는 불연성 물품을 저장하는 창고	옥외소화전 및 연결살수설비

㉡ 화재안전기준을 적용하기 어려운 특정소방대상물

특정소방대상물	소방시설
펄프공장의 작업장, 음료수 공장의 세정 또는 충전을 하는 작업장, 그 밖에 이와 비슷한 용도로 사용하는 것	스프링클러설비, 상수도소화용수설비 및 연결살수설비
정수장, 수영장, 목욕장, 농예·축산·어류양식용 시설, 그 밖에 이와 비슷한 용도로 사용되는 것	자동화재탐지설비, 상수도소화용수설비 및 연결살수설비

정답 ③

20. 소방시설 설치 및 관리에 관한 법률상 건축허가 등의 동의대상물이 아닌 것은?

① 항공기 격납고
② 연면적이 300m²인 공연장
③ 바닥면적이 300m²인 차고
④ 연면적이 300m²인 노유자시설

| 해설

건축허가 등의 동의대상물은 다음과 같다.

㉠ 항공기 격납고
㉡ 연면적이 400m² 이상인 공연장
㉢ 바닥면적이 200m² 이상인 차고, 주차장
㉣ 연면적이 300m² 이상의 노유자 시설

정답 ②

01. 소방기본법상 소방대의 구성원에 속하지 않는 자는?

① 소방공무원법에 따른 소방공무원
② 의용소방대 설치 및 운영에 관한 법률에 따른 의용소방대원
③ 위험물안전관리법에 따른 자체소방대원
④ 의무소방대설치법에 따라 임용된 의무소방원

| 해설
소방대의 구성원은 다음과 같으며, 위험물안전관리법에 따른 자체소방대원은 포함되지 않는다.
㉠ 소방공무원법에 따른 소방공무원
㉡ 의용소방대 설치 및 운영에 관한 법률에 따른 의용소방대원
㉢ 의무소방대설치법에 따라 임용된 의무소방원

 ③

02. 화재의 예방 및 안전관리에 관한 법령상 소방청장, 소방본부장 또는 소방서장은 관할구역에 있는 소방대상물에 대하여 화재안전조사를 실시할 수 있다. 화재안전조사 대상과 거리가 먼 것은? (단, 개인 주거에 대하여는 관계인의 승낙을 득한 경우이다)

① 화재예방강화지구에 대한 화재안전조사 등 다른 법률에서 화재안전조사를 실시하도록 한 경우
② 관계인이 법령에 따라 실시하는 소방시설등, 방화시설, 피난시설 등에 대한 자체점검 등이 불성실하거나 불완전하다고 인정되는 경우
③ 화재가 발생할 우려가 없으나 소방대상물의 정기점검이 필요한 경우
④ 국가적 행사 등 주요 행사가 개최되는 장소에 대하여 소방안전관리 실태를 점검할 필요가 있는 경우

| 해설
화재안전조사 대상은 다음과 같다.
㉠ 화재예방강화지구에 대한 화재안전조사 등 다른 법률에서 소방특별조사를 실시하도록 한 경우
㉡ 관계인이 법령에 따라 실시하는 소방시설등, 방화시설, 피난시설 등에 대한 자체점검 등이 불성실하거나 불완전하다고 인정되는 경우
㉢ 화재가 자주 발생하였거나 발생할 우려가 뚜렷한 곳에 대한 점검이 필요한 경우
㉣ 국가적 행사 등 주요 행사가 개최되는 장소에 대하여 소방안전관리 실태를 점검할 필요가 있는 경우
㉤ 재난예측정보, 기상예보 등을 분석한 결과 소방대상물에 화재, 재난·재해의 발생 위험이 높다고 판단되는 경우

 ③

03. 항공기격납고는 특정소방대상물 중 어느 시설에 해당되는가?

① 위험물 저장 및 처리 시설
② 항공기 및 자동차 관련 시설
③ 창고시설
④ 업무시설

| 해설
- 항공기 격납고는 항공기 및 자동차 관련 시설에 해당한다.
- 항공기 및 자동차 관련 시설(건설기계 관련 시설 포함)
  ㉠ 항공기격납고
  ㉡ 차고, 주차용 건축물, 철골 조립식 주차시설(바닥면이 조립식이 아닌 것 포함) 및 기계장치에 의한 주차시설
  ㉢ 세차장
  ㉣ 폐차장
  ㉤ 자동차 검사장
  ㉥ 자동차 매매장
  ㉦ 자동차 정비공장
  ㉧ 운전학원·정비학원

정답 ②

04. 소방시설 설치 및 관리에 관한 법령상 소방시설 등의 자체점검시 점검 인력 배치기준 중 종합점검에 대한 점검인력 1단위가 하루 동안 점검할 수 있는 특정소방대상물의 연면적 기준으로 옳은 것은? (단, 보조 인력을 추가하는 경우는 제외한다)

① 3,500m^2
② 8,000m^2
③ 10,000m^2
④ 12,000m^2

| 해설
점검인력 1단위가 하루 동안 점검할 수 있는 특정소방대상물의 연면적 기준은 다음과 같다.
㉠ 작동기능 점검: 10,000m^2
㉡ 종합정밀 점검: 8,000m^2

정답 ②

05. 소방시설 설치 및 관리에 관한 법령상 간이스프링 클러설비를 설치하여야 하는 특정소방대상물의 기준으로 옳은 것은?

① 근린생활시설로 사용하는 부분의 바닥면적 합계가 1,000m^2 이상인 것은 모든 층
② 교육연구시설 내에 있는 합숙소로서 연면적 500m^2 이상인 것
③ 정신병원과 의료재활시설을 제외한 요양병원으로 사용되는 바닥면적의 합계가 300m^2 이상 600m^2 미만인 시설
④ 정신의료기관 또는 의료재활시설로 사용되는 바닥면적의 합계가 600m^2 미만인 시설

| 해설
간이스프링클러설비를 설치하여야 하는 특정소방대상물의 기준은 다음과 같다.
㉠ 근린생활시설로 사용하는 부분의 바닥면적 합계가 1,000m^2 이상인 것은 모든 층
㉡ 교육연구시설 내에 있는 합숙소로서 연면적 100m^2 이상인 것
㉢ 정신병원과 의료재활시설을 제외한 요양병원으로 사용되는 바닥면적의 합계가 600m^2 미만인 시설
㉣ 정신의료기관 또는 의료재활시설로 사용되는 바닥면적의 합계가 300m^2 이상 600m^2 미만인 시설

정답 ①

06. 소방대상물의 방염 등과 관련하여 방염성능기준은 무엇으로 정하는가?

① 대통령령
② 행정안전부령
③ 소방청훈령
④ 소방청예규

07. 제6류 위험물에 속하지 않는 것은?

① 질산
② 과산화수소
③ 과염소산
④ 과염소산염류

08. 화재의 예방 및 안전관리에 관한 법령상 정당한 사유 없이 화재안전조사 결과에 따른 조치명령을 위반한 자에 대한 벌칙으로 옳은 것은?

① 100만원 이하의 벌금
② 300만원 이하의 벌금
③ 1년 이하의 징역 또는 1천만원 이하의 벌금
④ 3년 이하의 징역 또는 3천만원 이하의 벌금

09. 위험물안전관리법령상 제조소등이 아닌 장소에서 지정수량 이상의 위험물을 취급할 수 있는 기준 중 (   ) 안에 알맞은 것은?

> 시·도의 조례가 정하는 바에 따라 관할 소방서장의 승인을 받아 지정수량 이상의 위험물을 (   )일 이내의 기간 동안 임시로 저장 또는 취급하는 경우

① 15
② 30
③ 60
④ 90

10. 법 개정으로 삭제

11. 제조소등의 위치·구조 또는 설비의 변경 없이 당해 제조소등에서 저장하거나 취급하는 위험물의 품명·수량 또는 지정수량의 배수를 변경하고자 할때는 누구에게 신고해야 하는가?

① 국무총리   ② 시·도지사
③ 관할소방서장   ④ 행정안전부장관

| 해설

위험물의 품명·수량 또는 지정수량의 배수를 변경하고자 할 때에는 변경 1일 전까지 시·도지사에게 신고하여야 한다.

 정답 ②

12. 소방관서장은 화재예방강화지구 안의 관계인에 대하여 소방상 필요한 훈련 및 교육은 연 몇 회 이상 실시할 수 있는가?

① 1   ② 2
③ 3   ④ 4

| 해설

소방관서장은 화재예방강화지구 안의 관계인에 대하여 소방상 필요한 훈련 및 교육은 연 1회 이상 실시할 수 있다.

 정답 ①

13. 소방기본법령상 국고보조 대상사업의 범위 중 소방활동장비와 설비에 해당하지 않는 것은?

① 소방자동차
② 소방헬리콥터 및 소방정
③ 소화용수설비 및 피난구조설비
④ 방화복 등 소방활동에 필요한 소방장비

| 해설

국고보조 대상사업의 범위 중 소방활동장비와 설비에 해당하는 것은 다음과 같다.
㉠ 소방자동차
㉡ 소방헬리콥터 및 소방정
㉢ 방화복 등 소방활동에 필요한 소방장비

정답 ③

14. 화재예방강화지구로 지정할 수 있는 대상이 아닌 것은?

① 시장지역
② 소방출동로가 있는 지역
③ 공장·창고가 밀집한 지역
④ 목조건물이 밀집한 지역

| 해설

화재예방강화지구 지정 대상은 다음과 같다.
㉠ 시장지역
㉡ 소방출동로가 없는 지역
㉢ 공장·창고가 밀집한 지역
㉣ 목조건물이 밀집한 지역

정답 ②

15. 위험물안전관리법령상 제조소등의 관계인은 위험물의 안전관리에 관한 직무를 수행하게 하기 위하여 제조소등마다 위험물의 취급에 관한 자격이 있는 자를 위험물안전관리자로 선임하여야 한다. 이 경우 제조소등의 관계인이 지켜야 할 기준으로 옳지 않은 것은?

① 제조소등의 관계인은 안전관리자를 해임하거나 안전관리자가 퇴직한 때에는 해임하거나 퇴직한 날로부터 15일 이내에 다시 안전관리자를 선임하여야 한다.

② 제조소등의 관계인이 안전관리자를 선임한 경우에는 선임한 날로부터 14일 이내에 소방본부장 또는 소방서장에게 신고하여야 한다.

③ 제조소등의 관계인은 안전관리자가 여행·질병 그 밖의 사유로 인하여 일시적으로 직무를 수행할 수 없는 경우에는 국가기술자격법에 따른 위험물의 취급에 관한 자격취득자 또는 위험물안전에 관한 기본지식과 경험이 있는 자를 대리자로 지정하여 그 직무를 대행하게 하여야 한다. 이 경우 대행하는 기간은 30일을 초과할 수 없다.

④ 안전관리자는 위험물을 취급하는 작업을 하는 때에는 작업자에게 안전관리에 관한 필요한 지시를 하는 등 위험물의 취급에 관한 안전관리와 감독을 하여야 하고, 제조소등의 관계인은 안전관리자의 위험물 안전관리에 관한 의견을 존중하고 그 권고에 따라야 한다.

| 해설
제조소등의 관계인은 안전관리자를 해임하거나 안전관리자가 퇴직한 때에는 해임하거나 퇴직한 날부터 30일 이내에 다시 안전관리자를 선임하여야 한다.

정답 ①

16. 상주 공사감리를 하여야 할 대상의 기준으로 옳은 것은?

① 지하층을 포함한 층수가 16층 이상으로서 300세대 이상인 아파트에 대한 소방시설의 공사

② 지하층을 포함한 층수가 16층 이상으로서 500세대 이상인 아파트에 대한 소방시설의 공사

③ 지하층을 포함하지 않은 층수가 16층 이상으로서 300세대 이상인 아파트에 대한 소바시설의 공사

④ 지하층을 포함하지 않은 층수가 16층 이상으로서 500세대 이상인 아파트에 대한 소방시설의 공사

| 해설
상주 공사감리를 하여야 할 대상의 기준은 다음과 같다.
㉠ 지하층을 포함한 층수가 16층 이상으로서 500세대 이상인 아파트에 대한 소방시설의 공사
㉡ 연면적 30,000m² 이상인 특정소방대상물

정답 ②

17. 한국소방안전원의 업무에 해당하지 않는 것은?

① 소방용 기계·기구의 형식승인

② 소방업무에 관하여 행정기관이 위탁하는 업무

③ 화재 예방과 안전관리의식 고취를 위한 대국민 홍보

④ 소방기술과 안전관리에 관한 교육, 조사·연구 및 각종 간행물 발간

| 해설
한국소방안전원의 업무에는 다음과 같은 것이 있으며, 소방용 기계·기구의 형식승인은 업무에 포함되지 않는다.
㉠ 소방안전에 관한 국제협력
㉡ 소방업무에 관하여 행정기관이 위탁하는 업무
㉢ 화재예방과 안전관리의식 고취를 위한 대국민 홍보
㉣ 소방기술과 안전관리에 관한 교육, 조사·연구 및 각종 간행물 발간

정답 ①

18. 다음 조건을 참고할 때 숙박시설이 있는 특정소방대상물의 수용인원 산정 수로 옳은 것은?

> 침대가 있는 숙박시설로서 1인용 침대의 수는 20개이고, 2인용 침대의 수는 10개이며, 종업원 수는 3명이다.

① 33명
② 40명
③ 43명
④ 46명

| 해설

수용인원 = 침대 수(2인용은 침대 수 2개) + 종사자 수
= 20 + (2 × 10) + 3 = 43명

정답 ③

19. 소방안전관리자 및 소방안전관리보조자에 대한 실무교육이 교육대상, 교육일정 등 실무교육에 필요한 계획을 수립하여 매년 누구의 승인을 얻어 교육을 실시하는가?

① 한국소방안전원장
② 소방본부장
③ 소방청장
④ 시 · 도지사

| 해설

소방안전관리자 및 소방안전관리보조자에 대한 실무교육의 교육대상, 교육일정 등 실무교육에 필요한 계획을 수립하여 매년 소방청장의 승인을 얻어 교육을 실시한다.

정답 ③

20. 화재의 예방 및 안전관리에 관한 법령상 소방대상물의 개수 · 이전 · 제거, 사용의 금지 또는 제한, 사용폐쇄, 공사의 정지 또는 중지, 그 밖의 필요한 조치로 인하여 손실을 받은 자가 손실보상청구서에 첨부하여야 하는 서류로 옳지 않은 것은?

① 손실보상합의서
② 손실을 증명할 수 있는 사진
③ 손실을 증명할 수 있는 증빙자료
④ 소방대상물의 관계인임을 증명할 수 있는 서류 (건축물대장은 제외)

| 해설

· 소방대상물의 개수 · 이전 · 제거, 사용의 금지 또는 제한, 사용폐쇄, 공사의 정지 또는 중지, 그 밖의 필요한 조치로 인하여 손실을 받은 자가 손실보상청구서에 첨부하여야 하는 서류는 다음과 같다.
ⓐ 소방대상물의 관계인임을 증명할 수 있는 서류(건축물대장은 제외)
ⓑ 손실을 증명할 수 있는 사진
ⓒ 손실을 증명할 수 있는 증빙자료
· 손실보상합의서는 포함되지 않는다.

정답 ①

01. 소방본부장 또는 소방서장은 건축허가등의 동의요구 서류를 접수한 날부터 최대 며칠 이내에 건축허가등의 동의여부를 회신하여야 하는가? (단, 허가 신청한 건축물은 지상으로부터 높이가 200m인 아파트이다)

① 5일
② 7일
③ 10일
④ 15일

| 해설

건축허가등의 동의요구 기간은 다음과 같다.
㉠ 5일 이내
㉡ 특급소방안전관리대상물은 10일 이내
따라서 아파트로서 층수가 50층 이상이거나 높이가 200m 이상인 경우에는 특급소방안전관리대상물에 해당하므로 10일 이내로 동의여부를 회신하여야 한다.

정답 ③

02. 소방기본법령상 소방활동구역의 출입자에 해당되지 않는 자는?

① 소방활동구역 안에 있는 소방대상물의 소유자·관리자 또는 점유자
② 전기·가스·수도·통신·교통의 업무에 종사하는 사람으로서 원활한 소방활동을 위하여 필요한 자
③ 화재건물과 관련 있는 부동산업자
④ 취재인력 등 보도업무에 종사하는 자

| 해설

소방활동구역 출입 허용자는 다음과 같으며, 화재건물과 관련 있는 부동산업자는 포함되지 않는다.
㉠ 소방활동구역 안에 있는 소방대상물의 소유자·관리자 또는 점유자
㉡ 전기·가스·수도·통신·교통의 업무에 종사하는 사람으로서 원활한 소방활동을 위하여 필요한 자
㉢ 의사, 간호사
㉣ 취재인력 등 보도업무에 종사하는 자
㉤ 수사업무에 종사하는 자

정답 ③

03. 소방기본법상 화재 현장에서의 피난 등을 체험할 수 있는 소방체험관의 설립·운영권자는?

① 시·도지사
② 행정안전부장관
③ 소방본부장 또는 소방서장
④ 소방청장

| 해설

소방체험관의 설립·운영권자는 시·도지사이다.

정답 ①

04. 산화성 고체인 제1류 위험물에 해당되는 것은?

① 질산염류
② 특수인화물
③ 과염소산
④ 유기과산화물

| 해설
• 제1류 위험물에 해당하는 것은 질산염류이다.
• 특수인화물은 제4류 위험물이다.
• 과염소산은 제6류 위험물이다.
• 유기과산화물은 제5류 위험물이다.

정답 ①

05. 소방시설관리업자가 기술인력을 변경하는 경우, 시·도지사에게 제출하여야 하는 서류로 옳지 않은 것은?

① 소방시설관리업 등록수첩
② 변경된 기술인력의 기술자격증(자격수첩)
③ 기술인력 연명부
④ 사업자등록증 사본

| 해설
기술인력을 변경하는 경우, 시·도지사에게 제출하여야 하는 서류는 다음과 같으며, 사업자등록증 사본은 포함되지 않는다.
㉠ 소방시설관리업 등록수첩
㉡ 변경된 기술인력의 기술자격증(자격수첩)
㉢ 기술인력 연명부

정답 ④

06. 소방대라 함은 화재를 진압하고 화재, 재난·재해 그 밖의 위급한 상황에서 구조·구급 활동 등을 하기 위하여 구성된 조직체를 말한다. 소방대의 구성원으로 옳지 않은 것은?

① 소방공무원
② 소방안전관리원
③ 의무소방원
④ 의용소방대원

| 해설
소방대의 구성원에는 소방공무원, 의무소방원, 의용소방대원이 있으며, 소방안전관리원은 포함되지 않는다.

정답 ②

07. 소방기본법령상 인접하고 있는 시·도간 소방업무의 상호응원협정을 체결하고자 할 때, 포함되어야 하는 사항으로 옳지 않은 것은?

① 소방교육·훈련의 종류에 관한 사항
② 화재의 경계·진압활동에 관한 사항
③ 출동대원의 수당·식사 및 피복의 수선의 소요경비의 부담에 관한 사항
④ 화재조사활동에 관한 사항

| 해설
소방업무의 상호응원협정을 체결하고자 할 때, 포함되어야 하는 사항은 다음과 같다.
㉠ 응원출동(요청방법, 훈련 및 평가)
㉡ 화재의 경계·진압활동에 관한 사항
㉢ 출동대원의 수당·식사 및 피복의 수선의 소요경비의 부담에 관한 사항
㉣ 화재조사활동에 관한 사항

정답 ①

08. 소방시설 설치 및 관리에 관한 법령상 건축허가등의 동의를 요구한 기관이 그 건축허가등을 취소하였을 때, 취소한 날부터 최대 며칠 이내에 건축물 등의 시공지 또는 소재지를 관할하는 소방본부장 또는 소방서장에게 그 사실을 통보하여야 하는가?

① 3일　　　　　　② 4일
③ 7일　　　　　　④ 10일

| 해설
건축허가등의 동의를 요구한 기관이 그 건축허가등을 취소하였을 때, 취소한 날부터 7일 이내에 건축물 등의 시공지 또는 소재지를 관할하는 소방본부장 또는 소방서장에게 그 사실을 통보하여야 한다.

정답 ③

09. 다음 중 300만원 이하의 벌금에 해당되지 않는 것은?

① 소방시설업의 등록수첩을 다른 자에게 빌려준 자
② 소방시설공사의 완공검사를 받지 아니한 자
③ 소방기술자가 동시에 둘 이상의 업체에 취업한 사람
④ 소방시설공사 현장에 감리원을 배치하지 아니한 자

| 해설
ㄱ 등록수첩을 다른 자에게 빌려준 자는 300만원 이하의 벌금에 처한다.
ㄴ 소방시설공사의 완공검사를 받지 아니한 자는 200만원 이하의 과태료에 처한다.
ㄷ 소방기술자가 동시에 둘 이상의 업체에 취업한 사람은 300만원 이하의 벌금에 처한다.
ㄹ 소방시설공사 현장에 감리원을 배치하지 아니한 자는 300만원 이하의 벌금에 처한다.

정답 ②

10. 소방시설 설치 및 관리에 관한 법령상 특정소방대상물 중 오피스텔은 어느 시설에 해당하는가?

① 숙박시설
② 일반업무시설
③ 공동주택
④ 근린생활시설

| 해설
• 오피스텔은 일반업무시설에 해당한다.
• 업무시설의 구분
　ㄱ **공공업무시설**: 국가 또는 지방자치단체의 청사와 외국공관의 건축물로서 근린생활시설에 해당하지 않는 것
　ㄴ **일반업무시설**: 금융업소, 사무소, 신문사, 오피스텔, 그 밖에 이와 비슷한 것으로서 근린생활시설에 해당하지 않는 것
　ㄷ 주민자치센터(동사무소), 경찰서, 지구대, 파출소, 소방서, 119안전센터, 우체국, 보건소, 공공도서관, 국민건강보험공단, 그 밖에 이와 비슷한 용도로 사용하는 것
　ㄹ 마을회관, 마을공동작업소, 마을공동구판장, 그 밖에 이와 유사한 용도로 사용되는 것
　ㅁ 변전소, 양수장, 정수장, 대피소, 공중화장실, 그 밖에 이와 유사한 용도로 사용되는 것

정답 ②

11. 소방시설 설치 및 관리에 관한 법령상, 종사자 수가 5명이고, 숙박시설이 모두 2인용 침대이며 침대수량은 50개인 청소년시설에서 수용인원은 몇 명인가?

① 55　　　　　　② 75
③ 85　　　　　　④ 105

| 해설
수용인원 = 침대 수(2인용은 침대 수 2개) + 종사자 수
　　　　 = 2 × 50 + 5 = 105명

정답 ④

12. 고급기술자에 해당하는 학력 · 경력 기준으로 옳은 것은?

① 박사학위를 취득한 후 2년 이상 소방 관련 업무를 수행한 사람

② 석사학위를 취득한 후 6년 이상 소방 관련 업무를 수행한 사람

③ 학사학위를 취득한 후 8년 이상 소방 관련 업무를 수행한 사람

④ 고등학교를 졸업한 후 10년 이상 소방 관련 업무를 수행한 사람

| 해설

• 석사학위를 취득한 후 6년 이상 소방 관련 업무를 수행한 사람의 경우 고급기술자에 해당한다.

• 학력 · 경력 등에 따른 기술등급(각 기간 이상 소방 관련 업무를 수행한 사람)

㉠ 특급기술자

학력 · 경력자	경력자
• 박사학위를 취득한 후 3년 이상 • 석사학위를 취득한 후 9년 이상 • 학사학위를 취득한 후 12년 이상 • 전문학사학위를 취득한 후 15년	–

㉡ 고급기술자

학력 · 경력자	경력자
• 박사학위를 취득한 후 1년 이상 • 석사학위를 취득한 후 6년 이상 • 학사학위를 취득한 후 9년 이상 • 전문학사학위를 취득한 후 12년 이상 • 고등학교를 졸업한 후 15년 이상	• 학사 이상의 학위를 취득한 후 12년 이상 • 전문학사학위를 취득한 후 15년 이상 • 고등학교를 졸업한 후 18년 이상 • 22년 이상

정답 ②

13. 지정수량의 최소 몇 배 이상의 위험물을 취급하는 제조소에는 피뢰침을 설치해야 하는가? (단, 제6류 위험물을 취급하는 위험물제조소는 제외하고, 제조소 주위의 상황에 따라 안전상 지장이 없는 경우도 제외한다)

① 5배   ② 10배

③ 50배   ④ 100배

| 해설

지정수량의 10배 이상의 위험물을 취급하는 제조소에는 피뢰침을 설치하여야 한다.

정답 ②

14. 화재안전조사 결과 소방대상물의 위치 · 구조 · 설비 또는 관리의 상황이 화재나 재난 · 재해 예방을 위하여 보완될 필요가 있거나 화재가 발생하면 인명 또는 재산의 피해가 클 것으로 예상되는 때에 관계인에게 그 소방대상물의 개수 · 이전 · 제거, 사용의 금지 또는 제한, 사용폐쇄, 공사의 정지 또는 중지, 그 밖의 필요한 조치를 명할 수 있는 자로 옳지 않은 것은?

① 시 · 도지사

② 소방서장

③ 소방청장

④ 소방본부장

| 해설

소방청장, 소방본부장 및 소방서장은 화재안전조사 결과 소방대상물의 위치 · 구조 · 설비 또는 관리의 상황이 화재나 재난 · 재해 예방을 위하여 보완될 필요가 있거나 화재가 발생하면 인명 또는 재산의 피해가 클 것으로 예상 되는 때에 관계인에게 그 소방대상물의 개수 · 이전 · 제거, 사용의 금지 또는 제한, 사용폐쇄, 공사의 정지 또는 중지, 그 밖의 필요한 조치를 명할 수 있다.

정답 ①

15. 품질이 우수하다고 인정되는 소방용품에 대하여 우수품질인증을 할 수 있는 자는?

① 산업통상자원부장관
② 시·도지사
③ 소방청장
④ 소방본부장 또는 소방서장

| 해설

소방청장은 품질이 우수하다고 인정되는 소방용품에 대하여 우수품질인증을 할 수 있다.

정답 ③

16. 화재의 예방 및 안전관리에 관한 법령상 목재 등 가연성이 큰 물건의 보관기간은 소방본부 또는 소방서의 게시판에 공고하는 기간의 종료일 다음 날부터 며칠로 하는가?

① 3일   ② 5일
③ 7일   ④ 14일

| 해설

목재 등 가연성이 큰 물건의 보관기간은 소방본부 또는 소방서의 게시판에 공고하는 기간의 종료일 다음 날부터 7일로 한다.

정답 ③

17. 소방시설 설치 및 관리에 관한 법령상 둘 이상의 특정소방대상물이 내화구조로 된 연결통로가 벽이 없는 구조로서 그 길이가 몇 m 이하인 경우 하나의 소방대상물로 보는가?

① 6   ② 9
③ 10   ④ 12

| 해설

• 둘 이상의 특정소방대상물이 다음의 어느 하나에 해당되는 구조의 복도 또는 통로(이하 "연결통로"라 함)로 연결된 경우에는 이를 하나의 소방대상물로 본다.
• 내화구조로 된 연결통로가 다음의 어느 하나에 해당되는 경우
  ㉠ 벽이 없는 구조로서 그 길이가 6m 이하인 경우
  ㉡ 벽이 있는 구조로서 그 길이가 10m 이하인 경우. 다만, 벽 높이가 바닥에서 천장까지의 높이의 2분의 1 이상인 경우에는 벽이 있는 구조로 보고, 벽 높이가 바닥에서 천장까지의 높이의 2분의 1 미만인 경우에는 벽이 없는 구조로 본다.

정답 ①

18. 제4류 위험물을 저장·취급하는 제조소에 "화기엄금"이란 주의사항을 표시하는 게시판을 설치할 경우 게시판의 색상은?

① 청색바탕에 백색문자
② 적색바탕에 백색문자
③ 백색바탕에 적색문자
④ 백색바탕에 흑색문자

| 해설

제4류 위험물을 저장·취급하는 제조소에 적색바탕에 백색문자로 "화기엄금"이란 주의사항을 표시하는 게시판을 설치한다.

정답 ②

19. 소방시설을 구분하는 경우 소화설비에 해당되지 않는 것은?

① 스프링클러설비
② 제연설비
③ 자동확산소화기
④ 옥외소화전설비

| 해설
제연설비는 소화활동설비에 해당한다.

정답 ②

20. 위험물안전관리법상 청문을 실시하여 처분해야 하는 것은?

① 제조소등 설치허가의 취소
② 제조소등 영업정지 처분
③ 탱크시험자의 영업정지 처분
④ 과징금 부과 처분

| 해설
위험물안전관리법상 청문 대상에는 제조소등 설치허가의 취소, 탱크시험자의 등록 취소가 있다.

정답 ①

01. 아파트로 층수가 20층인 특정소방대상물에서 스프링클러설비를 하여야 하는 층수는? (단, 아파트는 신축을 실시하는 경우이다)

① 전층
② 15층 이상
③ 11층 이상
④ 6층 이상

| 해설

층수가 6층 이상인 특정소방대상물의 경우에는 모든 층(= 전층)에 스프링클러설비를 하여야 한다.

정답 ①

02. 1급 소방안전관리대상물이 아닌 것은?

① 15층인 특정소방대상물(아파트는 제외)
② 가연성가스를 2,000톤 저장·취급하는 시설
③ 21층인 아파트로서 300세대인 것
④ 연면적 20,000m²인 문화집회 및 운동시설

| 해설

1급 소방안전관리대상물에 해당하는 것은 다음과 같다.
㉠ 11층 이상의 특정소방대상물(아파트는 제외)
㉡ 가연성가스를 1천톤 이상 저장·취급하는 시설
㉢ 아파트로서 층수가 30층 이상이거나 높이가 120m 이상
㉣ 연면적 1만 5천m² 이상인 특정소방대상물(아파트는 제외)

정답 ③

03. 다음 중 중급기술자의 학력·경력자에 대한 기준으로 옳은 것은? (단, 학력·경력자란 고등학교·대학 또는 이와 같은 수준 이상의 교육기관의 소방관련학과의 정해진 교육 과정을 이수하고 졸업하거나 그 밖의 관계 법령에 따라 국내 또는 외국에서 이와 같은 수준 이상의 학력이 있다고 인정되는 사람을 말한다)

① 고등학교를 졸업 후 10년 이상 소방 관련 업무를 수행한 자
② 학사업무를 취득한 후 6년 이상 소방 관련 업무를 수행한 자
③ 석사학위를 취득한 후 2년 이상 소방 관련 업무를 수행한 자
④ 박사학위를 취득한 후 1년 이상 소방 관련 업무를 수행한 자

| 해설

• 학사업무를 취득한 후 6년 이상 소방 관련 업무를 수행한 자의 경우 중급기술자에 해당한다.
• 중급기술자의 학력·경력 기준(각 기간 이상 소방 관련 업무를 수행한 사람)

학력·경력자	경력자
• 박사학위를 취득한 사람 • 석사학위를 취득한 후 3년 이상 • 학사학위를 취득한 후 6년 이상 • 전문학사학위를 취득한 후 9년 이상 • 고등학교를 졸업한 후 12년 이상	• 학사 이상의 학위를 취득한 후 9년 이상 • 전문학사학위를 취득한 후 12년 이상 • 고등학교를 졸업한 후 15년 이상 • 18년 이상

정답 ②

04. 화재안전조사 결과에 따른 조치명령으로 손실을 입어 손실을 보상하는 경우 그 손실을 입은 자는 누구와 손실보상을 협의하여야 하는가?

① 소방서장
② 시 · 도지사
③ 소방본부장
④ 행정안전부장관

| 해설

소방청장, 특별시장 · 광역시장 · 특별자치시장 · 도지사 또는 특별자치도지사는 명령[화재안전조사 결과 소방대상물의 위치 · 구조 · 설비 또는 관리의 상황이 화재나 재난 · 재해 예방을 위하여 보완될 필요가 있거나 화재가 발생하면 인명 또는 재산의 피해가 클 것으로 예상되는 때에는 행정안전부령으로 정하는 바에 따라 관계인에게 그 소방대상물의 개수(改修) · 이전 · 제거, 사용의 금지 또는 제한, 사용폐쇄, 공사의 정지 또는 중지, 그 밖의 필요한 조치를 명할 수 있음]으로 인하여 손실을 입은 자가 있는 경우에는 대통령령으로 정하는 바에 따라 보상하여야 한다.

정답 ②

05. 화재의 예방 및 안전관리에 관한 법령상 특수가연물의 저장 및 취급 기준 중 석탄 · 목탄류(발전용 제외)를 저장하는 경우 쌓는 부분의 바닥면적은 몇 m² 이하인가? (단, 살수설비를 설치하거나 방사능력 범위에 해당 특수가연물이 포함되도록 대형수동식소화기를 설치하는 경우이다)

① 200
② 250
③ 300
④ 350

| 해설

특수가연물의 저장 및 취급 기준 중 석탄 · 목탄류를 저장하는 경우 쌓는 부분의 바닥면적(단, 살수설비를 설치하거나 방사능력 범위에 해당 특수가연물이 포함되도록 대형수동식소화기를 설치하는 경우이며, 발전용의 용도는 아닌 경우)은 300m² 이하이다.

정답 ③

06. 소방기본법상 명령권자가 소방본부장, 소방서장 또는 소방대장에게 있는 사항은?

① 소방활동을 할 때에 긴급한 경우에는 이웃한 소방본부장 또는 소방서장에게 소방업무의 응원을 요청할 수 있다.
② 화재, 재난 · 재해, 그 밖의 위급한 상황이 발생한 현장에서 소방활동을 위하여 필요할 때에는 그 관할구역에 사는 사람 또는 그 현장에 있는 사람으로 하여금 사람을 구출하는 일 또는 불을 끄거나 불이 번지지 아니하도록 하는 일을 하게 할 수 있다.
③ 수사기관이 방화 또는 실화의 혐의가 있어서 이미 피의자를 체포하였거나 증거물을 압수하였을 때에 화재조사를 위하여 필요한 경우에는 수사에 지장을 주지 아니하는 범위에서 그 피의자 또는 압수된 증거물에 대한 조사를 할 수 있다.
④ 화재, 재난 · 재해, 그 밖의 위급한 상황이 발생하였을 때에는 소방대를 현장에 신속하게 출동시켜 화재진압과 인명구조, 구급 등 소방에 필요한 활동을 하게하여야 한다.

| 해설

㉠ 소방활동을 할 때에 긴급한 경우에는 이웃한 소방본부장 또는 소방서장에게 소방업무의 응원을 요청할 수 있다.
　→ 소방본부장 또는 소방서장
㉡ 화재, 재난 · 재해, 그 밖의 위급한 상황이 발생한 현장에서 소방활동을 위하여 필요할 때에는 그 관할구역에 사는 사람 또는 그 현장에 있는 사람으로 하여금 사람을 구출하는 일 또는 불을 끄거나 불이 번지지 아니하도록 하는 일을 하게 할 수 있다.
　→ 소방본부장, 소방서장 또는 소방대장
㉢ 수사기관이 방화 또는 실화의 혐의가 있어서 이미 피의자를 체포하였거나 증거물을 압수하였을 때에 화재조사를 위하여 필요한 경우에는 수사에 지장을 주지 아니하는 범위에서 그 피의자 또는 압수된 증거물에 대한 조사를 할 수 있다.
　→ 소방청장, 소방본부장 또는 소방서장
㉣ 화재, 재난 · 재해, 그 밖의 위급한 상황이 발생하였을 때에는 소방대를 현장에 신속하게 출동시켜 화재진압과 인명구조, 구급 등 소방에 필요한 활동을 하게 하여야 한다.
　→ 소방청장, 소방본부장 또는 소방서장

정답 ②

07. 경유의 저장량이 2,000리터, 중유의 저장량이 4,000리터, 등유의 저장량이 2,000리터인 저장소에 있어서 지정수량의 배수는?

① 동일
② 6배
③ 3배
④ 2배

| 해설

지정수량의 배수 $= \dfrac{2,000}{1,000} + \dfrac{4,000}{2,000} + \dfrac{2,000}{1,000} = 6$배

정답 ②

08. 소방용수시설 중 소화전과 급수탑의 설치기준으로 옳지 않은 것은?

① 급수탑 급수배관의 구경은 100mm 이상으로 할 것
② 소화전은 상수도와 연결하여 지하식 또는 지상식의 구조로 할 것
③ 소방용호스와 연결하는 소화전의 연결금속구의 구경은 65mm로 할 것
④ 급수탑의 개폐밸브는 지상에서 1.5m 이상 1.8m 이하의 위치에 설치할 것

| 해설

소화전과 급수탑의 설치기준은 다음과 같다.
㉠ 급수탑 급수배관의 구경은 100mm 이상으로 할 것
㉡ 소화전은 상수도와 연결하여 지하식 또는 지상식의 구조로 할 것
㉢ 소방용 호스와 연결하는 소화전의 연결금속구의 구경은 65mm로 할 것
㉣ 급수탑의 개폐밸브는 지상에서 1.5m 이상 1.7m 이하의 위치에 설치할 것

정답 ④

09. 특정소방대상물의 관계인이 소방안전관리자를 해임한 경우 재선임을 해야 하는 기준은? (단, 해임한 날부터를 기준일로 한다)

① 10일 이내
② 20일 이내
③ 30일 이내
④ 40일 이내

| 해설

특정소방대상물의 관계인은 소방안전관리자를 다음의 어느 하나에 해당하는 날부터 30일 이내에 선임하여야 한다.
㉠ 신축·증축·개축·재축·대수선 또는 용도변경으로 해당 특정소방대상물의 소방안전관리자를 신규로 선임하여야 하는 경우: 해당 특정소방대상물의 완공일
㉡ 증축 또는 용도변경으로 인하여 특정소방대상물이 소방안전관리대상물로 된 경우: 증축공사의 완공일 또는 용도변경 사실을 건축물관리대장에 기재한 날
㉢ 특정소방대상물을 양수하거나 관계인의 권리를 취득한 경우: 해당 권리를 취득한 날 또는 관할 소방서장으로부터 소방안전관리자 선임 안내를 받은 날
㉣ 소방안전관리자를 해임한 경우: 소방안전관리자를 해임한 날
㉤ 소방안전관리업무를 대행하는 자를 감독하는 자를 소방안전관리자로 선임한 경우로서 그 업무대행 계약이 해지 또는 종료된 경우: 소방안전관리업무 대행이 끝난 날

정답 ③

10. 화재의 예방 및 안전관리에 관한 법령상 소방안전
관리대상물의 소방안전관리자만이 행하는 업무가
아닌 것은?

① 소방훈련 및 교육
② 피난시설, 방화구획 및 방화시설의 유지·관리
③ 자위소방대 및 초기대응체계의 구성·운영·교육
④ 피난계획에 관한 사항과 대통령령으로 정하는
사항이 포함된 소방계획서의 작성 및 시행

| 해설

• 소방훈련 및 교육은 소방안전관리자만의 업무에 해당한다.
• 피난시설, 방화구획 및 방화시설의 유지·관리는 소방안전
관리자 및 관계인의 업무에 해당한다.
• 자위소방대 및 초기대응체계의 구성·운영·교육은 소방안
전관리자만의 업무에 해당한다.
• 피난계획에 관한 사항과 대통령령으로 정하는 사항이 포함
된 소방계획서의 작성 및 시행은 소방안전관리자만의 업무
에 해당한다.

정답 ②

11. 문화재보호법의 규정에 의한 유형문화재와 지정문
화재에 있어서는 제조소등과의 수평거리를 몇 m
이상 유지하여야 하는가?

① 20   ② 30
③ 50   ④ 70

| 해설

문화재보호법의 규정에 의한 유형문화재와 지정문화재는 제
조소등과 수평거리를 50m 이상 유지하여야 한다.

정답 ③

12. 소방시설 설치 및 관리에 관한 법령상 소방시설
등에 대한 자체점검을 하지 아니하거나 관리업자
등으로 하여금 정기적으로 점검하게 하지 아니한
자에 대한 벌칙 기준으로 옳은 것은?

① 1년 이하의 징역 또는 1,000만원 이하의 벌금
② 3년 이하의 징역 또는 1,500만원 이하의 벌금
③ 3년 이하의 징역 또는 3,000만원 이하의 벌금
④ 6개월 이하의 징역 또는 1,000만원 이하의 벌금

| 해설

소방시설등에 대한 자체점검을 하지 아니하거나 관리업자 등
으로 하여금 정기적으로 점검하게 하지 아니한 자는 1년 이
하의 징역 또는 1,000만원 이하의 벌금에 처한다.

정답 ①

13. 소방시설공사업법령상 상주공사감리 대상기준 중
다음 ㉠, ㉡, ㉢에 알맞은 것은?

• 연면적 (㉠)m² 이상의 특정소방대상물(아파
트는 제외)에 대한 소방시설의 공사
• 지하층을 포함한 층수가 (㉡)층 이상으로서
(㉢)세대 이상인 아파트에 대한 소방시설의
공사

	㉠	㉡	㉢
①	10,000	11	600
②	10,000	16	500
③	30,000	11	600
④	30,000	16	500

| 해설

• 연면적 30,000m² 이상의 특정소방대 상물(아파트는 제외)
에 대한 소방시설의 공사
• 지하층을 포함한 층수가 16층 이상으로서 500세대 이상인
아파트에 대한 소방시설의 공사

정답 ④

14. 소방기본법령상 소방본부 종합상황실 실장이 소방청의 종합상황실에 서면·모사전송 또는 컴퓨터통신 등으로 보고하여야 하는 화재의 기준에 해당하지 않는 것은?

① 항구에 매어둔 총 톤수가 1,000톤 이상인 선박에서 발생한 화재

② 연면적 15,000m² 이상인 공장 또는 화재경계지구에서 발생한 화재

③ 지정수량의 1,000배 이상의 위험물의 제조소·저장소·취급소에서 발생한 화재

④ 층수가 5층 이상이거나 병상이 30개 이상인 종합병원·정신병원·한방병원·요양소에서 발생한 화재

| 해설

소방본부 종합상황실 실장이 소방청의 종합상황실에 서면·모사전송 또는 컴퓨터통신 등으로 보고하여야 하는 대상은 다음과 같다.

㉠ 항구에 매어둔 총 톤수가 1,000톤 이상인 선박에서 발생한 화재

㉡ 연면적 15,000m² 이상인 공장 또는 화재경계지구에서 발생한 화재

㉢ 지정수량의 3,000배 이상의 위험물의 제조소·저장소·취급소에서 발생한 화재

㉣ 층수가 5층 이상이거나 병상이 30개 이상인 종합병원·정신병원·한방병원·요양소에서 발생한 화재

정답 ③

15. 화재의 예방 및 안전관리에 관한 법령상 화재안전조사위원회의 위원에 해당하지 아니하는 사람은?

① 소방기술사

② 소방시설관리사

③ 소방 관련 분야의 석사학위 이상을 취득한 사람

④ 소방 관련 법인 또는 단체에서 소방 관련업무에 3년 이상 종사한 사람

| 해설

화재안전조사위원회의 위원에 해당하는 사람은 다음과 같다.

㉠ 소방기술사

㉡ 소방시설관리사

㉢ 소방 관련 분야의 석사학위 이상을 취득한 사람

㉣ 소방 관련 법인 또는 단체에서 소방 관련업무에 5년 이상 종사한 사람

 정답 ④

16. 제3류 위험물 중 금수성 물품에 적응성이 있는 소화약제는?

① 물

② 강화액

③ 팽창질석

④ 인산염류분말

| 해설

제3류 위험물 중 금수성 물품에 적응성이 있는 소화약제는 마른모래, 팽창질석, 팽창진주암이다.

 정답 ③

17. 화재가 발생하는 경우 인명 또는 재산의 피해가 클 것으로 예상되는 때 소방대상물의 개수·이전·제거, 사용금지 등의 필요한 조치를 명할 수 있는 자는?

① 시·도지사
② 의용소방대장
③ 기초자치단체장
④ 소방본부장 또는 소방서장

| 해설

소방청장, 소방본부장 또는 소방서장은 화재가 발생하는 경우 인명 또는 재산의 피해가 클 것으로 예상되는 때 소방대상물의 개수·이전·제거, 사용금지 등의 필요한 조치를 명할 수 있다.

정답 ④

18. 소방기본법령상 소방본부장 또는 소방서장은 소방상 필요한 훈련 및 교육을 실시하고자 하는 때에는 화재예방강화지구 안의 관계인에게 훈련 또는 교육 며칠 전까지 그 사실을 통보하여야 하는가?

① 5
② 7
③ 10
④ 14

| 해설

화재예방강화지구 안의 관계인에게 훈련 또는 교육 사실 통보는 교육 실시 10일 전까지 하여야 한다.

정답 ③

19. 화재의 예방 및 안전관리에 관한 법상 보일러, 난로, 건조설비, 가스·전기시설, 그 밖에 화재 발생 우려가 있는 설비 또는 기구 등의 위치·구조 및 관리와 화재 예방을 위하여 불을 사용할 때 지켜야 하는 사항은 무엇으로 정하는가?

① 총리령
② 대통령령
③ 시·도 조례
④ 행정안전부령

| 해설

보일러, 난로, 건조설비, 가스·전기시설, 그 밖에 화재 발생 우려가 있는 설비 또는 기구 등의 위치·구조 및 관리와 화재 예방을 위하여 불을 사용할 때 지켜야 하는 사항은 대통령령으로 정한다. 단, 세부관리기준은 시·도 조례로 정한다.

정답 ②

20. 위험물운송자 요건을 갖추지 아니한 자가 위험물 이송탱크저장소 운송시의 벌칙으로 옳은 것은?

① 100만원 이하의 벌금
② 300만원 이하의 벌금
③ 500만원 이하의 벌금
④ 1,000만원 이하의 벌금

| 해설

위험물운송자 요건을 갖추지 아니한 자가 위험물 이동탱크저장소 운송 시에는 1,000만원 이하의 벌금에 처한다.

정답 ④

01. 소방시설 설치 및 관리에 관한 법령에 따른 성능위주설계를 할 수 있는 자의 설계범위 기준으로 옳지 않은 것은?

① 연면적 30,000m² 이상인 특정소방대상물로서 공항시설
② 연면적 100,000m² 이하인 특정소방대상물(단, 아파트등은 제외)
③ 지하층을 포함한 층수가 30층 이상인 특정소방대상물(단, 아파트등은 제외)
④ 하나의 건축물에 영화상영관이 10개 이상인 특정소방대상물

| 해설
성능위주설계를 해야 하는 특정소방대상물의 범위는 다음과 같다(신축하는 것만 해당).
㉠ 연면적 20만제곱미터 이상인 특정소방대상물. 다만, 공동주택 중 "아파트등"은 제외한다.
㉡ 다음의 특정소방대상물
　　ⓐ 50층 이상(지하층은 제외한다)이거나 지상으로부터 높이가 200m 이상인 아파트등
　　ⓑ 30층 이상(지하층을 포함한다)이거나 지상으로부터 높이가 120m 이상인 특정소방대상물(아파트등은 제외)
㉢ 연면적 3만m² 이상인 특정소방대상물로서 다음의 어느 하나에 해당하는 특정소방대상물
　　ⓐ 철도 및 도시철도 시설
　　ⓑ 공항시설
㉣ 하나의 건축물에 영화 및 비디오물의 진흥에 관한 법률에 따른 영화상영관이 10개 이상인 특정소방대상물
㉤ 초고층 및 지하연계 복합건축물 재난관리에 관한 특별법에 따른 지하연계 복합건축물에 해당하는 특정소방대상물

정답 ②

02. 위험물안전관리법령에 따른 인화성액체위험물(이황화탄소를 제외)의 옥외탱크저장소의 탱크 주위에 설치하는 방유제의 설치기준으로 옳은 것은?

① 방유제의 높이는 0.5m 이상 2.0m 이하로 할 것
② 방유제 내의 면적은 100,000m² 이하로 할 것
③ 방유제의 용량은 방유제 안에 설치된 탱크가 2기 이상인 때에는 그 탱크 중 용량이 최대인 것의 용량의 120% 이상으로 할 것
④ 높이가 1m를 넘는 방유제 및 간막이 둑의 안팎에는 방유제 내에 출입하기 위한 계단 또는 경사로를 약 50m마다 설치할 것

| 해설
옥외탱크저장소의 방유제의 설치기준은 다음과 같다.
㉠ 방유제의 높이는 0.5m 이상 3m 이하로 할 것
㉡ 방유제 내의 면적은 80,000m² 이하로 할 것
㉢ 방유제의 용량은 방유제 안에 설치된 탱크가 2기 이상인 때에는 그 탱크 중 용량이 최대인 것의 용량의 110% 이상으로 할 것
㉣ 높이가 1m를 넘는 방유제 및 간막이 둑의 안팎에는 방유제 내에 출입하기 위한 계단 또는 경사로를 약 50m마다 설치할 것

정답 ④

03. 소방기본법에 따른 소방력의 기준에 따라 관할구역의 소방력을 확충하기 위하여 필요한 계획을 수립하여 시행하여야 하는 자는?

① 소방서장
② 소방본부장
③ 시·도지사
④ 행정안전부장관

| 해설
시·도지사는 소방력의 기준에 따라 관할구역의 소방력을 확충하기 위하여 필요한 계획을 수립하여 시행하여야 한다.

정답 ③

04. 화재의 예방 및 안전관리에 관한 법령에 따른 용접 또는 용단 작업장에서 불꽃을 사용하는 용접·용단기구 사용에 있어서 작업자로부터 반경 몇 m 이내에 소화기를 갖추어야 하는가? (단, 산업안전보건법에 따른 안전조치의 적용을 받는 사업장의 경우는 제외한다)

① 1
② 3
③ 5
④ 7

| 해설
용접 또는 용단 작업장에서 불꽃을 사용하는 용접·용단기구 사용에 있어서 작업자로부터 반경 5m 이내에 소화기를 갖추어야 한다.

정답 ③

05. 소방기본법에 따른 벌칙의 기준이 다른 것은?

① 정당한 사유 없이 소방대의 생활안전활동을 방해한 사람
② 소방활동 종사명령에 따른 사람을 구출하는 일 또는 불을 끄거나 번지지 아니하도록 하는 일을 방해한 사람
③ 정당한 사유 없이 소방용수시설 또는 비상소화장치를 사용하거나 소방용수시설 또는 비상소화장치의 효용을 해치거나 그 정당한 사용을 방해한 사람
④ 출동한 소방대의 소방장비를 파손하거나 그 효용을 해하여 화재진압·인명구조 또는 구급활동을 방해하는 행위를 한 사람

| 해설
㉠ 정당한 사유 없이 소방대의 생활안전활동을 방해한 사람: 100만원 이하의 벌금
㉡ 소방활동 종사명령에 따른 사람을 구출하는 일 또는 불을 끄거나 번지지 아니하도록 하는 일을 방해한 사람: 5년 이하의 징역 또는 5천만원 이하의 벌금
㉢ 정당한 사유 없이 소방용수시설 또는 비상소화장치를 사용하거나 소방용수시설 또는 비상소화장치의 효용을 해치거나 그 정당한 사용을 방해한 사람: 5년 이하의 징역 또는 5천만원 이하의 벌금
㉣ 출동한 소방대의 소방장비를 파손하거나 그 효용을 해하여 화재진압·인명구조 또는 구급활동을 방해하는 행위를 한 사람: 5년 이하의 징역 또는 5천만원 이하의 벌금

정답 ①

06. 소방기본법령에 따른 소방대원에게 실시할 교육·훈련 횟수 및 기간의 기준 중 (   ) 안에 알맞은 것은?

횟수	기간
(㉠)년마다 1회	(㉡)주 이상

	㉠	㉡		㉠	㉡
①	2	2	②	2	4
③	1	2	④	1	4

| 해설

소방대원에게 실시할 교육·훈련은 2년마다 1회 시행하며, 그 기간은 2주 이상이어야 한다.

정답 ①

07. 소방시설 설치 및 관리에 관한 법령에 따른 화재안전기준을 달리 적용하여야 하는 특수한 용도 또는 구조를 가진 특정소방대상물 중 핵폐기물처리시설에 설치하지 아니할 수 있는 소방시설은?

① 소화용수설비
② 옥외소화전설비
③ 물분무등소화설비
④ 연결송수관설비 및 연결살수설비

| 해설

화재안전기준을 달리 적용하여야 하는 특수한 용도 또는 구조를 가진 특정소방대상물 중 핵폐기물처리시설에 설치하지 아니할 수 있는 소방시설은 연결송수관설비 및 연결살수설비이다.

정답 ④

08. 소방시설 설치 및 관리에 관한 법령에 따른 특정소방대상물 중 의료시설에 해당하지 않는 것은?

① 요양병원
② 마약진료소
③ 한방병원
④ 노인의료복지시설

| 해설

노인의료복지시설은 노유자시설에 해당한다.

정답 ④

09. 소방시설 설치 및 관리에 관한 법령에 따른 특정소방대상물의 수용인원의 산정방법 기준으로 옳지 않은 것은?

① 침대가 있는 숙박시설의 경우는 해당 특정소방대상물의 종사자 수에 침대 수(2인용 침대는 2인으로 산정)를 합한 수
② 침대가 없는 숙박시설의 경우는 해당 특정소방대상물의 종사자 수에 숙박시설 바닥면적의 합계를 3m²로 나누어 얻은 수를 합한 수
③ 강의실 용도로 쓰이는 특정소방대상물의 경우는 해당 용도로 사용하는 바닥면적의 합계를 1.9m²로 나누어 얻은 수
④ 문화 및 집회시설의 경우는 해당 용도로 사용하는 바닥면적의 합계를 2.6m²로 나누어 얻은 수

| 해설

수용인원의 산정방법은 다음과 같다.
㉠ 침대가 있는 숙박시설의 경우 해당 특정소방대상물의 종사자 수에 침대 수(2인용 침대는 2인으로 산정)를 합한 수
㉡ 침대가 없는 숙박시설의 경우는 해당 특정소방대상물의 종사자 수에 숙박시설 바닥면적의 합계를 3m²로 나누어 얻은 수를 합한 수
㉢ 강의실 용도로 쓰이는 특정소방대상물의 경우는 해당 용도로 사용하는 바닥면적의 합계를 1.9m²로 나누어 얻은 수
㉣ 문화 및 집회시설의 경우는 해당 용도로 사용하는 바닥면적의 합계를 4.6m²로 나누어 얻은 수

정답 ④

10. 법 개정으로 삭제

11. 소방시설 설치 및 관리에 관한 법령에 따른 임시 소방시설 중 간이소화장치를 설치하여야 하는 공사의 작업 현장의 규모의 기준 중 (   ) 안에 알맞은 것은?

> • 연면적 (㉠)m² 이상
> • 지하층·무창층 또는 (㉡)층 이상의 층의 경우 해당 층의 바닥면적이 (㉢)m² 이상인 경우

	㉠	㉡	㉢
①	1,000	6	150
②	1,000	6	600
③	3,000	4	150
④	3,000	4	600

| 해설
• 연면적 3,000m² 이상
• 지하층, 무창층 또는 4층 이상의 층인 경우 해당 층의 바닥면적이 600m² 이상인 경우만 해당
 정답 ④

12. 소방시설 설치 및 관리에 관한 법령에 따른 방염성능기준 이상의 실내장식물 등을 설치하여야 하는 특정소방대상물의 기준으로 옳지 않은 것은?

① 건축물의 옥내에 있는 시설로서 종교시설
② 층수가 10층 이상인 아파트
③ 의료시설 중 종합병원
④ 노유자시설

| 해설
방염성능기준 이상의 실내장식물 등을 설치하여야 하는 특정소방대상물의 기준은 다음과 같다.
㉠ 건축물의 옥내에 있는 시설로서 종교시설
㉡ 층수가 11층 이상인 특정소방대상물
㉢ 의료시설 중 종합병원
㉣ 노유자시설
 정답 ②

13. 소방시설공사업법령에 따른 소방시설공사 중 특정소방대상물에 설치된 소방시설등을 구성하는 것의 전부 또는 일부를 개설, 이전 또는 정비하는 공사의 착공신고 대상이 아닌 것은?

① 수신반
② 소화펌프
③ 동력(감시)제어반
④ 제연설비의 제연구역

| 해설
특정소방대상물에 설치된 소방시설등을 구성하는 것의 전부 또는 일부를 개설, 이전 또는 정비하는 공사의 착공신고 대상은 다음과 같다.
㉠ 수신반
㉡ 소화펌프
㉢ 동력(감시)제어반
정답 ④

14. 위험물안전관리법령에 따른 소화난이도등급 Ⅰ의 옥내탱크저장소에서 유황만을 저장·취급할 경우 설치하여야 하는 소화설비로 옳은 것은?

① 물분무소화설비
② 스프링클러설비
③ 포소화설비
④ 옥내소화전설비

| 해설
소화난이도등급 Ⅰ의 옥내탱크저장소에서 유황만을 저장·취급할 경우 설치하여야 하는 소화설비는 물분무소화설비이다.

정답 ①

15. 피난시설, 방화구획 또는 방화시설을 폐쇄·훼손·변경 등의 행위를 3차 이상 위반한 경우에 대한 과태료 부과기준으로 옳은 것은?

① 200만원
② 300만원
③ 500만원
④ 1,000만원

| 해설
피난시설, 방화구획 또는 방화시설을 폐쇄·훼손·변경 등의 행위를 3차 이상 위반한 경우에 대한 과태료 부과기준은 300만원이다.

정답 ②

16. 화재의 예방 및 안전관리에 관한 법령에 따른 공동 소방안전관리자를 선임하여야 하는 특정소방대상물 중 복합건축물은 지하층을 제외한 층수가 몇 층 이상인 건축물만 해당되는가?

① 6층
② 11층
③ 20층
④ 30층

| 해설
공동 소방안전관리자를 선임하여야 하는 특정소방대상물 중 복합건축물은 지하층을 제외한 층수가 11층 이상인 건축물만 해당된다.

정답 ②

17. 위험물안전관리법령에 따른 위험물제조소의 옥외에 있는 위험물취급탱크 용량이 100m³ 및 180m³인 2개의 취급탱크 주위에 하나의 방유제를 설치하는 경우 방유제의 최소 용량은 몇 m³이어야 하는가?

① 100
② 140
③ 180
④ 280

| 해설
위험물제조소의 방유제의 최소 용량
= 180 × 0.5 + 100 × 0.1 = 100m³

정답 ①

18. 화재의 예방 및 안전관리에 관한 법령에 따른 소방안전 특별관리 시설물의 안전관리 대상인 전통시장의 기준 중 ( ) 안에 알맞은 것은?

> 전통시장으로서 대통령령으로 정하는 전통시장: 점포가 ( )개 이상인 전통시장

① 100
② 300
③ 500
④ 600

19. 위험물안전관리법령에 따른 정기점검의 대상인 제조소등의 기준으로 옳지 않은 것은?

① 암반탱크저장소
② 지하탱크저장소
③ 이동탱크저장소
④ 지정수량의 150배 이상의 위험물을 저장하는 옥외탱크저장소

20. 화재의 예방 및 안전관리에 관한 법령에 따른 화재예방강화지구의 관리 기준 중 다음 ( ) 안에 알맞은 것은?

> • 소방본부장 또는 소방서장은 화재예방강화지구 안의 소방대상물의 위치·구조 및 설비 등에 대한 화재안전조사를 (㉠)회 이상 실시하여야 한다.
> • 소방본부장 또는 소방서장은 소방상 필요한 훈련 및 교육을 실시하고자 하는 때에는 화재예방강화지구 안의 관계인에게 훈련 또는 교육 (㉡)일 전까지 그 사실을 통보하여야 한다.

	㉠	㉡
①	월 1	7
②	월 1	10
③	연 1	7
④	연 1	10

01. 소방기본법령상 소방본부 종합상황실 실장이 소방청의 종합상황실에 서면·모사전송 또는 컴퓨터통신 등으로 보고하여야 하는 화재의 기준으로 옳지 않은 것은?

① 항구에 매어둔 총 톤수가 1,000톤 이상인 선박에서 발생한 화재

② 층수가 5층 이상이거나 병상이 30개 이상인 종합병원·한방병원·요양소에서 발생한 화재

③ 지정수량의 1,000배 이상의 위험물의 제조소·저장소·취급소에서 발생한 화재

④ 연면적 1,5000m² 이상인 공장 또는 화재경계지구에서 발생한 화재

| 해설

소방본부 종합상황실 실장이 소방청의 종합상황실에 서면·모사전송 또는 컴퓨터통신 등으로 보고하여야 하는 화재의 기준은 다음과 같다.

㉠ 항구에 매어둔 총 톤수가 1,000톤 이상인 선박에서 발생한 화재

㉡ 층수가 5층 이상이거나 병상이 30개 이상인 종합병원·한방병원·요양소에서 발생한 화재

㉢ 지정수량의 3,000배 이상의 위험물의 제조소·저장소·취급소에서 발생한 화재

㉣ 연면적 15,000m² 이상인 공장 또는 화재경계지구에서 발생한 화재

정답 ③

02. 소방기본법령상 소방용수시설별 설치기준으로 옳지 않은 것은?

① 급수탑 계폐밸브는 지상에서 1.5m 이상 1.7m 이하의 위치에 설치하도록 할 것

② 소화전은 상수도와 연결하여 지하식 또는 지상식의 구조로 하고, 소방용호스와 연결하는 소화전의 연결금속구의 구경은 100mm로 할 것

③ 저수조 흡수관의 투입구가 사각형의 경우에는 한 변의 길이가 60cm 이상, 원형의 경우에는 지름이 60cm 이상일 것

④ 저수조는 지면으로부터의 낙차가 4.5m 이하일 것

| 해설

소방용수시설별 설치기준은 다음과 같다.

㉠ 급수탑 계폐밸브는 지상에서 1.5m 이상 1.7m 이하의 위치에 설치하도록 할 것

㉡ 소화전은 상수도와 연결하여 지하식 또는 지상식의 구조로 하고, 소방용 호스와 연결하는 소화전의 연결금속구의 구경은 65mm로 할 것

㉢ 저수조 흡수관의 투입구가 사각형의 경우에는 한 변의 길이가 60cm 이상, 원형의 경우에는 지름이 60cm 이상일 것

㉣ 저수조는 지면으로부터의 낙차가 4.5m 이하일 것

정답 ②

03. 소방기본법상 소방본부장, 소방서장 또는 소방대장의 권한이 아닌 것은?

① 화재, 재난·재해, 그 밖의 위급한 상황이 발생한 현장에서 소방활동을 위하여 필요할 때에는 그 관할구역에 사는 사람 또는 그 현장에 있는 사람으로 하여금 사람을 구출하는 일 또는 불을 끄거나 불이 번지지 아니하도록 하는 일을 하게 할 수 있다.

② 소방활동을 할 때에 긴급한 경우에는 이웃한 소방본부장 또는 소방서장에게 소방업무와 응원을 요청할 수 있다.

③ 사람을 구출하거나 불이 번지는 것을 막기 위하여 필요할 때에는 화재가 발생하거나 불이 번질 우려가 있는 소방대상물 및 토지를 일시적으로 사용하거나 그 사용의 제한 또는 소방활동에 필요한 처분을 할 수 있다.

④ 소방활동을 위하여 긴급하게 출동할 때에는 소방자동차의 통행과 소방활동에 방해가 되는 주차 또는 정차된 차량 및 물건 등을 제거하거나 이동시킬 수 있다.

| 해설

㉠ 화재, 재난·재해, 그 밖의 위급한 상황이 발생한 현장에서 소방활동을 위하여 필요할 때에는 그 관할구역에 사는 사람 또는 그 현장에 있는 사람으로 하여금 사람을 구출하는 일 또는 불을 끄거나 불이 번지지 아니하도록 하는 일을 하게 할 수 있다.
  → 소방본부장, 소방서장 또는 소방대장
㉡ 소방활동을 할 때에 긴급한 경우에는 이웃한 소방본부장 또는 소방서장에게 소방업무와 응원을 요청할 수 있다.
  → 소방본부장, 소방서장
㉢ 사람을 구출하거나 불이 번지는 것을 막기 위하여 필요할 때에는 화재가 발생하거나 불이 번질 우려가 있는 소방대상물 및 토지를 일시적으로 사용하거나 그 사용의 제한 또는 소방활동에 필요한 처분을 할 수 있다.
  → 소방본부장, 소방서장 또는 소방대장
㉣ 소방활동을 위하여 긴급하게 출동할 때에는 소방자동차의 통행과 소방활동에 방해가 되는 주차 또는 정차된 차량 및 물건 등을 제거하거나 이동시킬 수 있다.
  → 소방본부장, 소방서장 또는 소방대장

정답 ②

04. 위험물안전관리법령상 위험물의 안전관리와 관련된 업무를 수행하는 자로서 소방청장이 실시하는 안전교육대상자가 아닌 것은?

① 안전관리자로 선임된 자
② 탱크시험자의 기술인력으로 종사하는 자
③ 위험물운송자로 종사하는 자
④ 제조소등의 관계인

| 해설

위험물의 안전관리와 관련된 업무를 수행하는 자로서 소방청장이 실시하는 안전교육대상자는 다음과 같다.
㉠ 안전관리자로 선임된 자
㉡ 탱크시험자의 기술인력으로 종사하는 자
㉢ 위험물운송자로 종사하는 자
㉣ 위험물운반자로 종사하는 자

정답 ④

05. 화재의 예방 및 안전관리에 관한 법령상 소방안전관리대상물의 소방안전관리자만이 행하는 업무가 아닌 것은?

① 소방훈련 및 교육
② 자위소방대 및 초기 대응체계의 구성·운영·교육
③ 피난시설, 방화구획 및 방화시설의 유지 및 관리
④ 피난계획에 관한 사항과 대통령령으로 정하는 사항이 포함된 소방계획서의 작성 및 시행

| 해설

소방안전관리대상물의 소방안전관리의 업무는 다음과 같다.
㉠ 소방훈련 및 교육(소방안전관리자)
㉡ 자위소방대 및 초기 대응체계의 구성·운영·교육(소방안전관리자)
㉢ 피난시설, 방화구획 및 방화시설의 유지·관리(소방안전관리자, 관계인)
㉣ 피난계획에 관한 사항과 대통령령으로 정하는 사항이 포함된 소방계획서의 작성 및 시행(소방안전관리자)

정답 ③

06. 소방시설 설치 및 관리에 관한 법령상 소방용품이 아닌 것은?

① 소화약제 외의 것을 이용한 간이소화용구
② 자동소화장치
③ 가스누설 경보기
④ 소화용으로 사용하는 방염제

| 해설
소화약제 외의 것을 이용한 간이소화용구는 소방용품에서 제외된다.

 ①

07. 소방시설 설치 및 관리에 관한 법령상 스프링클러설비를 설치하여야 하는 특정소방대상물의 기준으로 옳지 않은 것은? (단, 위험물 저장 및 처리 시설 중 가스시설 또는 지하구는 제외한다)

① 숙박이 가능한 수련시설 용도로 사용되는 시설의 바닥면적의 합계가 600m² 이상인 것은 모든 층
② 창고시설(물류터미널은 제외)로서 바닥면적 합계가 5,000m² 이상인 경우에는 모든 층
③ 판매시설, 운수시설 및 창고시설(물류터미널에 한정)로서 바닥면적의 합계가 5,000m 이상 이거나 수용인원이 500명 이상인 경우에는 모든 층
④ 복합건축물로서 연면적이 3,000m² 이상인 경우에는 모든 층

| 해설
스프링클러설비를 설치하여야 하는 특정소방대상물의 기준은 다음과 같다.
㉠ 숙박이 가능한 수련시설 용도로 사용되는 시설의 바닥면적의 합계가 600m² 이상인 것은 모든 층
㉡ 창고시설(물류터미널은 제외)로서 바닥면적 합계가 5,000m² 이상인 경우에는 모든 층
㉢ 판매시설, 운수시설 및 창고시설(물류터미널에 한정)로서 바닥면적의 합계가 5,000m 이상 이거나 수용인원이 500명 이상인 경우에는 모든 층
㉣ 복합건축물로서 연면적이 5,000m² 이상인 경우에는 모든 층

정답 ④

08. 화재의 예방 및 안전관리에 관한 법령상 특수가연물의 저장 및 취급기준 중 ( ) 안에 알맞은 것은?

> 살수설비를 설치하거나 방사능력 범위에 해당 특수가연물이 포함되도록 대형수동식 소화기를 설치하는 경우에는 쌓는 높이를 (㉠)m 이하, 쌓는 부분의 바닥면적을 (㉡)m² 이하로 할 수 있다.

	㉠	㉡
①	10	30
②	10	50
③	15	100
④	15	200

| 해설
살수설비를 설치하거나, 방사능력 범위에 해당 특수가연물이 포함되도록 대형수동식 소화기를 설치하는 경우에는 쌓는 높이를 15m 이하, 쌓는 부분의 바닥면적을 200m² 이하로 할 수 있다.

 ④

09. 위험물안전관리법상 위험물시설의 설치 및 변경 등에 관한 기준 중 (   ) 안에 알맞은 것은?

> 제조소등의 위치·구조 또는 설비의 변경 없이 당해 제조소등에서 저장하거나 취급하는 위험물의 품명·수량 또는 지정수량의 배수를 변경하고자 하는 자는 변경하고자 하는 날의 (㉠)일 전까지 (㉡)이 정하는 바에 따라 (㉢)에게 신고하여야 한다.

	㉠	㉡	㉢
①	1	행정안전부령	시·도지사
②	1	대통령령	소방본부장·소방서장
③	14	행정안전부령	시·도지사
④	14	대통령령	소방본부장·소방서장

| 해설

제조소등의 위치·구조 또는 설비의 변경 없이 당해 제조소등에서 저장하거나 취급하는 위험물의 품명·수량 또는 지정수량의 배수를 변경하고자 하는 자는 변경하고자 하는 날의 1일 전까지 행정안전부령이 정하는 바에 따라 시·도지사에게 신고하여야 한다.

정답 ①

10. 화재의 예방 및 안전관리에 관한 법령상 소방안전관리대상물의 소방계획서에 포함되어야 하는 사항이 아닌 것은?

① 예방규정을 정하는 제조소등의 위험물 저장·취급에 관한 사항
② 소방시설·피난시설 및 방화시설의 점검·정비계획
③ 특정소방대상물의 근무자 및 거주자의 자위소방대 조직과 대원의 임무에 관한 사항
④ 방화구획, 제연구획, 건축물의 내부 마감재료(불연재료·준불연재료 또는 난연재료로 사용된 것) 및 방염물품의 사용현황과 그 밖의 방화구조 및 설비의 유지·관리계획

| 해설

소방계획서에 포함되어야 하는 사항은 다음과 같다.
㉠ 제조소등의 위험물 저장·취급에 관한 사항(단, 예방규정을 정하는 것 제외)
㉡ 소방시설·피난시설 및 방화시설의 점검·정비계획
㉢ 특정소방대상물의 근무자 및 거주자의 자위소방대 조직과 대원의 임무에 관한 사항
㉣ 방화구획, 제연구획, 건축물의 내부 마감재료(불연재료·준불연재료 또는 난연재료로 사용된 것) 및 방염물품의 사용현황과 그 밖의 방화구조 및 설비의 유지·관리계획

정답 ①

11. 소방시설공사업법령상 공사감리자 지정대상 특정소방대상물의 범위가 아닌 것은?

① 캐비닛형 간이스프링클러설비를 신설·개설하거나 방호·방수 구역을 증설할 때
② 물분무등소화설비(호스릴 방식의 소화설비는 제외)를 신설·개설하거나 방호·방수 구역을 증설할 때
③ 제연설비를 신설·개설하거나 제연구역을 증설할 때
④ 연소방지설비를 신설·개설하거나 살수구역을 증설할 때

| 해설

공사감리자 지정대상 특정 소방대상물의 범위는 다음과 같다.
㉠ 스프링클러설비(캐비닛형 간이스프링클러설비 제외)를 신설·개설하거나 방호·방수 구역을 증설할 때
㉡ 물분무등소화설비(호스릴 방식의 소화설비는 제외)를 신설·개설하거나 방호·방수 구역을 증설할 때
㉢ 제연설비를 신설·개설하거나 제연구역을 증설할 때
㉣ 연소방지설비를 신설·개설하거나 살수구역을 증설할 때

정답 ①

12. 소방시설 설치 및 관리에 관한 법상 특정소방대상물에 소방시설이 화재안전기준에 따라 설치 유지·관리되어 있지 아니할 때 해당 특정소방대상물의 관계인에게 필요한 조치를 명할 수 있는 자는?

① 소방본부장
② 소방청장
③ 시·도지사
④ 행정안전부장관

| 해설

소방본부장이나 소방서장은 소방시설이 화재안전기준에 따라 설치 또는 유지·관리되어 있지 아니할 때에는 해당 특정소방대상물의 관계인에게 필요한 조치를 명할 수 있다.

정답 ①

13. 위험물안전관리법상 업무상 과실로 제조소등에서 위험물을 유출·방출 또는 확산시켜 사람의 생명·신체 또는 재산에 대하여 위험을 발생시킨 자에 대한 벌칙 기준으로 옳은 것은?

① 5년 이하의 금고 또는 2,000만원 이하의 벌금
② 5년 이하의 금고 또는 7,000만원 이하의 벌금
③ 7년 이하의 금고 또는 2,000만원 이하의 벌금
④ 7년 이하의 금고 또는 7,000만원 이하의 벌금

| 해설

업무상 과실로 제조소등에서 위험물을 유출·방출 또는 확산시켜 사람의 생명·신체 또는 재산에 대하여 위험을 발생시킨 자는 7년 이하의 금고 또는 7,000만 원 이하의 벌금에 처한다.

정답 ④

14. 소방시설 설치 및 관리에 관한 법상 소방시설등에 대한 자체점검을 하지 아니하거나 관리업자 등으로 하여금 정기적으로 점검하게 하지 아니한 자에 대한 벌칙 기준으로 옳은 것은?

① 6개월 이하의 징역 또는 1,000만원 이하의 벌금
② 1년 이하의 징역 또는 1,000만원 이하의 벌금
③ 3년 이하의 징역 또는 1,500만원 이하의 벌금
④ 3년 이하의 징역 또는 3,000만원 이하의 벌금

| 해설

소방시설 등에 대한 자체점검을 하지 아니하거나 관리업자 등으로 하여금 정기적으로 점검하게 하지 아니한 자는 1년 이하의 징역 또는 1천만원 이하의 벌금에 처한다.

정답 ②

15. 소방기본법상 소방활동구역의 설정권자로 옳은 것은?

① 소방본부장
② 소방서장
③ 소방대장
④ 시·도지사

| 해설

소방기본법상 소방활동구역의 설정권자는 소방대장이다.

정답 ③

16. 화재의 예방 및 안전관리에 관한 법령상 목재 등 가연성이 큰 물건의 보관기간은 소방본부 또는 소방서의 게시판에 공고하는 기간의 종료일 다음 날부터 며칠로 하는가?

① 3
② 4
③ 5
④ 7

| 해설

목재 등 가연성이 큰 물건의 보관기간은 소방본부 또는 소방서의 게시판에 공고하는 기간의 종료일 다음 날부터 7일로 한다.

정답 ④

17. 소방시설 설치 및 관리에 관한 법령상 비상경보설비를 설치하여야 할 특정소방대상물의 기준 중 옳은 것은? (단, 지하구 모래·석재 등 불연재료 창고 및 위험물 저장·처리 시설 중 가스시설은 제외한다)

① 지하층 또는 무창층의 바닥면적이 50m² 이상인 것
② 연면적이 400m² 이상인 것
③ 지하가 중 터널로서 길이가 300m 이상인 것
④ 30명 이상의 근로자가 작업하는 옥내 작업장

| 해설

비상경보설비를 설치하여야 할 특정소방대상물의 기준은 다음과 같다.
㉠ 지하층 또는 무창층의 바닥면적이 150m² 이상인 것
㉡ 연면적이 400m² 이상인 것
㉢ 지하가 중 터널로서 길이가 500m 이상인 것
㉣ 50명 이상의 근로자가 작업하는 옥내 작업장

정답 ②

18. 소방시설 설치 및 관리에 관한 법상 특정소방대상물의 피난시설, 방화 구획 또는 방화시설에 폐쇄·훼손·변경 등의 행위를 한 자에 대한 과태료 기준으로 옳은 것은?

① 200만원 이하의 과태료
② 300만원 이하의 과태료
③ 500만원 이하의 과태료
④ 600만원 이하의 과태료

| 해설

특정소방대상물의 피난시설, 방화 구획 또는 방화시설에 폐쇄·훼손·변경 등의 행위를 한 자에게는 300만 원 이하의 과태료를 부과한다.

정답 ②

19. 소방시설공사업법령상 상주 공사감리 대상 기준 중 (   ) 안에 알맞은 것은?

> • 연면적 (㉠)m² 이상의 특정소방대상물(아파트는 제외)에 대한 소방시설의 공사
> • 지하층을 포함한 층수가 (㉡)층 이상으로서 (㉢)세대 이상인 아파트에 대한 소방시설의 공사

	㉠	㉡	㉢
①	10,000	11	600
②	10,000	16	500
③	30,000	11	600
④	30,000	16	500

| 해설

• 연면적 30,000m² 이상의 특정소방대상물(아파트는 제외)에 대한 소방시설의 공사
• 지하층을 포함한 층수가 16층 이상으로서 500세대 이상인 아파트에 대한 소방시설의 공사

정답 ④

20. 위험물안전관리법상 지정수량 미만인 위험물의 저장 또는 취급에 관한 기술상의 기준은 무엇으로 정하는가?

① 대통령령
② 총리령
③ 시·도의 조례
④ 행정안전부령

| 해설

지정수량 미만인 위험물의 저장 또는 취급에 관한 기술상의 기준은 시·도의 조례로 정한다.

정답 ③

01. 소방시설공사업법령상 소방시설공사 완공 검사를 위한 현장 확인 대상 특정소방대상물의 범위가 아닌 것은?

① 위락시설　　　　② 판매시설
③ 운동시설　　　　④ 창고시설

| 해설
- 위락시설은 소방시설공사 완공 검사를 위한 현장 확인 대상 특정소방대상물의 범위에 포함되지 않는다.
- 완공 검사를 위한 현장 확인 대상 특정소방대상물
  ㉠ 노유자시설, 수련시설, 숙박시설, 다중이용업
  ㉡ 판매시설, 지하상가
  ㉢ 운동시설, 문화 및 집회시설, 종교시설
  ㉣ 창고시설

정답 ①

02. 화재의 예방 및 안전관리에 관한 법령상 특수가연물인 석탄·목탄류의 저장 및 취급의 기준 중 (　　) 안에 알맞은 것은? (단, 석탄·목탄류를 발전용으로 저장하는 경우는 제외한다)

> 살수설비를 설치하거나, 방사능력 범위에 해당 특수가연물이 포함되도록 대형 수동식소화기를 설치하는 경우에는 쌓는 높이를 (　㉠　)m 이하, 쌓는 부분의 바닥면적을 (　㉡　)m² 이하로 할 수 있다.

	㉠	㉡
①	10	50
②	10	200
③	15	200
④	15	300

| 해설
살수설비를 설치하거나, 방사능력 범위에 해당 특수가연물이 포함되도록 대형수동식소화기를 설치하는 경우에는 쌓는 높이를 15m 이하, 석탄·목탄류의 경우에는 쌓는 부분의 바닥면적을 300m² 이하로 할 수 있다.

정답 ④

03. 위험물안전관리법상 시·도지사의 허가를 받지 아니하고 당해 제조소등을 설치할 수 있는 기준 중 (　　) 안에 알맞은 것은?

> 농예용·축산용 또는 수산용으로 필요한 난방시설 또는 건조시설을 위한 지정수량 (　　)배 이하의 저장소

① 20　　　　　　② 30
③ 40　　　　　　④ 50

| 해설
농예용·축산용 또는 수산용으로 필요한 난방시설 또는 건조시설을 위한 지정수량 20배 이하의 저장소는 시·도지사의 허가를 받지 아니하고 당해 제조소등을 설치할 수 있다.

정답 ①

04. 소방시설 설치 및 관리에 관한 법령상 단독경보형 감지기를 설치하여야 하는 특정소방대상물의 기준 중 옳은 것은?

① 연면적 600m² 미만의 아파트등
② 연면적 1,000m² 미만의 기숙사
③ 연면적 1,000m² 미만의 숙박시설
④ 교육연구시설 또는 수련시설 내에 있는 합숙소 또는 기숙사로서 연면적 1,000m² 미만인 것

| 해설
단독경보형감지기를 설치하여야 하는 특정소방대상물은 다음과 같다.
㉠ 연면적 1,000m² 미만의 아파트등
㉡ 연면적 1,000m² 미만의 기숙사
㉢ 연면적 600m² 미만의 숙박시설
㉣ 교육연구시설 또는 수련시설 내에 있는 합숙소 또는 기숙사로서 연면적 2,000m² 미만인 것

정답 ②

05. 화재의 예방 및 안전관리에 관한 법령상 일반음식점에서 조리를 위하여 불을 사용하는 설비를 설치하는 경우 지켜야 하는 사항 중 다음 (   ) 안에 알맞은 것은?

- 주방설비에 부속된 배기닥트는 (㉠)mm 이상의 아연도금 강판 또는 이와 동등 이상의 내식성 불연재료로 설치할 것
- 열을 발생하는 조리기구로부터 (㉡)m 이내의 거리에 있는 가연성 주요 구조부는 석면판 또는 단열성이 있는 불연 재료로 덮어씌울 것

	㉠	㉡
①	0.5	0.15
②	0.5	0.6
③	0.6	0.15
④	0.6	0.5

| 해설
- 주방설비에 부속된 배기닥트는 0.5mm 이상의 아연도금 강판 또는 이와 동등 이상의 내식성 불연재료로 설치할 것
- 열을 발생하는 조리기구로부터 0.15m 이내의 거리에 있는 가연성 주요 구조부는 석면판 또는 단열성이 있는 불연 재료로 덮어씌울 것

정답 ①

06. 화재의 예방 및 안전관리에 관한 법령상 특수가연물의 품명별 수량 기준으로 옳지 않은 것은?

① 합성수지류(발포시킨 것): 20m³ 이상
② 가연성 액체류: 2m³ 이상
③ 넝마 및 종이부스러기: 400kg 이상
④ 볏짚류: 1,000kg 이상

| 해설
넝마 및 종이부스러기의 경우 1,000kg 이상이 수량 기준이다.

정답 ③

07. 소방시설 설치 및 관리에 관한 법령상 용어의 정의 중 (   ) 안에 알맞은 것은?

특정소방대상물이란 소방시설을 설치하여야 하는 소방대상물로서 (   )으로 정하는 것을 말한다.

① 행정안전부령
② 국토교통부령
③ 고용노동부령
④ 대통령령

| 해설
특정소방대상물이란 소방시설을 설치하여야 하는 소방대상물로서 대통령령으로 정하는 것을 말한다.

정답 ④

08. 소방시설공사업법상 특정소방대상물의 관계인 또는 발주자가 해당 도급계약의 수급인을 도급계약 해지할 수 있는 경우의 기준으로 옳지 않은 것은?

① 하도급계약의 적정성 심사 결과 하수급인 또는 하도급계약 내용의 변경 요구에 정당한 사유 없이 따르지 아니하는 경우
② 정당한 사유 없이 15일 이상 소방시설공사를 계속하지 아니하는 경우
③ 소방시설업이 등록취소되거나 영업정지된 경우
④ 소방시설업을 휴업하거나 폐업한 경우

| 해설
정당한 사유 없이 30일 이상 소방시설공사를 계속하지 아니하는 경우 특정소방대상물의 관계인 또는 발주자가 해당 도급계약의 수급인을 도급계약 해지할 수 있다.

정답 ②

09. 위험물안전관리법령상 인화성액체위험물(이황화탄소를 제외)의 옥외탱크저장소의 탱크 주위에 설치하여야 하는 방유제의 설치 기준으로 옳지 않은 것은?

① 방유제 내의 면적은 60,000㎡ 이하로 하여야 한다.
② 방유제는 높이 0.5m 이상 3m 이하, 두께 0.2m 이상, 지하매설깊이 1m 이상으로 할 것. 다만, 방유제와 옥외저장탱크 사이의 지반면 아래에 불침윤성 구조물을 설치하는 경우에는 지하매설깊이를 해당 불침윤성 구조물까지로 할 수 있다.
③ 방유제의 용량은 방유제 안에 설치된 탱크가 하나인 때에는 그 탱크 용량의 110% 이상, 2기 이상인 때에는 그 탱크 중 용량이 최대인 것의 용량의 110% 이상으로 하여야 한다.
④ 방유제는 철근콘크리트로 하고, 방유제와 옥외저장탱크 사이의 지표면은 불연성과 불침윤성이 있는 구조(철근콘크리트 등)로 할 것. 다만, 누출된 위험물을 수용할 수 있는 전용유조 및 펌프 등의 설비를 갖춘 경우에는 방유제와 옥외저장탱크 사이의 지표면을 흙으로 할 수 있다.

| 해설
방유제 내의 면적은 80,000㎡ 이하로 하여야 한다.

정답 ①

10. 화재의 예방 및 안전관리에 관한 법상 시·도지사가 화재예방강화지구로 지정할 필요가 있는 지역을 화재예방강화지구로 지정하지 아니하는 경우 해당 시·도지사에게 해당 지역의 화재예방강화지구 지정을 요청할 수 있는 자는?

① 행정안전부장관
② 소방청장
③ 소방본부장
④ 소방서장

| 해설
시·도지사가 화재예방강화지구로 지정할 필요가 있는 지역을 화재예방강화지구로 지정하지 아니하는 경우 해당 시·도지사에게 해당 지역의 화재예방강화지구 지정을 요청할 수 있는 자는 소방청장이다.

정답 ②

11. 화재의 예방 및 안전관리에 관한 법상 소방안전 특별관리시설물의 대상 기준으로 옳지 않은 것은?

① 수련시설
② 항만시설
③ 전력용 및 통신용 지하구
④ 지정문화재인 시설(시설이 아닌 지정문화재를 보호하거나 소장하고 있는 시설을 포함)

| 해설

• 수련시설은 소방안전 특별관리시설물의 대상 기준에 포함되지 않는다.
• 소방안전 특별관리시설물의 대상 기준은 다음과 같다.
  ㉠ 공항시설
  ㉡ 철도시설
  ㉢ 도시철도시설
  ㉣ 항만시설
  ㉤ 지정문화재인 시설(시설이 아닌 지정문화재를 보호하거나 소장하고 있는 시설 포함)
  ㉥ 산업기술단지
  ㉦ 산업단지
  ㉧ 초고층 건축물 및 지하연계 복합건축물
  ㉨ 영화상영관 중 수용인원 1,000명 이상인 영화상영관
  ㉩ 전력용 및 통신용 지하구
  ㉪ 석유비축시설
  ㉫ 천연가스 인수기지 및 공급망
  ㉬ 점포수가 500개 이상인 전통시장
  ㉭ 발전소

정답 ①

12. 소방기본법령상 소방용수시설별 설치기준으로 옳은 것은?

① 저수조는 지면으로부터의 낙차가 4.5m 이상일 것
② 소화전은 상수도와 연결하여 지하식 또는 지상식의 구조로 하고, 소방용호스와 연결하는 소화전의 연결금속구의 구경은 50mm로 할 것
③ 저수조 흡수관의 투입구가 사각형의 경우에는 한 변의 길이가 60cm 이상일 것
④ 급수탑 급수배관의 구경은 65mm 이상으로 하고, 개폐밸브는 지상에서 0.8m 이상, 1.5m 이하의 위치에 설치하도록 할 것

| 해설

소방용수시설별 설치기준은 다음과 같다.
  ㉠ 저수조는 지면으로부터의 낙차가 4.5m 이하일 것
  ㉡ 소화전은 상수도와 연결하여 지하식 또는 지상식의 구조로 하고, 소방용 호스와 연결하는 소화전의 연결금속구의 구경은 65mm로 할 것
  ㉢ 저수조 흡수관의 투입구가 사각형의 경우에는 한 변의 길이가 60cm 이상일 것
  ㉣ 급수탑 급수배관의 구경은 100mm 이상으로 하고, 개폐밸브는 지상에서 1.5m 이상 1.7m 이하의 위치에 설치하도록 할 것

정답 ③

13. 위험물안전관리법상 업무상 과실로 제조소등에서 위험물을 유출·방출 또는 확산시켜 사람의 생명·신체 또는 재산에 대하여 위험을 발생시킨 자에 대한 벌칙 기준으로 옳은 것은?

① 10년 이하의 징역 또는 금고나 1억원 이하의 벌금
② 7년 이하의 금고 또는 7천만원 이하의 벌금
③ 5년 이하의 징역 또는 1억원 이하의 벌금
④ 3년 이하의 징역 또는 3천만원 이하의 벌금

| 해설
업무상 과실로 제조소등에서 위험물을 유출·방출 또는 확산시켜 사람의 생명·신체 또는 재산에 대하여 위험을 발생시킨 자는 7년 이하의 금고 또는 7천만원 이하의 벌금에 처한다.

정답 ②

14. 소방시설 설치 및 관리에 관한 법령상 중앙소방기술심의위원회의 심의사항이 아닌 것은?

① 화재안전기준에 관한 사항
② 소방시설의 설계 및 공사감리의 방법에 관한 사항
③ 소방시설에 하자가 있는지의 판단에 관한 사항
④ 소방시설공사의 하자를 판단하는 기준에 관한 사항

| 해설
소방시설에 하자가 있는지의 판단에 관한 사항은 지방소방기술심의위원회의 심의사항이다.

정답 ③

15. 위험물안전관리법령상 제조소의 위치·구조 및 설비의 기준 중 위험물을 취급하는 건축물 그 밖의 시설의 주위에는 그 취급하는 위험물을 최대수량이 지정수량의 10배 이하인 경우 보유하여야 할 공지의 너비는 몇 m 이상이어야 하는가?

① 3   ② 5
③ 8   ④ 10

| 해설
제조소의 보유공지는 지정수량의 10배 이하인 경우 3m 이상, 지정수량의 10배 초과인 경우 5m 이상이어야 한다.

정답 ①

16. 소방시설 설치 및 관리에 관한 법령상 종합점검 실시 대상이 되는 특정소방대상물의 기준 중 다음 (   )안에 알맞은 것은?

- 스프링클러설비가 설치된 특정소방대상물
- 물분무등소화설비(호스릴방식의 물분무등소화설비만을 설치한 경우는 제외)가 설치된 연면적 (㉠)m² 이상인 특정소방대상물(위험물제조소등은 제외)
- (㉡)가 설치된 터널

	㉠	㉡
①	2,000	상수도소화용수설비
②	2,000	제연설비
③	5,000	상수도소화용수설비
④	5,000	제연설비

| 해설
- 물분무등소화설비(호스릴방식의 물분무등소화설비만을 설치한 경우는 제외)가 설치된 연면적 5,000m² 이상인 특정소방대상물(위험물제조소등은 제외)
- 제연설비가 설치된 터널

정답 ④

17. 소방시설 설치 및 관리에 관한 법령상 화재안전기준을 달리 적용하여야 하는 특수한 용도 또는 구조를 가진 특정소방대상물인 원자력 발전소에 설치하지 아니할 수 있는 소방시설은?

① 물분무등소화설비   ② 스프링클러설비

③ 상수도소화용수설비   ④ 연결살수설비

| 해설

화재안전기준을 달리 적용하여야 하는 특수한 용도 또는 구조를 가진 특정소방대상물인 원자력 발전소에 설치하지 아니할 수 있는 소방시설은 연결살수설비, 연결송수관설비이다.

정답 ④

18. 소방기본법상 소방업무의 응원에 대한 설명으로 옳지 않은 것은?

① 소방본부장이나 소방서장은 소방활동을 할 때에 긴급한 경우에는 이웃한 소방본부장 또는 소방서장에게 소방업무의 응원을 요청할 수 있다.

② 소방업무의 응원 요청을 받은 소방본부장 또는 소방서장은 정당한 사유 없이 그 요청을 거절하여서는 아니 된다.

③ 소방업무의 응원을 위하여 파견된 소방대원은 응원을 요청한 소방본부장 또는 소방서장의 지휘에 따라야 한다.

④ 시·도지사는 소방업무의 응원을 요청하는 경우를 대비하여 출동 대상지역 및 규모와 필요한 경비의 부담 등에 관하여 필요한 사항을 대통령령으로 정하는 바에 따라 이웃하는 시·도지사와 협의하여 미리 규약으로 정하여야 한다.

| 해설

시·도지사는 소방업무의 응원을 요청하는 경우를 대비하여 출동 대상지역 및 규모와 필요한 경비의 부담 등에 관하여 필요한 사항을 행정안전부령이 정하는 바에 따라 이웃하는 시·도지사와 협의하여 미리 규약으로 정하여야 한다.

정답 ④

19. 화재의 예방 및 안전관리에 관한 법령상 소방안전관리대상물의 소방안전관리자가 소방훈련 및 교육을 하지 않은 경우 1차 위반 시 과태료 금액 기준으로 옳은 것은?

① 200만원   ② 100만원

③ 50만원   ④ 30만원

| 해설

소방안전관리대상물의 소방안전관리자가 소방훈련 및 교육을 하지 않은 경우 과태료 금액 기준은 다음과 같다.

㉠ 1차 위반: 과태료 100만원

㉡ 2차 위반: 과태료 200만원

㉢ 3차 위반: 과태료 300만원

정답 ②

20. 화재의 예방 및 안전관리에 관한 법상 공동 소방안전관리자 선임대상 특정소방대상물의 기준으로 옳지 않은 것은?

① 판매시설 중 상점

② 복합건축물로서 층수가 11층 이상인 것

③ 지하가(지하의 인공구조물 안에 설치된 상점 및 사무실, 그 밖에 이와 비슷한 시설이 연속하여 지하도에 접하여 설치된 것과 그 지하도를 합한 것)

④ 복합건축물로서 연면적이 30,000m² 이상인 것

| 해설

판매시설 중 도매시장, 소매시장 및 전통시장이다.

정답 ①

2025 대비 최신개정판

해커스
소방설비기사
필기 기본서+7개년 기출문제집
소방관계법규

개정 4판 1쇄 발행 2024년 11월 7일

지은이	김진성
펴낸곳	㈜챔프스터디
펴낸이	챔프스터디 출판팀

주소	서울특별시 서초구 강남대로61길 23 ㈜챔프스터디
고객센터	02-537-5000
교재 관련 문의	publishing@hackers.com
동영상강의	pass.Hackers.com

ISBN	소방관계법규: 978-89-6965-529-5 (14530)
	세트: 978-89-6965-527-1 (14530)
Serial Number	04-01-01

쉽고 빠른 합격의 비결,
해커스자격증 전 교재
베스트셀러 시리즈

해커스 산업안전기사 · 산업기사 시리즈

해커스 전기기사

해커스 전기기능사

해커스 소방설비기사 · 산업기사 시리즈

2025 대비 최신개정판

해커스
소방설비기사
필기 기본서+7개년 기출문제집

소방원론 · 소방관계법규

시험장에 꼭 가져가야 할

족집게 핵심요약노트

해커스

소방원론

PART 01 | 연소론

1 연소 기초이론

1. 비중

어떤 물질(고체·액체)의 질량과 이것과 같은 체적을 가진 표준물질의 질량과의 비를 말한다.

$$비중 = \frac{상대물질의\ 질량}{표준물질의\ 질량}$$

2. 증기비중

어떤 물질(기체)의 질량과 이것과 같은 체적을 가진 표준물질의 질량과의 비를 말한다.

$$증기비중 = \frac{물질의\ 분자량}{공기의\ 분자량} = \frac{물질의\ 분자량}{29}$$

3. 열량

(1) 온도가 차이나는 두 물체 사이에는 열이 이동하고, 그 열의 양을 열량이라 한다.

(2) 단위

① 1cal: 순수한 물 1g의 온도를 1℃ 만큼 올리는 데 필요한 열량이다.

② 1kcal: 순수한 물 1kg의 온도를 1℃ 만큼 올리는 데 필요한 열량이다.

③ 1BTU: 순수한 물 1lb의 온도를 1℉ 만큼 올리는 데 필요한 열량이다.

④ 1chu: 순수한 물 1lb의 온도를 1℃ 만큼 올리는 데 필요한 열량이다.

⑤ 1cal = 4.186J, 1BTU = 252cal

4. 온도

(1) 섭씨온도(℃)

① 표준대기압하에서 순수한 물의 빙점(Ice Point)을 0, 비등점(Boiling point)을 100으로 정하고 그 사이를 100등분한 것을 1 섭씨도(기호 ℃)로 정한 것이다.

② 스웨덴의 천문학자인 A. Celsius(셀시우스)가 제안한 것으로 미터 단위를 쓰는 나라에서 많이 사용한다.

(2) 화씨온도

① 표준대기압하에서 순수한 물의 빙점(Ice point)을 32, 비등점(Boiling point)을 212로 정하고 그 사이를 180등분한 것을 1 화씨도(기호 ℉)로 정한 것이다.

② 독일의 D. Fahrenheit(파렌하이트)가 제안한 것으로 미국, 영국 등에서 주로 사용한다.

(3) 섭씨온도와 화씨온도의 온도변환

① 섭씨온도(℃)에서 화씨온도(℉)로의 온도 변환식

- (섭씨온도×1.8)+32 = 화씨온도
- ℉ = (℃× $\frac{9}{5}$)+32

② 화씨온도(℉)에서 섭씨온도(℃)로의 온도 변환식

- (화씨온도−32)÷18 = 섭씨온도
- $℃ = (℉−32) \times \dfrac{5}{9}$

(4) 절대온도

캘빈온도(K) → 섭씨온도(℃)	K = ℃+273.16
랭킨온도(R) → 화씨온도(℉)	R = ℉+459.69

5. 기체법칙

(1) 보일의 기체법칙(Boyle's Gas Law)
① 정의: 보일은 온도가 일정한 기체에서 그 압력과 부피는 반비례 관계가 있음을 발견하였다. 즉, 기체의 압력이 증가하면 그 부피가 감소한다.

② 공식(T = 일정)

$$PV = C, P_1 V_1 = P_2 V_2, \frac{P_1}{V_2} = \frac{P_2}{V_1}$$

여기서, P: 기체의 절대압력

V: 기체의 부피

C: 상수

(2) 샤를의 기체법칙
① 정의: 기체의 온도가 그 부피와 비례하는 것, 즉 기체의 온도가 증가하면 부피도 증가한다.

② 공식(P = 일정)

$$\frac{V}{T} = C, \ \frac{V_1}{T_2} = \frac{V_2}{T_1}$$

6. 푸리에 법칙(열전도의 법칙)

(1) 두 물체 사이에 단위 시간당 전도되는 열량은 두 물체의 온도차와 접촉된 면적에 비례하고, 거리에 반비례한다는 것이다.

(2) 공식

$$q = -KA\frac{\Delta T}{\Delta L}$$

여기서, q: 단위 시간당 전도에 의한 이동 열량[W, kW, J/s, kJ/s]

K: 각 물질의 열전도도(열전도율)[W/m·K]

A: 접촉된 단면적[m^2]

T: 물체의 온도차[K, ℃]

L: 길이(두께)차[m]

7. 뉴턴의 냉각법칙

어떠한 고체 표면의 온도가 일정한 온도 T_w로 유지되고 이 물체의 주위에 온도가 T_∞인 유체가 흘러갈 경우 고체로부터 유체로 단위 시간당 전달되는 열에너지의 양 q는 고체의 표면적 A에 비례하고, 열전달계수 h에도 비례한다.

$$q = hA(T_w - T_\infty)$$

여기서, q: 단위 시간당 대류에 의한 이동 열량[W, kW, J/s, kJ/s]

h: 대류열전달계수[W/m²·K]

A: 물체의 표면적[m²]

T_w: 고온유체 또는 고온물체의 온도[K]

T_∞: 저온유체 또는 주변의 유체의 온도[K]

8. 스테판-볼쯔만 법칙

완전 흑체에서 복사에너지는 절대온도의 4승에 비례하고 열전달면적에 비례한다.

$$q = \sigma AT^4 = \varepsilon \sigma AT^4$$

여기서, q: 단위 시간당 복사에 의한 이동 열량 [W, kW, J/s, kJ/s]

σ: 스테판-볼쯔만 상수[5.669×10^{-11} W/m²·K⁴]

A: 물체의 표면적[m²]

T: 물체 표면의 온도[K, ℃]

ε: 복사능$(0 < \varepsilon < 1)$

2 연소 개론

1. 가연물

가연물의 구비조건	• 산소와 친화력이 클 것 • 반응열이 클 것(발열량이 클 것) • 공기와의 접촉면적이 클 것(비표면적이 클 것) • 열전도율이 작을 것 • 활성화에너지가 작을 것 • 연쇄반응을 일으킬 수 있을 것	
위험물(가연물)	제2류 위험물	고체
	제3류 위험물	고체·액체
	제4류 위험물	액체
	제5류 위험물	고체·액체
가연물이 될 수 없는 물질	• 불활성기체 • 반응종결물질 • 흡열반응물질	

2. 산소공급원

공기	공기 중에 약 21%(V%)	
산화제	불연성(O₂)+가열, 충격, 마찰 등 = O₂↑	
	제1류 위험물	산화성고체(불연성)
	제6류 위험물	산화성액체(불연성)
자기반응성물질	가연성(O₂)+가열, 충격, 마찰 등 = 가연성가스↑, O₂↑	
	제5류 위험물	자기반응성물질(가연성)

3. 점화원

	연소열	어떤 물질 완전연소할 때 발생하는 열
화학적 점화원	**자연발열**	어떤 물질이 외부로부터 열의 공급을 받지 않고 내부의 반응열의 축적만으로 온도가 상승하여 발화점에 도달하는데 필요한 열
	분해열	어떤 화합물질이 분해될 때 발생 또는 흡수되는 열
	용해열	어떤 물질 용매에 녹일 때 방출되는 열
기계적 점화원	마찰열, 마찰스파크열, 압축열(단열압축)	
전기적 점화원	저항열, 유전열, 유도열, 아크열, 정전기열, 낙뢰열	
열적 점화원	나화, 자외선, 적외선, 고온체, 복사열 등	

4. 인화점·연소점·발화점

인화점	기체 또는 휘발성 액체에서 발생하는 증기가 공기와 섞여서 가연성 또는 폭발성혼합기체를 형성하고, 여기에 불꽃을 가까이 댔을 때 순간적으로 섬광을 내면서 연소하는, 즉 인화되는 최저의 온도
연소점	• 한번 발화된 후 연소를 지속시킬 수 있는 충분한 증기를 발생시킬 수 있는 최저온도 • 인화점을 넘어서 가열을 더 계속하면 불꽃을 가까이 댔을 때 계속해서 연소하는 온도에 이르는데 이를 연소점이라고 하며, 인화점과 구별함
발화점	외부의 직접적인 점화원의 접촉 없이 가연물 표면에 가열된 열의 축적에 의하여 발화되고 연소가 일어나는 최저온도

5. 연소범위(폭발범위)

(1) 연소하한계(Lower Flammability Limit: LFL)

그 농도 이하에서는 점화원과 접촉될 때도 화염 전파가 일어나지 않는 공기(산소) 중의 증기 또는 가스의 최소농도이다.

(2) 연소상한계(Upper Flammability Limit: UFL)

그 농도 이상에서는 점화원과 접촉에서도 화염 전파가 일어나지 않는 공기(산소) 중의 증기 또는 가스의 최고농도이다.

(3) 가연물의 연소범위(폭발범위)

실험시 밀폐공간에서 공기(산소 21%) 중 상온(25℃)에서 측정한다.

가연물질명	폭발범위(Vol%)	
	하한	상한
아세틸렌	2.5	81
산화에틸렌	3	80
수소	4	75
일산화탄소	12.5	74.2
암모니아	15	28
시안화수소	6	41
황화수소	4.3	45
메탄	5	15
에탄	3	12.5
프로판	2.1	9.5
부탄	1.8	8.4
에틸렌	2.7	36
디에틸에테르	1.9	48
이황화탄소	1	44
아세톤	2.6	12.8
가솔린	1.4	7.6
벤젠	1.4	7.1
등유	1.1	6.0

6. 각 물질의 최소발화에너지

물질명	분자식	최소발화에너지(mJ)
메탄	CH_4	0.28
에탄	C_2H_6	0.25
프로판	C_3H_8	0.26
부탄	C_4H_{10}	0.25
아세톤	CH_3COCH_3	0.019
수소	H_2	0.019
이황화탄소	CS_2	0.019

7. 연소속도

(1) 연소속도에 영향을 끼치는 요소

온도, 압력, 혼합물 조성, 난류, 억제제(불활성가스) 첨가 등이 있다.

(2) 연료-공기 혼합기체의 최대 연소속도

연료	최대 연소속도	농도
수소	291cm/s	43vol%
아세틸렌	154cm/s	9.8vol%
일산화탄소	43cm/s	52vol%
에틸렌	75cm/s	7.4vol%
메탄	37cm/s	10vol%
에탄	40cm/s	6.3vol%
프로판	43cm/s	4.6vol%

3 연소의 형태

1. 연소형태의 분류와 특성

(1) 불꽃 유무에 따른 연소형태

구분	불꽃연소	작열연소
특성	고체·액체·기체연료 모두에서 발생될 수 있는 현상	고체 상태의 표면에 산소가 공급되어 연소가 이루어지 연소형태
연소물질	• 열가소성 합성수지류 • 가솔린등 석유류의 인화성액체 • 메탄, 에탄, 프로판, 부탄, 수소, 아세틸렌 등의 가연성기체	• 열경화성 합성수지류 • 숯, 코크스, 금속분, 목탄분
소화대책	연쇄반응이 포함되는 연소이므로 냉각·질식·제거 외에 연쇄반응의 억제에 의한 소화	연쇄반응이 일어나지 않는 연소이므로 냉각·질식·제거에 의한 소화

(2) 물질상태에 따른 연소형태

가연성기체	• 확산연소 • 예혼합연소
가연성액체	• 증발연소 • 분해연소
가연성고체	• 분해연소: 목재, 석탄, 종이, 플라스틱 등 • 표면연소: 숯, 코크스, 목탄, 금속분 등 • 증발연소: 황, 나프탈렌, 파라핀(양초) 등 • 자기연소(내부연소): 니트로셀룰로오스(NC), 니트로글리세린(NG), 트리니트로톨루엔(TNT), 트리니트로페놀(TNP) 등 제5류 위험물의 대부분

2. 연소 불꽃의 색상과 온도

연소 불꽃의 색	온도(℃)
암적색	700
적색	850
휘적색	950
황적색	1100
백적색	1300
휘백색	1,500 이상

4 자연발화

1. 조건

(1) 열의 축적에 영향을 주는 요소

열전도율	분말상, 섬유상의 물질이 열전도율이 적은 공기를 많이 포함하기 때문에 열이 축적되기 쉬움
축적방법	• 여러 겹의 중첩상황이나 분말상태가 열이 축적되기 쉬움 • 대량 집적물의 중심부는 표면보다 단열성, 보온성이 좋아져 자연발화가 용이함
공기의 이동	통풍이 잘되는 장소에서는 열의 축적이 곤란하기 때문에 자연발화가 발생하는 경우는 극히 적음

(2) 열의 발생속도에 영향을 주는 요소

온도	온도상승에 따라 반응속도는 증가
발열량	발열량이 클수록 열의 축적이 큼
수분	고온·다습한 환경의 경우 자연발화를 촉진시킴
표면적	• 분말상이나 섬유상의 물질이 내부에 다량의 공기를 포함하는 경우 더욱 더 자연발화가 일어날 가능성이 큼 • 분말이나 액체가 포나 종이 등에 스며들어 배면 자연발화가 용이함
촉매물질	발열반응에 정촉매적 작용을 가진 물질이 존재하면 반응은 가속화됨

2. 방지책

(1) 통풍, 환기, 저장방법을 고려하여 열의 축적을 방지한다.

(2) 반응속도가 온도에 크게 좌우되므로 저장실 및 주위의 온도를 낮게 유지한다.

(3) 습기, 수분 등은 물질에 따라 촉매작용을 하므로 가급적 습도가 높은 곳은 피한다.

(4) 가능한 입자를 크게 하여 공기와의 접촉면적을 적게 유지한다.

(5) 활성이 강한 황린은 물속에 저장한다.

(6) 칼륨, 나트륨 등 알칼리금속은 석유 속에 저장한다.

5 폭발

1. 물리적·화학적 폭발(물질원인에 따른 분류)

물리적 폭발	• 증기폭발(Vapor Explosion) • 수증기폭발(Steam Explosion) • 극저온 액화가스 비등액체 팽창증기폭발(BLEVE) • 진공용기의 압괴 • 용기과압, 과충전에 의한 용기 파열
화학적 폭발	• 산화폭발 • 분해폭발 • 중합폭발 • 촉매폭발

2. 기상폭발, 응상폭발(물질 상태에 따른 분류)

기상폭발	• 산화폭발(혼합가스폭발) • 분해폭발 • 분무폭발 • 분진폭발 • 증기운폭발
응상폭발	• 수증기폭발 • 증기폭발 • 고체폭발

3. 증기운폭발(UVCE)과 블래비(BLEVE)

(1) 증기운폭발(Unconfined Vapor Cloud Explosion, UVCE)

① 대기 중에 대량의 가연성 가스나 가연성 액체가 유출되어 그로부터 발생하는 증기가 공기와 혼합하여 가연성 혼합기체를 형성하고 점화원에 의해 발생하는 화학적 폭발현상이다.

② 저온의 액화가스 저장탱크나 고압의 가연성 액체용기가 파괴되어 다량의 가연성 증기가 대기 중으로 급격히 방출되어 공기 중에 분산 확산되어 있는 상태를 증기운이라고 하며, 이 가연성 증기운에 착화원이 주어지면 폭발하여 Fire ball을 형성하는데 이를 증기운 폭발이라 한다.

(2) 블래비(Boiling Liquid Expanding Vapor Explosion, BLEVE)

고압의 액화가스용기(탱크로리, 탱크 등)등이 외부 화재에 의해 가열되면 탱크내 액체가 비등하고 증기가 팽창하면서 폭발을 일으키는 현상이다.

4. 분진폭발

(1) 개념

금속, 플라스틱, 농산물, 석탄, 유황, 섬유물질 등의 가연성고체가 미세한 분말 상태로 공기 중에서 부유 상태로 폭발하한계 이상의 농도로 유지되고 있을 때 점화원 존재하에 폭발하는 현상이다.

(2) 분진폭발의 물질

① 농산물 및 농산물 가공품류

② 석탄, 목탄, 코크스, 활성탄 등

③ 금속분류

④ 플라스틱류 및 고무류

5. 방폭구조의 종류

(1) 내압방폭구조(d)

전폐구조로 용기 내부에서 폭발성가스, 증기가 폭발했을 때 용기가 압력에 견디며 또한 접합면이나 개구부를 통해서 외부의 폭발성가스에 인화될 우려가 없도록 한 구조이다.

(2) 내부압력방폭구조(p)

용기내부에 보호기체(불활성기체)를 압입하여 내부압력을 유지함으로써 폭발성가스 침입을 방지하는 구조이다.

(3) 유입방폭구조(o)

전기불꽃, 아크, 고온이 발생하는 부분을 기름 속에 넣어 기름면 위의 폭발성가스에 인화될 우려가 없도록 한 구조이다.

(4) 안전증방폭구조(e)

잠재적 점화원만을 갖는 전기기기에 대해 현재적 점화원을 만드는 것과 같은 고장이 일어나지 않도록 전기적, 기계적 및 온도 면에서 안전도를 증가한 구조이다.

① 현재적 점화원: 정상운전시라도 권선형 전동기의 고온부, 전기접점, 저항기, 차단기류접점 등 전기불꽃, 아크, 고온의 점화원이 될 수 있는 것을 말한다.

② 잠재적 점화원: 사고시에만 전기불꽃, 아크, 고온의 점화원이 될 수 있는 변압기, 전기케이블, 권선 등을 말한다.

(5) 본질안전방폭구조(ia or ib)

정상 또는 사고시에 발생하는 전기불꽃, 아크, 고온에 의해 폭발성가스가 점화되지 않는 것이 점화시험 등에 의해 확인된 구조이다.

(6) 특수방폭구조(s)

폭발성가스에 점화, 위험분위기로 인화를 방지할 수 있는 것이 시험 등에 의해 확인된 구조이다.

6 유류저장탱크 화재시 이상현상

1. 보일오버

상부에 지붕이 없는 유류저장탱크에 비점이 다른 성분의 혼합물인 원유나 중질유 등의 유류저장탱크에 화재가 발생하여 장시간 진행되면 비점이나 비중이 작은 성분은 유류표면층에서 먼저 증발연소되고 비점이나 비중이 큰 성분은 가열 축적되어 고온의 열류층(heat layer)을 형성하게 된다. 고온의 열류층이 형성되면 온도는 100℃를 초과하는 경우가 많으며, 이 고온의 열류층은 액면으로부터 액면하부로 전파된다. 이를 열파(Heat wave)침강이라 한다. 열파가 하부로 전파되면서 탱크 저부의 물과 접촉을 하면 급격한 증발에 따른 약 1,650배 이상의 수증기의 부피 팽창에 의해 상층의 유류를 밀어 올려 불붙은 기름을 탱크밖으로 유출시키는데 이러한 현상을 보일오버(Boil-over)라 한다.

2. 슬롭오버

상부에 지붕이 없는 유류저장탱크에 비점이 다른 성분의 혼합물인 원유나 중질유 등의 유류저장탱크에 화재가 발생하여 장시간 진행되면 비점이나 비중이 작은 성분은 유류표면층에서 먼저 증발연소되고 비점이나 비중이 큰 성분은 가열 축적되어 고온의 열류층(Heat layer)을 형성하게 된다. 고온의 열류층이 형성되어 있는 상태에서 표면으로부터 소화작업으로 물이 주입되면 물의 급격한 증발에 의하여 유면에 거품이 일어나거나, 열류의 교란에 의하여 고온의 열류층 아래의 찬 기름이 급히 열 팽창하여 유면을 밀어 올려 유류는 불이 붙은 채로 탱크 벽을 넘어서 나오게 되는데 이를 슬롭오버(Slop-over)라 한다.

7 연소생성물

1. 연소가스

일산화탄소(CO)	• 허용농도: 50ppm • 상온에서 염소와 작용하여 유독성 가스인 포스겐을 생성 • 혈액 내의 헤모글로빈과 결합하여 일산화헤모글로빈을 생성함으로써 산소의 운반 기능을 차단해 질식을 유발함 　→ 일산화탄소와 헤모글로빈의 결합력은 산소와 헤모글로빈의 결합력보다 210배가 크기 때문에 산소 　　운반을 방해하고 그에 따른 두통, 근육조절의 장애를 일으킴
이산화탄소(CO_2)	• 허용농도: 5,000ppm • 가스 자체의 독성은 거의 없으나 다량으로 존재할 때 사람의 호흡속도를 증가시킴으로써 유해가스의 흡입을 증가시켜 위험을 가중시킴
이산화황(SO_2)	• 허용농도: 5ppm • 공기보다 무겁고 무색의 자극성 냄새를 가진 유독성 기체로서 눈 및 호흡기 등의 점막을 상하게 하고 질식사할 우려가 있음
황화수소(H_2S)	• 허용농도: 10ppm • 최면·마취성 가스로서 0.2% 이상 농도에서 냄새 감각이 마비되고 0.4~0.7%에서 1시간 이상 노출되면 현기증, 장기혼란의 증상과 호흡기의 통증이 일어나며, 0.7%를 넘어서면 독성이 강해져 신경계통에 영향을 미치고 호흡기가 무력해짐
시안화수소(HCN)	• 허용농도: 10ppm • 일산화탄소와는 다르게 헤모글로빈과 결합하지 않고 세포에 의한 산소의 이동을 막아 순간적으로 호흡이 정지되는 가스
암모니아(NH_3)	• 허용농도: 25ppm • 피부나 점막의 자극 및 부식성이 강하고 그 작용은 체내조직의 심부에 이르기 쉬우며, 고농도의 암모니아가 접촉되면 점막을 심하게 자극하여 결막부종 및 각막혼탁을 초래하고 점점 시력장해의 후유증을 남기는 경우가 있음
염화수소(HCl)	• 허용농도: 5ppm • 사람이 싫어하는 자극적인 냄새가 나며, 금속을 부식시킬 뿐만 아니라 호흡기 계통도 부식시킴
포스겐($COCL_2$)	• 허용농도: 0.1ppm • 물과 반응해 이산화탄소와 염산 생성

2. 연기

(1) 화재상황에 따른 감광계수 및 가시거리

감광계수(m^{-1})	가시거리(m)	상황
0.1	20 ~ 30	연기감지기가 작동할 정도
0.3	5	건물 내부에 익숙한 사람이 피난에 지장을 느낄 정도의 농도
0.5	3	어두침침한 것을 느낄 정도의 농도
1.0	1 ~ 2	거의 앞이 보이지 않을 정도
10	0.2 ~ 0.5	화재 최성기 때의 연기농도 또는 유도등이 보이지 않을 정도
30	–	출화실에서 연기가 분출될 때의 농도

(2) 연기의 유동속도

① 화재실에서의 수평방향 연기 유동속도: 약 0.5 ~ 1m/s

② 수직방향 연기 유동속도

- 화재실에서의 수직방향 연기 유동속도: 약 2 ~ 3m/s
- 계단실과 같은 수직공간에서의 연기 유동속도: 약 3 ~ 5m/s

③ 연기 유동속도 비교: 계단실 > 화재실 내 수직방향 > 화재실 내 수평방향

8 화재의 분류(급수별)

급수	종류	색상	내용
A급	일반화재	백색	목재, 섬유류, 고무류, 합성고분자 물질 등 연소 후 재를 남기며 보통화재라고도 함
B급	유류화재	황색	상온에서 액체 상태로 존재하는 유류가 가연물이 되는 화재
C급	가스화재	청색	전기에너지가 발화원으로 작용한 화재가 아니고 전기 기기가 설치되어 있는 장소에서의 화재
D급	금속화재	무색	가연성 금속류가 가연물이 되는 화재가 금속화재
K급	식용유화재	–	–

9 소화의 원리 및 방법

제거소화	연소반응이 일어나고 있는 가연물과 그 주위의 가연물을 제거해서 연소반응을 중지시켜 소화하는 방법
질식소화	공기 중 산소를 차단하여 산소농도가 15% 이하가 되면 연소가 지속될 수 없으므로 이를 이용하여 소화하는 방법
냉각소화	비열이나 증발잠열이 큰 물질을 이용하여 연소하고 있는 가연물에서 열을 뺏어 온도를 낮춤으로서 연소물을 인화점 및 발화점 이하로 떨어뜨려 소화하는 방법
희석소화	기체·고체·액체에서 나오는 분해가스, 증기의 농도를 작게 하여 연소를 중지시키는 소화
억제소화	연소의 4요소 중 연쇄적인 산화반응을 약화시켜 연소의 계속을 불가능하게 하여 소화하는 방법

10 건축물화재의 성상

1. 환기지배화재(Ventilation control fire)

(1) 가연물의 연소속도가 실내 환기에 의해 지배되는 화재이다.

(2) 연료량이 많고 통기량이 적은 경우에 발생한다.

(3) 연소속도가 느리고 연소시간이 길어진다.

(4) 일반적으로 내화구조건축물의 실내 화재는 환기지배형 화재가 나타난다.

2. 연료지배화재(Fuel control fire)

(1) 가연물의 연소속도는 연료특성에 의해서 지배되는 화재이다.

(2) 연료량에 비해 통기량이 충분한 경우에 발생한다.

(3) 연소속도가 빠르고 연소시간이 짧다.

(4) 일반적으로 목조건축물의 실내화재는 연료지배형 화재가 나타난다.

3. 이상현상

(1) 플레임오버

① 복도와 같은 통로공간에서 벽, 바닥 표면의 가연물에 화염이 급속하게 확산되는 현상이다.

② 벽, 바닥 또는 천장에 설치된 가연성물질이 화재에 의해 가열되면 전체 물질 표면을 갑자기 점화할 수 있는 연기와 가연성 가스가 만들어지고 이때 매우 빠른 속도로 화재가 확산된다.

(2) 롤오버

연소과정에서 발생된 가연성 가스가 공기와 혼합되어 천장부분에 집적된 상태에서 발화온도에 도달하여 발화함으로서 화재의 선단 부분이 매우 빠르게 확대되어 가는 현상을 말하는 것으로 화재가 발생한 장소의 출입구 바로 바깥쪽 복도 천장에서 연기와 산발적인 화염이 굽이쳐 흘러가는 현상을 말한다.

(3) 플래시오버

건축물 실내 화재시 복사열에 의한 실내의 가연물이 일시에 폭발적인 착화현상을 말한다.

(4) 백드래프트

① 밀폐된 공간에서 화재 발생시 산소부족으로 불꽃을 내지 못하고 가연성 가스만 축적되어 있는 상태에서 갑자기 문을 개방하면 신선한 공기 유입으로 폭발적인 연소가 시작되는 현상을 말한다.

② 백드래프트는 화학적 폭발에 해당된다.

4. 화재온도

일반적으로 연소열의 실내 축적율은 최성기에서 60 ~ 80% 정도이다.

$$Q_H = Q_W + Q_B + Q_L + Q_K$$

Q_H: 실내에서의 총발열량

Q_W: 주벽의 흡열량

Q_B: 창을 통한 옥외로의 복사열량

Q_{HL}: 분출화염이 가지고 간 열량

Q_K: 실내가스를 화재온도로 높이는 열량

5. 화재지속시간

화재 최성기의 연소속도(R)가 일정한 경우

$$T(\text{min}) = \frac{W(\text{kg})}{R(\text{kg}/\text{min})} \quad [^*T:\ \text{화재지속시간},\ R:\ \text{연소속도(kg/min)}]$$

$$R = 5.5\text{A}\sqrt{H} \quad [^*W:\ \text{실내가연물의 양(kg)}]$$

6. 화재하중(화재지속시간)

(1) 정의

바닥의 단위 면적당 목재로 환산시의 등가 가연물의 중량(kg/m^2)이다.

(2) 화재규모의 결정 요소

① 바탕재료: 벽, 천장, 바닥, 기둥 등

② 고정가연물: 내장재, 붙박이가구 등

③ 적재가연물: 서적, 의류, 기타 수납물 등

(3) 화재하중 크기

$$q = \frac{\sum G_t H_t}{H_o A} = \frac{\sum Q_t}{4500A}$$

여기서, q: 화재하중(kg/m^2),

A: 화재실의 바닥면적(m^2)

G_t: 가연물 중량(kg)

H_t: 가연물의 단위발열량(kcal/kg)

$\sum Q_t$: 화재실 내의 가연물의 전발열량(kcal)

H_0: 목재의 단위발열량(kcal/kg)

11 피난

1. 피난시설 계획시 기본원칙

(1) 두 방향의 피난로를 상시 확보한다.

(2) 피난경로는 간단, 명료하여야 한다.

(3) 피난의 수단으로서 가장 기본적인 방법에 의한 것을 원칙으로 한다.

(4) 피난설비는 고정시설에 의한다.

(5) 피난경로에 따라 일정 구역을 한정하여 피난 존으로 설정하고, 최종 안전한 피난장소 쪽으로 진행됨에 따라 각 존의 안전성을 높인다.

2. 피난본능

(1) 귀소본능

인간은 본능적으로 비상시 자신의 신체를 보호하기 위하여 원래 온 길 또는 늘 사용하는 경로에 의해 탈출을 도모한다.

(2) 퇴피본능

이상상황이 발생하면 확인하려 하고, 긴급사태가 확인되면 반사적으로 그 지점에서 떨어지려고 한다.

(3) 지광본능

화재시 정전 또는 검은 연기의 유동으로 주위가 어두워지면 사람들은 밝은 곳으로 피난하고자 한다.

(4) 좌회본능

오른손잡이인 경우 오른손, 오른발이 발달해 있기 때문에 왼쪽으로 도는 것이 자연스럽다.

(5) 추종본능

비상시에는 많은 군중이 한 사람의 리더를 추종하는 경향이 있다.

3. 피난방향 및 피난로의 방향

구분	피난로의 방향
X형	
Y형	확실한 피난로가 보장된다.
T형	
I형	방향이 확실하게 분간하기 쉽다.
Z형	
ZZ형	중앙 복도형에서 core식 중 양호하다.
H형	
∞형	중앙 core식으로 피난자들의 집중으로 panic 현상이 일어날 우려가 있다.

1 내화구조

1. (내력)벽

(1) 철근콘크리트조 또는 철골철근콘크리트조로서 두께가 10cm 이상인 것

(2) 골구를 철골조로 하고 그 양면을 두께 4cm 이상의 철망모르타르(그 바름바탕을 불연재료로 한 것으로 한정한다. 이하 같다) 또는 두께 5cm 이상의 콘크리트블록 · 벽돌 또는 석재로 덮은 것

(3) 철재로 보강된 콘크리트블록조 · 벽돌조 또는 석조로서 철재에 덮은 콘크리트블록 등의 두께가 5cm 이상인 것

(4) 벽돌조로서 두께가 19cm 이상인 것

(5) 고온 · 고압의 증기로 양생된 경량기포 콘크리트패널 또는 경량기포 콘크리트블록조로서 두께가 10cm 이상인 것

2. 외벽중 비내력벽

(1) 철근콘크리트조 또는 철골철근콘크리트조로서 두께가 7cm 이상인 것

(2) 골구를 철골조로 하고 그 양면을 두께 3cm 이상의 철망모르타르 또는 두께 4cm 이상의 콘크리트블록 · 벽돌 또는 석재로 덮은 것

(3) 철재로 보강된 콘크리트블록조 · 벽돌조 또는 석조로서 철재에 덮은 콘크리트블록 등의 두께가 4cm 이상인 것

(4) 무근콘크리트조 · 콘크리트블록조 · 벽돌조 또는 석조로서 그 두께가 7cm 이상인 것

3. 기둥의 경우에는 그 작은 지름이 25cm 이상인 것

(1) 철근콘크리트조 또는 철골철근콘크리트조

(2) 철골을 두께 6cm(경량골재를 사용하는 경우에는 5cm) 이상의 철망모르타르 또는 두께 7cm 이상의 콘크리트블록 · 벽돌 또는 석재로 덮은 것

(3) 철골을 두께 5cm 이상의 콘크리트로 덮은 것

4. 바닥

(1) 철근콘크리트조 또는 철골철근콘크리트조로서 두께가 10cm 이상인 것

(2) 철재로 보강된 콘크리트블록조 · 벽돌조 또는 석조로서 철재에 덮은 콘크리트블록 등의 두께가 5cm 이상인 것

(3) 철재의 양면을 두께 5cm 이상의 철망모르타르 또는 콘크리트로 덮은 것

5. 보(지붕틀 포함)

(1) 철근콘크리트조 또는 철골철근콘크리트조

(2) 철골을 두께 6cm(경량골재를 사용하는 경우에는 5cm) 이상의 철망모르타르 또는 두께 5cm 이상의 콘크리트로 덮은 것

(3) 철골조의 지붕틀(바닥으로부터 그 아랫부분까지의 높이가 4m 이상인 것에 한한다)로서 바로 아래에 반자가 없거나 불연재료로 된 반자가 있는 것

6. 지붕

(1) 철근콘크리트조 또는 철골철근콘크리트조

(2) 철재로 보강된 콘크리트블록조·벽돌조 또는 석조

(3) 철재로 보강된 유리블록 또는 망입유리(두꺼운 판유리에 철망을 넣은 것)로 된 것

7. 계단

(1) 철근콘크리트조 또는 철골철근콘크리트조

(2) 무근콘크리트조·콘크리트블록조·벽돌조 또는 석조

(3) 철재로 보강된 콘크리트블록조·벽돌조 또는 석조

(4) 철골조

2 방화구조

(1) 철망모르타르로서 그 바름두께가 2cm 이상인 것

(2) 석고판 위에 시멘트모르타르 또는 회반죽을 바른 것으로서 그 두께의 합계가 2.5cm 이상인 것

(3) 시멘트모르타르 위에 타일을 붙인 것으로서 그 두께의 합계가 2.5cm 이상인 것

(4) 심벽에 흙으로 맞벽치기한 것

(5) 「산업표준화법」에 따른 한국산업표준이 정하는 바에 따라 시험한 결과 방화 2급 이상에 해당하는 것

3 건축물에 설치하는 방화벽의 기준

(1) 내화구조로서 홀로 설 수 있는 구조일 것

(2) 방화벽의 양쪽 끝과 윗쪽 끝을 건축물의 외벽면 및 지붕면으로부터 0.5m 이상 튀어 나오게 할 것

(3) 방화벽에 설치하는 출입문의 너비 및 높이는 각각 2.5m 이하로 하고, 해당 출입문에는 "60＋ 방화문" 또는 "60분 방화문"을 설치할 것

PART 03 | 소화약제

1 소화약제 개요

1. 수계(물계) 소화약제

특성 \ 종류	물계소화약제	
	물	포
주된 소화효과	냉각	질식, 냉각
소화속도	느리다	느리다
냉각효과	크다	크다
재발화 위험성	적다	적다
대응하는 화재규모	중형 – 대형	중형 – 대형
사용 후의 오염	크다	매우 크다
적응화재	A 급	A, B 급

2. 가스계 소화약제

특성 \ 종류	가스계소화약제		
	이산화탄소	할론	분말
주된 소화효과	질식	부촉매	부촉매, 질식
소화속도	빠르다	빠르다	빠르다
냉각효과	적다	적다	극히 적다
재발화 위험성	있다	있다	있다
대응하는 화재규모	소형 – 중형	소형 – 중형	소형 – 중형
사용 후의 오염	전혀 없다	극히 적다	적다
적응화재	B, C 급	B, C 급	(A), B, C 급

2 이산화탄소 소화약제

1. 적응화재

(1) 유류화재(B급 화재)

(2) 전기화재(C급 화재)

2. 장점

(1) 전역방출방식(실이 밀폐인 경우)으로 할 때에는 일반가연물화재(A급 화재)에도 적용된다.

(2) 화재를 소화할 때에는 피연소물질의 내부까지 침투한다.

(3) 피연소물질에 피해를 주지 않는다.

(4) 증거보존이 가능하다.

(5) 소화약제의 구입비가 저렴하다.

(6) 전기의 부도체(불량도체)이다.

(7) 장기간 저장하여도 변질 · 부패 또는 분해를 일으키지 않는다.

3. 단점

(1) 고압가스에 해당되므로 저장 및 취급시 주의를 요한다.

(2) 소화약제의 방출시 동상이 우려된다.

(3) 저장용기에 충전하는 경우 고압을 필요로 한다.

(4) 인체의 질식이 우려된다.

(5) 소화약제의 방출시 소리가 요란하다.

(6) 소화시간이 다른 소화약제에 비하여 길다.

3 할론소화약제

1. 개요

특성 \ 종류	Halon 1301	Halon 1211	Halon 2402	Halon 104
분자식	CF_3Br	CF_2ClBr	$C_2F_4Br_2$	CCl_4
분자량	148.9	165.4	259.8	153.8
비점(℃, 1atm)	−57.8	−3.4	47.3	76.8
증발잠열(cal/g, 비점)	28.4	32.3	25.0	46.3
액체비중(20℃)	1.57	1.83	2.18	−
기체비중(공기=1)	5.1	5.7	9.0	5.3
증기압(kg/cm²)	14	2.5	0.48	−
상태(상온, 상압)	기체	기체	액체	액체

2. 적용화재

(1) 일반화재(A급 화재)

(2) 유류화재(B급 화재)

(3) 전기화재(C급 화재)

3. 장점

(1) 부촉매효과로 연쇄반응을 억제하기 때문에 소량의 농도로도 소화가 가능하다.

(2) 비전도성이므로 전기화재에 적합하다.

(3) 소화약제의 분해 및 변질이 없다. (화학적으로 안정, 결합력이 강함)

(4) 수명이 반영구적이다.

(5) 화재 진화 후 증거보존이 가능하다.

(6) 전역방출방식으로 사용하는 경우 일반화재(A급 화재)에도 적용된다.

4. 단점

(1) 가격이 비싸다.

(2) 오존층파괴지수(ODP)가 높아 지구오존층 파괴의 원인을 제공한다.

(3) Halon 1301 소화약제 이외의 할론 소화약제는 인체에 유해하므로 취급시 주의를 요한다.

(4) 열분해시 발생하는 열분해 생성가스는 인체에 유해하므로 주의를 요한다.

4 분말소화약제

종별	주성분	화학식	표시색상	적응화재
제1종	탄산수소나트륨	Na_2HCO_3	백색	B, C급
제2종	탄산수소칼륨	$KHCO_3$	담자색	B, C급
제3종	제1인산암모늄	$NH_4H_2PO_4$	담홍색	A, B, C급
제4종	탄산수소칼륨+수소	$KHCO_3 + (NH_2)_2CO$	회색	B, C급

PART 04 | 위험물 성상

1 위험물의 류별 성질

1류 위험물	산화성 고체	2류 위험물	가연성 고체	3류 위험물	금수성 및 자연발화성 물질
4류 위험물	인화성 액체	5류 위험물	자기반응성 물질	6류 위험물	산화성 액체

2 제1류 위험물 – 산화성 고체

1. 구분

구분	지정수량	품명
아염소산염류	50kg	아염소산나트륨[$NaClO_2$]
염소산염류	50kg	염소산칼륨[$KClO_3$], 염소산나트륨[$NaClO_3$], 염소산암모늄[NH_4ClO_3]
과염소산염류	50kg	과염소산칼륨[$KClO_4$], 과염소산나트륨[$NaClO_4$], 과염소산암모늄[NH_4ClO_4]
무기과산화물	50kg	과산화칼륨[K_2O_2], 과산화나트륨[Na_2O_2], 과산화마그네슘[MgO_2], 과산화칼슘[CaO_2], 과산화바륨[BaO_2]
브롬산염류	300kg	브롬산칼륨[$KBrO_3$], 브롬산나트륨[$NaBrO_3$], 브롬산바륨[$Ba(BrO_3)_2 \cdot H_2O$], 브롬산아연[$Zn(BrO_3)_2 \cdot 6H_2O$]
요드산염류	300kg	요드산칼륨[KIO_3], 요드산칼슘[$Ca(IO_3)_2 \cdot 6H_2O$]
질산염류	300kg	질산칼륨[KNO_3], 질산나트륨[$NaNO_3$], 질산암모늄[NH_4NO_3]
과망간산염류	1,000kg	과망간산칼륨[$KMnO_4$], 과망간산나트륨[$NaMnO_4 \cdot 3H_2O$], 과망간산칼슘[$Ca(MnO_4)_2 \cdot 4H_2O$]
중크롬산염류	1,000kg	중크롬산칼륨[$K_2Cr_2O_7$], 중크롬산나트륨[$NaC_2r_2O_7 \cdot 2H_2O$], 중크롬산암모늄[$(NH_4)_2Cr_2O_7$]

2. 저장 및 취급방법

(1) 조해성이 있으므로 습기에 주의하며 용기는 밀폐하여 저장할 것

(2) 용기의 파손에 의한 위험물의 누설에 주의할 것

(3) 환기가 잘 되는 찬 곳에 저장할 것

(4) 다른 약품류 및 가연물과의 접촉을 피할 것

(5) 열원이나 산화되기 쉬운 물질 과산 또는 화재위험이 있는 곳에서 멀리할 것

3. 소화방법

(1) 냉각소화(분해온도 이하로 유지)

(2) 피복소화

3 제2류 위험물 - 가연성 고체

1. 구분

지정수량	품명
100kg	• 황화린[삼황화린(P_4S_3), 오황화린(P_2S_5), 칠황화린(P_4S_7)] • 적린(P) • 유황(S)
500kg	• 철분(Fe) • 마그네슘(Mg) • 금속분 [알루미늄분(Al), 아연분(Zn), 안티몬분(Sb)]
1,000kg	인화성 고체(락카퍼티, 고무풀, 고형알코올, 메타알데히드, 제3부틸알코올)

2. 저장 및 취급방법

(1) 점화원으로부터 멀리하고 가열을 피할 것

(2) 산화제와의 접촉을 피할 것

(3) 용기의 파손으로 위험물의 누설에 주의할 것

(4) 철분, 마그네슘, 금속분류는 산 또는 물과의 접촉을 피할 것

3. 소화방법

(1) 주수에 의한 냉각소화

(2) 철분, 마그네슘, 금속분류는 건조사피복에 의한 질식소화(단, 마그네슘은 이산화탄소에 의한 소화금지)

4 제3류 위험물 - 금수성 물질 및 자연발화성 물질

1. 구분

지정수량	품명
10kg	칼륨(K), 나트륨(Na), 알킬알루미늄[$(R)_3Al$], 알킬리튬(RLi)
50kg	알칼리금속 및 알칼리토금속(Li,Ca), 유기금속화합물(알킬알루미늄 및 알킬리튬 제외)
300kg	금속수소화합물[KH, NaH, LiH, CaH_2, Li(AlH_4)], 금속인화합물(Ca_3P_2)
	칼슘 또는 알루미늄의 탄화물[탄화칼슘(CaC_2), 탄화알루미늄(Al_4C_3), 탄화망간(Mn_3C), 탄화베릴륨(Be_2C)]
–	그 밖에 행정안전부령이 정하는 것: 염소화규소화합물

2. 저장 및 취급방법

(1) 용기의 파손 및 부식을 막으며 공기 또는 수분의 접촉을 방지할 것

(2) 보호액 속에 저장할 경우 위험물이 보호액 표면에 노출되지 않게 할 것

(3) 다량을 저장할 경우 소분하여 저장하며 화재 발생에 대비하여 희석제를 혼합하거나 수분의 침입이 없도록 보존할 것

(4) 물과 접촉하여 가연성 가스를 발생하므로 화기로부터 멀리할 것

3. 소화방법

(1) 황린을 제외하고 절대 주수를 엄금하며, 어떠한 경우든 물에 의한 냉각소화는 불가능하다.

(2) 포, CO_2, 할론 소화약제는 잘 적응되지 않으며 건조분말, 마른모래, 팽창질석, 건조석회를 상황에 따라 조심스럽게 사용하여 질식소화한다.

(3) K, Na은 격렬히 연소하기 때문에 특별한 소화수단이 없으므로 연소할 때 연소확대 방지에 주력하여야 한다.

(4) 알킬알루미늄, 알킬리튬 및 유기금속화합물은 화재시 초기에는 석유류와 같은 연소형태에서 후기에는 금속화재와 같은 양상이 되므로 소화시 특히 주의하여야 한다.

5 제4류 위험물 – 인화성 액체

1. 구분

구분	지정수량	품명
특수인화물	50*l*	디에틸에테르($C_2H_5OC_2H_5$), 이황화탄소(CS_2), 아세트알데히드(CH_3CHO), 산화프로필렌 (OCH_2CHCH_3), 이소프렌
제1석유류 (인화점 21℃ 미만)	200*l*	가솔린, 콜로디온, 벤젠(C_6H_6), 톨루엔($C_6H_5CH_3$), 메틸에틸케톤($CH_3COC_2H_5$, MEK)
		초산메틸(CH_3COOCH_3), 초산에틸($CH_3COOC_2H_5$), 의산메틸($HCOOCH_3$), 의산에틸 ($HCOOC_2H_5$)
	400*l*	아세톤(CH_3COCH_3), 피리딘(C_5H_5N)
알코올류	400*l*	메틸알코올(CH_3OH), 에틸알코올(C_2H_5OH), 프로필알코올(C_3H_7OH)
제2석유류 (21℃ ~ 70℃ 미만)	1,000*l*	등유(케로신), 경유(디젤유), 테레핀유($C_{10}H_{16}$, 타펜유, 송정유), 스틸렌($C_6H_5CHCH_2$), 크실렌 [$C_6H_4(CH_3)_2$]
		클로로벤젠(C_6H_5Cl), 장뇌유(백색유, 적색유, 감색유), 송근유
	2,000*l*	의산(HCOOH, 개미산), 초산(CH_3COOH), 에틸셀르솔브($C_2H_5OCH_2CH_2OH$), 메틸셀르솔브($CH_3OCH_2CH_2OH$)
제3석유류 (70℃ ~ 200℃ 미만)	2,000*l*	중유, 클레오소트유(타르유), 니트로벤젠($C_6H_5NO_2$), 아닐린($C_6H_5NH_2$, 아미노벤젠)
	4,000*l*	에틸렌글리콜, 글리세린
제4석유류	6,000*l*	윤활유(기어유, 실린더유), 가소제, 방청유, 담금질유, 절삭유
동식물유 (250℃ 미만)	10,000*l*	**건성유** — 정어리유, 대구유, 상어유, 해바라기유, 동유, 아마인유, 들기름: 요오드값 130 이상
		반건성유 — 청어유, 쌀겨기름, 면실유, 채종유, 옥수수기름, 참기름, 콩기름: 요오드값 100 ~ 130
		불건성유 — 쇠기름, 돼지기름, 고래기름, 피마자유, 올리브유, 팜유, 땅콩기름, 야자유: 요오드값 100 이하

2. 저장 및 취급방법

(1) 점화원으로부터 멀리하고 가열을 피할 것

(2) 산화제와의 접촉을 피할 것

(3) 용기의 파손으로 위험물의 누설에 주의할 것

(4) 철분, 마그네슘, 금속분류는 산 또는 물과의 접촉을 피할 것

3. 소화방법

(1) 주수에 의한 냉각소화

(2) 철분, 마그네슘, 금속분류는 건조사피복에 의한 질식소화(단, 마그네슘은 이산화탄소에 의한 소화금지)

6 제5류 위험물 – 자기반응성 물질(화기엄금, 충격주의)

1. 구분

구분	지정수량	품명
유기과산화물	10kg	과산화벤조일$[(C_6H_5CO)_2O_2]$, 과산화메틸에틸케톤$[(CH_3COC_2H_5)_2O_2]$, MEKPO]
질산에스테르류	10kg	질산메틸(CH_3ONO_2), 질산에틸$(C_2H_5ONO_2)$, 니트로글리세린$[C_3H_5(ONO_2)_3]$
		니트로셀룰로오스$[C_{24}H_{29}O_9(ONO_2)_{11}, (C_6H_7O_2(ONO_2)_3)_n]$
니트로화합물	200kg	트리니트로톨루엔$[C_6H_2CH_3(NO_2)_3]$, 트리니트로페놀$[C_6H_2OH(NO_2)_3]$
니트로소화합물	200kg	파라디니트로소벤젠$[C_6H_4(NO)_2]$
아조화합물	200kg	아조벤젠$(C_6H_5N = NC_6H_5)$, 히드록시아조벤젠$(C_6H_5N = NC_6H_4OH)$
디아조화합물	200kg	디아조메탄(CH_2N_2), 디아조카르복실산에스테르
히드라진유도체	200kg	페닐히드라진$(C_6H_5NHNH_2)$, 히드라조벤젠$(C_6H_5NHHNC_6H_5)$, 히드라진(N_2H_4)
히드록실아민	100kg	NH_2OH
히드록실아민염류	100kg	–

2. 저장 및 취급방법

(1) 점화원 및 분해를 촉진시키는 물질로부터 멀리할 것

(2) 화재 발생시 소화가 곤란하므로 소분하여 저장할 것

(3) 용기는 밀전, 밀봉하고 포장 외부에 화기엄금, 충격주의 등 주의사항 표시

(4) 용기의 파손 및 균열에 주의하며 실온, 습기, 통풍에 주의할 것

3. 소화방법

초기 소화에는 주수에 의한 냉각소화

7 제6류 위험물 – 산화성 액체

1. 구분

지정수량	품명
300kg	• 과염소산($HClO_4$) • 과산화수소(H_2O_2) • 질산(HNO_3) • 그 밖에 행정안전부령이 정하는 것(할로겐간화합물)

2. 저장 및 취급방법

(1) 저장용기는 내산성일 것

(2) 물, 가연물, 유기물 및 고체의 산화제와의 접촉을 피할 것

(3) 용기는 밀전 밀봉하여 누설에 주의할 것

3. 소화방법

(1) 소량일 때는 대량의 물로 희석소화

(2) 대량일 때는 주수소화가 곤란하므로 건조사, 인산염류의 분말로 질식소화

소방관계법규

PART 01 | 소방기본법

1 목적

이 법은 화재를 예방·경계하거나 진압하고 화재, 재난·재해 그 밖의 위급한 상황에서의 구조·구급활동 등을 통하여 국민의 생명·신체 및 재산을 보호함으로써 공공의 안녕 및 질서 유지와 복리증진에 이바지함을 목적으로 한다.

2 소방기관의 설치

1. 소방업무

(1) 시·도의 화재 예방·경계·진압 및 조사, 소방안전교육·홍보와 화재, 재난·재해, 그 밖의 위급한 상황에서의 구조·구급 등의 업무

(2) 소방기관의 설치에 필요한 사항: 대통령령

2. 지휘·감독

(1) 지휘권자: 그 소재지를 관할하는 특별시장·광역시장·특별자치시장·도지사 또는 특별자치도지사(시·도지사)

(2) 지휘대상: 소방업무를 수행하는 소방본부장 또는 소방서장

3. 소방본부

시·도에서 소방업무를 수행하기 위하여 시·도지사 직속으로 소방본부를 둔다.

3 119종합상황실의 설치와 운영

설치·운영권자	소방청장, 소방본부장, 소방서장
설치	소방청, 소방본부, 소방서
119종합상황실장 업무	• 재난상황 신고접수 • 소방서에 인력·장비 등 동원 요청(사고수습) • 하급소방기관 출동지령, 유관기관 지원 요청 • 전화 및 보고 • 피해현황 파악 • 정보 수집 및 보고

4 소방박물관 등의 설치와 운영

설립·운영권자	• 소방박물관: 소방청장(행정안전부령) • 소방체험관: 시·도지사(시·도 조례)
박물관장	소방공무원 중 소방청장이 임명
박물관 운영위원	7인 이내

5 소방업무에 대한 종합계획 및 세부계획

종합계획 수립·시행권자	소방청장(5년마다)
세부계획 수립·시행권자	시·도지사(매년)

6 소방의 날

소방의 날	11월 9일
기념행사 운영	소방청장, 시·도지사

7 소방력의 기준 등

1. 소방력

소방력	인력		
	시설	장비	
		수리(소방용수)	

2. 현대의 소방력

훈련된 기술인력, 정비된 장비, 충분한 수리, 원활한 통신망 등을 말한다.

8 소방용수시설의 설치 및 관리 등

1. 설치·유지·관리권자 및 소방용수시설의 종류

설치·유지·관리권자	시·도지사
종류	• 소화전(지상식 / 지하식) • 저수조 • 급수탑

2. 표지

(1) 지하에 설치하는 소화전 또는 저수조의 표지

(2) 급수탑 및 지상에 설치하는 소화전 또는 저수조의 표지

내측 문자 백색, 외측 문자 황색, 내측 바탕 적색, 외측 바탕 청색

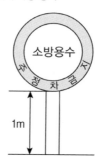

3. 소방용수시설의 설치기준

(1) 공통기준

　　① 주거지역·상업지역·공업지역: 수평거리 100m 이하

　　② 기타지역(녹지지역): 수평거리 140m 이하

(2) 소방용수시설별 설치기준

　　① 소화전의 설치기준: 연결금속구의 구경은 65mm

　　② 급수탑의 설치기준

4. 소방용수시설 및 지리 조사

조사권자	소방본부장, 소방서장
조사시기	월 1회 이상
조사내용	• 건축물의 개황 • 도로 주변의 토지의 고저 • 소방대상물에 인접한 도로의 폭 및 교통상황

9 소방업무의 응원

지휘권자	응원을 요청한 소방본부장 또는 소방서장
비용부담자	응원을 요청한 시·도지사
응원협정 내용	• 화재의 경계, 진압, 구조, 구급, 조사활동 • 응원출동 대상지역 및 규모 • 소요경비의 부담 • 응원출동의 요청, 훈련, 평가 ※ 화재예방은 대상이 아님

10 소방교육 및 훈련

1. 교육·훈련의 종류 및 대상자

화재진압	진압 소방공무원, 의무소방원, 의용소방대원
인명구조	구급 소방공무원, 의무소방원, 의용소방대원
응급처치	소방공무원, 의무소방원, 의용소방대원
인명대피	진압 소방공무원, 의무소방원, 의용소방대원
현장지휘	지방소방(위, 경, 령, 정)

2. 기간 및 횟수

2년마다 1회 이상, 2주 이상

11 소방신호

1. 목적

화재예방, 소방활동, 소방훈련

2. 신호 방식

타종, 사이렌, 통풍대, 게시판, 기

3. 소방신호의 종류와 방법

종류 \ 신호방법	타종신호	사이렌신호		
		발령시간	간격	횟수
경계신호	1타와 연 2타 반복	30초	5초	3회
발화신호	난타	5초	5초	3회
해제신호	상당한 간격을 두고 1타 반복	1분간	–	1회
훈련신호	연 3타 반복	1분씩	10초	3회

🔢 화재 등의 통지

목적	화재, 재난 현장을 발견한 사람이 소방관서에 통지함으로써 피해를 최소화하기 위함 (의무규정)
허위 신고	500만원 이하의 과태료
오인출동 방지(연막소독, 화재오인 우려 행위)	• 통보대상: 화재경계지구 내 오인 화재 • 미통보시: 20만원 이하의 과태료(시·도 조례)

🔢 관계인의 소방활동

내용	인명구조, 소화, 연소 확대 방지
벌칙	100만원 이하의 벌금

🔢 소방활동구역의 설정

설정권자	소방본부장, 소방서장, 소방대장
출입가능자	• 관계인 • 전기·가스·수도·통신·교통업무 종사자 • 의료인(의사, 간호사), 구조·구급업무 종사자 • 보도업무 종사자 • 수사업무 종사자 • 소방대장이 출입을 허가한 자
벌칙	200만원 이하의 과태료

15 소방활동종사명령

명령권자	소방본부장, 소방서장, 소방대장
비용지급자	시·도지사
비용지급 제외	• 관계인 • 고의·과실로 화재 또는 구조·구급활동을 발생시킨 자 • 물건을 가져간 자

16 강제처분

처분권자	소방본부장, 소방서장, 소방대장
손실보상	시·도지사
처분대상	• 소방활동구역 내의 소방대상물, 토지 • 출동 중의 소방대상물, 토지, 주·정차 차량

17 피난명령

명령권자	소방본부장, 소방서장, 소방대장
협조자	경찰서장, 자치경찰단장
벌칙	100만원 이하의 벌금

PART 02 | 화재의 예방 및 안전관리에 관한 법률

1 목적

화재의 예방과 안전관리에 필요한 사항을 규정함으로써 화재로부터 국민의 생명·신체 및 재산을 보호하고 공공의 안전과 복리 증진에 이바지한다.

2 정의

예방	화재발생을 사전에 제거, 방지
안전관리	예방, 대비, 대응 등의 활동
소방관서장	소방청장, 소방본부장, 소방서장
화재안전조사	현장조사 · 문서열람 · 보고요구 등을 하는 활동
화재예방강화지구	시 · 도지사가 화재의 예방 및 안전관리를 강화하기 위해 지정·관리하는 지역
화재예방안전진단	화재위험요인을 조사하고 그 위험성을 평가하여 개선대책을 수립하는 것

3 화재예방 및 안전관리

1. 계획 수립·시행

기본계획 수립·시행	소방청장(5년)
시행계획 수립·시행	소방청장(매년)
세부시행계획 수립·시행	관계 중앙행정기관의 장 및 시·도지사(매년)

2. 실태조사

조사자	소방청장
실태조사	통계조사, 문헌조사, 현장조사
조사통보	조사 시작 7일 전까지

4 화재안전조사

1. 화재안전조사

조사자	소방관서장(소방청장, 소방본부장, 소방서장)
조사항목	대통령령
조사대상	불성실·불완전(자체점검), 화재예방강화지구 등, 화재예방안전진단, 국가적 행사 등, 화재가 자주 발생, 재난예측정보·기상예보 등을 분석한 결과 화재 발생 위험이 큰 경우 등

2. 화재안전조사의 방법·절차

조사분류	종합조사, 부분조사
조사절차	관계인에게 통지 → 7일 이상 공개(인터넷홈페이지, 전산시스템) → 조사 실시
조사시기	공개시간, 근무시간
조사연기	재난발생, 감염병 발생, 경매 등, 질병, 사고, 장기출장, 장부 및 서류 압수 영치

5 화재예방조치 등

1. 화재예방강화지구 행위 금지

(1) 화기의 취급

(2) 소형열기구 날리기

(3) 용접 · 용단 등

(4) 화재 발생 위험 행위
    ① 위험물제조소등
    ② 고압가스 저장소
    ③ 액화석유가스
    ④ 수소연료
    ⑤ 화약류

2. 물건 등 보관기간·보관기간 경과 후 처리

(1) 대상
    ① 목재, 플라스틱 등
    ② 소방차량의 통행이나 소화 활동 지장

(2) 절차

    ① 옮김

    ② 14일간 공고(소방관서의 인터넷 홈페이지, 게시판)

    ③ 보관기간: 공고하는 기간의 종료일 다음 날부터 7일

    ④ 매각, 폐기

6 불을 사용하는 설비의 관리

1. 보일러

경유·등유 등 액체연료 사용	• 보일러 본체로부터 1m 이상의 간격 • 연료를 차단할 수 있는 개폐밸브를 연료탱크로부터 0.5m 이내에 설치
기체연료 사용	• 긴급시 연료를 차단할 수 있는 개폐밸브를 연료용기로부터 0.5m 이내에 설치 • 보일러와 벽 천장 사이의 거리는 0.6m 이상
고체연료 사용	• 고체연료는 별도의 실 또는 보일러와 수평거리 2m 이상 이격 • 연통은 천장으로부터 0.6m 이상, 건물 밖으로 0.6m 이상 나오도록 설치 • 연통은 보일러보다 2m 이상 높게 연장 설치 • 연통재질은 불연재료로 사용하고 연결부에 청소구를 설치

2. 불꽃 사용 용접·용단

(1) 소화기 비치: 유효반경 5m 이내

(2) 가연물 금지: 유효반경 10m 이내

3. 안전거리(보일러, 난로, 조리)

    0.6m 이상(단, 건조설비는 0.5m 이상)

4. 시간당 열량 30만kcal 이상의 노 설치 시

(1) 주요구조부: 불연재료

(2) 창문·출입구: 60+방화문 또는 60분 방화문

(3) 공간확보: 1m 이상

5. 소화기 1개(능력단위 3단위 이상) 이상 비치 장소

    보일러, 난로, 건조설비, 용접·용단기구, 노·화덕설비

7 특수가연물

1. 특수가연물

연소속도가 빠른 액체, 고체물질로서 품명별 수량 이상의 것으로 한다.

면화류	200kg
나무껍질 및 대팻밥	400kg
볏짚류, 사류, 넝마 및 종이 부스러기	1,000kg
가연성 고체류	3,000kg
석탄, 목탄류	10,000kg
가연성 액체류	2m³
목재가공품 및 나무 부스러기	10m³
고무류·플라스틱류	발포시킨 것	20m³ * 2m³(가연성 액체류) × 10m³ (목재가공품 및 나무 부스러기) = 20m³(발포 시킨 것)
	그 밖의 것	3,000kg

2. 특수가연물의 저장·취급의 기준[석탄·목탄류 발전(發電)용 제외]

(1) 표지(품명, 최대수량, 단위부피당 질량, 관리책임자, 화기 취급의 금지)를 설치한다.

(2) 품명별로 구분하여 쌓는다.

(3) 저장

높이	10m 이하
바닥면적	50m²(석탄, 목탄류는 200m²) 이하
살수설비 및 대형 소화기 설치 시	• 높이는 15m 이하 • 바닥면적은 200m²(석탄, 목탄류는 300m²) 이하
쌓는 부분의 바닥면적 사이	• 실내의 경우 1.2미터 또는 쌓는 높이의 1/2 중 큰 값 이상 • 실외의 경우 3미터 또는 쌓는 높이 중 큰 값 이상

8 화재예방강화지구

지정권자	시·도지사
지정 요청자	소방청장
지정 대상	• 목조건물 밀집 • 시장지역 • 공장·창고 밀집 • 위험물의 저장 및 처리시설 밀집 • 석유화학제품을 생산하는 공장 • 소방시설·소방용수시설 또는 소방출동로가 없는 지역 • 산업단지 • 노후·불량건물 밀집 • 소방관서장이 지정 필요 인정 지역
소방안전조사 및 교육훈련 실시	연 1회 이상
교육, 훈련 통보	10일 전 통보

9 특정소방대상물의 소방안전관리

1. 소방안전관리자를 두어야 하는 특정소방대상물

특급 소방안전관리대상물	• 연면적 10만m² 이상(아파트 제외) • 지하층 포함 층수가 30층 이상(아파트 제외) • 건축물의 높이가 120m 이상(아파트 제외) • 아파트로서 지하층 제외 50층 이상 또는 높이 200m 이상
1급 소방안전관리대상물	• 연면적 1만5천m² 이상(아파트 제외) • 층수가 11층 이상(아파트 제외) • 아파트로서 지하층 제외 30층 이상 또는 높이 120m 이상 • 가연성 가스를 1천톤 이상 저장·취급하는 시설
2급 소방안전관리대상물	• 스프링클러설비, 물분무등소화설비(호스릴 제외)를 설치한 특정소방대상물 • 옥내소화전설비를 설치한 특정소방대상물 • 가연성 가스를 100톤 이상 1천톤 미만 저장·취급하는 시설 • 지하구 • 공동주택 • 문화재(목조건축물)
3급 소방안전관리대상물	간이스프링클러설비, 자동화재탐지설비를 설치한 특정소방대상물

2. 소방안전관리자 선임자격

특급 소방안전관리자	• 소방기술사, 소방시설관리사 • 소방설비기사+5년 이상 실무경력(1급) • 소방설비산업기사+7년 이상 실무경력(1급) • 소방공무원+20년 이상 근무경력 • 시험합격(특급)
1급 소방안전관리자	• 특급 소방안전관리자 자격 인정 • 소방자격증(기사, 산업기사) • 소방공무원+7년 근무경력 • 시험합격(1급)

3. 소방안전관리자의 선임·신고 등

30일 이내 소방안전관리자를 선임한 후 14일 이내 신고한다.

신규선임	완공일
증축 또는 용도변경한 경우	증축공사의 완공일 또는 용도변경 사실을 건축물관리대장에 기재한 날
관계인의 권리를 취득한 경우	해당 권리를 취득한 날
공동소방안전관리 대상	관리권원 분리, 조정한 날
소방안전관리자를 해임한 경우	소방안전관리자를 해임한 날

4. 소방안전관리보조자

선임대상	• 아파트(300세대 이상) • 연면적 1만5천m² 이상 특정소방대상물(아파트 제외) • 기숙사, 노유자시설, 수련시설, 의료시설 • 숙박시설(1500m² 미만으로 24시근무 제외)
추가선임	• 아파트: 300세대 초과 시 300세대마다 1명 이상 • 아파트 제외: 1만5천m² 초과 시 1만5천m² 마다 1명 이상(단, 자위소방대가 소방펌프차 등을 운용 시 3만m² 마다)

10 건설현장 소방안전관리

1. 건설현장 소방안전관리

(1) **주체:** 시공자

(2) **소방안전관리자 선임**

(3) **선임기간:** 착공 신고일부터 건축물 사용승인일까지

(4) 소방본부장, 소방서장에게 착공일까지 신고(행정안전부령)

2. 건설현장 소방안전관리대상물

(1) 연면적 1만5천제곱미터 이상

(2) 연면적 5천제곱미터 이상으로

① 지하층의 층수가 2개 층 이상인 것

② 지상층의 층수가 11층 이상인 것

③ 냉동창고, 냉장창고 또는 냉동·냉장창고

11 관리의 권원이 분리된 특정소방대상물의 소방안전관리

(1) 복합건축물(지하층을 제외한 층수가 11층 이상 또는 연면적 3만제곱미터 이상인 건축물)

(2) 지하가

(3) 판매시설 중 도매시장, 소매시장 및 전통시장

12 피난계획의 수립 및 시행

수립, 시행자	관계인
피난안내교육	연2회
피난안내방송	분기별 1회 이상
피난안내도	층마다 설치
피난안내영상제공	엘리베이터, 출입구 등

13 소방안전특별관리시설물의 소방안전관리

1. 기본계획 수립·시행권자

소방청장(5년마다)

2. 세부시행계획 수립·시행권자

시·도지사(매년)

3. 대상

(1) 운수시설 중 철도, 도시철도, 공항, 항만시설

(2) 초고층 건축물, 지하연계 복합건축물, 연면적 10만m² 이상 물류창고

(3) 산업단지, 산업기술단지

(4) 수용인원 1천명 이상인 영화상영관

(5) 문화재, 전력·통신용 지하구, 점포 500개 이상 전통시장

(6) 석유비축시설, 천연가스 인수기지 및 공급망, 도시가스 공급시설, 발전소

14 화재예방안전진단

1. 화재예방안전진단의 실시방법

A등급	6년에 1회 이상
B, C등급	5년에 1회 이상
D, E등급	4년에 1회 이상

2. 안전등급

A등급	우수, 문제점 발견되지 않음
B등급	양호, 문제점 일부 발견, 일부 시정 보완조치, 권고
C등급	보통, 문제점 다수 발견, 다수 시정 보완조치, 권고
D등급	미흡, 광범위 문제점 발견, 사용 제한
E등급	불량, 중대한 문제점 발견, 사용 중단

PART 03 | 소방시설 설치 및 관리에 관한 법률

1 목적

특정소방대상물 등에 설치하여야 하는 소방시설등의 설치 · 관리와 소방용품 성능관리에 필요한 사항을 규정함으로써 국민의 생명 · 신체 및 재산을 보호하고 공공의 안전과 복리 증진에 이바지한다.

2 정의

소방시설	소화설비, 경보설비, 피난구조설비, 소화용수설비, 소화활동설비
소방시설등	소방시설과 비상구 등
특정소방대상물	소방시설을 설치하여야 하는 소방대상물
화재안전성능	소방대상물의 재료, 공간 및 설비 등에 요구되는 안전성능
성능위주설계	공학적 방법으로 화재 위험성을 평가하고 그 결과에 따라 화재안전성능이 확보될 수 있도록 특정소방대상물을 설계하는 것
화재안전기준	소방시설 설치 및 관리를 위한 성능기준 및 기술기준
소방용품	소방시설등을 구성하거나 소방용으로 사용되는 제품 또는 기기

3 건축허가등의 동의

동의대상물의 범위	• 층수가 6층 이상인 건축물 • 20대 이상: 기계장치 주차시설 • 100m² 이상: 학교시설, 공연장(지하층·무창층) • 150m² 이상: 지하층·무창층이 있는 건축물 • 200m² 이상: 수련·노유자시설, 차고·주차장 • 300m² 이상: 정신의료기관(입원실이 있는 경우), 장애인의료재활시설 • 연면적 400m² 이상 • 항공기 격납고, 항공관제탑, 관망탑, 방송용 송·수신탑, 위험물저장 및 처리시설, 지하구, 노유자생활시설, 요양병원 • 조산원, 산후조리원, 의원(입원실 있는 것), 판매시설 중 전통시장 • 발전시설 중 전기저장시설, 풍력발전소
동의요구시 첨부서류	• 건축허가신청서 및 건축허가서 • 설계도서 • 소방시설 설치계획표 • 임시소방시설 설치계획서 • 소방시설설계업등록증 및 기술인력자격증 • 소방시설설계 계약서 사본

4 소방시설의 내진설계대상

(1) 옥내소화전설비

(2) 스프링클러설비

(3) 물분무등소화설비

5 성능위주 설계대상(신축에 한정)

(1) 연면적 20만m² 이상, 지하층을 포함한 층수가 30층 이상, 건축물의 높이가 120m 이상(아파트등 제외)

(2) 지하층을 제외한 층수가 50층 이상, 건축물의 높이가 200m 이상(아파트등)

(3) 지하연계복합건축물

(4) 연면적 3만m² 이상(철도·도시철도시설 및 공항시설)

(5) 하나의 건축물에 영화상영관이 10개 이상

(6) 연면적 10만제곱미터 이상이거나 지하 2층 이하이고 지하층의 바닥면적의 합이 3만제곱미터 이상인 창고시설

(7) 터널 중 수저(水底)터널 또는 길이가 5천미터 이상인 것

6 주택에 설치하는 소방시설

소화기 및 단독경보형 감지기 설치	• 「건축법」의 단독주택 • 「건축법」의 공동주택(아파트 및 기숙사 제외)
소방시설의 설치기준	시·도 조례

7 소방시설 적용기준의 특례

1. 강화된 기준 적용(소급적용 특례)

(1) 소화기구·비상경보설비·자동화재탐지설비·자동화재속보설비 및 피난구조설비

(2) 지하구 중 공동구 및 전력용·통신사업용(대통령령으로 정하는 설비)

(3) 의료시설, 노유자시설(대통령령으로 정하는 설비)

2. 소방시설 설치를 면제할 수 없는 경우

(1) 소화기구

(2) 주거용주방자동소화장치

3. 증축

(1) 내화구조 및 60분＋방화문, 자동방화셔터 구획

(2) 연면적 33제곱미터 이하의 직원 휴게실 증축

(3) 캐노피(3면 이상에 벽이 없는 구조)를 설치

4. 소방시설 설치 제외

(1) 화재 위험도가 낮은 것

(2) 화재안전기준을 적용하기 어려운 것

(3) 화재안전기준을 다르게 적용하여야 하는 특수한 용도 또는 구조를 가진 것

(4) 「위험물안전관리법」에 따른 자체소방대가 설치된 것

8 수용인원 산정방법

숙박시설이 있는 특정소방대상물	• 침대가 있는 숙박시설: 종사자 수＋침대의 수(2인용 침대는 2개로 산정) • 침대가 없는 숙박시설: 종사자 수＋$\dfrac{\text{바닥면적}}{3m^2}$
숙박시설을 제외한 특정소방대상물	• 강의실·교무실·상담실·실습실·휴게실: $\dfrac{\text{바닥면적}}{1.9m^2}$ • 강당·문화 및 집회시설, 운동시설, 종교시설: $\dfrac{\text{바닥면적}}{4.6m^2}$ 긴 의자의 경우: $\dfrac{\text{정면너비}}{0.45m^2}$ • 그 밖의 특정소방대상물: $\dfrac{\text{바닥면적}}{3m^2}$

9 건설현장의 임시소방시설 설치 및 관리

1. 임시소방시설의 종류

(1) 소화기

(2) 간이소화장치

(3) 비상경보장치

(4) 간이피난유도선

(5) 비상조명등

(6) 방화포

(7) 가스누설경보기

2. 설치·관리자

시공자

🔟 소방기술심의위원회

1. 중앙소방기술심의위원회

(1) 설치자: 소방청장

(2) 심의사항

    ① 화재안전기준

    ② 신기술·신공법 등 검토·평가에 고도의 기술이 필요한 경우로서 중앙위원회에 심의를 요청한 사항

    ③ 설계 및 공사감리의 방법

    ④ 공사의 하자 판단기준

    ⑤ 대통령령으로 정하는 사항(소방용품 도입, 연면적 10만m² 이상의 하자)

2. 지방소방기술심의위원회

(1) 설치자: 시·도지사

(2) 심의사항

    ① 하자 판단

    ② 대통령령으로 정하는 사항(연면적 10만m² 미만의 하자)

1️⃣1️⃣ 방염

1. 방염대상 특정소방대상물

(1) 근린생활시설 중 의원·체력단련장·공연장·종교집회장·조산원·산후조리원, 옥내에 있는 문화 및 집회시설·운동시설(수영장 제외)·종교시설, 숙박시설, 의료시설, 방송통신시설 중 방송국 및 촬영소

(2) 노유자시설 및 숙박이 가능한 수련시설, 교육연구시설 중 합숙소

(3) 다중이용업소

(4) 층수가 11층 이상인 것(아파트 제외)

2. 방염대상물품

(1) 창문에 설치하는 커텐류(블라인드 포함)

(2) 카페트, 벽지류(두께가 2mm 미만의 종이벽지류 제외)

(3) 전시용·무대용 합판 또는 섬유판

(4) 암막·무대막(스크린 포함)

(5) 실내장식물(가구류, 집기류, 너비 10cm 이하인 반자돌림대 제외)

    ① 종이류(두께 2mm 이상인 것)·합성수지류 또는 섬유류를 주원료로 한 물품

    ② 합판, 목재

    ③ 간이 칸막이

    ④ 흡음재 또는 방음재(흡음·방음용 커텐류 포함)

(6) 소파·의자(섬유류·합성수지류): 단란주점영업, 유흥주점영업 및 노래연습장업

3. 방염성능기준

잔염시간	불꽃을 올리며 연소하는 상태가 그칠 때까지 시간은 20초 이내
잔신시간	불꽃을 올리지 아니하고 상태가 그칠 때까지 시간은 30초 이내
탄화면적	50cm² 이내
탄화길이	20cm 이내
접염횟수	3회 이상
최대연기밀도	400 이하

12 소방시설등의 자체점검

1. 자체점검의 구분

(1) 작동점검(인위적 조작으로 작동 여부 점검)

(2) 종합점검(화재안전기준에 적합 여부 점검)

2. 대상(종합점검)

(1) 스프링클러가 설치된 특정소방대상물

(2) 물분무등소화설비가 설치된 연면적 5,000m² 이상인 특정소방대상물(위험물 제조소등 제외)

(3) **공공기관:** 연면적 1,000m² 이상(옥내소화전, 자동화재탐지설비)

(4) **다중이용업소:** 연면적 2,000m² 이상

13 소방시설관리사

1. 실시자

소방청장

2. 관리사 의무사항

(1) 다른 사람에게 빌려주거나 빌려서는 아니 된다.

(2) 다른 사람에게 알선하여서도 아니 된다

(3) 동시에 둘 이상의 업체에 취업하여서는 아니 된다.

3. 결격사유에 해당하는 사람은 관리사 시험에 응시할 수 없다(최종 합격자 발표일 기준).

4. 관리사 자격의 취소

(1) 거짓이나 그 밖의 부정한 방법으로 시험에 합격한 경우

(2) 소방시설관리사증을 다른 사람에게 빌려준 경우

(3) 동시에 둘 이상의 업체에 취업한 경우

(4) 결격사유에 해당하게 된 경우

14 소방시설관리업

1. 등록권자
시 · 도지자

2. 결격사유

(1) 피성년후견인

(2) 소방관계법을 위반하여 금고 이상의 실형을 선고받고 그 집행이 끝나거나(집행이 끝난 것으로 보는 경우를 포함한다) 집행이 면제된 날부터 2년이 지나지 아니한 사람

(3) 소방관계법을 위반하여 금고 이상의 형의 집행유예를 선고받고 그 유예기간 중에 있는 사람

(4) 등록이 취소된 날부터 2년이 지나지 아니한 사람

(5) 임원 중에 결격사유의 어느 하나에 해당하는 사람이 있는 법인

15 소방용품의 품질관리

1. 소방용품의 형식승인 등
(1) **형식승인자:** 소방청장

(2) **변경승인자:** 소방청장

(3) **성능인증자:** 소방청장

(4) **우수품질인증자:** 소방청장

(5) **제품검사자:** 소방청장

2. 판매·진열·공사에 사용할 수 없는 경우
(1) 형식승인을 받지 아니한 것

(2) 형상등을 임의로 변경한 것

(3) 사전제품검사를 받지 아니하거나 사후제품검사의 대상임을 표시하지 아니한 것

PART 04 | 위험물안전관리법

1 목적

이 법은 위험물의 저장·취급 및 운반과 이에 따른 안전관리에 관한 사항을 규정함으로써 위험물로 인한 위해를 방지하여 공공의 안전을 확보함을 목적으로 한다.

2 위험물의 분류

*소방원론 Part 04 위험물 성상(25~29p) 참고

3 위험물시설의 설치 및 변경

시·도지사 허가	제조소등 설치, 제조소등(위치·구조, 설비) 변경(소화기 제외)
시·도지사 변경신고	위험물의 품명·수량 또는 지정수량의 배수(변경 1일 전)
시·도지사의 허가 또는 신고 없이 할 수 있는 경우	• 주택의 난방시설(공동주택 중앙난방 제외)을 위한 저장소 또는 취급소 • 농예용·축산용 또는 수산용(난방·건조): 지정수량 20배 이하의 저장소

4 탱크안전성능검사

1. 탱크안전성능검사를 받아야 하는 위험물탱크

기초·지반검사	옥외탱크저장소(액체위험물탱크) 중 용량 100만L 이상
충수(充水)·수압검사	액체위험물을 저장 또는 취급하는 탱크
용접부검사	옥외탱크저장소(액체위험물탱크) 중 용량 100만L 이상
암반탱크검사	액체위험물을 저장 또는 취급하는 암반 내의 공간을 이용한 탱크

2. 탱크안전성능검사의 신청 시기

기초·지반검사	위험물탱크의 기초 및 지반에 관한 공사의 개시 전
충수·수압검사	위험물을 저장 또는 취급하는 탱크에 배관 그 밖의 부속설비를 부착하기 전
용접부검사	탱크본체에 관한 공사의 개시 전
암반탱크검사	암반탱크의 본체에 관한 공사의 개시 전

3. 검사권자

시·도지사(위탁: 한국소방산업기술원)

5 완공검사

1. 완공검사 신청시기

지하탱크가 있는 제조소등	당해 지하탱크 매설 전
이동탱크저장소	이동저장탱크를 완공하고 상치장소를 확보한 후
이송취급소	이송배관 공사의 전체 또는 일부를 완료한 후(단, 지하·하천 등에 매설하는 이송배관의 공사의 경우에는 이송배관을 매설하기 전)

2. 검사권자

시 · 도지사

6 위험물안전관리자

선임	30일 이내(관계인)
선임신고	14일 이내(행정안전부령) 소방본부장, 소방서장에게
대리자 직무대행 기간	30일 초과 금지
안전관리자의 자격(대통령령)	• 위험물기능장, 위험물기능사, 위험물산업기사: 모든 위험물 • 교육 이수자, 소방공무원 경력자(3년 이상): 제4류 위험물

7 예방규정

제출	사용 전 시·도지사에게
예방규정 작성 대상	• 지정수량의 10배 이상의 위험물을 취급하는 제조소 및 일반취급소 • 지정수량의 100배 이상의 위험물을 저장하는 옥외저장소 • 지정수량의 150배 이상의 위험물을 저장하는 옥내저장소 • 지정수량의 200배 이상의 위험물을 저장하는 옥외탱크저장소 • 암반탱크저장소 • 이송취급소
예방규정이 기준에 적합하지 않은 경우	시·도지사가 반려하거나 변경을 명령
예방규정 준수 의무자	관계인 및 종업원

8 정기점검 및 정기검사

구분	대상	횟수
정기점검	• 예방규정 작성 대상 • 지하탱크저장소 • 이동탱크저장소 • 지하에 매설된 탱크가 있는 제조소·주유취급소 또는 일반취급소	연 1회 이상
정기검사	액체위험물을 저장 또는 취급하는 50만L 이상의 옥외탱크저장소	11년(단, 최초정기검사는 12년이 되는 해)

9 자체소방대

1. 설치 대상

(1) 제4류 위험물 제조소 또는 일반취급소로, 지정수량의 3천배 이상인 경우

(2) 제4류 위험물을 저장하는 옥외탱크저장소, 지정수량의 50만배 이상인 경우

2. 자체소방대에 두는 화학소방자동차 및 인원

사업소의 구분	화학소방자동차	자체소방대원의 수
지정수량의 12만배 미만인 사업소	1대	5인
지정수량의 12만배 이상 24만배 미만인 사업소	2대	10인
지정수량의 24만배 이상 48만배 미만인 사업소	3대	15인
지정수량의 48만배 이상인 사업소	4대	20인
옥외탱크저장소(4류) 지정수량의 50만배 이상	2대	10인

3. 화학소방자동차에 갖추어야 하는 소화능력 및 설비의 기준

화학소방자동차의 구분	소화능력 및 설비의 기준
포수용액 방사차	방사능력: 매분 2,000L 이상
	소화약액탱크, 혼합장치 비치
	소화약제 비치: 포수용액 10만L 이상
분말 방사차	방사능력: 매초 35kg 이상
	분말탱크, 가압용가스설비 비치
	소화약제 비치: 1,400kg 이상
할로겐화합물 방사차	방사능력: 매초 40kg 이상
	할로겐화물탱크, 가압용가스설비 비치
	소화약제 비치: 1,000kg 이상
이산화탄소 방사차	방사능력: 매초 40kg 이상
	이산화탄소저장용기 비치
	소화약제 비치: 3,000kg 이상
제독차	가성소다 및 규조토 각각 50kg 이상 비치

10 위험물의 운송

위험물운송자	위험물 국가기술자격자, 안전교육 이수자
운송책임자의 감독 또는 지원을 받아 이를 운송하여야 하는 위험물	알킬알루미늄, 알킬리튬, 알킬기의 물질을 함유하는 위험물

11 출입·검사

출입·검사권자	시·도지사, 소방본부장, 소방서장
개인 주거시설	관계인 승낙
출입·검사	공개시간, 근무시간 내, 해가 뜬 후부터 해가 지기 전까지(단, 관계인의 승낙을 얻은 경우, 긴급한 경우 제외)
의무	관계인의 정당한 업무 방해 금지, 비밀 누설 금지

12 안전교육

교육 실시권자	소방청장
교육 대상자	• 안전관리자로 선임된 자 • 탱크시험자의 기술인력으로 종사하는 자 • 위험물운송자로 종사하는 자
교육을 받지 아니한 경우	교육을 받을 때까지 이 법의 규정에 따라 그 자격으로 행하는 행위를 제한할 수 있다.

PART 05 | 소방시설공사업법

1 목적

이 법은 소방시설공사 및 소방기술의 관리에 필요한 사항을 규정함으로써 소방시설업을 건전하게 발전시키고 소방기술을 진흥시켜 화재로부터 공공의 안전을 확보하고 국민경제에 이바지함을 목적으로 한다.

2 소방기술자

(1) 소방기술자 인정 자격수첩을 발급받은 자

(2) 소방기술사, 소방시설관리사, 소방설비기사, 소방설비산업기사, 위험물기능장, 위험물산업기사, 위험물기능사

3 소방시설업의 등록

1. 등록권자

시·도지사

2. 등록절차

(1) 등록요건

① 자본금(공사업에 한함)

② 기술인력(설계, 공사, 감리)

③ 실험실(방염업)

(2) 등록 및 등록검토: 시·도지사

(3) 교부 및 보완

① 15일 이내 등록증 및 등록수첩 교부

② 미비 시 10일 이내 보완

3. 소방시설업의 업종별 등록기준 및 영업범위

(1) 전문 법인

업종별＼종류	전문	
	기술인력	영업범위
설계업	• 주: 기술사 1인 이상 • 보: 1인 이상	전부
공사업	• 주: 기술사 또는 기사 각 1인 이상(기계, 전기함께 취득시 1인) • 보: 2인 이상	전부
감리업	기술사(특급, 고급, 중급, 초급) 이상 각 1인 이상	전부

(2) 일반 법인

종류 업종별	일반	
	기술인력	영업범위
설계업	• 주: 기술사 1인 이상 또는 기사 1인 이상 • 보: 1인 이상	• APT(제연제외) • 연면적 3만m² 미만(공장 1만m² 미만) • 위험물 제조소등
공사업	• 주: 기술사 또는 기사 1인 이상 • 보: 1인 이상	• 연면적 1만m² 미만 • 위험물 제조소등
감리업	특급, 고급 또는 중급 이상, 초급 이상	설계업과 동일

4 등록사항의 변경신고

중요 사항 변경	• 명칭, 상호 • 영업소 소재지 • 대표자 • 기술인력
신고서 제출	• 등록증, 등록수첩 첨부 • 변경일로부터 30일 이내 제출
교부	협회를 거쳐 5일 이내 교부
제출 서류	• 상호, 명칭, 소재지, 대표자 변경: 등록증, 등록수첩 제출 • 기술인력 변경: 등록수첩, 변경된 기술인력 자격증 제출

5 소방시설업의 운영

대여 금지	빌려주지 않을 것(등록증, 등록수첩)
영업정지·등록취소	그날부터 소방시설공사등을 하지 않을 것(단, 진행 중인 공사등은 할 수 있다)
통지(소방시설업자 → 관계인 / 지체없이)	• 지위승계 • 취소, 영업정지 • 휴업, 폐업
소방시설업자가 보관하여야 하는 관계서류 (하자보수 보증기간 동안)	• 소방시설설계업: 소방시설 설계기록부, 소방시설 설계도서 • 소방시설공사업: 소방시설 공사기록부 • 소방공사감리업: 소방공사 감리기록부, 감리일지, 소방시설의 완공 당시 설계도서

6 설계

1. 성능위주설계

소방대상물의 용도, 위치, 구조, 수용인원, 가연물의 종류 및 양을 고려 설계하는 것이다.

2. 성능위주 설계자의 자격 및 기술 인력

(1) 자격

① 전문소방시설설계업을 등록한 자

② 전문소방시설설계업 등록기준에 따른 기술인력을 갖춘 자로서 소방청장이 고시하는 연구기관 또는 단체

(2) 기술인력: 소방기술사 2명 이상

7 소방기술자 배치기준

1인의 소방기술자를 2개의 공사현장(연면적 5천m^2 미만 공사 제외)을 초과하여 배치하여서는 아니 된다.

8 착공신고

1. 착공신고

공사업자가 소방본부장, 소방서장에게 신고한다(호스릴, 캐비닛형 포함).

2. 대상

(1) 특정소방대상물에 당해 소방시설을 신설하는 공사

기계	전기
옥내·외소화전, 스프링클러설비등, 물분무등소화설비(물분무, 포, CO_2, 할론, 할로겐화합물 및 불활성기체, 분말, 강화액) 소화활동설비, 소화용수설비	경보설비 중(자동화재탐지설비, 비상경보설비, 비상방송설비), 소화활동설비 중(비상콘센트설비, 무선통신보조설비)

(2) 특정소방대상물에 다음에 해당하는 설비 또는 구역 등을 증설하는 공사

기계	전기
옥내·외소화전, 방호구역, 제연구역, 살수구역(연·살, 연·방), 송수구역	자동화재탐지설비(경계구역), 비상콘센트설비(전용회로)

(3) 개설(改設), 이전(移轉), 정비

기계	전기
수신반, 소화펌프, 동력(감시)제어반	

3. 신고 시 첨부서류

(1) 등록증 및 등록수첩

(2) 기술자격증 사본

(3) 설계도서

(4) 하도급 통지서 사본

9 완공검사

1. 검사권자

소방본부장 또는 소방서장

2. 감리자가 있는 경우

감리결과보고서로 완공검사

3. 완공검사를 위한 현장확인 대상

(1) 노유자, 수련시설, 지하상가, 판매시설, 문화 및 집회시설, 운동시설, 종교시설, 숙박시설, 다중이용업소, 창고시설

(2) 가스계(CO_2 할로겐화합물, 청정) 소화설비가 설치되는 것

(3) 연면적 1만m² 이상, 층수가 11층 이상

(4) 가연성가스 노출 탱크용량의 합계 1,000t 이상

4. 현장확인 후에 감리결과보고서 검토 후 적합한 경우 완공검사증명서를 교부한다.

10 공사의 하자보수 등

1. 절차

(1) 관계인의 하자보수 요청

　　① 관계인 → 공사업자

　　② 3일 이내 보수

　　③ 하자보수계획: 서면 통보

(2) 관계인의 신고: 관계인 → 소방본부장·소방서장

(3) 심의 요청: 소방본부장·소방서장 → 지방소방기술심의위원회

2. 하자보수 보증기간

(1) 기계설비(자동화재탐지설비, 비상콘센트설비 포함): 3년

(2) 전기설비(피난기구 포함): 2년

11 감리

1. 감리자의 업무(검토 및 공사업자 지도·감독)

(1) 소방시설등의 설치계획표(적법)

(2) 피난 · 방화시설(적법)

(3) 실내장식물의 불연화 및 방염물품(적법)

(4) 소방용 기계 · 기구 등의 위치 · 규격 및 사용자재(적합)

(5) 공사업자가 작성한 시공 상세도면(적합)

(6) 소방시설등 설계도서(적합)

(7) 소방시설등 설계변경 사항(적합)

(8) 공사업자 지도 · 감독

(9) 성능시험

2. 소방공사감리의 종류 및 대상

상주공사감리	연면적 3만m2 이상(아파트: 500세대 이상 포함). 단, 자·탐, 옥내·외 소화전, 소화용수시설만 설치되는 공사 제외
일반공사감리	① 상주공사감리 이외의 공사 ② 감리방법 • 주 1회 이상 방문 • 1인 5개 현장 감리(연면적 총합 10만㎡ 이하) • 16층 미만 아파트 연면적에 관계없이 5개 현장 감리

3. 공사감리자 지정대상

(1) 옥내 · 옥외소화전설비(신설 · 개설 · 증설)

(2) 스프링클러설비등(캐비닛형 간이스프링클러설비 제외) (신설 · 개설 · 증설)

(3) 물분무등소화설비(호스릴 제외) (신설 · 개설 · 증설)

(4) 자동화재탐지설비(신설 · 개설)

(5) 통합감시시설(신설 · 개설)

(6) 비상방송설비(신설 · 개설)

(7) 비상조명등(신설 · 개설)

(8) 소화용수설비(신설 · 개설)

(9) 소화활동설비(신설 · 개설 · 구역 증설)

4. 감리원의 배치

(1) 감리원의 배치 기준

① 연면적 20만m² 이상, 지하층 포함 층수 40층 이상: 소방기술사

② 연면적 3만m² 이상 ~ 20만m² 미만(아파트 제외), 지하층 포함 층수가 16층 이상 ~ 40층 미만: 특급 이상

③ 물분무등, 제연, 연면적 3만m² 이상 아파트: 고급 이상

④ 연면적 5천m² 이상 ~ 3만m² 미만: 중급 이상

⑤ 연면적 5천m² 미만, 지하구: 초급 이상

(2) 감리원의 배치 통보

감리업자의 신고	• 감리업자 → 소방본부장·소방서장 • 7일 이내
소방본부장·소방서장의 통보	• 소방본부장·소방서장 → 소방기술자인정자 • 7일 이내

5. 공사감리 결과의 통보

(1) 감리업자 → 관계인, 도급인, 건축사: 서면 통보

(2) 감리업자 → 소방본부장·소방서장: 감리결과보고서 제출(공사완료 후 7일 이내)

12 하도급의 제한

제3자에게 한 번(1차)에 한하여 하도급할 수 있다.

13 시공능력평가 및 공시

1. 평가 · 공시권자

소방청장

2. 시공능력평가의 방법

시공능력 평가액 = 실적평가액+자본금평가액+기술력평가액+경력평가액 ± 신인도 평가액

(1) 실적평가액 = 연평균 공사실적액

(2) 자본금평가액 = 실질자본금×실질자본금의 평점×$\frac{70}{100}$

(3) 기술력평가액

= 전년도공사업계의 기술자 1인당 평균생산액×보유기술인력×가중치합계×$\frac{30}{100}$+전년도 기술개발 투자액

(4) 경력평가액 = 실적평가액×공사영위기간 평점×$\frac{20}{100}$

(5) 신인도평가액 = (실적평가액+자본금평가액+기술력평가액+경력평가액)×신인도반영비율합계

14 소방기술자의 의무 및 실무교육

1. 소방기술자의 의무

(1) 관련법과 명령에 따라 적법한 업무 수행

(2) 자격증 빌려주는 행위 금지

(3) 둘 이상 업체 취업 금지(단, 근무시간 외에 소방시설업 외의 업종에 종사 가능)

2. 소방기술자의 실무교육

교육 실시권자	소방청장
시기 및 횟수	2년마다 1회 이상
교육 위탁기관	한국소방안전원, 실무교육기관
절차	• 통지: 실무교육기관의 장(한국소방안전원장) → 교육대상자 • 통지기한: 10일 전까지